micróbio

S293m Schaechter, Moselio.
Micróbio : uma visão geral / Moselio Schaechter, John L. Ingraham, Frederick C. Neidhardt ; tradução: Cristopher Zandoná Schneider, Gaby Renard ; revisão técnica: Diógenes Santiago Santos. – Porto Alegre : Artmed, 2010.
548 p. : il. color. ; 28 cm.

ISBN 978-85-363-2366-4

1. Microbiologia. I. Ingraham, John L. II. Neidhardt, Frederick C. III. Título.

CDU 579.2

Catalogação na publicação: Ana Paula M. Magnus – CRB-10/Prov-009/10

Moselio Schaechter • John L. Ingraham • Frederick C. Neidhardt

Department of Biology
San Diego State University
and
Division of Biological Sciences
University of California, San Diego
San Diego, California

Section of Microbiology
Division of Biological Sciences
University of California, Davis
Davis, California

Department of Microbiology and Immunology
University of Michigan
Ann Arbor, Michigan

micróbio

uma visão geral

Tradução:

Cristopher Zandoná Schneider
Mestre e Doutor em Biologia Celular e Molecular pela
Universidade Federal do Rio Grande do Sul (UFRGS).
Pesquisador do Instituto Nacional de Ciência e Tecnologia em Tuberculose (INCT-TB)
e do Centro de Pesquisas em Biologia Molecular e
Funcional/Instituto de Pesquisas Biomédicas (CPBMF/IPB),
Pontifícia Universidade Católica do Rio Grande Sul (PUCRS).

Gaby Renard
Mestre e Doutora em Ciências Biológicas: Bioquímica pela Universidade Federal do Rio Grande do Sul (UFRGS).
Pesquisadora da Quatro G Pesquisa e Desenvolvimento, TECNOPUC.

Consultoria, supervisão e revisão técnica desta edição:

Diógenes Santiago Santos
Professor titular da PUCRS.
Coordenador do CPBMF/IPB, PUCRS.
Coordenador do INCT-TB/MCT/CNPq.
Doutor em Microbiologia e Imunologia pela Universidade Federal de São Paulo (UNIFESP).

artmed®

2010

Obra originalmente publicada sob o título
Microbe, de Schaechter, et al.
ISBN 978-1-55581-320-8

Capa: *Mário Röhnelt*

Preparação de originais: *Lara Gobhart Martins*

Leitura final: *Joana Jurema Silva da Silva*

Editora sênior – Biociências: *Letícia Bispo de Lima*

Projeto e editoração: *Techbooks*

ARTMED® EDITORA S.A.
Av. Jerônimo de Ornelas, 670 – Santana
90040-340 – Porto Alegre – RS
Fone: (51) 3027-7000 Fax: (51) 3027-7070

Unidade São Paulo
Av. Embaixador Macedo Soares, 10.735 – Pavilhão 5 – Cond. Espace Center
Vila Anastácio – 05095-035 – São Paulo – SP
Fone: (11) 3665-1100 Fax: (11) 3667-1333

SAC 0800 703-3444

IMPRESSO NO BRASIL
PRINTED IN BRAZIL

Sobre os Autores

Nós três interagimos e atuamos em parceria há muitos anos. Na verdade, este é nosso quinto título de livro em conjunto, entre os quais há um livro-texto, *Physiology of the bacterial cell*, e um livro de referência, *Escherichia coli and* Salmonella: *cellular and molecular biology*. Podemos garantir que é um prazer trabalhar com pessoas de pensamento semelhante e que isso aprofundou nossa amizade. Compartilhamos outras experiências também: cada um foi, por exemplo, presidente da American Society for Microbiology.

Moselio Schaechter (centro) nasceu na Itália, viveu no Equador quando adolescente e obteve seu Doutorado na University of Pennsylvania. Passou a maior parte de sua vida acadêmica na Tufts University School of Medicine e se mudou para San Diego em 1995. Seus interesses de pesquisa envolveram aspectos da fisiologia bacteriana, incluindo a regulação da taxa de crescimento, a biologia de membranas e transações cromossômicas. Seu endereço eletrônico é mschaech@sunstroke.sdsu.edu.

John L. Ingraham (direita) é um californiano de longa data: nasceu, se criou e foi educado em Berkeley, tendo passado sua carreira acadêmica na University of California, Davis. Ingraham também estudou aspectos da fisiologia bacteriana, incluindo o crescimento em baixas temperaturas, a fermentação maloláctica, a formação de álcool amílico, o metabolismo de pirimidinas e a desnitrificação. Seu endereço eletrônico é jingrah1@earthlink.net.

Frederick C. Neidhardt (esquerda) nasceu na Filadélfia, especializou-se em biologia na Kenyon College em Ohio e obteve seu Doutorado na Harvard University. Neidhardt ocupou cargos acadêmicos na Harvard University, Purdue University e University of Michigan. Suas pesquisas se concentraram na repressão catabólica, na regulação da taxa de crescimento, nas aminoacil-tRNA sintetases, no choque térmico e em outras redes celulares globais. Seu endereço eletrônico é fcneid@umich.edu.

Este livro é dedicado a

Edith Koppel
Marjorie Ingraham*
Germaine Chipault

Embora não tenham estado em posição de compartilhar os prazeres únicos da escrita em equipe, essas companheiras pacientes dos autores não foram poupadas dos aspectos exigentes da tarefa. Cada uma forneceu apoio, incentivo e compreensão – habilidades em que essas três esposas há muito se aperfeiçoaram.

M.S.
J.L.I.
F.C.N.

---

* Falecida em 20 de julho de 2005.

Prefácio

O mundo microbiano é, de modo surpreendente, o único mundo que nós, seres humanos, habitamos. Nossa intenção ao escrever este livro-texto foi introduzir você ao mundo dos micróbios, à sua importância a todas as coisas relacionadas ao homem e, além disso, à sua importância na manutenção do bem-estar de nosso planeta.

Procuramos enfatizar conceitos, e não fatos, embora os fatos tendam a se interpor. Gostamos de narrar histórias sobre a forma como os micróbios são agrupados, o que devem fazer para crescer e sobreviver e como interagem com todos os outros seres vivos. Nossa abordagem está longe de ser enciclopédica, embora este livro seja relativamente volumoso, pois há muito que relatar sobre os micróbios.

Sabemos que vários de vocês se dedicarão às profissões ligadas à saúde e que podem estar particularmente ávidos por ler sobre os micróbios como agentes de doenças. Compartilhamos desse interesse, uma vez que ensinamos em escolas de medicina e escrevemos livros-texto com uma orientação médica. Contudo, achamos que o conhecimento de todos os aspectos da vida e das atividades microbianas é necessário como preparação para que eles sejam abordados como patógenos. Se você quiser antever o que está surgindo nessa área, vá ao Capítulo 22 do livro e o leia primeiro. Ele requer pouco embasamento e pode ser lido no início de um curso de microbiologia.

Como não queremos sobrecarregar este livro com informações, indicamos a você a riqueza de material disponível na internet. A fim de tornar as escolhas palatáveis e não lhe ocupar demais com os inúmeros *sites* interessantes existentes, selecionamos alguns especialmente relevantes à sua consideração, referindo-nos a eles no texto.

Agradecimentos

Agradecemos às seguintes pessoas por seus comentários, sugestões, respostas a dúvidas e, em alguns casos, revisões de capítulos inteiros – todas realizadas generosamente e em espírito colaborativo: Jennifer Antonucci, Douglas Bartlett, Paul Baumann, Mya Breitbart, Veronica Casas, Mike Cleary, Kathleen Collins, Dean Dawson, Wesley Dunnick, Cary Engleberg, Jack Fellman, Joshua Fierer, Margo Haygood, Gary Huffnagle, Mark Hildebrand, John Howieson, Philip King, Denise Kirschner, Roberto Kolter, Sydney Kustu, David Lipson, Stanley Maloy, Jack Meeks, Hal Mensch, Mylene Mozafarzadeh, Cristián Orrego, Joe Pogliano, Kit Pogliano, Malini Raghavan, Monica Riley, Forest Rohwer, Dirk

Schüler, Anca Segall, Deborah Spector, David Stollar, David Thorley-Lawson e Joseph Viznet.

Agradecemos em especial a Terry Beveridge por fornecer várias micrografias eletrônicas para esta obra.

Agradecemos aos membros da turma de bacteriologia de 2003 da University of California, San Diego, que leram o esboço inicial e contribuíram com suas observações sempre valiosas: Cathy Chang, Collin Chang, Jason Chen, Jennifer Han, Jennifer Hsieh, Jennifer Kim, Jennifer Lee, Neal Mehta e Ilya Monosov.

Estendemos nosso apreço especial àquelas pessoas – todos experientes professores universitários de microbiologia – que leram o texto na íntegra, fizeram correções e propuseram novas perspectivas a partir de suas visões individuais: Rod Anderson, Robert Bender, Gary Ogden, James Russell e Amy Cheng Vollmer. Sua contribuição crítica e abundante foi extremamente útil.

Finalmente, somos gratos à equipe da ASM Press e aos colaboradores autônomos que trabalharam neste livro, por sua habilidade, perícia e paciência. Jeff Holtmeier (diretor) reuniu uma equipe de primeira: Kenneth April (editor de produção), Elizabeth McGillicuddy (editora), Kathleen Vickers (revisora), Patrick Lane (artista) e Susan Schmidler (capa e projeto interno). Com bom humor e dedicação total, eles possibilitaram as etapas necessárias para transformar um manuscrito em um livro.

Nota ao Leitor*

O site

Os leitores deste livro-texto terão acesso fácil e direto a *sites* na internet. Para ampliar a experiência de aprendizagem, um *site* associado a este livro foi montado no endereço http://www.microbebook.org.** Este *site* conterá *links* a outros *sites* relacionados a itens discutidos no livro (sugerimos que os leitores adicionem www.microbebook.org aos seus favoritos ou marquem a página, pois, uma vez aberto o *site*, o leitor poderá abrir *links* com um único clique). No texto, os *sites* associados a *links* estão indicados por barras laterais (ou, em um caso, em uma tabela) com números correspondentes aos *links* no *website*.

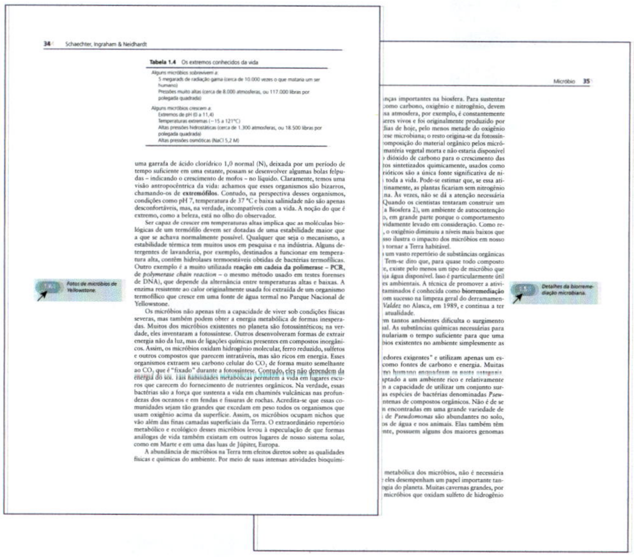

Os *sites* associados a *links* são selecionados por vários motivos, sendo os principais preencher o desejo do leitor por mais informações e fornecer animações ou vídeos.

---

* A criação e manutenção deste site é responsabilidade da ASM Press.

** O Guia de Estudos Online não está disponível para a edição em língua portuguesa.

Teste seu conhecimento

Ao final de cada capítulo, foram incluídas perguntas ou atividades para serem desenvolvidas com o objetivo de fixar e testar a aprendizagem dos temas abordados. Respostas sugeridas são encontradas nas p. 513 a 525 do livro.

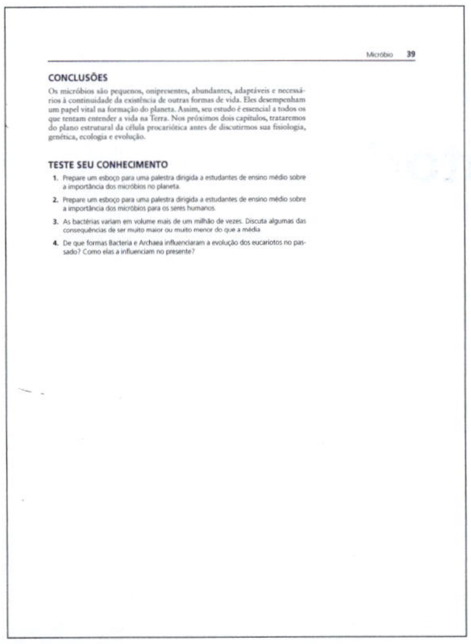

Micróbio 39

CONCLUSÕES

Os micróbios são pequenos, onipresentes, abundantes, adaptáveis e necessários à continuidade da existência de outras formas de vida. Eles desempenham um papel vital na formação do planeta. Assim, seu estudo é essencial a todos os que tentam entender a vida na Terra. Nos próximos dois capítulos, trataremos do plano estrutural da célula procariótica antes de discutirmos sua fisiologia, genética, ecologia e evolução.

TESTE SEU CONHECIMENTO

1. Prepare um esboço para uma palestra dirigida a estudantes de ensino médio sobre a importância dos micróbios no planeta.
2. Prepare um esboço para uma palestra dirigida a estudantes de ensino médio sobre a importância dos micróbios para os seres humanos.
3. As bactérias variam em volume mais de um milhão de vezes. Discuta algumas das consequências de ser muito maior ou muito menor do que a média.
4. De que formas Bacteria e Archaea influenciaram a evolução dos eucariotos no passado? Como elas a influenciam no presente?

Materiais complementares

Em www.artmed.com.br, professores terão acesso a PowerPoints® (em português) com as figuras da obra, que poderão ser utilizados para preparar suas aulas.

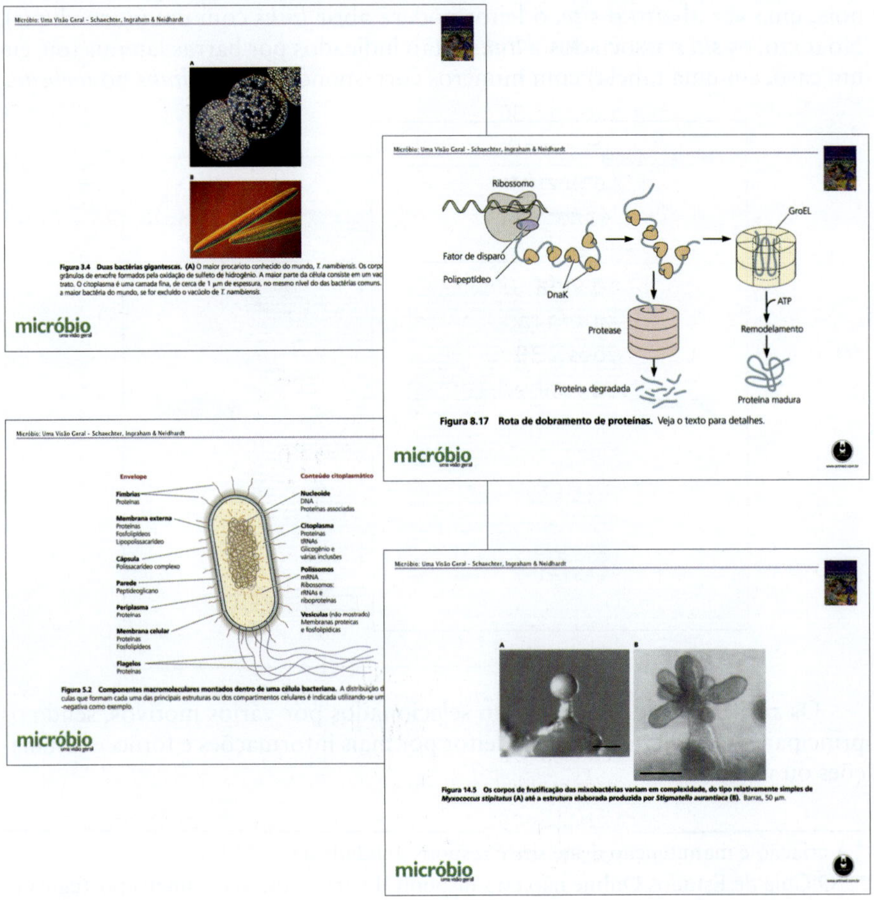

Sumário

parte I atividade microbiana

capítulo 1 o mundo dos micróbios

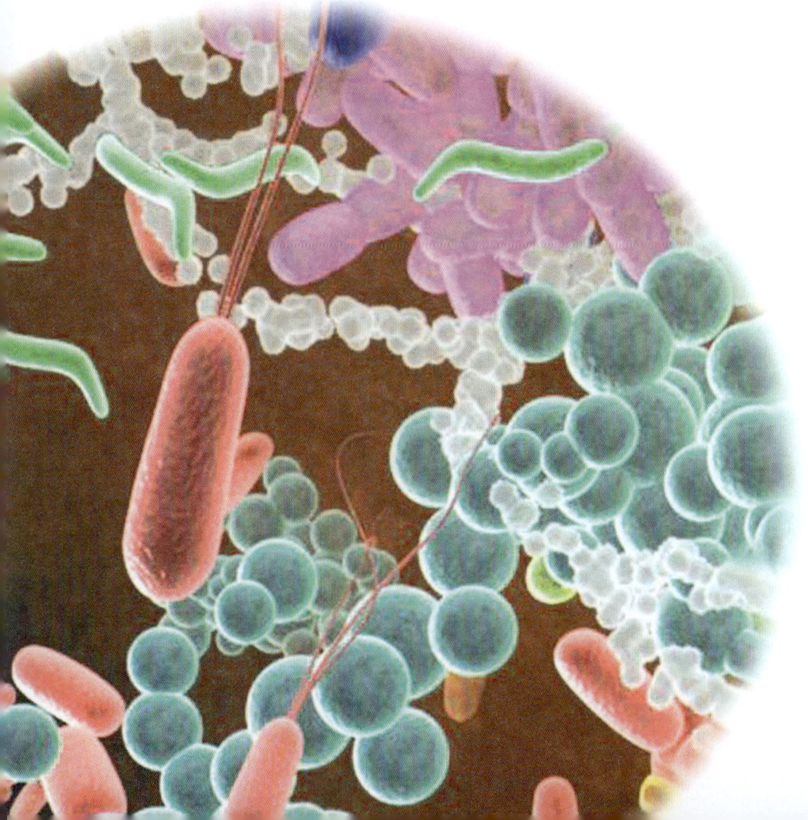

o mundo dos micróbios

capítulo

1

INTRODUÇÃO

A maioria dos seres vivos é composta por micróbios, organismos não visíveis a olho nu; os organismos visíveis são uma pequena minoria. Os micróbios interagem com todos os representantes do mundo vivo e com boa parte do mundo inanimado. O impacto dessa interação é verdadeiramente desconcertante (Tabela 1.1), e, por essa razão, o estudo dos micróbios transcende a microbiologia e permeia toda a biologia. Acreditamos que não seja possível estudar nenhum ramo da biologia ou das ciências da terra sem que se levem seriamente em consideração as atividades dos micróbios. Elas têm um grande impacto sobre a vida dos seres humanos (Tabela 1.2). Neste capítulo, você será apresentado às características mais notáveis dos micróbios.

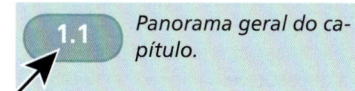

1.1 *Panorama geral do capítulo.*

O QUE É UM MICRÓBIO?

Tradicionalmente, os micróbios têm sido descritos como organismos de vida livre tão pequenos (menos de cerca de 100 micrômetros [μm]) que são visíveis somente sob o microscópio, embora alguns micróbios sejam suficientemente grandes e possam ser vistos a olho nu. As menores bactérias têm apenas 0,2 μm de comprimento, mas bactérias gigantes e protozoários podem ter 1 milímetro (mm) de comprimento ou ainda mais. Os micróbios são ou **procariotos** (células desprovidas de um núcleo verdadeiro) ou **eucariotos** (células com um núcleo verdadeiro) (Figura 1.1). Os micróbios eucarióticos, exceto as algas e os fungos, são coletivamente chamados de **protistas**. Um ponto complicador é o fato de que alguns micróbios não são de vida livre; alguns são parasitas intracelulares obrigatórios, como o bacilo da lepra (*Mycobacterium leprae*).

Tabela 1.1 Características dos micróbios

Os micróbios:
São a origem de todas as formas de vida
São filogeneticamente mais diversos que as plantas e os animais
São extremamente abundantes
Crescem em praticamente todos os lugares da Terra onde exista água
Realizam transformações da matéria essenciais à vida
Transformam a geosfera
Afetam o clima
Participam de inúmeras relações simbióticas com animais, plantas e outros micróbios
Causam doenças
Influenciam o comportamento de animais e plantas

Tabela 1.2 Uso das micróbios pelos humanos

Realização de atividades químicas de grande importância industrial
Engenharia industrial visando à produção de proteínas úteis, como vacinas
Aumento da produção e da preservação de alimentos
Fornecimento de medidas de saúde pública vitais, como tratamento de efluentes de esgoto
Biorremediação de locais poluídos
Intenções malévolas (guerra biológica, bioterrorismo)

Tabela 1.3 Bacteria e Archaea

Os dois diferem quanto a propriedades químicas da parede celular e das membranas.
As bactérias são sensíveis a antibióticos; as arqueobactérias não são sensíveis a muitos deles.
As enzimas de síntese de ácidos nucleicos e de proteínas de Archaea se assemelham às dos eucariotos; não é o caso das bacterianas.
As bactérias incluem patógenos de animais e plantas; as arqueobactérias não.
Bactérias típicas são *Escherichia coli*, estafilococo (*Staphylococcus*) e estreptococo (*Streptococcus*).
Arqueobactérias típicas são termófilos extremos e produtores de metano.

Uma segunda complicação é o fato de que alguns grupos são especialmente difíceis de se delinear, em parte porque possuem parentes de grande tamanho. As leveduras, por exemplo, são com certeza micróbios, mas os cogumelos não, ainda que ambos sejam fungos.

Finalmente, o que dizer dos **vírus**? Eles são micróbios? Não exatamente, visto que carecem de uma qualidade-chave das células vivas: a capacidade de manter sua integridade física. Os vírus se reproduzem e mutam, como o fazem os organismos celulares, mas se desmontam durante seu ciclo reprodutivo. Os principais constituintes dos vírus são ácidos nucleicos e proteínas que são produzidos separadamente em suas células hospedeiras e apenas posteriormente são remontadas em partículas virais da progênie. Os vírus não têm a capacidade de fazer proteínas por si só (eles não têm ribossomos) e dependem do hospedeiro para suprir todos os blocos de construção necessários à biossíntese de suas macromoléculas. Fora de uma célula hospedeira, uma partícula viral é inerte e incapaz de reproduzir-se. A biologia viral é discutida no Capítulo 17.

Os procariotos compreendem dois grupos separados, mas muito grandes, as **Bacteria** (bactérias) e as **Archaea** (arqueobactérias). Como veremos no Capítulo 2, os dois, em geral, possuem o mesmo plano estrutural: faltam-lhes núcleos e organelas delimitadas por membrana, como mitocôndrias ou cloroplastos (Tabela 1.3). Métodos moleculares com base no sequenciamento do ácido ribonucleico (RNA) ribossômico indicam que eles constituem dois grupos evolutivos distintos. O ponto de ramificação de sua descendência é antigo, e os detalhes são controversos. De acordo com muitos pesquisadores, as Archaea estão, na verdade, mais próximas dos eucariotos que das Bacteria (Figura 1.2). Aqui, as bactérias formam um ramo, e as arqueobactérias e os eucariotos formam o outro. Entretanto, alguns pesquisadores propõem outros esquemas. O termo procarioto não tem significado filogenético e deveria limitar-se à descrição de um tipo estrutural celular (principalmente a falta de

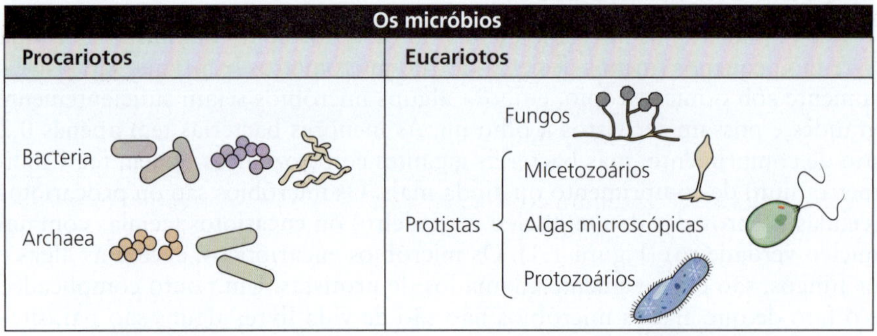

Figura 1.1 Micróbios. Os micróbios incluem tanto procariotos como eucariotos.

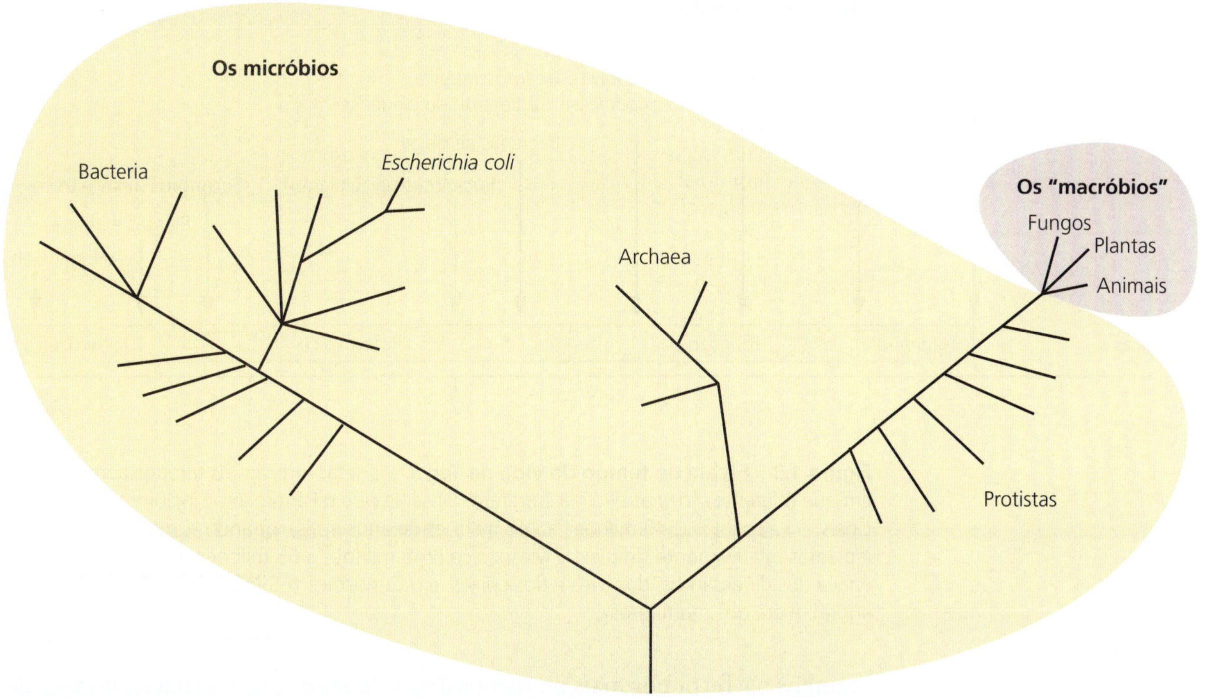

Figura 1.2 Relações filogenéticas no mundo vivo com base na homologia de RNA ribossômico pequeno. Todos os organismos vivos são classificados em um dos três **domínios** existentes, Bacteria e Archaea (**procariotos**) e Eukarya (**eucariotos**), cada um dividido em vários filos. Observe que o número de domínios no mundo procariótico é maior que aquele no mundo eucariótico. Além disso, o número de filos de organismos que não podem ser vistos a olho nu (os micróbios) é muito maior que o número daqueles que podem ser vistos (os "macróbios"). Os animais, as plantas e os fungos estão empoleirados em um pequeno ramo desta "árvore da vida".

um núcleo verdadeiro). Contudo, o que deve ser observado é que Bacteria e Archaea têm *uma maior diversidade filogenética que todos os eucariotos combinados*.

TER UMA LONGA HISTÓRIA

Qualquer discussão relevante sobre evolução deve incluir os micróbios. A vida iniciou com os micróbios, e esses organismos unicelulares tiveram o planeta para si por cerca de 80% do tempo de existência da vida na Terra (Figura 1.3). Não conhecemos a natureza ou a localização do "lodo primordial" (ou o que Charles Darwin chamava de "pequeno lago quente") onde a vida começou, mas sabemos que os micróbios foram as primeiras formas de vida celular que surgiram e prosperaram. Sendo tão antigos, os micróbios tiveram um tempo muito longo para evoluir e desenvolver os mecanismos metabólicos básicos que possibilitaram todas as outras formas de vida. Por meio da evolução, os micróbios vieram a ocupar uma grande variedade de nichos ecológicos, incluindo alguns que pareceriam improváveis do ponto de vista humano. Os micróbios crescem na tundra congelada, em águas cuja temperatura está acima do ponto de ebulição (a altas pressões), em ácidos e bases fortes e em água salgada concentrada.

O registro fóssil microbiano é escasso, mas, junto com informações genômicas, é suficiente para nos revelar que os micróbios se diversificaram cedo em uma grande variedade de formas e estilos de vida. Os procariotos estiveram

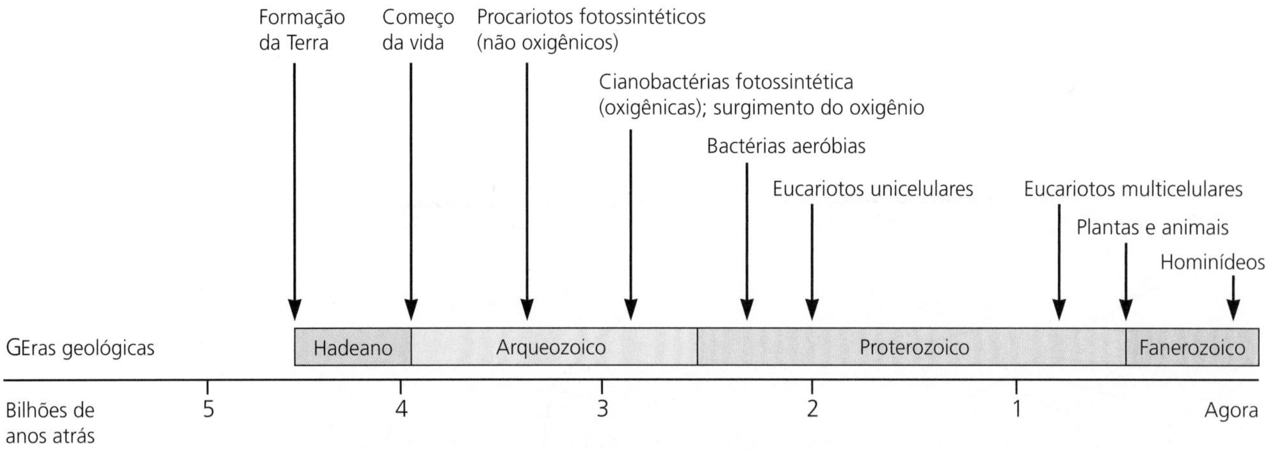

Figura 1.3 Escala de tempo da vida na Terra. As setas indicam os tempos aproximados em que diferentes formas de vida surgiram. Observe que o Fanerozoico inclui três eras principais: o Paleozoico (540 milhões a 248 milhões de anos atrás), quando surgiram animais e plantas relativamente simples; o Mesozoico (248 milhões a 65 milhões de anos atrás), a época dos dinossauros, das aves e dos peixes, e o Cenozoico (65 milhões de anos atrás até agora), a era dos mamíferos.

sozinhos na Terra por mais ou menos dois bilhões de anos (cerca de metade do tempo de existência da vida na Terra), após o que surgiram os micróbios eucarióticos. Os organismos multicelulares não surgiram até cerca de 750 milhões de anos atrás. Como veremos posteriormente neste livro, *alguns micróbios são as únicas formas de vida que são autossuficientes, isto é, apenas eles podem existir indefinidamente sem quaisquer outros seres vivos.*

Os procariotos são os ancestrais de todas as outras formas de vida. Todos os eucariotos, das leveduras e algas simples aos humanos, originaram-se de progenitores procarióticos. Um aspecto especial desse desenvolvimento pode ser visto nas organelas das células eucarióticas – as mitocôndrias e os cloroplastos. Os genomas dessas organelas (as quais foram adquiridas pela ingestão de micróbios primitivos), embora reduzidos, são indubitavelmente microbianos.

SER PEQUENO

Os micróbios são pequenos: o volume de uma bactéria representativa tem cerca de 1 μm^3, aproximadamente 1/1.000 do volume de uma célula humana. Algumas bactérias são consideravelmente maiores, outras menores, que essa média. Uma espécie gigantesca (*Epulopiscium fishelsoni*), que vive no intestino do peixe-cirurgião, é incrivelmente grande: ela tem mais de 0,5 mm de comprimento e cerca de 1/10 mm^3 de volume, sendo visível a olho nu. Os limites de variação em volume, das menores às maiores bactérias conhecidas, ultrapassam mais de um milhão de vezes (Figura 1.4). Acontece que somente o tamanho não é uma boa maneira de distinguir os procariotos dos eucariotos. Algumas algas marinhas (p. ex., *Ostreococcus tauri*) têm cerca de 1 μm de diâmetro; elas são os menores eucariotos conhecidos, dentro da variação em tamanho da maioria dos procariotos. Contudo, é verdade que a maioria das células procarióticas é menor que a maioria das células eucarióticas.

Para ilustrar o quanto uma bactéria pequena é realmente pequena, imaginemos que uma com um pouco mais de 1,5 μm de comprimento e um ser humano fossem, cada um, ampliados um milhão de vezes. A bactéria teria, agora, o tamanho aproximado de um ser humano, enquanto o ser humano se estenderia por todo o trajeto entre Nova York e Chicago. Em termos de volume, são necessárias cerca de 10^{17} bactérias, ou 100.000 terabactérias, para

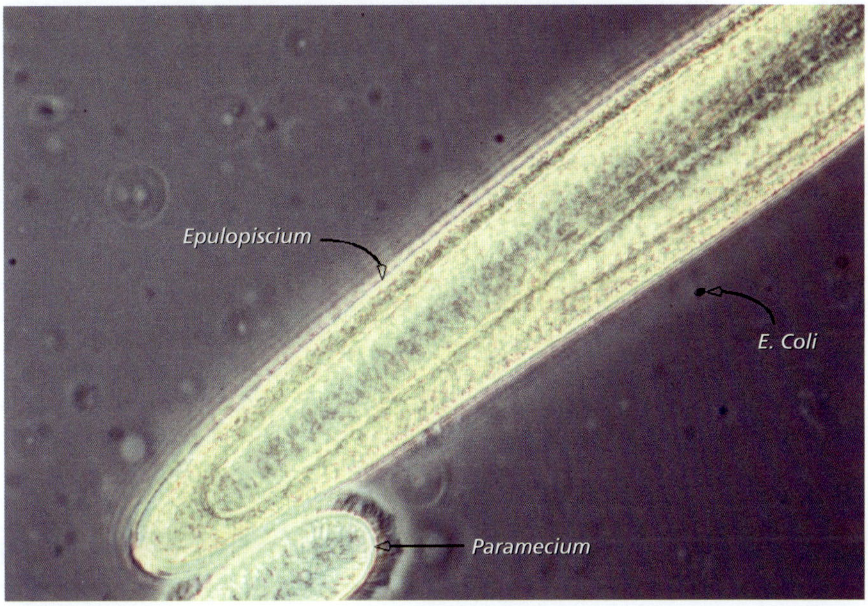

Figura 1.4 Quão grande é grande? Um dos maiores procariotos conhecidos (*E. fishelsoni*) excede muito em tamanho uma bactéria média (*Escherichia coli*) e até mesmo um eucarioto unicelular grande (*Paramecium*).

ocupar o volume de um humano adulto não ampliado. Um volume menor implica uma maior razão superfície-volume: a razão de uma bactéria típica é 1.000 vezes maior que a de uma célula animal típica, o que permite taxas mais altas de absorção de nutrientes do ambiente.

A simples observação microscópica das bactérias não é muito reveladora. A maioria delas se parece com salsichas minúsculas ou pequenas esferas sem sinais distintivos. Apesar dessa simplicidade, os microbiologistas acostumados a observar uma dada espécie microbiana acham que seu tamanho e sua forma são bastante distintivos. Isso é útil porque se pode avaliar o estado relativo de saúde dos organismos apenas olhando-os ao microscópio. Em cultura, bactérias em situações adversas muitas vezes parecem disformes – elas ficam desigualmente inchadas, alongadas e irregulares – ao passo que as saudáveis são tipicamente uniformes em relação à forma.

Para se ter uma ideia da complexidade procariótica, imaginemos uma viagem fantasiosa, em que tenhamos encolhido cerca de 10 milhões de vezes e sejamos capazes de nos acomodar dentro de uma bactéria de tamanho típico. O que veríamos? Como os arredores seriam percebidos pelo toque? Os maiores objetos seriam os ribossomos, do tamanho de bolas de praia, que preencheriam quase totalmente o campo de visão. Também seria visível um longo filamento de ácido desoxirribonucleico (DNA), firmemente dobrado sobre si mesmo, como uma madeixa de lã. Consideraríamos o meio rolo espesso e viscoso.

Uma viagem análoga dentro de uma célula animal ou vegetal nos mostraria não só que ela é maior que uma bactéria, mas também que tem um plano estrutural diferente. Nestas, o interior é dividido em compartimentos envoltos por membranas: o núcleo, as mitocôndrias, o complexo de Golgi, o retículo endoplasmático e, nas plantas, os cloroplastos. Essas estruturas, embora espacialmente isoladas, comunicam-se umas com as outras via mensagens metabólicas. Na maioria das bactérias, ao contrário, existem poucos compartimentos verdadeiros, e há uma maior recompensa pelo uso eficiente de espaço e energia.

Os micróbios muitas vezes compensam a vulnerabilidade inerente de seu tamanho pequeno formando agregados de um certo tipo ou vivendo em comunidades juntamente com outros micróbios. Tais massas de células são muitas vezes visíveis a olho nu. Elas não são apenas montes de células: os indivíduos frequentemente tornam-se metabólica e morfologicamente diferenciados, assemelhando-se em conjunto, em alguns aspectos, a um organismo multicelular. Em alguns casos, elas se tornam estruturas distintas e muitas vezes belas (ver Figura 14.5). As células individuais se comunicam umas com as outras dentro de tais estruturas.

EXISTIR EM GRANDE NÚMERO

Apesar de individualmente muito pequenos, a massa coletiva total dos micróbios na Terra é assombrosa. Os micróbios são quase onipresentes, sendo encontrados em praticamente qualquer lugar onde exista água livre. Somente nos oceanos há quase um milhão de bactérias por mL de água, totalizando, no mínimo, 10^{29} células em todos os oceanos do mundo. Estimou-se que a biomassa total de micróbios no planeta é quase tão grande quanto aquela de toda a vida vegetal e, de acordo com alguns cálculos, é ainda maior. Consequentemente, a quantidade de carbono nas células procarióticas é quase tão grande quanto ou, segundo alguns cálculos, ainda maior que aquela encontrada em todas as plantas da Terra, terrestres e marinhas. Além disso, como os procariotos contêm proporcionalmente mais nitrogênio e fósforo que as plantas, eles também são o maior reservatório desses elementos no mundo biológico.

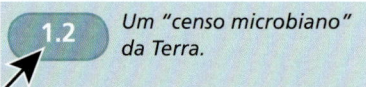

1.2 *Um "censo microbiano" da Terra.*

Os números, sejam grandes, sejam pequenos, têm certa importância. Certas doenças, como a disenteria bacteriana, são adquiridas pela ingestão de apenas algumas células bacterianas, mas cerca de um trilhão delas (uma terabactéria) mal pesam um grama e têm aproximadamente o volume de um torrão de açúcar. Para os bacilos da disenteria, esse número é suficiente para infectar não apenas todos os humanos, mas também todos os outros vertebrados suscetíveis da Terra, e ainda sobram muitos bacilos. Quanta contaminação fecal seria necessária para poluir um grande corpo de água, tornando alguns poucos goles de sua água infecciosos? Não muita. O cólon tem tanta abundância de micróbios que o peso seco das fezes dos vertebrados é constituído de um terço à metade de bactérias. Tal aglomeração não é incomum na natureza. O espaço entre os dentes e a gengiva, por exemplo, contém bactérias de parede a parede. Dito de outra forma, existem mais bactérias dentro e sobre nossos corpos que todas as nossas células.

CRESCER E PERSISTIR

Sob condições ótimas de laboratório, algumas bactérias podem se dividir uma vez a cada 20 minutos (produzindo oito células em uma hora, 64 na próxima hora, 128 na próxima, e assim por diante). Algumas bactérias crescem ainda mais rapidamente. Pode-se calcular o número produzido em um dado tempo, começando com uma única célula, utilizando-se a equação $N = 2^g$, onde N é o número de bactérias e g é o número de gerações (duplicações). Leva apenas 20 gerações (ou seis horas e 40 minutos) para que uma célula bacteriana se transforme em mais de um bilhão de bactérias. (Para os cálculos, ver a "Lei do Crescimento" no Capítulo 4.) Em menos de dois dias, essa única bactéria teria se multiplicado até um volume muito maior que o da Terra. Então por que isso não acontece? A resposta reside no fato de que a população fica sem alimento, e, mesmo que o alimento fosse abundante, as atividades metabólicas das bactérias resultariam no acúmulo de produtos tóxicos que inibem o crescimento.

A alta razão superfície-volume de uma célula bacteriana resulta em altas taxas metabólicas. Bactérias que crescem rapidamente processam seus nutrientes a taxas de 10 a 1.000 vezes mais altas por grama que as células animais.

Há consequências significativas para tal rotatividade química rápida, algumas das quais são fáceis de compreender. Quanto tempo leva para o corpo de um animal se decompor, para o pão fermentar ou para uma pessoa ficar doente em virtude de um agente infeccioso? Horas? Dias?

Ao contrário, alguns micróbios crescem com extrema lentidão, mesmo sob condições ótimas. O crescimento rápido pode ser necessário ao sucesso em alguns ambientes, mas não em outros. O bacilo da tuberculose (*Mycobacterium tuberculosis*), que causa a tuberculose, divide-se apenas cerca de uma vez a cada 24 horas. Certos micróbios que vivem em hábitat árido crescem ainda mais lentamente que o bacilo da tuberculose, duplicando-se talvez uma vez por mês, uma vez por ano ou ainda com menos frequência. Aqueles que visitaram os desertos no oeste dos Estados Unidos talvez se lembrem de ver rochas ressecadas pelo calor do sol e "pintadas" com cores brilhantes. Essas não são as cores reais das rochas, mas sim as de uma fina pátina de superfície conhecida como "verniz do deserto", a camada na qual os índios norte-americanos fizeram talhos para criar seus impressionantes petróglifos.

O verniz do deserto consiste em uma fina camada superficial de óxidos de ferro e manganês, depositados durante eras pela ação de bactérias residentes. Os organismos são protegidos da radiação ultravioleta letal do sol por partículas de argila. Imagine quão raramente tais bactérias crescem e se dividem. Não dispomos de números precisos, mas anos ou séculos não parecem ser estimativas irracionais. O crescimento e a divisão sob tais circunstâncias não são contínuos e é provável que ocorram em surtos breves e infrequentes. Por mais lento que seja o crescimento, os micróbios fazem uma enorme diferença ao longo dos tempos geológicos.

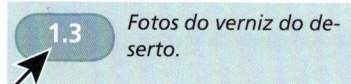

1.3 *Fotos do verniz do deserto.*

A lição que podemos tirar dessas belas rochas pintadas é que as bactérias não têm de crescer muito rapidamente ou se dividir com muita frequência para *sobreviver* por um longo período de tempo. Isso sugere que os micróbios têm mecanismos formidáveis para se adaptar a condições severas e desfavoráveis, como aridez, temperaturas altas, radiação e pressão osmótica alta. Não é de surpreender que o mundo microbiano seja um componente integral de nosso planeta.

COLONIZAR TODOS OS NICHOS E TORNAR A TERRA HABITÁVEL

Onde existe vida, existem micróbios. Não há nenhum nicho na Terra capaz de sustentar a vida sem micróbios, isso inclui ambientes considerados extremamente severos. Neste momento, a credulidade deve ser levada além dos limites: os micróbios não apenas sobrevivem, mas de fato também crescem sob condições extremas, como temperaturas acima do ponto de ebulição, pH 1,0, pressões de milhares de atmosferas e salinidade típica de água salgada concentrada (Tabela 1.4). O atual campeão mundial entre os **termófilos** (como são chamados os organismos que crescem somente em temperaturas altas) cresce até 121°C, uma temperatura atingível apenas a altas pressões, como as encontradas no fundo do oceano. Para cultivar esses organismos em laboratório, é necessária uma panela de pressão ou uma autoclave. Isso poderia sugerir que as autoclaves são ineficientes na esterilização dos meios de cultura microbiológicos, porque não eliminam esses organismos que gostam de calor. Contudo, a maior parte do trabalho microbiológico é feita em temperaturas muito mais baixas. Na improvável eventualidade de tais termófilos extremos estarem presentes, eles não cresceriam nas temperaturas usadas nos experimentos habituais e, portanto, não seriam percebidos. É igualmente improvável que, em

Tabela 1.4 Os extremos conhecidos da vida

Alguns micróbios *sobrevivem a*:
5 megarads de radiação gama (cerca de 10.000 vezes o que mataria um ser humano)
Pressões muito altas (cerca de 8.000 atmosferas, ou 117.000 libras por polegada quadrada)
Alguns micróbios *crescem a*:
Extremos de pH (0 a 11,4)
Temperaturas extremas (−15 a 121°C)
Altas pressões hidrostáticas (cerca de 1.300 atmosferas, ou 18.500 libras por polegada quadrada)
Altas pressões osmóticas (NaCl 5,2 M)

uma garrafa de ácido clorídrico 1,0 normal (N), deixada por um período de tempo suficiente em uma estante, possam se desenvolver algumas bolas felpudas – indicando o crescimento de mofos – no líquido. Claramente, temos uma visão antropocêntrica da vida: achamos que esses organismos são bizarros, chamando-os de **extremófilos**. Contudo, na perspectiva desses organismos, condições como pH 7, temperatura de 37 °C e baixa salinidade não são apenas desconfortáveis, mas, na verdade, incompatíveis com a vida. A noção do que é extremo, como a beleza, está no olho do observador.

Ser capaz de crescer em temperaturas altas implica que as moléculas biológicas de um termófilo devem ser dotadas de uma estabilidade maior que a que se achava normalmente possível. Qualquer que seja o mecanismo, a estabilidade térmica tem muitos usos em pesquisa e na indústria. Alguns detergentes de lavanderia, por exemplo, destinados a funcionar em temperatura alta, contêm hidrolases termoestáveis obtidas de bactérias termofílicas. Outro exemplo é a muito utilizada **reação em cadeia da polimerase – PCR**, de *polymerase chain reaction* – o mesmo método usado em testes forenses de DNA), que depende da alternância entre temperaturas altas e baixas. A enzima resistente ao calor originalmente usada foi extraída de um organismo termofílico que cresce em uma fonte de água termal no Parque Nacional de Yellowstone.

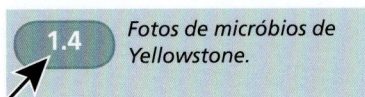

1.4 *Fotos de micróbios de Yellowstone.*

Os micróbios não apenas têm a capacidade de viver sob condições físicas severas, mas também podem obter a energia metabólica de formas inesperadas. Muitos dos micróbios existentes no planeta são fotossintéticos; na verdade, eles inventaram a fotossíntese. Outros desenvolveram formas de extrair energia não da luz, mas de ligações químicas presentes em compostos inorgânicos. Assim, os micróbios oxidam hidrogênio molecular, ferro reduzido, sulfetos e outros compostos que parecem intratáveis, mas são ricos em energia. Esses organismos extraem seu carbono celular do CO_2 de forma muito semelhante ao CO_2 que é "fixado" durante a fotossíntese. Contudo, eles não dependem da energia do sol. Tais habilidades metabólicas permitem a vida em lugares escuros que carecem do fornecimento de nutrientes orgânicos. Na verdade, essas bactérias são a força que sustenta a vida em chaminés vulcânicas nas profundezas dos oceanos e em fendas e fissuras de rochas. Acredita-se que essas comunidades sejam tão grandes que excedam em peso todos os organismos que usam oxigênio acima da superfície. Assim, os micróbios ocupam nichos que vão além das finas camadas superficiais da Terra. O extraordinário repertório metabólico e ecológico desses micróbios levou à especulação de que formas análogas de vida também existam em outros lugares de nosso sistema solar, como em Marte e em uma das luas de Júpiter, Europa.

A abundância de micróbios na Terra tem efeitos diretos sobre as qualidades físicas e químicas do ambiente. Por meio de suas intensas atividades bioquímicas, os micróbios realizam mudanças importantes na biosfera. Para sustentar a vida, os elementos essenciais, como carbono, oxigênio e nitrogênio, devem ser reciclados. O oxigênio de nossa atmosfera, por exemplo, é constantemente reabastecido pela atividade dos seres vivos e foi originalmente produzido por bactérias fotossintéticas. Até os dias de hoje, pelo menos metade do oxigênio presente no ar resulta da fotossíntese microbiana; o resto origina-se da fotossíntese vegetal. Se não fosse pela decomposição do material orgânico pelos micróbios, o carbono se acumularia na matéria vegetal morta e não estaria disponível em quantidades suficientes como dióxido de carbono para o crescimento das plantas. Com exceção dos nitratos sintetizados quimicamente, usados como fertilizantes, os micróbios procarióticos são a única fonte significativa de nitrogênio utilizável, essencial para toda a vida. Pode-se estimar que, se essa atividade microbiana cessasse repentinamente, as plantas ficariam sem nitrogênio utilizável em cerca de uma semana. Às vezes, não se dá a atenção necessária a essas atividades microbianas. Quando os cientistas tentaram construir um ecossistema fechado no Arizona (a Biosfera 2), um ambiente de autocontenção aceitável não pode ser sustentado, em grande parte porque o comportamento dos micróbios no solo não foi devidamente levado em consideração. Como resultado da respiração microbiana, o oxigênio diminuiu a níveis mais baixos que o esperado. Em pequena escala, isso ilustra o impacto dos micróbios em nosso ambiente e seu papel essencial em tornar a Terra habitável.

Diferentes micróbios utilizam um vasto repertório de substâncias orgânicas para a nutrição e o crescimento. Tem-se dito que, para quase todo composto orgânico que ocorre naturalmente, existe pelo menos um tipo de micróbio que pode degradá-lo, contanto que haja água disponível. Isso é particularmente útil em relação à limpeza de poluentes ambientais. A técnica de promover a atividade de micróbios em locais contaminados é conhecida como **biorremediação** (ver Capítulo 23). Ela foi usada com sucesso na limpeza geral do derramamento de óleo do petroleiro *Exxon Valdez* no Alasca, em 1989, e continua a ter outras importantes aplicações na atualidade.

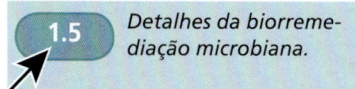

1.5 *Detalhes da biorremediação microbiana.*

A presença dos micróbios em tantos ambientes dificulta o surgimento da vida novamente na época atual. As substâncias químicas necessárias para formar uma célula não se acumulariam o tempo suficiente para que uma célula fosse montada. Os micróbios existentes no ambiente simplesmente as devorariam.

Alguns micróbios são "comedores exigentes" e utilizam apenas um espectro limitado de compostos como fontes de carbono e energia. Muitas das bactérias associadas ao corpo humano enquadram-se nesta categoria, possivelmente por terem se adaptado a um ambiente rico e relativamente constante. Outros micróbios têm a capacidade de utilizar um conjunto surpreendente de compostos. Certas espécies de bactérias denominadas *Pseudomonas* podem metabolizar centenas de compostos orgânicos. Não é de se admirar que essas espécies sejam encontradas em uma grande variedade de ambientes naturais. As espécies de *Pseudomonas* são abundantes no solo, nas raízes das plantas, em corpos de água e nos animais. Elas também têm muitos genes e, consequentemente, possuem alguns dos maiores genomas microbianos.

FORMAR O PLANETA

Considerando-se a versatilidade metabólica dos micróbios, não é necessária muita doutrina para perceber que eles desempenham um papel importante tanto na geologia como na meteorologia do planeta. Muitas cavernas grandes, por exemplo, devem sua existência a micróbios que oxidam sulfeto de hidrogênio para produzir ácido sulfúrico. Depósitos de carbonato de cálcio são convertidos, por fontes microbianas de ácido sulfúrico, em sulfato de cálcio, que é mais estável e é dissolvido por correntes de água. Esse processo é relativamente lento, mas a atividade das bactérias é constante e ininterrupta. Com o tempo, esses mineiros microbianos escavam gigantescos buracos no solo.

Os micróbios também formam rochas. O calcário é responsável por cerca de 10% de todas as rochas da Terra e é principalmente formado por representantes microbianos do plâncton marinho denominados cocolitóforos. A cada ano, esses organismos formam 1,5 milhão de toneladas de calcita, o principal constituinte do calcário. Analogamente, as diatomáceas são responsáveis pelos imensos depósitos de rochas que contêm sílica. Os micróbios também estão envolvidos na erosão de rochas, processo pelo qual as rochas se desgastam e se quebram em pedaços. Acreditava-se que as superfícies das rochas abrigavam alguns micróbios, mas os micróbios estão presentes em grandes quantidades nas fissuras de rochas que descem vários quilômetros abaixo da superfície, e acredita-se que essa biomassa exceda a da superfície da Terra.

A geologia do planeta é claramente muito influenciada pelo clima e pela ciclagem dos principais gases da atmosfera, o nitrogênio e o oxigênio. Essa ciclagem se deve em grande parte à ação microbiana. O oxigênio molecular livre apareceu pela primeira vez na atmosfera há cerca de 2,5 bilhões de anos, e as bactérias são responsáveis por uma grande proporção do oxigênio produzido pela fotossíntese. Se os representantes eucarióticos do mundo microbiano, como as diatomáceas, por exemplo, forem incluídos, a fotossíntese é, na verdade, preponderantemente microbiana quanto à origem. O principal gás do efeito estufa, o dióxido de carbono, é tanto produzido como consumido pelos micróbios.

1.6 *Uma discussão sobre a formação de nuvens.*

Mesmo a formação de nuvens pode ter origem microbiana. As algas marinhas e as bactérias se combinam para produzir um composto volátil, o dimetilsulfóxido, no montante de cerca de 50 milhões de toneladas anualmente. Na atmosfera, o dimetilsulfeto se transforma em sulfato, e o sulfato atua como um agente de nucleação para o vapor de água tornar-se gotículas de água. O resultado são as nuvens. Observe o circuito de retroalimentação: quanto maior a cobertura de nuvens, há menos luz para a fotossíntese, e decai a produção de compostos de enxofre que formam nuvens. Com o tempo, isso leva a menos nuvens, e o ciclo começa de novo. Na verdade, os micróbios formam o planeta.

GANHAR A VIDA

Todos os organismos de vida livre têm necessidades constantes que se enquadram em três categorias gerais: **nutrição** (disponibilidade intermitente de alimento), **ocupação** (necessidade de permanecer em um certo hábitat) e **resistência** a agentes danosos.

O exemplo dos micróbios no intestino humano é revelador. Na maioria das pessoas, o número relativo de diferentes tipos de bactérias é mais ou menos estável, embora nem todos os humanos tenham as mesmas espécies ("próprias a cada um"). É igualmente surpreendente o fato de que algumas espécies são abundantes, até 10 bilhões de células por grama, enquanto outras são talvez um milhão de vezes menos frequentes. Por que a espécie dominante não supera totalmente as outras? A resposta parece estar relacionada a nichos diferentes. Em uma escala macro, o intestino humano é um tubo que tem, pelo menos, dois compartimentos distintos, o **lúmen** (o espaço central dentro do tubo) e a camada superficial que funciona como uma parede. Essas regiões são distintas, porque o líquido não é uniformemente misturado próximo ao revestimento e sua superfície é coberta por muco viscoso.

Cada compartimento apresenta um desafio distinto aos micróbios. No lúmen, as espécies que não se desenvolverem serão superadas por aquelas que o fazem. Aqui, o prêmio ocorre para a utilização rápida dos nutrientes disponíveis e, portanto, para o crescimento rápido. Além disso, esse é um ambiente em movimento, e as bactérias estão sendo constantemente eliminadas. A sobrevivência no lúmen depende não apenas da formação de um grande número de células, mas também da capacidade de responder rapidamente a um ambiente em mudança. Embora o alimento seja abundante no lúmen intestinal, uma bactéria deve competir com outras espécies e também com seus próprios parentes. Assim, os micróbios devem ser capazes de usar eficientemente seus recursos e, da mesma forma, de se adaptar com rapidez a condições nutricionais em mudança, uma vida de banquete e de fome. Tais organismos devem chegar a um equilíbrio entre ser eficiente e ser adaptável.

Outras bactérias desenvolveram uma estratégia diferente: elas se aderem à superfície intestinal. Essas não serão facilmente arrastadas e permanecerão no lugar, mesmo que cresçam muito rápido. Aqui, o prêmio ocorre para a ocupação, não apenas para o crescimento rápido. A ocupação de superfícies é uma grande questão no mundo microbiano. Cada partícula de solo, cada rocha nos mares ou as superfícies epiteliais dos animais são, uma hora ou outra, colonizadas pelos micróbios. Muito raramente encontram-se superfícies onde não haja uma população residente. Um exemplo são as extensões inferiores de nosso trato respiratório. Aqui, poderosos mecanismos de defesa do hospedeiro impedem que as bactérias se grudem. O epitélio de nossa árvore respiratória é coberto com um **elevador**, um conjunto de cílios que estão constantemente "batendo para cima", removendo partículas da superfície e carregando-as em direção ao lado externo do corpo. Quando esse epitélio ciliar é danificado, como na ocorrência de certas infecções virais, uma bronquite bacteriana ou uma pneumonia quase sempre se seguem. Como é de se esperar, os micróbios, incluindo muitos patógenos, desenvolveram formas de se ligar a superfícies. Muitos produzem substâncias grudentas que os ajudam na adesão; outros têm apêndices especiais que reconhecem sítios específicos na superfície das células. Esses dispositivos moleculares microbianos são chamados de **adesinas**. A colonização, portanto, é um tópico fundamental em microbiologia clínica e ambiental.

COOPERAR EM TAREFAS COMPLEXAS

1.7 *Uma receita e uma foto de chucrute.*

Considere o chucrute. Pode não ser a comida favorita de todo mundo, mas ilustra uma cadeia interligada de eventos microbianos. O chucrute é o resultado da fermentação microbiana do repolho que ocorre de uma maneira extremamente reproduzível. Só é preciso cortar o repolho em cubos, adicionar sal, protegê-lo do ar e pronto; depois de algumas semanas, o produto final estará pronto para o consumo. Isso ocorre, sem exceção, com uma precisão quase infalível, ainda que necessite das atividades de dezenas de diferentes micróbios trabalhando em uma linha de montagem (uma sucessão ecológica). O que acontece é isto: a adição de sal faz com que as células do repolho se plasmolisem e liberem uma grande quantidade de substâncias solúveis – açúcares, aminoácidos e vitaminas – que servem de nutrientes para bactérias e leveduras. Alguns desses micróbios produzem enzimas que amolecem o repolho e modificam sua textura, e outras enzimas convertem açúcares em ácidos orgânicos, principalmente lactato, acetato e propionato. Ao final dessa primeira fermentação, outras bactérias assumem o controle e convertem os substratos restantes nos compostos que dão ao chucrute seu aroma característico. Essa segunda fermentação confere sabor ao produto acabado. A essa altura, o pH caiu rapidamente para cerca de 3,5, mas esse não é um valor suficientemente baixo para inibir outras bactérias. Uma terceira fermentação é então realizada por outra população bacteriana bem resistente à acidez, resultando na formação de ainda mais ácido láctico, com o pH caindo para cerca de 2,0. Agora o chucrute tem o sabor desejado, e o pH baixo interrompe o crescimento microbiano adicional (contanto que o ar seja excluído). O chucrute pode ser armazenado por um longo período. Três distintas populações bacterianas estiveram em ação: a primeira preparando o alimento para a próxima, a segunda conferindo sabor e a terceira convertendo-o em um alimento conservado.

O que aprendemos? O próprio repolho deve ter sido a fonte de muitos dos organismos envolvidos, sugerindo que mesmo o repolho fresco e não danificado carrega diversos micróbios. Alguns micróbios podem ter vindo das mãos dos manipuladores, da vasilha usada ou de outros locais ambientais, mas a reprodutibilidade da fabricação de chucrute sugere que a fonte principal do **inóculo** (as células iniciais) seja o próprio repolho. À medida que o ambiente muda nas várias etapas, novos micróbios proliferam-se a fim de ocupar o que se tornou um novo nicho ecológico. Aprendemos que, mesmo onde a biota microbiana é altamente complexa, apenas alguns de seus membros podem estar ativos em um momento particular. Posteriormente, quando o ambiente muda, outros tornam-se ativos.

A interligação de atividades microbianas não é incomum. Os mamíferos, por exemplo, não produzem enzimas que degradam a celulose. Em vez disso, o gado, as ovelhas, os cervos e outros ruminantes abrigam micróbios que digerem a celulose em uma grande câmara de fermentação denominada rúmen. O animal proporciona aos micróbios um hábitat adequado para o crescimento; os micróbios retribuem degradando a celulose em ácidos graxos voláteis, que são usados pelo animal como uma importante fonte de energia. Tais interações são parte do grande sistema de reciclagem de todo o material orgânico na Terra. Nenhum animal ou nenhuma planta se decompõe por meio da atividade de uma única espécie microbiana. As cadeias alimentares e as populações interativas são a regra.

Na natureza, os micróbios vivem em comunidades que podem consistir em centenas de espécies diferentes. É difícil determinar como elas coexistem. Sabemos que as interações entre as espécies incluem a competição por alimento, as cadeias alimentares, a predação e a excreção de metabólitos antimicrobianos e antibióticos. À primeira vista, pode parecer que a coexistência de centenas de espécies é complexa demais a nossa compreensão. Contudo, tentar entendê-la não é muito diferente de perguntar como centenas de diferentes espécies de plantas coexistem em uma dada área de uma floresta tropical. Em nenhum caso temos, de fato, respostas simples a essas importantes questões.

Na maioria dos hábitats naturais, as bactérias residem nas superfícies de estruturas complexas denominadas **biofilmes**, cujos exemplos incluem o crescimento corrosivo em canos metálicos, a placa dentária e a espuma membranosa em um barril de conserva tradicional. Os biofilmes têm tipicamente várias camadas celulares de espessura e podem ser visíveis a olho nu. Eles podem conter uma única espécie, mas são mais frequentemente constituídos por várias espécies. Os biofilmes mais espessos têm uma arquitetura estrutural especial que assegura a troca de substratos e resíduos. Tais biofilmes são peças complexas de engenharia, desenvolvendo canais para garantir a proximidade de líquidos frescos. Dessa maneira, as bactérias que formam biofilmes superam a desvantagem de estar na profundidade de uma estrutura segregada, onde elas estariam limitadas quanto a sua capacidade de se alimentar e trocar substâncias com o ambiente.

CONCLUSÕES

Os micróbios são pequenos, onipresentes, abundantes, adaptáveis e necessários à continuidade da existência de outras formas de vida. Eles desempenham um papel vital na formação do planeta. Assim, seu estudo é essencial a todos os que tentam entender a vida na Terra. Nos próximos dois capítulos, trataremos do plano estrutural da célula procariótica antes de discutirmos sua fisiologia, genética, ecologia e evolução.

TESTE SEU CONHECIMENTO

1. Prepare um esboço para uma palestra dirigida a estudantes de ensino médio sobre a importância dos micróbios no planeta.
2. Prepare um esboço para uma palestra dirigida a estudantes de ensino médio sobre a importância dos micróbios para os seres humanos.
3. As bactérias variam em volume mais de um milhão de vezes. Discuta algumas das consequências de ser muito maior ou muito menor do que a média.
4. De que formas Bacteria e Archaea influenciaram a evolução dos eucariotos no passado? Como elas a influenciam no presente?

parte II estrutura e função

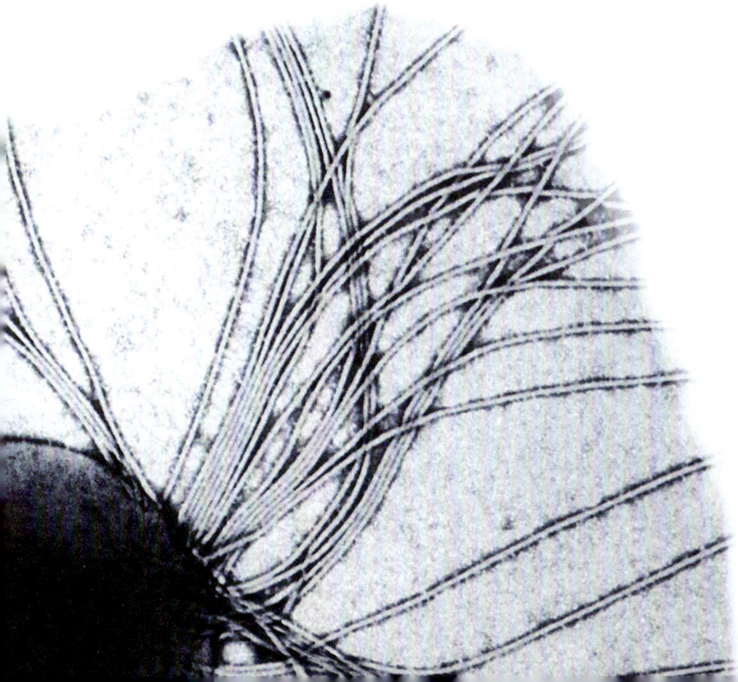

estrutura e função da célula procariótica: envelopes e apêndices

capítulo

2

CÉLULAS PROCARIÓTICAS

O mundo microbiano estende-se sobre a maior divisão de tipos celulares dentro do mundo vivo: aquela existente entre procariotos e eucariotos. As células procarióticas são desprovidas de núcleos, mitocôndrias e cloroplastos (Figura 2.1). Elas não realizam **endocitose** ou **pinocitose**, isto é, são incapazes de ingerir partículas ou gotículas. Os procariotos e os eucariotos também diferem quanto a importantes particularidades bioquímicas, como a estrutura de seus ribossomos e a composição de seus lipídeos, por exemplo. Além disso, a maioria dos procariotos é haploide e normalmente tem um único tipo de **cromossomo** circular, acompanhado de elementos extracromossômicos denominados **plasmídeos**; a maioria dos eucariotos tem uma fase diploide e vários cromossomos lineares diferentes. Este capítulo e o próximo tratam apenas das estruturas celulares procarióticas. As estruturas celulares de micróbios eucarióticos selecionados são discutidas no Capítulo 16.

As células de Bacteria e Archaea podem ser pequenas, mas são bem complexas quanto à organização. As células procarióticas não são simplesmente minúsculas bolas ou salsichas indefinidas; pelo contrário, algumas de suas proteínas e o DNA estão localizados em sítios específicos da célula. Além disso, elas empregam estruturas elaboradas em sua morfogênese e divisão celular, incluindo proteínas equivalentes àquelas envolvidas no citoesqueleto eucariótico. Várias proteínas, incluindo algumas envolvidas em quimiotaxia (o movimento de bactérias em resposta a estímulos químicos), estão localizadas em apenas um dos polos (ver Capítulo 13). Assim, pode-se dizer que as bactérias têm um "nariz" que sente atraentes e repelentes. Os exemplos que ilustram a anatomia sofisticada das células procarióticas se repetem e serão encontrados ao longo de todo este livro.

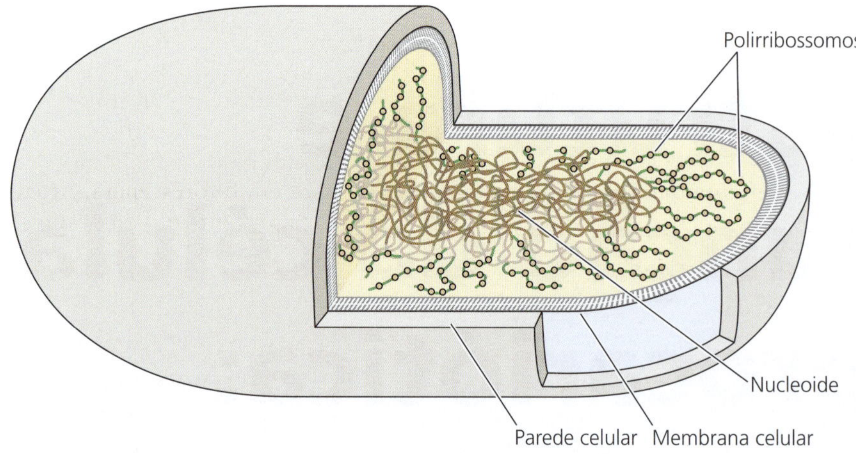

Figura 2.1 Ultraestrutura de uma célula procariótica característica. Dentro da membrana celular, o DNA está enrolado em uma massa denominada nucleoide. Vários ribossomos estão ligados a uma única molécula de RNA mensageiro (mRNA), constituindo os polirribossomos. Observe que esses se formam enquanto as moléculas de mRNA estão sendo transcritas. Do lado de fora da membrana celular, existem uma parede celular e, tipicamente, uma camada denominada matriz extracelular (não mostrado).

MICROSCÓPIOS

A importância que os microbiologistas dão à visualização dos micróbios cresceu e diminuiu ao longo dos anos. Em seu início, a microbiologia era uma ciência estritamente observacional, e os microscopistas foram os pioneiros. Antonie van Leeuwenhoek – possivelmente o primeiro microbiologista – observou a presença de células de *Giardia* em suas fezes durante um episódio de infecção intestinal. Essa descoberta dependeu inteiramente de observações microscópicas.

2.1 *Fotografias de microscópios de Leeuwenhoek.*

Durante toda a "era de ouro da microbiologia médica", no final do século XIX, a microscopia óptica continuou sendo a ferramenta mais valiosa do microbiologista. Até então, tinha tornado-se possível superar a dificuldade inerente de observar as células procarióticas: elas não possuem cor e, portanto, não geram contraste suficiente para serem vistas com clareza por meio de microscopia óptica. Corantes começaram a ser usados isoladamente e em combinações, a fim de corar e, desse modo, aumentar o contraste das células procarióticas, tornando-as claramente visíveis. Os corantes que exploravam propriedades únicas da superfície das células microbianas abriram caminho para realizações importantes. Robert Koch, microbiologista alemão do século XIX, descobriu a causa da tuberculose ao usar um corante "diferencial" que lhe possibilitou ver os bacilos da tuberculose dentro de tecidos do hospedeiro. Christian Gram desenvolveu um procedimento de coloração diferencial que lhe permitiu classificar as bactérias em dois grupos (bactérias gram-positivas e gram-negativas [ver a seguir]).

As células procarióticas se aproximam do limite de resolução dos microscópios ópticos. Sob condições ótimas, um microscópio óptico tem um **poder de resolução** (a distância mínima que permite que dois pontos sejam percebidos em separado) de cerca de 0,22 micrômetros (também denominados mícrons) (μm), isto é, um terço da largura de uma célula procariótica típica. Portanto, apenas as maiores estruturas intracelulares dos procariotos são reveladas pela microscopia óptica. Não é de surpreender que a diferença fundamental e óbvia entre os tipos celulares – a distinção eucariótico-procariótica – tenha sido descoberta somente após microscópios eletrônicos adequados tornaram-se disponíveis no final da década de 1930. O poder de resolução superior dos microscópios eletrônicos revela estruturas internas que não são vistas com um microscópio óptico.

O desenvolvimento do **microscópio de contraste de fase** e de seu parente, o **microscópio de contraste de interferência diferencial de Nomarski**, tornou possível a visualização de células vivas não coradas, ativas e não deformadas pela fixação. Por meio da geração de interferência entre a luz que passa através e em volta das células, esses microscópios produzem contraste explorando o alto índice de refração das células microbianas.

Com o tempo, foram desenvolvidas ferramentas poderosas (incluindo a coloração com metais pesados, o sombreamento metálico, a criofratura e a criogravação) para o estudo da estrutura interna das células procarióticas por microscopia eletrônica. A microscopia óptica também se beneficiou muito do desenvolvimento de novas técnicas com base em fluorescência. Atualmente, a microscopia tornou-se mais uma vez uma parte integral da pesquisa microbiológica.

Microscópios mais modernos

O microscópio óptico não dá uma ideia tridimensional (3D) de um objeto. Imagens 3D muito nítidas de objetos microscópicos podem ser obtidas com dois outros tipos de microscópios, o **microscópio confocal** e o **microscópio de desconvolução**. Ambos criam "fatias ópticas" pela focalização em diferentes camadas de um objeto. Essas fatias podem ser reunidas e produzem uma imagem 3D do espécime. Em termos gerais, isso se assemelha à forma como os radiologistas usam os exames de tomografia computadorizada (TC) para obter imagens 3D de órgãos dos pacientes. Os dois microscópios diferem quanto ao modo de eliminação dos borrões vindos de outros planos de foco. O microscópio confocal utiliza um sistema de pequenos orifícios colocados diante de uma abertura de coleta, a qual bloqueia toda a luz vinda da amostra, exceto a luz que se origina diretamente do plano de foco. No **microscópio de desconvolução**, utiliza-se um processo com base em um programa de computador para esse fim. Aqui as fatias ópticas são coletadas através de um objeto (como na microscopia confocal). Contudo, em vez de eliminar a luz fora de foco por meios mecânicos, ela é removida de cada plano focal por um computador que usa os chamados algoritmos de busca por vizinhos mais próximos (ou algoritmos de desconvolução) (para um exemplo, ver Figura 2.6).

2.2 *Detalhes de microscopia confocal.*

2.3 *Detalhes de microscopia de desconvolução.*

Microscópios de varredura por sonda

Os microscópios de varredura por sonda podem resolver e visualizar átomos e moléculas isoladas sem o uso de meios ópticos. Diferentemente dos microscópios tradicionais, eles não usam lentes, mas sim detectam a estatura de um objeto examinando-o com uma sonda muito fina. Assim, eles não são limitados pelas leis da difração, e seu limite de resolução é estabelecido pelo tamanho da sonda. A sonda pode ser ajustada para um ponto tão pequeno quanto um átomo individual e mantida muito perto da superfície do espécime, à distância de cerca de um diâmetro do átomo. Em seguida, a medição é convertida em um sinal elétrico que gera uma imagem. Os tipos mais comumente usados de microscópios de varredura por sonda são o **microscópio de tunelamento por varredura** e o **microscópio de força atômica**.

2.4 *Detalhes de microscopia de força atômica.*

Corantes moleculares

Os corantes tradicionais são usados para aumentar o contraste e também para identificar ou realçar certas partes das células, como esporos ou flagelos, por exemplo. Os corantes moleculares têm maior poder de discriminação e podem ser usados para visualizar tipos específicos de moléculas.

Fluorocromos. Células específicas ou componentes celulares podem ser localizados pelo uso de anticorpos seletivos ou sondas de DNA que foram modificadas e carregam uma substância química fluorescente denominada **fluorocromo**. Assim, tais componentes marcados brilham em um microscópio de fluorescência, revelando suas localizações nas células ou nos tecidos.

2.5 *Detalhes sobre a GFP.*

Proteínas fluorescentes. A localização de uma proteína também pode ser determinada, em células vivas, por meio de sua fusão a uma **proteína fluorescente**. Tal proteína artificial pode ser feita ao fusionar-se geneticamente o **gene** da proteína que está sendo examinada a um gene que codifica uma proteína fluorescente. O gene original dessas proteínas foi obtido de uma água-viva, e seu produto é conhecido como **proteína fluorescente verde** (GFP). Várias formas modificadas da proteína, como, por exemplo, a **proteína fluorescente amarela** (YFP) e a **proteína fluorescente ciânica** (CFP; cíano é uma cor azul-esverdeada), têm algumas vantagens sobre a GFP e vêm sendo cada vez mais utilizadas. Uma vantagem importante do uso de fusões a proteínas fluorescentes é que elas podem ser utilizadas em células vivas; assim, o destino de uma dada proteína pode ser examinado ao longo do tempo na própria célula.

OS PROCARIOTOS TÊM ENVELOPES E APÊNDICES COMPLEXOS

A anatomia microbiana nos diz muito sobre como os micróbios enfrentam os desafios ambientais. Organismos unicelulares pequenos e de vida livre, como as bactérias, defrontam-se com condições nutricionalmente variadas, resistem a perigosos desafios físicos e químicos e, geralmente, devem ter a capacidade de se ligar a superfícies. As soluções para tais desafios são claramente reveladas nos planos estruturais de Bacteria e Archaea. Em nenhum lugar isso é mais bem ilustrado que *na composição e na estrutura das camadas de superfície*, onde os micróbios fazem contato e se comunicam com o ambiente inanimado e com outras células, incluindo aquelas de um hospedeiro que eles possam ter invadido. Os componentes de superfície frequentemente determinam se um organismo pode sobreviver em um ambiente específico.

As células microbianas são envoltas por **camadas de envelope** e **apêndices complexos** que diferem quanto à composição entre os grupos principais e, mais sutilmente, mesmo entre linhagens de uma espécie individual. Essas estruturas protegem os organismos de ambientes e condições hostis, como osmolaridade extrema, substâncias químicas fortes e até mesmo antibióticos. Descreveremos primeiramente as propriedades estruturais das estruturas bacterianas e em seguida iremos compará-las às das arqueobactérias.

A MEMBRANA CELULAR

Como todas as outras células, as bactérias possuem uma **membrana celular** a qual consiste na bicamada lipídica usual. Discutiremos a seguir o modo substancialmente diferente que as arqueobactérias têm de formar suas membranas. *Em ambos os casos, a membrana celular é o verdadeiro limite entre o interior celular e o ambiente.* Tipicamente, nas bactérias, a membrana celular consiste em fosfolipídeos e mais de 200 tipos diferentes de proteínas. Essas são responsáveis por aproximadamente 70% da massa da membrana, uma proporção consideravelmente mais alta que a das membranas celulares de mamíferos.

As membranas celulares das bactérias são locais movimentados. Elas assumem funções que, nas células eucarióticas, estão distribuídas entre a **membrana plasmática** e as membranas das organelas intracelulares (Tabela 2.1). Sua função mais importante é a absorção de **substratos** do meio. Basicamente, a membrana celular é uma *barreira osmótica e de solutos que contém sistemas de transporte específicos e cadeias transportadoras de elétrons*. A membrana celular contém proteínas específicas que efetuam, de várias maneiras, a entrada da maioria dos

Tabela 2.1 Algumas funções das membranas celulares procarióticas e eucarióticas e das membranas de organelas

	Estrutura	
Função	**Procarioto**	**Eucarioto**[a]
Barreira osmótica	Membrana citoplasmática	Membrana citoplasmática
Transporte de solutos	Membrana citoplasmática	Principalmente membrana citoplasmática
Transporte de elétrons na cadeia respiratória	Membrana citoplasmática	Membrana mitocondrial
Síntese de proteínas	Polirribossomos no citoplasma	Polirribossomos no retículo endoplasmático
Síntese de lipídeos	Membrana citoplasmática	Retículo endoplasmático liso, complexo de Golgi
Síntese de polímeros da parede	Membrana citoplasmática	Complexo de Golgi nas plantas
Secreção de proteínas	Membrana citoplasmática	Retículo endoplasmático e vesículas secretoras
Fotossíntese	Vários tipos de membranas, algumas contínuas à (e outras independentes da) membrana citoplasmática	Membranas do cloroplasto

[a]Somente principais locais.

metabólitos. Muitos desses **mecanismos de transporte** podem concentrar seus substratos específicos dentro da célula de modo que estejam até 10^5 vezes mais elevados que no meio circundante (discutido em detalhe no Capítulo 6).

COMO A MEMBRANA CELULAR É PROTEGIDA

Como todas as membranas biológicas, a membrana celular bacteriana pode ser rompida por detergentes e outros compostos **anfipáticos** (aqueles que contêm domínios tanto polares como apolares). Além disso, a membrana deve ser mecanicamente estabilizada para suportar as altas pressões osmóticas intracelulares. A maioria das bactérias resolve esses problemas envolvendo a membrana com uma estrutura resistente semelhante a um saco. Há diversas variações sobre o tema, gerando quatro estilos arquitetônicos: o **gram-positivo**, o **gram-negativo** (Figura 2.2), o **acidorresistente** e o típico dos micoplasmas.

A coloração de Gram (nomeada em referência ao pioneiro microbiologista dinamarquês que a inventou) divide a maioria das bactérias em dois grupos, gram-positivas e gram-negativas. As espécies gram-negativas são mais numerosas que as espécies gram-positivas. Contudo, muitos micróbios patogênicos ao homem e aos animais são gram-positivos. A coloração de Gram depende da capacidade de certas bactérias (as bactérias gram-positivas) de reter um complexo formado entre um corante roxo e iodo após uma breve lavagem com álcool (Tabela 2.2). As bactérias gram-negativas não retêm o corante e tornam-se translúcidas, mas podem depois ser contracoradas com um corante vermelho. Assim, após serem coradas, as bactérias gram-positivas parecem roxas sob o microscópio, e as bactérias gram-negativas parecem vermelhas. A distinção entre esses dois grupos reflete diferenças fundamentais em seus envelopes celulares.

2.6 *A primeira publicação que menciona a coloração de Gram.*

Tabela 2.2 Coloração de Gram

1. Corar com cristal violeta (roxo); lavar.
2. Fixar (ligar) o corante com iodeto de potássio; lavar.
3. Enxaguar com álcool; lavar. As bactérias gram-negativas são descoloridas; as bactérias gram-positivas permanecem roxas.
4. Contracorar com safranina (vermelho); lavar. As bactérias gram-negativas tornam-se vermelhas; as bactérias gram-positivas permanecem roxas.

A solução gram-positiva

As bactérias gram-positivas, como, por exemplo, estafilococo (*Staphylococcus*) e estreptococo (*Streptococcus*), têm uma **parede celular** espessa que protege a

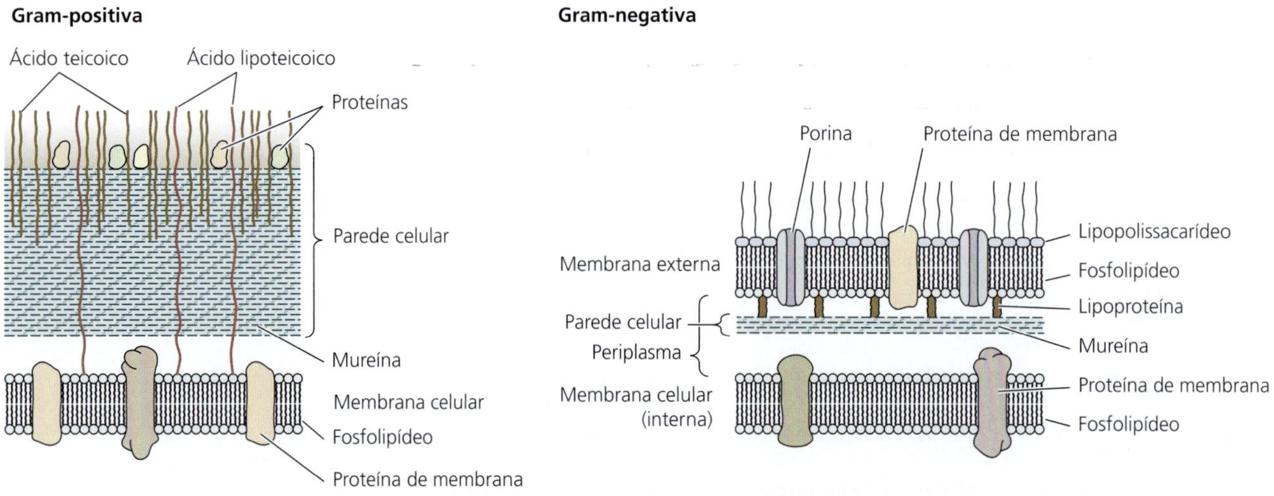

Figura 2.2 Envelopes das bactérias gram-positivas e gram-negativas. As bactérias gram-positivas têm uma parede celular espessa composta por muitas camadas de mureína. Vários constituintes (ácidos teicoicos, ácidos lipoteicoicos e proteínas) projetam-se a partir dessa camada. As bactérias gram-negativas têm uma parede celular fina e uma membrana externa. O folheto externo da membrana externa é constituído de lipopolissacarídeo (LPS). O espaço entre as duas membranas é denominado periplasma.

membrana da alta pressão de turgor interna. O principal constituinte da parede é um **peptideoglicano**, um polímero complexo de açúcares e aminoácidos. O peptideoglicano peculiar encontrado nas bactérias é denominado **mureína** (Figura 2.3). Além de proteger a membrana, a mureína também é responsável pela *forma* e pela *rigidez*.

A mureína é um polímero resistente *único às bactérias*. Apenas esse fato deveria evocar a ideia de que ela pode ser um bom alvo para antibióticos. Na verdade, é isso o que ocorre: muitos antibióticos (p. ex., toda a classe de β-lactâmicos, que inclui a penicilina) funcionam inibindo a síntese de mureína. A mureína é um tecido de fios longos que se ligam transversalmente uns aos outros (Figura 2.3), assemelhando-se a uma cota de malha (a armadura usada na Idade Média). Os fios são compostos de cadeias de glicano (açúcar) ligadas por peptídeos curtos. A estrutura geral da mureína é similar em todas as espécies, mas difere quanto a detalhes químicos (Figura 2.4). Esse tecido polimérico bidimensional (2D) é enrolado em volta do comprimento e do perímetro da bactéria, formando um saco intacto (denominado **sáculo**) que define seu tamanho e sua forma. Dependendo da forma do sáculo, as bactérias podem ter a aparência de um **bacilo** (bastonete), um **coco** (esfera), um **espirilo** (sacarrolhas), ou várias outras formas encontradas com menos frequência, incluindo triângulos e quadrados. Quando esvaziado, o saco de mureína retém o tamanho e a forma da célula da qual é derivado (Figura 2.5). O arranjo das várias camadas em uma bactéria gram-positiva é mostrado na Figura 2.2.

A mureína não é o único determinante da forma celular bacteriana. Muitas bactérias em forma de bastonete contêm uma proteína semelhante à actina que forma espirais fibrosas abaixo da membrana celular (Figura 2.6). Linhagens **mutantes** desprovidas dessa proteína tornam-se esféricas. Curiosamente, esta proteína é encontrada na maioria das bactérias em forma de bastonete, mas não nos cocos. A existência dessa e de uma outra proteína, a FtsZ (um homólogo de outra proteína citoesquelética, a tubulina), sugere que o citoesqueleto eucariótico pode ter uma origem bacteriana. As moléculas de actina bacteria-

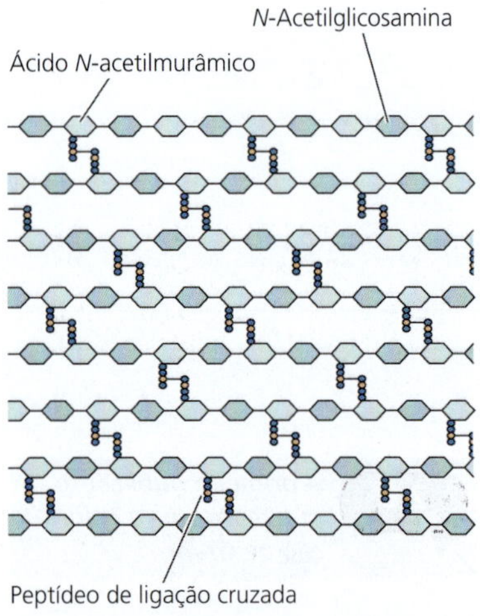

Figura 2.3 Estrutura da mureína. A mureína consiste em cadeias de glicano de unidades de *N*-acetilglucosamina e ácido *N*-acetilmurâmico que se alternam e às quais está conectado um peptídeo curto. Alguns desses peptídeos ligam-se transversalmente aos peptídeos de outra cadeia de glicano, formando uma rede bidimensional. A mureína tem vários componentes incomuns, incluindo D-aminoácidos e ácido diaminopimélico.

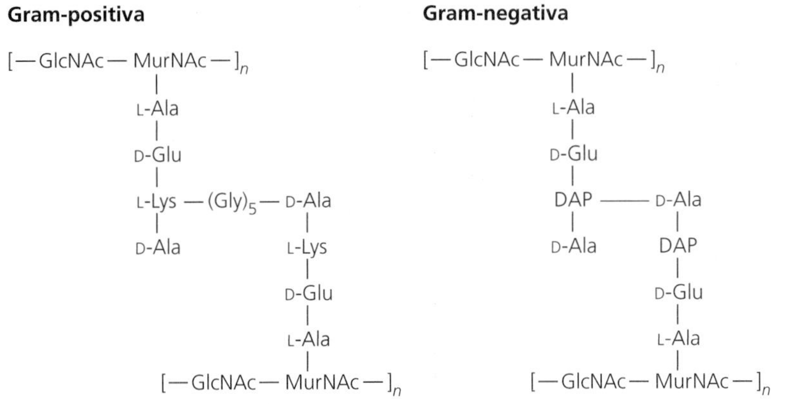

Figura 2.4 Composição da mureína. Tipicamente, na mureína das bactérias gram-positivas, as ligações cruzadas do peptídeo ocorrem entre um resíduo de lisina e um de D-alanina. Nas bactérias gram-negativas, as ligações cruzadas ocorrem entre o ácido diaminopimélico (DAP) e a D-alanina.

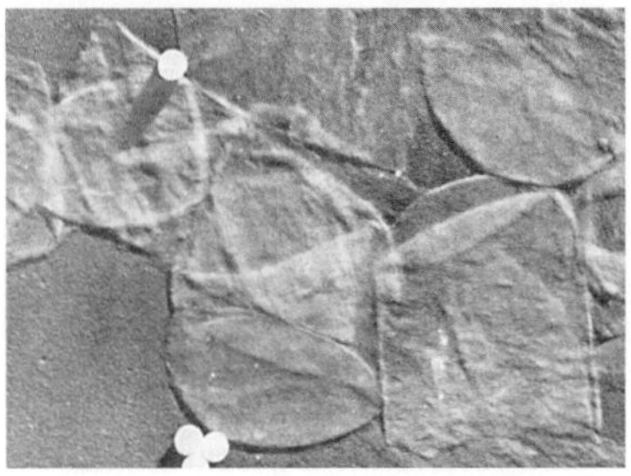

Figura 2.5 Sáculos de mureína. A micrografia eletrônica mostra sáculos de mureína achatados de *E. coli*. Tridimensionalmente, a estrutura teria as mesmas dimensões que as da célula da qual ela é derivada. As esferas brancas são pérolas de látex com 0,25 μm de diâmetro, incluídas para mostrar a escala.

nas e eucarióticas diferem muito quanto à composição de aminoácidos (com uma identidade de sequência de apenas cerca de 15%), mas têm estruturas tridimensionais quase idênticas, sugerindo que isso é o que valeu a pena ser conservado.

Na Tabela 2.3, estão listados exemplos de proteínas bacterianas que têm equivalentes no citoesqueleto eucariótico.

Como a parede celular contribui para a defesa da membrana celular? O sáculo rígido de mureína permite que as bactérias sobrevivam em meios com pressão osmótica menor que aquela do citoplasma. Sem uma estrutura rígida (similar a um colete) para fazer pressão no sentido contrário, a membrana estouraria e as células seriam lisadas. Um experimento simples demonstra o papel tanto protetor quanto determinante da forma da mureína. A camada de mureína pode ser hidrolisada com **lisozima**, uma enzima presente em muitos tecidos e muitas secreções de mamíferos, incluindo as lágrimas. Se a pressão osmótica ambiental for baixa, as células serão lisadas. Se for alta, as bactérias tratadas com lisozima não serão lisadas, mas mudarão de forma. Se as células originais eram em forma de bastonete, elas se tornarão esféricas (Figura 2.7). Tais estruturas são geralmente denominadas **esferoplastos**, quando encontradas em bactérias gram-negativas, ou **protoplastos**, quando encontradas em bactérias gram-positivas.

A parede celular das bactérias gram-positivas, a qual consiste em várias camadas de mureína, forma uma barreira espessa que impede a passagem de compostos hidrofóbicos, porque seus fosfatos, açúcares e aminoácidos carregados são altamente polares. Assim, as células encontram-se envolvidas por uma *camada hidrofílica* espessa. Consequentemente, as bactérias gram-positivas são geralmente capazes de resistir a compostos hidrofóbicos nocivos, incluindo os sais da bile encontrados em nosso intestino.

2.7 *Uma animação da estrutura 3D da proteína MreB.*

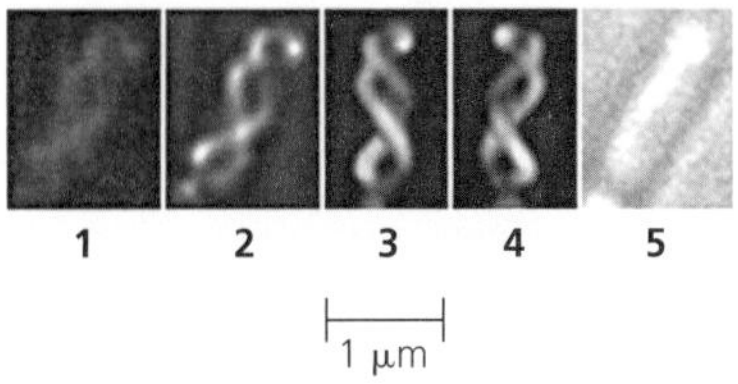

Figura 2.6 Estrutura helicoidal formada pela proteína MreB. O gene da proteína MreB (similar à actina) de *E. coli* foi fusionado ao de uma proteína fluorescente. Foi possível assim localizar a proteína dentro das células sob um microscópio de fluorescência. A definição das imagens foi melhorada por um processo denominado microscopia de desconvolução (ver texto). A imagem 1 foi tirada antes da desconvolução, e a imagem 2 foi tirada após a desconvolução. As imagens 3 e 4 estão giradas 180° uma em relação à outra. A imagem 5 mostra o contorno da célula.

Tabela 2.3 Proteínas citoesqueléticas bacterianas

Nome	Função conhecida	Equivalente eucariótico
FtsZ	Divisão por formação de septo	Tubulina
MreB	Forma celular em bastonetes	F-actina
ParM	Segregação plasmidial	F-actina
Crescentina	Curvatura celular	Filamentos intermediários

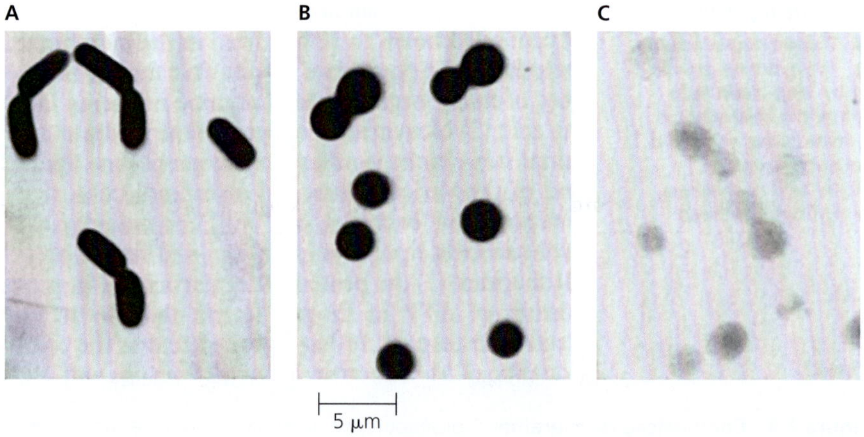

Figura 2.7 Protoplastos de um representante do gênero *Bacillus* (*Bacillus megaterium*). (A) Células intactas. **(B)** Protoplastos formados pela ação da lisozima na presença de sacarose 0,5 M. **(C)** Células-fantasma (i. e., com membranas vazias) formadas após a lise osmótica dos protoplastos em um meio hipotônico.

As paredes gram-positivas contêm outros polímeros únicos, os **ácidos teicoicos**, que são cadeias de um álcool de açúcar (ou ribitol ou glicerol) ligadas por **ligações fosfodiéster** (Figura 2.8) Os ácidos teicoicos desempenham um papel importante na patogênese, promovendo a aderência dos organismos, como os estreptococos, a tecidos do hospedeiro.

A solução gram-negativa

As bactérias gram-negativas desenvolveram um mecanismo radicalmente diferente para proteger suas membranas celulares. Em lugar de uma espessa parede celular de mureína, elas têm uma fina camada de mureína envolta por uma **membrana externa** única (Figura 2.2). A membrana externa é quimicamente distinta de todas as outras membranas biológicas e é especialmente resistente a substâncias químicas nocivas. Embora ela seja uma estrutura de duas camadas, seu folheto externo contém um componente distintivo. Trata-se do **lipopolissacarídeo** (**LPS**), uma molécula complexa que, como a mureína, é encontrada somente em células procarióticas. Por outro lado, o folheto interno da membrana externa é composto dos fosfolipídeos usuais que constituem as duas camadas das membranas celulares de todas as bactérias e dos eucariotos.

O LPS consiste em três partes (Figura 2.9):

- Um lipídeo, denominado **lipídeo A**, encaixa o LPS no folheto externo da membrana. O lipídeo A é um glicolipídeo incomum composto de um dissacarídeo ligado a ácidos graxos de cadeia curta e grupos fosfato. Quando liberado da membrana externa, o lipídeo A causa febre e cho-

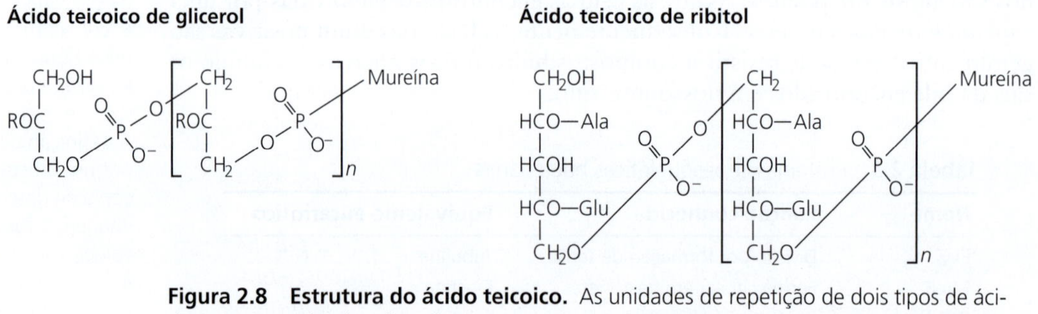

Figura 2.8 Estrutura do ácido teicoico. As unidades de repetição de dois tipos de ácidos teicoicos, ribitol e glicerol, são mostradas. Os comprimentos das cadeias são variáveis entre as espécies.

que nos vertebrados. Por essa razão, o LPS também é conhecido como **endotoxina.**

- Ligada ao lipídeo A existe uma série curta de açúcares, o denominado **núcleo**, cuja composição é relativamente constante entre as bactérias gram-negativas e que inclui dois açúcares característicos, o ácido ceto-desoxioctanoico e uma heptose.
- O **antígeno O** é uma cadeia de carboidratos longa (até 40 resíduos de açúcares de extensão) ligada ao núcleo. As cadeias de carboidratos hidrofílicas do antígeno O embrulham a superfície bacteriana e excluem compostos hidrofóbicos. A importância das cadeias do antígeno O é ilustrada em mutantes deficientes em sua biossíntese. Mutantes que formam pouco antígeno O ou cadeias simplesmente mais curtas tornam-se sensíveis aos sais da bile e a antibióticos. Como o nome sugere, o *antígeno O é altamente imunogênico*; quando introduzido em um animal vertebrado, ele produz uma forte resposta de anticorpos. Os antígenos O são altamente variáveis e diferem entre as espécies e ainda em linhagens dentro de uma espécie (um exemplo é o "O157" carregado pela linhagem *Escherichia coli* O157:H7, que causa infecções severas após a ingestão de carne de hambúrguer contaminada). Em virtude da variabilidade dos antígenos O, os anticorpos contra um tipo não protegerão um indivíduo de infecções por bactérias contendo outros tipos. Além disso, os antígenos O são tóxicos, o que explica parte da **virulência** (propriedades causadoras de doença) de certas bactérias gram-negativas.

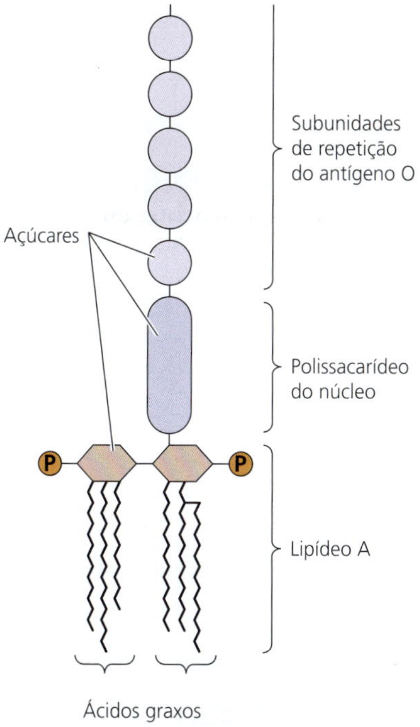

Figura 2.9 Estrutura do LPS. O LPS consiste em três partes: o lipídeo A, um dissacarídeo fosforilado ao qual estão ligados ácidos graxos; uma região polissacarídica central, e o antígeno O, constituído de açúcares que se repetem. Essa região é altamente variável entre as linhagens e é a principal causa da variedade antigênica entre as bactérias gram-negativas.

Para excluir compostos *hidrofóbicos* deletérios, as bactérias gram-negativas, assim como as bactérias gram-positivas, dependem da presença de polissacarídeos hidrofílicos externos. Apenas suas localizações diferem entre si: o sáculo de mureína, no caso das bactérias gram-positivas, e a membrana externa, no caso das bactérias gram-negativas. Como nutrientes *hidrofílicos* essenciais atravessam as duas membranas? A membrana interna das bactérias gram-negativas, como as membranas citoplasmáticas de todas as células, é dotada de mecanismos de transporte especiais de complexidade considerável (ver Capítulo 6). E a passagem através da membrana externa? Duplicar os sistemas de transporte da membrana interna parece não apenas antieconômico, mas também contraproducente para efeito de proteção da membrana interna. Além disso, a membrana externa carece de uma fonte de energia, por localizar-se na **membrana citoplasmática.** As bactérias gram-negativas novamente encontraram uma solução interessante para esse problema: a membrana externa contém **canais especiais** que permitem, de forma inespecífica, a difusão de muitos compostos hidrofílicos, como açúcares, aminoácidos e certos íons. Esses canais são formados por tríades de moléculas proteicas; eles são apropriadamente chamados de **porinas.** Os canais de porina são estreitos, mas suficientemente grandes para permitir a entrada de compostos de até 600 a 700 dáltons, aproximadamente do tamanho de um trissacarídeo (Figura 2.10).

Certos compostos hidrofílicos necessários à sobrevivência são maiores que 600 a 700 daltons. Essas moléculas incluem a vitamina B_{12}, açúcares maiores que os trissacarídeos, bem como ferro na forma de quelatos. Tais compostos atravessam a membrana externa por mecanismos de transporte específicos e separados que utilizam proteínas especialmente projetadas para translocar cada um dos compostos. Assim, a membrana externa *permite a passagem de nutrientes hidrofílicos pequenos; exclui compostos hidrofóbicos, grandes ou pequenos, e permite a entrada de certas moléculas hidrofílicas maiores por mecanismos especificamente planejados.*

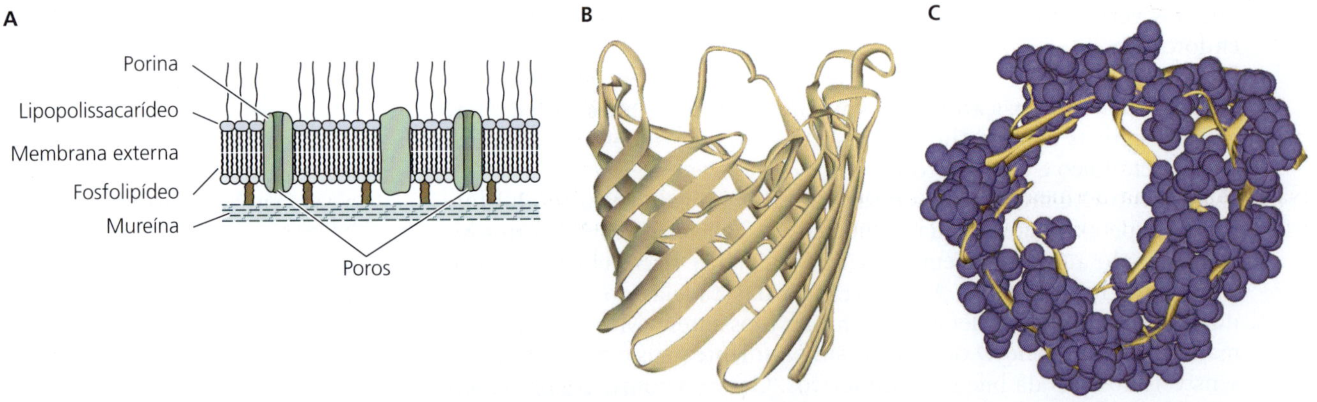

Figura 2.10 Porinas. (A) A membrana externa de uma bactéria gram-negativa apresenta poros formados por moléculas de porina. **(B)** A estrutura tridimensional de uma porina (vista lateral). As porinas formam um barril β de 16 fitas inserido na membrana externa. **(C)** Vista superior de uma porina, mostrando os resíduos hidrofílicos que formam um canal cheio de água.

As duas membranas das bactérias gram-negativas criam um compartimento entre si denominado **periplasma** (Figura 2.2). Esse compartimento contém a camada de mureína e uma solução, similar a um gel, de precursores da mureína e de proteínas que ajudam na nutrição. Essas incluem enzimas degradativas, como fosfatases, **nucleases** e **proteases**, que degradam as moléculas a um tamanho digerível. Além disso, o periplasma contém as denominadas **proteínas de ligação**, que têm alta afinidade de ligação a açúcares e aminoácidos e ajudam a absorvê-los do meio. O periplasma também contém enzimas denominadas **β-lactamases**, as quais inativam antibióticos, como, por exemplo, as penicilinas e cefalosporinas. As bactérias gram-positivas não têm um compartimento periplasmático, mas secretam enzimas similares no ambiente.

A camada de mureína não é uma estrutura separada que flutua no periplasma, estando ligada a várias proteínas da membrana externa, uma das quais é uma lipoproteína.

A solução acidorresistente

Algumas bactérias, em particular o bacilo da tuberculose (*Mycobacterium tuberculosis*) e seus parentes, desenvolveram outra forma de proteger suas membranas celulares dos desafios ambientais. Suas paredes celulares contêm grandes quantidades de **ceras**, hidrocarbonetos ramificados complexos (com 60 a 90 carbonos de extensão). Estudos de difração de raios X revelaram que as ceras, conhecidas como **ácidos micólicos**, estão arranjadas em duas camadas, com suas caudas hidrofóbicas orientadas em direção ao espaço existente entre elas. Essas camadas de ácidos micólicos são excepcionalmente espessas e estão covalentemente ligadas a camadas subjacentes de açúcares complexos e à parede celular de mureína. Assim, os ácidos micólicos formam uma membrana de bicamada lipídica altamente ordenada, e não simplesmente uma camada cerosa desorganizada. As proteínas estão encaixadas nessa camada, onde formam poros cheios de água através dos quais os nutrientes e certas substâncias podem passar lentamente, assemelhando-se, sob esse aspecto, às porinas das membranas externas das bactérias gram-negativas.

2.8 *Mais sobre os três tipos de paredes celulares bacterianas.*

Com essa cobertura hidrofóbica robusta, essas bactérias são impermeáveis a muitas substâncias químicas drásticas, incluindo desinfetantes e ácidos fortes. Se um corante for introduzido nessas células por meio de aquecimento breve ou por tratamento transitório com detergentes, ele não poderá ser removido com ácido clorídrico diluído, como em todas as outras bactérias.

Portanto, esses organismos são denominados **acidorresistentes**, por serem resistentes à acidez (Tabela 2.4). A cobertura cerosa é entrelaçada com mureína, polissacarídeos e lipídeos. Esses organismos resistem não apenas a substâncias químicas cáusticas, mas também às células brancas do sangue. Tudo isso tem um custo: esses organismos crescem de forma muito lenta, provavelmente porque a taxa de absorção de nutrientes é limitada por sua cobertura cerosa. Na verdade, sua permeabilidade a moléculas hidrofílicas é de 100 a 1.000 vezes menor que a de *E. coli*, uma bactéria gram-negativa. Algumas bactérias acidorresistentes, como o bacilo da tuberculose humana, dividem-se apenas uma vez a cada 24 horas.

Tabela 2.4 A coloração acidorresistente

1. Corar com fucsina (vermelha) quente; lavar.
2. Descorar com ácido-álcool. lavar. Somente as bactérias acidorresistentes permanecem vermelhas.
3. Contracorar com azul de metileno; lavar. Todo o material restante torna-se azul.

Camadas de superfície cristalina

Algumas bactérias e arqueobactérias têm **camadas de superfície cristalina**, outra variação sobre o tema da organização do envelope bacteriano. Essas camadas possuem subunidades proteicas dispostas em arranjos cristalinos que podem ser quadrados, hexagonais ou oblíquos (Figura 2.11). Essas estruturas são chamadas de **camadas S** e estão localizadas na superfície celular mais externa. As camadas S estão presentes em um grande número de espécies, abarcando todos os principais grupos de bactérias. Em algumas Archaea, elas são a única camada externa à membrana celular. Nas bactérias gram-positivas, a camada S é externa à parede de mureína; nas bactérias gram-negativas, é externa à membrana externa. Tanto em organismos gram-positivos como em gram-negativos, tal estrutura tem, às vezes, várias moléculas de espessura.

As camadas S são normalmente formadas por um único tipo de molécula proteica, às vezes com carboidratos ligados às mesmas. As moléculas isoladas têm a capacidade de automontagem, isto é, elas formam folhetos similares ou idênticos àqueles presentes nas células. Imagine uma camada S como um tipo de membrana sem lipídeos que consiste exclusivamente em proteínas ou glicoproteínas. Como é de se esperar de proteínas expostas ao ambiente, as proteínas da camada S são bem resistentes a enzimas proteolíticas e agentes desnaturantes de proteínas.

A função das camadas S é provavelmente protetora. Em alguns organismos (p. ex., o patógeno intestinal *Campylobacter*), as camadas S ajudam a impedir a fagocitose. As camadas S protegem as bactérias da infecção por vírus bacterianos (bacteriófagos ou fagos) ou, paradoxalmente, promovem a infecção por outros fagos, funcionando como receptores. As camadas S também participam na aderência de certas bactérias a superfícies.

Os biotecnologistas preveem vários usos potenciais para as camadas S. A estrutura periódica das camadas pode ser explorada na criação de arranjos regulares de moléculas e partículas úteis na manufatura de materiais empregados nas áreas da eletrônica, fotônica e magnética. As bactérias podem ser manipu-

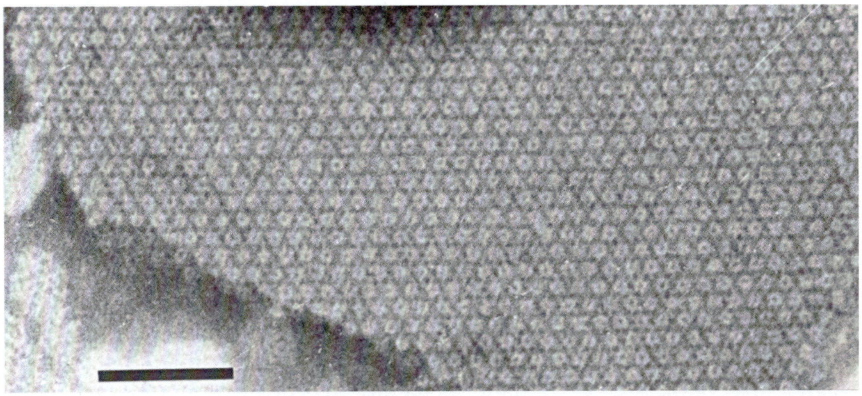

Figura 2.11 A camada S de Archaea e Bacteria. Um fragmento de uma camada S mostra o arranjo regular das subunidades, como visto sob o microscópio eletrônico. Barra = 100 nm.

2.9 *Um artigo de revisão sobre biotecnologia.*

ladas para que produzam uma molécula de fusão que consiste na proteína em questão e na porção da proteína S envolvida em sua secreção, mas desprovida da porção que a ancora ao envelope. Tais bactérias recombinantes podem produzir grandes quantidades de proteínas de fusão solúveis que podem, então, ser prontamente purificadas e utilizadas com fins industriais.

Bactérias sem paredes celulares: os micoplasmas

Existem exceções quanto ao uso universal de mureína pelas bactérias. Os **micoplasmas** são *bactérias desprovidas de parede celular, não contendo mureína*. Existem também arqueobactérias sem parede, embora sua estrutura e fisiologia sejam menos estudadas. Na ausência de um alvo às penicilinas, os micoplasmas são resistentes a elas, assim como aos seus parentes, as cefalosporinas. Alguns micoplasmas, como *Mycoplasma pneumoniae*, um agente da pneumonia, contêm **esteróis** em suas membranas, regra em células eucarióticas, mas incomum nos procariotos. Análises genômicas situam os micoplasmas perto das bactérias gram-positivas, das quais eles podem ter se originado.

Poderíamos pensar que os micoplasmas são bastante frágeis; porém, eles lidam bem com a falta de uma parede celular rígida. Embora extremamente delicados em cultura, eles têm uma capacidade notável de persistir no corpo humano e inclusive em ambientes severos. Tal resistência também é observada em equivalentes dos micoplasmas entre as arqueobactérias sem parede, como, por exemplo, espécies de *Thermoplasma*, um gênero que gosta de calor e acidez. Esses organismos certamente não são fracos: uma linhagem foi isolada de uma mina de carvão em combustão lenta em Indiana, Estados Unidos.

Mencionamos antes que, quando a parede celular de bactérias em forma de bastonete é removida, as células tornam-se redondas (**esferoplastos**). Os esferoplastos podem crescer em cultura e formar colônias que se assemelham àquelas dos micoplasmas. A diferença entre as culturas de esferoplastos (antigamente chamadas de formas L) e os micoplasmas é que, quando se permite que a mureína se forme novamente, os esferoplastos revertem a sua forma bacteriana original, mas os micoplasmas nunca o fazem.

Os micoplasmas não são as únicas bactérias que carecem de mureína. Essa propriedade incomum é compartilhada com os Planctomycetes, um filo de bactérias altamente distintivo e filogeneticamente divergente encontrado em ambientes terrestres e aquáticos. Esses organismos são protegidos por uma camada S proteica.

Envelopes celulares das Archaea

Os envelopes celulares das Archaea diferem daqueles das Bacteria, o que aponta para a **distância evolutiva** entre os dois grupos de procariotos. As membranas celulares arqueobacterianas contêm lipídeos únicos, os isoprenoides, em vez de ácidos graxos, ligados a glicerol por uma ligação éter em vez de uma ligação éster. Alguns desses lipídeos não possuem grupos fosfato e, portanto, não são fosfolipídeos. Em algumas espécies, essas moléculas têm aproximadamente o comprimento de um fosfolipídeo, e cada uma forma uma das metades da bicamada lipídica da membrana, com suas porções de isoprenoides hidrofílicas interagindo no meio da membrana. Outras espécies possuem uma arquitetura surpreendente: suas membranas são formadas por **monocamadas lipídicas**, e não pelas bicamadas usuais. Esses lipídeos são muito mais longos (possuem aproximadamente o dobro do comprimento de um fosfolipídeo) e têm cabeças duplas, com éteres de glicerol em ambas as extremidades. Uma única molécula orienta-se exatamente como acontece no caso dos fosfolipídeos: os grupos polares estão na superfície externa, com uma cadeia de hidrocarbonetos apolar no interior (Figura 2.12). Muitas Archaea crescem em temperaturas muito altas (ver Capítulo 4), sendo que seus lipídeos especiais contribuem para a adaptação a tais condições. Na verdade, as membranas dos isoprenoides de cabeça

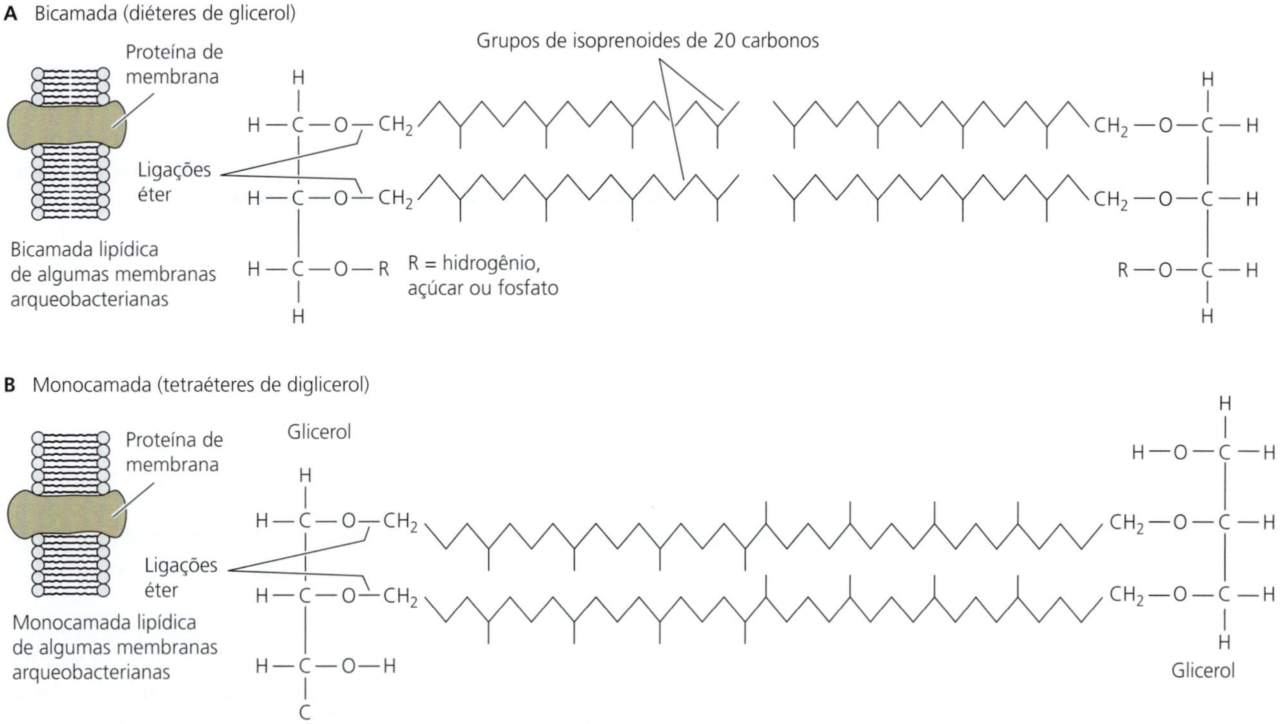

Figura 2.12 Dois tipos de membranas arqueobacterianas. (A) Bicamadas de isoprenoides ligados a glicerol por ligações éter, tendo o mesmo arranjo que o das membranas de fosfolipídeos. **(B)** Monocamadas de isoprenoides que têm o dobro do comprimento daquelas no painel A, ligados a glicerol por uma ligação éter.

simples são mais estáveis *in vitro* em temperaturas altas, salinidade alta e pH baixo do que as membranas dos fosfolipídeos; as dos isoprenoides de cabeça dupla são ainda mais estáveis.

As Archaea não têm paredes celulares como as Bacteria. Algumas têm uma camada S simples que é mais sensível a detergentes que as camadas S bacterianas. Em muitas espécies, a camada S é constituída de glicoproteínas. Algumas Archaea possuem uma parede celular rígida constituída de polissacarídeos ou um peptideoglicano denominado **pseudomureína**, que constitui seu sáculo. A pseudomureína difere da mureína por ter L-aminoácidos em vez de D-aminoácidos e unidades dissacarídicas com uma ligação β-1,3 em vez de uma ligação β-1,4. As Archaea que têm uma parede celular de pseudomureína são gram-positivas. Espécies desprovidas de paredes celulares são mais comuns entre as arqueobactérias que nas bactérias. Surpreendentemente, essas incluem algumas que vivem em ambientes severos, quentes e ácidos.

CÁPSULAS, FLAGELOS E FÍMBRIAS: COMO OS PROCARIOTOS ENFRENTAM CERTOS AMBIENTES

A diversidade morfológica dos procariotos não se limita a paredes e membranas. Algumas bactérias e arqueobactérias têm ainda outras estruturas externas: as **cápsulas**, os **flagelos** e as **fímbrias**. Esses componentes nem sempre estão presentes; eles são importantes à sobrevivência sob certas condições.

Cápsulas e camadas de muco

Muitas bactérias, tanto gram-positivas como gram-negativas, são envoltas por uma cobertura de muco. Quando o muco é adesivo e permanece ligado às células, é chamado de cápsula (Figura 2.13). Se é mais frouxo, é denominado **camada de muco**, mas essa não é uma distinção acentuada. Na maioria dos casos, essa camada é constituída por um polissacarídeo de alto peso molecular, ou heteropolimérico (i. e., contendo mais de um tipo de monossacarídeo) ou homopolimérico. Em algumas bactérias, a camada não é um polissacarídeo, e sim um polímero de aminoácidos, como, por exemplo, glutamato no bacilo do antraz (*Bacillus anthracis*). A síntese desse material depende do ambiente e não é necessária a qualquer hora. Os organismos desprovidos de cápsulas ou camadas de muco crescem bem, pelo menos sob condições laboratoriais, mas essas camadas são essenciais à sobrevivência em certos ambientes naturais.

A camada de muco é, frequentemente, um determinante importante da capacidade de uma célula bacteriana de colonizar um nicho. Ela também pode ter um papel na proteção à dessecação. Isso é exemplificado por *Streptococcus mutans*, um organismo envolvido no início da formação de cáries dentárias: ele quebra a sacarose em glicose e frutose e converte a glicose em um polímero grudento chamado de dextrano, que ajuda o organismo a aderir-se ao esmalte dos dentes e a formar a placa. Uma camada de muco também permite a aderência das bactérias a superfícies no ambiente (p. ex., rochas ou plantas em corpos de água) e a formação de biofilmes.

A cápsula também é uma *importante linha de defesa bacteriana contra a fagocitose*, porque é um obstáculo à ingestão das bactérias por células fagocitárias. Muitas bactérias que devem percorrer o sangue para alcançar órgãos-alvo são, na verdade, encapsuladas. Os exemplos incluem os agentes da meningite bacteriana, como os meningococos (*Neisseria meningitidis*) e *Haemophilus influenzae*.

2.10 *Filmes de bactérias em movimento.*

Flagelos

Muitas bactérias e arqueobactérias são capazes de mover-se ativamente através de líquidos e sobre superfícies úmidas. Existem várias formas em que isso se realiza; a mais comum ocorre por meio da ação de filamentos helicoidais denominados flagelos. *Os flagelos giram* e assim funcionam como propulsores. Isso contrasta com os flagelos eucarióticos, que se movem bidimensionalmente, em

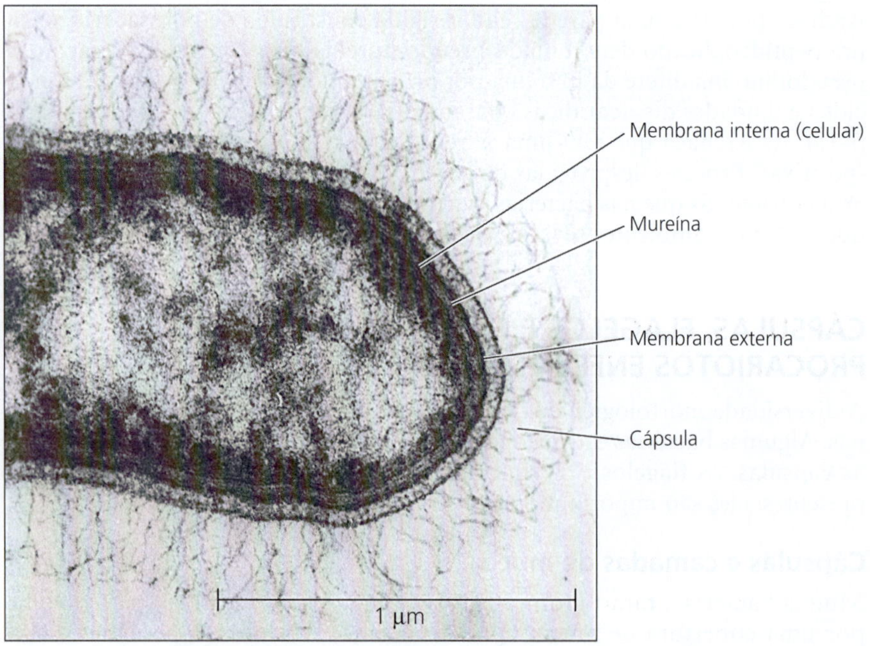

Figura 2.13 Cápsula bacteriana. Nesta secção fina de micrografia eletrônica, a cápsula é o material felpudo que circunda os envelopes celulares. Observe que sua espessura tem cerca de um quarto do diâmetro da célula. Algumas bactérias possuem cápsulas consideravelmente mais espessas.

movimentos similares ao de um chicote. Cada flagelo procariótico *está equipado com um motor* que o faz girar, um fato que deveria fascinar a todos nós, em especial os interessados em nanotecnologia. Você consegue imaginar outros exemplos naturais de motores na biologia e em uma escala tão pequena?

Muitos patógenos bem-sucedidos são móveis, o que provavelmente auxilia sua disseminação no ambiente e, possivelmente, nos corpos de seus hospedeiros. Dependendo da espécie, uma única célula pode ter um ou muitos flagelos (Figura 2.14). Em algumas, os flagelos estão localizados nas extremidades das células (polares) e, em outras, estão em pontos aleatórios ao redor da periferia (perítricos, ou "com pelos por toda parte"). Essa distinção é útil na taxonomia e na microbiologia diagnóstica. Os flagelos não são as únicas estruturas filamentosas que se projetam através das camadas de superfície das bactérias. Existem outras, como as fímbrias (também denominadas **pilos**) e as fibrilas (Figura 2.15).

Os flagelos são compostos de três partes (Figura 2.16): um longo **filamento** helicoidal conectado via um **gancho** a um **corpo basal.** Esse é uma estrutura complexa que ancora o flagelo ao envelope celular e contém o motor que faz girar o flagelo.

O filamento é uma estrutura helicoidal que pode se estender de 5 a 10 μm em direção ao meio, tendo várias vezes o comprimento da célula. Ele é oco. Na maioria das bactérias, o filamento é composto de uma única proteína, a **flagelina.** As flagelinas são altamente antigênicas e, às vezes, induzem respostas imunes específicas às infecções. Mecanicamente falando, as flagelinas são notavelmente rígidas, cerca de 100 vezes mais duras que a actina F dos músculos. As moléculas de flagelina agregam-se espontaneamente e formam a estrutura característica do filamento flagelar, um exemplo de morfogênese em nível molecular. *In vitro*, os filamentos isolados podem ser dissociados em uma solução de flagelina. Quando o ambiente iônico é adequadamente ajustado, as moléculas de flagelina podem, então, formar-se novamente em filamentos indistinguíveis do produto natural.

O gancho é uma estrutura curvada curta, ligeiramente maior em diâmetro que o filamento, que conecta o filamento à célula. Ele parece funcionar como uma "junta universal" entre o motor na estrutura basal e o filamento. A estrutura molecular do gancho também é relativamente simples. Como o filamento, ele é constituído de um único tipo de proteína.

O corpo basal é composto de mais ou menos 15 proteínas que se agregam e formam um bastão ao qual estão ligados quatro anéis (no caso das bactérias gram-negativas) (Figura 2.16). Os anéis funcionam como buchas, ou estatores, ancorando a estrutura nas várias camadas do envelope celular e, ao mesmo tempo, permitindo que o bastão (o rotor) gire. Não se sabe ainda como o bastão é fisicamente fixado na superfície celular. Como mostrado na

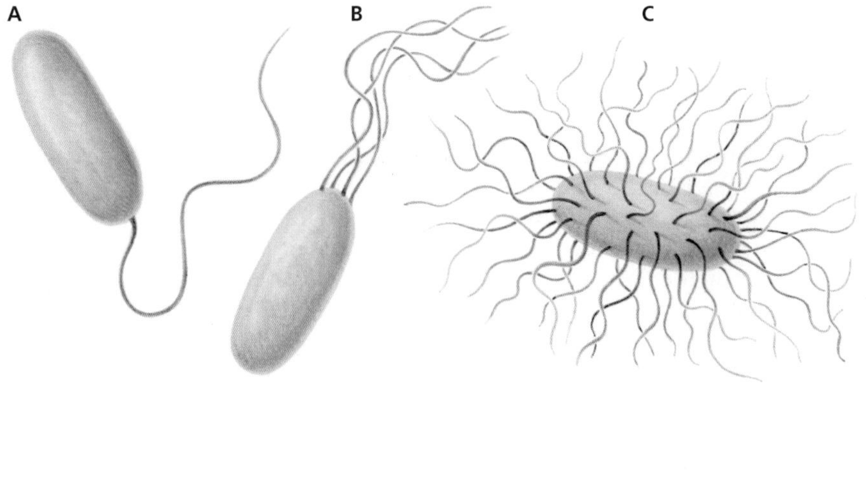

Figura 2.14 Arranjos de flagelos em alguns tipos de bactérias. (A) Flagelo polar único. **(B)** Flagelos polares múltiplos. **(C)** Flagelos ocorrendo ao redor de toda a célula (perítricos).

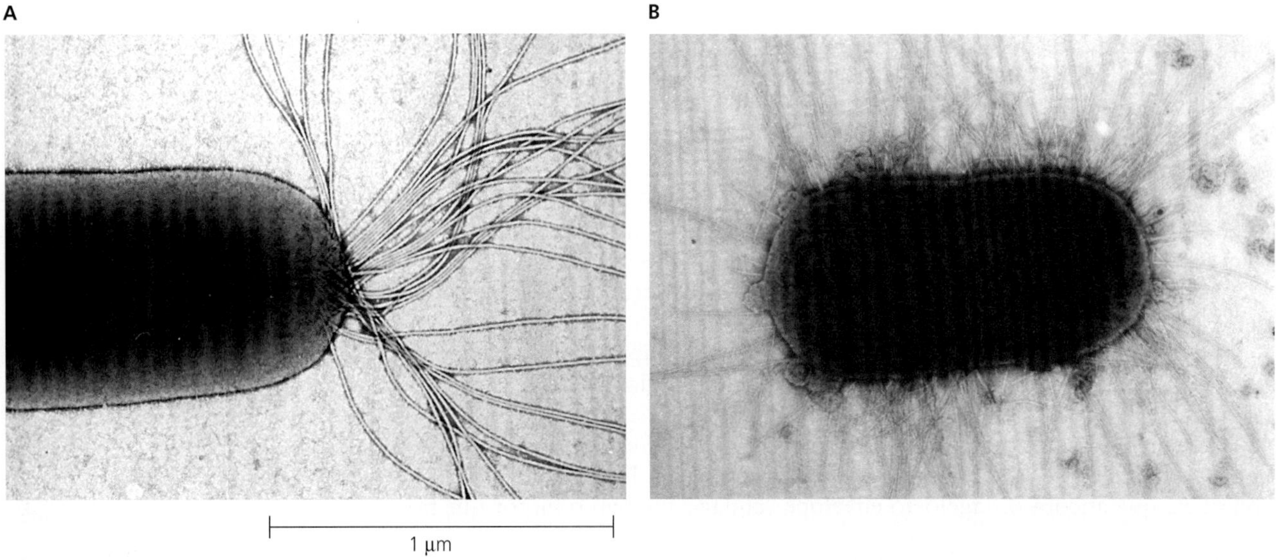

Figura 2.15 Flagelos e pilos vistos sob o microscópio eletrônico. (A) Flagelos inseridos no polo de uma bactéria. Em outros organismos, os flagelos estão inseridos por toda a célula ou um único flagelo pode ser inserido em um polo da célula. **(B)** Pilos circundando uma bactéria gram-negativa.

Figura 2.16, cada anel corresponde a uma camada específica do envelope celular gram-negativo.

Como poderia se esperar, as bactérias gram-positivas e gram-negativas têm diferentes corpos basais flagelares. As bactérias gram-positivas possuem somente dois anéis, um encaixado na membrana celular e o outro associado ao ácido teicoico da parede celular.

Nas bactérias helicoidais conhecidas como espiroquetas, um grupo que inclui os agentes da sífilis e da doença de Lyme, os flagelos não se estendem em direção ao ambiente. Eles ficam contidos dentro do periplasma, ligados perto de ambos os polos celulares (Figura 2.17). Quando os filamentos giram, a célula roda de maneira similar a um parafuso. Os espiroquetas podem se mover em meios tão viscosos que isso prejudica a mobilidade das bactérias com flagelos externos. Acredita-se que a mobilidade seja essencial à capacidade dos espiroquetas de colonizar o intestino.

Como os flagelos são formados? A resposta é: passo a passo. Primeiro, o corpo basal é montado e inserido no envelope celular. Em seguida, o gancho é adicionado e por fim o filamento é progressivamente montado pela adição de novas subunidades de flagelina a sua extremidade em crescimento. Poderíamos pensar que a adição de novas moléculas ocorre a partir da extremidade mais próxima à célula. Não exatamente. Os flagelos crescem a partir da ponta que se projeta da célula. Por conveniência, os flagelos possuem um canal central oco através do qual as novas moléculas de flagelina são expelidas. Ao alcançar a ponta, cada molécula espontaneamente se condensa com suas predecessoras, e assim o filamento se alonga (Figura 2.18). Com o tempo, a velocidade do processo diminui. Esse fato, juntamente com a quebra mecânica, pode explicar por que os flagelos são limitados quanto ao comprimento.

A montagem dos flagelos é um processo regulado. Imagine o que aconteceria se as moléculas de flagelina se acumulassem na célula. Se elas fossem intracelularmente montadas como filamentos, esses poderiam dificultar processos fisiológicos centrais (as bactérias sofreriam de "indigestão"). De fato, *a síntese das moléculas de flagelina está acoplada a sua utilização na montagem flagelar*. Em *E. coli*, esse acoplamento ocorre via um inibidor da síntese de fla-

A

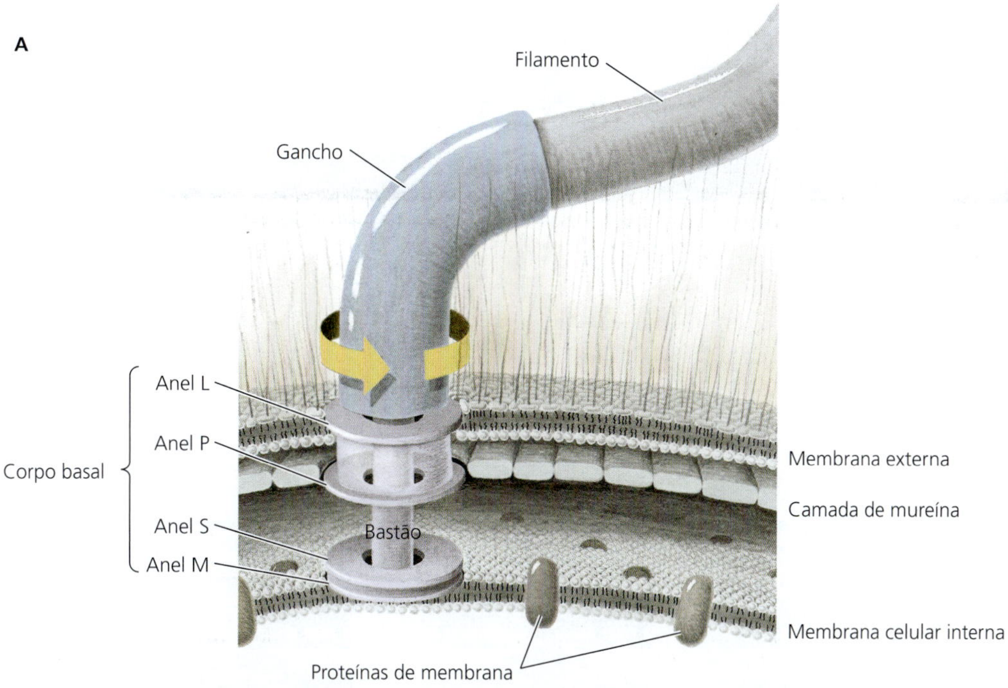

B

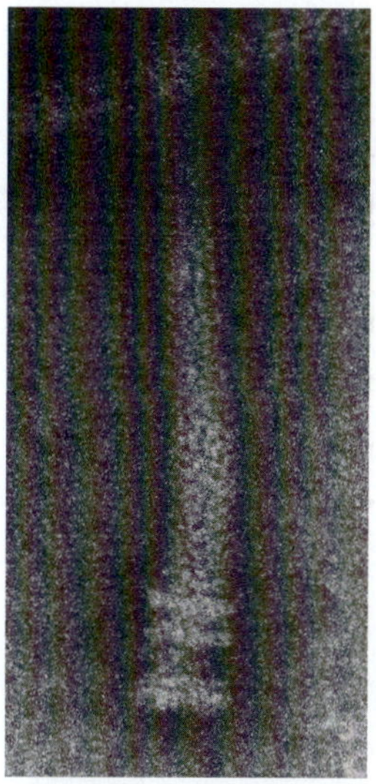

Figura 2.16 Estrutura dos flagelos. (A) Inserção de um flagelo na membrana dupla das bactérias gram-negativas. Os flagelos das bactérias gram-positivas não possuem os dois anéis externos. **(B)** Micrografia eletrônica da porção de um flagelo de *E. coli* mais próxima à célula.

gelina. Esse inibidor impede o acúmulo intracelular de moléculas de flagelina e sua montagem em um filamento. Contudo, estando uma vez o corpo basal inserido no envelope, o *inibidor é secretado do citoplasma para o meio*. Assim, a montagem dos flagelos leva à perda do inibidor, permitindo a formação de novas moléculas de flagelina.

A maquinaria molecular que efetua a quimiotaxia, assim como outros movimentos aparentemente intencionais relacionados, é descrita em detalhe no Capítulo 13.

2.10 *Um artigo de revisão sobre a montagem flagelar.*

Fímbrias

As fímbrias (também chamados de pilos) são estruturas envolvidas em funções fisiológicas notavelmente diversas, como a ligação das bactérias a células hospedeiras e outras superfícies, a transferência de proteínas e ácidos nucleicos a outras células e a mobilidade. Nem todas as fímbrias fazem tudo isso – a maioria é especializada e restrita quanto às suas funções. As fímbrias consistem em filamentos proteicos retos, mais finos e frequentemente mais curtos

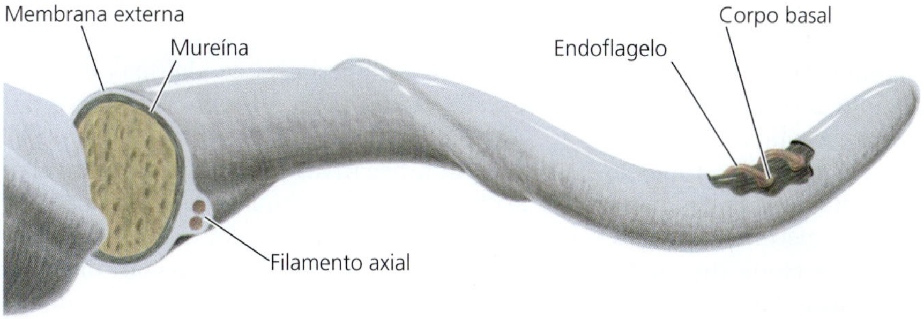

Figura 2.17 Arranjo dos flagelos axiais dentro do periplasma.

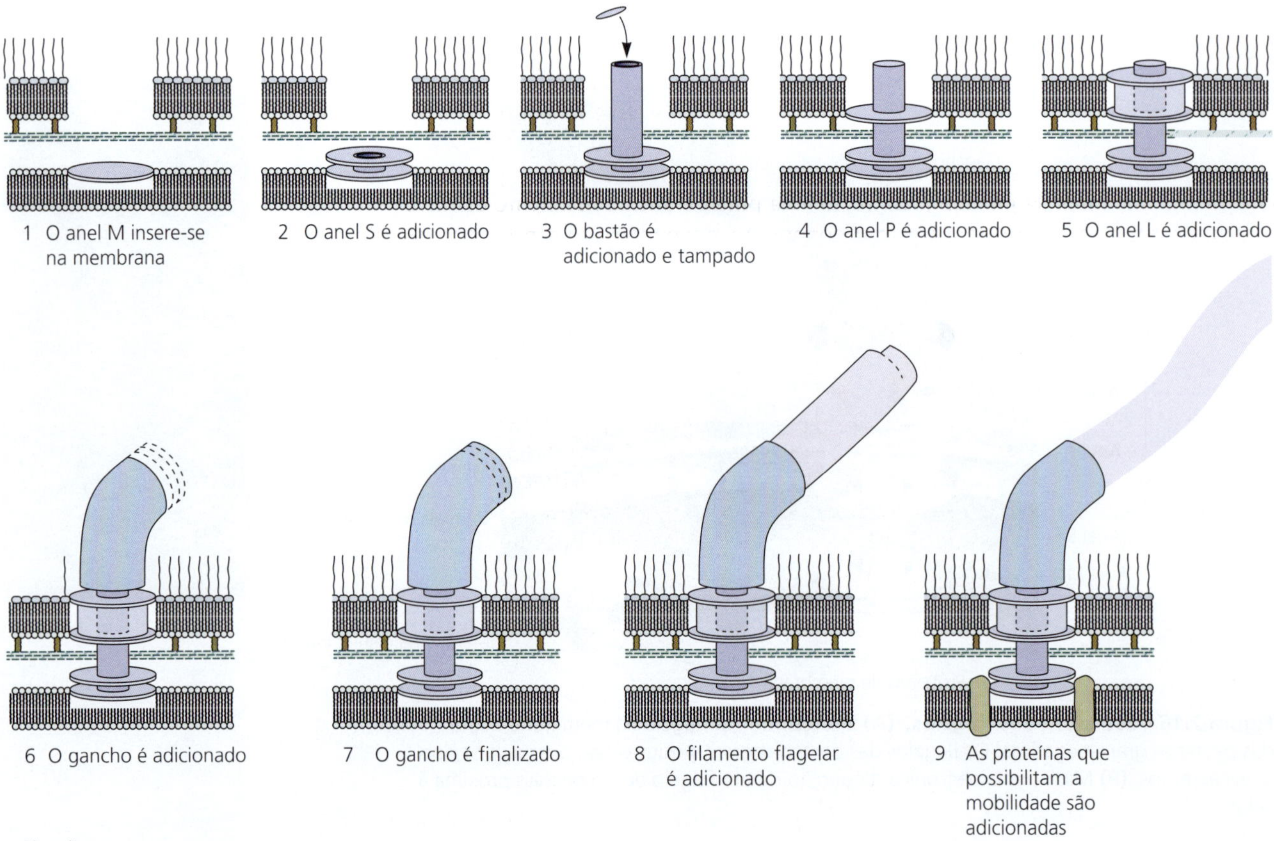
1 O anel M insere-se na membrana
2 O anel S é adicionado
3 O bastão é adicionado e tampado
4 O anel P é adicionado
5 O anel L é adicionado
6 O gancho é adicionado
7 O gancho é finalizado
8 O filamento flagelar é adicionado
9 As proteínas que possibilitam a mobilidade são adicionadas

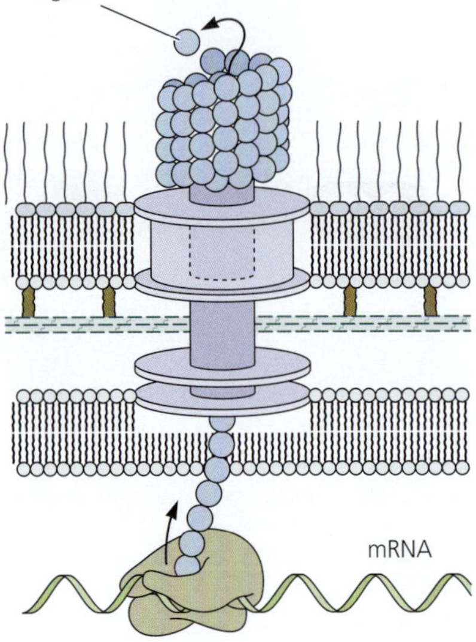
Flagelina
mRNA

Figura 2.18 Como os flagelos são montados (no caso das bactérias gram-negativas). **(A)** O processo começa com a inserção de anéis do corpo basal na membrana celular **(1** e **2)**. Um bastão é adicionado **(3)**, seguido de dois anéis de membrana externos **(4** e **5)**. Em seguida, o gancho **(6** e **7)** e o filamento **(8)** são adicionados. O último passo é a adição de proteínas de mobilidade na membrana celular **(9)**. **(B)** Crescimento do filamento flagelar (passo 8 no painel A) por extrusão de subunidades de flagelina através do núcleo do flagelo.

que os flagelos (embora alguns sejam mais longos). Elas estão distribuídos, algumas vezes em grande número, sobre as superfícies de algumas bactérias (Figura 2.14). Em algumas espécies, elas ocorrem em tufos em um ou nos dois polos da célula.

Praticamente, todas as bactérias gram-negativas têm fímbrias, mas relativamente poucas bactérias gram-positivas as possuem. No corpo humano, as fímbrias permitem a aderência das bactérias a superfícies mucosas (p. ex., nos tratos gastrintestinal e urinário). A adesão é mediada por **adesinas**, proteínas específicas nas extremidades ou laterais das fímbrias. As fímbrias também exercem outros papéis nas doenças. Como as cápsulas, as fímbrias inibem a capacidade fagocitária das células brancas do sangue. Elas também são antigênicas e induzem uma resposta imune no hospedeiro. As proteínas das fímbrias, as **pilinas**, são altamente variáveis, permitindo às bactérias colocar uma sucessão de disfarces que lhes possibilitam "enganar" o sistema imune. Por exemplo, os gonococos, que causam gonorreia, têm um grande número de genes que codificam variantes da pilina. Cada versão da pilina é antigenicamente distinta e induz a formação de diferentes anticorpos no hospedeiro. Na presença de anticorpos para um tipo de pilina, ocorre uma rápida seleção de linhagens que alteraram para a síntese de outro tipo antigênico de pilina. Assim, nesse cenário de mudanças rápidas, elas se mantêm um passo à frente da resposta imune do hospedeiro. É fácil compreender por que as vacinas contra gonococos contendo pilinas fracassaram até agora.

A mobilidade via fímbrias é completamente diferente do movimento flagelar. As fímbrias são bastões retos e não giram. Suas extremidades aderem-se fortemente a superfícies a uma certa distância das células. As fímbrias então se despolimerizam a partir da extremidade interna, retraindo-se assim para dentro da célula. Nesse sentido, elas assemelham-se a arpéus (reminescentes daqueles usados pelos ninjas). O resultado é que, durante repetidos ciclos deste processo, a bactéria move-se na direção da extremidade aderente. Esse tipo de mobilidade de superfície é denominado **contorção** e é bastante difundido entre as bactérias fimbriadas (ver "Mobilidade por contorção" no Capítulo 13).

2.12 *Um artigo de revisão sobre o papel das fímbrias na patogênese.*

Como as fímbrias são formadas? Diferentemente dos flagelos, elas crescem de dentro da célula para fora. Embora as fímbrias possuam um canal central, esse é muito pequeno para que as pilinas (as proteínas da fímbria) o atravessem.

2.13 *Mais informações sobre fímbrias e flagelos.*

Em conclusão, apesar de seu tamanho pequeno, tanto as bactérias como as arqueobactérias são dotadas de um conjunto sofisticado de envelopes celulares, as quais desempenham um papel importante em sua sobrevivência no ambiente. A parede, a cápsula e a membrana externa da célula bacteriana contêm moléculas e resíduos – açúcares peculiares, D-aminoácidos e lipídeos únicos – que não são encontrados em outros lugares do mundo biológico. Os flagelos e as fímbrias bacterianas não têm equivalentes diretos nos eucariotos. Isso torna a "dermatologia bacteriana" uma área especializada de estudo.

TESTE SEU CONHECIMENTO

1. Como as bactérias gram-positivas e as bactérias gram-negativas protegem suas membranas citoplasmáticas de substâncias químicas nocivas?
2. As diferenças na composição dos envelopes das Archaea e das Bacteria refletem sua distribuição ecológica?
3. Como compostos hidrofílicos com uma massa molecular de 700 dáltons (ou menos) entram nas células gram-negativas?
4. Como as bactérias acidorresistentes resistem a substâncias químicas que danificam a membrana?
5. O que são as camadas S e quão difundidas elas são entre os procariotos?
6. Que papel as cápsulas e camadas de muco procarióticas desempenham na sobrevivência das bactérias?
7. Quais são as principais características da estrutura e da função dos flagelos bacterianos? Como eles diferem entre bactérias gram-positivas e gram-negativas?
8. Para que são usadas as fímbrias bacterianas (pilos)? Qual é sua estrutura e como elas são montadas?

capítulo

3

estrutura e função da célula procariótica: o interior celular

OBSERVAÇÕES GERAIS

No Capítulo 2, vimos que as estruturas de superfície dos procariotos são arquitetônica e bioquimicamente únicas. E o interior celular? Também é diferente do das células eucarióticas? A resposta, a qual exploraremos neste capítulo, é sim. Aqui, examinaremos os dois principais componentes presentes dentro do envelope da célula procariótica: o **nucleoide** e o **citoplasma**. O fato de existirem *somente* dois revela muita coisa. Mitocôndrias, núcleo, complexo de Golgi, retículo endoplasmático, plastídios, aparelho mitótico – esses elementos, praticamente universais entre as células eucarióticas, estão ausentes em Bacteria e Archaea. O primeiro impulso é concluir que deve haver pouco de interessante a ser dito sobre o interior dos procariotos. Absolutamente o contrário. Embora a complexidade do tipo eucariótico não tenha sido selecionada durante a evolução bacteriana, a verdadeira racionalização do interior da célula possibilitou o desenvolvimento de algumas características estruturais únicas e fascinantes (Tabela 3.1).

Enfocaremos as consequências funcionais da natureza incomum do nucleoide e do citoplasma bacteriano e, em seguida, revisaremos brevemente algumas das estruturas internas menos conhecidas de certas bactérias. Muito do que será dito também se aplica às arqueobactérias.

O NUCLEOIDE

Talvez a diferença fundamental entre procariotos e eucariotos seja a organização citológica de seus genomas. Os procariotos não têm um núcleo verdadeiro; em vez disso, eles empacotam seu DNA em uma estrutura conhecida

Tabela 3.1 O que existe dentro da membrana celular dos procariotos

Estrutura ou componente	Funções
Nucleoide	Repositório do genoma Transcrição
Citosol	
Polirribossomos	Síntese de proteínas
Enzimas	Metabolismo
Proteínas regulatórias	Regulação da expressão gênica
Metabólitos, precursores, compostos energéticos, sais	Participação no metabolismo
Vesículas (somente em alguns)	
Vesículas de gás	Flutuabilidade celular
Vesículas fotossintéticas	Fotossíntese
Vesículas quimiossintéticas	Quimiossíntese
Carboxissomos	Aumento da fixação de CO_2 em heterótrofos?
Enterossomos	Metabolismo do propanodiol, outras
Grânulos de armazenamento	Armazenamento de compostos ricos em energia:
Acidocalcissomos	Polifosfatos, poli-hidroxialcanoatos
Outros	Compostos similares ao glicogênio, compostos de enxofre
Outras estruturas	
Magnetossomos	Envolvimento na orientação direcional em relação ao campo magnético

como nucleoide. Os nucleoides da maioria dos procariotos contêm um único cromossomo circular, uma molécula de DNA bastante simples. Os nucleoides se parecem com bolhas irregulares de DNA que são separadas do citoplasma, mas, com algumas exceções, sem o benefício de uma membrana (Figura 3.1). As exceções são vistas nos planctomicetos, um grupo distinto de bactérias com o qual nos deparamos no Capítulo 2. Nesses organismos, o nucleoide é envolto por uma membrana dupla reminescente daquela dos núcleos eucarióticos (Figura 3.2). A distinção entre nucleoides procarióticos e núcleos eucarióticos que ainda continua válida é que os procariotos não possuem um aparelho mitótico do tipo eucariótico.

Os procariotos (assim como as células eucarióticas e os vírus) devem resolver um exigente problema topológico na organização de seu DNA longo e fino. Se fosse estirada, a molécula de DNA de *Escherichia coli* teria cerca de 1.000 vezes o comprimento da célula. Se esse cromossomo fosse ampliado, em espessura, ao tamanho do espaguete comum, seu comprimento seria equivalente a 200 pratos médios cheios, com cada "fio de espaguete" ligado pelas extremidades ao seguinte do próximo prato. O problema de como empacotar uma molécula de DNA tão longa em um espaço pequeno é *dobrá-la firmemente em um nucleoide.* O estado físico da molécula de DNA no nucleoide é um tanto misterioso, pois, em um tubo de ensaio, uma solução com 1/100 da concentração existente na célula é um gel sólido! Claramente, proteínas e contra-íons desempenham papéis importantes na manutenção do dobramento da molécula de DNA.

3.1 *Arquitetura do nucleoide e do espaguete (por diversão).*

Algumas informações sobre o dobramento do DNA em uma estrutura compacta provêm de estudos *in vitro*. Quando as bactérias são fragmentadas por meios mecânicos, o **lisado** é altamente viscoso porque o nucleoide "explode", em parte em virtude da repulsão eletrostática das fitas de DNA altamente carregadas (negativamente). Contudo, se a força iônica de contra-íons, como magnésio, for alta (p. ex., 0,1 M), os nucleoides permanecem condensados e o lisado não é viscoso. Assim, em células vivas, o ambiente iônico dentro e ao

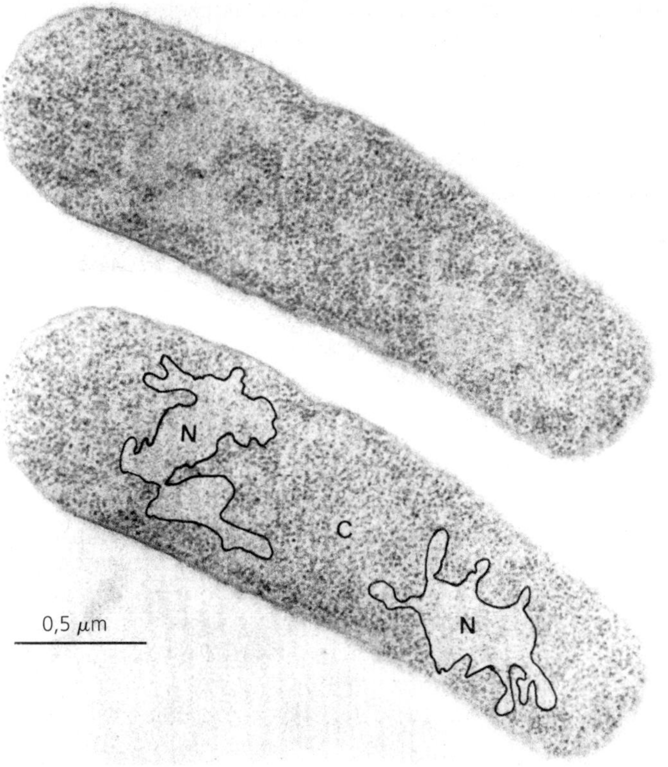

Figura 3.1 Micrografia eletrônica de uma secção fina ao longo de uma célula de *E. coli*. A área irregular clara correspondente ao nucleoide (N) foi contornada na fotografia inferior. O aspecto granular do restante da célula, o citoplasma (C), reflete seu alto conteúdo de ribossomos.

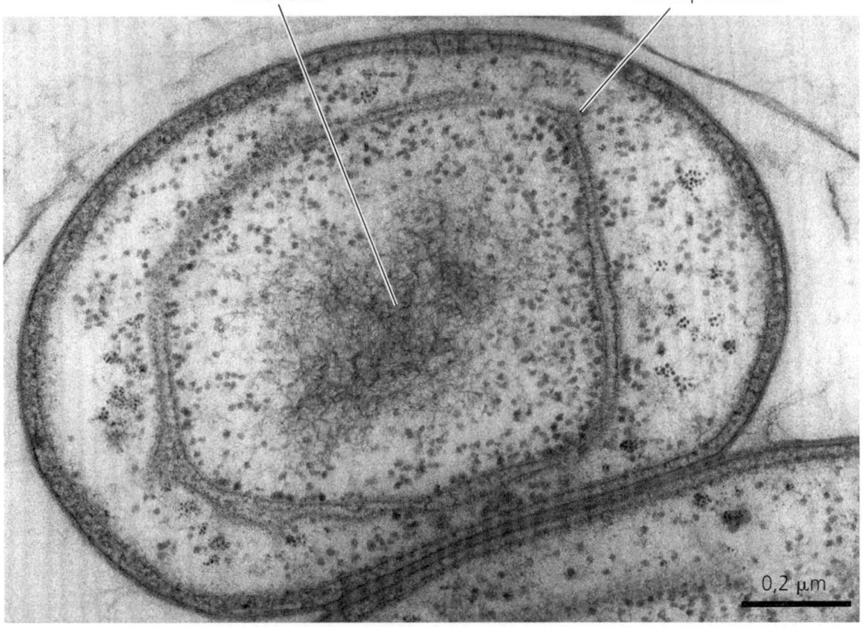

Figura 3.2 O envelope nuclear procariótico. Uma micrografia eletrônica de uma seção fina do planctomiceto *Gemmata obscuriglobus* mostra um nucleoide (N) cercado por um envelope nuclear (NE) que consiste em duas membranas. Os grânulos escuros são ribossomos, encontrados tanto dentro como fora desta estrutura.

redor dos nucleoides trabalha em conjunto com proteínas de ligação ao DNA para a indução de um estado especial (embora desconhecido) de condensação do DNA. Essa condensação exclui do nucleoide os numerosos **ribossomos** e polirribossomos da célula. Por essa razão, micrografias eletrônicas de seções de células procarióticas (Figura 3.1) exibem um nucleoide que parece fibroso (em virtude da fibra de DNA firmemente dobrada) e um citoplasma granular (em virtude do grande número de ribossomos). Observe que o DNA em cromossomos metafásicos eucarióticos ou dentro de partículas virais pode estar ainda mais altamente condensado.

Uma vez que o DNA do nucleoide é altamente condensado, *a transcrição do DNA em RNA ocorre apenas na interface nucleoide-citoplasma*. Esse fato foi demonstrado pelo seguinte experimento. Expuseram-se células, por um período curto, a um precursor radioativo do RNA, a saber, uridina marcada com trítio. Após secções ultrafinas de tais células terem sido revestidas com uma emulsão fotográfica, dando-se um certo tempo para que os átomos de trítio se desintegrassem e os grãos fotográficos se desenvolvessem, as preparações foram examinadas com um microscópio eletrônico. Os grãos fotográficos foram vistos apenas nas superfícies dos nucleoides, e não dentro deles, demonstrando que as moléculas de RNA polimerase funcionam somente na superfície do nucleoide. Essa descoberta também sugere que o DNA não é estático: ele se contorce, como uma cobra, do interior para a superfície do nucleoide e vice-versa. Tal movimento daria a cada gene a oportunidade de ser transcrito. Essa imagem traz à tona um assunto inteiramente novo: a interface nucleoide-citoplasma torna possível uma característica em grande parte procariótica – o acoplamento íntimo entre transcrição e tradução. A síntese de proteínas começa quando os ribossomos ligam-se às moléculas de RNA mensageiro (mRNA) enquanto elas ainda estão se alongando (os planctomicetos até possuem ribossomos dentro de suas "membranas nucleares"). A transcrição e a tradução ocorrem simultaneamente, com a transcrição do DNA acoplada à tradução simultânea das cadeias de mRNA crescentes nas proteínas (ver Capítulo 8).

Na maioria das bactérias, o **genoma** consiste em uma *única molécula circular* de DNA de fita dupla. A circularidade do cromossomo resolve um problema: as células contêm exonucleases que mastigam as extremidades de moléculas lineares de DNA. Não possuir extremidades significa ser imune a essas enzimas. Nos eucariotos, os cromossomos são lineares e as extremidades estão protegidas por estruturas especializadas, os telômeros. Existem exceções à regra da circularidade, porque algumas bactérias possuem cromossomos lineares. Nesse caso, as extremidades são protegidas ou por grampos de fita dupla ou pela ligação de proteínas específicas nas extremidades dos cromossomos. Exemplos de cromossomos lineares são encontrados em espécies bacterianas discrepantes, como o agente da doença de Lyme (*Borrelia burgdorferi*) e várias bactérias de solo produtoras de antibióticos (*Streptomyces*). Por que alguns cromossomos bacterianos são circulares e outros são lineares? Ainda não sabemos.

O fato de ser circular dota o cromossomo bacteriano de outra propriedade: isso lhe permite ficar **supertorcido**, isto é, ele tem torções de uma ordem superior (como as torções incômodas de um fio de telefone enrolado). Por consequência, os cromossomos estão energeticamente ativados ou, em outras palavras, são "acionados por mola". Isso diminui a barreira energética para a separação das fitas, o que é necessário tanto à replicação do DNA como a sua transcrição em mRNA. Acredita-se que a supertorção seja obtida pelo equilíbrio de duas topoisomerases, enzimas que alteram a topologia do DNA. Uma delas, a **DNA girase**, introduz supertorções no DNA circular; sua ação é contraposta por uma segunda enzima, a **topoisomerase I**, que relaxa as supertorções ao criar quebras de fita simples. O cromossomo circular não é uma molécula supertorcida única, mas está dividido em domínios individuais, cada

3.2 *Uma demonstração simples da supertorção do DNA.*

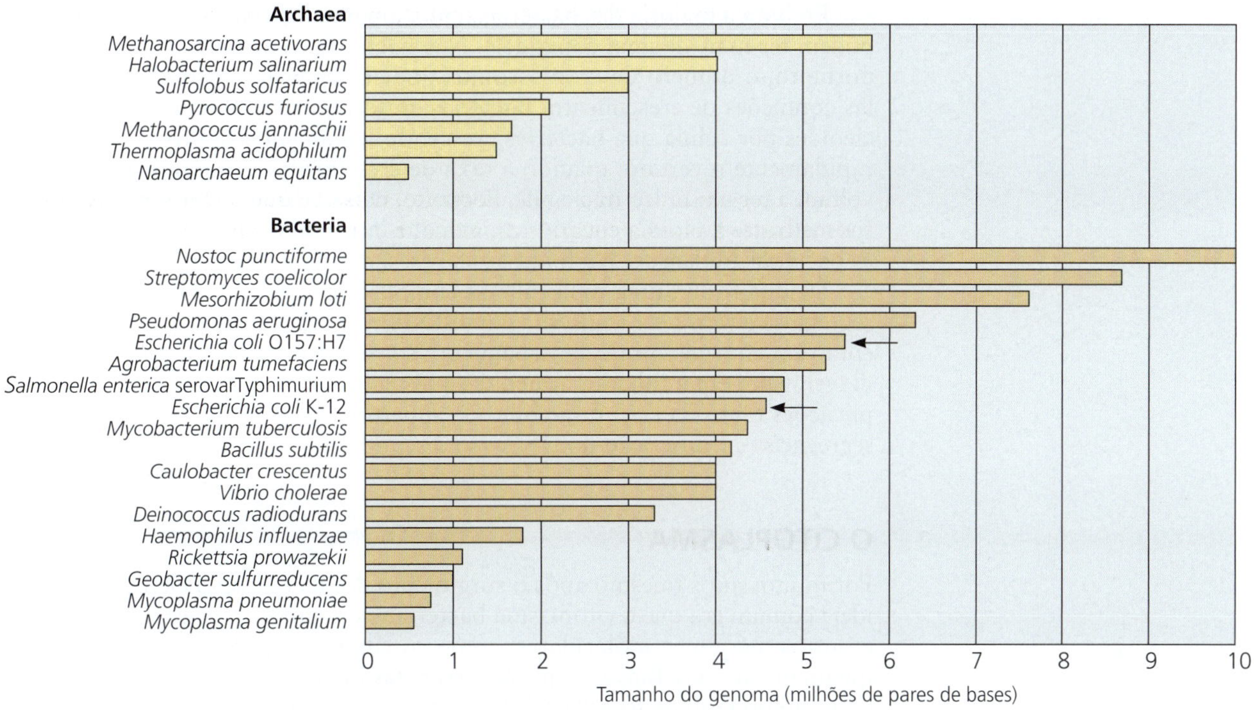

Figura 3.3 Tamanhos do genoma de arqueobactérias e bactérias. A variação total nos tamanhos do genoma é de cerca de 20 vezes. Observe que os genomas de duas linhagens de *E. coli*, O157:H7 e K-12 (setas), diferem em cerca de 20%, ou um milhão de pares de bases.

um dos quais é individualmente supertorcido. As moléculas supertorcidas tornam-se "relaxadas" pela formação de quebras de fita simples, mas são necessários vários de tais cortes para relaxar o cromossomo inteiro. Essa descoberta sugere que há uma organização considerável dentro do nucleoide.

Os tamanhos dos genomas procarióticos variam consideravelmente (Figura 3.3). Os menores conhecidos consistem em mais ou menos 580.000 pares de bases, e os maiores contêm quase 10 milhões de pares de bases. Comparativamente, os cromossomos eucarióticos variam de 2,9 milhões a mais de 4 bilhões de pares de bases. Em geral, o tamanho do genoma de um procarioto reflete o número de funções e, portanto, o número de genes de que ele necessita para prosperar em sua variação específica de hábitats. Esse assunto será retomado em maior detalhe posteriormente (ver Capítulo 13).

3.3 *Uma revisão da estrutura e função do cromossomo bacteriano.*

Muitas bactérias, talvez a maioria, têm um cromossomo único ou, em linguagem genética, um **grupo de ligação** único, embora existam exceções. O bacilo da cólera tem dois cromossomos dissimilares, alguns rizóbios (bactérias fixadoras de nitrogênio associadas aos nódulos das leguminosas) têm três, e outras espécies, quatro. Não sabemos por que isso ocorre dessa maneira, mas a questão que surge é como tais cromossomos são distribuídos, um de cada, às células da progênie. O mecanismo que garante a distribuição dos cromossomos é discutido no Capítulo 9.

Além dos cromossomos, muitas bactérias carregam elementos genéticos de DNA extracromossômico denominados **plasmídeos** (ver Capítulo 10). Alguns plasmídeos são muito grandes e herdados de forma estável; portanto, falar deles separadamente de um cromossomo torna-se uma questão de definição. Os plasmídeos são definidos como elementos genéticos que codificam funções dispensáveis: uma bactéria que perde um plasmídeo permanece viável, mas uma que perde um cromossomo não.

Embora a maioria das bactérias tenha um único cromossomo distinto, elas podem ter mais de uma cópia dele. Nas bactérias, o número de nucleoides e, portanto, o número de cromossomos podem ser prontamente alterados pelas condições de crescimento. Bactérias crescendo rapidamente têm mais nucleoides por célula que bactérias crescendo lentamente. O processo pode ser rapidamente revertido: quando a taxa de crescimento é diminuida, as células voltam a ter um único nucleoide. Portanto, não é correto dizer que esse estado é semelhante à ploidia eucariótica, a qual é uma condição mais estável. Assim, as bactérias podem ser haploides e, às vezes, multinucleadas.

De que forma uma molécula da complexidade física do DNA se replica, segrega-se e vem a ser transcrita em mRNA? Claramente, não é fácil visualizar como tal enorme "prato de espaguete" consegue evitar de se tornar irremediavelmente emaranhado, à medida que realiza suas muitas funções. As implicações tanto da estrutura como da supertorção do nucleoide à replicação, segregação e transcrição do DNA são discutidas nos Capítulos 8 e 9.

O CITOPLASMA

Por muitos anos (mesmo após o surgimento do microscópio eletrônico), uma ideia comum era que o citoplasma bacteriano era um saco de enzimas solúveis e outras máquinas moleculares, como os ribossomos, por exemplo. Consequentemente, acreditava-se que as estruturas interessantes dos procariotos estivessem do lado de fora da célula, protegendo um interior um tanto simples. Essa visão foi contradita pelo desenvolvimento de técnicas que incrementaram a microscopia eletrônica e de fluorescência. No Capítulo 1, imaginamos uma viagem dentro de uma célula bacteriana e tentamos considerar o que veríamos. Aqui, trataremos em maior detalhe das propriedades físicas do interior bacteriano.

O interior de uma célula procariótica está abarrotado de macromoléculas. O citoplasma está repleto da maquinaria metabólica da célula, a maior parte da qual se dedica à manufatura de proteínas. Já observamos que a aparência granular do citoplasma é o resultado de sua grande concentração de ribossomos (20.000 a 200.000 em uma única célula de *E. coli*, dependendo de sua taxa de crescimento). Uma célula típica consiste (por peso úmido) em aproximadamente 20% de proteína, 7 a 20% de RNA (dependendo das condições de crescimento) e 2% de DNA. Precursores solúveis e íons inorgânicos somam 1 a 2%. Tipicamente, a concentração de todas as macromoléculas é de cerca de 30%, o que é três vezes a concentração de proteína da clara de um ovo de galinha. Além disso, as macromoléculas ligam-se à água, o que aumenta seu volume molecular efetivo. Em qualquer comparação, a concentração de macromoléculas é muito alta, o que torna o interior de uma bactéria bastante viscoso. Por consequência, as reações químicas dentro de uma célula bacteriana ocorrem em um ambiente totalmente diferente do que é comum em estudos em tubo de ensaio, sendo arriscadas as extrapolações da bioquímica *in vitro* para a célula viva. Em particular, nem a cinética de enzimas nem as taxas de movimentos macromoleculares podem ser inferidas a partir de medições em tubo de ensaio. Embora o citoplasma esteja visivelmente separado do nucleoide, os dois são próximos. Como mencionamos, a transcrição do DNA em mRNA ocorre na interface nucleoide-citoplasma. As moléculas de mRNA não aguardam ser finalizadas para que venham a ser carregadas de ribossomos, mas o fazem logo após que começam a ser formadas. À medida que a transcrição continua e o mRNA se torna mais longo, mais e mais ribossomos vêm a se ligar, formando o que conhecemos como **polirribossomos** ou **polissomos**. Assim, no citoplasma de bactérias em crescimento, poucos ribossomos estão circulando livremente: a maioria está ligada ao mRNA e engajada na síntese de proteínas.

Técnicas físicas especializadas (p. ex., a recuperação de fluorescência após fotobranqueamento ou fotoemissão [FRAP, *fluorescence recovery after photobleaching*]) permitem que as taxas de difusão de uma proteína fluorescente, como a proteína fluorescente verde, clonada em uma célula sejam determinadas.

3.4 *Um artigo sobre a FRAP.*

Tais medições mostram que a proteína fluorescente verde difunde-se cerca de 10 vezes mais lentamente em *E. coli* que em água e cerca de 4 vezes mais lentamente que no citoplasma eucariótico ou em mitocôndrias. Contudo, a taxa de difusão também é relativamente alta. Uma proteína pequena pode percorrer a extensão de uma bactéria típica (1 micrômetro [μm]) em cerca de 100 milissegundos, o que é razoavelmente rápido para algumas respostas biológicas, ainda que lento para as reações químicas. Essa taxa de difusão é alta o bastante para explicar a taxa na qual os genes são ativados por efetores feitos em outro lugar da célula, mas não por muitos. Portanto, é possível que as taxas de difusão de certas moléculas limitem algumas transações intracelulares.

3.5 *Um artigo de revisão sobre bactérias grandes.*

O tamanho celular aqui é importante: quanto maior a bactéria, maior é o impacto da difusão. Em bactérias que excedem 1 μm em sua menor dimensão, a difusão pode muito bem ser limitante à taxa de crescimento. No extremo conhecido quanto ao tamanho celular procariótico está uma bactéria gigantesca, *Epulopiscium fishelsoni*, encontrada no intestino de certos peixes e que pode atingir 0,5 mm de comprimento e 80 μm de largura (Figura 3.4). Ela é mais ou menos do tamanho de um ponto final nesta página e pode, portanto, ser vista a olho nu. *E. fishelsoni* ainda não pode ser cultivada em laboratório, e assim não sabemos o quão rapidamente ela cresce e como satisfaz seus requisitos biossintéticos, nem sabemos como os nutrientes e metabólitos são transportados para dentro e para fora do interior dessas células. Observe que somente o tamanho pode não significar que a difusão representa um problema. Outra bactéria imensa, a esférica *Thiomargarita namibiensis*, tem entre 300 e 700 μm de diâmetro (Figura 3.4). Contudo, a maior parte de *T. namibiensis* consiste em um vacúolo interno cheio de nitrato concentrado (> 0,1 M), o qual é usado para a oxidação de sulfeto (para detalhes, ver Capítulo 18). O citoplasma relevante desse organismo é uma camada de apenas 1 a 2 μm de espessura.

A

B

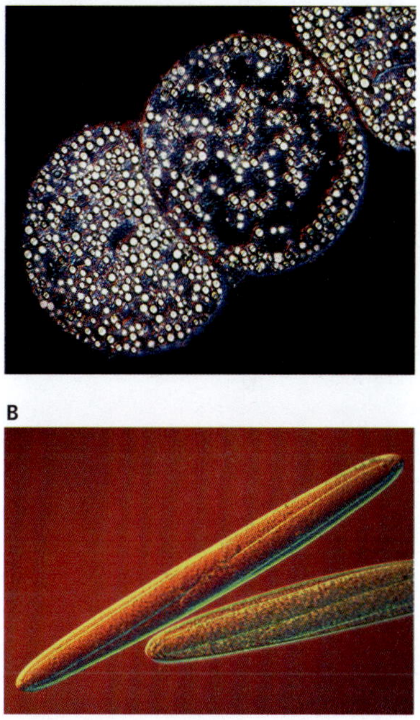

Figura 3.4 Duas bactérias gigantescas. (A) O maior procarioto conhecido do mundo, *T. namibiensis*. Os corpos brancos são grânulos de enxofre formados pela oxidação de sulfeto de hidrogênio. A maior parte da célula consiste em um vacúolo cheio de nitrato. O citoplasma é uma camada fina, de cerca de 1 μm de espessura, no mesmo nível do das bactérias comuns. **(B)** *E. fishelsoni*, a maior bactéria do mundo, se for excluído o vacúolo de *T. namibiensis*.

INCLUSÕES E VESÍCULAS

Tratamos até agora principalmente de bactérias e arqueobactérias "comuns", mas existe um outro mundo maravilhoso de formatos, formas e estruturas procarióticas, e um pouco dessa variedade pode ser vista dentro do interior da célula. Alguns procariotos possuem vesículas internas que estão envolvidas em vários aspectos da fisiologia da célula. Algumas são envoltas por membranas proteicas sem lipídeos, enquanto outras são envoltas por membranas proteico-lipídicas de duas camadas. O que distingue essas estruturas das mitocôndrias e dos cloroplastos é a falta de DNA.

Vesículas de gás

Em corpos de água, as bactérias fotossintéticas têm problemas de flutuabilidade. A maior quantidade de luz está, naturalmente, perto da superfície da água. Essas bactérias, ainda que leves quanto ao peso, iriam consequentemente afundar, a menos que munidas de flutuabilidade. Muitos desses organismos tornam-se flutuantes pela ação de vesículas internas de gás, que são estruturas cheias de um gás similar ao do ambiente (Figura 3.5). Essas vesículas são

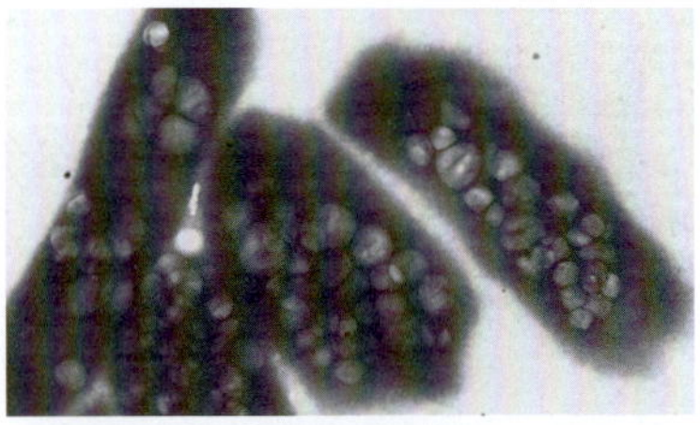

Figura 3.5 Células vazias de uma espécie de *Halobacterium* coradas negativamente contendo um grande número de vesículas de gás.

envoltas por uma camada *composta inteiramente de proteína*; assim, elas não são membranas biológicas típicas. A camada proteica é livremente permeável a gases, mas não à água. As vesículas não mantêm sua forma por estarem infladas pelo gás, mas porque a camada proteica é bastante rígida. As vesículas de gás se desintegram quando as células são sujeitas a um aumento repentino da pressão hidrostática.

As vesículas de gás são características de bactérias fotossintéticas aquáticas pertencentes a um grande grupo conhecido como **bactérias azul-esverdeadas** ou **cianobactérias**. Nem todas usam luz do mesmo comprimento de onda para a fotossíntese, e assim elas podem preferir locais diferentes na água. As vesículas de gás inflam ou esvaziam-se segundo controles que são especificamente adaptados para situar as células em uma posição na coluna de água que tem luz do comprimento de onda e da intensidade adequada.

Organelas de fotossíntese e quimiossíntese

A fotossíntese ocorre em espaços altamente organizados. Nas plantas, ela é realizada em intrincados conjuntos multicompartimentados, os **cloroplastos**. Um desses compartimentos consiste nos **tilacoides**, onde a energia luminosa é captada e convertida em energia química. Os tilacoides são pilhas de sacos membranosos que aumentam muito a área de superfície na qual ocorrem as reações fotossintéticas. Em um compartimento fluido que circunda os tilacoides, o **estroma**, a energia é usada para realizar a conversão de dióxido de carbono em açúcares (o ciclo de Calvin).

As bactérias fotossintéticas têm estruturas correspondentes, mas diferem quanto à organização. As bactérias fotossintéticas possuem vários tipos de estruturas membranosas fotossintéticas, algumas contínuas à membrana celular e outras não. De forma similar, as bactérias que obtêm sua energia a partir da oxidação de material inorgânico, como ferro reduzido, sulfeto ou hidrogênio (as **quimioautotróficas**), também têm estruturas de membrana ampliadas onde ocorrem esses processos. O metabolismo especial dessas espécies de bactérias é descrito no Capítulo 6.

Carboxissomos

As **bactérias autotróficas** (ver Capítulo 6), aquelas que fixam dióxido de carbono para formar seus blocos de construção bioquímicos, frequentemente também contêm outro tipo de estrutura, os **carboxissomos** (Figura 3.6). Trata-se de corpos poliédricos envoltos por uma camada proteica (e não uma membrana lipídica) que contém a enzima-chave na fixação do carbono, a **RuBisCo**

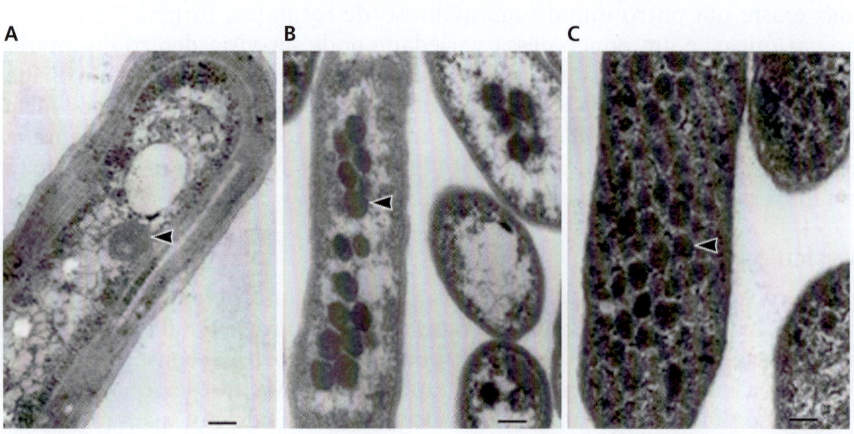

Figura 3.6 Várias vesículas bacterianas. (A) Carboxissomos em *Synechococcus*, uma cianobactéria fotossintética. **(B)** Carboxissomos em *Halothiobacillus*, um autótrofo redutor de sulfeto. **(C)** Enterossomos em *Salmonella*, um heterótrofo. As setas apontam para estruturas típicas. Barras, 100 nm.

(**ribulose bifosfato carboxilase**). O ambiente estruturado nos carboxissomos pode aumentar o poder catalítico dessa enzima, mas ainda não se sabe como isso ocorre.

Enterossomos

Curiosamente, estruturas similares aos carboxissomos também são encontradas em bactérias heterotróficas, como *Salmonella* e *E. coli*, onde foram denominadas **enterossomos** (por terem sido primeiramente descobertas nas bactérias entéricas). Sob o microscópio eletrônico, os enterossomos parecem similares aos carboxissomos. Eles não contêm a RuBisCo (Figura 3.6), mas algumas de suas outras proteínas são homólogas a proteínas dos carboxissomos. Os enterossomos contêm enzimas necessárias ao metabolismo de certos substratos, como o propanodiol e a etanolamina. Na verdade, essas estruturas são encontradas somente quando os organismos são cultivados em tais substratos. Poderia cogitar-se qual seria o papel desses substratos e por que complexos arranjos enzimáticos são necessários para metabolizá-los. Verificou-se que o propanodiol é um metabólito da fucose, um açúcar encontrado na parede intestinal dos mamíferos e que pode ser degradado pelas bactérias intestinais. Os enterossomos são relevantes à patogênese de *Salmonella*, pois provou-se que certos mutantes avirulentos são defectivos no metabolismo do propanodiol.

A razão da existência dos enterossomos não é bem compreendida. Tem-se proposto que eles sirvam para lidar com um intermediário tóxico no metabolismo do propanodiol, o propanaldeído. Eles devem ter uma importância considerável, a julgar pelo fato de que são conservados por essas bactérias, ainda que sua síntese necessite de um gasto considerável de energia.

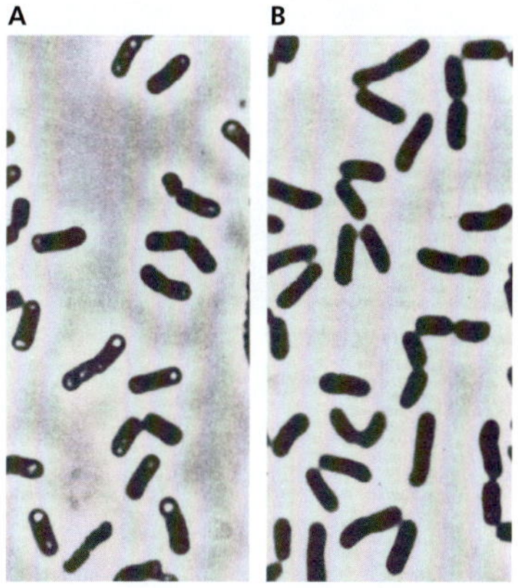

Figura 3.7 Grânulos de armazenamento em um representante do gênero *Bacillus* (*Bacillus megaterium*; microscopia de contraste de fase). (A) Células crescendo em uma alta concentração de glicose e acetato. As áreas claras são grânulos de poli-hidroxialcano. **(B)** Células da mesma cultura após terem sido incubadas por 24 horas na ausência de uma fonte de carbono.

Grânulos de armazenamento e outros

Sob o microscópio, observa-se que algumas bactérias têm corpos refrativos em seu citoplasma (Figura 3.7). Esses denominados **corpos de inclusão** servem para armazenar enxofre, fosfato (em várias formas químicas, inclusive pirofosfatos poliméricos), cálcio ou polímeros orgânicos, como glicogênio. Em alguns casos, os corpos de inclusão são envoltos por uma membrana, sendo comumente chamados de grânulos de volutina ou **acidocalcissomos**, e são similares a algumas estruturas encontradas nas células eucarióticas.

Uma ampla variedade de bactérias forma compostos de armazenamento denominados **poli-hidroxialcanoatos**, polímeros de utilidade industrial. Alguns desses compostos formam plásticos rígidos e quebradiços; outros formam substâncias similares à borracha. Por serem inerentemente biodegradáveis, eles são considerados uma fonte interessante de plásticos não poluentes.

Algumas bactérias aquáticas móveis possuem **magnetossomos**, que são cristais (ligados à membrana) de magnetita ou outras substâncias que contêm ferro e que funcionam como imãs minúsculos. Tais bactérias podem orientar-se respondendo aos campos magnéticos da Terra (ver Capítulo 13).

3.6 *Um artigo de revisão sobre carboxissomos e enterossomos.*

3.7 *Um artigo de revisão sobre acidocalcissomos.*

CONCLUSÕES

As células procarióticas geralmente carecem de uma membrana nuclear, e seu DNA genômico forma uma massa irregular denominada nucleoide. Algumas bactérias e muitas arqueobactérias contêm vesículas que são envoltas ou por proteínas ou por membranas proteico-lipídicas. Embora as células procarióticas não possuam as organelas que caracterizam seus equivalentes eucarióticos, seu interior é surpreendentemente complexo, está densamente repleto de maquinaria metabólica e é extremamente viscoso. No próximo capítulo, examinaremos algumas características do crescimento e da reprodução microbiana, o que nos preparará para aprendermos como tudo isso é realizado.

TESTE SEU CONHECIMENTO

1. Compare a estrutura do citoplasma de uma célula procariótica típica com a de uma célula eucariótica típica.
2. Como o nucleoide bacteriano difere de um núcleo verdadeiro?
3. Que diferença faz se o DNA do nucleoide bacteriano for circular?
4. Como algumas bactérias alteram sua densidade flutuante?
5. Que organelas "extras" são encontradas em algumas células procarióticas? Quais são suas funções conhecidas?

parte III crescimento

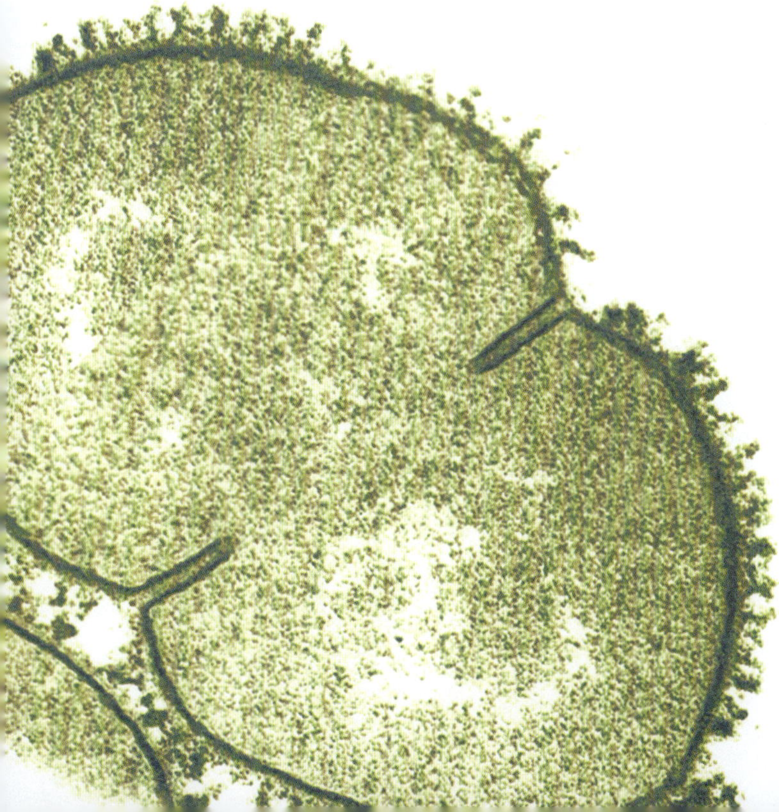

crescimento das populações microbianas

capítulo

4

INTRODUÇÃO

A maioria dos procariotos não tem um ciclo de vida obrigatório da maneira exibida pelos organismos mais complexos. Contanto que o ambiente seja propício, a maioria dos procariotos se reproduz de forma contínua. Algumas bactérias passam por alterações no desenvolvimento, como a formação de esporos, mas o desenvolvimento bacteriano raramente é o resultado do programa inexorável de **diferenciação** visto nas plantas ou nos animais superiores. Assim, quando as bactérias não estão de fato crescendo, elas estão prontas para fazê-lo.

Há exceções: algumas bactérias têm ciclos de desenvolvimento obrigatórios. Um exemplo é a bactéria *Caulobacter*, que se diferencia em dois tipos diferentes de células a cada divisão celular (ver Capítulo 14). A maioria das outras bactérias e praticamente todas as arqueobactérias têm um estilo de vida mais repetitivo: cada célula cresce e, no final, divide-se em duas **células da progênie** iguais, que então seguem em frente, como sua progenitora. Em tais organismos, cada geração assemelha-se minuciosamente à anterior.

4.1 *Um filme sobre bactérias em crescimento.*

É comum utilizar o termo "crescimento" para indicar o aumento do número de células de uma população, assim como o aumento do tamanho de um indivíduo. Embora algumas bactérias cresçam de forma bastante lenta, necessitando de dias ou mais para que uma célula se transforme em duas novas, o crescimento rápido é característico de muitas espécies, em particular daquelas que têm de competir por nutrientes escassos ou apenas intermitentemente disponíveis no ambiente. Visto como resposta, o crescimento fornece o quadro mais completo de como um micróbio de vida livre está progredindo. Ele está crescendo ou está se restringindo? Ele está sendo desafiado por estímulos ambientais em constante mudança ou está desfrutando de uma existência relativamente tranquila? O crescimento é o indicador mais global do *status* de um micróbio e merece, portanto, nossa atenção.

Há um prêmio evolutivo para o crescimento eficiente. A maioria dos micróbios não vive isolada, devendo competir por alimento com seus vizinhos. A capacidade de utilizar rapidamente os nutrientes confere a eles uma forte vantagem seletiva. Não é de se admirar que as bactérias tenham evoluído para crescer a velocidades impressionantes. O processo inteiro de sintetizar uma única célula de *Escherichia coli* leva somente cerca de 20 minutos a 37 °C em meios ricos, e *E. coli* não é nem mesmo a campeã de velocidade. Uma bactéria isolada de terrenos salgadios, *Vibrio natriegens*, pode duplicar-se em menos de 10 minutos! Lembre-se, contudo, de que o crescimento rápido não é a única estratégia de sobrevivência disponível. Por exemplo, a adesão a superfícies permite a sobrevivência em longo prazo de organismos que não competem bem por alimento, mas que são capazes de permanecer a postos em um nicho ambiental específico.

Para introduzir os aspectos básicos das medidas do crescimento bacteriano, consideraremos uma questão simples que pode ser prontamente respondida no laboratório: quão rápido uma dada espécie bacteriana cresce em diferentes meios de cultura? Para descobrir a resposta experimentalmente, precisamos primeiro aprender algo sobre os meios de cultura utilizados no laboratório. Poderíamos pensar que os microbiologistas tendem a usar meios de cultura que se assemelham ao ambiente natural do organismo. Isso é verdade até certo ponto, em especial para as bactérias que são **fotoautotróficas** (obtêm sua energia a partir da luz) ou **quimioautotróficas** (obtêm sua energia a partir da oxidação de compostos inorgânicos) (ver Capítulo 6). Contudo, com frequência, o meio é escolhido por razões práticas, como quão rápido as colônias aparecem em placas de ágar, quão fácil é fabricá-lo e quanto custa. Em laboratórios de pesquisa, outras características tornam-se importantes, como o conhecimento da composição química exata de um meio e a capacidade de reproduzir facilmente essa composição.

4.2 *Descubra como o agente gelificante ágar foi incorporado à microbiologia.*

Em laboratórios de diagnóstico, o comportamento em cultura de organismos isolados da amostra de um paciente frequentemente ajuda a determinar sua identidade. Por exemplo, a capacidade de fermentar lactose é uma característica usada para distinguir entre certos patógenos bacterianos intestinais e não patógenos. Pode-se simplesmente usar um **meio diferencial** que contenha lactose e um corante indicador de pH: os fermentadores de lactose produzem ácido que altera a cor do meio em volta de suas colônias em placas de ágar, enquanto os que não fermentam lactose não alteram a cor. Outros meios são planejados para permitir que alguns organismos cresçam e outros não. Um exemplo desse tipo de **meio seletivo** é o que contém 5% de cloreto de sódio, que não impede o crescimento de estafilococos, mas inibe muitas outras bactérias que possam estar presentes em uma amostra clínica. Além disso, a forma e a cor de uma **colônia** bacteriana muitas vezes sugerem a identidade do organismo ou, pelo menos, permitem-nos dizer do que ele não se trata.

4.3 *Uma galeria de colônias bacterianas.*

Voltando ao nosso experimento, muitos meios de cultura diferentes poderiam ser usados para sustentar o crescimento de uma dada espécie. Se quiséssemos cultivar *E. coli* ou alguma outra bactéria familiar, poderíamos escolher um meio rico denominado **caldo nutritivo**, que contém extrato de carne (similar ao que há nos cubos de caldo de carne) e outro constituinte indefinido, peptona (um digerido de carne), que fornece açúcares, aminoácidos, purinas, pirimidinas, vitaminas e outros nutrientes ao organismo. Obviamente, a composição química exata de tal meio não é conhecida. No outro lado do espectro, poderíamos escolher um **meio mínimo** sintético completamente definido, que consiste somente em sais inorgânicos e que contém glicose como a única fonte de carbono (Tabela 4.1). Poderíamos aumentar a complexidade desse meio pela adição de vários nutrientes, como, por exemplo, aminoácidos ou vitaminas, isoladamente ou em combinação. Antes de usar qualquer meio de

Tabela 4.1 Um meio mínimo, conhecido como meio MOPS, para o crescimento de *E. coli*[a]

Constituinte	Concentração (mM)
Fosfato de potássio (como K_2HPO_4)	1,32
Cloreto de amônio	9,52
Cloreto de magnésio	0,523
Sulfato de potássio	0,276
Sulfato ferroso	0,01
Cloreto de cálcio	5×10^{-4}
Cloreto de sódio	50
MOPS (um tampão)	40
Molibdênio, boro, cobalto, cobre, manganês, zinco	Traços
Fonte de carbono (p. ex., glicose 0,2%)	

[a]MOPS (de *morpholine propane sulfonic acid*), ácido morfolino propanossulfônico. Para fazer um **meio rico** que sustente altas taxas de crescimento, são adicionados os seguintes suplementos: todos os 20 aminoácidos, purinas, pirimidinas e várias vitaminas. Observe que os meios mínimos são totalmente definidos e, portanto, reproduzíveis. Além disso, eles permitem o uso de isótopos (^{14}C, ^{35}S e ^{32}P) e precursores orgânicos para a marcação eficiente dos componentes celulares.

cultura, devemos esterilizá-lo para destruir todos os organismos que possam estar presentes, geralmente usando uma **autoclave** (uma panela de pressão elaborada). Observe que esse procedimento pode não dar fim a todas as formas de vida, porque os termófilos extremos (ver "Temperatura", a seguir) podem resistir ao tratamento. Tais organismos são encontrados somente em ambientes específicos e, em todo caso, não cresceriam a 37 °C, que é a temperatura que usaríamos neste experimento. Outra técnica de esterilização de meios líquidos ocorre pela passagem através de um filtro de membrana que retém os micróbios celulares, embora a maioria dos vírus o atravesse. Esse método constitui uma forma de preparar meios estéreis que contêm componentes termolábeis.

Podemos agora prosseguir com o experimento e escolher, por exemplo, três meios diferentes: nº 1, caldo nutritivo; nº 2, meio mínimo com glicose como fonte de carbono, e nº 3, o mesmo que o nº 2 com a adição de 10 aminoácidos. Podemos prosseguir e adicionar os organismos a cada um desses meios. Esse processo é denominado **inoculação** e geralmente envolve a transferência de um pequeno número de células de uma cultura pura (denominada **inóculo**) previamente preparada. Podemos agora colocar a cultura a 37 °C em um aparelho de agitação para abastecê-la de oxigênio (nossa *E. coli* prefere assim) e acompanhar o crescimento como o aumento em número ou massa das bactérias contra o tempo. Para uma linhagem laboratorial típica de *E. coli*, os valores desses parâmetros dobrarão a cada 20 minutos no meio 1, a cada 50 minutos no meio 2 e a cada 35 minutos no meio 3. Nada poderia ser mais simples, e, no entanto, esse experimento contém várias verdades escondidas e levanta várias questões que são mais proveitosamente deixadas para o Capítulo 12. Contudo, perguntamo-nos primeiramente: como a taxa de crescimento foi determinada?

COMO MEDIR O CRESCIMENTO DE UMA CULTURA BACTERIANA

Existem várias maneiras de se medir a taxa de crescimento de uma cultura. Pode-se escolher entre o acompanhamento das taxas de aumento do número de células ou de qualquer constituinte celular, o desaparecimento de nutrientes ou o acúmulo de metabólitos. Um método de medição muito utilizado é o da

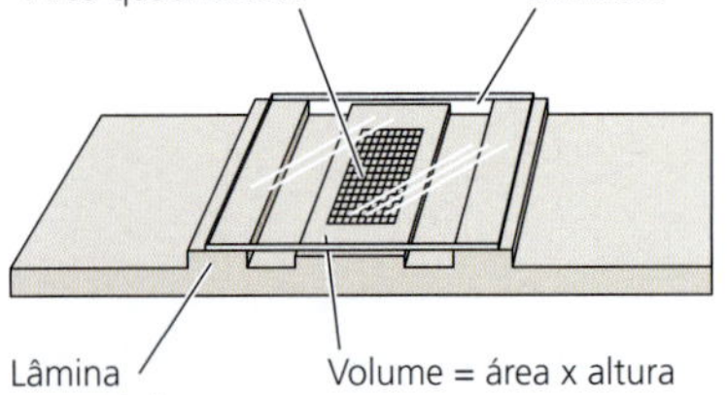

Figura 4.1 Câmara para a contagem de células no microscópio (também conhecida como hemocitômetro). A porção quadriculada define a área, e o espaço entre a lamínula elevada e a lâmina define a altura. A contagem das partículas sobre uma certa área dá uma estimativa de seu número por unidade de volume.

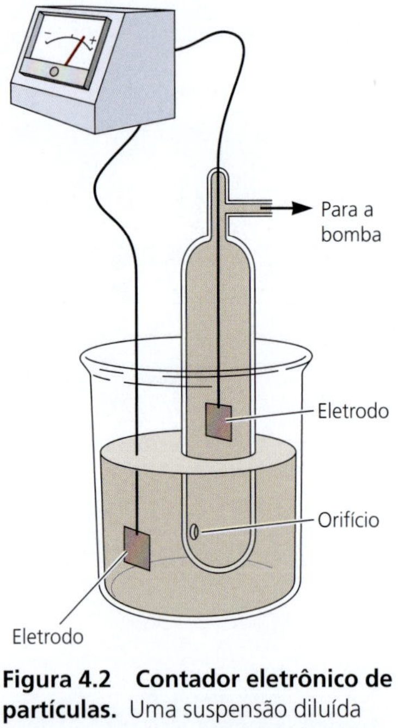

Figura 4.2 Contador eletrônico de partículas. Uma suspensão diluída de partículas (p. ex., bactérias) em um tampão é colocada no béquer externo. Um certo volume de líquido é sugado através de um orifício situado na lateral do tubo interno, e a condutividade entre os dois eletrodos é medida. Para que a contagem das bactérias seja eficiente, o orifício do tubo interno pode ter até 30 micrômetros (μm).

turbidez, que pode ser determinada quase instantaneamente utilizando-se um colorímetro ou um espectrofotômetro. Essa medição não apenas é conveniente, mas também precisa. A medição turbidimétrica depende da capacidade das células bacterianas de espalhar luz (não de sua absorção luminosa, porque elas são praticamente transparentes). Contudo, há casos em que tal medição não é prática, como, por exemplo, quando o próprio meio é turvo. Contudo, para efeito de determinação da taxa de crescimento no experimento anteriormente apresentado, a turbidimetria seria o método de escolha. Se for prestada atenção à composição química do meio e à temperatura, essa medição da taxa de crescimento pode ser reproduzível e precisa, estando muito provavelmente dentro de uma taxa de erro de 5%.

Às vezes deseja-se determinar o número de *células vivas em uma população* em vez de a biomassa bacteriana total. A contagem de células vivas depende da capacidade de uma única bactéria produzir uma colônia em uma placa de Petri contendo um meio de cultura adequado e solidificado com ágar. Para realizar tal **contagem de viáveis** (procedimento também conhecido como **contagem de viabilidade** ou, ainda, **contagem em placa**), dilui-se a amostra, espalha-se uma amostra quantificada da diluição sobre a superfície do ágar, incuba-se a placa de Petri por um período adequado, e conta-se o número de colônias que se desenvolvem. A técnica dá margem a erros que, em alguns casos, são difíceis de ser evitados. Se as bactérias formam grumos, por exemplo, o número de colônias revela o número de grumos, e não o número de células individuais.

As contagens de partículas totais podem ser realizadas utilizando-se um microscópio ou um contador eletrônico de partículas. Sob o microscópio, as células em uma amostra podem ser contadas com uma **câmara de contagem** (Figura 4.1), que consiste em uma lâmina de vidro com uma depressão central de profundidade conhecida (normalmente 0,02 mm para bactérias) e cujo fundo é traçado com quadrados de área conhecida. A depressão é preenchida com uma suspensão bacteriana, coberta com uma lamínula e deixada em repouso até que as células se depositem no fundo (assim todas estarão no mesmo plano de foco). O número de células por unidade de área (nesse caso, proporcional ao volume) revela o número total de células na suspensão. Um instrumento análogo, usado para a contagem das células do sangue e de outras células animais, é denominado **hemocitômetro**.

A **contagem eletrônica** baseia-se no princípio de que uma célula bacteriana conduz menos eletricidade que uma solução salina. Um contador eletrônico de partículas consiste em duas câmaras contendo uma solução salina, à qual se adicionou uma amostra de uma suspensão bacteriana. As câmaras são conectadas por meio de um pequeno orifício (Figura 4.2). Toda vez que uma bactéria atravessa o orifício, ela diminui a condutividade elétrica, e o número de alterações é eletronicamente registrado. Os contadores de células são muitas vezes usados para a contagem de outras partículas, como, por exemplo, as células sanguíneas brancas ou células animais em cultura. Observe que essas máquinas são diferentes dos citômetros de fluxo, normalmente usados para se determinar a distribuição de uma propriedade específica (p. ex., o conteúdo de DNA por célula) em uma população.

QUANDO A TAXA DE CRESCIMENTO DEVE SER DETERMINADA?

As mudanças na turbidez de uma cultura típica estão traçadas na Figura 4.3. Observe que a cultura cresceu durante um período de muitas horas, mas o crescimento cessou por volta de 24 horas. Nessas condições, diz-se que a cultura estava na **fase estacionária** do crescimento. O que fez o crescimento parar? As células na cultura consumiram os nutrientes e secretaram produtos residuais. Ao final, alguns nutrientes essenciais foram esgotados ou algum produto residual atingiu uma concentração inibitória.

Se uma cultura que estava na fase estacionária por um tempo for transferida para um meio novo, pode ser que ela não comece a crescer imediatamente. O crescimento é atrasado por um período de tempo, e sua duração depende do organismo, do meio específico e da duração de tempo que a cultura teve na fase estacionária. Esse período é denominado **fase *lag*** (também denominado **fase de atraso** ou, ainda, **fase de espera**). Nas bactérias que formam esporos, como *Bacillus subtilis*, assim como em outras que formam estruturas de repouso (ver Capítulo 14), a fase *lag* possui atributos especiais. Como essas estruturas formam-se durante a fase estacionária, o crescimento subsequente da cultura em meio novo pode ser retomado somente após o demorado processo de **germinação** dos esporos. *E. coli* também passa por rearranjos fisiológicos durante a fase estacionária, embora as mudanças sejam menos óbvias que na esporulação (ver Capítulo 13). Uma vez que o crescimento recomeça a uma taxa fixa, diz-se que a cultura está na **fase exponencial.** Neste momento, a taxa de crescimento é constante, que (respondendo à pergunta do subtítulo) é o momento em que a medição deve ser realizada.

Uma cultura na fase exponencial cresce a uma taxa constante, contanto que a concentração de substrato sendo consumido não caia abaixo de um nível utilizável. A taxa de crescimento permanece constante e decresce a zero quando o substrato é esgotado. Portanto, a taxa de crescimento altera-se somente quando a concentração de substrato cai abaixo de um certo valor limiar, normalmente na faixa de micromolares. A relação entre taxa de crescimento e concentração de substrato se parece com a cinética de primeira ordem (Figura 4.4), que se assemelha à relação entre a velocidade de uma reação catalisada por uma enzima e a concentração do substrato para aquela reação, como descrito pela equação de Michaelis-Menten.

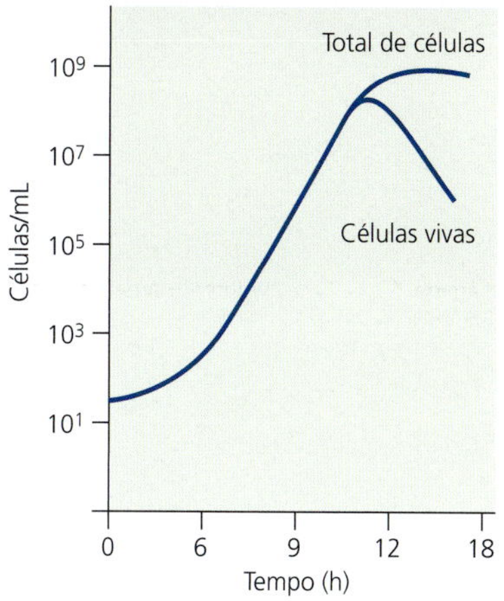

Figura 4.3 Típica curva de crescimento bacteriano. As medições foram realizadas para o número total de células e para o número de células viáveis. Observe que as duas são as mesmas durante a maior parte do crescimento dos organismos, indicando que a **viabilidade** foi próxima a 100%. Contudo, quando diminuiu a velocidade de crescimento, algumas células morreram. Entretanto, elas ainda podem estar intactas, contribuindo, assim, para o número total. Nem todas as bactérias comportam-se dessa maneira. Algumas sofrem lise à medida que diminui a velocidade de crescimento.

4.4 *A equação de Michaelis-Menten (ou consulte livros-texto de bioquímica).*

A LEI DO CRESCIMENTO

Você já ouviu a expressão "quando as células se dividem, elas se multiplicam"? A cada divisão, uma bactéria transforma-se em duas, essas se transformam em quatro, etc.. A série 2, 4, 8, 16, ..., 2^n descreve o aumento no número de células,

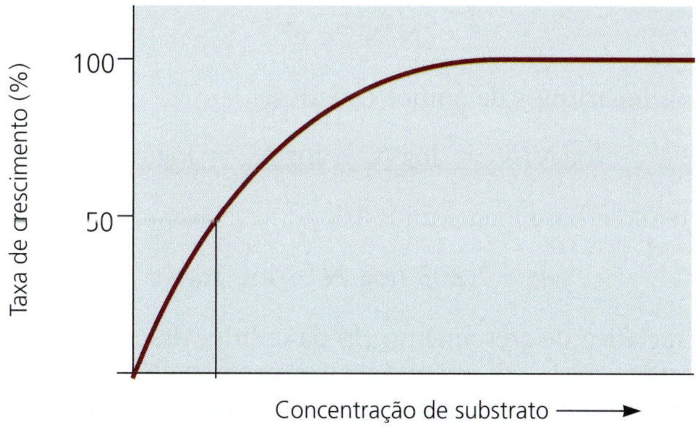

Figura 4.4 Mudança na taxa de crescimento em função da concentração de um substrato limitante essencial. A taxa de crescimento é constante ao longo de uma faixa ampla de concentração de substrato, mas é mais baixa quando o substrato é escasso. Para que as medições sejam realizadas nesta região, as culturas bacterianas devem estar muito diluídas, ou então as células facilmente consumiriam a pequena quantidade de substrato e, assim, alterariam sua concentração durante o tempo da medição. Para efeito de comparação, a concentração de glicose que resulta na metade máxima da taxa de crescimento (marcada pelas linhas horizontal e vertical) em *E. coli* é 10^{-6} M.

onde n é o número de **gerações** (1, 2, 3, 4, etc.). O número de células, N, após n gerações, começando com N_0 células, pode ser calculado a partir das seguintes equações:

$$N = 2^n N_0 \tag{1}$$

e

$$\log N = n \times \log_{10} 2 + \log N_0 \tag{2}$$

Se os números de células no início e em qualquer tempo específico depois disso forem conhecidos, o número de gerações intervenientes pode ser calculado a partir da equação:

$$n = \frac{\log N - \log N_0}{0{,}301} \tag{3}$$

Por exemplo, se começarmos com 1.000 bactérias por mL, quanto tempo levará para que a população alcance 1 bilhão de células por mL? Da equação 3, n é igual a ($\log 10^9 - \log 10^3$)/0,301; assim, n é igual a 6/0,301, ou aproximadamente 20 gerações.

Se soubermos o intervalo de tempo durante o qual o aumento ocorreu, podemos calcular quanto tempo (t) leva para que as células dobrem de número (um **tempo de geração** [g]) a partir da equação $g = t/n$. Se o tempo for 10 horas, g seria 10/20, ou 30 minutos.

Até agora, descrevemos o crescimento em etapas da duplicação celular. O cálculo da taxa de crescimento para *qualquer intervalo de tempo* requer uma digressão matemática (o que lhe dará a chance de usar, quem sabe pela primeira vez, o que você aprendeu em um curso de cálculo).

Em termos matemáticos,

$$dN/Dt = kN \tag{4}$$

onde dN é a mudança no número (N) de células por unidade de volume ao longo do tempo (t), e k é uma constante de proporcionalidade denominada **taxa específica de crescimento.** As unidades de k são tempo-recíprocas, normalmente expressas como horas^{-1}.

As etapas da equação 4 à equação 7 são para os aficionados por matemática. A integração da equação 4 produz:

$$N/N_0 = e^{kt} \tag{5}$$

4.5 *As etapas na integração.*

Tirando os logaritmos de ambos os lados,

$$\log N/N_0 = \log N - \log N_0 = \log(e)kt \tag{6}$$

e convertendo à base logarítmica 10,

$$k = 2{,}303\ (\log N - \log N_0)/t \tag{7}$$

A taxa específica de crescimento (k) da cultura descreve quão rápido uma bactéria específica cresce em um ambiente específico. Por exemplo, se uma cultura contém 10^3 células no tempo zero e 10^8 células 6 horas mais tarde, a taxa específica de crescimento é (8 − 3)2,303/6, ou k = 1,92 hora^{-1}. Da equação 7, podemos também determinar a relação entre k e g. Como g é o tempo para que N_0 dobre, isto é, para 1 tornar-se 2, vemos que k = 2,303(0,301 − 0)/g, ou k = 0,693/g.

Mesmo sem os recursos matemáticos, deveria ser suficientemente óbvio que, *em uma cultura em crescimento, o número de células ou de qualquer um de seus componentes aumenta a uma taxa proporcional ao número de células presentes em qualquer tempo específico*. Quanto mais células existem, mais células são formadas em um intervalo específico de tempo. Assim, o **crescimento exponencial** (**crescimento logarítmico**) imita uma reação química autocatalítica ou de primeira ordem. A lei fundamental do crescimento, expressa na equação 5, é a mesma que a do juro composto (a qual se diz que Benjamin Franklin chamou de "a oitava maravilha do mundo").

CRESCIMENTO BALANCEADO

Contanto que uma cultura esteja na fase exponencial, todos os constituintes celulares aumentam, na mesma proporção, durante o mesmo intervalo de tempo. Em outras palavras, o tempo levado para dobrar o número de células na cultura é o mesmo que o tempo levado para dobrar a quantidade de DNA ou o número de ribossomos, de moléculas enzimáticas individuais, e assim por diante. Para exemplificar quão prático isso pode ser, se em uma única ocasião você determinasse que o conteúdo médio de DNA de uma única célula de *E. coli* é 26 femtogramas (fg) em uma cultura que está se duplicando a cada 40 minutos, você saberia, *sem nenhuma medição adicional*, que a taxa média de síntese de DNA é 0,65 fg/bactéria/minuto. Tal condição é denominada **crescimento balanceado** e, enquanto ela pode ser aproximada durante um período considerável no laboratório, normalmente não persiste por muito tempo no ambiente. Na maior parte das condições naturais, as bactérias alternam entre períodos de crescimento e não crescimento, isto é, estão constantemente entrando e saindo da fase estacionária.

No laboratório, o uso de culturas em crescimento balanceado (crescendo exponencialmente) tem algumas vantagens óbvias. Esta é a *única fase do crescimento de uma cultura que é facilmente reproduzível* e, portanto, pode ser replicada em ocasiões diferentes e laboratórios diferentes. No mesmo meio, com uma fase gasosa adequada e sob as mesmas condições de temperatura, pressão osmótica e pH, uma cultura se comportará da mesma maneira, dia após dia. Os organismos estarão, então, no *mesmo estado fisiológico*. Na condição alternativa, onde o crescimento está desequilibrado, as características dos organismos irão variar à medida que as condições variam. Nas culturas em crescimento balanceado, não importa quando a cultura é amostrada (contanto que o tempo de amostragem seja registrado e relacionado a alguma medida do crescimento).

O crescimento balanceado também sugere que o tamanho celular *médio* permanece constante, uma condição que poderia, à primeira vista, parecer paradoxal pelo fato de que, à medida que crescem, as células individuais aumentam de tamanho e, ao final, dividem-se. Na verdade, o crescimento balanceado refere-se ao *comportamento médio das células em uma população*, e não ao de células individuais.

Quando passamos da teoria à prática, os termos relacionados ao crescimento balanceado, como "ambiente inalterável" e "estado estacionário", devem ser usados apenas como estimativas. Eles realmente significam "ambiente inalterável pressuposto" e "estado estacionário estimado". Trata-se de um ponto sutil. *Algumas propriedades celulares alteram-se cedo durante o crescimento de uma cultura, muito antes de o aumento em massa diminuir a velocidade.* Com frequência, algumas dessas mudanças são imperceptíveis, o que significa que as condições de crescimento balanceado podem ser estimadas somente em baixas densidades celulares. Às vezes, esse fato é inconveniente, porque certas

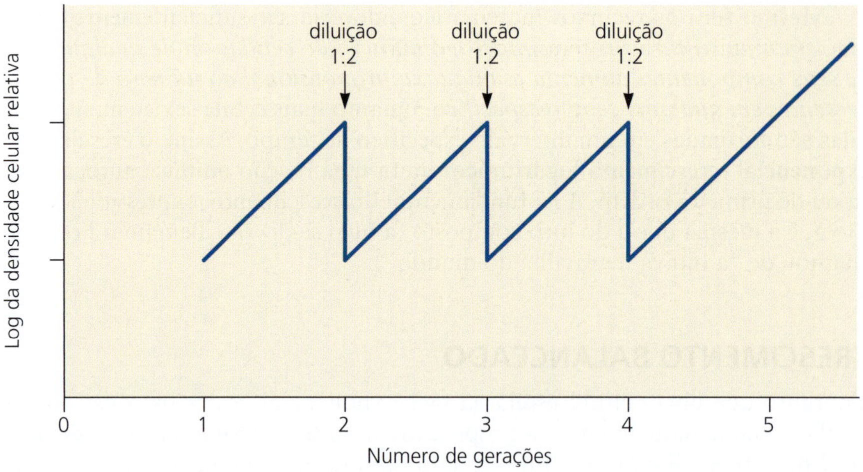

Figura 4.5 Como manter uma cultura em crescimento exponencial. Uma cultura crescerá exponencialmente, isto é, estará em crescimento balanceado, contanto que não exceda uma certa densidade celular. Uma forma de atingir essa condição é diluir a cultura com o mesmo meio sempre que ela alcançar uma certa densidade celular. Neste exemplo, uma diluição em dobro foi realizada após cada geração. Embora tedioso, esse procedimento pode, em princípio, manter uma cultura em um estado estacionário para sempre.

medições bioquímicas requerem uma amostra bem grande; todavia, ele permanece verdadeiro.

Na literatura, frequentemente faz-se referência a culturas coletadas na **fase logarítmica (log)** "inicial" ou "tardia", ou mesmo na fase "semilog"; essas afirmações imprecisas são perturbadoras, porque dão a impressão de que não se teve o devido cuidado para assegurar que as culturas estavam em crescimento balanceado. Portanto, não há garantia de que o crescimento era constante na hora da amostragem. A menos que o crescimento seja monitorado ao longo de todo um experimento fisiológico, os resultados podem não ser reproduzíveis, seja no laboratório da própria pessoa, seja em outro laboratório. *Na verdade, um experimento fisiológico feito com uma cultura insuficientemente caracterizada é quase inútil.*

CULTURA CONTÍNUA

No laboratório, uma cultura pode ser mantida em crescimento balanceado diluindo-a, em intervalos determinados, com meio novo (Figura 4.5). Se isso for feito frequentemente (p. ex., uma vez nos poucos tempos existentes de duplicação), a cultura permanecerá na fase exponencial do crescimento. Contanto que o operador esteja disposto a realizar tais diluições, as células crescerão de maneira irrestrita. Contudo, fazer diluições periódicas durante um longo período de tempo pode ser uma tarefa tediosa. Esse tédio pode ser evitado por meio da automação. A fim de manter as culturas em um estado de crescimento balanceado ao longo de uma série de taxas de crescimento, pode-se utilizar um equipamento denominado **aparelho de cultura contínua** ou **quimiostato.**

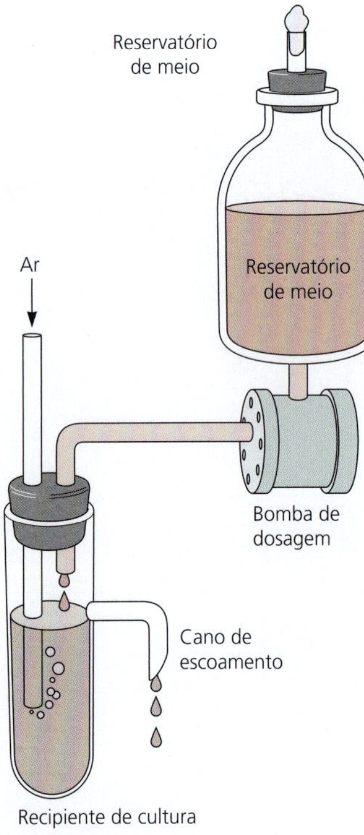

Figura 4.6 Aparelho de cultura contínua ou quimiostato. Utilizando-se uma bomba de dosagem, o meio novo de um reservatório de meio é alimentado, a uma taxa constante, para dentro de um recipiente de cultura. O volume da cultura é mantido constante pela remoção do excesso através de um cano de escoamento à mesma taxa que se adiciona o meio novo. Não é mostrado o dispositivo que mistura o conteúdo do recipiente de cultura. O tamanho do recipiente de cultura pode variar de alguns mililitros a milhares de galões.

Na Figura 4.6, é mostrado o esboço de um quimiostato. Em princípio, um quimiostato é um aparelho simples, consistindo em um recipiente de cultura mantido na temperatura desejada e que pode ser aerado para o crescimento de organismos aeróbios. O meio novo é adicionado a uma taxa controlada por uma bomba de dosagem ou uma válvula que regula a taxa de fluxo. O volume é mantido constante pela remoção do meio através de um dispositivo de escoamento do excesso à mesma taxa que o meio novo é adicionado. Aplica-se uma mistura vigorosa para assegurar que o meio novo rapidamente equilibre-se com o conteúdo do recipiente de cultura. Para que um quimiostato funcione adequadamente, a densidade bacteriana não deve exceder àquela que permite o crescimento balanceado em uma cultura em batelada. Essa condição é atingida ao *se fazer uma limitação de nutrientes essenciais*. Na prática, isso é feito pela redução da concentração de algum nutriente essencial, como glicose, amônia, fosfato ou um aminoácido necessário.

As propriedades importantes de um quimiostato são as seguintes:

1. A taxa de adição do meio novo (por volume) determina a taxa de crescimento no recipiente de cultura (até o máximo possível para aquele organismo naquele meio específico).
2. A densidade de bactérias no recipiente de cultura é constante e é determinada pela concentração de um nutriente limitante.

Como poderíamos esperar, o quimiostato provou ser útil no laboratório em estudos de **mutagênese** e evolução bacteriana. O aparelho também tem aplicações nas fermentações industriais em grande escala.

Para ilustrar como o quimiostato é um sistema de autocorreção, imaginemos aumentar a taxa de adição de meio novo. A taxa de escoamento aumentará, e as células serão perdidas a uma taxa maior que a taxa em que estão sendo formadas. Consequentemente, a densidade de células no recipiente diminuirá, utilizando o nutriente limitante a uma taxa mais baixa, e a concentração de nutrientes no recipiente aumentará. A taxa de crescimento aumentará até que se iguale à taxa de perda de células através do cano de escoamento. Se a taxa de adição de meio novo fosse diminuída, ocorreria a série oposta de eventos. Assim, a taxa de crescimento da cultura ajusta-se a fim de se igualar à taxa de perda do recipiente, e a densidade da cultura permanece constante.

COMO A FISIOLOGIA DAS CÉLULAS É AFETADA PELA TAXA DE CRESCIMENTO?

Todos os organismos crescem mais rapidamente (e o fazem com maior eficiência) quando abastecidos de uma boa dieta, mas os efeitos sobre as bactérias são especialmente dramáticos: em condições ambientais sob outros aspectos constantes (pH, temperatura e força osmótica), a taxa de crescimento de uma cultura bacteriana pode variar muito. Muitas bactérias estão particularmente bem adaptadas à exploração de seu ambiente nutricional, convertendo-o em sua própria forma especial de vantagem seletiva – uma alta taxa de crescimento. Para realizar esse feito notável, a composição de uma célula bacteriana muda profundamente com a taxa de crescimento, visto que ela é imposta pelas propriedades nutricionais do meio: tanto a composição macromolecular como o tamanho celular alteram-se com a taxa de crescimento. As bases de algumas dessas mudanças são óbvias. Por exemplo, se uma bactéria for crescer mais rapidamente, ela precisa de mais capacidade de síntese proteica. A maquinaria não usada é um gasto desvantajoso de energia, e, por isso, para crescer à taxa máxima em um meio específico, uma célula bacteriana deve conter uma quantidade ótima de maquinaria de síntese proteica. Uma maior ou menor quantidade dela diminuiria a taxa de crescimento.

A taxa de crescimento sustentada por um meio específico, e não sua composição específica, determina o **estado fisiológico** (o tamanho celular e a composição macromolecular) das células que estão crescendo nele. Por exemplo, os estados fisiológicos das células são os mesmos, ainda que em meios diferentes, contanto que esses meios sustentem igual taxa de crescimento. Assim, mudanças no estado fisiológico são *mediadas pela nutrição, mas não especificadas pela nutrição*. A temperatura, o pH, a força osmótica e a pressão hidrostática também afetam a taxa de crescimento, mas mudanças nesses parâmetros não nutricionais não afetam muito a composição macromolecular global nem o tamanho celular. Por exemplo, uma mudança na temperatura de incubação que alterasse várias vezes a taxa de crescimento alteraria os níveis intracelulares de

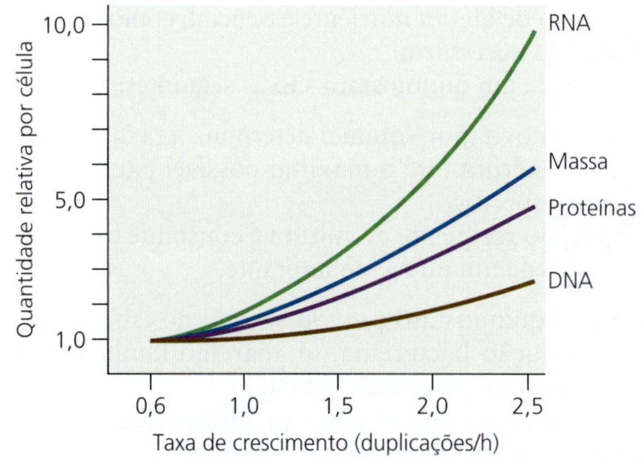

Figura 4.7 Composições de culturas de *E. coli* crescendo a taxas diferentes. As culturas individuais foram cultivadas na mesma temperatura em vários meios, cada um sustentando uma taxa de crescimento diferente. As quantidades relativas dos vários constituintes são representadas como valores *por célula*.

proteínas específicas (ver Capítulo 12), mas teria um efeito quase imperceptível sobre a fração da massa celular constituída por proteínas, RNA ou DNA. As mudanças de temperatura afetam as taxas de todos os processos celulares por meio de fatores similares; portanto, não é necessária nenhuma modificação da composição macromolecular global da célula para que se ajuste ao novo ambiente.

Como a taxa de crescimento afeta a composição macromolecular? Como mostrado na Figura 4.7, a massa celular, as proteínas, o RNA (principalmente nos ribossomos) e o DNA alteram-se com a taxa de crescimento: à medida que a célula cresce mais rapidamente, ela se torna maior e contém uma quantidade maior de cada componente. Essas mudanças são importantes: a célula média em uma cultura de *E. coli* crescendo a 2,5 duplicações por hora contém mais de 10 vezes tantos ribossomos quantos possuem as células de uma cultura crescendo a 0,6 duplicação por hora. Uma vez que deve haver um lugar para colocar esse RNA extra, as células em crescimento rápido são maiores. A Figura 4.8A mostra quanto maiores são as células em crescimento rápido em relação às em crescimento lento. Nesse caso, as células crescendo com um tempo de duplicação de 22 minutos foram misturadas com algumas células crescendo com um tempo de duplicação de 72 minutos. É difícil de acreditar que elas sejam da mesma espécie!

Os constituintes celulares individuais alteram-se quanto à concentração, em diferentes graus, com a taxa de crescimento. O RNA aumenta muito mais rapidamente que a massa, as proteínas aumentam um tanto mais lentamente, e o DNA aumenta ainda de forma mais lenta. Para ilustrar, vamos representar graficamente o conteúdo de ribossomos como *uma porcentagem da massa total em vez de por célula* (Figura 4.8B). Observe que, acima de 0,5 duplicação/hora, a proporção da massa celular formada por ribossomos é uma função linear da taxa de crescimento. Em outras palavras, quanto mais rápido as células crescem, mais ribossomos elas devem ter a fim de satisfazer sua necessidade de sintetizar uma quantidade maior de proteínas. Tal relação linear sugere que *cada ribossomo* (e os componentes do aparato de síntese proteica que o acompanham) *sintetiza proteínas à mesma taxa nas células em crescimento rápido e lento*. Observe que isso é uma forma eficiente de regulação. Considere a alternativa na qual as células possuíssem aproximadamente a mesma quantidade de ribossomos, independentemente da taxa de crescimento. Se fosse assim, ou todos os ribossomos nas células em crescimento lento teriam de funcionar a uma taxa mais baixa, ou uma fração deles funcionaria a uma taxa alta, com o restante ficando inativo. Qualquer alternativa impõe uma grande demanda de energia. Assim, em vez de desperdiçar energia na produção de ribossomos

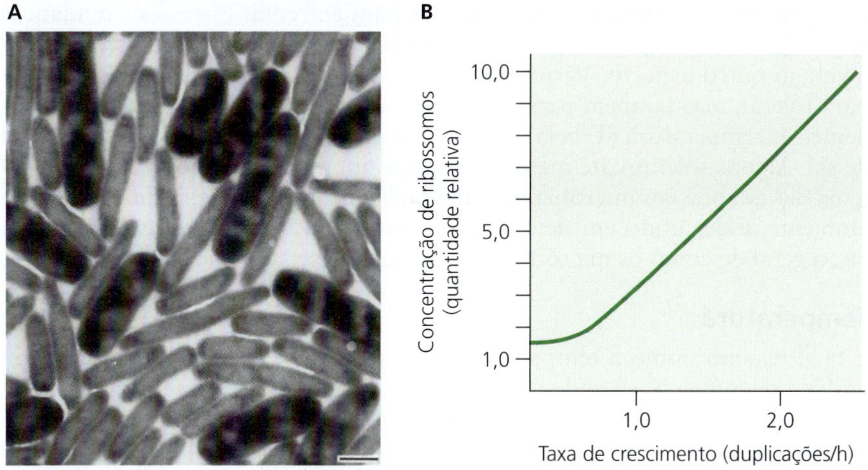

Figura 4.8 Mudança no tamanho celular e no conteúdo de ribossomos devida à taxa de crescimento. (A) Micrografia eletrônica de uma mistura de células de *E. coli* cultivadas em meios diferentes. As células grandes cresceram à taxa de 2,3 duplicações por hora, e as menores cresceram à taxa de 0,8 duplicação por hora. Barra, 1 micrômetro. **(B)** As culturas foram cultivadas como na Figura 4.5, e seu conteúdo de ribossomos foi expresso como proporções da massa celular. Como os tamanhos das células variam com a taxa de crescimento, esse gráfico parece diferente daquele na Figura 4.7. Observe que, em taxas baixas, a relação entre a concentração de ribossomos e a taxa de crescimento desvia-se da linear. Isso sugere que, não importa quão lentamente as células cresçam, elas devem manter um número mínimo de ribossomos, possivelmente para que sejam capazes de retomar rapidamente o crescimento quando as condições nutricionais melhoram.

ineficientes, *as células otimizam seus números*. No Capítulo 9, veremos que as células usam a mesma estratégia para produzir o DNA. Novamente, a taxa de síntese do DNA é quase invariante.

O gráfico na Figura 4.8B considera outro ponto. Em culturas crescendo muito lentamente, o conteúdo de ribossomos desvia-se da linearidade, e as células possuem ribossomos "extras". Pelo argumento anterior, isso pareceria ser um desperdício. Na verdade, produzir esses ribossomos não é energeticamente eficiente. Contudo, considere que as culturas em um meio pobre estarão, algum tempo mais tarde, em um meio rico. A fim de competir com outros organismos, essas células devem acionar a síntese proteica o mais rapidamente possível. Se elas não tivessem absolutamente nenhum ribossomo (como se a relação linear no gráfico fosse extrapolar a taxa de crescimento zero), elas não seriam capazes de retomar o crescimento sob as novas condições. O fato de terem alguns ribossomos permite que elas retomem o crescimento.

De que forma as células ajustam a proporção de seus recursos que se destinam à construção de ribossomos em diferentes taxas de crescimento tem sido uma questão central na fisiologia bacteriana. O que sabemos da resposta está descrito na seção "Redes de resposta global", no Capítulo 13.

EFEITOS DE TEMPERATURA, PRESSÃO HIDROSTÁTICA, FORÇA OSMÓTICA E pH

Nos animais grandes, as células existem em um ambiente constante e quase ótimo; elas estão banhadas em uma solução isotônica que é mantida em pH e temperatura ótimos. Diferentemente, os micróbios estão em contato íntimo com um ambiente que pode mudar de repente e tornar-se ameaçador; portanto, não devemos ficar surpresos com o fato de que a maioria dos micróbios

Tabela 4.2 Respostas à temperatura dos micróbios

Classe	Cresce tipicamente a:
Psicrófilo	5 °C
Facultativo	Máximo a 20 °C ou acima
Obrigatório	Máximo <20 °C
Mesófilo	37 °C
Termófilo	50 a 70 °C
Euritermófilo	Variação ampla de temperaturas; pode crescer a 37 °C
Estenotermófilo	Variação limitada de temperaturas; não pode crescer a 37 °C
Hipertermófilo	>70 °C

desenvolveu um conjunto de mecanismos para enfrentar estresses e mudanças ambientais. A ecologia de alguns procariotos, denominados **extremófilos,** é notável em outro aspecto. Vários membros desse grupo evoluíram não apenas para tolerar, mas também para crescer em ambientes com extremos surpreendentes de temperatura (Tabela 4.2), pH, pressão hidrostática ou concentrações de sal. Alguns toleram até mesmo mais que um desses desafios ambientais. O tema das adaptações microbianas à mudança, incluindo aquelas impostas pelo ambiente, é discutido em detalhe no Capítulo 13. Aqui, apresentamos uma visão geral de como os micróbios interagem com seu ambiente.

Temperatura

É fácil resumir como a temperatura afeta o crescimento microbiano: os micróbios podem crescer onde quer que haja água, independentemente da temperatura ambiente. Os limites da variação em temperatura da água líquida na Terra e, portanto, os limites da variação coletiva em crescimento dos micróbios estendem-se muito além dos pontos de congelamento e ebulição da água pura ao nível do mar. A água é mantida líquida abaixo do ponto de congelamento por solutos dissolvidos e acima do ponto de ebulição por pressões altas. Consequentemente, alguns micróbios podem crescer em ambientes de alta salinidade a −15 °C e, provavelmente, a temperaturas inferiores. É por essa razão que os *freezers* domésticos são ajustados a temperaturas abaixo de −15 °C. Contudo, como sabem aqueles que já tiveram presunto e outros alimentos estragados após algumas semanas ou meses no *freezer*, mesmo essas temperaturas baixas não garantem que os alimentos salgados permanecerão palatáveis e seguros. Observe que o crescimento muito lento que ocorre nessas temperaturas testa a paciência do investigador e levanta dúvidas sobre se eventuais aumentos transitórios da temperatura podem ser responsáveis pelo crescimento observado. No outro extremo da escala de temperatura, há micróbios que podem crescer bem acima da temperatura da água em ebulição, a qual existe sob pressão alta nas profundezas dos oceanos e nas fissuras de rochas profundas.

Há uma especialização definida entre os micróbios com respeito ao crescimento em extremos de temperatura. Falando em termos gerais, as bactérias e os fungos dominam as temperaturas mais baixas, e as arqueobactérias dominam as mais altas, mas todos os micróbios se especializam em uma variação específica de temperatura. Poucos procariotos, se houver, crescem acima de uma variação maior que 40 °C, e muitos restringem-se a variações consideravelmente mais limitadas.

Efeito sobre a taxa de crescimento

Independentemente da temperatura específica e da variação preferida por um micróbio, é possível uma generalização a respeito do efeito da temperatura sobre o crescimento. Acima de uma certa variação (a variação **"normal"**), a temperatura afeta a taxa de crescimento da mesma forma que afeta a taxa de uma reação química. A taxa de crescimento obedece à equação de Arrhenius, que descreve o logaritmo da taxa de uma reação química como uma função linear do recíproco da temperatura absoluta (Figura 4.9).

4.6 *A equação de Arrhenius.*

Em ambos os extremos de temperatura alta e baixa da variação normal, o crescimento se torna progressivamente mais lento que o previsto pela equação de Arrhenius. No extremo de temperatura alta, esse declínio na taxa de crescimento atravessa um máximo (a **temperatura ótima de crescimento**) e em seguida cai precipitadamente a zero (a **temperatura máxima de crescimento**). No extremo de temperatura baixa, o declínio é mais lento, mas, no final, a inclinação da curva torna-se vertical na **temperatura mínima de crescimento.** A forma geral desta curva é a mesma para todos os micróbios, embora sua localização na escala de temperatura e a inclinação da região linear sejam variáveis.

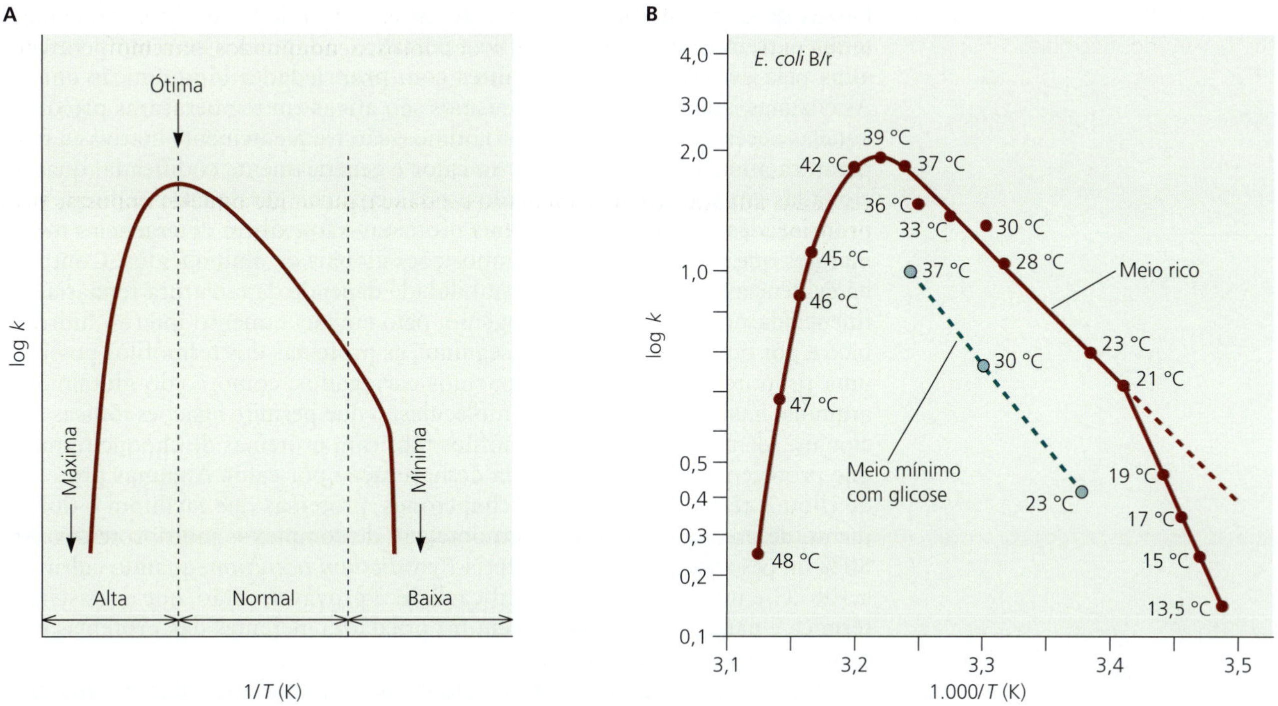

Figura 4.9 Efeito da temperatura sobre o crescimento bacteriano. (A) Forma geral de um gráfico de Arrhenius. A temperatura (*T*), como o recíproco da temperatura absoluta (Kelvin [K]), é plotada contra o logaritmo da taxa de crescimento, como *k*. **(B)** Valores específicos da taxa de crescimento de *E. coli*. Observe como ela cresce mais lentamente em meio mínimo que em um meio rico, mas a inclinação do gráfico de Arrhenius na variação normal é a mesma para ambos os meios. A temperatura mínima de crescimento de *E. coli* é 7,8 °C.

Classificando as respostas à temperatura dos micróbios

Dada a ampla variação das diversas respostas à temperatura dos micróbios, é um desafio atribuir classes organizadas e bem definidas a eles. Ainda assim, os microbiologistas gostam de tentá-lo, embora nem sempre tenham sido capazes de concordar em relação a definições precisas. Uma forma de classificar as respostas à temperatura é por meio da temperatura ótima de crescimento do micróbio: um micróbio é um **psicrófilo** se a temperatura for baixa, um **mesófilo** se for moderada, um **termófilo** se for alta e um **hipertermófilo** se for muito alta. Esses são termos úteis e muito utilizados, mas não nos informam sobre as temperaturas máxima e mínima de crescimento ou o seu grau de variação. Atualmente, o psicrófilo campeão é *Psychromonas ingrahamii*, que, na realidade, cresce a −12 °C.

Limites do crescimento em extremos de temperatura

Podemos nos perguntar por que a taxa de crescimento declina e, no final, para nos limites da variação de crescimento de um micróbio. A razão para a interrupção em **temperaturas altas** é relativamente simples: algum componente celular vital, muito provavelmente uma proteína, torna-se termicamente inativado. Muitas mutações (**mutações sensíveis ao calor**) reduzem aquela temperatura máxima de crescimento do micróbio pela diminuição da estabilidade térmica de uma proteína essencial.

A existência dos termófilos extremos desafia a bioquímica comum, com base em temperaturas "frescas", e pede um reexame das propriedades moleculares das proteínas, dos ácidos nucleicos e dos lipídeos. Nos organismos comuns, essas moléculas são instáveis em temperaturas que são muito mais baixas do que aquelas necessárias ao crescimento de bactérias e arqueobactérias extremofílicas. Os termófilos, portanto, adaptaram-se a temperaturas altas pela evolução de constituintes com propriedades bioquímicas únicas. As enzimas isoladas de tais organismos são ativas em temperaturas próximas àquelas necessárias ao crescimento ótimo e são frequentemente inativas à temperatura ambiente. A resistência ao calor é geneticamente codificada: quando clonadas em hospedeiros mesófilos, essas enzimas geralmente mantêm suas propriedades térmicas. De fato, tais proteínas não exibem divergências muito maiores que o usual em suas composições globais de aminoácidos. Contudo, há evidências de que sua termoestabilidade depende da estrutura terciária, influenciada por ligações de hidrogênio, pelo empacotamento interno hidrofóbico e por pontes de sal. Por conseguinte, as proteínas dos termófilos possuem uma proporção maior de aminoácidos carregados, como ácido glutâmico e arginina, nas superfícies de suas moléculas, o que permite ligações iônicas adicionais. Além disso, os hipertermófilos fabricam proteínas de choque térmico, que protegem outras proteínas da desnaturação por calor. Algumas proteínas de choque térmico também são **chaperonas**, proteínas que facilitam o dobramento de outras proteínas ou a montagem de complexos multiproteicos. Até 80% do peso seco da arqueobactéria *Pyrodictium occultum*, quando cultivada a 108 °C, é uma chaperona específica. Parece provável, então, que a resistência térmica é parcialmente baseada em propriedades inerentes das proteínas e na proteção dessas por chaperonas.

Também é intrigante como os ácidos nucleicos celulares mantêm sua integridade em temperaturas altas. Em solução, o DNA se desintegra (suas duas fitas se separam) em temperaturas bem abaixo de 80 °C, de forma que algum mecanismo deve estar operando para impedir que isso ocorra. Entre os fatores envolvidos pode estar o fato de que os termófilos possuem tanto proteínas de ligação ao DNA termoprotetoras como concentrações de magnésio relativamente altas que estabilizam as moléculas pela neutralização de seus fosfatos. Além disso, os termófilos possuem uma enzima única, uma girase reversa, que é a única topoisomerase conhecida que introduz supertorções positivas no DNA. Acredita-se que tal supertorção contribua à termoestabilidade do DNA. Parece que nenhum mecanismo isolado é responsável pela estabilidade das proteínas e dos ácidos nucleicos nos hipertermófilos. Pelo contrário, a termoestabilidade elevada é provavelmente devida a várias alterações bem sutis e que não seguem regras óbvias.

E a estabilidade dos lipídeos dos termófilos? Em algumas das Archaea, um domínio com muitos termófilos, as membranas não são compostas de bicamadas fosfolipídicas, mas sim de isoprenoides ligados a glicerol por ligações éter altamente estáveis (em vez de ligações éster, como nos lipídeos comuns) (ver Figura 2.12). Em alguns casos, pares dessas moléculas formam as membranas; em outros, moléculas únicas de cabeça dupla atravessam a membrana como monocamadas. Essas propriedades moleculares únicas sugerem que as membranas arqueobacterianas são bem adaptadas a temperaturas altas, porque os éteres são mais estáveis que os ésteres e as monocamadas são provavelmente mais estáveis que as bicamadas. Um problema com essa ideia é que as arqueobactérias não termofílicas também possuem essa arquitetura incomum. Uma suposição razoável é que as Archaea podem ter primeiramente surgido em um ambiente de temperatura alta e, posteriormente, desenvolvido-se em formas que crescem em temperaturas mais baixas. Isso leva à ideia, muito debatida, de que a vida em si pode ter se originado em temperaturas altas, características dos períodos primitivos da Terra. O fato de que as linhagens mais antigas tanto em Archaea como em Bacteria são termofílicas corrobora essa ideia (Figura 4.10).

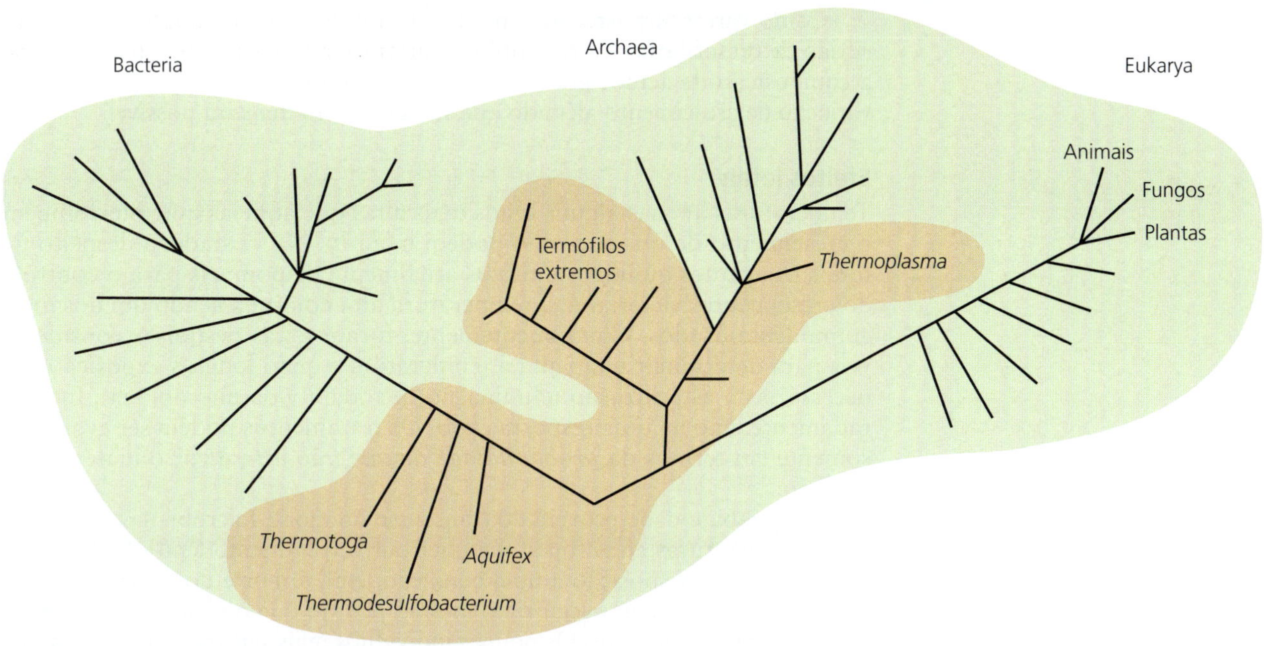

Figura 4.10 Filogenia dos termófilos. As bactérias e as arqueobactérias que têm a capacidade de crescer em temperaturas altas (>60 °C) são encontradas em relativamente poucos grupos (sombreado) que tendem a se agrupar nos ramos mais antigos da árvore filogenética.

Encontraram-se usos industriais para as proteínas termoestáveis de vários termófilos. Por exemplo, proteases termoestáveis são amplamente usadas em detergentes de lavanderia. Elas não somente têm uma vida útil maior, mas também possuem uma atividade mais alta e, assim, podem ser usadas em quantidades menores. No laboratório, as **DNA polimerases** termoestáveis simplificam a tecnologia da reação em cadeia da polimerase (PCR) usada para amplificar quantidades minúsculas de DNA. A PCR requer a alternância da mistura de reação entre temperaturas altas e baixas: o uso de uma polimerase termoestável torna desnecessária a adição de enzima nova após cada ciclo de aquecimento.

A existência de uma temperatura mínima de crescimento, que é na realidade um valor preciso e não somente um teste da paciência do investigador, tem uma explicação mais complexa. As reações químicas prosseguem mais lentamente quando a temperatura é diminuída, mas não param. Por que isso deveria interromper o crescimento bacteriano? As únicas forças químicas que enfraquecem em temperaturas baixas são as interações hidrofóbicas. O motivo é a mudança nas propriedades da água de solvatação, que interfere nessas interações. As interaçoes hidrofóbicas enfraquecidas causam mudanças conformacionais nas proteínas, algumas das quais alteram sua atividade e impedem o crescimento. Por exemplo, a atividade das **proteínas alostéricas** (aquelas que mudam de conformação após a ligação de ligantes [ver Capítulo 12]) é modulada por sua mudança conformacional. Se elas se tornam sensíveis demais à inibição por seu efetor, como pode ocorrer em temperaturas baixas, cessam de funcionar. As mudanças conformacionais também podem interferir na montagem de proteínas em estruturas complexas, como os ribossomos, por exemplo. Na verdade, muitas evidências indicam que a iniciação da síntese proteica nos ribossomos é a etapa sensível ao frio vital em *E. coli*.

Como veremos posteriormente (no Capítulo 12), nos limites de sua variação de crescimento, os micróbios sintetizam proteínas especiais e ajustam a composição de ácidos graxos de suas membranas, ampliando, com isso, a variação de crescimento além do que seria de outra maneira possível.

Efeitos letais

Temperaturas apenas alguns graus mais altas que aquelas que interrompem o crescimento de um micróbio podem matá-lo. Na verdade, a despeito de todos os agentes químicos e físicos atualmente disponíveis para o controle do crescimento bacteriano, a temperatura alta continua sendo um dos mais comumente usados. Consequentemente, foram feitas pesquisas consideráveis para determinar quão alta a temperatura e quão longa a exposição são necessárias à **esterilização** (eliminação de toda a vida microbiana). Inesperadamente, não há uma resposta clara. Os tratamentos podem ser avaliados somente em termos da *probabilidade de que irão esterilizar* o material em questão.

Essa ambiguidade provém do transcurso da morte microbiana em exposição a temperaturas altas (ou a qualquer outro tratamento letal). Poderíamos esperar que, em exposição a uma condição letal, a morte dos indivíduos nas populações microbianas seguiria o mesmo padrão que o observado na morte das plantas e dos animais. Os poucos indivíduos mais sensíveis morreriam primeiro, seguidos pela grande maioria com sensibilidade mediana e, finalmente, pelos poucos mais resistentes. Contudo, essa não é a forma como os micróbios morrem. Em vez de uma variação de sensibilidades **distribuída normalmente** (de acordo com uma curva em forma de sino), a chance de morte de um micróbio em qualquer período de tempo – imediatamente ou após a exposição prolongada – é constante. Se 90% da população morrer nos primeiros 5 minutos, 90% da população restante morrerá nos próximos 5 minutos, e assim por diante. Matematicamente falando, o logaritmo do número de sobreviventes é uma função linear do tempo de exposição (Figura 4.11). A curva descreve um **mecanismo cinético do tipo *single-hit*** – a resposta esperada se *paintballs* fossem aleatoriamente disparadas, a uma taxa constante, em direção a uma multidão, e se cada tiro fosse individualmente visível. Poderíamos nos perguntar quais são os equivalentes ao calor da *paintball* e do alvo único. As respostas não são totalmente claras.

A fim de determinar quão prolongado um tratamento é necessário para eliminar uma população microbiana específica, precisamos saber três coisas:

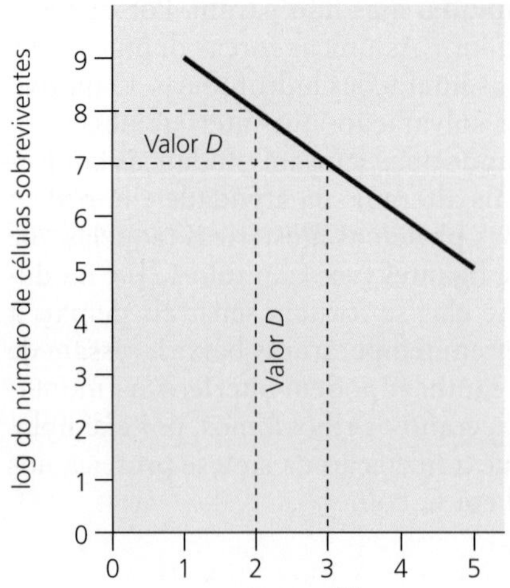

Figura 4.11 Efeito letal da temperatura sobre os micróbios. O número de células sobreviventes na população diminui 90% (1 unidade log) para cada valor *D*. Neste caso, o valor *D* é 60 minutos.

(i) o **tempo de redução decimal** ou **valor *D*** (o tempo necessário para reduzir a população viável em 1 unidade log, isto é, para matar, por exemplo, 90% dos sobreviventes) para aquele micróbio específico naquela temperatura de tratamento; (ii) o tamanho da população, e (iii) a garantia necessária de que todas as células serão mortas.

A baixa temperatura em si não é letal aos micróbios, mas mudanças súbitas de culturas em crescimento a uma temperatura baixa podem matá-las. O fenômeno é denominado **choque ao frio**. Por exemplo, se uma cultura de *E. coli* crescendo rapidamente a 37 °C é subitamente transferida a 5 °C, 90% da população morrerá. O congelamento também mata os micróbios, mas isso não é uma consequência da baixa temperatura; em vez disso, o que mata os micróbios é a exposição transitória à alta força osmótica que eles sofrem quando o meio de suspensão congela.

Pressão hidrostática

Pressões hidrostáticas altas (como aquelas encontradas nas grandes profundezas dos oceanos) podem esmagar e matar as plantas e os animais, mas não os micróbios. A maioria dos micróbios protege-se da morte por esmagamento porque sua barreira celular externa, incluindo a membrana celular, é livremente permeável à água. Assim, a pressão dentro de uma célula microbiana rapidamente equilibra a pressão externa. A pressão hidrostática de fato afeta os micróbios em nível molecular ao se opor a aumentos e favorecer diminuições no volume molecular. Apesar disso, muitos micróbios comuns resistem a pressões extraordinárias. Por exemplo, *E. coli* cresce em pressões de até 300 atmosferas (cerca de 4.400 libras por polegada quadrada), e alguns outros micróbios podem resistir a cerca de quatro vezes essa pressão (ver Tabela 1.4). Alguns procariotos, denominados **barófilos**, crescem mais rapidamente em pressões elevadas do que na pressão de uma atmosfera. Alguns barófilos são obrigatórios; eles podem crescer somente quando expostos a pressões mais altas que uma atmosfera. As leveduras são uma exceção curiosa. O crescimento do levedo de cerveja, *Saccharomyces cerevisiae*, cessa em oito atmosferas, a pressão que uma garrafa de champanhe resistente pode suportar.

Uma explicação provável para as diferentes respostas dos micróbios à pressão hidrostática alta é a diferença, em volume molecular, entre os estados basal e ativado de suas reações catalisadas por enzimas. Se o volume da molécula no estado ativado é maior, a reação será inibida pelo aumento de pressão; se o volume é menor, a taxa será aumentada (ou possivelmente até será dependente da) pela pressão alta.

Pressão osmótica

Nós, humanos, adicionávamos sal a nossa comida a fim de conservá-la muito antes de sabermos que ele inibia o crescimento dos micróbios que estragam os alimentos. No século XIX, a carne de porco salgada era o principal produto consumido pelos marinheiros em viagens longas; no inverno, ela também era o principal sustento dos pioneiros do Oeste americano. Concentrações altas de sal interrompem completamente o crescimento de micróbios que estejam provavelmente presentes nos alimentos, mas alguns outros micróbios podem tolerar esse tipo de ambiente. A variação de concentrações de sal na qual os micróbios podem crescer percorre a escala a partir da água destilada (em que os nutrientes são lentamente fornecidos pelo ar) até a concentração de cloreto de sódio 5,2 M, que é próxima de seu ponto de saturação. Algumas arqueobactérias, como *Halobacterium* (um aparte: o "*-bacterium*" no nome desse gênero indica que ele foi nomeado antes da descoberta das arqueobactérias), crescem nas mais altas concentrações de sal, mas algumas bactérias, como, por exemplo, *Halomonas*, não ficam muito atrás.

Um ambiente com uma alta pressão osmótica apresenta dois desafios a um micróbio: (i) ele diminui a atividade da água e, portanto, sua disponibilidade às células, efetivamente dessecando-as, e (ii) ele diminui a pressão de turgor da célula pela diminuição da diferença na pressão osmótica entre o interior e o exterior. A maioria dos procariotos (com exceção das espécies sem parede) é dependente de uma pressão de turgor alta, presumivelmente para expandir suas paredes celulares à medida que crescem. Quando expostos a um ambiente externo osmótico alto, eles mantêm o turgor pelo aumento da concentração de solutos em seu citoplasma, seja bombeando solutos para dentro, seja sintetizando uma maior quantidade deles. Esses solutos compensatórios incluem o íon potássio, glutamato, prolina, colina, betaína (trimetilglicina) e o açúcar trealose. Quando a concentração interna de solutos sobe, o micróbio enfrenta outro problema, a saber, a inativação de suas proteínas. Contudo, certos solutos, denominados **solutos compatíveis** (os quais incluem prolina, colina e betaína), são menos danosos que a maioria dos outros e podem até ser protetores. A trealose tem uma importância especial. Ela protege as membranas da dessecação induzida por sal e também por outras formas. O levedo de cerveja pode sobreviver à dessecação e permanecer ativo somente se contiver altas concentrações de trealose. (Essa estratégia não é restrita aos micróbios, sendo também usada por um pequeno e notável animal que habita o solo, denominado tardígrado, que contém altas concentrações de trealose e pode resistir à dessecação completa e retornar à vida quando reidratado.)

pH

A maioria das espécies de micróbios cresce em uma variação um tanto estreita de pH, mas coletivamente eles cobrem uma variação de pH notavelmente ampla. Os **acidófilos** são abundantes nas lixiviações de minas em pH 1,0, e os **alcalífilos** crescem em lagos de soda cáustica nos desertos do Oeste americano em pH 11,5. Em geral, os fungos tendem a preferir um pH ligeiramente ácido, e as bactérias, um pH ligeiramente alcalino.

Os procariotos podem crescer em uma variação mais ampla de pH do que a tolerada por suas proteínas. Eles lidam com esse dilema de uma maneira especial. Em vez de se adaptarem ao pH desfavorável, como fazem em relação à temperatura desfavorável, eles resistem ao mesmo bombeando prótons para dentro ou para fora de suas células, mantendo, com isso, um pH interno quase constante. *E. coli*, por exemplo, pode crescer a sua taxa total entre o pH 6,0 e 8,0 pela manutenção de um pH intracelular próximo a 7,8. Os procariotos podem adaptar-se e sobreviver à exposição a valores extremos de pH. Um pH de 5,7 é letal a uma cultura não adaptada de *Salmonella enterica* serovar Typhimurium; contudo, seu crescimento em pH 5,8 por uma geração torna-a 100 a 1.000 vezes mais resistente quando subsequentemente exposta ao pH 3,3.

CONCLUSÕES

Admiramos não apenas a capacidade de sobrevivência dos micróbios a condições que parecem realmente extremas aos humanos, mas também sua facilidade de adaptação a mudanças nessas condições. A continuidade da existência de uma bactéria ou arqueobactéria baseia-se no crescimento e na sobrevivência. O crescimento presta-se a um grau mais alto de formalismo que o não crescimento e pode ser expresso por meio de equações matemáticas simples. Nos próximos quatro capítulos, examinaremos as atividades bioquímicas que levam à aquisição de energia e dos blocos de construção bioquímicos, e sua conversão em células novas.

TESTE SEU CONHECIMENTO

1. Como se pode estimar o número de bactérias em uma população? As diferentes técnicas fornecem a mesma informação?
2. Como se pode medir a taxa de crescimento de uma cultura bacteriana?
3. Por que "crescimento balanceado" é um conceito importante?
4. O que acontece durante a curva de crescimento de uma cultura bacteriana?
5. Explique como um aparelho de cultura contínua (quimiostato) funciona. Para que usar este aparelho?
6. Discuta as variações de temperatura, de pH e de pressões atmosférica e osmótica que são compatíveis com o crescimento de bactérias e arqueobactérias.

formando uma célula

capítulo

5

INTRODUÇÃO

A Terra é realmente um planeta de micróbios. As populações microbianas são tão difundidas que se pode dizer que *elas definem a extensão da biosfera*: onde existe vida, existem micróbios; onde não existem micróbios, não existe vida.

Claramente, o domínio da Terra pelos micróbios está relacionado a sua capacidade de reprodução. O que envolve a reprodução microbiana? Neste e nos quatro capítulos seguintes, examinaremos seus aspectos bioquímicos. Dessa maneira, exploraremos a propriedade fundamental da vida: a **autocatálise** (em biologia, a capacidade de autorreplicação). Descobriremos que muito do que sabemos sobre os aspectos bioquímicos da autorreprodução foi compreendido a partir do estudo de sistemas microbianos.

Este capítulo construirá uma estrutura coerente de organização dos muitos detalhes de bioquímica. Em certo sentido, ele propiciará uma **lógica metabólica** que nos permitirá avaliar os papéis da miríade de detalhes bioquímicos individuais que coletivamente resultam na continuidade da vida microbiana na Terra.

METABOLISMO DO CRESCIMENTO: FORMANDO O VIVO A PARTIR DO NÃO VIVO

O vivo parece diferente do não vivo. Os seres inanimados podem ser quimicamente ativos em pequena escala ou geologicamente ativos em grande escala, mas não têm um papel organizado em eventos; de modo geral, eles parecem inertes. Os seres vivos, ao contrário, podem respirar, mover-se, responder a mudanças em seu ambiente, modificar seus arredores e – sua marca característica e seu aspecto fundamental – reproduzir-se. Esses atributos dos organismos vivos são o resultado de reações químicas altamente organizadas coletivamente denominadas **metabolismo**.

Os sistemas vivos são arranjos improváveis de moléculas improváveis. Nem as macromoléculas individuais – as proteínas, os carboidratos, os ácidos nucleicos e os lipídeos – nem as complexas estruturas celulares formadas a partir delas têm a probabilidade de se acumular espontaneamente, pelo menos nas condições atuais da Terra. (Se qualquer uma se formasse, os micróbios já presentes iriam rapidamente consumi-las.) Preferivelmente, as células utilizam as informações transportadas por suas estruturas existentes para guiar reações de síntese e montagem que resultam na produção de novas células. Tal reprodução dos sistemas vivos é possível graças a quatro princípios hierárquicos (Tabela 5.1). (i) *Catalisadores específicos* – enzimas – aceleram reações que, de outra maneira, seriam extremamente lentas. (ii) Uma estratégia de planejamento denominada *acoplamento de reação* torna processos químicos individuais que são necessários à vida energeticamente favoráveis, ao acoplá-los com outras reações favoráveis, em particular a hidrólise de ligações de alta energia (ligações que podem liberar uma grande quantidade de energia livre), como a do **trifosfato de adenosina** (**ATP**) em difosfato de adenosina (ADP) mais fosfato inorgânico. Nesse sentido, pode-se dizer que o ATP conduz reações que, de outra maneira, seriam desfavoráveis. (iii) A *captura de energia* para a formação de ATP ocorre por meio de reações de redução-oxidação (redox) orgânicas, inorgânicas ou fotoquímicas. (iv) *As membranas biológicas convertem energia* em diferentes formas, permitindo que a energia capturada a partir da oxidação gere gradientes de íons que podem ser usados diretamente para realizar trabalho (como a rotação dos flagelos) ou para gerar a moeda universal de energia, o ATP. A catálise enzimática, as reações energeticamente acopladas, a aquisição de energia química e a conversão dessa em ATP distinguem o mundo vivo do não vivo e permitem aos organismos criar ordem em meio à desordem.

O metabolismo é a soma dos processos químicos de um sistema vivo. Muitos (ainda que não absolutamente todos) dos vários milhares de reações em uma célula microbiana contribuem diretamente para a formação de novas células. Esse conjunto de reações é denominado **metabolismo do crescimento**. Neste

Tabela 5.1 Processos químicos que formam a base de todo o metabolismo celular

Processo químico	Função
Catálise mediada por enzimas	Os catalisadores aceleram as reações químicas, tanto na direção direta como na reversa, ao reunirem as moléculas reagentes e diminuírem a energia de ativação necessária à reação. A maioria dos biocatalisadores são proteínas, mas alguns, denominados ribozimas, são RNAs.
Acoplamento de reação	Como exemplo, quando a conversão da molécula A na molécula B é energeticamente desfavorável, ela pode ser conduzida pelo acoplamento da reação a uma reação altamente favorável, como a da hidrólise do ATP em ADP + fosfato inorgânico. Assim, a molécula A pode ser adenilada para formar A-AMP, o qual formaria mais facilmente a molécula B.
Captura de energia por reações redox Substratos orgânicos Substratos inorgânicos Reações fotoquímicas	A oxidação (a remoção de elétrons ou de prótons e elétrons de moléculas orgânicas ou inorgânicas) é usada para acumular energia em uma forma metabolicamente utilizável, como em uma reserva de prótons ou no ATP. Alternativamente, a energia da luz solar pode ser usada para elevar elétrons a um nível mais alto, a partir do qual eles podem gerar uma reserva de prótons ou ATP ao retornarem a seu nível energético original.
Uso de membranas para formar gradientes de carga e de concentração química	As membranas biológicas tornam possível a conversão de energia, capturada pela oxidação química ou fotoquímica, em formas metabolicamente úteis. As membranas de fosfolipídeos das bactérias e as membranas de isoprenoides das arqueobactérias, assim como as proteínas especiais que elas contêm, geram gradientes iônicos a partir da energia capturada; esses, por sua vez, são usados para formar ATP ou para realizar trabalho diretamente.

e nos três próximos capítulos, nos concentraremos no metabolismo do crescimento dos micróbios. As reações do metabolismo **não relacionadas ao crescimento** são aquelas responsáveis por atividades celulares vitais, como a manutenção das reservas intracelulares de metabólitos e a manutenção do turgor, o reparo de estruturas intracelulares, a secreção, a mobilidade e outras respostas a estresses ambientais. Esses processos serão discutidos no Capítulo 13.

Neste capítulo, percorreremos alguns territórios da biologia geral e da bioquímica indubitavelmente familiares a você. O motivo reside no fato de que muitos detalhes do metabolismo são comuns a todos os organismos. Na verdade, muito do que sabemos sobre o metabolismo (em particular a biossíntese) em plantas e animais foi compreendido por meio da pesquisa em micróbios, visto que esses são mais fáceis de serem estudados. O crescimento, a manipulação genética, a marcação com isótopos e a extração e análise de enzimas são processos especialmente fáceis de serem estudados em bactérias e leveduras. Consequentemente, a maioria dos estudos pioneiros de rotas metabólicas foi realizada com os micróbios.

Também deveremos encontrar aspectos da química da vida que são *únicos aos micróbios*. Dessa maneira, seremos levados a perceber que o potencial bioquímico da vida no planeta é, em grande parte, definido pela diversidade dos processos metabólicos microbianos.

ESTRUTURA DO METABOLISMO DO CRESCIMENTO

Como vimos no Capítulo 4, as células microbianas são mestras do crescimento. Embora algumas não cresçam mais rapidamente que as células humanas ou de outros organismos complexos (as quais tipicamente necessitam de 12 a 24 horas para a reprodução), muitas bactérias são capazes de crescer e reproduzir-se rapidamente. Já observamos (ver Capítulos 2 e 3) que o projeto estrutural das células procarióticas pode prestar-se à reprodução veloz. Essa racionalização estrutural reflete-se em um metabolismo mais rápido. As taxas metabólicas das bactérias são geralmente no mínimo uma ordem de magnitude mais elevadas que aquelas das células vegetais ou animais, de acordo com o fato de que alguns micróbios podem duplicar-se em poucos minutos.

Essa extraordinária proeza reprodutiva envolve um número muito grande de reações químicas. *Quantas* reações podem ser estimadas a partir do conhecimento bioquímico acumulado em grande parte durante os últimos 50 anos e aumentado agora pela **análise informática** (o uso, assistido por computadores, da informação contida em sequências genômicas) dos genomas de muitos micróbios? Embora os genomas de centenas de micróbios tenham sido sequenciados, o conhecimento bioquímico, genético e fisiológico fundamental reunido para *Escherichia coli* excede em muito aquele para qualquer outro organismo. Portanto, aqui e em outras partes desta apresentação do metabolismo, contaremos com as informações detalhadas disponíveis, por mais de meio século, acerca do estudo intensificado dessa bactéria. Essa "coli-centralidade" também se justifica pelo fato de que, quanto ao tamanho do genoma e à complexidade metabólica, *E. coli* representa justamente a mediana. A Tabela 5.2 resume os números de genes de *E. coli* envolvidos em várias funções celulares. Quase a metade dos mais de 4.200 genes codifica enzimas cujas funções são conhecidas. Muitos estão envolvidos na formação do protoplasma a partir de glicose e sais inorgânicos.

As listas dos genes metabólicos conhecidos e das enzimas que eles codificam podem muito bem lhe deixar confuso. Isso claramente requer uma certa estrutura de organização. Tal estrutura pode ter a forma de um fluxograma que se origina de materiais alimentares, atravessa as várias etapas do metabolismo do crescimento e termina em uma nova célula. Na Figura 5.1, é apresentado um fluxograma desse tipo.

5.1 *A essência completa dos detalhes bioquímicos que se conhecem sobre o metabolismo do crescimento pode ser apreciada consultando-se o EcoCyc, website que resume as informações metabólicas sobre* E. coli.

Tabela 5.2 Produtos de genes de *Escherichia coli* associados a vários processos metabólicos

Categoria funcional	Número de genes
Metabolismo de moléculas pequenas	
Degradação e metabolismo energético	316
Metabolismo intermediário central	78
Função regulatória ampla	51
Biossíntese	
Aminoácidos e poliaminas	60
Purinas, pirimidinas, nucleosídeos e nucleotídeos	98
Ácidos graxos	26
Metabolismo de macromoléculas	
Síntese e modificação	406
Degradação	69
Envelopes celulares	168
Processos celulares	
Transporte	253
Outros, por exemplo, divisão celular, quimiotaxia, mobilidade, adaptação osmótica, destoxificação e morte celular	118
Miscelâneo	107
Total	1.894

Embora os fluxogramas de reações sejam familiares na química, uma palavra de cautela é adequada aqui. Esse fluxograma é diferente dos normalmente encontrados. Primeiro, em química orgânica, usualmente se esperam diferentes produtos se diferentes materiais iniciais são usados. Contudo, nesse fluxograma, *podem alterar-se os materiais iniciais e, ainda assim, terminar com essencialmente o mesmo produto*. No caso de um heterótrofo (ver a seguir), não importa se o nutriente orgânico for glicose, sucinato, maltose ou qualquer outro material alimentar utilizável, o produto final será sempre uma célula daquele heterótrofo.

Segundo, a produção bem sucedida de uma célula viva, como representado na Figura 5.1, depende não apenas da química das reações metabólicas, mas também da atuação recíproca cooperativa daquelas reações. O fluxograma omite a miríade de circuitos de retroalimentação e outros mecanismos de controle que, operando em uníssono, resultam na produção organizada de uma célula viva. O gráfico nunca iria "fluir" à conclusão sem essas forças controladoras. Posteriormente (ver Capítulo 12), abordaremos a questão central da fisiologia metabólica – como essas centenas de reações são formadas e funcionam cooperativamente em uma grande síntese, o milagre diário da formação de uma nova célula.

Como a estrutura na Figura 5.1 ajuda-nos a organizar as inúmeras reações do metabolismo do crescimento? Devemos começar pelo final, isto é, pelo lado direito do fluxograma, onde se encontra a célula que está para ser formada, e prosseguir, etapa por etapa, de volta ao alimento que serve de material inicial a essa síntese orgânica. Curiosamente, prosseguir dessa maneira faz sentido conceitual e biológico, porque *cada etapa dita o que deve ser realizado na etapa precedente*.

Formando dois a partir de um

Uma vez que uma célula se duplicou em massa e tamanho com êxito, tendo formado todos os componentes e estruturas celulares, a célula, agora expandi-

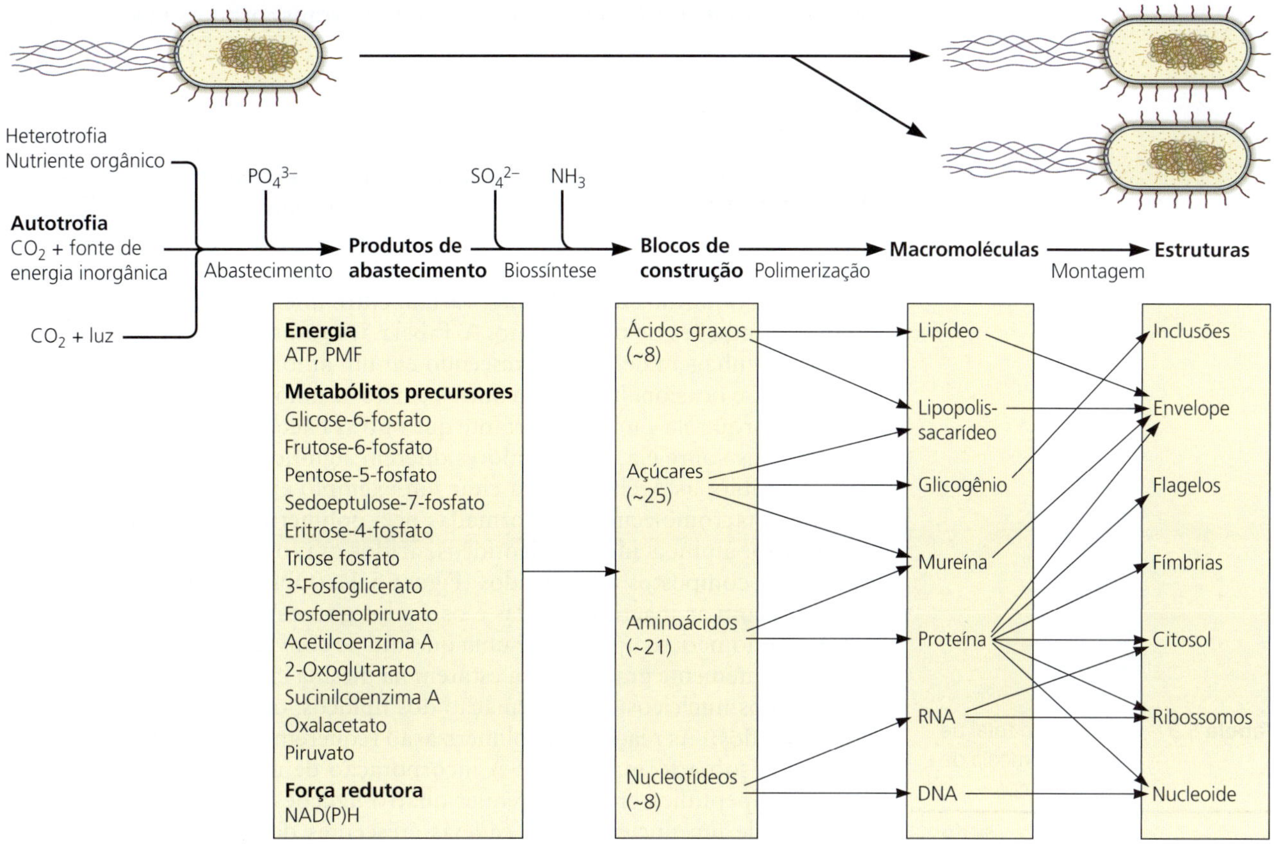

Figura 5.1 Estrutura do metabolismo do crescimento bacteriano que leva à produção de duas células a partir de uma. O diagrama ilustra o fluxo bioquímico que converte substratos orgânicos (heterotrofia) ou CO_2 (autotrofia) nas estruturas de uma célula bacteriana por meio dos processos sequenciais de abastecimento, biossíntese, polimerização e montagem.

da, deve se dividir em duas unidades vivas. O processo de divisão (normalmente por **fissão binária**) está longe de ser simples, como poderíamos imaginar, e dedicaremos um capítulo inteiro (Capítulo 9) a ele.

Montando estruturas celulares

A reprodução precisa determina que cada uma das novas células formadas possua as mesmas estruturas que sua progenitora, isto é, cada uma deve possuir: (i) um envelope complexo, incluindo, para algumas, um aparelho flagelar e outros apêndices; (ii) um nucleoide, e (iii) um citoplasma rico em polirribossomos (ribossomos múltiplos ligados a moléculas individuais de RNA mensageiro) e maquinaria enzimática. As **reações de montagem** formam cada uma das estruturas celulares das macromoléculas (Figura 5.1). Em alguns casos (p. ex., ribossomos ou filamentos flagelares), parece que as estruturas praticamente se automontam, como que por condensação, enquanto em outros casos (p. ex., a membrana externa das bactérias gram-negativas) está claro que processos mais elaborados se desenvolveram para guiar a formação da estrutura finalizada. A montagem de algumas estruturas depende de reações catalisadas por enzimas, enquanto a de outras não. A montagem cria as estruturas das moléculas, mas também envolve a translocação (o movimento) de moléculas (em particular proteínas) de seus pontos de fabricação para seus locais finais. No Capítulo 8, examinaremos os mecanismos que foram desenvolvidos para transportar as macromoléculas e montar as estruturas microbianas.

Formando macromoléculas

Com base na análise da estrutura microbiana (ver Capítulos 2 e 3), pode listar-se a composição química das principais estruturas celulares: proteínas, ácidos nucleicos, carboidratos e lipídeos, mais os híbridos desses, como lipoproteínas, lipopolissacarídeos e mureína (Tabela 5.3 e Figura 5.2). As quantidades desses componentes macromoleculares, os quais devem ser formados *de novo* em vez de adquiridos do ambiente, variam entre diferentes bactérias e sob diferentes condições de crescimento. A Tabela 5.3 resume valores aproximados para uma linhagem de *E. coli* crescendo em um ambiente bem definido. (Observe: aqui, e ocasionalmente em outras partes, usamos dados específicos de *E. coli* não porque ela é mais importante que outras bactérias, mas apenas porque se sabe mais sobre ela.) Esses valores diferem significativamente de micróbio para micróbio; as Archaea, para citar um exemplo extremo, carecem de mureína. As macromoléculas são formadas pela **polimerização** de seus **blocos de construção**: aminoácidos, **nucleotídeos**, ácidos graxos, açúcares e um grande número de compostos relacionados (Figura 5.1). (Observe que os lipídeos são incluídos com as macromoléculas e os ácidos graxos com os blocos de construção monoméricos apenas por uma questão de conveniência; os lipídeos não são suficientemente grandes para estarem na mesma classe que a das proteínas e dos ácidos nucleicos, e, na formação dos lipídeos, os ácidos graxos não são polimerizados.) As **reações de polimerização** requerem uma grande quantidade de energia sob a forma de ATP. A incorporação de um aminoácido em uma cadeia polipeptídica crescente requer quatro **ligações fosfato de alta energia.** A adição de um nucleotídeo a cadeias crescentes de ácidos nucleicos gasta duas ligações de alta energia por resíduo. Além disso, a energia é necessária à **revisão de leitura**, à correção de erros, à modificação subsequente das cadeias de macromoléculas concluídas, ao dobramento de proteínas em suas formas maduras e à torção do DNA.

Tabela 5.3 Composição total de uma célula média de *Escherichia coli*

Substância	% do peso seco total
Macromoléculas	
Proteína	55,0
RNA	20,4
23S RNA	10,6
16S RNA	5,5
5S RNA	0,4
RNA de transferência (4S)	2,9
RNA mensageiro	0,8
RNAs pequenos miscelâneos	0,2
Fosfolipídeo	9,1
Lipopolissacarídeo	3,4
DNA	3,1
Mureína	2,5
Glicogênio e outros materiais de armazenamento	2,5
Macromoléculas totais	**96,1**
Moléculas pequenas	
Metabólitos, blocos de construção, vitaminas, etc.	2,9
Íons inorgânicos	1,0
Total de moléculas pequenas	**3,9**

Sintetizando blocos de construção

Os **blocos de construção** para as reações de polimerização são os aminoácidos, os nucleotídeos, os ácidos graxos, os açúcares e outras moléculas usadas pela célula para formar moléculas grandes. Se esses blocos de construção não estiverem disponíveis no ambiente, eles devem ser formados *de novo* por **reações biossintéticas** (Figura 5.1). Todas essas rotas biossintéticas começam com um ou mais de apenas 13 compostos, os **metabólitos precursores** comuns listados na Figura 5.1. Os blocos de construção (por razões que apresentaremos em breve) estão normalmente em um estado mais reduzido que os metabólitos precursores dos quais são formados; eles também são geralmente maiores e mais complexos. Consequentemente, quantidades maiores de NADPH reduzido (nicotinamida adenina dinucleotídeo fosfato, a forma mais comum de força redutora presente em rotas biossintéticas) e de energia (em grande parte como ATP) são consumidas em sua síntese.

O custo da biossíntese em relação `a força redutora e à energia é significativo e, assim, não é surpreendente que as bactérias que habitam ambientes ricos em nutrientes, incluindo aquelas que vivem dentro de ou sobre hospedeiros animais, tenham perdido muito de sua capacidade biossintética, evitando, com isso, carregar genes que são desnecessários e enzimas custosas.

Abastecimento

A obtenção dos metabólitos precursores, da energia e da força redutora necessária à biossíntese é a função das **reações de abastecimento** (Figura 5.1).

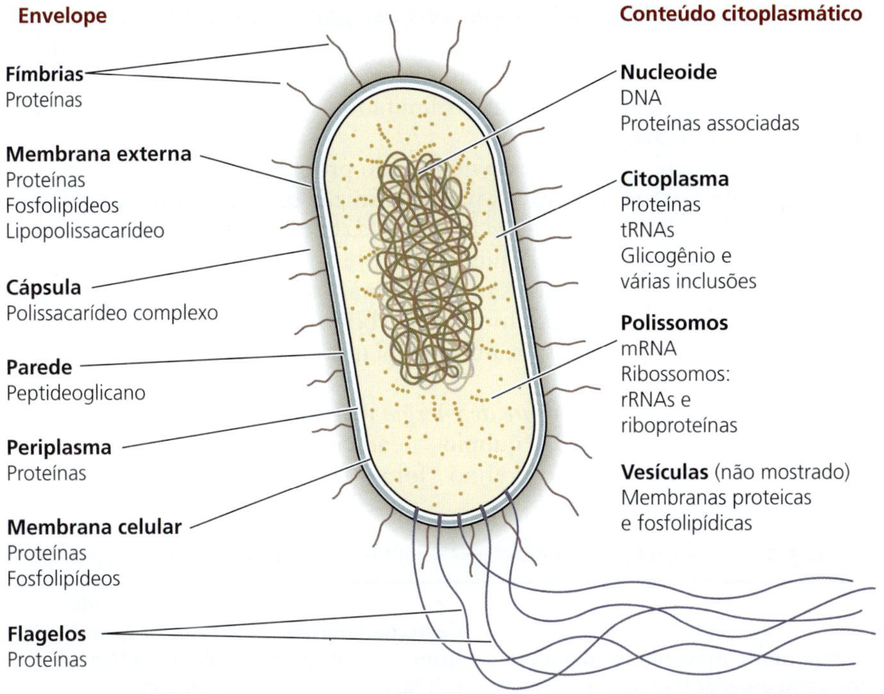

Figura 5.2 Componentes macromoleculares montados dentro de uma célula bacteriana. A distribuição das macromoléculas que formam cada uma das principais estruturas ou dos compartimentos celulares é indicada utilizando-se uma bactéria gram-negativa como exemplo.

Contudo, a responsabilidade do abastecimento é maior do que apenas suprir a biossíntese, porque as demandas de energia da célula vão muito além da fabricação dos blocos de construção. Mesmo que uma célula não esteja crescendo, ela está envolvida em inúmeras atividades que requerem energia. A Tabela 5.4 resume as principais atividades, relacionadas ou não ao crescimento, que consomem energia. As quantidades de energia necessárias a essas atividades variam tanto com as condições ambientais quanto de organismo para organismo, mas podem ser muito grandes. A maior demanda por energia é, consideravelmente, para o crescimento. As necessidades do crescimento por energia (ATP) e força redutora (NADPH) podem ser calculadas em um exemplo específico sabendo-se (i) a composição de uma célula sob condições especificadas de crescimento e (ii) os detalhes de suas rotas de biossíntese e polimerização (Tabela 5.5). Como essa quantidade imensa de energia química é obtida? Toda ela é derivada de *reações redox* orgânicas, inorgânicas ou fotoquímicas. Os animais e os fungos utilizam exclusivamente reações redox orgânicas, as plantas utilizam reações redox fotoquímicas e os protistas utilizam tanto reações redox orgânicas como fotoquímicas; contudo, os procariotos utilizam todos os três tipos de reações redox: orgânicas, inorgânicas e fotoquímicas.

A divisão celular, a montagem de estruturas celulares, a polimerização de macromoléculas e a biossíntese de blocos de construção compartilham, todos, uma característica maravilhosamente simples: *elas são fundamentalmente as mesmas em todos os procariotos*. Não é o caso do abastecimento. Aqui, os micróbios exibem uma variedade e uma versatilidade não vistas no restante do mundo vivo. Considere esses dois pontos: (i) *os procariotos, como grupo, podem usar como única fonte de carbono qualquer composto orgânico existente na Terra (salvo alguns plásticos feitos pelo homem), assim como carbono*

Tabela 5.4 Algumas atividades celulares que requerem energia

Atividade celular
Relacionada ao crescimento
Entrada de nutrientes
Biossíntese de blocos de construção
Polimerização de macromoléculas
Modificação e transporte de macromoléculas
Montagem de estruturas celulares
Divisão celular
Independente do crescimento
Mobilidade
Secreção de proteínas e outras substâncias
Manutenção de reservas de metabólitos
Manutenção da pressão de turgor
Manutenção do pH celular
Reparo de estruturas celulares
Percepção do ambiente
Comunicação entre as células

inorgânico (como CO_2), e (ii) *podem obter energia e força redutora pela oxidação de compostos inorgânicos ou orgânicos ou pela captura de energia da luz.* Alguns desses modos de abastecimento são inesperados e parecem estranhos se o horizonte bioquímico de alguém for limitado às atividades metabólicas das plantas e dos animais.

O abastecimento é tão diverso no mundo procariótico que foi necessária a invenção de termos descritivos para organizar os procariotos em classes amplas. *A primeira distinção usada nessa classificação metabólica é a natureza da fonte de carbono.* Aqueles micróbios que obtêm seu carbono a partir de compostos orgânicos são denominados **heterótrofos**; aqueles que usam CO_2 como sua principal fonte de carbono são denominados **autótrofos**. (Esses termos também aplicam-se às plantas, aos animais, aos fungos e aos protistas.)

A segunda distinção é a fonte de energia e de força redutora. Se uma fonte química for usada, o prefixo "**quimio-**" é adicionado ao heterótrofo ou autótrofo. Se a luz for usada, o prefixo "**foto-**" é usado. Os quimioautótrofos

Tabela 5.5 Energia e força redutora usadas na formação de macromoléculas

Componente macromolecular a ser formado a partir de glicose	**Custo de energia (μmol de ~P[a]/g de células)**	**Custo do poder redutor (μmol de NADPH/g de células)**
Proteína		
Síntese de aminoácidos	7.287	
Polimerização, mRNA, outras etapas	21.970	
Total	29.257	11.253
RNA		
Síntese de ribonucleotídeos	6.540	
Polimerização, modificação, outras etapas	256	
Total	6.796	427
Fosfolipídeo		
Total	2.578	5.270
DNA		
Síntese de desoxirribonucleotídeos	1.090	
Polimerização, metilação, torção	137	
Total	1.227	200
Lipopolissacarídeo		
Síntese de conjugados de nucleotídeos	470	
Total	470	564
Mureína		
Síntese de aminoácidos e açúcares	248	
Ligação cruzada	138	
Total	386	193
Glicogênio		
Síntese de ADP-glicose	154	
Total	154	

[a] ~P, ligações fosfato de alta energia.

Tabela 5.6 Padrões de reações de abastecimento entre os micróbios

Classe	Fonte de carbono	Fonte de energia
Heterótrofos[a]		
Quimio-heterotróficos	Composto orgânico	Composto orgânico
Foto-heterotróficos	Composto orgânico	Luz
Autótrofos		
Quimioautótrofos[b]	CO_2	Composto inorgânico
Fotoautótrofos	CO_2	Luz

[a]Organótrofos.
[b]Litótrofos.

utilizam moléculas *inorgânicas* (incluindo H_2, CO, NH_3, NO_2, H_2S, S, $S_2O_3^{2-}$ e Fe^{2+}) como sua fonte de energia e força redutora. Esses autótrofos são denominados **litótrofos** (comedores de pedra), embora também seja comum empregar os termos "litótrofo" e "autótrofo" como sinônimos. (Alguns microbiologistas usam o termo mais recente **organótrofo** em lugar de heterótrofo. Sim, é confuso!) As definições que usamos estão resumidas na Tabela 5.6. Os detalhes das reações de abastecimento únicas dessas classes de micróbios são apresentados no Capítulo 6.

Nos *heterótrofos*, o abastecimento começa com a entrada das substâncias orgânicas que servem de fontes de carbono e energia. Em muitos casos, a entrada requer um gasto de energia, a fim de concentrar certos nutrientes presentes sob forma diluída no ambiente. Nos *autótrofos*, o abastecimento também começa com a entrada das fontes de carbono e energia, embora em muitos casos estas sejam somente CO_2 e luz ou um composto inorgânico. Qualquer que seja a fonte alimentar, ela deve, em última análise, ser convertida pelos heterótrofos *e igualmente* pelos autótrofos nos 13 metabólitos precursores (a menos que esses próprios estejam disponíveis como nutrientes). Tal conversão é obtida, em última análise, por meio das rotas centrais familiares do metabolismo, as quais são revisadas no próximo capítulo.

Se não for derivada da luz, a conversão de energia em uma forma útil à célula envolve a oxidação das moléculas alimentares, isto é, a remoção de elétrons de compostos inorgânicos ou de átomos de hidrogênio (elétrons e prótons) de substratos orgânicos. As mesmas rotas enzimáticas que convertem os substratos alimentares nos metabólitos precursores também geram ATP. Essa é a razão pela qual os metabólitos precursores são geralmente mais oxidados que o bloco de construção médio e pela qual parte da força redutora formada nas **rotas de abastecimento** deve ser usada na biossíntese. Os micróbios, assim como todos os outros seres vivos, usam as reações de oxidação para gerar ATP, ou pela **fosforilação em nível de substrato** ou pela **força motora de prótons** estabelecida geralmente por meio do **transporte de elétrons**. No último caso, os elétrons movem-se de transportador para transportador dentro da membrana celular ao longo de um gradiente eletroquímico para produzir um gradiente de prótons (H^+) através da membrana; tal gradiente de prótons é então usado para formar ATP a partir de ADP. Esses modos de transdução de energia serão examinados no Capítulo 6.

O local onde os micróbios vivem relaciona-se de forma muito direta as suas proezas metabólicas e, no domínio de abastecimento do metabolismo, pode ver-se uma clara coincidência entre as características ambientais e o estilo de vida microbiano. Quer dizer, os organismos que usam a fotoquímica para obter energia vivem na luz, aqueles que usam a oxidação de formas inorgânicas de enxofre, ferro ou outros elementos vivem onde tais elementos existem em abundância, e assim por diante.

EFEITOS GLOBAIS DO METABOLISMO DO CRESCIMENTO

A fama (ou infâmia) dos micróbios como agentes de doenças tende a obscurecer o papel vital desses organismos na natureza. As atividades químicas dos micróbios podem ser o aspecto mais subestimado da vida na Terra. O biossistema da Terra *baseia-se* no metabolismo dos micróbios. Falando claramente: se os micróbios desaparecessem, toda a vida na Terra logo se extinguiria.

Ciclos químicos da Terra

Os micróbios são responsáveis pela modelagem da química da Terra e por mantê-la em equilíbrio. Cada um dos principais elementos da matéria viva – carbono, nitrogênio, enxofre e fósforo – existe na natureza em seu próprio processo cíclico, por meio do qual é constantemente consumido e reposto (ver "Ciclos Biogeoquímicos" no Capítulo 18). Os micróbios são participantes indispensáveis desses ciclos geoquímicos, pois o metabolismo microbiano realiza interconversões da matéria vitais à manutenção equilibrada das reservas dos principais elementos. Os vários papéis desempenhados pelos micróbios nesses ciclos geoquímicos são necessários para manter a Terra habitável para todos os outros organismos.

Como os micróbios podem exercer esses importantes efeitos globais sobre o ambiente? Vários fatores estão envolvidos. Os micróbios existem em quantidades imensas por toda a biosfera, sendo responsáveis por uma grande parte da biomassa da Terra. Eles possuem altas taxas de metabolismo e podem metabolizar qualquer composto orgânico que ocorre naturalmente e, como grupo, são proficientes em conversões químicas tanto inorgânicas como orgânicas. Embora as bactérias heterotróficas sejam mais familiares à maioria dos microbiologistas que as autotróficas, é possível que a autotrofia seja o modo de metabolismo globalmente dominante, com implicações enormes à operação de cada um dos ciclos geoquímicos.

No Capítulo 18, examinaremos o papel dos micróbios em cada um dos principais ciclos.

Biorremediação

A capacidade coletiva dos micróbios de, como grupo, degradar qualquer composto orgânico que ocorre naturalmente (e a maioria dos feitos pelo homem), de oxidar ou reduzir muitos compostos inorgânicos e de crescer em diversos nichos ambientais assumiu um significado especial nas últimas décadas. A fabricação e o uso industrial de dezenas de milhares de substâncias químicas, o transporte e o consumo em massa de carvão e petróleo e o uso militar e civil da energia nuclear levaram, em conjunto, a um nível de poluição extremamente ameaçador ao ambiente da Terra. Todas as regiões da biosfera – as águas de superfície e subterrâneas, o solo e a atmosfera – foram contaminadas por substâncias químicas tóxicas. As preocupações a respeito dessa crise levaram ao desenvolvimento de uma estratégia denominada **biorremediação**, na qual micróbios vivos são usados para ajudar na restauração de ambientes aquáticos e terrestres limpos, na limpeza geral de resíduos perigosos e na manutenção de um equilíbrio sustentável dos ciclos geoquímicos e físicos da Terra.

5.2 *Um panorama útil da biorremediação. Alguns exemplos específicos são apresentados no Capítulo 23.*

A área da biorremediação é grande e está em expansão. Ela inclui medidas para aumentar a degradação microbiana de pesticidas e compostos perigosos presentes no solo e nos lençóis freáticos, a remoção de nutrientes em excesso de rios e lagos, a concentração e a remoção de minerais tóxicos de lençóis freáticos, a concentração de urânio e outros materiais radioativos para a remoção da água residual de minas e de depósitos de resíduos militares, a limpeza geral de derramamentos de petróleo. Vê-se que a lista de processos em desenvolvimento ou já em uso é impressionante.

RESUMO E PLANO

A intenção deste capítulo foi apresentar uma estrutura conceitual que facilite nossa compreensão a respeito de como os milhares de reações metabólicas individuais produzem uma nova célula. Os quatro próximos capítulos irão nos conduzir ao longo da rota que inicia no alimento e termina em uma nova célula viva. Embora não permaneçamos nos detalhes bioquímicos das reações e rotas individuais (muitas podem ser vistas no *website EcoCyc*), a revisão das características gerais e dos princípios especiais de cada estágio do metabolismo (abastecimento, biossíntese, polimerização e montagem) será central a nosso propósito. Tal consideração é pertinente visto que o lugar dos micróbios na biosfera da Terra é definido pelas transformações bioquímicas realizadas por essas criaturas dominadoras, mas em grande parte invisíveis. Nosso foco será a singularidade do modo procariótico de fazer as coisas.

Não se deve sair desta apresentação da estrutura do metabolismo com a noção de que todos os micróbios possuem atividades e capacidades metabólicas idênticas. Ao contrário, os micróbios são colonizadores bem-sucedidos da Terra exatamente porque cada grupo desenvolveu programas metabólicos especializados para lidar com circunstâncias ambientais específicas. O surpreendente arranjo das reações de abastecimento, por exemplo, é possível em virtude da enorme variedade de micróbios frequentemente bastante especializados.

TESTE SEU CONHECIMENTO

1. A vida, em nosso planeta, é possível graças (i) à catálise enzimática proteica, (ii) ao acoplamento de reação, (iii) à captura de energia e (iv) à interconversão, mediada por membranas, de diferentes formas de energia (ver "Metabolismo do crescimento: formando o vivo a partir do não vivo"). Invente e descreva as características de uma forma diferente de vida (em um planeta imaginário) que poderia não precisar de um ou outro desses processos.

2. Qual é a base para se dizer que a extensão da biosfera da Terra é definida pela distribuição dos micróbios procarióticos (Bacteria e Archaea)?

3. Os processos globais do metabolismo (abastecimento, biossíntese, polimerização, montagem e divisão celular) estão interrelacionados pelo fato de que cada um requer como material inicial os produtos da etapa precedente. Liste, para cada uma dessas fases do metabolismo, os tipos de materiais iniciais e os produtos. Alguma das fases poderia ser dispensável? Caso sim, em que circunstâncias? (Dica: considere o efeito da nutrição.)

abastecimento

capítulo

6

VISÃO GERAL DAS REAÇÕES DE ABASTECIMENTO

A rota metabólica para a formação de uma nova célula começa com o abastecimento. Aqui, examinaremos como os micróbios obtêm tanto os metabólitos como a energia necessária à biossíntese e a energia adicional necessária ao crescimento e a inúmeras outras atividades celulares. Como observamos, o conjunto de reações que supre essas necessidades – os 13 metabólitos precursores, a força redutora e a energia – são as **reações de abastecimento** da célula.

Em grande parte, a diversidade do abastecimento constitui a explicação para o domínio microbiano da biosfera da Terra e é a base da dependência de todas as formas de vida das atividades químicas dos micróbios. Os micróbios, em especial os procariotos, desenvolveram uma variedade quase inacreditável de modos de obtenção de energia e produção de metabólitos. Tal capacidade lhes possibilita crescer em profusão em muitos locais inesperados e até alterar a geoquímica das massas de terra e águas do planeta. É no abastecimento que os procariotos menos se assemelham metabolicamente aos eucariotos e é o abastecimento que distingue os dois principais tipos metabólicos de procariotos: heterótrofos e autótrofos.

Para os micróbios heterotróficos (aqueles que usam fontes orgânicas de carbono) (Figura 6.1), as reações de abastecimento podem ser convenientemente classificadas em três estágios: os **processos de entrada**, que movem *substratos alimentares orgânicos e inorgânicos* do ambiente para dentro da célula; as **rotas alimentadoras**, que convertem os substratos alimentares no interior da célula em um ou outro metabólito do metabolismo central, e o **metabolismo central**, um grupo de rotas, comuns aos metabolismos da maioria das células, que produz todos os metabólitos precursores. Esses três aspectos do abastecimento heterotrófico estão esquematizados na Figura 6.1.

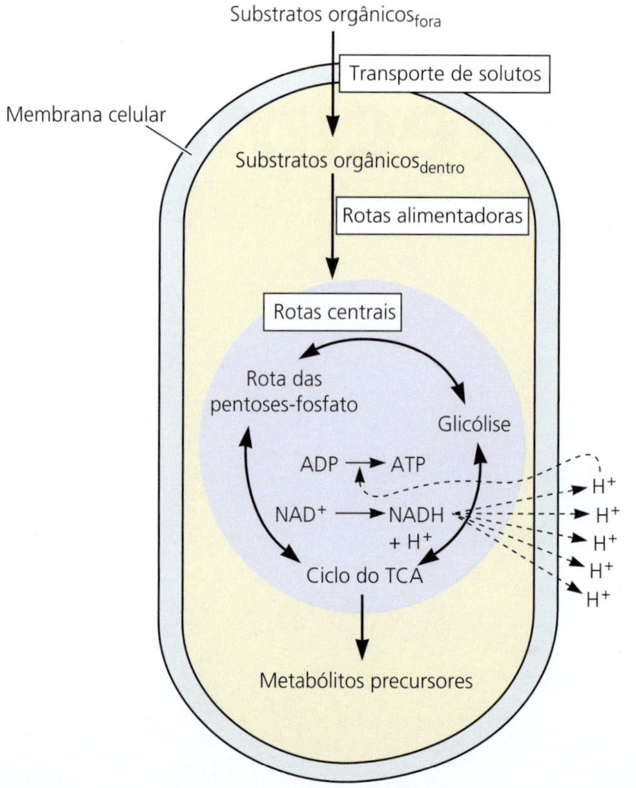

Figura 6.1 Processos de abastecimento nos heterótrofos. O diagrama mostra os três componentes do abastecimento: o *transporte de solutos*, que permite à célula a aquisição de substratos; as *rotas alimentadoras*, que transformam os substratos em um ou outro dos metabólitos nas rotas centrais, e as três *rotas centrais* (rotas glicolítica, das pentoses-fosfato e do TCA) do metabolismo. Os três produtos do abastecimento (ATP, NADH e metabólitos precursores) e a geração de ATP pela força motora de prótons estão indicados.

Para os micróbios autotróficos (aqueles que usam CO_2 como a principal fonte de carbono) (Figura 6.2), os mesmos estágios podem ser considerados, mas com alguns métodos inovadores únicos. A fixação autotrófica de CO_2 e a geração de energia a partir da luz ou de substâncias químicas inorgânicas são os processos definidores da autotrofia; as rotas do metabolismo central são exclusivamente usadas para o fornecimento dos metabólitos precursores, e as rotas alimentadoras são projetadas para o direcionamento dos produtos da fixação de CO_2 ao metabolismo central. O abastecimento autotrófico merece um diagrama separado (Figura 6.2).

Primeiro, trataremos do aspecto da energia-força redutora no abastecimento e, posteriormente, enfocaremos como os metabólitos precursores são formados.

OBTENÇÃO DE ENERGIA E FORÇA REDUTORA

Força motora e sua geração

No nível mais fundamental, toda a energia nos sistemas vivos é derivada do movimento de elétrons ao longo de um gradiente de energia que produz duas formas de **energia utilizável:** (i) as ligações fosforil (~P) de alta energia do ATP (e de moléculas similares, incluindo outros trifosfatos de nucleosídeos) e (ii) os gradientes de íons transmembrana. Ambas as formas são necessárias: o ATP porque a maioria do metabolismo é direcionada pelo mecanismo de acopla-

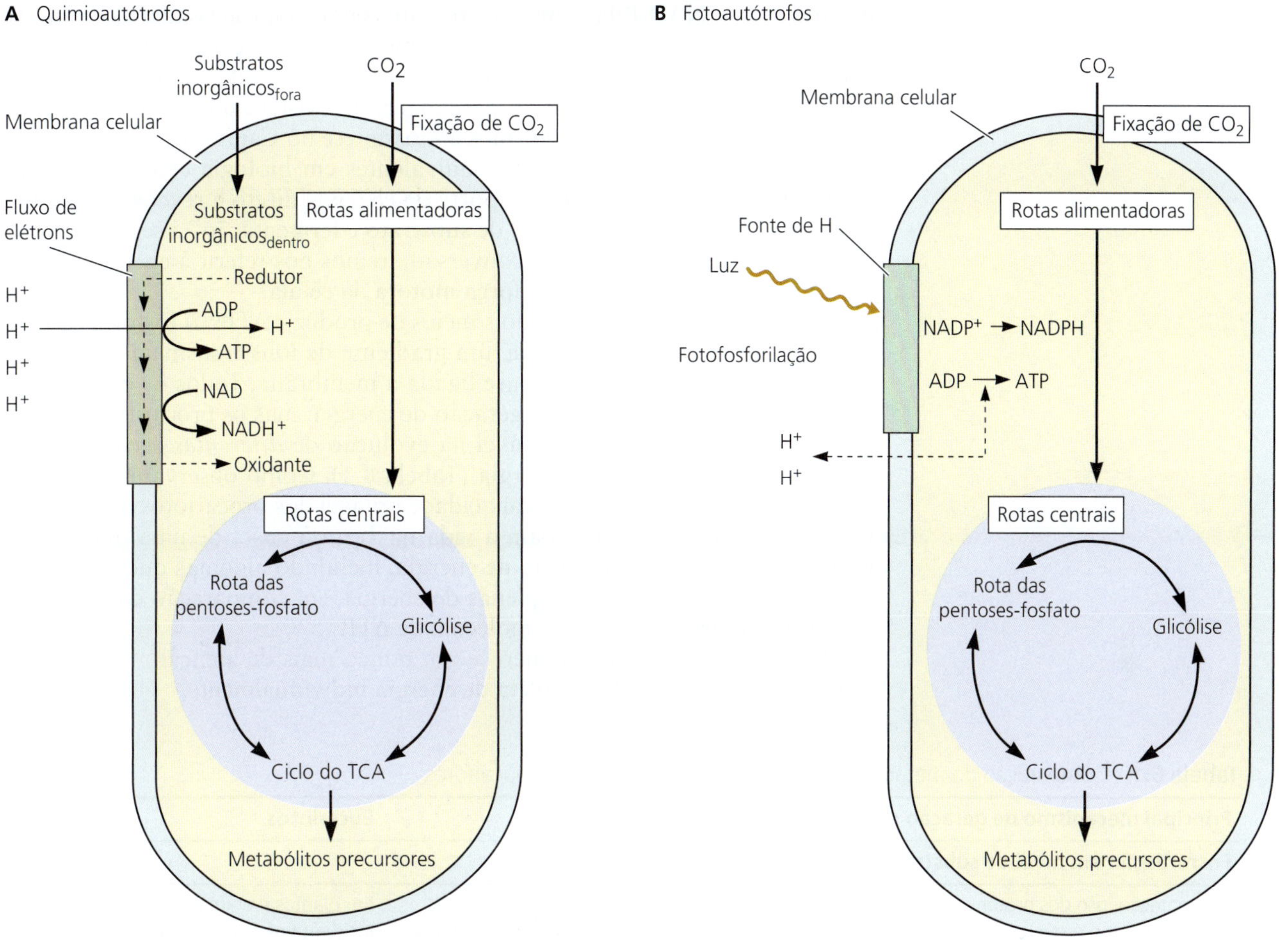

Figura 6.2 Processos de abastecimento nos autótrofos. A característica definidora da autotrofia, a fixação de CO_2, é mostrada em relação às rotas alimentadoras e às três rotas metabólicas centrais familiares. **(A)** Abastecimento quimioautotrófico. As reações redox inorgânicas que levam à geração de ATP pelo transporte de prótons e elétrons em transportadores de membrana estão esquematicamente indicadas como a característica distintiva da quimioautotrofia. **(B)** Abastecimento fototrófico. A coleta de energia luminosa para gerar ATP e força redutora está esquematicamente indicada como a característica distintiva da fototrofia.

mento de reações individuais à hidrólise de ATP (ver "Metabolismo do crescimento: formando o vivo a partir do não vivo" no Capítulo 5) e os gradientes de íons transmembrana porque eles direcionam muitos processos celulares, como a rotação de flagelos e o transporte de certos nutrientes para dentro da célula. Como veremos em breve, essas duas formas de energia utilizável são interconversíveis: um gradiente de íons pode ser usado para gerar ATP, e o ATP pode ser usado para estabelecer um gradiente de íons.

Os elétrons são derivados de reações de oxidação, muitas das quais envolvem uma desidrogenação (a remoção de átomos de hidrogênio de moléculas orgânicas). Os átomos de hidrogênio (H é um próton mais um elétron) são transferidos a cada uma de duas **coenzimas** relacionadas, NAD^+ (nicotinamida adenina dinucleotídeo) ou $NADP^+$ (nicotinamida adenina dinucleotídeo fosfato). Suas formas reduzidas, NADH e NADPH, são fontes disponíveis de prótons e elétrons para muitas reações metabólicas. O NADH participa da maioria das reações de abastecimento, e o NADPH é comumente usado na biossíntese. Em conjunto, diz-se que NADH e NADPH representam a **força redutora** da célula; da mesma forma, diz-se que o ATP representa a energia da célula. Nos heterótrofos, o NAD(P)H (como nos referimos descompromissadamente ao par de coenzimas) funciona mais ou menos como uma peteca entre o abastecimento e a biossíntese. Nos autótrofos, contudo, devem ser usados meios específicos para formá-las. Examinaremos a base lógica da existência de duas coenzimas (em vez de uma) quando discutirmos a biossíntese no Capítulo 7.

Força redutora e energia são equivalentes em biologia celular, pois são *interconversíveis* através do transporte de elétrons direto e reverso, como veremos em "Fosforilação em nível de substrato e fermentação" a seguir. Em virtude dessa propriedade de interconversão, iremos nos referir à energia e força redutora coletivamente como a **força motora** da célula.

O mundo biológico possui dois meios de produzir ATP: (i) fosforilação em nível de substrato e (ii) coleta de um gradiente de íons transmembrana para produzir ATP via uma ATP sintase ligada à membrana. Todos os organismos empregam ambos os modos de geração de energia, mas os procariotos se destacam por sua criatividade notável na evolução de *diferentes versões* desses dois processos de coleta de energia (Tabela 6.1). Como observamos, essa inventividade é responsável pela capacidade notável dos procariotos de explorar todos os hábitats que sustentam a vida na Terra à custa de uma imensa variedade de reações de produção de energia, incluindo algumas que produzem apenas quantidades muito pequenas de energia, em comparação com o que é necessário à formação de uma molécula de ATP.

Esse assunto claramente merece um pouco mais de atenção. Examinaremos os dois mecanismos de coleta de energia individualmente.

Tabela 6.1 Comparação do metabolismo energético em procariotos e eucariotos

Principal mecanismo de geração de energia	Procariotos	Eucariotos
Fosforilação em nível de substrato		
Fermentação: uso dos prótons e elétrons removidos de um substrato orgânico em reações de oxidação para reduzir uma segunda molécula orgânica usando apenas NADH como intermediário; ATP é formado por fosforilação em nível de substrato	Comum entre anaeróbios e bactérias facultativas, onde pode servir de fonte exclusiva de ATP; grande variedade de substratos e subprodutos	Em plantas e animais, presente apenas incidentalmente na função de rotas centrais; em tecidos animais, serve de meio de sobrevivência à anaerobiose transitória. Pode servir de fonte exclusiva de ATP apenas nos eucariotos microbianos, em particular as leveduras
Gradiente de íons transmembrana		
Respiração: elétrons de um redutor são transferidos por transportadores situados na membrana (cadeia de transporte de elétrons) a oxidantes, formando um gradiente de íons transmembrana útil na formação de ATP e outros processos que requerem energia	Enorme variedade de doadores de elétrons (redutores) orgânicos e inorgânicos; forma a base da autotrofia quimiossintética; o gradiente de íons pode ser diferente do de prótons	Principal modo de formação de energia em animais, mas restrito a redutores orgânicos e a O_2 como oxidante
Fotossíntese: a energia luminosa ativa um elétron da clorofila para fluir ao longo de uma cadeia de transporte de elétrons à clorofila em seu estado fundamental original ou a $NADP^+$, gerando um gradiente de íons transmembrana	Muitas variedades, podendo ser cíclica ou acíclica e diferir quanto à fonte de H e elétrons; forma a base da autotrofia fotossintética	Apenas uma forma (oxigênica), com H_2O como fonte de elétrons e hidrogênio
Bombas enzimáticas de íons: proteínas de membrana que não fazem parte de uma cadeia de transporte de elétrons translocam íons através da membrana celular	Comum entre uma grande série de espécies bacterianas	Ocorrência desconhecida
Reações escalares: enzimas que fazem parte ou são separadas de uma cadeia de transporte de elétrons e criam um gradiente de íons transmembrana ao consumir ou produzir íons, e não ao movê-los	Comum entre uma grande série de espécies bacterianas	Ocorrência desconhecida

Fosforilação em nível de substrato e fermentação

A estratégia mais simples e hábil de se gerar ATP é por **fosforilação em nível de substrato**. À primeira vista, esse pode parecer um nome estranho para um processo que gera ATP a partir de ADP, mas um exame mais cuidadoso revela sua base lógica. Nesse processo, um substrato orgânico primeiro se torna fosforilado com fosfato inorgânico (PO_4^{3-}) em uma reação que não requer a entrada de energia. O grupamento fosforil resultante no substrato não está ligado por uma ligação de alta energia, de modo que a etapa crucial vem em seguida: o substrato fosforilado é oxidado, e a energia que de outro modo seria liberada na reação como calor é aprisionada. A **ligação fosforil de baixa energia** original é agora uma **ligação fosforil de alta energia** e pode ser transferida a ADP para formar ATP. Dessa maneira, a fosforilação de ADP por um substrato metabólico produz ATP, por isso o termo *fosforilação em nível de substrato*.

Um exemplo instrutivo é a reação na **rota glicolítica** (ver Figura 6.13), por meio da qual o 3-fosfogliceraldeído é *tanto* fosforilado *como* oxidado (remoção de 2H) pela enzima fosfogliceraldeído desidrogenase, gerando uma ligação fosforil de alta energia em uma única reação:

$$\text{3-fosfogliceraldeído} + NAD^+ + P_i \longrightarrow \text{1,3-bisfosfoglicerato} + NADH + H^+$$

$$\begin{array}{c} HC=O \\ | \\ HC-OH \\ | \\ H_2C-O-PO_3H_2 \end{array} \qquad \begin{array}{c} O \\ \| \\ C-O \sim PO_3H_2 \\ | \\ HC-OH \\ | \\ H_2C-O-PO_3H_2 \end{array}$$

O grupamento acil-fosfato no carbono 1 do produto está ligado por uma ligação de alta energia e pode ser usado para gerar ATP na reação imediatamente seguinte, catalisada pela 3-fosfoglicerato cinase:

$$\text{1,3-bisfosfoglicerato} + ADP + NADH + H^+ \longrightarrow \text{3-fosfoglicerato} + ATP + NAD^+$$

$$\begin{array}{c} O \\ \| \\ C-O \sim PO_3H_2 \\ | \\ HC-OH \\ | \\ H_2C-O-PO_3H_2 \end{array} \qquad \begin{array}{c} O \\ \| \\ C-O^- \\ | \\ HC-OH \\ | \\ H_2C-O-PO_3H_2 \end{array}$$

As reações subsequentes na rota glicolítica convertem 3-fosfoglicerato em 2-fosfoglicerato, o qual pode, então, ser desidratado pela enzima enolase para a formação de fosfoenolpiruvato, no qual o grupamento fosforil está ligado por uma ligação de alta energia. O fosfoenolpiruvato pode então executar a fosforilação em nível de substrato no ADP. O resultado líquido da fosforilação original e desidrogenação do 3-fosfogliceraldeído é um ganho líquido de duas transformações de ADP a ATP por molécula de glicose convertida em duas moléculas de piruvato (Figura 6.3).

A fosforilação em nível de substrato é um evento integral no funcionamento da rota glicolítica e do ciclo do ácido tricarboxílico (TCA). À primeira vista, parece não haver nada exclusivamente microbiano sobre ela, mas há. Ao contrário das plantas e dos animais, muitos micróbios podem viver indefinidamente usando *exclusivamente* esse modo de geração de ATP em um processo denominado **fermentação**. A fermentação é o uso dos prótons e elétrons removidos de um substrato em reações de oxidação para reduzir uma segunda

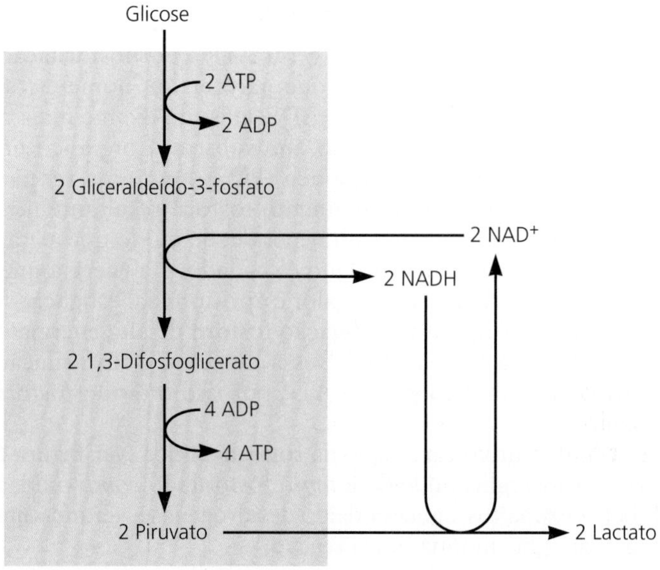

Figura 6.3 Fermentação homoláctica. Uma versão resumida da rota glicolítica combinada com a reação catalisada pela desidrogenase láctica é mostrada para enfatizar a redução e reoxidação de NAD^+, o que permite a geração sustentada de ATP a partir da utilização de glicose.

molécula orgânica, em geral um produto do metabolismo do primeiro, usando apenas NADH como transportador intermediário. Por que a redução da segunda molécula orgânica é importante? A menos que algo seja feito para regenerar o NAD^+, a **glicólise** será interrompida. Essa é uma questão muito importante, porque grandes quantidades de substrato devem ser usadas se for preciso produzir ATP (suficiente para satisfazer as necessidades de energia da célula) exclusivamente por fosforilação em nível de substrato. Usando a glicólise como exemplo, a célula ganha apenas 2 moles de ATP (ou duas ligações de alta energia [~P]) para cada mol de glicose metabolizado a piruvato. Essa mesma quantidade do metabolismo de glicose também gera 2 moles de NADH a partir de NAD^+. Portanto, a etapa crucial na fermentação é a remoção dos átomos de hidrogênio de NADH, reoxidando-o a NAD^+.

Está claro que a produção de força redutora (NADH) para a biossíntese não é um problema aos micróbios que se abastecem na fermentação – seu problema é o oposto: *livrar-se da força redutora*, isto é, a regeneração de NAD oxidado. Das grandes quantidades de substrato que devem ser consumidas para a geração de ATP, muito pouco é usado na síntese de material celular; a maioria pode ser recuperada na forma de produtos finais da fermentação que servem de escoadouro final para todo o excesso de átomos de hidrogênio de NADH. Quais são esses produtos da fermentação? Em muitas bactérias, as rotas de fermentação envolvem o piruvato como intermediário oxidado. A Figura 6.4 ilustra os produtos finais fermentativos formados a partir de piruvato por várias bactérias. Contudo, os procariotos foram imensamente criativos na invenção de rotas de fermentação, e sabe-se que um conjunto muito grande de substratos e produtos finais reduzidos é empregado por diferentes organismos (Tabela 6.2).

Nas fermentações ilustradas na Figura 6.4, a oxidação de NADH é realizada por desidrogenases (p. ex., lactato ou etanol desidrogenase), mas algumas bactérias possuem uma enzima denominada hidrogenase que pode oxidar

Tabela 6.2 Exemplos de fermentações microbianas

Substrato	Produto(s)	Organismo(s)
Glicose e açúcares relacionados	Lactato, etanol, acetato, butirato, butanodiol e outros produtos (Figura 6.4)	*Lactobacillus* spp. e muitos outros organismos
Aminoácido (alanina e outros)	Acetato (da glicina)	*Clostridium sporogenes*
H_2 e CO	Acetato	*Clostridium aceticum*
Oxalato	Formato + CO_2	*Oxalobacter formigenes*
Malonato	Acetato + CO_2	*Malonomonas rubra*
Lactato	Propionato + acetato	*Clostridium proponicum*
Piruvato	Acetato	*Desulfotomaculum thermobenzoicum*

NADH e outros **cofatores** reduzidos, produzindo gás hidrogênio. Essa reação é termodinamicamente exequível somente se a concentração do gás hidrogênio resultante for muito baixa. A remoção eficiente de hidrogênio é realizada em alguns ambientes naturais pelas atividades de reciclagem de certas bactérias (denominadas metanógenos e redutores de sulfato). Esse processo de transferência interespecífica de hidrogênio permite que as bactérias aumentem sua produção de ATP pelo uso de reações de cinases (p. ex., acetato e butirato cinase) adicionais.

As fermentações têm sido usadas pelos seres humanos ao longo da história na produção de bebidas (o conjunto de todos os produtos alcoólicos feitos a partir de grãos ou frutas) e no processamento de alimentos para a conservação em longo prazo e manutenção do sabor (p. ex., frutas e hortaliças em conserva). Os leitores podem se recordar, no Capítulo 1, da descrição da produção de chucrute – um exemplo clássico de uma fermentação prática que é, na verdade, uma série de fermentações sequenciais. Entretanto, nem todas as fermentações são agradáveis aos sentidos humanos. Entre os muitos produtos odoríferos estão o ácido butírico, o metano e as aminas, como a cadaverina. A cadaverina tem um nome apropriado (de "cadáver"), pois é um dos produtos da carne em decomposição (que é um processo em grande parte fermentativo).

Como se baseia no uso de substratos orgânicos (açúcares, aminoácidos, compostos das rotas centrais do metabolismo e assim por diante), o modo fermentativo de abastecimento se restringe aos *heterótrofos*.

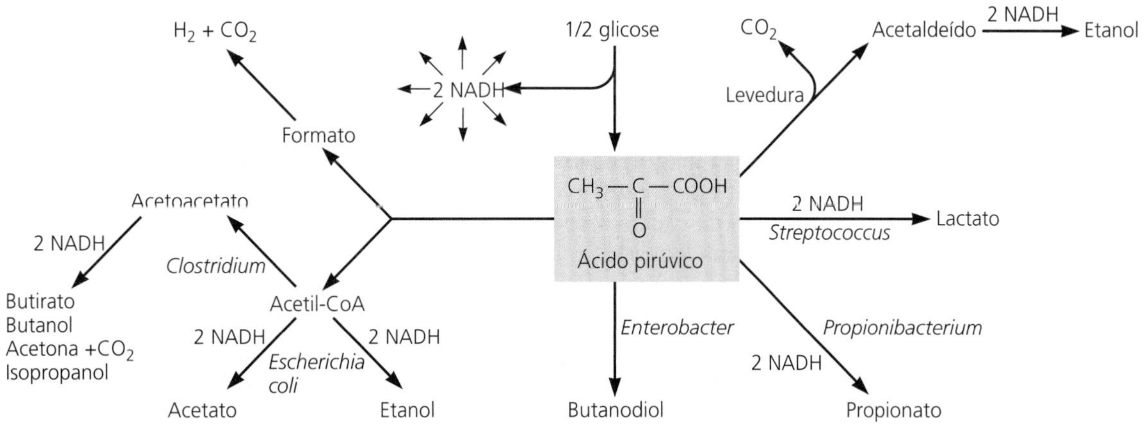

Figura 6.4 Produtos de fermentação do piruvato em vários micróbios. O NADH produzido durante a glicólise é usado para reduzir o piruvato e seus derivados, formando produtos de fermentação distintos para cada organismo.

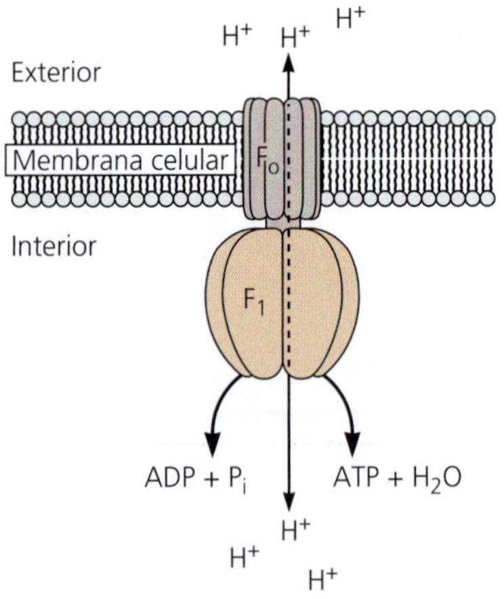

Figura 6.5 A enzima ATP sintase de membrana ou F_1F_0 ATPase. Essa enzima de subunidades múltiplas consiste em dois grandes complexos. Um, F_0, forma um canal de prótons através da membrana; o outro, F_1, está na superfície interna da membrana. A passagem de três ou quatro prótons do exterior através de F_0 da membrana energizada dirige a formação de uma molécula de ATP, a partir de ADP, em F_1. A reação é equilibrada para prosseguir em qualquer direção, dependendo da proporção de ATP relativa ao potencial de membrana: a hidrólise de ATP pode produzir um gradiente de prótons quando a proporção é insuficiente, e a entrada de prótons pode produzir ATP quando a concentração de ATP é demasiadamente baixa às funções celulares (por isso os nomes alternativos desse complexo).

Gradientes de íons transmembrana

Embora a fosforilação em nível de substrato no processo de fermentação seja muito comum entre os micróbios, a maior parte da geração de energia microbiana envolve o uso de um gradiente de íons através da membrana celular. No caso de um gradiente de *prótons*, diz-se que a membrana é energizada por uma **força motora de prótons.** Antes de examinarmos o imenso conjunto dos meios procarióticos usados para criar esses gradientes, deve-se fazer uma observação de como os gradientes podem produzir ATP. Dentro da membrana plasmática está o complexo enzimático da **F_1F_0 sintase,** originalmente denominada ATPase (e ela ainda é chamada por esse nome) (Figura 6.5). Suas duas partes funcionam na interconversão da energia eletroquímica do gradiente e da energia química do ATP. A porção F_0 da enzima é uma proteína hidrofóbica; ela atravessa a membrana e conduz os íons através dela até o componente F_1, que está localizado na superfície interior da membrana. O componente F_1 catalisa a reação ATP $\rightarrow$ ADP + fosfato inorgânico (P_i), mas, o que é mais importante, ele também pode usar a energia do fluxo de íons através de F_0 para dirigir a reação reversa, ADP + P_i $\rightarrow$ ATP. As estimativas indicam que a passagem de três ou quatro prótons para dentro do interior celular é suficiente para gerar uma molécula de ATP. (Esse processo é ocasionalmente conhecido por um nome antigo, **fosforilação oxidativa,** destinado a distingui-lo da fosforilação em nível de substrato.) A mesma F_1F_0 sintase pode funcionar na direção oposta, hidrolisando ATP e dirigindo a secreção de prótons. Pode-se justamente perguntar o que determina em qual direção o sistema funcionará. A resposta é simples: depende da concentração interna de ATP e da magnitude do gradiente eletroquímico através da membrana. Uma baixa concentração de ATP e um gradiente excessivo promovem a entrada de prótons e a geração de ATP; uma alta concentração interna de ATP e um gradiente deficiente levam à exportação de prótons à custa de ATP. Na verdade, a hidrólise de ATP pela ATPase/ATP sintase de membrana é o *único* modo que algumas bactérias possuem de estabelecer um gradiente de íons transmembrana.

Embora o gradiente mais comumente usado pelas bactérias para gerar ATP seja o de prótons, muitas bactérias vivem em ambientes alcalinos ou com alto teor de sódio (p. ex., as bactérias marinhas e aquelas que habitam o rúmen do gado). Nesse caso, um gradiente de prótons não pode ser estabelecido, porque os prótons reagiriam com o excesso de íons hidroxila. A solução que os micróbios desenvolveram é empregar um gradiente de outro cátion, geralmente Na^+ (e, nesse caso, diz-se que o gradiente de íons constitui uma **força motora de sódio**).

Além da síntese de ATP, os gradientes de íons podem ser usados para outros fins, incluindo (i) o transporte ativo secundário (transporte acoplado a íons) através da membrana celular, (ii) a manutenção do turgor da célula (pressão de água), (iii) a manutenção do pH interior da célula, (iv) a rotação de flagelos (ver os Capítulos 2 e 14) e (v) o direcionamento de um fluxo reverso de elétrons através da cadeia respiratória para reduzir NAD^+ quando o suprimento de NADH é inadequado.

Dada a importância dos gradientes de íons transmembrana, sua geração é claramente central a muitos processos vitais. Comprovando a diversidade pela qual são conhecidos, *os procariotos evoluíram nada menos que quatro modos de gerar esses gradientes: (i) respiração, (ii) fotossíntese, (iii) bombas enzimáticas e (iv)* ***reações escalares*** (Tabela 6.1).

Respiração

Como a fermentação, a **respiração** é um processo pelo qual elétrons são passados de um **doador de elétrons** (**redutor**) a um **aceptor de elétrons** (**oxidante**) terminal. Contudo, na respiração, os elétrons alcançam o oxidante via vários transportadores de elétrons ligados à membrana que funcionam como uma cadeia de transporte e transferem os elétrons de um ao outro em etapas ao longo do gradiente eletroquímico entre o redutor e o oxidante (Figura 6.6). Tais cascatas criam um gradiente de prótons por (i) usar um pouco da energia para bombear prótons para fora da célula, (ii) exportar prótons da célula durante transferências elétron-a-hidrogênio ou (iii) reações escalares (definidas em "Reações escalares" a seguir) que consomem prótons no interior celular (a NADH desidrogenase faz isso) ou produzem prótons fora da célula (a formato desidrogenase faz isso).

Coletivamente, dá-se o nome de **sistema de transferência de elétrons** (**ETS**, de *electron transfer system*) a esses transportadores. Os potenciais de oxidação-redução (redox) dos componentes da cadeia (flavoproteínas, quinonas, citocromos e outros transportadores de elétrons) estão posicionados de tal maneira que cada membro pode ser reduzido pela forma reduzida do membro precedente. Assim, a força redutora (como átomos de hidrogênio ou elétrons) pode fluir através da cadeia de moléculas transportadoras até o O_2 ou algum outro aceptor terminal de elétrons (NO_3^- e fumarato são exemplos). Esse processo resulta na transferência de átomos de hidrogênio (H) de um composto orgânico a algum aceptor terminal de elétrons. Alguns membros da cadeia carregam átomos de hidrogênio; outros carregam apenas elétrons. A redução ocorre pela transferência de força redutora de um transportador de hidrogênio a um transportador de elétrons, liberando um próton (H^+). Quando os transportadores de hidrogênio e os transportadores de elétrons se alternam na cadeia, o fluxo de força redutora leva à expulsão de prótons da célula. Essa transferência de prótons através da membrana é efetuada de diferentes modos pelos diferentes membros do ETS. Alguns funcionam vetorialmente como bombas de prótons que expelem os prótons; alguns (as quinonas), que funcionam

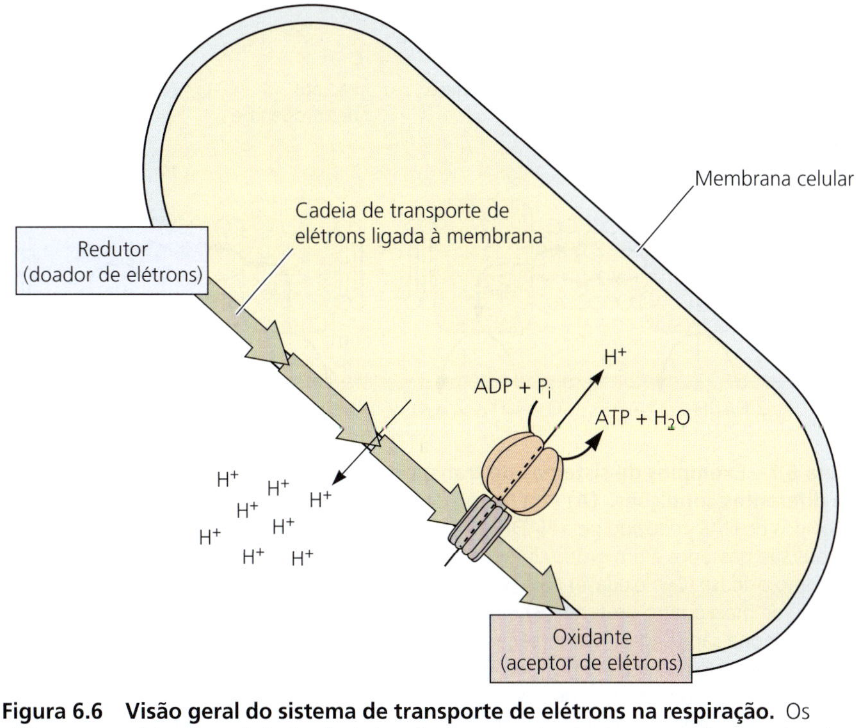

Figura 6.6 Visão geral do sistema de transporte de elétrons na respiração. Os elétrons removidos dos substratos (redutores) migram ao longo de um gradiente redox de transportador a transportador em uma membrana, formando um gradiente de prótons (H^+), que pode ser usado para formar ATP a partir de ADP.

como reservatórios de elétrons, podem capturar prótons do interior celular e liberá-los externamente enquanto estão passando adiante elétrons ao próximo membro do sistema, um citocromo. Em geral, os prótons são retirados do citosol pela redução de um transportador de hidrogênio do lado de dentro da membrana e são liberados fora da célula pela redução de um transportador de elétrons do lado de fora da membrana. As variações sobre esse tema são quase infinitas. Os procariotos são bastante adaptáveis quanto à transferência de elétrons, usando transportadores com características eletroquímicas apropriadas sob diferentes condições ambientais redox (Figura 6.7).

Além de sua enorme variedade, outra característica adicional distingue a respiração procariótica. Nos eucariotos, a respiração ocorre dentro do complexo de *membranas mitocondriais*, ao passo que, nos procariotos, a *própria célula bacteriana* é o local da respiração. Assim, a célula bacteriana inteira funciona como se fosse uma mitocôndria. Esse fato se torna menos surpreendente em vista da evidência de que as mitocôndrias são a progênie altamente desenvolvida de células bacterianas que foram engolfadas em uma época primordial por um eucarioto primitivo (ver "Mitocôndrias, cloroplastos e a origem das células eucarióticas" no Capítulo 19).

O benefício energético da respiração é óbvio: o aumento da geração de ATP sobre o que pode ser realizado pela fosforilação em nível de substrato na fermentação é tremendo. Um mol de glicose rende apenas 2 a 4 moles de ATP pela fosforilação em nível de substrato na maioria das fermentações, mas 30 e poucos moles (dependendo da espécie e das condições de crescimento) pela respiração se a glicose vir a ser completamente respirada.

O termo "respiração" é usado independentemente de se o O_2 for o aceptor final de elétrons e prótons. Quando o O_2 é o aceptor (resultando na redução de O_2 a água), ela é denominada **respiração aeróbia** e, quando alguma outra molécula é o aceptor final, ela é denominada **respiração anaeróbia** (Figura 6.7C). Coletivamente, os micróbios são hábeis em usar uma série de compostos (al-

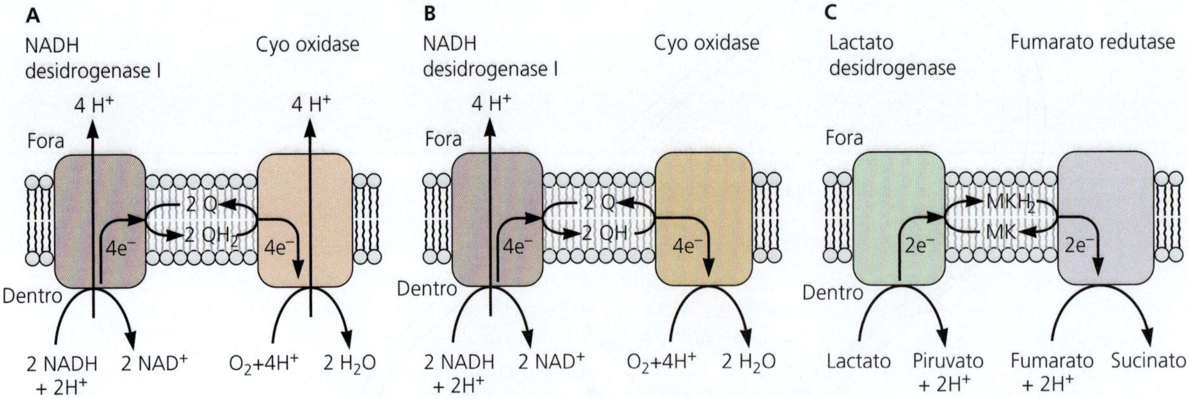

Figura 6.7 Exemplos de sistemas de transporte de elétrons operantes em *E. coli* sob diferentes condições. (A) Alta tensão de oxigênio. Os prótons e elétrons (e^-) são removidos de NAD reduzido pela NADH desidrogenase I. Os prótons são secretados, e os elétrons são passados a um grupo de quinonas (Q), de onde podem ser usados por uma citocromo oxidase (Cyo oxidase) para reduzir oxigênio molecular a água, acompanhado pela secreção de mais quatro prótons. **(B)** Baixa tensão de oxigênio. A mesma NADH desidrogenase e quinona são usadas, mas a reação terminal é catalisada por uma oxidase diferente (Cyd oxidase), que não secreta prótons. **(C)** Ausência de oxigênio. A oxidação de lactato a piruvato envolve a remoção de dois elétrons pela lactato desidrogenase; os elétrons são então usados para reduzir menaquinona (MK) a MKH_2, o que por sua vez permite a redução de fumarato a sucinato. Esse processo é denominado respiração anaeróbia.

Tabela 6.3 Compostos que podem servir de aceptores de elétrons na respiração anaeróbia, substituindo o oxigênio

Compostos orgânicos	Compostos inorgânicos
Fumarato	Nitrato (NO_3^-)
Dimetilsulfeto (DMSO)	Nitrito (NO_2^-)
Trimetilamina *N*-óxido (TMAO)	Óxido nitroso (N_2O)
	Clorato (ClO_3^-)
	Perclorato (ClO_4^-)
	Íon mangânico (Mn^{4+})
	Íon férrico (Fe^{3+})
	Ouro (Au^{3+})
	Selenato (SeO_4^{2-})
	Arsenato (AsO_4^{3-})
	Sulfato (SO_4^{2-})
	Enxofre (S^0)

guns orgânicos e muitos inorgânicos) como aceptores terminais de elétrons nas cadeias respiratórias anaeróbias (Tabela 6.3). Muitas partes de nosso planeta são anaeróbias. As condições anóxicas são comuns abaixo da superfície da terra, embora o solo, os lagos, os riachos e os oceanos contenham nitrato e sulfato às vezes em grande abundância. Esses ecossistemas imensos são colonizados por bactérias especificamente adaptadas para obter todas as vantagens energéticas da respiração anaeróbia. As consequências para a vida no planeta são notáveis. Por exemplo, o uso de nitrato como aceptor, que produz nitrito (NO_2^-), seguido por sua vez pela redução a óxido nítrico (NO), óxido nitroso (N_2O) e, finalmente, gás dinitrogênio (N_2), é responsável pela maioria do nitrogênio na atmosfera da Terra (ver Capítulo 18). Assim como os produtos da fermentação podem ser cheirados, o mesmo ocorre com alguns produtos da respiração anaeróbia, por exemplo, o odor desagradável de ovo podre (devido ao H_2S) e o de peixe de água salgada morto (devido à trimetilamina).

As rotas de fixação de CO_2 pelas quais os autótrofos formam os metabólitos precursores não rendem energia ou força redutora. Em vez disso, eles usam quantidades imensas de ambas. Os **quimioautótrofos** obtêm essas forças motoras essenciais pela oxidação de compostos inorgânicos, e os **fotoautótrofos** obtêm as mesmas forças pela coleta de energia a partir da luz. Muitos consideram que a respiração nos quimioautótrofos (quimiolitótrofos) é o empreendimento supremo do metabolismo procariótico (embora os estudantes de fotossíntese possam questionar tal ponto de vista). Sem dúvida, na área do abastecimento, a quimioautotrofia é dificilmente superada quanto à expansão dos nichos que os procariotos podem colonizar. Por outro lado, não há nada de especial no modo pelo qual os quimioautótrofos obtêm ATP e força redutora. Eles empregam os mesmos mecanismos respiratórios – a passagem de elétrons através de uma cadeia de transporte de elétrons incrustada na membrana e o uso da força motora de prótons assim gerada para produzir ATP pelo aceite de alguns prótons de volta através de uma ATPase/ATP sintase transmembrana – que os quimio-heterótrofos utilizam. Os quimioautótrofos obtêm força redutora (NADPH) de maneira similar – usando a força motora de prótons para reverter o fluxo de elétrons no ETS e assim reduzir $NADP^+$. *A exclusividade dos quimioautótrofos se encontra em sua capacidade de alimentar a cadeia de transporte de elétrons a partir de fontes inorgânicas* (Tabela 6.4). A maioria desses organismos realiza a respiração aeróbia, mas muitos também são capazes de várias formas de respiração anaeróbia.

Tabela 6.4 Compostos inorgânicos que podem servir de doadores de elétrons aos quimioautótrofos

Composto	Processos biológicos
NH_4^+	As bactérias oxidadoras de amônia, ao produzirem nitrito, medeiam a primeira etapa da nitrificação, o processo (que ocorre principalmente no solo) pelo qual a amônia é rapidamente convertida em nitrato (ver Capítulo 18).
NO_2^-	As bactérias oxidadoras de nitrito, ao produzirem nitrato, medeiam a segunda etapa da nitrificação.
H_2	A capacidade de oxidar hidrogênio para o crescimento quimioautotrófico é muito difundida entre as bactérias – tanto gram-positivas como gram-negativas – e arqueobactérias. A maioria desses procariotos também é capaz de crescimento quimio-heterotrófico, isto é, são quimioautotróficos facultativos, ocasionalmente denominados mixótrofos.
Fe^{2+}	As bactérias oxidadoras do íon ferroso – denominadas bactérias do ferro – são muito difundidas em ambientes aquáticos ácidos, onde o Fe^{2+} pode persistir sem ser espontaneamente oxidado. São encontradas em riachos, pântanos e alguns ambientes marinhos. São perceptíveis em tais locais pelos agrupamentos de óxido de ferro que formam.
Mn^{2+}	A maioria das bactérias do ferro também é capaz de crescimento quimioautotrófico à custa do íon manganoso.
H_2S, S^0, $S_2O_3^{2-}$	Os quimioautótrofos que oxidam compostos reduzidos de enxofre também são muito difundidos na natureza. São os produtores primários das elaboradas comunidades biológicas que existem perto de chaminés hidrotermais nas cristas médias oceânicas. Como H_2S é espontaneamente oxidado por O_2, as bactérias que o utilizam estão localizadas em regiões onde suas fontes de H_2S e O_2 se difundem a partir de direções opostas.

Muitas bactérias vieram a ser conhecidas por meio do alimento que consomem. Os mais comuns desses nomes informais dados às bactérias estão listados na Tabela 6.5. Incidentalmente, você pode ter percebido que a respiração anaeróbia e o abastecimento quimioautotrófico são variações complementares da respiração aeróbia: a respiração anaeróbia difere com respeito ao *aceptor terminal de elétrons* de uma cadeia de transporte de elétrons, e o abastecimento quimioautotrófico difere com respeito ao *doador primário de elétrons* a uma cadeia.

Fotossíntese

Na **fotossíntese**, a energia luminosa ativa um elétron da clorofila para fluir de volta ao longo de uma cadeia de transporte de elétrons à clorofila em seu estado fundamental original ou a $NADP^+$. Se os elétrons fluem a $NADP^+$, uma quantidade maior deve ser continuamente fornecida à clorofila; as fontes podem ser água ou compostos de enxofre. Entre os procariotos, a fotossíntese é restrita às Bacteria, e quase todos são autótrofos (Tabela 6.6). Algumas Archaea halofílicas possuem um mecanismo primitivo de captura da energia luminosa (ver Capítulo 16), mas ele é adequado para suprir energia apenas para a mobilidade e não para o crescimento autotrófico. Algumas bactérias são foto-heterotróficas, obtendo os metabólitos precursores de compostos orgânicos e a força motora da fotossíntese.

Um grupo de bactérias fotoautotróficas, as cianobactérias, utiliza o mesmo **sistema oxigênico** (que produz oxigênio) **de fotossíntese** com o qual você deve estar familiarizado nas plantas e algas, isto é, elas empregam a clorofila *a*, assim como os fotossistemas I e II. De fato, isso não é uma mera coincidência. Os cloroplastos, as organelas onde a fotossíntese ocorre nas plantas e algas, são os produtos evolucionários modernos de uma cianobactéria que foi capturada por um eucarioto primitivo. O oxigênio produzido na fotossíntese oxigênica é o subproduto da retirada de elétrons da água.

Tabela 6.5 Nomes informais de alguns procariotos, com base nas atividades de abastecimento

Nome informal	Característica distintiva	Gênero representativo
Metanógenos	Arqueobactérias autotróficas que formam metano como subproduto do uso de H_2, CO_2, formato, metilamina ou moléculas similares como fonte de energia	*Methanobacterium*
Bactérias do hidrogênio	Autótrofos que usam hidrogênio como fonte exclusiva de energia	*Pseudomonas*
Nitrificadores	Autótrofos que usam amônia ou nitrito como fonte exclusiva de energia	*Nitrosomonas*
Desnitrificadores	Organismos que usam formas oxidadas de nitrogênio como aceptores na respiração anaeróbia, gerando assim N_2	*Paracoccus*
Bactérias do enxofre	Autótrofos que utilizam enxofre, sulfeto de hidrogênio ou tiossulfato como fonte exclusiva de energia, aeróbia ou anaerobiamente	*Sulfolobus*
Bactérias do ferro	Autótrofos que oxidam ferro ferroso a férrico como fonte de energia	*Thiobacillus*
Fotótrofos	Autótrofos que utilizam energia luminosa	*Rhodobacter*
Metilótrofos	Autótrofos que utilizam metano, metanol, metilamina ou formato como fonte exclusiva de energia	*Hyphomicrobium*

Outros grupos bacterianos realizam a **fotossíntese anoxigênica** (que não produz oxigênio), pois utilizam um composto diferente de água como fornecedor de elétrons para a geração de força redutora. Uma reação generalizada (formulada por C. B. van Niel) para toda a fotossíntese é a seguinte:

$$H_2A + CO_2 \rightarrow A + \text{carboidrato}$$

onde A pode ser O, S ou outros elementos. As características gerais desses grupos bacterianos estão resumidas na Tabela 6.6.

Tabela 6.6 Propriedades dos procariotos fotossintéticos

Grupo	Doador de elétrons	Tipo(s) de clorofila	Exemplo(s)
Oxigênico			
Cianobactérias	H_2O	Clorofila *a* e ficobilinas	*Synechococcus* spp., *Oscillatoria* spp. e *Nostoc* spp.
Anoxigênico			
Bactérias púrpuras não sulfurosas	Muitos substratos, incluindo H_2, alcoóis, ácidos orgânicos e Fe^{2+}	Bacterioclorofilas *a* e *b*	*Rhodobacter* spp. e *Rhodopseudomonas* spp.
Bactérias púrpuras sulfurosas	Compostos de enxofre reduzido, H_2 e também certos ácidos	Bacterioclorofilas *a* e *b*	*Chromatium* spp.
Bactérias verdes sulfurosas	Compostos de enxofre reduzido (H_2S e $S_2O_3^{2-}$)	Bacterioclorofilas *c*, *d* e *e*	*Chlorobium* spp.
Heliobactérias	Lactato, outros ácidos orgânicos	Bacterioclorofila *g*	*Heliobacillus* spp.

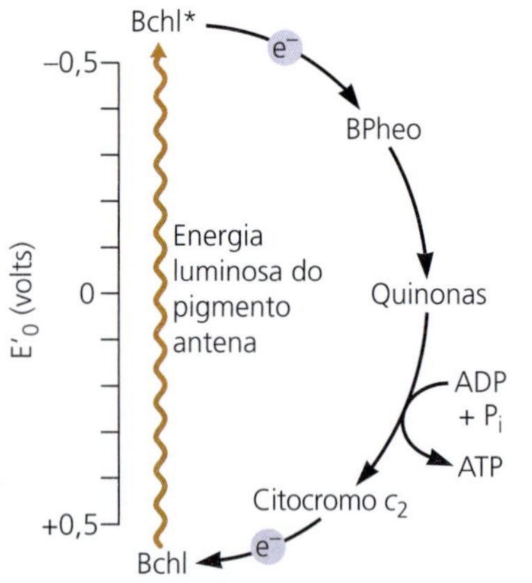

Figura 6.8 A fotofosforilação cíclica nas bactérias. A bacterioclorofila (Bchl), à custa de energia luminosa, é elevada a um estado ativado (Bchl*), que é prontamente oxidado pela passagem de elétrons (e^-) através de uma cadeia de transporte de elétrons composta em parte de bacteriofeofitina (Bpheo) e quinonas ao citocromo c_2, que reduz a bacterioclorofila oxidada. O fluxo cíclico de elétrons – a partir de Bchl e novamente de volta – está indicado pelas setas. E'_0 é o potencial eletroquímico.

Aqueles interessados em uma amostra completa da diversidade metabólica podem se impressionar ao saber que algumas bactérias cruzam as linhas de classificação das reações de abastecimento. A fotossíntese anoxigênica é um processo anaeróbio, mas as bactérias denominadas bactérias púrpuras não sulfurosas são, além disso, capazes de *crescimento quimio-heterotrófico na presença de oxigênio*. Como as bactérias do hidrogênio (bactérias que usam o hidrogênio como sua fonte de energia), elas são **autótrofos facultativos.** Além disso, como a Tabela 6.6 sugere, as bactérias púrpuras não sulfurosas também são capazes de *crescimento foto-heterotrófico*. As bactérias púrpuras sulfurosas também podem cruzar as linhas de classificação das reações de abastecimento. Se as condições forem microaerofílicas, elas crescem como quimioautótrofos, oxidando H_2 ou H_2S.

A fotossíntese gera a força motora de prótons (que pode ser usada na síntese de ATP) de uma maneira basicamente similar à respiração, visto que um fluxo de elétrons ao longo de um gradiente eletroquímico leva à extrusão de prótons através da membrana celular. No caso da fotossíntese, os elétrons partem de um alto potencial eletroquímico porque eles estão em moléculas de **clorofila** ativadas pela luz. Portanto, a energia luminosa (os fótons, medidos como $h\nu$, onde h é a constante de Planck e ν é a frequência da radiação em hertz), capturada pelo **pigmento antena**, é a força motora. A clorofila é elevada de seu estado fundamental a um estado ativado, que é facilmente oxidado e doa elétrons para o início da cadeia de transporte. Os elétrons são devolvidos à clorofila no estado fundamental (**fotofosforilação cíclica**) (Figura 6.8) ou transferidos a $NADP^+$ (**fotofosforilação acíclica**). [A fotofosforilação cíclica gera ATP, mas não há o armazenamento de força redutora como NAD(P)H. Os membros dos vários grupos de **fotótrofos** resolveram esse problema de modos diferentes, sendo que dois deles são mostrados na Figura 6.9.]

Bombas enzimáticas

As bombas enzimáticas (Tabela 6.1) são certas proteínas de membrana que não fazem parte de uma cadeia de transporte de elétrons, mas que, no entanto, funcionam independentemente no bombeamento de prótons ou outros íons através da membrana, criando um gradiente que pode ser usado para os processos usuais que requerem energia. Às vezes essas reações aumentam um gradiente produzido por outros meios. Existe uma enzima orientada por luz de *Halobacterium halobium* (uma arqueobactéria) que bombeia prótons para fora da célula, e *Klebsiella aerogenes* (uma bactéria) possui uma oxalacetato descarboxilase que bombeia íons sódio para fora. Em outros casos, as bombas de íons fazem toda a tarefa, como as **metiltransferases** ligadas à membrana e as heterodissulfeto redutases dos metanógenos (Tabela 6.5), que bombeiam íons sódio para fora.

Reações escalares

As reações escalares (Tabela 6.1) têm um nome intrigante e um papel igualmente interessante no metabolismo energético. À primeira vista, a definição parece estranha: *uma reação escalar é uma reação na qual os substratos e produtos estão no mesmo local ou compartimento*. (Tal definição pretende fazer contraste com uma **reação vetorial**, na qual um ou mais produtos são movidos a um compartimento separado em consequência da reação.) No contexto do metabolismo energético, as reações escalares são aquelas que direta ou indiretamente criam um gradiente de íons transmembrana *sem o movimento de íons*. Algumas reações escalares estão associadas a sistemas de transporte de elétrons, mas outras existem separadamente. Elas funcionam independentemente a fim de suprir parte ou toda a energia de uma célula pelos modos mais

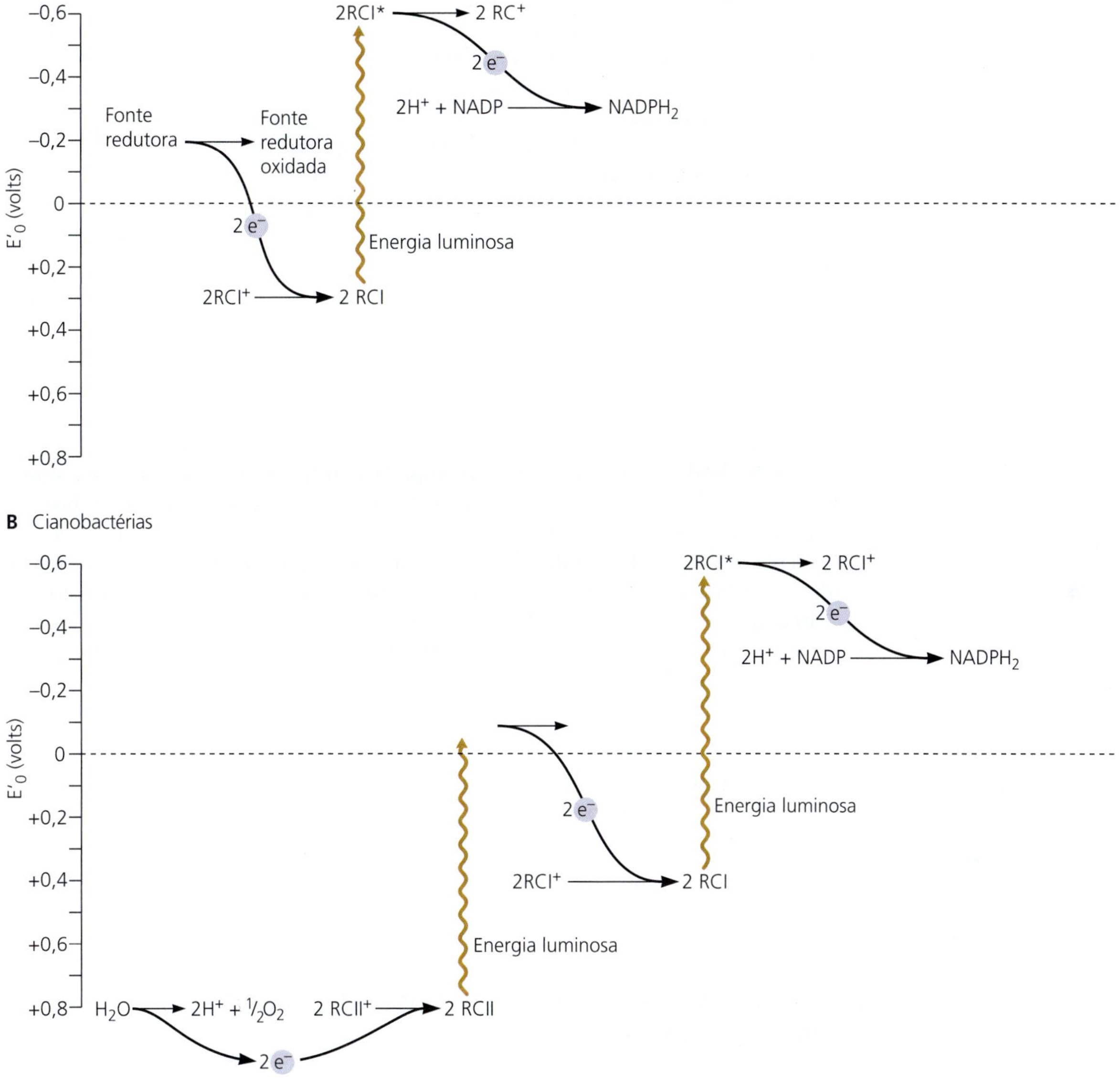

Figura 6.9 Geração de força redutora na fotofosforilação acíclica. (A) Nas bactérias verdes sulforosas, os elétrons (e^-) da fonte redutora passam à bacterioclorofila oxidada no centro de reação I (RCI^+), reduzindo-o (RCI). A energia luminosa converte a bacterioclorofila no RCI em sua forma ativada, RCI*, que é prontamente oxidada, doando seu elétron a uma cadeia de transporte, o que leva à redução de $NADP^+$ a NADPH. **(B)** Nas cianobactérias (como nas algas e plantas), duas fotoexcitações sequenciais da clorofila – primeiro no RCII e em seguida no RCI – elevam a força redutora dos elétrons na água, o que é suficiente para a redução de $NADP^+$. As setas grossas representam cadeias de transporte de elétrons.

singulares. *Oxalobacter formigenes*, por exemplo, obtém toda a sua energia pela descarboxilação de oxalato, que produz formato. Essa reação consome um próton, criando, assim, um gradiente de prótons através da membrana celular que lhe permite produzir ATP. Em outro exemplo, os organismos malolácticos, que acidificam e intensificam a complexidade dos vinhos tintos (ver Capítulo 23), aumentam sua energia por uma reação escalar que envolve a utilização do malato na célula, que é descarboxilado a lactato. O lactato ainda está na célula, mas é então secretado em uma etapa subsequente, levando um próton junto com ele em um processo conhecido como simporte de prótons (ver a seguir) e estabelecendo, assim, um gradiente de prótons. Esses exemplos demonstram que a evolução dos organismos que sofrem as pressões da sobrevivência e competição em ambientes especializados é uma força potente com resultados criativos.

O oxigênio e a vida

Em muitos pontos, nossa discussão sobre o metabolismo energético dependeu da presença ou da ausência do oxigênio molecular. A relação dos organismos vivos com o oxigênio é complexa, uma vez que o oxigênio e seus derivados metabólicos são extraordinariamente tóxicos às células. Consequentemente, os interiores celulares contêm concentrações muito baixas de oxigênio, ou absolutamente nenhuma. Todavia, o O_2 é extremamente eficaz como aceptor terminal de elétrons nas **reações redox** biológicas, seja a fonte de energia orgânica ou inorgânica.

A capacidade de um organismo de resistir aos efeitos tóxicos do oxigênio depende de dois fatores: se as enzimas da célula são intrinsecamente sensíveis ao oxigênio e se a célula é capaz de degradar dois produtos metabólicos altamente tóxicos do oxigênio, o peróxido de hidrogênio (H_2O_2) e o ânion superóxido (O_2^-). Dependendo desses dois fatores, existe um espectro enorme de respostas bacterianas ao oxigênio. Em um extremo estão os anaeróbios estritos, que são tão intensamente sensíveis ao oxigênio que a breve exposição ao ar ambiental lhes é letal; em outro extremo do espectro estão as células (como aquelas de nossos corpos) que são completamente viciadas em oxigênio. Os organismos que podem tolerar o oxigênio geralmente possuem enzimas protetoras, incluindo as seguintes:

- **catalase**, que converte H_2O_2 em H_2O e O_2;
- **superóxido dismutase**, que converte o ânion superóxido (O_2^-) em O_2 e H_2O_2, que é subsequentemente degradado pela catalase.

A Tabela 6.7 define as categorias de respostas ao oxigênio e dá exemplos de bactérias que as apresentam.

PRODUÇÃO DOS METABÓLITOS PRECURSORES: HETEROTROFIA

Aquisição de nutrientes

O principal papel da membrana celular é conter a célula. Evitar que os componentes celulares, incluindo os metabólitos de baixo peso molecular, se difundam para o ambiente é essencial à vida, ainda que as substâncias devam entrar na célula e muitas outras devam ser excretadas. Portanto, não é de surpreender que uma fração considerável do genoma da célula codifique estruturas que lidam com o transporte de solutos.

O crescimento rápido dos micróbios leva a uma consequência natural: o alimento deve entrar em velocidades altas. Entretanto, sabemos que a sobrevivência dos micróbios também depende da exclusão de substâncias que são potencialmente danosas à maquinaria vital da célula. Portanto, a entrada rápida de alimento deve ocorrer de uma *maneira bastante seletiva*. Além disso, a maioria dos micróbios cresce rapidamente mesmo em soluções bastante diluídas de nutrientes que permitem apenas baixas taxas de difusão para dentro das células. Assim, mecanismos para concentrar as moléculas de alimento dentro da célula são necessários. Como veremos a seguir, esses três desafios – entrada

Tabela 6.7 Classificação dos micróbios quanto à resposta ao oxigênio

Classe	Sinônimo	Crescimento no ar	Crescimento sem oxigênio	Presença de catalase e superóxido dismutase	Descrição	Exemplo(s)
Aeróbio	Aeróbio estrito	Sim	Não	Sim	Requer oxigênio; não é capaz de fermentar	*Mycobacterium tuberculosis, Pseudomonas aeruginosa, Bacillus subtilis*
Anaeróbio	Anaeróbio estrito	Não	Sim	Não	Oxigênio é letal; fermenta na ausência de O_2	*Clostridium botulinum, Bacteroides melaninogenicus*
Facultativo		Sim	Sim	Sim	Respira com O_2; fermenta ou usa a respiração anaeróbia na ausência de O_2	*Escherichia coli, Shigella dysenteriae, Staphylococcus aureus*
Indiferente	Anaeróbio aerotolerante	Sim	Sim	Sim	Fermenta na presença ou ausência de O_2	*Streptococcus pneumoniae, Streptococcus pyogenes*
Microaerofílico		Pouco	Sim	Pequenas quantidades	Cresce melhor em baixas concentrações de O_2; pode crescer sem O_2	*Campylobacter jejuni*

rápida, admissão seletiva e necessidade de concentrar as moléculas de alimento – têm sido alcançados com sucesso pelos micróbios.

Dada a variedade química das moléculas que devem ser ingeridas e a arquitetura fundamentalmente diferente dos envelopes gram-positivos e gram-negativos, não é de surpreender que vários diferentes meios de **transporte de solutos** tenham se desenvolvido para permitir a entrada seletiva em alta velocidade de nutrientes. Uma boa parte da variedade dos mecanismos de transporte está relacionada à membrana celular. Examinaremos esses mecanismos, mas primeiro devemos nos ocupar com a membrana externa (ME) das células gram-negativas.

Transporte através da membrana externa das bactérias gram-negativas

A espessa treliça de mureína das células gram-positivas é prontamente permeável à água e a solutos e, dessa maneira, é a membrana celular que propicia a primeira barreira hidrofóbica. Nas bactérias gram-negativas, por outro lado, os solutos primeiro encontram a ME hidrofóbica. Essa estrutura representaria uma barreira impermeável à água e a íons dissolvidos, se não fosse pelos canais formados por porinas que ela contém (ver Capítulo 2). Esses poros atravessam a ME, permitindo que as moléculas de água e solutos hidrofílicos se difundam prontamente para dentro do periplasma, contanto que não sejam maiores que 600 a 700 dáltons. Os compostos hidrofóbicos não podem passar através dos poros da ME. Isso significa que açúcares, aminoácidos e a maioria dos íons podem se difundir para dentro do periplasma, mas, para moléculas hidrofóbicas e moléculas hidrofílicas maiores, estruturas especiais são necessárias para propiciar um transporte seletivo através da ME. As concentrações de substratos devem ser mais baixas no periplasma que no meio externo, uma vez que a ME não tem meios para bombear solutos rapidamente através dos poros. Existem exceções. Por exemplo, os poros que admitem a grande molécula de vitamina B_{12} parecem ser energizados, embora o mecanismo pareça um tanto misterioso, uma vez que não há uma fonte óbvia de ATP na ME. Além disso, existem poros que preferencialmente admitem outras moléculas grandes, tais como os dissacarídeos e os quelatos orgânicos de ferro que permitem que a célula recicle esse mineral vital.

Transporte através da membrana celular

Uma grande variedade de mecanismos foi desenvolvida para admitir solutos de forma seletiva e rápida para dentro da célula, presumivelmente porque nenhum processo único serviria para todos os solutos em todas as circunstâncias ambientais. Esses mecanismos são de três tipos: **transporte passivo, transporte ativo** e **translocação de grupamento.**

1. O **transporte passivo** baseia-se na difusão, não utiliza energia e, portanto, funciona apenas quando o soluto está em maior concentração fora da célula do que dentro. A **difusão simples** é responsável pela entrada de um número muito pequeno de nutrientes. O oxigênio dissolvido, o dióxido de carbono e a própria água praticamente completam a lista. A difusão simples não propicia velocidade nem seletividade. A **difusão facilitada**, assim como a difusão simples, não requer entrada de energia, e assim o movimento líquido das moléculas de soluto ainda depende de um gradiente de concentração decrescente. Entretanto, a difusão facilitada é seletiva. As **proteínas de canal** formam canais seletivos que facilitam a passagem de moléculas específicas. A difusão facilitada é comum em micróbios eucarióticos (é assim que as células de levedura obtêm açúcar), mas é rara nos procariotos. *Escherichia coli* e outras bactérias entéricas transportam glicerol por difusão facilitada, e algumas espécies de *Zymomonas* e *Streptococcus* transportam glicose dessa maneira.
2. O **transporte ativo** faz a mediação da entrada de praticamente todos os nutrientes. Existe uma série desses mecanismos, ilustrados e resumidos na Tabela 6.8 e na Figura 6.10. Todos utilizam energia para bombear moléculas para dentro da célula em altas velocidades, muitas vezes contra um gradiente de concentração. *Muitos nutrientes são concentrados mais de mil vezes em consequência do transporte ativo.* Esses mecanismos são de dois tipos, dependendo da fonte imediata de energia empregada: transporte acoplado a íons e transporte de **cassete** de ligação a ATP (ABC, de ATP – binding cassete).

   - O **transporte acoplado a íons** é dirigido pelo gradiente eletroquímico (força motora de prótons ou de sódio) estabelecido através da membrana celular pelo transporte de elétrons ou pela hidrólise de ATP por ATPases ligadas à membrana. Em essência, esse é um esquema pré-carregado; o investimento de energia na preparação da membrana é feito antes de ela ser usada. Por isso, esse mecanismo de transporte é às vezes denominado **transporte ativo secundário,** sendo a exportação prévia de prótons considerada o evento primário. A força motora de prótons ou de sódio é usada de três modos diferentes, mas relacionados (**simporte**, **antiporte** e **uniporte**), para dirigir solutos para dentro da célula (Tabela 6.8 e Figura 6.10). O transporte acoplado a íons é particularmente comum entre os organismos aeróbicos, que possuem um período mais fácil para gerar uma força motora de íons que os anaeróbios.
   - O **transporte ABC** emprega ATP diretamente para bombear solutos para dentro da célula. **Proteínas de ligação** específicas, localizadas no periplasma das células gram-negativas ou ligadas à superfície externa da membrana celular das células gram-positivas, conferem

Tabela 6.8 Exemplos de transporte ativo de solutos nos procariotos

Mecanismo	Fonte de energia	Componentes	Processo	Distribuição e função
Transporte acoplado a íons	Força motora de prótons	Membrana: proteínas transmembrana específicas	Simporte: transporte de próton acompanhado pelo transporte de soluto neutro ou íon negativo Antiporte: dois íons de carga semelhante transportados simultaneamente em direções opostas Uniporte: molécula única transportada, dirigida por gradiente eletroquímico	Comum entre os aeróbios Responsável pelo transporte de alguns açúcares, aminoácidos e muitos íons inorgânicos
Translocação de grupamento (sistema PTS)	Fosfoenolpiruvato (PEP)	Citoplasma: enzima I e proteína histidina (HPr) Membrana: enzimas II (proteínas específicas para diferentes substratos), que possuem subunidades múltiplas	O grupamento fosforil do PEP é sequencialmente transferido da enzima I para HPr e para uma subunidade da enzima II apropriada, que fosforila o soluto que está entrando, normalmente um açúcar; outra subunidade da enzima II forma o canal de translocação.	Comum ao transporte de açúcares em anaeróbios, mas não restrito a eles
Transporte ABC	ATP (ou acetil-PO_4)	Periplasma (G^-) ou membrana (G^+): grupo de proteínas de ligação específicas para diferentes substratos Membrana: duas proteínas de canal, duas ATPases	O cassete, que consiste no soluto ligado a sua proteína de ligação específica, ancora no canal da membrana, sendo o transporte de solutos dirigido pela hidrólise de ATP.	Muitas bactérias contêm grandes números desses cassetes para aminoácidos e outros nutrientes orgânicos
Transporte de sideróforos de ferro	ATP	Envelope: grupo de oito ou mais proteínas que se estendem por todas as camadas do envelope Sideróforo secretado (um quelante de Fe^{3+})	O sideróforo (p. ex., enteroquelina em *Escherichia coli*) é produzido e secretado; após ligar-se a Fe^{3+}, é transportado através de todas as camadas do envelope pelo complexo do envelope de oito proteínas.	Comum entre muitos patógenos e outros que vivem em ambientes pobres em Fe

especificidade, pois carregam seu ligante específico até um complexo proteico na membrana. A hidrólise de ATP é então acionada, e a energia é usada para abrir o poro da membrana e permitir o movimento unidirecional do substrato para dentro da célula. Esse modo de transporte é extremamente comum entre muitas bactérias: *E. coli*, por exemplo, possui muitas dezenas de proteínas de ligação específicas, que gerenciam quase a metade dos substratos transportados pelo organismo.

3. Um **sistema de fosfotransferases** (**PTS**, de *phosphotransferase system*) realiza o transporte modificando quimicamente o soluto, que chega à célula como uma molécula diferente. A base lógica desse processo de translocação de grupamento é que a energia é gasta não para o processo de transporte, mas sim para formar um derivado intracelular que é impermeável à membrana e assim fica aprisionado dentro da célula. (Observe que, em um sentido estrito, a translocação de grupamento não é uma forma de transporte ativo, porque nenhum gradiente de concentração está envolvido.) O PTS bacteriano (o único processo de translocação de grupamento conhecido) resulta na fosforilação do substrato quando o mesmo atravessa a membrana celular. O fosfoenolpiruvato é uma das fontes comuns do grupamento fosfato de alta energia (Figura 6.11). Esse meio de transporte é responsável pela entrada de uma série de diferentes açúcares em muitas bactérias.

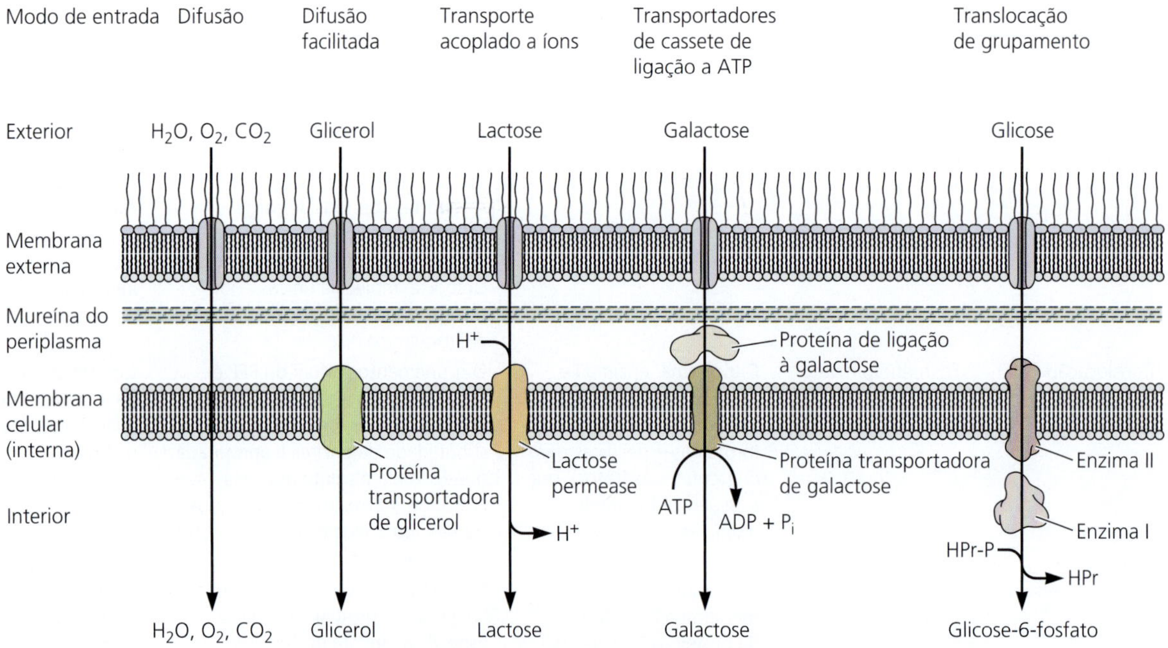

Figura 6.10 Variedades dos processos de transporte de solutos. Os vários modos são ilustrados pelo transporte de carboidratos em *E. coli*.

Os leitores observadores perceberão que o transporte de glicose pelo PTS pode ser considerado um brinde em termos energéticos; uma vez que a glicólise começa com a fosforilação da glicose em glicose-6-fosfato, o gasto de ~P haveria de ter sido feito de qualquer maneira. Por essa razão, o PTS é particularmente comum entre os micróbios que enfrentam desafios energéticos, como aqueles que vivem na ausência de oxigênio. Encontraremos o PTS novamente em dois contextos diferentes: como parte do mecanismo do **sistema de controle global** (os sistemas que regulam muitos genes com uma grande variedade de funções relacionadas são denominados globais) denominado repressão catabólica (ver Capítulo 12) e como participante na quimiotaxia (ver Capítulo 14).

Processos especiais de transporte suplementam esses mecanismos principais. Talvez o mais proeminente seja a maneira pela qual muitas bactérias, incluindo patógenos importantes, roubam ferro (Fe) de seus hospedeiros mamíferos (Figura 6.12). O Fe é um nutriente tão essencial às bactérias como é para os organismos eucarióticos, ainda que os compartimentos internos dos animais praticamente não contenham Fe livre; ele é sequestrado em complexos com proteínas, como a **transferrina** e a **lactoferrina.** As bactérias resolvem esse dilema por meio da secreção de quelantes potentes de Fe denominados **sideróforos.** Um exemplo de *E. coli* é um sideróforo denominado **enteroquelina.** Essa molécula é sintetizada e secretada. Após a ligação ao Fe, o complexo enteroquelina-Fe é ativamente transportado de volta para dentro da célula pelas ações cooperativas de um grupo de oito proteínas que coletivamente se estendem pela ME, pelo periplasma e pela membrana interna da bactéria. É um processo dirigido por ATP.

Por fim, deve ser enfatizado que o transporte ativo de substâncias para fora da célula (certos produtos finais e materiais tóxicos) é extremamente importante e ocupa uma fração significativa da maquinaria de membrana da célula procariótica.

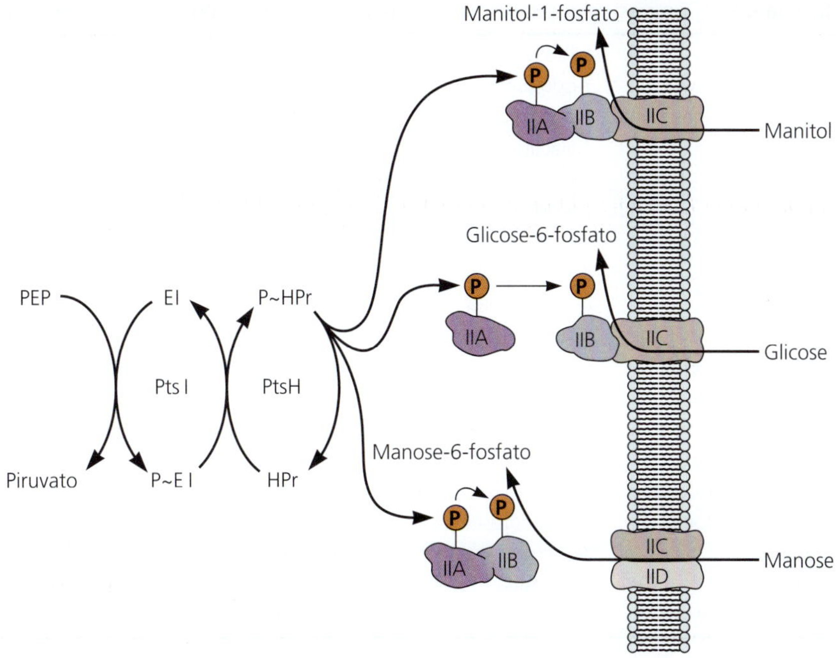

Figura 6.11 PTSs de três açúcares em *E. coli*. EI e HPr são proteínas gerais compartilhadas por todos os sistemas e funcionam na fosforilação dos componentes do transporte específico de açúcares. IIA até IID, proteínas específicas para um dado açúcar.

Rotas alimentadoras

Uma vez importados, os compostos de carbono que servirão de base para produzir os metabólitos precursores e gerar a força motora precisam ser introduzidos nas **rotas centrais** das reações de abastecimento. A variedade de substâncias que podem ser substratos para o crescimento é enorme. Para *Salmonella*, uma exploração experimental realizada há décadas identificou mais de 80 compostos orgânicos que podem servir de fonte exclusiva de carbono e energia (Tabela 6.9). Para organismos que habitam o solo (p. ex., espécies de *Pseudomonas*), a lista de substratos potenciais é ainda maior e inclui muitos compostos que desempenham papéis críticos na ciclagem de substâncias orgânicas na natureza. As **rotas alimentadoras** convertem essa enorme variedade de

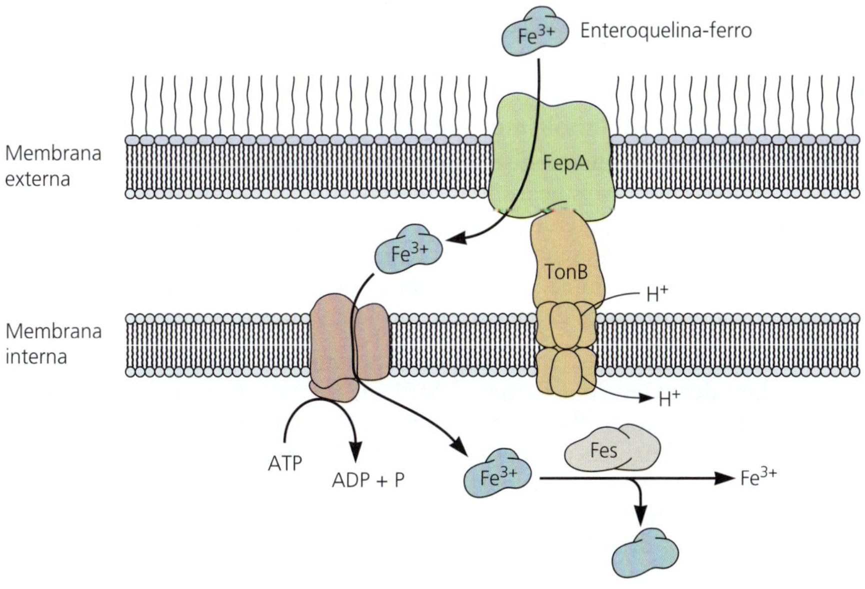

Figura 6.12 Sistema de transporte de ferro pela enteroquelina de *E. coli*. A molécula de enteroquelina com seu Fe ligado passa através da proteína FepA da ME em um processo que requer energia da força motora de prótons transmitida pelo complexo TonB, que se estende através da membrana celular energizada. Em seguida, o complexo passa através da membrana celular por outras proteínas Fep, dirigido pela hidrólise de ATP. Uma esterase (Fes) cliva a enteroquelina, liberando o Fe.

Tabela 6.9 Compostos que servem de fonte exclusiva de carbono para *Salmonella*

Ácido acético	L-Fucose	*meso*-Inositol	L-Prolina
N-Acetil-D-glicosamina	Ácido fumárico	DL-Ácido isocítrico	Ácido propiônico
N-Acetil-D-manosamina	Ácido galactárico	α-Ácido cetoglutárico	Ácido pirúvico
Adenosina	Galactitol	L-Ácido láctico	L-Ramnose
L-Alanina	D-Galactose	Ácido láurico	D-Ribose
L-Arabinose	D-Ácido glucárico	L-Lixose	D-Serina
DL-Ácido citramálico	D-Gluconolactona	L-Ácido málico	L-Serina
Ácido cítrico	D-Ácido glicônico	D-Maltose	D-Sorbitol
L-Cisteína	D-Glicosamina	D-Manitol	Ácido sucínico
Citidina	D-Glicose	D-Manose	*meso*-Ácido tartárico
2-Desoxiadenosina	D-Glicose-6-fosfato	D-Manosamina	Timidina
2-Desoxicitidina	D-Ácido glicurônico	Melibiose	D-Trealose
2-Desoxiguanosina	D-Glucoronolactona	L-Metionil-L-alanina	Ácido tricarbalílico
2-Desoxi-D-ribose	DL-Ácido glicérico	6-Metilaminopurina	Ácido tridecanoico
Desoxiuridina	Glicerol	α-Metil-D-galactosídeo	Uridina
Di-hidroxiacetona	α-Glicerofosfato	Ácido mirístico	D-Xilose
D-Eritrose	Ácido glicólico	Ácido oleico	
D-Frutose	Guanosina	Ácido oxalacético	
D-Frutose-6-fosfato	Inosina	3-Ácido fosfoglicérico	

substâncias em um ou outro dos metabólitos das rotas centrais, a partir das quais a célula pode produzir os 13 metabólitos precursores e a força motora necessária à biossíntese. Algumas rotas alimentadoras consistem em uma única reação (p. ex., a conversão de sacarose em duas moléculas de hexose), mas outras consistem em muitas etapas sequenciais catalisadas por enzimas, e algumas produzem uma quantidade considerável de ATP e força redutora, embora sem metabólitos precursores.

O princípio-chave para se ter em mente é que os compostos orgânicos importados como alimento para o abastecimento devem ser convertidos, por quantas reações sequenciais forem necessárias, em derivados que podem entrar em pelo menos uma das três rotas interconectadas do metabolismo central, que discutiremos a seguir.

Metabolismo central

O metabolismo central consiste em três rotas comuns e várias rotas auxiliares espécie-específicas do abastecimento.

Rotas comuns do metabolismo central

Como estão universalmente distribuídas entre os organismos celulares e em conjunto são responsáveis pela síntese de todos os 13 metabólitos precursores, três rotas metabólicas interconectadas possuem um *status* especial. Qualquer curso de bioquímica apresentará as características principais das três rotas que constituem o metabolismo central. O esboço dessas rotas, mostrado na Figura 6.13, destaca os produtos de abastecimento-chave das três rotas.

1. **Rota da glicólise.** Na rota glicolítica (também conhecida como **via de Embden-Meyerhof-Parnas [EMP]**, em virtude de seus descobridores), a glicose é fosforilada e então dividida em duas moléculas de triosefosfato, produzindo no final duas moléculas de piruvato, um metabólito precursor. Ao longo da rota, três outros metabólitos precursores, força redutora na forma de duas moléculas de NADH e um total de duas moléculas de ATP são formadas.

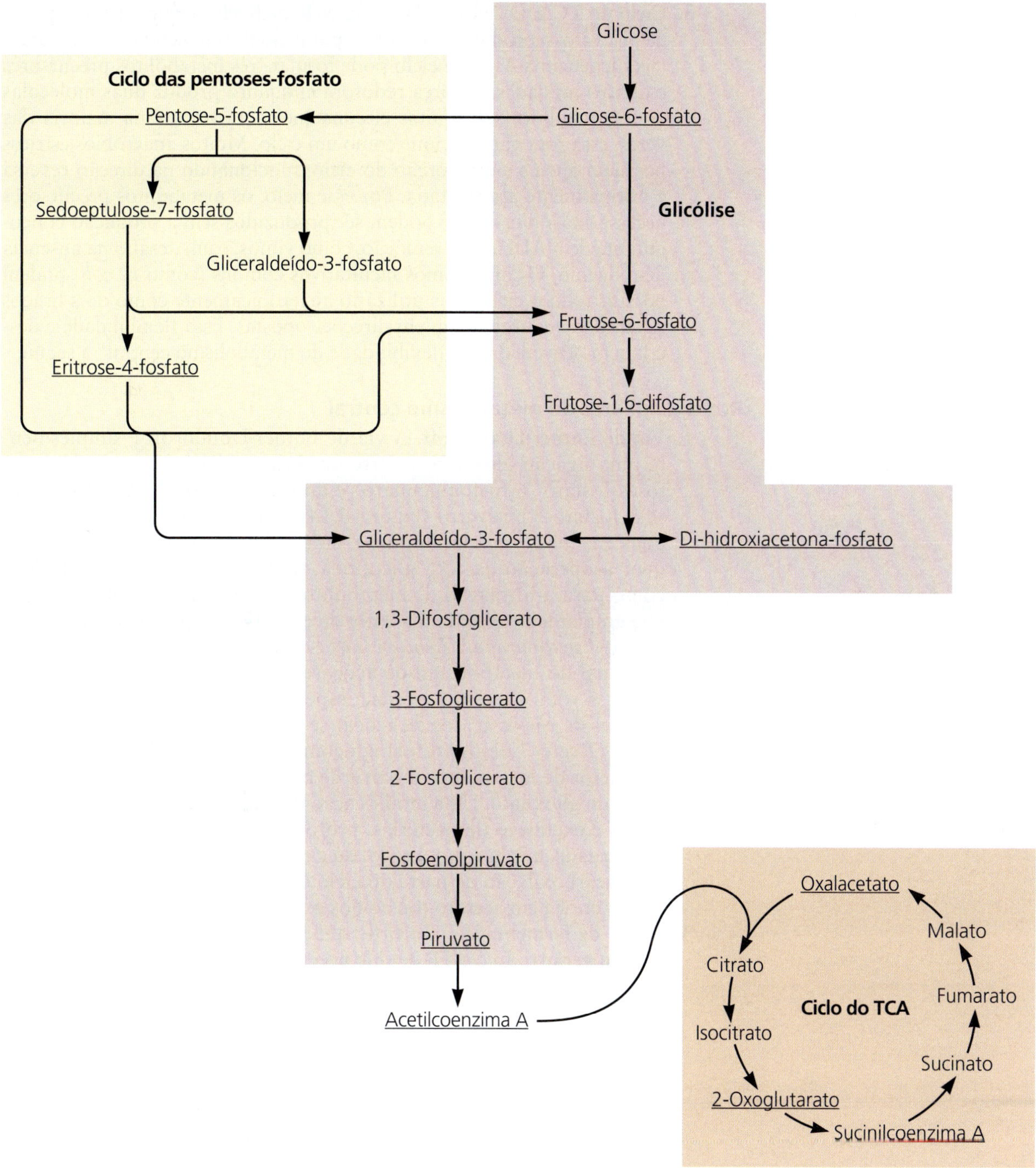

Figura 6.13 Rotas centrais de abastecimento. Os 13 metabólitos precursores estão sublinhados.

2. **Rota das pentoses-fosfato.** Às vezes denominada desvio da hexose monofosfato, essa rota parece ser uma via alternativa de conversão de glicose-6-fosfato em triosefosfato, mas desempenha o papel vital de fornecer dois metabólitos precursores adicionais. Também é responsável pela formação de duas moléculas de força redutora na forma de NADPH, a forma mais comumente usada na biossíntese.

3. **Ciclo do TCA.** O ciclo do TCA (ou **ciclo de Krebs**) é alimentado a partir de piruvato, o produto da glicólise, por meio de um metabólito precursor (acetilcoenzima A). Esse ciclo pode formar três metabólitos precursores e quatro unidades de força redutora enquanto produz duas moléculas de CO_2, embora sob muitas circunstâncias, talvez até na maioria das vezes, essa rota não funcione como um ciclo. Muitos anaeróbios estritos possuem apenas uma porção do ciclo, funcionando na direção reversa à normalmente apresentada. Por esse meio, os metabólitos precursores necessários à biossíntese podem ser produzidos sem a produção concomitante de NADH, cuja remoção, como vimos, é um desafio na ausência de oxigênio. Os **organismos facultativos** comuns (como *E. coli*) podem possuir todo o ciclo, mas utilizá-lo anaerobicamente como dois braços separados que trabalham em direções opostas. Essa flexibilidade é descrita em "Diversidade e flexibilidade do metabolismo central" a seguir.

Rotas auxiliares do metabolismo central

1. **Via de Entner-Doudoroff.** A via de Entner-Doudoroff é simplesmente uma ligação alternativa entre um intermediário da rota das pentoses-fosfato (6-fosfogluconato) e dois compostos da glicólise (triose-3-fosfato e piruvato) (Figura 6.14). A rota é mediada por apenas duas enzimas (uma desidratase e uma aldolase). O uso dessa rota requer a operação da rota glicolítica, tanto para a produção de ATP como para a formação de metabólitos precursores, e, embora a rota seja amplamente distribuída entre diversas bactérias, em algumas espécies de *Pseudomonas*, *Zymomonas* e *Erwinia*, ela parece servir de via principal do metabolismo de açúcares. *E. coli* metaboliza gluconato por essa rota. Uma importância específica dessa rota parece ser que as rotas de vários ácidos de açúcar se alimentam de seu intermediário único (2-ceto-3-desoxi-6-fosfogluconato), e, assim, a rota pode servir de coletor de metabólitos a partir de outras rotas alimentadoras.
2. **Ciclo do glioxilato.** Uma modificação do ciclo do TCA, o ciclo do glioxilato é exclusivo de bactérias, protozoários e plantas (Figura 6.15). Na verdade, a rota é um desvio, ou circuito curto, de duas das reações de descarboxilação de parte do ciclo do TCA, permitindo que o organismo cresça em acetato (ou ácidos graxos convertidos em acetato).
3. **Rotas de fermentação.** Recorde que muitos heterótrofos anaeróbios podem gerar todo o ATP de que necessitam por fosforilação em nível

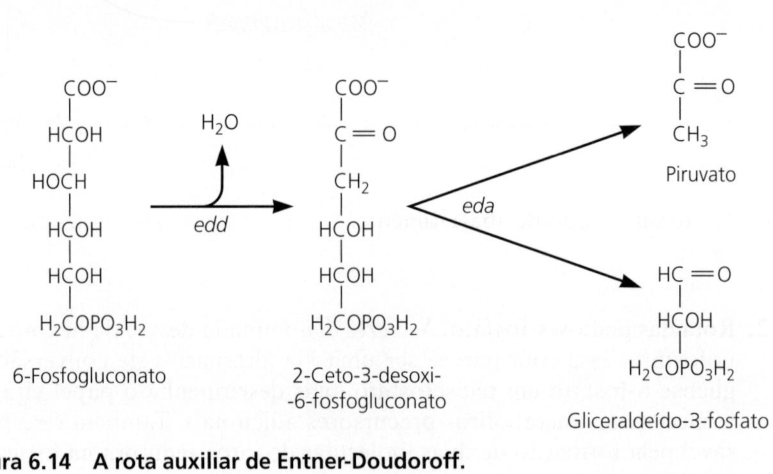

Figura 6.14 A rota auxiliar de Entner-Doudoroff.

de substrato, mas apenas se descobrirem um modo de reoxidar NADH a NAD^+. Essa façanha, denominada fermentação, é realizada pela passagem da maioria dos átomos de hidrogênio de NADH a piruvato ou algum composto derivado de piruvato. Essas rotas curtas (muitas mostradas na Figura 6.4) são apropriadamente consideradas **rotas de abastecimento** auxiliares do metabolismo central.

Diversidade e flexibilidade do metabolismo central

Nem todo curso de bioquímica trata das habilidades peculiares com as quais os micróbios manipulam essas rotas. Coletivamente, as bactérias têm sido conhecidas há muito tempo por sua capacidade de crescer sem oxigênio e crescer em compostos de dois carbonos (ou mesmo de um carbono) e outros não açúcares, mas existem muitas outras adaptações exclusivas das rotas centrais desenvolvidas por micróbios individuais a fim de permitir o crescimento sob várias circunstâncias ecológicas. Como, por exemplo, as células podem adquirir os produtos de abastecimento (metabólitos precursores, força redutora e energia) se elas são abastecidas apenas com um ácido graxo, ou uma pentose, ou malato, por exemplo, em vez de glicose, como a fonte exclusiva de carbono e energia?

A resposta é que as rotas centrais, dependendo das circunstâncias ambientais, devem operar *no sentido direto ou reverso*, porque os metabólitos precursores devem ser gerados indiferentemente de onde uma rota alimentadora acrescenta metabólitos em uma rota central específica.

As modificações na operação das rotas centrais que possibilitam que muitos procariotos cresçam aeróbia, anaerobicamente e em situações que requerem **gluconeogênese** (a síntese de hexose a partir de substratos de um, dois, três ou quatro carbonos) estão ilustradas na Figura 6.16. Essa flexibilidade da operação demanda que, em algumas etapas-chave, a mesma reação química deva ser catalisada por duas enzimas separadas, sujeitas a fatores de controle separados, de modo a obter a direção do fluxo de metabólitos que é apropriada em uma dada circunstância. Trataremos de como esse controle é obtido no Capítulo 12.

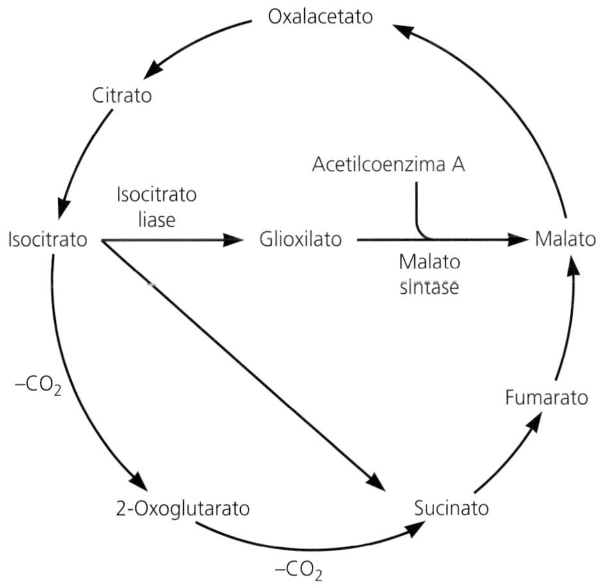

Figura 6.15 O desvio do glioxilato.

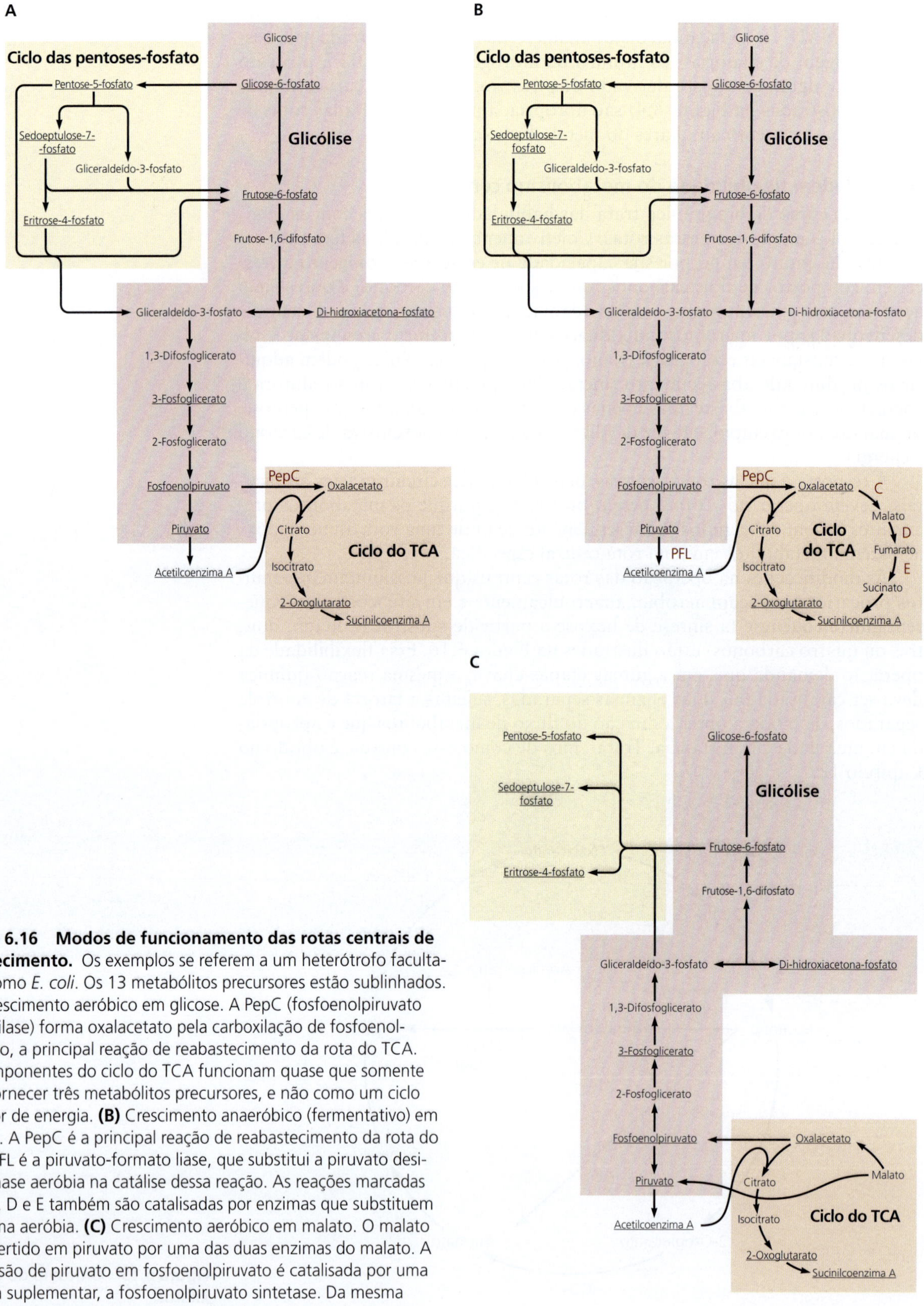

Figura 6.16 Modos de funcionamento das rotas centrais de abastecimento. Os exemplos se referem a um heterótrofo facultativo, como *E. coli*. Os 13 metabólitos precursores estão sublinhados. **(A)** Crescimento aeróbico em glicose. A PepC (fosfoenolpiruvato carboxilase) forma oxalacetato pela carboxilação de fosfoenolpiruvato, a principal reação de reabastecimento da rota do TCA. Os componentes do ciclo do TCA funcionam quase que somente para fornecer três metabólitos precursores, e não como um ciclo gerador de energia. **(B)** Crescimento anaeróbico (fermentativo) em glicose. A PepC é a principal reação de reabastecimento da rota do TCA. PFL é a piruvato-formato liase, que substitui a piruvato desidrogenase aeróbia na catálise dessa reação. As reações marcadas com C, D e E também são catalisadas por enzimas que substituem a enzima aeróbia. **(C)** Crescimento aeróbico em malato. O malato é convertido em piruvato por uma das duas enzimas do malato. A conversão de piruvato em fosfoenolpiruvato é catalisada por uma enzima suplementar, a fosfoenolpiruvato sintetase. Da mesma forma, a frutose-6-fosfato é formada pela enzima suplementar frutose-1,6-bisfosfatase. Uma ramificação anaeróbia do ciclo das pentoses-fosfato também entra em cena.

PRODUÇÃO DOS METABÓLITOS PRECURSORES: AUTOTROFIA

A característica definidora dos autótrofos – plantas ou micróbios – é sua capacidade de fixar (converter em compostos orgânicos) CO_2 suficiente para fornecer carbono aos metabólitos precursores e, portanto, a todos os seus constituintes celulares, fazendo-o de modo suficientemente rápido para permitir o crescimento em uma taxa razoável. Esse é um processo metabólico difícil e energeticamente dispendioso.

O ciclo de Calvin

A esmagadora maioria dos autótrofos fixa CO_2 via a **ribulose bisfosfato carboxilase (RuBisCo)**, uma enzima notável que catalisa a adição de CO_2 ao açúcar-fosfato de cinco carbonos **ribulose bisfosfato**, produzindo um intermediário de seis carbonos que se divide espontaneamente, gerando duas moléculas de 3-fosfoglicerato. O **ciclo de Calvin** (também conhecido como rota redutiva das pentoses-fosfato), do qual a RuBisCo é uma parte integral, regenera outra molécula de ribulose-1,5-bisfosfato aceptora de CO_2. Ao longo da via, o gliceraldeído-3-fosfato (triosefosfato) é um intermediário. Como a triosefosfato também é um intermediário da rota glicolítica, ela pode fluir para dentro das rotas do metabolismo central que se interconectam, gerando assim os metabólitos precursores. Assim, o ciclo de Calvin, juntamente com as rotas do metabolismo central, é suficiente para sintetizar todos os metabólitos precursores a partir de CO_2.

A RuBisCo, o coração funcional dessa rota fundamental, desempenha um papel único na natureza. Ela é responsável pela esmagadora maioria da produção primária de material orgânico no planeta. Ela também é a enzima mais abundante na natureza, parcialmente em virtude de seu papel central, mas também por não ser uma enzima muito boa. Em termos moleculares, ela é um tanto ineficiente (com um baixo número de renovação) e tem dificuldade em distinguir CO_2 de O_2. Ela favorece CO_2 em detrimento de O_2 por um fator de 100. Entretanto, em virtude da concentração muito maior de O_2 presente na atmosfera, a RuBisCo fixa uma molécula de O_2 para cada três moléculas de CO_2. Cada vez que fixa uma molécula de O_2, ela produz um produto tóxico e inútil (fosfoglicolato) que deve ser eliminado com um custo significativo à energia metabólica. Alguns organismos (p. ex., as plantas C4, como o capim das hortas) desenvolveram mecanismos para aumentar a concentração intracelular de CO_2, aumentando assim a eficiência da RuBisCo. As especulações sobre por que uma RuBisCo melhor não evoluiu são abundantes; na verdade, houve até tentativas, ainda sem sucesso, de dar uma ajuda à natureza por meio da **engenharia genética**, mas não existem respostas convincentes. Possivelmente, a RuBisCo está apenas enfrentando a catálise de uma reação química difícil.

Outros ciclos de fixação de CO_2

Embora o ciclo de Calvin seja a rota mais disseminada pela qual os autótrofos fixam CO_2, ela não é única. Existem duas outras rotas de fixação de CO_2 entre os autótrofos: o **ciclo redutivo do TCA** e a **rota do hidroxipropionato**. Cada uma delas é restrita a um grupo relativamente pequeno de procariotos. Além disso, existe uma quarta via em várias bactérias e arqueobactérias anaeróbias não relacionadas que produzem acetato a partir de CO_2 e H_2 (Tabela 6.10). A existência de quatro rotas para a fixação de CO_2 ilustra um fato frequentemente encontrado no metabolismo microbiano. A seleção natural levou ao desenvolvimento de modos múltiplos de se obter o que parece ser o mesmo objetivo final. Essa redundância aparente pode refletir nossa compreensão incompleta acerca das vantagens de determinadas rotas em nichos ecológicos específicos.

Tabela 6.10 Rotas de fixação de CO_2 diferentes do ciclo de Calvin

Rota	Reação-chave	Distribuição
Ciclo redutivo do TCA	Fixa CO_2 utilizando o ciclo do TCA de trás para frente; em vez de liberar duas moléculas de CO_2, fixa duas.	*Chlorobium* e outras bactérias fotoautotróficas; algumas bactérias que oxidam hidrogênio
Rota do hidroxipropionato	Fixa CO_2 por meio de duas reações nas quais acetil-CoA e propionil-CoA são aceptores de CO_2; em uma série cíclica de reações, acetil-CoA é regenerada.	*Chloroflexus*, uma bactéria fotoautotrófica
Rota da acetil-CoA[a]	Fixa CO_2 em uma fermentação na qual H_2 é usado para reduzir CO_2 e, no final, forma acetato.	*Desulfobacterium autotrophicum*, certos clostrídios e outras bactérias e arqueobactérias acetogênicas

[a]CoA, coenzima A.

Todas essas rotas de fixação de CO_2 produzem um ou outro metabólito das rotas centrais ou algum composto facilmente convertido em um metabólito central.

RESUMO

Neste capítulo, examinamos como os nutrientes entram na célula e fornecem os substratos às rotas que produzem a força redutora e os 13 metabólitos precursores necessários à biossíntese, juntamente com as quantidades consideráveis de ATP necessárias ao crescimento e a outras atividades.

Os seguintes pontos merecem uma ênfase adicional.

- A flexibilidade das rotas centrais. Essas rotas são reversíveis, dependendo dos substratos fornecidos pelo ambiente; todavia, todas levam à geração de toda a energia necessária à célula.
- O imenso número de rotas alimentadoras. Consequentemente, os micróbios desempenham um papel essencial na reciclagem de *todos* os seres vivos e de *todos* os seus produtos.
- O modo de lidar com os efeitos tóxicos do oxigênio. A libertação do "vício" de oxigênio é demonstrada pelos anaeróbios.
- A inteligência de utilizar o envelope celular como um transdutor de energia.
- A variedade exótica de substâncias orgânicas e inorgânicas que servem de fontes de energia para um ou outro organismo.
- A preponderância do modo autotrófico de abastecimento em escala global.

O último ponto merece atenção especial. Toda a energia da vida é obtida pela oxidação de compostos reduzidos, sejam eles familiares, como a glicose, sejam, no caso dos micróbios, um conjunto inesperado de praticamente qualquer composto orgânico presente na Terra, assim como a maioria dos compostos inorgânicos. A lista vai além dos limites da imaginação, uma vez que inclui hidrogênio, ferro ferroso, sulfeto, amônia e muitos outros. Os micróbios parecem "comer" qualquer coisa que tenha energia e, portanto, são os verdadeiros recicladores de energia no planeta. A oxidação requer que alguma outra coisa se torne reduzida, e aqui, novamente, o mundo microbiano continua a nos surpreender. Os animais e as plantas utilizam oxigênio, mas os micróbios utilizam, entre outros, sulfato, nitrato e ferro ferroso. Uma vez que nos referimos à captação de oxigênio como respiração, os micróbios, por analogia, respiram pedras! Tudo isso altera nossa visão convencional sobre o metabolismo energético e a expande, passando a incluir reações bioquímicas que soam um tanto esotéricas. Contudo, a questão é que esses processos ocorrem em uma escala ampla e são essenciais aos ciclos da matéria na natureza. Sem essa bioquímica estranha, a vida na Terra não poderia ser sustentada.

TESTE SEU CONHECIMENTO

1. Explique a afirmação de que o domínio microbiano da biosfera da Terra está relacionado, em grande medida, à diversidade das reações de abastecimento microbianas.
2. Qual é a justificativa de combinar energia e força redutora em uma única entidade, a força motora?
3. A geração celular de ATP ocorre por meio de dois mecanismos distintos, a fosforilação em nível de substrato e os gradientes de íons transmembrana. Explique como cada um desses mecanismos emprega o movimento de elétrons ao longo de um gradiente de energia.
4. A geração de ATP por gradientes de íons transmembrana envolve duas etapas: o estabelecimento do gradiente e o uso de sua energia para a produção de ATP. Que mecanismos os micróbios desenvolveram para cada uma dessas etapas?
5. Como a energia é gerada pela fotossíntese?
6. As plantas são autótrofos, e os animais são heterótrofos. Alguns procariotos são autótrofos, alguns são heterótrofos, e alguns podem empregar ambos os modos de abastecimento. Além disso, o que justifica a afirmação de que os procariotos exibem uma maior diversidade quanto aos modos de abastecimento que quaisquer outros seres vivos?
7. O que é responsável pela variedade das reações de entrada de solutos empregadas pelos procariotos? Isto é, todos os processos de entrada são equivalentes em relação ao que realizam e a quanto custam em termos de energia?
8. A maioria das reações e rotas do metabolismo central é compartilhada por autótrofos e heterótrofos de modo similar. Assim, comente a asserção de que o metabolismo central não possui a grande variedade vista nas etapas de geração de energia do abastecimento.

biossíntese

capítulo

7

ALGUMAS OBSERVAÇÕES GERAIS

Biossíntese e nutrição

Esteja crescendo no ambiente nutricionalmente escasso de um riacho de montanha ou no ambiente rico de caldo de galinha, uma célula microbiana deve apresentar o mesmo conjunto completo de blocos de construção a sua maquinaria de polimerização (Tabela 7.1). Aqueles blocos que a célula não pode produzir devem ser adquiridos de seu ambiente. *A capacidade biossintética e as necessidades nutricionais são recíprocas: quanto maior a capacidade biossintética de uma célula, menores são suas necessidades nutricionais.* Ao contrário do que se poderia pensar em um primeiro momento, uma célula com *menos* necessidades para o crescimento é *mais* complexa, no sentido metabólico.

A maioria dos blocos de construção pode ser transportada para dentro das células, embora a um certo custo de energia. Algumas espécies de bactérias contam exclusivamente com uma fonte exógena de uma ou mais dessas substâncias para uso como nutrientes essenciais. Algumas delas, denominadas bactérias **fastidiosas**, parecem necessitar de praticamente todos os blocos de construção. *Leuconostoc citrovorum* (uma bactéria de laticínios) requer 19 aminoácidos, duas purinas, uma pirimidina e oito vitaminas; é mais difícil satisfazer essas bactérias do que os mamíferos. No outro extremo do espectro nutricional, muitas espécies são químicos sintéticos completos, isto é, elas possuem um conjunto completo de rotas biossintéticas e, assim, podem sintetizar cada um dos blocos de construção. Entre esses extremos existem praticamente todos os estados intermediários de competência nutricional. Não é de surpreender que as bactérias que crescem em ambientes ricos em matéria orgânica tenderam a perder rotas desnecessárias, como resultado da seleção natural. Um exemplo da variedade dos tipos de nutrição das bactérias é dado na Tabela 7.2.

Tabela 7.1 Principais blocos de construção necessários para produzir uma bactéria gram-negativa típica[a]

Aminoácidos das proteínas

Alanina
Arginina
Asparagina
Aspartato
Cisteína
Glutamato
Glutamina
Glicina
Histidina
Isoleucina
Leucina
Lisina
Metionina
Fenilalanina
Prolina
Selenometionina
Serina
Treonina
Triptofano
Tirosina
Valina

Nucleotídeos do RNA

ATP
GTP
CTP
UTP

Nucleotídeos do DNA

dATP
dGTP
dCTP
dTTP

Componentes dos lipídeos

Glicerol-fosfato
Serina
Ácidos graxos (vários)

Componentes do LPS

UDP-glicose
CDP-etanolamina
Ácido hidroximirístico
Ácido graxo
CMP-KDO
NDP-heptose
TDP-glucosamina

Monômeros da mureína

UDP-*N*-acetilglicosamina
UDP-*N*-ácido acetilmurâmico
Alanina
Diaminopimelato
Glutamato

Monômeros de glicogênio

Glicose

Unidades de poliamina

Ornitina

Coenzimas

NAD^+
$NADP^+$
CoA
CoQ
Bactoprenoide
Tetraidrofolato
Cianocobalamina
Piridoxal-fosfato
Ácido nicotínico
Outras coenzimas

Grupos prostéticos

FMN
FAD
Biotina
Citocromos
Ácido lipoico
Pirofosfato de tiamina

[a]GTP, trifosfato de guanosina; UTP, trifosfato de uridina; dTTP, trifosfato de desoxirribosiltimina; UDP, difosfato de uridina; CDP, difosfato de citidina; CMP, monofosfato de citidina; KDO, ácido 2-ceto-3-desoxioctulosônico; NDP, difosfato de nucleosídeo; TDP, difosfato de ribosiltimina; FMN, flavina mononucleotídeo; FAD, flavina adenina dinucleotídeo; LPS, lipopolissacarídeo.

Estudos bacterianos e rotas biossintéticas

Todas as rotas biossintéticas que geram os blocos de construção são conhecidas, e, com poucas exceções, elas são as mesmas em todos os organismos nos quais ocorrem. Na metade do século XX, o isolamento de mutantes de **protótrofos** (bactérias que não possuem nenhuma exigência nutricional quanto a blocos de construção) que haviam adquirido uma ou outra necessidade nutricional propiciou, de forma precisa, um meio para que se descobrissem as rotas de biossíntese. Tais **mutantes auxotróficos**, em grande parte das bactérias entéricas *Escherichia coli* e *Salmonella*, forneceram pistas importantes, pois eram capazes de crescer em intermediários após o bloqueio da reação e, quando privados do bloco de construção, vertiam grandes quantidades do intermediário no ambiente antes do bloqueio da reação. Foi possível mostrar que esses intermediários, por sua vez, alimentavam mutantes bloqueados em etapas anteriores. O uso *in vivo* de metabólitos marcados com isótopos e a determinação *in vitro* das atividades enzimáticas levaram à identificação da enzima ausente em cada mutante. Uma por uma, as etapas responsáveis pela formação de cada bloco de construção foram solucionadas. Essas realizações na microbiologia trouxeram um bônus extra para toda a biologia: provou-se (como esperado) que as rotas descobertas nos estudos com bactérias eram em grande parte copiadas por outras bactérias, micróbios, plantas e animais.

O conceito de rota biossintética

Caso alguém coloque, em uma folha muito grande, as estruturas (ou mesmo apenas os nomes) de todos os 75 a 100 blocos de construção (nos quais in-

Tabela 7.2 Necessidades nutricionais de duas bactérias heterotróficas

	Componentes do meio			
			Orgânicos	
Organismo	**Inorgânicos**	**Traços**[a]	**Fonte de carbono/energia**	**Nutrientes exigidos**[b]
Escherichia coli	K^+, NH_4^+, Mg^{2+}, Fe^{2+}, Cl^-, SO_4^{2-}, PO_4^{3-}	Mn^{2+}, Mo^{6+}, Cu^{2+}, Co^{2+}, Zn^{3+}, B^{3+}	Glicose	Nenhum
Streptococcus agalactiae[c]	Idem	Idem	Idem	Alanina, arginina, ácido aspártico, asparagina, cistina, cisteína, ácido glutâmico, glicina, glutamina, histidina, leucina, lisina, isoleucina, metionina, fenilalanina, prolina, serina, triptofano, tirosina, valina, ácido nicotínico, ácido pantotênico, piridoxal, tiamina, riboflavina, biotina, ácido fólico, adenina, guanina, xantina, uracila

[a]Essas substâncias estão normalmente presentes em quantidades suficientes como contaminantes da vidraria, da água destilada e dos principais componentes do meio.

[b]Em muitos casos, apenas o enantiomorfo natural (p. ex., a forma L de um aminoácido) é suficiente.

[c]Dados de N.P. Willett and G.E. Morse, *J. Bacteriol.* 91:2245-2250, 1966.

cluímos os cofatores enzimáticos) e então adicione a cada uma delas as reações enzimaticamente catalisadas que levam a sua síntese, o mapa metabólico resultante será impressionante; haverá centenas de reações enzimaticamente catalisadas no gráfico. No caso de uma apresentação desse tamanho e dessa complexidade, um computador funciona melhor, e você pode visualizar o metabolismo biossintético exibido dessa maneira no *website* EcoCyc, também mencionado no Capítulo 5.

Entretanto, analisando-se cuidadosamente, uma organização simplificada emerge a partir do labirinto de reações biossintéticas (Figura 7.1). Pode observar-se que aproximadamente 100 blocos de construção são produzidos a partir de apenas 13 metabólitos precursores – compostos que identificamos como intermediários das rotas de abastecimento no Capítulo 5. Assim, o padrão geral do gráfico biossintético é uma das rotas paralelas e ramificadas que emergem a partir de meros 13 compostos iniciais familiares.

7.1 *EcoCyc, website que resume as informações metabólicas sobre* E. coli.

Com uma análise adicional, outras características são evidentes.

1. Os **blocos de construção** – produtos finais de cada rota – são em geral mais reduzidos que os metabólitos precursores, e, portanto, as rotas consomem força redutora na forma da coenzima nicotinamida adenina dinucleotídeo fosfato reduzida (NADPH). Esse é o momento ideal para relembrar que as reações de abastecimento em geral (a rota das pentoses-fosfato é uma exceção) produzem força redutora na forma de nicotinamida adenina dinucleotídeo reduzida (NADH), e as rotas biossintéticas a utilizam em grande parte na forma de NADPH. A existência de tal par de coenzimas aparentemente equivalentes possibilita que os membros individuais do par sejam configurados em valores diferentes de **equilíbrio redutivo** (a proporção entre a forma reduzida e a forma oxidada). Assim, as células mantêm uma proporção alta de nicotinamida adenina dinucleotídeo oxidada (NAD^+)/NADH (baixo equilíbrio redutivo), o que facilita o papel dessa coenzima em *aceitar* hidrogênios de reações redox nas rotas de abastecimento. A proporção de NADPH/nicotinamida adenina dinucleotídeo fosfato oxidada ($NADP^+$) é alta (alto equilíbrio redutivo), o que facilita seu papel em *doar* hidrogênios nas rotas biossintéticas. Os equilíbrios relativos entre as duas formas de força redutora devem ser ajustados. Eles são em grande parte estabelecidos por enzimas denominadas **transidrogenases**.

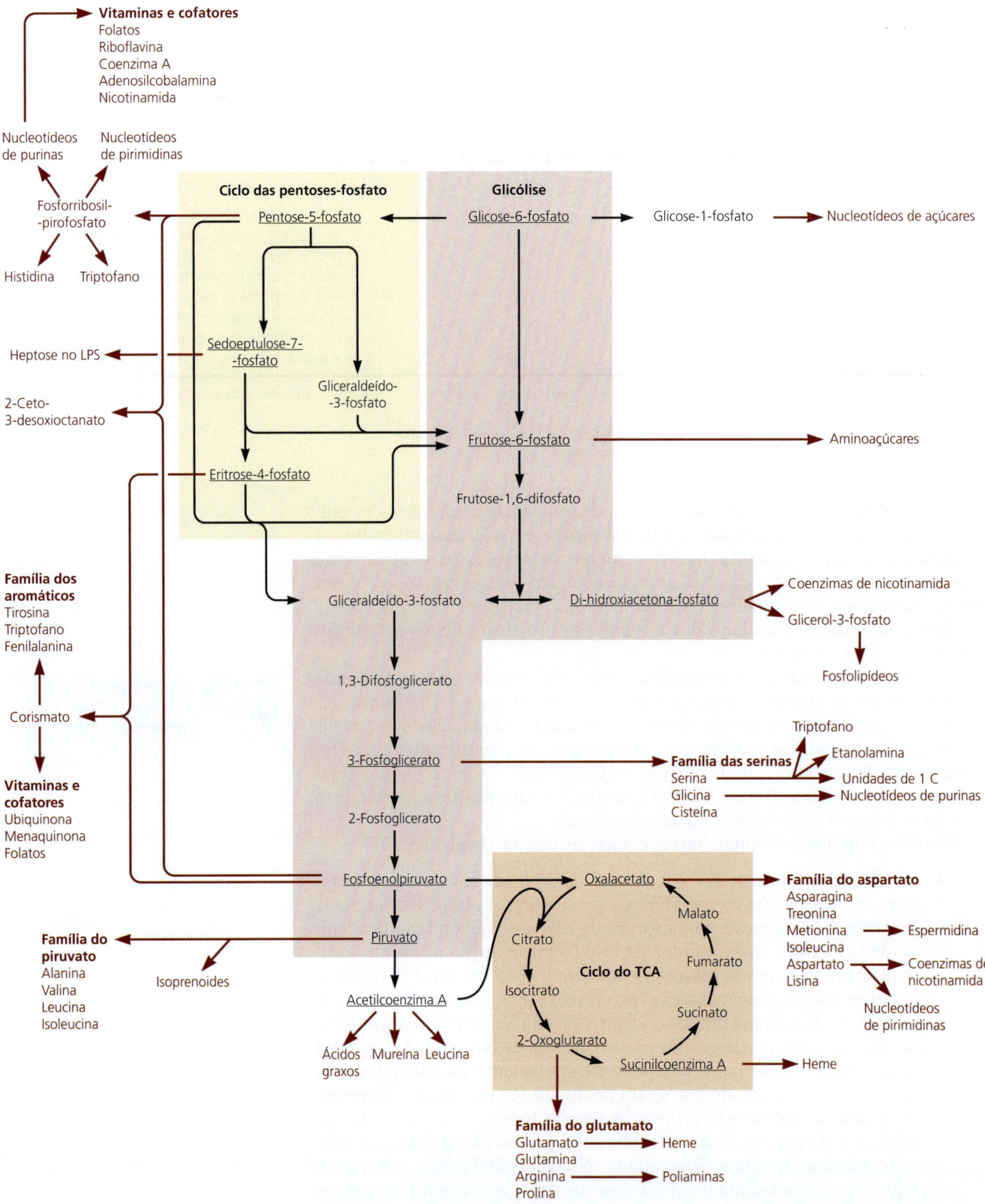

Figura 7.1 Rotas a partir do metabolismo central até os produtos biossintéticos finais. Os 13 metabólitos precursores estão sublinhados. Os produtos biossintéticos finais são mostrados em vermelho.

2. A maioria das rotas utiliza a energia no ATP para direcionar o fluxo termodinamicamente favorável de material a partir do precursor para o bloco de construção. (A outra fonte de energia, os gradientes de íons transmembrana, não é diretamente útil a essas reações exclusivamente intracelulares, apesar de, em muitas bactérias, esses gradientes formarem ATP.)
3. Neste mapa metabólico, está menos evidente uma das características cruciais das rotas biossintéticas. As enzimas que aparecem em reações-chave em cada rota são **alostéricas**, o que significa que podem assumir duas formas, uma cataliticamente ativa e uma inativa. A forma escolhida a qualquer momento é determinada pela ligação ou pela ausência de ligação de uma molécula específica, o **ligante controlador**, um metabólito que é uma medida significativa da necessidade pelos produtos de uma dada enzima. O ligante liga-se a um sítio específico na enzima, que é diferente de seu **sítio ativo** catalítico. Normalmente, tais ligantes são metabólitos de baixo peso molecular. Caso o ligante esteja ligado, a enzima é forçada a assumir uma forma inativa. (Sim, ela também funciona do outro modo: a ligação de um ligante *ativa* algumas enzimas alostéricas.) A **alosteria** proporciona um meio pelo qual a atividade de uma enzima pode ser modificada por compostos que nem mesmo remotamente se assemelham a seus substratos ou produtos. *Uma característica comum das rotas biossintéticas é que o produto final, um bloco de construção, é um ligante alostérico para uma ou mais enzimas, normalmente a primeira, em sua rota biossintética.*

Como será apresentado de forma mais completa em seção subsequente, o padrão de inibição de uma ou mais enzimas em uma rota biossintética, por seu produto final, serve para criar uma situação inesperada: a operação dessas rotas é governada não apenas pela disponibilidade dos materiais iniciais, mas também pela *taxa de utilização de seus produtos finais nas reações de polimerização*! Esse fato é extremamente significativo ao metabolismo do crescimento, porque leva ao resultado, contrário à intuição, de que *as células não crescem tão rápido quanto seus blocos de construção podem ser produzidos – elas produzem seus blocos de construção tão rápido quanto podem crescer*! Retornaremos a essa situação curiosa em um capítulo subsequente sobre regulação (ver Capítulo 12).

Essas características das rotas biossintéticas (padrões de ramificação, uso de NADPH e ATP e controle por enzimas alostéricas) estão resumidas na Figura 7.2.

Um fato deve ficar claro nessa discussão. As rotas biossintéticas são entidades biológicas reais, e não construções intelectuais projetadas para ajudar a organizar a rede de reações biossintéticas em pedaços de tamanho digerível. A célula microbiana, e não o microbiologista, definiu a rota como uma unidade metabólica. Evidências de que as enzimas de uma rota estão fisicamente associadas na célula continuam a ser encontradas. Essa questão organizacional tem uma certa importância, pois remete à questão de a célula ser meramente um saco de enzimas (como era antigamente imaginado por alguns) ou um conjunto altamente ordenado de complexos enzimáticos. A associação física de enzimas metabolicamente relacionadas pode acelerar processos por meio da minimização do tempo de difusão dos metabólitos, a partir de um catalisador até o próximo, e pela diminuição da concentração das quantidades intracelulares dos metabólitos.

Nenhum dos 13 metabólitos precursores contém nitrogênio ou enxofre, embora muitos blocos de construção e outros constituintes celulares contenham um ou ambos os elementos. A essa altura, seria bom examinar como o nitrogênio e o enxofre são incorporados nos metabólitos (a palavra elaborada para tais processos é **assimilação**).

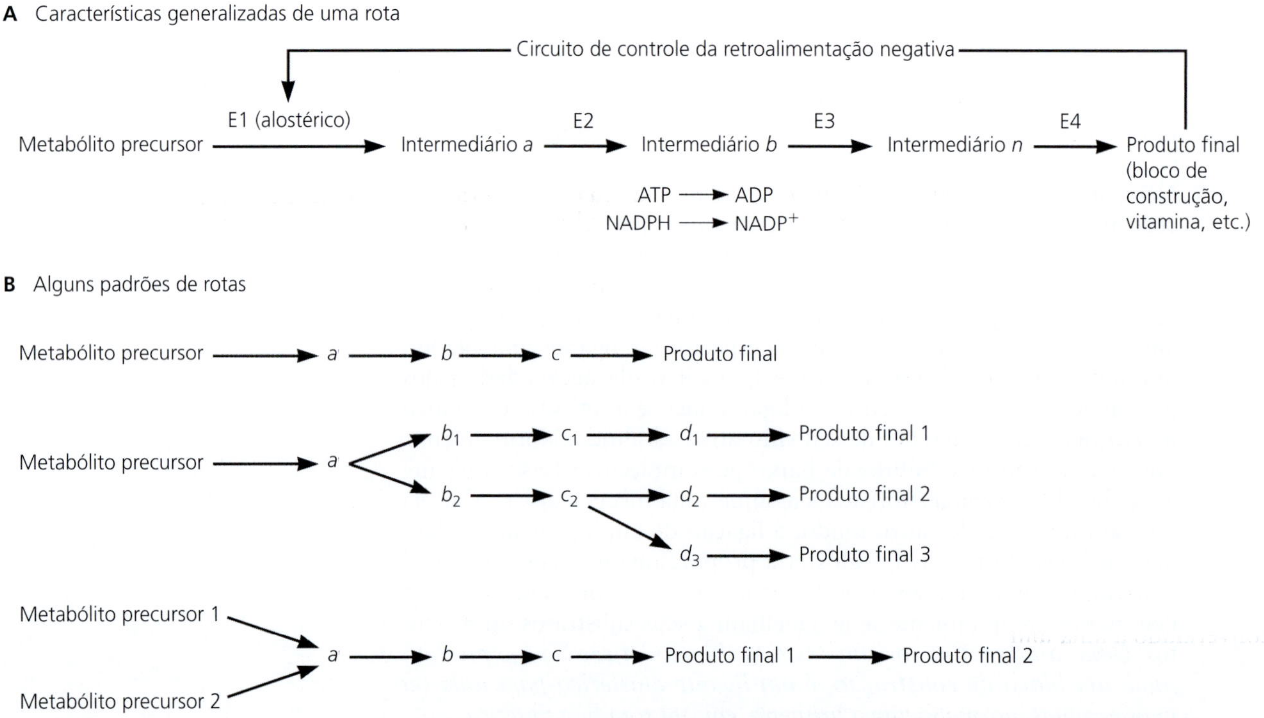

Figura 7.2 Características das rotas biossintéticas microbianas. (A) Características generalizadas de uma rota biossintética. E1 a E4, enzimas na rota. **(B)** Padrões de diferentes rotas, ilustrando a ocorrência de precursores múltiplos e de ramificação de rotas.

ASSIMILAÇÃO DE NITROGÊNIO

O nitrogênio é um componente significativo do protoplasma: após o carbono, é o principal elemento em peso. Ele é encontrado em todos os aminoácidos e nucleotídeos, assim como em outros componentes, formando cerca de 15% do peso seco da maioria das células. A assimilação de nitrogênio não ocorre no abastecimento, mas sim posteriormente na biossíntese, em várias etapas ao longo das rotas que levam dos metabólitos precursores até os blocos de construção das macromoléculas da célula. O nitrogênio entra nessas rotas no estado reduzido (no estado de oxidação −3 como um grupamento amino ou amido) e permanece reduzido em quase todos os constituintes celulares (como grupamentos amino, amido ou imino ou como parte de moléculas orgânicas heterocíclicas). (Existem, como é quase sempre o caso das generalizações biológicas, exceções, mas são poucas. Uma exceção notável é o antibiótico natural cloranfenicol, no qual o nitrogênio ocorre como um grupamento nitro [$-NO_2$].)

Existe um número enorme de fontes ambientais de nitrogênio: gás nitrogênio (o principal componente da atmosfera da Terra), vários óxidos nitrogenados inorgânicos e, é claro, todos os componentes nitrogenados do protoplasma. À medida que examinarmos como essas fontes são utilizadas, será útil acompanhar a discussão consultando-se a Figura 7.3, que apresenta uma ampla visão geral da assimilação de nitrogênio.

Principais atores: glutamato e glutamina

Contrariamente à uniformidade do estado de valência (−3) do nitrogênio nos constituintes celulares, os microrganismos podem utilizar fontes de nitrogênio no ambiente que percorrem a escala de estados de oxidação de −3 até +57. Assim, o metabolismo do nitrogênio dos microrganismos pode ser visto como

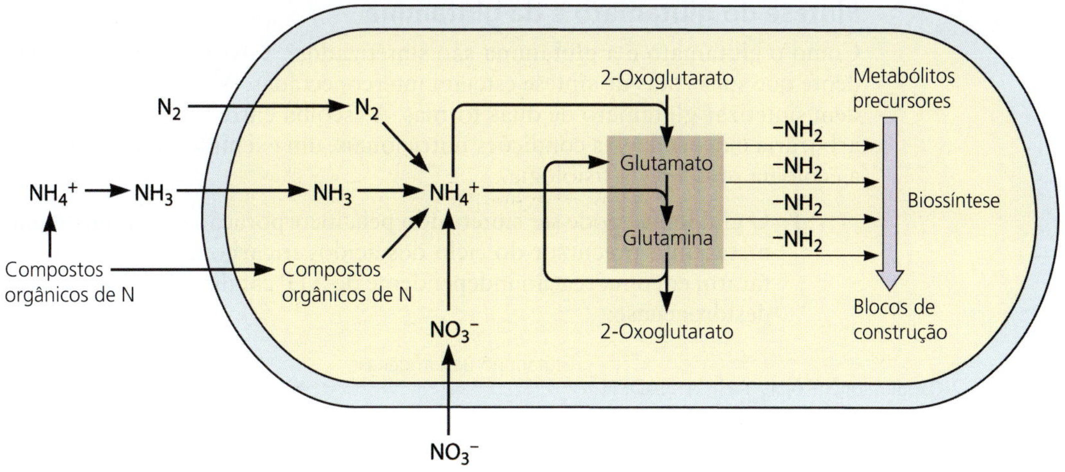

Figura 7.3 Assimilação biossintética de nitrogênio. Os detalhes estão descritos no texto.

uma pirâmide com uma base larga de materiais primários altamente variados convergindo a uma uniformidade relativa ao entrar no metabolismo celular. As rotas que partem dos nutrientes progressivamente convergem, e, de forma bastante notável, *quase todas passam por dois compostos em um ponto, os aminoácidos* ***glutamato*** *e* ***glutamina***. O glutamato e, em menor grau, a glutamina doam seu nitrogênio às várias rotas de biossíntese dos blocos de construção. Quantitativamente, o glutamato é com certeza o mais importante: cerca de 90% do nitrogênio da célula passa por ele.

O *glutamato* doa seu grupamento amino pela **transaminação** na biossíntese dos aminoácidos, como a fenilalanina:

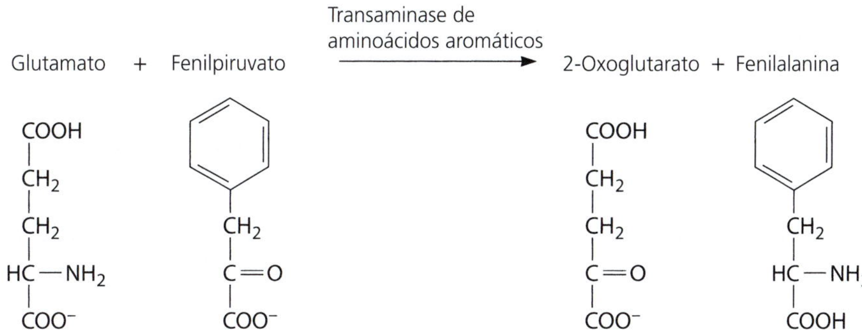

A *glutamina* doa seu grupamento amido a várias outras biossínteses, incluindo aquela do nucleotídeo trifosfato de citidina (CTP):

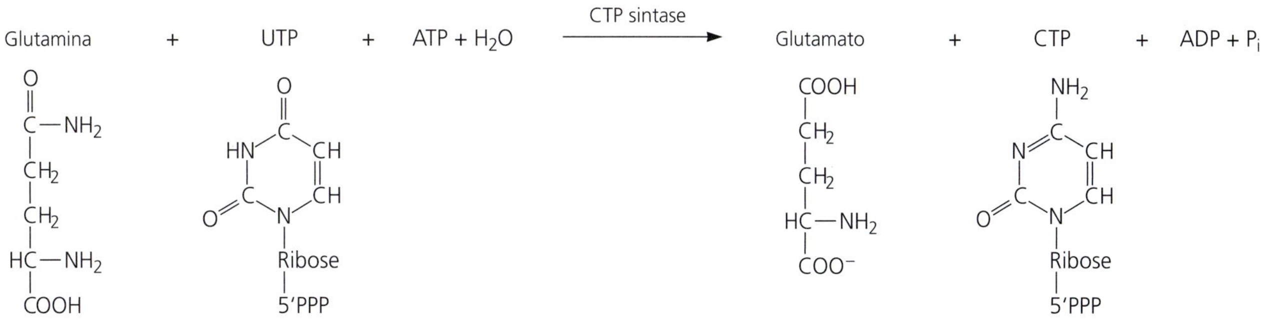

Síntese do glutamato e da glutamina

Como o glutamato e a glutamina são sintetizados? Talvez não seja surpreendente que suas rotas de síntese estejam interconectadas. Algumas bactérias podem sintetizar glutamato de duas formas. A escolha entre uma ou outra não é arbitrária e depende das condições nutricionais, um exemplo perfeito de como a ecologia prescreve a fisiologia.

1. O glutamato pode ser sintetizado pela incorporação de amônia em um metabólito precursor do ciclo dos ácidos tricarboxílicos, o 2-oxoglutarato, em uma reação independente de ATP catalisada pela glutamato desidrogenase:

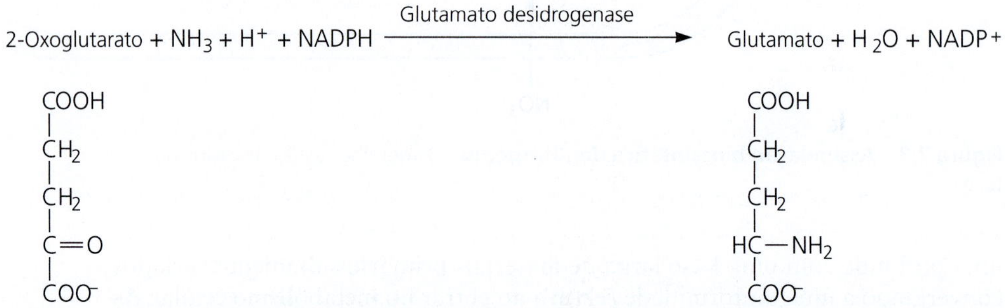

A glutamina pode ser sintetizada a partir de glutamato pela incorporação de uma segunda molécula de amônia em uma reação dirigida por ATP e catalisada pela glutamina sintetase (GS):

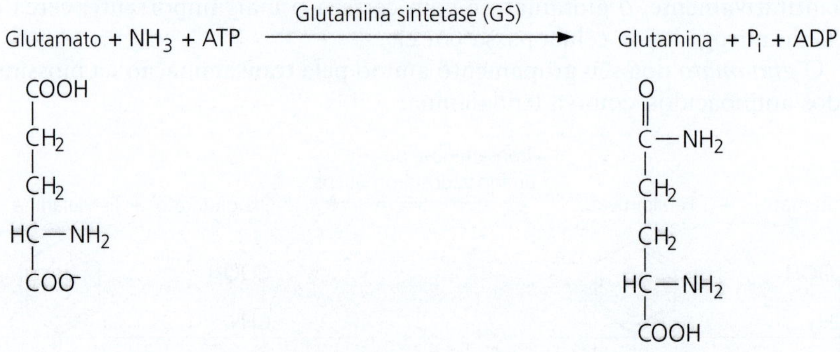

2. Em alguns micróbios, o nitrogênio amido da glutamina, em vez da amônia, também pode ser usado para produzir glutamato a partir de 2-oxoglutarato em uma reação catalisada pela glutamina sintetase (também denominada GOGAT, de glutamato-oxoglutarato amido transferase):

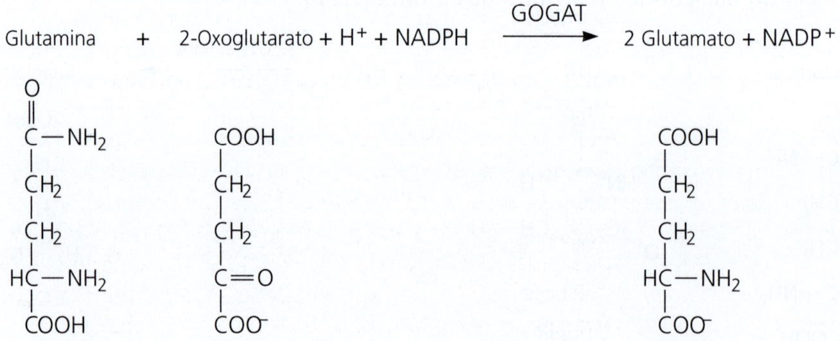

Assim, os micróbios que possuem genes para as três enzimas podem usar duas rotas alternativas para produzir glutamato, o ator principal no fluxo do metabolismo de nitrogênio: (i) via glutamato desidrogenase ou (ii) via GS mais GOGAT.

Por que pode ser seletivamente vantajoso ter duas rotas de síntese de glutamato? A resposta parece estar em uma troca entre ser capaz de obter pequenas concentrações de amônia do ambiente e conservar ATP. A rota da glutamato desidrogenase não requer gasto de ATP, mas funciona apenas na presença de concentrações substanciais de amônia. A segunda rota (GS mais GOGAT) possui o conjunto oposto de propriedades: requer um gasto maior de ATP (uma molécula por glutamato), mas funciona bem em baixas concentrações de amônia. *Se a amônia é abundante no ambiente, a célula poupa ATP utilizando a primeira rota; se a amônia é escassa, a célula paga o preço da energia para usar a segunda rota.*

Obtenção de amônia

A partir da discussão anterior, você notará que os átomos de nitrogênio que o glutamato e a glutamina doam à biossíntese são derivados exclusivamente da amônia. Devemos então questionar como os micróbios obtêm amônia.

Em meios de cultura sintéticos, o nitrogênio é geralmente fornecido na forma de íon amônio, mas essa forma é relativamente rara nos ambientes naturais. Quando o fertilizante amônia anidra é adicionado ao solo, por exemplo, ele desaparece rapidamente, uma vez que alguns micróbios (heterótrofos) assimilam a amônia, e outros (autótrofos nitrificadores) a oxidam em nitrato (ver Capítulo 6). Não é preciso dizer que a capacidade de obter todas as fontes possíveis de nitrogênio no ambiente tem sido uma força potente na evolução, levando à seleção de micróbios com uma grande diversidade de talentos nesse esforço. Consequentemente, entre os micróbios atuais, o nitrogênio pode ser adquirido como parte de quase qualquer molécula, orgânica ou inorgânica, ou pode ser diretamente retirado do grande reservatório de dinitrogênio inorgânico (N_2) presente em 80% da atmosfera terrestre (Figura 7.3). Recorde que, no Capítulo 5, introduzimos o conceito de ciclos biogeoquímicos da matéria. O suprimento de nitrogênio da Terra existe em várias formas químicas e locais ecológicos. A interconversão dessas formas e sua transferência entre locais físicos são em grande escala resultado da atividade microbiana. O ciclo do nitrogênio está descrito mais detalhadamente no Capítulo 18.

Quando a amônia está disponível, ela se difunde para dentro da maioria das bactérias através de canais transmembrana como amônia gasosa dissolvida (NH_3) em vez de íon amônio (NH_4^+). Curiosamente, a proteína que forma esses canais é intimamente relacionada à proteína Rh de vertebrados, que forma canais de CO_2 nas células vermelhas do sangue. Quando a amônia não está disponível, a maioria dos micróbios a obtém pelo processamento de outros compostos nitrogenados, em geral de forma intracelular. Alguns micróbios secretam desaminases dentro de seu ambiente ou no periplasma. *Helicobacter pylori*, por exemplo, secreta uma urease extracelular ativa (que hidrolisa ureia em amônia e CO_2), e *Klebsiella pneumoniae* produz uma asparaginase periplasmática (que hidrolisa asparagina em amônia e aspartato), uma citidina desaminase e uma citosina desaminase. Em cada caso, a amônia resultante é em seguida captada pelas células. Uma vez dentro da célula, as fontes orgânicas de nitrogênio são metabolizadas por várias rotas distintas, sendo as desaminases muitas vezes responsáveis pela liberação efetiva de amônia. Muitos microrganismos são capazes de obter amônia a partir do íon nitrato em uma rota de duas etapas catalisada pela nitrato redutase assimilatória (nitrato em nitrito) e pela nitrito redutase assimilatória (nitrito em amônia).

Amônia a partir de dinitrogênio

A redução biológica do dinitrogênio atmosférico (N_2) em amônia ou nitrato é denominada **fixação do nitrogênio**. Esse é um processo unicamente procariótico, mediado tanto por Bacteria como Archaea, e é crucial à vida na Terra. O nitrogênio fixado está sendo continuamente esgotado pela **desnitrificação** mediada por procariotos (a cascata de respirações **anaeróbias** que converte nitrato em dinitrogênio) e pela **reação anamox**, que converte amônia e nitrito em dinitrogênio (ver Capítulo 18). A fixação do nitrogênio é o único meio de repor as fontes de nitrogênio usadas pela maioria dos micróbios e por todas as plantas e animais. Em termos geológicos, tal ciclagem do suprimento de nitrogênio da Terra por meio do dinitrogênio atmosférico é rápida. Sua meia-vida é de apenas aproximadamente 20 milhões de anos, o que é muito rápido, considerando a imensidão do reservatório de gás nitrogênio (80% da atmosfera da Terra). Ainda mais surpreendente é a estimativa de que, se os micróbios da Terra parassem de fixar nitrogênio, esse nutriente seria esgotado do solo em uma semana.

Até o século XX, a fixação do nitrogênio era um território quase exclusivo dos procariotos. (Pequenas quantidades são produzidas por tempestades elétricas e pela atividade vulcânica.) Então, com a descoberta de um método de conversão de dinitrogênio em amônia, pelo químico alemão Fritz Haber, nós, humanos, tornamo-nos participantes importantes. Atualmente, cerca de metade do suprimento mundial de nitrogênio fixado para os fertilizantes agrícolas é industrialmente produzida utilizando-se métodos químicos.

A fixação biológica do nitrogênio é mediada pelo **complexo enzimático da nitrogenase**, que consiste em dois componentes: a **dinitrogenase** e a **dinitrogenase redutase**, cujos nomes denotam suas funções: a dinitrogenase medeia a redução efetiva de oito elétrons do N_2. Ela é um tetrâmero de duas subunidades α e duas β que funcionam em conjunto com um cofator ferro-molibdênio (FeMoCo). Esse processo gera duas moléculas de amônia, no qual a nitrogenase redutase (um dímero de α_2) fornece os elétrons. A invenção biológica do complexo da nitrogenase redutase pode ter ocorrido apenas uma vez, pois ele é altamente conservado. Sua sequência primária tem 70% de identidade entre todas as espécies de Bacteria e Archaea que o possuem. Misturas de dinitrogenase e dinitrogenase redutase derivadas de diferentes espécies, mesmo de espécies que estejam em diferentes domínios, reduzem ativamente o dinitrogênio. Essa reação é muito intensa em termos energéticos – não em virtude da própria reação catalisada, que é levemente **exergônica** (gerando energia térmica), mas em virtude da alta energia de ativação necessária à quebra da ligação tripla muito forte que une os dois átomos de nitrogênio no N_2. Aproximadamente entre 20 e 24 moléculas de ATP são necessárias para reduzir uma molécula de dinitrogênio em amônia.

Outra característica notável do complexo enzimático da nitrogenase é sua extrema sensibilidade ao oxigênio. A nitrogenase está entre as proteínas mais extremamente lábeis ao oxigênio conhecidas. Os procariotos que medeiam a fixação do nitrogênio desenvolveram uma grande variedade de estratégias para proteger seus complexos enzimáticos da nitrogenase do oxigênio (ver Capítulo 18).

ASSIMILAÇÃO DE ENXOFRE

O enxofre, um dos 10 elementos mais abundantes na Terra, existe em uma grande quantidade de estados de oxidação, alguns mais oxidados que o enxofre elementar (S^0) e alguns mais reduzidos. Como vimos no Capítulo 6 (ver Tabela 6.1), os procariotos exploram esses múltiplos estados nas reações de abastecimento usando compostos sulfurados tanto como doadores como receptores no transporte de elétrons gerador de energia, incluindo tanto a respiração como a fotossíntese. Consequentemente, os procariotos são os principais agentes no ciclo biogeoquímico do enxofre (ver Capítulo 18).

Como os procariotos incorporam o enxofre nos compostos da célula que contêm enxofre? Exatamente como o nitrogênio sempre entra nas rotas biossintéticas como íon amônio inorgânico, o enxofre *sempre* entra na forma inorgânica de sulfeto (como H_2S ou S^{2-}). Uma visão geral do processo de assimilação do enxofre é mostrada na Figura 7.4. O H_2S é incorporado por meio da síntese do aminoácido L-cisteína. (A L-cisteína é produzida pela enzima *O*-acetilserina sulfidrilase, que catalisa a reação de H_2S com *O*-acetil-L-serina e produz L-cisteína, acetato e água.) Assim, a L-cisteína serve diretamente ou indiretamente de fonte à maioria dos outros componentes na célula que contêm enxofre (p. ex., L-metionina, biotina, tiamina e coenzima A [CoA]).

Ter H_2S suficientemente disponível a essa importante reação pode ser um ponto crítico, pois o H_2S é espontaneamente oxidado pelo O_2 e existe na natureza principalmente em ambientes anaeróbios. Os anaeróbios estritos presentes em tais lugares não enfrentam nenhum problema, e alguns utilizam o H_2S exclusivamente para a biossíntese, assim como para a geração de energia. Entretanto, a maioria das outras bactérias e todos os aeróbios deve reduzir os compostos sulfurados oxidados em H_2S para a assimilação. A principal forma de enxofre em solos aeróbios é orgânica (sulfatos orgânicos, aminoácidos e outros compostos sulfurados ligados ao C). Os aminoácidos que contêm enxofre podem ser assimilados como tais, mas a aquisição de enxofre a partir da maioria dos compostos sulfurados orgânicos requer sua oxidação a sulfato. O que ocorre em seguida é *energeticamente dispendioso*, pois a redução de sulfato, através de sulfito, a sulfeto ocorre em uma série de quatro reações que requerem o consumo de três ligações fosfato de alta energia, três NADPH e uma molécula de tiorredoxina reduzida para cada molécula de sulfato reduzida a sulfeto. Os organismos que não possuem essa rota onerosa estão, como já notamos, restritos ao uso de enxofre em sulfeto (H_2S), sendo, portanto, principalmente anaeróbios. É claro que existe outra rota além da redução onerosa de sulfato: a importação de todos os blocos de construção que contêm enxofre pré-formados. Não é de surpreender que alguns patógenos bacterianos e parasitas obrigatórios realizem exatamente isso.

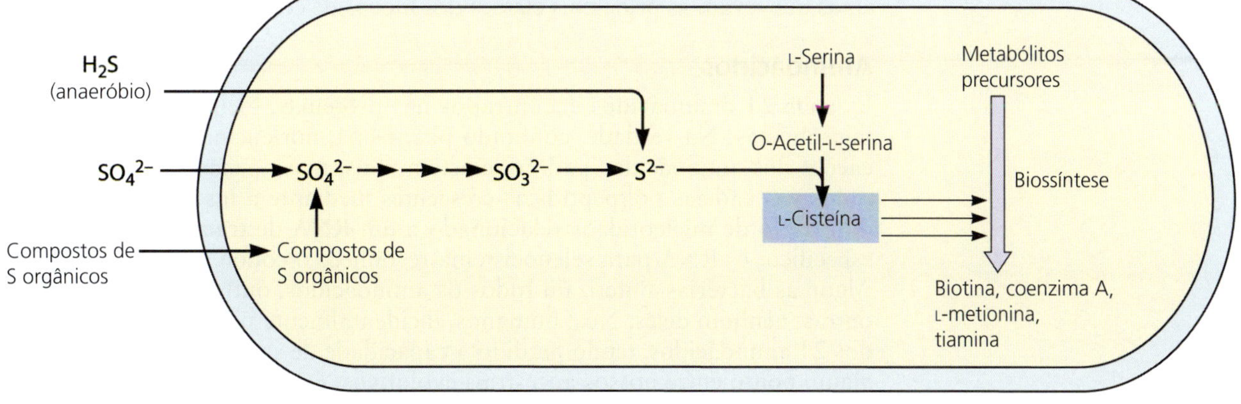

Figura 7.4 Assimilação biossintética de enxofre. Os detalhes estão descritos no texto.

ASSIMILAÇÃO DE FÓSFORO

O grande conteúdo celular de fósforo – um componente importante dos ácidos nucleicos, dos fosfolipídeos e de muitas coenzimas, assim como dos açúcares e das proteínas fosforiladas – fala em nome do bom apetite das células por fontes desse elemento. Como os jardineiros e indivíduos ecologicamente inteligentes sabem, o fosfato é limitante em muitos ambientes, sendo que sua disponibilidade com frequência determina o cultivo de uma planta desejada ou indesejada. Assim, podemos corretamente esperar que as pressões evolutivas tenham favorecido o desenvolvimento e a persistência de meios eficazes para os micróbios assimilarem esse componente vital na competição com outros organismos.

O fósforo sempre é assimilado nas reações metabólicas como fosfato inorgânico, embora os compostos de fosfato orgânico também sirvam de fontes ambientais. A maioria das células é impermeável aos fosfatos orgânicos, e em apenas alguns casos tais compostos podem entrar nas bactérias. Normalmente, as bactérias hidrolisam os ésteres de fosfato fora da célula ou no periplasma das bactérias gram-negativas. A entrada de fosfato ocorre, então, por meio de sistemas de transporte gerais ou específicos. Em casos bem estudados, as enzimas responsáveis pela hidrólise dos fosfatos orgânicos são reprimidas quando quantidades adequadas de fosfato estão presentes no ambiente. No Capítulo 13, veremos como o fosfato é detectado e como a decisão apropriada sobre como ele vai ser adquirido é tomada.

Diferentemente da assimilação de nitrogênio ou enxofre, o fósforo não é oxidado nem reduzido no processo de assimilação, e – uma diferença muito importante – sua assimilação ocorre durante o abastecimento em vez de ocorrer nas reações biossintéticas. Esse fato está relacionado ao papel central do fosfato na transdução de energia. As reações de assimilação são numerosas; algumas importantes e familiares ocorrem nas rotas de abastecimento centrais, e várias são descritas em detalhe no Capítulo 6. O ATP produzido por essas reações serve, então, de principal doador de fosfato na célula.

ROTAS PARA OS BLOCOS DE CONSTRUÇÃO

A visão geral da biossíntese mostrada na Figura 7.1 fornece um resumo bastante simplificado das centenas de reações catalisadas por enzimas que convertem os esqueletos de carbono dos metabólitos precursores nos blocos de construção celulares. As rotas são conhecidas em muitos detalhes e podem ser prontamente analisadas no *website* EcoCyc. Aqui, apenas explicaremos a visão geral abreviada na Figura 7.1 e indicaremos algumas características gerais das rotas que levam às principais classes dos blocos de construção.

Aminoácidos

Existem 21 aminoácidos encontrados nas proteínas, incluindo as proteínas microbianas. Na verdade, contando pirrolisina, norleucina e outras modificações dos aminoácidos-padrão, existem mais, mas apenas 21 são incorporados nas cadeias polipeptídicas crescentes mediante a instrução de um códon triplo de nucleotídeos relacionado a um RNA de transferência (tRNA) específico; o tRNA para selenocisteína reconhece o códon sem sentido UGA. Algumas bactérias sintetizam todos os aminoácidos, outras apenas alguns, e outras, nenhum deles. Nós, humanos, incidentalmente podemos sintetizar 12 dos 21 aminoácidos, tendo perdido a capacidade de sintetizar os outros 9 em algum ponto entre nossos ancestrais evolutivos. Em nosso antropomorfismo, chamamos esses nove de "essenciais" no que se refere à dieta alimentar. (Somos inteligentes; abandonamos a produção dos mais difíceis, isto é, aqueles com as rotas de síntese mais longas.)

Existem seis chamadas *famílias* de aminoácidos, definidas simplesmente pelo fato de os aminoácidos em cada uma compartilharem um metabólito precursor comum ou uma combinação de metabólitos precursores (Figura 7.1 e Tabela 7.3).

Nucleotídeos

O fato de os blocos de construção para os ácidos nucleicos serem produzidos em um estado ativado não é prontamente aparente na Figura 7.1. Isto é, os produtos finais das rotas biossintéticas das purinas e pirimidinas são trifosfatos de ribonucleosídeos e desoxirribonucleosídeos, prontos para a polimerização. Os nucleotídeos de purinas, nas formas de ribose e desoxirribose, são produzidos a partir do metabólito precursor **ribose-5-fosfato**, em uma rede ramificada de etapas múltiplas catalisada por 21 enzimas. Os nucleotídeos de pirimidinas são produzidos a partir de dois metabólitos precursores, ribose-5-fosfato e **oxalacetato**, em uma rede ramificada catalisada por 24 enzimas. Nem é preciso dizer que, além dos metabólitos precursores, essas rotas consomem muita energia (como fosfato de alta energia), força redutora (a partir de NADH e NADPH) e

Tabela 7.3 Famílias de aminoácidos das proteínas e seus metabólitos precursores

Família de aminoácidos	Metabólito(s) precursor(es)
Família da serina	
Serina	3-Fosfoglicerato
Glicina	3-Fosfoglicerato
Cisteína (e selenocisteína)	3-Fosfoglicerato
Família do aspartato	
Aspartato	Oxalacetato
Asparagina	Oxalacetato
Treonina	Oxalacetato
Metionina	Oxalacetato
Isoleucina	Oxalacetato, piruvato
Lisina	Oxalacetato
Família do glutamato	
Glutamato	2-Oxoglutarato
Glutamina	2-Oxoglutarato
Arginina	2-Oxoglutarato
Prolina	2-Oxoglutarato
Família do piruvato	
Alanina	Piruvato
Valina	Piruvato
Isoleucina	Piruvato, oxalacetato
Leucina	Piruvato, acetil-CoA
Família dos aromáticos	
Tirosina	Eritrose-4-PO_4, fosfoenolpiruvato
Fenilalanina	Eritrose-4-PO_4, fosfoenolpiruvato
Triptofano	Eritrose-4-PO_4, fosfoenolpiruvato, pentose-5-PO_4
Família da histidina	
Histidina	Pentose-5-PO_4

nitrogênio assimilado (tanto como grupamentos amino doados por transaminação da glutamina como por íon amônio no caso de uma reação simples na rede de pirimidinas).

Dado o fato de que a maioria das bactérias de crescimento rápido é rica em ácidos nucleicos (até 25% do peso seco total da célula), as demandas na biossíntese desses blocos de construção são elevadas. Como vimos no Capítulo 4 ("Como a fisiologia das células é afetada pela taxa de crescimento?"), um aspecto muito importante da economia e eficiência do crescimento consiste em conservar os recursos necessários à síntese de RNA pela modulação das quantidades de RNA sintetizadas em diferentes taxas de crescimento.

Açúcares e derivados similares aos açúcares

Muitas das funções e muito da especificidade de cada tipo de espécie microbiana dependem da síntese de açúcares e derivados similares aos açúcares que são componentes das cápsulas, paredes e membranas externas dessas células. O destino das bactérias que invadem os humanos, por exemplo, pode ser bastante afetado pelo fato de os componentes de superfície microbianos serem ou não reconhecidos pelo sistema imune do hospedeiro. Na Tabela 7.1, está listado um pequeno número das moléculas similares aos carboidratos que são encontradas na composição do envelope em um tipo de bactéria; as pressões seletivas levaram à evolução de dezenas de diferentes derivados de açúcares em várias bactérias. A lista completa dos blocos de construção conhecidos é muito grande. Poucos, se houver, desses componentes podem ser assimilados prontos do ambiente; quase todos devem ser produzidos a partir dos metabólitos precursores (açúcares de quatro, cinco, seis e sete carbonos) mostrados na Figura 7.1.

Uma necessidade diferente para a produção de açúcares advém de sua função de armazenamento. Muitos procariotos armazenam reservas de carbono como glicogênio, à semelhança dos humanos. Em alguns casos, esses polímeros são armazenados em estruturas similares a organelas denominadas corpos de inclusão (ver Capítulo 3).

Ácidos graxos e lipídeos

Tem-se frequentemente observado que a vida é um fenômeno relacionado a superfícies e que as membranas compostas de **bicamadas de fosfolipídeos** são as superfícies biológicas que ajudam a definir os organismos vivos na Terra. (A estrutura da membrana das Archaea é uma variação desse tema [ver Capítulo 2, "Envelopes celulares das Archaea"]). Como você deve lembrar-se, os fosfolipídeos são diglicerídeos que contêm ácidos graxos em ligação éster com glicerol. Alguns ácidos graxos também são encontrados em outros componentes, como a **lipoproteína** (a proteína que ancora a parede de mureína à membrana celular nas bactérias gram-negativas), mas as quantidades nesses compostos são mínimas em comparação àquelas nos fosfolipídeos das membranas bacterianas e no lipídeo A da membrana externa nas bactérias gram-negativas. Apesar da vasta diversidade de ácidos graxos encontrada nas bactérias, a síntese de todos eles segue o mesmo esquema modular, de preferência construindo muitas estruturas diferentes pelo empilhamento do mesmo tipo de bloco. O bloco de construção dos ácidos graxos é uma **unidade de dois carbonos** derivada da acetil-CoA, e as unidades são repetidamente adicionadas até que um ácido graxo do comprimento apropriado seja produzido.

Os ácidos graxos diferem quanto ao número de átomos de carbono, ao número de ligações duplas e a sua localização e se são ou não ramificados. A diversidade dos fosfolipídeos reflete em parte as diferenças entre as espécies e em parte as respostas específicas ao ambiente físico das células (ver Capítulo 13). Mais ligações duplas, cadeias mais curtas e menos ramificações aumentam a fluidez dos lipídeos; a evolução levou ao desenvolvimento de mecanismos que modulam essas características em ácidos graxos recém-sintetizados em função da temperatura e da pressão ambientais. Ácidos graxos de cadeia ramificada e insaturados são sintetizados a partir de rotas que divergem em vários pontos do tronco comum da biossíntese, dependendo da espécie. Os produtos finais dos ácidos graxos dessas rotas não existem livres nas bactérias, mas existem ligados à CoA até serem incorporados. Eles são incorporados em um dos vários fosfolipídeos de membrana, no lipídeo A ou em uma lipoproteína.

RESUMO

Dois temas na biossíntese microbiana devem ser enfatizados. Primeiro, o que sabemos a respeito dos modos pelos quais todos os seres vivos sintetizam os blocos de construção do protoplasma foi aprendido, em grande parte, em estudos com bactérias. As razões são simples: (i) muitas bactérias podem produzir todos os blocos de construção, incluindo aqueles que não podemos (que são, por isso, denominados "essenciais" na terminologia da nutrição humana), e (ii), na metade do século XX, as bactérias propiciaram a melhor oportunidade prática de uma exploração genética e bioquímica conjunta da biossíntese. Assim, o conceito efetivo de rota bioquímica originou-se em estudos microbianos.

Segundo, uma das importantes mensagens finais sobre a descoberta das rotas biossintéticas nos micróbios era que o tema enunciado pelos bioquímicos no início do século XX como a "unidade da bioquímica" estava realmente correto. Esse tema é o conceito de que toda a vida no planeta está relacionada, isto é, possui uma linhagem genealógica comum, e que essas relações de parentesco subjacentes estão refletidas na bioquímica similar, senão na idêntica.

Portanto, a biossíntese, mais que o abastecimento, reflete a relação essencialmente próxima dos micróbios às plantas e aos animais. Enquanto o metabolismo de abastecimento dos micróbios expressa o potencial das formas de vida para a obtenção de alimento e assim a reciclagem de material orgânico, *o metabolismo biossintético dos micróbios lembra-nos do que perdemos na evolução em seres superiores na cadeia alimentar.*

TESTE SEU CONHECIMENTO

1. As espécies bacterianas que habitam ambientes nutricionalmente ricos tendem a não possuir a capacidade de produzir muitos blocos de construção. Explique como essa combinação de características genéticas com nichos ecológicos pode ter acontecido.
2. Utilizando as informações das rotas mostradas no *website* EcoCyc, determine a rota biossintética mais longa que leva a um aminoácido, assim como a mais curta.
3. Escolha qualquer rota biossintética do *website* EcoCyc que ilustre todas as características típicas dessas rotas.
4. Qual pressão seletiva pode ter levado à evolução de dois transportadores de coenzimas dos átomos de hidrogênio (NAD e NADP) em vez de um único?
5. Explique de que modo a biossíntese dos aminoácidos e de outros componentes que contêm nitrogênio das células humanas depende, em última análise, das atividades bioquímicas dos procariotos na Terra.
6. Em que sentido o glutamato e a cisteína são únicos na fase de biossíntese do metabolismo de crescimento?
7. Cite um aspecto importante no qual a assimilação de fósforo difere da assimilação de enxofre ou nitrogênio.
8. Explique o alto custo da biossíntese dos blocos de construção dos ácidos nucleicos (em comparação à produção de aminoácidos e açúcares, por exemplo).

construindo macromoléculas

capítulo

8

INTRODUÇÃO

O abastecimento e a biossíntese fornecem a energia e os blocos de construção necessários à próxima etapa no metabolismo do crescimento: a construção das macromoléculas que formam a estrutura da célula. Todo curso de bioquímica descreve o essencial desse processo, que envolve (principalmente, embora não exclusivamente) a polimerização conjunta de moléculas semelhantes (os blocos de construção) em cadeias longas, a modificação e o dobramento dos produtos e seu posicionamento nos locais celulares apropriados. Essa descrição se aplica, pelo menos, às proteínas, aos ácidos nucleicos e aos polissacarídeos. Os lipídeos e seus conjugados, a mureína e certos carboidratos complexos não se encaixam nessa descrição, porque são compostos de porções discrepantes – açúcares, ácidos graxos, aminoácidos derivados de metabólitos e açúcares incomuns – ligadas umas às outras por diversas ligações químicas.

Cada macromolécula deve ser posicionada em sua localização celular adequada e justaposta precisamente com os parceiros, para que as funções cooperativas sejam possíveis. Essa montagem das estruturas funcionais é uma façanha extremamente significativa. Certas proteínas que, na maioria dos casos, apresentam uma superfície hidrofílica devem ser translocadas através de membranas caracteristicamente hidrofóbicas, sendo que a construção das estruturas externas do envelope, como a parede de mureína ou a membrana externa gram-negativa, envolve reações que requerem energia, mas que ocorrem no periplasma, um ambiente que carece de ATP. Como seria de se esperar, táticas de montagem múltipla foram desenvolvidas. Em alguns exemplos, o arranjo topológico é realizado durante o exato momento de polimerização, como na formação da mureína e de certas outras estruturas do envelope. Em outros exemplos, o posicionamento adequado ocorre após a conclusão da mo-

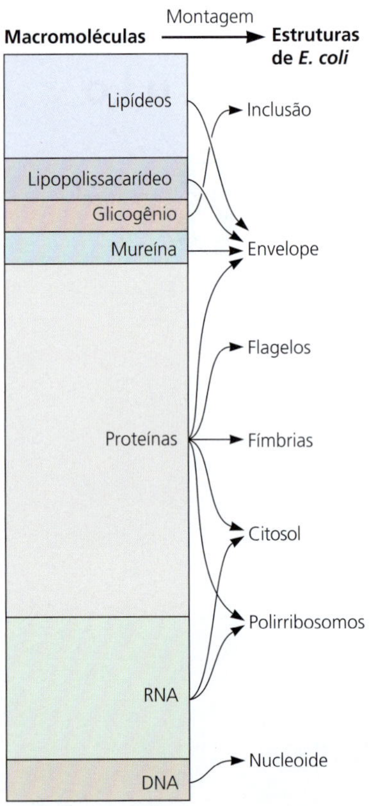

Figura 8.1 As macromoléculas que formam as estruturas de uma célula bacteriana. O tamanho de cada caixa indica a quantidade relativa de cada macromolécula nas estruturas da célula bacteriana comum de *E. coli*.

lécula, como observado em muitas **proteínas secretadas**. No caso dos ribossomos, várias moléculas de RNA e dezenas de proteínas devem ser montadas corretamente e em ordem adequada para a construção dessa maquinaria extremamente proeminente da célula. A outra espécie de RNA estável, o **RNA de transferência** (**tRNA**), deve ser extensiva e especificamente modificada após a conclusão de suas cadeias de polinucleotídeos.

Até o momento, estivemos tratando muito da bioquímica das moléculas; agora, conseguimos ver uma célula tomar forma a partir de seus blocos de construção individuais. A fim de enfocar as características especificamente procarióticas da síntese de macromoléculas, devemos mais uma vez revisar, apenas brevemente, tópicos normalmente abrangidos em cursos de bioquímica. A Figura 8.1 fornece uma visão geral do foco deste capítulo.

DNA

Visão geral da replicação

A síntese do DNA procariótico obedece a uma regra geral: cada cadeia funciona como um molde para a formação de sua companheira, a cadeia **complementar**. O programa de **replicação** segue um padrão comum (com pelo menos uma exceção interessante, denominada replicação em círculo rolante [ver Capítulo 10]). No sítio onde a replicação está ocorrendo, a molécula de fita dupla se separa, permitindo que enzimas e outras proteínas se liguem e formem uma **forquilha de replicação** que permite que os trifosfatos de desoxirribonucleosídeos (trifosfato de desoxiadenosina [dATP], trifosfato de desoxiguanosina [dGTP], trifosfato de desoxicitidina [dCTP] e trifosfato de desoxirribosiltimina [TTP]) façam par com suas bases complementares em cada uma das duas fitas simples expostas. Em seguida, esses nucleotídeos podem ser polimerizados em duas novas fitas com o rompimento de pirofosfato. Essa replicação é denominada **semiconservativa:** cada nova fita dupla consiste em uma fita antiga e uma recém-sintetizada.

O que se segue é um relato da replicação em *Escherichia coli*, onde o processo foi estudado mais a fundo. Deve-se ter em mente que essa descrição não tem aplicação universal, porque mesmo nesse aspecto tão fundamental dos processos celulares os micróbios exibem uma diversidade inesperada (uma menção: nem todos os cromossomos procarióticos são circulares). A replicação entre as espécies arqueobacterianas segue o esquema bacteriano geral, exceto que muitas das proteínas envolvidas são muito mais similares àquelas encontradas nos eucariotos que nas bactérias.

A replicação não começa aleatoriamente, mas sim em um local específico, denominado ***oriC*** (de origem de replicação cromossômica). A iniciação do processo ocorre em uma frequência especificamente determinada. Com algumas exceções, os cromossomos das bactérias são circulares, não lineares, e a replicação é **bidirecional:** ela prossegue em um ritmo uniforme e em ambas as direções, até que as duas forquilhas de replicação tenham alcançado o **término** (***ter*C**). O ritmo de replicação difere muito entre as diferentes espécies, e os limites conhecidos variam surpreendentemente até 10 vezes. Exceto em taxas de crescimento celular muito baixas, a velocidade de polimerização em cada espécie é quase constante, até onde se saiba (ver Capítulo 9). Assim, a replicação de DNA é regulada não pela velocidade intrínseca do aparelho de replicação, mas sim por *quão frequentemente o processo é iniciado na origem* (ver a seguir e Capítulo 9).

A síntese de DNA ocorre na direção 5'→3' (em relação às ligações fosfato entre os resíduos de desoxirribose adjacentes). Consequentemente, a síntese de cada fita deve prosseguir por um mecanismo um tanto diferente, porque as duas fitas-molde da dupla hélice parental são **antiparalelas** (uma fita se estende

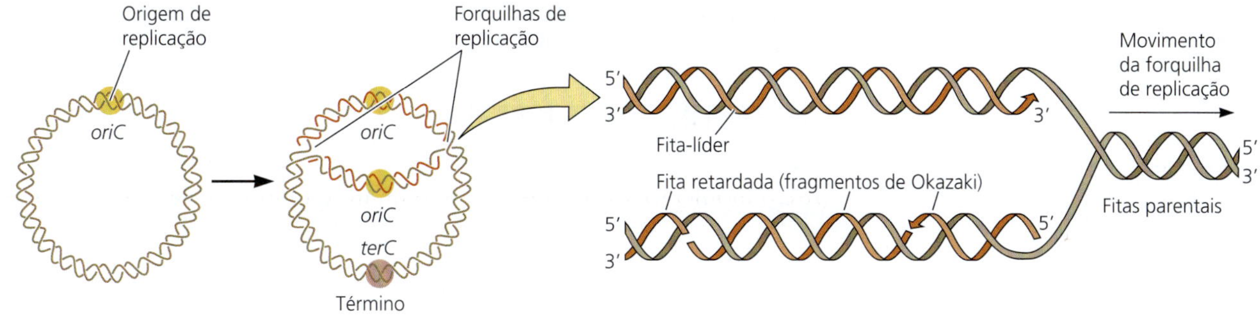

Figura 8.2 Visão geral da replicação do DNA. Veja o texto para a descrição.

na direção 5'→3'; sua fita complementar se estende na direção 3'→5'). A fita sintetizada na mesma direção em que a forquilha de replicação está se movendo é convencionalmente denominada **fita-líder**, e a outra é denominada **fita retardada** (**descontínua**). A Figura 8.2 representa essas características gerais da replicação.

Iniciação da replicação

O início da replicação é bastante complicado – mas dificilmente se esperaria que um processo que regula a síntese do projeto genético da célula fosse simples. Conhecem-se melhor os detalhes em *E. coli*, mas mesmo assim a história é incompleta.

Três questões que imediatamente surgem são:

1. Quais etapas bioquímicas são necessárias à iniciação?
2. Como a frequência de iniciação é regulada, isto é, como a célula sabe que necessita de mais DNA?
3. Como a célula impede a iniciação prematura?

Para responder essas questões, considere a estrutura de *oriC* (Figura 8.3) e suas interações com várias proteínas-chave.

1. Nenhuma operação bioquímica pode normalmente ocorrer no DNA enquanto ele estiver firmemente enrolado em uma dupla hélice. A replicação, assim como a **transcrição** e a **recombinação**, requer a separação das duas fitas. No caso da replicação, a separação deve ser mais que local; finalmente, as duas fitas são totalmente separadas, o que deve envolver o desenrolamento do dúplex. No caso da iniciação da replicação, o desenrolamento do DNA começa com a ligação de um regulador positivo da iniciação, a proteína **DnaA**, a sítios especiais na região *oriC* denominados ***boxes* de DnaA** (cinco segmentos de 9 pares de bases [pb], R1 a R4 e M [Figura 8.3]). A seguir, o complexo DnaA-*oriC* é posto em operação por **DnaB**, uma **helicase** (ou enzima desenroladora), que é auxiliada a se ligar à origem por um **fator transportador** (**DnaC**). O desenrolamento começa próximo a três sequências repetidas de 13 pb (L, M e R [Figura 8.3]) que são ricas em pares AT, o que possibilita que sejam mais facilmente separadas que regiões ricas em GC (porque possuem uma ligação de hidrogênio a menos por par). Então, moléculas da **proteína de ligação a fita simples** (**SSB**, de *single-stranded binding*) cobrem as fitas separadas, impedindo seu **reanelamento** (a formação de novas ligações de hidrogênio que mantêm a fita unida). Nessa região aberta do dúplex de DNA, ocasionalmente denominada **bolha**, a maquinaria de replicação, ou **replissomo** (Figura 8.4), pode ser montada.

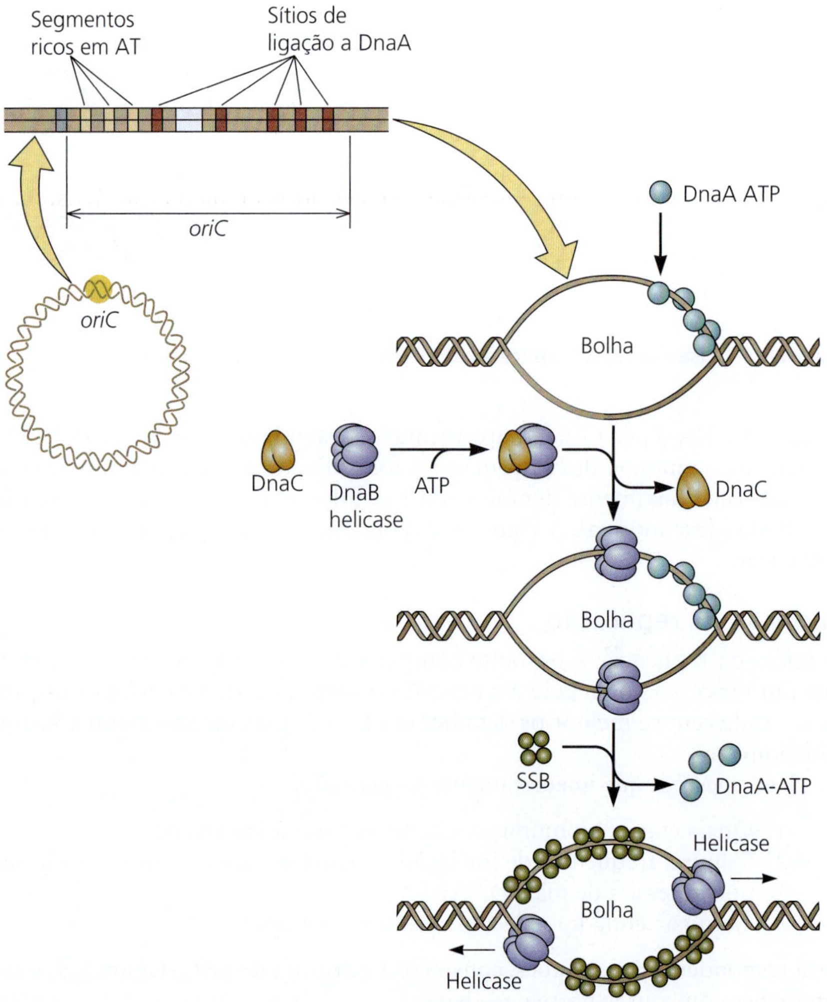

Figura 8.3 Iniciação da replicação do DNA em *E. coli.* A origem replicativa, *oriC*, possui três oligômeros de 13 pb ricos em AT e cinco *boxes* de DnaA (sítios de ligação ao DNA). Uma vez que DnaA esteja ligada a esses *boxes*, a helicase DnaB liga-se (com o auxílio de DnaC) e começa a desenredar o DNA. A forma de fita simples é mantida pela ligação de uma proteína SSB. Assim, a iniciação pode prosseguir.

2. Quando uma concentração celular apropriada de DnaA é atingida, dois replissomos são montados em cada fita de *oriC* e começam a mover-se, um no sentido horário e o outro no sentido anti-horário. Como a concentração de DnaA ou qualquer constituinte celular se altera à medida que a massa da célula muda, a iniciação da replicação e a massa celular estão conectadas. Assim, a iniciação está ligada ao crescimento celular e, em termos gerais, não ocorre a menos que as células estejam crescendo. Além disso, a fim de estar ativa, DnaA deve ligar-se a ATP (o produto é representado como **DnaA-ATP**). Como mostrado na Figura 8.3, muitas moléculas devem se ligar a *oriC* ao mesmo tempo para que DnaA-ATP seja eficaz. Sua ligação coordenada é facilitada pela curvatura do DNA em uma estrutura especial, que coloca todos os *boxes* de DnaA em proximidade estreita. A curvatura é realizada pela ação de proteínas de curvatura do DNA.

3. O impedimento do reinício prematuro é importante, porque se *oriC* permitir a iniciação muito frequentemente, é provável que o cromos-

somo fique emaranhado e assim funcione mal. A resposta final de como tal impedimento acontece não está disponível, mas se sabe muito sobre o processo. A origem é impedida de participar na iniciação por um certo tempo, um fenômeno denominado sequestração. O mecanismo de sequestração depende do modo que as bactérias possuem para distinguir as fitas recém-formadas das antigas. Tal distinção é feita com base em seus respectivos estados de metilação. Existem 11 **sequências palindrômicas** (sequências de bases que são as mesmas na ordem reversa na fita complementar) GATC espalhadas ao longo de *oriC*. Os resíduos A de GATC podem ser metilados por uma enzima denominada DNA adenosina metiltransferase (denominada **Dam metilase**). A Dam metilase age sobre esses resíduos, mas somente após vários minutos terem transcorrido. Durante esse tempo, a fita parental de DNA carrega seus resíduos de adenina previamente metilados, mas a fita recém-sintetizada não possuirá, temporariamente, adeninas metiladas. O resultado é uma **hemimetilação** temporária do DNA recém-replicado. Qual é a relevância disso? Uma proteína denominada **SeqA** inibe a iniciação pela ligação a *oriC*, cobrindo seus *boxes* de DnaA, o que impede sua metilação. A SeqA liga-se preferencialmente a DNA hemimetilado e, assim, age seletivamente em *oriC*, que é rica em GATCs. Contanto que SeqA esteja ligada, novas iniciações não são permitidas. Uma salvaguarda adicional contra o acionamento repetitivo inapropriado de *oriC* é propiciada pela conversão de DnaA-ATP em DnaA-ADP durante a iniciação, o que diminui a concentração desse regulador positivo. No dúplex aberto, a maquinaria de replicação (Figura 8.4) pode então ser montada.

Alongamento da fita de DNA

Como estimado por medidas em *E. coli*, o cromossomo replica-se a uma taxa próxima de 1.000 nucleotídeos por segundo (um número que é muito variável entre as diferentes espécies) e o faz com uma frequência de erro de apenas 1 em 10 bilhões de pb replicados. Isso é incrível, pois é o equivalente a 8 milhões de páginas de texto sem um único erro tipográfico. Tal façanha se torna ainda mais notável quando se tenta imaginar o que está acontecendo no processo.

O cromossomo, que nesse caso é uma molécula de DNA mil vezes mais extensa que o comprimento da célula e que consiste em duas fitas intimamente

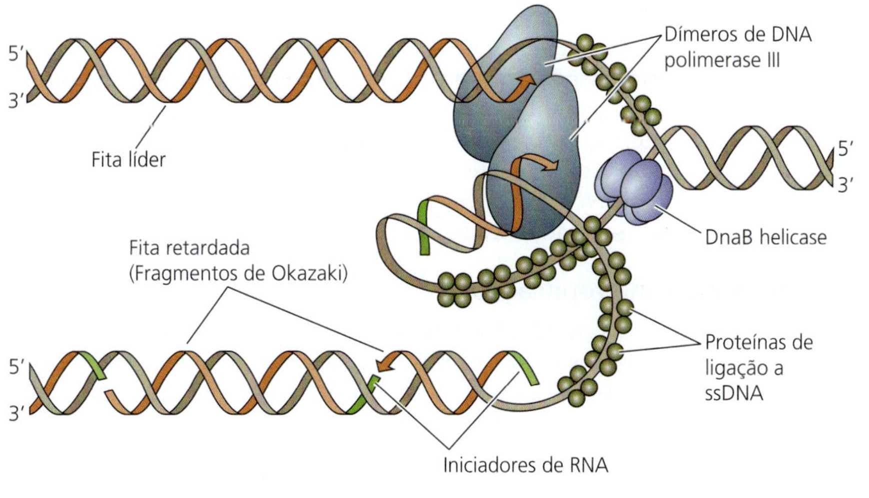

Figura 8.4 Alongamento do DNA. Ambas as fitas são formadas pela DNA polimerase Pol III. A fita retardada é formada *em direção oposta ao alongamento geral* como pequenos segmentos denominados **fragmentos de Okazaki**, usando iniciadores de RNA. A Pol III funciona como um dímero e, como a fita retardada está curvada ao redor, volta-se na mesma direção de ambas as fitas. ssDNA, DNA de fita simples.

entrelaçadas e helicoidalmente enroladas, é replicado em cerca de 40 minutos a 37 °C. O processo tem de incluir a separação das fitas, que não pode ser feita sem o desenrolamento da hélice, o que por sua vez significa que o dúplex imediatamente adiante da forquilha de replicação será rapidamente retorcido em supertorções positivas. A polimerase que forma o DNA pode fazer as cadeias crescerem apenas na direção 5'→3', de modo que uma nova fita deve ser formada (de trás para frente) como segmentos curtos 5'→3' de 1.000 pb, que são então emendados uns com os outros.

Claramente, o processo de alongamento da cadeia deve exigir o envolvimento cooperativo de muitas proteínas. A DnaB helicase, que usa energia da hidrólise de ATP, move-se ao longo da fita retardada desenrolando o dúplex com o auxílio das proteínas SSB. À medida que os replissomos avançam, o DNA adiante da forquilha roda, em virtude do desenrolamento da hélice. As supertorções positivas no DNA de fita dupla adiante da forquilha são contrabalançadas pela introdução de torções negativas por ação da **DNA girase** (também denominada **topoisomerase II**), que cliva, torce e então novamente sela ambas as fitas.

A polimerização não prossegue da mesma forma em cada uma das fitas. Na fita-líder, ela prossegue pela DNA polimerase III (Pol III), ao passo que, na fita retardada, ela adicionalmente requer a RNA polimerase (RNA-P). Por que a última? A resposta é que a Pol III pode *estender* uma cadeia de polinucleotídeos, mas não pode iniciar uma. Ou seja, ela precisa de um segmento **iniciador** (***primer***) ao qual possa adicionar nucleotídeos. As RNA-Ps, por outro lado, não necessitam de iniciadores. A Pol III pode fazer com que as cadeias cresçam apenas na direção 5'→3', que pode prosseguir continuamente na fita-líder na direção da forquilha de replicação. Contudo, a fita retardada é formada de trás para frente (na orientação oposta) como segmentos curtos 5'→3' de 1.000 pb denominados **fragmentos de Okazaki** (do nome de seu descobridor). Assim, *a síntese da fita retardada é descontínua.* À medida que a forquilha de replicação move-se, os fragmentos de Okazaki são emendados uns com os outros por uma enzima denominada **DNA ligase** (Figura 8.5). A função da RNA-P (ou **DNA primase**) é iniciar a síntese de um segmento de RNA com aproximadamente 10 nucleotídeos de extensão. A Pol III pode, então, usar esse segmento curto de RNA como iniciador para os fragmentos de Okazaki, por adição de nucleotídeos à extremidade 3'-OH do RNA. Como mostrado na Figura 8.4, a Pol III se dispõe na forquilha como duas moléculas de subunidades múltiplas; cada complexo está sintetizando uma das duas fitas de DNA em crescimento. O catalisador ativo da polimerização de DNA na Pol III (a subunidade α) necessita do auxílio de outra subunidade (o β-grampo) que forma um bracelete deslizante sobre cada fita parental adiante da Pol III em processamento. O estabelecimento do β-grampo em posição requer outro complexo de polipeptídeos (denominados γ, δ, χ e ψ) que funcionam como um **transportador de grampo.**

Os leitores curiosos por topologia podem querer saber se as duas forquilhas percorrem seu caminho em torno do cromossomo à semelhança dos corredores de automodelismo (*model slot car*) em uma pista ou se elas estão fixadas mais ou menos solidamente a alguma estrutura enquanto o dúplex de DNA é alimentado através delas. Uma resposta definitiva ainda não pode ser dada. Até agora, não sabemos com certeza.

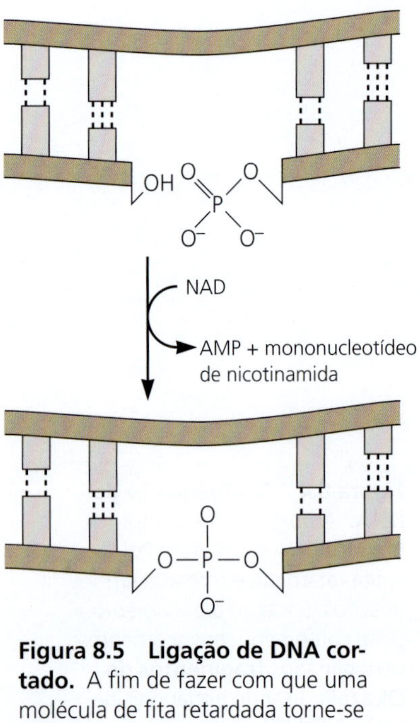

Figura 8.5 Ligação de DNA cortado. A fim de fazer com que uma molécula de fita retardada torne-se contínua, os fragmentos de Okazaki são ligados pela DNA ligase, usando o NAD no processo.

Reparo de erros na replicação

Mudanças espontâneas no DNA – **mutações** – são principalmente causadas por **pareamentos errôneos** ou **incorretos** (pareamentos diferentes de A com T e G com C) entre as bases durante a replicação do DNA. Se a base errada for inserida por meio de um pareamento errôneo, o pareamento não ocorrerá com seu complemento na outra fita de DNA. Como vimos antes, mutações espontâneas em *E. coli* ocorrem aproximadamente apenas em uma de cada 10^{10} bases sintetizadas. Esse ato de copiar fielmente o DNA, que parece miraculoso, é devido a vários fatores. O pareamento de bases durante a síntese de DNA é em si um processo muito preciso. A exatidão é aumentada por uma propriedade especial da Pol I e da Pol III denominada atividade de exonuclease 3'→5'. Essas polimerases não podem avançar a menos que haja um par de nucleotídeos adequadamente pareados atrás delas. Do contrário, *elas fazem uma pausa e movem-se para trás*, removem a base erroneamente pareada usando sua atividade de exonuclease e só então prosseguem. Tal atividade de correção de erro é, com toda probabilidade, a razão pela qual a Pol I e a Pol III necessitam de uma extremidade 3'-OH em um DNA ou um iniciador de RNA (ou seja, elas devem ter um par de bases adequadamente pareadas atrás delas, de modo que não podem partir do zero). O fato de que uma polimerase independente de iniciadores não tenha evoluído comprova a importância dessa função de correção de erro.

Além disso, todas as células, não apenas as bactérias, possuem mecanismos para detectar e reparar pareamentos errôneos que podem ter escapado da correção de erro. Células mutantes que não possuem um **sistema de reparo de pareamento errôneo** ou **incorreto** (**MMR**, de *mismatch repair*) sofrem mutações espontâneas cerca de 1.000 vezes mais frequentemente que células normais. A rota MMR não é só uma propriedade dos procariotos, estando difundida entre todos os organismos vivos. O sistema MMR humano tem recebido muita atenção, porque as famílias com certos cânceres hereditários possuem mutações em genes do MMR.

Muito do que sabemos sobre o MMR provém de trabalhos realizados no sistema de *E. coli*, denominado **MMR metil-direcionado**. Nesse sistema (assim como em outros), o MMR envolve três etapas: o **reconhecimento** do pareamento errôneo, a **excisão** da base erroneamente incorporada e de seu DNA circundante e, finalmente, a **síntese de reparo**, que substitui o DNA excisado. Isso exige várias etapas (Figura 8.6). Primeiro, uma proteína, **MutS**, reconhece o pareamento errôneo. Outra proteína, **MutL**, estimula uma terceira proteína, **MutH**, a cortar o DNA na fita de DNA recém-sintetizada, a fim de remover a base incorreta. Como essas proteínas sabem qual fita é a antiga (com a sequência fiel) e qual é a nova (com a base errada inserida)? Algumas bactérias, em particular *E. coli* e seus parentes, possuem um mecanismo para *distinguir o DNA recém-formado daquele sintetizado anteriormente*, e já nos deparamos com ele em outro contexto, quando discutimos a iniciação da replicação: a atividade de Dam metilase. Essa enzima adiciona um grupamento metil à adenina na sequência GATC, uma sequência que é encontrada mais ou menos uma vez a cada 256 trechos de tetranucleotídeos. Um segmento recém-sintetizado de DNA de fita dupla está hemimetilado, pois, como observamos, leva um certo tempo para que a enzima Dam metilase metile as fitas recém-sintetizadas; a fita antiga (a fita-molde original) está, é claro, totalmente metilada. Então, as etapas que resultam no reparo são as seguintes. A proteína MutS liga-se ao par erroneamente pareado. A proteína MutL liga-se a MutS. O complexo MutL-MutS ligado ao sítio de pareamento errôneo transloca DNA através dele até que o sítio GATC hemimetilado mais próximo seja alcançado e reconhecido por MutL. Naquele ponto, a endonuclease MutH entra em cena e corta a fita não metilada no sítio GATC; a helicase desenrola o DNA a partir do ponto do corte, e uma exonuclease, por sua vez, 'mastiga' essa fita, finalmente removendo a base erroneamente pareada. O segmento perdido é então substituído, e a fita reparada torna-se intacta pela ação da DNA ligase.

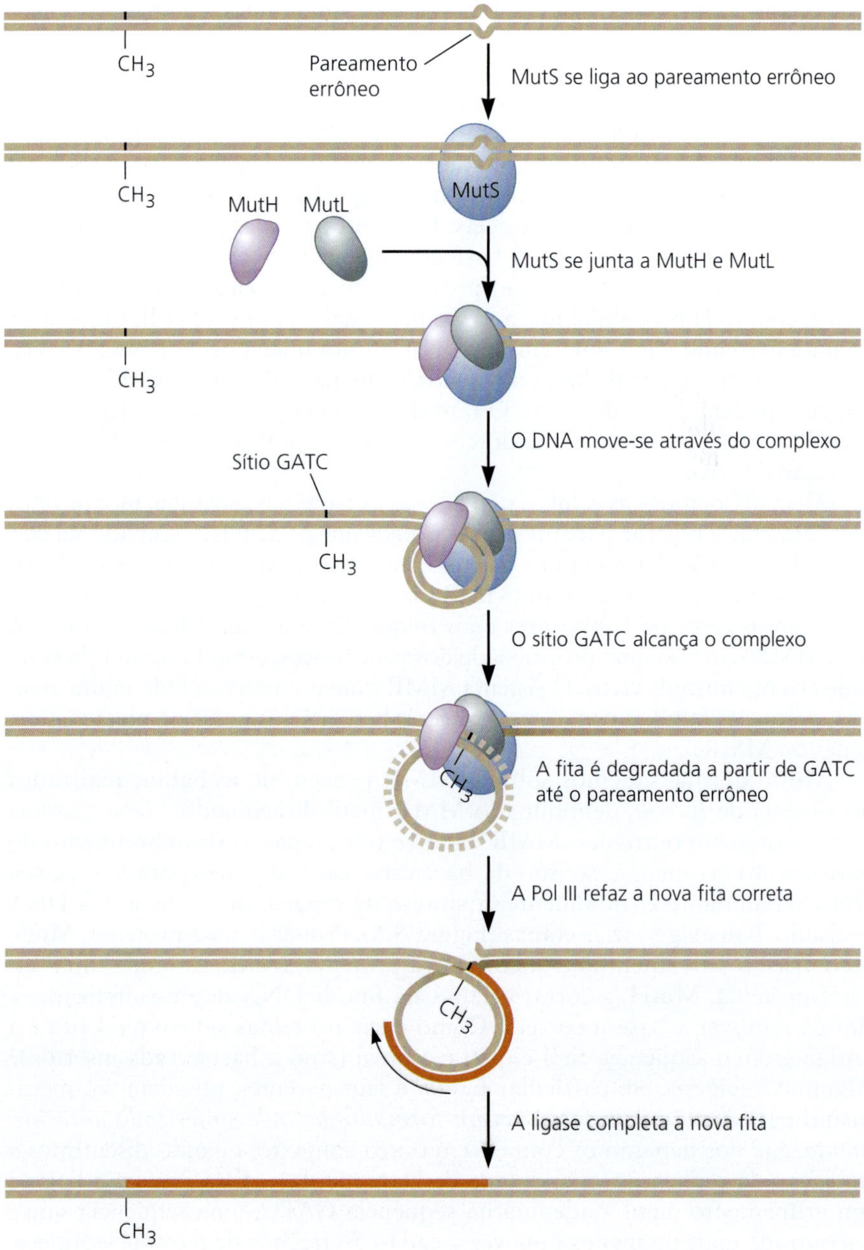

Figura 8.6 Reparo de pareamento errôneo (incorreto). Um pareamento errôneo é reconhecido pela proteína MutS. Em seguida, MutH e MutL se ligam ao complexo MutS-DNA. O DNA move-se através desse complexo até alcançar um sítio GATC (o sítio de metilação da Dam metilase). Lá a nova fita com o pareamento errôneo, até agora não metilada, é degradada, e a lacuna é preenchida pela Pol III e DNA ligase.

Terminação da replicação

À medida que se aproximam da conclusão de sua tarefa, os dois replissomos convergem para a região a meio caminho (180°) em volta do cromossomo a partir de *oriC*. Evita-se uma colisão por meio de um processo de terminação bem regulado. Em tal região existem várias sequências especiais, denominadas ***ter***, arranjadas em grupos **terminadores** separados, **T1** e **T2**, de polaridade oposta. T1 bloqueia o movimento do replissomo no sentido anti-horário; T2 bloqueia seu movimento no sentido horário. A função dos sítios terminadores é auxiliada por uma proteína, **Tus** (de *terminator utilization substance*, **substância de utilização do terminador**), que se liga a sequências *ter* e interrompe o avanço do replissomo pela inibição de sua DnaB helicase.

Como a maioria dos cromossomos bacterianos é circular, a etapa final na replicação requer algumas manobras adicionais. No fim da terminação, os cromossomos-filho concluídos estão topologicamente trançados um com o outro (entrelaçados) em uma estrutura denominada **concatenado** (i. e., dois elos em uma cadeia), que é o resultado inevitável do desenrolamento de um círculo fechado de fita dupla helicoidal (Figura 8.7). A desconcatenação é realizada por enzimas denominadas topoisomerases que inserem uma quebra de fita dupla e permitem que a outra molécula de DNA atravesse a fenda. Mais tarde, as mesmas enzimas novamente selam a fita que foi fendida.

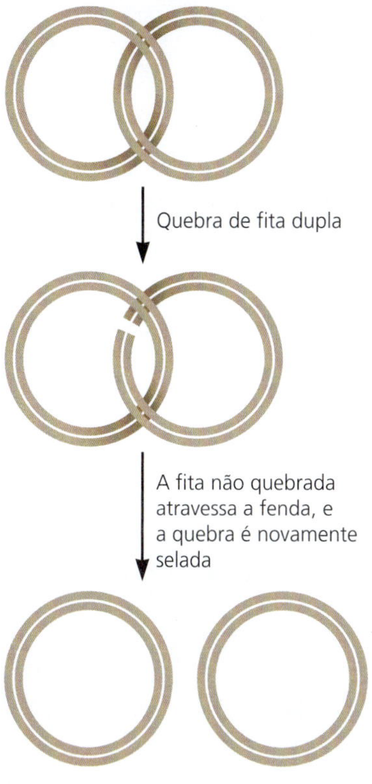
Quebra de fita dupla
A fita não quebrada atravessa a fenda, e a quebra é novamente selada

Figura 8.7 Desconcatenação de cromossomos-irmão. Veja o texto para detalhes.

Antes da resolução em cromossomos circulares separados, o concatenado é suscetível à **recombinação homóloga**, isto é, a eventos de permuta (*crossing over*) entre sequências homólogas dos dois cromossomos (ver Capítulo 10). Uma vez que um evento de permuta simples levaria à formação de um dímero que consiste em dois cromossomos (um evento letal, se não for revertido), a ação de **recombinases** (enzimas que cortam e emendam o DNA) especiais se torna especialmente importante.

Protegendo o DNA

Durante a síntese do DNA, muitas bactérias e outras células microbianas marcam seu DNA de maneira distintiva (um processo semelhante à marcação de gado), a fim de identificá-lo como sendo seu. Por qual motivo? As células microbianas são frequentemente invadidas por DNA "estranho" (exógeno) introduzido por plasmídeos ou vírus. O resultado de tal invasão é raramente benéfico à célula (no caso da invasão viral, o resultado é frequentemente a morte e lise da célula). As bactérias desenvolveram endonucleases potentes que hidrolisam DNA e, assim, destroem os DNAs invasores indesejados. Descobriram-se muitas centenas dessas **endonucleases de restrição** (assim denominadas porque foram descobertas por sua propriedade de restringir o crescimento de vírus bacterianos) entre as bactérias. Cada uma reconhece uma sequência específica e diferente de bases (**sítio de reconhecimento**) no DNA e produz quebras de fita dupla, que subsequentemente levam à degradação completa do DNA, pois outras nucleases podem atacar a molécula nessas extremidades expostas (Tabela 8.1). A célula *protege seu próprio DNA cromossômico pela metilação de um resíduo de adenina ou citosina no sítio de reconhecimento*. Tal **modificação** por metilação é a "marcação" que identifica o DNA como próprio e o protege de sua própria endonuclease de restrição.

Muitos micróbios, em especial as bactérias, utilizam essa estratégia de **modificação por restrição.** Com toda probabilidade, você já se deparou com as enzimas de restrição no contexto de seu papel na tecnologia de DNA recombinante, em que seus muitos usos podem nos fazer esquecer de seu importante papel biológico. Nenhum laboratório que se ocupa com análises genômicas e a manipulação *in vitro* de DNA pode funcionar sem uma pronta fonte de enzimas de restrição purificadas que podem efetuar a clivagem de DNA altamente específica e reproduzível em sequências especificadas. A **clonagem** de DNA, uma marca característica da biotecnologia, depende imensamente das enzimas de restrição. As muitas centenas de sistemas de modificação por restrição procarióticos se enquadram em algumas classes amplas. Os sistemas de tipo I combinam as atividades de modificação (metilação) e **restrição** (clivagem) em uma única proteína multifuncional; os sistemas de tipo II, os mais úteis em laboratórios de pesquisa, consistem em endonucleases e metilases separadas. De qualquer forma, é essencial que, durante a replicação do DNA celular, a metilase (ou metilase de restrição) aja sobre o sítio de reconhecimento recém-formado na nova fita e o modifique por metilação.

Tabela 8.1 Ações de algumas endonucleases de restrição

Classe	Enzima	Microrganismo produtor	Sequência de DNA reconhecida[a]
Seis pares de bases reconhecidos; extremidades complementares de fita simples produzidas	EcoRI	*Escherichia coli* (R)[b]	G▼A A T T C C T T A A▲G
	HindIII	*Haemophilus influenzae*	A▼A G C T T T T C G A▲A
Seis pares de bases reconhecidos; extremidades cegas produzidas	HpaI	*Haemophilus parainfluenzae*	G T T▼A A C C A A▲T T G
	HindII	*Haemophilus influenzae Rd*	C ▼A G T (T) (G) A C C A (A) (T) T G G ▲C
Quatro pares de bases reconhecidos; extremidades complementares de fita simples produzidas	HhaI	*Haemophilus haemolyticus*	G C G▼C C▲G C G
	MboI	*Moraxella bovis*	▼G A T C C T A G▲
Quatro pares de bases reconhecidos; extremidades cegas produzidas	HaeIII	*Haemophilus aegypticus*	G G▼C C C C▲G G

[a]A seta indica o sítio de clivagem de fita simples. A seqüência superior de bases é escrita na direção 5'→3'.
[b]Codificada por genes que são de origem plasmidial.

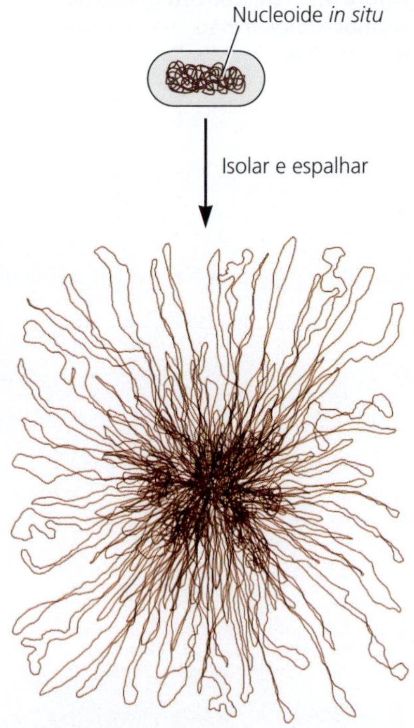

Figura 8.8 Diagrama ilustrando a natureza compacta do nucleoide. Após o isolamento e espalhamento, vê-se que o DNA consiste em alças que emanam a partir de um núcleo central. Veja o texto para detalhes.

Montagem do nucleoide

No Capítulo 3, observamos que o cromossomo das células procarióticas é muito firmemente empacotado – como é o DNA de todas as células. Nas células eucarióticas, o DNA cromossômico está firmemente enrolado em volta de um complexo de moléculas de proteínas (as histonas) formando **nucleossomos** e está ainda mais compactado por enrolamento terciário. Nas bactérias, a história é um pouco diferente, embora talvez análoga. Em vez de nucleossomos, o DNA cromossômico de *E. coli* possui domínios físicos (estima-se que o número varie entre 30 e 200) que consistem em alças supertorcidas e compactadas. As alças são suficientemente distintas umas das outras para que quebras de fita simples em qualquer uma delas possam relaxar a supertorção sem afetar aquela das alças vizinhas. As alças podem até ser visualizadas no microscópio eletrônico: a lise branda de células de *E. coli* e o espalhamento do DNA liberado revelam os "fios de espaguete" não como um material desordenado e disforme, mas sim como uma estrutura similar a uma flor com alças que emanam a partir de um núcleo central (Figura 8.8).

Não se sabe como o nucleoide é estruturado, mas é provável que vários fatores entrem em cena. Proteínas denominadas SMC (de *structural maintenance of chromosome*, manutenção estrutural do cromossomo) condensam o cromossomo em uma estrutura firme. As proteínas SMC consistem em fitas antiparalelas que se ligam ao DNA em ambas as extremidades. No meio, essas moléculas possuem uma dobradiça, que permite que os dois braços se aproximem e tragam o DNA ligado em proximidade estreita, semelhante a uma pinça com extremidades adesivas. Observe que os dois segmentos de DNA podem estar bastante afastados no cromossomo, e assim regiões distantes podem ser unidas por esse processo. ATP é consumido no processo (as proteínas SMC são ATPases). Algumas SMCs, incluindo uma denominada Muk ("núcleo" em japonês), são essenciais à segregação adequada dos cromossomos. As proteínas SMC foram encontradas em quase todos os organismos e são bastante conservadas, sugerindo que se originaram cedo na evolução e que seu papel é efetivamente importante.

Acredita-se que outros elementos envolvidos incluam várias proteínas básicas associadas ao nucleoide (**HU**, **H-NS** e **Fis**). Igualmente, é interessante a possibilidade de que as sequências **REP** (de *repetitive extragenic palindrome*, **palíndromo extragênico repetitivo**) desempenhem um papel. Os elementos REP são sequências palindrômicas de 38 pb que ocorrem (com algumas variações nas bases individuais) em todos os genomas procarióticos. Existem muitas centenas desses elementos em um genoma, e eles sempre ocorrem entre os genes, nunca dentro de um gene. Especula-se que eles participem na formação de domínios.

A questão toda da replicação do genoma é a preparação para o nascimento de duas células-filha. O pouco do que sabemos sobre o mecanismo de segregação dos cromossomos no evento da divisão celular é discutido no Capítulo 9.

RNA

Visão geral da transcrição

A RNA-P e sua função

A transcrição representa a síntese de uma molécula de RNA, denominada **transcrito**, com uma sequência de bases complementar a um segmento de uma fita do DNA. As células eucarióticas possuem várias enzimas que polimerizam RNA, mas as células procarióticas possuem apenas uma, denominada **RNA polimerase dependente de DNA** (abreviatura: **RNA-P**). Essa enzima sintetiza todas as espécies celulares de RNA, estáveis (**RNA ribossômico [rRNA]**, tRNA e RNA regulatório) e instáveis (**RNA mensageiro [mRNA]**). Apesar de existir apenas uma RNA-P, ela pode ser modificada a fim de transcrever seletivamente certos conjuntos de genes por associação com um dos vários **fatores sigma** (**σ**), subunidades substituíveis que conferem especificidade de reconhecimento do DNA (ver a seguir).

A função da RNA-P como catalisador da transcrição é facilmente expressa: ela liga trifosfatos de ribonucleosídeos (ATP, GTP, CTP e UTP) na direção 5'$\rightarrow$3' por meio de ligações açúcar-fosfato, em uma ordem ditada por uma fita de DNA. Um pirofosfato (dois grupamentos fosforil terminais) é quebrado no processo. A RNA-P núcleo tem afinidade relativamente baixa pelo DNA e se liga indiscriminadamente. A obtenção de ligação seletiva é o papel do fator σ. Sem o fator σ, o núcleo foi comparado a um grampo fechado (imagine seu dedo indicador tocando o polegar). A ligação do fator σ abre o grampo (o polegar e o dedo indicador se separam), possibilitando um maior contato do núcleo com o DNA. Posteriormente (ver a seguir), quando o fator σ é liberado, o grampo fecha-se de novo, mantendo a RNA-P presa ao DNA.

Não é de surpreender que as moléculas de RNA-P sejam bastante complicadas (embora com menos componentes que o replissomo de DNA). Possivelmente as RNA-Ps de todas as bactérias compartilham a mesma estrutura de subunidade do núcleo, designada $\alpha_2\beta\beta'$ (ela é composta de quatro subunidades, uma das quais, α_2, está presente em duas cópias). A transcrição nas Archaea também é realizada por uma única RNA-P, mas que é bastante diferente da bacteriana. A RNA-P arqueobacteriana possui até 14 subunidades, em vez das 4 subunidades típicas das bactérias; nesse aspecto, ela assemelha-se mais intimamente àquela encontrada nos eucariotos. Uma consequência é que os antibióticos (como a rifampicina) que inibem a enzima bacteriana não afetam a polimerase arqueobacteriana.

Produtos da transcrição

O produto formado pela RNA-P é denominado **transcrito**. Os transcritos dos **genes estruturais** (mais precisamente denominados **cístrons**, segundo o teste genético ***cis-trans*** de funcionalidade) que codificam proteínas são denominados mRNA. Quase todos os transcritos de mRNA bacterianos são **policistrônicos** – eles codificam vários polipeptídeos. Esse arranjo exclusivamente procariótico dá-se porque a maioria dos genes que codificam proteínas ocorre no cromossomo em agrupamentos, normalmente de funções relacionadas, denominados **óperons**, que são **unidades transcricionais**: eles começam com um promotor e terminam com um sinal de terminação da transcrição. Perto do promotor (em alguns casos entre o promotor e o primeiro gene estrutural do óperon) está uma região denominada **operador**, um sítio no qual atuam as proteínas regulatórias que controlam a iniciação da transcrição. (Na realidade, o controle de alguns óperons é bastante complexo e inclui regiões a montante longe do promotor.) A transcrição dos genes que codificam proteínas de uma bactéria mediana é incomum, uma vez que as moléculas de mRNA possuem uma meia-vida de apenas alguns minutos (mas essa propriedade é altamente variável; para alguns mRNAs, ela é menor que um minuto, para outros é maior). A regulação adequada da síntese de mRNA envolve respostas de segundo em segundo ao estado fisiológico da célula (ver Capítulo 12).

A RNA-P também transcreve os muitos genes que codificam tRNA e a meia dúzia de genes redundantes que codificam cada um dos três rRNAs principais. Embora envolva relativamente poucos genes, essa atividade pode, a qualquer momento, ocupar inteiramente a maioria das moléculas de RNA-P. Portanto, ela deve ser cuidadosa e economicamente modulada em resposta ao potencial promotor do crescimento de cada ambiente. Como etapa inicial, seus transcritos devem ser processados por clivagem.

Como ocorre com todas as sínteses macromoleculares, a transcrição consiste em três fases distintas: iniciação, alongamento e terminação (Figura 8.9), e há muito que dizer sobre cada uma.

Iniciação da transcrição

Pode parecer que o título desta seção anuncie uma fábula entediante sobre a RNA-P e sua função. Pelo contrário: a história é fascinante, e as três palavras "iniciação da transcrição" resumem o excitamento da biologia do século XX, *incluindo o nascimento da biologia molecular*. No século passado, a contribuição que os pesquisadores que trabalharam com micróbios deram ao pensamento biológico foi nada menos que a descoberta da natureza dos genes e de como sua expressão é regulada. É uma história hoje em grande parte resumida no relato minucioso das características do gene *lacZ*, que codifica a **β-galactosidase**, a enzima que degrada lactose, e a regulação do operon *lac* tanto pelo repressor Lac como pela proteína repressora do catabólito.

Uma boa parte da regulação gênica ocorre pela variação da frequência de iniciação da transcrição. Uma vez iniciada, a taxa de alongamento da cadeia de RNA é quase constante em uma dada temperatura. Muitas etapas da expressão gênica – não só a iniciação – são pontos para se exercer a regulação de um ou de outro gene. Contudo, os dispositivos regulatórios dominantes envolvem o controle da iniciação de algum modo, talvez por-

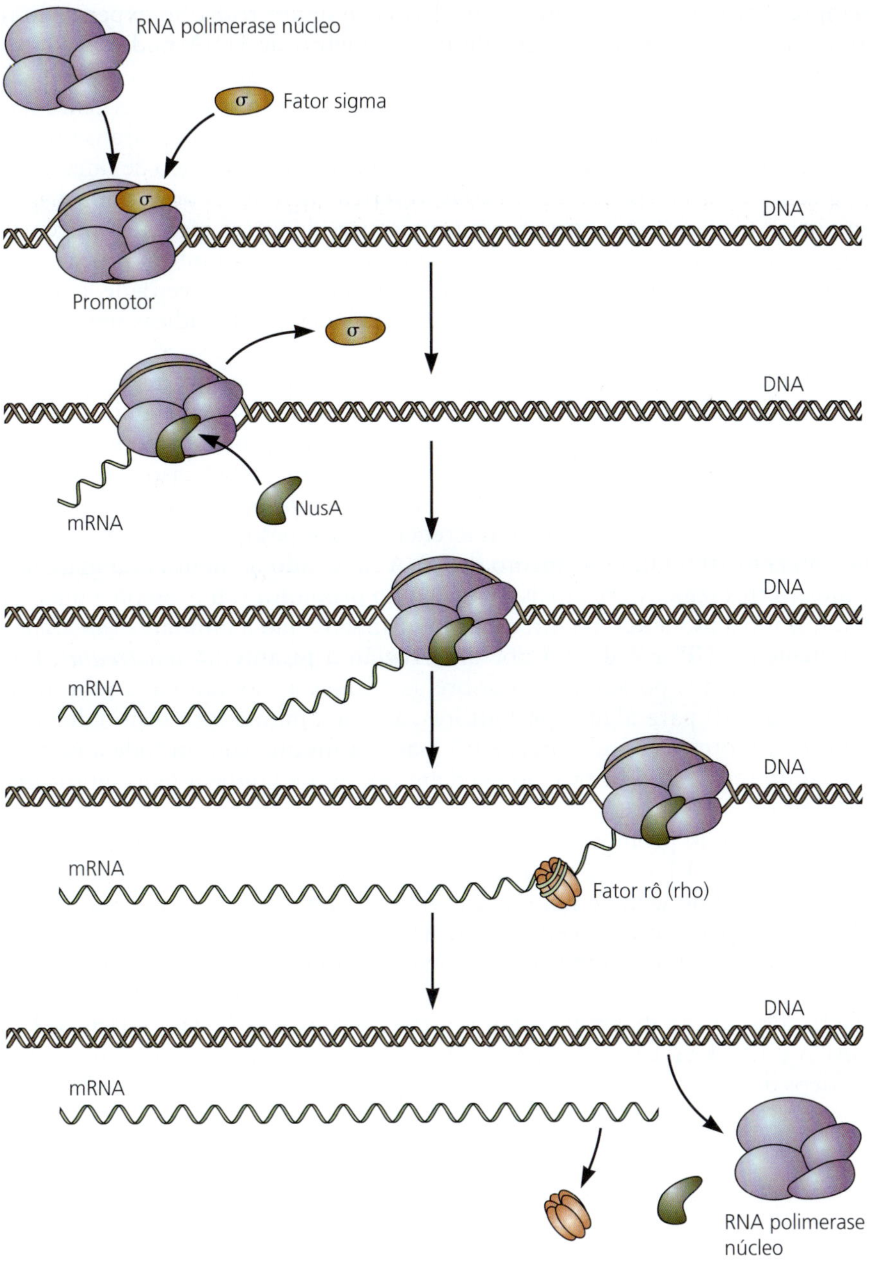

Figura 8.9 Visão geral da transcrição. Veja o texto para detalhes.

que o bloqueio da expressão gênica exatamente em sua primeira etapa seja o mecanismo mais econômico. Discutiremos mais sobre isso posteriormente (ver Capítulo 12).

O promotor

A iniciação da transcrição ocorre quando as subunidades α e σ da RNA-P localizam sequências específicas de DNA denominadas **promotores**, que precedem todas as unidades transcricionais (óperons). Em virtude do seu papel essencial na definição de onde a RNA-P deve iniciar, pode-se esperar que os promotores compartilhem uma sequência distintiva, eficaz e facilmente reconhecida, e que ela seja fortemente conservada em termos evolutivos. Nem sempre. Foi preciso um tempo considerável e muito trabalho experimental antes que um promotor dentro de um segmento de DNA pudesse ser reconhecido com uma certa confiança. Um momento de reflexão pode decifrar tal ambiguidade presente na estrutura dos promotores. Alguns genes são transcritos menos de uma vez por geração, enquanto outros são transcritos a todo segundo. A magnitude da expressão gênica varia ao longo de uma faixa ampla – até 10.000 vezes. Essa variação reflete as funções dos vários dispositivos regulatórios que operam em promotores de forças inerentes extremamente diferentes. Assim, não existe uma sequência promotora única, nem dentro de um organismo nem entre espécies diferentes. Na verdade, existem *padrões gerais de sequências* em vez de sequências nucleotídicas únicas que indicam "promotor" para RNA-P.

O que determina a força de um promotor? Obviamente, a sequência de nucleotídeos do promotor deve ser importante e, para que vejamos como a sequência entra em cena, devemos examinar um promotor bacteriano. A Figura 8.10 retrata as principais características de um – nesse caso, o promotor reconhecido pela RNA-P de *E. coli* ao ser orientada por sua principal subunidade sigma, σ^{70} (designada em referência ao seu peso molecular de aproximadamente 70.000). O segmento de DNA mostrado na figura está marcado e mostra três regiões principais: o **núcleo do promotor** (ou promotor núcleo) flanqueado à esquerda (na direção 5') por uma **região a montante** (***upstream*** ou **elemento UP**) e à direita por uma **região a jusante** (***downstream***). Por enquanto, temos pouco a dizer sobre as regiões a montante e a jusante, a não ser que (i) para alguns promotores, a área a montante é o sítio de ação de várias proteínas regulatórias e (ii) a área a jusante compreende a porção inicial da **região codificante** do gene em questão e também tem significado regulatório.

O núcleo do promotor bacteriano possui três partes: um **hexâmero –35**, um **hexâmero –10** (o sinal negativo indica a distância a montante da iniciação transcricional do gene) e um **espaçador de 17 pb** que separa os hexâmeros. O que você pode achar decepcionante é que *nenhuma sequência definitiva de nucleotídeos está indicada para o núcleo do promotor*; isso não é uma omissão, e sim um reflexo do fato de que não existe uma sequência universal. Na fileira superior do diagrama estão mostradas duas **sequências-consenso**, TTGACA e TATAAT, para as regiões –35 e –10, respectivamente. (Os nomes numéricos das duas regiões indicam o resíduo de nucleotídeo aproximado perto

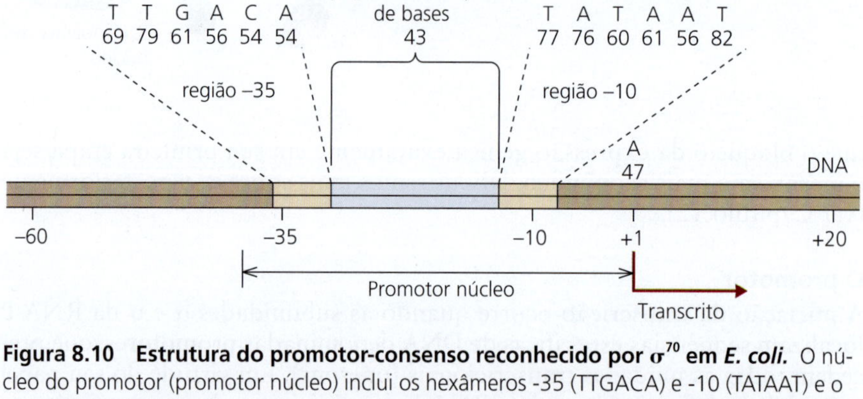

Figura 8.10 Estrutura do promotor-consenso reconhecido por σ^{70} em *E. coli*. O núcleo do promotor (promotor núcleo) inclui os hexâmeros -35 (TTGACA) e -10 (TATAAT) e o espaçador entre eles. Os números impressos abaixo das bases nucleotídicas e do espaçador indicam sua porcentagem de ocorrência em promotores σ^{70} conhecidos nesse organismo. (Nota: todas as bases indicadas são aquelas na fita de DNA que não serve de molde.) As posições das bases no DNA estão numeradas em relação à primeira base transcrita em mRNA.

do centro do hexâmero, contando de trás para frente a partir do primeiro par de bases da região a jusante – ou codificadora de proteína.) Elas são denominadas sequências-consenso porque representam uma sequência composta pela base que é estatisticamente mais provável de ser encontrada em cada resíduo de nucleotídeo. Tome cuidado com uma convenção confusa empregada na terminologia da transcrição: a fita de DNA que é copiada para formar RNA é denominada **fita anti-senso** ou **fita-molde**; a *outra* fita (o complemento da fita-molde) é denominada **fita senso** ou **fita codificante** pelo simples fato de que sua sequência de bases é idêntica à sequência no produto de RNA, com U sendo substituída por T. *A força inerente de um promotor é determinada por sua sequência de nucleotídeos*, incluindo ambas as regiões –35 e –10, assim como a sequência em torno da posição +1.

Iniciando o transcrito

Por questão de simplicidade, vamos limitar nossa atenção à iniciação mediada pela RNA-P direcionada por σ^{70}. A primeira etapa é uma ligação reversível da RNA-P a um promotor, formando um **complexo de iniciação fechado**. O promotor não só sinaliza onde começa a transcrição, mas também determina qual fita de DNA será transcrita, porque a sequência de bases na fita-molde determina a orientação de ligação da molécula de RNA-P. Na segunda etapa, ocorre uma isomerização relativamente lenta, na qual um **complexo de iniciação aberto** é formado. Tal estrutura consiste em uma **bolha de transcrição** do dúplex de DNA localmente desintegrado, com cerca de 12 pb de extensão, dentro da qual a polimerase está livre para agir sobre a fita a ser transcrita. A terceira etapa é a migração da polimerase e da bolha (agora aumentada à extensão madura de 18 pb) a partir da área do promotor, enquanto o transcrito de RNA é formado. No Capítulo 12, veremos que a atividade do promotor é muito influenciada por alguns dos muitos reguladores proteicos da iniciação.

A iniciação da transcrição nas Archaea difere consideravelmente do modo bacteriano. A RNA-P arqueobacteriana inicia em um **TATA *box*** (uma sequência de nucleotídeos no DNA) em vez de em um promotor do tipo bacteriano – uma similaridade adicional com os Eukarya.

Alongamento da cadeia de RNA

Quando a RNA-P formou um transcrito com cerca de doze nucleotídeos de extensão, o fator σ é liberado e está livre para associar-se com outra RNA-P núcleo. A perda do fator σ prende a RNA-P ao DNA, que se move a jusante da fita-molde de DNA; a bolha move-se junto (os pares de bases do DNA estão sendo abertos à frente e fechados atrás), e o transcrito de RNA nascente estende-se atrás dela, pareado com a fita-molde de DNA. Cada etapa do alongamento envolve a ligação de trifosfatos de nucleosídeos, a formação de ligações com a cadeia nascente (havendo a liberação de pirofosfato) e o movimento da polimerase ao longo da fita de DNA. A taxa de crescimento da cadeia em *E. coli* a 37 °C é de aproximadamente 45 nucleotídeos adicionados por segundo para o mRNA e próxima do dobro daquela para o rRNA, tRNA e outras espécies estáveis de RNA. Mencionamos esses números não só para mostrar o muito que sabemos sobre a transcrição, mas porque eles têm significado no programa global de síntese proteica (ver a seguir).

Embora tenhamos enfatizado que a iniciação da transcrição é um evento crucial na regulação da expressão gênica, o alongamento da cadeia não é um processo constante nem monótono. Ele tem sua própria parcela de drama. Após o fator σ se separar da polimerase, outros fatores proteicos exercem sua influência sobre o andamento da transcrição. Em *E. coli*, proteínas denominadas **NusA** e **NusG** (assim designadas por seus papéis na síntese de vírus bacterianos) associam-se transitoriamente à RNA-P. Elas afetam o comportamento da polimerase quando a mesma encontra regiões do DNA denominadas **sítios de pausa** (regiões ricas em GC de simetria par que formam alças em forma de grampo na fita de RNA crescente). A pausa aumenta a chance de que a transcrição seja interrompida; as proteínas NusA e NusG modulam a probabilidade de interrupção. Portanto, tenha em mente que a regulação da expressão gênica envolve etapas além da iniciação; retornaremos a esse aspecto da transcrição no Capítulo 12.

Terminação da transcrição

Nosso interesse na terminação vai além do fato de que ela é uma etapa obrigatória. Diferentemente da situação nos eucariotos, a terminação nos procariotos também participa na regulação. O importante caso de terminação regulatória denominado **atenuação** ocorre antes de os genes estruturais do óperon serem transcritos e é discutido no Capítulo 12. Normalmente, a terminação no final de um óperon é efetuada por um processo **simples**, mediado exclusivamente por uma sequência especial de bases no DNA-molde, ou por um processo mais **complexo** que também é sinalizado por uma sequência de bases, mas requer a participação de uma proteína acessória denominada **rô** ou **rho** (**ρ**). Nesse caso, a terminação do complexo é denominada **terminação dependente de rô.**

A terminação simples, que é independente de rô, ocorre após a polimerase ter transcrito uma região de DNA rica em GC e arranjada em uma **repetição invertida** que lhe permite formar uma **estrutura de haste-e-alça** (em forma de pirulito, com uma haste de fita dupla e uma cabeça de fita simples), seguida de uma região que contém uma série de resíduos de A. Acredita-se que a estrutura de haste-e-alça se forme dentro da bolha de transcrição, fazendo assim com que o processo pare. Os subsequentes pares de AU entre o transcrito e o molde são facilmente quebrados, liberando o transcrito.

A terminação dependente de rô (rho) ocorre sempre que a RNA-P pausa por pelo menos 10 segundos (visto que é ocasionada por uma estrutura de haste-e-alça similar). Quando isso acontece, a proteína rô interage com o complexo da RNA-P parado e libera o transcrito. Contudo, a proteína rô está bloqueada de alcançar a polimerase por ribossomos que estão traduzindo o mRNA.

Destino dos transcritos

Os transcritos são de três tipos gerais. Eles podem ser (i) moléculas de mRNA que codificam proteínas (polipeptídeos, na verdade, uma vez que uma proteína consiste em uma ou mais subunidades polipeptídicas, frequentemente modificadas), (ii) os componentes estáveis de RNA da maquinaria de produção de proteínas da célula ou (iii) RNAs regulatórios pequenos, cuja função discutiremos no Capítulo 12.

Observamos que existem centenas de espécies de mRNA, que diferem muito quanto à abundância em cada célula. Uma marca característica da vida procariótica é que essas instruções para a produção de proteínas estão sendo constantemente recicladas, com uma meia-vida usual abaixo de um minuto, mas, como já dissemos, com uma variação muito grande. As moléculas de rRNA e tRNA são estáveis (pelo menos sob condições de não privação de nutrientes) e funcionam repetitivamente na tarefa de síntese das cadeias de polipeptídeos.

É interessante discutirmos sobre os destinos celulares dessas duas classes distintas de RNA.

Vida e morte do mRNA

Uma marca característica dos organismos procarióticos é sua reciclagem de mRNA. A meia-vida usual (o tempo para que 50% das moléculas sejam destruídas) do mRNA em *E. coli*, por exemplo, é de pouco menos de um minuto a 37 °C. Algumas espécies de mRNA existem por mais tempo e outras por menos tempo. Os detalhes de quais nucleases estão envolvidas na destruição do mRNA ainda estão sendo explorados, mas o ponto principal é que as instruções que ditam quais proteínas devem ser produzidas estão constantemente se alterando, à medida que a célula detecta tanto sua saúde fisiológica como a natureza de seu ambiente atual. Na medida em que continuamente apaga suas instruções para a produção de proteínas, a célula bacteriana está em um estado de constante prontidão para responder ao seu ambiente. Embora se possa ter curiosidade sobre o custo dessa hidrólise tão liberal de mRNA, é mais econômico e vantajoso que produzir proteínas inúteis durante tempos difíceis.

Modificação e montagem do RNA estável

Nas bactérias que foram estudadas mais a fundo, todas as espécies de RNA estável (em grande parte rRNA e tRNA) são transcritas em produtos que devem ser adicionalmente processados. Em *E. coli*, os genes que codificam as três moléculas de rRNA (5S, 16S e 23S) contidas em cada ribossomo estão agrupados e são transcritos como uma unidade individual, isto é, estão arranjados em óperons. Esse esquema ajuda a garantir que a síntese dos rRNAs esteja na estequiometria em que aparecem nos ribossomos. Existem sete agrupamentos desses genes *rrn* em *E. coli*, e a estrutura geral de cada óperon é:

gene 16S – gene de tRNA espaçador – gene 23S – gene 5S – tRNA distal

As bactérias não são conhecidas pelo fato de ter genes redundantes, de modo que sete cópias de genes de rRNA é digno de nota. A demanda extraordinariamente alta pelos produtos desses genes é, sem dúvida, o motivo de retenção dessa redundância: durante o crescimento rápido, metade dos transcritos da célula provém dos genes *rrn*. Nem todas as espécies bacterianas possuem tantos genes *rrn* assim; geralmente o número se correlaciona com a taxa de crescimento celular da espécie, sendo que os limites variam de um a doze por genoma. Por si só, as cópias múltiplas não podem ser responsáveis por essa extraordinária taxa de síntese de rRNA; promotores múltiplos e altamente ativos são em grande parte responsáveis. A inclusão de genes de tRNA seletos dentro desses óperons *rrn* é curiosa e pode simplesmente estar relacionada ao fato de que eles codificam os tRNAs mais abundantes.

A simples transcrição de qualquer um desses óperons *rrn* produziria uma molécula gigantesca inútil – mas isso não acontece. À medida que a transcrição prossegue, um grupo de **ribonucleases** corta e apara o produto crescente em precursores utilizáveis de rRNA e tRNA (Figura 8.11). Então, os precursores ribossômicos são postos em operação por dezenas de enzimas que metilam ou de outro modo modificam bases selecionadas – 10 de tais enzimas para o 16S rRNA e 13 para o 23S rRNA. Quase todas essas modificações se situam nas regiões das moléculas de rRNA que compreendem seus sítios ativos dentro do ribossomo. A implicação é que a evolução refinou a eficácia da maquinaria de síntese de proteínas por esses ajustes estruturais. Eles devem ser importantes, pois *a célula investe muito mais em informações genéticas que codificam as enzimas de modificação que nas que codificam o próprio RNA*.

As duas subunidades do ribossomo bacteriano, 30S e 50S, são montadas por uma sequência de reações pelas quais várias proteínas ribossômicas (**r-pro-**

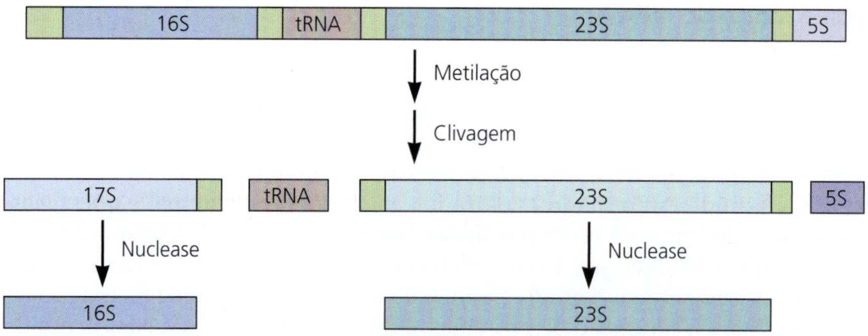

Figura 8.11 Processamento dos transcritos de rRNA. Os três tipos de rRNA se originam de uma molécula precursora comum.

teínas) ligam-se em uma certa ordem definida ao núcleo do rRNA da partícula. Em grande parte, o processo parece ocorrer espontaneamente, ou seja, sem a orientação ou facilitação de outras moléculas. A montagem de ribossomos é um exemplo esplêndido de como algumas macromoléculas biológicas possuem estabelecida dentro de si a capacidade de morfogênese, a montagem de estruturas complexas.

Com exceção dos casos anteriormente mencionados, os genes das aproximadamente 50 espécies de tRNA da célula estão em óperons separados daqueles que codificam rRNA. A necessidade de processamento desses tRNAs, a fim de produzir um produto ativo, é da mesma forma grande. Dezenas de enzimas agem sobre os transcritos de tRNA não processados, convertendo-os em moléculas funcionais. A produção da maioria das moléculas de tRNA envolve a clivagem de transcritos policistrônicos grandes em um tRNA precursor monocistrônico, a remoção de quaisquer nucleotídeos extras em cada extremidade, a adição de extremidades terminais CCA (às quais os aminoácidos ficam ligados), se essas ainda não estiverem no lugar, e, finalmente, a modificação extensiva de muitos resíduos de bases ou riboses para a produção de bases metiladas – assim como porções distintivas praticamente desconhecidas nos ácidos nucleicos, tais como inosina e pseudouridina. Um número incrível de genes (e de seus produtos enzimáticos) está envolvido na maturação do tRNA. No total, existem mais de 30 nucleosídeos modificados diferentes nos tRNAs de *E. coli* (mais de 80 nos vários micróbios que já foram estudados), produzidos por mais de 45 enzimas diferentes. Esses nucleosídeos modificados em tRNA maduro possuem funções sutis. Individualmente, muitos podem ser eliminados por mutação sem que haja a destruição da capacidade de crescimento da célula, mas não há dúvida de que contribuem à eficiência do papel dos tRNAs na tradução.

8.1 *EcoCyc, website que resume informações metabólicas sobre* E. coli.

Colisões de polimerases e organização genômica

Imagine uma forquilha de replicação com seus dois replissomos de DNA polimerase se movendo ao longo do cromossomo, replicando ambas as fitas de DNA à velocidade de 1.000 nucleotídeos por segundo (ver "Alongamento da fita de DNA" acima). O processo se assemelha a um trem que se move ao longo de seu trilho, mas o trilho não está claro! Longe disso. Adiante do trem estão moléculas de RNA-P – talvez milhares delas – empenhadas na transcrição de genes. Algumas dessas moléculas de RNA-P estão transcrevendo uma fita, outras a outra, dependendo da orientação do óperon (ou, o que é a mesma coisa, de qual fita é a **fita-senso** do óperon específico). Recorde (i) que a RNA-P avança apenas na direção 5'→3' e (ii) que as duas fitas de DNA se estendem em direções opostas. A partir desses fatos, está claro que algumas das moléculas de RNA-P adiante do replissomo estão se movendo em direção a ele, enquanto algumas estão se afastando dele. *De qualquer forma, as colisões com* *o replissomo são inevitáveis*, porque a RNA-P move-se à velocidade de apenas 45 nucleotídeos por segundo (ver "Alongamento da cadeia de RNA" acima), cerca de 20 vezes mais lentamente que a DNA polimerase do replissomo; portanto, mesmo aquelas que estão migrando na mesma direção do replissomo serão alcançadas.

Uma questão que imediatamente ocorre é: a colisão é catastrófica? Como se poderia supor, o evento não é letal – mas ele efetivamente tem consequências. O resultado é dependente da direção de transcrição, embora em todos os casos a RNA-P seja a perdedora. As colisões frontais são as piores; elas interrompem a replicação, ainda que brevemente, e abortam a transcrição. As colisões na mesma direção têm menos impacto; elas apenas reduzem a velocidade da replicação, permitindo a continuidade da transcrição. Igualmente, em qualquer região ativamente transcrita, haverá ligeiramente menos colisões se as moléculas de RNA-P estiverem migrando na mesma direção da forquilha de replicação.

Em virtude dessas duas razões (menos colisões e consequências mais amenas), há vantagem no fato de os genes estarem orientados na mesma direção da replicação. A análise de aproximadamente 100 genomas bacterianos completamente sequenciados confirma que tal vantagem levou a uma tendência de fita nos locais de vários genes. Os resultados são complexos, mas parece que em muitas espécies há uma forte tendência em ter os genes na fita que os orienta na direção da replicação (a *fita-líder* e não a *fita retardada*, como pode ser deduzido da Figura 8.4). Em alguns casos, a tendência se aplica principalmente a genes que são altamente expressos; em outros casos, ela se aplica mais àqueles genes com funções essenciais, independentemente de se são mais expressos ou não.

As colisões entre a RNA-P e o replissomo não são o único fator que influencia a organização do genoma. Por exemplo, genes perto da origem de replicação estão em maior **número de cópias** que aqueles perto do término (descrito em "A replicação do DNA durante o ciclo celular" no Capítulo 9). Esse efeito de dosagem gênica é outro de vários gradientes, ou características assimétricas, do cromossomo que influenciam a evolução da organização do genoma.

PROTEÍNA

Tempo e modo especial da síntese proteica

É do ribossomo que boa parte da vida depende, pois a produção eficiente e fiel de proteínas é o modo pelo qual a informação genética da célula se torna operacional.

As células bacterianas que estão rapidamente crescendo são fábricas alvoroçadas de produção de proteínas. Mais da metade do peso seco de uma célula procariótica se compõe de proteína e, dependendo da taxa de crescimento, de 30 a 60% da célula consiste na maquinaria de produção de proteínas. Essa maquinaria, denominada **sistema de síntese protéica** (**PSS**, de *protein-synthesizing system*), consiste em ribossomos; tRNA; enzimas ativadoras de aminoácidos; proteínas de iniciação, alongamento e terminação; enzimas que modificam o produto concluído, e proteínas que auxiliam o dobramento e a translocação das proteínas recém-formadas. Micrografias eletrônicas de secções finas da célula (ver Figura 3.1) confirmam visualmente o número de máquinas nessa fábrica, pois a aparência sobrecarregada do citoplasma é a de um compartimento abarrotado de ribossomos. As máquinas ribossômicas bacterianas não são só numerosas, elas também são menores e mais rápidas que os ribossomos eucarióticos. Da mesma forma, ao contrário dos 10 **fatores de iniciação** proteicos usados pelas células eucarióticas, as bactérias necessitam de apenas 3. Todo o PSS é mais aerodinâmico nos procariotos.

Embora o número de novas cadeias proteicas sendo produzidas e a velocidade de seu crescimento sejam impressionantes, ainda mais distintivo é o *modo* pelo qual a síntese proteica procariótica é executada. Na ausência de uma membrana nuclear, os cromossomos procarióticos (incluindo aqueles das Archaea), com poucas exceções, estão diretamente expostos no citoplasma, oferecendo a possibilidade de um arranjo extraordinariamente compacto de seu PSS. Uma vez que os transcritos de mRNA não têm de ser translocados de um núcleo a um citoplasma antes de funcionarem, *eles podem começar sua tarefa direcionando a síntese de polipeptídeos muito antes de eles próprios terem sido inteiramente transcritos*. Assim que um sítio de ligação ao ribossomo é formado na extremidade 5' do transcrito de mRNA nascente, inicia a síntese de proteínas. Essa situação estritamente procariótica é denominada **acoplamento entre transcrição e tradução** (Figura 8.12). Finalmente, outra característica procariótica exclusiva, já observada, é o fato de que a maioria de seu mRNA é policistrônica, um arranjo que facilita ainda mais a eficiência e a velocidade na produção de uma série de proteínas.

Vários aspectos desse processo global são similares na tradução eucariótica, apesar da diferença marcante ocasionada pela característica de transcrição e de tradução acopladas nos procariotos. No entanto, a estrutura molecular e o modo de ação do PSS bacteriano são tão diferentes dos componentes análogos do PSS eucariótico que as diferenças formam uma base forte para a terapia médica das infecções bacterianas. Os componentes do PSS bacteriano, particularmente o próprio ribossomo, são alvos validados de muitos antibióticos.

E a síntese proteica nas Archaea? A história é interessante, porque é uma mistura das características bacterianas e eucarióticas, juntamente com alguns componentes arqueobacterianos exclusivos. Os ribossomos arqueobacterianos assemelham-se aos das bactérias em tamanho, mas não na estrutura detalhada. Consequentemente, o conjunto de antibióticos (tais como estreptomicina, eritromicina, cloranfenicol e **tetraciclina**) que têm como alvo os ribossomos bacterianos é ineficaz contra os ribossomos arqueobacterianos. Mencionaremos outras diferenças na tradução ao longo do caminho.

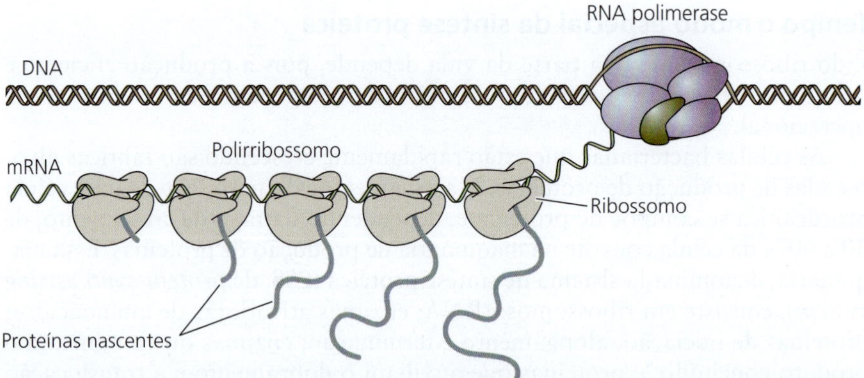

Figura 8.12 Acoplamento entre transcrição e tradução. A tradução (síntese proteica) ocorre à medida que a molécula de mRNA está sendo formada (transcrição). Essa síntese simultânea pode ocorrer apenas nos procariotos, onde não existe uma membrana nuclear que separa os dois processos.

Em uma base de peso por peso, poucas células eucarióticas podem se equiparar aos procariotos de crescimento rápido no que concerne à taxa de síntese proteica.

Tradução

A síntese proteica envolve a **tradução** – uma palavra, como a transcrição, usada por analogia com o processamento da linguagem. Ao passo que *transcrição* em linguística se refere a reescrever a informação na mesma língua (p. ex., copiar uma gravação de voz em um documento escrito), *tradução* envolve expressar a informação em uma língua diferente (p. ex., suaíli ou japonês). Em biologia, a *transcrição* ocorre quando a informação inerente a uma sequência de nucleotídeos (a língua dos ácidos nucleicos) no DNA é copiada em uma sequência de nucleotídeos no mRNA; a *tradução* é necessária à conversão dessa informação em uma sequência de aminoácidos (a língua das proteínas) em uma cadeia polipeptídica.

A tradução, seja na linguística, seja na biologia, depende de um tradutor. O tradutor biológico que interpreta uma sequência de nucleotídeos e a converte em uma sequência de aminoácidos não consiste em uma única molécula, mas sim em um grande conjunto de *pares* de moléculas: **aminoacil-tRNA sintetases** e moléculas de **tRNA**. Existem 20 aminoacil-tRNA sintetases; cada uma reconhece um aminoácido específico e o liga a moléculas de tRNA específicas. Essas últimas reconhecem os **códons** de nucleotídeos (nucleotídeos lidos em grupos de três ou **trincas**) no mRNA. Quando ligam o aminoácido adequado a cada uma das quase 50 moléculas de tRNA diferentes (o número varia entre as diferentes espécies), as aminoacil-tRNA sintetases preparam os tRNAs para combinar os aminoácidos com os códons no mRNA (Figura 8.13), realizando, desse modo, a proeza da tradução. Em alguns casos, existem menos espécies moleculares de tRNA que códons, e, nesses casos, a célula depende da oscilação (a leitura ambígua do terceiro nucleotídeo) para utilizar certos códons.

A Figura 8.14 ilustra as características gerais das moléculas de tRNA, incluindo os três nucleotídeos fundamentais denominados **trinca do anticódon** (dentro da alça II), que faz par com o códon no mRNA. A ligação do aminoácido ao tRNA na extremidade CCA produz a forma ativada do bloco de construção das proteínas. A ligação à aminoacil-tRNA sintetase ocorre em dois estágios. No primeiro, o aminoácido reage com ATP e forma uma molécula (ligada à enzima) de aminoacil-adenilato:

$$\text{ATP} + \text{aminoácido} \rightarrow \text{aminoacil-AMP} + \text{fosfato inorgânico } (P_i\text{-}P_i)$$

No segundo, o aminoacil-tRNA é formado por uma reação de transferência:

$$\text{Aminoacil-AMP} + \text{tRNA} \leftrightarrow \text{aminoacil-tRNA} + \text{AMP}$$

Notavelmente, a segunda reação é reversível, e, se um aminoácido incorreto for erroneamente ligado a um dado tRNA, a sintetase pode removê-lo. Por que esse mecanismo de **correção de erro** é importante? Porque qualquer aminoácido que estiver ligado ao tRNA é o aminoácido que será incorporado na proteína na posição exigida pelo códon correspondente ao tRNA, e não pelo aminoácido. Um aminoácido incorreto no tRNA resulta em um aminoácido incorreto na proteína e, possivelmente, em uma proteína inativa.

Iniciação da síntese proteica

A iniciação começa em um **sítio de início** no mRNA com a formação de um **complexo de iniciação** que consiste nas duas subunidades ribossômicas (50S e 30S), além de um tRNA iniciador especial (normalmente um tRNA de

Segunda letra

Primeira letra	U	C	A	G	Terceira letra
U	UUU Phe	UCU Ser	UAU Tyr	UGU Cys	U
	UUC Phe	UCC Ser	UAC Tyr	UGC Cys	C
	UUA Leu	UCA Ser	UAA Parada	UGA Parada	A
	UUG Leu	UCG Ser	UAG Parada	UGG Trp	G
C	CUU Leu	CCU Pro	CAU His	CGU Arg	U
	CUC Leu	CCC Pro	CAC His	CGC Arg	C
	CUA Leu	CCA Pro	CAA Gln	CGA Arg	A
	CUG Leu	CCG Pro	CAG Gln	CGG Arg	G
A	AUU Ile	ACU Thr	AAU Asn	AGU Ser	U
	AUC Ile	ACC Thr	AAC Asn	AGC Ser	C
	AUA Ile	ACA Thr	AAA Lys	AGA Arg	A
	AUG Met	ACG Thr	AAG Lys	AGG Arg	G
G	GUU Val	GCU Ala	GAU Asp	GGU Gly	U
	GUC Val	GCC Ala	GAC Asp	GGC Gly	C
	GUA Val	GCA Ala	GAA Glu	GGA Gly	A
	GUG Val	GCG Ala	GAG Glu	GGG Gly	G

Figura 8.13 O código genético. Os possíveis códons em trinca do mRNA são listados com os aminoácidos que codificam. Os códons sem sentido (*nonsense*), denominados UAA (*ochre*), UAG (*amber*) e UGA (*opal*), que ocasionam a terminação da tradução, estão sombreados e marcados com "Parada".

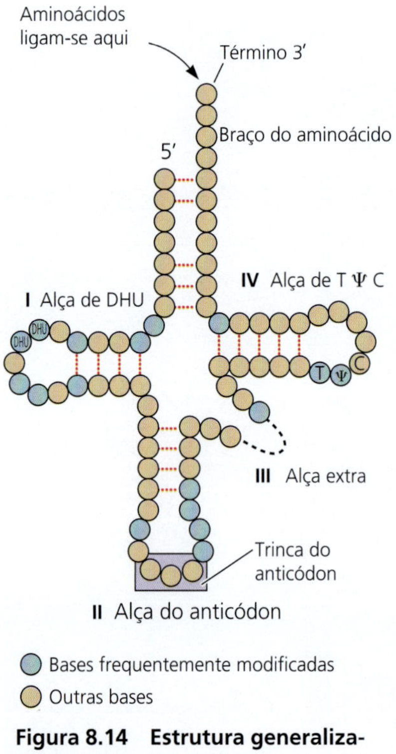

Figura 8.14 Estrutura generalizada do tRNA. Ψ significa pseudouridina; DHU significa di-hidroxiuridina.

metionina, que reconhece AUG) ao qual um derivado daquele aminoácido, a **formilmetionina (fMet)**, liga-se nas bactérias, embora não em outros micróbios. Em alguns casos, a fMet é ligada a um tRNA que lê códons valina (GUG) ou leucina (UUG), assim como o códon de metionina (AUG), que é muito mais comum. De qualquer forma, uma vez que esses códons aparecem com frequência dentro dos genes, como eles podem funcionar como **códons de início**? O que impede que a iniciação ocorra onde quer que haja um AUG dentro de um gene? A resposta é que, aproximadamente 10 nucleotídeos a montante, um códon de início autêntico é precedido por uma sequência de 4 a 6 bases que é complementar à extremidade 3' do 16S rRNA da subunidade ribossômica 30S. Acredita-se que essas bases, denominadas **sequência de Shine-Dalgarno**, ajudem no posicionamento da subunidade ribossômica 30S no sítio apropriado por meio da formação de ligações de hidrogênio com o 16S rRNA. Entre as Archaea, os sinais de início baseiam-se no mesmo princípio de afinidade com o 16S rRNA, mas o aminoácido inicial é metionina em vez de fMet.

As etapas que levam à formação do complexo de iniciação são mostradas na Figura 8.15. O ribossomo 70S, liberado de um mRNA anterior, dissocia-se em seus componentes 30S e 50S pela intervenção de GTP e três fatores de iniciação proteica acessórios (**IF1, IF2** e **IF3**), que se ligam à subunidade 30S. Esses fatores promovem a associação de fMet-tRNA e a ligação desse complexo a um sítio de iniciação no mRNA. Esse **complexo de iniciação 30S** é unido a uma subunidade 50S parceira, e ocorre a hidrólise de GTP, o que ajuda a ejetar os fatores de iniciação e, de algum modo, estabiliza o complexo. Até então, os três fatores se separaram, e o complexo de iniciação 70S maduro está pronto para ir adiante.

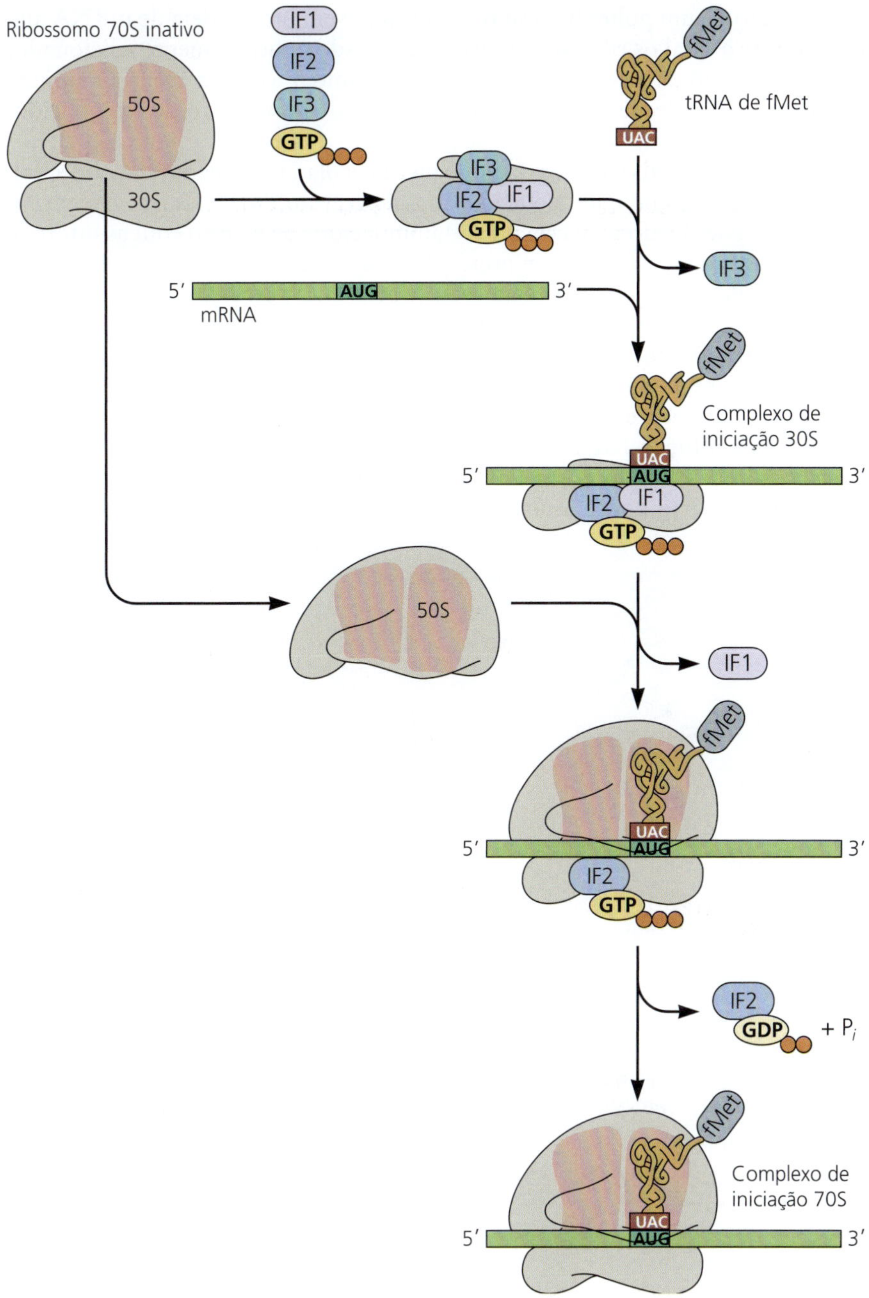

Figura 8.15 Iniciação da síntese proteica bacteriana. Veja o texto para detalhes.

Alongamento da cadeia polipeptídica

Uma vez que o complexo de iniciação tenha se formado, um polipeptídeo nascente cresce por um **ciclo de alongamento**, que adiciona um aminoácido a cada ciclo à medida que o ribossomo 70S avança ao longo do mRNA. O ciclo requer três proteínas denominadas **fatores de alongamento** e o gasto de duas ligações de alta energia (fornecidas pela hidrólise de duas moléculas de GTP). O polipeptídeo crescente está ligado ao ribossomo pelo aminoacil-tRNA mais recente que participa da ação. Logo após um ribossomo ter liberado o sítio de início, outro complexo de iniciação se forma. As iniciações repetidas resultam na formação de um **polirribossomo** que consiste em uma cadeia de mRNA ainda crescente à qual os ribossomos 70S estão sendo continuamente adicionados no sítio de início da tradução perto de seu **término 5'** (Figura 8.12). O número de rodadas do ciclo de alongamento corresponde ao número de aminoácidos na proteína.

Um dos principais triunfos da biologia molecular, juntamente com a decifração do código genético, foi a elucidação da estrutura do ribossomo e os meios químicos e físicos pelo quais ele une os aminoácidos de acordo com as informações herdadas. Devemos dar um pouco de atenção a esses conhecimentos.

O peptídeo nascente começa a crescer pelo início do ciclo de alongamento (Figura 8.16). Cada rodada do ciclo resulta na adição de um aminoácido pela formação de uma ligação peptídica (uma ligação amida entre o grupamento amino de um aminoácido e o grupamento carboxil do próximo) em um processo cuidadosamente orquestrado e que foi aperfeiçoado durante os bilhões de anos da evolução bacteriana. Para visualizar o começo do ciclo, imagine um ribossomo 70S que porta uma cadeia peptídica parcialmente completa, ligada em um certo ponto a um mRNA. Esse ribossomo possui três sítios que

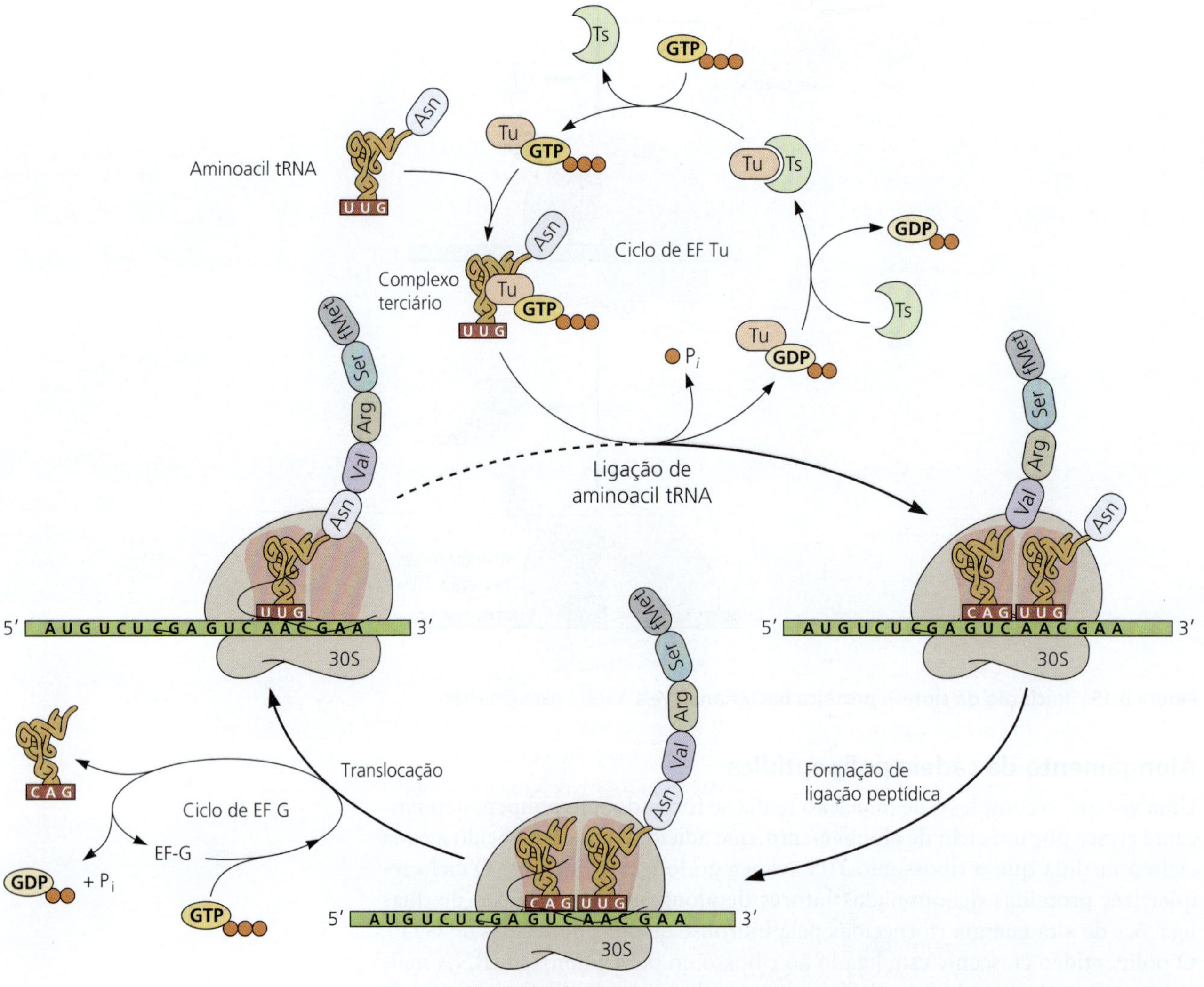

Figura 8.16 Ciclo de alongamento na síntese proteica bacteriana. Veja o texto para detalhes.

se ligam ao tRNA. O **sítio A** aceita a molécula de aminoacil-tRNA, e o **sítio P** é ocupado por uma molécula de tRNA à qual está ligada uma cadeia peptídica parcialmente completa. O **sítio E** (não mostrado na figura) é ocupado por um tRNA não carregado, que recentemente transferiu sua cadeia peptídica ao novo tRNA carregado e está quase saindo do ribossomo. Os anticódons das moléculas de tRNA em todos os três sítios estão pareados com os códons do mRNA.

Na primeira reação do ciclo de alongamento – a **ligação do aminoacil-tRNA** – um tRNA aminoacilado com um anticódon apropriado liga-se ao códon exposto do sítio A. Essa reação requer duas proteínas acessórias (fator de alongamento Tu [**EF-Tu**] e **EF-Ts**) e o gasto de energia sob a forma de hidrólise do fosfato terminal de GTP. O aminoacil-tRNA não entra no sítio A sozinho, mas como um **complexo ternário:** aminoacil-tRNA-EF-Tu-GTP. Após a hidrólise do GTP, a proteína EF-Ts remove GDP do complexo, de modo que EF-Tu fica livre para formar um novo complexo ternário (o que é denominado ciclo de EF-Tu).

Os tRNAs nos sítios A e P estão adequadamente posicionados, de modo que o grupamento amino do aminoácido ligado ao tRNA no sítio A situa-se próximo ao grupamento acil terminal do peptídeo no sítio P. A segunda etapa, a **formação da ligação peptídica**, quebra a ligação acil e forma a ligação peptídica – *uma reação catalisada não por uma proteína, mas por um segmento do 23S RNA da subunidade ribossômica 50S* (que é, portanto, um exemplo de uma **ribozima**, uma molécula de RNA com atividade catalítica). Essa ação resulta na transferência do peptídeo (agora um aminoácido mais longo) ao tRNA no sítio A. O tRNA não carregado é então movido do sítio P ao E durante a terceira etapa do ciclo, a **translocação**, por meio da qual o tRNA que porta o peptídeo é transferido do sítio P e o ribossomo é movido um códon adiante do mRNA. A translocação requer a participação da terceira proteína acessória, EF-G, e a hidrólise de um segundo GTP (o ciclo de EF-G). Isso completa o ciclo de alongamento.

Por toda a sua complexidade, o ciclo é veloz, adicionando aproximadamente 15 resíduos de aminoácidos por segundo à cadeia nascente (em *E. coli* crescendo a 37 °C). Contudo, a velocidade não é a única característica. Talvez você se recorde que a taxa de síntese do mRNA é de aproximadamente 45 nucleotídeos por segundo. Uma vez que os ribossomos avançam ao longo do mRNA a uma velocidade de 15 códons por segundo, e uma vez que um códon consiste em três nucleotídeos, *os ribossomos se movem ao longo da mensagem à mesma taxa em que a mensagem está sendo formada.* Assim, cada molécula de mRNA está coberta com uma grande quantidade de ribossomos que estão ativamente traduzindo o mRNA crescente, e o ribossomo que lidera a migração está acompanhando o ritmo da RNA-P na bolha de transcrição – um processo muito elegante (Figura 8.12). Uma consequência dessa sincronia é que, contanto que a tradução esteja prosseguindo, não há um segmento grande de mRNA exposto a nucleases.

O alongamento dos peptídeos nascentes acontece de modo similar nas Archaea, embora, mais uma vez, os componentes do sistema difiram estruturalmente de seus equivalentes bacterianos. O EF-G arqueobacteriano é mais semelhante ao fator eucariótico que ao procariótico.

Terminação da tradução

A terminação não é espontânea. Ela requer dois eventos (hidrólise do peptidil-RNA e liberação do peptídeo concluído) e é desencadeada quando o ribossomo encontra um dos três **códons de terminação** (UAA, UAG ou UGA; também denominados **códons sem sentido** ou ***nonsense***, porque comumente nenhum tRNA é capaz de lê-los e, portanto, não possuem nenhum sentido). Uma exceção fascinante, que evoluiu apenas nas bactérias, é o uso de UGA para o tRNA de selenocisteína (cisteína com um átomo de selênio no lugar de enxofre). Aparentemente, o contexto no qual o códon UGA aparece (ou seja, os tipos de códons que o cercam) determina se ele funcionará como um **códon de parada** ou como um códon com sentido que requer selenocisteinil tRNA.

O que ocorre em seguida depende das ações de dois fatores proteicos acessórios. Um, o **fator de liberação 1** (**RF-1** ou **RF-2**, dependendo do códon de terminação encontrado), liga-se ao sítio A e ativa uma **peptidil transferase** que hidrolisa o peptídeo do tRNA no sítio P. O segundo, **RF-3**, remove o outro fator de liberação do ribossomo. Então, o ribossomo 70S se dissocia em suas subunidades, que são recicladas para traduzir outra molécula de mRNA.

Processamento de proteínas

Para ser preciso, a tradução de um mRNA produz um *polipeptídeo* – um arranjo linear específico de aminoácidos em ligação peptídica. Um polipeptídeo torna-se uma *proteína* pelo dobramento em sua forma tridimensional madura, ocasionalmente após uma ou mais modificações químicas de alguns resíduos. Contudo, a moldagem de um polipeptídeo em uma proteína não espera até a terminação da tradução; um pouco de dobramento e modificação ocorrem enquanto a cadeia peptídica está crescendo.

Três processos convertem uma cadeia polipeptídica em uma proteína funcional, tenha ela um papel catalítico, regulatório ou estrutural. A **modificação** covalente cliva resíduos extras de qualquer extremidade da cadeia polipeptídica e pode covalentemente adicionar outros substitutos à estrutura peptídica primária. Antes ou após essas modificações, a cadeia deve passar pelo processo de **dobramento**, para que se altere de uma molécula linear randômica à sua forma tridimensional madura e ativa. Em terceiro lugar, a proteína deve ser **translocada** para seu local apropriado: dentro, sobre ou fora da célula.

Modificação covalente

A **clivagem** de resíduos de aminoácidos das regiões N-terminais das proteínas é relativamente comum e pode envolver simplesmente o resíduo de f-Met inicial ou a remoção de peptídeos-líder consideráveis que serviram a várias funções, incluindo **peptídeos-sinal** que funcionam na translocação (exportação e secreção – trataremos disso posteriormente) de muitas proteínas. A formação de ligações S-S é outro exemplo de modificação covalente. Em *E. coli*, e provavelmente na maioria das outras bactérias, as ligações S-S não se formam dentro do citoplasma, porque ele é altamente reduzido. Elas se formam dentro de certas proteínas depois de terem sido exportadas ao periplasma, que é menos redutor. (Uma exceção, e pode muito bem haver mais, é que as ligações S-S de fato se formam dentro do citoplasma – mais oxidante – das cianobactérias.)

Finalmente, a adição de fosfato, grupamentos metil, nucleotídeos, ácidos graxos, açúcares ou, em alguns casos, grupamentos cianeto é bastante comum (Tabela 8.2). Essas modificações se enquadram em duas classes funcionais. A primeira classe simplesmente completa as moléculas proteicas que necessitam de grupamentos químicos especiais as suas funções (tais como as lipoproteínas ou glicoproteínas). Referimo-nos a elas como **modificações de montagem**. A segunda classe são as **modificações de modulação**, que regulam (ou modulam) a atividade da proteína madura. Elas propiciam ajustes flexíveis na estrutura e atividade proteica, e a maioria é reversível. Falaremos mais sobre elas no Capítulo 12.

Tabela 8.2 Exemplos de modificações proteicas bacterianas

Tipo de modificação	Proteína[a]
Principalmente em reações de montagem	
Clivagem de peptídeo-sinal	Proteínas secretadas
Formação de ligações S-S	Muitas proteínas
Adição de porção de lipídeo	Lipoproteína da mureína
Adição de porção de açúcar	Glicoproteínas de membrana
Ligação de grupo prostético	Muitas enzimas
Principalmente em reações de modulação	
Fosforilação	Proteína ribossômica S6; desidrogenase isocítrica; muitas proteínas com funções regulatórias
Metilação	Transdutores de sinais quimiotáticos
Acetilação	Proteína ribossômica L7
Adenilação	Glutamina sintetase

[a]Os exemplos são extraídos de *Escherichia coli*.

Dobramento de proteínas

Em geral, tem-se suposto que os polipeptídeos possuem informações na estrutura da sequência primária de aminoácidos para direcionar seu dobramento em uma proteína madura e biologicamente ativa. Essa noção não é inteiramente correta. A maioria dos polipeptídeos pode dobrar-se em qualquer uma de várias formas tridimensionais finais, das quais apenas uma pode ser biologicamente funcional. O caminho da cadeia polipeptídica praticamente unidimensional à proteína final não foi completamente mapeado, mas se aprendeu muito na década passada. Nas bactérias, o ímpeto e o momento da maioria das descobertas sobre o dobramento de proteínas proveio de pesquisas acerca da **resposta a choque térmico** (ver Capítulo 12). A história possui muitos detalhes fascinantes, mas aqui apenas resumiremos os principais aspectos da rota bacteriana de dobramento de proteínas, deixando de lado sua modulação por estresses ambientais.

A rota de dobramento de proteínas mostrada na Figura 8.17 opera a partir de dois princípios. Primeiro, se deixado que execute o dobramento por sua própria conta, um polipeptídeo provavelmente se dobrará erroneamente, e, portanto, ele não deve ser deixado sozinho por muito tempo. Segundo, o dobramento errôneo deve ser rapidamente corrigido. As bactérias contêm grandes quantidades de mais ou menos uma dúzia de proteínas que são apropriadamente denominadas **chaperonas**. Elas associam-se temporariamente com os polipeptídeos à medida que eles estão se dobrando, a fim de modular a velocidade e a rota do processo. (Na verdade, existem várias famílias dessas moléculas, e elas são fundamentais à vida de todas as células, tanto procarióticas como eucarióticas. As famílias de chaperonas foram bastante conservadas em todos os seres vivos.) Em *E. coli*, a primeira chaperona encontrada por um polipeptídeo é o **fator de disparo** associado ao ribossomo. Tal proteína de domínios múltiplos possui uma atividade de **peptidil prolina isomerase** e medeia conversões *cis-trans* de ligações de prolina peptidil no polipeptídeo crescente. Os resíduos de prolina introduzem curvaturas na estrutura secundária das cadeias proteicas, e o fator de disparo ajuda a garantir que as ligações de prolina sejam apropriadamente rodadas. Uma vez fora do ribossomo, um polipeptídeo que ainda precise de assistência é combinado a outra chaperona, **DnaK**, que,

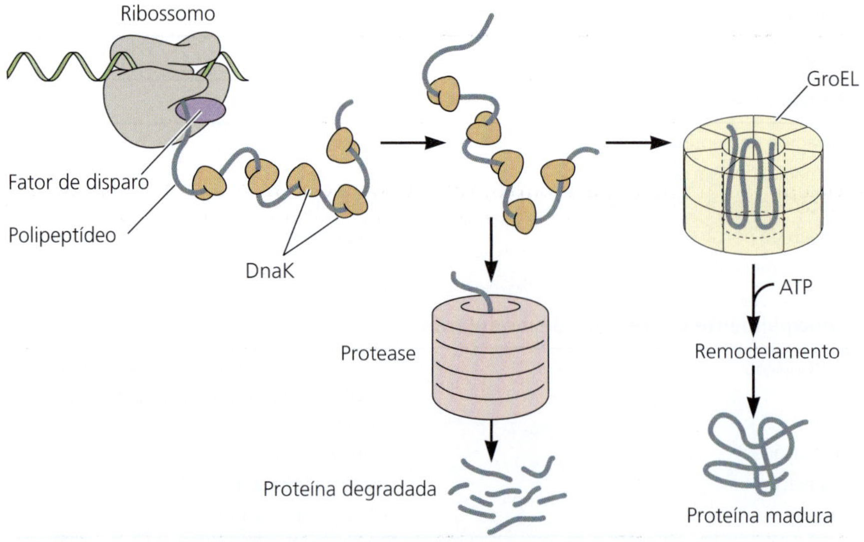

Figura 8.17 Rota de dobramento de proteínas. Veja o texto para detalhes.

com o auxílio de chaperonas companheiras, possui a capacidade de remover pequenas regiões hidrofóbicas erroneamente dobradas. Alguns polipeptídeos que estão amadurecendo necessitam de assistência adicional, sendo que isso é possibilitado por uma máquina de dobramento que consiste em GroEL e GroES. As moléculas de GroEL associam-se e formam câmaras moleculares muito grandes, dentro das quais os polipeptídeos podem ser modelados e estão protegidos de proteases; GroES controla a entrada na câmara de GroEL.

É importante que a célula tenha uma alternativa à rota de dobramento assistida pelas chaperonas. Alguns polipeptídeos se acumulam em um estado erroneamente dobrado inútil, em virtude de erros de síntese ou em consequência de danos causados por condições ambientais (Figura 8.17). Esses desajustes são rapidamente destruídos por proteases, e seus aminoácidos são reutilizados.

Translocação de proteínas

Em ambientes aquosos, como o citoplasma ou o periplasma, as moléculas proteicas adequadamente dobradas possuem superfícies hidrofílicas; a maioria dos resíduos de aminoácidos hidrofóbicos está enterrada no interior da proteína. Se fosse de outro modo, tais proteínas se agregariam e precipitariam; as proteínas hidrofóbicas, como aquelas incrustadas nas membranas lipídicas das células, são sabidamente insolúveis em soluções aquosas, a menos que sejam revestidas por um detergente. Com sua superfície hidrofílica, as moléculas proteicas não podem prontamente entrar ou passar pelas membranas fosfolipídicas hidrofóbicas, ainda que isso deva ocorrer. *A membrana celular bacteriana contém mais de 300 proteínas* com uma grande variedade de funções metabólicas (ver Capítulos 2 e 6), ao passo que *o periplasma e a membrana externa das bactérias gram-negativas possuem outra centena ou mais de proteínas não encontradas no citoplasma*. Além disso, as bactérias gram-positivas e, em menor grau, as bactérias gram-negativas secretam proteínas (enzimas e toxinas) em seus ambientes. Algumas bactérias até mesmo injetam proteínas diretamente dentro das células hospedeiras eucarióticas (ver Capítulo 20). Como isso ocorre?

Nossa primeira impressão poderia ser que as proteínas que entram nas membranas são excepcionalmente hidrofóbicas. Essa noção possui um fundo de verdade. Muitas proteínas de membrana das células são bastante hidrofóbicas, projetando apenas caudas hidrofílicas para dentro do citoplasma ou para o exterior; as alças ou caudas hidrofóbicas que talvez estejam na membrana podem ser pequenas ou bastante extensas. Por outro lado, muitas proteínas periplasmáticas e secretadas são tão hidrofílicas quanto as proteínas citoplasmáticas comuns. Deve haver outra resposta. Na verdade, as bactérias desenvolveram no mínimo uma meia dúzia de formas para mover proteínas para dentro e através das membranas. A **translocação** (o movimento de uma molécula de um local para outro) tem-se tornado um tópico fértil de pesquisa, e novos mecanismos estão sendo continuamente relatados tanto para a **exportação de proteínas** (translocação para fora do citoplasma) como para a **secreção de proteínas** (translocação através de todas as membranas para o ambiente externo). Uma palavra de advertência é necessária aqui: a nomenclatura no assunto da translocação ainda não é consistente, e os termos "exportação" e "secreção" (e até "excreção", usado por alguns autores) não são empregados com uniformidade. Deveríamos utilizar "translocação" para indicar a transferência de uma proteína de um compartimento para qualquer outro destino, "exportação" para indicar a passagem para fora do citoplasma e "secreção" para indicar a passagem para o ambiente externo. Considera-se que as proteínas que têm como destino final a membrana celular, o periplasma ou a membrana externa sejam *exportadas*, e diz-se que aquelas que são enviadas para o ambiente são *secretadas*.

Duas questões surgem imediatamente. Como a célula reconhece o destino apropriado de uma proteína? E, uma vez que uma proteína que necessita de translocação é reconhecida, como o movimento é realizado? O reconhecimento é um enorme quebra-cabeça, pois requer não só a informação de que uma proteína deve ser movida, mas também qual deve ser seu destino. A proteína deve residir na membrana celular, no periplasma ou na membrana externa, ou deve ser secretada para o ambiente? As respostas estão começando a ser obtidas. Como de praxe, a maioria das informações provém de estudos em *E. coli*.

A inserção na membrana celular é o caso mais simples. Como já dissemos, as proteínas ou as porções delas que residem dentro das membranas são hidrofóbicas. Essa propriedade por si só é suficiente para que algumas proteínas sejam incorporadas na membrana celular (embora algumas necessitem da ajuda de outras proteínas). Entretanto, a exportação de proteínas através da membrana celular é consideravelmente mais complexa. Primeiro, vamos considerar como isso ocorre via o sistema **Sec**, que é amplamente disseminado e responsável pela exportação da maioria das proteínas periplasmáticas e da membrana externa de bactérias gram-negativas e das proteínas secretadas de bactérias gram-positivas. O reconhecimento pelo sistema Sec ocorre cedo, normalmente enquanto o peptídeo ainda está sendo produzido no ribossomo. Um sítio de reconhecimento, denominado **sequência-sinal**, se localiza na região N-terminal da proteína e, por isso, é a primeira parte a ser sintetizada; ele consiste em 15 a 30 aminoácidos de uma sequência distinta, mas variável (Figura 8.18). Uma das proteínas do sistema Sec (SecA) reconhece essa sequência, liga-se a ela e direciona a proteína para um canal de passagem que atravessa a membrana celular e é composto de outras três proteínas Sec (SecY, -E e -G) (Figura 8.19). Como esse canal possui uma superfície interna hidrofílica, as proteínas hidrofílicas podem passar por ele. Em trânsito rumo à membrana, a proteína é coberta com ainda outra proteína Sec (SecB), que é uma chaperona específica para proteínas exportadas que impede seu dobramento, mantendo-as, desse modo, em uma forma estendida – de modo que elas podem passar através do canal. Durante essa passagem, uma "peptidase-sinal" (Lep) corta fora a sequência-sinal da proteína; ela agora concluiu seu trabalho. A passagem de uma proteína pelo canal SecYEG não é de graça; ela requer energia na forma de força motora de prótons, ATP ou ambas. SecG e SecA hidrolisam uma molécula de ATP,

Precursor de:	Localização	Seqüência de aminoácidos (Região básica hidrofílica)	(Região hidrofóbica)	
Lipoproteína	ME	Met Lys Ala Thr Lys	Leu Val Leu Gly Ala Val Ile Leu Gly Ser Thr Leu Leu Ala Gly Cys	
Receptor de λ	ME	(Met)Met Ile Thr Leu Arg Lys	Leu Pro Leu Ala Val Ala Val Ala Ala Gly Val Met Ser Ala Gln Ala	Met Ala Val
Proteína de ligação à maltose	EP	Met Lys Ile Lys Thr Gly Ala Arg	Ile Leu Ala Leu Ser Ala Leu Thr Thr Met Met Phe Ser Ala Ser Ala	Leu Ala Lys
β-Lactamase	EP	Met Ser Ile Gln His Phe Arg	Val Ala Leu Ile Pro Phe Phe Ala Ala Phe Cys Leu Pro Val Phe Ala	His
Proteína de ligação à arabinose	EP	Met Lys — Thr Lys	Leu Cal Leu Gly Ala Cal Ile Leu Thr Ala Gly Leu Ser — Gly Ala	— Ala Glu
Proteína maior de cobertura do fago fd	MC	Met Lys Lys Ser Leu Val Leu Lys	Ala Ser Val Ala Val Ala Thr Leu Val Pro Met Leu Ser Phe Ala Ala	
Proteína menor de cobertura do fago fd	MC	Met Lys Lys	Leu Leu Phe Ala Ile Pro Leu Val Val Pro Phe Tyr Ser His Ser Ala	

Figura 8.18 Sequências-sinal. As extremidades amino-terminais das formas precursoras de sete proteínas que entram no envelope de *E. coli* são mostradas. Os aminoácidos básicos da região hidrofílica estão nos quadrados em verde, os resíduos de glicina e prolina da região hidrofóbica estão nos quadrados em laranja, e os resíduos nos sítios de clivagem (setas) estão mostrados em vermelho. ME, membrana externa; EP, espaço periplasmático; MC, membrana celular.

fornecendo energia suficiente para forçar uma proteína com aproximadamente 20 aminoácidos de extensão através do canal. A proteína agora se dobra no periplasma (ou no ambiente, no caso de bactérias gram-positivas). Tudo isso está mostrado na Figura 8.19A.

As proteínas que devem ser inseridas na membrana celular, em vez de serem secretadas a partir da célula, normalmente seguem outras rotas (Figura 8.19B). As regiões N-terminais dessas proteínas apresentam uma sequência-sinal âncora que é reconhecida por uma partícula de reconhecimento de sinal que consiste em uma proteína (Ffh) e uma pequena (4,5S) molécula de RNA (ffs). A partícula de reconhecimento de sinal acompanha a proteína nascente, enquanto ela ainda está sendo traduzida, até um receptor proteico na membrana celular, FtsY. A tradução da futura proteína de membrana continua em FtsY, durante a qual algumas proteínas são inseridas na membrana com o auxílio de SecYE (rota mais à esquerda na Figura 8.19B), enquanto outras são inseridas sem a mediação de SecYE (rota mais à direita).

Nas bactérias gram-positivas, as proteínas são secretadas diretamente, mas as proteínas secretadas das bactérias gram-negativas também devem atravessar a membrana externa. Em certos casos, os dois processos são sequenciais: o sistema Sec as exporta ao periplasma, e, então, um sistema diferente as leva através da membrana externa. Tais transportadores de membrana externa podem ser bastante complexos; por exemplo, 14 diferentes proteínas são necessárias ao transporte de uma amilase através da membrana externa de *Klebsiella*. Outras proteínas (p. ex., toxinas, bacteriocinas e proteínas que constroem os flagelos e as fímbrias) são transportadas através de ambas as membranas por sistemas específicos para cada proteína.

Nem todos os mecanismos encaixam-se perfeitamente bem em uma dessas categorias. Um exemplo fascinante de translocação que não é cotraducional, nem dependente de Sec, ocorre em muitas bactérias patogênicas (espécies de *Yer-*

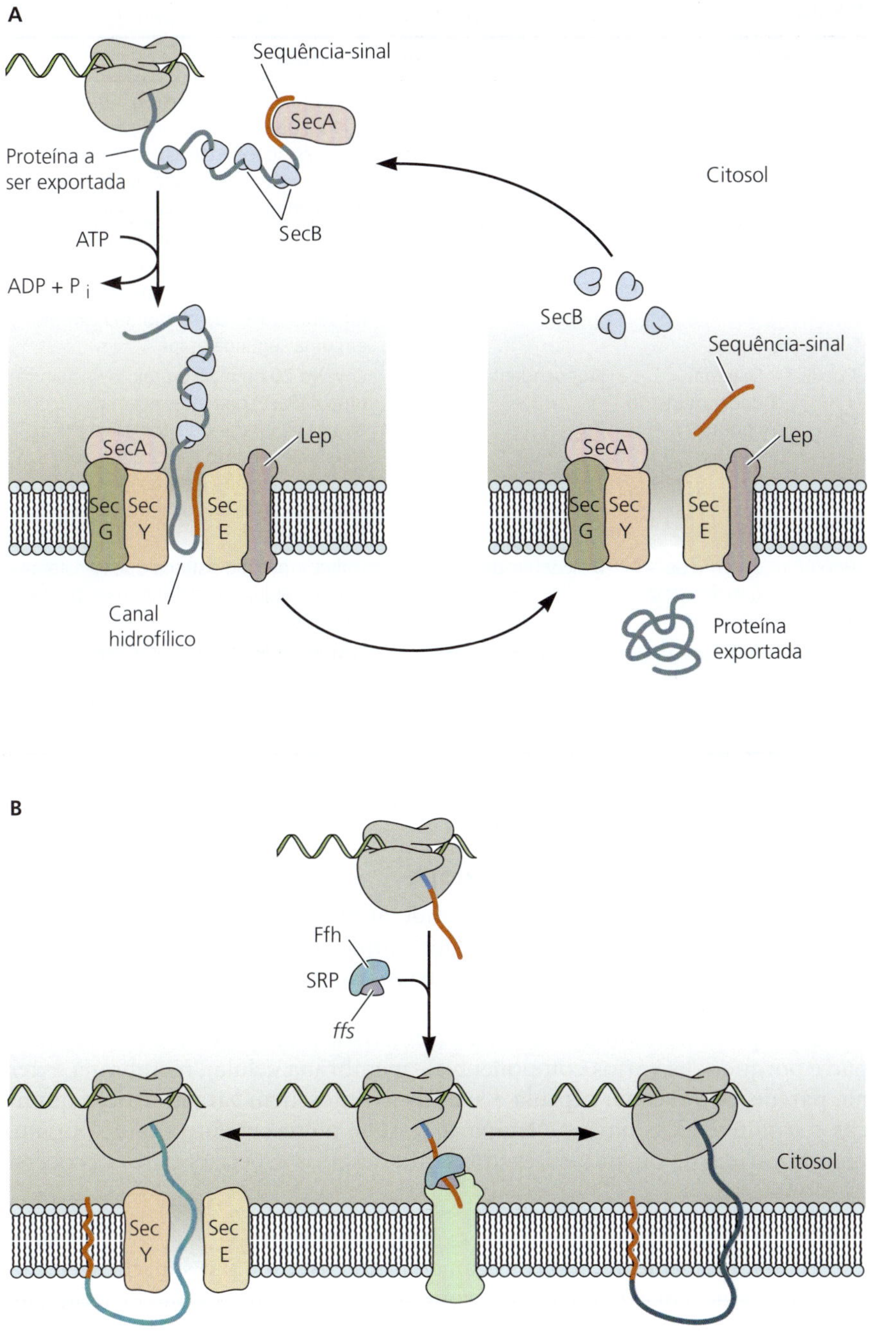

Figura 8.19 Dois modos de translocação proteica mediada por Sec. (A) Exportação através da membrana celular. **(B)** Inserção na membrana celular. SRP, partícula de reconhecimento de sinal. Veja o texto para detalhes adicionais.

sinia, *Salmonella*, *Shigella* e *Pseudomonas*). Ela é denominada **secreção dependente de contato**. A secreção é desencadeada pelo contato da bactéria com uma célula hospedeira e resulta na injeção direta da proteína na célula hospedeira, onde ela participa da infecção. Esse modo de secreção, também conhecido como **secreção do tipo III**, é mediado por um grande complexo de aproximadamente 20 proteínas (incluindo uma chaperona para a proteína a ser secretada e uma proteína de ligação a ATP para energizar o sistema) (ver Capítulo 21).

O repertório dos modos de exportação de proteínas parece não ter fim; novas formas continuam a ser descobertas. Uma lista parcial é dada na Tabela 8.3 e ilustrada na Figura 8.20.

Tabela 8.3 Alguns sistemas de secreção de proteínas nas bactérias gram-negativas

Sistema	Nome	Dependência de Sec	Descrição
Tipo I	Exportador ABC	Independente de Sec	Consiste em três proteínas, uma das quais é um cassete de ligação ao ATP; às vezes denominado transportador ABC; funciona em proteínas que não possuem uma sequência-sinal
Tipo II	Sistema de duas etapas	Dependente de Sec	Move uma proteína para dentro do periplasma pelo sistema Sec em uma etapa; então, 14 proteínas acessórias a movem através da membrana externa em uma segunda etapa
Tipo III	Sistema dependente de contato	Independente de Sec	Envolve 20 ou mais proteínas (incluindo uma ATPase) que atravessam o envelope a partir do citoplasma até a superfície; ativado por contato com a célula hospedeira e então injeta uma toxina proteica diretamente na célula hospedeira
Tipo IV	Sistema de transferência conjugal	Desconhecido	Utiliza o mesmo sistema que transfere DNA de algumas bactérias para células eucarióticas
Tipo V	Autotransporte	Dependente de Sec	Envolve duas etapas, como no tipo II, mas não são necessárias proteínas auxiliares para a transferência através da membrana externa

FORMAÇÃO DO ENVELOPE

Desafios da formação do envelope

O envelope bacteriano realiza um grande número de funções cruciais – muito mais que a superfície relativamente simples das células eucarióticas. De modo apropriado, sua estrutura é extremamente complexa, tanto nas formas gram-positivas como nas gram-negativas (ver Capítulo 2). A montagem do envelope bacteriano possui uma característica tipicamente bacteriana, em parte porque seus vários componentes – membrana celular, membrana externa, parede, periplasma, cápsula e apêndices – possuem características químicas e arquitetônicas únicas e em parte porque o crescimento rápido em uma grande variedade de ambientes apresenta desafios especiais para o processo de montagem.

Considere esses desafios.

- Topologicamente, todas as camadas do envelope são superfícies fechadas e devem ser fisicamente contínuas para a integridade e viabilidade celular, já que precisam sempre se expandir durante o crescimento celular pela adição de novos materiais.
- Todos os constituintes do envelope devem crescer coordenadamente e com especial atenção aos seus destinos finais.
- As proteínas, os lipídeos e os polissacarídeos complexos devem ser corretamente incorporados em seus locais de destino, o que pode ser, no caso das bactérias gram-negativas, a membrana celular, o periplasma, a membrana externa ou o exterior.
- Os envelopes recém-montados devem facilitar a divisão celular.
- O envelope, como o primeiro sensor de alterações ambientais, deve participar na resposta celular a essas alterações, em muitos casos pela modificação de sua própria estrutura ou composição.

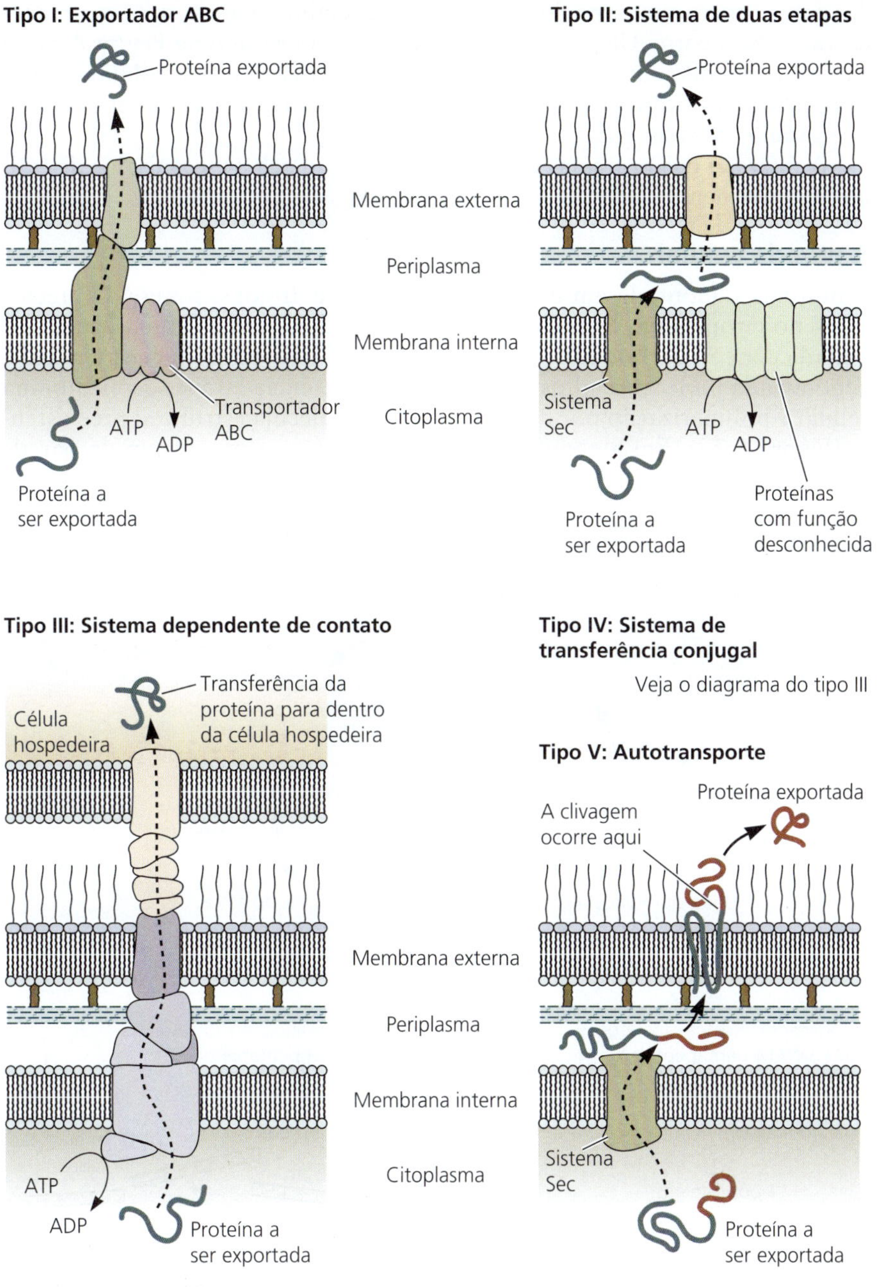

Figura 8.20 Vários mecanismos de exportação de proteínas. Veja a Tabela 8.3 para detalhes.

Tudo isso nos leva a questionar como os componentes do envelope são montados com velocidade, precisão e flexibilidade adaptativa. Os microbiologistas têm apenas uma visão geral sobre o processo. Muitas questões específicas ainda não estão respondidas.

Aqui, apresentamos um panorama geral do que está envolvido na construção dessa parte complexa da célula bacteriana.

A membrana celular

Não se sabe com certeza se a membrana é montada em alguns ou muitos locais. As moléculas fosfolipídicas recém-formadas aparecem primeiramente no folheto interno da membrana celular, sendo que algumas devem ser transloca-

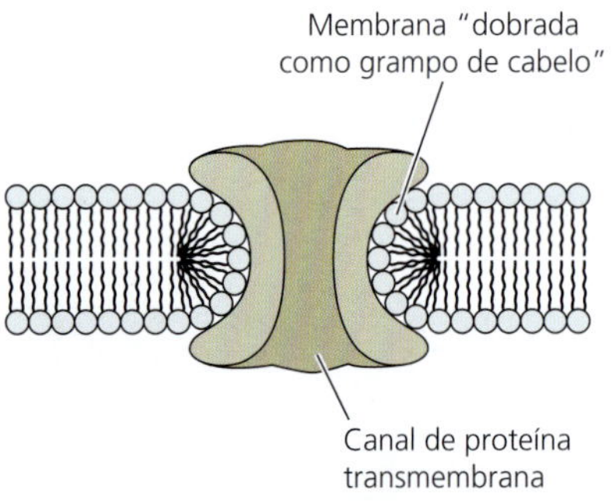

Figura 8.21 Incorporação de fosfolipídeos na bicamada da membrana celular. Veja o texto para detalhes.

das para se tornarem parte do folheto externo, embora não se saiba exatamente como isso ocorre. Um mecanismo hipotético é mostrado na Figura 8.21. O curioso é que diferentes fosfolipídeos são assimetricamente distribuídos entre os folhetos das bicamadas das membranas bacterianas. Pouco se sabe sobre o que garante tal assimetria.

A inserção das proteínas de membrana ocorre pelos mecanismos discutidos anteriormente.

A parede celular

A mureína é montada em uma série de etapas definidas: síntese de precursores no citoplasma, ligação a um transportador lipídico (uma cadeia alquilada com 55 carbonos de comprimento com um fosfato na extremidade, denominada undecaprenilfosfato) para a transferência através da membrana celular e polimerização por meio de adição à molécula estrutural preexistente (Figura 8.22). Em algumas espécies bacterianas, a montagem da parede

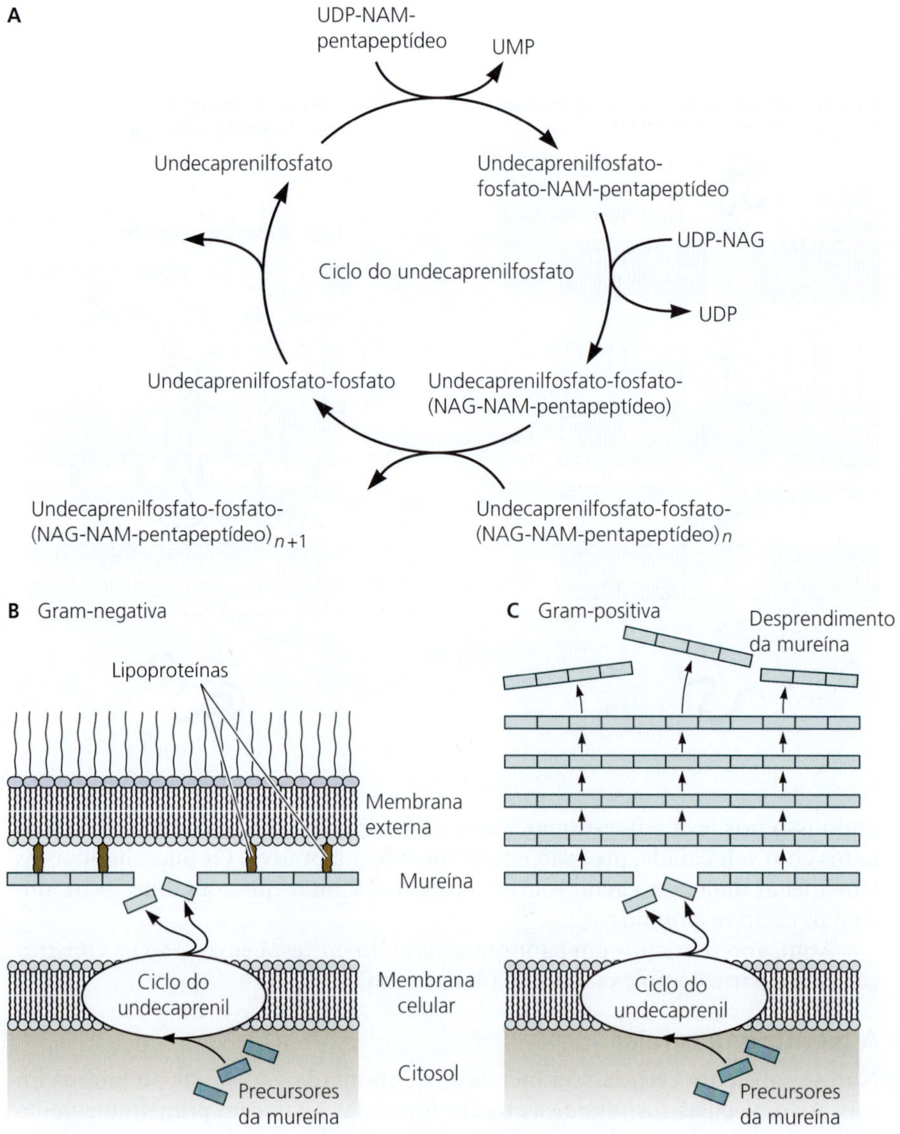

Figura 8.22 Síntese e montagem da parede de mureína. (A) Ciclo do undecaprenilfosfato. A síntese do precursor da mureína undecaprenil-P-P-[NAG-NAM-pentapeptídeo] e sua polimerização (mostrado em vermelho) em glicano são mostradas. P, fosfato; NAM, ácido *N*-acetilmurâmico; NAG, *N*-acetilglicosamina; UDP, uridina difosfato; UMP, uridina monofosfato. **(B)** Montagem da parede em bactérias gram-negativas. O diagrama mostra a região onde as unidades precursoras da mureína (NAG-NAM-pentapeptídeo) são transportadas através da membrana celular em undecaprenilfosfato, polimerizadas em glicano no periplasma e covalentemente ligadas a um sáculo de mureína existente. **(C)** Montagem da parede e reciclagem em bactérias gram-positivas. Assim como nas bactérias gram-negativas, o ciclo do undecaprenil funciona na membrana celular, botando para fora as unidades precursoras da mureína que são polimerizadas e ligadas ao sáculo de mureína preexistente. Em muitas espécies, a mureína recém-formada avança a partir de seu local de síntese até a periferia da célula, onde é finalmente hidrolisada e desprendida.

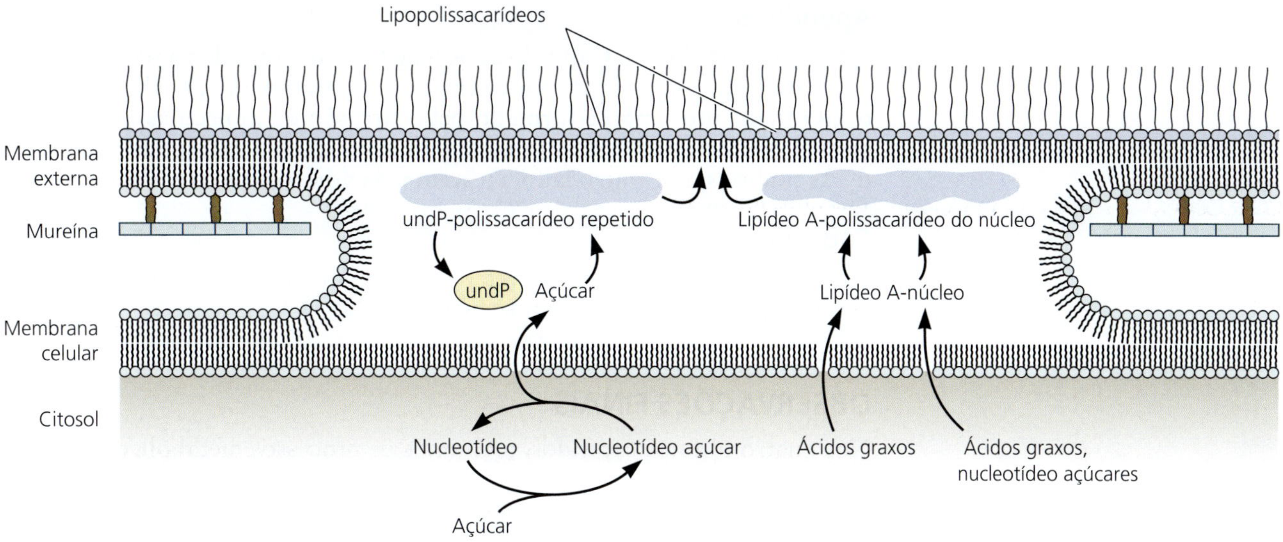

Figura 8.23 Síntese e montagem de lipopolissacarídeos. As subunidades de lipopolissacarídeos são sintetizadas na membrana celular por dois processos paralelos. Uma rota produz a cadeia lateral polissacarídica que se repete, construída sobre undecaprenilfosfato (undP), o mesmo carreador que funciona na polimerização da mureína. A outra rota produz o polissacarídeo do núcleo construído sobre o lipídeo A, que funciona tanto como um iniciador como o carreador que transporta o núcleo através da membrana celular. Esses dois conjuntos de precursores são produzidos na superfície interna da membrana celular, translocados pela força motora de prótons até a superfície externa e covalentemente unidos lá.

ocorre em muitos sítios ao longo da superfície celular, enquanto em outras, tais como alguns cocos gram-positivos, esse processo é restrito ao equador das células.

Após sua síntese, as lipoproteínas dos envelopes gram-negativos são modificadas pela adição de três ácidos graxos. Essa âncora hidrofóbica dentro da membrana externa facilita a ligação covalente de um terço das moléculas de lipoproteínas à mureína subjacente, propiciando, desse modo, a ligação da parede à membrana externa (Figura 8.22).

A membrana externa

A membrana externa conduz a um extremo a assimetria da membrana celular, como mostrado pela presença do lipopolissacarídeo unicamente no folheto externo. Os componentes dessa legítima molécula gram-negativa são produzidos por rotas separadas que independentemente sintetizam a porção central do lipídeo A e o polissacarídeo da cadeia lateral. Esses dois constituintes são então unidos na membrana externa. A montagem dos fosfolipídeos e das proteínas na membrana externa requer energia proveniente da força motora de prótons da membrana celular. Acredita-se que o lipopolissacarídeo também auxilie na incorporação das proteínas. Como mostrado na Figura 8.23, se houvesse junções entre a membrana externa e a membrana celular, isso nos auxiliaria muito na visualização do crescimento dessas duas estruturas. Infelizmente, tem se mostrado difícil a obtenção de evidências sólidas de tais áreas de fusão ou adesão.

Apêndices

Como mencionado no Capítulo 2, os flagelos são montados a partir do interior para fora, componente por componente (corpo basal, gancho e filamento). O filamento longo é formado pela extrusão de moléculas de flagelina através do núcleo da estrutura e sua polimerização na extremidade crescente. As fímbrias, por outro lado, crescem pela adição na extremidade basal.

Cápsulas

As cápsulas bacterianas são secretadas como polímeros pré-formados ou são polimerizadas por enzimas extracelulares.

OBSERVAÇÕES FINAIS

Nos quatro últimos capítulos, revisamos os processos metabólicos que permitem a uma célula bacteriana recém-formada duplicar seus componentes. A grande célula está agora pronta para o maior evento de seu período de vida relativamente curto: tornar-se duas células vivas. Em certo sentido, a célula-mãe que estivemos acompanhando está prestes a cessar sua existência e ser representada por suas duas células-filha. Os complexos eventos que conduzem a essa façanha são o tópico do próximo capítulo em nossa história.

TESTE SEU CONHECIMENTO

1. Diz-se que as células procarióticas são "aerodinamicamente aperfeiçoadas" para o crescimento rápido. Quais características da síntese de macromoléculas ilustram esse aspecto da célula procariótica?
2. Alguns aspectos da replicação do DNA são diferentes em procariotos e eucariotos; outros são iguais. Liste as similaridades e diferenças.
3. A metilação do DNA desempenha papéis importantes nas células procarióticas. Mencione esses papéis e indique, brevemente, como cada um funciona.
4. Explique como as células procarióticas podem dividir-se mais rápido que seus cromossomos podem replicar-se.
5. O tempo médio de vida das moléculas de mRNA nos procariotos é de alguns minutos. Isso tem um custo alto em termos de energia. Qual poderia ser a pressão seletiva para a reciclagem rápida?
6. Foram necessários muitos anos para que os microbiologistas entendessem como a RNA-P nos procariotos reconhece onde a transcrição começa (i. e., como um promotor se parece). Por que isso deve ter sido um problema difícil? Qual é a estrutura dos promotores procarióticos?
7. O cromossomo procariótico é um local de muita atividade em uma célula em crescimento, incluindo a replicação e a transcrição. Esses processos estão sempre em conflito? Em caso afirmativo, qual é o resultado do conflito?
8. Os transcritos procarióticos são quase sempre policistrônicos. O que isso quer dizer? Qual é seu significado?

9. O que impede que os ribossomos iniciem a síntese proteica em sequências AUG dentro de cístrons?

10. Se coletássemos todos os polirribossomos que estivessem envolvidos em um dado momento na produção da mesma proteína em uma célula bacteriana, eles teriam o mesmo tamanho (i. e., cada um teria o mesmo número de ribossomos)? Explique sua resposta.

11. Os ribossomos protegem o mRNA procariótico da degradação durante a síntese proteica. Explique como essa proteção depende das velocidades relativas nas quais a RNA-P e os ribossomos funcionam. Prediga o resultado no caso de surgir uma RNA-P mutante que funcione duas vezes mais rápido que a normal.

12. Em vez de um único mecanismo eficiente para a exportação de proteínas a partir do citoplasma procariótico, a evolução produziu um grande número de mecanismos, que se enquadram em pelo menos cinco classes diferentes (Tabela 8.3). Por que a biologia tem de ser tão complicada?

o ciclo de divisão celular

capítulo

9

INTRODUÇÃO

Uma célula bacteriana leva uma existência efêmera. Seu curto tempo de vida começa na divisão de sua célula-mãe e termina pouco depois disso, com sua própria divisão. Esse período de tempo é o **ciclo celular** da bactéria individual. O que acontece a uma célula bacteriana no momento em que amadurece, do começo à duplicação? Os eventos bioquímicos ocorrem em uma série sequencial ou simultaneamente? A resposta depende de qual evento estamos considerando. Dois eventos principais, a **replicação do DNA** e a **divisão celular**, dominam o ciclo. Cada um produz uma grande unidade estrutural, um cromossomo da progênie ou uma célula da progênie, e cada um ocupa uma porção considerável do ciclo celular. Diferentemente, aqueles componentes que estão presentes em grandes quantidades (p. ex., enzimas ou ribossomos individuais) são formados em centenas ou milhares de momentos breves e súbitos que se sobrepõem ao longo do ciclo celular.

ESTRATÉGIAS PARA O ESTUDO DO CICLO CELULAR BACTERIANO

Apesar de sua importância fundamental, o ciclo celular bacteriano foi estudado de forma menos intensa que o crescimento das populações. Em uma cultura bacteriana, as células individuais levam aproximadamente a mesma quantidade de tempo para o crescimento e a divisão, mas, em circunstâncias normais, elas não estão em sincronia. Como as células estão se dividindo de forma **assincrônica**, uma amostra de uma cultura em crescimento contém células em todos os estágios do ciclo celular e não pode fornecer informações sobre nenhum estágio específico.

Como o ciclo celular pode ser estudado? Obviamente, uma única bactéria é pequena demais para a realização de medições químicas convencionais. Contudo, os constituintes específicos de uma célula individual, como certas sequências de DNA ou proteínas específicas, podem ser visualizados e localizados dentro de uma célula por meio de sua marcação com **corantes fluorescentes.** Também é possível marcar uma dada proteína por meio da fusão de seu gene ao gene que codifica a **proteína fluorescente verde** (GFP). As localizações e os movimentos dos constituintes marcados por meio de fluorescência podem ser acompanhados em bactérias vivas.

Por mais engenhosos que estes estudos com células individuais possam ser, às vezes é desejável efetuar medições em uma escala maior, o que requer o uso de populações dividindo-se sincronicamente. Como as bactérias não se dividem sincronicamente em culturas normais, uma cultura crescendo sincronicamente deve ou ser induzida ou ser selecionada por meios artificiais. Deve-se tomar cuidado para evitar a alteração da fisiologia das células durante o processo. Por essa razão, os métodos que induzem ou forçam a sincronia (como mudanças de temperatura e inibidores da divisão celular ou da síntese de macromoléculas) são inadequados à maioria dos propósitos. A seleção de células da mesma idade (e do mesmo tamanho) evita muitos problemas. É possível recuperar uma amostra das células mais jovens sem perturbar sua fisiologia. Tal cultura irá dividir-se quase sincronicamente por algumas duplicações antes que a variação natural da extensão do ciclo celular existente entre as células individuais faça com que a cultura novamente se torne assincrônica. O aparelho usado para a obtenção de células jovens é denominado **máquina de bebês.** Essa técnica envolve a filtragem de uma cultura através de um filtro fino de membrana que retém as células bacterianas, seguida pela inversão do filtro sobre o suporte e pela lenta adição de meio novo através dele (Figura 9.1). A maioria das células adere-se ao filtro por atração eletrostática; aquelas que não se aderem são simplesmente retiradas por lavagem e descartadas. Uma variação da técnica consiste em fazer as bactérias se grudarem a pérolas de vidro via seus flagelos e, então, interromper a síntese da flagelina.

9.1 *Um artigo descrevendo uma nova máquina de bêbes.*

Quando uma célula assim presa se divide, uma de suas células da progênie é liberada. A outra célula permanece no filtro e continua a crescer e se dividir, liberando, no final, outra célula da progênie (um "bebê") no meio. Esse método separa as células por *idade*, e não por *tamanho*: as primeiras células que se destacam provêm das células mais antigas colocadas na membrana, as próximas que se destacam resultam da divisão de células de idade intermediária, e as últimas que são coletadas vêm das células mais jovens da cultura original. Por um breve período de tempo, a coleta do efluente de uma máquina de bebês produz uma cultura que se divide sincronicamente por algumas duplicações. Certas bactérias, como *Caulobacter* (ver Capítulo 14), funcionam como máquinas naturais de bebês, uma vez que se aderem a superfícies e liberam bebês após a divisão.

Outra técnica útil ao estudo do ciclo celular é a **citometria de fluxo.** Os citômetros de fluxo empregam *lasers* para determinar a distribuição de células em uma população, de acordo com seu conteúdo de uma marca fluorescente (normalmente um corante fluorescente), às vezes conectada a anticorpos que se ligam a um constituinte celular específico. Os citômetros de fluxo são frequente-

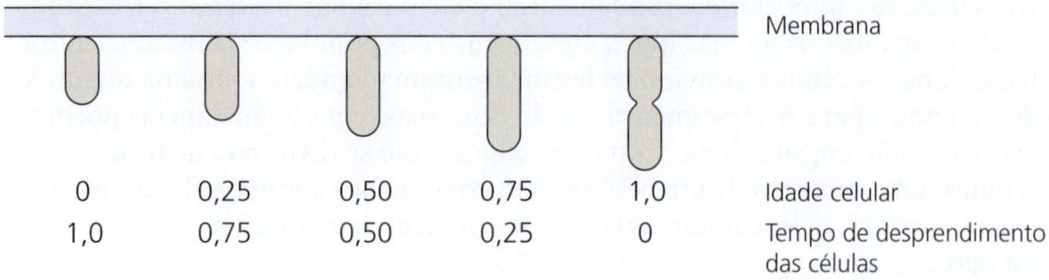

Figura 9.1 Cinética de destacamento de células a partir de uma máquina de bebês. Os produtos da divisão de células velhas são liberados primeiro, seguidos por aqueles de células progressivamente mais jovens. Os números da idade celular referem-se a frações de uma geração.

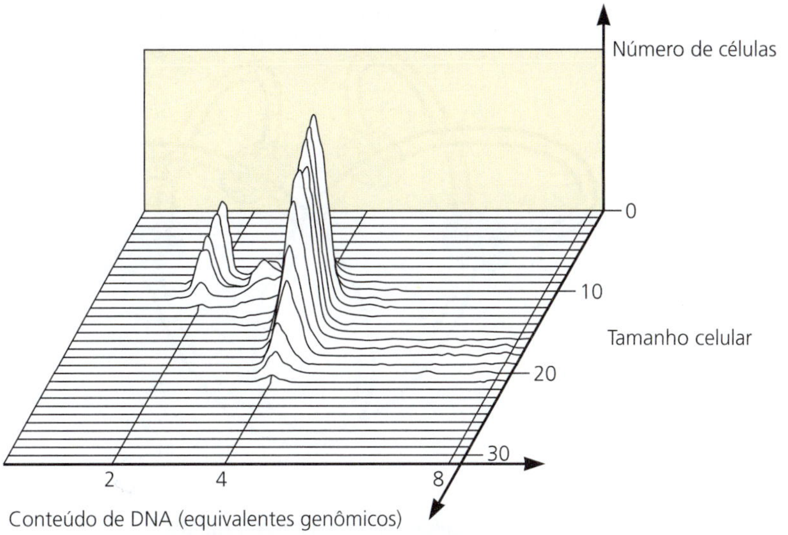

Figura 9.2 Análise de uma população bacteriana por citometria de fluxo. Eixo *x*, conteúdo de DNA por célula; eixo *y*, distribuição de tamanhos celulares; eixo *z*, número de células. A cultura foi tratada com rifampicina por 90 minutos antes de uma *sonda* fluorescente DNA-específica ser adicionada. O tratamento farmacológico permitiu que todos os cromossomos em processo de replicação terminassem seus ciclos, mas não iniciassem novas rodadas. Há muito poucas células que possuem além de dois ou quatro equivalentes genômicos. Isso sugere que, dentro de cada célula, os cromossomos iniciaram sua replicação em sincronia.

mente usados com células eucarióticas, mas também podem ser usados para medir o conteúdo de bactérias individuais. Isso permite que se estime a distribuição do tamanho celular e de qualquer constituinte específico, como, por exemplo, o DNA de cada célula (Figura 9.2). Contudo, a máquina de bebês continua sendo o método de escolha para o estudo de certos eventos que ocorrem durante o ciclo celular bacteriano, como a síntese dos envelopes celulares.

A REPLICAÇÃO DO DNA DURANTE O CICLO CELULAR

Em culturas bacterianas em crescimento rápido, a replicação do DNA ocorre durante a maior parte do ciclo celular. Somente em células em crescimento lento existe um período sem síntese do DNA. Em células de *Escherichia coli* crescendo a 37 °C, o período de replicação ocupa cerca de 40 minutos. Curiosamente, este período de tempo é praticamente o mesmo tanto em culturas em crescimento rápido como em crescimento relativamente lento.

Como descrito no Capítulo 8, a replicação do DNA nas bactérias começa em uma **origem** única e termina em outra região única, o **término**, 40 minutos mais tarde. Isso introduz um enigma. Muitas bactérias, incluindo *Bacillus subtilis* e *E. coli*, podem duplicar-se mais rapidamente que a cada 40 minutos. Como uma célula pode crescer e dividir-se mais rápido que o tempo levado para produzir todo um genoma de DNA? A resposta reside no fato de que, em tais culturas, *mais de um ciclo de replicação ocorre simultaneamente*. Em outras palavras, várias forquilhas de replicação estão percorrendo o cromossomo ao mesmo tempo (Figura 9.3). Quando a forquilha de replicação indo a uma direção já teve início, uma outra precedendo-a ao longo da mesma metade da molécula de DNA ainda não terá alcançado o término. Portanto, cada cromossomo conterá mais de uma forquilha de replicação, um fenômeno conhecido como **replicação de forquilhas múltiplas**. Consequentemente, após a divisão celular, *cada célula recém-gerada recebe um cromossomo que está em processo de replicação, além de um já concluído*. Nascer com mais de um genoma de

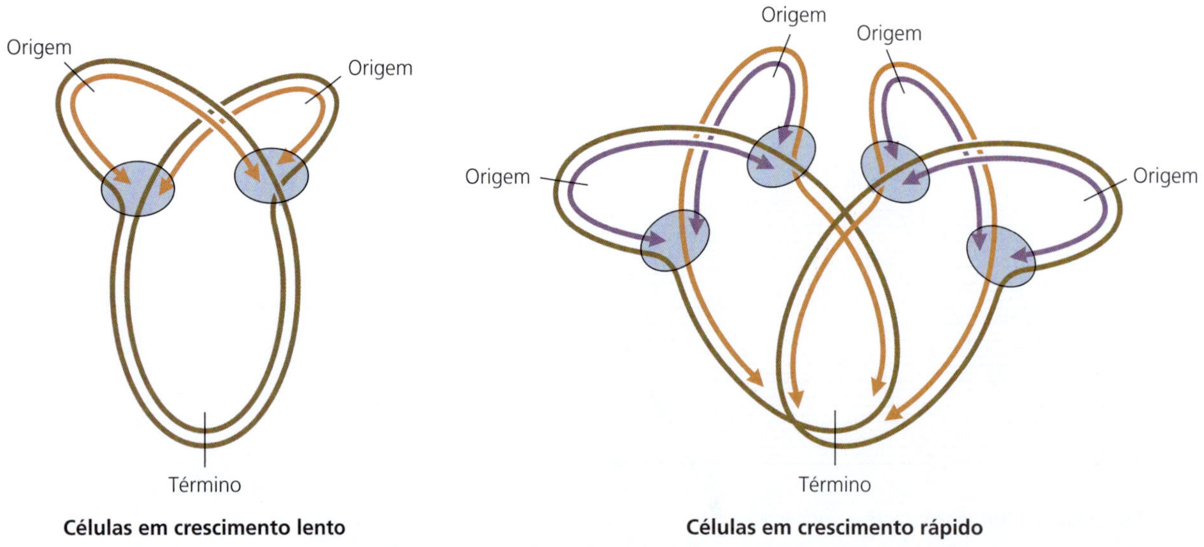

Figura 9.3 A replicação do DNA em células de *E. coli* em crescimento lento e rápido. A replicação começa na origem e prossegue bidirecionalmente em direção ao término. O processo leva cerca de 40 minutos a 37 °C. Em uma cultura que se duplica a cada 20 minutos, a iniciação deve acontecer a cada 20 minutos, isto é, antes que o ciclo anterior de replicação tenha terminado. Isso é conhecido como replicação de forquilhas múltiplas.

DNA é uma característica exclusivamente bacteriana: as células eucarióticas fornecem às suas células da progênie somente cromossomos acabados. Essa diferença ilustra que o ciclo celular tem significados diferentes nos dois domínios. As células eucarióticas tendem a seguir um relógio preciso, experimentando uma série complexa e bem-planejada de eventos, com a **mitose** e a citocinese dominando o quadro morfológico. Nos procariotos, embora a replicação do DNA e o crescimento estejam vinculados, eles não seguem um programa único. Por exemplo, as bactérias em crescimento rápido contêm mais *nucleoides por célula* do que as em crescimento lento. Isso significa que, diferentemente dos eucariotos, seu número de genomas por célula é prontamente ajustável e dependente de quão rápidamente elas crescem (ver Capítulo 3).

Vale a pena observar que, em consequência da replicação de forquilhas múltiplas, os genes que se replicam primeiro, aqueles localizados perto da origem, estarão presentes em número maior que aqueles em direção ao término. Consequentemente, a *proporção* dos genes perto da origem para aqueles perto do término pode ser tão alta como 4, 8 ou mais nas células em crescimento rápido e entre 1 e 2 nas células que crescem lentamente (Figura 9.4). Portanto, a posição dos genes ao longo do cromossomo não é ilógica, afetando o nível de sua expressão. Quanto mais próximo da origem, maiores são as quantidades de produtos gênicos que podem ser formadas para um certo gene. Os genes com produtos que devem ser produzidos em grandes quantidades tendem a localizar-se perto da origem. Eles incluem genes de proteínas ribossômicas e outros, envolvidos na formação da maquinaria de síntese proteica. Tal efeito, conhecido como **dosagem gênica**, sugere que a posição dos genes em um cromossomo é determinada pela seleção natural.

COMO A REPLICAÇÃO DO DNA É REGULADA?

As bactérias que crescem rapidamente devem sintetizar uma quantidade maior de DNA por unidade de tempo do que aquelas que crescem mais lentamente. Contudo, como já referimos, a taxa de migração de cada forquilha de replicação não varia muito com a taxa de crescimento. Como isso acontece? A quan-

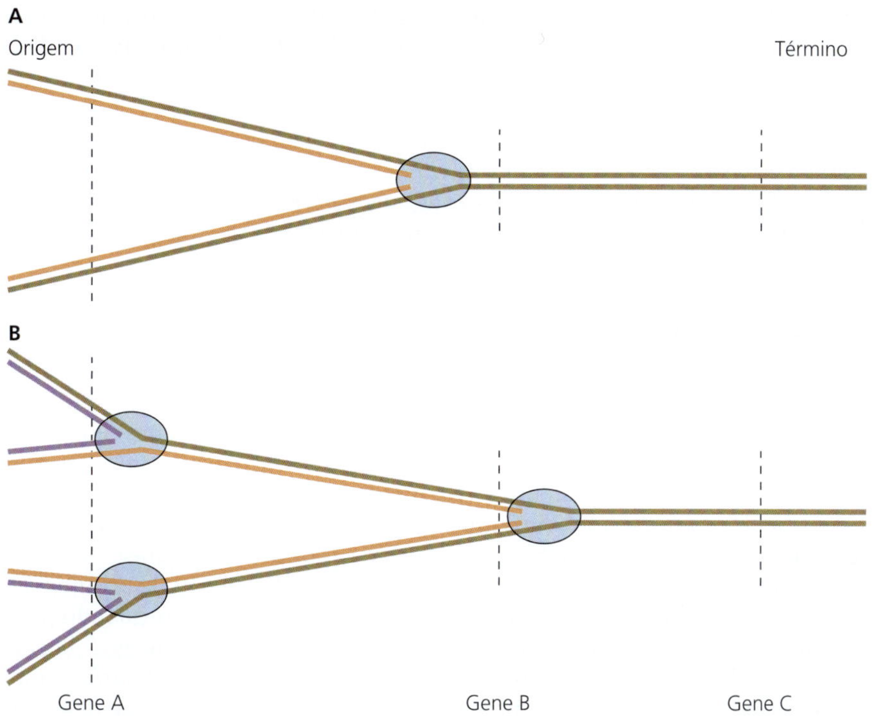

Figura 9.4 Replicação de forquilhas múltiplas e dosagem gênica. **(A)** Em células crescendo lentamente com uma única forquilha de replicação, a proporção de genes próximos à origem (gene A) é o dobro daquela de genes a jusante (genes B e C). **(B)** Em uma célula com várias forquilhas de replicação, a proporção de genes próximos à origem é mais alta (2 para o gene A/gene B, 4 para o gene A/gene C). Por questão de simplicidade, os cromossomos estão desenhados em formato linear em vez de estruturas circulares.

tidade de DNA formada em um ciclo celular deve depender da **frequência de iniciação** dos ciclos de replicação. Quanto mais rápido as células crescem, mais frequentemente elas começam um novo ciclo de replicação, indicando que *a frequência de iniciação dos ciclos de replicação é um processo regulado*. Como essa regulação é realizada? Não temos uma resposta definitiva, mas um exame dos fatos e das ideias disponíveis é revelador.

Os fatos experimentais, e não somente a teoria, sustentam o ponto de vista de que a iniciação da replicação do DNA é um processo regulado. Por exemplo, em bactérias que contêm mais de um nucleoide, a replicação dos nucleoides inicia-se com um grau incrível de sincronia. Isso foi demonstrado por meio de medições de citometria de fluxo, que mostraram que uma população de *E. coli* em crescimento rápido consiste em células com principalmente dois, quatro ou oito nucleoides (Figura 9.2). Muito poucas células possuíam números ímpares – o que seria esperado de uma replicação assincrônica. A iniciação da replicação de cada nucleoide deve ser um processo bem regulado.

Outro experimento sugere o que essa regulação pode acarretar. O antibiótico rifampicina inibe a síntese de RNA e, desse modo, a síntese proteica. A rifampicina inibe a iniciação da replicação, mas permite a continuação de qualquer uma que já tenha começado. Assim, seu efeito sobre a replicação sugere que *a iniciação de um ciclo de replicação requer a síntese de novas proteínas*. Como discutido em bastante detalhes no Capítulo 8, descobriu-se que, na verdade, uma proteína, denominada **DnaA**, desempenha um papel regulatório distintivo no processo de iniciação. Sabemos disso a partir de experimentos feitos ***in vitro*** e ***in vivo***. A adição de DnaA é essencial para que a iniciação ocorra no tubo de ensaio. Além disso, a proteína DnaA liga-se à origem replicativa em sequências características, onde ajuda a abrir a dupla hélice, o que permite que outras proteínas entrem naquele sítio e que as forquilhas de replicação se formem (ver Capítulo 8). Estudos *in vivo* revelaram que mutantes que não produzem a proteína DnaA não são capazes de iniciar a replicação. Há uma relação quantitativa entre a quantidade de DnaA que uma célula contém e sua capacidade de realizar a etapa de iniciação. A presença de uma grande quantidade de DnaA – quando, por exemplo, o gene codificante está presente em um plasmídeo de cópias múltiplas – leva a ciclos extras de replicação. Isso poderia ser deletério, mas eles são abortados em um período breve após a iniciação, porque as células possuem um mecanismo que evita a formação de DNA em excesso. É claro que a compreensão da importância da concentração de DnaA somente empurra a questão um passo para trás. O que regula a quantidade de DnaA formada? Embora haja várias sugestões, uma resposta mecanística inteiramente satisfatória ainda não está disponível.

9.2 *Um artigo de revisão sobre a iniciação da replicação do DNA.*

DIVISÃO CELULAR

A maioria das bactérias "comuns" divide-se por fissão binária em duas células iguais da progênie. Todavia, outras possuem um padrão de divisão mais intrincado. Por exemplo, a bactéria *Caulobacter* divide-se em duas células que não são iguais em relação ao tamanho, à forma, aos flagelos e a uma estrutura similar a uma haste (ver Capítulo 14). Algumas bactérias não se dividem por fissão binária, mas sim por brotamento (assemelhando-se, nesse aspecto, às leveduras). Em muitas bactérias, as células da progênie separam-se umas das outras após a divisão e se afastam, sem que haja a formação de arranjos característicos de células da progênie. Outras mantêm-se unidas, formando pares ou cadeias de cocos, cadeias de bastonetes, cachos similares a uvas, folhas de papel ou cubos, dependendo dos planos de divisão (Figura 9.5). Padrões ainda mais intrincados são vistos em procariotos que passam por ciclos de desenvolvimento complexos, como as mixobactérias, as cianobactérias e os actinomicetos (ver Capítulo 11). Algumas dessas bactérias assemelham-se aos fungos e às algas quanto à complexidade morfológica e aos arranjos de suas células da progênie.

Considerações morfológicas

A divisão celular envolve a invaginação da membrana celular, da parede celular e, no caso das bactérias gram-negativas, da membrana externa também. As células da progênie podem separar-se somente quando esses processos são concluídos. Portanto, a divisão celular é um processo em etapas múltiplas, diferindo detalhadamente entre as espécies. Em termos gerais, a maioria das bactérias gram-negativas divide-se pela formação de uma constrição das camadas do envelope no meio da célula (Figura 9.6). Esse sulco se curva pro-

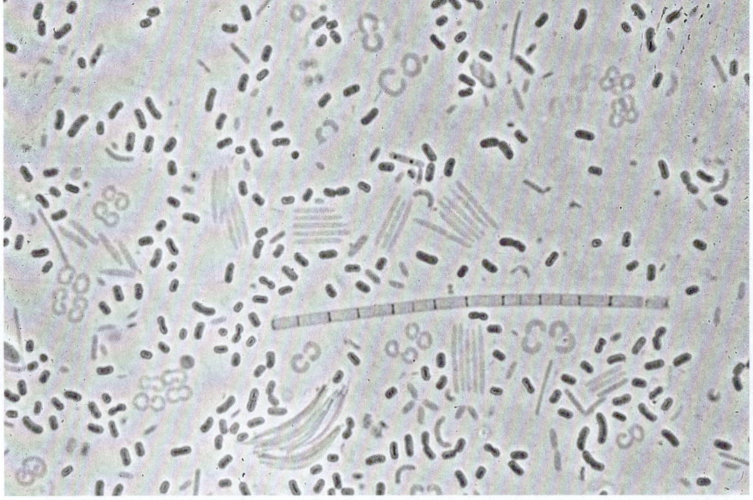

Figura 9.5 As muitas formas das bactérias e arqueobactérias. A comunidade microbiana mostrada foi encontrada na interface sedimento-água do lago Burke, próximo a East Lansing, Michigan. A rica variedade de formas faz lembrar certos alimentos, como bananas, vagens, salsichas, um caule de cana-de-açúcar, rosquinhas fritas, tâmaras e outros.

gressivamente para dentro até que duas tampas hemisféricas sejam formadas. Em alguns cocos e bastonetes gram-positivos, a divisão celular prossegue sem a constrição aparente de sua circunferência. Nesse caso, um septo de divisão é formado pelos envelopes, que se invaginam a 90° em relação à superfície (Figura 9.7). Os polos de tais células são normalmente mais obtusos e menos arredondados que aqueles dos bastonetes que se dividem com constrições, dando a essas células o formato de um cilindro anguloso em vez de similar ao de uma salsicha.

9.3 *Um artigo de revisão sobre a forma bacteriana.*

Como o septo é formado?

O que induz os envelopes celulares de uma célula em crescimento a alterarem a direção de sua extensão e começarem a formar um septo? Uma descoberta surpreendente, realizada em 1991, mostrou-se crucial ao entendimento dessa questão. Os pesquisadores descobriram que uma proteína, denominada **FtsZ**, possui a capacidade inesperada de formar um **anel de constrição** onde o septo celular se formará no final. Essa estrutura, denominada **anel Z**, fecha-se gradativamente (como a íris do olho) à medida que o septo se forma.

9.4 *Um esquema da nucleação de FtsZ.*

O anel Z pode muito bem ser o equivalente funcional do anel contrátil que medeia a citocinese nas células eucarióticas.

Várias propriedades da proteína FtsZ são reveladoras; mas, primeiro, como o anel de constrição foi descoberto? Os pesquisadores usaram anticorpos específicos para a proteína FtsZ marcados com partículas de ouro que podiam ser vistas sob o microscópio eletrônico em secções ultrafinas de bactérias. Eles descobriram que a proteína FtsZ parecia localizar-se somente na região do septo (Figura 9.8). Contudo, isso era verdade somente para as células grandes, e não para as pequenas e mais jovens, o que levou à proposta de que o anel Z é formado somente na porção final do ciclo celular. Essa sugestão foi confirmada olhando-se, sob um microscópio de fluorescência, células vivas nas quais a proteína FtsZ havia sido fusionada à GFP. Assim, em resposta a estímulos ainda não descobertos, os monômeros da proteína FtsZ polimerizam-se, no momento apropriado, em filamentos que formam o anel Z. Uma vez que o anel tenha cumprido sua tarefa e as células dividem-se, as proteínas FtsZ dis-

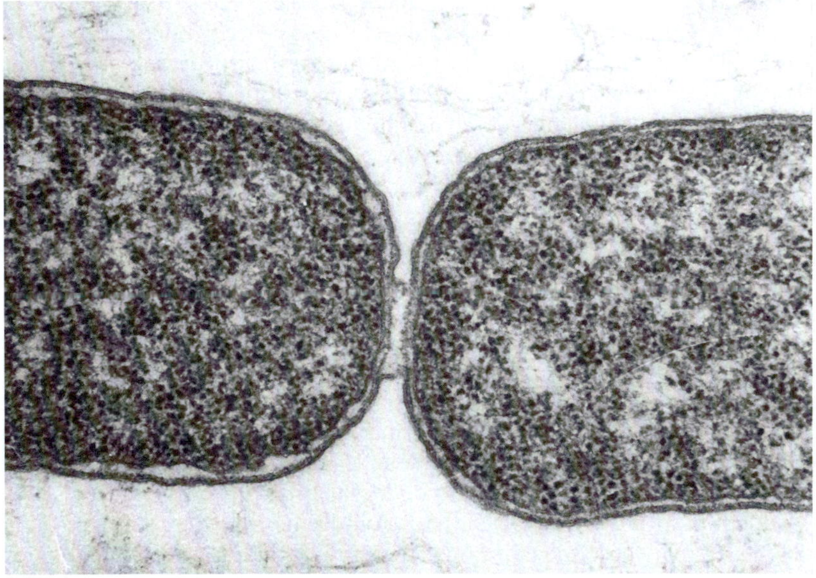

Figura 9.6 Divisão celular em uma bactéria gram-negativa. Essa secção fina de *Escherichia coli* mostra que a célula se contrai antes de se dividir.

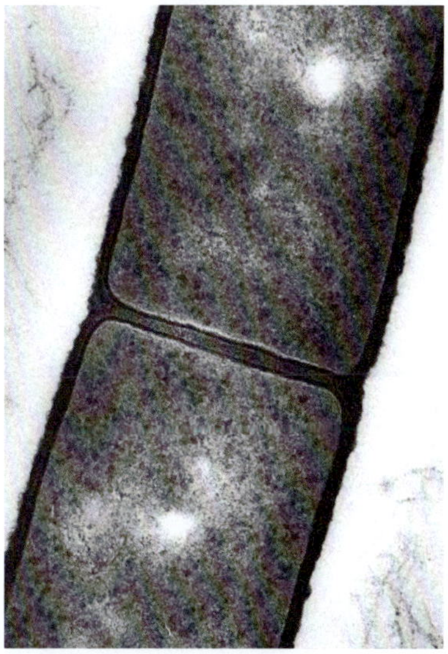

Figura 9.7 Divisão celular em uma bactéria gram-positiva. Essa secção fina de *Bacillus subtilis* mostra que não há contração celular, mas sim a formação de um septo completo antes que as células da progênie comecem a se dividir.

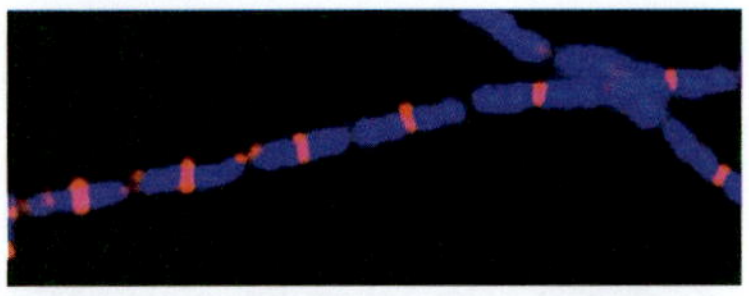

Figura 9.8 Anéis Z em células bacterianas em crescimento. A localização da FtsZ, a proteína que forma os anéis Z, no sítio de divisão é revelada pela microscopia de fluorescência de *B. subtilis*, usando um anticorpo dirigido contra a FtsZ (vermelho). O DNA está corado em azul com um corante denominado DAPI (4',6'-diamidino-2-fenilindol).

persam-se no citoplasma das células-filha, reagregando-se novamente durante o próximo ciclo celular.

A capacidade da proteína FtsZ de agregar-se em filamentos lembra uma das proteínas do citoesqueleto das células eucarióticas. Na verdade, a FtsZ realmente se assemelha à **tubulina**, uma proteína dos microtúbulos eucarióticos. Estruturalmente, a FtsZ e a tubulina são bastante similares, e seus arranjos tridimensionais alinham-se muito bem, ainda que suas sequências de aminoácidos possuam somente 20% de **homologia**. Ambas as proteínas são **GTPases** e requerem a hidrólise de GTP (trifosfato de guanosina) para que se organizem em filamentos. As duas proteínas compartilham um motivo de sequência de ligação a GTP rico em glicinas (para os aficionados, a sequência é GGGTG[T/C/G]G). Pode concluir-se que a FtsZ é o homólogo bacteriano da tubulina e que as duas provavelmente compartilham um ancestral evolutivo.

A FtsZ não é a única proteína bacteriana similar àquelas do citoesqueleto eucariótico (ver Tabela 2.3). Uma proteína denominada MreB (de *murein regulation gene cluster e*, agrupamento de genes de regulação da mureína e) possui um alto grau de similaridade estrutural à proteína eucariótica actina e parece estar envolvida na segregação de cromossomos e plasmídeos.

O que faz com que o anel Z se feche? Como não temos conhecimento da existência de nenhum mecanismo contrátil nas bactérias, uma ideia plausível é que a FtsZ se polimerize no bordo de ataque do anel e se despolimerize em cadência no bordo de fuga. Entretanto, como a FtsZ localiza o meio da célula e se polimeriza somente lá? Não sabemos a resposta, embora sugira-se que a seleção do sítio para a montagem do anel Z requer que a maquinaria de síntese da mureína do septo esteja adequadamente posicionada.

A FtsZ foi primeiramente identificada em mutantes *fts* de *E. coli*, que crescem normalmente a 30 °C, mas não podem se dividir em temperaturas mais altas. (Observe que, por convenção, os nomes de genes são grifados em itálico e os de proteínas têm a inicial maiúscula, mas não são grifados em itálico.) O termo *fts* significa "filamentoso sensível à temperatura" (*filamentous temperature sensitive*) e denota uma família de genes na qual cada um, quando mutado, exibe o mesmo fenótipo formador de filamentos. O gene *ftsZ* é altamente conservado e encontrado em praticamente todas as bactérias e em muitas arqueobactérias. Além de bactérias e arqueobactérias, o gene *ftsZ* é encontrado em várias organelas eucarióticas, como cloroplastos e mitocôndrias. A FtsZ também desempenha um papel na divisão dessas estruturas, confirmando a antiga ascendência bacteriana das organelas eucarióticas.

A seguir, trataremos mais detalhadamente a questão de como a célula sabe onde se dividir. Sabemos mais sobre o que acontece depois disso, *após* o anel Z começar a se formar. O anel Z está associado à membrana celular, como estão diversas outras proteínas Fts. Acredita-se que o anel Z forme uma estrutura para o recrutamento de outras proteínas-chave da divisão celular. Essas proteínas adicionais ligam-se sequencialmente, e todas elas dependem da presença da proteína FtsZ no sítio de divisão. A reunião dessas proteínas no sítio do anel Z tem sido chamada de **divissomo**. Curiosamente, o gene *ftsZ* também é encontrado nos micoplasmas, as bactérias sem parede celular que carecem tanto de mureína como de muitas outras proteínas de divisão bacteriana. Somente esse fato já sugere que seu produto, a proteína FtsZ, pode ser capaz de orientar a divisão celular sem um divissomo funcional.

Algumas proteínas do divissomo podem regular o processo de divisão, outras podem estar envolvidas na síntese da mureína do septo, e outras podem, ainda, ter um papel estabilizador ou estrutural. Uma dessas proteínas, denominada PBP 3, está especificamente envolvida na produção da mureína no septo.

A sigla PBP, que significa **proteína de ligação à penicilina** (*penicillin-binding protein*), designa um grupo de proteínas que se ligam covalentemente à penicilina e a outros **antibióticos β-lactâmicos** e que estão envolvidas no metabolismo de mureína. Como o papel da PBP 3 foi determinado? Um antibiótico β-lactâmico, a cefalexina, que inibe a septação sem prejudicar o alongamento celular ou a síntese global de mureína, liga-se com uma afinidade especial à PBP 3, sugerindo, assim, que essa proteína seja responsável pela síntese da mureína septal.

Como uma bactéria encontra seu centro?

As bactérias em forma de bastonete, como *E. coli* e *B. subtilis*, tendem a dividir-se exatamente ao meio. Que tipo de régua elas usam para localizar essa posição ao longo da célula? Há várias hipóteses, embora nenhuma tenha se mostrado conclusiva até o momento. Contudo, alguns fatos emocionantes e surpreendentes foram descobertos. A história começa em 1969 (na pré-história, pelos padrões atuais da ciência), quando pesquisadores descobriram que certos mutantes de *E. coli* produziam pequenas células anucleadas ao se dividirem anormalmente perto de suas extremidades (Figura 9.9). Eles chamaram esses mutantes de "min", de formadores de minicélulas. Uma interpretação imaginativa dessa descoberta é que uma bactéria em forma de bastonete tem três sítios onde a divisão pode potencialmente ocorrer: um no centro e um próximo a cada extremidade (os polos). Os dois últimos podem ser remanescentes de sítios anteriores do septo que foram excluídos quando a divisão anterior foi concluída. Contudo, mutantes min alterados quanto a um de três genes, *minC*, *minD* ou *minE*, carecem desse mecanismo de exclusão e dividem-se anormalmente em um sítio de divisão polar. Os produtos proteicos desses genes têm papéis na regulação da divisão normal. Como eles funcionam é um pouco complicado, mas uma compreensão a seu respeito pode ser gratificante. As proteínas MinC e MinD funcionam em conjunto, inibindo a polimerização da proteína FtsZ em um anel Z. A proteína MinE contrapõe-se a essa inibição, *mas somente no sítio normal do septo*. De acordo com esse modelo, a proteína MinE localiza-se no meio da célula. Normalmente, a inibição da formação do anel Z é abolida apenas no centro da célula, o que permite que a divisão normal ocorra. Mutantes com proteínas MinC ou MinD defectivas formarão minicélulas, supostamente porque não podem inibir a divisão anormal nos sítios polares.

O sistema Min possui uma surpresa adicional: suas proteínas movem-se rapidamente de um polo ao outro da célula, um evento inesperado em uma célula bacteriana. Esse movimento pode ser visto em células vivas por microscopia de fluorescência em diferentes intervalos de tempo, utilizando-se fusões dessas proteínas à GFP.

9.5 *Uma revisão da divisão celular e do sistema Min.*

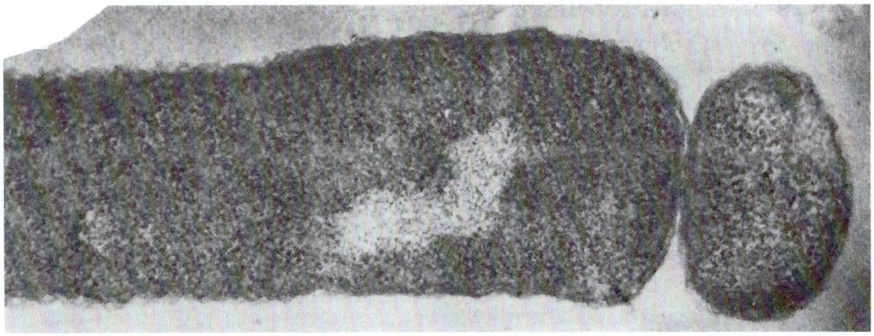

Figura 9.9 Produção de minicélulas em *E. coli*. Uma secção fina mostra uma divisão anormal em um polo, levando à formação de uma minicélula.

Em qualquer momento, as proteínas Min localizam-se em um polo da célula, somente reaparecendo no outro logo depois disso. O movimento é notavelmente rápido, levando cerca de 20 segundos para que a MinD vá de um polo ao outro. As proteínas não se movem através do citoplasma; em vez disso, elas deslizam ao longo da membrana celular, formando estruturas espiraladas que dão voltas, de polo a polo, ao redor da célula. Qual é a razão para as proteínas Min jogarem esse tipo de jogo microscópico? Propôs-se que essa oscilação possa funcionar como um tipo de instrumento ou mecanismo de medição cinética, ajudando a determinar o meio da célula, mas é preciso um maior número de trabalhos para uma explicação inteiramente satisfatória.

As proteínas Min não são as únicas moléculas que migram dentro de uma célula microbiana. Outras proteínas viajam pelo interior da célula, e o mesmo acontece com o DNA, como será discutido a seguir. Um parêntese: o desenvolvimento das técnicas de marcação fluorescente para a localização de macromoléculas nas bactérias gerou uma nova área, agora conhecida como biologia celular bacteriana. Aprendemos que as bactérias não são só sacos contendo conjuntos estáticos de macromoléculas. Essas descobertas sugerem que ainda é necessário muito trabalho antes que tenhamos uma boa noção de como se apresenta seu interior (ver Capítulo 3).

A CONEXÃO ENTRE A DIVISÃO CELULAR E A REPLICAÇÃO DO DNA

Em princípio, uma célula não deve ser capaz de se dividir até que cada célula da progênie tenha seu próprio genoma. No crescimento bacteriano normal, a divisão celular e a replicação do DNA são de fato acopladas, embora os dois processos possam ser desacoplados. Por exemplo, certos mutantes são capazes de se dividir sem que haja a formação de DNA, produzindo, assim, **células anucleadas**. Contudo, não se pode mexer no DNA sem prontamente interromper a divisão celular. Isso é especialmente verdade quando o DNA é danificado – por exemplo, pela radiação ultravioleta ou ionizante, que introduzem quebras de fita simples ou dupla, ou por ação de substâncias, como a mitomicina C, que forma ligações cruzadas com as duas fitas de DNA. Se a injúria não for excessivamente grande, as células assim tratadas continuarão a crescer sem que se dividam, formando, desse modo, **filamentos** longos (Figura 9.10). O DNA danificado é logo reparado, e a replicação do DNA pode então recomeçar, resultando em filamentos com nucleoides uniformemente espaçados ao longo de seus comprimentos. Posteriormente, a divisão celular recomeça, e os filamentos se fragmentam, formando células de comprimento adequado.

Figura 9.10 Inibição da divisão celular. Uma cultura de *E. coli* foi sujeita a uma dose subletal de luz ultravioleta, que inibiu a divisão celular sem interferir no crescimento e na segregação do nucleoide. O resultado é um filamento longo com nucleoides uniformemente espaçados.

Como a inibição da divisão celular está conectada ao dano ao DNA? O mecanismo mais bem estudado é apropriadamente denominado **resposta SOS** (como no sinal de perigo naval). A resposta SOS é um dos sistemas de resposta globais exibidos quando as bactérias são sujeitas a injúrias químicas e físicas (ver Capítulo 13). Quebras de fita simples na cadeia dupla de DNA ativam vários genes que codificam proteínas, normalmente dormentes, envolvidas no **reparo do DNA** e na divisão celular. Esses genes possuem uma propriedade em comum: sua expressão é mantida sob controle pelo mesmo repressor, uma proteína denominada **LexA**. Contanto que a LexA esteja presente, esses genes não podem ser transcritos. Contudo, quando o DNA é danificado, as fitas simples resultantes ligam-se a uma proteína inativa denominada **RecA**, tornando-a capaz de clivar o repressor LexA (Figura 9.11). Na verdade, a LexA tem a capacidade de se autoclivar, mas somente quando estimulada pela RecA ativada. Assim, a RecA não é de fato uma protease, mas sim um cofator

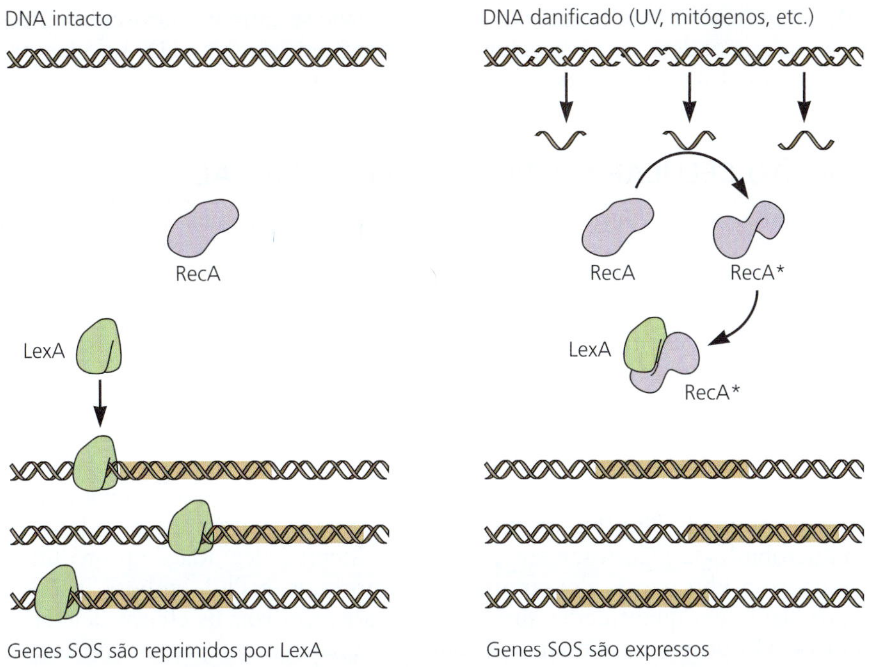

Figura 9.11 A resposta SOS. O dano ao DNA que causa as quebras de fita dupla (direita) resulta na formação de pequenos segmentos de DNA. Esses segmentos ativam a RecA, tornando-a uma coprotease, RecA*. Agora a RecA* cliva um repressor de vários óperons denominado LexA, permitindo que os genes sob seu controle (os genes SOS) sejam expressos. A situação normal, em que não há estresse, é mostrada à esquerda, onde a LexA está intacta e reprime esses genes.

necessário à proteólise. A RecA é uma proteína multifuncional que também desempenha um papel importante na recombinação homóloga, o que a torna especialmente interessante.

Entre os muitos genes sob o controle de LexA está *sulA*, que codifica um inibidor da divisão celular que normalmente está reprimido. A proteína **SulA** liga-se à proteína formadora do anel septal, FtsZ, desse modo inativando-a. SulA é negativamente controlada por LexA. Assim, quando o dano ao DNA induz a inativação de LexA (mediada por RecA), SulA pode ser sintetizada, bloqueando a divisão celular. Outros genes sob o controle de LexA fazem parte de uma complexa maquinaria envolvida no reparo do DNA e que também são ativados quando LexA é inativada. Assim, a resposta SOS é bastante complexa e envolve vários sistemas, incluindo o reparo do DNA, assim como a divisão celular. Quando o reparo do DNA é concluído, o estímulo à resposta SOS desaparece e as células retomam a divisão. Essa retomada é acelerada pela ação de uma protease específica denominada **Lon**, que destrói SulA.

A parte do mecanismo SOS que lida com a inibição da divisão entra em cena somente quando o DNA é danificado. Sob condições normais, o mecanismo SOS não tem um papel na regulação da divisão, que prossegue normalmente em mutantes que carecem de SulA. Assim, a resposta SOS evoluiu como um *mecanismo antecipatório*, que é evocado somente quando o DNA é danificado. A resposta SOS não é o único mecanismo que acopla o dano ao DNA à divisão celular. Existem outros, também complexos. Por que as bactérias atingem tais comprimentos a fim de assegurar que não se dividam quando seu DNA é danificado? Várias ideias parecem plausíveis. A interrupção da divisão celular assegura que as células tenham tempo para reparar seu DNA danificado antes da divisão, evitando assim a produção de células da progênie com

DNA danificado. Além disso, nos filamentos que se formam, fatores celulares escassos que podem ser necessários à recuperação do dano ao DNA podem ser compartilhados entre vários equivalentes celulares.

DIVISÃO CELULAR E REPLICAÇÃO PLASMIDIAL

Os mecanismos de alerta e defesa durante a divisão celular não se limitam à percepção da integridade do DNA da própria célula. Os plasmídeos (elementos extracromossômicos discutidos mais adiante no Capítulo 10) também codificam mecanismos que asseguram sua retenção pela célula "parental" ou hospedeira. Por exemplo, um plasmídeo de *E. coli* denominado P1 (que, sob outro aspecto, também é um bacteriófago) desenvolveu uma maneira de *impedir a produção de células livres de plasmídeos*. Como o plasmídeo P1 assegura sua persistência na população? O mecanismo foi geneticamente dissecado, mostrando-se bastante intrincado. Os plasmídeos P1 carregam os genes de duas proteínas; uma é uma **toxina** denominada **Doc**, e a outra é uma **antitoxina** denominada **Phd** (Figura 9.12). (Sim, o humor aparece inesperadamente na microbiologia.) Curiosamente, a Doc é resistente à degradação proteolítica, enquanto a Phd não é. Em circunstâncias normais, a Phd, embora instável, é produzida em quantidades suficientes para neutralizar os efeitos deletérios da Doc. O que acontece quando a replicação plasmidial é parada? As células continuam a se dividir e produzem uma descendência livre de plasmídeos. Inicialmente, o citoplasma dessas células contém quantidades apreciáveis tanto de Doc como de Phd, mas, como nenhuma dessas proteínas pode ser reposta e a antitoxina Phd é instável, a atividade tóxica de Doc não pode mais ser neutralizada, e as células morrerão. Esses plasmídeos, e também outros, evoluíram uma relação bastante exigente com seus hospedeiros: "Se me deixar para trás, você morrerá!" O arranjo de dois genes da toxina e da antitoxina foi denominado **módulo de adição**. Um arranjo similar existe em genes cromossomais, o que levou à proposta de que as células bacterianas, como as células eucarióticas, possuem um mecanismo de morte celular programada. Tais mecanismos entram em cena sob condições de privação de nutrientes, e acredita-se que sejam responsáveis pela morte de algumas células, a fim de que sirvam de alimento para as restantes. Quanto altruísmo!

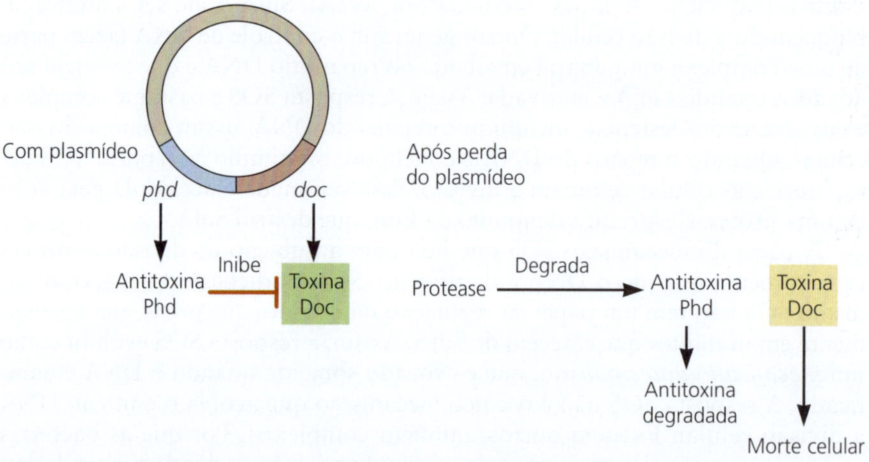

Figura 9.12 Rota de toxina-antitoxina em um plasmídeo. Neste plasmídeo, o gene *doc* codifica uma toxina, Doc; o gene *phd* codifica uma antitoxina, Phd. Doc é uma proteína estável; Phd é instável e é clivada por uma protease (denominada ClpPX). Quando o plasmídeo que carrega esses genes é perdido, a toxina Doc permanece ativa e não é mais neutralizada por Phd, resultando na morte da célula.

O EQUIVALENTE PROCARIÓTICO DA MITOSE

Sabemos bastante sobre a mitose, o processo elaborado pelo qual os eucariotos asseguram a distribuição dos cromossomos replicados às células da progênie. Sabemos muito pouco sobre o processo equivalente nos procariotos. Para os eucariotos, temos conhecimento de que várias estruturas são necessárias: a região do cromossomo (o centrômero) à qual o aparelho de segregação se fixa, o aparelho mecânico em si (o fuso mitótico) e a maquinaria que separa os cromossomos segregados (o deslizamento microtubular). Para os procariotos, ainda temos pouco discernimento em relação aos aspectos equivalentes da segregação cromossômica. Contudo, de fato sabemos que *o cromossomo bacteriano segrega-se com grande fidelidade.* As bactérias anucleadas, que surgiriam se a segregação não fosse regulada, são muito raras em culturas normais.

> 9.6 *Um artigo de revisão sobre a segregação cromossômica em E. coli.*

> 9.7 *Uma revisão sobre a GFP.*

Nas bactérias mais bem estudadas, principalmente *B. subtilis* e *E. coli*, os processos de replicação e segregação cromossômica não são sequenciais, como ocorre nas células eucarióticas. Em vez disso, como discutimos anteriormente, eles acontecem concorrentemente, pelo menos nas células em crescimento rápido. A maquinaria de replicação começa seu trabalho na origem e prossegue bidirecionalmente, até atingir a região do término. Técnicas recentemente desenvolvidas permitiram visualizar as localizações de várias regiões cromossômicas dentro de células vivas. Isso pode parecer surpreendente, porque de imediato pode pensar-se que seria difícil localizar um alvo relativamente pequeno, como uma parte de um cromossomo, em células tão minúsculas como as bactérias. No entanto, tais técnicas realmente existem. Elas utilizam técnicas de **microscopia de fluorescência** ultrassensível em combinação com algumas construções genéticas inteligentes. Assim, regiões específicas do cromossomo podem ser marcadas fazendo-se a seguinte construção genética. Uma sequência de DNA que se liga a um repressor específico (p. ex., aquele do óperon da lactose), que foi fusionado à GFP, é inserida perto da origem. Como pode ser difícil de se ver uma única molécula do repressor fluorescente, os pesquisadores frequentemente inserem mais de um operador, normalmente várias dezenas deles em série, amplificando, assim, o sinal fluorescente.

Em células jovens que estão recém começando seu ciclo de crescimento e replicação do DNA, as origens localizam-se nas posições de um quarto e três quartos ao longo do comprimento celular, e o término está no centro celular. À medida que a célula cresce e a origem se replica, as duas novas origens se afastam, enquanto o término permanece no centro celular por algum tempo (Figura 9.13).

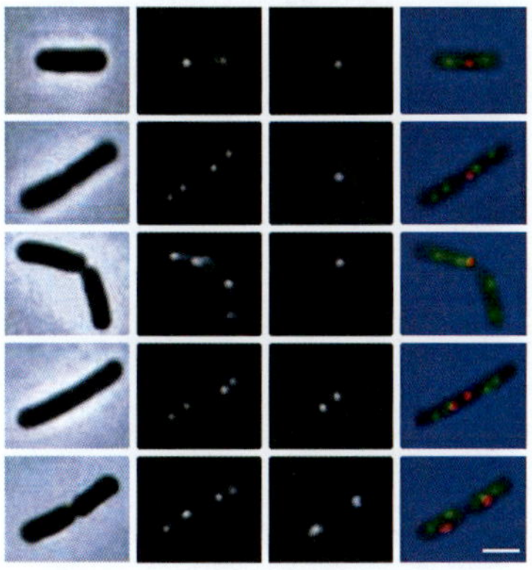

Figura 9.13 Localizações celulares da origem e do término da replicação do DNA. A origem foi marcada com GFP; o término foi marcado com uma proteína fluorescente vermelha (ver texto). Antes do início da replicação, a origem replicativa é vista nas posições de um quarto e três quartos na célula, e o término está no centro celular. Os dois são mostrados nas mesmas células por meio de uma sobreposição óptica (direita). As origens progressivamente se movem em direção às extremidades da célula, enquanto o término permanece no centro. No final, o término se duplica e se move às posições de um quarto e três quartos ao longo do comprimento da célula, que se tornam os centros celulares após a divisão. Barra, 2 μm.

Como discutido no Capítulo 8, a etapa final na replicação de um cromossomo circular requer a resolução de um **concatenado**. Mutantes defectivos nesse processo continuam a produzir DNA, mas não são capazes de separar os cromossomos da progênie. Tais células continuam a crescer como filamentos e acumulam uma grande quantidade de DNA em seus centros celulares (Figura 9.14). Ainda há outro impedimento à segregação cromossômica: de vez em quando, cerca de uma vez em seis gerações, os cromossomos-irmão ainda na mesma célula sofrem **recombinação genética homóloga** (entre sequências homólogas) (ver Capítulo 10). Um único evento de recombinação, que é mais comum que eventos múltiplos, produz um dímero cromossômico. A segregação adequada poderia ocorrer somente se o dímero fosse convertido a dois monômeros por outro evento de recombinação, mas dois eventos desse tipo são relativamente raros. Em vez disso, as bactérias usam um sistema eficiente de resolução de dímeros ativado com grande frequência. Perto do término do cromossomo existe um sítio especial de recombinação denominado *dif*. Enzimas específicas realizam a recombinação nesse sítio, levando à conversão do dímero em dois cromossomos-irmão. Por que essas células se preocupariam com um evento que ocorre relativamente de forma rara? Algo que acontece

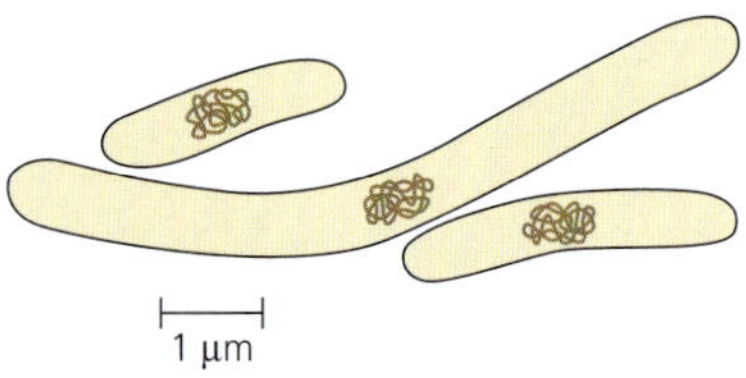

Figura 9.14 Efeitos da inibição da desconcatenação de cromossomos-irmão. Um mutante defectivo na desconcatenação de cromossomos após a replicação continua a crescer, mas não pode se dividir. O DNA não se segrega em nucleoides individuais, permanecendo como uma grande massa no centro da célula.

uma vez a cada seis gerações afeta somente 1 célula em 64. Entretanto, no contexto de competição do ambiente, uma população com um defeito em 1 a 2% de suas células estaria em uma dramática desvantagem competitiva.

Em resumo, o ciclo celular das bactérias difere em vários modos significativos do das células eucarióticas, refletindo as diferenças na organização celular. Embora estruturalmente mais simples, as bactérias possuem intrincados mecanismos regulatórios para assegurar que seu genoma seja adequadamente partilhado entre as células da progênie e que a divisão celular seja um processo bem regulado. No próximo capítulo, explicaremos como as mudanças genéticas ocorrem e influenciam as populações atuais e como elas podem ajudar-nos a cogitar e resolver suas origens evolutivas.

TESTE SEU CONHECIMENTO

1. Que técnicas permitem o estudo do ciclo celular das bactérias?
2. O que acontece à replicação do DNA durante o ciclo celular bacteriano? Em células em crescimento rápido, como esse processo pode ser mais longo que o ciclo celular?
3. Como a divisão celular dos procariotos difere da dos eucariotos?
4. Como o septo celular é formado durante a divisão bacteriana?
5. Como a divisão celular e a replicação do DNA estão conectadas nas bactérias?
6. Com o intuito de se dividirem, como as bactérias encontram seu centro?
7. Discuta o equivalente bacteriano da mitose.

parte IV herança

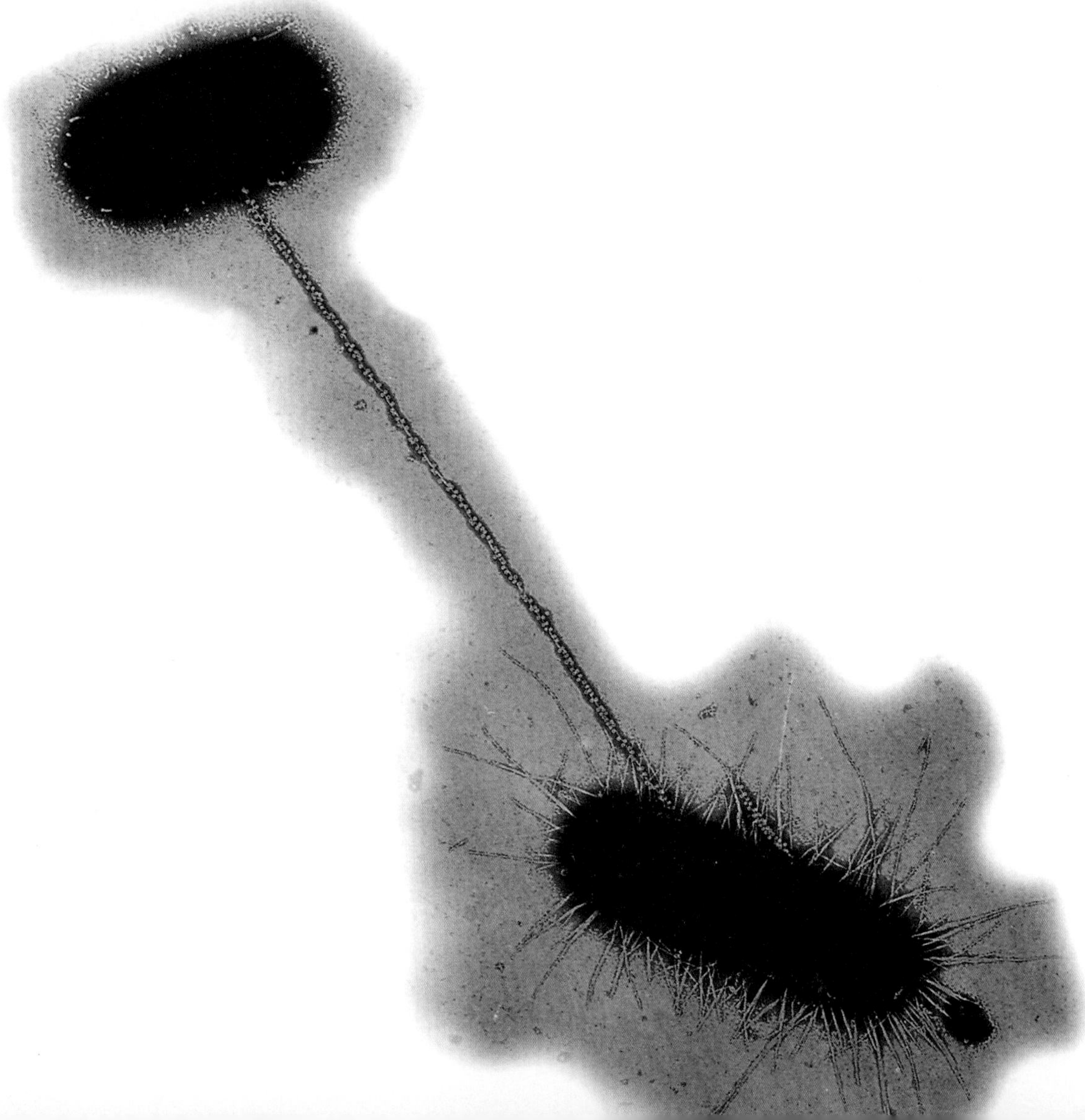

genética

capítulo

10

INTRODUÇÃO

A genética é notavelmente unificada. A informação genética de todos os organismos celulares é codificada da mesma forma, em sequências de bases no **ácido desoxirribonucleico (DNA)**; o **código genético** é universal, e os mecanismos de replicação e expressão do material genético são, em essência, os mesmos entre todos os organismos. Todavia, existem diferenças intrigantes entre os procariotos e os eucariotos quanto ao modo como a informação genética é trocada entre os indivíduos, aos padrões de seu armazenamento e à sua suscetibilidade a mudanças.

Como a genética é tão unificada e como os procariotos são excelentes ferramentas experimentais, muitos dos fundamentos da genética molecular moderna, incluindo sua descoberta mais fundamental – a de que o DNA é a molécula na qual a informação genética de todos os organismos celulares está codificada – foram decifrados a partir de estudos das bactérias. Esse avanço importante e sua confirmação provieram de estudos acerca do modo como os procariotos transferem DNA entre as células. É um dos exemplos espetaculares do quanto aprendemos sobre nós mesmos ao estudarmos os procariotos.

TROCA DE DNA ENTRE OS PROCARIOTOS

O modo como os procariotos e os eucariotos trocam DNA e as consequências disso são fundamentalmente diferentes em pelo menos cinco aspectos importantes.

1. Diferentemente da maioria dos eucariotos, os procariotos não trocam DNA como uma etapa obrigatória de sua reprodução. É claro que

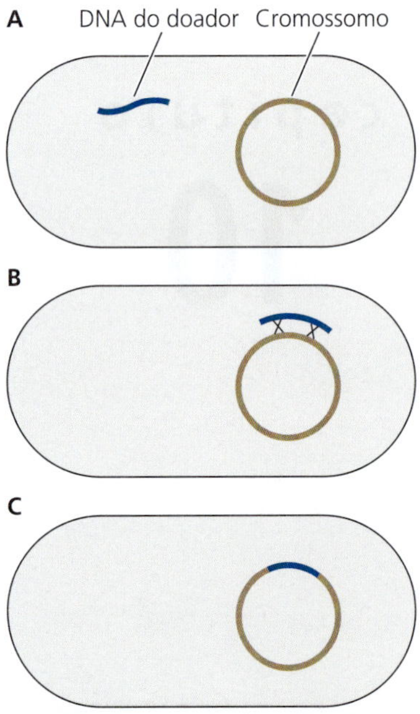

Figura 10.1 Troca genética entre os procariotos. O esboço mostra como um fragmento de DNA de fita dupla pode se tornar uma parte do genoma da célula receptora. **(A)** Durante a maioria das trocas genéticas entre os procariotos, um pequeno pedaço de DNA de fita dupla de uma célula entra em uma célula receptora. **(B)** Em consequência de duas recombinações (*crossing overs* ou permutações, indicadas por X), uma porção do fragmento doador pode ser incorporada no cromossomo do receptor, substituindo uma porção dele. **(C)** A consequência é um diploide parcial. As porções não incorporadas do fragmento doador e a porção deslocada do cromossomo são destruídas por nucleases presentes no citoplasma do receptor.

alguns eucariotos também não o fazem: alguns são capazes de realizar reprodução assexuada indefinida, e alguns são capazes de realizar partenogênese, esquivando-se, desse modo, da conexão cerrada entre reprodução e troca sexuada de DNA. Contudo, a reprodução procariótica *nunca* depende de trocas genéticas.

2. Em vez de uma mistura de seus complementos completos de DNA, como ocorre quando os gametas eucarióticos fundem-se, normalmente apenas uma pequena porção de DNA é transferida de uma célula procariótica (a **célula doadora**) a sua parceira (a **célula receptora**). Tal transferência tem uma alta probabilidade de ser geneticamente inútil, porque o DNA doado normalmente não pode se replicar dentro da célula receptora, sendo provavelmente destruído. A porção de DNA doada pode replicar-se somente se for incorporada (por dois eventos de recombinação) em um **replicon** (ver Capítulo 8) preexistente dentro da receptora ou se, por acaso, o próprio DNA doado for um replicon (Figura 10.1).
3. Na natureza, as trocas genéticas entre os procariotos são eventos fortuitos; mas, quando as condições são otimizadas no laboratório, elas podem ser mediadas com certeza quase absoluta.
4. A maioria dos eucariotos superiores é diploide. Eles carregam mais de um conjunto de **cromossomos**, de modo que os alelos recessivos não são expressos. Os procariotos, ao contrário, são haploides; seus alelos recessivos são expressos. A diferença entre as consequências de expressar e não expressar genes recessivos é profunda. Colocando em termos humanos, somente cerca de 1 em 3.500 norte-americanos brancos sofre de fibrose cística, uma doença genética recessiva; se os genes recessivos fossem expressos, 1 em 30 sofreriam da doença.
5. Embora a troca genética entre os eucariotos ocorra por meio de um único mecanismo – a fusão de gametas –, ela pode ocorrer entre os procariotos por três mecanismos totalmente diferentes, denominados **transformação, transdução** e **conjugação**. A troca de genes cromossômicos por dois desses mecanismos, a transdução e a conjugação, é aparentemente um subproduto acidental de um outro evento – a infecção e a replicação de um bacteriófago, no caso da transdução, e o movimento de certos tipos de **plasmídeos** (pequenos replicons de DNA que estão presentes em muitos procariotos) de uma célula a outra, no caso da conjugação. Contudo, o terceiro mecanismo, a transformação, pode de fato ter evoluído para mediar trocas genéticas.

Embora as trocas genéticas entre os procariotos pareçam acidentais e até mesmo triviais, seu impacto sobre a evolução procariótica foi profundo, e suas consequências para os cientistas que estudam o tópico foram ocasionalmente exasperantes. Os estudos moleculares modernos dos procariotos têm revelado que sua história evolutiva foi marcada por numerosos exemplos de **transferência gênica horizontal** (de uma célula a outra; também denominada **transferência gênica lateral**), e não exclusivamente por eventos de **transferência gênica vertical** (da célula-mãe às células da progênie), como poderia esperar-se para organismos que se reproduzem predominantemente de forma assexuada. Às vezes, tal transferência gênica horizontal deve ter ocorrido entre indivíduos distantemente relacionados. A transferência gênica horizontal confunde os estudos moleculares de evolução, porque introduz a possibilidade de que organismos que compartilham genes similares possam não necessariamente ter evoluído a partir de um ancestral comum que continha o progenitor daqueles genes; a similaridade pode ser uma consequência da transferência gênica horizontal entre duas células distantemente relacionadas.

Transformação

A palavra **transformação** (mudança na aparência ou natureza) tem dois significados distintos em biologia: (i) a mudança de uma célula eucariótica saudável e normal em uma célula cancerosa e (ii) a mudança genética de uma célula em consequência da captação de DNA solúvel do ambiente e da incorporação, por recombinação, de um pedaço desse DNA em seu genoma. (Em países de língua inglesa, no século XIX e início do século XX, transformação era um eufemismo [normalmente sussurrado] para a peruca de uma senhora: "Você sabia que ela usa uma transformação?")

As células capazes de captar DNA de seu ambiente (sendo, desse modo, transformadas) são chamadas de **competentes.** A **competência genética** é um estado transitório. Ela desenvolve-se naturalmente entre algumas espécies de bactérias (as células dessas espécies adquirem ou perdem a competência, dependendo de seu estado fisiológico). No entanto, as células da maioria das espécies que não possuem a capacidade natural de desenvolver a competência podem ser induzidas, tornando-se competentes por meios artificiais.

Transformação artificial

A maioria dos procariotos (provavelmente todos, se as condições adequadas forem descobertas) pode ser artificialmente transformada por tratamentos que transitoriamente alteram a permeabilidade da membrana de uma célula, tornando-a, desse modo, competente. Esses tratamentos incluem diversas manipulações, como a exposição a altas concentrações de íons cálcio em gelo, seguida por um choque térmico, e a **eletroporação** (a formação de orifícios transitórios na membrana citoplasmática pela exposição das células a choques, com duração de milissegundos, de dezenas de milhares de volts). A **transformação artificial** é normalmente restrita à incorporação de plasmídeos circulares; como não possuem extremidades expostas, eles são resistentes ao ataque das exonucleases intracelulares que a maioria dos procariotos contém, de modo que podem sobreviver dentro da célula receptora transformada. Linhagens mutantes de *Escherichia coli* que não possuem duas exonucleases podem ser artificialmente transformadas com sucesso com DNA linear.

10.1 *Um esboço esquemático de um aparelho de eletroporação e uma breve descrição de como e por que funciona.*

A transformação artificial é uma etapa crucial na clonagem gênica, que é fundamental à tecnologia do **DNA recombinante.**

Tabela 10.1 Algumas espécies de bactérias que são sabidamente capazes de realizar transformação natural

Bactéria	Comentários
Gram-positivo	
Streptococcus pneumoniae	Um patógeno
Bacillus subtilis	Um formador de esporos mesofílico que habita o solo
Bacillus stearothermophilus	Um formador de esporos termofílico que habita o solo
Enterococcus faecalis	Uma bactéria do intestino
Gram-negativo	
Acinetobacter calcoaceticus	Um habitante do solo
Moraxella urethralis	Um patógeno oportunista
Psychrobacter spp.	Psicrófilos
Azotobacter agilis	Um fixador de nitrogênio, de vida livre, que habita o solo
Pseudomonas stutzeri	Um desnitrificador que habita o solo
Haemophilus influenzae	Um patógeno
Neisseria gonorrhoeae	Um patógeno sexualmente transmitido
Campylobacter jejuni	Um patógeno intestinal
Helicobacter pylori	Um patógeno do estômago

10.2 *Uma animação da clonagem gênica.*

Transformação natural

Algumas espécies de bactérias sofrem transformação naturalmente durante o crescimento e o **desenvolvimento** (Tabela 10.1). Sob certas condições de crescimento, elas se tornam competentes. Elas podem, então, vir a ser geneticamente alteradas pela captação de DNA solúvel que pode estar presente em seu ambiente, incorporando o DNA em seus genomas. Normalmente, a competência desenvolve-se em culturas densas, refletindo, talvez, a seleção natural de uma maior probabilidade de transferência gênica bem-sucedida entre células intimamente associadas, como aquelas nos biofilmes (ver "Lidando com o estresse por esforço comunitário" no Capítulo 13). Poderia esperar-se que a transformação dentro de biofilmes fosse bastante disseminada, mas mais estudos são necessários para confirmar essa previsão. Os sistemas de transformação natural são relativamente raros entre os procariotos. Os mais completamente estudados, os de *Streptococcus pneumoniae*, *Bacillus subtilis* e *Haemophilus influenzae*, são distintos em alguns detalhes, mas possuem muitas propriedades em comum (Figura 10.2). Esses sistemas são complexos, sendo codificados por 20 a 30 genes, mas todos processam o DNA transformante de modo similar. O DNA presente no ambiente da célula liga-se à superfície celular. Lá, ele é fragmentado em pedaços menores, sendo que apenas uma fita do mesmo entra na célula; a outra é destruída por uma nuclease específica da transformação. O que normalmente ocorre em seguida é que a fita que entra é coberta com uma proteína de ligação ao DNA específica da transformação, que auxilia em sua sobrevivência na perigosa jornada através do citoplasma, que está cheio de exonucleases. Se for homóloga ao DNA residente da célula, a fita vem a ser incorporada por **deslocamento de fita simples**, formando um trecho de DNA híbrido que consiste em uma fita de DNA residente e uma fita de DNA transformante. Na divisão subsequente, apenas uma célula-filha porta o DNA transformado – a que herdou a fita de DNA transformante duplicada.

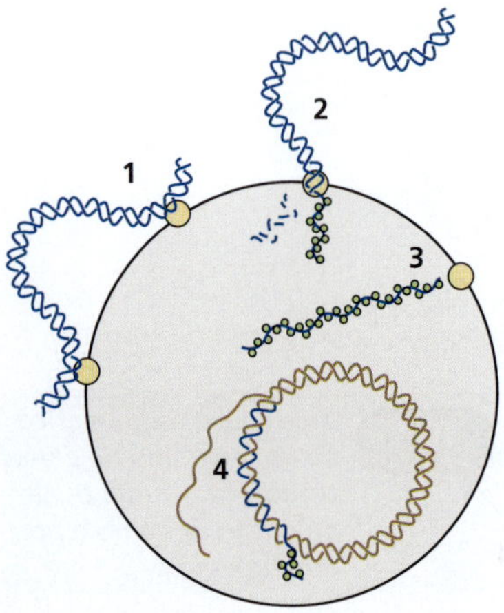

Figura 10.2 Características principais da transformação de *S. pneumoniae*. (1) Um fragmento de DNA de fita dupla liga-se à superfície celular em vários sítios. **(2)** O DNA ligado é quebrado nas bordas e cortado, e uma fita é degradada por uma nuclease específica da competência. **(3)** Uma fita simples de DNA entra na célula e é coberta por uma proteína específica. **(4)** O DNA que entra desloca uma fita existente, formando um heterodúplex.

A existência de sistemas de transformação natural suscita várias questões intrigantes. Primeiro, poderíamos indagar acerca da fonte de DNA transformante em um ambiente natural. É preciso ter em mente que apenas o DNA transformante intimamente relacionado ao DNA do receptor é capaz de realizar transformação, porque ele deve ser capaz de hibridizar com o DNA do genoma do receptor. Propõe-se, geralmente, que a fonte de DNA transformante seja a lise ao acaso de células presentes no ambiente; mas, se presumirmos que a transformação evoluiu como um meio de troca genética, tal explicação pareceria implausível. Em ambientes naturais, o DNA em solução tem vida curta, porque as **desoxirribonucleases (DNases)** são muito difundidas. Parece improvável que um processo complexo e codificado por genes múltiplos de captação de DNA tenha evoluído para se tornar dependente da liberação casual de DNA de outras células. Na verdade, existem algumas evidências de que a liberação de DNA de células doadoras também é geneticamente programada, ocorrendo quando a probabilidade de sua captura é favorável. Por exemplo, a transformação natural de *Pseudomonas stutzeri* ocorre quando as células doadoras e receptoras tocam-se. O DNA livre pode ser detectado em culturas de *Streptococcus pneumoniae* somente quando as populações são densas, o que é governado por um fenômeno dependente da população denominado *quorum sensing* (ver Capítulo 13).

Segundo, poderíamos indagar acerca da função biológica da transformação natural. Alguns propuseram que ela é nutricional – que ela evoluiu como um meio de usar o DNA como nutriente. Contudo, parece que a transformação natural é complexa demais para ser explicada de forma tão simples. Possivelmente o contra-argumento mais poderoso é que algumas bactérias naturalmente transformáveis, incluindo *Haemophilus* e *Neisseria*, desenvolveram mecanismos para reconhecer e, desse modo, captar DNA somente de linhagens intimamente relacionadas. O sistema encontrado em *H. influenzae* é particularmente específico e elaborado. Seu cromossomo contém 600 cópias de um **sítio de reconhecimento** de 11 pares de bases (pb) (5'-AAGTGCGGTCA-3'). As células competentes de *H. influenzae* absorvem somente o DNA que contém um desses sítios. Contudo, outras espécies naturalmente transformáveis, incluindo *Acinetobacter calcoaceticus* e *P. stutzeri*, absorvem DNA indiscriminadamente.

Especula-se que a transformação natural evoluiu como um mecanismo de reparo do DNA. Contudo, ela não tem como alvo seletivo o DNA danificado. Parece provável que a transformação natural evoluiu como um meio de trocar DNA entre linhagens de uma espécie bacteriana específica, um substituto à troca sexuada entre os eucariotos. Contudo, isso levanta outra questão crítica e ainda não respondida. Por que a transformação natural é tão relativamente rara entre os procariotos? No momento, não há boas respostas.

A transformação natural ocupa uma posição especial na história da genética porque seu estudo levou à descoberta de que os genes são feitos de DNA. Em 1928, Frederick Griffith fez um experimento notório, simples e elegante, que indicou o caminho. Usando o pneumococo (*S. pneumoniae*), ele mostrou que linhagens portando cápsula (denominadas S), mas não linhagens sem cápsula (denominadas R), matavam camundongos. Como as células S mortas por calor não matavam, ele concluiu que a cápsula em si era inócua. Contudo, a cápsula em si poderia tornar as células R letais? De fato, ele descobriu que uma mistura de células S mortas por calor e células R vivas era mortal, mas que os dois componentes não agiam sinergisticamente, como ele havia previsto. Os camundongos mortos continham somente células S vivas, que Griffith então mostrou terem outras propriedades, características das células R injetadas. Essas células eram recombinantes, possuindo certas propriedades das células S e outras das células R. Griffith concluiu (corretamente) que algo, que ele chamou de **princípio transformante**, das células S mortas havia "transformado" as células R, tornando-as lisas (Figura 10.3). Dezesseis anos depois, em 1944, O. Avery, C. MacLeod e M. McCarty purificaram esse princípio transformante e mostraram que ele era o DNA.

10.3 *Imagens de Avery, MacLeod e McCarty e informações sobre eles e sua descoberta.*

Transdução

Embora se possa apresentar uma boa razão para o fato de a transformação natural ter evoluído como um mecanismo de troca genética entre os procariotos, um argumento similar parece mais difícil no caso da transdução. A transdução é, aparentemente, uma consequência de erros que ocorrem regularmente quando os **vírions** (partículas virais) de certos **bacteriófagos** (**fagos** ou vírus bacterianos) são montados, embora tenhamos de admitir que tais erros podem ter persistido porque ofereceram a vantagem seletiva de mediar trocas genéticas.

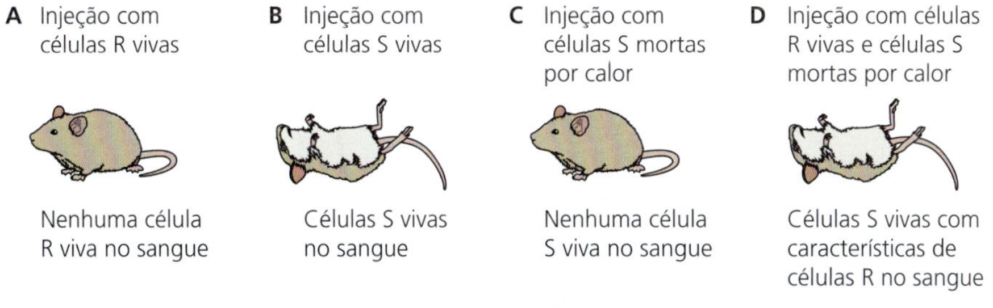

Figura 10.3 Os experimentos de Frederick Griffith que inicialmente levaram à descoberta do princípio transformante e, subsequentemente, à descoberta de que ele é composto de DNA. (A) Camundongos injetados com células R vivas. **(B)** Camundongos injetados com células S vivas. **(C)** Camundongos injetados com células S mortas por calor. **(D)** Camundongos injetados com células R vivas e células S mortas por calor. As células R não possuem cápsulas; as células S possuem cápsulas.

As cabeças desses vírions imperfeitos, denominados **partículas transdutoras**, contêm DNA da célula hospedeira que substitui parcial ou totalmente o DNA do próprio fago. Subsequentemente, quando tal partícula transdutora liga-se e doa seu DNA a outra célula hospedeira, ela medeia uma troca genética entre a célula na qual a partícula transdutora foi montada e a célula que é subsequentemente infectada.

Dois tipos diferentes de erros podem ocorrer, e cada um é característico de um tipo particular de fago. Um tipo resulta na formação de partículas transdutoras generalizadas, que medeiam a **transdução generalizada**, e o outro resulta na formação de partículas transdutoras especializadas, que medeiam a **transdução especializada**. Os nomes "generalizada" e "especializada" referem-se ao modo como muitos genes da célula hospedeira são transduzidos (movidos de uma célula a outra). Os fagos de transdução generalizada podem mover qualquer um dos genes do hospedeiro; os fagos de transdução especializada podem mover somente certos genes.

Transdução generalizada

Entre os muitos fagos capazes de realizar transdução generalizada, o fago P22, que infecta *Salmonella*, é provavelmente o mais completamente estudado e é um bom exemplo para todos os fagos transdutores generalizados.

Dentro de células infectadas pelo fago P22, o DNA do fago é sintetizado (provavelmente por um mecanismo de círculo rolante [ver Figura 10.6B]) como concatâmeros longos que consistem em cerca de 10 genomas de fago unidos pelas extremidades (Figura 10.4). Em seguida, esses genomas são empacotados dentro da cabeça do fago pelo que se chama de mecanismo de "cabeça cheia". Duas proteínas codificadas pelo fago reconhecem uma sequência de 17 pb (*pac*) que ocorre repetidamente em cada segmento do genoma do concatâmero, cortam exatamente aí e conduzem a extremidade cortada do DNA do fago de fita dupla a uma cabeça de fago vazia. Quando a cabeça está cheia, uma segunda nuclease corta o concatâmero de novo, deixando uma cabeça de fago eficientemente cheia e um concatâmero restante pronto para entrar em outra cabeça de fago vazia. O mecanismo de "cabeça cheia" de montagem de fagos possibilita a transdução generalizada: sítios similares

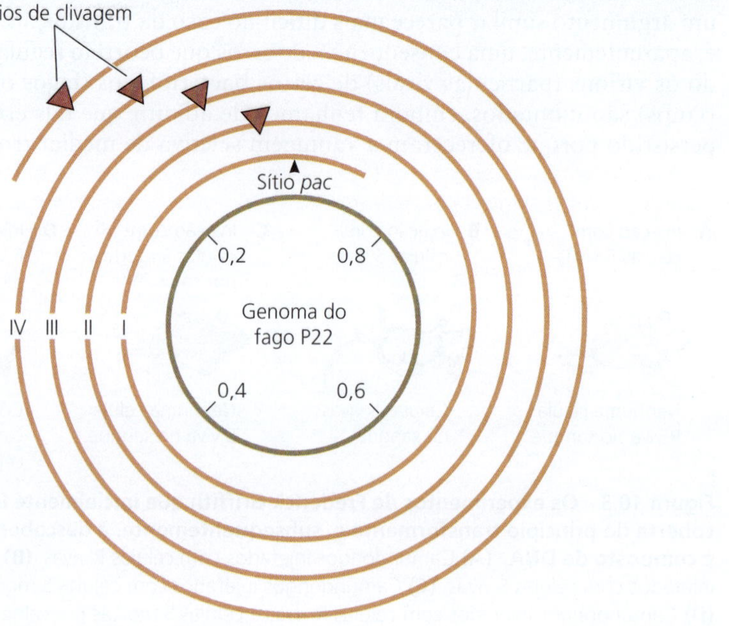

Figura 10.4 Empacotamento de DNA por fagos que medeiam a transdução generalizada. O círculo interno representa o genoma do fago. A espiral externa representa um concatâmero recém-sintetizado de DNA do fago. O empacotamento começa no sítio *pac* e continua até que a cabeça do fago esteja cheia. A clivagem ocorre nos triângulos. Os segmentos sucessivos de DNA (I, II, III e IV) são, cada um, empacotados em uma cabeça de fago separada. Observe que os segmentos empacotados são mais longos que um genoma de fago, garantindo assim que cada partícula de fago tenha um conjunto completo de genes, onde quer que o empacotamento comece.

a pac também ocorrem no cromossomo da célula hospedeira. O cromossomo hospedeiro pode ser cortado em tais sítios, produzindo uma extremidade a ser empacotada nas cabeças de fago. Quando isso acontece, gera-se um conjunto de partículas transdutoras generalizadas, que começam a partir daquele sítio similar a pac. Tais partículas transdutoras generalizadas contêm somente DNA da célula hospedeira. Como já dissemos, qualquer gene da célula hospedeira pode ser incorporado em uma partícula transdutora generalizada, mas, como você provavelmente suspeita, não com a mesma frequência. A probabilidade que um gene tem de ser incorporado depende de sua proximidade a um sítio similar a pac. Na verdade, o fago P22 selvagem transduz alguns genes da célula hospedeira com uma frequência 2.000 vezes maior que outros. Contudo, certos fagos mutantes, designados HT (de *high frequency of transduction*, alta frequência de transdução), transduzem todos os genes da célula hospedeira com praticamente a mesma frequência.

Transdução abortiva

Os erros que levam à formação de partículas transdutoras generalizadas são surpreendentemente comuns: as partículas de fago defectivas resultantes constituem cerca de 2% da progênie em um lisado do fago P22. Contudo, quando usado para infectar outra cultura, o DNA de apenas cerca de 10% dessas partículas vem a ser incorporado nos genomas das células hospedeiras. A maior parte do DNA restante permanece livre dentro do hospedeiro. Surpreendentemente, o DNA transdutor linear do fago P22 é ou rapidamente integrado no cromossomo do hospedeiro ou nunca é. Ele sobrevive indefinidamente no citoplasma porque uma proteína codificada pelo fago (Tdx) une as extremidades, formando um círculo. As células que contêm esse DNA estável, que pode ser expresso, mas não replicado, são denominadas transdutores abortivos. Assim, uma colônia que se desenvolve a partir de um transdutor abortivo contém somente uma única célula que expressa os genes transduzidos. Se o crescimento depender de sua expressão, a colônia será bastante pequena, porque a expressão dos genes naquele único pedaço deve satisfazer a colônia inteira. Se tal colônia minúscula for selecionada e semeada novamente, apenas uma de suas 10^5 ou tantas células se desenvolverá em uma colônia, e aquela colônia também será minúscula. Observe que o transdutor abortivo continua a se dividir, produzindo células que não podem formar o produto gênico essencial. Contudo, seu citoplasma contém metade da quantidade daquela proteína que há em suas células-mãe, de modo que elas podem produzir algumas células adicionais.

O fenômeno da **transdução abortiva** foi descoberto em uma série de experimentos simples, mas belamente perspicazes, feitos juntamente com estudos de mobilidade bacteriana. Esses experimentos são uma prova de observação meticulosa e, presentemente, quase 50 anos depois, merecem uma nova visita. Para marcar a mobilidade da progênie de cruzamentos mediados pelo fago P22, os pesquisadores transferiram colônias a ágar semissólido, no qual as colônias não móveis se desenvolvem como uma massa compacta e as colônias móveis como um aglomerado difuso de crescimento. Contudo, os experimentadores notaram um terceiro tipo de colônia, que consistia em uma "trilha" de colônias não móveis se estendendo a partir de uma massa compacta. Eles raciocinaram que, quando se movia através da placa, uma célula móvel deixava, a cada divisão, uma série de células não móveis, cada uma das quais se desenvolvia em uma colônia compacta (Figura 10.5). A partir dessa observação, eles lançaram a hipótese do, e posteriormente provaram o, fenômeno da transdução abortiva. A única célula móvel era um transdutor abortivo.

A transdução abortiva provou ser uma ferramenta valiosa à área, então em desenvolvimento, da genética microbiana, porque possibilitou um modo de testar a dominância de alelos mutantes, uma vez que os transdutores abortivos

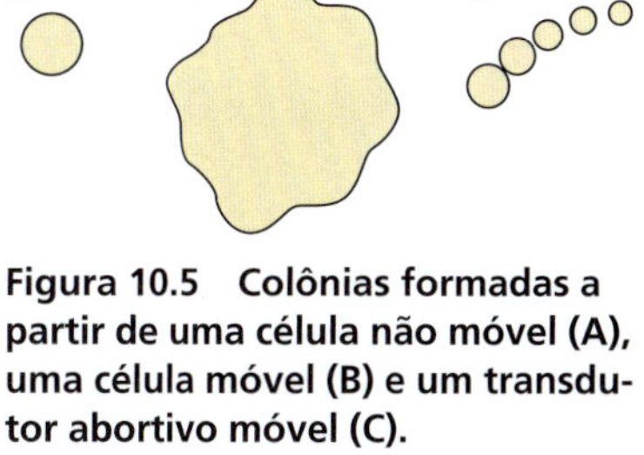

Figura 10.5 Colônias formadas a partir de uma célula não móvel (A), uma célula móvel (B) e um transdutor abortivo móvel (C).

são estavelmente diploides para uma pequena porção de seu genoma. Eles são chamados de merodiploides (células com uma cópia completa de um genoma e uma cópia parcial de outro).

Transdução especializada

A transdução especializada é mecanisticamente distinta da transdução generalizada (Tabela 10.2). Em vez de ser uma consequência de erros de empacotamento, ela é uma consequência de erros que ocorrem mais precocemente nos ciclos de vida de certos fagos temperados (discutido no Capítulo 17). Os genomas desses fagos vêm a se integrar no cromossomo de uma célula hospedeira, um fenômeno denominado lisogenia, e são posteriormente excisados, sofrendo reprodução vegetativa. Normalmente, a excisão é precisa, mas, raras vezes, o registro dos cortes é mudado de lugar e inclui alguns genes da célula hospedeira presentes em um lado. Consequentemente, um pouco de DNA da célula hospedeira vem a se juntar ao genoma do fago e entra na cabeça do fago. (Um pedaço correspondente de DNA do fago é deixado para trás no cromossomo bacteriano.)

A maior parte de nosso conhecimento a respeito de transdução especializada provém de experimentos feitos com o bem estudado fago λ. A lisogenia, a característica fundamental do fago λ, é discutida no Capítulo 17. Aqui, falaremos apenas sobre como ela pode resultar na transdução especializada.

O fago λ lisogenisa *E. coli* inserindo-se em um local específico (*attB*) no cromossomo bacteriano. Lá, ele permanece sob o controle de um repressor, denominado repressor λ, até que um evento natural ou forçado (p. ex., a exposição à luz ultravioleta [UV]) diminui a concentração do repressor, induzindo, desse modo, a reprodução virulenta que leva à lise celular e à liberação de vírions do fago (ver "Replicação viral" no Capítulo 17).

A primeira etapa da indução é a excisão do prófago, que normalmente ocorre de forma precisa nas duas extremidades do genoma. Raras vezes, contudo – pouquíssimas vezes, na verdade (a uma frequência de cerca de uma em um milhão de vírions formados) –, o registro de excisão é mudado de lugar, resultando em alguns vírions (denominados partículas transdutoras especializadas) que contêm uma porção de DNA do hospedeiro ligada ao seu DNA do fago. Como o registro pode mudar de lugar em qualquer direção, as partículas transdutoras especializadas podem conter genes do hospedeiro que flanqueiam o sítio *attB* de qualquer lado. Em *E. coli*, os genes que codificam para a síntese de biotina, *bio*, situam-se em um lado do sítio *attB*, e aqueles que codificam para a degradação de galactose (*gal*) situam-se no outro.

Quando tal partícula transdutora especializada infecta outra célula bacteriana e seu DNA vem a se integrar no genoma daquela célula hospedeira, o DNA hospedeiro contido na partícula transdutora também se integra, criando uma curta região diploide. Se a mudança no registro que ocorreu durante a formação da partícula transdutora do fago for relativamente leve, o fago não terá perdido nenhum de seus genes essenciais em consequência da excisão incorreta. Nesse caso, a partícula transdutora especializada retém a capacidade

Tabela 10.2 Diferenças entre a transdução generalizada e a especializada

Propriedade	Transdução generalizada	Transdução especializada
Mediador	Fagos virulentos ou temperados	Apenas fagos temperados
DNA na partícula transdutora	Apenas DNA da célula hospedeira	DNA do fago e da célula hospedeira
Genes transduzidos	Qualquer gene do hospedeiro	Apenas genes próximos ao sítio de inserção do prófago

de crescimento independente. Se um pedaço maior de DNA do fago for perdido, a partícula transdutora ainda pode ser capaz de reproduzir-se em uma célula hospedeira se for complementada (i. e., se for suprida de algumas funções essenciais) pela infecção simultânea com um **fago auxiliar** intacto. Tais partículas são denominadas fagos defectivos e designadas λ dgal ou λ dbio, dependendo de quais genes adjacentes carregam.

Como a excisão incorreta do genoma de um fago selvagem é um evento raro, somente uma pequena fração dos fagos formados é composta de partículas transdutoras de baixa frequência. Contudo, como a excisão precisa do genoma de um lisógeno defectivo é o evento imensamente mais comum, a maioria dos fagos produzidos a partir deles é composta de partículas transdutoras, tornando-se partículas transdutoras de alta frequência.

A transdução especializada tem sido uma ferramenta poderosa da genética microbiana, e potencializou-se ainda mais quando técnicas para manipular os genes bacterianos próximos ao sítio *attB* foram desenvolvidas, possibilitando assim a formação de lisados transdutores de alta frequência que carregam qualquer gene do hospedeiro.

Conjugação

A conjugação, o terceiro mecanismo de troca genética, depende das propriedades de certos plasmídeos. Esses plasmídeos específicos desenvolveram uma propriedade notável: a capacidade de transferência de uma célula procariótica a outra. Alguns deles, denominados de amplo espectro ou promíscuos, desenvolveram tal habilidade em um grau notável. Eles podem transferir-se entre espécies que são muito distantemente relacionadas. Por exemplo, alguns podem transferir-se entre quase qualquer par de bactérias gram-negativas, e alguns desses plasmídeos são capazes de transferir genes a eucariotos. O plasmídeo Ti de *Agrobacterium* pode transferir genes a plantas, e certos plasmídeos (R751 e F) podem transferir genes à levedura *Saccharomyces cerevisiae*. Tem-se também alegado que alguns plasmídeos de *E. coli* podem transferir genes por conjugação com células animais em cultura. Tais plasmídeos podem ser responsáveis por boa parte da transferência gênica horizontal que atormenta aqueles que estudam a evolução dos procariotos. Além dos genes que codificam para a transferência, alguns plasmídeos, designados **plasmídeos R** ou **fatores R**, carregam genes adicionais que codificam para a resistência a antibióticos. O impacto desses plasmídeos na saúde pública é profundo, porque eles são grandemente responsáveis pela rápida disseminação da resistência a antibióticos dentro das populações de bactérias, com consequências que atualmente apresentam sérios problemas à medicina clínica.

Conjugação entre as bactérias gram-negativas

O **plasmídeo conjugativo** mais completamente estudado é o plasmídeo F (de fertilidade) ou **fator F**, que se transfere entre células pertencentes à mesma linhagem ou a linhagens e espécies diferentes de bactérias entéricas. Um óperon contendo 13 genes *tra* nesse relativamente grande (94,5 **quilobases** [**kb**]) plasmídeo circular codifica sua capacidade de autotransferência. Um desses genes codifica as subunidades proteicas de várias fímbrias, denominadas fímbrias sexuais. As células que portam tais fímbrias são denominadas F^+ ou machos (Fig. 10.6A). As extremidades dessas fímbrias sexuais podem se ligar a células (denominadas F^- ou fêmeas) que não possuem um plasmídeo F. Em seguida, a fímbria se retrai pela despolimerização de suas subunidades, unindo, desse modo, o par em cruzamento e tornando sua ligação mais estável. Por um mecanismo de círculo rolante, uma fita simples de DNA é sintetizada a partir de um sítio específico (*oriT*) no plasmídeo F e doada à célula fêmea (Figura 10.6B). Uma vez lá, ela é duplicada e

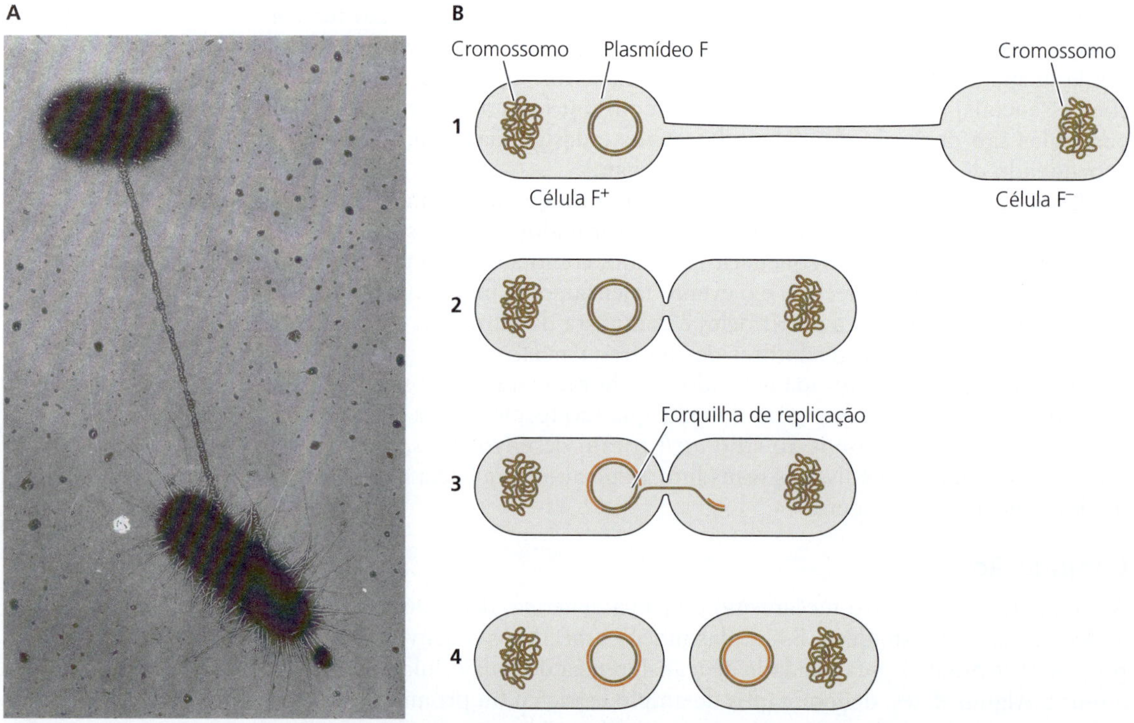

Figura 10.6 Conjugação mediada pelo plasmídeo F. (A) Micrografia eletrônica de duas células de *E. coli* mantidas unidas por uma fímbria sexual (etapa 1 no painel B). **(B)** Etapas no processo de conjugação. **(1)** A conjugação começa quando uma fímbria sexual em uma célula F^+ liga-se a uma celula F^-. **(2)** A fímbria sexual retrai-se, unindo as células. **(3)** Por um mecanismo de círculo rolante, o plasmídeo F é replicado. É feito um corte no DNA de fita dupla, formando uma forquilha de replicação na qual a replicação do DNA ocorre, como no caso da fita-líder na replicação cromossômica (ver Capítulo 8). O resultado é que a fita simples de DNA do plasmídeo F que entra na célula F^- é sintetizada. **(4)** Na célula F^-, a fita simples é duplicada e circularizada, convertendo a célula F^- em uma célula F^+.

circularizada. Em consequência do processo de cruzamento, a célula F^- torna-se F^+. Quando culturas de células F^+ e F^- são misturadas, a cultura rapidamente se torna inteiramente F^+. A "masculinidade", nesse caso, é infecciosa.

Os genes cromossômicos raramente (a uma frequência de cerca de 10^{-7}) entram na célula F^- junto com o próprio plasmídeo F, presumivelmente porque o plasmídeo F fica ligado ao cromossomo e o arrasta junto para dentro da célula receptora. Na verdade, o plasmídeo F pode integrar-se no cromossomo da célula hospedeira por um evento de recombinação entre regiões homólogas, normalmente pelo pareamento de **elementos de inserção** (**sequências de inserção**) presentes no plasmídeo e no cromossomo. Os clones que carregam um plasmídeo F integrado são designados **Hfr** (de *high frequency of recombination*, alta frequência de recombinação). Eles retêm propriedades das linhagens F^+ e adquirem uma nova: o plasmídeo F ainda expressa sua capacidade de se transferir, mas agora sempre traz genes cromossômicos consigo.

O cruzamento é um processo bastante lento, necessitando de cerca de 100 minutos a 37 °C para que uma cópia completa do cromossomo de *E. coli* entre em uma célula F^+. O DNA entra a uma taxa constante; portanto, o atraso temporal entre a iniciação do cruzamento e a entrada de um gene específico pode ser usado para localizar aquele gene com respeito à posição do sítio *oriT* (o ponto no plasmídeo F que entra primeiro na célula receptora). O mapeamento das posições relativas de genes no cromossomo de *E. coli* foi primeiramente realizado por experimentos com base nesse princípio. Esses experimentos de cruzamento interrompido envolviam a mistura de uma linhagem Hfr e uma

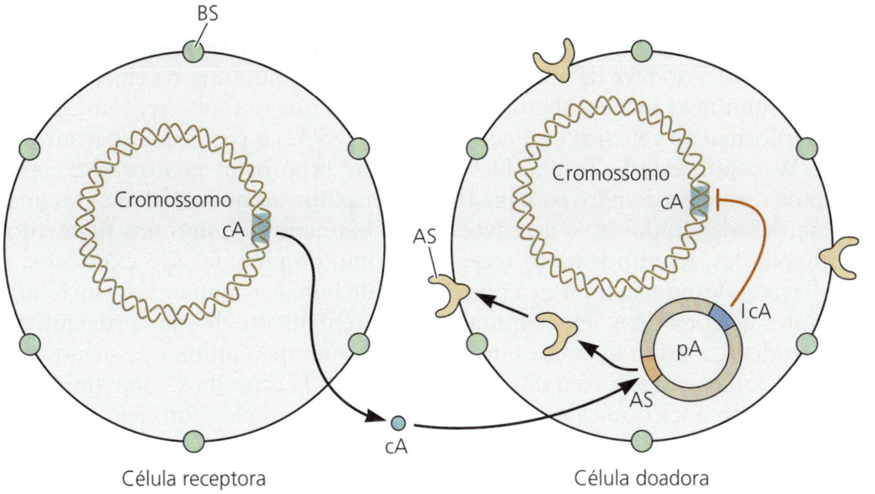

Figura 10.7 Conjugação de *E. faecalis*. A célula receptora produz um feromônio codificado pelo cromossomo (cA) que interage com um plasmídeo (pA) na célula doadora, fazendo com que ele produza a substância de agregação (AS), que migra para a superfície celular. Na superfície, a AS liga-se à substância de ligação (BS) nas superfícies de outras células, formando um grumo de células, dentro do qual ocorre a troca genética. Embora as células doadoras também carreguem um gene que codifica cA, sua expressão é reprimida por IcA, codificada por pA. Assim, a agregação ocorre somente entre grupos de células doadoras e receptoras.

linhagem F^-, a agitação vigorosa das mesmas em intervalos de tempo para separar os pares em cruzamento e a marcação de quais genes tinham entrado no momento em que o par em cruzamento foi interrompido.

Conjugação entre as bactérias gram-positivas

A conjugação mediada por fímbrias está bem representada entre as bactérias gram-negativas, mas aparentemente ausente entre as bactérias gram-positivas. Em vez de os pares em cruzamento ligarem-se por uma fímbria, as células das bactérias gram-positivas em cruzamento agrupam-se, formando uma massa de células, dentro da qual o DNA é transferido da doadora à receptora por um mecanismo desconhecido. Como no caso das bactérias gram-negativas, os plasmídeos desempenham um papel crucial na conjugação das bactérias gram-positivas. A bactéria intestinal gram-positiva *Enterococcus faecalis* ilustra o processo (Figura 10.7). As células receptoras excretam feromônios (compostos secretados que servem de sinal a outros membros da mesma espécie), codificados pelo cromossomo, que convidam as células doadoras a formarem grumos com elas. Embora as células doadoras carreguem os mesmos genes, elas não produzem feromônios, porque os plasmídeos nas células doadoras contêm genes que reprimem sua expressão. O feromônio entra nas células doadoras, sinalizando a elas para que produzam a substância de agregação (também codificada pelo cromossomo), o que ocasiona a formação de grumos com as células receptoras. Em seguida, ocorre a troca genética.

Curiosamente, a célula receptora produz feromônios o tempo todo. Esse convite constante à agregação deve refletir a importância da conjugação a essa espécie.

MUTAÇÃO E FONTES DE VARIAÇÃO GENÉTICA ENTRE OS PROCARIOTOS

A mutação (a mudança herdável no DNA) é o motor que impulsiona a variação biológica e, desse modo, a evolução. Os experimentos usando mutantes provavelmente constituem o conjunto mais valioso de métodos de análise das funções celulares. A tecnologia de geração de mutantes depende da comparação de linhagens mutantes (aquelas que carregam mutações específicas) com as linhagens das quais foram derivadas.

Em um contexto mais amplo, a técnica de geração de mutantes requer a indução, a inserção ou a descoberta de mutações específicas e a análise de suas

10.4 *Imagens de G. W. Beadle e E. L. Tatum, junto com uma de J. Lederberg, com quem dividiram o Prêmio Nobel de 1958.*

10.5 *Imagens de colônias, micélios e conídios de N. crassa.*

consequências. Essa foi e continua sendo uma ferramenta produtiva e onipresente na biologia experimental moderna, o que parece quase autoevidente; mas, naturalmente, isso teve de ser descoberto. O uso de mutantes na elucidação de rotas bioquímicas foi descoberto em 1941 (antes que se soubesse, com certeza, que a informação genética está codificada no DNA!) a partir de experimentos de G. W. Beadle e E. L. Tatum. Eles irradiaram esporos de *Neurospora crassa* (o bolor vermelho do pão) com luz UV (um tratamento que sabidamente causa mutações), deixando-os se desenvolver em filamentos. Como tais filamentos são haploides, fenótipos tanto recessivos como dominantes são expressos. A irradiação UV induziu uma rica diversidade de linhagens mutantes – incluindo mutantes auxotróficos. Esses mutantes, diferentemente de seus progenitores não irradiados, eram incapazes de crescer em um meio mínimo, a menos que ele fosse suplementado com uma pequena molécula específica – um aminoácido, uma base nucleotídica ou uma vitamina, por exemplo. Por meio de cruzamentos genéticos padronizados e estudos bioquímicos, os sítios das mutações foram atribuídos a genes específicos. Na maioria dos casos, as consequências dessas mutações provaram ser a perda da função de uma enzima biossintética específica. Esses resultados infelizmente foram resumidos na designação da "teoria de um gene, uma enzima". Posteriormente, descobriu-se que as implicações desse termo não são inteiramente corretas. Diversos genes codificam as várias subunidades heteropoliméricas de certas enzimas, e algumas proteínas codificadas por um único gene possuem mais de uma atividade enzimática. Contudo, os experimentos de Beadle-Tatum estabeleceram um princípio fundamental da biologia: a maioria dos genes codifica uma proteína, e o papel fisiológico da proteína pode ser suposto a partir dos fenótipos de linhagens que possuem uma mutação nela. Os experimentos de Beadle-Tatum fundaram a base da técnica de geração de mutantes, que tem sido aplicada com êxito a tópicos tão diversos como as rotas do metabolismo e cascatas complexas de transdução de sinal.

Tipos de mutações

Como o termo mutação (qualquer mudança no DNA de uma célula) é muito amplo, é útil subdividi-lo. As mutações podem ser classificadas de duas formas: por seu **fenótipo** (a mudança observável na aparência ou na função de uma linhagem que carrega a mutação) ou por seu **genótipo** (a mudança química que ocorreu no DNA da célula). Alguns dos termos mais frequentemente usados para descrever os fenótipos de linhagens mutantes são mostrados na Tabela 10.3.

Tabela 10.3 Tipos de linhagens mutantes

Designação	Fenótipo
Auxótrofo (ou auxotrófico)	Requer um fator de crescimento exógeno, por exemplo, um aminoácido ou uma vitamina
Fonte de carbono	Incapaz de usar um composto específico como fonte de carbono
Fonte de nitrogênio	Incapaz de usar um composto específico como fonte de nitrogênio
Fonte de fósforo	Incapaz de usar um composto específico como fonte de fósforo
Fonte de enxofre	Incapaz de usar um composto específico como fonte de enxofre
Sensível à temperatura	Perde uma função específica em uma temperatura alta ou baixa
Sensível ao calor	Perde uma função específica em uma temperatura alta
Sensível ao frio	Perde uma função específica em uma temperatura baixa
Sensível ao choque osmótico	Perde uma função específica em uma osmolaridade alta ou baixa
Letal condicional	Incapaz de crescer em um ambiente específico (p. ex., temperatura alta) em qualquer meio

Tabela 10.4 Alterações mutacionais pequenas: mutações pontuais e microlesões

Tipo	Descrição	Consequências
Par de bases	Alteração de um par de bases	Varia de nenhum efeito à perda completa de função
Transição	Substituição de uma pirimidina por outra ou de uma purina por outra em um par de bases, por exemplo, mudança de AT a GC	Varia de nenhum efeito à perda completa de função
Transversão	Substituição de uma purina por uma pirimidina e de uma pirimidina por uma purina em um par de bases, por exemplo, mudança de AT a CG	Varia de nenhum efeito à perda completa de função
Silenciosa	Alteração de um par de bases, levando a um códon redundante (um que codifica o mesmo aminoácido codificado pelo códon original)	Normalmente nenhuma
Sentido errôneo (*missense*)	Alteração de um par de bases, levando a um códon que codifica um aminoácido diferente	Varia de pouco efeito à perda completa de função
Sem sentido (*nonsense*)	Alteração de um par de bases, levando a um códon de parada (sem sentido) (UAG é denominado *amber*, UAA é denominado *ochre*, e UGA é denominado *opal*)	Normalmente perda de função
Mudança na fase de leitura	Ganho ou perda de um ou vários pares de bases, designados +1, −1, +2, −2, etc.	Normalmente perda de função

Os genótipos das mutações refletem todo tipo de alterações no DNA – algumas pequenas (diversamente denominadas **mutações pontuais, mutações de ponto** ou microlesões, alterações pequenas) (Tabela 10.4) e algumas grandes (diversamente denominadas rearranjos ou macrolesões, alterações grandes) (Tabela 10.5).

Fontes de mutações

As mutações ocorrem quando o DNA está sendo replicado ou quando sofre um dano químico. Como as mutações estão tão frequentemente associadas à replicação, a **taxa de mutação** é geralmente calculada como o número de mutantes formados por duplicação celular, e não por hora ou dia.

A replicação é extraordinariamente precisa (ver "Reparo de erros na replicação" no Capítulo 8). As principais DNA polimerases contam com uma capacidade de correção de erro altamente sensível: elas detectam pareamentos errôneos resultantes de bases incorretas que podem ter sido incorporadas, eliminando-as mediante o uso de sua atividade embutida de nuclease 3'→5'. O resultado é cerca de um erro em um milhão. Mecanismos adicionais de vigilância, incluindo um sistema de reparo do DNA, reduzem a taxa de erro ao impressionante número de 1 em 1 bilhão.

As mutações também resultam de danos químicos, como a desaminação espontânea da citosina, os efeitos da irradiação, a ação de espécies ativas de oxigênio internamente geradas (incluindo o peróxido de hidrogênio e o superóxido) e os resultados da inserção de **transpósons.** A desaminação espontânea, talvez o dano químico mais frequente, converte a citosina em uracila, que durante o pró-

Tabela 10.5 Alterações mutacionais grandes: rearranjos e macrolesões

Tipo	Descrição	Alteração	Consequências
Duplicação	Formação de uma cópia suplementar de DNA, normalmente em série	ABCDEFGHI → ABCDEF-DEFGHI[a]	Sem perda de função, a menos que a duplicação esteja dentro de um único gene; aumenta a dose gênica
Deleção	Perda de um segmento de DNA	ABCDEFGHI → ABC-GHI	Sempre causa uma perda de função
Translocação ou inserção	Movimento de um fragmento de DNA de um local a outro	ABCDEFGHI→UVW-DEF-XYZ	Normalmente causa uma perda de função no sítio de inserção
Inversão	Reversão da ordem de um segmento de DNA	ABCDEFGHI → ABC-FED-GHI	Frequentemente causa uma perda de função

[a]O hífen representa a localização de uma junção inadequada ou nova. O sublinhado indica a região de DNA alterada.

ximo ciclo de replicação se pareia com a adenina, ocasionando, com isso, uma transição de CG a TA (a uracila é "lida" como timina na replicação do DNA).

A genética costumava ficar confinada ao estudo de genes que estão estavelmente situados nos cromossomos. Não mais. Nossa visão mudou, e agora inclui os chamados **elementos móveis**, como transpósons e retrotranspósons. Os transpósons, também chamados de genes saltadores, são elementos genéticos que se movem de um local a outro no DNA. Todos os organismos – procarióticos e eucarióticos – carregam transpósons em seu DNA, e eles são abundantes. A maioria dos procariotos carrega vários transpósons diferentes, e aparentemente cerca de metade de nosso próprio DNA é composta de transpósons. Existem diferentes tipos de transpósons, que se movem (ou pulam) por meio de diferentes mecanismos (Tabela 10.6), mas todos codificam uma **transposase** que medeia o movimento.

Quando inserido em um novo local no genoma, um transpóson irá, com alta probabilidade, interromper a sequência codificante da proteína, causando uma completa perda de função, exatamente como faz uma mutação por **deleção**. Contudo, diferentemente das mutações por deleção, certas mutações causadas por transpósons podem sofrer reversão, porque alguns transpósons podem ser excisados de forma precisa. Na verdade, as mutações causadas por sequências de inserção foram inicialmente identificadas como algo novo, porque pareciam ser deleções reversíveis. Elas não possuem nenhum outro fenótipo reconhecível. Diferentemente, as mutações causadas pela inserção de transpósons compostos (Tabela 10.6) são, em geral, muito facilmente identificadas, em virtude dos genes exprimíveis que carregam. O transpóson Tn*5*, por exemplo, carrega um gene que codifica uma enzima que catalisa a **fosforilação** dos antibióticos canamicina e neomicina, sendo, desse modo, capaz de inativá-los. Assim, uma vez que o Tn*5* tenha sido inserido no genoma de uma linhagem bacteriana, essa linhagem se torna resistente a esses antibióticos. Similarmente, o Tn*10* carrega genes que codificam enzimas que bombeiam o antibiótico tetraciclina para fora das células, tornando esse antibiótico inócuo.

Mutágenos

Vários agentes químicos e físicos (**mutágenos**) induzem mutações (Tabela 10.7). Alguns desses mutágenos são alarmantemente potentes. A nitrosoguanidina, por exemplo, pode causar uma mutação em quase todas as células sobreviventes de uma cultura tratada, e muitas células possuirão mutações múltiplas.

O tratamento de uma cultura microbiana com um mutágeno físico e químico pode causar uma mutação em qualquer um de seus genes com pro-

Tabela 10.6 Propriedades dos transpósons

Designação	Características
Tipos de transpósons	
Sequências de inserção	Pedaços relativamente pequenos de DNA, de 750 a 2.000 pares de bases, que codificam somente uma transposase; designados IS seguido de um número em itálico, por exemplo, IS*1*, IS*2*, IS*3*
Transpósons compostos	Um ou mais genes flanqueados por sequências de inserção combinadas; designados Tn seguido de um número em itálico, por exemplo, Tn*5*, Tn*10*
Mecanismos de transposição	
Corte e colagem	O transpóson é cortado do DNA onde reside e é inserido em um novo local.
Replicativo	O transpóson é replicado; uma cópia permanece em seu local original, e a outra se estabelece em um novo.

Tabela 10.7 Alguns mutágenos físicos e químicos

Agente	Ação mutagênica
Agentes físicos	
Raios X	Ocasiona quebras de fita dupla no DNA, cujo reparo leva a macrolesões
Luz UV	Ocasiona a junção de pirimidinas adjacentes no DNA nas posições 4 e 5, formando dímeros que, no processo de reparo, resultam principalmente em transversões, mas também em mudanças na fase de leitura e transições
Agentes químicos	
Análogos de bases	São incorporados no DNA e então, em virtude do pareamento ambíguo na replicação subsequente, ocasionam transições
2-Aminopurina	Pode parear-se ou com timina ou com citosina
5-Bromouracil	Pode parear-se ou com adenina ou com guanina
Modificadores do DNA	
Ácido nitroso	Desamina as bases; a desaminação da citosina produz uracila e então uma transição de CG a TA
Hidroxilamina	Hidroxila o grupamento 6-amino da citosina, ocasionando uma transição de CG a TA
Agentes alquilantes (p. ex., nitrosoguanidina e sulfonato de etilmetano)	Alquila as bases do DNA, distorcendo a estrutura do DNA e resultando em vários tipos de mutações
Agentes intercalantes (p. ex., laranja de acridina e brometo de etídeo)	Intercala-se entre as bases empilhadas no DNA; a replicação resulta em mutações por mudança na fase de leitura

babilidade praticamente igual. Por essa razão, se um experimentador está procurando um tipo específico ou a localização da mutação, é necessário selecioná-la ou aumentá-la e, então, se necessário, escrutá-la, isto é, fazer sua triagem. As formas de se realizar isso são limitadas apenas pela imaginação do investigador. Dois métodos podem ser facilmente adaptados para muitos sistemas.

Um dos métodos, um método de enriquecimento (ou aumento), explora o fato de que a penicilina mata apenas aquelas células que estão crescendo. Portanto, para aumentar uma mutação específica, é necessário apenas colocar a cultura mutagenizada em um ambiente no qual as células selvagens possam crescer, mas as células mutantes desejadas não – por exemplo, ao procurar um **auxótrofo** para um aminoácido específico, deve-se crescer a cultura em um meio que carece daquele aminoácido. Em seguida, adicionar a penicilina. As células selvagens começarão a crescer e serão mortas. O mutante desejado (e alguns outros também, naturalmente), que não pode crescer porque seu aminoácido necessário está ausente, não será morto, e, assim, sua abundância na cultura sobrevivente será aumentada. Uma vez que o antibiótico tenha se diluído, as células sobreviventes crescem normalmente.

Um segundo método de triagem é o **plaqueamento em réplica**, que é ao mesmo tempo potente e simples. Esse é o caso de como se costuma procurar um mutante auxotrófico, aquele que requer um aminoácido específico, por exemplo. Um bloco metálico ou de madeira, do tamanho de uma placa de Petri e coberto com um tecido felpudo, como belbute (papel-filtro também funciona), é pressionado sobre uma placa com colônias tanto selvagens como mutantes. Duas placas, uma contendo o aminoácido e outra sem ele, são então pressionadas, em sequência, sobre o tecido. Cada placa recebe, assim, um inóculo de cada colônia – uma réplica do original. Ao comparar essas placas após um período de incubação, colônias que não crescem sob certas condições de nutri-

10.6 *Imagens de um aparelho de plaqueamento em réplica e ilustrações de seu uso.*

ção ou incubação são aparentes, identificando-se, desse modo, o clone mutante desejado. A versão mais moderna (e dispendiosa) dessa técnica depende de robôs que "pinçam" um grande número de colônias da placa mestra e depositam cada uma delas sobre as duas placas-teste. O plaqueamento em réplica pode ser estendido à busca de outros tipos de mutantes, como, por exemplo, **mutantes sensíveis à temperatura.** Nesse caso, as duas placas replicadas contêm o mesmo meio, mas são incubadas em temperaturas diferentes.

Mutagênese sítio-direcionada

10.7 *Uma descrição e ilustração de dois métodos de realização de mutagênese sítio-direcionada.*

Um conjunto de métodos modernos possibilita (se a sequência dos genes for conhecida) a produção de alterações específicas no DNA de genes específicos. Uma porção alterada do DNA é sintetizada e inserida no lugar do gene selvagem. Essa tecnologia, denominada **mutagênese sítio-direcionada**, tornou-se uma nova ferramenta potente da biologia experimental.

GENÔMICA

A via tradicional de descoberta genética conduz dos fenótipos e seus padrões de herança ao genoma. Essa rota bem viajada de descoberta é tão antiga como a própria genética. Contudo, gradativamente, à medida que foi se aprendendo mais sobre o próprio genoma, o tráfego começou a fluir na direção oposta da via, a direção na qual a informação genética realmente flui, ou seja, do genoma ao fenótipo. Isso foi o começo da **genômica**, que atualmente é o estudo comparativo de sequências inteiras de DNA dos organismos. O estudo do genoma levou a vislumbres de entendimento da célula e de aprendizagem de como ela funciona.

Em primeiro lugar, tais estudos foram em grande parte direcionados à revelação das relações de parentesco entre as espécies e os grupos microbianos. Por exemplo, a determinação da porcentagem molar das bases G+C do DNA genômico de um grupo de organismos (pela medição de sua densidade ou do ponto de fusão) forneceu um pouco desse tipo de informação. Se os valores para dois organismos eram similares, eles poderiam não necessariamente ser intimamente relacionados, mas se os valores eram significativamente diferentes, eles praticamente com certeza não eram intimamente relacionados. A determinação da similaridade do DNA genômico de dois organismos, por sua capacidade de hibridização, provou ser um excelente índice das relações de parentesco, que ainda hoje é usado como uma propriedade definidora de espécie procariótica. O tamanho relativo do genoma (ver "O nucleoide" no Capítulo 3) parecia ser muito promissor como um índice possível da complexidade de uma célula ou de um conjunto de aptidões. Embora essa informação tenha proporcionado correlações interessantes, também revelou inconsistências desconcertantes. Por exemplo, as duas cianobactérias *Nostoc* e *Synechocystis* são bastante similares em muitos aspectos, mas o genoma da primeira (9,06 megabases [Mb]) é 2,5 vezes maior que o da última (3,6 Mb). O genoma do tritão (um anfíbio) (15.000 Mb) é cinco vezes maior que o nosso (3.000 Mb), e o do lírio (100.000 Mb) é mais de 30 vezes maior.

Uma mudança importante ocorreu em seguida. Quando os métodos de determinação da sequência de bases no DNA foram desenvolvidos, a genômica se expandiu dramaticamente. O advento do **sequenciamento**, como é denominado, tornou possível formas de estudo totalmente novas dos micróbios (e, é claro, de outros organismos também). Toda a informação necessária para um organismo se reproduzir e realizar suas inúmeras atividades está codificada na sequência de bases em seu DNA. Essa sequência também deve conter toda a informação de que necessitamos para entender completamente um organismo. Entretanto, como ela é extraída?

A primeira informação surpreendente a vir do sequenciamento (na verdade, do sequenciamento de RNA) foi a descoberta das Archaea, em 1977, por Carl Woese. A sequência de bases em seu RNA ribossômico era tão diferente daquelas de outros procariotos e eucariotos que ele concluiu (corretamente, como agora corroborado por uma riqueza de dados subsequentes) que eles constituem um terceiro ramo distinto do mundo biológico.

10.8 Uma imagem de Carl Woese.

No início, sequenciar o DNA "à mão" era tão lento, trabalhoso e tedioso que parecia constituir uma promessa apenas marginal a obtenção de dados suficientes para sequenciar completamente o DNA de qualquer organismo, quanto mais a aquisição de dados suficientes de organismos suficientes para fazer comparações significativas. Contudo, com os melhoramentos tecnológicos, a situação alterou-se. Em 1995, o genoma da bactéria patogênica *H. influenzae*, que possui um genoma de tamanho médio, foi completamente sequenciado. Logo, mais sequências completas foram anunciadas. Em seguida, no final da década de 1990, as máquinas de sequenciamento de alta velocidade entraram em cena. Visto que sequenciar de 20.000 a 50.000 pares de bases à mão representava o trabalho de um ano de um indivíduo, as máquinas podiam realizar a mesma tarefa em cerca de uma hora. Contudo, mesmo as máquinas podem determinar somente cerca de uma sequência de 300 pb em uma corrida individual. Esses segmentos de 300 pb devem, então, ser arranjados na ordem em que ocorrem no genoma, o que poderia significar milhões ou bilhões de pares de bases de distância. Os computadores forneceram a resposta. Se as porções ao acaso de DNA forem sequenciadas em um nível de redundância de aproximadamente sete vezes (repetir o procedimento sete vezes), obtêm-se informações suficientes a respeito de sobreposições e dados similares para que um computador alinhe as porções e forme uma sequência contígua. Ainda assim, um pouco de sequenciamento manual (finalização) é necessário para fechar lacunas aparentemente inevitáveis nas sequências. Presentemente, as sequências dos genomas de centenas de organismos (incluindo nossa própria espécie) estão disponíveis. O problema não é mais adquirir a informação, mas sim como manejá-la.

Anotação

Um genoma completamente sequenciado é uma mera lista, embora muito longa, de As, Gs, Ts e Cs. O processo de conversão desses dados brutos em informações significativas é denominado **anotação**. A primeira etapa é solicitar a um computador que procure genes inferidos, denominados **fases abertas de leitura** (**ORFs**, de *open reading frames*) – isto é, trechos de DNA que são presumidamente capazes de codificar uma proteína – pelo exame minucioso da sequência quanto a sequências de início e parada separadas por distâncias similares às de um gene. Em seguida, solicita-se ao computador que compare as sequências das ORFs descobertas com um banco de dados (p. ex., um grande banco de dados denominado GenBank) das sequências de genes com funções "conhecidas" (discutiremos essas aspas a seguir). Por meio de tal anotação, é normalmente possível atribuir funções a cerca de metade dos genes de um organismo que acabou de ser sequenciado. Se forem usados programas de computador adicionais, essas funções individuais podem ser arranjadas em rotas, como, por exemplo, as de biossíntese.

Você perceberá que a anotação não se baseia na experimentação, mas sim na geração de comparações. As conclusões subsequentes são simplesmente tão boas como as atribuições prévias. Essa abordagem dinâmica e eficaz para o entendimento da biologia não deixa de ter seus riscos, e é confortador perceber que nós, humanos, ainda temos um papel fundamental a desempenhar – tanto na formação de opiniões biológicas como na detecção de erros.

Mesmo que não haja, nos bancos de dados existentes, nenhum pareamento para uma sequência proteica deduzida a partir de uma ORF recém-descoberta, frequentemente ainda é possível aprender muito a respeito dela, examinando-a quanto à presença de sequências, denominadas motivos, com funções conhecidas. Por exemplo, certos motivos indicam a capacidade de um produto proteico de se ligar a compostos específicos, como ATP, **nicotinamida adenina dinucleotídeo** (**NAD**) ou DNA. Outros podem ser característicos de regiões hidrofóbicas que provavelmente estão associadas a uma membrana ou atravessam uma membrana. Outros podem ainda codificar sequências-sinal (ver "Processamento de proteínas" no Capítulo 8), indicando que o produto proteico é provavelmente secretado dentro do periplasma ou no ambiente externo. Assim, uma ORF com motivo de ligação a ATP pode muito bem ser uma cinase, e uma com um motivo de ligação a NAD é provavelmente uma desidrogenase.

Como vimos, a anotação baseia-se em comparações, e mesmo as comparações com funções "conhecidas" podem ser um tanto arriscadas. Tais funções foram experimentalmente determinadas no laboratório. Muitas das proteínas de uma célula realizam mais de uma função, as quais podem não ser imediatamente óbvias sob condições artificiais. É provável, então, que a função atribuída a um gene seja a que é mais óbvia ao pesquisador, e não necessariamente a que desempenha um papel importante para o organismo sob condições naturais. A anotação de tais genes se revelará incorreta. Na melhor das hipóteses, a anotação, apesar de valiosa, deve ser considerada provisória.

Relações de parentesco

A genômica já nos relatou muito sobre as relações de parentesco de vários microrganismos, e promete mais. De forma igualmente sensacional, ela nos relata sobre as relações de parentesco e a evolução das proteínas. Com base na similaridade de sequências dos genes, seus produtos proteicos (oriundos de várias fontes dispersas pelo espectro total de organismos) podem ser agrupados em famílias, e as famílias de proteínas, com base na menor similaridade, podem ser agrupadas em superfamílias. Esses agrupamentos têm um significado evolutivo. Os membros da mesma família ou superfamília, não importa em que organismo sejam presentemente encontrados, presumivelmente evoluíram a partir de uma proteína ancestral comum, independentemente do fato de terem se disseminado por meio de transmissão vertical ou horizontal. A decifração das relações de parentesco da similaridade de sequências proteicas é decididamente mais direta que a decifração das relações de parentesco dos organismos.

Apenas mencionamos a riqueza dos benefícios científicos e aplicados que deve provavelmente derivar da genômica. Solte as rédeas da sua imaginação.

CONCLUSÕES

Existe um fio condutor comum à genética de todos os organismos, mas os detalhes das trocas genéticas diferem profundamente entre procariotos e eucariotos. Em virtude da facilidade e precisão com as quais os procariotos podem ser estudados, a maioria de nosso conhecimento de biologia molecular básica veio de estudos dos procariotos e vírus. Agora, com o advento da genômica, os estudos genéticos entraram em uma nova fase, e a riqueza de conhecimento acumulada sobre os procariotos será inestimável.

TESTE SEU CONHECIMENTO

1. Uma linhagem bacteriana defectiva no gene *recA* é incapaz de sofrer recombinação homóloga.

   a. Tal linhagem poderia servir de linhagem doadora ou receptora na transdução generalizada? Por quê?

   b. Ela poderia servir de doadora (se fosse F^+) ou receptora (se fosse F^-) de genes cromossômicos? Por quê?

2. Quais seriam os três possíveis fenótipos e genótipos de uma linhagem bacteriana que, em consequência de uma mutação, perdeu a capacidade de crescer em um meio mínimo que sustentava o crescimento de seu progenitor selvagem?

3. Após fagos transdutores generalizados terem sido cultivados em uma bactéria selvagem e adicionados a uma suspensão de 10^8 células de um mutante auxotrófico e a mistura ter sido espalhada em uma placa de Petri contendo um meio mínimo (sem o nutriente requerido pelo mutante), várias dezenas de colônias desenvolveram-se. Como você determinaria se alguma dessas colônias desenvolveu-se a partir de um transdutor abortivo?

4. Uma **mutação por mudança na fase de leitura** poderia gerar uma **mutação sem sentido**? Como?

5. Como você usaria a contrasseleção com penicilina para aumentar o número de linhagens mutantes incapazes de utilizar ribose como fonte de carbono?

evolução

capítulo

11

VISÃO GERAL

A evolução é o conceito unificador da biologia. Ela proporciona a estrutura que sustenta e promove ordem em meio aos fatos extensos e, sob outros aspectos, discrepantes da biologia. Ela proporciona a direção à pesquisa racional e a comparações. Finalmente, ela possui sua própria fascinação intrínseca, ao tratar de nossas questões mais fundamentais. Como surgiu a rica diversidade da vida em nosso planeta? De onde vieram todas essas espécies que vemos ao nosso redor, incluindo a nossa própria? Falamos de evolução ao longo de todo este livro. Neste capítulo, enfocaremos seus aspectos microbiológicos.

O conceito de evolução é uma realização humana relativamente recente, com não mais de 150 anos. A elegante e cuidadosamente argumentada obra-prima de Charles Darwin, *On the Origin of Species by Means of Natural Selection* (Sobre a Origem das Espécies por Meio da Seleção Natural), que pela primeira vez sintetizou o conceito de forma coerente e convincentemente expôs sua base racional – a seleção natural –, foi publicada em 1859. Rapidamente depois disso, as linhas gerais da história evolutiva dos vários filos de plantas e animais foram descobertas. A principal fonte de informação orientadora era o registro fóssil. À medida que descobriam quais fósseis estavam presentes nos vários estratos geológicos, os quais inicialmente podiam ser sequencialmente ordenados e posteriormente podiam ser datados com precisão pelo decaimento de radioisótopos, os biólogos podiam acompanhar o surgimento da complexidade dos membros de certos grupos e o desaparecimento de outros quase como se estivessem olhando para uma série de fotografias tiradas em diferentes intervalos de tempo. Alguns desses fósseis revelaram detalhes notáveis de organismos antigos. As penas de *Archaeopteryx lithographica*, uma ave semelhante aos dinossauros, estão claramente preservadas em um famoso fóssil de 150 milhões de anos de idade.

11.1 *Charles Darwin quando jovem.*

11.2 *Um fóssil de* Archaeopteryx.

Detalhes microscópicos notáveis, como a evidência da associação de fungos aos tecidos radiculares das plantas terrestres primitivas, são claramente visíveis nos restos fossilizados. Às vezes, até os esporos fungais estão preservados.

11.3 *Esporos fungais fossilizados.*

Contudo, esse rico registro de fósseis derivados da evolução está principalmente limitado à época que remonta ao começo do período cambriano, há meros 500 milhões de anos. Nos 3,5 bilhões de anos anteriores, a Terra foi povoada somente por micróbios, e eles não deixaram um registro fóssil útil, afora algumas exceções notáveis. Secções finas de **sílex córneo** (uma rocha sedimentar dura) carbonáceo da Austrália revelaram restos fossilizados de procariotos filamentosos (Figura 11.1) que intimamente se assemelham às cianobactérias modernas. Os sílices nos quais esses fósseis estão incrustados foram formados durante o início do pré-cambriano, há 3,5 bilhões de anos. Assim, sabemos que os micróbios estavam presentes, e aparentemente desenvolvidos por completo, apenas um pouco mais de um bilhão de anos após a Terra ter se formado (há 4,55 bilhões de anos, segundo a maioria das estimativas) e somente cerca de 300 milhões de anos após ela ter assumido sua forma esférica e relativamente lisa (há 3,8 bilhões de anos).

Portanto, a principal porção da história evolutiva ocorreu quando apenas os micróbios estavam presentes na Terra. Eles realizaram os experimentos evolutivos de desenvolvimento da genética e dos sistemas metabólicos que herdamos e usamos. Estamos situados no extremo do longo caminho evolutivo que eles começaram a traçar. Antes de a informação acerca da sequência dos monômeros das macromoléculas celulares (proteína, RNA e DNA) ser disponibilizada, parecia não haver uma forma razoável de estudar essa era tão longa e exclusivamente microbiana. Além disso, a morfologia dos procariotos modernos é simples demais a ponto de revelar suas origens evolutivas.

SEQUÊNCIA DE BASES NAS MACROMOLÉCULAS

Logo após a estrutura do DNA ter sido decifrada e o **dogma central** da expressão gênica (DNA a RNA a proteína) ter sido estabelecido, ficou claro que a sequência de monômeros nas macromoléculas de um organismo possuía uma riqueza de informações sobre sua história evolutiva. Reconheceu-se que a identidade e a posição de cada monômero na macromolécula eram um caráter distinto, capaz de variação individual. Portanto, a determinação da sequência de monômeros compreendendo macromoléculas homólogas de um conjunto de organismos deveria revelar relações entre esses organismos e suas conexões evolutivas. Além disso, se as mudanças na sequência fossem seletivamente **neutras** (nem benéficas nem nocivas) e ocorressem aleatoriamente, elas deveriam constituir um **relógio molecular** útil. O número de diferenças entre as macromoléculas homólogas de dois organismos deveria ser uma medida do tempo em que eles compartilharam um ancestral comum. A taxa de tique-taque do relógio poderia ser estimada pela comparação do provável aparecimento de certos micróbios com algum evento externo, como a época, na história geológica, em que a atmosfera da Terra tornou-se suficientemente enriquecida de oxigênio e produziu estratos contendo óxido de ferro. Isso deve ter ocorrido na época em que os fotoautótrofos oxigênicos tornaram-se dominantes. No entanto, que macromolécula deveria ser escolhida para esses estudos?

Figura 11.1 Fósseis de cianobactérias filamentosas encontrados em uma rocha na formação de Bitter Springs da Austrália Central. A formação e, portanto, os fósseis têm aproximadamente 850 milhões de anos de idade.

RNA ribossômico de subunidade pequena

No início da década de 1970, Carl Woese começou a acumular sequências parciais da subunidade pequena do RNA ribossômico (ssRNA) de vários procariotos por meio de um método inovador: ele hidrolisava o RNA em oligômeros e os sequenciava. Seus resultados foram a base da descoberta de que as Archaea são um domínio distinto e também revelaram relações inesperadas entre os vários grupos de bactérias. Por exemplo, os micoplasmas, desprovidos de parede, não constituem um terceiro grupo principal de bactérias distinto, como comumente se acreditava; em vez disso, eles são tão intimamente relacionados às bactérias gram-positivas que os dois constituem um único grupo. O ssRNA, que Woese escolheu examinar, tinha a vantagem dupla de estar presente em todos os organismos celulares e ter uma única origem evolutiva. O ssRNA também provou oferecer outra vantagem significativa. Algumas regiões dentro da molécula (primariamente as regiões de fita dupla) evoluem lentamente, preservando, desse modo, similaridade suficiente por períodos longos de evolução para que relações entre organismos distantemente relacionados sejam discernidas. Outras regiões alteram-se rapidamente, gerando diferenças suficientes entre organismos intimamente relacionados e revelando suas conexões evolutivas.

Logo, métodos rápidos de sequenciamento de DNA tornaram-se disponíveis, e um grande número de sequências de ssRNA foi determinado pelo método muito mais fácil de sequenciamento de seus respectivos genes. Desenvolveram-se programas de computador para processar o imenso volume de dados gerados e para apresentá-los em um resumo gráfico denominado **árvore**. O diagrama que liga os representantes de todos os grupos de organismos é ocasionalmente denominado **árvore da vida** (Figura 11.2). Ele mostra todos os ramos evolutivos que levam a todos os grupos existentes de organismos. As árvores filogenéticas podem ser representadas na forma de uma **árvore radial** ou como um **dendrograma** (Figura 11.3). Às vezes, os ramos das árvores são desenhados como cunhas de largura variável, indicando quantas espécies são representadas (Figura 11.4). Em qualquer uma dessas formas, as árvores contêm mais informações que simplesmente quais organismos compartilham um ancestral comum. As extensões das linhas entre os **nodos** (ramos ou pontos

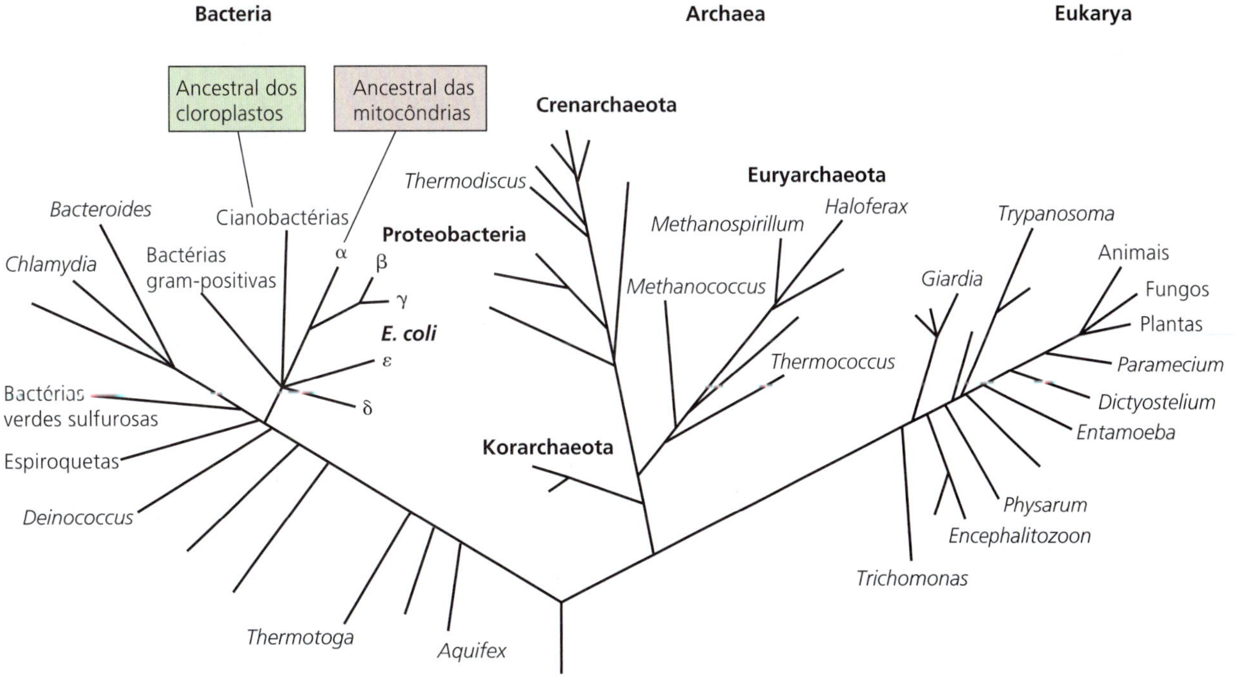

Figura 11.2 A "árvore da vida", uma representação dos ramos evolutivos que levam aos grupos existentes de organismos. Observe que a maioria dos grupos nos três domínios da vida corresponde a microrganismos.

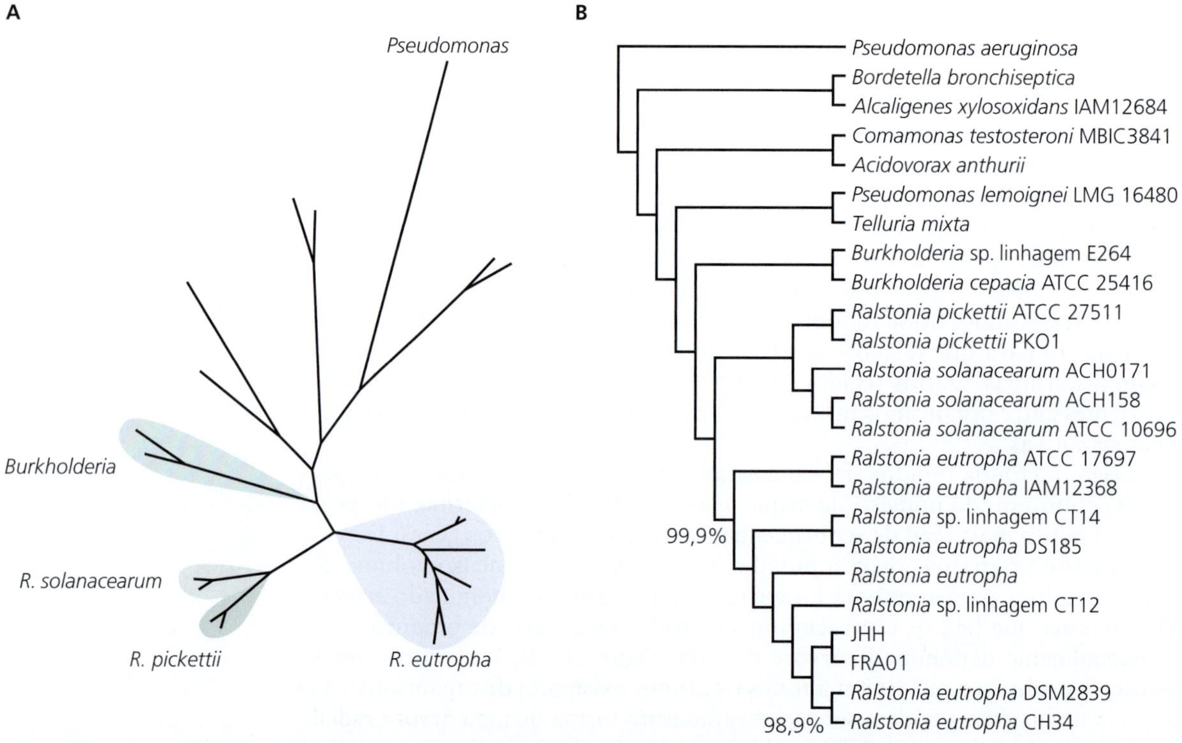

Figura 11.3 Relações entre as bactérias. As relações entre certas bactérias são mostradas na forma de uma árvore radial **(A)** e como um dendrograma **(B)**.

finais) são proporcionais à distância filogenética; portanto, a árvore oferece informações sobre as distâncias filogenéticas que separam todos os organismos que estão incluídos nela.

A informação obtida das sequências de ssRNA levou a um quadro completamente novo da evolução microbiana. No passado, os microbiologistas especulavam que a evolução deveria ter sido linear. Isto é, os organismos mais antigos, representados pelas atuais arqueobactérias, deram origem às bactérias que, por sua vez, deram origem aos eucariotos. A informação obtida das sequências de ssRNA sugere uma história diferente. Ela nos diz que, no início da evolução, essas três linhagens principais ramificaram-se a partir de um caule comum e que cada linhagem sofreu evolução independente (Figura 11.2).

Naturalmente, questões significativas permanecem sem resposta. Por exemplo, quais eram as características dos antigos ancestrais, provavelmente agora extintos, das três linhagens principais dos atuais micróbios? Em particular, quais eram as características do último ancestral comum a todas elas? Retornaremos a essa questão a seguir.

Proteínas como marcadores da evolução

Naturalmente, a sequência de nucleotídeos no ssRNA não é o único repositório de informação evolutiva. As sequências de aminoácidos nas proteínas também mantêm essa informação. À medida que mais sequências completas de genomas tornaram-se disponíveis, as sequências de aminoácidos das várias proteínas de micróbios amplamente distribuídos foram examinadas, do mesmo modo que os nucleotídeos no ssRNA haviam sido estudados. Os resultados foram perturbadores. Às vezes, as árvores construídas a partir de sequências proteicas diferiam daquelas com base em sequências de ssRNA. Na verdade, as árvores com base em uma proteína específica diferiam daquelas com base em outra proteína. De forma muito clara, todas as macromoléculas presen-

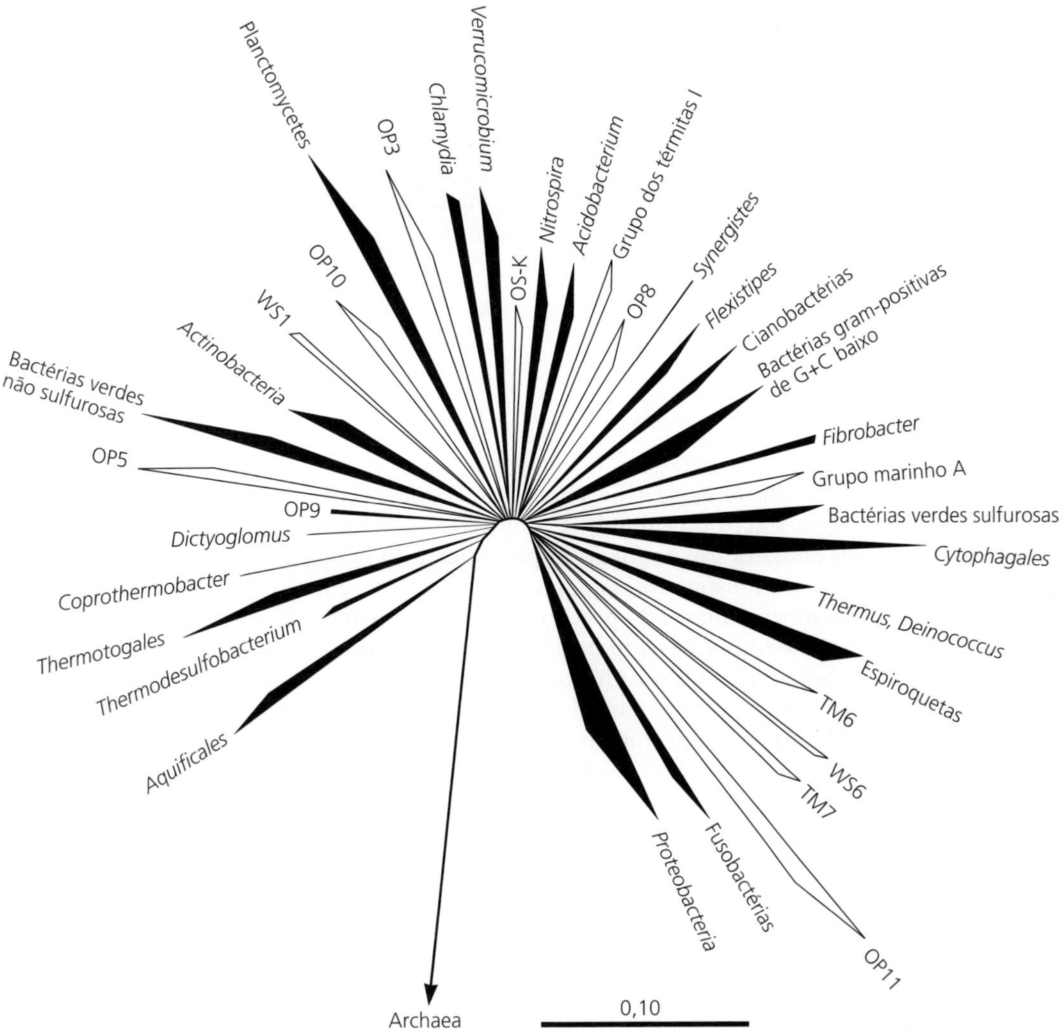

Figura 11.4 Relações entre as bactérias apresentadas como diagramas de cunhas. A profundidade de cada cunha reflete a profundidade de ramificação do grupo. As cunhas que estão apenas esboçadas são de grupos que contêm espécies que não foram cultivadas.

tes em uma célula microbiana específica não podiam ter evoluído ao mesmo tempo; seus genes codificantes não podiam ter sido exclusivamente passados por **transferência gênica vertical** de uma geração a outra. Alguns desses genes devem ter sido passados por **transferência gênica horizontal** entre as linhagens. Sabemos que a transferência gênica horizontal entre as linhagens microbianas é possível porque isso ocorre hoje, quando, por exemplo, um plasmídeo de variação ampla de hospedeiro é passado de uma espécie bacteriana a outra espécie distantemente relacionada.

A transferência gênica horizontal confunde a montagem da **filogenia** deduzida a partir da comparação de sequências (Figura 11.5). Se uma transferência ocorreu entre as linhagens, a história evolutiva daquela linhagem é obscurecida. A evidência de que isso tenha ocorrido é forte. As sintetases do RNA de transferência (tRNA) aminoacilado são um exemplo. Todas essas enzimas catalisam reações similares – ligando um aminoácido à sua molécula de tRNA –, mas existem cerca de 20 delas, cada uma específica para um aminoácido particular. É comum serem vistas versões arqueobacterianas delas, mas não de todas, disseminadas entre todas as bactérias.

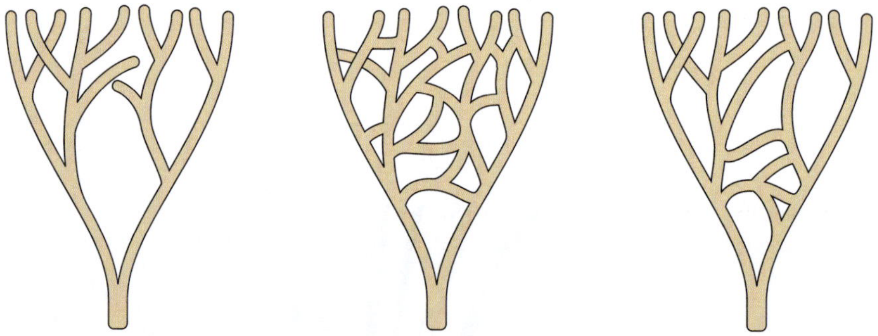

Figura 11.5 Transferência gênica horizontal (HGT, de *horizontal gene transfer*). Três possibilidades são mostradas. **(A)** Não houve nenhuma HGT. **(B)** A HGT foi frequente em todas as épocas. **(C)** Algumas HGTs ocorreram, principalmente no início da história evolutiva.

A transferência gênica horizontal ocorreu com tanta frequência a ponto de apagar traços do caminho evolutivo? A maioria dos evolucionistas microbianos acredita (ou ao menos espera) que essa não é a situação. Há razões para sermos otimistas. Nos organismos superiores, em que o caminho da evolução é facilmente mapeado pela consulta ao registro fóssil, os métodos moleculares com base no ssRNA indicam o mesmo caminho. Poderia argumentar-se que, embora a troca gênica horizontal bem-sucedida possa ter sido mais frequente durante os estágios iniciais da evolução microbiana, quando as funções microbianas eram primitivas e facilmente melhoradas, tais transferências seriam cada vez mais raras à medida que as células tornaram-se mais complexas e menos facilmente melhoradas. As características altamente interdependentes são mais resistentes à mudança evolutiva.

Há dificuldades inevitáveis no uso de sequências para reconstruir a evolução. Uma é o problema de mudanças múltiplas na sequência. As diferenças nas sequências de dois organismos existentes nem sempre ocorreram a partir do momento em que evoluíram de um ancestral comum. Mudanças intermediárias podem ter ocorrido; por exemplo, uma diferença entre "a" em um organismo e "b" em outro não impede a possibilidade de que a mudança foi de "a" a "c" a "b". Mesmo a identidade em posições correspondentes em uma sequência pode resultar de "mudanças progressivas" (para frente) e "regressivas" (para trás).

A maioria dos biólogos sustenta a visão de que a vida na Terra começou somente uma vez. A universalidade do código genético, os temas comuns do metabolismo entre os organismos e as muitas outras similaridades dos seres vivos falam fortemente em favor dessa visão. É extraordinário, por exemplo, que as bactérias do ácido láctico, os músculos humanos e as sementes de ervilha formem ácido láctico a partir de glicose por uma série idêntica de reações catalisadas por enzimas e que as enzimas que catalisam as reações homólogas nesses vários organismos sejam em si similares. Além disso, parece provável que as moléculas a partir das quais a forma de vida mais primitiva foi montada puderam acumular-se somente em um ambiente sem a presença de organismos, que certamente as consumiriam como nutrientes. Como ressaltado no Capítulo 1, isso impede a emergência de novas formas de vida em um mundo microbiano.

O ANCESTRAL UNIVERSAL

A convicção de que a vida começou somente uma vez leva aos seus próprios dilemas. Os melhores dados atualmente disponíveis indicam que as três principais linhagens de formas de vida existentes – Bacteria, Archaea e Eukarya

– separaram-se cedo em seu desenvolvimento evolutivo. Naquele ponto de ramificação, elas devem ter compartilhado um ancestral comum, o **ancestral universal**. Como se parecia o ancestral universal? Por qualquer análise lógica da teoria da evolução, o ancestral universal teria de possuir todos os caracteres compartilhados pelos três domínios, o que é uma lista longa. Ela inclui não só o código genético, mas também um pacote grande de outras características – rotas de abastecimento, o mecanismo de síntese proteica e a estrutura celular, só para citar algumas. Essa lógica imediatamente leva a um importante dilema. Para possuir todas essas características, tal ancestral universal deve ter sido altamente sofisticado (ao menos em termos de metabolismo). Além disso, ele deve ter existido nesse estado desenvolvido somente cerca de meio bilhão de anos após a vida ter aparecido. Como um organismo tão complexo poderia ter evoluído tão rapidamente? Esse dilema causa problemas para o que muitos, mas não todos, cientistas acreditam em relação à evolução, isto é, que ela ocorre por meio de mudanças lentas, graduais. O dilema do ancestral universal implica uma evolução súbita produzindo um organismo complexo e, então, durante os próximos 3 bilhões de anos, uma diversificação adicional. Tem-se postulado que esse tipo de evolução explosiva ocorre periodicamente em meio a outros estágios mais recentes na evolução também, quando nichos novos ou não ocupados tornam-se disponíveis. Essa teoria foi chamada de **equilíbrio pontuado**.

ORIGEM DA VIDA

O quebra-cabeça de um ancestral universal complexo faz-nos recuar ainda mais longe, em direção à questão da origem da vida e de como a primeira entidade autorreplicadora desenvolveu a complexidade metabólica. A primeira entidade viva deve ter sido muito simples, possivelmente até simples demais para ser chamada de organismo. O termo **progenoto** é ocasionalmente usado. Muitos cenários têm sido sugeridos para explicar como o progenoto pode ter vindo a existir – compostos que se acumulam sobre uma superfície adsorvível, como uma partícula de argila, vindos de outros planetas (embora essa proposta não seja uma explicação de como a vida começou), etc. Todas as propostas compartilham a suposição de que os componentes moleculares dos seres vivos, as purinas, as pirimidinas, os aminoácidos, etc., devem ter-se acumulado no mundo pré-biótico. As evidências químicas sustentam a viabilidade desse acúmulo. A primeira evidência foi um experimento célebre realizado por Stanley Miller e Harold Urey no início da década de 1950. Quando uma descarga elétrica foi passada através de uma mistura de gases (hidrogênio, água, amônia e metano), que pressupunham serem os constituintes da atmosfera pré-biótica da Terra, Stanley e Miller geraram muitos dos constituintes (blocos de construção) dos seres vivos, incluindo aminoácidos e bases de ácidos nucleicos. Embora os cientistas da terra atualmente acreditem que Miller e Urey conjecturaram erroneamente acerca da composição da atmosfera pré-biótica da Terra, o experimento estabeleceu, de forma convincente, que os blocos de construção da vida formam-se facilmente e poderiam ter-se acumulado em um mundo pré-biótico.

11.4 *Uma breve descrição do experimento de Miller e um esboço do aparelho usado.*

As proposições de como a vida pode ter começado na Terra são, em sua maioria, variações da proposição denominada "pequeno lago quente", que Charles Darwin apresentou em uma carta a um amigo em 1871.

> Meu caro Hooker,
>
> ... Entretanto se (e oh, que grande se) pudéssemos conceber em algum pequeno lago quente, com todos os tipos de amônia e sais fosfóricos, luz, calor, eletricidade, etc., que um composto proteico fosse quimicamente formado, pronto

para sofrer mudanças ainda mais complexas, nos dias atuais tal substância seria instantaneamente devorada ou absorvida, o que não teria sido o caso antes de as criaturas vivas terem-se formado.

Sinceramente,
C. DARWIN

Hoje, o consenso é que as formas mais primitivas de vida baseavam-se em RNA, isto é, que houve primeiramente uma era de RNA. Essa ideia parece plausível, porque atualmente sabemos que as moléculas de RNA podem fazer tudo isso. Elas podem servir de repositório de informação genética acumulada, como no caso de certos vírus; elas podem catalisar reações químicas como ribozimas (moléculas de RNA com atividade enzimática). Na verdade, uma das reações metabólicas mais fundamentais, a formação das ligações peptídicas que ligam os aminoácidos, formando as proteínas, é catalisada por uma ribozima na subunidade ribossômica grande. Isso é um vestígio dos primeiros experimentos do progenoto com a formação de proteínas? Pode imaginar-se a era de RNA evoluindo em uma era de RNA-proteína e, finalmente, na atual era de DNA-RNA-proteína.

Os progenotos provavelmente não faziam nada muito bem pelos padrões atuais, mas, sendo a única forma de vida, foram poupados de ter de competir com organismos mais competentes. Certos aspectos de suas fraquezas até ofereceram vantagens. Sua informação genética provavelmente tinha uma alta taxa de mutação, o que, por sua vez, levou à evolução rápida.

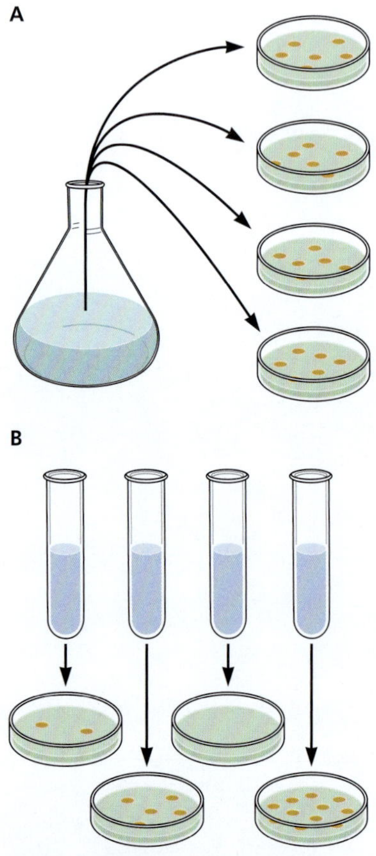

Figura 11.6 O experimento de Luria-Delbrück. As culturas começavam a partir de inóculos pequenos, que não tinham probabilidade de conter células resistentes a fagos. As células eram cultivadas à densidade total e plaqueadas em placas contendo fagos. **(A)** Todas as amostras múltiplas de uma cultura produziam aproximadamente o mesmo número de colônias resistentes a fagos. **(B)** Os números de colônias resistentes a fagos resultantes de amostras retiradas de culturas individuais mostravam uma variação considerável.

MECANISMOS DE EVOLUÇÃO BACTERIANA

Em seu livro seminal, *The Origin of Species* (A Origem das Espécies), Darwin propôs que a evolução prossegue pela seleção natural, a qual, ao agir sobre a variação que ocorre naturalmente, favorece características vantajosas. A essência de sua teoria é a existência de características antes da intervenção de um desafio ambiental. O desafio meramente seleciona uma característica favorável; ele não causa uma característica favorável, como seu predecessor Jean-Baptiste Lamarck suspeitava.

Darwinismo

Em 1943, Salvatore Luria e Max Delbrück forneceram um suporte elegante à proposição de Darwin da seleção natural de variações preexistentes. Como era bem sabido, se um grande número de bactérias suscetíveis for misturado com fagos virulentos e plaqueado, um pequeno número de colônias resistentes a fagos sempre se desenvolve. Luria e Delbrück delinearam um experimento para determinar se a exposição a fagos induz algumas células bacterianas a se tornarem resistentes a fagos (como Lamarck teria argumentado) ou meramente revela a preexistência de células resistentes a fagos pela morte de todas as células sensíveis a fagos (como Darwin teria predito). Luria e Delbrück mostraram que se tratava da última situação (Figura 11.6). Eles cultivaram um grande número de culturas separadas de bactérias suscetíveis a partir de inóculos pequenos, sendo cada um pequeno demais para conter, com probabilidade razoável, células resistentes a fagos. Quando as culturas estavam totalmente cultivadas, uma amostra de cada cultura era misturada com fagos e plaqueada. O número de colônias que se desenvolvia era altamente variável – muito mais variável que amostras múltiplas retiradas de uma única cultura. Esses resultados convincentemente se enquadram em um modelo matemático que atribui o alto grau de variação entre as culturas individuais ao ponto durante o crescimento da cultura no qual uma mutação pode ter ocorrido. As culturas nas quais as mutações ocorreram cedo possuiriam um grande número de células da progênie resistentes, ao passo que as mutações que ocorrem mais tarde produziriam menos células da progênie resistentes (Figura 11.7). Se a exposição a fagos induzisse a resistência a fagos, a variação entre as amostras de diferentes culturas e da mesma cultura seria invariante.

Nove anos mais tarde, Joshua Lederberg e Esther Lederberg, usando sua recém-projetada técnica de plaqueamento em réplica (ver Capítulo 10), fizeram um experimento muito mais simples, mas possivelmente ainda mais convincente, para provar a mesma ideia. Eles replicaram uma placa de microcolônias em placas novas e infectaram uma delas com fagos. Selecionando células na placa sem fagos da região correspondente onde colônias resistentes a fagos haviam se desenvolvido na placa infectada por fagos, eles cultivaram outra placa de microcolônias e repetiram o procedimento. Finalmente, eles isolaram um clone de células resistentes a fagos que nunca havia sido exposto a fagos. Sem dúvida, sua resistência *não* era induzida por fagos.

Neolamarckismo

Os experimentos elegantes de Luria e Delbrück e aqueles dos Lederberg convincentemente estabeleceram que algumas mutações surgem independentemente de seleção, mas, é claro, isso não prova que todas as mutações o fazem. Em 1988, John Cairns e colaboradores publicaram experimentos sugerindo que o estresse poderia induzir mutações específicas para superar as restrições impostas por ele. Especificamente, eles descobriram que, quando células incapazes de utilizar lactose em virtude de uma mutação em um gene codificante da β-galactosidase eram desafiadas a utilizar aquele substrato a fim de crescerem, elas aparentemente sofriam mutação corretiva, permitindo, desse modo, o crescimento. Essas mutações ocorriam a uma taxa aproximadamente 100 vezes mais alta que se as células não fossem desafiadas. Era como se o estresse houvesse estimulado a ocorrência de mutações favoráveis. Tal implicação foi controversa, porque sugeria um mecanismo lamarckiano em vez de um mecanismo adaptativo (darwiniano) responsável pela causa. Em 1998,

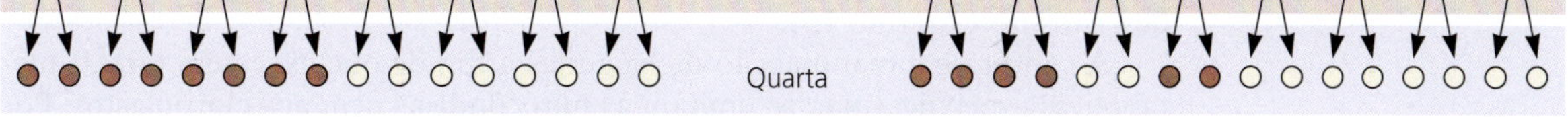

Figura 11.7 Variação do número de progênie mutante em um clone. O número de progênie mutante em um clone depende de quando a mutação ocorre. Como mostrado na cultura 1, se uma única mutação ocorrer durante a primeira geração, haverá oito células mutantes após a quarta geração. Contudo, como mostrado na cultura 2, duas mutações resultam em apenas seis células mutantes, se elas ocorrerem durante a segunda e a terceira gerações.

John Roth e colaboradores mostraram que Darwin permanecia incontestado: o estresse imposto não era seletiva ou mesmo geralmente mutagênico. Eles demonstraram que as linhagens mutantes eram ligeiramente auxotróficas parciais ou *leaky*, isto é, elas expressavam uma pequena quantidade de atividade de β-galactosidase. Nesses mutantes, o gene em questão estava duplicado, e até 10 cópias estavam presentes em cada célula. Nesse mutante *leaky*, isso era suficiente, durante vários dias, para produzir uma microcolônia contendo aproximadamente 10^5 células. Em uma população desse tamanho, é bastante provável que uma mutação favorável ocorrerá. A probabilidade é aumentada porque as **duplicações** são corrigidas. O processo de correção transitoriamente produz trechos de fita simples de DNA, o que, por sua vez, induz uma resposta de estresse conhecida como SOS (ver "A conexão entre a divisão celular e a replicação do DNA" no Capítulo 9). Parte dessa resposta é devida à indução de uma DNA polimerase que é particularmente propensa a gerar erros. Isso aumenta a taxa de mutação.

Em outras palavras, esses pesquisadores mostraram que o estresse não induzia mutações favoráveis (benéficas) específicas. Em vez disso, as condições impostas *selecionavam* duplicações preexistentes, o que, ao permitir um pouco de crescimento, gerava um grande número de genes-alvo, aumentando assim a probabilidade de mutações, sendo que algumas delas podiam corrigir o defeito na β-galactosidase.

Esse mecanismo, denominado **mutagênese por amplificação**, depende, é claro, de duplicações em série que se formem frequentemente. De fato, essa é a situação. As duplicações formam-se frequentemente por recombinação entre cromossomos-irmão e são perdidas frequentemente por recombinação entre regiões de redundância própria (Figura 11.8). Consequentemente, as células com duplicações de qualquer gene específico estão presentes em uma cultura bacteriana a uma frequência de aproximadamente 10^{-4} a 10^{-5}.

As duplicações provavelmente ocorrem em frequências comparavelmente altas em outros organismos também. Assim, em humanos, a mutagênese por amplificação pode também ser responsável por outros fenômenos biológicos misteriosos e difíceis de explicar, como a ocorrência de grupos de mutações ligadas que estão associados a certos cânceres e à evolução de novos genes.

EUCARIOTOS PRIMITIVOS E ENDOSSIMBIOSE

Muitos aspectos da evolução microbiana primitiva são só especulação, mas as origens das mitocôndrias e dos cloroplastos nos eucariotos estão claramente estabelecidas. Essas duas organelas são descendentes significativamente alterados de bactérias que foram engolfadas por uma célula eucariótica primitiva. A comparação de sequências de DNA estabelece que as mitocôndrias são derivadas de uma bactéria capturada no grupo *Proteobacteria* e que os cloroplastos são derivados de uma cianobactéria capturada (esses grupos de bactérias são descritos no Capítulo 15).

A captura e a manutenção de bactérias a fim de que executem tarefas metabólicas específicas não se limitam às mitocôndrias nem aos cloroplastos. Por exemplo, as células de afídeos mantêm endossimbiontes bacterianos que produzem aminoácidos, suplementando, desse modo, a dieta de seiva vegetal (deficiente em proteínas) do afídeo (ver Capítulo 19). Esses endossimbiontes têm origem indubitavelmente mais recente que as mitocôndrias e os cloroplastos. Embora estejam adaptados à vida endossimbiôntica há muito tempo, não sendo mais capazes de crescimento independente, eles ainda são prontamente identificáveis

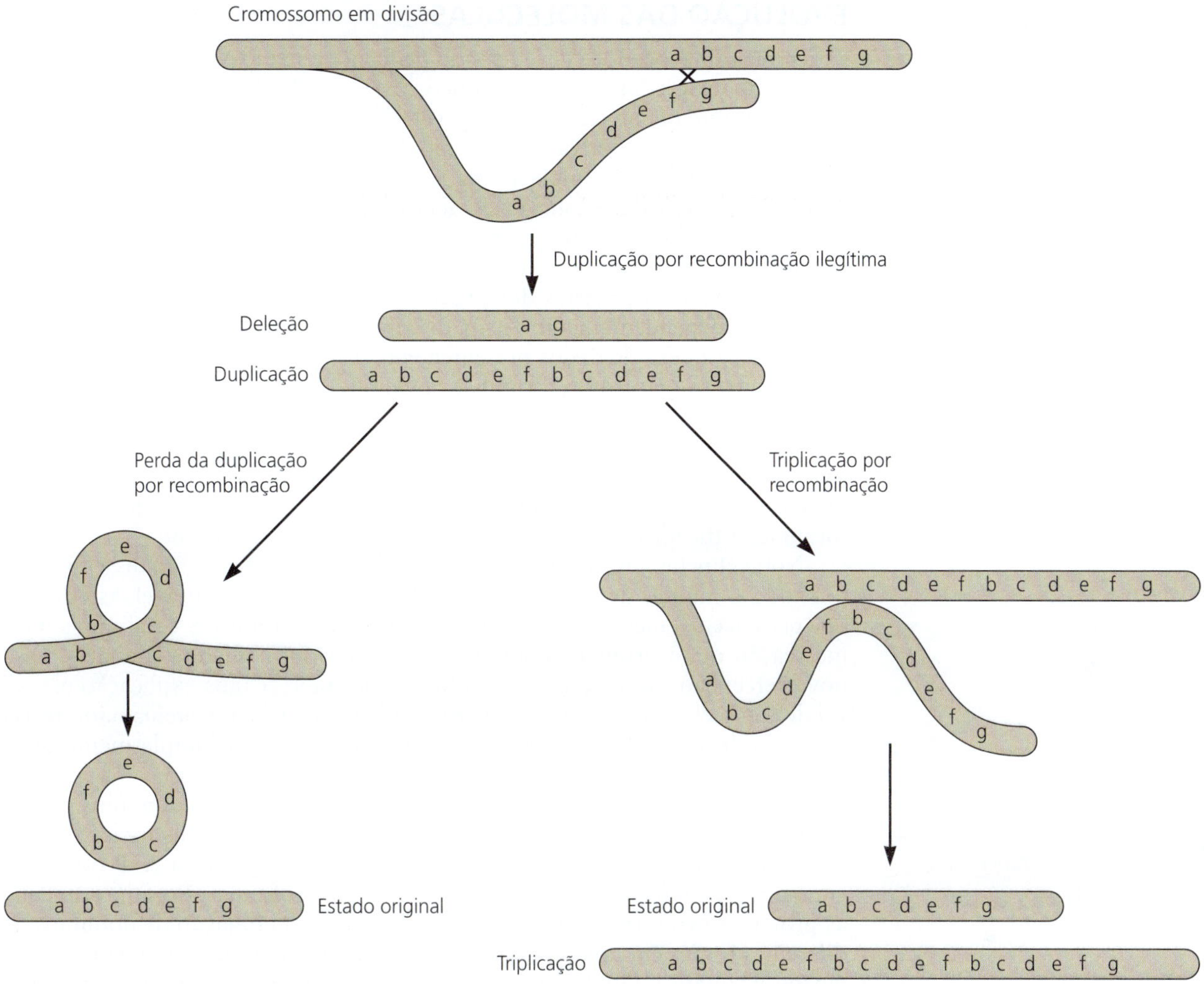

Figura 11.8 Mecanismo possível para a formação, a perda e a amplificação de duplicações.

como bactérias (*Buchnera*) relacionadas a *Escherichia coli*. O mundo eucariótico está cheio de outros exemplos de endossimbiontes bacterianos, embora as vantagens seletivas oferecidas pela maioria deles permaneçam inexplicadas.

Certos micróbios eucarióticos primitivos (aqueles localizados nos ramos profundos da árvore da vida, como os grupos que incluem os patógenos flutuantes *Cryptosporidium* e *Giardia*) carecem de mitocôndrias, mas existem evidências de que eles já as possuíram. Alguns genes do tipo bacteriano, que poderiam ter vindo de um endossimbionte previamente perdido, existem no DNA nuclear desses organismos. Os organismos pertencem a um grupo de eucariotos (a julgar pela árvore da vida) que se ramificou da linha principal de evolução em uma época antiga, sendo que o ganho seguido de perda ou redução genômica é uma característica mais facilmente associada a **clados** (grupos de espécies derivadas de ancestrais únicos) de ramificação mais recentes. Evidências recentes indicam que o gênero *Giardia* pode conter **mitossomos**, organelas mitocondriais vestigiais envolvidas por membranas duplas, indicando que elas são uma consequência de evolução redutiva.

EVOLUÇÃO DAS MOLÉCULAS

O genoma do progenoto deve ter sido pequeno, e sua expansão, à medida que a evolução progrediu, provavelmente ocorreu por duplicação gênica. Esse processo é extremamente comum hoje (ver Capítulo 10), como deve ter sido ao longo da história evolutiva. Um padrão de duplicação e subsequente melhoramento e especialização implica uma forma de evolução diferente da evolução da espécie, a saber, a evolução de genes, e introduz o conceito de evolução proteica. A evolução proteica é possivelmente o aspecto mais fundamental do processo global e pode ser o mais fácil de ser reconstruído. As proteínas são, afinal, os agentes primários dos processos biológicos. Sua evolução pode ser estudada independentemente de sua distribuição entre os organismos.

Com a riqueza de dados presentemente disponíveis, oriundos das sequências de tantos organismos, tornou-se óbvio que as proteínas, como os organismos, são relacionadas. Com base nisso, as proteínas são atribuídas a **famílias proteicas**, cujos membros presumivelmente compartilham uma história evolutiva comum. Os grupos de famílias proteicas que exibem similaridades distintas são reunidos em **superfamílias proteicas**. Cerca de 7.500 famílias proteicas foram identificadas até agora, um número que pode ser elevado.

Notavelmente, os membros da mesma família proteica estão disseminados por todo o mundo de organismos. De forma ainda mais notável, as enzimas que pertencem à mesma família proteica não necessariamente catalisam a mesma reação ou, à primeira vista, mesmo reações intimamente similares. Essa nova percepção em relação à evolução proteica oferece uma explicação plausível de como ela pôde ter ocorrido tão rapidamente. Cada proteína não precisa ter evoluído independentemente. Em vez disso, ela pode simplesmente ser o produto de um ramo lateral de uma árvore evolutiva complexa.

11.5 *Um banco de dados que resume o conhecimento atual das famílias proteicas.*

Revelações ainda mais perceptivas vieram do estudo dos **domínios proteicos** (regiões de uma proteína com morfologias ou funções distintas). A existência de domínios com funções específicas, como ligação a ATP ou NAD, em muitas proteínas tem implicações evolutivas profundas. Presumivelmente, as proteínas evoluíram, ao menos em parte, pela combinação de domínios de diferentes fontes em uma única proteína, gerando, desse modo, uma nova atividade enzimática. Por exemplo, a combinação, em uma única proteína, de um domínio de ligação a NAD com um que se liga a um substrato específico pode gerar uma nova desidrogenase. Parece provável que muitas enzimas podem ter evoluído por esse mecanismo modular. Na verdade, alguns cientistas propuseram que os **íntrons** (regiões não codificantes intervenientes dentro dos genes), que são comuns nos genes dos eucariotos e também ocorrem em alguns genes procarióticos, podem ter evoluído para facilitar a recombinação que leva a novas enzimas compostas de novos conjuntos de domínios.

Além dos domínios de recombinação, a evolução proteica deve ter avançado por dois outros mecanismos.

1. Uma mudança gradual de uma atividade existente por mutação e seleção, junto com a transmissão vertical; as proteínas que pertencem a tal linhagem de descendência são **ortólogas**.
2. A duplicação do gene codificante de uma proteína e a mutação e a seleção independentes das duas linhagens resultantes; as proteínas que são relacionadas dessa maneira são **parálogas**.

O progresso ao longo das três décadas passadas em relação ao entendimento da evolução microbiana foi incrivelmente rápido, mas muitas questões ainda persistem. Possivelmente a mudança mais profunda que ocorreu durante esse período foi o aumento do sentimento de otimismo entre aqueles envolvidos na pesquisa e aqueles que a acompanham. Antes de as informações sobre as sequências das macromoléculas estarem disponíveis, a maioria dos microbiologistas pensava que os detalhes da evolução microbiana poderiam eternamente permanecer um mistério. Atualmente, uma ampla unanimidade acredita que, em tempo, a evolução microbiana será entendida.

CONCLUSÕES

O conceito de evolução é o princípio orientador da biologia que organiza e decifra sua extensa diversidade e seus detalhes discrepantes. A maioria das realizações evolutivas – metabólicas, genéticas e celulares – ocorreu entre os procariotos, antes de os eucariotos aparecerem. As relações evolutivas entre os procariotos permaneceram desconhecidas, em virtude de um registro fóssil esparso, até que métodos de determinação das sequências das macromoléculas tornaram-se disponíveis. Como é universal e algumas de suas partes evoluem lentamente, o RNA ribossômico tornou-se a molécula de escolha para os estudos moleculares da evolução microbiana. Em grande parte, os estudos das proteínas têm sustentado essas conclusões, mas também têm ressaltado as complexidades introduzidas pela transferência gênica horizontal. Os estudos das bactérias confirmaram as teorias relacionadas a certos aspectos da evolução. A maioria das evidências sugere que toda a vida na Terra deriva de uma única origem e que as mitocôndrias e os cloroplastos são os produtos evolucionários modernos de bactérias que foram antigamente capturadas. Há um acúmulo suficiente de dados moleculares para começar a estudar a evolução das proteínas.

TESTE SEU CONHECIMENTO

1. Como você definiria a evolução biológica?
2. Tanto o registro fóssil como a sequência de bases no DNA dos organismos existentes fornecem informações sobre a evolução.
   a. Por que a última é mais útil ao estudo das relações evolutivas entre os micróbios?
   b. Quando se usa o registro fóssil para estudar as conexões evolutivas entre dois organismos, o termo "elo perdido" é ocasionalmente usado para sugerir que mais um fóssil é necessário para estabelecer uma conexão direta. Há um conceito análogo quando as sequências de bases são usadas para estabelecer conexões entre os organismos? Caso sim, qual seria?
   c. O registro fóssil dos micróbios, embora pobre, contribuiu com informações que os estudos das sequências de bases não puderam fornecer. Qual foi essa informação e por que os dados das sequências de bases não puderam fornecê-la?
3. Que propriedades um gene (ou um conjunto de genes) deve possuir para que sua sequência seja útil na avaliação das relações evolutivas entre os organismos?
4. Explique como os estudos das sequências de dois genes diferentes podem sugerir relações evolutivas diferentes entre um grupo de organismos.
5. Que argumentos sustentam a existência de uma "era de RNA" durante a evolução?
6. Corrobore a afirmação de que as bactérias são responsáveis por toda a produção (biologicamente mediada) e utilização de oxigênio.
7. Como os domínios proteicos poderiam acelerar a taxa de evolução proteica?

parte V fisiologia

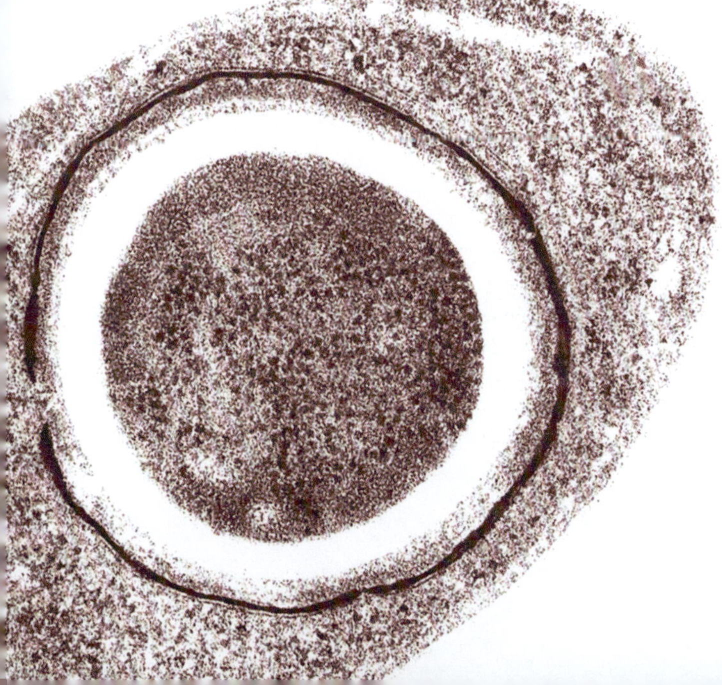

coordenação e regulação

capítulo

12

INTRODUÇÃO

Nossa avaliação do metabolismo e do crescimento bacteriano (ver Parte III) mencionou que uma bactéria é construída – e executa suas funções vitais – pelas atividades de talvez 2.000 reações químicas. Introduzimos a noção de fases do metabolismo (abastecimento, biossíntese, polimerização e montagem), discutimos a organização das rotas metabólicas e descrevemos a complexa sequência global dos eventos bioquímicos que levam à síntese de uma célula viva a partir de materiais orgânicos simples ou até completamente inorgânicos.

Contudo, estaríamos muito enganados se acreditássemos que isso é tudo o que é necessário para a formação de uma célula viva. Não existe nenhum modo de cada uma das 2.000 reações químicas *independentes* poder automaticamente cooperar com todas as outras para produzir a regularidade e eficiência do crescimento. *O que abrangemos na Parte III não produziria uma célula, mas sim o caos.* Neste capítulo, examinaremos como a ordem é formada a partir do caos e como as reações químicas independentes são conectadas em uma rede única e coordenada – um *circuito integrado* de enorme complexidade e elegância, que ultrapassa as maiores realizações dos engenheiros humanos.

EVIDÊNCIA DE COORDENAÇÃO DAS REAÇÕES METABÓLICAS

Alguns experimentos simples podem fornecer evidências concretas da capacidade de uma célula de coordenar suas partes em funcionamento e tornar-se um sistema integrado único. A coordenação pode ser demonstrada em cada um dos principais estágios do metabolismo. Por questão de simplicidade, começaremos com a biossíntese.

Coordenação na biossíntese

Prepare um meio que consiste em uma mistura de sais inorgânicos e contendo apenas o suficiente de glicerol marcado com ^{14}C radioativo como a única fonte de carbono e energia (substrato) para permitir o crescimento de uma espécie bacteriana, como *Escherichia coli*, a uma densidade de 10^8 células por mL (bem abaixo do que o meio permitiria se houvesse mais glicerol). Inocule o meio com algumas células e incube-o aerobiamente.

Amostras retiradas durante o crescimento dessa cultura revelariam vários fatos simples, mas informativos. Primeiramente, a análise do meio de cultura, do qual as células foram removidas por filtração ou centrifugação, indicaria que, ao longo do crescimento, os principais materiais radioativos eram glicerol não usado e o CO_2 formado a partir do metabolismo oxidativo. Em seguida, quando o crescimento cessou em virtude do esgotamento do glicerol, quase toda a radioatividade era CO_2 dissolvido. Apenas traços de aminoácidos, nucleotídeos ou outros metabólitos marcados seriam encontrados no meio; as células em crescimento não deixaram escapar intermediários metabólicos. Esses dados sugerem que *a taxa de formação de cada bloco de construção se equipara à sua taxa de utilização para a formação de macromoléculas* e que *o fluxo de carbono ao longo de cada rota metabólica é coordenado com o fluxo ao longo de cada uma das outras*. Nada mais organizado e simples.

Repita o experimento, mas agora inclua um aminoácido, como, por exemplo, histidina (não marcada), no meio. No final do crescimento, a análise dessa cultura revelaria uma situação notável. A análise das proteínas totais das células mostraria que os resíduos de histidina, de forma isolada entre todos os aminoácidos, quase não continham nenhum traço de radioatividade; portanto, eles devem ter sido derivados quase exclusivamente da histidina não radioativa fornecida no meio, em vez do glicerol radioativo. Como antes, a substância radioativa no meio seria quase que exclusivamente CO_2; particularmente, não haveria nenhuma histidina ou intermediários radioativos da rota biossintética de histidina. *Assim, praticamente nenhuma histidina foi formada a partir de glicerol.* As células não apenas usaram a histidina fornecida no meio, elas desligaram completamente a rota inteira que leva à síntese de histidina. Esse experimento poderia ser repetido com praticamente qualquer um dos blocos de construção, vitaminas ou cofatores (que podem ser prontamente absorvidos pelas células), obtendo-se o mesmo resultado. *A presença de qualquer um dos compostos no meio interrompe a síntese endógena daquele composto.*

Tal evidência de coordenação pode ser facilmente ampliada. O mesmo resultado é observado se o experimento for realizado sob diferentes condições de crescimento – temperatura, pH, tensão de O_2, fonte de carbono, mistura de nutrientes e assim por diante. Da mesma forma, o resultado é independente da taxa de crescimento e da composição química das células. Esse resultado mostra que *a coordenação de uma rota com as demais é ajustável, e não fixa.* A taxa na qual cada rota funciona em relação a todas as outras rotas pode ser ajustada ao longo de uma ampla variação.

Coordenação no abastecimento

Essa coordenação ajustável também existe nas reações de abastecimento? Muitas espécies bacterianas podem crescer em vários substratos que fornecem quantidades diferentes de metabólitos precursores, energia e força redutora. Como as necessidades celulares desses produtos de abastecimento são praticamente idênticas, não importa que fonte de carbono e energia esteja disponível, deve haver mecanismos para ajustar as proporções desses recursos produzidos a partir das várias reações de abastecimento. Outra demonstração de flexibilidade ocorre quando um suprimento rico em nutrientes (contendo blocos de construção já formados) é adicionado a um meio com glicerol como a fonte de carbono e energia. Sob essas condições, as necessidades de produtos de abastecimento são alteradas. Os metabólitos precursores não são mais utilizados para a biossíntese, e a necessidade de força redutora é diminuída, mas a célula ainda possui uma demanda de ATP para direcionar os processos de polimerização e montagem. Como se praticamente tivesse um cérebro que pensasse até resolver o problema, a célula metaboliza apenas o suficiente de glicerol ao longo das rotas de abastecimento para gerar um suprimento adequado de ATP; ela metaboliza os metabólitos precursores a CO_2 e reoxida as coenzimas reduzidas. Assim, tanto os metabólitos precursores desnecessários como o poder redutor são convertidos em ATP.

Coordenação na polimerização

Recorde-se de "Como a fisiologia das células é afetada pela taxa de crescimento?", no Capítulo 4, que a composição macromolecular de uma célula bacteriana não é muito afetada pela natureza do meio de crescimento. As células que crescem em uma mistura de aminoácidos não são mais ricas em proteínas; aquelas que crescem em ácidos graxos não são mais ricas em lipídeos; aquelas que crescem em nucleosídeos não são mais ricas em ácidos nucleicos; aquelas que crescem em açúcares não são mais ricas em carboidratos. Exatamente o contrário: meios de naturezas químicas muito diferentes podem produzir células de composições macromoleculares quase idênticas. Algumas mudanças na composição do meio realmente afetam a composição celular, mas *somente até o ponto em que afetam a taxa de crescimento*. Assim, as células que crescem com um suprimento de aminoácidos são mais ricas em RNA que as mesmas células que crescem de forma mais lenta em um meio mínimo. Portanto, deve haver mecanismos regulatórios que detectem o potencial da célula para atingir uma taxa específica de crescimento e para controlar adequadamente a síntese de cada macromolécula.

Em resumo, todas as rotas principais de abastecimento, biossíntese e polimerização estão sujeitas a controles fortes que promovem a formação de ordem a partir do caos potencial de um sistema com milhares de partes individuais em funcionamento. Esses exemplos demonstram a coordenação. A questão que agora surge é: como ela é efetuada?

DOIS MODOS DE REGULAÇÃO

Se você quisesse projetar uma célula que funcionasse desta maneira, ou seja, de forma organizada, provavelmente consideraria os possíveis modos pelos quais as taxas das reações metabólicas *podem* ser reguladas. Em geral, a taxa de uma reação metabólica, como a seguinte (onde S_1 e S_2 são os substratos e P_1 e P_2 são os produtos):

$$\longrightarrow S_1 + S_1 \xrightarrow{\textit{Enzima}} P_1 + P_1 \longrightarrow$$

poderia ser controlada por qualquer um desses três modos: (i) variando a atividade da enzima, (ii) alterando a quantidade da enzima ou (iii) variando a concentração intracelular de um ou ambos os substratos. Dos três, qual você escolheria?

As células bacterianas usam todos esses meios, mas nos concentraremos nos dois primeiros. O terceiro mecanismo, a variação da concentração do(s) substrato(s) de uma reação, é efetuado por um dos outros mecanismos que atuam em uma reação capaz de produzir esses compostos. Assim, a base primária da coordenação metabólica é a variação ou das *atividades* ou das *quantidades* enzimáticas.

Controlando a atividade enzimática

Existem dois tipos de controle sobre a *atividade proteica*. Em alguns casos, uma enzima proteica é reversivelmente inativada (ou ativada) por **modificação covalente** (a fosforilação é comum, mas a adição de grupamentos adenilil, acetil, metil e outros resíduos também ocorre). Em outros casos, a atividade é modulada pela associação reversível com outra molécula – denominada **ligante**, se ela for uma molécula pequena, e **modulador**, se ela for uma proteína ou um ácido nucleico. Essa modulação da atividade proteica é denominada **alosteria**. A modificação e a alosteria são igualmente importantes, embora, como veremos, a última seja muito mais comum e difundida na regulação microbiana.

Controlando as quantidades enzimáticas

Os controles sobre os níveis enzimáticos afetam ou as taxas de síntese ou, mais raramente, as taxas de degradação das proteínas individuais.

Como regra geral, as células diferenciadas das plantas e dos animais superiores exibem mais controles sobre a atividade enzimática que sobre a quantidade enzimática, ao menos em comparação às bactérias. Isso não quer dizer que as bactérias não controlem a atividade enzimática (na próxima seção, veremos quão prevalentes e importantes são esses controles), mas que as bactérias preferivelmente modulam os *níveis* de suas enzimas individuais em uma proporção muito maior.

Por que, então, as bactérias e as células dos organismos superiores diferem? Pelo menos quatro motivos podem ser apontados. Primeiro, as bactérias são muitas vezes limitadas pelo substrato. É antieconômico produzir uma enzima e não usá-la (recorde da energia consumida para formar uma proteína [ver Capítulo 8]). As bactérias não podem dar-se ao luxo de produzir enzimas desnecessárias ou redundantes, nem podem sobreviver sem produzir enzimas essenciais; ambas as situações exigem um ajuste rápido da síntese enzimática.

Segundo, as bactérias estão admiravelmente adaptadas para ajustar os níveis de enzimas para cima ou para baixo por meio do controle de sua síntese. A regulação ascendente pode começar dentro de segundos e pode rapidamente aumentar o nível de uma enzima em mil vezes ou mais, como veremos a seguir. A regulação descendente também começa imediatamente. Ao desligar a síntese de uma enzima, uma célula bacteriana reduzirá à metade o nível daquela proteína a cada duplicação da massa celular. Se o tempo de geração for de 20 minutos, o nível pode ser reduzido oito vezes em uma hora.

Terceiro, como os mRNAs bacterianos são rapidamente reciclados, os anteprojetos de síntese proteica são completamente renovados a cada poucos minutos, propiciando uma oportunidade incrível de controle rápido da síntese enzimática em nível transcricional.

Quarto, a natureza multicistrônica do mRNA bacteriano facilita o controle unitário de rotas inteiras ou outros grupos de enzimas funcionalmente relacionadas. Por meio de um único ajuste da síntese de um mRNA, a célula pode alterar a taxa de síntese de uma rota inteira.

Por que dois modos de regulação?

Se as reações podem ser uniformemente bem reguladas pelo controle das quantidades ou das atividades das enzimas, por que as bactérias empregam *ambos* os mecanismos? Para examinar essa questão-chave da fisiologia celular, necessitamos de mais informações sobre cada modo de regulação. Estaremos, então, em uma posição mais qualificada para avaliar a base lógica de os micróbios possuírem ambos os modos de regulação.

A visão geral dos mecanismos regulatórios apresentada na Figura 12.1 mostra os vários modos microbianos de regulação da atividade e da quantidade proteica. Primeiro examinaremos a regulação da atividade enzimática e, em seguida, a regulação do nível enzimático.

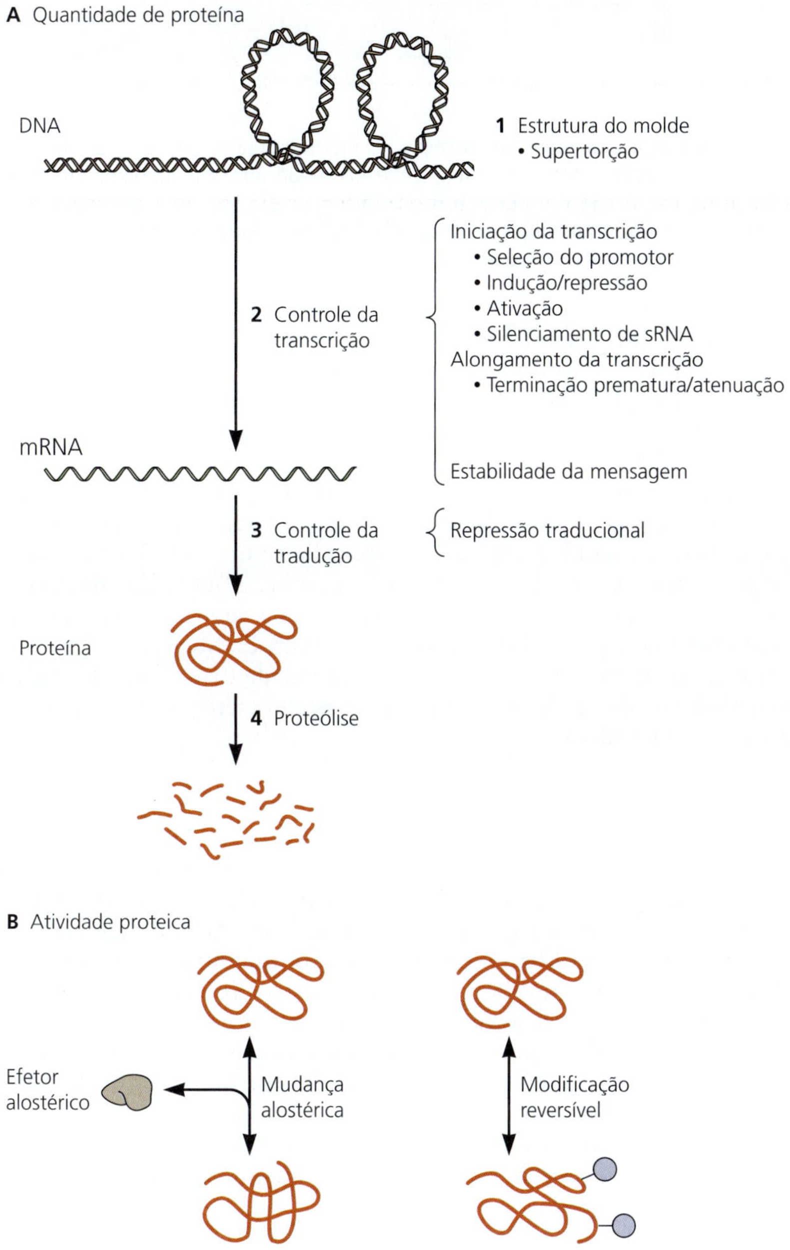

Figura 12.1 Visão geral dos mecanismos regulatórios metabólicos. A figura mostra uma sinopse das duas formas de controle que operam na coordenação do metabolismo: a regulação da quantidade de uma proteína na célula **(A)** e a regulação de sua atividade **(B)**.

MODULAÇÃO DA ATIVIDADE PROTEICA

A modulação da atividade enzimática ocorre com rapidez, quase que instantaneamente, ocasionando ajustes do fluxo metabólico na célula microbiana em uma fração de segundo.

Interações alostéricas

O modo mais prevalente de controle das atividades das enzimas (e de outras proteínas) são as **interações alostéricas** (**alosteria** significa forma diferente). A alosteria envolve uma mudança na conformação e, portanto, na atividade de uma proteína após ela ligar-se a um ligante denominado **efetor alostérico** (Figura 12.1B). No caso de uma enzima, a mudança na forma altera a atividade catalítica. As mudanças alostéricas possuem duas qualidades características: (i) o **sítio regulatório** ao qual o efetor alostérico liga-se é separado do sítio catalí-

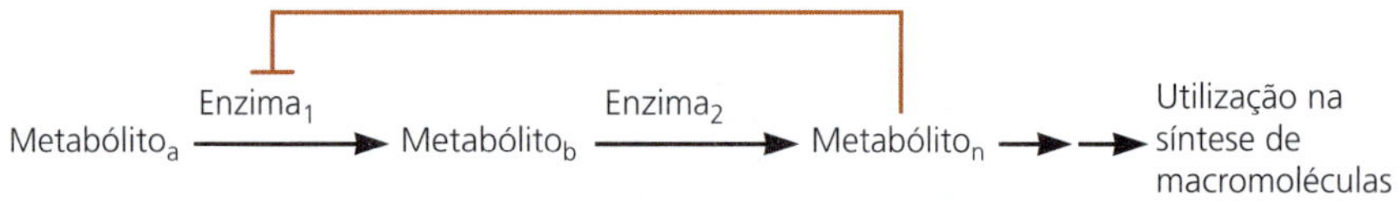

Figura 12.2 Inibição por retroalimentação. O produto final de uma série de reações enzimáticas, o metabólito$_n$, tem a propriedade de ligar-se ao sítio regulatório da proteína alostérica, a enzima$_1$, e, desse modo, inibi-la. Um sistema desse tipo pode garantir que o metabólito$_n$ seja produzido apenas logo que for usado em um processo subsequente, como, por exemplo, a síntese de macromoléculas.

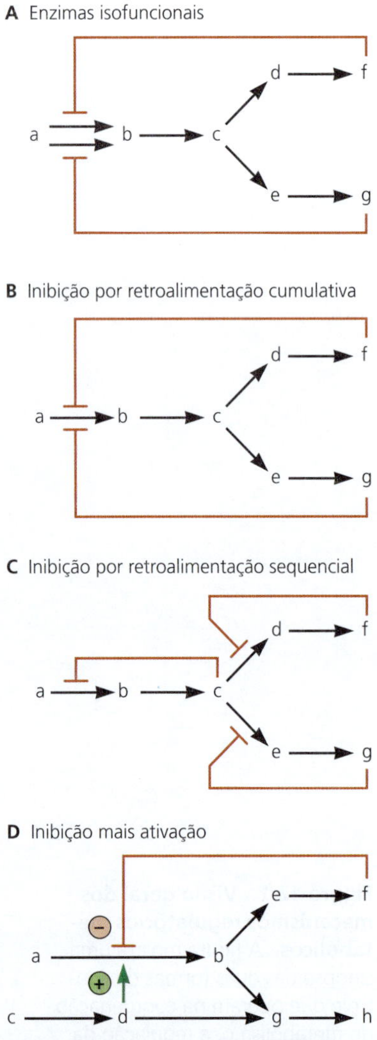

Figura 12.3 Padrões de inibição por retroalimentação encontrados nas rotas biossintéticas bacterianas. (A) As enzimas isofuncionais da reação regulada permitem efeitos de retroalimentação diferencial pelos dois produtos finais da rota. **(B)** A inibição por retroalimentação cumulativa envolve múltiplos sítios alostéricos na enzima regulada, assegurando que haverá um pouco de atividade a menos que todos os produtos finais estejam em excesso. **(C)** A inibição por retroalimentação sequencial envolve diferentes produtos finais que operam separadamente nos vários ramos da rota. **(D)** O padrão de inibição mais ativação usa tanto efetores alostéricos positivos (+) como negativos (−) para coordenar rotas complexas.

tico da enzima e (ii) o efetor não precisa exibir nenhuma semelhança estérica com os substratos (ou produtos) da enzima. Vale a pena enfatizar isso: *a alosteria propicia uma forma de modificar a atividade de uma enzima por meio de substâncias que nem mesmo de longe assemelham-se aos substratos ou produtos*. A alosteria difere fundamentalmente da inibição competitiva, na qual uma substância que se assemelha ao substrato compete pela ligação ao sítio ativo das enzimas. Como a alosteria funciona? As enzimas alostéricas podem existir em pelo menos duas conformações, uma com alta e outra com baixa atividade. A ligação do efetor favorece uma conformação sobre a outra. Em alguns casos, o que se alterou é a velocidade ($V_{máx}$, a taxa máxima de reação) da enzima; em outros, é a afinidade pelo substrato (K_m, a constante de Michaelis). Os efetores alostéricos podem aumentar ou diminuir a atividade da enzima, dependendo do exemplo específico; algumas enzimas possuem efetores alostéricos tanto **positivos** como **negativos**.

Alosteria na biossíntese

Abrimos este capítulo observando que uma bactéria utilizará o bloco de construção histidina fornecido no meio, em vez de produzi-lo. Podemos aprofundar esse ponto examinando as consequências imediatas da adição de histidina a uma cultura que já esteja crescendo em um meio composto de glicerol marcado radioativamente e sais inorgânicos. Amostras retiradas muito rapidamente revelam que, *dentro de segundos após a adição de histidina, quase todo o fluxo ao longo da rota biossintética de histidina cessa*. Esse resultado mostra que a coordenação deve-se a um mecanismo rápido. A suspeita de que ele seja ocasionado por alosteria é confirmada pela descoberta de que a primeira enzima na rota biossintética de histidina é, na verdade, uma enzima alostérica e que a histidina é seu efetor alostérico negativo. Assim, a adição de histidina imediatamente desliga a rota inteira já em sua primeira etapa.

Essa resposta imediata é simplesmente uma versão mais dramática de um processo que ocorre continuamente na célula para regular a biossíntese de histidina: a concentração interna de histidina (quer produzida pela célula, quer coletada do meio) determina a taxa de fluxo dos metabólitos precursores ao produto final. A histidina é um exemplo, e não uma exceção – *praticamente, todos os blocos de construção controlam sua própria síntese funcionando como efetores alostéricos negativos da primeira enzima em sua rota biossintética*. Esse processo de controle é denominado **inibição por retroalimentação** (ou **inibição pelo produto final**). Uma vez que cada bloco de construção está sendo esgotado por sua utilização na síntese de macromoléculas, as rotas biossintéticas funcionam por *alimentação de demanda*: elas produzem seus produtos finais à taxa em que eles estão sendo consumidos pela polimerização. A Figura 12.2 resume, de maneira geral, os elementos da inibição por retroalimentação nas rotas biossintéticas. A inibição por retroalimentação pode ser adaptada para acomodar a ramificação das rotas biossintéticas ou de suas outras complexidades (Figura 12.3).

Alosteria no abastecimento

A inibição e a ativação alostérica também regulam o fluxo de metabólitos ao longo das rotas de abastecimento. Nesse caso, o mecanismo simples de controle pelo produto final da primeira etapa ou de uma etapa inicial de uma rota não se aplica. As rotas de formação dos 13 metabólitos precursores estão tão inter-relacionadas (algumas rotas são cíclicas) que *não existem etapas iniciais únicas*. Uma etapa inicial no crescimento em glicose, por exemplo, é uma etapa tardia no crescimento em malato (ver Figura 6.16). Assim, os controles funcionam internamente em cada uma das principais rotas de abastecimento, e tanto interações alostéricas positivas como negativas existem em abundância (Figura 12.4). Observe que um metabólito (p. ex., acetilcoenzima A) pode funcionar como efetor positivo de uma enzima e como efetor negativo de outra enzima.

As taxas de formação de ATP e nicotinamida adenina dinucleotídeo (fosfato) reduzido (NAD[P]H) também devem ser adequadamente reguladas. Como a síntese e a utilização de ATP envolvem um fluxo cíclico através de ADP e AMP, faz sentido que os três adenilatos desempenhem papéis regula-

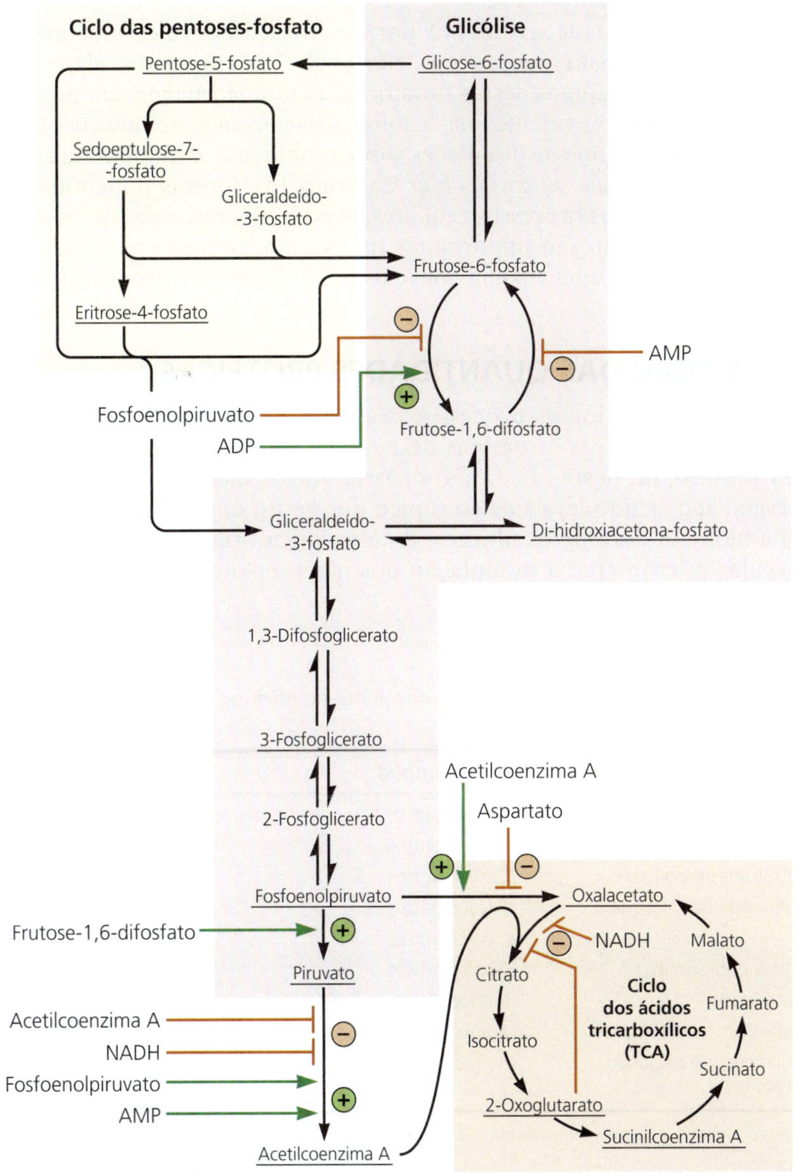

Figura 12.4 Rotas centrais das reações de abastecimento mostrando algumas das etapas alostericamente controladas. −, efetor alostérico negativo; +, efetor alostérico positivo.

tórios nas reações de abastecimento (assim como nas rotas biossintéticas). Uma fórmula útil do *status* de energia de uma célula é a **carga energética** da célula, definida como:

$$\text{Carga energética} = \frac{([\text{ATP}] + [\text{ADP}] / 2]}{([\text{ATP}] + [\text{ADP}] + [\text{AMP}])}$$

Matematicamente, a carga energética da célula poderia variar de 0 (toda AMP) a 1 (toda ATP), mas, de fato, a carga energética das bactérias sob condições normais é limitadamente mantida entre 0,87 e 0,95. Em uma célula privada de nutrientes por um período muito longo, a carga energética é lentamente reduzida; quando ela chega a aproximadamente 0,5, a célula está morta. Em geral, as rotas de reposição de ATP (abastecimento) são inibidas por níveis altos de carga energética, e as rotas de utilização de ATP (biossíntese e polimerização) são estimuladas.

Interações alostéricas análogas mantêm níveis adequados de funcionamento das coenzimas NADH e NADPH.

Modificação covalente

O controle da atividade enzimática por modificação covalente ocorre tanto nos eucariotos como nos procariotos. Na Tabela 12.1, são dados alguns exemplos bacterianos. Algumas dessas modificações (a fosforilação, em particular) são extremamente prevalentes na fisiologia bacteriana; iremos encontrá-las detalhadamente em nossas discussões sobre mobilidade e quimiotaxia e sobre a transdução de sinais sensoriais (ver Capítulo 13). Outras podem não estar envolvidas em *muitos* processos celulares, mas os processos dos quais elas efetivamente participam são importantes (p. ex., a adenilação na regulação da glutamina sintetase, uma enzima-chave na assimilação de nitrogênio).

MODULAÇÃO DAS QUANTIDADES PROTEICAS

Mesmo quando todos os processos descritos anteriormente estão funcionando de forma ótima, proteínas desnecessárias podem ainda ser produzidas. Contudo, tal desperdício não ocorre; outros mecanismos regulatórios intervêm. Seu estudo leva-nos ao tópico que gerou uma grande agitação em toda a biologia durante os últimos 50 anos e deu origem à área de genética molecular microbiana: a modulação dos níveis enzimáticos pela regulação da **expressão gênica**.

Tabela 12.1 Exemplos de modificação covalente de enzimas bacterianas e outras proteínas

Enzima	Organismo(s)	Modificação
Glutamina sintetase	*E. coli* e outros	Adenilação
Isocitrato liase	*E. coli* e outros	Fosforilação
Isocitrato desidrogenase	*E. coli* e outros	Fosforilação
Proteínas de quimiotaxia	*E. coli* e outros	Metilação
P_{II}[a]	*E. coli* e outros	Uridililação
Proteína ribossômica L7	*E. coli* e outros	Acetilação
Citrato liase	*Rhodopseudomonas gelatinosa*	Acetilação
Histidina proteína cinases	Muitas bactérias	Fosforilação
Reguladores de resposta fosforilados	Muitas bactérias	Fosforilação

[a] P_{II} é uma proteína regulatória no metabolismo de nitrogênio.

Na metade do século XX, realizou-se um esforço intensivo para descobrir como as bactérias alteram as taxas de síntese de suas enzimas. Os estudos iniciais foram realizados com *E. coli* e outras bactérias entéricas intimamente relacionadas, *Salmonella* e *Klebsiella*, mas todas as bactérias são extremamente hábeis em ligar e desligar genes, aumentando e diminuindo, desse modo, os níveis das enzimas.

A evidência de que a flexibilidade da expressão gênica é muito difundida entre as bactérias pode ser prontamente obtida por uma das duas ferramentas amplamente usadas hoje: o **monitoramento proteômico** e o **monitoramento genômico** (ou **transcricional**). O monitoramente proteômico permite que se examinem os níveis e as taxas de síntese de quase todas as proteínas da célula (tradicionalmente pelo uso de géis de poliacrilamida bidimensionais que separam as proteínas celulares individuais); o monitoramento transcricional (usando *microchips* de DNA que contêm todos os genes individuais da célula, os quais hibridizam com o mRNA celular) permite que se avalie o perfil de moléculas de mRNA na célula. (Essas técnicas são mais detalhadamente descritas em "Lidando com o estresse por evasão" no Capítulo 13.) O exame de muitas espécies diferentes de bactérias mostrou que seus perfis de proteínas e RNAs mensageiros (mRNAs) alteram-se radicalmente durante o crescimento sob diferentes condições. Na célula, a maioria das proteínas está sujeita a mudanças dramáticas nos níveis e nas taxas de síntese – algumas em muitas ordens de magnitude. Mudanças similares nos níveis de mRNA indicam que em muitos (mas não todos) casos a modulação dos níveis proteicos ocorre por mudanças na síntese de mRNA.

A regulação gênica é uma narrativa épica, mais bem contada em duas partes. Na primeira, investigaremos como os óperons individuais são controlados, temporariamente ignorando o fato de que muitos óperons (provavelmente a maioria deles) são membros de unidades regulatórias maiores. Na segunda parte, examinaremos como os conjuntos de óperons são regulados de forma coordenada e interligam-se em uma rede regulatória celular.

Regulação da expressão do óperon

O óperon multigênico é uma marca registrada da célula procariótica. Como observamos no Capítulo 8, ele é uma unidade de transcrição, consistindo em um segmento de DNA que contém um promotor, um ou mais (tipicamente mais) cístrons (genes que codificam polipeptídeos) e um terminador. A transcrição de um óperon produz uma única molécula de mRNA que codifica um ou mais polipeptídeos. Uma revisão rápida do conceito de óperon pode ajudar-nos a relembrar suas características principais.

Na Figura 12.5, é mostrado um quadro histórico da regulação de um óperon, como primeiramente proposto por F. Jacob e J. Monod, em 1961, para os genes que codificam as enzimas que metabolizam a lactose, designados *lac*. A Figura 12.5A representa a condição do óperon *lac* em células de *E. coli* crescendo na *ausência* de lactose. O promotor, que é o sítio de ligação da RNA polimerase (RNA-P), está disponível para entrar em ação, mas imediatamente adjacente, e, interpondo-se entre o promotor e os três genes estruturais proteicos (*lacZ*, *lacY* e *lacA*) do óperon, está o operador. A esse sítio está ligado um **repressor** proteico alostérico, LacI, que é o produto do gene vizinho *lacI*. O repressor impede a RNA-P de transcrever o óperon (quer impedindo a polimerase de se ligar, quer bloqueando seu movimento), e, assim, nenhuma das três enzimas codificadas pelo óperon é formada. Esses produtos são as proteínas LacZ (β-galactosidase, a enzima que hidrolisa a lactose), LacY (uma proteína de membrana, ou **permease**, que transporta a lactose para dentro da célula) e LacA (uma transacetilase de função incerta). Ocasionalmente, o repressor dissocia-se do operador, e algumas moléculas de

Nota dos autores Recomenda-se ao leitor o capítulo de J. Beckwith intitulado "The operon: an historical account" (Capítulo 78, páginas. 1227-1231, *in* F. C. Neidhardt, R. Curtiss III, J. L. Ingraham, E. C. C. Linn, K. B. Low, B. Magasanik, W. S. Reznikoff, M. Riley, M. Schaechter e H. E. Umbarger (eds.), Escherichia coli *and* Salmonella: *Cellular and Molecular Biology*, nd ed., vol. 1 (ASM Press, Washington, D.C., 1996).

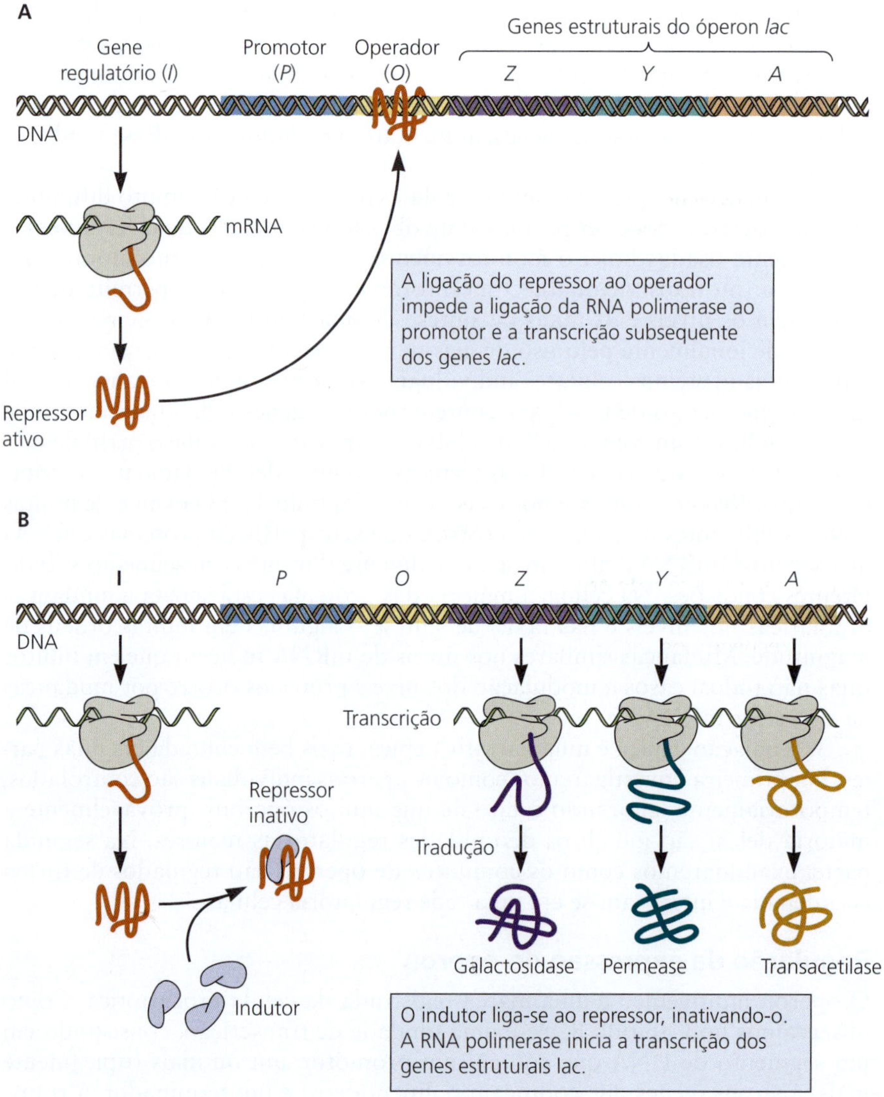

Figura 12.5 Modelo original do óperon de Jacob e Monod, proposto em 1961, para a regulação dos genes *lac* de *E. coli*. **(A)** Estado não induzido do óperon *lac* em células crescendo em outros substratos, exceto lactose; **(B)** estado induzido durante o crescimento em lactose. Veja o texto para explicações.

transcrito são formadas, assegurando que a célula terá um **nível basal** baixo dos três produtos do óperon.

A Figura 12.5B mostra as condições em células crescendo na *presença* de lactose. A lactose é levada para dentro das células pela permease LacY e processada pela β-galactosidase, formando um metabólito denominado alolactose. As moléculas de alolactose ligam-se ao repressor LacI, desencadeando uma alteração nessa proteína alostérica a uma conformação inativa, isto é, uma forma que não pode ligar-se ao operador. Sem nada impedindo sua função, a RNA-P está livre para formar um transcrito. Os produtos do óperon são produzidos, e as células crescem em lactose. Você pode perguntar-se como as células fazem a transição do **estado não induzido**, representado na Figura 12.5A, para o **estado induzido**, mostrado na Figura 12.5B, quando a lactose torna-se disponível no meio de crescimento. Como a lactose entra nas células quando a permease que a transporta não é induzida? A resposta é que, inicialmente, uma pequena quantidade de lactose é transportada para dentro da célula pelo nível basal de permease e, em seguida, é convertida a alolactose pelo nível basal de β-galactosidase. (Os leitores versados em biologia molecular provavelmente perceberão a omissão de uma importante característica adicionada mais tarde à história: o sítio da **CAP** [de *catabolite gene activator protein*, **proteína ativadora catabólica** ou **proteína ativadora de genes catabólicos**, o produto do gene *crp*] dentro do promotor, no qual funciona a repressão catabólica. Discutiremos isso a seguir, no contexto das redes regulatórias.)

Em resumo, o óperon *lac* é expresso (induzido) quando seu repressor proteico alostérico é inativado pela ligação de um **indutor** formado a partir do substrato lactose. A indução, portanto, consiste em remover uma inibição.

Os avanços espetaculares na pesquisa do óperon *lac* das bactérias entéricas levaram muitos à visão otimista de que o entendimento de seu mecanismo explicaria toda a regulação gênica. Gradativamente, tornou-se claro que o óperon *lac* é um paradigma perfeito, mas somente para o óperon *lac*! As noções centrais do modelo original de óperon são razoavelmente universais, *mas desde que expressas em termos condicionais.*

1. A iniciação da transcrição no promotor de um óperon *pode* ser um sítio de regulação.
2. A iniciação da transcrição *pode* ser controlada por proteínas regulatórias com propriedades alostéricas afetadas pela ligação de ligantes específicos.
3. O aumento na expressão de um óperon *pode* ser causado pelo relaxamento de um controle negativo.

A razão pela qual cada uma dessas afirmações é mencionada condicionalmente é que o óperon *lac* representa somente um exemplo de como os óperons microbianos são regulados. Nesse caso, como em tantos outros tópicos em microbiologia, deparamo-nos com o fato de que os micróbios exibem uma diversidade deslumbrante de soluções para os desafios metabólicos e fisiológicos. Os modos de regulação gênica que foram produzidos pela evolução microbiana são tão numerosos que se pode quase dizer que cada óperon é controlado de forma única. Os óperons diferem quanto (i) ao sítio no qual o controle é exercido, (ii) ao modo de controle (positivo ou negativo) e (iii) ao mecanismo molecular específico usado para efetuar a regulação. Alguns óperons empregam até mais de um promotor – alguns dentro do óperon proporcionam um segundo sítio regulatório para a porção a jusante do óperon – permitindo uma maior flexibilidade e sensibilidade da regulação. Como mostrado na Figura 12.6, *cada etapa concebível que conduz de um gene a seu produto proteico finalizado foi escolhida para o controle em algum óperon ou alguma bactéria.* Além disso, algumas das 10 etapas ou condições reguladas mostradas na figura podem ser controladas por uma infinidade de mecanismos moleculares. Examinaremos alguns artifícios que foram desenvolvidos, utilizando alguns exemplos bem estudados. Consideraremos brevemente os mecanismos regulatórios que ocorrem em cada uma das 10 etapas, referindo-nos a eles pelos números mostrados na Figura 12.6.

A iniciação é a etapa mais comumente controlada na transcrição e é controlada de inúmeros modos em muitas etapas (processos numerados por 1, 2, 3, 4 e 5). Isso não é surpreendente, porque nenhum esforço é desperdiçado para formar um transcrito se o produto final do gene destina-se a não ser produzido. Visto que a iniciação envolve a ligação da RNA-P a um promotor e a abertura subsequente do DNA para permitir a transcrição, algumas das possibilidades de controle são óbvias. Recorde (ver "O promotor" no Capítulo 8) que os promotores diferem quanto as suas forças inerentes ou basais. Assim, um promotor forte pode ser amortecido por um agente inibitório, e um pro-

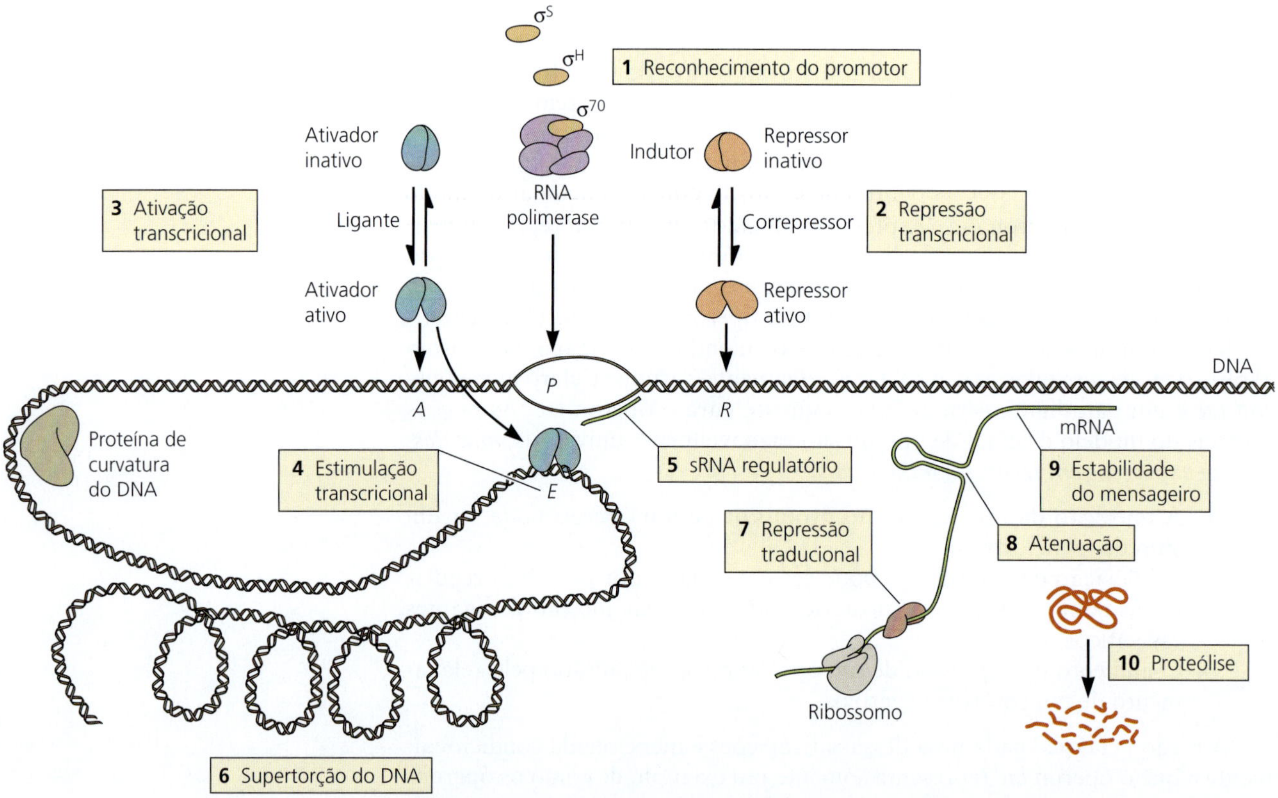

Figura 12.6 Diagrama representando alguns processos regulatórios que podem afetar o nível celular de uma proteína. Veja o texto para explicações.

motor fraco pode ser fortalecido por um agente estimulador. O modo como essas inibições e intensificações são efetuadas é fascinante.

Mecanismos no sítio 1: reconhecimento do promotor

Os mecanismos no sítio 1 operam não através de uma região de controle no DNA, mas sim sobre a estrutura da própria RNA-P. O reconhecimento de sequências promotoras é conferido à RNA-P pela adição de uma subunidade sigma (σ), que se liga à RNA-P núcleo, formando, assim, a holoenzima (ver "Iniciação da transcrição" no Capítulo 8). As células bacterianas possuem múltiplas subunidades sigma, e cada uma reconhece uma estrutura promotora diferente. Consequentemente, a transcrição é iniciada somente em óperons que possuem a capacidade de ligar-se a uma subunidade sigma específica. A subunidade sigma que se liga à RNA-P núcleo determina quais óperons que serão transcritos. A regulação acontece por qualquer um dos modos que determinam qual subunidade sigma é combinada à RNA-P núcleo. Esse mecanismo é importante em mecanismos regulatórios de nível mais alto (ver "Regulação além do óperon" a seguir), incluindo aqueles que levam à fase estacionária (ver Capítulo 13), à formação de esporos (ver Capítulo 14) ou à resposta a choque térmico (ver Capítulo 13).

Mecanismos nos sítios 2, 3 e 4: repressão, ativação e estimulação transcricional

Sequências de DNA denominadas **regiões de controle** estão localizadas em vários lugares relativos aos óperons específicos que controlam. Algumas são adjacentes ou sobrepõem-se às regiões −35 e −10 do promotor, mas outras se localizam a muitas dezenas de nucleotídeos acima (a montante) do promotor ou mesmo abaixo (a jusante) do terminador do óperon. Na maioria dos casos, essas regiões de controle são sítios de ligação de **proteínas regulatórias** alostéricas e são denominadas ***boxes***. Muitos são designados conforme a proteína à qual se ligam (como o **CAP** ***box***) ou o processo que regulam (como o ***box*** **de nitrogênio**). Aqueles *boxes* próximos ao promotor foram inicialmente chamados de **operadores**, e ainda veremos esse termo ser usado, mas agora é mais útil que saibamos que as regiões de controle podem funcionar de modo diferente pela simples ligação de proteínas regulatórias. Por exemplo, algumas regiões de controle são promotores de genes transcritos a partir da fita oposta de DNA. Outras controlam o dobramento de seus transcritos de mRNA. As regiões de controle localizadas longe do óperon que controlam são denominadas **estimuladores** ou **amplificadores**, porque normalmente estimulam a iniciação. Como uma sequência de DNA pode influenciar um promotor que está a uma grande distância? A resposta encontra-se na **curvatura do DNA**, que traz a proteína regulatória ligada à região promotora, onde pode influenciar a iniciação. A curvatura não acontece espontaneamente, sendo facilitada por **proteínas de curvatura do DNA**.

Algumas proteínas regulatórias (denominadas **ativadores** ou **reguladores positivos**) ligam-se a regiões de controle do DNA e *aumentam* a frequência de iniciação; outras (denominadas **repressores** ou **reguladores negativos**) *diminuem* a frequência. A escolha de um ou de outro mecanismo é uma questão de chance? Uma sugestão, com amparo experimental, é que os óperons que codificam produtos de demanda alta tendem a ser positivamente regulados, enquanto aqueles de demanda intermitente ou baixa são negativamente controlados.

As enzimas envolvidas na utilização de fontes de carbono e energia (rotas alimentadoras) são codificadas em óperons que estão normalmente desligados e são controlados por **indução**; isto é, as enzimas para a utilização de um substrato específico são produzidas somente quando aquele substrato está presente no ambiente. Em muitos casos, o substrato, ou uma substância intimamente relacionada a ele, funciona como um **indutor**, um ligante que se liga a uma proteína regulatória e ou libera a última de inibir o óperon relevante (se for negativamente regulado) ou permite que ela se ligue a um estimulador ou sítio ativador (se for positivamente regulado).

Os óperons que codificam enzimas biossintéticas estão geralmente ligados, a menos que seu produto final, correspondente ao bloco de construção, esteja presente no ambiente, caso em que o produto final funciona como um **ligante correpressor**. O produto final pode desempenhar papéis duplos, funcionando como um ligante que controla uma enzima alostérica (normalmente a primeira) na rota biossintética e como um ligante que se liga à proteína **repressora** relevante e desliga o óperon biossintético. A **repressão** (junto com um controle sobre a terminação da transcrição, discutido a seguir, e a inibição por retroalimentação) esteve operante naquelas células com as quais fizemos experimentos no início deste capítulo – aquelas que estavam crescendo em meio contendo sais e glicerol e ao qual adicionamos os produtos finais.

Mecanismos no sítio 5: direcionamento por sRNAs

Nem todas as moléculas regulatórias são proteínas. Algumas são **moléculas de RNA pequeno** (**sRNA**) que se ligam perto da extremidade 5' de um mRNA, impedindo que os ribossomos traduzam aquela mensagem (mecanismo 7 [ver a seguir]). Algumas dessas moléculas funcionam por meio de pareamento de bases diretamente com uma fita de DNA próxima ao promotor.

Mecanismos no sítio 6: supertorção do DNA

A maioria dos promotores é sensível ao grau no qual o DNA está supertorcido. Um dos efeitos da supertorção do DNA é que ela pode alterar a estrutura terciária da molécula de sua forma B comum a uma com uma torção no sentido anti-horário, denominada Z-DNA. As atividades de alguns promotores são aumentadas por uma transição de B a Z-DNA, e as de outros são diminuídas. A escala na qual as transições estruturais de DNA são de fato empregadas como um mecanismo regulatório geral para o controle da transcrição ainda está em estudo.

Trataremos agora dos mecanismos (7 a 10) que funcionam após a transcrição ter sido iniciada.

Mecanismos no sítio 7: repressão traducional

Algumas bactérias desenvolveram **mecanismos pós-transcricionais.** Em vários casos bem estudados, a etapa controlada é a iniciação da tradução. Talvez os exemplos mais notáveis sejam os óperons que codificam as proteínas ribossômicas (r-proteínas). Seus mRNAs contêm sequências de nucleotídeos similares a algumas presentes no rRNA e que servem de sítios onde certas r-proteínas (ainda não agrupadas nos ribossomos) podem ligar-se (ver Capítulo 8). Essa ligação bloqueia a iniciação da tradução do mRNA, resultando em um controle denominado **repressão traducional.** Dessa maneira, o conjunto de r-proteínas livres (i. e., não agrupadas nos ribossomos) pode contrabalançar a taxa de síntese de r-proteínas com a taxa de montagem dos ribossomos, assim como coordenar as taxas de síntese das r-proteínas individuais umas com as outras. Nem todas as r-proteínas servem de **repressores traducionais** – só aquelas que se ligam diretamente ao RNA ribossômico (rRNA) durante a montagem –, mas existe pelo menos uma delas em cada um dos principais óperons que codificam as r-proteínas.

As moléculas de sRNA regulatórias descritas para o mecanismo 5 possuem sequências de bases complementares aos mRNAs que têm como alvo e controlam. A ligação do sRNA ao mRNA (perto de seu início, a extremidade 5') bloqueia o início da tradução pelos ribossomos, constituindo, portanto, outra versão da repressão traducional (embora, neste caso, seja uma molécula de DNA, e não uma proteína, que realiza o processo). Ainda que isso possa parecer muito simples, a maneira pela qual o sRNA efetua a modulação eficaz da expressão gênica está longe de ser simples. Algo tem de controlar a ação do sRNA. Esse *algo* ainda não é entendido, mas, em muitos casos, a história envolve um conjunto de proteínas, denominadas **chaperonas de RNA**, que têm a capacidade de ligar-se às moléculas de sRNA, escoltando-as a seus alvos.

Mecanismos no sítio 8: atenuação

Um meio comum de regular óperons, em particular os óperons biossintéticos, conta unicamente com a estrutura do mRNA; não existem moléculas regulatórias especiais, seja proteína, seja RNA. Nesse mecanismo, denominado **atenuação**, até 90% dos transcritos são prematuramente terminados logo após a iniciação, mas a escala dessa terminação pode ser modulada. (Visto que nenhuma proteína regulatória está envolvida, imagine o desafio dos pesquisadores que, guiados pelo modelo do óperon *lac*, foram repetidas vezes mal sucedidos na tentativa de descobrir proteínas regulatórias e *boxes* de ligação para esses óperons.) O exemplo mais bem estudado de atenuação (e o sistema no qual ela foi primeiramente descoberta) é o óperon *trp* de *E. coli*, que codifica as enzimas responsáveis pela biossíntese de triptofano. Ele merece um exame detalhado.

O promotor desse óperon está localizado longe (160 pares de bases), a montante dos cinco genes estruturais (que codificam enzimas). Assim, o transcrito inclui uma sequência longa, denominada **sequência-líder** (*trpL* [Figura

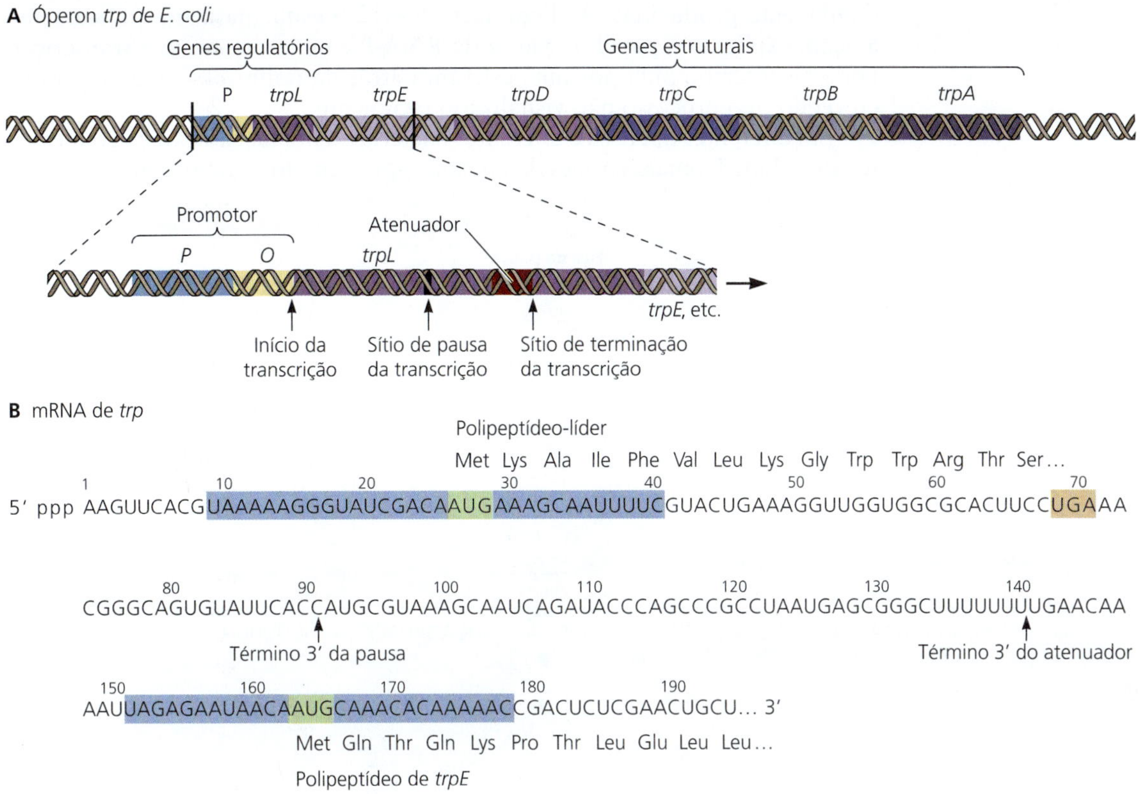

Figura 12.7 Regiões regulatórias e estruturais do óperon *trp* de *E. coli*. **(A)** Visão geral da estrutura e das principais características do óperon. A iniciação da transcrição é controlada em um promotor-operador, e a terminação da transcrição é regulada em um atenuador na região-líder de 162 pares de bases transcrita, *trpL*. Todas as moléculas de RNA-P que transcrevem o óperon fazem uma pausa no sítio de pausa da transcrição antes de prosseguir adiante. **(B)** Sequência de nucleotídeos da extremidade 5′ do mRNA de *trp*. O transcrito ainda não terminado é mostrado; após a terminação no atenuador, um transcrito de 140 nucleotídeos é produzido (o **término 3′** é indicado por uma seta). O término 3′ do transcrito de pausa (nucleotídeo 90) também é indicado por uma seta. Os dois sítios de ligação ao ribossomo (com AUGs centralizados) nesse segmento do transcrito estão sombreados. Os AUGs destacados são onde começa a tradução, e o UGA sombreado é onde ela para. A sequência preditiva de aminoácidos do peptídeo-líder é mostrada.

12.7]), entre o promotor e o primeiro gene. *Essa sequência é o único ator na atenuação – os outros componentes são apenas coadjuvantes comuns do aparelho de tradução.* O RNA transcrito a partir da sequência-líder, o **transcrito-líder**, possui duas propriedades: (i) ele pode existir em duas configurações determinadas pela velocidade com a qual o líder é traduzido, uma ocasionando a terminação da transcrição e a outra permitindo seu prosseguimento, e (ii) ele possui um **sítio de ligação ao ribossomo** (Figura 12.7B), que permite a tradução do transcrito-líder em um **peptídeo-líder** de 14 aminoácidos, dois dos quais são triptofanos sequenciais. Os códons contíguos de triptofano no líder significam que a abundância celular de triptofano (na verdade RNA de transferência [tRNA] de triptofanil) afeta a velocidade de tradução do líder e, assim, a frequência de terminação da transcrição. Um suprimento adequado de triptofano permite que a tradução do líder prossiga e a terminação ocorra. Uma deficiência de triptofano ocasiona a paralisação do ribossomo nos códons de triptofano e a formação da configuração de transcrito que atenua a terminação; assim, as enzimas de formação do triptofano podem ser abundantemente produzidas. As Figuras 12.8 e 12.9 esquematizam graficamente a ação, explicam o papel da pausa da RNA-P e mostram como a transcrição pode ser interrompida por uma estrutura atrás da polimerase que está transcrevendo (um processo não visualizado facilmente).

Em diferentes óperons e diferentes bactérias, a atenuação exibe detalhes diferentes. Em algumas espécies de *Bacillus*, por exemplo, a atenuação é efetuada

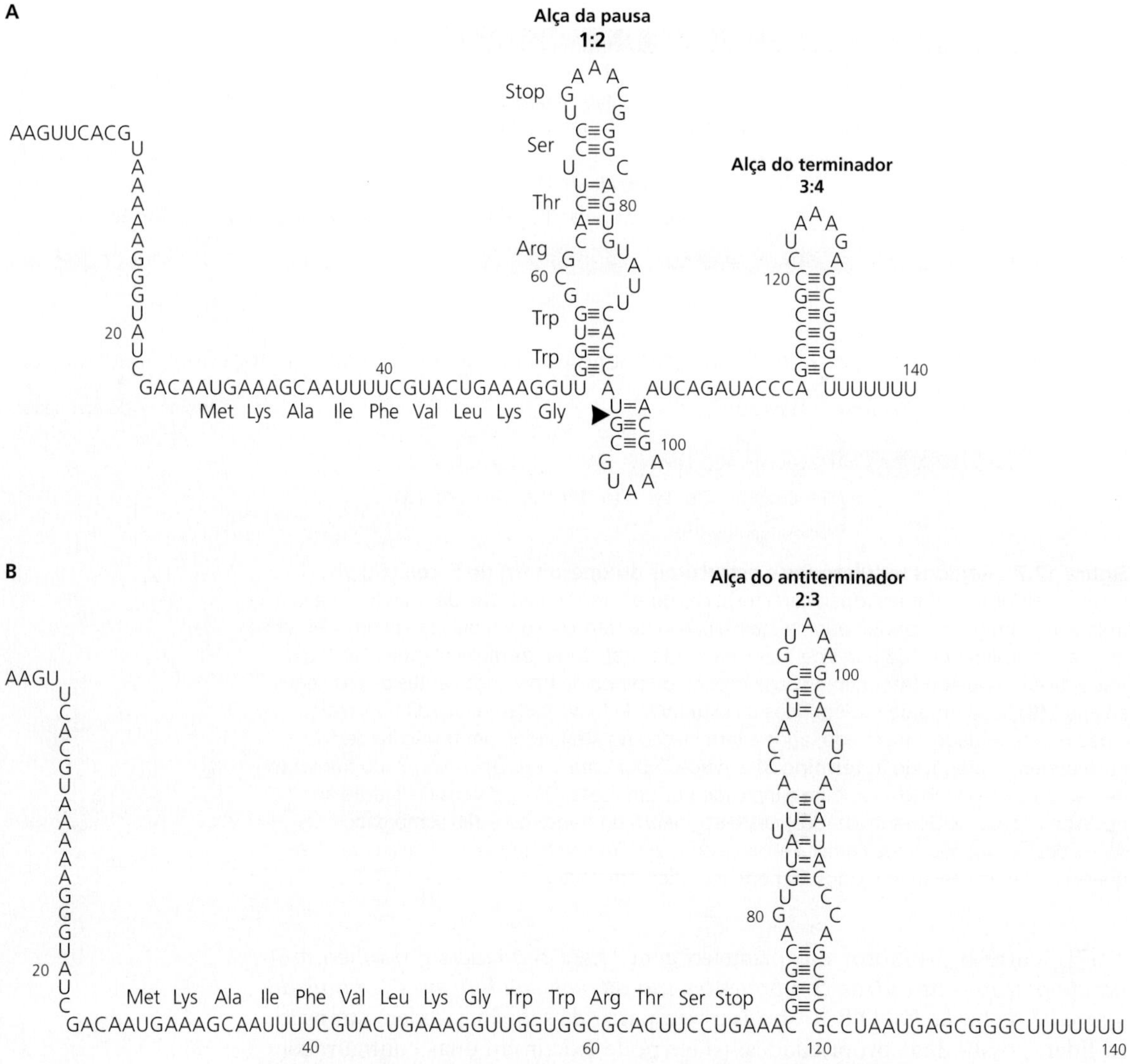

Figura 12.8 Estruturas secundárias alternativas da região-líder de *trp* de *E. coli*. Os números 1, 2, 3 e 4 indicam os segmentos de RNA que formam as estruturas secundárias representadas. **(A)** Configuração da terminação. A cabeça de seta indica o sítio de pausa da transcrição. **(B)** Configuração da antiterminação.

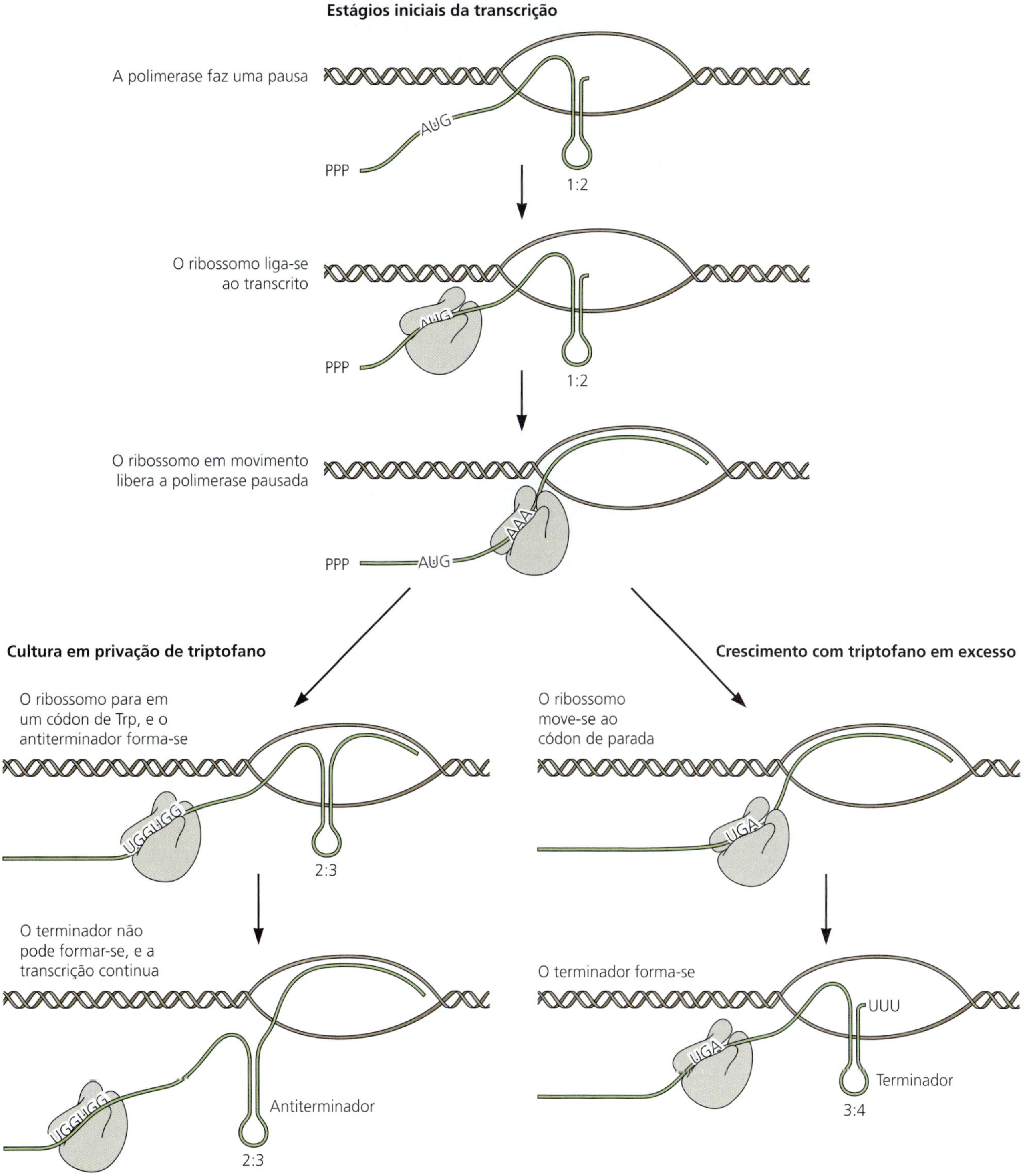
Estágios iniciais da transcrição
A polimerase faz uma pausa
AUG
PPP
1:2
O ribossomo liga-se ao transcrito
AUG
PPP
1:2
O ribossomo em movimento libera a polimerase pausada
AAA
PPP
AUG
Cultura em privação de triptofano
O ribossomo para em um códon de Trp, e o antiterminador forma-se
UGGUGG
2:3
O terminador não pode formar-se, e a transcrição continua
UGGUGG
Antiterminador
2:3
Crescimento com triptofano em excesso
O ribossomo move-se ao códon de parada
UGA
O terminador forma-se
UGA
UUU
Terminador
3:4

Figura 12.9 Representação dos papéis da RNA-P e do primeiro ribossomo tradutor no controle por atenuação. Veja o texto para explicações.

não por uma parada do ribossomo nos códons de triptofano, mas sim por uma proteína específica que, quando ligada ao triptofano livre, impede a formação de uma estrutura **antiterminadora** no transcrito e, portanto, deixa um terminador rô-dependente livre para abortar transcritos adicionais. Em *E. coli*, o óperon que codifica a aspartato carbamilase (uma enzima essencial na biossíntese de pirimidinas) é controlado por atenuação efetuada pela parada da RNA-P em um sítio rico em Us da sequência-líder. Quando os níveis de trifosfato de uridina (UTP) estão baixos, o ribossomo que está traduzindo o líder alcança a polimerase e impede a formação de um grampo terminador no transcrito.

Mecanismos no sítio 9: estabilidade do mRNA

Em média, os transcritos das bactérias são de vida curta (ver Capítulo 8). Obviamente, quanto mais longo um mRNA específico exista e funcione, uma maior quantidade de seus produtos proteicos será formada. Portanto, a alteração da estabilidade do mRNA pode ser uma forma de regular as quantidades celulares de seus produtos proteicos. Essa possibilidade é de fato empregada, e os principais agentes nesse tipo de regulação se mostraram ser a mesma classe de moléculas que encontramos na repressão transcricional e traducional: os sRNAs. Em vez de bloquear os ribossomos, sabe-se que alguns sRNAs desencadeiam a degradação de suas moléculas-alvo de mRNA. Exatamente como para os outros processos regulatórios nos quais os sRNAs estão implicados, os detalhes de como eles podem aumentar e diminuir seus efeitos sobre a estabilidade do mRNA permanecem desconhecidos.

Mecanismos no sítio 10: proteólise

Embora não esteja no topo das listas de modos pelos quais a maioria das células bacterianas coordena rotas metabólicas e regula respostas ao ambiente, a proteólise definitivamente desempenha um certo papel. Em alguns exemplos, a degradação de enzimas possibilita uma forma de controlar uma reação metabólica. Contudo, mais comumente, a proteólise é empregada na remoção de uma proteína que regula outras proteínas. Por exemplo, os fatores sigma alternativos (ver "A RNA-P e sua função" no Capítulo 8), que programam a RNA-P núcleo para reconhecer conjuntos especiais de promotores durante uma emergência, estão sendo constantemente formados e degradados. A proteólise mantém seu nível celular mais baixo que aquele do fator sigma principal (σ^{70} em *E. coli*). Quando uma mudança ambiental exige que um fator sigma específico entre em cena, sua degradação é interrompida, levando a um aumento rápido de sua concentração. A proteção de um fator sigma contra a proteólise é efetuada, em parte, pelo aumento de sua ligação à RNA-P núcleo. Esse processo é significativo no controle do fator sigma que programa a RNA-P para transcrever genes de choque térmico após um aumento de temperatura (ver Capítulo 13). As variações sobre esse tema também são comuns, como a modulação das ações de chaperonas que apresentam um fator sigma específico a uma protease especial (ClpP em *E. coli*) para a degradação. A esporulação (ver Capítulo 14) requer a degradação programada de proteínas regulatórias em etapas-chave.

Regulação além do óperon

O óperon é a unidade procariótica da transcrição, e, pelo que acabamos de ver a respeito de seu controle, poderíamos esperar que ele também fosse a unidade de regulação. Esse modo de organização – pelo qual os genes de uma rota inteira podem ser unidos como uma única unidade transcricional – consegue uma solução simples para o problema da regulação de genes com funções relacionadas. Por que ir mais adiante? Por que a seleção natural vai além dessa estratégia obviamente exitosa? Há pelo menos duas respostas para essa questão. A primeira é que alguns processos envolvem genes em demasia que não podem ser acomodados em um único óperon viável. A maquinaria de tradução, por exemplo, compreende pelo menos 150 produtos gênicos, sendo que todos devem ser regulados de forma coordenada para que o crescimento seja eficiente. Portanto, a coordenação de óperons múltiplos é uma necessidade.

A segunda resposta é que alguns processos envolvem genes que devem ser independentemente regulados *e* sujeitos a um controle tanto coordenador como dominador. Um grande número de genes codifica enzimas que possibilitam a utilização de açúcares, aminoácidos e outros compostos para o abastecimento. Se um ambiente contiver uma mistura de tais compostos, a economia demandaria que apenas um substrato *premium*, o melhor capaz de satisfazer as necessidades de carbono e energia da célula, fosse metabolizado. (Para as bactérias entéricas, a glicose é esse substrato; para as pseudômonas, o sucinato é esse substrato.) Portanto, os óperons que codificam enzimas de substratos menos valiosos devem ser reprimidos. E mais: cada óperon deve ser individualmente induzido se seu substrato cognato estiver presente e um substrato *premium* não estiver mais disponível. Essa dupla exigência requer um nível de organização acima do óperon.

Unidades regulatórias acima do óperon

As estimativas variam, mas a ideia geral é que cada bactéria contenha mais ou menos 100 sistemas de multióperons. Sua descoberta e análise ainda estão em andamento (em alguns aspectos, acabaram de começar). Na Tabela 12.2, são mostrados alguns dos exemplos mais bem conhecidos. As entradas estão arranjadas em amplas redes funcionais: resposta à limitação de nutrientes, controle das **reações de oxidação-redução** e do transporte de elétrons, resposta a danos por agentes químicos e físicos presentes no ambiente e mudança da fisiologia e morfologia celular. Essa tabela contém uma amostra *muito* pequena dos sistemas que estão sendo intensivamente pesquisados. Ainda assim, a variedade é prontamente evidente. A natureza complexa e superposta desses sistemas conduz a campos de estudo familiares aos engenheiros químicos e eletrônicos, mas que são novos à maioria dos microbiologistas (análise de sistemas, projeção de circuitos de controle, controles redundantes, estabilidade de sistemas e assim por diante).

As bactérias elaboraram múltiplas formas de combinar os óperons individuais em unidades coordenadas. Em alguns casos, um regulador proteico alostérico foi simplesmente tomado emprestado da regulação de óperons: um repressor ou ativador proteico reconhece uma sequência específica comum às regiões controladoras dos óperons-membro. Tal mecanismo é usado nos sistemas **SOS, de dano por oxidação** e **de transporte anaeróbio de elétrons** das bactérias entéricas. Em outros casos proeminentes, um fator sigma alternativo reprograma a RNA-P para reconhecer os promotores dos óperons-membro. Os sistemas de **choque térmico** e **esporulação** de várias espécies ilustram essa situação. Outros casos envolvem uma combinação de reguladores proteicos *e* fatores sigma, como se encontra nos sistemas de **utilização de nitrogênio** de muitas bactérias, assim como o processo universal de entrada na fase estacionária. Uma das maiores redes, o sistema de controle estrito, não possui absolutamente nenhum modulador proteico; os óperons-membro são regulados pelo nucleotídeo tetrafosfato de guanosina (ppGpp), que, de alguma forma, afeta a RNA-P e ocasiona uma multiplicidade de efeitos sobre a expressão de muitos genes.

Tabela 12.2 Alguns regulons e modulons das bactérias

Estímulo/condição	Sistema	Organismo(s)	Genes regulatórios (e seus produtos)	Genes regulados (e seus produtos)	Tipo de regulação
Utilização de nutrientes					
Limitação de carbono	Repressão catabólica	Bactérias entéricas	*crp* (ativador da transcrição, CAP); *cya* (adenilato ciclase)	Genes que codificam enzimas catabólicas (*lac*, *mal*, *gal*, *ara*, *tna*, *dsd*, *hut*, etc.)	Ativação pela proteína CAP complexada com cAMP como um sinal de limitação de fonte de carbono (ver texto)
Limitação de aminoácido ou energia	Resposta estrita	Bactérias entéricas e muitos outros	*relA* e *spoT* [enzimas do metabolismo de (p)ppGpp]	Genes (>200) de ribossomos, outras proteínas envolvidas na tradução e enzimas biossintéticas	Acredita-se que o (p)ppGpp modifique o reconhecimento de promotores pela RNA polimerase (ver texto)
Limitação de amônia	Sistema Ntr (aumenta a capacidade de aquisição de nitrogênio de fontes orgânicas e de baixas concentrações de amônia)	Algumas bactérias entéricas	*glnB*, *-D*, *-G*, *-L* (reguladores transcricionais e modificadores de enzimas)	*glnA* (glutamina sintetase), *hut* e outros que codificam desaminases	Complexo
Limitação de amônia	Sistema Nif (fixação do nitrogênio)	*Klebsiella aerogenes*, muitos outros	Genes múltiplos, incluindo aqueles que controlam a assimilação de amônia	Genes múltiplos que codificam a nitrogenase (para a fixação do nitrogênio)	Complexo
Limitação de fosfato	Sistema Pho (aquisição de fosfato inorgânico)	Bactérias entéricas	*phoB* (PhoB, regulador de resposta); *phoR* (PhoR, cinase sensora); *phoU* e *pstA*, *-B*, *-C*, *-S* (facilitam a função de PhoR)	*phoA* (fosfatase alcalina) e aproximadamente outros 40 genes envolvidos na utilização de organofosfatos	Regulação de dois componentes: ativação transcricional por PhoB após sinal de fosfato baixo da cinase sensora PhoR
Metabolismo energético					
Presença de oxigênio	Sistema Arc (respiração aeróbia)	*E. coli*	*arcA* (ArcA, repressor); *arcB* (ArcB, modulador)	Muitos genes (>30) de enzimas aeróbias	Repressão de genes de enzimas aeróbias por ArcA após sinal de oxigênio baixo de ArcB
Presença de aceptores de elétrons que não oxigênio	Respiração anaeróbia	*E. coli*	*fnr* (Fnr)	Genes da nitrato redutase e de outras enzimas da respiração anaeróbia	Ativação transcricional por Fnr
Ausência de aceptores de elétrons utilizáveis	Fermentação	*E. coli* e outras bactérias facultativas	Desconhecido	Genes (>20) de enzimas de rotas de fermentação	Desconhecido

Resposta a danos					
UV e outros danificadores do DNA	Resposta SOS	*E. coli* e outras bactérias	*lexA* (LexA, repressor); *recA* (RecA, modulador de LexA)	Aproximadamente 20 genes para o reparo de DNA danificado por UV e outros agentes	Repressão transcricional por LexA, auxiliada pela clivagem de LexA por RecA
Alquilação de DNA	Sistema Ada (resposta à alquilação)	*E. coli* e outras bactérias	*ada* (Ada, um ativador)	Quatro genes envolvidos na remoção de bases alquiladas do DNA	Ativação transcricional por Ada
Presença de H_2O_2 e oxidantes similares	Resposta à oxidação	Bactérias entéricas	*oxyR* (OxyR, um repressor)	Aproximadamente 12 genes envolvidos na proteção contra H_2O_2 e outros oxidantes	Repressão transcricional por OxyR
Temperatura alta	Choque térmico (choque ao calor)	Todas as bactérias	*rpoH* (sigma-32)	Dezenas de genes envolvidos na síntese, no processamento e na degradação de proteínas	Programação da RNA polimerase por sigma-32
Temperatura baixa	Choque ao frio	*E. coli* e outras bactérias	*cspA* (CspA)	Vários (12) genes de síntese de macromoléculas	Desconhecido
Osmolaridade alta	Resposta a porinas de membrana externa	*E. coli* e outras bactérias	*ompR* (OmpR, regulador de resposta); *envZ* (EnvZ, cinase sensora de osmolaridade)	*ompF* (porina OmpF); *ompC* (porina OmpC)	OmpR fosforilada, quando fosforilada por EnvZ, é um regulador negativo de *ompF* e um regulador positivo de *ompC*
Sistemas globais miscelâneos					
Propriedade do ambiente que sustenta o crescimento	Controle da taxa de crescimento	Todas as bactérias	*fis* (Fis); *hns* (H-NS); *relA* (RelA); *spoT* (SpoT)	Centenas de genes, muitos envolvidos na síntese de macromoléculas	Complexo; envolve a disponibilidade da holoenzima RNA polimerase/sigma-70 influenciada por controle passivo; ver discussão Capítulo 13
Privação de nutrientes ou inibição	Fase estacionária	Todas as bactérias	*rpoS* (sigma-S); *lrp* (Lrp); *crp* (CAP); *dsrA*, *rprA* e *oxyS* (moléculas de sRNA regulatórias); muitos outros genes regulatórios	Centenas de genes que afetam a estrutura e o metabolismo	Ver discussão no Capítulo 13
Privação de nutrientes	Esporulação	*Bacillus subtilis* e outros formadores de esporos	*spo0A* (ativador); *spo0F* (modulador); muitos outros genes regulatórios	Muitos (>100) genes de formação de esporos	Ver discussão Capítulo 14

Como chamamos as unidades que estão acima dos óperons? Dois termos são de uso comum: **regulons** e **modulons**. Antes de defini-los, precisamos qualificar seu emprego. As bactérias são tão hábeis no planejamento de redes regulatórias que a atribuição de apenas *dois* nomes para distinguir entre todas as variedades existentes não é realística. No entanto, no presente momento, os termos *regulon* e *modulon* são de uso comum, o que nos permite prosseguir. A Figura 12.10 será de grande auxílio a essa discussão.

Comecemos com o termo **regulon**, ilustrado na Figura 12.10A. Ele refere-se a *um grupo de óperons independentes governado pelo mesmo regulador, normalmente uma proteína repressora ou ativadora.* Isso pode ser ilustrado por dezenas de exemplos; o regulon para o qual o termo foi primeiramente usado é o regulon *arg* de *E. coli*, que consiste em um grupo de óperons espalhados por todo o cromossomo e que codificam enzimas da rota biossintética de arginina. (Suas rotas de triptofano e histidina são, ao contrário, codificadas por óperons únicos.) Os regulons propiciam um modo pelo qual os conjuntos de óperons podem ser coordenadamente regulados. Acima dos regulons estão os modulons. O termo **modulon**, ilustrado na Figura 12.10B, refere-se a *um grupo de óperons independentes sujeitos a um regulador comum, ainda que membros de regulons diferentes.* Os modulons propiciam um modo pelo qual os regulons podem ser coordenados e podem consistir em óperons individuais, assim como regulons. Um exemplo de um modulon é o **sistema de repressão catabólica**, o qual, nas bactérias entéricas, une praticamente todos os óperons e regulons relacionados à utilização de substratos (**catabolismo**), reprimindo-os mesmo na presença de seus substratos indutores se o nível celular do nucleotídeo **AMP cíclico** (**cAMP**) for baixo (Tabela 12.2). Esse modulon assegura que as células que estão crescendo em uma mistura de fontes potenciais de carbono e energia possam selecionar o substrato ótimo entre elas e, com isso, evitar a formação de enzimas desnecessárias.

Exemplos de sistemas regulatórios globais

Alguns modulons são tão difundidos que são chamados de **sistemas regulatórios globais** ou **sistemas de controle global.** Dois modulons que se enquadram nessa categoria são o sistema de repressão catabólica (descrito anteriormente) e o sistema de resposta estrita. Em conjunto, esses dois sistemas direta ou indiretamente controlam *provavelmente três quartos da capacidade sintetizadora de proteínas da célula.* Em razão disso, eles merecem uma inspeção mais detalhada.

A *repressão catabólica* tem uma importância extraordinária na fisiologia de muitas bactérias. Nesta rede, os óperons catabólicos **induzíveis** são capazes de níveis muito altos de expressão quando induzidos pela presença de seus substratos. O impedimento da expressão redundante desses óperons é tão crítico que seu controle em um modulon é muito geral no mundo bacteriano, ainda que os mecanismos moleculares do controle difiram extensamente. A capacidade das bactérias entéricas de assegurar que um substrato ótimo, a glicose, seja utilizado a ponto de excluir substratos menos importantes depende de pelo menos três mecanismos diferentes, dos quais apenas um é o módulo de repressão catabólica (os outros dois são a síntese constante de altos níveis de enzimas metabolizadoras de glicose em qualquer meio e a inibição, pela glicose, da entrada de outros substratos). Como o módulo de repressão catabólica funciona? Cada óperon possui uma região regulatória a montante do sítio de início transcricional, ao qual uma proteína reguladora, a CAP, pode ligar-se. Como seu nome implica, a CAP estimula a iniciação da transcrição a partir dos promotores desses óperons, sendo que todos possuem forças inerentemente baixas. A CAP é uma proteína alostérica, ligando-se a seus sítios apenas se estiver ligada a um pequeno ligante nucleotídico, o cAMP. A ligação entre cAMP e CAP aumenta então a transcrição se o óperon tiver sido adequadamente

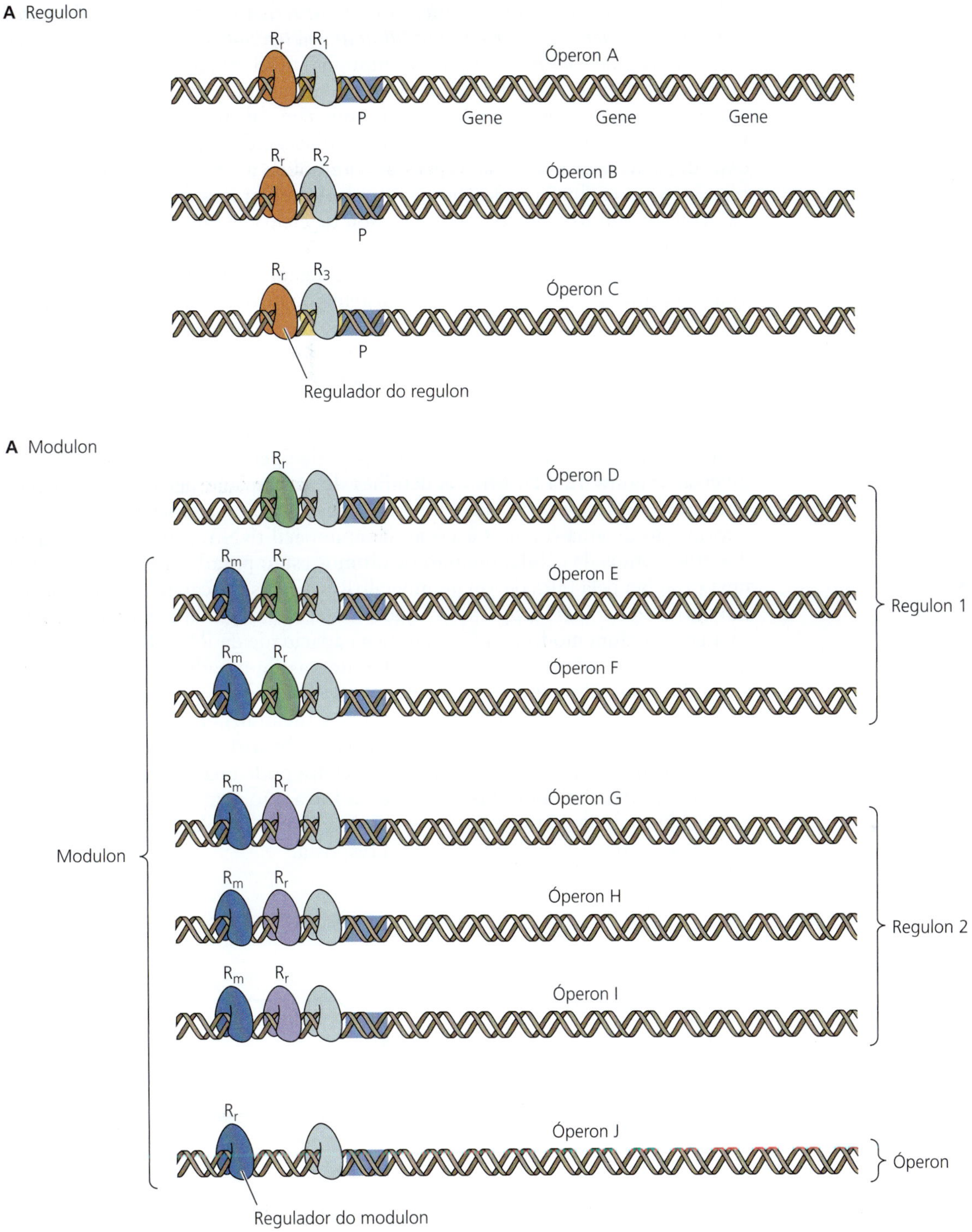

Figura 12.10 Padrões de organização de óperons em unidades regulatórias mais altas (globais). **(A)** Organização do regulon. Cada óperon (A, B ou C) é representado como um segmento de DNA que consiste em um sítio de controle no qual um regulador proteico do regulon em comum (R_r) e reguladores proteicos específicos a cada óperon (R_1, R_2 e R_3) exercem controle sobre a transcrição dos genes do óperon. O promotor (P) de cada óperon também está indicado. **(B)** Organização do modulon. Um modulon que consiste em seis óperons (E a J), controlados por um único regulador do modulon (R_m) ou regulador global, é representado. Os óperons E e F fazem parte de um regulon (regulon 1), junto com o óperon D (que não está no modulon). Os três óperons (G, H e I) do regulon 2 estão incluídos no modulon, junto com o óperon independente J. Os dois reguladores individuais do regulon são mostrados, assim como os reguladores individuais de cada óperon.

induzido. Isto é importante: *a ativação da transcrição por cAMP-CAP apenas funciona em óperons dentro do modulon que já tenham sido induzidos por seu substrato cognato no meio*. A glicose diminui o nível celular de cAMP, reduzindo a quantidade de cAMP-CAP e, consequentemente, impedindo a expressão em altos níveis mesmo daqueles óperons que têm substratos indutores presentes. Tal inibição da síntese de enzimas catabólicas induzíveis é denominada, no caso das bactérias entéricas, **repressão catabólica mediada por glicose**. Essa repressão e a exclusão, pela glicose, de outros substratos da célula são coletivamente responsáveis pelo que se chamou de **efeito da glicose**. A glicose afeta o nível de cAMP da célula por meio da inibição da enzima que forma o cAMP, a adenilato ciclase. Trata-se de uma enzima ligada à membrana que é inibida quando a glicose entra na célula pelo sistema de fosfotransferases (ver Capítulo 6). Diferentes espécies bacterianas obtêm o mesmo resultado sem o emprego de cAMP; as bactérias gram-positivas, como *Bacillus*, carecem dessa molécula, mas possuem um sistema de repressão catabólica eficaz.

O **modulon da resposta estrita** é uma rede gigantesca adaptada para responder à privação de nutrientes, seja de energia, seja de aminoácidos. A resposta é ampla. Ela afeta um grande número de óperons e regulons de funções diversas (Figura 12.11). Muitos detalhes do mecanismo permanecem desconhecidos. O que se sabe é que a limitação de energia ou aminoácidos restringe a formação de uma ou mais espécies de aminoacil-tRNA. Algum subconjunto dos ribossomos da célula, quando os últimos estão parados no ato de formar uma proteína pela falta de um aminoacil-tRNA, possui a capacidade de formar um derivado do GTP, o ppGpp. O que acontece em seguida é um tanto confuso, mas de algum modo o ppGpp altera a capacidade da RNA-P de reconhecer muitos sítios regulatórios no DNA, alterando assim o padrão global de transcrição. O resultado (Figura 12.11) faz sentido fisiológico: a inibição e a estimulação de vários processos metabólicos funcionam aumentando a capacidade da célula de lidar com a restrição de nutrientes. A história completa da resposta estrita é mais complicada que esse breve relato; pode imaginar-se que existam rotas bioquímicas elaboradas tanto para a formação como para a degradação de ppGpp e características interessantes de mutantes que carecem de parte ou de todos os componentes necessários à resposta.

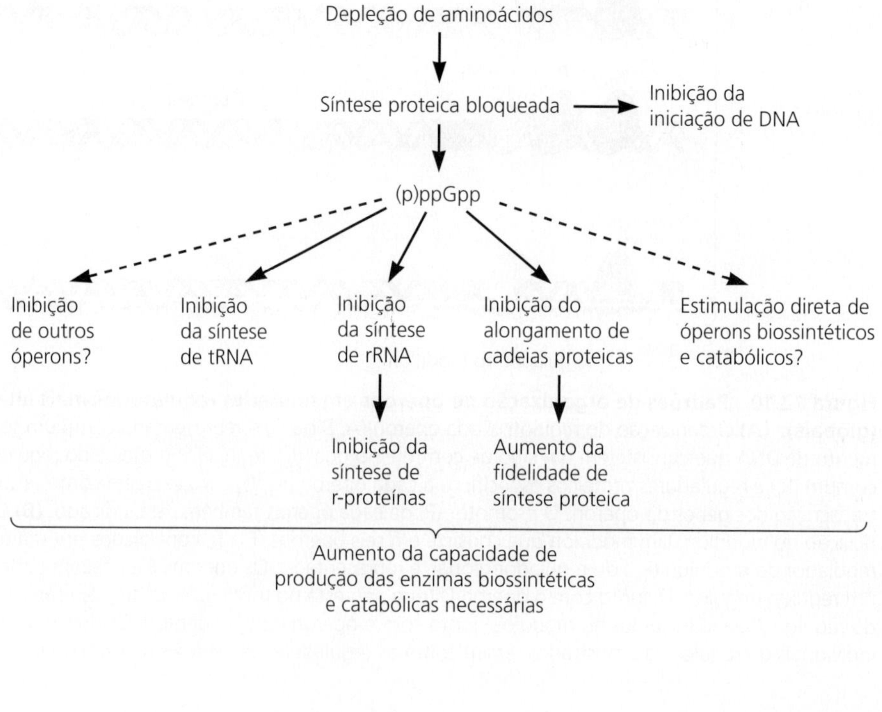

Figura 12.11 Resposta estrita. A série de eventos decorrente após a restrição de aminoácidos nas bactérias é mostrada. As setas cheias indicam processos que, com base em boas evidências, sabidamente resultam do acúmulo de ppGpp. As setas tracejadas representam relações mais especulativas.

INTERAÇÃO COOPERATIVA DOS MECANISMOS REGULATÓRIOS

Anteriormente, em "Por que dois modos de regulação?", apresentamos a questão: por que uma célula deve regular seu metabolismo alterando tanto a atividade quanto a quantidade proteica? Agora nos encontramos em uma posição melhor para tratar dessa questão.

O controle da atividade de enzimas alostéricas é tanto mais imediato como mais preciso que o controle do nível enzimático durante o ajuste do fluxo de materiais ao longo das muitas rotas do metabolismo. Os resultados que vimos nos experimentos descritos em "Evidência de coordenação das reações metabólicas" poderiam ser obtidos somente pela inibição pelo produto final operando por meio de enzimas alostéricas. A regulação da rota biossintética de histidina, por exemplo, certamente ocorre pela modulação da expressão dos genes que codificam as enzimas da rota, mas isso não possibilitaria as alterações quase instantâneas na biossíntese de histidina observadas quando esse aminoácido é adicionado ou removido do meio de cultura. A importante tarefa de coordenação do fluxo metabólico, para produzir os componentes de uma nova célula de maneira organizada, poderia ser realizada por enzimas alostéricas.

Contudo, acabamos de ver as enormes distâncias que as bactérias percorrem a fim de regular a síntese de proteínas. Nossa revisão apressada de 10 modos imensamente diferentes de dirigir a expressão gênica não incluiu nem mesmo todas as variações de cada mecanismo. A evolução forçou as bactérias a serem altamente sensíveis em relação a quais proteínas são formadas em uma dada situação e o quanto é produzido de cada uma. Uma suposição razoável acerca da força por trás dessa evolução é a necessidade de economia e eficiência. Mais da metade da massa seca da célula é composta de proteínas, e a produção de proteínas é cara. A otimização da taxa de crescimento em cada ambiente exige que as células não produzam proteínas redundantes ou irrelevantes.

Segundo esse argumento, a coordenação metabólica – a formação de ordem a partir do caos, como foi dito em "Evidência de coordenação das reações metabólicas" – pareceria ser o domínio do controle alostérico da atividade enzimática. Por outro lado, a competição bem sucedida em um mundo cheio de organismos competindo por alimento e espaço pareceria demandar os controles elegantes e eficazes da transcrição e da tradução.

Partindo dessas considerações, e como as proteínas alostéricas desempenham papéis importantes como reguladores da expressão gênica, poderíamos especular que a alosteria se desenvolveu em um estágio mais inicial da evolução que os controles da expressão gênica.

RESUMO E CONCLUSÕES: REDES DE COORDENAÇÃO E RESPOSTA

Nossa discussão gradativamente nos conduziu da consideração de como as células bacterianas coordenam seu metabolismo até a questão de como elas lidam com seu ambiente.

O crescimento e a manutenção de uma célula bacteriana requerem a integração de suas 2.000 reações químicas individuais em um único sistema complexo, com controles em cada reação, de modo que o caos é evitado. Mecanismos específicos de controle desenvolveram-se para dirigir tanto a atividade enzimática como a síntese enzimática, e tivemos um vislumbre do mundo do controle por retroalimentação e do sistema complexo de circuitos que integra a atividade de todas as partes e todos os processos da célula. Mesmo em um ambiente ideal e constante (provavelmente inexistente na natureza e apenas aproximado no crescimento de culturas em quimiostatos laboratoriais), toda essa coordenação *ainda seria necessária à vida e ao crescimento da célula.*

Na vida real, nada é constante. Todos os nichos na biosfera da Terra estão sujeitos a mudanças de temperatura, composição química e todos os outros parâmetros importantes à vida. O ambiente da maioria das células microbianas está sujeito a mudanças catastróficas de um tipo não normalmente encontrado pelas células individuais das plantas e dos animais superiores.

Portanto, um fardo extraordinário deve ser adicionado aos mecanismos regulatórios que coordenam os processos internos da célula bacteriana. A célula bacteriana deve enfrentar um ambiente que continuamente apresenta novos desafios: mudanças no valor nutritivo do ambiente; mudanças de temperatura, pH, potencial redox, pressão barométrica e todos os outros parâmetros fisiológicos do ambiente, e, ainda, mudanças na presença de fatores tóxicos. Não se pode discutir a coordenação do metabolismo por muito tempo sem se levar em conta a necessidade de tratar de um ambiente em mudança e às vezes hostil.

A história de como as reações metabólicas são coordenadas não pode ser separada da história de como as células microbianas lidam com os estresses ambientais. Portanto, o próximo capítulo é uma continuação deste.

TESTE SEU CONHECIMENTO

1. As bactérias dependem mais do ajuste dos níveis de suas enzimas do que as células das plantas e dos animais. Cite quatro razões para essa diferença.
2. Que tipo de controle é geralmente mais rápido: a modulação da atividade proteica por interações alostéricas ou o ajuste dos níveis enzimáticos? Que vantagem seria sacrificada se toda a coordenação metabólica fosse exclusivamente realizada pela modulação da atividade proteica?
3. A modulação da atividade proteica por modificação covalente – como, por exemplo, por fosforilação – pareceria ser mais dispendiosa do que se fosse feita pela simples ligação alostérica de um ligante. Que vantagem(ns) pode(m) ser oferecida(s) pela modificação covalente?
4. Descreva como a proporção da concentração de ATP em relação àquelas de ADP e AMP é mantida quase constante nas células bacterianas por toda uma ampla variação de fornecimento e demanda de energia.
5. Todas as proteínas são formadas pelos ribossomos, mas, em alguns casos, os ribossomos também desempenham um papel na regulação das taxas de síntese de proteínas específicas. Dos cerca de dez diferentes mecanismos existentes de regulação da síntese de proteínas específicas, mencione dois que envolvem a participação direta dos ribossomos.
6. Em termos de energia, quais são os modos especialmente dispendiosos de uma célula bacteriana ajustar o nível celular de uma dada proteína? Que modos de ajuste do nível proteico são melhores para evitar o desperdício de energia?
7. Os óperons que codificam enzimas biossintéticas são regulados de diversos modos, sendo dois a repressão transcricional e a atenuação. Compare esses dois mecanismos com respeito ao número de genes regulatórios envolvidos.
8. Explique como regiões de controle localizadas à distância de centenas de nucleotídeos de um promotor podem controlar a expressão gênica daquele promotor. Que nome se dá a tais regiões de controle?

9. As interações alostéricas modulam as atividades das enzimas. Explique como a alosteria também desempenha um papel na modulação das quantidades das enzimas pelo controle da expressão gênica.

10. Dê duas razões para a evolução dos controles que governam grupos de óperons em conjunto, como unidades regulatórias.

11. Qual é a diferença entre regulons e modulons?

12. Qual é a razão exclusiva de se designar alguns modulons como sistemas regulatórios globais? Dê um exemplo desse modulon.

capítulo

13

ser bem-sucedido no ambiente

OS MICRÓBIOS EM SEU HÁBITAT

Um resumo breve da bactéria-protótipo que descrevemos até agora poderia ser o seguinte: *um organismo unicelular, invisível a olho humano nu, rico em detalhes estruturais em nível molecular e capaz de taxas rápidas de autossíntese e reprodução assexuada por fissão binária em uma série de ambientes bioquímicos.*

Até aqui, tudo bem. Contudo, esse quadro é semelhante a descrever um ser humano como *um onívoro bípede multicelular sustentado por uma coluna vertebral, de tamanho médio e que se reproduz ao longo dos anos por um processo complexo que envolve indivíduos sexualmente diferenciados.*

Em cada caso, não é justo que alguns dos principais atributos do organismo tenham sido omitidos – mais precisamente, a vida e a existência essencial do organismo foram negligenciadas. Neste capítulo, demonstraremos que a breve descrição bacteriana falha tão inteiramente como a descrição humana não faz justiça a, digamos, *você*. O que ainda não se captou, até o momento, é uma descrição da célula bacteriana em seu ambiente natural.

Neste capítulo, apresentaremos dois aspectos da vida microbiana. Primeiro, examinaremos como as bactérias detectam seu ambiente e respondem, como células individuais, a desafios ambientais específicos; esse pedaço de nossa narrativa descreverá, em grande parte, as respostas bem delineadas a vários estresses e a mobilidade direcionada. Segundo, indicaremos como as bactérias agem cooperativamente e exibem atividades comunais, como a comunicação célula-célula, a mobilização de grupo e a formação de comunidades. Os capítulos posteriores tratarão de outras atividades dos micróbios em seu hábitat natural, incluindo sua capacidade de interagir de modos sutis ou não com os seres humanos.

LIDANDO COM O ESTRESSE COMO CÉLULAS INDIVIDUAIS

No capítulo precedente, vimos como as bactérias regulam o fluxo de materiais através das rotas metabólicas. Observou-se como elas otimizam a síntese de suas macromoléculas a fim de atingir o crescimento rápido. As moléculas detectoras e os circuitos integrados que realizam esses ajustes internos flexíveis são eficazes e elegantes, mas, isoladamente, não podem ser responsáveis pela capacidade notável de as bactérias lidarem com eventos catastróficos. Nota-se que elas devem saber lidar com isso, pois a mesma característica que contribui ao seu sucesso na colonização do planeta Terra – o tamanho microscópico – deixa os micróbios excepcionalmente expostos às forças ambientais.

Imagine uma célula bacteriana repentinamente expelida do trato intestinal de um mamífero grande. Sem aviso, essa célula é tirada de um ambiente constantemente quente, escuro, nutricionalmente complexo e anaeróbio, onde pode ter estado vivendo por semanas, e lançada no que – dependendo das circunstâncias – pode ser um mundo frio, nutricionalmente pobre, aeróbio, de pH diferente e banhado de luz, incluindo comprimentos de onda ultravioleta. O estresse sobre essa pequena célula é enorme, e, no entanto, esse evento não é nem incomum nem exagerado. Muitas células microbianas residem em ambientes nos quais a temperatura pode se alterar rapidamente de moderada a muito quente ou muito fria, onde a água disponível pode alterar-se de isosmótica a uma concentração próxima à da água destilada (chuva) ou, talvez, de água extremamente salgada, onde o pH pode partir da neutralidade e chegar a muito ácido ou muito alcalino, onde o potencial de oxidação pode se elevar de um ambiente completamente anaeróbio a um que é altamente oxidante, e onde a ameaça de danos por radiação esteja sempre presente. A expressão gênica diferencial e enzimas alostericamente reguladas podem ser suficientes ao manejo de uma nova dieta, mas o tipo de alimento sobre a mesa é de importância secundária a uma célula confrontada com um estresse ambiental repentino e inescapável.

Tabela 13.1 Características ambientais que podem produzir estresse aos micróbios

Fatores físicos
Temperatura
Pressão hidrostática
Pressão osmótica
Radiação
Ionizante
Não ionizante
Fatores químicos
Presença de agentes deletérios
Compostos e íons inorgânicos
Metais pesados
Oxigênio e seus derivados
Prótons
Íons hidroxila
Compostos orgânicos
Antibióticos
Ácidos, fenóis, alcoóis, etc.
Depleção ou restrição de nutrientes
Fontes de carbono e energia
Fontes de nitrogênio, enxofre e fósforo
Íons metálicos (Fe, Zn, Mg, Mo, Se, etc.)
Oxigênio ou outros aceptores de elétrons
Compostos produzidos endogenamente
Prótons
Ácidos orgânicos, alcoóis, etc.

Natureza do estresse

Primeiro, deve-se ter uma noção clara do que se entende por estresse ambiental. A característica definidora é *mudança*. Uma bactéria termofílica que vive constantemente a 100 °C não está particularmente estressada, assim como não estão os micróbios halofílicos que vivem em água salgada concentrada ou as espécies acidofílicas que vivem na água ácida de minas. Para esses organismos, conhecidos como **extremófilos**, a vida sob tais condições é apenas mais um dia de labuta. O estressante para qualquer micróbio é uma mudança radical no ambiente ao qual ele tornou-se adaptado por evolução e sua história recente.

Cada um dos fatores físicos e dos componentes químicos do ambiente (Tabela 13.1) pode variar ao longo de uma faixa ampla, e, assim, cada um pode ser uma fonte de estresse às células microbianas. Na verdade, cada um pode tornar-se potencialmente letal. Quando as populações de micróbios tornam-se grandes, elas mesmas criam seus próprios problemas, e não apenas pela depleção de nutrientes do ambiente local. As células microbianas, como todos os seres vivos, poluem. Os compostos produzidos durante o metabolismo, em particular pelas reações de abastecimento, são constituintes significativos do ambiente e podem ser bastante tóxicos. Mudanças no pH do meio e a produção de ácidos orgânicos de cadeia curta e subprodutos relacionados, por exemplo, são proeminentes entre os fatores de estresse produzidos pelo metabolismo. A capacidade de viver em meio aos seus próprios resíduos metabólicos apresenta claras vantagens, especialmente se os competidores não podem viver dessa mesma maneira.

Para muitas espécies microbianas, as variações de temperatura, pressão, pH, entre outros fatores aos quais o organismo pode adaptar-se com sucesso, são notavelmente amplas, graças às respostas de estresse que evoluíram durante os últimos dois bilhões de anos. A partir de agora, examinaremos algumas características gerais e exemplos específicos dessas respostas.

Visão geral das respostas de estresse

Mudanças desencadeiam mudanças. Uma alteração potencialmente perigosa no ambiente pede um comportamento modificado. A resposta da célula normalmente tem um certo custo associado a ela e deve ser revertida quando as condições melhoram. A velocidade, simplicidade e eficácia de sua resposta quase obscurecem o fato de que a resposta é produzida por uma criatura que não é consciente e é incapaz de decisões e ações propositadas. A resposta inicial do organismo e o gerenciamento dessa resposta devem ser inteiramente automáticos. O modo como isso é realizado merece um exame minucioso. Concentraremos a atenção nas bactérias, já que seu comportamento foi particularmente bem estudado.

Um diagrama simplificado de um sistema de resposta de estresse, como mostrado na Figura 13.1, é um bom lugar para começar a entender as respostas ao estresse. Para começar, um estresse ocasionado por uma mudança no ambiente é detectado pela bactéria. Geralmente, embora não de forma universal, o **sensor** é uma proteína dentro da membrana celular. A mudança ambiental causa uma alteração alostérica do sensor, levando, geralmente, a sua autofosforilação: nesse caso, ele é denominado **quinase sensora**. Em seguida, o sensor modificado gera um **sinal** que é transmitido – geralmente por meio de um comboio de intermediários fosforilados – a um **regulador de resposta**. Essa passagem de informação é denominada **transdução de sinal**. Frequentemente, o regulador de resposta é uma proteína que **modula** (ajusta) a transcrição ao se ligar ao DNA que governa a expressão de um conjunto de óperons-alvo unidos em um regulon (a unidade regulatória que encontramos no capítulo anterior). Esse regulon produz as proteínas responsivas que efetuam a resposta celular. Finalmente, controles de retroalimentação complementam a resposta celular ao problema, isto é, à magnitude e extensão do período de estresse.

É importante falar mais a respeito sobre esse processo, isto é, sobre como as células detectam seu ambiente e como administram a montagem de respostas celulares muito complexas.

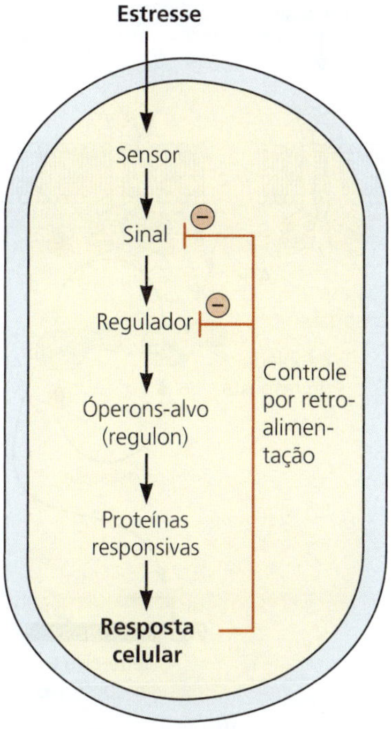

Figura 13.1 Um circuito simplificado de resposta de estresse.

Detectando o ambiente

Responder a mudanças no ambiente requer a capacidade de monitorar sua natureza-chave: pH, temperatura, potencial de oxirredução, luz, osmolaridade, concentrações de nutrientes orgânicos e inorgânicos individuais e presença de substâncias tóxicas. A evolução tem sido ativa na seleção de muitos mecanismos sensoriais. Um grande número deles consiste em uma quinase sensora e um regulador de resposta, constituindo os chamados **sistemas regulatórios de dois componentes.**

Contudo, muitos outros sistemas de resposta contêm mais de dois componentes. Esses sistemas incluem **proteínas sinalizadoras**, que transmitem o sinal de fosfato entre o sensor e o regulador e são assim **sistemas regulatórios de componentes múltiplos.** Os componentes dos sistemas de resposta bacterianos foram altamente conservados por todo o mundo microbiano.

Como ilustrado na Figura 13.2, as quinases sensoras são normalmente proteínas transmembrana capazes de efetuar autofosforilação. Mudanças ambientais específicas ocasionam a fosforilação de um resíduo de histidi-

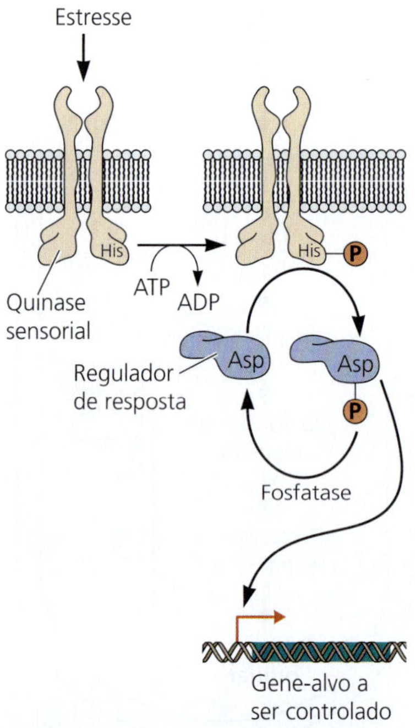

Figura 13.2 Função das quinases sensoras. Um estresse externo afeta a porção N-terminal de uma quinase sensora (uma proteína integral de membrana), ativando sua atividade de autoquinase, que fosforila um resíduo conservado de histidina. O grupamento fosforil é transferido a um resíduo conservado de aspartato da proteína reguladora de resposta, induzindo uma mudança conformacional que ativa sua capacidade de ligação ao DNA e regula um ou mais genes alvo.

na na quinase sensora. Na maioria dos casos, a quinase sensora atravessa a membrana celular; em outros, ela reside inteiramente dentro do citoplasma. O doador de fosfato é o ATP. De qualquer maneira, a quinase fosforilada em seguida transfere o grupamento fosfato a um resíduo de aspartato próximo à extremidade aminoterminal de uma segunda proteína, normalmente a proteína reguladora de resposta, que pode então ativar a resposta celular adequada, seja pela ativação de um conjunto de genes, seja pela interação com outras proteínas.

Há uma grande variedade de sistemas regulatórios de componentes múltiplos no mundo microbiano. A Tabela 13.2 lista uma amostra.

Sistema de circuitos complexo para respostas complexas

O diagrama na Figura 13.3 transmite de forma mais realística a verdadeira complexidade de muitos circuitos de resposta de estresse que a Figura 13.1. Observe as características adicionadas: um estresse é mostrado desencadeando *mais de um* sinal e ativando *mais de uma* cascata regulatória. Assim, regulons múltiplos envolvem-se na resposta, alguns dos quais são secundariamente ativados em consequência da ativação de mais regulons primários. Algumas das proteínas efetoras envolvidas na resposta primária podem elas mesmas ser proteínas regulatórias envolvidas na ativação subsequente de outros regulons. (Neste momento, você pode ter percebido que algumas das redes responsivas enquadram-se na definição de modulons, descritos no Capítulo 12, em vez de regulons.)

Necessitamos de um nome para o grande conjunto de genes que respondem em respostas de estresse dessa complexidade, e esse nome é **estimulon.** Um estimulon é o conjunto de todos os genes que codificam proteínas que têm suas taxas de síntese significativamente alteradas (positiva ou negativamente) em consequência de uma resposta da célula a um estímulo (Figura 13.3). É relativamente fácil determinar os constituintes de um estimulon. Deve-se apenas registrar as proteínas que foram induzidas ou reprimidas. A tarefa mais difícil é classificar os membros de cada estimulon em seus regulons e modulons (unidades regulatórias) cognatos e descobrir os mecanismos regulatórios que executam a resposta global (Tabela 13.3). Essas tarefas, que mal começaram, requerem todas as abordagens de genética molecular e fisiologia tradicionais, junto com as técnicas mais recentemente desenvolvidas de monitoramento do padrão total de transcrição e tradução da célula.

Tabela 13.2 Redes de genes múltiplos controladas por proteínas de fosfotransferência homólogas[a]

Sistema	Proteína quinase	Regulador de resposta	Organismo
Regulação de nitrogênio (Ntr)	NRII	NRI	*Escherichia coli, Salmonella, Klebsiella* spp., *Rhizobium* spp.
Regulação de fosfato (Pho)	PhoR	PhoB	*E. coli, Bacillus subtilis*
Regulação de porinas (Omp)	EnvZ	OmpR	*E. coli*
Fixação do nitrogênio simbiótica (Fix)	FixL	FixJ	*Rhizobium meliloti*
Respiração aeróbia (Arc)	ArcB	ArcA	*E. coli*
Virulência (Vir)	VirA	VirA/VirG	*Agrobacterium tumefaciens*
Virulência (Vir)	BvgC	BvgA	*Bordetella pertussis*
Esporulação (Spo)	SpoIIJ	Spo0A/Spo0F	*B. subtilis*

[a]Em alguns casos, a informação primária não é a demonstração de fosforilação, mas sim a homologia de sequências.

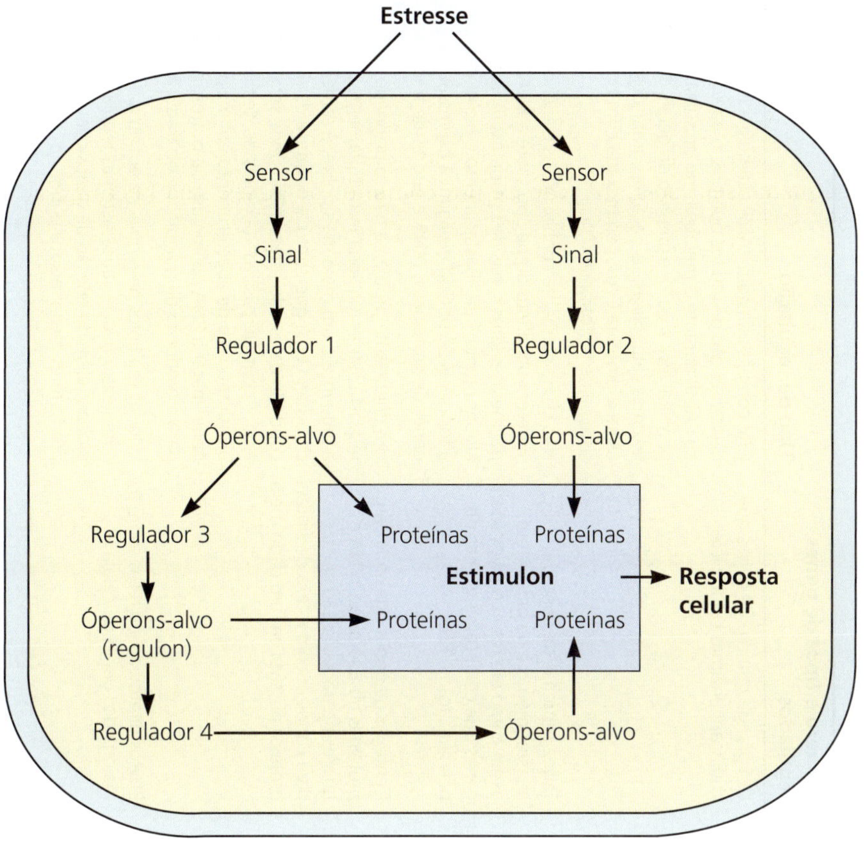

Figura 13.3 Um circuito generalizado de resposta de estresse. A imposição de um estresse é mostrada desencadeando a resposta de seu estimulon complexo.

Monitorando os estimulons

Na metade dos anos 1970, desenvolveram-se técnicas que permitiram o monitoramento e a medição da síntese de quase todo o complemento das proteínas individuais produzidas por uma célula (o **proteoma** da célula). A análise consiste na alimentação de precursores de aminoácidos radioativamente marcados às células durante uma resposta de estresse, seguida de uma **eletroforese em gel** de poliacrilamida bidimensional para separar as proteínas celulares individuais. Cada proteína aparece como um ponto individual, e sua radioatividade pode ser visualizada por autorradiografia (a exposição do gel a um filme de raios X, que é impressionado após um período adequado). Tal abordagem, denominada **monitoramento proteômico**, provou ser um divisor de águas na fisiologia bacteriana, particularmente com respeito ao estudo das respostas de estresse. Ela permitiu a descoberta da extensão total da resposta da célula bacteriana a um estresse específico, livre das noções pré-formadas do investigador. Em lugar de questionar a respeito da síntese desta ou daquela proteína de interesse pessoal, o investigador podia descobrir quais proteínas *a célula* considerava importantes a uma dada resposta de estresse.

O poder do monitoramento proteômico foi significativamente aumentado na década de 1990 pela aplicação da espectrometria de massas na identificação dos pontos proteicos em géis de poliacrilamida. O conhecimento da sequência do genoma completo de um organismo possibilita calcular a massa molecular exata, assim como o **ponto isoelétrico** (o pH no qual as cargas ácidas [negativas] e básicas [positivas] estão exatamente equilibradas), de cada proteína que ele pode produzir. Pela espectrometria de massas, a massa de uma proteína pode ser medida com grande precisão; a localização de uma proteína no gel de

Tabela 13.3 Principais sistemas regulatórios de resposta global

Sistema	Função	Componentes regulatórios	Número e tipos de genes regulados	Tipo de regulação
Repressão catabólica (regulon CRP)	Garantir o uso prioritário de substratos *premium*.	Em bactérias gram-negativas, a proteína regulatória é CRP, e o nucleotídeo é AMP cíclico (cAMP); em bactérias gram-positivas, a proteína regulatória é CcpA (sem o envolvimento de cAMP).	Um grande número de genes que codificam enzimas catabólicas	CRP complexada com cAMP estimula a iniciação da transcrição de muitos óperons; o baixo nível de cAMP durante o metabolismo do substrato principal leva à baixa expressão de genes de enzimas catabólicas; as bactérias gram-positivas usam a proteína CcpA complexada com Hpr do sistema de fosfotransferência.
Resposta estrita (regulon RelA)	Redirecionar o metabolismo ao abastecimento e à biossíntese.	As enzimas RelA e SpoT produzem o nucleotídeo ppGpp; a RelA ribossômica age quando o ribossomo está "ávido" de aminoacil-tRNA.	Talvez centenas de genes no abastecimento e na biossíntese, assim como efeitos negativos sobre genes que codificam enzimas de polimerização e RNA	Não completamente conhecido; as evidências sugerem um efeito do ppGpp sobre a RNA polimerase; altos níveis de ppGpp estimulam alguns óperons de abastecimento e biossintéticos; altos níveis de ppGpp desligam a expressão de genes de proteínas r, rRNA e fatores de tradução.
Controle da taxa de crescimento	Ajustar a transcrição e a tradução a fim de condizer com a capacidade promotora do crescimento do meio.	Componentes do regulon RelA; proteína Fis; proteína H-NS (ver texto e Tabela 13.4)	Centenas de genes que codificam proteínas ribossômicas, rRNA e fatores de tradução são ajustadas para condizer com a taxa de síntese proteica possível em um dado meio	Um importante problema não solucionado; a resposta estrita funciona transitoriamente durante a mudança a um meio mais pobre, à semelhança da proteína Fis, que controla a síntese de rRNA; a condição de estado estacionário pode ser devida a um "controle passivo" (a repressão de óperons biossintéticos e de abastecimento em meio rico pode liberar a RNA polimerase ou outros recursos para a produção da maquinaria de tradução).
Fase estacionária (regulon RpoS)	Alterar a estrutura celular e converter o metabolismo em um modo novo para otimizar a sobrevivência durante o não crescimento.	RpoS (σ^{38} ou σ^{S}); coopera com outros reguladores globais, como CRP, Lrp e H-NS	Efeitos diretos ou indiretos sobre a maioria dos genes da célula	Modos múltiplos de regulação em uma rede complexa; envolve vários sistemas regulatórios globais, além da seleção de genes com promotores reconhecidos por σ^{S}.

Resposta a choque térmico (regulon RpoH)	Auxilia o dobramento de proteínas em altas temperaturas; repara e/ou degrada proteínas danificadas.	RpoH (σ^{32} ou σ^{H})	Dezenas de genes que codificam proteases, chaperonas proteicas e outros genes de função incerta	O modo primário de controle é a seleção de genes com promotores reconhecidos por RpoH; cooperativo à resposta estrita.
Resposta a estresse de envelope (regulon RpoE)	Auxilia o dobramento de proteínas ou degrada proteínas de membrana não dobradas; monitora proteínas externas de membrana, particularmente porinas.	RpoE (σ^{E}, σ^{24}), RseA (anti-σ^{E}), RseB e as proteases DegS e YaeL	Muitos genes que codificam proteases, chaperonas periplasmáticas e enzimas biossintéticas do componente lipídeo A do lipopolissacarídeo em bactérias gram-negativas	Em condições sem estresse, RseA, RseB e RpoE formam um complexo que impede a ligação de RpoE à RNA-P. Estresses ao envelope, como por calor, desnaturam as proteínas periplasmáticas, que são ligadas por RseB, permitindo que a protease DegS clive RseA, liberando RpoE para ligar-se à RNA-P e dirigindo-a aos promotores dos genes regulados.
Resposta a estresse de envelope (regulon CpxAR)	Auxilia o dobramento de proteínas ou degrada proteínas de membrana não dobradas; monitora proteínas de superfície do envelope, como fímbrias.	CpxA (quinase sensora) e CpxR (regulador de resposta); CpxP, um inibidor de CpxA	Muitos genes envolvidos em dobramento de proteínas e tráfego dentro do envelope; sobrepõe-se parcialmente ao regulon RpoE	Em condições sem estresse, CpxP está ligada a CpxA, impedindo-a de fosforilar a si mesma. Quando estresses ao envelope levam a proteínas mal dobradas, elas ligam-se a CpxP, liberando CpxA para funcionar como quinase, que fosforila a si mesma e ao regulador de resposta citosólico CpxR. O CpxR ativado serve então de ativador dos genes do regulon CpxAR.
Resposta a leucina (regulon Lrp)	Auxilia o ajuste das células a mudanças importantes na disponibilidade de nutrientes, particularmente aminoácidos.	Lrp (proteína de resposta a leucina)	Muitos genes que codificam proteínas envolvidas na biossíntese, na degradação e no transporte de aminoácidos; também genes que codificam proteínas da pilina	Lrp é um regulador dual, servindo de ativador transcricional de alguns óperons (especialmente daqueles que codificam enzimas biossintéticas) e de repressor transcricional de outros (especialmente daqueles que codificam enzimas degradativas). Em alguns casos, mas não todos, a leucina modifica a atividade de Lrp, positiva ou negativa.

poliacrilamida fornece uma indicação de seu ponto isoelétrico. Em conjunto, esses dois tipos de dados possibilitam verificar as identidades dos pontos de interesse.

Outro desenvolvimento, o **monitoramento transcricional** (também denominado **monitoramento genômico**), que veio nos calcanhares do sequenciamento de genomas microbianos na década de 1990, proporciona um complemento importante ao monitoramento proteômico. Tal monitoramento possibilita que se examine o **transcriptoma** da célula, isto é, os transcritos gênicos individuais (RNAs mensageiros [mRNAs]) que estão sendo produzidos em um dado momento. O monitoramento transcricional é realizado por meio do uso de ***microchips*** de DNA, que são pequenos suportes de vidro ou plástico (talvez com uma polegada quadrada) nos quais pequenas quantidades de DNA correspondentes a cada gene celular estão firmemente afixadas em um padrão de grade. O RNA total de uma cultura em estudo é rapidamente extraído, e o **DNA complementar (cDNA)** é produzido a partir da amostra de RNA pelo uso da enzima DNA polimerase dependente de RNA (também denominada **transcriptase reversa**). Durante a síntese do cDNA, um nucleotídeo fluorescente é incorporado. Em seguida, permite-se que o cDNA marcado com fluorescência se hibridize com o *chip* carregado de genes (denominado **microarranjo**) e que a varredura subsequente com dispositivos adequados de detecção exiba quais genes na cultura estavam ativamente produzindo o mRNA – eles emitem fluorescência. A comparação de duas culturas pode ser feita pelo uso de marcas fluorescentes de cores contrastantes, uma para o cDNA de cada amostra. Pode-se facilmente imaginar a utilidade dessa técnica ao estudo da resposta celular total ao ambiente.

Os monitoramentos proteômico e transcricional estão longe de ser redundantes. Em vez disso, eles se sobrepõem. Cada um fornece uma medição da atividade gênica, mas um mede um intermediário de vida curta (mRNA), e o outro mede um produto mais estável (proteína), ainda que também sujeito à degradação ou modificação. Assim, podem esperar-se diferenças nos resultados. Igualmente, os números de moléculas proteicas produzidas por uma única molécula de mRNA diferem de gene para gene, e, para um dado gene, esse número pode variar com as condições fisiológicas. A variação no rendimento proteico a partir de cada molécula de mRNA pode ser ocasionada por alterações na taxa de degradação do mRNA ou por alterações na regulação da iniciação da tradução (ver Capítulo 9). Finalmente, as duas abordagens diferem quanto as suas taxas de erro. Consequentemente, ambas as técnicas são utilizadas em pesquisas microbianas.

No entanto, o monitoramento proteômico e o monitoramento transcricional *de fato* geram um quadro consistente e surpreendente: *mesmo um simples estresse ou pequenas alterações nas condições de crescimento levam a mudanças nas taxas de síntese de centenas de proteínas celulares*. As proteínas responsivas consistem em vários tipos funcionais. Algumas já seriam esperadas, como as proteínas que lidam diretamente com o estresse aplicado, incluindo a catalase, que destrói o peróxido de hidrogênio, quando tal agente tóxico é a causa do estresse, ou a RecA, a enzima-chave do processamento de DNA, quando a causa são danos ao DNA (ver Capítulo 9). Contudo, também existem outras proteínas responsivas, como as chaperonas e proteases, que auxiliam no enfrentamento de muitos estresses diferentes, incluindo o choque térmico. O número de proteínas responsivas também varia; aproximadamente 75 têm sua síntese reduzida quando as células crescem de forma mais lenta. Elas incluem vários fatores de transcrição e tradução, bem como proteínas ribossômicas e o próprio RNA ribossômico (rRNA). Finalmente, um pequeno grupo de proteínas faz parte da cascata regulatória envolvida na preparação da célula ao estado de não crescimento denominado **fase estacionária** (ver a seguir); sua síntese é desencadeada sob condições severas de estresse.

Principais redes de resposta de estresse

Considerando-se a complexidade de cada resposta, é um fato admirável que as células bacterianas individuais possam dirigir defesas contra tantos tipos variados de desafios. Vários fatos ajudam a explicar esse difícil feito. Primeiro, uma célula não tem de montar uma resposta totalmente diferente para cada estresse. Muitas substâncias tóxicas têm como alvo a mesma estrutura celular, que pode ser protegida ou reparada por mecanismos comuns. A simples modificação do envelope celular, por exemplo, pode bastar para diminuir os efeitos deletérios de diferentes agentes químicos. Segundo, várias respostas de estresse são eficazes contra centenas de diferentes problemas específicos. Essas redes principais, amplamente distribuídas entre as espécies bacterianas, merecem atenção especial.

Redes de resposta global

Uma pequena quantidade (uma dezena) de redes coletivamente equipa uma célula para lidar com a maioria das condições. Essas redes afetam muitas funções celulares, são ativas em resposta a muitos estresses ambientais e amplamente distribuídas por todo o mundo bacteriano. Por isso, as redes são apropriadamente designadas **redes de resposta global** (ou **sistemas regulatórios globais**), e já examinamos duas delas (a repressão catabólica e a resposta estrita) no Capítulo 12. Outras redes proeminentes são sucintamente apresentadas na Tabela 13.3, que complementa a lista dos sistemas de genes múltiplos na Tabela 12.2. A distribuição muito difundida dessas redes de resposta global entre as espécies bacterianas reflete não apenas sua eficácia, mas também seu aparecimento cedo na evolução.

Três características coletivas das respostas globais devem ser ressaltadas. Primeiro, esses sistemas empregam vários mecanismos moleculares: fatores sigma únicos; proteínas regulatórias que funcionam como repressores, ativadores ou ambos, e nucleotídeos que parecem instruir a RNA polimerase (RNA-P) de modo ainda desconhecido. Segundo, esses sistemas não são independentes uns dos outros: a privação de um aminoácido essencial, por exemplo, faz uso de pelo menos três redes de resposta global – a repressão catabólica, a resposta estrita e o regulon Lrp (resposta a leucina).

Finalmente, as redes de resposta global são mais bem compreendidas no contexto da célula intacta total; ou seja, seus detalhes quantitativos dependem do estado fisiológico integral da célula. O melhor exemplo dessa dependência é encontrado na regulação (relacionada à taxa de crescimento) do sistema de síntese proteica (PSS), a ser examinado a seguir.

Regulação do PSS. No Capítulo 4, observou-se (ver "Como a fisiologia das células é afetada pela taxa de crescimento?") que, quanto mais rápido as células crescem, maior é a proporção de seus recursos que se dedica à produção de ribossomos e aos muitos outros componentes da tradução. A síntese do PSS pode ser uma imensa tarefa metabólica. Em *Escherichia coli*, por exemplo, durante o crescimento rápido em meios ricos, só os transcritos de rRNA constituem mais de metade do RNA produzido pela célula, ainda que os genes codificantes representem menos de 0,5% do genoma. Além disso, mais ou menos uma centena de proteínas constitui o PSS, incluindo os fatores de iniciação e alongamento, as sintetases de aminoacil-RNA de transferência (tRNA) e, naturalmente, as proteínas ribossômicas. Quando as células estão crescendo lentamente em um meio nutricionalmente pobre e precisam menos do aparelho de tradução, a eficiência demanda que as células reduzam essa imensa síntese do PSS. O modo como as células atingem tal eficiência – e todas as células microbianas *de fato* ajustam minuciosamente a capacidade de síntese proteica à taxa de crescimento – tem ocupado os pesquisadores por meio século. A resposta completa, mesmo para o micróbio mais estudado (*E. coli*), mantém-se indefinida. O que se sabe, contudo, é tanto surpreendente como instrutivo.

Examinaremos somente o controle da síntese dos ribossomos, que, por peso, são os principais constituintes do PSS. Deve-se recordar que a síntese das proteínas ribossômicas é controlada por repressão traducional (ver "Regulação da expressão do óperon", no Capítulo 12), através da qual sua taxa de síntese é dirigida pela disponibilidade de rRNA que possa se ligar a elas e aliviar a repressão que causam. Assim, vê-se que a síntese de rRNA é a etapa taxa-limitante (dirigente) na síntese dos ribossomos, e fixaremos nossa atenção nisso.

Resumidamente, os sete óperons de rRNA de *E. coli* possuem promotores fortes, e vários deles têm sequências especiais a montante (**elementos UP**) que propiciam uma ligação especialmente forte à RNA-P. As atividades dos promotores de rRNA podem ser afetadas por muitos fatores (Tabela 13.4), incluindo duas proteínas: **Fis** e **H-NS**. A proteína denominada Fis (de *factor for inversion stimulation*, fator para inversão de estimulação) liga-se a sítios próximos às sequências UP e atrai a RNA-P ao promotor; ela é um fator controlador *positivo*. A proteína H-NS (de *histone-like nucleoid structuring protein*, proteína estruturadora do nucleoide similar a histonas) afeta a **curvatura do DNA** e é um fator controlador *negativo*, pois inibe a atividade do promotor de rRNA. Os níveis celulares tanto de Fis como de H-NS variam de modo consistente com seus supostos papéis. Além dessas proteínas regulatórias, o ppGpp (tetrafosfato de guanosina), um derivado do trifosfato de guanosina, exerce um efeito potente sobre a síntese de rRNA. Esse nucleotídeo é o efetor do modulon de resposta estrita (ver "Exemplos de sistemas regulatórios globais" no Capítulo 12), e uma de suas características é a capacidade de inibir totalmente a síntese

Tabela 13.4 Fatores que contribuem para a regulação da síntese do PSS

Fator	Natureza do fator	Papel
Elementos UP	Sequências de DNA, ricas em resíduos de A e T, encontradas imediatamente a montante dos promotores de óperons de rRNA (*rrn*)	Os elementos UP ligam-se às subunidades α da RNA-P e, desse modo, aumentam a atividade dos promotores *rrn*. A iniciação da transcrição pode ser aumentada em até 50 vezes.
Fis	Proteína com 3 a 5 sítios de ligação a montante dos elementos UP	A Fis ajuda a ligação da RNA-P aos promotores *rrn* e facilita as etapas iniciais na iniciação da transcrição. A iniciação da transcrição pode ser aumentada em até oito vezes. Os níveis celulares de Fis são altos quando a síntese de rRNA é rápida, e vice-versa.
H-NS	Proteína que se liga ao DNA em regiões onde ocorre sua curvatura, embora nenhuma sequência específica de ligação esteja envolvida	A H-NS inibe a iniciação da transcrição nos promotores *rrn*. O mecanismo é desconhecido, mas pode envolver o aprisionamento da RNA-P no promotor pela curvatura do DNA. Os níveis celulares de H-NS são baixos quando a síntese de rRNA é rápida, e vice-versa.
ppGpp	Tetrafosfato de guanosina; derivado do trifosfato de guanosina (GTP) produzido pela proteína associada ao ribossomo RelA (Tabela 13.3)	O ppGpp é um potente inibidor da síntese de rRNA (e tRNA), tanto de forma direta como, possivelmente, de forma indireta pelo favorecimento da associação da RNA-P com fatores sigma que não sejam σ^{70}, a versão necessária ao reconhecimento do promotor *rrn*.
RNA-P(σ^{70})	RNA polimerase com σ^{70}	A RNA-P(σ^{70}) transcreve a maioria dos óperons de *E. coli*. O recrutamento da polimerase a outros promotores diminui o número disponível para transcrever *rrn*. A ligação de outros fatores sigma também tem o mesmo efeito (Figura 13.4).

de rRNA e tRNA. Quando uma restrição nutricional diminui o crescimento, o ppGpp rapidamente se acumula e altera a RNA-P, de modo que ela não pode funcionar nos promotores de rRNA (ou tRNA, de modo idêntico). As evidências indicam que o ppGpp favorece a associação da RNA-P com fatores sigma (σ) que não sejam σ^{70}, o fator que reconhece os promotores de rRNA. Com a síntese de rRNA interrompida, o crescimento lento continuado diminui a quantidade do PSS. Tal resposta estrita é responsável pela parada imediata na síntese de rRNA e tRNA após a privação de mesmo um único aminoácido. As condições que limitam a capacidade de as células sintetizarem trifosfatos de nucleosídeos, os substratos da RNA-P, irão, evidentemente, restringir também a síntese de RNA.

Poder-se-ia imaginar que esse arranjo de controles seria responsável pela regulação relacionada ao crescimento da formação do PSS. *O resultado surpreendente de estudos com mutantes é que, mesmo com a deleção de Fis, H-NS e da resposta estrita, a célula ainda ajusta a formação do PSS de modo dependente da taxa de crescimento.* Acredita-se que o mecanismo perdido indefinido seja a disponibilidade da própria RNA-P e, em especial, da RNA-P contendo a subunidade σ^{70} (a mais comum), que reconhece não apenas os promotores de rRNA, mas também a maioria dos outros promotores da célula, incluindo genes com funções de abastecimento e biossintéticas. Como a disponibilidade de RNA-P(σ^{70}) poderia afetar a iniciação de transcritos a partir de promotores de rRNA mais que a partir das centenas de outros óperons que usam esta forma da polimerase? Uma possível explicação é que os promotores de rRNA possuem atividades máximas mais elevadas e, portanto, são mais difíceis de saturar com RNA-P do que todos os outros promotores dependentes de σ^{70}. Quanto mais pobre o ambiente nutricional, mais RNA-P estará engajada na transcrição de óperons de abastecimento e biossintéticos em vez de óperons de rRNA. Essa explicação, conhecida como **controle passivo**, está esquematizada na Figura 13.4.

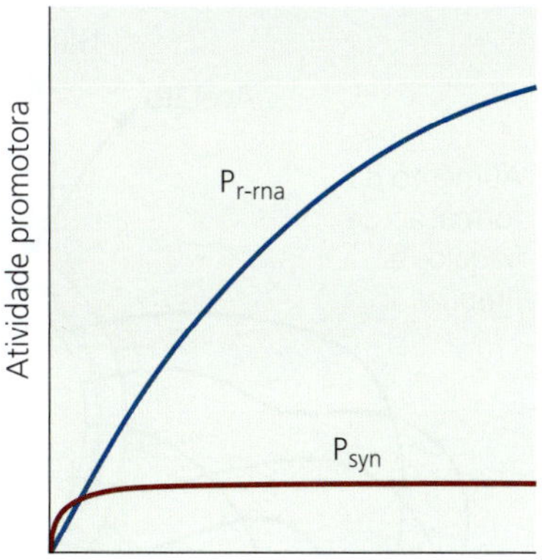

Figura 13.4 Um modelo de controle passivo da síntese de rRNA. As respostas de dois promotores hipotéticos à disponibilidade variável de RNA-P(σ^{70}): um promotor ($P_{r\text{-}rna}$) controla um óperon de rRNA; o outro (P_{syn}) controla um óperon que codifica enzimas biossintéticas. O $P_{r\text{-}rna}$ tem uma alta taxa máxima de atividade e é difícil de saturar; o P_{syn} tem atividade mais baixa, mas é mais facilmente saturado. A síntese de rRNA pode ser diminuída pela redução na RNA-P(σ^{70}) disponível causada pelo aumento da atividade de outros óperons dependentes de σ^{70} ou pela associação, estimulada por ppGpp, de outros fatores sigma à RNA-P núcleo. Do mesmo modo, a repressão maciça de outros óperons dependentes de σ^{70} pode disponibilizar a RNA-P(σ^{70}) aos promotores de rRNA.

Em resumo, dois aspectos da regulação do PSS merecem atenção. (i) Mecanismos múltiplos, parcialmente redundantes, envolvendo moléculas pequenas (ppGpp e substratos de trifosfatos de nucleosídeos), assim como proteínas (Fis, H-NS e subunidades σ), cooperam para atingir o ajuste rápido da iniciação da transcrição de rRNA nos promotores de rRNA. Esses agentes entram em ação sempre quando há uma mudança significativa, para cima ou para baixo, na riqueza nutricional do meio. (ii) Durante o crescimento em estado estacionário, esses mecanismos podem operar, mas não são necessários para equiparar a síntese de rRNA à taxa de crescimento; *a regulação dependente do crescimento pode ocorrer unicamente em consequência das atividades de todos os outros genes da célula.*

A verdadeira resposta de estresse: a fase estacionária

O que acontece quando as melhores respostas não são suficientes para permitir o crescimento sob circunstâncias ambientais particularmente restritivas? Nenhum regulon ou modulon individual pode lidar com a situação na qual o crescimento não é mais possível; em vez disso, um programa de emergência inicia os preparativos para que a célula entre no estado de não crescimento amplamente resistente conhecido como **fase estacionária** (Figura 13.5). A formação de endósporos ou de várias outras células resistentes diferenciadas é uma estratégia alternativa praticada por algumas bactérias (ver Capítulo 14). Alguns de tais programas de emergência são responsáveis pela sobrevivência de cada espécie.

Os bacteriologistas sabem, há muito tempo, que as células que não estão crescendo são diferentes das que estão. Por algum motivo, elas parecem diferentes; as células em fase estacionária são pequenas. Elas também são mais resistentes que as células em crescimento; os modos usuais de lise bacteriana

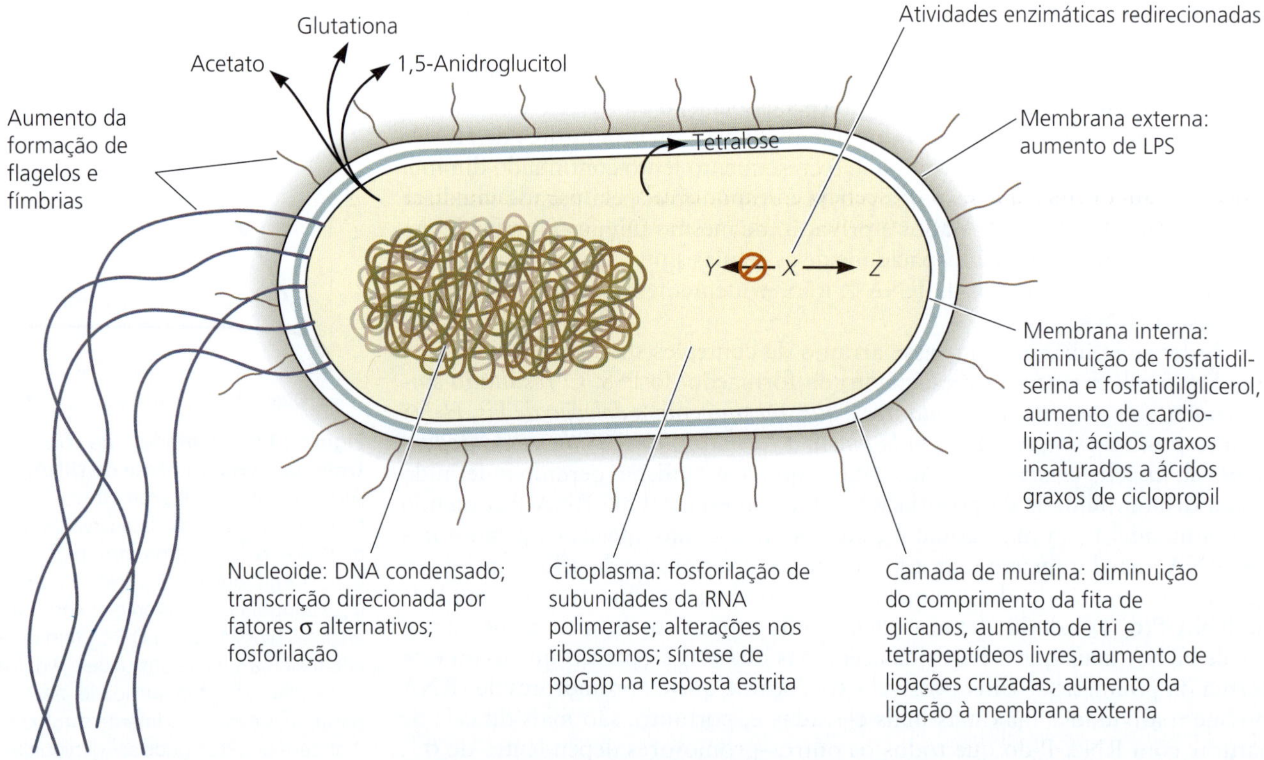

Figura 13.5 Uma célula em fase estacionária. O resultado do processo de diferenciação governado por σ^S é mostrado, indicando-se algumas das muitas diferenças entre a célula em fase estacionária e uma em crescimento ativo.

(como rompimento por sonicação, trituração com óxido de alumínio ou aplicação de ciclos de alta e baixa pressão) não são tão eficazes com as células em fase estacionária quanto com as células em crescimento. Na fase estacionária, o metabolismo está alterado a fim de promover a sobrevivência, em lugar da síntese para o crescimento. Essas mudanças facilmente observáveis são efetuadas por alterações na composição química global das células em fase estacionária e nas mudanças na natureza química e/ou física de cada componente celular (apêndices, membrana externa e periplasma das bactérias gram-negativas, parede de mureína, membrana celular, nucleoide e ribossomos) (Figura 13.5). Todas essas mudanças contribuem para a resistência e a capacidade de a célula sobreviver em um ambiente severo.

Uma característica adicional da fase estacionária é notável: em um primeiro momento, pouco importa o que ocasionou a interrupção do crescimento celular; o resultado final parece ser quase o mesmo. As células podem tornar-se incapazes de crescer por inúmeras razões, como, por exemplo, a depleção da fonte de carbono ou energia ou de qualquer outro nutriente requerido, o acúmulo de subprodutos tóxicos de seu próprio metabolismo, mudanças ambientais de temperatura, pressão osmótica ou pH, ou o contato com agentes químicos deletérios. Contudo, tal aproximação está longe da história completa; uma célula em fase estacionária em consequência da depleção de glicose *não* será idêntica a uma que foi injuriada por peróxido de hidrogênio ou um metal pesado, mas as diferenças serão em grande parte refletidas no perfil de enzimas produzidas sob as duas condições, e não na aparência nem na adaptação química global da célula.

Como uma bactéria modifica-se tão radicalmente e de modo tão previsível? E como ela entra nesse programa de adaptação, não importa a causa de sua incapacidade de crescer? Pode-se imediatamente prever duas respostas: o processo é complexo, e nem tudo dele foi elucidado. Contudo, o que se sabe é tanto intrigante como gratificante.

Um circuito regulatório de enorme complexidade guia o processo de conversão de uma célula que está crescendo em uma célula de fase estacionária que não está. Parte do processo envolve moléculas de **RNA pequeno (sRNA)** que regulam a iniciação da transcrição (ver Capítulo 12). Na Figura 13.6, está esquematizada uma visão geral muito simplificada da entrada na fase estacionária. À esquerda, estão representadas algumas das muitas circunstâncias que podem interromper o ciclo celular. À direita, estão representadas algumas das centenas de óperons-alvo cujos produtos devem ser aumentados ou diminuídos para transformar a célula na fase estacionária. Entre os estímulos e os genes-alvo estão duas colunas de controladores. A coluna esquerda lista algumas moléculas de sRNA (DsrA, RprA e OxyS). Em essência, esses sRNAs são **integradores:** *eles processam sinais de diferentes estresses e os integram em uma ação única e coerente,* nesse caso, estimulando a síntese de σ^S, um fator sigma que direciona a RNA-P a óperons que possuem um promotor distintivo. Esses óperons constituem o **regulon de fase estacionária:** seus produtos são responsáveis pela produção das estruturas e atividades distintivas da célula em fase estacionária. Assim, σ^S é o principal ator no direcionamento da entrada na fase estacionária. A associação de σ^S à RNA-P núcleo diminui a quantidade associada a σ^{70} e, dessa maneira, impede a polimerase de transcrever óperons relacionados ao crescimento, redirecionando-a à transcrição daqueles relacionados à sobrevivência no estado de não crescimento.

O fator σ^S não é o único regulador da fase estacionária. Outros reguladores globais (H-NS, CRP, Lrp e FhlA, alguns dos quais foram discutidos anteriormente) também desempenham papéis importantes pela modulação e pelo ajuste fino da expressão de óperons individuais do regulon de fase estacionária dependente de σ^S. Uma rede deste tipo, em que reguladores controlam reguladores que, por sua vez, podem controlar outros reguladores, é denominada **cascata regulatória.**

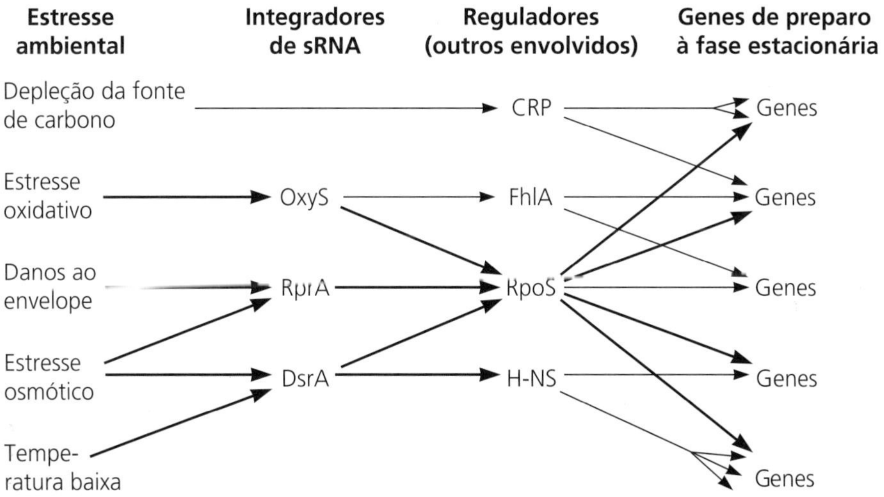

Figura 13.6 A cascata regulatória que governa a entrada na fase estacionária. Veja o texto para explicações.

Algumas palavras devem ser ditas sobre os sRNAs e seu modo de ação, até porque é provável que tal aspecto das respostas de estresse seja intensivamente investigado nos próximos anos. Há aproximadamente 50 espécies diferentes de sRNA em *E. coli*, e a maioria possui funções e mecanismos desconhecidos. Os sRNAs regulatórios são muito difundidos entre os procariotos, não estando restritos a *E. coli*. Contudo, os que estão sabidamente envolvidos na transição à fase estacionária parecem possuir um alvo único, o controle da tradução do mRNA de σ^S, o produto do gene *rpoS* (Figura 13.7). Esse mRNA possui uma região-líder muito longa que, acredita-se, forma uma estrutura secundária semelhante a uma alça que esconde o sítio de ligação do ribossomo e, desse modo, impede que os ribossomos iniciem a tradução de RpoS (Figura 13.7A). O papel postulado dos sRNAs é ligar-se a essa alça, liberando o sítio do ribossomo de seu pareamento inibitório (Figura 13.7B).

Respostas de estresse e diversidade microbiana

Nem todas as bactérias são igualmente hábeis para resistir a desafios físicos e químicos. Os desafios que as bactérias medicamente importantes encontram no corpo de seu hospedeiro são particularmente interessantes. Esses desafios são únicos e complexos. Eles incluem o enfrentamento das formidáveis defesas imunes inatas e adaptativas dos animais contra as infecções (ver Capítulo 20). Quer causem, quer não causem doenças, as bactérias que resolveram o problema de convívio íntimo com seus hospedeiros animais possuem sistemas especiais para responder aos estresses encontrados após a entrada e migração através de um hospedeiro potencial (ver Capítulo 21). Como se pode imaginar, durante a seleção dos mecanismos de sobrevivência dentro de um hospedeiro, a evolução gradativamente exclui tais micróbios dos muitos que são necessários no mundo mais abrangente.

As respostas de estresse são dispendiosas; elas requerem genes e enzimas especiais, assim como proteínas detectoras e regulatórias e gasto de energia. Se

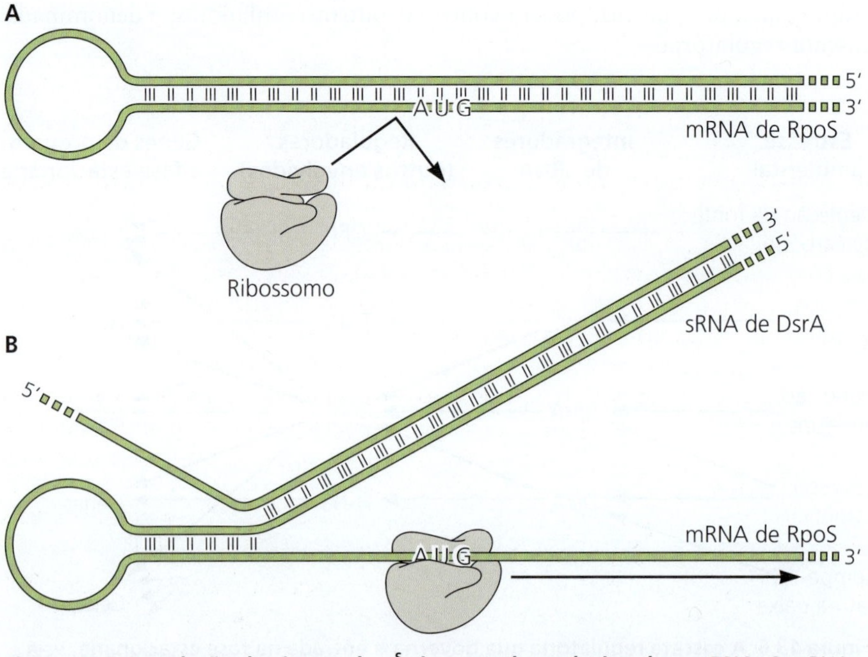

Figura 13.7 Regulação da síntese de σ^S via controle traducional por sRNA. O mRNA formado a partir do gene *rpoS* codifica σ^S. A tradução da mensagem é controlada por sRNA. **(A)** Ausência de sRNA de DsrA; **(B)** presença de sRNA de DsrA. Veja o texto para explicações.

elas não forem usadas, as pressões seletivas tendem a eliminá-las. Em linhas gerais, todos os micróbios, e especialmente aqueles que vivem em um nicho ecológico estreito, *retêm somente aquelas respostas de estresse que beneficiam os habitantes de seu nicho ambiental*. A análise dos genomas microbianos sequenciados atesta a seguinte regra: descobriu-se uma relação geral entre o estilo de vida de um organismo e a natureza de seu genoma. O tamanho do genoma geralmente reflete a extensão na qual um organismo enfrenta estresses ambientais. Quanto mais estresses enfrentados por um organismo, maior é seu genoma *e* maior é a fração de seu genoma dedicada a genes regulatórios. *Pseudomonas aeruginosa*, conhecida tanto por sua versatilidade metabólica como por sua ubiquidade em ambientes variáveis de solo, água e diversos hospedeiros, possui um genoma de aproximadamente 5.570 fases abertas de leitura (ORFs), das quais quase 470 (8,4%) parecem codificar proteínas regulatórias. *E. coli*, não tão versátil como *P. aeruginosa*, passa a maior parte de sua vida nos intestinos de animais, devendo, todavia, sobreviver ao trânsito de um hospedeiro ao outro. Ela consegue fazer isso com 4.289 ORFs, das quais quase 250 são reguladores putativos (5,8%). *Helicobacter pylori*, um organismo cujo hábitat em grande parte restringe-se ao estômago, possui 1.553 ORFs com apenas 17 genes regulatórios putativos (1,1%). A menor célula de vida livre conhecida, *Mycoplasma genitalium*, possui somente 480 genes, e muito menos de 1% exibe motivos de genes regulatórios. Nem todos os dados dos genomas sequenciados sustentam esse corolário; o tamanho do genoma parece depender de muitos fatores ainda obscuros.

13.1 *Um website que lista os tamanhos de genomas.*

Respostas de estresse e segurança na preponderância numérica

Geralmente nem todas as bactérias em uma dada população de fato sobrevivem a uma alteração específica nas condições de vida. Após a mudança repentina de um parâmetro ambiental, uma grande (99%) ou mesmo *muito* grande (99,99%) fração de uma população microbiana pode ser morta. Todavia, os sobreviventes de, digamos, 10^8 células estarão em número suficiente (no exemplo dado, 10^6 e 10^4, respectivamente) para manter uma população local viável, pronta para se multiplicar e rapidamente restaurar o número original quando as condições melhorarem. Por exemplo, um tratamento brando, como o resfriamento rápido, de 37 a 5 °C, de uma cultura em crescimento acelerado de *E. coli* pode matar mais de 90% das células, e, no entanto, essa aparente catástrofe passa quase despercebida aos microbiologistas que rotineiramente realizam tal manipulação no curso de seus experimentos.

Além disso, há outro aspecto ao método de sobrevivência microbiana com base em segurança na preponderância numérica. Lidar com desafios ambientais é um feito realizado pelos sistemas de resposta de estresse de células microbianas que flutuam livremente (**planctônicas**), mas isso não é toda a história. Os microbiologistas estão descobrindo que as bactérias desenvolveram modos de trabalhar em conjunto na resposta ao estresse. Dirigiremos nossa atenção a esses métodos de "frente unida" voltados ao enfrentamento do ambiente, mas primeiro temos de saber um pouco do básico de como as bactérias movem-se em resposta ao ambiente.

Lidando com o estresse por evasão

Os micróbios lidam com frequência com as mudanças ambientais pela migração a um local mais hospitaleiro. O movimento de muitas espécies bacterianas móveis, mas não todas, é realizado por natação, com o auxílio de flagelos. A estrutura complexa de um flagelo – seu filamento, gancho e corpo basal – foi apresentada no Capítulo 2. Recorde que os flagelos bacterianos servem à mesma função que a dos flagelos eucarióticos, mas são totalmente diferentes quanto à estrutura e ao modo de propulsão. O filamento helicoidal funciona como um propulsor, o gancho, como uma junta universal, e o corpo basal com seu bastão e anéis, como buchas e mancais no envelope. O motor propulsor situa-se exatamente interno ao corpo basal. Em outras bactérias, o movimento é conferido por meios muito diferentes. Primeiro nos concentraremos no modo flagelar e, em seguida, passaremos aos outros.

Mobilidade flagelar

Como os flagelos conferem à célula bacteriana a capacidade não só de se mover, mas também de mover-se *aparentemente com objetivo*? Responderemos essa questão com informações obtidas a partir de estudos em *E. coli*.

Primeiro, como as células se movem? Os motores flagelares giram os filamentos ao usarem energia diretamente via um fluxo de prótons – aproximadamente 1.000 por giro – do gradiente eletroquímico (força motora de prótons) da membrana celular, em vez de ATP. O filamento pode ser rodado tanto no sentido horário como no sentido anti-horário. Os flagelos de cada célula são sincronizados para que rodem simultaneamente na mesma direção. A rotação no sentido anti-horário resulta em movimento vetorial produtivo (uma **corrida**), porque essa rotação faz com que os flagelos entrelacem-se em feixes rígidos, produzindo uma força similar a um propulsor. A rotação horária dos flagelos dissocia os feixes e faz com que a célula **rodopie** no lugar (Figura 13.8). Os flagelos alternam entre períodos de rotação horária e anti-horária, de acordo com um programa endógeno (cuja base veremos em seguida). Consequentemente, as bactérias móveis locomovem-se em corridas breves interrompidas por períodos de rodopio. Cada nova corrida ocorre em qualquer direção aleatória com a qual a célula estiver se defrontando quando o modo de sentido horário altera-se para o sentido anti-horário.

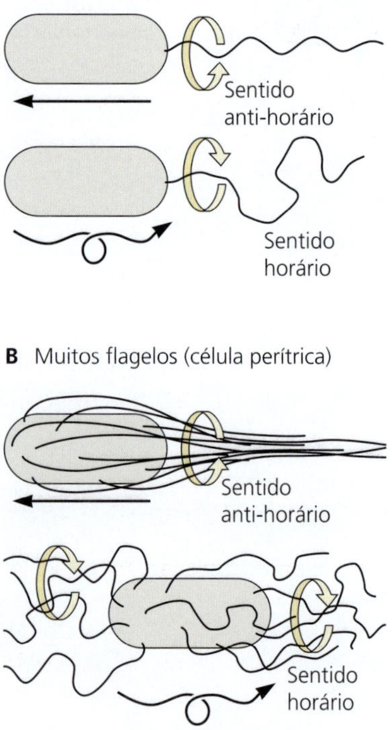

Figura 13.8 Comportamento e mobilidade flagelar. (A) Uma célula com um único flagelo polar move-se da direita para a esquerda quando o flagelo gira no sentido anti-horário e rodopia quando o flagelo gira no sentido horário. **(B)** Em uma célula com muitos flagelos por toda a sua superfície, a rotação no sentido anti-horário produz um feixe flagelar coeso e um movimento uniforme. A rotação no sentido horário faz com que o feixe se disperse, resultando no rodopio.

Como a alternância entre as corridas e os rodopios poderia produzir movimentos da célula que não fossem aleatórios? Não há dúvida de que algo semelhante a uma migração propositada efetivamente ocorre. Considere, por exemplo, uma população de células bacterianas em uma área nutricionalmente pobre que não está distante de uma fonte de açúcar se difundindo a partir de, digamos, uma gota de seiva de bordo. O movimento em direção a tal sorte inesperada e benéfica seria claramente vantajoso. Na verdade, é exatamente isso o que ocorre; a maioria da população irá, em pouco tempo, congregar-se perto da fonte de alimento. Tal processo migratório direcionado por um gradiente de concentração química é denominado **quimiotaxia.** Assim, nossa questão pode ser expressa em outras palavras: como a quimiotaxia pode ser realizada por um processo aleatório de corridas e rodopios?

Em certo sentido, a resposta é simples e satisfatória. As células individuais nessa população podem ser vistas aproximando-se da fonte por uma sequência de corridas e rodopios, como ilustrado na Figura 13.9. As corridas produtivas (i. e., aquelas que levam à progressão em direção à fonte de alimento) são prolongadas, enquanto as corridas neutras ou contraproducentes são encurtadas. Consequentemente, a célula aproxima-se inexoravelmente do objetivo por meio do que são denominados **percursos aleatórios tendenciosos.**

Essas observações intensificam o nosso problema. Agora, a questão passa a ser sobre como as células migram propositadamente, isto é, como essas células regulam a frequência de rodopios. Um aumento da frequência quando as células estão voltadas à direção errada, ou uma diminuição da frequência quando elas estão no caminho certo, produziria o resultado observado por meio de percursos aleatórios tendenciosos.

Agora vem a grande questão. Como a "direção certa" pode ser distinguida da "direção errada" por essas células sem cérebro? Se você imaginou que a célula bacteriana pode estar medindo a diferença na concentração de açúcar entre as extremidades da "cabeça" e da "cauda" e usando esses dados para abolir as corridas na direção errada (maior concentração de açúcar na cauda) e prolongá-las na direção correta (maior concentração de açúcar na cabeça), você ganharia um "A" pelo esforço, mas estaria errado. O que não se considerou é que a distância da cabeça à cauda de uma célula bacteriana (no máximo dois micrômetros) é tão curta que seria necessário um gradiente de concentração extremamente alto para produzir uma diferença perceptível na concentração de uma extremidade à outra. Os gradientes de concentração aos quais essas células podem responder são muito menores.

A resposta está quase no reino da ficção científica. Ao contrário do que se poderia esperar, as bactérias não detectam um gradiente de sua porção anterior à sua porção posterior. *Essas células distinguem o gradiente "acima" do gradiente "abaixo" por memória.* Ou seja, elas continuamente comparam a concentração de açúcar (no exemplo que estamos dando) *agora* com o que sua memória lhes diz que havia *antes*, há um breve período de tempo atrás. A ligação de uma substância atraente – as moléculas de açúcar da gota de seiva de bordo – em um receptor perto da superfície celular altera o programa endógeno de rotina de corridas e rodopios. Isso ocorre pela interrupção de uma **cascata de fosforilação** que governa a direção de rotação dos motores flagelares, o que tem como efeito o prolongamento da corrida. A **acomodação** por meio de um **sistema de metilação** restaura o programa endógeno e recompõe a sensibilidade da célula à substância atraente, requerendo uma concentração mais elevada a fim de prolongar a corrida. (A acomodação é responsável por muitas propriedades da percepção humana, como nossa deficiência gradativa de sentir um odor após ficar em sua presença por um período contínuo de tempo.) Na realidade, a acomodação constitui uma **memória molecular** que possibilita que mudanças na concentração de substâncias atraentes sejam detectadas, assegurando a progressão em sua direção. Assim, esse notável sistema sensorial molecular possui muitas das características que seriam esperadas de sistemas comportamentais nos animais superiores, incluindo a adaptação a um estímulo prolongado.

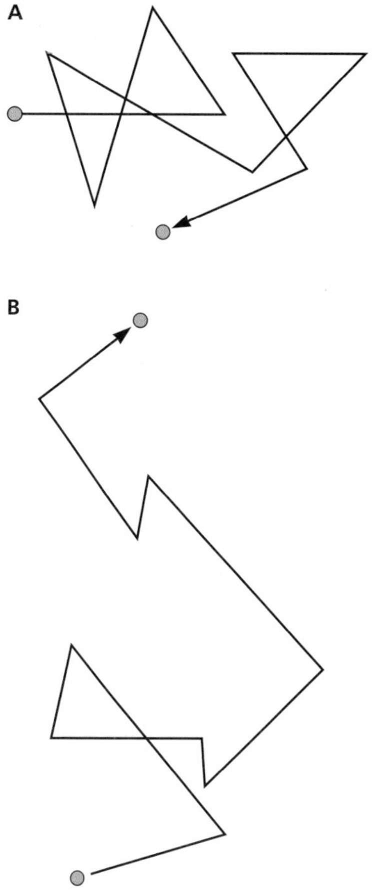

Figura 13.9 Um percurso aleatório tendencioso. (A) Caminho aleatório típico de uma bactéria móvel (como *E. Coli*) na ausência de um estímulo quimiotáctico. Os períodos de corrida e rodopio alternam-se por meio de um programa endógeno. **(B)** Caminho tomado por essa célula, em direção ao topo da figura, quando uma substância atraente está presente. As corridas duram mais quando elas estão na direção da substância química atraente.

Além dos genes que codificam as proteínas flagelares (denominados *fla*, de flagelos), mais de 30 genes (denominados *mot*, de mobilidade, e *che*, de quimiotaxia) codificam as proteínas que fazem com que o sistema funcione: receptores, sinalizadores, transdutores, reguladores de rodopio e motores. Pode-se acompanhar a ação detalhada na Figura 13.10.

A mobilidade flagelar estende-se a muitas espécies, algumas das quais exibem variações sobre o tema de *E. coli*, mas muitas apresentam outros modos de efetuar percursos aleatórios em direção a uma fonte de nutrientes. Algumas bactérias, por exemplo, possuem flagelos únicos, e, nesse caso, a formação e a dissolução de um feixe obviamente não pode ocorrer. *Rhodobacter sphaeroides*, que possui um único flagelo inserido na porção mediana, nada rodando o mesmo em direção horária. Esse organismo não altera a direção de rotação flagelar; em vez disso, ele reorienta sua direção de natação pela interrupção da rotação. Quando faz isso, o flagelo enrola-se firmemente para trás sobre si mesmo, e a célula é reorientada pelas forças de movimento browniano. O recomeço da rotação na direção horária refaz o formato helicoidal e produtivo do flagelo, e ocorre outra corrida.

13.2 *Filmes de mobilidade de* E. coli.

A quimiotaxia é tanto um mecanismo de sobrevivência (evitando o contato com substâncias tóxicas) como um mecanismo que promove o crescimento (busca de alimento). Ela também pode ser um fator de virulência, facilitando a

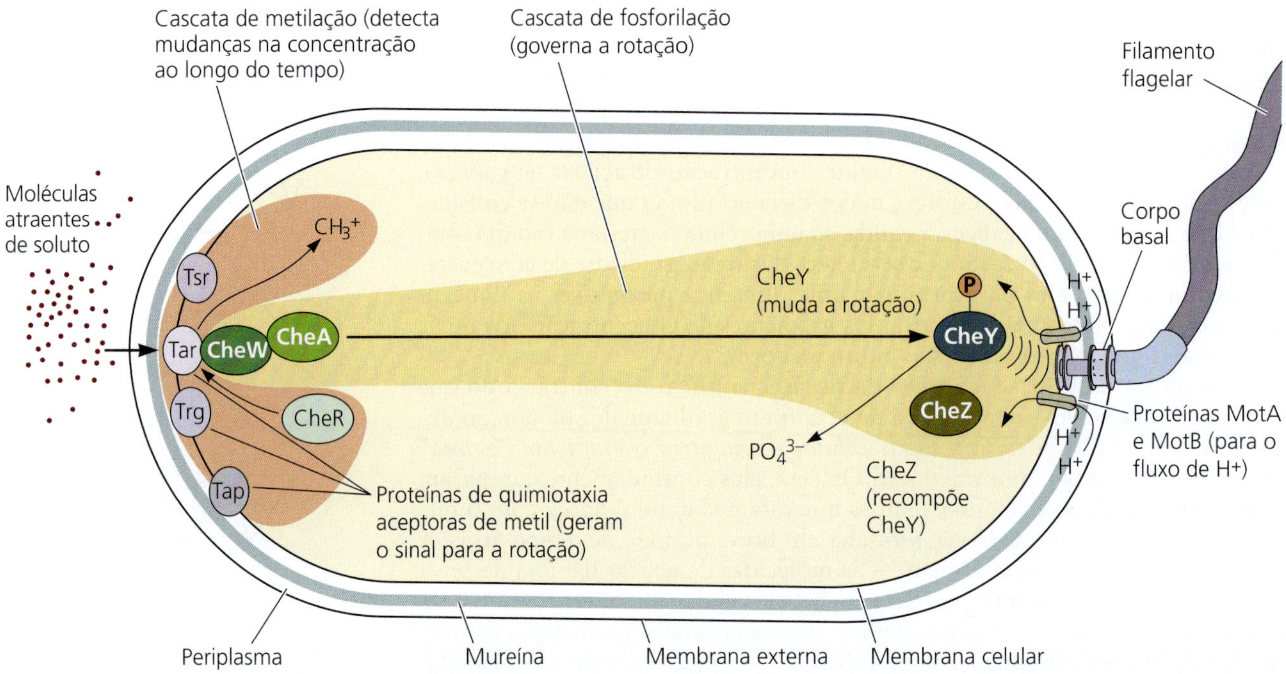

Figura 13.10 O circuito de quimiotaxia de *E. coli*. A entrada no periplasma de uma substância química atraente difusível e a formação de um complexo com uma proteína de ligação periplasmática são mostradas. Nesse caso, a substância atraente interage especificamente com a proteína Tar, uma das proteínas de membrana aceptoras de metil, desencadeando uma cascata de fosforilação que ativa a rotação anti-horária do flagelo, levando a uma corrida. A metilação da proteína de membrana Tar logo leva à reversão dessa ativação, e a rotação horária faz com que a célula rodopie no lugar. A regulação temporal do ciclo depende da nova concentração da substância atraente que é apresentada à proteína Tar.

colonização do hospedeiro. Da mesma forma, como mencionamos no final da discussão sobre as respostas de estresse, recentemente mostrou-se que a quimiotaxia desempenha um papel muito importante nas respostas comunais ao estresse. Um sinal que direciona as células para que se reúnam em agregados é uma importante vantagem seletiva da quimiotaxia em muitas circunstâncias, como veremos a seguir (ver "*Quorum sensing*, mobilidade e formação de biofilmes"), e pode ser um fator-chave na evolução de tal capacidade.

As características do ambiente, exceto uma fonte de alimento, podem levar à mobilidade direcionada? Certamente. Muitas células bacterianas podem detectar gradientes de pH, temperatura, luz, salinidade e potencial de oxidação e mover-se em uma direção apropriada à otimização dessas condições para a espécie bacteriana específica. Algumas bactérias aquáticas exibem uma versão particularmente misteriosa de movimento direcionado denominada **magnetotaxia** – a mobilidade orientada pela detecção do campo magnético da Terra. Tal aptidão não tem nenhuma relação com a migração norte-sul, mas sim com a capacidade de saber qual lado está para cima; isto é, as linhas de força magnética na maioria das latitudes setentrionais na verdade apontam principalmente *para baixo* em direção ao norte e, assim, propiciam uma orientação para que as células movam-se mais profundamente dentro da lama, a que elas preferem por serem **microaerofílicas.** (Isso significa que as bactérias magnetotáxicas nos hemisférios norte e sul seguem linhas magnéticas em direções opostas? Sim!) A Tabela 13.5 lista alguns exemplos de respostas tácticas bacterianas.

A importância da translocação celular no mundo natural é subestimada pela grande variedade de mecanismos de movimentação que as bactérias de-

Tabela 13.5 Respostas tácticas bacterianas

Resposta táctica	Descrição
Quimiotaxia	Movimento direcionado em resposta a substâncias químicas (quimioefetores), que podem ser atraentes (quimiotaxia positiva) ou repelentes (quimiotaxia negativa); característica muito difundida dos procariotos; bem estudada em *E. coli*.
Aerotaxia	Movimento direcionado em resposta ao oxigênio; característica muito difundida.
Taxia a pH	Movimento em direção ou para longe de condições ácidas ou alcalinas; *E. coli* move-se de pHs ácidos ou básicos a fim de atingir um pH neutro.
Magnetotaxia	Movimento direcionado ao longo de linhas geomagnéticas de força; acredita-se que funcione na orientação para cima ou para baixo, em vez de norte ou sul, sendo útil na movimentação em direção a ambientes microaerofílicos.
Termotaxia	Movimento direcionado em direção a uma faixa de temperatura normalmente ótima ao crescimento da bactéria; característica muito difundida.
Fototaxia	Movimento direcionado em direção aos comprimentos de onda da luz, normalmente relacionado a fotopigmentos e as suas funções no metabolismo da bactéria; característica associada a praticamente todas as bactérias fotossintéticas.

senvolveram. Um breve exame de alguns deles complementará a história de *E. coli* e demonstrará a distância à qual as células chegaram para a realização da mobilidade.

13.3 *Filmes de vários modos de mobilidade.*

Mobilidade por agregação (enxameamento)

Algumas bactérias usam os flagelos para um tipo diferente de mobilidade – não aquele geralmente visto em cultura líquida, mas o que ocorre em superfícies, como em placas de ágar. Esse fenômeno é denominado **agregação** ou **enxameamento** (*swarming*). Trata-se de um processo grupal; as células individuais não se agregam, mas "montes" de células arranjados lado a lado sim, formando um agregado ou enxame. A razão de tal necessidade cooperativa não está clara. É um fenômeno intrigante, porque as células individuais que, sob outros aspectos são capazes de agregação, ocasionalmente se diferenciam em células longas com muitos novos flagelos localizados lateralmente. A agregação requer uma camada de muco secretada pelas células agregadoras; um componente desse muco é a **surfactina**, um lipopeptídeo com uma excepcional força de diminuição da tensão superficial, sintetizado e secretado por várias espécies que se agregam. Várias espécies (p. ex., *Proteus vulgaris* e *Vibrio parahaemolyticus*) são bem conhecidas entre os microbiologistas por sua capacidade de agregação, mas as espécies agregadoras também incluem *E. coli*, *Salmonella* e *Bacillus subtilis*.

Mobilidade por deslizamento

13.4 *Um site sobre* Myxococcus xanthus.

Um pouco mais de uma dezena de gêneros bacterianos exibe uma forma de mobilidade em superfícies sólidas denominada "deslizamento". Esse movimento ocorre sem o uso de flagelos. O termo pode incluir vários mecanismos diferentes que compartilham apenas o fato de produzirem movimento através de uma superfície sólida sem flagelos. O deslizamento foi observado em grupos tão diversos como as cianobactérias, mixobactérias e micoplasmas. Em um exemplo bem estudado, o da mixobactéria *Myxococcus xanthus*, parece haver dois sistemas que são independentemente operados: um (denominado **mobilidade social**) é responsável pela migração das células como um monte, e o outro (denominado **mobilidade aventurosa**) possibilita que as células individuais se movam para fora de tal grupo. A mobilidade social envolve um tipo de fímbria denominado tipo IV; a mobilidade aventurosa, pelo menos em estudos com mutantes, parece depender do lipopolissacarídeo do envelope celular gram-negativo por um mecanismo desconhecido (ver Capítulo 14).

Agora cabe contar uma história que ilustra como as respostas tácticas operam com resultados surpreendentes no ambiente natural. Este exemplo, por acaso, envolve o deslizamento. Dois tipos de bactérias deslizadoras cooperam na produção de uma resposta táctica diurna. Um gênero, *Beggiatoa*, possui três respostas tácticas negativas (fóbicas): ao H_2S, ao O_2 e à luz. Elas são bactérias oxidadoras de enxofre que se desenvolvem nas interfaces entre ambientes **aeróbios** e **anaeróbios**, onde dois de seus nutrientes – O_2 e H_2S – estão disponíveis nas concentrações certas. *Beggiatoa* é encontrada somente nesta zona, que se origina em consequência de sua resposta táctica fóbica (negativa) a cada nutriente. Nessa zona estreita, as concentrações de ambos os nutrientes são diminuídas pela atividade metabólica das células de *Beggiatoa*. A bactéria *Beggiatoa* é aprisionada aí pelas concentrações mais elevadas de O_2 acima da zona e de H_2S abaixo dela. *Beggiatoa* vive em tapetes microbianos junto com o segundo gênero, a cianobactéria *Oscillatoria*. A última é fotossintética e fototrófica; usando a mobilidade por deslizamento, a cianobactéria congrega-se nas superfícies dos tapetes, produzindo grandes quantidades de O_2, o que poderia ser desastroso a *Beggiatoa* – que é sensível ao oxigênio. Para evitar isso, à noite, quando as cianobactérias não estão produzindo O_2, as células de *Beggiatoa* migram à superfície do tapete, seguindo a crescente interface aeróbia-anaeróbia. Se *Beggiatoa* respondesse fobicamente apenas a O_2 e H_2S, elas seriam aprisionadas longe do H_2S na superfície do tapete pela manhã, quando a fotossíntese oxigênica começa. Contudo, *Beggiatoa* também é fobicamente táctica à luz, de modo que as bactérias são capazes de migrar de volta para dentro do tapete a fim de atingir a interface aeróbia-anaeróbia de O_2-H_2S.

Mobilidade por contorção

Várias espécies de bactérias gram-negativas, incluindo *Pseudomonas aeruginosa*, *Neisseria gonorrhoeae* e *E. coli*, empregam ainda outro tipo de movimento. Quer tenham, quer não tenham flagelos, as células dessas espécies podem se mover de modo espasmódico através de superfícies sólidas (p. ex., em um meio de ágar). Esse tipo de mobilidade, denominado **mobilidade por contorção**, depende da presença de fímbrias do tipo IV e ocorre por um mecanismo de "arpéu" que envolve a extensão da fímbria, sua fixação e a subsequente retração de volta para dentro da célula (ver Capítulo 2). A mobilidade por contorção contribui à formação de biofilmes (discutida a seguir) e a um tipo de agregação que causa a diferenciação das mixobactérias (ver Capítulo 14).

13.5 Mais detalhes sobre a mobilidade por contorção.

LIDANDO COM O ESTRESSE POR ESFORÇO COMUNITÁRIO

Detectando a população

A biologia é rica em exemplos de percepções novas e importantes que surgem a partir do estudo de assuntos esotéricos e aparentemente menores. Esse é o caso da compreensão de que as bactérias não são os atores solitários como se imaginava, mas, na verdade, indivíduos sociais que se comunicam uns com os outros e apresentam comportamento cooperativo. Tal conceito revolucionário, que ainda está sendo desenvolvido por meio de muitas pesquisas, veio a ser reconhecido somente na década de 1990, mas teve sua origem muitas décadas antes em estudos com a bactéria emissora de luz denominada *Vibrio fischeri*. Essas células bioluminescentes são organismos marinhos de vida livre que, embora capazes de emitir luz, o fazem somente quando presentes em alta densidade – o que é conseguido quando atuam como simbiontes normais que habitam os órgãos luminosos da lula e de muitos peixes. (A utilidade dessa simbiose para a bactéria é o fornecimento de abrigo e alimento; para a lula, tem-se especulado que a luz emitida pode proteger o animal de predadores abaixo dela, evitando o lançamento de uma sombra lunar pela lula; no momento, tal hipótese de camuflagem não passa de uma suposição.) A dependência de densidade celular da emissão de luz depende dos seguintes fatos. As proteínas responsáveis pela conversão da energia do ATP em luz (a **luciferase** é uma delas) são produzidas por um óperon de sete genes (denominado *lux*). Esse óperon não é expresso, a menos que seja ativado por uma proteína, LuxR, complexada com um ligante pequeno de nome grande: *N*-(3-oxo-hexanoil)-L-homosserina. Essa molécula é um **autoindutor**. Quando produzida pelas bactérias, ela difunde-se no ambiente circundante, não estando mais ao alcance das células. Contudo, no espaço confinado do órgão luminoso da lula, a densidade bacteriana torna-se muito alta, e o mesmo ocorre com a concentração extracelular do autoindutor. As moléculas do autoindutor difundem-se novamente para dentro das células e ligam-se à proteína LuxR. Em seguida, a proteína LuxR ativa desencadeia a expressão do óperon *lux*, e a luz é produzida. A reação bioquímica que leva à luz é catalisada na lula, assim como nos vaga-lumes, pela enzima luciferase.

A emissão de luz por uma lula pode não ser um evento muito fascinante para alguns de nós, mas explicou como essa ação depende do tamanho da população bacteriana. Esse fenômeno é denominado ***quorum sensing*** ("percepção de *quorum*"). O termo é apropriado, porque evoca a ideia de que é necessário um *quorum* de indivíduos, isto é, um certo número deles, para a realização de alguns tipos de ações. O *quorum sensing* é uma forma de comunicação célula-célula que possibilita às células exibirem certos comportamentos somente quando a população excede determinado valor de limiar. Está se tornando aparente que essa é uma característica extremamente comum nas interações hospedeiro-parasita (embora esteja longe de se restringir a essas situações). Um exemplo é a infecção pulmonar causada por *Pseudomonas* em pacientes com fibrose cística. Nesse caso, os organismos sobrevivem nos pulmões dos pacientes em parte por organizarem-se em comunidades complexas denominadas biofilmes (ver a seguir), que resultam em consequência do *quorum sensing*.

A versão de *quorum sensing* de *V. fischeri* é extremamente simples. Muito mais comum é o envolvimento de um sistema regulador de resposta de componentes múltiplos. Nesse caso, o autoindutor secretado não simplesmente se difunde de volta para dentro da célula; ele é detectado por uma quinase sensora típica na superfície celular, o que desencadeia a transmissão de um sinal de fosforilação para alguma proteína reguladora de resposta. Podemos acrescentar que, em um exemplo bem estudado – a transmissão sexuada de material genético em algumas espécies gram-positivas –, a densidade populacional é sinalizada pela secreçao de um autoindutor denominado, por razões óbvias, **feromônio** (ver Capítulo 10). Isso nos faz pensar se tal troca de sinais moleculares não é o precursor bacteriano da comunicação química tão universal entre os insetos.

13.6 *Mais sobre* o quorum sensing.

Atualmente, reconhece-se a existência difundida do *quorum sensing*, ainda que muitos detalhes permaneçam não solucionados. A maioria das espécies gram-negativas usa uma série de lactonas de *N*-acil-homosserina (parentes da variedade de *Vibrio*) como autoindutores, ao passo que, entre as bactérias gram-positivas, é mais comum que as moléculas sinalizadoras sejam peptídeos. A Tabela 13.6 lista uma amostra de sistemas conhecidos de *quorum sensing*.

Tabela 13.6 Pequena amostra de sistemas bacterianos de *quorum sensing*

Gênero	Moléculas sinalizadoras autoindutoras	Função fisiológica
Vibrio	Lactonas de homosserina	Bioluminescência
Pseudomonas	Lactonas de homosserina	Patogênese
Agrobacterium	Lactonas de homosserina	Conjugação
Bacillus	Peptídeos	Competência, desenvolvimento
Enterococcus	Peptídeos	Conjugação, manutenção de plasmídeos, patogênese
Myxococcus	Peptídeos	Desenvolvimento
Streptococcus	Peptídeos	Transdução
Staphylococcus	Peptídeos	Patogênese

Formação de comunidades organizadas

Um corolário natural da capacidade das bactérias de se comunicarem umas com as outras e de detectarem seus próprios números é sua capacidade de agregação em formações multicelulares. Tais formações oferecem proteção e outras vantagens no ambiente natural (ver Capítulo 18).

As células bacterianas que se associam umas às outras em ambientes naturais são chamadas de **biofilme.** Os biofilmes são encontrados nas superfícies de rochas em um córrego de montanha, em um dispositivo médico prostético implantado em um paciente humano ou dentro de um cano de água enferrujado. Eles são encontrados em todo lugar onde haja uma superfície sólida banhada por água. Uma grande proporção da totalidade dos micróbios está, de fato, representada nos biofilmes. Em qualquer caso, os micróbios são **sésseis,** isto é, eles grudam-se a superfícies (a palavra *séssil* deriva do latim e significa "sentar"). A maioria das pesquisas sobre a fisiologia das bactérias foi realizada com células **planctônicas,** o que nos leva a esperar muitas descobertas sobre características e comportamentos adicionais das células sésseis.

As superfícies possuem propriedades físico-químicas distintas daquelas presentes em soluções livres. Para nossos objetivos, as diferenças têm a ver com a aderência de soluções diluídas de substâncias orgânicas e inorgânicas a superfícies, atraídas em grande parte por cargas eletrostáticas. Essas características e a adesividade natural das células bacterianas levam à formação de biofilmes. Uma vez aderidas umas às outras e a uma superfície, as bactérias desenvolvem comunidades grandes, frequentemente visíveis a olho nu. Tais comunidades de biofilme são arquitetonicamente complexas, sendo frequentemente constituídas de pedestais e estruturas similares a cogumelos cercadas por canais fechados. Entre as características singulares do biofilme está um grande aumento da resistência a alguns antibióticos e outras substâncias tóxicas; em alguns casos, a concentração inibitória é aumentada em até 1.000 vezes, pois o biofilme forma uma carapaça protetora de células ao redor de um espaço central que exclui o antibiótico ou no qual ele pode ser destruído. Além disso, quando os biofilmes formam-se, são induzidas enzimas que tornam as células individuais dentro dos filmes intrinsecamente mais resistentes aos antibióticos.

13.7 *Mais sobre biofilmes.*

Na natureza, os biofilmes e outras comunidades frequentemente consistem em várias espécies microbianas diferentes que se agrupam em conjuntos cooperativos. Por exemplo, a formação da placa dentária (que começa a ocorrer tão logo você sai do consultório do dentista) requer que certas espécies bacterianas, em particular *Streptococcus mutans*, primeiramente se grudem à superfície dos dentes. Bactérias de diferentes espécies, como aquelas pertencentes a um grande grupo denominado actinomicetos (ver Capítulo 15), aderem-se a esses pioneiros. Finalmente, outras se aderem aos actinomicetos, levando, com o tempo, ao desenvolvimento de uma estrutura complexa de diferentes tipos de organismos, um biofilme de espécies múltiplas. Nem todos os biofilmes existem unicamente para fins arquitetônicos. As comunidades de biofilme podem também servir a um propósito metabólico cruzado, ou seja, híbrido. Vários desses exemplos serão posteriormente encontrados neste livro, mas vale a pena descrever agora um deles. Certas arqueobactérias marinhas são capazes de oxidar metano, um gás abundante em seu ambiente. Contudo, esse processo é termodinamicamente desfavorável (ver Capítulo 18). A fim de impulsionar a reação, essas Archaea associam-se a bactérias que removem, metabolicamente, o hidrogênio resultante da oxidação de metano. Juntas nos biofilmes, elas tornam possível a oxidação de metano. É provável que tais empreendimentos cooperativos sejam comuns no mundo microbiano.

Quorum sensing, mobilidade e formação de biofilmes

Uma conclusão apropriada a este capítulo sobre a vida das células bacterianas no mundo externo é considerar de que forma todas essas células podem se juntar. Os trabalhos com *E. coli* demonstraram a operação combinada de quimiotaxia, *quorum sensing* e formação de biofilmes. Essas células secretam pequenas quantidades de aminoácidos, sendo um deles a glicina. Essas mesmas células possuem uma proteína receptora de quimiotaxia, **Tsr**, que se liga à glicina (ou L-serina, L-alanina ou L-cisteína). Em uma cultura líquida grande, não ocorre nada incomum, mas, em um recipiente pequeno de cultura contendo um minúsculo cercado central (250 por 250 µm) acessado por canais muito estreitos (40 µm), as células migram para dentro do cercado e acumulam-se lá em quantidades suficientes para o estabelecimento de uma concentração significativa da substância atraente. Por meio do uso de mutantes adequados, pode-se mostrar que o que atrai as células é sua própria secreção de glicina. Uma vez que estejam empacotadas dentro da câmara, as células formam densos agregados granulares, precedendo o biofilme. Se o mesmo experimento for feito com a espécie bioluminescente *Vibrio harveyi*, ocorre a emissão de luz – uma resposta dependente de *quorum* – a partir da câmara central.

Esses resultados indicam a capacidade de as bactérias formarem comunidades multicelulares de forma espontânea. Desse modo, a troca genética (ver Capítulo 10), a degradação comunal de antibióticos, a formação de biofilmes e outros comportamentos dependentes de *quorum* são possíveis.

CONCLUSÕES

O que resta, então, para que os microbiologistas aprendam sobre como as bactérias enfrentam seus ambientes? Muito mais do que já foi descoberto. Os microbiologistas apenas arranharam a superfície em busca do entendimento do domínio da Terra pelos micróbios. Se a verdade fosse conhecida, nem uma única resposta de estresse microbiana poderia atualmente ser precisa e quantitativamente modelada. Isto é, nenhuma resposta pode ser descrita com precisão matemática suficiente de forma a permitir predições de seu comportamento sob várias circunstâncias diferentes. Não se trata somente de não termos informações quantitativas suficientes sobre a célula (embora isso seja parte da questão); a verdade é que não entendemos suficientemente o projeto do sistema de circuitos que regula a célula. O entendimento da resposta da célula ao ambiente demandará o uso de ferramentas mais tradicionalmente associadas à engenharia do que à química ou à biologia. A descoberta de como os genes se comportam uns com os outros no contexto da célula intacta demandará, também técnicas analíticas de análise de sistemas ainda não disponíveis à maioria dos microbiologistas e, na verdade, muitas técnicas de análise que ainda serão desenvolvidas no futuro. Devemos acrescentar a esses desafios o assunto relativamente novo da resposta comunal ao estresse, uma área de investigação que está começando a entrar em andamento.

Resumindo: como células individuais, e também como comunidades organizadas de células, os micróbios desenvolveram um conjunto fascinante de estratégias para enfrentar a vida no ambiente. Por sua vez, as bactérias adicionaram um grande conjunto de respostas moleculares ao estresse à sua poderosa capacidade reprodutiva. Esses sistemas superam a vulnerabilidade inerente do fato de ser pequeno e estar sujeito a ambientes inconstantes. Neste capítulo, foi fornecida uma mera prova do que se sabe sobre as estratégias microbianas. No próximo capítulo, estenderemos nossa análise e consideraremos a participação microbiana em dois processos biológicos altamente evoluídos: a diferenciação e o desenvolvimento.

TESTE SEU CONHECIMENTO

1. Qual é a característica definidora do termo *estresse* para os micróbios (i. e., o que ocasiona o estresse)?
2. Explique como a inoculação de células bacterianas de uma espécie desconhecida em um meio a 37 °C pode levar a uma resposta de choque ao calor ou ao frio.
3. Quais são os componentes usuais de um sistema regulatório sensorial ou de resposta bacteriano? Para cada componente, descreva sua natureza química, seu papel no sistema e onde ele está localizado na célula.
4. O grande grupo de genes que codificam proteínas em uma célula bacteriana que aumentam ou diminuem sua quantidade em resposta a um dado estresse é denominado estimulon. Como os constituintes de um estimulon podem ser descobertos?
5. Quanto mais rapidamente as bactérias crescem, mais PSS (incluindo ribossomos e fatores relacionados) elas produzem. Descreva o papel postulado de cada uma das seguintes moléculas na regulação da quantidade do PSS bacteriano em função da taxa de crescimento: Fis, H-NS, elementos UP, ppGpp, trifosfatos de nucleosídeos e RNA-P(σ^{70}). O que seria razoável esperar da síntese do PSS sob tais condições complexas e redundantes?
6. De que modo uma célula bacteriana em fase estacionária difere da mesma célula em crescimento exponencial? Para uma dada espécie bacteriana, as células de fase estacionária são ou não idênticas, não importando o que causou a interrupção do crescimento?
7. A diferenciação de uma célula bacteriana em crescimento em uma célula de fase estacionária envolve muitas mudanças significativas. Mencione seis mudanças principais. Em quais aspectos todas as células de uma dada espécie que não estão crescendo são similares, não importando o que causou sua transição à fase estacionária? Como elas podem diferir?
8. Descreva os papéis dos sRNAs e do fator σ^S na realização da transição de bactérias em crescimento à fase estacionária.
9. Descreva como apenas o conhecimento do tamanho do genoma pode dizer algo a respeito da fisiologia de uma bactéria recém-descoberta.
10. Avalie a utilidade da afirmação de que um dado agente "matará 99% das bactérias" em uma mesa de cozinha ou superfície similar.

11. A fim de funcionar, a quimiotaxia bacteriana com base na mobilidade flagelar necessita tanto de uma cascata de fosforilação como de um sistema de metilação. Descreva, em termos gerais, o papel distintivo de cada na quimiotaxia por mobilidade flagelar.

12. Explique de que maneira uma célula bacteriana individual pode saber quantos de sua espécie estão presentes na vizinhança próxima. Qual é o valor dessa informação?

13. Defina um biofilme e descreva suas características gerais. Cite três vantagens que um biofilme oferece em relação ao modo de vida planctônico dos micróbios.

diferenciação e desenvolvimento

capítulo

14

VISÃO GERAL

Nos dois últimos capítulos, consideramos como os micróbios ajustam suas atividades a fim de sobreviver e prosperar, com respeito tanto à coordenação dos processos de crescimento como ao enfrentamento do estresse imposto pelo ambiente. Vimos como as células individuais **diferenciam-se** (tornam-se estrutural e funcionalmente especializadas) para que se tornem células da fase estacionária muito mais robustas, quando, por uma ou outra razão, o crescimento contínuo não é mais possível. Finalmente, observamos que grupos de células de muitas bactérias passam por uma etapa de **desenvolvimento** (a mudança progressiva na forma e na função de aspectos que desempenham papéis proeminentes em seus ciclos de vida) que as leva a se tornarem biofilmes.

"Diferenciar-se" e "desenvolver" são palavras que se encaixam com facilidade na biologia das plantas e dos animais. As células iniciais da progênie de seus zigotos *diferenciam-se* em células especializadas que formam tecidos especializados, os quais passam pelo *desenvolvimento* para transformarem-se em um organismo maduro. Quando aplicados aos micróbios, esses termos e seus usos tendem a se fundir. À medida que formos prosseguindo, faremos o máximo para distingui-los.

A diferenciação nas plantas e nos animais é geralmente uma rua de mão única: as células especializadas raramente voltam atrás (desdiferenciam-se) para tornarem-se **células-tronco** (células indiferenciadas capazes de diferenciação). O desenvolvimento das plantas e dos animais é geneticamente programado e, em grande parte, não direcionado. Diferentemente, as células procarióticas que se diferenciam são normalmente capazes de retornar a sua forma celular original – mas há exceções. Uma é a formação de **heterocistos** pelas cianobactérias. Os heterocistos são células especializadas de parede espessa que não se dividem e que se dedicam à fixação do nitrogênio; essas células, notavelmente, não podem desdiferenciar-se para tornarem-se células vegetativas novamente. Eles servem ao papel especializado de fornecer nitrogênio fixado às células vegetativas vizinhas que, por sua vez, fornecem nutrientes derivados do dióxido de carbono fixado por elas. Outro exemplo de diferenciação terminal é posteriormente discutido neste capítulo, em conexão com a formação de endósporos. As células-mãe do esporo dedicam-se à nutrição do endósporo em desenvolvimento. Quando sua tarefa está cumprida, elas sofrem lise.

Outra característica proeminente do desenvolvimento procariótico é que ele é quase sempre desencadeado pelo ambiente. Nesse aspecto, assemelha-se às respostas de estresse discutidas no Capítulo 13. O desenvolvimento de heterocistos nas cianobactérias, por exemplo, ocorre quando o organismo é privado de nitrogênio fixado, sendo que esporos resistentes formam-se quando uma cultura capaz de produzi-los fica sem nutrientes.

Como a diferenciação procariótica é geralmente reversível, os limites do que deveria ser incluído no termo são vagos. Por exemplo, em certa época a indução enzimática era incluída. Agora o termo é geralmente reservado a mudanças morfológicas distintas.

Quase todas as células que constituem uma planta ou um animal carregam genes idênticos. A compreensão de como elas se diferenciam em tipos claramente diferentes e de como elas se arranjam a fim de desenvolver um organismo completo há muito tem sido um desafio central da biologia experimental. Na verdade, é um desafio muito difícil. Levando em consideração o grande sucesso da revelação dos fundamentos da genética e da bioquímica por meio de estudos com os procariotos (mais amenos à experimentação biológica), a mesma abordagem foi cogitada para a solução dos problemas da diferenciação e do desenvolvimento nos eucariotos. Nesse caso, o valor dos modelos procarióticos mostrou-se um tanto desapontador. Os mecanismos moleculares que medeiam o desenvolvimento nos procariotos diferem daqueles das plantas e dos animais e diferem mesmo entre os próprios procariotos.

A despeito da imensa diversidade da diferenciação e do desenvolvimento procariótico, certos princípios unificadores estão se tornando aparentes, e, dentro dos limites de nosso estado atual do conhecimento, é possível fazer uma generalização: nenhuma arqueobactéria sofre desenvolvimento morfológico, embora as células arqueobacterianas diferenciem-se. Por exemplo, sob o comando de sinais ambientais apropriados, *Halobacterium* spp. altera a estrutura de suas membranas, formando manchas roxas capazes de mediar uma forma simples de fotossíntese. Contudo, nenhuma arqueobactéria sofre mudanças morfológicas prontamente visíveis à medida que passa pela vida: nenhuma forma endósporos; nenhuma forma heterocistos. Todavia, elas conseguem sobreviver e têm feito isso pela existência.

Devemos examinar a diferenciação e o desenvolvimento bacteriano, assim como a vida multicelular, considerando exemplos e observando os temas subjacentes. Certamente, abordagens comuns foram usadas para desvelar os mecanismos moleculares da diferenciação e do desenvolvimento. A técnica de geração de mutantes (ver Capítulo 10) provou ser inestimável a esse empreendimento. Mais recentemente, métodos de alta produção, como a tecnologia de microarranjos, foram proveitosamente empregados. A genômica tornou-se um subsídio importante, porque os genomas da maioria dos organismos-modelo foram sequenciados. O objetivo e a prova final de nossa compreensão desses processos é construir um modelo matemático deles. Isso ainda está muito distante, mas há uma percepção positiva de que acontecerá.

Na década passada, definir os limites da diferenciação bacteriana foi mais complicado. As linhagens bacterianas laboratoriais crescem em cultura como células **planctônicas** (flutuantes) dispersas e são, portanto, amenas à manipulação em estudos bioquímicos, fisiológicos e genéticos. Os microbiologistas começaram a perceber que essas linhagens são variantes domesticadas de linhagens que existem na natureza. A maioria das linhagens laboratoriais foi selecionada, diretamente e como uma consequência inevitável do cultivo laboratorial em longo prazo, por suas características de crescimento convenientes, mas atípicas. Na natureza, contudo, a maioria das bactérias não é planctônica. Em vez disso, como discutido no Capítulo 13, elas se acumulam sobre superfícies sólidas, formando **biofilmes**, os quais, sobre superfícies líquidas, são às vezes denominados películas. Os biofilmes e as películas não são meramente associações aleatórias de células que se mantêm unidas. Muitas se desenvolvem em formas distintivas que são produtos de alguns dos mesmos mecanismos que levam aos exemplos mais distintivos de desenvolvimento discutidos neste capítulo. Por exemplo, as células dos mixococos movem-se, auxiliadas pela mobilidade por contorção, e formam elaborados corpos de frutificação; similarmente, pela mobilidade por contorção, as células de *Pseudomonas aeruginosa* sobem por hastes primordiais e agregam-se nas cabeças globulares das minúsculas estruturas em forma de cogumelo que se desenvolvem em seus biofilmes.

Nas seções seguintes, discutiremos alguns exemplos específicos do desenvolvimento procariótico.

ENDÓSPOROS

Propriedades

Muitos micróbios produzem células denominadas esporos, que são agentes de dispersão. A maioria dessas células, também denominadas **exósporos**, é formada por uma compressão ou constrição das pontas das células filamentosas de fungos e actinomicetos que se projetam no ar. Os exósporos dispersam-se no ar e iniciam um novo crescimento filamentoso em outros lugares. Contudo, algumas espécies de bactérias formam células totalmente diferentes, que também são referidas como esporos. Trata-se dos **endósporos**, assim chamados porque se desenvolvem dentro de outra célula. *Os endósporos são agentes de sobrevivência, e não de dispersão.* Nesse sentido, eles são funcionalmente análogos às células da fase estacionária discutidas no Capítulo 13, embora os endósporos sejam extraordinariamente resistentes. Eles podem sobreviver em um estado metabolicamente inerte por períodos prolongados, certamente centenas de anos, talvez até mesmo milhares. Quando os nutrientes apropriados tornam-se novamente disponíveis, os endósporos rapidamente germinam e tornam-se células vegetativas. Além de serem duradouros, os endósporos são altamente resistentes a extremos de temperatura, radiação, espécies reativas de oxigênio, acidez e alcalinidade. Na verdade, eles são as formas mais resistentes de todas as estruturas biológicas conhecidas. Em razão disso, sua resistência determina os parâmetros dos tratamentos de esterilização. Por exemplo, o tratamento térmico aplicado aos alimentos enlatados é planejado para matar os endósporos bacterianos. Se o tratamento é suficiente para matar endósporos, certamente outras formas de vida microbiana que estão provavelmente presentes também serão eliminadas. Em 2003, contudo, foram descritas espécies hipertermofílicas de Archaea que se desenvolvem em temperaturas letais aos endósporos. Contudo, sua descoberta não precisa alterar os regimes de esterilização em uso para a maioria dos propósitos, porque esses hipertermófilos não crescem em temperaturas moderadas.

Distribuição filogenética

Apesar de sua posição proeminente na microbiologia básica e aplicada, a formação de endósporos é restrita a um punhado de gêneros bacterianos do filo gram-positivo Firmicutes (Tabela 14.1). Isso sugere que a capacidade de produzir endósporos evoluiu somente uma vez, após esse filo ter-se separado.

Tabela 14.1 Gêneros de bactérias que formam endósporos

Gênero	Propriedades
Bacillus	Aeróbios e anaeróbios facultativos; os endósporos mais completamente estudados; inclui importantes espécies patogênicas, por exemplo, o agente do antraz
Clostridium	Anaeróbios; inclui importantes espécies patogênicas, por exemplo, os agentes do tétano, botulismo e gangrena gasosa
Thermoactinomyces	Aeróbios termofílicos; intimamente relacionados a *Bacillus*
Sporolactobacillus	Bactérias do ácido láctico que formam endósporos
Sporosarcina	Cocos aeróbios obrigatórios (os únicos cocos que formam endósporos), com células arranjadas em pacotes de quatro ou oito
Sporotomaculum	Anaeróbios que realizam respiração anaeróbia, usando sulfato como aceptor terminal de elétrons
Sporomusa	Bactérias anaeróbias que formam acetato (acetogênicas)
Sporohalobacter	Bactérias anaeróbias e resistentes a sal do Mar Morto

Formação

A complexa sequência de eventos que leva uma célula vegetativa a se diferenciar em um endósporo foi mais intensivamente estudada usando *Bacillus subtilis* como organismo-modelo. Esse processo, a **esporulação**, é desencadeado pela depleção iminente de qualquer um de vários nutrientes (carbono, nitrogênio ou fósforo), com a condição de que a cultura esteja relativamente densa. O cenário que o desencadeia é extremamente crítico. Se uma célula redirecionasse suas atividades metabólicas à formação de endósporos quando concentrações adequadas de nutrientes ainda estivessem disponíveis, ela desperdiçaria nutrientes preciosos que, de outra maneira, poderiam ter sido usados para o crescimento e a proliferação. Contudo, um problema ainda maior resultaria se o evento fosse desencadeado em um nível de nutrientes baixo demais para o processo de formação de esporos (que requer energia) ser concluído antes que os nutrientes fossem completamente exauridos. Em razão disso, as células que se defrontam com uma privação quase completa de nutrientes são incapazes de formar endósporos, o que evita que fiquem presas em um estado vulnerável em que estão comprometidas com a esporulação, mas ainda não resistentes aos desafios ambientais.

Embora haja pequenas variações significativas entre as espécies, a formação de endósporos ocorre, em todas elas, essencialmente por meio da mesma série de eventos que ocorre em *B. subtilis*, o organismo-modelo usado em tais estudos (Figura 14.1). Primeiro, o nucleoide alonga-se, tornando-se uma estrutura denominada **filamento axial**, que aumenta o comprimento da célula. Em seguida, a célula começa a se dividir pela formação de um septo; mas, em vez de ocorrer no centro da célula (como no caso de todas as divisões celulares vegetativas), esse septo forma-se em um ponto cerca de um quarto de distância a partir de uma das extremidades da célula. Em razão disso, ele é denominado **septo polar**. O produto celular maior dessa divisão assimétrica torna-se a **célula-mãe**, que nutre o esporo em desenvolvimento, e o produto celular menor, o **pré-esporo**, torna-se o esporo verdadeiro. Quando o septo começa a formar-se, apenas cerca de 30% do cromossomo está no lado do pré-esporo; o restante entra no pré-esporo por um mecanismo similar à transferência de DNA que ocorre durante a conjugação (ver Capítulo 10). A célula-mãe comporta-se então como um fagócito, emitindo prolongamentos similares a pseudópodes que envolvem o pré-esporo. Quando as pontas desses prolongamentos encontram-se no outro

A

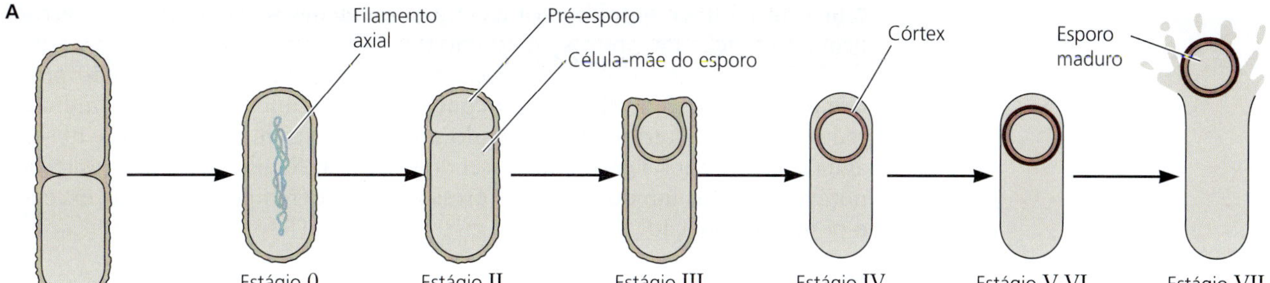

B

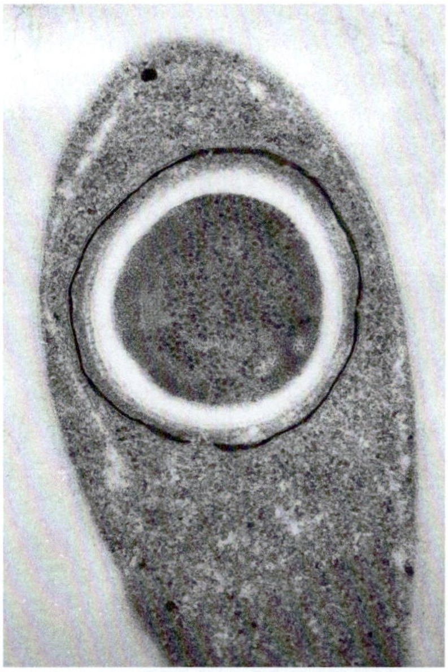

Figura 14.1 **(A)** Estágios no processo de formação de endósporos. **(B)** Uma micrografia eletrônica de uma secção fina de um esporo quase completamente desenvolvido de *Clostridium tetani* (estágios V e VI). O núcleo está quase completamente desidratado e cheio de ribossomos. O córtex e a capa do esporo são claramente visualizados.

lado do pré-esporo, suas membranas citoplasmáticas fundem-se, englobando completamente o pré-esporo. Em seguida, o pré-esporo (como no caso de outras células fagocitadas) é envolvido por duas membranas citoplasmáticas: a sua própria e a da célula-mãe. As superfícies externas das duas membranas estão voltadas uma para a outra. Uma camada espessa, denominada **córtex**, constituída de mureína, é depositada entre as duas membranas. A mureína do córtex difere quanto a várias propriedades químicas daquela da parede celular de células vegetativas. Do lado externo dessas membranas (do ponto de vista do pré-esporo) forma-se uma **capa do esporo** proteica, que pode ser envolvida por uma camada membranosa denominada **exospório**. Durante o processo de ser envolvido por camadas de coberturas protetoras, o pré-esporo modifica-se internamente. Por exemplo, ele sintetiza grandes quantidades de um composto esporo-específico denominado ácido dipicolínico, tornando-se extremamente seco. Finalmente, a célula-mãe sofre lise, liberando o esporo maduro.

Por convenção, o processo de esporulação que acabamos de descrever é dividido em **estágios**, designados de 0, antes que qualquer indício de esporulação seja detectável, a VI, quando o endósporo está maduro (Figura 14.1). Os alelos mutantes que afetam o processo são designados pelo estágio específico no qual o processo é interrompido. Por exemplo, mutações no gene *spo0A* interrompem a formação de esporos no estágio 0.

Um endósporo maduro parece ser completamente inerte. Ele não possui metabolismo detectável. Ele não contém ATP ou nucleotídeos pirimidínicos reduzidos. Seu interior (denominado **núcleo**) é extremamente seco e absorve água somente após a germinação, sendo responsável, talvez, por sua resistência notável ao calor úmido do vapor pressurizado em temperaturas que excedem o ponto de ebulição.

Programação e regulação

A programação genética e a regulação da formação de endósporos foram intensamente investigadas nos últimos 50 anos. Trata-se, sem dúvida, do exemplo mais completamente estudado de diferenciação procariótica.

Como vimos, a limitação da fonte de carbono, nitrogênio ou fósforo de uma cultura inicia a esporulação, se a população for suficientemente densa. A densidade adequada é determinada por uma forma de ***quorum sensing*** (ver Capítulo 13), pela qual o acúmulo de certos peptídeos que cada célula secreta deve aumentar a um limiar crítico antes que a esporulação eficiente possa ocorrer. Todos os sinais que desencadeiam a iniciação da esporulação são percebidos por vários componentes de uma série de reações que levam à fosforilação e, com isso, à ativação de Spo0A, uma proteína de ligação ao DNA. Essa cascata de eventos é denominada **transferência de fosfato (*phosphorelay*) para Spo0A** (Figura 14.2). A Spo0A ativada (Spo0A~P) desempenha um papel central na esporulação; sua concentração intracelular determina quais processos associados à esporulação ocorrem. Na verdade, o controle genético da esporulação pode ser convenientemente dividido em duas partes: (i) como a Spo0A é ativada e, (ii) quando ativada, o que a Spo0A~P faz.

Ativação de Spo0A

A transferência de fosfato para Spo0A é uma cascata de fosforilação relativamente simples, muito parecida às descritas no Capítulo 13: uma **quinase** autofosforila-se e, em seguida, transfere seu grupo fosfato a outra proteína (Spo0F), que, por intermédio de uma fosfotransferase (Spo0B), doa seu grupo fosfato à Spo0A. Embora o sistema de transferência de fosfato para Spo0A consista em uma única rota linear, ele é capaz de perceber vários sinais diferentes de esporulação. Ele é regulado de forma precisa por fatores fisiológicos e ambientais. Seu primeiro componente, a quinase, é na verdade constituído de três proteínas, cada uma das quais é ativada por sinais diferentes, incluindo a depleção quase total de um ou vários nutrientes. O sistema global é adicionalmente regulado e ajustado por três fosfatases que removem grupos fosfato do

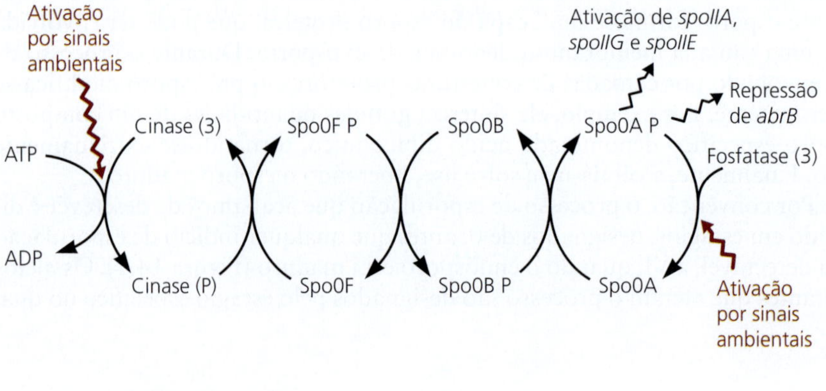

Figura 14.2 O sistema de transferência de fosfato que regula a esporulação e os eventos associados à esporulação em *B. subtilis*. Os sítios de regulação são mostrados em vermelho escuro.

produto final (Spo0A~P) ou de um dos intermediários. Assim, tanto a fosforilação como a desfosforilação agem regulando a concentração interna ótima de Spo0A~P. Tanto as quinases como as fosfatases são ativadas por um sinal específico; assim, essas enzimas respondem a um grande repertório de estímulos ambientais. A esporulação, portanto, pode ser colocada em funcionamento por muitas mudanças diferentes nas circunstâncias ambientais.

Em níveis baixos, a Spo0A~P não está envolvida apenas na esporulação, mas também em outros processos associados à privação de nutrientes. Quando uma célula se defronta com a privação incipiente de nutrientes, ela ainda pode ser capaz de obter nutrientes adicionais e, desse modo, adiar a necessidade de esporulação. Esses processos de busca por alimento associados à privação de nutrientes incluem a formação de antibióticos e toxinas (predação quimicamente mediada?), a indução de competência à transformação (para o uso de DNA externo como alimento?), a ativação de mobilidade e quimiotaxia (para buscar nutrientes?) e a expressão de sistemas de transporte e rotas catabólicas (para utilizar fontes alternativas de nutrientes que possam estar presentes?).

O desencadeamento das reações pelas baixas concentrações de Spo0A~P ocorre indiretamente. Durante o crescimento, quando os nutrientes são abundantes, essas reações são *reprimidas* por AbrB (uma das várias proteínas que controlam esses genes). Posteriormente, quando os sinais de esporulação fazem com que a concentração de Spo0A~P aumente, ela reprime a síntese de AbrB, permitindo assim que as enzimas que catalisam as reações associadas à esporulação sejam formadas.

Atividade de Spo0A~P

Talvez não inesperadamente, as rotas regulatórias que levam à esporulação são muito mais complicadas do que aquelas que controlam a expressão das reações associadas à privação de nutrientes. A esporulação depende de genes que são expressos no momento adequado – alguns imediatamente, para começar o processo, e outros mais tarde, em estágios específicos do desenvolvimento de esporos. Além disso, os genes devem ser expressos no local adequado: alguns dentro da célula-mãe, outros dentro do pré-esporo. Essa expressão diferencial ocorre apesar do fato de a célula-mãe e o pré-esporo serem geneticamente idênticos.

Embora nosso conhecimento a respeito de todos os genes que regulam a esporulação e de como eles interagem esteja longe de ser completo, as linhas gerais do processo estão tomando forma. Os atores centrais são os **fatores sigma** (proteínas que se ligam à RNA polimerase e, desse modo, conferem especificidade a certos promotores [ver Capítulos 8 e 12]). Durante o crescimento vegetativo, um fator sigma designado sigma A (σ^A) é predominante. Após, durante a esporulação, cinco outros fatores sigma são formados, ocasionando a expressão de vários genes de esporos em vários momentos e locais específicos (Tabela 14.2). Esse papel proeminente dos fatores sigma é reminiscente do importante papel desempenhado por σ^S na preparação de células em crescimento à entrada na fase estacionária (ver Capítulo 13).

Quatro desses fatores sigma são sintetizados como proteínas inativas ativadas por clivagem proteolítica no momento e local adequado. A Spo0A~P inicia quatro cascatas independentes que levam à expressão desses fatores sigma.

Esporulação: uma atividade de grupo

Discutiu-se a esporulação como se ela fosse a atividade de uma única célula bacteriana. Na verdade, ela tem sido estudada dessa forma. Já vimos que a esporulação depende do *quorum sensing*, uma atividade de grupo –, mas ainda

Tabela 14.2 Fatores sigma que controlam a expressão dos genes de esporulação

Fator sigma	Gene codificante	Localização	Estágio em que está ativo
σ^H	*sigH*	Esporângio da pré-divisão	0
σ^F	*sigF*	Pré-esporo	II
σ^E	*sigE*	Célula-mãe do esporo	II
σ^G	*sigG*	Pré-esporo	III
σ^K	*sigK*	Célula-mãe do esporo	IV

há mais. As linhagens laboratoriais de *B. subtilis* usadas nesses estudos passaram por um processo de domesticação microbiana em longo prazo, tendo sido selecionadas para o crescimento rápido em meios líquidos. As culturas de tais linhagens laboratoriais crescem como células únicas dispersas. Diferentemente, quase todas as células de culturas mantidas em repouso de linhagens recém-isoladas da natureza migram para a superfície, formando uma **película** espessa e esculpida. Projeções similares a dedos estendem-se a partir da película, e esporos formam-se em suas pontas. Tais estruturas assemelham-se aos corpos de frutificação dos fungos e, possivelmente, oferecem uma vantagem seletiva similar: elas podem auxiliar na dispersão.

Embora os estudos de linhagens laboratoriais tenham revelado uma riqueza de informações sobre a esporulação, eles não captaram, por um longo tempo, o fato de que as bactérias que formam esporos constituem comunidades que se comportam como organismos multicelulares.

DESENVOLVIMENTO DE *CAULOBACTER CRESCENTUS*

Um grupo de bactérias **prostecadas** (uma prosteca é um apêndice) é **dimórfico** (o que significa que possui duas formas). Quando uma célula desse tipo de organismo divide-se, os dois produtos da divisão diferem tanto em relação à aparência quanto ao comportamento. Essas bactérias passam por um ciclo de desenvolvimento que é essencial a sua reprodução.

No caso de *Caulobacter crescentus*, a bactéria dimórfica prostecada mais completamente estudada (Figura 14.3), um dos produtos da divisão, denominado **célula móvel**, é móvel por meio de um flagelo polar, e o outro produto é imóvel ou séssil. A célula imóvel porta uma prosteca polar, chamada de **talo**, porque ela normalmente ancora a célula a uma superfície sólida por meio de um órgão terminal de fixação denominado **gancho**. Tanto o talo como o flagelo estão localizados no polo "velho" da célula (em oposição ao polo "novo" formado pela divisão). Praticamente qualquer superfície servirá à fixação de *Caulobacter*, como, por exemplo, uma pedra em um pequeno lago ou a torneira de uma pia.

Uma célula-talo (também denominada célula pedunculada) continua a dividir-se, produzindo a cada ciclo uma nova célula móvel, que nada ativamente para longe por meio de seu flagelo polar. Entretanto, isso é quase tudo o que uma célula móvel recém-formada pode fazer. Ela não pode replicar o DNA ou dividir-se – não até que se diferencie e se torne uma célula-talo, que, como sua célula-mãe, é capaz de se dividir e produzir mais células móveis. As células móveis, que também são quimiotáticas, são evidentemente agentes de dispersão: elas abandonam a célula-mãe pedunculada a que está grudada e podem colonizar áreas com novas fontes de nutrientes.

O ciclo celular

Antes de poder reproduzir-se, cada célula móvel passa por uma sequência de desenvolvimento altamente estruturada; no total, o processo leva cerca de 150

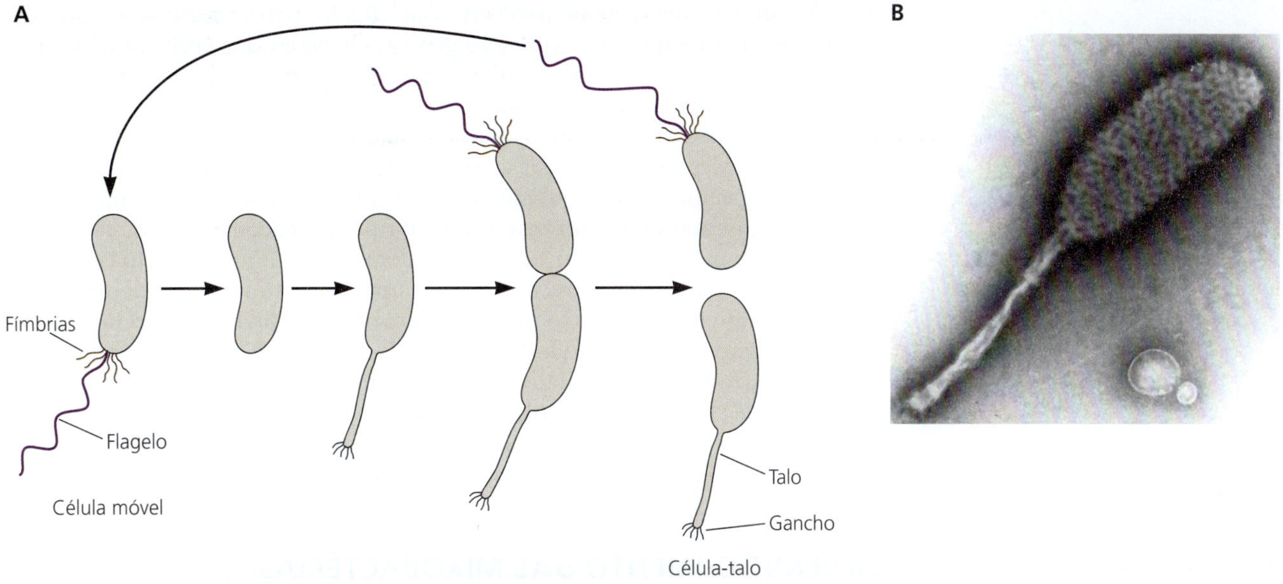

Figura 14.3 ***Caulobacter crescentus*.** **(A)** Ciclo de vida; **(B)** fotomicrografia.

minutos a 30 °C (Figura 14.3). Durante aproximadamente os primeiros 15 minutos, uma célula móvel nada quimiotaticamente. Em seguida, ela desmantela suas características distintivas de célula móvel: perde seu flagelo, junto com suas fímbrias vizinhas, e degrada seu aparelho de quimiotaxia (que está localizado no mesmo polo). Após, ela replica o DNA e sintetiza um talo e um gancho. Em 110 minutos, ela começa a dividir-se e produz uma nova célula móvel.

A sequência de desenvolvimento da célula móvel é morfológica e bioquimicamente elaborada. Durante todo o processo, genes são ligados e desligados, e componentes celulares são degradados. Cerca de um quinto dos genes de *Caulobacter* são ativados ou reprimidos em momentos distintos durante o ciclo celular.

Controle genético do desenvolvimento

O ciclo celular de *Caulobacter* possui duas características particularmente distintivas. Uma é a forte influência da polaridade celular. Como tem sido ressaltado por estudiosos da diferenciação e do desenvolvimento bacteriano, as células bacterianas são inerentemente assimétricas, algumas mais obviamente do que outras. *Caulobacter* com certeza pertence ao grupo das extremamente assimétricas. A maioria dos eventos significativos no desenvolvimento de *Caulobacter* – a formação dos flagelos, das fímbrias, do aparelho quimiotático e do talo que porta o gancho – ocorre no polo velho da célula. A célula parece ser compartimentalizada, embora não haja membranas internas definindo compartimentos separados. Contudo, os métodos de marcação de proteínas (como a marcação com a proteína fluorescente verde) mostram que certos constituintes celulares, incluindo proteínas regulatórias, acumulam-se em locais intracelulares específicos. Na verdade, a localização das moléculas regulatórias é essencial ao desenvolvimento espacialmente diferenciado. A base detalhada de tal localização permanece obscura, mas sabe-se que opera por um método de "difusão e captura": as moléculas movem-se rapidamente por difusão através da célula e são capturadas por um componente celular no polo.

A outra característica distintiva é o ligamento e o desligamento, programados de forma precisa, da biossíntese dos componentes celulares – de fato, eles são surpreendentemente precisos. *Caulobacter* parece seguir uma política "exatamente a tempo" da expressão gênica. Os genes que codificam componentes de estruturas e funções celulares específicas – por exemplo, a biossíntese flagelar e os sistemas de quimiotaxia associados – são expressos exatamente antes que seus produtos sejam usados. Da mesma forma, quando não são mais necessários, esses sistemas e seus componentes são rapidamente destruídos por proteases específicas, que também são sintetizadas exatamente a tempo.

Várias cascatas de fosfotransferases, do tipo que encontramos na formação de esporos, também parecem ser controladores dominantes do ciclo celular de *Caulobacter*. Cada uma parece controlar um conjunto modular de proteínas que funcionam em conjunto e interagem executando uma função celular específica. As ligações regulatórias "conversam" com vários módulos e atuam em sua sincronização. Um regulador de resposta específico, a proteína CtrA, é o regulador mestre. No desenvolvimento de *Caulobacter*, ele desempenha um papel paralelo ao de Spo0A na esporulação. Direta ou indiretamente, ele controla cerca de um quarto dos genes que são regulados no ciclo celular.

DESENVOLVIMENTO DAS MIXOBACTÉRIAS

As mixobactérias são um grupo de proteobactérias da classe *Deltaproteobacteria*. Como parte integral de seu ciclo de vida, as mixobactérias passam por um elaborado processo de diferenciação (Figura 14.4).

As células individuais desses organismos aeróbios e em grande parte terrestres reúnem-se em agregados que se movem via **mobilidade por deslizamento** sobre superfícies sólidas, matando e consumindo outras células microbianas em seu caminho. Não admira que eles tenham sido chamados de alcateias de lobos. Os agregados não são seletivos: eles devoram fungos filamentosos, leveduras e protozoários, assim como outras bactérias. Sendo procariotos, as mixobactérias são incapazes de ingerir sua presa. Em vez disso, elas secretam antibióticos e enzimas que matam e lisam as células, junto com outras enzimas que decompõem as macromoléculas liberadas. Em seguida, elas absorvem as moléculas pequenas resultantes; sua nutrição é primariamente com base em aminoácidos. Esse modo de matar e consumir outras células microbianas depende da ação em grupo: somente combinando seus recursos é que as células mixobacterianas podem criar um ambiente suficientemente rico em enzimas líticas e mediar o processo. Na verdade, culturas diluídas de mixobactérias não são capazes de metabolizar nem mesmo a proteína caseína, embora culturas mais densas possam facilmente decompô-la e utilizar os aminoácidos que são liberados.

Quando a presa torna-se escassa (o que é sinalizado pelo esgotamento quase total de aminoácidos em seu ambiente), o ciclo de desenvolvimento começa. As células individuais trocam da mobilidade "aventurosa" (A) à "social" (S), que possui um componente da mobilidade por contorção orientada por fímbrias (ver Capítulos 2 e 3). As células ficam mais intimamente empacotadas em "centros de agregação". Em seguida, elas empilham-se umas em cima das

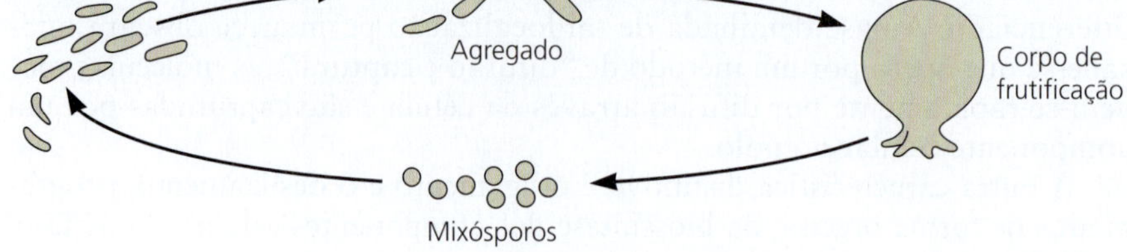

Figura 14.4 Ciclo vital de *M. xanthus*.

outras e, ao fazerem isso, constroem um **corpo de frutificação**, que em algumas espécies pode ter quase um milímetro de altura. Os corpos de frutificação não são pilhas casuais de células; eles possuem forma e tamanho definidos, característicos da espécie particular que os produz (Figura 14.5). Nas pontas desses corpos de frutificação formam-se **esporangíolos** (estruturas globulares que contêm esporos). À medida que eles formam-se, cerca de metade das células em seu interior sofre lise, e os materiais liberados são usados pelas sobreviventes, que se tornam células de repouso resistentes denominadas **mixósporos**. Embora não tão robustos como os endósporos, eles sobrevivem consideravelmente mais ao calor, à radiação ultravioleta e à dessecação que as células vegetativas. Sabe-se que eles sobrevivem por 15 anos em solos armazenados à temperatura ambiente. Quando as condições tornam-se favoráveis, os mixósporos germinam, iniciando um novo ciclo de crescimento.

Os corpos de frutificação de várias mixobactérias são bastante diversos quanto à forma (Figura 14.5). Os de *Myxococcus xanthus*, a mixobactéria mais completamente estudada, são bastante simples, consistindo em um esporangíolo em forma de cúpula. Ao contrário, os de *Stigmatella* spp., normalmente encontrados no córtice da madeira em decomposição, são formados de forma elaborada e ricamente coloridos. Essas estruturas, de cor laranja brilhante, consistem em vários esporangíolos, cada um dos quais se situa na ponta de um caule ramificado.

A função dos mixósporos é clara. Eles permitem que as mixobactérias sobrevivam a períodos de privação de nutrientes e a condições severas, mas qual é a vantagem seletiva de seu agrupamento em um esporangíolo elevado? A maioria dos estudiosos de mixobactérias especula que existam duas vantagens. Primeiro, o esporangíolo é provavelmente um agente de dispersão. Vermes ou insetos que se movem em direção a um ambiente mais rico em nutrientes podem carregar o esporangíolo junto e levá-lo a um local novo, que não foi exaurido de células microbianas. Igualmente, o fato de os mixósporos estarem reunidos em um grupo dentro do esporangíolo assegura que a germinação dará origem a uma comunidade de células; isso é importante, pois, como vimos, a alimentação dos mixococos é um esforço coletivo.

Regulação do desenvolvimento

Como o ciclo de desenvolvimento das mixobactérias depende em maior escala da interação entre grupos de células do que da diferenciação de indivíduos,

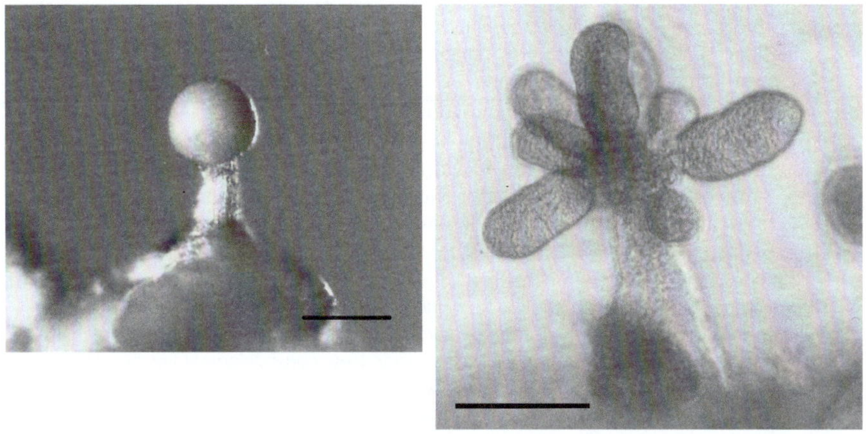

Figura 14.5 Os corpos de frutificação das mixobactérias variam em complexidade, do tipo relativamente simples de *Myxococcus stipitatus* (A) até a estrutura elaborada produzida por *Stigmatella aurantiaca* (B). Barras, 50 μm.

provavelmente não é de se surpreender que a sinalização de célula a célula oriente o processo.

Durante o desenvolvimento, em momentos apropriados, as células de *M. xanthus* produzem no mínimo cinco sinais moleculares (designados A, B, C, D e E) que orientam e coordenam o processo. Alguns, mas não todos, desses sinais intercelulares foram quimicamente identificados. Por exemplo, o sinal A, produzido quando as células percebem a privação de nutrientes, é uma mistura de aminoácidos e peptídeos. O sinal C é uma mistura de duas proteínas. A identidade do sinal B permanece desconhecida. A descoberta desses sinais moleculares e da existência daqueles que não foram quimicamente caracterizados depende de evidências genéticas. Uma linhagem que é isoladamente incapaz de iniciar ou completar o ciclo de desenvolvimento pode fazê-lo quando misturada a células selvagens (ou células de outros tipos de mutantes defectivos quanto ao desenvolvimento).

OUTRAS BACTÉRIAS QUE SOFREM DIFERENCIAÇÃO E DESENVOLVIMENTO

Muitas outras bactérias diferenciam-se e sofrem desenvolvimento. Algumas das mais estudadas de forma completa estão listadas na Tabela 14.3.

É possível que *Nostoc punctiforme* e outras cianobactérias relacionadas conquistem o recorde de diferenciação entre os procariotos (Figura 14.6). Aqui estão os tipos de diferenciação que ela sofre:

1. Após o sinal de limitação de nitrogênio, as células dentro de um filamento diferenciam-se e tornam-se especializadas na fixação de nitrogênio, sendo denominadas **heterocistos.** Elas são induzidas a sintetizar a nitrogenase, que é protegida da destruição por oxigênio pela degra-

Tabela 14.3 Alguns exemplos bem estudados de diferenciação e desenvolvimento bacteriano

Grupo	Exemplo	Diferenciação e desenvolvimento
Actinobactérias	*Streptomyces coelicolor*	Forma micélios tanto aéreos como do substrato. Forma exósporos nas extremidades do micélio aéreo.
Cianobactérias	*Nostoc punctiforme*	Forma heterocistos fixadores de nitrogênio. Forma células de repouso denominadas acinetos. Produz grupos de células migrantes denominados hormogônios. Forma relações simbióticas de fixação do nitrogênio com certas plantas, samambaias e briófitas.
Firmicutes	*Bacillus subtilis*	Forma endósporos principalmente nas extremidades de protuberâncias que se estendem a partir de películas sobre superfícies líquidas.
Mixobactérias	*Myxococcus xanthus*	Células individuais móveis que, quando se alimentam, agregam-se e desenvolvem-se em corpos de frutificação que formam mixósporos dentro de si, os quais podem germinar e formar novas células.
Bactérias pedunculadas	*Caulobacter crescentus*	As células-talo dividem-se, produzindo uma célula-talo e uma célula móvel, que se desenvolve e se torna uma célula-talo.
Muitos tipos de bactérias	*Proteus mirabilis*	Grupos de células migram por agregação, quando células individuais diferenciam-se em células (até 50) multiflageladas alongadas (20 a 80 μm de comprimento) que se movem em conjunto; após, elas desdiferenciam-se na forma celular original.
Clamídeas	*Chlamydia trachomatis*	Sofre um ciclo de desenvolvimento obrigatório no qual um corpo elementar infeccioso e metabolicamente inativo penetra, por fagocitose, em uma célula hospedeira; dentro do vacúolo fagocítico, ele diferencia-se em um corpo reticulado não infeccioso e metabolicamente ativo, que se multiplica e preenche a célula. Os corpos reticulados desdiferenciam-se, tornando-se corpos elementares que são liberados quando a célula hospedeira é lisada.
Fixadores de nitrogênio endossimbióticos	*Sinorhizobium meliloti*	As células bacterianas de vida livre penetram nos pelos da raiz de plantas leguminosas através de um tubo de infecção, diferenciando-se em bacteroides fixadores de nitrogênio dentro de um nódulo formado pela planta; os bacteroides são capazes de se desdiferenciarem, tornando-se células bacterianas de vida livre.

dação de seu fotossistema II (que gera oxigênio) e pela formação de uma parede espessa e impermeável ao oxigênio em torno das células.

2. Em condições de limitação nutricional, algumas células no filamento diferenciam-se e tornam-se **acinetos**, células de repouso resistentes. Ao passo que as células vegetativas permanecem viáveis por aproximadamente 2 semanas em um estado escuro e seco, os acinetos podem sobreviver por 5 anos.
3. O filamento cianobacteriano também pode diferenciar-se e formar agentes de dispersão denominados **hormogônios** – extensões curtas de células menores que são capazes de mover-se por deslizamento; as células terminais no hormogônio desenvolvem extremidades salientes características.
4. Ao receberem um sinal químico apropriado de certas plantas, samambaias ou briófitas, os hormogônios migram em direção a elas, entram em cavidades formadas pelo hospedeiro e diferenciam-se, formando uma massa de heterocistos fixadores de nitrogênio.

Certamente esse sistema de diferenciação elaborado ainda desafiará os microbiologistas por um certo tempo.

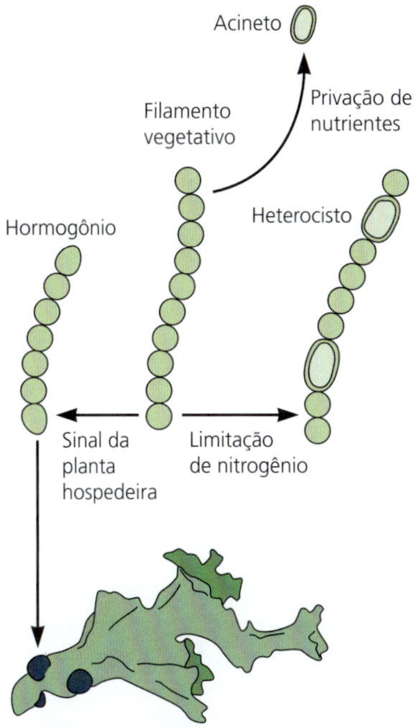

Figura 14.6 Padrões de diferenciação de *N. punctiforme*.

RESUMO

As bactérias certamente não são apenas criaturas unicelulares que crescem e se dividem. Muitas possuem a capacidade notável de diferenciar-se e sofrer desenvolvimento, e a esmagadora maioria vive conjuntamente em grupos multicelulares, como biofilmes ou películas. O domínio heterogêneo dos procariotos é rico em propriedades biológicas, que estão além das descritas aqui; examinaremos este grupo notavelmente diverso de organismos no próximo capítulo.

TESTE SEU CONHECIMENTO

1. Que característica os heterocistos (nas cianobactérias) e as células-mãe do esporo (em *Bacillus*) compartilham?
2. Estabeleça as diferenças entre endósporos e exósporos em relação à formação e à função.
3. Quantas membranas envolvem o pré-esporo? Qual é sua origem?
4. Como é possível que vários sinais ambientais diferentes regulem a única rota que leva à formação de Spo0A~P?
5. Como as células móveis e as células-talo de *Caulobacter* diferem morfológica e funcionalmente?
6. Há evidência de compartimentalização funcional dentro de uma célula-talo de *Caulobacter*? Qual?
7. Que vantagem seletiva é conferida às mixobactérias que se agregam em virtude da sua capacidade de secretar antibióticos e também enzimas letais e líticas?
8. Que vantagens seletivas são conferidas pela capacidade das mixobactérias de produzir mixósporos?

parte VI diversidade

micróbios procarióticos

capítulo

15

INTRODUÇÃO

Na Parte I, tratamos de fisiologia microbiana, um estudo que, por sua natureza, busca generalizações que se apliquem por todo o mundo microbiano; seu objetivo é a unidade. Agora, mudaremos dramaticamente e enfocaremos a diversidade microbiana. Neste capítulo, começaremos com a diversidade dos procariotos e, em seguida, nos capítulos subsequentes, continuaremos com os micróbios eucarióticos e os vírus. Como veremos, não há dúvida de que a maior diversidade, ainda que não inteiramente catalogada, é encontrada entre os procariotos.

ORDENANDO A DIVERSIDADE PROCARIÓTICA

Como se obtém coerência e um senso de ordem em meio ao mar de informações tão vastas como nosso conhecimento atual dos inúmeros tipos de procariotos existentes? Certamente desde Aristóteles, e provavelmente bem antes, os humanos ocuparam-se da mesma abordagem geral de dar sentido à diversidade aparentemente desconcertante: identificar grupos de indivíduos que se assemelham uns aos outros e reuni-los em conjuntos maiores por meio da busca de similaridade entre os vários grupos. Dessa maneira, simplificamos a questão ao enfocar um número mais manejável de grupos em vez de números muito grandes de indivíduos. Desde então, temos aplicado essa abordagem à diversidade biológica, que é um caso especial porque foi guiada por paradigmas predominantes: inicialmente, pelo conceito de cada espécie ser um ato especial de criação e, posteriormente, pelos princípios da evolução.

Os procariotos, os fungos e os protistas são agrupados sob o termo abrangente "micróbios" porque são pequenos (embora, como já vimos, haja exceções). Contudo, o compartilhamento da característica de pequeno tamanho não indica relações de parentesco **filogenéticas** (evolucionárias), e nem o pequeno tamanho é incomum. Os microrganismos – normalmente definidos como criaturas invisíveis a olho nu (isto é, menores que aproximadamente 100 micrômetros [μm]) – ocorrem em todos os três domínios biológicos: Eukarya, Bacteria e Archaea. Os dois domínios procarióticos, Bacteria e Archaea, são principalmente compostos de organismos que se enquadram na definição de micróbio.

A frustração e mudanças frequentes de direção têm caracterizado a história da classificação dos microrganismos (Figura 15.1). A morfologia complexa e um suprimento abundante de fósseis – tão críticos à classificação tradicional das plantas e dos animais – são esparsamente disponíveis aos micróbios, em especial aos procarióticos. Nas etapas iniciais em que se tratou da diversidade procariótica, durante os séculos XVII e XVIII, mesmo o reconhecimento de micróbios individuais como entidades distintas provou ser difícil e controvertido. Como a abundância relativa de vários micróbios em populações naturais rapi-

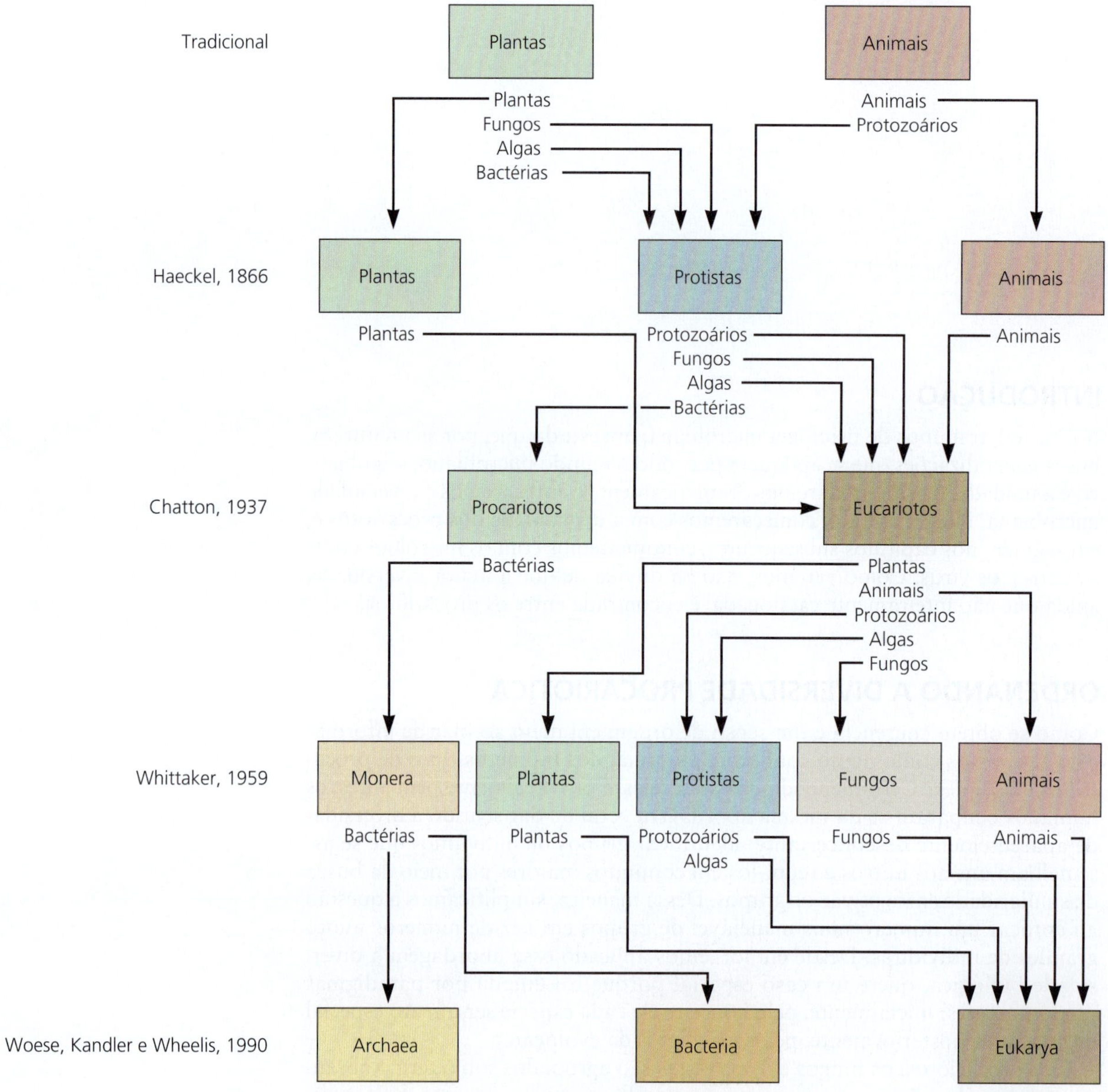

Figura 15.1 Evolução dos principais esquemas de classificação dos organismos.

damente muda à medida que eles alteram seu microambiente por suas próprias atividades metabólicas, os microscopistas interpretaram mal a progressão de formas que viam, enquanto observavam um ambiente específico, como sendo etapas do ciclo de vida de um micróbio individual, um fenômeno que denominaram **polimorfismo**. Na época, alguns biólogos concluíram que todos os micróbios pertenciam a uma única espécie.

A concepção errônea de polimorfismo foi desafiada no século XIX, quando os microbiologistas começaram a trabalhar com **culturas puras** (clones derivados de uma única célula), e desapareceu abruptamente quando Robert Koch (um médico alemão que se tornou microbiologista) desenvolveu métodos simples de estudá-las, como cultivá-las em placas de ágar. Então, tornou-se aparente que há um número muito vasto de diferentes tipos de procariotos, cada um com uma característica morfológica que (com algumas exceções, como aquelas que consideramos no Capítulo 14) não se altera muito durante o crescimento e o desenvolvimento. Os estudos florescentes de culturas puras levaram a novos dogmas: procariotos específicos são distintos quanto à morfologia, à fisiologia e (se forem patógenos) à doença que causam. Eles não se alteram. Embora os novos dogmas exagerassem a estabilidade genética dos microrganismos, eles encorajaram a pesquisa rumo à distinção de vários tipos de procariotos e, portanto, à necessidade de nomeá-los e classificá-los. O sistema binomial lineano de nomes latinizados para o gênero e a espécie, que há muito havia sido usado para nomear as plantas e os animais, foi adotado.

ESPÉCIE PROCARIÓTICA

Como a espécie é a unidade fundamental da classificação biológica, um significado consensual é crucialmente importante. Todos os **táxons superiores** – gênero, família, ordem, etc. – são prontamente reconhecidos como sendo construções humanas, mas a *espécie* mantém um *status* conceitual especial. Para Carolus Linnaeus (1707-1778), o fundador da taxonomia moderna, que se ocupou unicamente com plantas e animais, o conceito era claro como água: as espécies são grupos distintos de "indivíduos que genuinamente se reproduzem, são imutáveis e foram criados como tais". A descoberta da evolução na metade do século XIX e dos princípios da genética no início do século XX exigiu novas definições. Possivelmente a mais influente delas veio em 1942, com o **conceito biológico de espécie** de Ernst Mayr, a saber, "um grupo de populações que de fato ou potencialmente se entrecruzam". Na definição de espécie eucariótica de Mayr e da maioria das outras do século XX, a ideia de um grupo que se reproduz é dominante. Ela é responsável pela similaridade dos membros de uma espécie particular (porque eles entrecruzam-se) e sua deriva dos membros de outras (porque eles não podem entrecruzar-se).

15.1 *Várias definições de espécie.*

Tais definições com base em grupos que se reproduzem funcionam bem para a maioria das espécies animais e um pouco menos para as espécies de plantas e protistas, mas não têm absolutamente nenhuma relevância aos procariotos. Os procariotos não possuem grupos que se reproduzem porque sua reprodução é assexuada. Eles trocam genes por uma série de vários mecanismos, e normalmente tal intercâmbio é restrito a grupos relacionados, mas a reprodução nunca depende de tais trocas (ver Capítulo 10). Livres das restrições impostas pela dependência da reprodução para as trocas genéticas, pode-se esperar que os procariotos, por meio de mutações, tenham-se desenvolvido em um vasto *continuum* de indivíduos, cada um ligeiramente diferente do outro. Contudo, a experiência mostra que, na verdade, grupamentos de indivíduos similares efetivamente existem entre os procariotos. Os microbiologistas chamam esses grupamentos de **espécies**, nomeando-as com o sistema binomial lineano. Os nomes resultantes, como *Escherichia coli* ou *Pseudomonas aeruginosa*, por exemplo, são de fato descrições úteis de grupamentos procarióticos.

Eles rapidamente nos informam quais propriedades são provavelmente compartilhadas por um grupo de **linhagens** (isolados individuais ou variantes genéticas). Podemos nos perguntar, contudo, por que há agrupamentos similares a espécies de procariotos. Mayr tratou dessa questão com respeito a todos os organismos ao perguntar "por que a variabilidade genética total da natureza [está] organizada na forma de pacotes discretos denominados espécies". Ele sugeriu que elas compartilham um "complexo de genes que está especificamente adaptado a uma situação ecológica particular".

No entanto, como se devem definir as espécies procarióticas a fim de identificar seus membros? A abordagem mais antiga era identificar um pequeno número de características-chave *definidoras* (p. ex., a capacidade de fermentar lactose enquanto produzindo ácido e gás, que era uma das definições de *E. coli*) que são compartilhadas por membros do grupo. Contudo, a confiança em tais caracteres, especificamente um pequeno número deles, traz riscos óbvios: eles alteram-se prontamente por meio de mutações. A associação de um membro em uma espécie não deveria depender de um único evento mutacional.

Posteriormente, uma abordagem oposta, denominada **taxonomia numérica**, foi favorecida. Ela envolvia a determinação de **índices de similaridade** entre várias linhagens, calculados a partir de um grande número de características fenotípicas "mais" ou "menos", por exemplo, produz ou não produz esporos. Normalmente, considerava-se que as linhagens que compartilham um coeficiente de similaridade maior que 70% constituem uma espécie.

Atualmente, a definição geralmente aceita de espécie procariótica é em grande parte com base na similaridade dos DNAs de seus membros, embora uma distinção fenotípica clara de outras espécies também seja necessária. Os limites de espécie procariótica que a maioria dos taxonomistas microbianos atualmente aceita são 70% ou mais de relações de parentesco DNA-DNA (como determinado pela formação de DNA híbrido com uma mudança na temperatura de fusão [ΔT_m] de menos de 5 °C) e menos de 5% de diferença na porcentagem molar de G+C entre os membros de uma espécie. Embora deva-se admitir que seja altamente arbitrária, a definição provou ser prática e útil.

15.2 *Uma discussão da definição de espécie com base em genomas.*

Recentemente, com o advento de métodos de levantamento de populações microbianas não cultivadas pelo isolamento e sequenciamento de DNA do ambiente, a definição de espécie microbiana tornou-se mais complicada. Em tais amostras, a hibridização de DNA-DNA não é possível, porque normalmente apenas uma porção do genoma é recuperada. Refletindo essas complicações, alguns pesquisadores da área usam o termo **filotipo** ou **espécie genômica** em vez de espécie, normalmente definindo-a como um grupo com 94% de identidade de sequência entre os genes de seus membros.

EXTENSÃO DA DIVERSIDADE PROCARIÓTICA

A despeito do conjunto robusto de métodos atualmente disponíveis para o estudo dos procariotos, a extensão completa de sua diversidade permanece em grande parte desconhecida. Há procariotos em todos os lugares, e sabemos pouco ou nada sobre a maioria deles. Apenas aproximadamente 5.000 espécies procarióticas foram descritas (em comparação com, por exemplo, aproximadamente meio milhão de espécies de insetos). Deve existir um número muitas vezes maior de tipos de procariotos. Alguns microbiologistas estimam que 10 milhões de espécies seria uma estimativa mais precisa da diversidade de procariotos. Certamente, a extensão potencial da diversidade procariótica é enorme, porque existem muitos deles. Eles foram sujeitos a uma variedade imensa de pressões seletivas, porque se desenvolvem em todos os ambientes que sustentam a vida na Terra, mesmo aqueles por demais hostis para sustentar outras formas de vida. Estimativas confiáveis calculam que a quantidade total de carbono nos procariotos é quase tanto quanto o total existente nas plantas (e as plantas individuais são, é claro, muito maiores que um micróbio), que o conteúdo total de fósforo é dez vezes maior que a quantidade coletiva nas plantas e que o número total de suas células chegue a perturbadores 4×10^{30} a 6×10^{30}. Conjuntamente, eles pesam mais de 50 quatrilhões de toneladas métricas! Essa população gigantesca, acoplada a uma capacidade de multiplicação rápida e sua ubiquidade, constitui um reservatório de imensa variação genética entre os procariotos. Isso significa que deve existir um vasto número de espécies procarióticas.

Por que, então, apenas uma fração tão pequena dos procariotos foi reconhecida e estudada? Há muitas razões. Em nível técnico, poderíamos citar a enorme variação genética entre linhagens individuais normalmente agrupadas em uma única espécie procariótica – muito maior que aquela encontrada dentro do táxon "família" dos animais. De fato, muitas espécies, gêneros ou famílias eucarióticas teriam de ser abrangidas para corresponder à diversidade dentro do que designamos uma única espécie de procarioto. Pelos critérios usados com os procariotos, os humanos e os vermes estariam dentro da mesma espécie! Contudo, outros fatores são mais significativos e importantes. Com pouquíssimas exceções, a simples visualização de um procarioto não é suficiente para identificá-lo. O cultivo da maioria dos procariotos, a condição *sine qua non* para caracterizá-los e, por convenção, nomeá-los (podem-se atribuir somente nomes tentativos, precedidos por "*Candidatus*", às espécies não cultivadas), pode ser bastante difícil. A partir de muitos ambientes, somente 1% ou tanto do número de células aparentemente viáveis e visíveis por microscopia podem atualmente ser cultivadas. Contudo, essa é uma área de pesquisa ativa, e muitos avanços vêm sendo relatados. Muitas bactérias e arqueobactérias previamente incultiváveis têm sido induzidas a formar colônias em placas de ágar ou crescer em meios líquidos. O segredo parece ser a paciência – são necessárias semanas ou meses para que o crescimento apareça – e o cuidado com as condições nutricionais. Assim, muitas bactérias marinhas não crescem em meios nutricionalmente ricos, requerendo uma "sopa fina" similar àquela encontrada na água do mar.

15.3 *Estratégias para o cultivo de micróbios previamente não cultivados.*

Por ora, as sondas moleculares contam uma história similar. Por exemplo, o uso de sondas na análise de genes que codificam RNA de massas de células coletadas em mar aberto revela a presença de um grande número de Archaea que ninguém havia ainda sido capaz de cultivar. Curiosamente, a maioria dos patógenos que infecta os humanos, os animais e as plantas (embora haja exceções dramáticas, como, por exemplo, *Mycobacterium leprae*) pode ser cultivada com relativa facilidade. Uma explicação para o fato de os patógenos serem cultiváveis pode ser que muitos deles devem ter a capacidade de crescer em cultura quase pura; eles fazem isso quando infectam seus hospedeiros.

Podemos então perguntar por que se provou ser tão difícil cultivar tantos dos procariotos que florescem na natureza. Para realizar isso, é apenas necessário reproduzir no laboratório o ambiente químico e físico que sustenta seu crescimento, mas isso nem sempre é fácil, por numerosas razões. Na natureza, por exemplo, os **consórcios** (grupos independentes de indivíduos) nutricionais interdependentes de procariotos são comuns. Um micróbio em tal consórcio pode depender de um suprimento contínuo, em concentrações muito baixas, de produtos finais produzidos por um vizinho íntimo. Por sua

Tabela 15.1 Algumas funções metabólicas mediadas somente pelos procariotos

Nome	Conversão
Fixação do nitrogênio	N_2 a amônia
Desnitrificação	Nitrato a N_2
Anamox	Conversão anaeróbia de amônia e nitrito a N_2
Nitrificação	Amônia a nitrito e nitrito a nitrato
Redução de TMAO	*N*-óxido de trimetilamina (TMAO) a trimetilamina
Redução de sulfato	Sulfato a sulfeto
Redução de arsenato	Arsenato a arsenito

vez, o produtor pode ser dependente da capacidade de seu vizinho de constantemente usar seus produtos finais. Tal situação ocorre no consórcio "*Methanobacillus omelianskii*", que outrora acreditava-se ser um único procarioto que podia crescer em cultura pura ao converter etanol e CO_2 em metano. Na verdade, "*M. omelianskii*" provou ser uma mistura de duas espécies de procariotos, sendo que nenhuma das duas pode crescer isoladamente em uma mistura de etanol e CO_2. Uma espécie pode crescer ao produzir H_2 a partir de etanol, mas o equilíbrio da reação é capaz de sustentar o crescimento somente se o hidrogênio for mantido em uma concentração extremamente baixa, o que a segunda espécie realiza ao utilizá-lo tão rapidamente quanto é produzido. A segunda espécie recolhe o H_2 produzido pela primeira, usando-o para reduzir CO_2 a metano.

Em outros casos, o crescimento em consórcios é provavelmente necessário ao estabelecimento de concentrações de O_2 que sustentam o crescimento ou ao suprimento de níveis constantes de metabólitos necessários, mas instáveis, como, por exemplo, H_2S na presença de O_2. As espécies da bactéria *Beggiatoa*, por exemplo, derivam sua energia metabólica pela metabolização desses gases incompatíveis. Na natureza, elas localizam-se em uma interface onde os dois gases encontram-se, onde o H_2S (microbianamente produzido) difunde-se em direção a elas de um sentido e o oxigênio do outro (ver Capítulo 13). Tais condições poderiam ser estabelecidas no laboratório, mas isso não é fácil. É claro, deve haver razões que ainda não entendemos para a existência de certos consórcios. Aqueles microbiologistas que foram muito bem-sucedidos no cultivo de procariotos recalcitrantes atribuem a maioria de suas realizações a métodos que fornecem substratos em concentrações extremamente baixas e à percepção de que alguns micróbios só crescem muito lentamente na natureza. Esses microbiologistas estão preparados para esperar semanas ou meses para que suas culturas produzam uma colônia visível sob um microscópio de dissecação. Tais abordagens aumentaram, apreciavelmente o número de micróbios que podem ser cultivados de certos ambientes de menos de 1% a aproximadamente 7%, por exemplo. Todavia, o cultivo da imensa maioria dos micróbios que existem na natureza continua sendo um importante objetivo e um grande desafio.

A diversidade metabólica – especificamente com respeito às suas reações de abastecimento – é a marca característica dos procariotos (ver Capítulo 6). Esses inovadores metabólicos são exclusivamente capazes de realizar uma lista impressionante de conversões químicas, algumas das quais são essenciais à continuidade da existência de todas as outras formas de vida (Tabela 15.1). Por exemplo, até o século XX, quando nós, humanos, aprendemos como realizar o processo industrialmente, somente os procariotos eram capazes de converter o dinitrogênio atmosférico no íon amônio, a forma fixada de nitrogênio que flui direta ou indiretamente nos metabolismos de todos os organismos. Igualmente, apenas os procariotos são capazes de realizar os processos reversos, a **desnitrificação** e a **oxidação anaeróbia de amônia** (**anamox**, de *anaerobic ammonium oxidation*), pelos quais o nitrogênio fixado é reconvertido em dinitrogênio (ver Capítulo 18). Tal reconversão também é um processo essencial que sustenta a vida, porque, do contrário, todo o nitrogênio fixado se acumularia nos oceanos. Ele acumula-se nos oceanos porque, como discutiremos no Capítulo 18, sais altamente solúveis contendo nitrogênio entram nos sistemas de rios e fluem ao mar. Somente pelo retorno do nitrogênio à atmosfera é que a fixação do nitrogênio pode novamente fornecer esse nutriente essencial às massas de terra do planeta. Os detalhes bioquímicos desses processos exclusivamente procarióticos foram

15.4 *Descobrindo a anamox.*

discutidos no Capítulo 6; seu impacto ambiental é considerado mais adiante, no Capítulo 18.

Agora volveremos à segunda etapa de avaliação e ordenamento da diversidade procariótica: o agrupamento das espécies em um conjunto hierárquico de grupos relacionados.

TÁXONS SUPERIORES DOS PROCARIOTOS

Até a década de 1970, quando quantidades significativas de informação sobre as sequências de DNA e proteínas tornaram-se disponíveis, não havia nenhuma base racional para alocar os procariotos em táxons, com base em filogenia, acima do nível de gênero. Edições anteriores do ***Bergey's Manual of Systematic Bacteriology*** (***Manual de Bacteriologia Sistemática de Bergey***) – a autoridade internacionalmente reconhecida na identificação e classificação procariótica – reconheciam a questão sem rodeios, ao desconsiderar por completo as relações de parentesco filogenético das espécies procarióticas. Em vez disso, eles distribuíam todas as espécies procarióticas conhecidas entre quatro "divisões" e 31 "seções" (termos sem *status* taxonômico) com base apenas na similaridade fenotípica. As seções continham espécies fenotipicamente relacionadas, e não necessariamente filogeneticamente relacionadas.

Agora, com a riqueza de material contida nas sequências das macromoléculas, os procariotos podem ser filogeneticamente agrupados. A sequência de DNA que codifica o RNA ribossômico 16S foi usada muito extensamente. Tais sequências oferecem as vantagens de estarem representadas em todos os organismos de vida livre e de conterem regiões que são altamente conservadas, permitindo, assim, a comparação de grupos distantemente relacionados. A última edição do *Manual de Bergey* (a segunda edição, publicada em 2001) usa essa informação para arranjar as espécies procarióticas dentro da hierarquia lineana tradicional: espécie, gênero, família, ordem, classe e filo, adicionando **domínio** para acomodar os grupos maiores, Archaea e Bacteria. Agora examinaremos esses domínios e alguns de seus membros.

ARCHAEA

A percepção de que o grupo de procariotos agora denominado Archaea difere profundamente de todos os outros procariotos (agora denominados Bacteria) ocorreu na metade da década de 1970, quando Carl Woese, da Universidade de Illinois, começou a sequenciar o RNA ribossômico 16S de vários procariotos. As sequências de nucleotídeos no RNA 16S de alguns era tão diferente do restante que Woese e seus colaboradores concluíram que eles deveriam constituir um grupo distinto de procariotos, o qual ele denominou **Archaeabacteria** para sugerir suas supostas origens antigas. Atualmente, um número preponderante de biólogos concorda que eles não são mais intimamente relacionados às bactérias que o são aos eucariotos, e, a fim de refletir esse fato, eles são chamados de **Archaea**. Além das Bacteria e dos **Eukarya** (eucariotos), as Archaea constituem uma terceira divisão principal (um domínio) dos seres vivos. Alguns biólogos contestam essa divisão tripartida do mundo biológico. Suas razões incluem os tamanhos desiguais dos grupos e a distribuição inconsistente de **sequências de assinatura** (sequências curtas de nucleotídeos compartilhadas por um grupo de organismos, mas não presentes em outros). Por enquanto, contudo, a divisão tem forte sustentação.

15.5 *Um argumento contra a divisão tripartida do mundo biológico.*

15.6 *Morfologia das* Archaea.

A aceitação da classificação dos organismos em três domínios relega o termo procarioto a uma mera descrição do tipo celular específico que dois domínios (Archaea e Bacteria) vêm a compartilhar. Como implica o termo procarioto ("antes de um núcleo"), essas células (com a rara exceção dos Planctomycetes [ver Capítulo 3]) carecem do núcleo bem definido e envolto por uma membrana dupla das células eucarióticas. Em vez disso, seu DNA existe como uma estrutura mal definida (denominada **nucleoide** [ver Capítulo 3]). Os procariotos também compartilham outras propriedades. A maioria possui apenas aproximadamente 1/10 do tamanho das células eucarióticas (alguns micrômetros em comparação com 10 µm ou tanto). Eles contêm ribossomos 70S em vez dos ribossomos 80S dos eucariotos. Eles carecem das organelas intracelulares complexas e envoltas por membrana (p. ex., o complexo de Golgi e as mitocôndrias) típicas dos eucariotos. Vale observar que a maioria das propriedades definidoras das células procarióticas (exceto seus ribossomos) são negativas – o que eles não possuem em vez do que eles possuem – e, portanto, não implicam relações de parentesco. Todavia, o termo procarioto é útil pela simples razão de ligar organismos de células pequenas que, em consequência de seu tamanho, compartilham muitas similaridades quanto à fisiologia celular.

15.7 *A vida em ambientes extremos.*

Em muitos aspectos, as arqueobactérias são surpreendentemente diferentes de todos os outros organismos. Entre essas distinções notáveis está a capacidade de crescimento de muitas delas em ambientes extremamente hostis. Algumas crescem bem em temperaturas mais altas que o ponto de ebulição da água. Espantosamente, uma espécie (*Pyrolobus fumarii*) pode crescer a 113 °C, sendo que, ainda mais espantosamente, descobriu-se uma espécie que cresce a 121 °C, a temperatura de uma autoclave. Outras arqueobactérias estabeleceram recordes biológicos para tolerar concentrações altas de sais e acidez alta. Como tais ambientes foram provavelmente muito comuns na Terra durante seu desenvolvimento mais remoto, a capacidade das arqueobactérias de explorá-los leva à suspeita de que alguns de nossos ancestrais mais remotos possam ter sido membros das Archaea. Algumas bactérias de fato crescem em ambientes extremos, e algumas arqueobactérias de fato crescem sob condições bastante comuns, mas o crescimento em ambientes extremos é uma característica geral das Archaea.

Em certos aspectos bioquímicos, as arqueobactérias assemelham-se aos eucariotos. As estruturas de suas DNA e RNA polimerases são semelhantes àquelas dos eucariotos. Como os eucariotos, seus peptídeos recém-formados não começam com um resíduo de *N*-formilmetionina, como ocorre naqueles das bactérias. Diferenças bioquímicas adicionais das bactérias refletem-se no fato de que as arqueobactérias são resistentes aos antibióticos antibacterianos. Em outros aspectos bioquímicos, as arqueobactérias são únicas, diferindo tanto dos eucariotos como das bactérias. De modo muito notável, suas membranas citoplasmáticas são compostas de **éteres de glicerol**, em vez dos fosfolipídeos (diésteres de glicerol) encontrados nas membranas citoplasmáticas de todos os outros organismos (ver Figura 2.12). Em vez de serem compostas de ácidos graxos ligados por ligações éster a uma molécula de glicerol, as arqueobactérias possuem grupos de isoprenoides ligados a glicerol por ligações éter. Algumas membranas arqueobacterianas são constituídas de bicamadas de diéteres de glicerol, do mesmo modo que as bicamadas de fosfolipídeos são construídas: suas caudas hidrofóbicas (no caso arqueobacteriano, a porção isoprenoide) interagem no meio da membrana; suas cabeças hidrofílicas ficam expostas ao exterior aquoso. A outra forma de membrana arqueobacteriana, composta de tetraéteres de diglicerol, não é nem mesmo uma bicamada, embora possua propriedades similares. Cada constituinte tetraéter efetua o papel de um par de diéteres nas membranas de outras arqueobactérias ou dos fosfolipídeos nas membranas dos outros organismos (ver Figura 2.12). Parece provável que suas propriedades bioquímicas únicas representem adaptações aos ambientes extremos nos quais muitas Archaea são encontradas. Além disso, algumas Archaea (aquelas que formam metano) produzem coenzimas que não são encontradas em nenhum outro lugar da natureza. Trataremos delas posteriormente neste capítulo.

Outras propriedades bioquímicas das Archaea distinguem-nas claramente de seus companheiros procariotos, as Bacteria. As paredes de quase todas as bactérias são compostas principalmente do peptideoglicano denominado **mureína**. Nenhuma arqueobactéria contém mureína em sua parede. A maioria possui paredes formadas de proteína. Algumas possuem paredes de um peptideoglicano diferente, denominado **pseudomureína**, que carece do ácido *N*-acetilmurâmico e dos D-aminoácidos encontrados na mureína das Bacteria. As arqueobactérias também se distinguem das bactérias pela composição de suas RNA polimerases. As RNA polimerases encontradas em todas as Bacteria compartilham a mesma estrutura de subunidades (αββ'σ), mas não aquelas nas Archaea. As das últimas assemelham-se à estrutura de subunidades das RNA polimerases eucarióticas.

Outra distinção curiosa das Archaea conhecidas é a ausência de patógenos tanto de plantas como de animais (ainda que alguns sejam encontrados como comensais nos animais). Pode-se apenas especular sobre as razões de tal ausência. Possivelmente, os principais grupos de Archaea evoluíram e em grande parte fixaram-se em seus estilos de vida antes que os hospedeiros eucarióticos estivessem disponíveis para um "ataque" arqueobacteriano, ou talvez evoluíram em ambientes que eram desprovidos de metazoários.

A última edição do *Manual de Bergey* distribui as Archaea em dois filos, as Crenarchaeota e as Euryarchaeota. Um terceiro grupo, as **Korarchaeota**, consiste em organismos de ambientes hipertermofílicos que não foram cultivados. Suas propriedades e a relação com outras Archaea são inferidas a partir do sequenciamento de seus genomas.

Crenarchaeota

As Crenarchaeota, às vezes denominadas **termoacidófilos**, consistem em termófilos extremos (que crescem ao longo de uma variação de temperatura de 70 a 113 °C) e acidófilos extremos (o pH ótimo de alguns é tão baixo quanto 2,0). A maioria desses organismos é encontrada em fontes de águas termais altamente ácidas. Esse é o grupo ao qual pertence o termófilo extremo *P. fumarii*. A maioria das Crenarchaeota de algum modo metaboliza enxofre elementar como parte de suas reações de abastecimento. Algumas espécies são quimiolitótrofos aeróbios que oxidam enxofre. Outras são quimiolitótrofos que reduzem enxofre a H_2S enquanto oxidam H_2.

Surpreendentemente, um grande número de Crenarchaeota foi detectado (por métodos moleculares) em mar aberto, embora nenhuma dessas espécies tenha ainda sido cultivada. Em virtude de seus imensos números, elas devem desempenhar um importante, mas ainda desconhecido, papel ecológico no ambiente marinho. Seu metabolismo deve diferir marcantemente do das outras Crenarchaeota: elas não são termófilos ou acidófilos e é improvável que metabolizem enxofre, porque apenas quantidades minúsculas desse elemento existem em mar aberto.

Euryarchaeota

As Euryarchaeota, que constituem um grupo maior de Archaea que as Crenarchaeota, compreendem vários tipos fisiológicos, incluindo os **metanógenos** (produtores de metano), os **halófilos** extremos (aqueles que crescem na presença de altas concentrações de sal) e aqueles que não possuem uma parede celular.

Metanógenos

Os metanógenos são metabolicamente especializados em um grau notável: suas únicas reações de abastecimento produzem metano como produto final. Contudo, eles são ecologicamente diversos: eles prosperam em todos os ambientes anaeróbios ricos em carbono, daqueles nas faixas de temperatura de crescimento psicrofílico (frio) àqueles nas faixas de temperatura de crescimento hipertermofílico (muito quente).

Nota dos autores Para testar a presença de metano, perturbe o fundo do lago com um graveto. Colete o gás liberado em um funil invertido cheio de água e fechado com uma pequena peça de tubulação acoplada. Abra o túbulo e acenda o gás que escapa.

As bolhas que sobem à superfície da maioria de pequenos lagos tranquilos contêm metano produzido por metanógenos no lodo anaeróbio e rico em compostos orgânicos do fundo, um fato que pode ser facilmente verificado pela coleta do gás e pela observação de que, quando queima, sua chama é azul. O gás liberado quando o gado e outros ruminantes regurgitam também contém metano, que é produzido por metanógenos nos rumens dos animais. Coletivamente, os ruminantes produzem quantidades imensas de metano, que são responsáveis por 10 a 20% de todo o metano presente na atmosfera da Terra. Cerca de um terço dos humanos também produz metano como um gás intestinal, em consequência de sermos colonizados por metanógenos. Aqueles entre nós que realmente produzem metano o fazem por toda a vida. O restante de nós produz hidrogênio, um dos substratos para a produção de metano nos humanos colonizados por metanógenos. Embora tenham sido antigamente considerados carcinogênicos, não há absolutamente nenhuma evidência de que os metanógenos prejudiquem seus hospedeiros humanos.

Em muitos outros ambientes, incluindo depósitos de lixo e digestores anaeróbios de esgoto, os metanógenos produzem grandes quantidades de metano. O metano (denominado gás natural pela indústria do petróleo) é, naturalmente, um combustível valioso, mas também é um poderoso **gás do efeito estufa**, constituindo, desse modo, um perigo ecológico por sua contribuição ao aquecimento global. Essa preocupação é exacerbada pelo fato de que a produção global total de metano está continuamente aumentando, presentemente à taxa de cerca de 1% por ano.

A formação de metano pode ser vista como uma forma de respiração anaeróbia (ver Capítulo 6). No caso mais simples (mediado por muitos metanógenos), o H_2 é o doador de elétrons e o CO_2 é o **aceptor terminal de elétrons:** quando oito elétrons são transferidos de quatro moléculas de H_2 a uma molécula de CO_2, uma molécula de metano (CH_4) é formada, criando-se um gradiente de prótons transmembrana que pode ser usado para gerar ATP ou dirigir outros processos celulares que utilizam energia.

Entre as várias espécies de metanógenos, há três variações sobre esse tema geral.

1. Um composto orgânico (formato ou um de vários alcoóis, por exemplo, etanol, 2-propanol, 2-butanol ou *c*-pentanol) serve, no lugar de H_2, de doador de elétrons.
2. Um composto contendo um grupamento metila (por ex., metanol, trimetilamina ou dimetilsulfeto) serve, no lugar de CO_2, de aceptor de elétrons.
3. O acetato serve tanto de doador como de aceptor. A molécula de acetato é clivada. Seu grupamento metila, que serve de doador de elétrons, é oxidado a CO_2, e seu grupamento carboxila, que serve de aceptor de elétrons, é reduzido a metano.

Muitos dos vários substratos para os metanógenos (CO_2, H_2, formato, acetato e alcoóis de cadeia curta) são abundantemente formados a partir de compostos orgânicos de peso molecular mais alto por bactérias fermentativas que estão presentes em ambientes anaeróbios. Quando convertem esses produtos da fermentação em um produto gasoso (metano), os metanógenos proporcionam uma rota pela qual os materiais orgânicos escapam para dentro de ambientes anaeróbios. Quando o metano sobe a um ambiente aeróbio, um pouco dele é oxidado por **metilótrofos** (bactérias oxidadoras de metano) a CO_2. Contudo, como mencionado anteriormente, a maior parte do metano produzido pelos metanógenos escapa para dentro da atmosfera, onde ele age como um gás do efeito estufa.

Os metanógenos são bioquimicamente únicos no tocante à produção de certos cofatores que não são encontrados em nenhum outro lugar da natureza. A redução em etapas de CO_2 ocorre associada a esses cofatores.

Halófilos extremos

As Archaea extremamente halofílicas (**haloarqueobactérias**) são outro grupo notável. Elas crescem abundantemente em água salgada quase saturada (4 M), sendo dependentes dessa condição. Se seu ambiente for diluído até a concentração salina de 1 M (ainda uma alta concentração de sal), suas paredes proteicas enfraquecem e as células sofrem lise. As haloarqueobactérias florescem em tanques de evaporação de sal, os quais adquirem uma cor vermelha brilhante em virtude dos pigmentos carotenoides produzidos pelos microrganismos. Em um vôo de avião sobre a baía de São Francisco, os tanques de evaporação parecem as casas avermelhadas de um tabuleiro de damas (Figura 15.2). Os humanos têm usado o aparecimento dessa cor vermelha desde os tempos bíblicos como um indicador de quando dessangrar as "**águas-mãe**" (água salgada rica em magnésio e sulfato) do sal cristalizado que se deposita no fundo do tanque, produzindo, com isso, um produto de melhor sabor.

Figura 15.2 Fotografia aérea de tanques de evaporação na baía de São Francisco. À medida que a concentração salina aumenta, as arqueobactérias halofílicas proliferam-se, tornando os tanques vermelhos.

Podemos perguntar a respeito de como as haloarqueobactérias são capazes de tolerar concentrações tão altas de sal. Diferentemente das bactérias moderadamente halofílicas, que excluem sal de seu ambiente intracelular, as haloarqueobactérias evitam a plasmólise pela concentração intracelular de KCl – até 5 M quando crescendo em água salgada quase saturada. Necessariamente, suas proteínas são resistentes a altas concentrações de sal que desnaturariam as proteínas na maioria dos organismos.

Sendo aeróbios estritos, as haloarqueobactérias são precariamente dependentes de um suprimento de oxigênio, um gás com baixa solubilidade em seus ambientes de alta salinidade. Algumas haloarqueobactérias, incluindo a bem estudada *Halobacterium halobium*, possuem uma alternativa de emergência à respiração aeróbia, a saber, um sistema primitivo de fotossíntese que gera ATP suficiente para que, quando o oxigênio torna-se limitante, se movam por aerotaxia mais próximo da camada mais rica de oxigênio de um lago. Baixas concentrações de oxigênio no ambiente sinalizam à célula que sintetize regiões especializadas em sua membrana citoplasmática denominadas **membranas púrpuras**. Essas regiões da membrana abrigam bombas orientadas por luz que formam prótons, criando um gradiente de prótons transmembrana capaz de gerar ATP e energizar certos mecanismos de transporte. Essas bombas orientadas por luz, que consistem em apenas uma única proteína (a **bacteriorrodopsina**), são uma maravilha de simplicidade fotossintética. A bacteriorrodopsina, uma proteína transmembrana, consiste em uma porção proteica, a **bacteriopsina**, que está covalentemente ligada a um cromóforo, o **retinal**. Uma proteína similar, a **rodopsina** (que também está associada ao retinal), localizada nas retinas dos animais, é o receptor luminoso na cadeia de eventos que leva à visão.

Na membrana púrpura, a energia luminosa desprotona o retinal na superfície interna da membrana; o próton é, então, transferido à bacteriopsina e liberado do lado de fora da célula. Cada um desses ciclos bombeia um próton para fora da célula, gerando, desse modo, uma força motora de prótons capaz de formar ATP.

BACTERIA

O domínio Bacteria é o maior e mais complexo dos dois domínios procarióticos. Contudo, a diferença observada pode ser maior que a real: novas espécies e grupos de Archaea continuam a ser descobertos. Atualmente, como vimos, parecem existir somente três linhagens principais de descendência nas Archaea, mas 23 (denominadas filos B1 a B23) são reconhecidas nas Bacteria (Tabela 15.2). Os tamanhos dos vários filos de Bacteria variam enormemente. O menor, Dictyoglomi, contém apenas uma única espécie reconhecida. O maior, **Proteobacteria** (que é dividido em cinco classes, alfa a épsilon) é imenso (pelos padrões usuais da taxonomia procariótica), com 1.300 espécies. A despeito dessa enorme variação em tamanho, o conhecimento acerca do filo ao qual uma bactéria pertence diz muito sobre ela. A designação filo tornou-se o método de taquigrafia aceito – em publicações, assim como nas conversas – para os microbiologistas comunicarem algo sobre uma bactéria desconhecida: "ela pertence a este ou àquele filo". O filo Proteobacteria é uma certa exceção, porque é grande demais. Seus membros são normalmente descritos por sua "classe", isto é, Alphaproteobacteria, Betaproteobacteria, etc.

Não discutiremos todos os 23 filos, embora membros de alguns deles sejam discutidos em outros lugares deste livro (Tabela 15.2). Em vez disso, faremos uma seleção cuidadosa, comentando brevemente as propriedades gerais de representantes notáveis de alguns dos filos que poderiam, de outro modo, ser negligenciados.

Filo B4: Deinococcus-Thermus

O filo B4 contém uma espécie, *Deinococcus radiodurans*, que é notável por sua resistência à radiação gama e luz ultravioleta intensas, assim como à dessecação prolongada. Pensamos nas arqueobactérias como sendo as mais tolerantes e que estabelecem recordes em ambientes severos, mas nenhum outro procarioto – arqueobactéria ou bactéria – chega perto de rivalizar a capacidade de sobrevivência à radiação de *D. radiodurans*. Uma dose de radiação de 500 a 1.000 rads matará um ser humano mediano; *D. radiodurans* não é prejudicada por 5 milhões de rads. Ela pode crescer enquanto está sendo sujeita à radiação constante de 6.000 rads por hora. *E. coli* não pode sobreviver a duas ou três quebras de fita dupla em seu DNA; *D. radiodurans* sobrevive a centenas delas, por meio de seu constante reparo. Na verdade, a capacidade excepcional de *D. radiodurans* de reparar quebras de fita dupla provavelmente constitui a base de sua robustez, incluindo sua resistência à dessecação prolongada, uma condição que também causa tais quebras letais.

D. radiodurans de fato produz pigmentos carotenoides (compostos que sabidamente oferecem uma certa proteção contra a radiação) suficientes que dão às suas colônias uma cor vermelha brilhante, e ela de fato possui uma parede celular especialmente grossa. No entanto, sua resistência notável depende da capacidade de reparar o DNA, e não de protegê-lo de danos. Dois mecanismos atuam no reparo de quebras de fita dupla em *D. radiodurans*: o **anelamento** de fita simples e a recombinação homóloga mediada por RecA. O primeiro, como implica seu nome, repara quebras de fita dupla pela religação de fragmentos de DNA com extremidades de fita simples estendidas. A RecA identifica um pedaço intacto de DNA que abarca uma quebra e usa aquele pedaço como um remendo para repará-la. Nenhum desses mecanismos de reparo é único a *D. radiodurans*, embora possam ser um pouco mais ativos nela. Como então *D. radiodurans* pode reparar quebras de fita dupla tão eficazmente? É claro, o reparo mediado por RecA depende da disponibilidade de um pedaço intacto de DNA que abarca a quebra. Sua disponibilidade pode ser a base do sucesso de *D. radiodurans*. De 4 a 10 cópias do genoma estão presentes em cada uma de suas células, um número maior que o usual em outras bactérias, mas dificilmente suficiente para explicar a extraordinária resistência de *D. radiodurans*. Contudo, a proximidade pode ser a resposta. As várias cópias do genoma são mantidas unidas em uma forma altamente incomum e possivelmente única: como um objeto em forma de anel, no qual se presume que as regiões homólogas de DNA estejam adjacentes umas às outras. Da mesma forma, parece haver ainda outro mecanismo de reserva para o fornecimento de DNA reparado ao sistema RecA. As células de *D. radiodurans* ocorrem em tétrades (Figura 15.3), e, após os danos ao DNA, o DNA desenrola-se e migra através de passagens a uma célula adjacente na tétrade.

D. radiodurans levanta uma série de questões ecológicas. Ela é resistente à radiação que excede àquela encontrada em qualquer ambiente natural conhecido na Terra. Que pressões seletivas poderiam ter sido responsáveis por ela ter evoluído essa resistência notável à radiação? Possivelmente não foi a radiação em absoluto. A dessecação prolongada também causa quebras de fita dupla no DNA e, como possível corroboração à noção de que essa foi a pressão seletiva, descobriu-se que *D. radiodurans* está presente nos vales extremamente secos da Antártida, assim como em lugares mais esperados, como carnes enlatadas irradiadas e equipamento médico irradiado. Alterna-

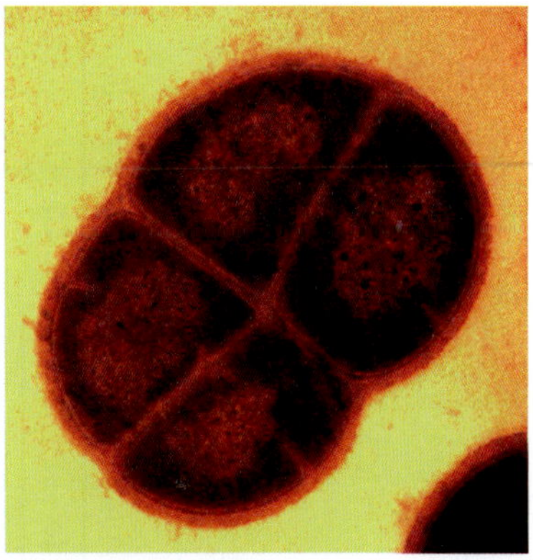

Figura 15.3 Micrografia eletrônica de uma secção fina de *Deinococcus radiodurans*.

Tabela 15.2 Alguns representantes de vários filos de Bacteria

Filo			
Nº[a]	**Nome**	**Propriedades**	**Espécie ou gênero representativo**
B1	Aquificae	Bastonetes ou filamentos termofílicos, não esporuladores, gram-negativos	*Aquifex pyrophilus*
B2	Thermotogae	Bastonetes não esporuladores, gram-negativos, com uma camada externa similar a uma bainha ou "toga"	*Thermotoga maritima*
B3	Thermodesulfobacteria	Células em forma de bastonete, gram-negativas; a membrana externa forma protrusões; redutores termofílicos de sulfato	*Thermosulfobacterium commune*
B4	Deinococcus-Thermus	Inclui cocos e bastonetes gram-positivos resistentes à radiação, assim como termófilos gram-negativos	*Deinococcus radiodurans, Thermus aquaticus*
B5	Chrysiogenetes	Representado por uma única espécie	*Chrysiogenes arsenatis*
B6	Chloroflexi	Bactérias filamentosas com mobilidade por deslizamento, gram-negativas. Algumas são fotótrofos anoxigênicos; outras são quimio-heterótrofos.	*Chloroflexus aurantiacus*
B7	Thermomicrobia	Representado por uma única espécie	*Thermobacterium roseum*
B8	Nitrospirae	Um grupo metabolicamente diverso contendo nitrificadores, redutores de sulfato e formas magnetotáticas	*Nitrospira marina, "Candidatus*[b] *Magnetobacterium bavaricum"*
B9	Deferribacteres	Heterótrofos que respiram anaerobiamente. Os aceptores terminais de elétrons incluem Fe^{3+}, Mn^{4+}, S e Co^{3+}.	*Deferribacter thermophilus*
B10	Cyanobacteria	Bactérias fotossintéticas oxigênicas unicelulares, coloniais ou filamentosas, gram-negativas	*Nostoc punctiforme*
B11	Chlorobi	Foto-heterótrofos anoxigênicos ("bactérias verdes sulforosas"), gram-negativos	*Chlorobium limicola*
B12	Proteobacteria	Maior filo bacteriano, contendo 384 gêneros e 1.300 espécies. Contêm cinco classes (listadas a seguir).	
		Alphaproteobacteria	*Rickettsia rickettsii, Caulobacter* spp., *Rhizobium* spp., *Nitrobacter* spp.
		Betaproteobacteria	*Bordetella pertussis, Neisseria meningitidis, Nitrosomonas* spp., *Zoogloea ramigera*
		Gammaproteobacteria	*Beggiatoa* spp., *Francisella tularensis, Legionella pneumophila, Pseudomonas aeruginosa, Azotobacter* spp., *Vibrio cholerae, Escherichia coli, Salmonella enterica* serovar Typhi
		Deltaproteobacteria	*Desulfovibrio* spp., *Bdellovibrio bacteriovorus*
		Epsilonproteobacteria	*Campylobacter jejuni, Helicobacter pylori*

B13	Firmicutes	Contém bactérias gram-positivas com baixo conteúdo de G+C e micoplasmas	*Clostridium tetani, Clostridium botulinum, Mycoplasma pneumoniae, Bacillus anthracis, Listeria monocytogenes, Staphylococcus aureus, Lactobacillus* spp., *Pediococcus* spp., *Oenococcus oeni, Streptococcus pneumoniae*
B14	Actinobacteria	Contém os actinomicetos e as micobactérias	*Corynebacterium diphtheriae, Mycobacterium tuberculosis, Nocardia* spp., *Propionibacterium acnes, Streptomyces griseus, Frankia* spp., *Bifidobacterium* spp., *Gardnerella vaginalis*
B15	Planctomycetes	Bactérias gram-negativas. Algumas se reproduzem por brotamento, algumas possuem apêndices.	*Planctomyces bekefii*
B16	Chlamydiae	Bactérias cocoides obrigatoriamente parasíticas, não móveis, que residem dentro de vacúolos no citoplasma de células hospedeiras.	*Chlamydia trachomatis*
B17	Spirochaetes	Bactérias flexíveis, em forma de espiral, gram-negativas; móveis pela presença de flagelos periplasmáticos	*Borrelia burgdorferi, Treponema pallidum, Leptospira interrogans*
B18	Fibrobacteres	Anaeróbios gram-negativos associados aos tratos digestivos de herbívoros	*Fibrobacter*
B19	Acidobacteria	Heterótrofos ácido-tolerantes, aeróbios, gram-negativos e anaeróbios gram-negativos	*Geothrix*
B20	Bacteroidetes	Um grupo fenotipicamente diverso de bactérias gram-negativas contendo bastonetes aeróbios, bastonetes anaeróbios e bactérias curvadas, embainhadas e que se movem por deslizamento	*Bacteroides gingivalis, Cytophaga* spp.
B21	Fusobacteria	Bastonetes gram-negativos, anaeróbios, com metabolismo heterotrófico	*Fusobacterium* spp.
B22	Verrucomicrobia	Heterótrofos mesofílicos, gram-negativos. Alguns produzem prostecas; alguns se reproduzem por brotamento.	*Prosthecobacter fusiformis*
B23	Dictyoglomi	Um único gênero de bactérias heterotróficas, obrigatoriamente anaeróbias, extremamente termofílicas, em forma de bastonete, gram-negativas	*Dictyoglomus*

[a]Os números são aqueles atribuídos aos filos na segunda edição (2001) do *Bergey's Manual of Systematic Bacteriology*.

[b]As espécies que não foram cultivadas em cultura pura são designadas "*Candidatus*".

tivamente, talvez *D. radiodurans* evoluiu na Terra primitiva, quando essa era sujeita a radiações mais intensas. As árvores de bactérias com base em RNA mostram que *D. radiodurans* localiza-se em um ramo que diverge profundamente na árvore da vida, sugerindo uma origem antiga para esse grupo de micróbios.

Filo B10: Cyanobacteria

Prochlorococcus marinus, um componente do fitoplâncton marinho, é presumivelmente o organismo mais abundante em nosso planeta e por certo um dos mais ecologicamente importantes. Ele foi descoberto só recentemente, em 1986, e provavelmente só porque é diferente da maioria das outras cianobactérias. Suas células ovais são pequenas, com cerca de 0,6 µm de diâmetro (o que o torna o menor fotoautótrofo emissor de oxigênio conhecido). Uma cianobactéria ligeiramente maior (com cerca de 0,9 µm de diâmetro) que *P. marinus*, *Synechococcus*, é somente um pouco menos abundante.

As cianobactérias são um grupo altamente diverso, mas as células da maioria delas são grandes para os membros das Bacteria – vários micrômetros de diâmetro –, e muitas são altamente diferenciadas (Figura 15.4). *Nostoc punctiforme*, por exemplo, exibe um padrão de diferenciação elaborado. Ela forma filamentos compostos de células que se diferenciam, transformando-se em várias formas, denominadas heterocistos, acinetos ou hormogônios. Além disso, ela pode formar íntimas simbioses fixadoras de nitrogênio com certas plantas vasculares e avasculares (ver Capítulo 14). Apenas algumas cianobactérias são fixadores de nitrogênio (*Prochlorococcus* não é), mas todas são fotoautótrofos emissores de oxigênio. Na verdade, podem apresentar-se razões para o fato de as cianobactérias serem direta ou indiretamente as produtoras de todo o oxigênio em nossa atmosfera. As plantas e as algas (também fotoautótrofos) são, é claro, grandes produtoras de oxigênio, mas sua capacidade de produção de oxigênio reside nos **cloroplastos** (organelas fotossintéticas intracelulares), que são os remanescentes modernos de cianobactérias capturadas antigamente. As cianobactérias existiram e produziram o oxigênio da atmosfera da Terra por

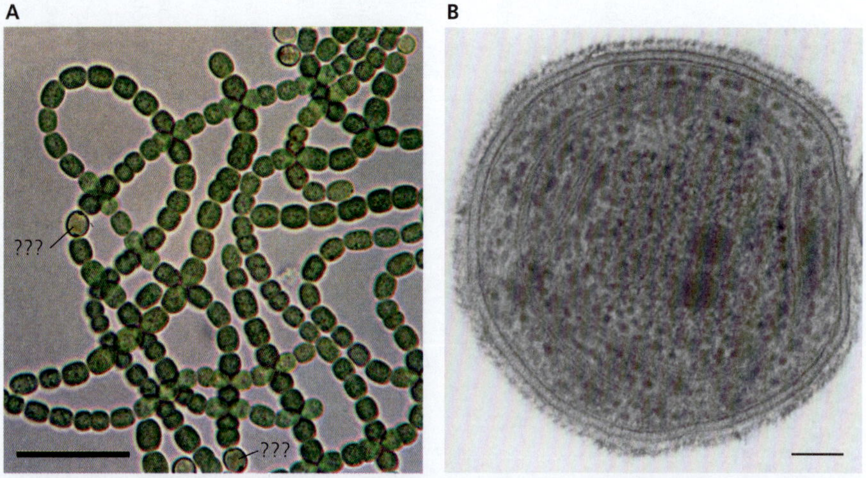

Figura 15.4 Cianobactérias. (A) Uma cadeia de células da cianobactéria *Nostoc paludosum*. Het indica heterocistos, células diferenciadas que realizam a fixação do nitrogênio. Barra, 20 µm. **(B)** Micrografia eletrônica de uma secção fina de uma espécie de *Synechococcus*. Esta cianobactéria marinha contém abundantes estruturas membranosas, típicas de muitos organismos fotossintéticos e quimiossintéticos. Barra, 100 nm.

um período de tempo muito longo. O mais antigo fóssil conhecido, com mais de 3 bilhões de anos de idade, assemelha-se perceptivelmente às modernas cianobactérias filamentosas (ver Capítulo 11).

Apesar de sua abundância nas camadas superiores do mar aberto (onde atinge densidades de 10^5 células/mL), a descoberta de *P. marinus* foi um desafio. Sabia-se, a partir de análises espectroscópicas, que essas águas continham um fotótrofo desconhecido, mas sua identidade era indefinível. *P. marinus* foi finalmente descoberto no Atlântico Norte pelo uso de um **citômetro de fluxo** (um instrumento laboratorial com base em *laser* e normalmente usado para separar vários tipos de células).

Cerca de metade da fotossíntese da Terra (fixação de CO_2 e produção de O_2) é realizada pelo fitoplâncton marinho, que inclui micróbios eucarióticos. *P. marinus* destaca-se não só por sua abundância e tamanho. Suas consideráveis capacidades metabólicas, refletidas em suas necessidades de apenas luz, CO_2 e sais minerais a fim de crescer, são codificadas em um genoma de apenas 1,7 milhão de pares de bases contendo 1.716 genes. Ela pode representar o genoma mínimo de um fotoautótrofo. Certamente a natureza constante do ambiente de *P. marinus* é uma explicação à sua simplicidade genômica. O oceano de fato não se altera com rapidez. Consequentemente, *P. marinus* tem pouca necessidade de (e muito poucos genes dedicados a) funções regulatórias. A especialização também pode contribuir: há dois grupos de linhagens de *P. marinus*, um adaptado a crescer na luz brilhante próxima à superfície e outro adaptado a crescer em uma intensidade luminosa muito baixa em uma profundidade maior. As taxas de crescimento de ambos os grupos de linhagens são limitadas pela disponibilidade de ferro. Suas taxas de crescimento aumentam de 1,1 para 1,8 duplicação por dia quando seu hábitat é fertilizado com ferro. Tal fertilização disseminada é uma opção controvertida que alguns propuseram com o objetivo de moderar o aumento do gás do efeito estufa, CO_2, na atmosfera da Terra.

Synechococcus, o parente próximo e vizinho íntimo de *Prochlorococcus*, desenvolveu uma rota surpreendente para conservar o ferro escasso usando níquel e cobalto, em lugar de ferro, como cofatores de certas enzimas. *Synechococcus* é muito incomum, possivelmente única, em outro aspecto: ela nada ativamente, ainda que não possua flagelos, por um mecanismo ainda não explicado.

Filo B12: Proteobacteria

Alphaproteobacteria

Agrobacterium tumefaciens é um invasor genético de plantas de folhas largas (dicotiledôneas). Essa bactéria de tamanho comum (cerca de 1 por 3 µm), gram-negativa e com flagelos perítricos realiza algo bastante extraordinário: ela compartilha alguns de seus genes com sua planta hospedeira. *A. tumefaciens* associa-se a uma planta no sítio de um ferimento e insere alguns de seus genes dentro dos genomas de células vegetais circundantes, modificando-as e assim fazendo com que se tornem hospedeiros melhores. Os hospedeiros diferenciam-se e formam um hábitat protetor e abastecido de nutrientes que só *A. tumefaciens* pode utilizar. A consequência é um crescimento feio e similar a um tumor na planta, normalmente próximo à **coroa** (a conexão entre o caule e a raiz, onde os teólogos medievais presumiam que se localizava a alma da planta), denominado **galha da coroa** (Figura 15.5). A galha da coroa não mata as plantas (as mais comumente afetadas são as plantas jovens que são membros da família das rosáceas, como a maçã, o pêssego, a cereja, a framboesa e a própria rosa), mas, no entanto, têm-se despendido esforços

Figura 15.5 Uma galha em um carvalho causada por *Agrobacterium tumefaciens*.

consideráveis para controlar a doença, porque ela reduz o valor do estoque de sementeiras.

A capacidade de causar doença de *A. tumefaciens* é devida a um plasmídeo grande, denominado **Ti** (de *tumor inducing*, indutor de tumor), que ela carrega. Se *A. tumefaciens* perder o plasmídeo Ti, ela torna-se não patogênica e é, então, comumente denominada *Agrobacterium radiobacter*. Se o plasmídeo Ti for transferido a um parente próximo de *Agrobacterium*, o fixador de nitrogênio simbiótico *Rhizobium*, por exemplo, ele também pode atacar as plantas e formar galhas.

A relação entre *A. tumefaciens* e a planta que ela infecta é surpreendentemente íntima, até mesmo cooperativa. A interação começa quando a planta ferida libera (entre outros compostos) um composto fenólico (acetossiringona) ao qual *A. tumefaciens* responde quimiotaticamente em concentrações tão baixas quanto 10^{-7} M. À medida que *A. tumefaciens* aproxima-se do ferimento, onde a concentração de acetossiringona é tão alta quanto cerca de 10^{-5} M, ela induz a expressão de certos **fatores de virulência** de *A. tumefaciens*. Um desses fatores é uma **endonuclease** (uma enzima que corta o DNA em locais dentro da molécula) que excisa um pedaço, denominado DNA de transferência (**T-DNA**), do plasmídeo Ti. Em seguida, esse T-DNA excisado deixa *A. tumefaciens*, entra em uma célula vegetal, integra-se em um cromossomo e direciona seu metabolismo em proveito de *A. tumefaciens*. Ele faz com que a planta produza hormônios vegetais indutores de proliferação, que formam a galha, e sintetize um conjunto de compostos denominados **opinas** (aminoácidos incomuns) e derivados de açúcares fosforilados incomuns (agrocinopinas), que *A. tumefaciens* exclusivamente pode usar como nutrientes. Em outras palavras, por meio de uma invasão genética, *A. tumefaciens* cria, às custas da planta, um hábitat quase ideal para si.

A incorporação de DNA externo dentro do T-DNA do plasmídeo Ti de *A. tumefaciens* tornou-se a rota favorita para a manipulação genética de plantas. O plasmídeo Ti de *A. tumefaciens* tem sido usado na produção de plantas transgênicas resistentes a insetos e herbicidas.

A galha da coroa pode ser controlada com antibióticos, mas tais tratamentos não são economicamente viáveis para o controle de doenças vegetais. Felizmente, um agente biológico, *A. radiobacter* linhagem K84, propicia um tratamento preventivo eficaz. É só necessário, antes do plantio, mergulhar as sementes, plântulas ou mudas em uma suspensão dessas células bacterianas. *A. radiobacter* atua por um mecanismo incomum e altamente específico. Ela produz a agrocina 84 (um análogo tóxico da adenina), que é seletivamente tóxica a *A. tumefaciens*, porque apenas essa pode captar o análogo em suas células via uma de suas agrocinopina permeases únicas e específicas.

As Alphaproteobacteria também incluem uma bactéria aquática, *Magnetospirillum magnetotacticum*, que tem a capacidade peculiar de detectar e seguir linhas magnéticas de força (ver "Mobilidade flagelar" no Capítulo 13). As organelas de detecção são **magnetossomos**, que são inclusões angulares de **magnetita** (um óxido de ferro magneticamente sensível) alinhadas centralmente na célula (Figura 15.6). Por **magnetotaxia**, *M. magnetotacticum* pode seguir as linhas magnéticas de força, que a levam em direção ao fundo de um corpo de água. O fundo, normalmente coberto de lodo, contém somente baixas concentrações de oxigênio e, portanto, oferece um ambiente ótimo para essa bactéria, porque ela é **microaerofílica** (ela requer oxigênio, mas apenas em baixas concentrações). *M. magnetotacticum* não é *puxada* ao fundo pela força que o campo magnético da Terra exerce sobre o magnetossomo. Essa atração é muito fraca para mover até mesmo um objeto tão pequeno como uma célula de *M. magnetotacticum*. Em vez disso, o magnetossomo é o ponteiro magnético da célula, que alinha a célula com as linhas magnéticas de força. Os flagelos da célula fornecem seu poder locomotor.

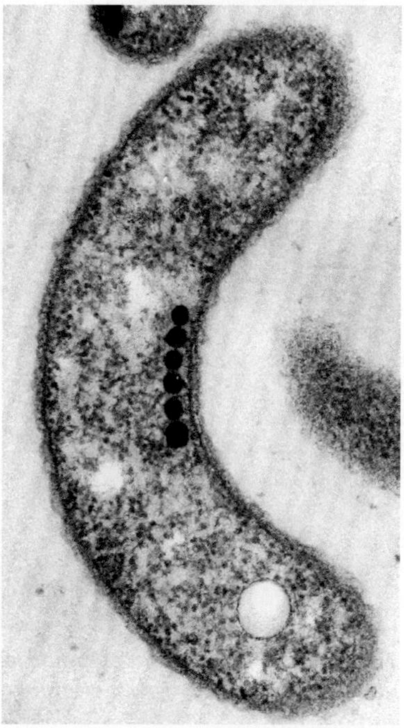

Figura 15.6 ***Magnetospirillum magnetotacticum.*** Os corpos escuros são magnetossomos.

Betaproteobacteria e Gammaproteobacteria

Devemos dizer algo a respeito das Beta e Gammaproteobacteria, porque elas são grupos imensos com membros que têm um grande impacto nas atividades humanas. Encontramos algumas delas repetidamente ao longo deste livro.

O grupo Betaproteobacteria contém dois gêneros importantes de patógenos, *Bordetella* e *Neisseria*. *Bordetella pertussis* causa a coqueluche, que é em grande parte uma doença infantil. *Neisseria gonorrhoeae* causa a gonorreia, uma doença sexualmente transmissível, e *Neisseria meningitidis* causa a meningite meningocócica.

O grupo Gammaproteobacteria é ainda maior. Ele contém 13 ordens, incluindo as *Enterobacteriales*, *Vibrionales*, *Pasteurellales* e *Pseudomonadales*. As *Enterobacteriales*, também comumente chamadas de bactérias entéricas, incluem patógenos humanos, cuja maioria infecta o sistema digestivo. *Salmonella enterica* serovar Typhi causa a febre tifoide; *Shigella* spp. causa a shigelose, uma forma de disenteria; *Yersinia pestis* causa a peste bubônica, e a familiar *Escherichia coli* possui algumas linhagens patogênicas. As *Vibrionales* incluem *Vibrio cholerae*, a espécie que causa a cólera. As *Pasteurellales* incluem dois gêneros de patógenos devastadores, *Pasteurella* e *Haemophilus*. As *Pseudomonadales* incluem uma espécie, *P. aeruginosa*, que comumente causa infecções em hospedeiros debilitados, em especial vítimas de queimaduras e pacientes com fibrose cística.

Filo B14: Actinobacteria

As espécies de *Streptomyces* são ecológica, industrial, médica e cientificamente importantes. Elas pertencem a um grupo de actinobactérias que formam esporos e são conhecidas como **actinomicetos**. Elas são abundantes no solo, sendo responsáveis por boa parte da decomposição da matéria orgânica que ocorre lá. De fato, o odor agradável de solo recentemente remexido provém de compostos voláteis (**geosminas**) produzidos por essas bactérias. Quando uma amostra de solo é "riscada" em um meio inorgânico simples, muitas das colônias que se desenvolvem são espécies de *Streptomyces*. Elas são facilmente identificadas por suas formidáveis cores pastéis: vários tons de violeta, azul, laranja, amarelo e vermelho. Você pode estar quase certo de que uma colônia é uma espécie de *Streptomyces* ao tocá-la com uma agulha de inoculação. A colônia mantém-se unida: você pode pegar toda ela, mas não só uma parte. Você também pode sentir o odor característico de solo da placa.

A cor e a integridade de uma colônia de *Streptomyces* refletem sua estrutura (Figura 15.7). As espécies de *Streptomyces* são filamentosas. Elas crescem em micélios similares aos dos fungos, embora, em seção transversal, um filamento se pareça com uma bactéria gram-negativa perfeitamente comum. Parte do micélio (o **micélio do substrato**) cresce dentro do ágar, ancorando-o aí. No topo, o **micélio aéreo** estende-se para cima, e, nas pontas de seus filamentos, formam-se longas cadeias de esporos. Elas dão à colônia sua distintiva cor pastel. O entrelaçamento dos filamentos é o que faz com que a colônia se mantenha unida.

Possivelmente o maior impacto que *Streptomyces* spp. tem sobre nossas vidas venha da capacidade de produção de antibióticos de algumas espécies. A maioria de todos os antibióticos atualmente em uso (com exceção das penicilinas, que são feitas por fungos, e alguns antibióticos feitos por espécies de *Bacillus*) é feita por várias espécies de *Streptomyces*. Cada antibiótico comercialmente relevante é feito por uma espécie particular, talvez um reflexo mais da proteção de patentes que da distinção biológica (Tabela 15.3; ver também Tabela 19.2). As espécies de *Streptomyces* também são usadas para produzir agentes antiparasitários, herbicidas, imunossupressores e várias enzimas usadas nas indústrias alimentícias e de outros ramos.

A

B

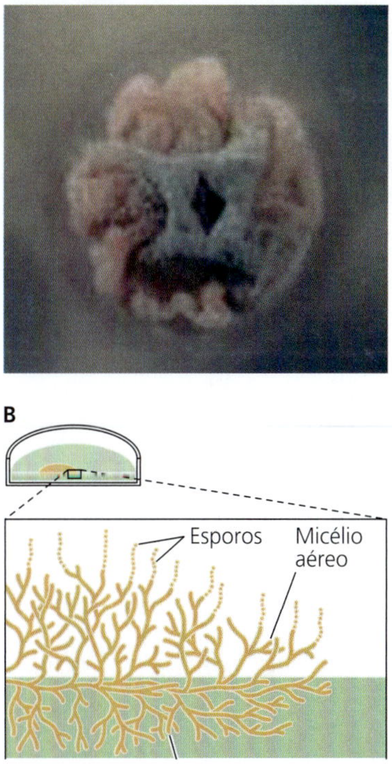

Figura 15.7 ***Streptomyces.*** **(A)** Colônias de cor violeta pastel em uma placa de ágar; **(B)** desenho de uma seção transversal de uma colônia.

Tabela 15.3 Algumas espécies de *Streptomyces* e os antibióticos que elas produzem

Espécie	Antibiótico
S. aureofaciens	Tetraciclina
S. erythreus	Eritromicina
S. fradiae	Neomicina
S. griseus	Estreptomicina
S. lincolnensis	Clindamicina
S. noursei	Nistatina

Os antibióticos são produtos do **metabolismo secundário** típico de *Streptomyces*, assim como dos fungos e das plantas. Esses e outros **metabólitos secundários** são formados quando os nutrientes tornam-se limitantes ao crescimento. Uma razão para a produção de antibióticos por *Streptomyces* spp. é uma tentativa desesperada de eliminar a competição e, assim, ter os nutrientes escassos remanescentes para si. Outros microbiologistas argumentam que os antibióticos não eliminam a competição, porque em um contexto natural eles são ineficazes. Alguns – a estreptomicina, por exemplo – estão firmemente ligados a solos argilosos, que os inativam. Da mesma forma, há a coincidência intrigante de que todos os principais produtores de antibióticos – *Streptomyces*, *Bacillus* e fungos – produzem esporos de um ou de outro tipo. Curiosamente, a despeito do imenso impacto que os antibióticos têm tido na saúde humana e animal, a vantagem seletiva ao produtor permanece inexplicada.

O genoma de uma espécie, *Streptomyces coelicolor*, que tem sido objeto de estudos genéticos intensos, foi recentemente sequenciado. Trata-se de um dos maiores genomas bacterianos já sequenciados, com 8,5 milhões de pares de bases e 7.825 genes preditos, o que provavelmente não é nenhum resultado surpreendente em vista do ciclo de desenvolvimento complexo e da abundante capacidade de produção de metabólitos secundários de *Streptomyces*.

CONCLUSÕES

Como declaramos no início, a diversidade dos procariotos é tão vasta que tivemos de selecionar cuidadosamente alguns exemplos. Traçamos as diferenças fundamentais entre as Archaea e as Bacteria e discutimos alguns representantes de cada grupo. Como as Archaea são um grupo menor, pudemos mencionar algo sobre cada uma das principais divisões. O mesmo não ocorreu com as Bacteria. Comentamos, um pouco detalhadamente, alguns exemplos especialmente fascinantes e contamos muito com a Tabela 15.2 para dar-nos um resumo tênue da diversidade bacteriana. Muitas das espécies listadas na tabela são discutidas em outros capítulos. Você pode usar a tabela de dois modos: usar o índice para achar onde, no livro, as espécies lá listadas são discutidas mais profundamente e usar a tabela para determinar os parentes das espécies que você possa encontrar em algum outro lugar do livro.

Agora, continuaremos nosso estudo da diversidade microbiana examinando, no Capítulo 16, os micróbios eucarióticos – os protistas e os fungos.

TESTE SEU CONHECIMENTO

1. Quais são as similaridades e as diferenças entre um procarioto e um eucarioto?
2. Que fatos sustentam a alegação de que o número de espécies procarióticas existentes deve ser enorme?
3. Quais são o significado e a lógica por trás do termo taxonômico "*Candidatus*"?
4. Tem-se argumentado que Bacteria e Archaea são procariotos, mas, sob outros aspectos, não relacionados. Em que se baseia esse argumento?
5. Como as Archaea são ecológica e bioquimicamente únicas?
6. Se você visse bolhas surgindo de um lago, o que poderia imaginar que estivesse no fundo?
7. Como *D. radiodurans* sobrevive à radiação intensa?
8. Como o plasmídeo Ti de *A. tumefaciens* beneficia seu hospedeiro?

micróbios eucarióticos

capítulo

16

INTRODUÇÃO

Adentrando a grande linha divisória do mundo biológico, consideraremos agora o outro grande grupo de organismos microscópicos, os micróbios eucarióticos (Tabela 16.1). Eles constituem uma porção significativa do mundo vivo, disputando com os procariotos (Bacteria e Archaea) em termos de massa total e diversidade. Os micróbios eucarióticos são maiores que a maioria dos procariotos e variam enormemente em tamanho e forma. Eles podem ser encontrados em uma ampla variedade de ambientes: em corpos de água e no solo, assim como em (e sobre) plantas e animais, incluindo os humanos, tanto saudáveis como doentes.

As primeiras células eucarióticas originaram-se dos procariotos pela aquisição de maior complexidade estrutural. Elas adquiriram uma membrana nuclear e, portanto, um núcleo "verdadeiro", além de várias organelas. Os eucariotos mais primitivos eram, sem dúvida, microscópicos quanto ao tamanho. Os detalhes de como alguns procariotos tornaram-se eucariotos não são conhecidos com muita certeza, especialmente em relação à invenção do núcleo, mas acredita-se amplamente que as principais organelas, como mitocôndrias e cloroplastos, foram adquiridas pela ingestão de micróbios procarióticos. Esse tópico é detalhadamente discutido no Capítulo 19.

Os procariotos eram a única forma de seres vivos há cerca de 3,8 a 2 bilhões de anos, quando os eucariotos (Eukarya) emergiram. Em conjunto, os micróbios dos três domínios (Bacteria, Archaea e Eukarya) tiveram o planeta para si até quase 1 bilhão de anos atrás, quando os primeiros organismos multicelulares surgiram.

A taxonomia dos micróbios eucarióticos é particularmente complexa, condizendo com o grande número de organismos nesse grupo. Aqui, não discuti-

Tabela 16.1 Principais grupos de micróbios eucarióticos

Grupo	Exemplos de tipos	Envelope celular característico e constituintes
Fungos[a]	Levedura, bolores	Parede celular contendo glicoproteínas (p. ex., manoproteínas), polissacarídeos (p. ex., quitina, glucanos) e outros
Protozoários	*Paramecium*, amebas, *Giardia*, *Plasmodium* (agentes da malária), *Tetrahymena*	Película interior à membrana plasmática; consiste em moléculas proteicas interconectadas; dá forma à célula
Algas[a]	*Euglena*, *Chlorella*, diatomáceas, dinoflagelados	Clorofila, parede celular contendo celulose, sílica em alguns, cálcio em alguns

[a]Nem todos são microscópicos, por exemplo, cogumelos (fungos) ou algas marinhas (algas).

remos detalhadamente essa taxonomia, mas sim consideraremos os micróbios eucarióticos como pertencentes a dois grandes grupos, os fungos e os protistas. Os **protozoários**, termo talvez mais familiar, são um grupo diverso de mais ou menos 50.000 espécies unicelulares não fotossintéticas e principalmente móveis. Eles e as algas microscópicas (fotossintéticas) são frequentemente reunidos em um grupo denominado **protistas**. Os termos protistas, protozoários e algas estão bem estabelecidos e ainda são úteis, mas têm pouco significado taxonômico, porque os organismos não evoluíram como grupos separados e distintos. Por exemplo, certos grupos de algas (p. ex., *Euglena*) são mais intimamente relacionados a certos protozoários (p. ex., tripanossomos) que a outras algas. A maioria dos, mas não todos os, fungos e protistas possui uma organização eucariótica típica – núcleos, mitocôndrias e, naqueles que fotossintetizam, cloroplastos. Alguns, como *Giardia*, o agente da diarreia do viajante, e seus parentes não possuem mitocôndrias. É tentador pensar que esses organismos representem descendentes de uma linhagem primitiva de células eucarióticas que ainda não adquiriram a bactéria endossimbiótica destinada a se tornar uma mitocôndria. Talvez não: os genomas desses organismos contêm genes que são provavelmente bacterianos. Esse indício evolutivo sugere que *Giardia* tenha adquirido um endossimbionte pré-mitocondrial e, eventualmente, o descartou, embora tenha retido alguns de seus genes. Até o momento, ainda não foram encontrados candidatos convincentes para a progênie das células eucarióticas pré-mitocondriais ancestrais.

16.1 *Onde os micróbios eucarióticos enquadram-se na atual concepção sistemática.*

Alguns protozoários, como o patógeno sexualmente transmitido *Trichomonas vaginalis*, revelam ainda outra variação do tema da evolução por meio de endossimbiose. Esses organismos contêm **hidrogenossomos**, organelas envoltas por membrana que funcionam de forma diferente das mitocôndrias. Os hidrogenossomos convertem piruvato a acetato, CO_2 e H_2. Diferentemente das mitocôndrias, os hidrogenossomos típicos não contêm DNA. Contudo, os genes nucleares que codificam suas reações possuem equivalentes bacterianos, sugerindo que essas organelas podem ter entregado *todos* os seus genes ao núcleo da célula hospedeira. Há uma exceção que parece confirmar tal inferência: um protozoário (*Nyctotherus ovalis*) encontrado no intestino de cupins (um abundante jardim microbiológico composto de um grande número de espécies de bactérias e protozoários) possui hidrogenossomos que, de fato, contêm DNA, e, aparentemente, também possuem ribossomos. A seguir, iremos nos concentrar nos estilos de vida dos fungos e de dois protozoários, *Paramecium*, um protista bem estudado, e *Plasmodium*, o parasita causador da malária, que exemplifica quão intricado pode ser o estilo de vida de um protista.

16.2 *Uma micrografia eletrônica mostrando a presença de DNA em hidrogenossomos.*

FUNGOS

O termo "fungos" evoca pratos deliciosos feitos com cogumelos selvagens ou cultivados; alimentos feitos com o auxílio de **leveduras**, como cerveja, vinho e pão; pé-de-atleta e outras infecções; comida embolorada esquecida no refrigerador ou mofo em sapatos velhos de couro. Os fungos são, de fato, tão diversos em tamanho e forma como sugerem essas imagens. Eles variam de organismos unicelulares simples a gigantescos fungos em forma de prateleira que crescem nos troncos de árvores em florestas antigas. (Um deles, o maior espécime conhecido, com mais de 1 m de diâmetro, é *Bridgeoporus nobilissimus*, o "políporo mais nobre". É um grande fungo felpudo, em forma de prateleira, que cresce em tocos velhos de árvores com "a superfície superior semelhante à de uma pizza verde e com um corte de cabelo muito rente", na opinião de alguns. Não é comestível.) Apesar de sua diversidade, todos os fungos compartilham várias características.

- Eles não são fotossintéticos e dependem de nutrientes orgânicos pré-formados para o crescimento. Como muitas bactérias, seus requisitos nutricionais são normalmente bastante simples.
- Captam nutrientes somente por absorção, e não por fagocitose.
- Possuem paredes celulares diferentes daquelas das plantas e bactérias, consistindo em **quitina** (um polímero de *N*-acetilglicosamina também encontrado nas cascas de crustáceos) e outros polímeros.
- Podem crescer vegetativamente pela extensão de filamentos, sem passar por um ciclo sexual.
- Podem crescer sem água livre sob condições de umidade alta, como comprovado pelo mofo que cobre as paredes e os sapatos de couro em ambientes úmidos. Tais fungos formam esporos que se projetam a partir da superfície e podem, assim, facilmente dispersar-se no ar, para o desconforto daqueles que são alérgicos a eles.
- Têm uma grande propensão para interagir com outros organismos, tanto em simbioses benéficas como em doenças.

A maioria dos fungos é filamentosa (as leveduras são uma exceção). Um filamento fúngico é denominado **hifa**, e um conjunto de hifas é denominado **micélio**. Comumente, os diâmetros tanto dos filamentos fúngicos como de células de levedura são similares àquele de células típicas de vertebrados, cerca de 4 a 10 micrômetros (μm).

Uma atividade muito importante dos fungos na terra é a reciclagem de matéria vegetal. Os fungos são, na verdade, os grandes decompositores. Eles podem decompor muitos compostos orgânicos complexos, incluindo celulose e lignina, os principais componentes da madeira. Os cupins e outros insetos que se alimentam de madeira dependem dos fungos e das bactérias em seus intestinos para decompor esses compostos que, do contrário, seriam indigeríveis. Se não fosse pela atividade fúngica, as plantas e árvores mortas se acumulariam em grande profundidade e se tornariam um acúmulo colossal de carbono. Sem a atividade fúngica, não haveria dióxido de carbono suficiente para sustentar a fotossíntese vegetal e microbiana. Assim, todos os animais, que, em última análise, dependem da vida vegetal, não sobreviveriam. Sem os fungos, seria-nos negado não só o risoto de *porcinni*, mas nossa própria existência.

16.3 *Uma grande quantidade de material sobre fungos em Doctor Fungus: recursos online para todos os assuntos micológicos.*

As leveduras

Os fungos mais bem conhecidos são as leveduras, que, nos últimos anos, tornaram-se o modelo mais intensamente estudado de células eucarióticas. Os estudos realizados com as leveduras nos proporcionaram um entendimento detalhado a respeito da regulação da expressão gênica sob diversas circunstâncias e do controle do ciclo e da divisão celulares.

A maioria das pessoas entende por "levedura" o fermento do pão ou o levedo de cerveja, *Saccharomyces cerevisiae*, que, como a maioria das leveduras, replicam-se por brotamento (um broto é uma extrusão similar a uma bolha de uma célula da progênie). Essa é a espécie preferida pela maioria dos pesquisadores de fungos. Há muitos outros tipos de levedura, incluindo algumas, como

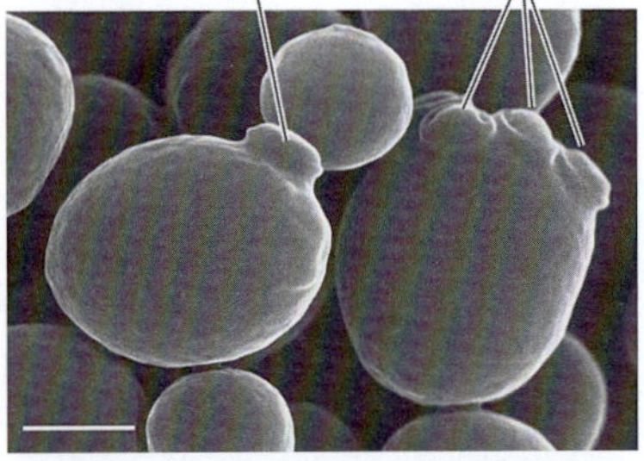

Figura 16.1 Micrografia eletrônica de varredura de uma célula de levedura mostrando um broto e várias cicatrizes do broto. Barra, 1 μm.

Schizosaccharomyces, que se replicam do mesmo modo que as bactérias, por fissão binária (dividindo-se ao meio). Muitos fungos crescem ou na forma de levedura (células individuais) ou como filamentos, dependendo das circunstâncias. As razões desse **dimorfismo** não são inteiramente compreendidas, mas essa característica muito provavelmente amplia o repertório biológico dos organismos, permitindo-lhes crescer em diferentes ambientes.

S. cerevisiae cresce em meios simples contendo apenas uma única fonte de carbono, como glicose ou acetato, mais sais minerais. Em meios ricos, ela pode duplicar-se a cada 2 horas. Ela produz colônias visíveis em placas de ágar no período de 2 dias, o que a torna extremamente desejável para trabalhos experimentais. *S. cerevisiae* cresce **aeróbia** ou **anaerobiamente**. Na presença de oxigênio, ela respira, isto é, oxida as fontes de carbono a dióxido de carbono e água. Anaerobiamente, ela fermenta açúcares a dióxido de carbono e etanol. Em virtude da diferença no rendimento energético entre a respiração e a fermentação, condições aeróbias ou anaeróbias seriam escolhidas para a produção, por um lado, de cerveja ou vinho e, por outro, de muitas células de levedura? Os cervejeiros, interessados no incremento da produção de álcool, usam condições anaeróbias; os fabricantes de fermento, que precisam maximizar o rendimento celular, usam condições aeróbias.

O estilo de vida fúngico

Nas leveduras de brotamento, a divisão é **assimétrica**. O broto principia como uma protrusão da "célula-mãe" e expande-se até que ele e a célula-mãe sejam quase iguais em tamanho. A essa altura, a célula recém-formada separa-se da célula-mãe. Diferentemente da fissão binária, o brotamento tem uma consequência traumática: no sítio onde o broto separa-se da célula-mãe, uma pequena placa diferenciada, denominada **cicatriz do broto**, é formada (Figura 16.1). (O termo cicatriz do broto também é usado para descrever a marca deixada quando a folha de uma planta destaca-se de seu caule.) Nenhum broto novo pode se formar no sítio de uma cicatriz do broto. Note que o número de cicatrizes do broto é uma indicação da idade de uma célula de levedura. Diferentemente de organismos "superiores" prototípicos, que alternam em pontos determinados de seus ciclos de vida entre estados **haploides** e **diploides**, muitas leveduras podem crescer em qualquer um dos estados por períodos prolongados. Algumas leveduras, como *Candida albicans* (o agente do **sapinho**, de **infecções vaginais** e outros tipos de infecções), são sempre diploides; outras espécies são sempre haploides. Uma variação desse tema é encontrada na maioria dos cogumelos. Seus filamentos, que se originam pela união de dois gametas, possuem dois núcleos que compartilham o mesmo citoplasma. Em tais células, denominadas **dicariontes**, os dois núcleos coexistem sem que haja fusão, como se fossem colegas de quarto separados, em vez de um casal comprometido. As células de um cogumelo permanecem no estágio dicariótico até que estejam prontas para a formação de esporos. Nesse momento, os dois núcleos fundem-se e imediatamente sofrem meiose, levando à produção de esporos haploides (Figura 16.2). Note quão notavelmente curto é o estágio diploide nesses organismos.

16.4 *Um sistema que vem sendo usado como modelo no estudo do envelhecimento e da senescência biológica.*

Os fungos não possuem uma linhagem germinativa obrigatória – não há espermatozoides ou óvulos especializados. Como nos organismos superiores, os **gametas** fúngicos podem parear-se e formar **zigotos** apenas com células do sexo oposto. As células de um sexo (também denominado tipo de acasalamento) não misturam seu metabolismo com o do outro e não se envolvem sexualmente com células do mesmo tipo de acasalamento. Elas diferenciam-se em gametas somente quando as células do tipo de acasalamento oposto estão presentes. Qual é o chamado ou convite de acasalamento? Os sinais são moléculas difusíveis denominadas **feromônios** (substâncias químicas secretadas que afetam o comportamento). Cada tipo de acasalamento

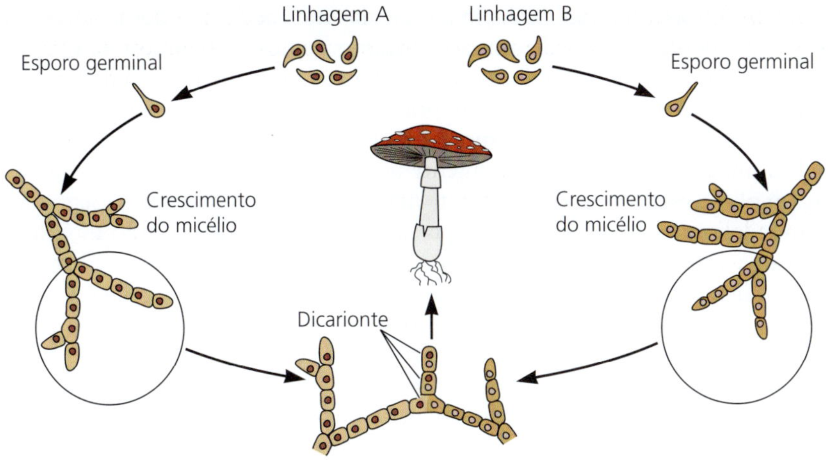

Figura 16.2 Como se forma um cogumelo. Os esporos de diferentes tipos de acasalamento (mostrados como núcleos vermelhos e tanados) germinam e formam filamentos (hifas). As hifas fundem-se e produzem um novo filamento, que é dicariótico, ou seja, com os *dois* tipos de núcleos. No final, o dicarionte diferencia-se e forma um corpo de frutificação, que denominamos cogumelo.

secreta seu próprio tipo de feromônio no meio. Quando um sinal do tipo de acasalamento oposto é percebido, uma célula torna-se um gameta, isto é, torna-se competente para cruzar. Trata-se de uma situação recíproca: as células de cada tipo de acasalamento são igualmente alertadas quanto à possibilidade de que o cruzamento está próximo. Quando as células de levedura tornam-se gametas, elas param de se dividir e se alongar, tornando-se células em forma de pera (Figura 16.3). Em seguida, elas fundem-se, tornando-se uma estrutura que se assemelha a duas peras unidas em suas extremidades pequenas. Então, os dois núcleos haploides fundem-se em um núcleo diploide, tornando-se um zigoto.

Os feromônios de cruzamento das leveduras são pequenas moléculas peptídicas que se difundem por todo o ambiente. Quando as células de um tipo de acasalamento são crescidas em ágar, uma alta concentração do feromônio acumula-se ao redor de sua zona de crescimento. Se as células do outro tipo de acasalamento forem colocadas nessa zona, elas rapidamente se transformam em gametas em forma de pera. Esse teste morfológico relativamente simples de atividade de feromônios pode ser usado para purificar e identificar esses compostos.

Após o cruzamento, as células podem proliferar-se no estado diploide por um período longo (diferentemente dos cogumelos). Somente quando as condições nutricionais tornam-se desfavoráveis os diploides efetivamente respondem e tornam-se **esporos** haploides. Diferentemente dos endósporos bacterianos, que são extraordinariamente resistentes ao calor e a substâncias químicas, os esporos fúngicos são apenas parcialmente capazes de resistir a tais condições severas. Contudo, eles sobrevivem em ambientes nutricionalmente escassos, uma capacidade que os ajuda a resistir à privação de nutrientes.

Como os esporos são formados? Uma cultura diploide deve sofrer **meiose** para formar esporos. Como já mencionado, o sinal para o início da meiose são condições nutricionalmente pobres. A meiose leva à formação de quatro células que, na levedura, são contidas em um envelope comum, parecendo-se com batatas em uma sacola. Em outros ascomicetos, essas células passam por outra divisão, resultando em um saco com oito esporos (Figura 16.4). Essa estrutura, denominada **asco**, dá a esse grupo de fungos seu nome taxonômico: são os **As-**

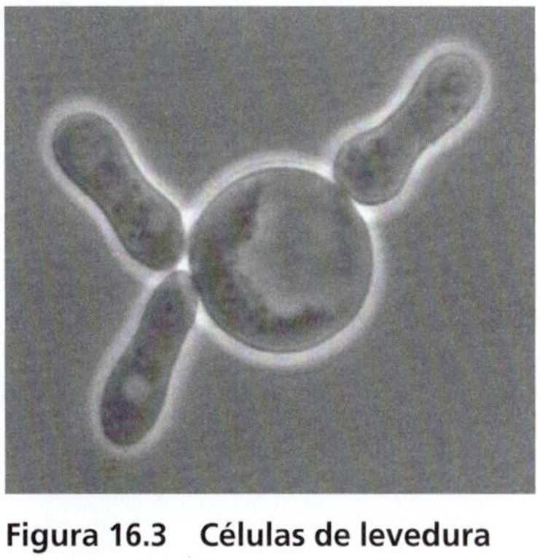

Figura 16.3 Células de levedura em cruzamento. Três células de levedura em cruzamento (em forma de ampulheta) são mostradas juntamente com uma célula diploide redonda.

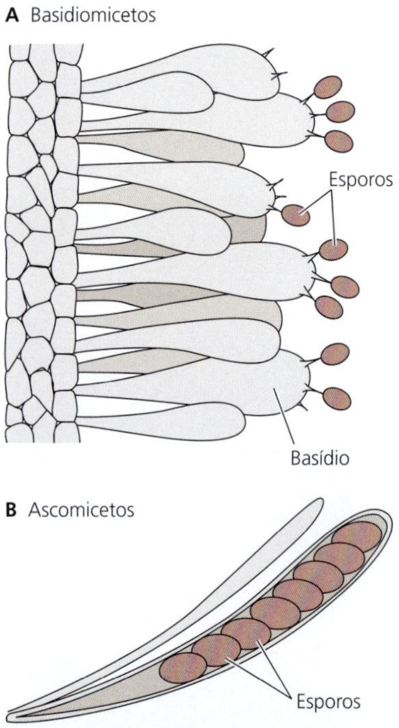

Figura 16.4 Dois modos pelos quais os fungos produzem esporos sexuais. (A) Nos Basidiomicetos, que incluem a maioria dos cogumelos, os esporos brotam de uma célula denominada basídio. **(B)** Nos Ascomicetos, que incluem a maioria das leveduras, bolores e alguns cogumelos, os esporos ficam contidos em um saco denominado asco.

comicetos. Os ascomicetos incluem a maioria das leveduras e dos bolores, muitos patógenos humanos e de animais, trufas e cogumelos comestíveis. Outros fungos, incluindo a maioria dos cogumelos, produzem uma célula denominada **basídio**, de cuja superfície emergem, por brotamento, esporos haploides. Esses fungos são denominados **Basidiomicetos** (Figura 16.4).

Em um ambiente nutricionalmente adequado, os ascósporos germinam e passam por crescimento vegetativo, tornando-se células haploides. Segundo as leis mendelianas, duas das células em cada asco serão de um tipo de acasalamento, e as outras duas serão do tipo de acasalamento oposto. Se um único esporo germinado for separado dos outros e mantido isolado, poderia parecer que está sendo privado de sexo. O destino não é tão implacável, pois as células de cada tipo de acasalamento regularmente convertem-se no outro tipo de acasalamento. O processo requer um rearranjo de genes que, em linhas gerais, assemelha-se à geração de diversidade nos anticorpos. Isso funciona da seguinte maneira. Cada célula de levedura possui dois genes **silenciados** ou **inativos**, um codificando um tipo de acasalamento e outro codificando o outro (Figura 16.5). Esses genes inativos estão empacotados em estruturas de cromatina que, ao impedir que sejam transcritos, os mantêm silenciados. Contudo, cada um dos genes inativos pode servir de "fita cassete", que pode ser inserida em um sítio (o "toca-fitas") onde o gene pode ser expresso. A recombinação de DNA substitui o cassete do tipo de acasalamento expresso por uma versão do tipo de acasalamento oposto, copiada de seu loco inativo. Durante o crescimento, tal troca do tipo de acasalamento resulta em uma colônia que contém células de ambos os tipos de acasalamento, ainda que a população tenha se originado de um esporo haploide de apenas um tipo.

Por que a levedura é uma ferramenta genética tão popular?

O estilo de vida das leveduras faz com que seja relativamente fácil trabalhar com elas, o que explica sua popularidade entre os pesquisadores. O cruzamento pode ser induzido à vontade pela mistura de culturas de diferentes tipos de acasalamento. Cada um dos quatro produtos da meiose, que estão contidos em um único asco, pode ser separado por meio do uso de um micromanipulador.

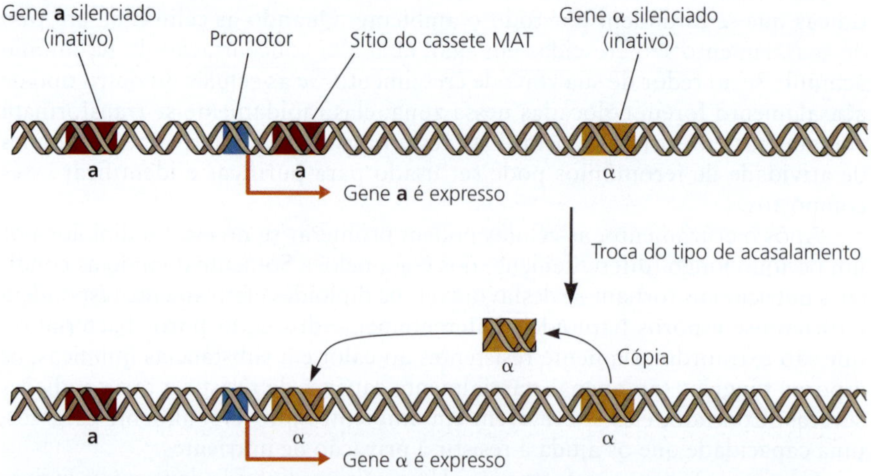

Figura 16.5 Troca dos tipos de acasalamento em levedura. Existem dois tipos de acasalamento, denominados α e a, mas somente um é expresso em um dado momento. Os genes dos dois estão silenciados ou inativos, a menos que uma cópia de um deles seja transferida a um sítio, *MAT*, onde a transcrição pode ocorrer. O processo é formalmente similar à inserção de uma fita cassete em um toca-fitas, sendo por isso conhecido como **modelo de cassete**. Com certa frequência, o gene que não está sendo expresso permuta com o gene residente, o que resulta em uma troca dos tipos de acasalamento.

Poucos outros eucariotos podem ser geneticamente analisados de forma tão rápida, conveniente e precisa. Há outras vantagens quanto ao uso das leveduras em pesquisas genéticas:

- A levedura possui um genoma relativamente pequeno (14 milhões de bases), apenas cerca de três vezes o tamanho do genoma de *Escherichia coli*. O genoma é dividido em 16 cromossomos minúsculos que têm, em média, 800 quilobases de tamanho e comportam-se, em muitos aspectos, como cromossomos eucarióticos típicos. Seu pequeno tamanho faz com que os cromossomos de levedura sejam modelos interessantes no estudo da replicação de DNA e do comportamento cromossômico eucariótico. Pode-se imaginar a levedura como uma célula eucariótica desnudada que realiza todas as tarefas essenciais de uma célula, mas sem a capacidade de realizar as coisas mais finas (como, por exemplo, diferenciar-se em um neurônio ou produzir anticorpos.)
- A existência de fases haploides e diploides estáveis permite que mutações letais sejam expressas (nas células haploides) e mantidas (nas células diploides). As mutações podem então ser imediatamente examinadas, e as letais podem ser salvas para análises posteriores.
- O DNA exógeno de leveduras pode ser facilmente introduzido dentro de uma célula de levedura por transformação. Embora a parede celular da levedura seja muito resistente, ela pode ser rompida por choque elétrico (eletroporação) ou pelo tratamento com certos sais, como acetato de lítio. Uma vez no interior, o DNA introduzido sofre recombinação homóloga com alta eficiência, o que facilita a alteração da estrutura de qualquer gene à vontade.
- A construção de plasmídeos que se replicam em leveduras é relativamente fácil. Alguns até se reproduzem em *E. coli*, assim como na levedura. Tais **plasmídeos *shuttle*** (**de ida e volta** ou, ainda, **de transferência**) tiram proveito de ambos os sistemas genéticos, do da levedura e do de *E. coli*. Plasmídeos contendo quantidades notavelmente grandes de DNA exógeno também podem ser construídos. Eles são denominados **cromossomos artificiais de levedura** (**YACs**, de *yeast artificial chromosomes*). Essas características tornam as leveduras veículos convenientes ao estudo de DNAs de muitas fontes, incluindo os humanos. A caracterização dos genomas eucarióticos normalmente depende da clonagem de grandes fragmentos cromossômicos. É possível construir YACs com fragmentos tão grandes quanto 800 quilobases. Além disso, a produção de proteínas por meio da engenharia genética de leveduras apresenta várias vantagens. Por serem eucarióticas, as leveduras permitem que a maioria das proteínas eucarióticas seja adequadamente dobrada e modificada em nível pós-traducional, por exemplo, por glicosilação. A primeira vacina humana geneticamente manipulada, o antígeno núcleo da hepatite B, e a primeira enzima geneticamente manipulada usada na produção de alimentos, a renina, foram produzidas em leveduras.

PROTISTAS

Alguns dos principais grupos de protistas são listados na Tabela 16.2.

Paramecium

Para despertar o interesse pela ciência, os professores de ensino médio com frequência pedem a seus alunos que observem uma gota de água de um pequeno lago sob o microscópio. Todos os tipos de criaturas aparecem deslizando, indo de cá para lá, em movimentos aparentemente casuais. Entre as maiores espécies estão criaturas particularmente ativas que se parecem com chinelos felpudos,

Tabela 16.2 Alguns dos principais grupos de protistas

Grupo	Exemplos	Meio de locomoção	Principal modo de nutrição
Flagelados	*Trypanosoma* (África: doença do sono; América: doença de Chagas), *Giardia* (diarreia do viajante), *Trichomonas* (infecção sexualmente transmitida)	Flagelos	Absorção (captação de alimento solúvel)
Ameboides	*Entamoeba histolytica* (disenteria, abscessos), *Naegleria fowleri* (encefalite)	Pseudópodes	Fagocitose (captação de alimento particulado)
Ciliados	*Paramecium*, *Balantidium* (infecção intestinal humana)	Cílios	Ingestão (de alimento particulado através de um órgão similar à boca)
Apicomplexa (assim chamados porque produzem uma estrutura denominada apicoplasto)	*Plasmodium* (malária), *Toxoplasma* (toxoplasmose)	Não móveis (exceto em alguns estágios no ciclo de vida)	Absorção (captação de alimento solúvel)

os paramécios. Essas criaturas não fascinam apenas os adolescentes, mas também os biólogos profissionais, porque estão entre os maiores e mais complexos organismos unicelulares e realizam suas atividades fisiológicas e genéticas de modo intrigante. Pode-se discutir o que constituiria tamanho grande em nível celular. Afinal, um ovo de avestruz é uma célula única. Contudo, ele não se move de um lado para outro como um *Paramecium* e está programado para uma única missão. Os paramécios e seus afins, outros organismos unicelulares denominados **ciliados**, estão bem adaptados à vida livre. Eles são encontrados não apenas na água de pequenos lagos, mas também nos oceanos, lagos, rios e solos, onde vivem e alimentam-se de bactérias e outros organismos menores. Os paramécios são roçadores e vivem graças à ingestão de partículas, como bactérias. Contudo, mesmo os paramécios podem ser ingeridos e tornar-se parte da cadeia alimentar (Figura 16.6). Aqui, a espécie *Paramecium caudatum* servirá de exemplo do mundo dos protistas.

Para organismos unicelulares, os paramécios são extremamente complexos. Eles possuem estruturas especializadas que se assemelham, pelo menos vagamente, a uma boca, um esôfago e um ânus. Como podem acumular água em excesso, eles possuem combinações de rim-bexiga denominadas **vacúolos contráteis** que expelem o excesso de líquido. O fato de consistirem em células únicas é intrigante, porque outros organismos com aproximadamente o mesmo tamanho são compostos de muitas células (Figura 16.7).

Ninguém ainda forneceu um argumento convincente para essa recusa em adotar a solução mais popular e a divisão de funções biológicas entre células diferentes. Os paramécios são tão grandes (embora nem tanto assim para um ciliado) que poderíamos supor que, de modo semelhante a um hipopótamo, eles levassem uma existência deliberada e desapressada. (Nem tanto. Um paramécio pode dividir-se a cada 10 horas, e alguns de seus parentes podem dividir-se a cada 2 horas.) No caso dessas células grandes e complexas, o crescimento rápido representa desafios específicos. Em um ambiente repleto de bactérias que podem ser ingeridas e digeridas, a nutrição aparentemente não é um problema, uma vez que o alimento é abundante. Ainda assim, o crescimen-

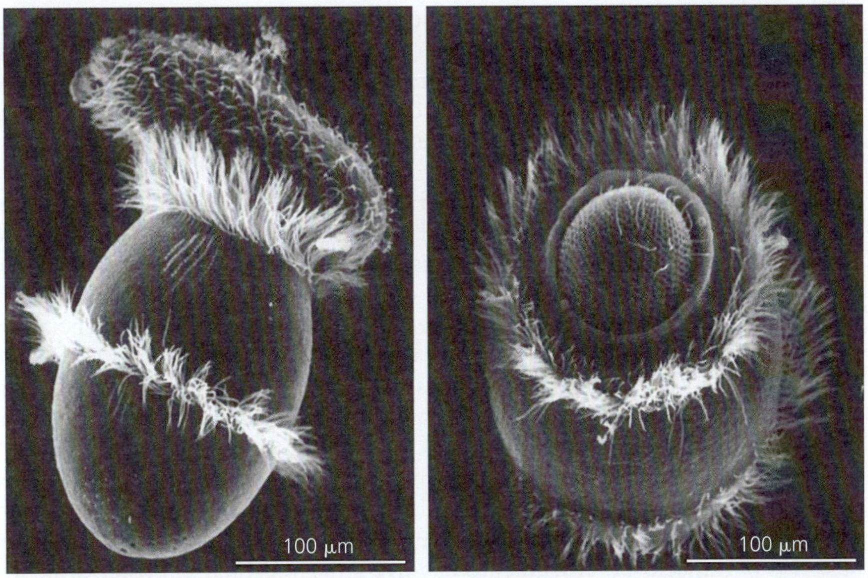

Figura 16.6 Predação entre os ciliados. As micrografias eletrônicas de varredura mostram um protozoário ciliado, *Didinium*, engolindo outro protozoário, *Paramecium*. **(Esquerda)** Visão lateral dos estágios iniciais; **(direita)** visão superior mostrando a presa sendo quase completamente ingerida.

to rápido requer que uma série de coisas estejam em seu devido lugar. A célula deve duplicar cada um de seus componentes similares a organelas no período que leva para dividir-se. Isso requer que a maquinaria envolvida na duplicação dos componentes funcione com alta eficiência. Por sua vez, isso se traduz na necessidade de muitas enzimas para a produção de ácidos nucleicos, proteínas, carboidratos e lipídeos. Incidentalmente, as **enzimas de RNA** ou **ribozimas** – a exceção ao fato de as enzimas geralmente serem proteínas – foram descobertas em um parente de *Paramecium* denominado *Tetrahymena*. O mesmo deu-se com o processamento de RNA.

O problema é, então, como um paramécio produz muitas enzimas eficientemente. Isso requer uma grande quantidade de mRNA, e há um limite para quão rapidamente o mRNA pode ser produzido a partir do DNA. Os ciliados resolvem esse problema de um modo único na biologia: eles produzem um grande núcleo extra, denominado **macronúcleo**. O macronúcleo é um saco de genes selecionados e repetidamente copiados que são excisados do núcleo "real" (o **micronúcleo**). O macronúcleo contém muitas cópias desses genes, entre 40 e 1.000, dependendo do ciliado. Assim, o micronúcleo serve de repositório das informações da célula, uma caixa-forte onde os genes podem ser seguramente armazenados. O macronúcleo, ao contrário, é um local movimentado, com copiadoras moleculares em plena atividade. O macronúcleo contém os genes necessários ao crescimento. Em algumas espécies, eles não constituem mais de 15% do total presente no micronúcleo; em outras, eles incluem até 90%. A formação de um macronúcleo a partir de um micronúcleo é um processo complexo que envolve uma redução seletiva do inventário genético da célula: como os genes a serem incluídos no macronúcleo não são contíguos nos cromossomos do micronúcleo, eles devem novamente ser misturados. Como zelador da informação necessária às gerações futuras, o micronúcleo deve se duplicar com precisão extrema por meio de mitose. O mesmo não ocorre com o macronúcleo. Ele possui tantas cópias de cada gene que elas não precisam ser divididas de forma exata. O macronúcleo não se divide por mitose, como ocorre com o micronúcleo, dividindo-se simplesmente ao meio, como uma goma de mascar partida em dois pedaços.

Os paramécios possuem outras características interessantes. Eles engolem qualquer partícula em sua vizinhança, o que inclui outros paramécios. Em alguns casos, os paramécios engolidos defendem-se por meio do transporte

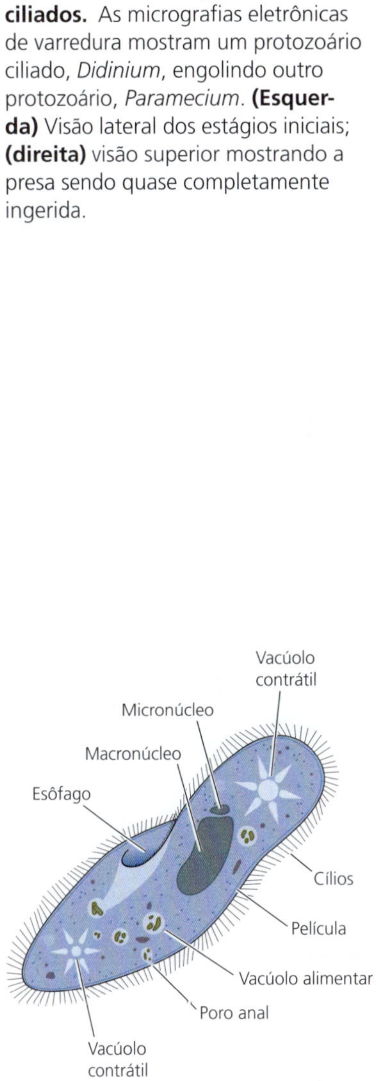

Figura 16.7 *Paramecium caudatum*. Este complexo organismo unicelular possui estruturas envolvidas na captação de alimento (esôfago), digestão de alimento (vacúolos alimentares), secreção (vacúolos contráteis), locomoção (cílios), proteção do genoma (micronúcleo) e no uso da informação genética (macronúcleo).

de um endossimbionte bacteriano em seus micronúcleos. Quando esses paramécios são ingeridos, as bactérias liberam uma toxina que mata o agressor. As linhagens assassinas que transportam tais endossimbiontes são imunes à toxina. Curiosamente, vários níveis de interações biológicas operam aí: a toxina do endossimbionte bacteriano é codificada por um prófago defectivo (ver Capítulo 17).

16.5 *Mais sobre os endossimbiontes bacterianos dos ciliados.*

Os paramécios e certos outros protistas não se dividem indefinidamente: eles morrem após várias divisões celulares. Esse fenômeno de **senescência** é reminiscente das células animais. No caso de *Paramecium*, a senescência não é causada pelo encurtamento dos telômeros (as extremidades dos cromossomos lineares), como ocorre nas células de vertebrados. A causa da senescência nos protistas não é conhecida. Como os paramécios não se extinguem? Ocorre que o relógio é reajustado quando os organismos passam pela reprodução sexuada; assim, essas espécies podem perdurar, contanto que ocasionalmente participem da reprodução sexuada. Como isso funciona é um mistério.

Outra contribuição adicional dos ciliados ao atual entendimento da genética e evolução provém do fenômeno denominado **herança cortical.** O termo refere-se à herança de propriedades de superfície *sem a participação de genes*. Nos paramécios, o cruzamento envolve a fusão celular e, posteriormente, a separação das células em conjugação. A separação nem sempre é perfeita: ocasionalmente, um dos parceiros pegará um fragmento do córtex ("pele") do outro. O córtex transporta cílios que estão orientados de uma maneira específica. Os cílios no novo fragmento estarão orientados no sentido oposto. Isso é importante, pois os cílios permitem que um paramécio nade. Se cílios suficientes estiverem na orientação errada, a natação será aberrante. Esse incidente natural pode ser experimentalmente reproduzido pela inversão cirúrgica de parte do córtex. A questão, aqui, é que o novo padrão de cílios e, portanto, o comportamento alterado de natação são herdados. Esse tipo de herança não envolve nenhuma troca de genes; ele é inteiramente dependente da geometria local do fragmento cortical envolvido. Esse fenômeno é denominado **epigenética** (ver Capítulo 17, para o caso de uma situação similar envolvendo príons).

Plasmodium, o parasita causador da malária

16.6 *História do quinino.*

A malária foi e continua sendo uma das maiores calamidades da humanidade. Ela afeta mais ou menos 300 milhões de pessoas, em especial nas áreas tropicais do mundo, e ocasiona entre 1 milhão e 1,5 milhão de mortes por ano; ela posiciona-se entre as principais doenças infecciosas mortais. A malária é transmitida pela picada de mosquitos encontrados principalmente, mas não apenas, nas regiões tropicais. Esses mosquitos não voam muito mais que 3 quilômetros, uma consideração importante nas tentativas de controle da doença. Em grande escala, a doença pode ser controlada por medidas sanitárias, como o uso de inseticidas, a drenagem de poças de água onde os mosquitos desenvolvem-se e o uso de mosquiteiros. Tais medidas são caras em grande escala, estando além dos recursos de alguns países em desenvolvimento. Vários fármacos podem prevenir e tratar a malária. Algumas, como o quinino, têm sido usadas há séculos. Contudo, algumas das espécies mais virulentas do parasita tornaram-se resistentes a muito antimaláricos, e os inseticidas são atualmente ineficazes, porque os mosquitos desenvolveram resistência a eles.

A malária humana é causada por quatro espécies do gênero *Plasmodium*, sendo a mais virulenta *Plasmodium falciparum*. Os parasitas do gênero *Plasmodium* alternam entre dois estágios obrigatórios de vida, um no mosquito – seu único vetor – e outro em seu hospedeiro vertebrado. O *Plasmodium* passa por uma coreografia extraordinariamente intricada, incluindo uma fase sexuada obrigatória, para completar seu ciclo de vida. O parasita apresenta mais ou menos uma dezena de estágios distintivos, e a cada um foi dado um nome. Discutiremos apenas alguns deles.

Como ocorre com todos os insetos hematófagos, somente as fêmeas do mosquito banqueteiam-se nos hospedeiros vertebrados. Diferentemente dos machos, as fêmeas precisam de uma fonte rica em proteínas para a produção de seus ovos. Ao alimentar-se de um hospedeiro infectado com malária, o mosquito ingere células vermelhas do sangue parasitadas. Os parasitas proliferam-se na boca do mosquito, de modo que, ao picar outro hospedeiro, ele transfere uma carga infecciosa de parasitas. Contudo, as coisas não são tão simples. Os parasitas devem sofrer uma série complexa de alterações de desenvolvimento antes de atingirem uma carga infecciosa que ocasione a doença (Figura 16.8).

A refeição de sangue que o mosquito adquire do hospedeiro infectado contém parasitas em vários estágios de desenvolvimento, mas apenas os chamados **gametócitos** diferenciam-se em **gametas** e invadem o inseto. Uma vez no intestino do mosquito, os gametas saem das células vermelhas do sangue, e os

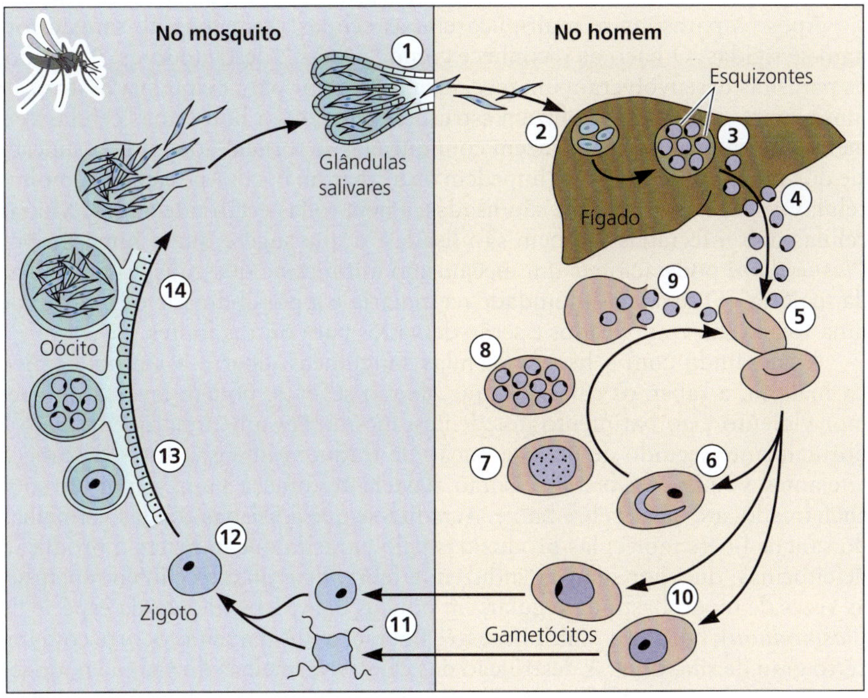

Figura 16.8 Ciclo de vida do parasita da malária. Os parasitas **(esporozoítos)** liberados da glândula salivar de uma fêmea de mosquito são injetados em um humano **(1)**. Eles deslocam-se pela corrente sanguínea e entram no fígado **(2)**. No fígado, eles amadurecem em células denominadas **esquizontes** teciduais **(3)**. Posteriormente, eles são liberados de volta à corrente sanguínea **(merozoítos [4])**, onde invadem as células vermelhas do sangue **(5)**. Contudo, alguns parasitas permanecem dormentes no fígado **(2)**. Em algumas formas de malária (causadas por *Plasmodium vivax* e *Plasmodium ovale*), os parasitas dormentes causam febre recidiva e calafrios. Nas células vermelhas do sangue, os parasitas amadurecem em formas com formato de anel **(6)** e outros estágios assexuados (trofozoítos e esquizontes **[7** e **8])**. Quando totalmente maduros, os parasitas provocam a lise das células vermelhas do sangue e são liberados, invadindo células vermelhas do sangue não infectadas **(9)**. Dentro das células vermelhas do sangue, alguns parasitas diferenciam-se em formas sexuadas (gametócitos) **(10)**. Quando ingeridos por um mosquito, os gametas diferenciam-se mais **(11)** e cruzam-se, produzindo um zigoto **(12)**, que penetra no intestino do mosquito **(13)** e desenvolve-se em uma estrutura denominada **oócito**. Finalmente, os oócitos produzem células **(14)** que migram para as glândulas salivares do mosquito **(1)** e repetem o ciclo.

gametas machos dão origem a oito células similares a espermatozoides, extremamente móveis, que procuram e encontram gametas fêmeas. Dentro de 30 minutos após a entrada no mosquito, o cruzamento está completo, e os **zigotos** diploides estão formados. Em seguida, os zigotos diferenciam-se em células móveis que invadem o intestino do mosquito. Durante esse processo, ocorre a meiose e a produção de células haploides. As últimas dividem-se e produzem dezenas de milhares de células da progênie, que são liberadas na hemolinfa (sangue) do mosquito. Nessa forma, os parasitas invadem as glândulas salivares e estão prontos para serem injetados quando o mosquito picar a próxima pessoa ou animal.

Em humanos, o *Plasmodium* rapidamente se desloca pela corrente sanguínea até o fígado. Dependendo de vários fatores, incluindo o estado imune do hospedeiro, o plasmódio rapidamente se multiplica ou permanece dormente, mas ainda capaz de ser reativado e ocasionar acessos recorrentes de malária em um período posterior. Quando os parasitas são liberados do fígado, eles entram na circulação e infectam as células vermelhas do sangue. O desvio através do fígado pode ter evoluído para que os parasitas possam persistir no corpo.

Após os parasitas se multiplicarem, as células vermelhas do sangue tornam-se rígidas. O baço as reconhece como "velhas", destruindo-as. Contudo, os parasitas desenvolveram um mecanismo protetor para evitar sua destruição junto com a célula. Eles induzem estruturas similares a botões nas células vermelhas do sangue, os quais fazem com que elas se tornem aderentes à superfície dos vasos sanguíneos e as impedem de acabar no baço. Apesar disso, muitas células vermelhas do sangue são lisadas, e nem todas estão infectadas. Muitas células não infectadas também são lisadas, o que sugere que a infecção por *Plasmodium* pode acionar um mecanismo autoimune que causa os sintomas da malária. (O tema da imunidade na malária e a possibilidade de criação de uma vacina são complicados e serão deixados para outras fontes.)

Coincidindo com a lise das células sanguíneas, ocorre o sintoma típico da malária, a saber, os calafrios, que, de tão severos, podem levar a um tremor violento e ao batimento dos dentes, mesmo em um clima quente. Isso é normalmente seguido de uma sensação de fraqueza intensa, dores de cabeça latejantes, vômitos e febre alta. Então, o paciente começa a apresentar um suor encharcado, até que a febre baixe. Acredita-se que a lise das células vermelhas do sangue libere moléculas produzidas pelo parasita que induzem a produção de citocinas, que, por sua vez, induzem a febre. Esse quadro clínico repete-se, às vezes de modo bastante regular, em poucos dias (dependendo da espécie de *Plasmodium*), porque a multiplicação e liberação dos parasitas ocorre com um certo grau de sincronia. A destruição das células vermelhas do sangue pode ser tão grande que quantidades imensas de hemoglobina são excretadas, dando à urina uma forte cor vermelha enegrecida (por isso o nome dessa condição, "febre hemoglobinúrica").

Um dos aspectos mais bem estudados do ciclo de vida do *Plasmodium* é sua penetração dentro das células vermelhas do sangue. Essas células não são fagocíticas; elas devem ser persuadidas para que o *Plasmodium* possa nelas entrar. A interação inicial entre o parasita e a célula vermelha do sangue consiste na ligação mediada por interações ligante-receptor. Isso é seguido por uma reorientação do parasita, de modo que sua extremidade "apical", ou pontiaguda, esteja em contato com a superfície da célula hospedeira. As espécies de *Plasmodium* pertencem a um grupo de protistas, os Apicomplexa, que possuem uma organela especial que contém DNA denominada **apicoplasto** (ver também Capítulo 19). As células vermelhas do sangue possuem um **citoesqueleto** de submembrana bidimensional que impede a fagocitose, sendo que ele deve ser rompido para que o parasita entre. Os parasitas exploram essas proteínas citoesqueléticas: eles deslizam ao longo de suas superfícies e, em certo sentido, "engatinham" dentro das células vermelhas do sangue. Alguns parasitas de *Plasmodium* que infectam novas células vermelhas do sangue diferenciam-se em gametas, que começam o ciclo de vida novamente.

Que forças selecionaram esse estilo de vida intricado? Não sabemos com exatidão. Diferentemente da maioria dos outros parasitas protozoários humanos, eles possuem uma vida sexual. O sexo é complicado e requer a diferenciação em gametas, o cruzamento e a meiose. Esses parasitas invadem dois tipos de células humanas, aquelas do fígado e as células vermelhas do sangue, e esse aspecto de seu ciclo de vida também deve contribuir à sua sobrevivência e transmissão.

Outros parasitas, incluindo parentes de *Plasmodium*, não seguem um projeto tão complicado. Os tripanossomos, que causam a doença do sono na África, por exemplo, não sofrem alterações morfológicas marcantes no inseto ou no hospedeiro mamífero. Outros tripanossomos, que causam a doença de Chagas na América do Sul e as mais distantemente relacionadas espécies de *Leishmania* (os agentes da leishmaniose, uma doença que afeta tanto os tecidos profundos como a pele), possuem apenas duas formas morfologicamente distintas, uma no inseto e uma no homem. O motivo pelo qual tais estilos de vida discrepantes evoluíram carece de uma explicação simples. Contudo, somente alguns plasmódios da malária entram na corrente sanguínea após o inseto picar, ao passo que os tripanossomos e as espécies de *Leishmania* ocasionam uma lesão local no sítio da picada do inseto, proliferam-se e entram na circulação em grande número.

16.7 *Mais sobre parasitas.*

Poderíamos pensar que a vida multifacetada de *Plasmodium* proporcionaria muitas oportunidades de interferência, com medicamentos ou vacinas, em um ou outro estágio. Embora muito progresso tenha sido feito nessa área, ainda não foi o suficiente para controlar a doença em muitas partes do mundo.

16.8 *Filmes de mobilidade e outras acrobacias celulares entre as algas microscópicas.*

Diatomáceas e outros

Nos escritos futurísticos de H. G. Wells ou em um episódio de *Star Trek* (*Jornada nas Estrelas*), encontramos formas alternativas de vida com base em silício, em vez de carbono. Por que não? O silício e o carbono compartilham propriedades químicas, incluindo a capacidade de formar polímeros. Contudo, há problemas com o silício, como, por exemplo, a necessidade de uma maior quantidade de energia para quebrar uma ligação Si–O que uma ligação C–O. Além disso, o silício oxidado forma uma substância insolúvel (dióxido de silício), em vez de um gás (dióxido de carbono). Assim, um organismo com base em silício teria de ser anaeróbio ou produzir depósitos frequentes de "tijolos" de dióxido de silício. Não iremos tão longe, mas descreveremos organismos na Terra que fazem bom uso do silício. O silício é um dos elementos mais abundantes na Terra. Na forma de dióxido de silício ou sílica, ele é o principal componente do vidro. Ele também é usado como material estrutural protetor por certos protozoários, esponjas e plantas e, mais conspicuamente, por todas as diatomáceas.

O silício também é encontrado nos ossos e no tecido conjuntivo dos animais. Um humano adulto contém cerca de 10 g de silício, mas nos concentraremos agora nas diatomáceas, organismos que desempenham um papel vital nos ambientes aquáticos. Os oceanos estão cheios de formas sensacionais de vida que não podem ser vistas a olho nu. Se você coletar as menores partículas que flutuam no mar, poderá observar, sob o microscópio, além de muitos procariotos um conjunto de micróbios eucarióticos de grande diversidade e infinita beleza. Muitos exibem uma estrutura corporal notável por seus arranjos geométricos que encantam os olhos. Alguns dos organismos são redondos, outros oblongos, e outros, ainda, estão ligados em cadeias. Esses organismos constituem o **plâncton**, um elemento essencial da cadeia alimentar dos ocea-

16.9 *Informações adicionais sobre o fitoplâncton.*

nos. O exame de uma gota da água de um lago é uma experiência diferente, mas igualmente gratificante.

As diatomáceas são algas unicelulares. Elas são extraordinariamente abundantes tanto no plâncton como nos sedimentos de ecossistemas marinhos e de água doce. As diatomáceas ou levam uma existência solitária ou estão ligadas em cadeias de extensão variável. Algumas espécies são capazes de se movimentar ativamente sobre superfícies. As diatomáceas individuais variam em tamanho de 2 μm a vários milímetros, embora muito poucas espécies sejam maiores que 200 μm. Elas são extremamente variadas: as espécies hoje existentes passam de 50.000. Uma característica notável das diatomáceas são suas paredes celulares, feitas de dióxido de silício (em outras palavras, vidro) envelopado por material orgânico. Essas carapaças possuem padrões geométricos complexos e são algumas das formas mais adoráveis na natureza (Figura 16.9). As pessoas que as observaram tendem a ficar eloquentes, denominando-as "gemas da natureza" ou "plantas com um aspecto de vidro".

Por que a sílica? Tanto o arranjo como o material da parede celular das diatomáceas contribuem para uma estrutura muito dura e forte, resistente à quebra mecânica. Contudo, a sílica nas carapaças das diatomáceas está longe de ser inerte. Acredita-se que ela acelere a fotossíntese, possivelmente ao funcionar como um tampão que mantém o pH dentro de uma faixa ótima. Os arranjos ornamentados nas carapaças podem também facilitar a fotossíntese, porque seus poros e endentações aumentam a quantidade de superfície exposta à água e ao dióxido de carbono. As diatomáceas fazem usos adicionais da sílica. O silício ativa vários genes, incluindo o que codifica a DNA polimerase das diatomáceas.

16.10 *Um artigo sobre a responsividade das diatomáceas ao silício.*

As diatomáceas são fotossintéticas, e acredita-se que sejam responsáveis por 20 a 25% de toda a fixação orgânica de carbono no planeta. Já que tão abundantes, elas são tanto uma importante fonte de alimento aos organismos marinhos como um produtor muito importante de oxigênio a nossa atmosfera. Todavia, nem todas as diatomáceas flutuam livremente; muitas aderem-se a superfícies, como aquelas em plantas aquáticas, moluscos, crustáceos e até tartarugas. Algumas baleias carregam populações densas de diatomáceas em sua pele. As diatomáceas são um elemento importante da cadeia alimentar. Muitos protistas e o pequeno plâncton consomem integralmente as diatomáceas menores, mas alguns invadem as diatomáceas grandes, desprovendo-as de suas carapaças. Ainda que as diatomáceas sejam consumidas, suas carapaças são quase indestrutíveis e acumulam-se ao longo do tempo geológico (retrocedendo pelo menos até o período cretáceo), formando depósitos enormes. As rochas gredosas brancas consistem quase inteiramente em carapaças de diatomáceas fósseis e são conhecidas como **diatomito** ou **terra diatomácea**. Esses depósitos são comercialmente explorados para a produção de abrasivos, detergentes e tintas e também para a produção de agentes de filtragem de vários líquidos, incluindo o vinho. Quando escovamos os dentes, também estamos em contato com as diatomáceas, pois alguns tipos de cremes dentais contêm terra diato-

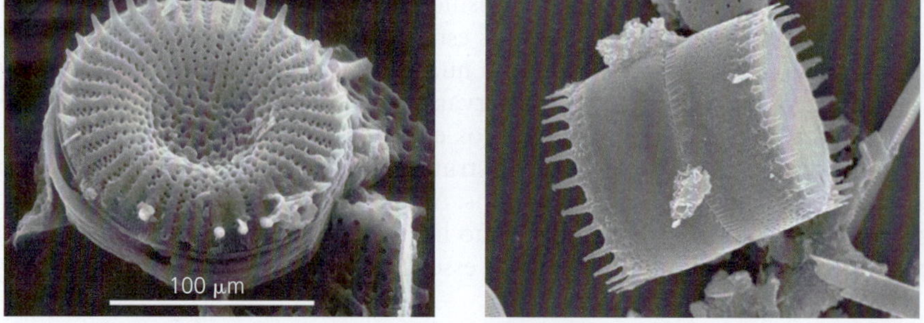

Figura 16.9 Exemplos de diatomáceas. Micrografias eletrônicas de varredura de diferentes formas de diatomáceas são mostradas.

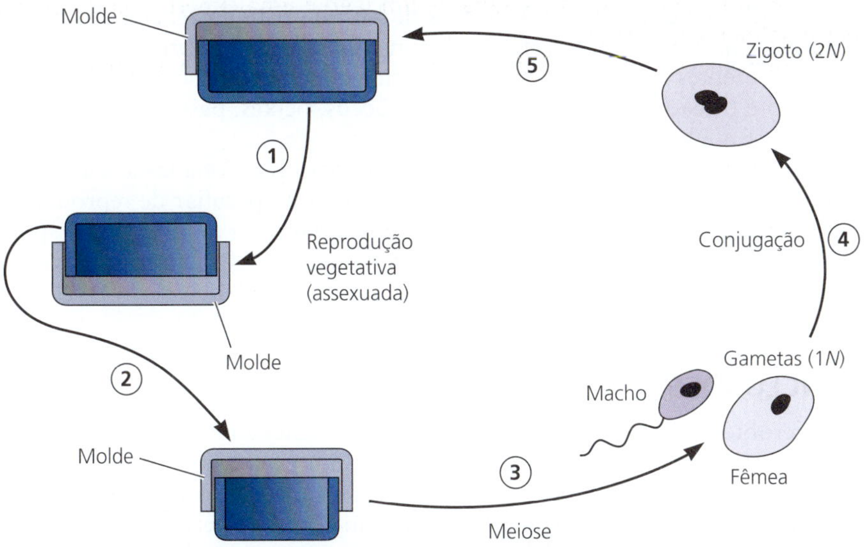

Figura 16.10 Ciclo de vida de diatomáceas em forma de placa de Petri. Após a reprodução assexuada **(1)**, a carapaça da "tampa superior" de uma célula serve de molde à "inferior". Por sua vez **(2)**, essa tampa inferior torna-se uma superior e serve de molde a outra inferior. A cada divisão, as células ficam contidas em uma carapaça menor (azul). Quando o tamanho da carapaça fica pequeno demais, as células saem, sofrem meiose e tornam-se gametas **(3)**. Os últimos podem fundir-se e formar um zigoto **(4)**, que pode desenvolver uma carapaça e iniciar o processo novamente **(5)**. Por questão de conveniência, as metades alternantes das carapaças são desenhadas em claro e escuro, e apenas algumas divisões são mostradas.

mácea processada. Como as espécies individuais de diatomáceas desenvolvem-se em diferentes condições climáticas, a análise de diatomáceas fósseis fornece informações sobre ambientes passados.

As carapaças de algumas diatomáceas são constituídas de duas partes desiguais que se ajustam uma à outra, um arranjo que, em espécies arredondadas, assemelha-se a uma caixinha de pílulas ou placa de Petri. Isso resulta em um modo incomum de replicação, em que cada metade serve de molde a uma nova carapaça (Figura 16.10).

As diatomáceas são parentes distantes de outros membros fotossintetizantes do plâncton. Um grande grupo, o dos **cocolitóforos** (portadores de pedras redondas), é assim denominado em virtude de suas paredes celulares de carbonato de cálcio. Eles rivalizam com as diatomáceas no que se refere a formas extravagantes (Figura 16.11). Eles formam "florações" imensas que podem atingir tamanhos enormes, cobrindo tanto quanto 100.000 km^2 de superfície oceânica (quase o tamanho da Inglaterra ou cerca de metade do tamanho do estado de Ohio). As florações de cocolitóforos têm sido descritas como gigantescas fábricas químicas, responsáveis por uma grande proporção da fotossíntese total. Os cocolitóforos periodicamente desprendem suas minúsculas escamas, denominadas cocólitos, que são a maior fonte mundial de carbonatos. Os cocólitos dão à água, normalmente escura, uma coloração azul leitosa clara, fazendo com que as florações de cocolitóforos sejam facilmente vistas em imagens de satélite. Apesar de sua enorme importância no ciclo da matéria, os cocolitóforos são pouco conhecidos e ainda não tiveram seu "lugar ao sol".

Outros primos das diatomáceas formam uma parede celular rígida, constituída de celulose e de outros polímeros orgânicos, em vez de minerais. São os **dinoflagelados**, alguns dos quais causam florações de algas denominadas "marés vermelhas" (Figura 16.12). Os dinoflagelados produzem um espetáculo interessante à noite: a bioluminescência é dependente de oxigênio, e a presença

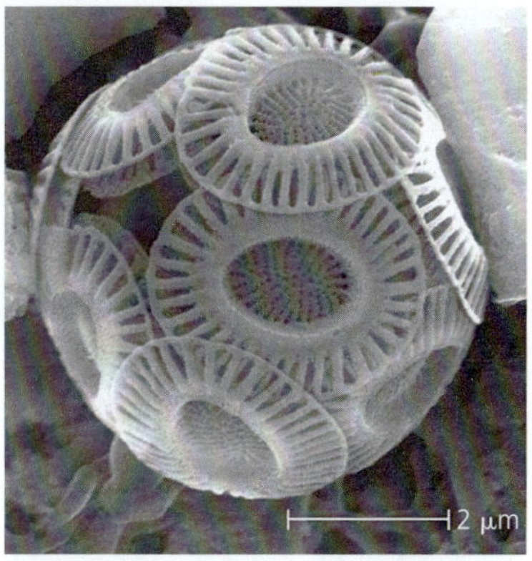

Figura 16.11 Um cocolitóforo. É mostrada "Ehux", forma abreviada de *Emiliana huxleyi*, o mais abundante dos cocolitóforos. Sob condições favoráveis, ela produz florações marinhas do tamanho da Inglaterra, superando em número todos os outros membros do fitoplâncton na proporção de 10:1. A fonte de sua beleza são os *cocólitos*, plaquetas de carbonato de cálcio que cobrem as células e dão aos organismos seu nome. As florações são altamente refletivas, fazendo com que mais luz e calor sejam refletidos em direção ao espaço, em vez de aquecer os oceanos. A construção de números imensos de cocólitos e seu depósito no fundo do oceano fazem diferença em relação à quantidade de CO_2 que pode ser armazenada na atmosfera e contribuir ao efeito estufa. Contudo, os organismos não apenas influenciam o clima, mas também formam rochas gredosas e calcárias, como, por exemplo, os rochedos brancos de Dover, na Inglaterra.

16.11 *Mais informações na homepage de Ehux.*

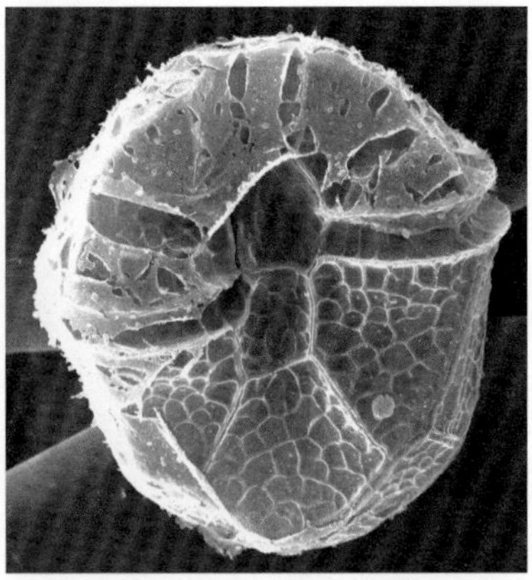

Figura 16.12 Um dinoflagelado de água doce, *Peridinium willei*, visto sob um microscópio eletrônico de varredura. Observe o aspecto blindado devido a uma parede celular que contém celulose e um sulco característico conhecido como cíngulo. A maioria dos dinoflagelados é marinha, mas alguns também são encontrados em lagos de água doce e rios. Cerca de metade deles é fotossintetizante; os outros são heterótrofos. Quando presentes em grandes quantidades, eles produzem marés vermelhas, que são tóxicas aos vertebrados.

dos organismos é revelada por clarões de luz na crista da rebentação que se quebra ou na esteira de um navio. Alguns dinoflagelados produzem neurotoxinas potentes que podem ser transmitidas ao longo da cadeia alimentar, afetando e ocasionalmente matando crustáceos, peixes, pássaros, mamíferos marinhos e até humanos.

Há muitas questões peculiares às diatomáceas, relacionadas a seu uso incomum de silicatos, suas formas variadas, seu modo peculiar de reprodução, entre outras. Talvez os leitores deste livro possam um dia motivar-se a responder a algumas dessas questões. Lembre-se de que as diatomáceas podem ser cultivadas em laboratório.

CONCLUSÕES

Os micróbios eucarióticos compreendem um número imenso de formas de vida que variam muito quanto à morfologia e ao tamanho. Muitos desempenham papéis essenciais nos ciclos da natureza; alguns causam doenças no homem, nos animais e nas plantas, e alguns são objeto de pesquisas exaustivas. As leveduras servem de modelo a todos os eucariotos e rivalizam com *E. coli* pela posição de melhor organismo compreendido. Outros, em especial certos ciliados, aumentaram muito nosso entendimento da biologia molecular, permitindo a descoberta de fenômenos inesperados, como o processamento de genes e alguns RNAs que funcionam como enzimas. Podemos esperar mais do estudo desses organismos fascinantes. Estamos apenas começando a entender seus papéis nos principais ciclos biogeoquímicos e na reciclagem do carbono. No próximo capítulo, continuaremos com o tema da diversidade biológica e consideraremos outro ingrediente central do mundo biológico, os vírus.

TESTE SEU CONHECIMENTO

1. Os principais grupos de micróbios eucarióticos estão dentro de categorias facilmente distinguíveis? Mencione alguns exemplos.
2. Quais são as características centrais dos fungos?
3. Em que se baseiam os pesquisadores ao optar pelas leveduras como sistema-modelo de células eucarióticas?
4. Em que o micronúcleo e o macronúcleo de *Paramecium* diferem?
5. De que modo os parasitas da malária prejudicam seu hospedeiro?
6. Quais são as características mais facilmente distinguíveis das diatomáceas e dos cocolitóforos? Que papel esses organismos desempenham nos ciclos da natureza?

vírus, viroides e príons

capítulo

17

INTRODUÇÃO

Se os vírus não existissem, alguém poderia tê-los evocado? Eles são partículas inertes que comandam as células para seu próprio benefício e, desse modo, causam profundas alterações nas atividades metabólicas e genéticas das células. Alguém poderia pensar em pequenas partículas infectantes que se multiplicam pela perda da sua integridade estrutural, partindo-se em pedaços dentro de uma célula hospedeira? Alguém poderia ter predito que eles influenciariam todas as formas de vida, que eles seriam muito variados em forma e tamanho e que estariam presentes em números muito grandes no ambiente? Os vírus desempenham um papel central na biologia: eles moldaram a evolução, estão constantemente envolvidos nas relações ecológicas entre os organismos vivos e, é claro, causam doenças. Mesmo assim, os vírus não aparecem nas descrições convencionais da "árvore da vida" (p. ex., ver Figura 1.2). O motivo é que, mesmo possuindo algumas das qualidades dos seres vivos, como a capacidade de replicar-se, sofrer mutações e recombinar-se, eles não são organismos.

17.1 *Uma discussão histórica da virologia.*

TAMANHO E FORMA

Os vírus infectam uma grande série de hospedeiros e variam muito em tamanho, forma e composição química (Figura 17.1). O maior vírus conhecido é tão grande quanto a menor bactéria e possui milhares de vezes o volume do menor vírus. Alguns vírus assemelham-se a bastões, outros a domos geodésicos, e outros a módulos lunares, mas todas essas formas possuem uma estru-

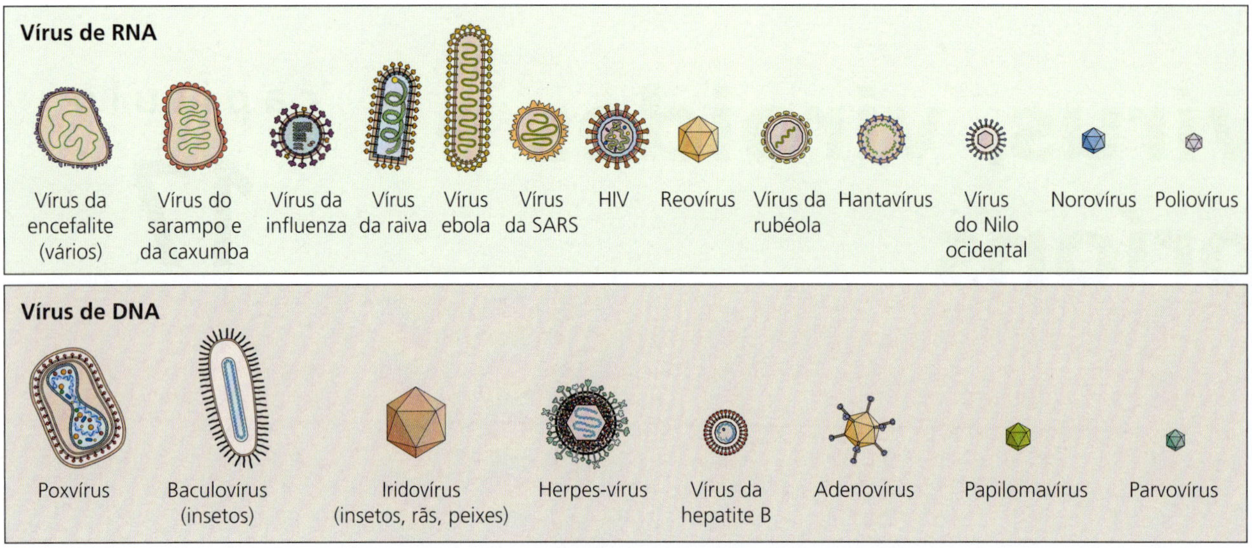

Figura 17.1 Exemplos de formas e tamanhos dos vírus. Observe a ampla variedade de formas e tamanhos. Todos os vírus estão representados em escala.

tura básica comum, a saber, os arranjos de componentes na capa proteica que todos os vírus possuem.

Uma partícula viral consiste em ácidos nucleicos, DNA ou RNA (nunca ambos), circundados por uma capa proteica. A partícula em si é chamada de **vírion**, a capa de **capsídeo**, e o complexo ácido nucleico-capsídeo é denominado seção **nucleocapsídeo**. As subunidades estruturais do capsídeo são conhecidas como **capsômeros**, compostos de um único ou de vários tipos de proteínas. Nos vírus mais simples e menores, os capsômeros estão arranjados de modo a formar uma de duas estruturas: um **icosaedro**, composto de 20 faces triangulares equilaterais, ou um **filamento helicoidal**, composto de capsômeros arranjados como uma espiral contendo um centro oco (Figura 17.2). Ambas as formas são determinadas por propriedades inerentes dos capsômeros: capsômeros isolados podem automontar-se (cristalizar) espontaneamente na forma do vírion, mesmo na ausência de ácidos nucleicos. Os tamanhos dos vírus icosaédricos

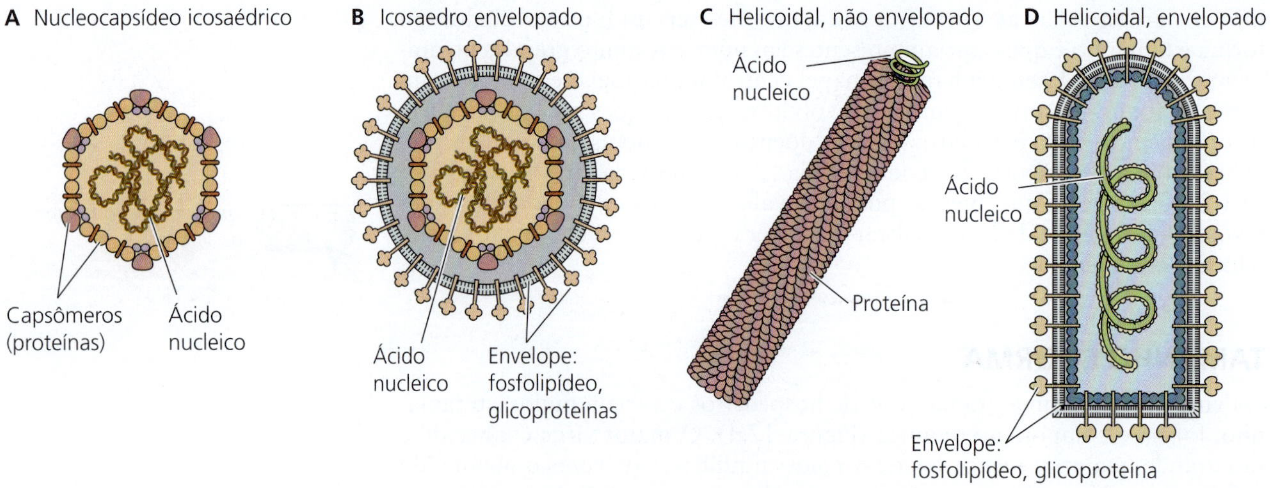

Figura 17.2 Formas virais básicas. (A) Icosaédrico, não envelopado; **(B)** icosaédrico, envelopado; **(C)** helicoidal, não envelopado; **(D)** helicoidal, envelopado.

são exclusivamente determinados por sua propriedade de automontagem. Os comprimentos dos vírus filamentosos, por outro lado, são determinados pelos comprimentos dos ácidos nucleicos que eles contêm. Se um vírus filamentoso adquire ácidos nucleicos exteriores (i. e., que não lhe pertencem), os vírions simplesmente se tornam mais longos (uma propriedade útil na produção de proteínas por engenharia genética).

17.2 *Mais detalhes da estrutura viral.*

Um vírion icosaédrico simples é composto de 60 capsômeros, 3 em cada uma de suas 20 faces. Vírus icosaédricos maiores são compostos de muitos capsômeros (chegando a 1.500), mas como os capsômeros são assimétricos, o número deles que pode montar-se, formando uma face triangular equilateral simétrica, segue regras rígidas. Assim, os vírions icosaédricos não contêm apenas *qualquer* número de capsômeros. O próximo passo após 60 é 180 e então 240, 540, 960 e 1.500.

Alguns vírus, como o vírus da imunodeficiência humana (HIV, de *humam immunodeficiency virus*), possuem uma **morfologia mista**. O HIV possui um capsídeo icosaédrico com um centro ou núcleo filamentoso de ácidos nucleicos. Alguns vírus são circundados por um **envelope** de lipídeo-carboidrato-proteína, ou membrana, que circunda o capsídeo. As proteínas dessa estrutura são codificadas pelo genoma viral, mas os lipídeos e carboidratos são derivados de uma das membranas celulares do hospedeiro (p. ex., da membrana citoplasmática, nuclear, do complexo de Golgi ou do retículo endoplasmático). Esses componentes celulares são capturados quando o vírus sofre extrusão (brota) através da membrana celular do hospedeiro em seu processo de maturação (Figura 17.3). Além disso, alguns vírus possuem estruturas especializadas que estão envolvidas na ligação à célula hospedeira, como as espículas dos vírus da influenza ou o aspecto de módulo lunar de alguns vírus bacterianos.

Embora os vírions sejam metabolicamente inertes, eles não são bioquimicamente incapazes. Muitas **enzimas codificadas pelos vírus** são utilizadas na ligação às células hospedeiras, na replicação e mesmo na modificação de seu ácido nucleico (isso será detalhadamente discutido a seguir). Alguns dos maiores vírus, como o que causa a varíola (ou um vírus imenso encontrado em algumas amebas, denominado mimivírus), são bastante complexos e suscitam a pergunta: o que seria necessário para que se tornassem entidades celulares capazes de replicar-se independentemente?

17.3 *Detalhes dos mimivírus.*

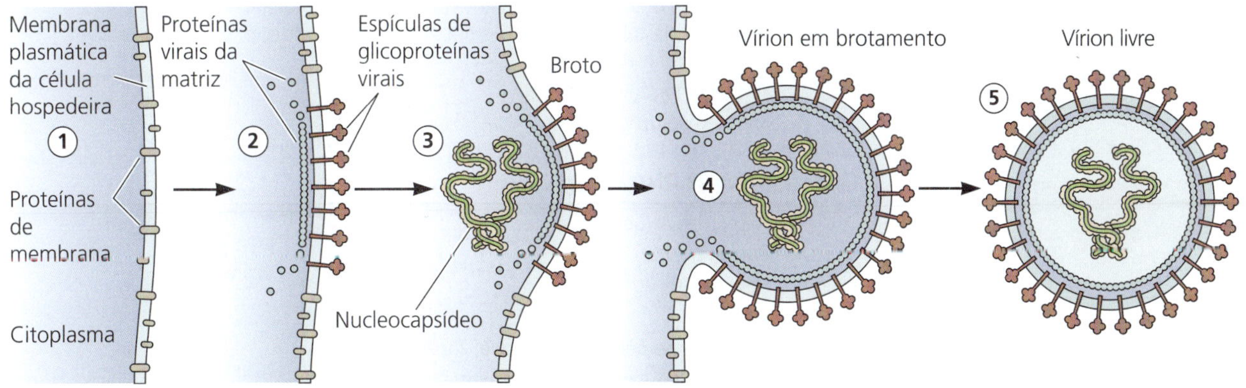

Figura 17.3 Brotamento viral através da membrana plasmática. (1) A membrana da célula hospedeira antes ou no início da infecção. **(2)** As moléculas proteicas da matriz, codificadas pelo vírus, associam-se com a membrana plasmática. As espículas de glicoproteínas virais são incorporadas na membrana. **(3)** Os ácidos nucleicos e as proteínas virais (nucleocapsídeo) são montados perto da membrana, e o brotamento inicia. **(4)** O brotamento continua à medida que mais espículas virais são inseridas na membrana. **(5)** O brotamento está completo, e um vírion maduro é liberado.

ECOLOGIA E CLASSIFICAÇÃO

Poucas formas de vida, se houver, não são infectadas pelos vírus, de modo que podemos esperar que exista um número muito grande de tipos diferentes. Existem centenas de vírus que causam doenças humanas (Tabela 17.1). Mesmo organismos "simples", como *Escherichia coli*, podem ser infectados por dezenas de vírus diferentes. Cada tipo de vírus consiste em diferentes **linhagens** que diferem quanto à virulência e às propriedades antigênicas (sorotipos). Os vírus tendem a ser bastante específicos quanto ao hospedeiro, mas existem muitas exceções, como, por exemplo, o vírus da gripe suína, que afeta tanto seres humanos como suínos. Atualmente, embora milhares de vírus sejam conhecidos, sabemos que isso é uma subestimação substancial.

Existem formas celulares de vida que não são infectadas pelos vírus? Provavelmente não. Além disso, estamos cientes da existência de muitos vírus sobre os quais não sabemos que hospedeiros infectam. Por exemplo, os oceanos contêm um número imenso de vírus, acima de 10 milhões de partículas (presumivelmente **bacteriófagos**, vírus que infectam bactérias) por mL de água do mar, como determinado por sua contagem em um microscópio eletrônico. Como a maioria das bactérias presentes na água do mar ainda não pode ser cultivada, podemos apenas sugerir quais seriam os hospedeiros desses vírus. Esse desconhecimento obscurece relações ecológicas e evolutivas extremamente importantes.

Tabela 17.1 Um hospedeiro, muitos vírus: principais doenças humanas causadas por vírus[a]

Vírus de RNA
Influenza
Resfriado comum (causado por mais de 100 tipos de vírus)
SARS[b]
Encefalite do Nilo ocidental
Síndrome pulmonar por hantavírus
Raiva
Caxumba
Sarampo
Rubéola
Pólio
Distúrbios gastrintestinais (vários tipos diferentes de vírus, p. ex., agente de Norwalk, rotavírus)
Febre hemorrágica por ebola
Infecção por HIV, AIDS
Vírus de DNA
Herpes labial (herpes simples)
Herpes genital
Hepatite B
Varíola
Catapora, herpes-zóster (varicela, zóster)
Mononucleose infecciosa (vírus Epstein-Barr)
Infecção por citomegalovírus
Infecção por adenovírus
Papilomatose (verrugas)

[a]Conhecem-se algumas centenas de vírus que infectam os seres humanos. Algumas das doenças são específicas aos seres humanos (p. ex., varíola), enquanto outras não são (p. ex., influenza). Alguns vírus cruzam as barreiras de reinos e podem afetar tanto animais como plantas.

[b]SARS, síndrome respiratória aguda severa.

Os vírus podem ser classificados de várias formas: por seu hospedeiro (bactérias, plantas, animais, etc.), seu tamanho e sua forma, pela presença ou ausência de um envelope e pelo ácido nucleico que eles contêm – DNA ou RNA – e, ainda, se esse é fita simples ou fita dupla, linear ou circular (Tabela 17.2 e Figura 17.4).

REPLICAÇÃO VIRAL

Para que um vírus se replique, *ele deve penetrar em uma célula hospedeira suscetível.* O vírion liga-se à célula, seu ácido nucleico entra e direciona a produção de componentes virais, e esses são então montados em partículas da progênie e liberados da célula. Cada uma dessas etapas é convoluta e única a cada tipo de vírus.

Ligação e penetração

Os vírus chocam-se aleatoriamente contra suas células hospedeiras e, em pouco tempo, a cada 10^3 a 10^4 colisões, eles aderem-se. Essa etapa, denominada **adsorção**, não requer energia, mas requer condições iônicas e de pH específicas. Em seguida, **ligantes** nos vírus adsorvidos ligam-se específica e fortemente a **receptores** na célula hospedeira. Os capsômeros dos vírus mais simples podem realizar uma tarefa dupla, funcionando simultaneamente como ligantes e como componentes estruturais, mas os vírus mais complexos (como, por exemplo, o vírus da influenza e outros vírus envelopados) possuem estruturas de ligação características, similares a espículas que se projetam a partir da superfície. Os

Tabela 17.2 Alguns vírus animais

Grupo	Polaridade do ácido nucleico[a]	Exemplo(s) de doença[b]
Vírus de RNA		
Fita simples		
Poliovírus	Positiva	Pólio
Coronavírus	Positiva	Resfriados, SARS
Vírus da hepatite A	Positiva	Hepatite A
HIV	Positiva	AIDS
Vírus da raiva	Negativa	Raiva
Vírus do sarampo	Negativa	Sarampo
Vírus da influenza	Negativa	Influenza
Fita dupla		
Rotavírus		Gastrenterite
Vírus de DNA		
Fita simples		
Parvovírus		*Rash* ou exantema (humanos), doença GI (cães)
Fita dupla		
Adenovírus		Resfriados, infecções oculares
Herpesvírus		Herpes, encefalite, mononucleose infecciosa, catapora
Poxvírus		Varíola, vacínia
Vírus da hepatite B[c]		Hepatite B

[a]Positiva indica que o RNA do vírion pode servir diretamente de mRNA. Negativa indica que o RNA do vírion deve primeiro ser copiado em uma fita complementar, a qual então serve de mRNA.
[b]SARS, síndrome respiratória aguda severa; GI, gastrintestinal.
[c]O DNA do vírus da hepatite B possui uma extensão de fita simples.

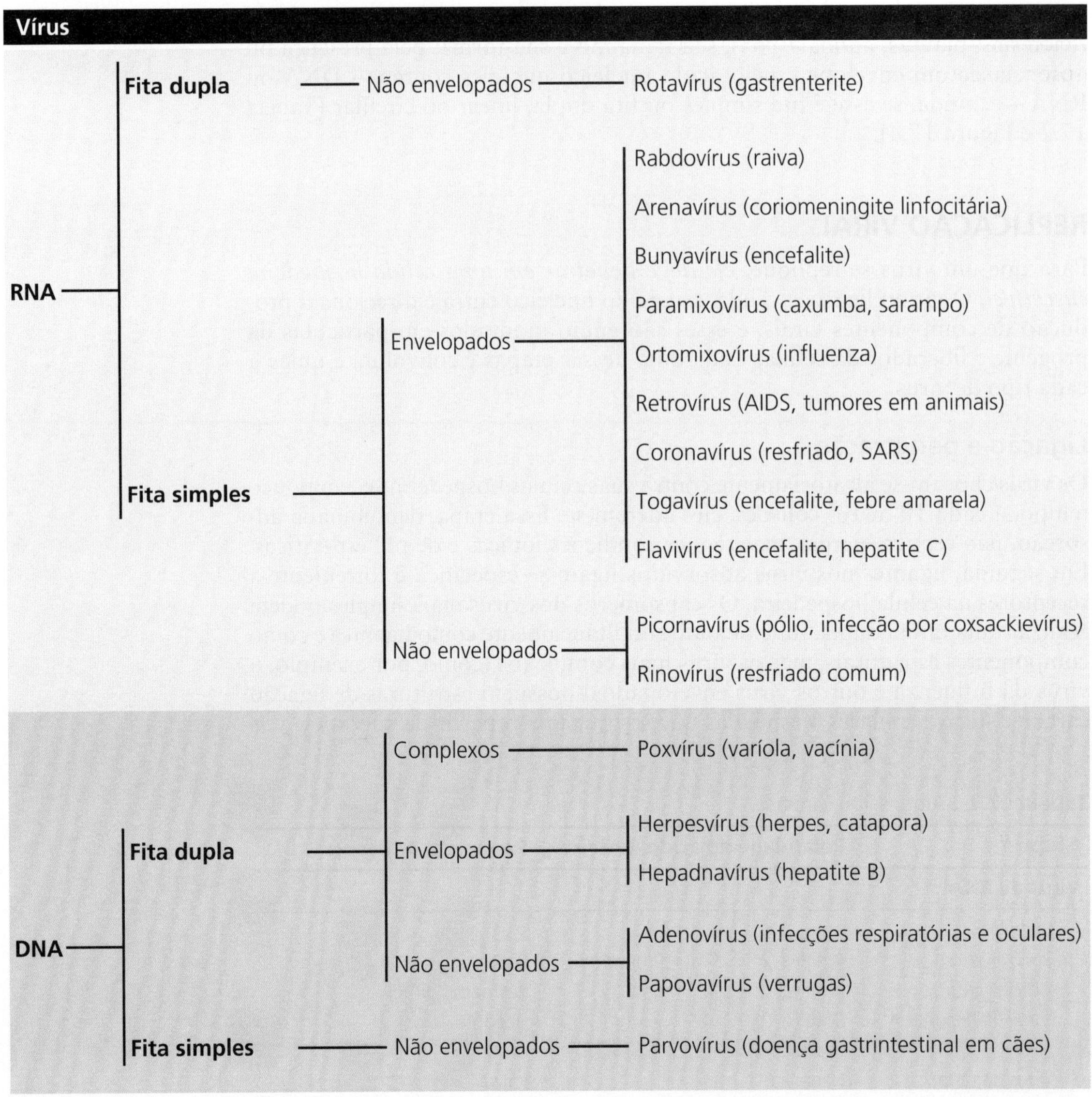

Figura 17.4 Principais grupos de vírus humanos. Essa não é uma representação de filogenia viral e é apresentada apenas para fins práticos.

receptores do hospedeiro são glicolipídeos ou proteínas (muitas vezes glicoproteínas), cujas estruturas foram determinadas apenas em poucos casos. No caso do vírus da influenza, por exemplo, existe um encaixe complementar refinado entre a proteína ligante presente no vírus e o receptor celular.

Alguns vírus entram na célula hospedeira completa ou praticamente intactos e então liberam seu ácido nucleico por um processo denominado **decapagem**. Certos vírus envelopados, como os herpesvírus e o HIV, entram por fusão direta na membrana celular. Outros vírus envelopados, como o vírus da influenza, entram por endocitose, que desse modo aprisiona o vírion em uma vesícula endocitária. A decapagem ocorre quando tal vesícula torna-se acidificada, o que induz alterações na conformação das proteínas presentes na superfície do vírion. Quando o pH baixa para 5, a extremidade aminoterminal (denominada **peptídeo de fusão**) de uma dessas proteínas (a hemaglutinina HA2 no vírus da influenza), que normalmente está inserida no capsídeo, move-se para fora e fica exposta ao ambiente aquoso. Como o peptídeo de fusão é bastante hidrofóbico, ele ocasiona a fusão do envelope viral à membrana da vesícula. O genoma viral liberado então entra no citoplasma da célula, onde sofre replicação.

Existem muitas variações sobre esse tema. Alguns vírus perdem sua capa quando entram na célula. Os vírus bacterianos (bacteriófagos ou fagos), por exemplo, penetram os envelopes resistentes que circundam a maioria das bactérias. Uma maneira de fazer isso é por meio de um aparato similar a uma seringa que penetra a parede celular e a membrana celular (Figura 17.5). Tal estrutura possui uma cauda com uma placa basal em uma das extremidades e fibras caudais que se projetam da placa. Após a colisão entre os vírus e as bactérias, as fibras caudais ligam-se ao receptor, e a placa basal liga-se firmemente à superfície bacteriana. A cauda é um tubo oco através do qual o ácido nucleico pode passar e assim infectar a célula hospedeira. A penetração é realizada pela contração das proteínas da cauda (alterações conformacionais novamente!), levando, por fim, à ejeção do ácido nucleico para dentro do citoplasma da célula hospedeira. O processo real de ejeção é pouco compreendido. A "cabeça" viral não altera sua forma durante o processo e, desse modo, não funciona como um bulbo que é espremido para liberar seu conteúdo.

Os modos de penetração podem ser bastante variados, mas todos compartilham um aspecto central: eles inevitavelmente levam à *dissociação do ácido nucleico viral de seu respectivo capsídeo*. É esse processo de *desmonte com o objetivo de replicar-se* que distingue, de modo mais claro, os vírus das formas celulares de vida.

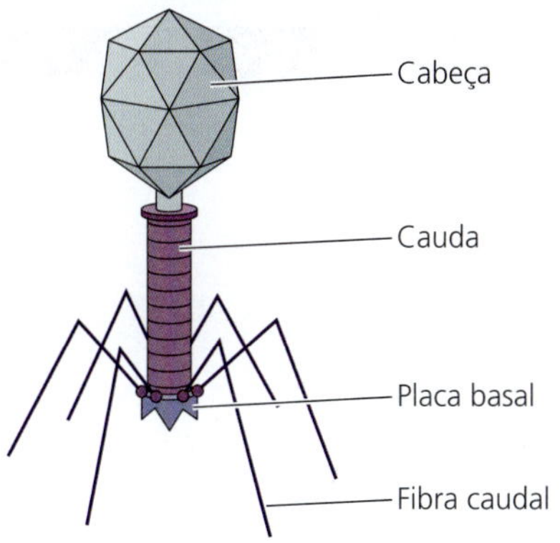

Figura 17.5 Estrutura de um fago (o fago T4 de *E. coli*). O vírion liga-se à célula hospedeira por interações das fibras caudais e da placa basal com receptores na superfície bacteriana. Então, o DNA dentro da cabeça do fago é introduzido na célula hospedeira.

Síntese de ácidos nucleicos virais: um tema com variações

Justamente quando se acreditava que a síntese de macromoléculas poderia ser descrita pelo mantra "DNA faz RNA faz proteínas" (o "dogma central"), logo então se percebeu que muitos vírus desviam-se desse tema. Alguns vírus, como, por exemplo, os papilomavírus, que causam verrugas, seguem o esquema explicitamente. Seu genoma consiste em **DNA de fita dupla**, que pode ser replicado, transcrito e traduzido. Entretanto, outros vírus possuem modos mais originais de realizar o processo. Por exemplo, alguns vírus contêm **DNA de fita simples.** As DNA polimerases do hospedeiro replicam o genoma viral por meio dessas etapas:

DNA de fita simples (vírus infectante) ⟶ DNA de fita dupla (forma replicativa)
⟶ DNA de fita simples (progênie)

A transcrição em RNA mensageiro (mRNA) ocorre enquanto o DNA viral estiver na forma de fita dupla e utilizar uma RNA polimerase do hospedeiro (uma RNA polimerase dependente de DNA). Isso pode parecer uma pequena variação sobre o tema usual, mas considere os **vírus de RNA de fita simples.** Eles devem produzir RNA a partir de um molde de RNA, o que é uma nova reação bioquímica, pois as células hospedeiras não possuem enzimas que produzem RNA a partir de RNA. Qual é a solução? A resposta é que os vírus de RNA codificam uma enzima especial, uma **RNA replicase** (uma RNA polimerase dependente de RNA), que pode produzir RNA a partir de RNA. Como tal enzima é produzida? Em sua forma de fita simples, o RNA viral é na verdade uma molécula de mRNA que pode ser diretamente utilizada na síntese da proteína.

As questões não são tão simples para os vírus de RNA de fita simples cujo RNA *não é* um mRNA, mas sim sua *fita complementar*. Aparentemente, um vírus como esse não pode replicar-se, mesmo que seu genoma codifique uma RNA replicase (como ele irá produzir seu mRNA?). A solução, bastante elegante, é que a partícula viral carregue sua própria RNA replicase totalmente formada no vírion. Imediatamente após a entrada na célula, a replicase copia o

RNA viral em um mRNA complementar. Tais vírus são denominados **vírus de RNA de polaridade negativa** (vírus de RNA de fita negativa). O grupo inclui os vírus que causam a influenza, a caxumba e muitas doenças de plantas. Por outro lado, os vírus cujo RNA pode servir diretamente de mRNA são denominados **vírus de RNA de polaridade positiva** (vírus de RNA de fita positiva). Eles incluem muitos vírus familiares, como os agentes da poliomielite, da hepatite C e do resfriado comum. Mais uma complicação: o RNA dos vírus de RNA de polaridade negativa deve estar totalmente acessível à enzima que o copia e, assim, não pode ter impedimentos estruturais, como regiões de fita dupla. Para assegurar o pronto acesso, o esqueleto de açúcar-fosfato do RNA está às vezes aderido a uma estrutura proteica; assim, suas bases de nucleotídeos ficam expostas à replicase.

Uma outra alternativa é observada nos **retrovírus**, como o HIV, o vírus que causa a **síndrome da imunodeficiência adquirida** (**AIDS**). Seu genoma é um RNA de polaridade positiva de fita simples, mas ele replica-se via um intermediário de DNA conforme as seguintes etapas:

RNA de fita simples (vírus infectante) → DNA de fita simples → DNA de fita dupla (integrado no genoma do hospedeiro) → RNA de fita simples (progênie)

O vírus carrega uma enzima denominada **transcriptase reversa** que converte o RNA viral em DNA. (A enzima é única e, portanto, constitui um bom alvo para fármacos anti-HIV, visto que é uma protease carregada no vírion que é necessária à maturação das proteínas virais [ver "Infecção por HIV e AIDS" no Capítulo 21].) Na forma de fita dupla, o DNA é integrado dentro do genoma do hospedeiro pela atividade da integrase, outra enzima carregada no vírion. A RNA polimerase do hospedeiro então transcreve o DNA em RNA viral. O HIV é um vírus de RNA ou DNA? A resposta é de ambos, mas não no mesmo estágio de seu ciclo de vida. A vantagem seletiva desse ciclo de replicação complexo deriva de seu intermediário de DNA: ele pode integrar-se dentro do genoma do hospedeiro e assim ser indefinidamente carregado com ele.

Se você ficar impelido a incluir todas as possíveis estratégias de replicação conhecidas, adicione à lista os vírus de RNA de fita dupla e algumas outras estratégias mistas (Figura 17.6). Em resumo, existe uma liberdade considerável no modo como a informação é copiada e como ela flui do genoma às proteínas, mas ela nunca flui de volta das proteínas aos ácidos nucléicos. O que levou a tantas variações sobre o tema central? Ninguém sabe.

Produção de proteínas virais

O ciclo viral inicia com a infecção do hospedeiro e termina com a montagem e a posterior liberação de vírions da progênie. Nesse ínterim, muitos eventos acontecem. Logo após a infecção, não existem vírions intactos na célula, pois, como mencionamos, o vírion deve partir-se em pedaços para que se replique. O período entre a infecção e a montagem dos vírions como um todo é denominado **período de eclipse** (Figura 17.7). Entretanto, esse é um momento atarefado: muita coisa está acontecendo dentro da célula infectada.

A produção de ácidos nucleicos e proteínas virais não é um negócio ao acaso, mas sim uma sinfonia de eventos bem organizados e inter-relacionados. Exceto no caso de um vírus de RNA de fita positiva, a primeira coisa que necessita ser sintetizada para a produção de proteínas virais é seu mRNA. Uma vez que o último esteja disponível, as proteínas virais podem ser sintetizadas pela própria maquinaria das células do hospedeiro. De imediato, pode parecer que as únicas proteínas que precisam ser produzidas são os constituintes dos vírions da progênie. Muitos vírus fazem mais que isso: eles subvertem o metabolismo da célula hospedeira e o induzem a produzir uma grande quantidade

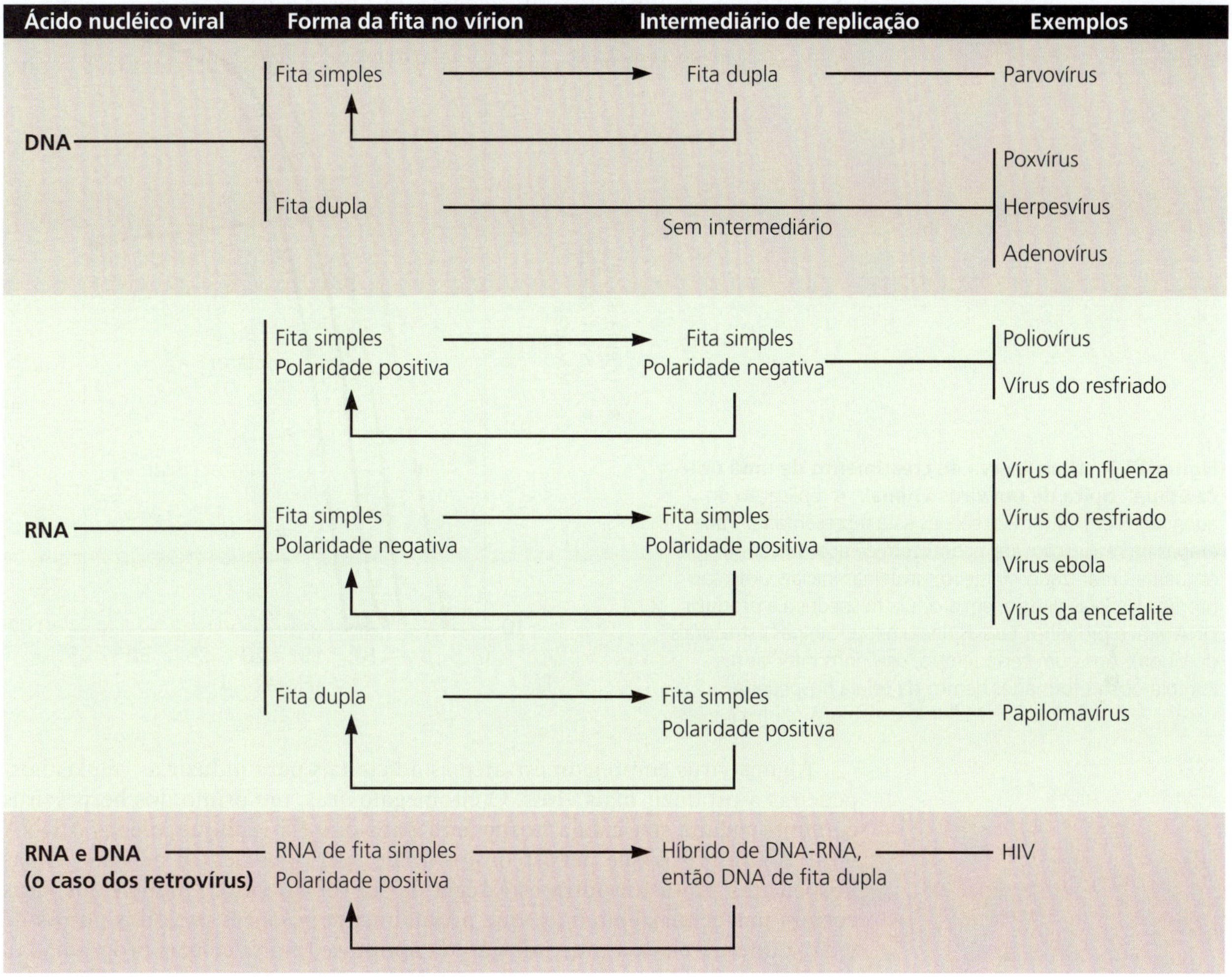

Figura 17.6 Principais estratégias de replicação viral. As setas indicam a replicação que resulta no ácido nucleico do vírion. Uma polaridade positiva significa que uma molécula de RNA pode servir diretamente de mRNA. Uma polaridade negativa significa que ela não pode servir de mRNA, devendo ser primeiro copiada em seu ácido nucleico complementar.

de novos vírions. Alguns bacteriófagos virulentos desligam muitas funções do hospedeiro, tornando sua maquinaria disponível aos componentes virais. Em certos bacteriófagos, tal subversão alcança o auge da eficácia. Logo após a infecção, o DNA bacteriano é degradado e canibalizado para sustentar a síntese viral. Qualquer pequena quantidade do DNA da célula hospedeira que sobreviva não pode ser transcrita, pois um **fator sigma** codificado pelo vírus assume o comando, restringindo a RNA polimerase do hospedeiro à transcrição do DNA viral. Certas proteínas codificadas pelos vírus impedem a tradução do mRNA bacteriano em proteínas. Assim, derrotando quase que cada aspecto da maquinaria do hospedeiro, esses vírus tornam-se parasitas biossintéticos imensamente eficientes. Não é de surpreender que tais bacteriófagos reproduzam-se muito rapidamente; em muitos casos, eles produzem centenas de vírions da progênie em 20 minutos ou menos. Note que, para que esse esquema funcione, o redirecionamento das funções do hospedeiro deve ocorrer rapidamente, mediado por **proteínas iniciais**. As proteínas estruturais dos vírions são produzidas mais tarde e são apropriadamente denominadas **proteínas tardias**. Assim, a replicação viral é um negócio cuidadosamente planejado e executado (Figura 17.7).

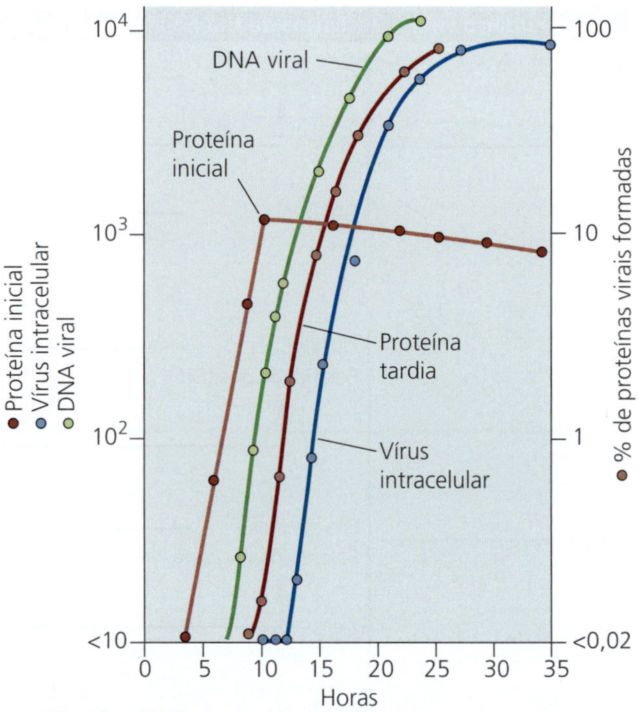

Figura 17.7 Uma "curva de crescimento de uma única etapa" típica de um vírus animal. A replicação do adenovírus em cultura de células está representada. Várias etapas na replicação viral acontecem de acordo com um esquema organizado. Primeiro, proteínas iniciais virais são produzidas; elas direcionam a célula hospedeira a produzir DNA viral e proteínas tardias (incluindo proteínas estruturais do vírion). Após um certo tempo, os vírions infectantes completos são formados dentro da célula hospedeira.

Alguns vírus empregam estratégias adicionais para induzir as células hospedeiras a produzir mais vírus. O citomegalovírus, um primo dos herpesvírus comuns, engana sua célula hospedeira para que ela replique apenas o DNA viral. Alguns vírus que persistem por longos períodos dentro de suas células hospedeiras praticam outra estratégia de subversão viral. Quando tais vírus entram nas células epiteliais, que normalmente possuem períodos curtos de vida, a infecção leva a uma inibição da **apoptose** (morte celular programada). As células infectadas tornam-se "imortalizadas" e produzem vírus por períodos muito mais longos. Os vírus que utilizam tal estratégia incluem o que causa a mononucleose infecciosa (o vírus Epstein-Barr; ver "Mononucleose infecciosa: a 'doença do beijo', no Capítulo 21). As células imortalizadas podem ocasionalmente produzir cânceres.

17.4 *Replicação do herpesvírus.*

Montagem e liberação de vírions da célula hospedeira

Uma vez que uma quantidade suficiente de ácidos nucleicos e proteínas seja produzida, os vírions podem ser montados. O capsídeo é formado primeiro, pela automontagem dos capsômeros virais em arranjos de aparência cristalina na forma geral do vírion. Os capsídeos são então preenchidos com o ácido nucleico viral, que nos vírus não envelopados completa o processo de produção de vírions viáveis. Os vírions são então liberados à medida que as células hospedeiras lisam, um processo induzido por proteínas virais que perturbam a membrana ou o citoesqueleto. Os **vírions dos vírus envelopados** têm um nascimento mais complicado. Eles são liberados da célula hospedeira por **brotamento**, tornando-se circundados por um pedaço da membrana celular do hospedeiro, um processo que não necessariamente danifica a célula. Note que essa estratégia beneficia o vírus, estendendo o tempo de vida de seu hospedeiro, de modo que ele pode produzir vírus da progênie por um período mais longo. Antes de o brotamento iniciar, as proteínas virais de superfície codificadas são incorporadas em regiões discretas da membrana celular do hospedeiro. Os capsídeos virais ligam-se a essas regiões e sofrem extrusão, sendo cobertos por um envelope (Figura 17.3).

17.5 *Uma animação curta de como as bactérias lisam durante a infecção por fagos.*

Visualização e quantificação do crescimento viral

Imagine misturar um pequeno número de vírions bacterianos ou animais com um grande número de células bacterianas ou animais sensíveis em cultura e semeá-las (plaqueamento) sobre uma placa de ágar. Após um período adequado de incubação (algumas horas para os vírus bacterianos; um dia ou mais para os vírus animais), a placa estará cheia de células hospedeiras não infectadas. Entretanto, aqui e ali, aparecerão áreas circulares que se assemelham a buracos no "gramado" das células hospedeiras. Essas áreas são denominadas **placas** e são o resultado de uma microepidemia. Cada placa originou-se de uma única célula hospedeira infectada que finalmente lisou. As partículas virais liberadas ligaram-se a células hospedeiras não infectadas adjacentes, e o processo repetiu-se, levando a uma disseminação centrífuga da infecção. O processo para quando as bactérias param de crescer e entram na fase estacionária.

17.6 *Uma animação da infecção viral.*

É uma técnica simples utilizar a contagem de placas na quantificação do número de partículas virais ou células infectadas em uma preparação. Como no caso da contagem de colônias, multiplica-se o número de placas em uma placa de cultura pelo fator de diluição da preparação. Isso enumerará apenas os vírions capazes de se proliferar, e, se o número total de partículas virais deve ser determinado, a amostra deve ser examinada em um microscópio eletrônico e o número de partículas em um dado volume deverá ser contado. Uma maneira simples de fazer isso é misturar a preparação com uma concentração conhecida de esferas de látex e determinar a proporção entre partículas virais e esferas.

Existem variações sobre esse tema. No caso dos vírus de plantas, a contagem de placas também pode ser realizada pela difusão dos vírus sobre a superfície raspada de uma folha de um hospedeiro suscetível. O número de lesões que se desenvolve é proporcional ao número de partículas virais na preparação.

17.7 *Mais informações sobre os vírus animais em All the Virology on the WWW (muitos links).*

LISOGENIA E INTEGRAÇÃO NO GENOMA DO HOSPEDEIRO

Introdução

Até o momento, vimos os vírus como agentes destrutivos que danificam suas células hospedeiras e causam doenças. Essa é uma visão imperfeita do que os vírus realmente fazem. Sabemos que muitos vírus coexistem com suas células hospedeiras por longos períodos. Tais associações muitas vezes têm consequências momentâneas, pois podem levar a mudanças genéticas dentro da célula hospedeira e à troca de material genético entre as células. Consequentemente, os vírus desempenham um papel-chave na evolução. Existem assim dois tipos de vírus: os **vírus virulentos**, que normalmente matam suas células hospedeiras pela indução de lise, e os **vírus temperados**, que ocasionalmente vivem em harmonia com seus hospedeiros. Tanto os vírus de eucariotos como os de procariotos (fagos) podem ser virulentos ou temperados.

O genoma de um vírus temperado pode *integrar-se no genoma de sua célula hospedeira*. Em um sentido real, os genes de tal vírus tornam-se parte da composição genética do hospedeiro. No estado integrado, o genoma viral é carregado juntamente com aquele do hospedeiro e replica-se a cada divisão celular. Sucede que apenas os vírus de DNA podem ser integrados (embora, como no caso do HIV, o vírus possa conter RNA em seu vírion e produzir DNA durante parte de seu ciclo replicativo). O conceito de vírus temperado inclui outro aspecto-chave: a integração no genoma do hospedeiro é reversível; isto é, sob certas condições, *o genoma de um vírus temperado é liberado daquele do hospedeiro*. Essa reversibilidade permite que o vírus torne-se virulento e multiplique-se, normalmente levando à morte do hospedeiro.

Algumas definições, utilizadas principalmente para os fagos, são úteis: os **fagos temperados** que podem se integrar no genoma do hospedeiro são chamados de **lisogênicos**, a forma integrada é denominada **prófago**; diz-se que as bactérias que carregam prófagos foram **lisogenizadas**, e esse fenômeno é denominado **lisogenia**. Uma versão simplificada do **ciclo lisogênico** é mostrada na Figura 17.8.

Também existem variações sobre esse tema. Em um modo alternativo de lisogenia, o prófago não está integrado no genoma do hospedeiro; em vez disso, ele existe como um plasmídeo. Assim como outros plasmídeos, ele replica-se em sincronia com o cromossomo bacteriano e é transmitido à progênie. Um exemplo de um fago que pode se tornar um plasmídeo é o fago P1. Assim, a integração não é uma característica essencial da lisogenia; o que é importante é que o fago não se replica ativamente em sua célula hospedeira quando ele persiste no estilo de vida temperado.

A associação entre o fago lisogênico e sua bactéria hospedeira pode ser interrompida, geralmente por condições que põem em risco a vida do hospedeiro. Por exemplo, se uma célula lisogenizada de *E. coli* lisogenizada for irradiada com luz ultravioleta (UV), seu prófago é extirpado e replica-se livremente. Tal fenômeno é denominado **indução viral**. Ele sugere um mecanismo de "fuga" utilizado pelos vírus temperados para sobreviver mesmo se seu hospedeiro for morto.

O que estimularia melhor a sobrevivência do vírus com o tempo: ser virulento e produzir um grande número de descendentes imediatamente ou ser temperado e preservar seu genoma dentro do hospedeiro? A replicação desordenada dos vírus virulentos poderia levar à destruição de uma grande pro-

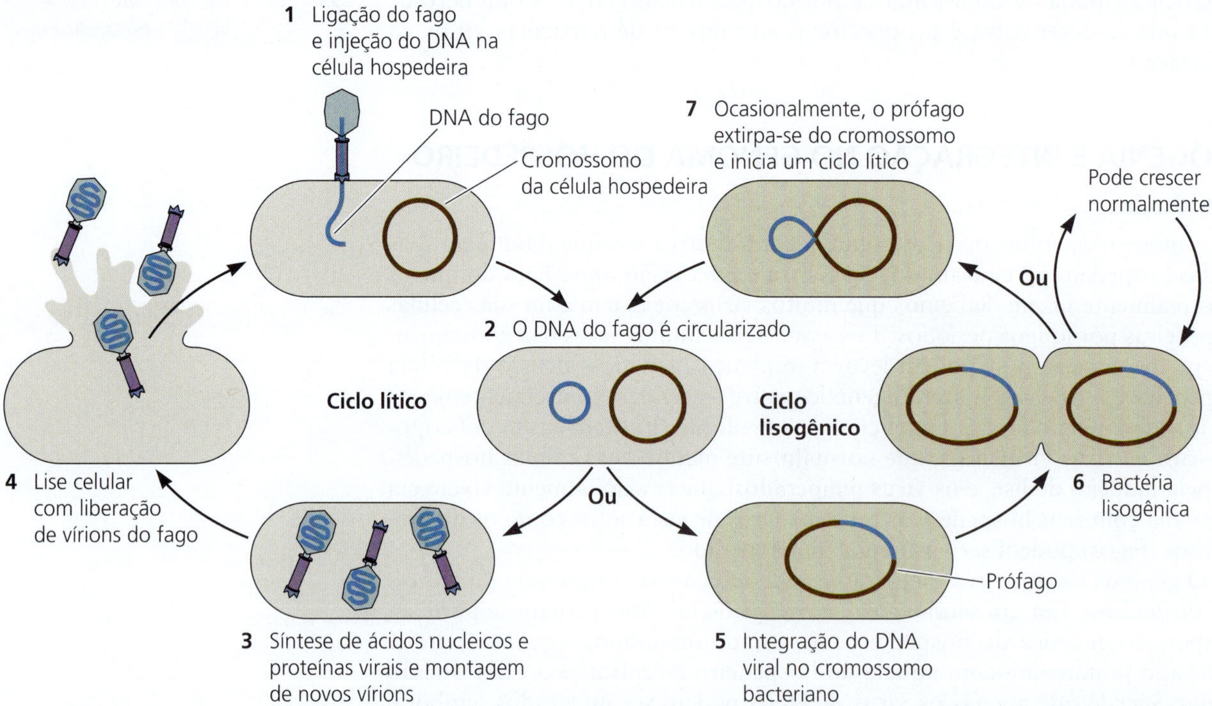

Figura 17.8 Os dois estilos de vida de um fago temperado: lisogênico e lítico. A ligação do fago a uma bactéria hospedeira sensível **(1)** é seguida pela injeção de DNA viral **(2)** dentro do hospedeiro. Em casos típicos, o DNA viral é circularizado e ou replica-se **(3)**, levando à produção de fagos da progênie e lise celular **(4)**, ou integra-se no cromossomo do hospedeiro **(5)**, tornando-se um prófago. Em tal estado, a célula hospedeira tornou-se um lisógeno que pode replicar-se por muitas gerações **(6)**. Em raras ocasiões, o prófago extirpa-se espontaneamente do cromossomo bacteriano **(7)**, um processo que pode ser multiplicado por indução (p. ex., tratamento com luz UV ou mutágenos). Após a excisão, o DNA do fago pode iniciar um ciclo lítico **(3** e **4)**.

porção de células hospedeiras e, assim, a um final com morte. Por outro lado, ser continuamente temperado significaria o confinamento perpétuo. Uma boa solução seria alternar entre o estado virulento e o temperado. O vírus produziria partículas de vez em quando, mas manteria seu genoma em um repositório seguro. Isso é o que os fagos lisogênicos fazem.

Como os fagos lisogênicos gerenciam o equilíbrio entre os estilos de vida virulento e temperado? O fago temperado mais estudado é um fago de *E. coli* denominado **lambda**, que se tornou um modelo à nossa compreensão do fenômeno da lisogenia. (Conhece-se tanto sobre o lambda que um curso tratando apenas dele cobriria os princípios mais fundamentais da biologia molecular.)

17.8 *Mais detalhes do lambda e da lisogenia.*

Como o genoma de um fago temperado integra-se no de uma célula hospedeira?

No vírion do lambda, o DNA é uma molécula *linear* de fita dupla. Logo após ser injetado em uma célula de *E. coli*, ele torna-se circular. A circularização é possível porque as extremidades da molécula possuem sequências complementares de fita simples que se projetam. Essas sequências podem formar pares de bases e originar um círculo. O círculo resultante possui duas quebras de fita simples que são fechadas pela DNA ligase e formam um **círculo covalentemente fechado** que se integra no DNA do hospedeiro por um *evento simples de recombinação* (Figura 17.9). Esse processo possui características únicas: se o DNA do fago fosse linear, uma única recombinação tornaria o cromossomo hospedeiro linear; ele seria degradado por nucleases intracelulares e, de qualquer modo, não poderia ser replicado (*E. coli* pode replicar apenas DNA circular). Uma recombinação dupla é necessária para manter a circularização. A recombinação entre o lambda e o cromossomo ocorre apenas em um *sítio específico em cada molécula*. Por que a maioria das bactérias, mas não todas, fazem tal aposta na circularização? As células bacterianas possuem exonucleases potentes que degradam DNA linear, a menos que as extremidades estejam protegidas. Um cromossomo circular é apenas um modo fácil de fazer isso.

Os vírus que integram-se nos genomas de seus hospedeiros arriscam-se a inativar genes essenciais à vida de seu hospedeiro. Para evitar esse perigo, a maioria desses vírus integra-se apenas em locais específicos. Tal evento de recombinação requer a atividade de uma proteína especial denominada **integrase**, que reconhece *dois sítios específicos, mas distintos*: um presente no cromos-

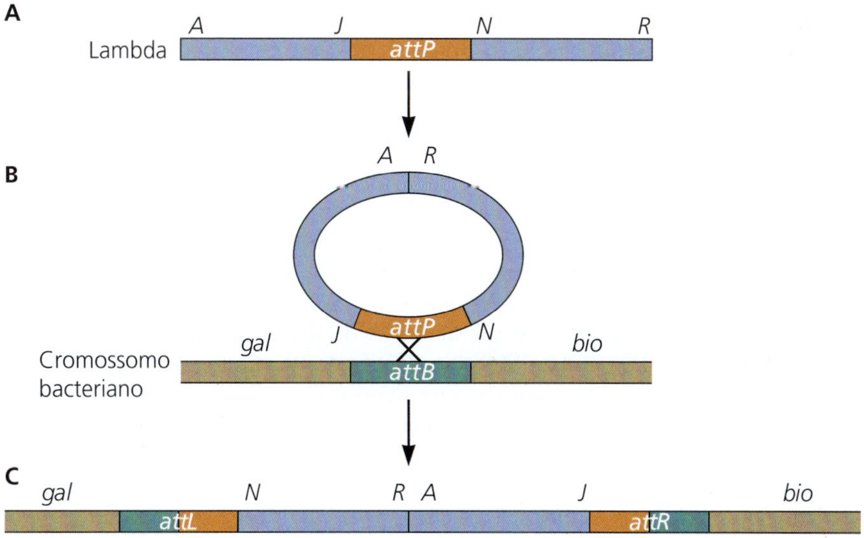

Figura 17.9 Mecanismo de integração de um genoma de fago temperado em um cromossomo da célula hospedeira. As extremidades do genoma linear do fago lambda (A) unem-se para formar um círculo (B). O sítio de ligação do fago, ***attP***, recombina-se com um sítio no genoma bacteriano, ***attB***. Em consequência de uma recombinação entre esses dois sítios, o genoma do fago é integrado no do hospedeiro (C). No processo, os sítios de ligação foram alterados para ***attL*** e ***attR***.

somo bacteriano e um presente no DNA viral flanqueando uma curta região de **homologia**. Essa região é muito curta para permitir que uma recombinação ocorra sem a integrase que reconhece o DNA adjacente. Muitas outras integrases efetuam a integração de outros vírus, mas a do lambda é a mais estudada.

Como o genoma viral integrado permanece quiescente?

Um prófago permanece um prófago e não direciona a formação de partículas virais pelo fato de que a *maioria de seus genes está silenciada*. O silenciamento é mediado por uma proteína especial, o **repressor lambda**, que impede que todos os genes virais, *exceto aquele que codifica o próprio repressor*, sejam expressos. O repressor lambda funciona como um repressor típico e liga-se ao operador na região promotora (ver Capítulo 12). Contanto que o repressor ativo esteja presente, os genes do prófago que codificam a excisão e a replicação permanecem silenciados (inativos), mas quando o repressor ativo não está mais presente, o prófago sofre excisão, e novas partículas do fago são produzidas. O resultado final é a lise das células do hospedeiro com a liberação de muitos fagos da progênie. Você concordará que deve ser possível converter o fago lambda de um vírus temperado em um virulento *por mutação*. Dois tipos de mutantes de fato realizam isso: em um tipo, a mutação inativa a proteína repressora; no outro, a mutação torna um operador insensível ao repressor. Esses mutantes são análogos aos mutantes constitutivos com mutações no óperon *lac* (ver Capítulo 12). Na verdade, os dois sistemas foram descobertos quase na mesma época por dois grupos de atuação recíproca de cientistas que trabalhavam em um sótão no Instituto Pasteur em Paris durante a década de 1950.

O ponto crucial de como um prófago é ativado para replicar-se como um fago é a maneira pela qual o repressor é produzido e inativado. É vantajoso para o vírus ter um *nível ótimo de repressor*. Se houvesse pouco repressor, a replicação do fago mataria a célula. Se houvesse muito repressor, a indução viral seria difícil de ser atingida. A concentração ótima de repressor pode ser mantida porque a proteína repressora é capaz de regular a expressão de seu próprio gene. Tal **autorregulação** é um circuito de retroalimentação ou, caso a analogia funcione melhor, um aparelho similar a um termostato (ver Capítulo 12). Se houver muito calor, o circuito está desligado; se houver pouco calor, o circuito está ligado.

A importância do repressor é ilustrada por dois experimentos. (i) Se uma cultura de *E. coli* for infectada com um pequeno número de partículas virais, apenas algumas entram em cada célula, pouco repressor é produzido, os fagos multiplicam-se e a maioria das células lisa. (ii) Se as culturas forem infectadas com um grande número de partículas virais, muitas entram em cada célula, rapidamente sintetizando um alto nível de repressor, e a maioria das células torna-se lisogenizada. Discutiremos a decisão entre os ciclos lítico e lisogênico mais adiante.

O que causa a indução viral?

Condições ambientais deletérias às bactérias podem inativar o repressor, levando à indução do prófago e ao início de um **ciclo lítico**. Um exemplo de agente indutor é a luz UV, que danifica o DNA da célula hospedeira e provoca uma cascata de eventos moleculares. No processo de reparo do DNA danificado, as células acumulam trechos curtos de DNA de fita simples. Esses segmentos provocam o início da **resposta SOS** (ver Capítulo 9), o que leva à ativação de uma coprotease normalmente dormente denominada RecA. A proteína RecA ativada cliva o repressor lambda, permitindo que os genes do fago sejam expressos. Um desses genes codifica uma enzima denominada **excisionase**, que ajuda a integrase a realizar a recombinação que extirpa o prófago. A integrase necessita de ajuda para realizar a excisão, pois essa não é simplesmente o reverso da integração. As duas recombinações ocorrem em sequências um pouco diferentes.

Caso nenhuma indução tivesse ocorrido, como alguém poderia saber se um prófago está oculto em um genoma bacteriano? Normalmente, não se pode apenas olhar para uma cultura ou colônia e dizer se as bactérias são lisogênicas, mas um teste simples pode. Se, após a infecção com o mesmo fago, a lise ocorrer, a cultura não é lisogênica; se ela não lisar, a cultura é lisogênica. As bactérias lisogênicas não permitem que o fago se desenvolva, pois o repressor presente nelas impede o processo. Entretanto, um leitor alerta perceberá um problema com esse experimento. Como o lambda funciona como um **fago lítico** sem ser induzido? Continue a leitura.

Decidindo entre lisogenia e lise

Deixe-nos voltar ao início, infectando uma cultura não lisogênica virgem. Fizemos o retrato de como o genoma viral torna-se integrado e as células tornam-se lisogênicas. Isso está longe do resultado inevitável; na verdade, na maioria das vezes, o oposto acontece. O lambda replica-se, muitas partículas da progênie são produzidas, e as células lisam. O resultado depende do ambiente, do número de partículas infectantes por célula e do estado fisiológico do hospedeiro. Por exemplo, quando células de *E. coli* estão crescendo em um ambiente nutricionalmente rico (p. ex., na presença de altas concentrações de glicose), elas tendem a ser lisadas após a infecção com o lambda. Em um meio pobre, com baixas concentrações de glicose, elas tendem a tornar-se lisogenizadas. Como é feita a decisão entre "entrar em lise" e não em lisogenia?

As propriedades do repressor lambda, em última análise, controlam o resultado. A proteína repressora é instável, pois pode ser clivada por proteases na célula. Já vimos que uma dessas proteínas, a proteína RecA, entra em cena quando o DNA da célula é danificado. Entretanto, outra protease que afeta o repressor, denominada Hfl, é regulada pelas condições ambientais, como, por exemplo, a taxa de crescimento da cultura. A atividade de tal proteína é influenciada pelo nível celular de AMP cíclico (cAMP). Do Capítulo 12, você pode se lembrar de que o nível de cAMP em *E. coli* varia com a presença de glicose no meio. Se o meio contém muita glicose, os níveis de cAMP são baixos, e o contrário é verdade para um meio deficiente em glicose. Observou-se que o nível da protease Hfl é inversamente proporcional à concentração de cAMP. Assim, mais protease é produzida em um meio contendo glicose que em um meio deficiente em glicose; o repressor lambda será clivado em uma maior extensão em um meio rico em glicose, e o ciclo lítico será colocado em andamento. A proteólise do repressor não é o único fator na decisão. Tanto a taxa de síntese do repressor como sua atividade são importantes, mas outras proteínas estão envolvidas. Algumas dessas proteínas protegem a proteína repressora contra a proteólise; outras competem com ela por sítios operadores e assim afetam a atividade repressora. Essa é uma coreografia complexa.

17.9 *Um relato histórico da lisogenia.*

Vamos retornar ao teste para determinar se uma cultura de *E. coli* é lisogênica. O experimento é normalmente feito em um meio com alta concentração de glicose. Nesse caso, o nível de cAMP nas células é baixo, e, portanto, o da protease Hfl é alto, e o do repressor lambda é baixo. Consequentemente, o ciclo lítico será favorecido em detrimento do lisogênico. Por outro lado, se as células receptoras forem lisogênicas, uma quantidade suficiente de repressor estará presente para inibir o ciclo lítico.

A troca entre o ciclo lítico e o lisogênico não é só um fenômeno de laboratório e provavelmente possui um valor seletivo para o vírus e o hospedeiro. *E. coli* alterna entre a vida em um ambiente rico em nutrientes (o cólon dos animais) e ambientes nutricionalmente pobres (águas, solos e sedimentos). Na verdade, vários isolados naturais de *E. coli* são lisogênicos para o fago lambda ou seus parentes próximos. Parece possível que a alternância entre os dois estilos de vida ajuda na sobrevivência tanto do fago como do hospedeiro, embora isso ainda não tenha sido experimentalmente demonstrado.

Quais são as consequências genéticas da lisogenia?

Ser um lisógeno significa carregar genes extras. O prófago pode conter não somente genes típicos de fagos, mas também alguns que são claramente bacterianos. De onde vêm esses genes? Supõe-se que eles tenham se originado durante infecções com hospedeiros bacterianos ancestrais. Pode-se atualmente testemunhar como os genes bacterianos oriundos de prófagos são adquiridos. Quando um prófago sofre excisão de um genoma hospedeiro, a recombinação nem sempre ocorre *precisamente* nas extremidades do prófago. Raramente, a excisão ocorre um pouco mais para a direita ou para a esquerda. Nesse caso, o genoma resultante do fago inclui genes *bacterianos* vizinhos. Uma infecção temperada subsequente introduz esses genes em outra célula. O fenômeno resultante, a **transdução especializada**, é discutido no Capítulo 10.

A aquisição de genes por lisogenia traz consequências profundas à fisiologia das bactérias hospedeiras, afetando sua capacidade de sobreviver e causar doenças. Um número surpreendente de fagos temperados carrega genes que estão envolvidos na virulência bacteriana. As bactérias convertidas de não virulentas em virulentas por lisogenização incluem os agentes de difteria, cólera, escarlatina e a intoxicação alimentar por estafilococos. Em muitos desses casos, os genes dos prófagos codificam toxinas potentes; em outros, eles codificam novos tipos antigênicos. Além disso, como esses genes são carregados em um elemento móvel, eles podem ser transferidos entre diferentes bactérias.

Os lisogênicos também podem ser geneticamente alterados, *mesmo que o prófago não carregue genes bacterianos*. Uma bactéria lisogênica não permitirá uma segunda infecção pelo mesmo fago, uma consequência aparentemente menor para a bactéria, mas que salva vidas em potencial. As bactérias lisogenizadas são **imunes** a infecções que poderiam matá-las. A lisogenia ainda pode ter outras consequências. O lambda e muitos outros fagos temperados integram-se em sítios precisos no cromossomo do hospedeiro, mas outros são menos meticulosos. Alguns fagos (p. ex., o fago Mu) podem integrar-se em sítios aleatórios no cromossomo. Tal integração inativa o gene em tal sítio, produzindo assim uma **mutação de inserção**. Note que isso é equivalente à inserção de um transpóson (ver Capítulo 10). Por isso, o Mu foi denominado "um transpóson disfarçado de fago."

Nos animais, um fenômeno semelhante à lisogenia causa algumas formas de câncer. Esse processo é denominado **transformação celular**, um termo usado com bactérias para descrever as alterações genéticas efetuadas pela captação de DNA desprotegido (ver Capítulo 10). A transformação celular é causada por genes denominados **oncogenes** que subvertem os mecanismos que controlam a replicação celular. Os oncogenes são formas alteradas de genes regulatórios normais que interrompem as vias normais de transdução de sinal responsáveis pela alteração da expressão gênica celular. Os oncogenes podem ser carregados pelo vírus ou ser genes do hospedeiro cuja estrutura ou expressão é alterada pela inserção do genoma viral ou por produtos de genes virais. A transformação celular causada pelos vírus normalmente requer a persistência de todo ou de uma parte do genoma viral e a expressão contínua dos oncogenes. Entretanto, certos vírus são capazes de um tipo de oncogênese similar a "um motorista que atropela alguém e foge". Entre os vírus capazes de transformação estão os retrovírus, como o vírus do sarcoma de Rous e o vírus da leucemia humana de células T tipo 1; os papilomavírus e os herpesvírus.

Qual é o efeito da lisogenia na evolução?

Acredita-se que os fagos afetaram amplamente a evolução bacteriana. Funcionando como predadores, os **fagos virulentos** selecionam os sobreviventes resistentes a fagos, o que favorece a emergência de novos tipos bacterianos. Entretanto, é provável que os fagos temperados desempenhem um papel ainda mais importante na formatação da evolução de seus hospedeiros. Ao efetuarem a transferência de genes, eles podem levar a combinações genéticas mais extensivas que as mutações gênicas simples (ver Capítulo 10). Certamente, a lisogenia foi comum no passado e está ocorrendo com frequência no presente. Muitos genomas bacterianos contêm sequências características de fagos, o que sugere que um fago lisogênico foi integrado no passado. Tais vestígios de prófagos persistem porque eles não possuem todos os genes necessários à excisão e replicação. Além disso, como mencionamos, a lisogenia parece ser uma estratégia favorável à sobrevivência do vírus. Mais de 80% dos fagos conhecidos são temperados.

VIROIDES E PRÍONS

Provavelmente concordamos que o mundo da virologia está longe de ser monótono. Os vírus variam muito em forma, estrutura e modo de replicação. Eles abrangem todas as versões de ácido nucleico: fita simples ou dupla, linear ou circular, RNA ou DNA. Entretanto, ainda há mais. Existem outros agentes, os **viroides** e os **príons**, que não estão em conformidade com a definição de vírus, embora eles também sejam bastante pequenos e infecciosos. O parentesco dos vírus com os viroides é mais próximo; os viroides são **moléculas desprotegidas de ácidos nucleicos** compostas inteiramente de círculos de RNA. Os príons, por outro lado, são entidades à parte; eles consistem somente em **moléculas proteicas únicas**. Se houvesse um lugar mais apropriado neste livro para os príons, nós os colocaríamos lá de bom grado, mas não encontramos tal local.

Viroides

Os viroides, que causam doenças nas plantas, consistem em moléculas de RNA que não estão envoltas por uma capa proteica. Isso é tudo. Eles não codificam nem mesmo uma única proteína. Um viroide é só uma molécula de RNA circular enrolada sobre si mesma que cria um segmento extenso de fita dupla (Figura 17.10). Os viroides causam doenças como a mancha de sol do abacateiro, o mosaico latente do pessegueiro e o *cadangcadang* do coqueiro, representando sérios problemas econômicos. Na verdade, as culturas de coco nas Filipinas e os crisântemos que crescem nos Estados Unidos vêm sendo seriamente ameaçados por doenças causadas por viroides. Como os viroides causam doenças? Ao se multiplicarem, eles desviam os recursos das células, mas isso por si só não afeta muito o hospedeiro. Acredita-se que eles causem os efeitos patogênicos por uma interação direta entre o RNA do viroide e um ou mais alvos celulares. O mecanismo detalhado ainda não é conhecido. Uma das características notáveis dos viroides é seu pequeno tamanho. O viroide do tubérculo do fuso, que infecta batatas, contém apenas 359 nucleotídeos!

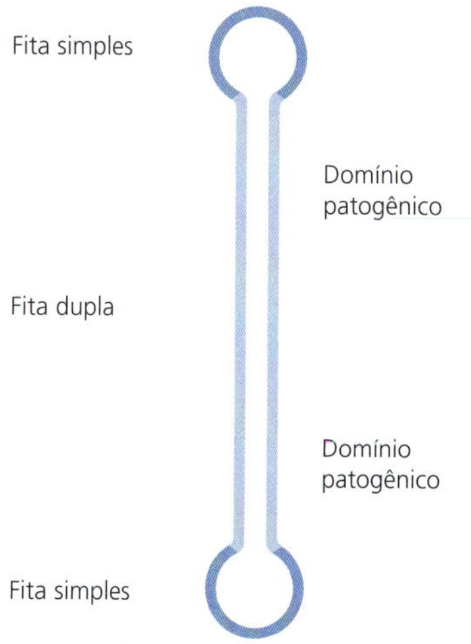

Figura 17.10 Estrutura de um viroide típico.

Os viroides não são protegidos por um capsídeo e parecem não precisar de um. Eles possuem regiões extensas de fita dupla que são resistentes à destruição por ribonucleases. Como os viroides reproduzem-se? Uma vez que eles não enfrentam o problema de produção das proteínas do capsídeo, eles não são sobrecarregados com os genes que as codificam. Entretanto, eles enfrentam o mesmo problema dos vírus de RNA, ou seja, como produzir RNA a partir de um molde de RNA e, além disso, como torná-lo circular. O modo pelo qual os viroides realizam isso é bastante complicado. O RNA dos viroides infectantes é replicado por uma **RNA polimerase do hospedeiro** que pode produzir RNA usando um molde de RNA. Tais enzimas são comuns nas plantas, mas não em animais ou bactérias não infectadas. A replicação é realizada utilizando o círculo de RNA como molde e fazendo uma cópia complementar dele dando voltas e mais voltas no círculo. O assim chamado mecanismo de **replicação em círculo rolante** também é utilizado por certos vírus de DNA e plasmídeos. O resultado não é uma cópia única do molde, mas sim um longo filamento de cópias repetidas em fila, como um rolo desenrolado de papel higiênico. Para produzir viroides, a longa molécula deve ser clivada em segmentos de tamanho apropriado. Isso pode ser feito de dois modos. Em alguns viroides, o próprio RNA possui atividade enzimática; ele é uma **ribozima**, capaz de cortar o longo filamento em cópias individuais. Em outros viroides, o corte é realizado por uma endonuclease do hospedeiro. Em ambos os casos, as cópias resultantes devem ser ligadas em círculos que então assumem a estrutura molecular do viroide.

O único agente humano semelhante a um viroide é denominado (erroneamente) **vírus da hepatite D**; na verdade, ele é algo entre um vírus e um viroide (por isso, também é denominado "**virusoide**"). Ele também consiste em RNA desprotegido, mas difere dos viroides de plantas, uma vez que efetivamente codifica proteínas. Entretanto, diferentemente dos vírus verdadeiros, o agente da hepatite D não codifica seu próprio capsídeo. Em vez disso, as proteínas que ele codifica parecem desempenhar um papel no empacotamento. O agente da hepatite D utiliza o capsídeo de um vírus autêntico, o vírus da hepatite B, para ser empacotado. Portanto, a hepatite D ocorre somente se o hospedeiro estiver simultaneamente infectado com o vírus da hepatite B e o agente da hepatite D. Essa infecção de "dois pelo preço de um" resulta em uma doença mais severa que a infecção causada pelo vírus da hepatite B sozinho.

O agente da hepatite D pode causar a doença pela inativação de um componente celular essencial. Seu RNA possui uma extensa homologia de sequência com uma partícula de RNA 7S citoplasmática que está envolvida no reconhecimento de sinal e na translocação de proteínas secretoras e associadas à membrana. É provável

Príons

A degeneração do sistema nervoso central é um assunto sério, com consequências frequentemente letais aos seres humanos e animais. Recentemente, a mais notória dessas condições foi a doença da vaca louca, mas existem outras com manifestações similares, como a doença de Creutzfeldt-Jakob nos seres humanos e o *scrapie* nos ovinos. Coletivamente, essas doenças são denominadas **encefalopatias espongiformes**, em virtude dos buracos que se formam no cérebro e o fazem parecer uma esponja. Suspeitava-se da **natureza infecciosa** de uma dessas doenças humanas, o *kuru*, quando se percebeu que as pessoas afetadas haviam consumido cérebros humanos como parte de seus rituais. Na verdade, algumas dessas doenças podem ser transmitidas para animais de laboratório. Os pesquisadores suspeitaram que o agente pudesse ser um vírus, mas foram incapazes de encontrar vírus, bactérias ou quaisquer outros agentes de grupos conhecidos. Com o tempo, estabeleceu-se que o agente, então denominado "príon", era extremamente incomum por *não conter ácidos nucleicos; ele era composto inteiramente de proteínas*. A descoberta foi impressionante, pois todos os outros agentes infecciosos, na verdade todas as outras entidades autorreplicativas, possuem genomas com base em ácidos nucleicos.

O mistério foi parcialmente resolvido quando se descobriu que as proteínas dos príons possuem propriedades incomuns. Assim como outras proteínas, elas podem dobrar-se em muitas estruturas tridimensionais diferentes. Em uma configuração, elas são *constituintes normais das células* do sistema nervoso central e não causam nenhum dano. Em outra configuração, elas tornam-se príons e adquirem a capacidade incomum de funcionar como moldes que podem converter moléculas das proteínas normais em príons. Os príons e seus precursores normais possuem a *mesma sequência de aminoácidos* e são codificados pelos mesmos genes: eles diferem apenas quanto ao modo como são dobrados. As proteínas precursoras são ricas em α-hélices e possuem poucas folhas β; os príons são o oposto. Ao contrário de seus equivalentes normais, os príons são extremamente resistentes a proteases, substâncias químicas fortes e altas temperaturas. A desinfecção de material contendo príons requer medidas extremas. Por exemplo, os objetos contaminados devem ser mergulhados em hidróxido de sódio 1 N por no mínimo 1 hora para destruir as proteínas do príon.

Como os príons impõem seu dobramento às moléculas normais? Acredita-se que os príons *induzam* as proteínas normais a dobrar-se ou redobrar na forma do príon. Entretanto, não se sabe se eles agem nas proteínas que ainda estão no processo de dobramento ou naquelas que já se dobraram em sua configuração normal. O processo não foi reproduzido *in vitro*. Acredita-se que o processo seja irreversível – os príons não retornam à configuração de proteína normal.

Qualquer que seja o mecanismo, o acúmulo de príons suficientes e sua disseminação para células adjacentes prejudica a função cerebral normal. Em bovinos, "louca" significa insanidade, e não raiva. Em ovinos, a doença é denominada *scrapie* (paraplexia enzoótica dos ovinos), porque os animais doentes esfregam-se intensamente contra qualquer superfície, arrancando sua lã e pele. À medida que grupos de células morrem, o cérebro assemelha-se a um queijo suíço cheio de buracos (Figura 17.11). As proteínas do príon agregam-se em fibrilas translúcidas cerosas denominadas **amiloide**, induzindo a morte celular programada. O termo "encefalopatia espongiforme" refere-se à aparência semelhante a uma esponja do tecido cerebral, em virtude da necrose celular extensiva. As doenças causadas por príons sempre desenvolvem-se de forma lenta. Curiosamente, a função da forma normal dos príons é desconhecida. Camundongos mutantes defectivos nessa proteína não apresentam sintomas.

17.10 *Um* website *sobre príons.*

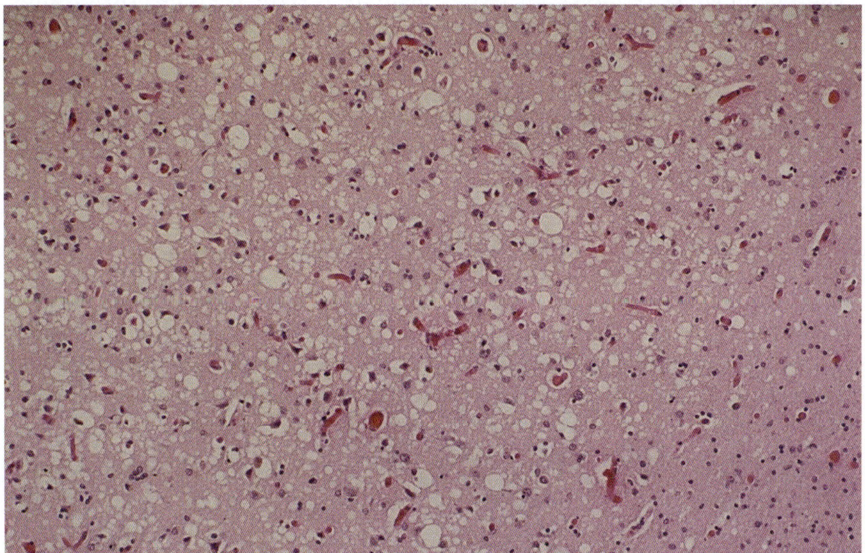

Figura 17.11 Patologia da doença causada por príons. É mostrada uma seção de um cérebro com encefalite espongiforme revelando numerosas cavidades pequenas no tecido (áreas claras).

Pode especular-se que, se os príons afetassem uma proteína essencial, as manifestações da doença seriam mais imediatas.

Em termos gerais, a atividade dos príons enquadra-se no domínio da **epigenética**, as mudanças herdáveis que não resultam de sequências genômicas alteradas. Os exemplos em organismos complexos são abundantes – pense na capacidade das células hepáticas, por exemplo, de reproduzir seu próprio tipo, ainda que possuam o mesmo genoma que as células musculares. Em alguns casos, as modificações do DNA por metilação são responsabilizadas pelas alterações no padrão de expressão gênica que caracteriza um determinado tipo celular. Nos organismos unicelulares, o fenômeno parece ser mais limitado. Entretanto, as leveduras possuem proteínas que agem como os príons. Elas induzem modificações herdáveis quando são introduzidas em outras células por cruzamento. Assim como os príons animais, os príons de leveduras agregam-se em fibrilas e inativam suas formas naturais. Ainda deverá ser observado quão disseminado o mecanismo dos príons apresenta-se em outros organismos. Os príons podem estar envolvidos em outros fenômenos epigenéticos, como a memória de longo prazo ou mesmo a diferenciação de células somáticas.

CONCLUSÕES

Os vírus, os viroides e os príons revelam a grande plasticidade do mundo biológico, estendendo nossos conceitos básicos a partir da célula como a base da vida até os mensageiros químicos da informação genética. Aprendemos com essas entidades que certos fenômenos centrais ao nosso conceito do que é vivo, como a replicação e a mutação, não são o território exclusivo das células. Esses processos podem ser separados das características principais das células, a divisão e a formação de células da progênie. Tais entidades intracelulares não operam no vácuo: elas necessitam de células que lhes forneçam energia e da maquinaria para a síntese de proteínas. Se os vírus, que já são capazes de produzir seu próprio ácido nucleico, fossem dotados de um mecanismo de obtenção de energia e produção de proteínas, eles se tornariam capazes de replicação desassistida? Em outras palavras, eles seriam células? Isso parece particularmente relevante a alguns dos grandes vírus envelopados, tais como aqueles que causam a varíola, que são dotados de um complemento significativo de enzimas sintetizadoras de ácidos nucleicos (ver Capítulo 22).

Esse país das maravilhas incita especulações adicionais. Como os vírus surgiram? Eles são "células reduzidas", o resultado da perda de propriedades necessárias à existência independente, ou eles evoluíram como entidades novas? Ou eles seguiram outras rotas evolutivas? O que podemos deduzir de sua grande variedade, mesmo para um único hospedeiro? A título de ilustração, pense em todos os vírus capazes de causar doenças exclusivamente nos seres humanos. Ao contrário das bactérias, que evoluíram independentemente, os vírus o fizeram em associação com seus hospedeiros. Além disso, os príons são mais difundidos que atualmente se sabe? Eles funcionam em fenômenos biológicos básicos, como a diferenciação? Essas e muitas outras questões são tópicos desafiadores e áreas férteis para maiores investigações.

TESTE SEU CONHECIMENTO

1. Como os vírus diferem das formas celulares de vida?
2. Quais componentes são comuns a todos os vírus?
3. Além da forma, qual é uma diferença importante entre os vírus icosaédricos e filamentosos?
4. Qual é a origem do envelope nos vírus envelopados?
5. Certos vírus carregam enzimas em seus vírions. Que tipos de enzimas são essas?
6. Como o ácido nucleico dos retrovírus replica-se?
7. Discuta como as proteínas virais são sintetizadas durante o ciclo de replicação viral.
8. Distinga entre vírus virulentos e temperados.
9. Como os vírus temperados permanecem quiescentes?
10. Em uma bactéria lisogênica, como é tomada a decisão entre um ciclo lítico e um lisogênico?
11. Compare viroides e príons.

parte VII

interações

ecologia

capítulo

18

VISÃO GERAL

A ecologia é o estudo das interações entre os organismos e seu ambiente – de que forma os ambientes químico, físico e biológico afetam tipos específicos de organismos e como os organismos afetam seus ambientes. É possível, a partir daí, o questionamento: o que há de novo nisso? Estivemos discutindo esse tópico ao longo de todo o livro, e isso é verdade, mas agora mudaremos um pouco de foco. Daremos maior ênfase à combinação geral das atividades de grupos de micróbios, em vez daquelas de micróbios individuais. Prestaremos atenção especial a como os micróbios moldaram o ambiente da Terra e como eles o mantêm em condições de equilíbrio que sustentam a vida.

Os temas fundamentais da ecologia microbiana baseiam-se em três características dos micróbios: (i) sua **ubiquidade** – eles estão presentes em praticamente todos os lugares onde houver água líquida, (ii) sua **abundância** – eles ocorrem em grande número, e (iii) seu **poder metabólico** – eles são extremamente ativos e de modo incrivelmente diverso. Já discutimos (ver Capítulo 4) como alguns micróbios crescem sob condições extremas de temperatura, pressão hidrostática e concentrações de sal, e seus números são assombrosos. Estima-se que existam mais de 10^{30} bactérias e arqueobactérias na Terra. Em nosso corpo, há mais células bacterianas em nossos intestinos do que células humanas propriamente ditas. Um mililitro de uma cultura bacteriana, ou cerca de 10 g de solo, contém mais micróbios do que todos os seres humanos na Terra.

A diversidade metabólica dos micróbios contribui à sua ubiquidade. Se os componentes de uma reação termodinamicamente viável estiverem presentes em um ambiente específico, um micróbio estará lá para explorá-lo a fim de crescer e reproduzir-se. É claro que deve existir um limite mínimo da quantidade de energia que uma reação deve gerar (a mudança na energia livre de Gibbs ou ΔG) para que um micróbio seja capaz de usá-la com êxito, mas é, sem dúvida, notável como esse valor pode ser baixo. Em outras palavras, os procariotos parecem ser capazes de extrair cada pequena porção de energia de um composto químico. Os procariotos são particularmente competentes no crescimento à custa de reações de baixo rendimento energético, o que realizam de dois modos.

1. Podem contar com o auxílio de micróbios vizinhos, normalmente pela exploração da capacidade de seus vizinhos de coletar e reciclar produtos de reação. A coleta e a reciclagem alteram o equilíbrio da reação, tornando-a capaz de sustentar o crescimento. Por exemplo, uma bactéria que degrada butirato, quando cocultivada com um metanógeno, pode crescer à custa de uma reação que gera apenas −4,5 quilojoules por mol de energia livre, uma quantidade minúscula se for considerado que ela consome mais de sete vezes a energia (−33 quilojoules por mol) para converter ADP em ATP.
2. Outra estratégia para obter sustento a partir de reações de baixo rendimento é coletar as pequenas quantidades de energia que cada ciclo da reação gera e guardá-las até que haja o acúmulo suficiente de energia para a produção de uma molécula de ATP. Os micróbios podem realizar isso pela expulsão de alguns prótons a cada ciclo da reação; no final, o gradiente de prótons gerado torna-se capaz de produzir ATP.

Os micróbios podem ser pequenos, mas realizam coisas em escala global. Eles têm um grande impacto na formação e no estabelecimento das concentrações dos principais gases na atmosfera – nitrogênio, oxigênio e dióxido de carbono. Eles desempenham papéis fundamentais na degradação dos restos de plantas e animais que, de outra maneira, se acumulariam e, no final, sequestrariam quantidades suficientes de carbono e outros bioelementos e impossibilitariam a vida. Contudo, os micróbios também são responsáveis por uma longa lista de outras transformações menos aparentes, que possuem efeitos profundos sobre nosso ambiente. Por exemplo, ao secretarem produtos finais do metabolismo e agentes quelantes, eles modificam a composição mineral de rios, lagos e oceanos. Ainda, catalisam reações redox de uma série de sais metálicos, contribuindo, desse modo, à formação de imensos depósitos minerais na Terra e fazendo as rochas sofrerem erosão. Eles até mesmo alteram o tempo. As ciências da Terra possuem um componente microbiano muito importante.

Como já observamos, os microbiologistas concentraram seus maiores esforços no metabolismo de quimio-heterótrofos que crescem aerobiamente. As razões parecem estar no fato de que o cultivo desses micróbios é o mais fácil de ser realizado, e a maioria dos micróbios patogênicos enquadra-se nessa classe. Alguns quimio-heterótrofos aeróbios de fato desempenham papéis importantes no ambiente, mas esse grupo provavelmente tem um impacto ecológico menor do que o realizado pelos anaeróbios e autótrofos.

Se fôssemos penetrando o solo abaixo de um campo aberto e observássemos os tipos de micróbios que podem ser encontrados ao longo do trajeto, poderíamos vislumbrar a grande variedade de microrganismos existente na natureza, suas diversas formas de metabolismo e sua capacidade de crescer em quase qualquer lugar (Figura 18.1). Nas camadas superiores e bem aeradas, encontramos principalmente os já familiares quimio-heterótrofos que utilizam compostos orgânicos por meio de respiração aeróbia. Nas pequenas cavidades anaeróbias que existem dentro dessa região predominantemente aeróbia, encontramos outros heterótrofos que fermentam carboidratos. À medida que nos aprofundamos e entramos na área de lençóis freáticos rasos, uma zona em grande parte anóxica, encontramos micróbios que vivem por meio de vários tipos de respiração anaeróbia. Eles usam uma série de aceptores terminais de

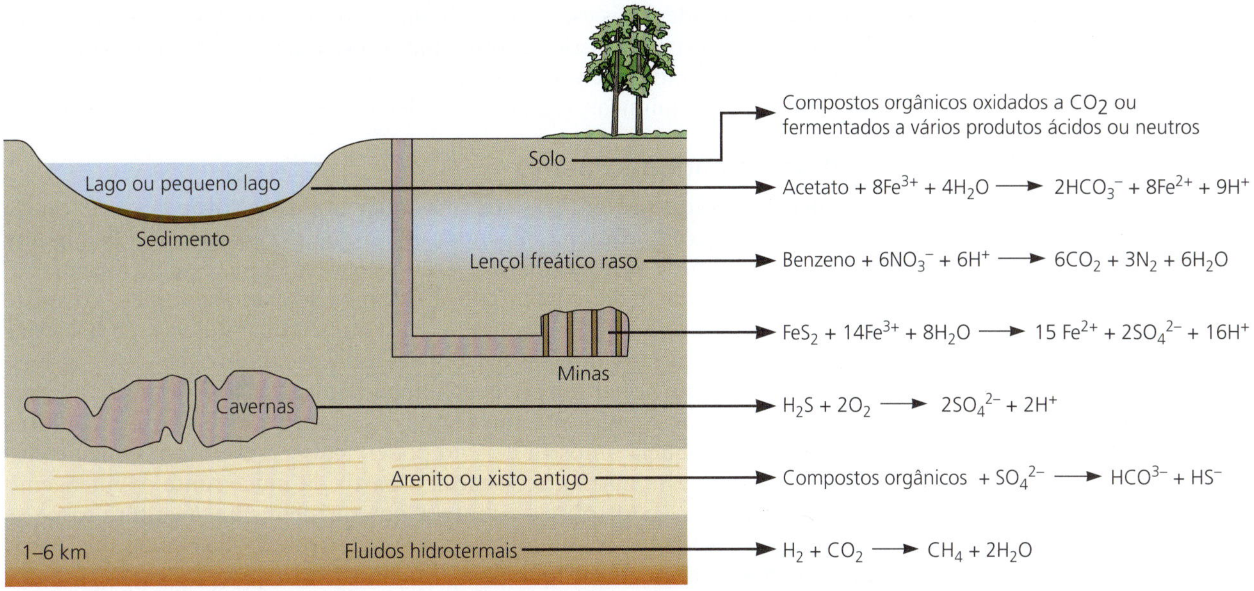

Figura 18.1 Conversões metabólicas efetuadas por micróbios encontrados em várias profundidades na terra.

elétrons, como os íons nitrato, férrico e sulfato. Alguns desses micróbios que vivem por meio de respiração anaeróbia são heterótrofos que oxidam compostos, como acetato, os produtos de fermentações que ocorrem no solo acima deles e que acabam escorrendo no interior da terra. Outros são micróbios que oxidam poluentes, como benzeno, tricloroetileno e vários pesticidas. Igualmente, encontramos autótrofos que também obtêm energia pela respiração anaeróbia de materiais inorgânicos, como os íons sulfeto ou ferroso. À medida que descemos mais no solo, podemos ficar surpresos, pois continuamos a encontrar micróbios. Na verdade, encontramo-los em grandes profundidades, possivelmente a 5 ou 6 km abaixo da superfície, como evidenciado por sua presença na água salina que vaza para dentro de minas profundas e que, sabe-se, é originada da grande distância na crosta da Terra.

Como organismos tão diversos metabolicamente como os micróbios podem crescer e reproduzir-se em profundidades tão grandes? Aqueles nas regiões mais profundas são necessariamente hipertermófilos, visto que seu ambiente é extremamente quente, mas qual é sua fonte de nutrientes? Tanto eles como os micróbios encontrados em profundidades um tanto menores vivem à custa do metabolismo dependente de hidrogênio, acoplando sua oxidação à redução de íons metálicos ou CO_2. A redução de CO_2 produz metano, que sobe às regiões superiores do solo, onde é oxidado por especialistas microbianos metabolizadores de metano denominados **metilótrofos**. O gás hidrogênio pode parecer um substrato improvável a ser encontrado em grandes profundidades, mas não é bem assim que ocorre. O hidrogênio é um dos gases provenientes do magma da Terra; ele é formado pela redução geoquímica da água naquele ambiente de alta temperatura e alta pressão.

MÉTODOS DE ECOLOGIA MICROBIANA

O objetivo de toda a ecologia é determinar quais organismos estão presentes em um ambiente específico e o que eles estão fazendo lá. No caso dos organismos superiores, informações ecológicas consideráveis podem ser obtidas apenas por meio da observação, o que não se aplica aos micróbios – embora progressos consideráveis estejam atualmente sendo feitos em relação a esse objetivo. Ao contrário dos organismos superiores, a maioria dos micróbios não pode ser identificada apenas pelo aspecto visual, e, como suas atividades são em grande parte químicas, raramente podemos ver o que eles estão fazendo.

Cultura de enriquecimento

Até períodos muito recentes, para responder questões sobre "quem" ou "o que", a ecologia microbiana dependia quase que exclusivamente de alguma forma de **cultura de enriquecimento**. Como sugere o nome, isso significa favorecer, seletivamente, o crescimento dos micróbios desejados por meio do ajuste das condições de cultivo. Por exemplo, para aumentar o número de **bactérias fixadoras de nitrogênio** (aquelas que podem utilizar o dinitrogênio [N_2] atmosférico), pode-se adicionar uma pequena quantidade de solo a um meio desprovido de nitrogênio fixado. Sob tais condições, somente as bactérias fixadoras de nitrogênio naquela amostra de solo podem crescer, visto que somente elas podem adquirir esse nutriente essencial a partir da única fonte de nitrogênio que está presente – o ar sobre a cultura. Consequentemente, a cultura torna-se enriquecida em fixadores de nitrogênio. Muitas outras classes de micróbios podem ser similarmente enriquecidas (Tabela 18.1).

A cultura de enriquecimento é uma ferramenta potente para os estudos de ecologia microbiana. Se alguém suspeita que um tipo específico de microrganismo esteja efetuando uma transformação específica em um ambiente específico, faz-se necessário apenas inocular um meio adequado com material proveniente daquele ambiente. Se o micróbio investigado for enriquecido, ele com certeza está presente naquele ambiente. Contudo, sabe-se que depender exclusivamente da cultura de enriquecimento é uma abordagem arriscada à ecologia microbiana, porque ela baseia-se em muitas suposições improváveis e algumas, inclusive, incorretas. Entre essas está a suposição de que é sempre possível cultivar os micróbios que exercem um impacto ecológico específico, e entre a primeira está a suposição de que os micróbios agem na natureza do mesmo modo que o fazem em cultura.

Estudando os micróbios no laboratório e em seus ambientes naturais

É um fato há muito reconhecido e desagradável da vida microbiológica que a maioria dos procariotos na natureza não pode ser cultivada. A magnitude e o impacto desse problema foram inteiramente apreciados apenas recentemente. O número de células microbianas vivas em ambientes como, por exemplo, o solo e

Tabela 18.1 Alguns exemplos de cultura de enriquecimento

Classe microbiana	Condição crítica de cultivo	Fundamento
Termófilos	Incubar em uma temperatura na faixa termofílica, por exemplo, 55 °C.	Apenas os termófilos podem crescer em tais temperaturas.
Formadores de endósporos	Ferver o inóculo de solo antes de adicionar ao meio de cultura.	Poucas células microbianas vegetativas podem resistir à fervura; os endósporos podem.
Cianobactérias fixadoras de nitrogênio	Incubar aerobiamente na luz em um meio de sais minerais sem nitrogênio fixado.	Apenas certas cianobactérias podem crescer aeróbia e fototroficamente e fixar nitrogênio.
Bactérias redutoras de sulfato	Incubar no escuro, anaerobiamente, com uma fonte de carbono não fermentável e o íon sulfato.	Sob tais condições, as bactérias redutoras de sulfato podem obter energia pela respiração anaeróbia; a fotossíntese, a respiração aeróbia e a fermentação não são possíveis.
Micróbios capazes de degradar um pesticida específico	Incubar aerobiamente no escuro em um meio de sais minerais com o pesticida como a única fonte de carbono e energia.	Sob tais condições, a capacidade de degradar o pesticida é essencial ao crescimento.

a água, determinado pela sua contagem microscópica, *excede em várias ordens de magnitude* o número que pode ser cultivado. Contudo, métodos engenhosos e cuidadosos, projetados para imitar os ambientes naturais, como alimentar lentamente as culturas com nutrientes em concentrações diminutas ou incubar as culturas por períodos prolongados, estão constantemente diminuindo a distância entre os números de micróbios observados e os números cultivados.

Por que é tão desejável obter-se culturas puras de micróbios? Obviamente, a maioria dos estudos-chave, por exemplo, a determinação da sequência do genoma ou a execução de experimentos fisiológicos, e genéticos, seria difícil de ser realizada com células individuais, mas também existem desvantagens de se estudarem os micróbios somente em cultura. Está bastante claro que muitos micróbios não agem em culturas puras do mesmo modo que o fazem na natureza. A domesticação acarreta algumas consequências: alguns patógenos perdem sua virulência, outros substituem seus antígenos, e outros, ainda, estão alterados quanto às suas atividades metabólicas. Além disso, na natureza, os micróbios frequentemente funcionam como membros de comunidades, e não como indivíduos distintos. Como exemplo significativo, certos consórcios de bactérias são capazes de conversões químicas que não são possíveis em culturas puras de seus membros isolados. Às vezes, tais consórcios podem ser isolados e cultivados como se fossem culturas puras. No Capítulo 15, discutimos o exemplo de "*Methanobacillus omelianskii*", um consórcio de uma bactéria e uma arqueobactéria capaz de converter etanol e CO_2 em metano, embora, em cultura pura, nenhum dos dois procariotos componentes possa utilizar etanol.

Como se estudam os micróbios em seus ambientes naturais? Com o advento da tecnologia de DNA recombinante, da genômica, de métodos imunológicos modernos e de técnicas radioquímicas, novos conjuntos de métodos que não dependem do cultivo tornaram-se disponíveis (Tabela 18.2). Esses métodos tornaram-se ferramentas novas e potentes da ecologia microbiana.

A **hibridização *in situ* por fluorescência** (**FISH**, de *fluorescence in situ hybridization*) usa sondas sintéticas de DNA marcadas com fluorescência que se hibridizam as sequências complementares nos genomas de organismos em uma amostra. Sob um microscópio de fluorescência, a FISH revela quais micróbios estão presentes em um ambiente específico, bem como suas localizações relativas (ver Figura 18.5). Na técnica de FISH, podem-se projetar sondas que não sejam específicas a uma espécie particular, mas sejam diagnósticas de um grupo maior de organismos. Assim, por exemplo, a FISH pode ser usada para corar, seletivamente, ou bactérias ou arqueobactérias. Tal informação pode ser inestimável à elucidação de interações microbianas em comunidades. Como já vimos repetidas vezes, se dois micróbios são encontrados vivendo intimamente associados na natureza, eles provavelmente interagem metabolicamente e podem ser dependentes um do outro para o crescimento.

As **sondas de anticorpos fluorescentes** também são ferramentas potentes à identificação de micróbios na natureza. Esse método é altamente específico e usado para identificar espécies ou linhagens particulares, mas não classes de micróbios (como no caso da FISH). Assim, ele não pode ser usado para responder questões amplas relativas aos tipos gerais de micróbios que possam estar presentes em um ambiente específico, embora possa fornecer informações específicas sobre um tipo específico de micróbio.

Outra abordagem útil consiste em sequenciar certos segmentos de DNA provenientes de uma mistura de organismos em um ambiente específico, como, por exemplo, sequenciar o gene do RNA ribossômico (rRNA) 16S. Tal informação pode responder uma série ampla de questões, desde as altamente específicas até as mais gerais. Por exemplo, questiona-se: um representante de uma linhagem específica de um filo, ou mesmo de um domínio, está presente em uma amostra? O método tem o poder de detectar os micróbios mais comuns

Tabela 18.2 Alguns métodos independentes de cultivo de ecologia microbiana

Método	Procedimento	Utilidade
Identificação		
FISH	Uma sonda de ácido nucleico, normalmente um DNA codificar de rRNA, é marcada com um corante fluorescente, hibridizada com células em um ambiente natural e visualizada por microscopia de fluorescência.	Dependendo da sonda, as células microbianas individuais podem ser identificadas como pertencentes a uma espécie, um gênero ou algum grupo maior, por exemplo, Bacteria. Utilizando-se diferentes marcas e sondas coloridas, vários micróbios ou tipos de micróbios podem ser identificados na mesma amostra.
Sondas de anticorpos fluorescentes	O procedimento é bastante similar à FISH, exceto que um anticorpo é usado em lugar de um ácido nucleico.	A alta especificidade dos anticorpos limita esse método à identificação de linhagens ou espécies.
Pesquisa de micróbios por sequenciamento	O DNA é extraído de um ambiente, e ou oligonucleotídeos iniciadores adequados são adicionados para aumentar, por PCR, o número dos vários genes de rRNA presentes na amostra (que são clonados e sequenciados), ou todo o DNA na amostra é clonado e sequenciado.	Esse método possibilita a identificação de organismos, incluindo aqueles que não podem ser cultivados.
Avaliação		
Avaliação microscópica de viabilidade: corantes	Certos corantes discriminam entre células viáveis e não viáveis; o diacetato de fluoresceína, um dos preferidos, não é fluorescente até ser absorvido e hidrolisado por esterases inespecíficas.	As células que se tornam fluorescentes estão provavelmente vivas.
Avaliação microscópica de viabilidade: ácido nalidíxico	O ácido nalidíxico e uma pequena quantidade de um nutriente são adicionados a uma ou duas amostras em paralelo; após um período de incubação, as amostras são observadas microscopicamente.	Como o ácido nalidíxico inibe a divisão celular, mas não o alongamento, presume-se que os tipos celulares identificados como mais longos na amostra tratada que no controle sejam capazes de crescer em virtude da utilização do nutriente adicionado.
Microrradioautografia	Um composto radioativo é adicionado a uma amostra; após algumas horas, as células são fixadas e espalhadas sobre uma lâmina coberta com uma emulsão fotográfica em uma câmara à prova de luz. Alguns dias depois, as lâminas são reveladas e observadas.	Presume-se que as células cercadas por grânulos expostos na emulsão fotográfica sejam capazes de metabolizar o composto radioativo.

em uma amostra, mesmo aqueles que nunca foram previamente encontrados. Recentemente, essa abordagem foi ampliada de forma considerável. Em vez de sequenciar genes específicos a partir de uma amostra ambiental, o complemento total do DNA microbiano em uma amostra é sequenciado. O primeiro desses experimentos tecnicamente laboriosos foi feito em amostras coletadas do mar de Sargaços, no Atlântico Norte, a certa distância das Bermudas. As amostras foram filtradas para aumentar seu conteúdo de células procarióticas, o DNA foi extraído, e mais de um bilhão de pares de bases foi então sequenciado. A análise desses dados extremamente volumosos gerou uma riqueza de informações. Estimou-se que cerca de 1.800 espécies microbianas estavam representadas nas amostras, das quais 148 eram **filotipos** (espécies identificadas unicamente por similaridade de sequências [ver Capítulo 16]) procarióticos previamente desconhecidos. Mais de 1,2 milhão de genes previamente desconhecidos foi identificado, o que contribuiu com uma medida do grau de diversidade microbiana no ambiente amostrado. Estudos desse tipo estão ocorrendo a passos rápidos.

É uma experiência um tanto humilhante depararmo-nos com informações tão volumosas sobre os números e tipos de micróbios e genes desconhecidos no ambiente, visto que isso nos lembra o quanto ainda temos a aprender. Igualmente, esses dados oferecem informações apenas superficiais a respeito do que os vários micróbios estão fazendo lá. É possível fazer uma suposição inteligente sobre as atividades recém-descobertas de um micróbio por meio da determinação de seu parentesco com micróbios conhecidos e bem estudados e, então, presumir que ele possa estar realizando algo similar. Contudo, no final, o micróbio em si deve ser cultivado e estudado antes que possamos saber o que realmente está acontecendo. A avaliação microscópica da viabilidade – pela adição de corantes que coram diferencialmente células vivas e mortas – acrescenta informações úteis. Além disso, a adição de compostos radioativos, como, por exemplo, o precursor do DNA timidina (marcada com trítio), indicará organismos que estão ativamente metabolizando. Pode-se determinar se as células individuais tornaram-se radioativas ao colocá-las em uma lâmina de microscópio e cobri-las com uma emulsão fotográfica. Após um período adequado de incubação no escuro, os grãos fotográficos que resultam da decomposição do isótopo podem ser vistos sob o microscópio. Utilizando-se essa técnica, denominada **microrradioautografia**, e substratos adequados marcados, é possível determinar se uma célula microbiana específica em uma amostra pode utilizar aqueles substratos.

CICLOS BIOGEOQUÍMICOS

Apesar dos desafios contínuos de decifrar e compreender os papéis dos inúmeros micróbios que podemos ver, mas não podemos cultivar, a ecologia microbiana vem avançando de modo impressionante. Por meio dela, aprendemos que os micróbios existem em todas as partes da biosfera e que são os únicos habitantes de alguns ecossistemas, como, por exemplo, o solo profundo, como discutimos anteriormente. Também aprendemos que as interconversões da matéria na biosfera são em grande escala efetuadas pelos microrganismos, e aprendemos que algumas dessas mudanças cruciais são mediadas somente pelos procariotos. Um caminho útil para compreender e resumir todas essas conversões extremamente inter-relacionadas é separá-las conforme as mudanças químicas que os vários **bioelementos principais** – carbono, oxigênio, nitrogênio, enxofre e fósforo – sofrem na natureza. Essas interconversões estão em equilíbrio aproximado, isto é, as quantidades totais das várias formas dos bioelementos, por exemplo, nitrogênio na forma de N_2 atmosférico, não se alteram muito ao longo do tempo, embora estejam continuamente sendo formadas e utilizadas. Assim, a soma das reações que usam uma forma específica de um bioelemento é aproximadamente igualada à soma daquelas que a repõem. Portanto, é possível descrever as várias interconversões de um bioelemento como um ciclo de utilizações e reposições. Tais ciclos são denominados **ciclos biogeoquímicos**. Nas seções seguintes, enfatizaremos os papéis que os micróbios desempenham de forma notável e exclusiva nos ciclos biogeoquímicos e mencionaremos os impactos humanos nesses ciclos, os quais têm-se tornado consideráveis nos últimos anos.

Será possível de perceber uma generalização que se aplica a quase todos os ciclos: *suas etapas componentes são reações de oxidação ou redução*. Na maioria dos casos, o estado de oxidação do bioelemento altera-se ao longo do ciclo. No ciclo do carbono, por exemplo, a matéria orgânica é *oxidada* a CO_2, que é, por sua vez, *reduzido* a matéria orgânica.

Ciclos do carbono e do oxigênio

A Figura 18.2 resume a essência do ciclo do carbono – uma ciclagem entre o CO_2 atmosférico e o carbono fixado, na forma orgânica ou inorgânica. Embo-

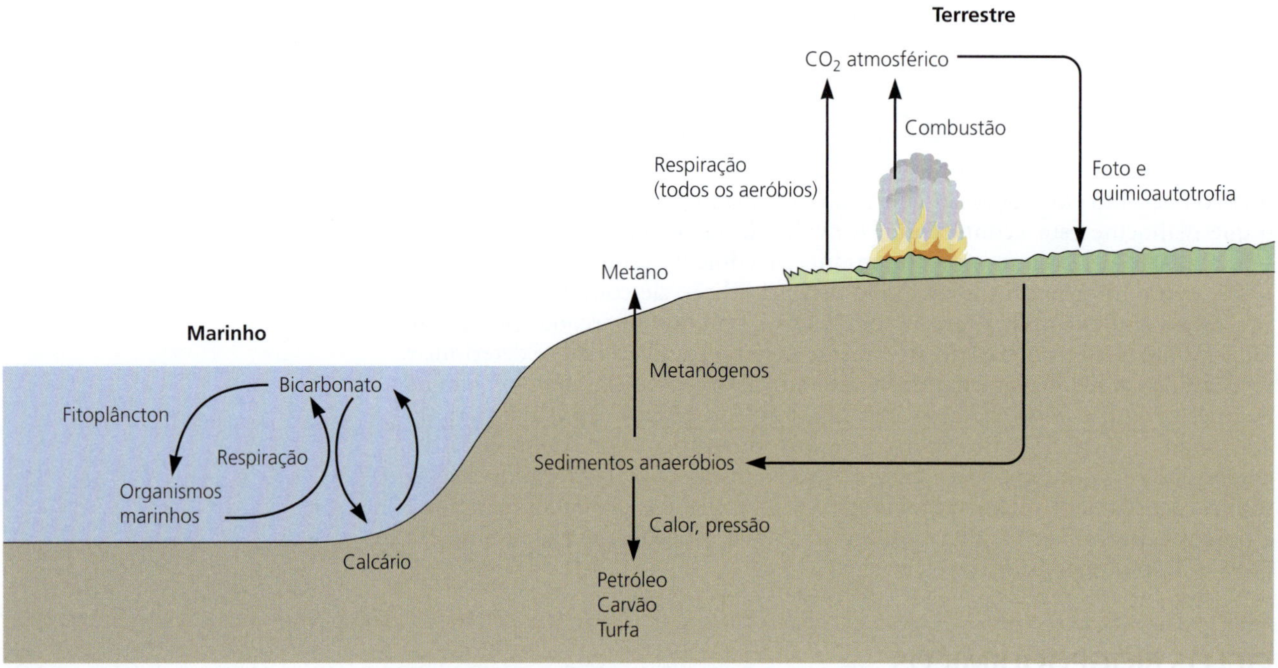

Figura 18.2 O ciclo do carbono.

ra simples em linhas gerais, o ciclo engloba todas as complexidades do mundo biológico, muitas das quais já foram discutidas – como, por exemplo, o aprisionamento de carbono orgânico em ambientes anaeróbios, a partir dos quais ele retorna muito lentamente ao ciclo ativo (ver Capítulo 15).

Temos interferido em grande escala neste ciclo, com consequências ainda não inteiramente compreendidas. Por meio da queima de combustíveis fósseis em taxas cada vez mais crescentes, aumentamos, de forma substancial, a concentração de dióxido de carbono na atmosfera da Terra, contribuindo ao aquecimento global que se está agora vivenciando (Figura 18.3).

Os seres humanos também adicionaram uma complexidade qualitativamente nova ao ciclo. As moléculas orgânicas que ocorrem naturalmente são, sem exceção, suscetíveis ao ataque microbiano. Algumas, como o **húmus** (o componente negro e rico em lignina do solo) e outros tipos de moléculas presentes em ambientes anóxicos, são degradadas em taxas bastante baixas, mas há evidências notáveis de que *não existe nenhum composto orgânico de ocorrência natural que não possa ser degradado*, ainda que lentamente, por algum microrganismo (uma doutrina às vezes denominada **infalibilidade microbiana**). Contudo, os seres humanos realizaram algo que a natureza não foi capaz de fazer. Muitos plásticos que produzimos parecem ser completamente resistentes ao ataque microbiano, e outros compostos ecologicamente perigosos são atacados apenas de forma muito lenta. Eles constituem um poço sem fundo no ciclo do carbono. Se forem descartados na natureza, esses materiais ali persistirão por um período de tempo muito longo (Figura 18.4).

Como já mencionado, uma rota muito importante pela qual os compostos orgânicos degradáveis aprisionados em ambientes anaeróbios retornam a ambientes aeróbios ocorre por meio da ação de arqueobactérias metanogênicas. Globalmente, esses micróbios (ver Capítulo 15) produzem quantidades enormes de metano a partir de material orgânico aprisionado em vários ambientes anóxicos – incluindo o sedimento que se localiza abaixo dos oceanos e lagos

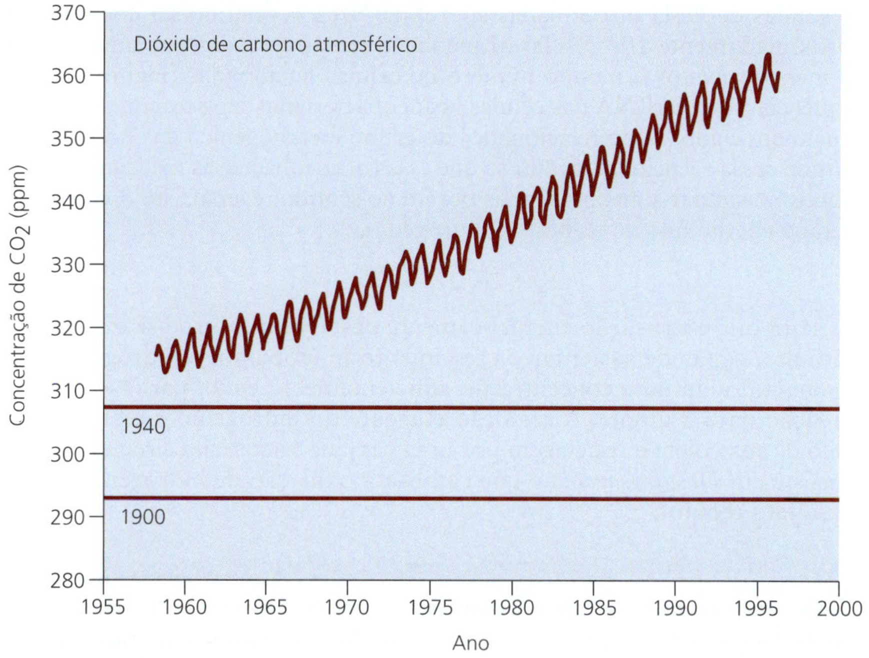

Figura 18.3 Concentração de CO_2 na atmosfera, medida em Mauna Loa, Havaí. (O valor ao final de 2002 foi de 373 partes por bilhão.)

e mesmo a partir dos tratos intestinais de animais ruminantes e cupins. A metanogênese é um elo crítico no ciclo do carbono da Terra, pois seu produto, o metano, por ser gasoso e parcamente solúvel em água, pode escapar do aprisionamento em ambientes anóxicos. Além disso, quantidades imensas de metano provenientes de fontes biológicas e não biológicas são depositadas, como hidratos gasosos de fase sólida e como gás livre, abaixo do fundo do mar.

Pode-se, portanto, questionar a respeito do que acontece a todo esse metano. Até pouco tempo, os únicos destinos conhecidos do metano, exceto ser queimado pelos seres humanos, eram a oxidação por bactérias aeróbias denominadas metilotrófos ou o escape na atmosfera, onde ele funciona como um potente e importante gás do efeito estufa. (O metano aumentou, em nossa atmosfera, de 1.620 partes por bilhão em 1984 a 1.750 partes por bilhão em 2003, mas agora parece estar decaindo.) Acreditava-se que o metano devia escapar de seus reservatórios anóxicos antes de poder ser degradado. Contudo, na década de 1970, evidências geoquímicas sugeriram que grandes quantidades de metano são degradadas dentro de regiões anóxicas dos oceanos. No final da década de 1990, descobriu-se uma rota notável de desaparecimento do metano. Vale a pena considerar tal descoberta mais detalhadamente, porque ela ilustra o quanto se pode aprender sobre ecologia microbiana por meio do uso de métodos independentes de cultivo.

Essa rota de utilização anaeróbia do metano provou ser biológica, mediada por um consórcio microbiano de dois membros, consistindo em uma arqueobactéria e uma bactéria que, em conjunto, oxidam de forma anóxica o metano a dióxido de carbono, ao reduzir sulfato a sulfeto de hidrogênio.

$$CH_4 + SO_4^{2-} \longrightarrow CO_2 + H_2S + 2OH^-$$

Esses micróbios, que consomem 80% do metano produzido em ambientes marinhos, ainda não haviam sido cultivados. Tanto a composição como a atividade do consórcio que oxida metano foram determinadas por métodos inteiramente moleculares. Agregados desses procariotos foram examinados por meio

Figura 18.4 Os plásticos descartados em qualquer lugar do oceano se acumulam nas praias, como mostrado na fotografia.

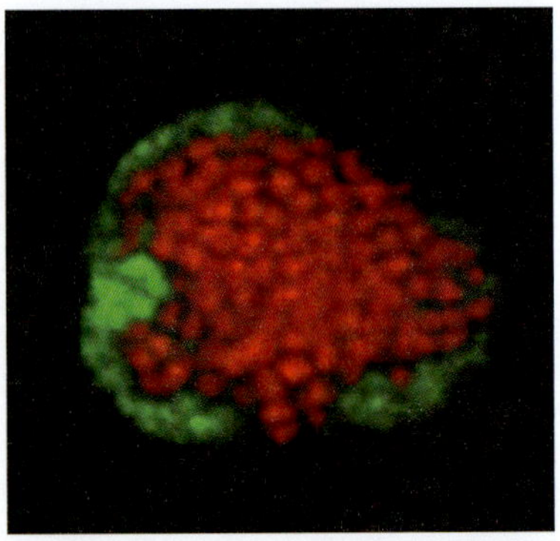

Figura 18.5 Um consórcio de procariotos degradadores de metano e redutores de sulfato mediando a oxidação anaeróbia do metano. As células foram coradas com uma sonda de RNA fluorescente verde direcionada especificamente contra um grupo de bactérias redutoras de sulfato (*Desulfosarcina* e *Desulfococcus*) e uma sonda de RNA fluorescente vermelha direcionada contra um grupo de arqueobactérias denominado ANME-2. O diâmetro do agregado tem aproximadamente 10 μm. A imagem foi tirada com um microscópio confocal.

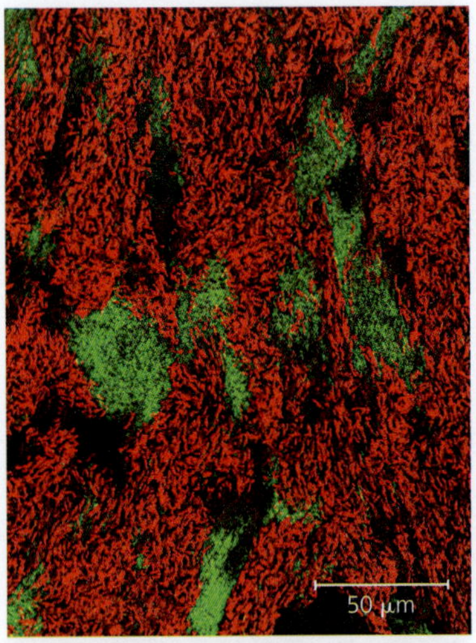

Figura 18.6 Um tapete de procariotos degradadores de metano do Mar Negro. A preparação é vista sob um microscópio confocal, que permite que se observe uma *seção* através do tapete. Observe que tal seção não pode ser vista sob um microscópio comum. Como na Figura 18.5, as arqueobactérias que utilizam metano estão marcadas com uma sonda fluorescente vermelha, e as bactérias redutoras de sulfato estão marcadas com uma sonda fluorescente verde.

de sondas de FISH direcionadas ao 16S rRNA e revelaram ser conjuntos de aproximadamente 100 células arqueobacterianas cercadas por uma camada de mais ou menos o mesmo número de células bacterianas (Figura 18.5). A sequência do 16S rRNA das células arqueobacterianas mostrou que elas constituem um **clado** (ramo relacionado) do grupo metanogênico das Archaea. Em virtude dessa relação, presumiu-se que essas arqueobactérias medeiam um metabolismo similar à metanogênese, porém no sentido reverso, isto é, convertem metano em dióxido de carbono e hidrogênio.

$$CH_4 + 2H_2O \longrightarrow CO_2 + 4H_2$$

Para que essa reação energeticamente desfavorável torne-se exequível e, portanto, capaz de sustentar o crescimento microbiano, o hidrogênio deve ser mantido em uma concentração suficientemente baixa para "empurrar" a reação para a direita. A remoção eficiente do hidrogênio é realizada por meio de sua coleta e reciclagem por uma camada bacteriana circundante que consiste em *Desulfosarcina* e que catalisa a oxidação de hidrogênio à custa de sulfato redutor.

$$5H_2 + SO_4^{2-} \longrightarrow H_2S + 4H_2O$$

A comprovação de que o consórcio efetivamente metaboliza metano em seu ambiente natural também foi estabelecida por métodos químicos, explorando-se o fato de que o metano que ocorre naturalmente (por razões complexas) sempre contém uma fração distintamente menor de ^{13}C que outros compostos orgânicos. Utilizando-se uma técnica denominada espectrometria de massa de íons secundários em conjunto com a FISH, mostrou-se que tanto o componente arqueobacteriano como o bacteriano estavam extremamente depletados de ^{13}C. Portanto, eles devem ter crescido à custa de metano.

Outras Archaea que utilizam metano, encontradas no Mar Negro, ocorrem em consórcios com bactérias redutoras de sulfato dentro de imensos tapetes microbianos, alguns medindo 4 m de altura e com até 1 m de largura (Figura 18.6). Esses tapetes, localizados sobre orifícios de metano existentes no fundo do mar, são estruturalmente estabilizados por carbonato de cálcio, que se forma quando o CO_2 liberado pelos consórcios reage com a água do mar (localmente alcalina). Tem-se aprendido muito sobre esses organismos, a despeito de eles nunca terem sido cultivados.

O ciclo do nitrogênio

Quantidades insuficientes de nitrogênio limitam o crescimento vegetal em muitos ambientes. Na verdade, a "Revolução Verde", um sistema de melhoramento da agricultura que teve um impacto muito importante sobre a produção mundial de alimentos e diminuiu a fome, baseou-se principalmente no fornecimento de mais nitrogênio às lavouras, principalmente na forma de amônia ou nitrato.

Todo o nitrogênio que supre as necessidades nutricionais das plantas e, indiretamente, de todas as outras formas de vida, provém do imenso reservatório de N_2 da atmosfera terrestre, sendo totalmente devolvido a ela de modo surpreendentemente rápido. O N_2 atmosférico tem uma meia-vida de apenas aproximadamente 20 milhões de anos, o que constitui apenas um momento em comparação à história de quatro bilhões de anos da vida na Terra. O dinitrogênio é um composto notavelmente estável, em grande parte em virtude da enorme energia de ativação necessária à quebra de sua ligação tripla nitrogênio-nitrogênio. Os procariotos são os únicos organismos capazes de quebrar a ligação e, desse modo, fixar nitrogênio (ver Capítulo 7). Até o início do século XX, quando os seres humanos aprenderam a converter o N_2 atmosférico em amônia por meio de um método químico denominado processo de Haber (também conhecido como processo de Haber-Bosch), todo o nitrogênio fixado na Terra (à exceção de pequenas quantidades formadas por relâmpagos e pela atividade vulcânica) era produzido pelos procariotos. A importância da atividade microbiana é ilustrada pelo cálculo de que, se os micróbios cessassem de participar no **ciclo do nitrogênio**, as plantas estariam depletadas de nitrogênio em cerca de uma semana. Hoje, produzimos industrialmente cerca de metade do nitrogênio utilizável. Outras etapas do ciclo do nitrogênio (Figura 18.7) também são territórios exclusivos dos procariotos. Elas incluem as duas etapas de **nitrificação**, pelas quais a amônia é sucessivamente convertida via nitrito em nitrato, e as duas rotas – denominadas **desnitrificação** e **anamox** – pelas quais o nitrogênio fixado é devolvido à forma gasosa.

A nitrificação é mediada por microrganismos autotróficos. Na primeira etapa do processo, bactérias autotróficas, tipificadas pelo gênero *Nitrosomonas* (uma proteobactéria gama), oxidam amônia a nitrito ao reduzirem O_2. Na segunda etapa, bactérias tipificadas pelo gênero *Nitrobacter* (uma proteobactéria alfa) oxidam nitrito a nitrato, também reduzindo O_2 no processo. Curiosamente, não se conhecem bactérias que oxidem amônia diretamente a nitrato. As bactérias nitrificadoras são bastante difundidas na natureza e muito ativas; portanto, a amônia e o nitrito têm uma vida curta em ambientes aeróbios, como as camadas superiores do solo. Quando o gás amônia anidra é adicionado como fertilizante ao solo (uma prática comum na agricultura moderna), ele reage com água e forma o íon amônio, que se liga firmemente a solos argilosos, sendo, portanto, imóvel. Contudo, as bactérias nitrificadoras rapidamente o convertem em íon nitrato, uma forma que se move livremente através do solo e é prontamente utilizada pelas plantas.

Em virtude do bloqueio britânico da Europa durante o início do século XIX, pilhas de esterco eram extensivamente usadas para suprir os exércitos de Napoleão com o nitrato necessário à produção de pólvora negra (uma mistura de nitrato, enxofre e carvão usada, na época, como pólvora). Tais pilhas são réplicas em miniatura de um ramo do ciclo global do nitrogênio. Essas pilhas eram repetidamente reviradas para manter a **aerobiose**. Dentro

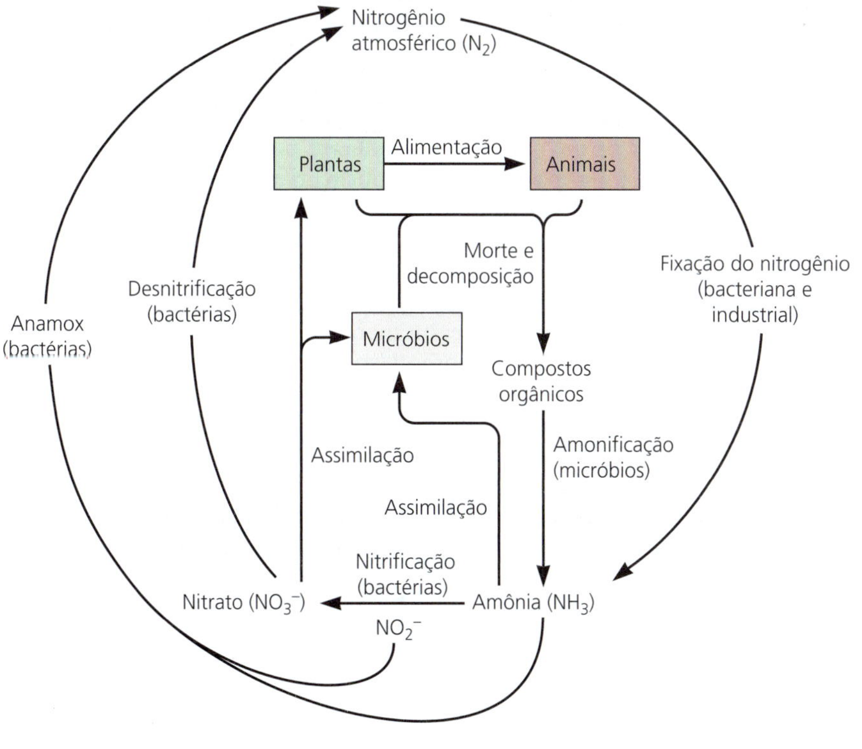

Figura 18.7 O ciclo do nitrogênio.

da pilha, o complexo de nitrogênio orgânico no esterco era convertido em amônia por uma série de micróbios e, em seguida, por autótrofos nitrificadores sucessivamente em nitrito e nitrato. Como a desnitrificação e a anamox são processos obrigatoriamente anaeróbios, o ciclo do nitrogênio não podia ser concluído nessas pilhas. O nitrogênio ficava aprisionado na forma de nitrato, acumulando-se. Um processo similar ocorre nos imensos depósitos de **guano** (o excremento seco de aves marinhas) nas ilhas costeiras da América do Sul, da África e do Caribe.

Como visto na Figura 18.7, os organismos utilizam o nitrogênio de dois modos completamente diferentes. (i) Todos os organismos utilizam o nitrogênio como um nutriente que é incorporado em seus constituintes celulares, como proteínas, ácidos nucleicos e fosfolipídeos (ver Capítulo 7). (ii) Alguns procariotos também utilizam o nitrogênio como um substrato para dois tipos de processos de geração de ATP. Como mencionamos, algumas bactérias autotróficas obtêm energia pela oxidação de amônia ou nitrito. Outros heterótrofos obtêm energia por meio de respirações anaeróbias, com nitrato, nitrito, NO ou N_2O servindo de aceptor terminal de elétrons. Em certos heterótrofos, um composto nitrogenado específico, por exemplo, nitrato, pode servir tanto de nutriente como de meio de geração de energia. Esses dois papéis são distinguidos pelos termos **assimilativo** e **desassimilativo.** O processo de redução de nitrato a amônia, para que sirva de nutriente, é denominado **redução assimilativa de nitrato.** Por sua vez, a redução de nitrato para que sirva de aceptor terminal de elétrons em uma respiração anaeróbia é denominada **redução desassimilativa de nitrato.**

Na etapa final do ciclo do nitrogênio, o nitrogênio fixado retorna ao N_2 atmosférico. Essa etapa é quase exclusivamente biológica. Até pouco tempo atrás, acreditava-se que o único modo de se realizar tal processo fosse por meio da **desnitrificação**, a cascata de respirações anaeróbias por meio das quais o nitrato é sucessivamente reduzido a N_2 (ver Capítulo 6). Uma extensa série de procariotos, utilizando um amplo espectro de fontes de carbono como doadores de elétrons, pode mediar essa transformação. Então, no meio da década de 1990, descobriu-se um novo grupo de bactérias que podem produzir N_2 a partir de nitrogênio fixado. Essas bactérias medeiam uma oxidação anaeróbia da amônia (**anamox**) – uma rota que é atualmente considerada uma forma muito importante pela qual o nitrogênio fixado (como amônia ou nitrato) é reciclado ao gás atmosférico N_2. A rota de anamox recém-descoberta estava aparentemente ausente pelo fato de ainda não ser possível cultivar os micróbios que medeiam o processo e porque a desnitrificação convencional parecia uma explicação adequada para a etapa de nitrogênio fixado a N_2 do ciclo do nitrogênio. Contudo, a contribuição da anamox mostrou-se imensa. De um terço à metade da produção de N_2 da Terra ocorre em águas anóxicas dos oceanos, e, dessa cifra, entre 19 e 67% ocorre via anamox.

A descoberta da anamox empregou métodos modernos e sofisticados. É instrutivo considerar exatamente como isso aconteceu. Dois microbiologistas holandeses depararam-se com o seguinte dilema: a amônia, mas não o nitrato, estava desaparecendo de um reator anóxico em uma fábrica de tratamento de águas residuais que eles estavam estudando. Por que um e não o outro? Descobriu-se, então, que o nitrito também estava desaparecendo; imaginou-se uma reação na qual a amônia era oxidada pelo nitrito, gerando N_2, composto de um átomo de N da amônia e o outro do nitrito, isto é:

$$NH_4^+ + NO_2^- \longrightarrow N_2 + 2H_2O$$

Essa hipótese foi provada pela adição de $^{15}NH_4^+$ e $^{14}NO_2$ ao reator e pela demonstração de que ele produzia N_2 que continha um átomo de ^{15}N e um de ^{14}N. Em seguida, mostrou-se que o processo era mediado por uma fonte biológica, pois era interrompido por calor, irradiação gama e vários **desacopladores** (compostos que destroem o gradiente de prótons da célula, inibindo, com isso, a geração de ATP via quimiosmose [ver Capítulo 6]).

Apesar de estarem cientes da reação de anamox, os pesquisadores não puderam cultivar o organismo que a estava mediando, mas puderam concentrá-lo em um reator de fluxo alimentado com amônia, nitrito e bicarbonato. Uma cultura mista, 70% da qual era constituída de células cocoides de aparência similar, acabou se desenvolvendo. Por meio de centrifugação em gradiente de densidade, essas células cocoides foram concentradas a um índice com mais de 90% de pureza. A preparação celular conseguiu converter amônia e nitrito em N_2 ao fixar CO_2. Todavia, as células não puderam ser cultivadas. O sequenciamento do DNA codificador de seus ribossomos mostrou que elas eram bactérias pertencentes ao filo Planctomycetes (que encontramos no Capítulo 3, em que os representantes foram descritos como tendo uma membrana ao redor de seus nucleoides). A espécie putativa, incluída no filo pelos pesquisadores, foi nomeada "*Candidatus* Brocadia anammoxidans" ("*Candidatus*" indica que ela não foi cultivada [ver Capítulo 15]). A descoberta da anamox ilustra o quanto se pode aprender sobre as atividades dos micróbios na natureza, ainda que eles não possam ser cultivados. Ela também ilustra quão difícil é o cultivo de certos micróbios, mesmo quando se sabe bastante a seu respeito.

O ciclo do enxofre

O **ciclo do enxofre** (Figura 18.8) assemelha-se ao ciclo do nitrogênio no sentido de que o enxofre, como o nitrogênio, serve a dois papéis metabólicos distintos nos micróbios: ele é um nutriente essencial (embora o enxofre seja menos abundante na célula que o nitrogênio) a todos os organismos e, em algumas espécies, entra em rotas oxidativas e redutivas que geram ATP. No último papel, quantidades muito grandes de enxofre são processadas. Os reservatórios terrestres de enxofre são enormes, e alguns deles são formados por micróbios. Depósitos imensos de enxofre elementar, na forma de gipsita, que ocorrem nos leitos de lagos antigos, foram formados pela combinação de duas etapas do ciclo do enxofre, ambas anaeróbias: bactérias redutoras de sulfato converte-

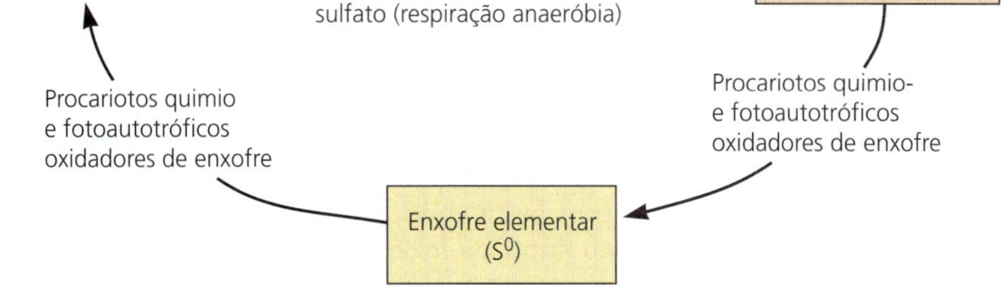

Figura 18.8 **O ciclo do enxofre.**

ram o sulfato em sulfeto de hidrogênio, e bactérias fototróficas o oxidaram a enxofre elementar. O mesmo processo de duas etapas de formação do enxofre ocorre em alguns lagos nos dias de hoje.

O sulfeto de hidrogênio também é oxidado por uma série de bactérias autotróficas, principalmente por meio da respiração aeróbia, mas, em alguns casos, pela respiração anaeróbia. Essa conversão ocorre em abundância em praticamente qualquer lugar em que o sulfeto de hidrogênio seja produzido por bactérias redutoras de sulfato em uma região anaeróbia subjacente – planícies de maré, por exemplo. Como o sulfeto de hidrogênio oxida-se espontaneamente no ar, os oxidadores quimioautotróficos de enxofre localizam-se na interface onde o sulfeto de hidrogênio nascente entra em contato com o oxigênio – o único lugar onde podem ter acesso a ambos os nutrientes.

18.1 *Chaminés hidrotermais.*

Na maioria dos locais, os oxidadores de enxofre utilizam o sulfeto de hidrogênio fornecido pelo metabolismo de outros micróbios, embora existam exceções espetaculares. O sulfeto de hidrogênio geoquimicamente produzido é expelido de **chaminés hidrotermais** nas cristas médias oceânicas, onde as placas tectônicas da Terra separam-se e uma nova crosta está sendo constantemente formada. Uma comunidade complexa, que consiste em centenas de espécies, tanto procarióticas como eucarióticas, desenvolve-se lá. Diferentemente do restante da biosfera, que depende da produtividade primária da fotossíntese, a comunidade nessas regiões sem sol depende inteiramente de bactérias quimioautotróficas que oxidam o sulfeto de hidrogênio oriundo das chaminés à custa do oxigênio que se difunde a partir da superfície do oceano. Em alguns casos, a dependência das bactérias que oxidam o sulfeto de hidrogênio é notavelmente íntima. Os imensos vermes tubulares que se desenvolvem nesse local não possuem um sistema intestinal. Em vez disso, eles são preenchidos com um tecido esponjoso, o **trofossomo**, que consiste principalmente em bactérias oxidadoras de enxofre, as quais fornecem nutrientes ao verme. O ciclo do enxofre também possui um importante componente atmosférico. Grandes quantidades de compostos que contêm enxofre volátil, principalmente dimetilsulfeto, entram na atmosfera, onde são modificadas pela luz solar em outras formas. Esse aspecto do ciclo do enxofre é discutido a seguir (ver "Micróbios, clima e tempo").

O ciclo do fósforo

O ciclo do fósforo (Figura 18.9) é a mais simples das conversões biogeoquímicas, pois o fósforo, em sua maioria, permanece no mesmo estado de oxidação, +5 (isto é, como fosfato). O fosfato, quer orgânico (como ésteres, amidas ou anidridos), quer inorgânico, é a principal forma de fósforo nos sistemas biológicos. A ciclagem global do fosfato é extremamente lenta, uma vez que esse ciclo não possui um intermediário gasoso significativo. A maioria das formas de fosfato, por serem solúveis, são lixiviadas do solo e têm como destino final os oceanos. O retorno do fosfato dos oceanos às massas de terra ocorre, em menor proporção, quando as aves marinhas que se alimentam de animais marinhos depositam suas fezes em terra, formando, ocasionalmente, depósitos de guano, como mencionados nas considerações tecidas sobre o ciclo do nitrogênio. Contudo, a maior parte do fósforo dos mares retorna às massas de terra do planeta somente pela elevação geológica dos leitos oceânicos – um processo muito lento. Os produtos dessas elevações são rochas de fosfato, que são em grande parte exploradas (cerca de 90%) na indústria de fertilizantes.

Em menor grau, formas não fosfatadas de fósforo efetivamente participam no ciclo do fosfato. Uma forma gasosa, a fosfina (H_3P), que espontaneamente sofre ignição no ar, há muito vem fascinando os seres humanos como uma possível causa do chamado "fogo fátuo", a luz azul clara fantasmagórica ocasionalmente vista rondando os pântanos. A fosfina de fato existe na natureza.

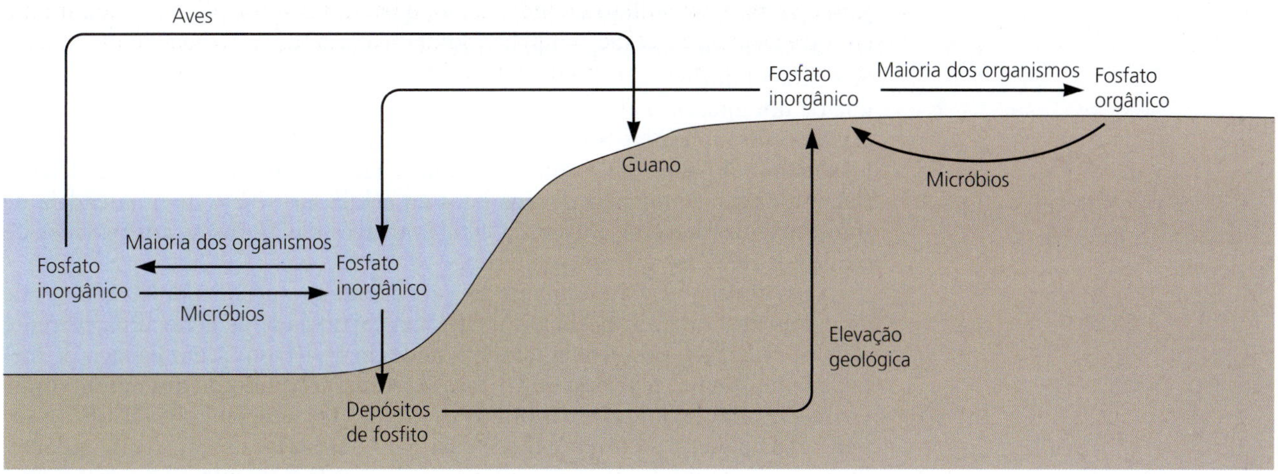

Figura 18.9 O ciclo do fósforo.

Ela ocorre em quantidades minúsculas (nanogramas a microgramas por metro cúbico) na atmosfera inferior, mas não está claro se uma parte dela tem origem biológica. Outras formas reduzidas de fósforo, incluindo fosfitos (PO_3^{3-}) e hipofosfitos (PO_2^{3-}), também são encontradas na natureza, e algumas bactérias são capazes de oxidá-las para uso como fontes de fosfato. Em alguns ambientes, quantidades significativas de fosfonatos ($R\text{-}PO_3^{2-}$) são encontradas. Os últimos têm clara origem biológica, sendo formados pelos procariotos e eucariotos (antibióticos de fosfonatos são produzidos por alguns estreptomicetos). Embora a ligação C-P dos fosfonatos seja bastante estável, certas bactérias podem quebrá-la e utilizar os fosfonatos como fonte de fósforo por meio de sua conversão em fosfato.

SUBSTRATOS SÓLIDOS

Somente nutrientes dissolvidos podem entrar nas células dos procarioto. Os eucariotos podem ingerir nutrientes particulados por **fagocitose**, mas os procariotos carecem dessa capacidade. No entanto, os procariotos podem utilizar uma série de nutrientes insolúveis, incluindo amido, celulose e até ágar. Isso é realizado pela secreção de enzimas que decompõem esses polímeros insolúveis em subunidades solúveis, que podem, então, entrar na célula. Assim, a digestão procariótica ocorre no ambiente imediatamente externo da célula.

Recentemente, descobriu-se uma exceção surpreendente a essa generalização: materiais insolúveis, como óxidos de ferro, magnésio e urânio, que não podem ser decompostos em subunidades solúveis, podem, no entanto, ser metabolizados por certas bactérias. Um gênero de bactérias, *Geobacter*, realiza um tipo de respiração anaeróbia que usa um ou outro desses óxidos sólidos como aceptor terminal de elétrons, o que efetua sem levar esses óxidos para dentro da célula. No caso do ferro, fragmentos sólidos de cor ferrugem em volta da célula são reduzidos ao íon ferroso verde claro. Não é de surpreender que, em vista de sua capacidade metabólica incomum, as geobactérias possuam uma morfologia incomum. Elas têm forma de vírgula e portam flagelos principalmente em um lado e, no outro, exibem fímbrias curtas proeminentes. Os flagelos formam-se somente na presença do íon ferroso, aparentemente uma adaptação que sinaliza à célula que o óxido férrico na partícula à qual ela está ligada está quase todo depletado e é o momento de mover-se para outro pedaço de rocha. É muito provável que as fímbrias desempenhem um papel duplo: (i) elas são as organelas que ligam a célula firmemente à superfície sólida, e (ii) elas são condutores de elétrons, de modo muito semelhante aos pinos no plugue de um aparelho elétrico – nas superfícies externas de suas extremidades, elas portam moléculas transportadoras de elétrons, incluindo citocromos, um local incomum para tais enzimas. Assim, os elétrons, ou uma corrente elétrica, fluem a partir de nutrientes orgânicos na célula, por meio de uma **cadeia de transporte de elétrons**, e, fora da célula, através das fímbrias aos pedaços de óxidos de ferro no ambiente externo.

Uma consequência fascinante da capacidade inespecífica de *Geobacter* de doar elétrons a uma superfície sólida é sua capacidade de gerar uma corrente elétrica utilizável, porque ela também pode doar elétrons a um pedaço de metal. Assim, se uma placa de metal for enterrada no fundo de um oceano onde *Geobacter* é abundante, um biofilme de *Geobacter* se desenvolverá sobre a superfície da placa, e a corrente fluirá dela para outra placa na água circundante. Embora a corrente gerada seja pequena – na ordem de microamperes – ela é suficiente para alimentar pequenos dispositivos de detecção oceanográfica, e está sendo utilizada para tal finalidade. Uma bactéria relacionada, *Shewanella*, compartilha essas capacidades.

ECOSSISTEMAS MICROBIANOS

Pode-se questionar onde ocorrem as transformações mediadas pelos micróbios que acabamos de discutir. A resposta simples é que elas ocorrem em praticamente todos os lugares. Poucos lugares no planeta são quentes demais, frios demais, ácidos demais, alcalinos demais, salinos demais e a uma pressão hidrostática alta demais para que os micróbios não se desenvolvam. Apresentaremos, então, a partir de agora, alguns de seus principais hábitats.

Solo

As camadas superiores do solo são um ecossistema microbiano especialmente ativo, no qual ocorrem muitas etapas dos ciclos biogeoquímicos. Elas apresentam abundância de microrganismos. Um grama de um solo típico contém de um milhão a um bilhão de células bacterianas, 10 a 100 m de hifas de fungos, milhares de células de algas e de milhares a milhões de protozoários. Como discutido no início deste capítulo, o crescimento microbiano não se limita às camadas superiores. Embora o número de micróbios diminua nas camadas inferiores, a atividade microbiana continua para baixo até as profundidades extraordinárias de cinco ou seis quilômetros abaixo da superfície da Terra.

Tabela 18.3 Abundância de organismos em 1 mL de água do mar

Tipo de organismo	N°/mL de água do mar
Zooplâncton	<< 1
Fitoplâncton	
Algas	3.000
Protozoários	4.000
Bactérias fotossintéticas	100.000
Bactérias heterotróficas	1.000.000
Vírus, incluindo fagos	10.000.000

Oceanos

As regiões superiores dos oceanos, que cobrem 71% da superfície da Terra, são o outro ecossistema microbiano globalmente importante. Estima-se que cerca de metade da fotossíntese (o ramo que fixa CO_2 e produz oxigênio do ciclo do carbono) que ocorre no planeta seja realizada pelo **fitoplâncton** (micróbios fototróficos flutuantes) que vive nas camadas superiores do oceano, onde quantidades suficientes de luz penetram e sustentam seu crescimento (Tabela 18.3). Além de ser o principal modulador das proporções de gases na atmosfera da Terra, o fitoplâncton constitui o início da cadeia alimentar da vida nos mares. Outros organismos marinhos, do *krill* (pequenas criaturas semelhantes a camarões), passando pelos crustáceos e peixes, até as baleias, dependem, direta ou indiretamente, quase que de forma exclusiva da produtividade primária do fitoplâncton. Os membros mais abundantes do fitoplâncton são cianobactérias unicelulares pertencentes principalmente a apenas dois gêneros, *Synechococcus* (ver Figura 15.4B) e *Prochlorococcus*. É incrível que a descoberta dessas duas cianobactérias que desempenham papéis tão importantes na contribuição dos oceanos ao ciclo mundial do carbono seja relativamente recente. A abundância da minúscula (para uma cianobactéria) *Synechococcus*, que possui células com cerca de 0,9 μm de diâmetro, foi encontrada em 1979. A ainda menor *Prochlorococcus* (0,5 a 0,7 μm) foi descoberta em 1988 (ver Capítulo 15). O fitoplâncton eucariótico, como, por exemplo, as diatomáceas e algas, tem mais de 10 vezes aquele tamanho, mas, por ser mais abundante e metabolicamente ativo, o fitoplâncton cianobacteriano acaba por exercer um maior impacto ecológico.

Como aqueles que habitam o solo, os micróbios no oceano não estão restritos às regiões superiores. Os micróbios proliferaram-se por todo o caminho descendente às regiões de escuridão, frio e pressões hidrostáticas esmagadoras que existem no fundo dos mares (que possuem uma profundidade média de 4 km). Já discutimos as bactérias oxidadoras de sulfeto que crescem no leito dos oceanos perto de chaminés hidrotermais. Embora distintamente estratificados, de modo que a coluna de água no oceano apresenta diferentes ambientes em diferentes profundidades, os mares estão sujeitos a agitações, tanto pela ação de ventos e marés na superfície como pelas correntes circulantes. Consequentemente, a coluna de água torna-se um pouco, mas não inteiramente, misturada.

Consideraremos agora o ambiente nutricional do oceano em várias profundidades, tendo em mente que os oceanos do planeta variam bastante. Além de nutrientes dissolvidos, os oceanos contêm, entre outros, algas marinhas, crustáceos e peixes e são muito afetados por seus sedimentos de fundo, bem como pela terra sólida nas costas. Embora seja um ambiente tão diverso, algumas generalizações sobre a ecologia do oceano são possíveis. Por exemplo, nos mares abertos, a concentração de matéria orgânica disponível é baixa, mas mensurável. Há matéria orgânica suficiente para sustentar uma população considerável de micróbios heterotróficos. De fato, a concentração de bactérias na água do mar superficial é de cerca de 1 milhão/mL, um número relativamente constante em todos os oceanos do mundo.

A luz é abundante na superfície, mas apenas cerca de 1% dela atinge uma profundidade de 100 metros. Assim, a zona onde o fitoplâncton cresce é bastante estreita. Algumas bactérias asseguram sua permanência neste local favorável pela alteração de sua densidade de flutuação por meio de vacúolos de gás (ver Capítulo 3). Ao contrário, a zona favorável aos heterótrofos aeróbios é muito mais ampla. O oxigênio, que, como a luz solar, entra no oceano pela parte superior, ou a partir do ar ou a partir do produzido pelo fitoplâncton, espalha-se até o fundo. Sua concentração em profundidades de 4 km ainda é tão alta como à existente na superfície. O fósforo é escasso na superfície e mais abundante abaixo de cerca de 1 km. Consequentemente, encontra-se uma vida microbiana considerável em águas profundas. Naturalmente, os heterótrofos aeróbios também necessitam de nutrientes orgânicos, em grande parte fornecidos pela constante "chuva" de detritos orgânicos que lentamente se deposita pela coluna de água. Esse material, conhecido como **neve marinha**, consiste em matrizes de polissacarídeo que são facilmente visíveis a olha nu e nas quais animais e plantas vivas, mortas ou em decomposição estão incrustadas. Ocasionalmente, a neve marinha assume proporções de nevasca e pode limitar a visibilidade dos mergulhadores a alguns pés. A neve marinha sedimenta-se a taxas que variam de 30 a 70 pés por dia e, quando atinge o fundo, torna-se disponível aos residentes microbianos e não microbianos das profundezas. O maior número de micróbios **pelágicos** (aqueles na coluna de água) está consideravelmente ligado a essas partículas, que lhes fornecem nutrientes.

O leito marinho é um ambiente diferente do da coluna de água. Lá, os nutrientes orgânicos são constantemente depositados pelos detritos orgânicos que caem. A concentração de micróbios **bênticos** (aqueles no sedimento do fundo) excede àquela de micróbios pelágicos em até cinco ordens de magnitude. O oxigênio é rapidamente depletado no ambiente bêntico. As camadas mais profundas do sedimento, por serem depletadas de oxigênio, são o hábitat de micróbios que utilizam nitrato, sulfato ou o íon férrico como seu aceptor terminal de elétrons (ver Capítulo 6). Aqueles que utilizam sulfato produzem sulfeto (H_2S), que, por sua vez, é oxidado a enxofre por outros anaeróbios que usam nitrato como seu aceptor terminal de elétrons. O nitrato é relativamente abundante na água do mar, mas é depletado no sedimento rico em sulfeto onde essas bactérias proliferam. Então de que maneira as bactérias adquirem seus nutrientes, que estão espacialmente separados, isto é, um (nitrato) na coluna de água e o outro (sulfeto) no sedimento? Duas bactérias notáveis resolveram o problema de modos diferentes. As células de um desses organismos, *Thioploca*, ficam encerradas em uma longa **bainha** mucosa, que serve de rota de transporte entre o sedimento subjacente e a água circundante (um exemplo de uma bactéria embainhada é mostrado na Figura 18.10). As células de *Thioploca* migram para cima e para baixo dessas bainhas, adquirindo sulfeto de baixo e o nitrato necessário para oxidá-lo de cima, como se usassem um elevador!

A outra bactéria, *Thiomargarita*, resolve o problema de um modo diferente. Em vez de comutar entre o alimento e o oxidante, suas células permanecem relativamente estacionárias em filamentos de células uniformemente separadas por uma bainha mucosa. Lá, elas acomodam-se e aguardam, acumulando nitrato enquanto esperam que uma lufada de alimento na forma de H_2S passe por perto. Esses organismos notáveis possuem um vacúolo muito grande, no qual concentram nitrato em níveis até 10.000 vezes mais altos que os da água do mar. O vacúolo é o equivalente a um tanque nas costas de um mergulhador de escuba, embora, em vez de ar, contenha nitrato. Esse vacúolo é imenso, tornando as células que o contêm os maiores procariotos conhecidos: até três quartos de um milímetro de diâmetro (ver Capítulo 3 para detalhes de bactérias gigantes). *T. namibiensis* é surpreendentemente maior que outras bactérias: se as bactérias comuns fossem ampliadas ao tamanho de um camundongo recém-nascido, *Thiomargarita*, igualmente ampliada, seria maior que uma baleia azul. Os pesquisadores que descobriram esse organismo nas águas da Namíbia o nomearam *Thiomargarita namibiensis*, que significa pérola de enxofre da Namíbia. Além de nitrato, *T. namibiensis* também armazena enxofre elementar, que brilha com uma cor azul-verde opalescente, fazendo com que o filamento se assemelhe a um colar de pérolas.

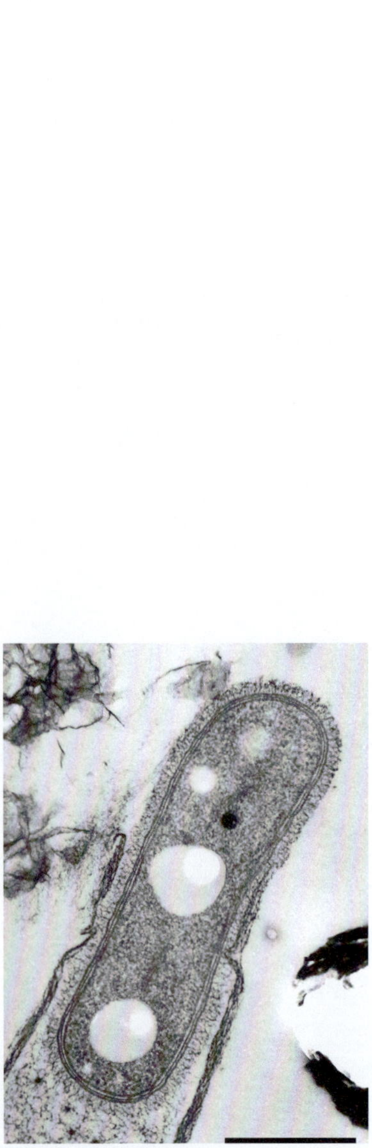

Figura 18.10 Secção fina de uma bactéria embainhada (*Leptothrix discophora*) examinada sob um microscópio eletrônico. Barra, 1 μm.

Micróbios, clima e tempo

O fato de que os micróbios devem afetar o clima de nosso planeta acaba por não ser surpreendente, pois eles desempenham papéis críticos na reciclagem dos principais gases na atmosfera: nitrogênio, oxigênio e CO_2. Os reservatórios atmosféricos de O_2 e N_2 são tão vastos que seus tempos de reciclagem são de milhões de anos. O tempo de reciclagem do CO_2 é consideravelmente mais breve, ou seja, apenas alguns anos. Contudo, como já discutido, o CO_2 atmosférico é o gás do efeito estufa que exerce efeitos muito importantes sobre o clima em longo prazo da Terra. É surpreendente que, como se torna claro aos poucos, os micróbios também afetem o tempo local ao ocasionarem mudanças atmosféricas que ocorrem durante um período de apenas dias.

Trata-se da formação de nuvens. Esta é uma história que ainda está se desdobrando, mas cujo enredo geral já é conhecido. As nuvens formam-se quando certos compostos no ar funcionam como núcleos para que o vapor de água se condense sobre eles, formando, desse modo, gotículas finas. Alguns desses compostos contêm enxofre. No entanto, de onde eles vêm? Uma grande fração provém de fontes não biológicas, como emissões vulcânicas e a queima de carvão e petróleo com alto teor de enxofre. Essas fontes produzem SO_2, que é oxidado a SO_3 na atmosfera e, quando hidratado, torna-se ácido sulfúrico (H_2SO_4), a principal forma de nucleação. Logo, em questão de dias, esse ácido sulfúrico retorna à terra em gotículas de água (como chuva ácida) ou nas superfícies de matéria particulada.

Contudo, grandes quantidades de compostos de enxofre de nucleação de fato possuem uma origem biológica. Essa parte da história começa nas camadas superiores dos oceanos, onde o fitoplâncton, incluindo seus membros eucarióticos, como os cocolitóforos (ver Capítulo 16), é encontrado em quantidades fenomenais. Em dias sem nuvens, a intensa radiação ultravioleta do sol estressa os componentes do fitoplâncton. Em resposta, esses micróbios eucarióticos produzem quantidades imensas de um composto protetor, o dimetilsulfoniopropionato (DMSP). Durante os períodos de florações de algas, o DMSP pode atingir concentrações que chegam à faixa milimolar na água do mar circundante. Várias bactérias que estão presentes na água metabolizam o DMSP, decompondo-o a um composto volátil, o dimetilsulfeto (DMS), que escapa para dentro da atmosfera. Quantidades imensas são formadas: o fluxo anual total de DMS biogênico para a atmosfera aproxima-se de 50 milhões de toneladas de enxofre por ano. Na atmosfera, o DMS reage com oxigênio, criando vários compostos de enxofre que funcionam como núcleos das gotículas de água que formam as nuvens.

Observe que o processo funciona como um circuito de retroalimentação. À medida que a intensidade da luz solar aumenta, o estresse das algas também aumenta, fazendo mais DMSP ser produzido e mais nuvens serem formadas, as quais ocasionam uma diminuição na intensidade da luz solar. Então, as algas ficam menos estressadas; elas produzem menos DMSP e menos nuvens se formam. Assim, o ciclo então se repete.

Esses ciclos ocorrem sobre a terra? A resposta ainda não está clara, mas está bem estabelecido que os micróbios de fato produzem DMS onde quer que cresçam, inclusive em nosso intestino grosso. Na verdade, o principal cheiro de "ovo podre" de nossa flatulência deve-se ao DMS.

O FUTURO DA ECOLOGIA MICROBIANA

O fato predominante de a esmagadora maioria dos procariotos na maioria dos ambientes ainda não ter sido cultivada anuncia, claramente, que a ecologia microbiana continua sendo um campo de trabalho em progresso. Pode-se, portanto, apenas especular sobre seu futuro. Certamente, muitos novos proca riotos serão descobertos – muito provavelmente por meio de métodos moleculares, como sequenciamento genômico, sondas marcadas com fluorescência e FISH. Alguns desses micróbios recém-descobertos – provavelmente por algum tempo ainda uma minoria – serão cultivados quando métodos mais sofisticados e imaginativos forem descobertos. Certamente, a descoberta e o cultivo de micróbios ainda desconhecidos continuarão a apresentar desafios significativos. Vale observar que os métodos moleculares de descoberta dependem de comparações com micróbios conhecidos. Por exemplo, as sequências de bases nos oligonucleotídeos iniciadores usados em buscas, pela técnica de reação em cadeia da polimerase (PCR), de DNA de novos micróbios na natureza são aquelas nas regiões altamente conservadas de micróbios conhecidos. Os micróbios realmente incomuns não seriam descobertos por tais métodos, embora o sequenciamento aleatório de DNA oriundo da natureza (um procedimento que atualmente ainda está em sua infância) os descobriria.

Contudo, o desafio maior é descobrir os papéis metabólicos dos micróbios que resistem ao cultivo. Mostrou-se que certos micróbios não cultivados oxidam metano em ambientes anóxicos porque seu conteúdo de ^{13}C é baixo. Contudo, esse é um caso muito especial, e poucos substratos microbianos na natureza são exclusivamente marcados dessa maneira. Novos métodos imaginativos são necessários. Alguma ideia?

Apesar dos inúmeros desafios, a ecologia microbiana é um campo recém-revitalizado que promete revelar muito sobre nosso ambiente e de que forma podemos protegê-lo e restaurá-lo.

CONCLUSÕES

Neste capítulo, consideramos a ecologia microbiana em seu contexto mais geral – o impacto dos micróbios e de suas atividades em nosso planeta. Nos capítulos subsequentes, serão abordadas as interações microbianas mais específicas, incluindo, no próximo capítulo, as **simbioses** (interações íntimas entre pares de espécies), e então, nos capítulos seguintes, as **patogenias** (interações que causam doenças entre micróbios e humanos, animais ou plantas).

TESTE SEU CONHECIMENTO

1. Quais são as fontes de energia e carbono que sustentam o crescimento microbiano em grandes profundidades na terra?
2. O que é cultura de enriquecimento? Ela pode ser empregada para responder quais tipos de questões ecológicas? Quais ela não pode responder?
3. O que leva certos micróbios a viverem em consórcios? Dê vários exemplos e discuta seus papéis fisiológicos.
4. Como os métodos independentes de cultivo podem ser usados para determinar quais micróbios incultiváveis estão em um ambiente específico e o que podem estar fazendo lá?
5. Qual é a doutrina da infalibilidade microbiana?
6. Que papel os metanógenos desempenham no ciclo do carbono?
7. Que processos equilibram a fixação de nitrogênio biológica e industrial, mantendo a concentração de dinitrogênio relativamente constante na atmosfera?
8. Que processos mediados por micróbios ocorrem em uma pilha de esterco para a conversão de esterco em nitrato? Como o revirar da pilha acelera a conversão?
9. Como os depósitos de enxofre elementar que ocorrem naturalmente foram formados?
10. Liste três modificações químicas da matéria efetuadas pelos micróbios essenciais à continuidade da vida na Terra e explique por que elas são essenciais.

simbiose, predação e antibiose

capítulo

19

SIMBIOSE

Introdução

Praticamente nenhum organismo vive isolado. Com raras exceções, estar vivo significa viver em companhia. Trata-se de uma realidade marcante, porque afeta praticamente todas as nossas considerações a respeito dos fenômenos biológicos, incluindo a evolução, a ecologia e o funcionamento dos indivíduos e das espécies. Viver em conexão com outros organismos define a saúde e a doença. O espectro de associações, ou simbioses, varia das benéficas (ou **mutualísticas**) às danosas (ou **parasíticas**). (Observe que, no vocabulário comum, o termo simbiose é usado para denotar associações mutualísticas. Em biologia, ele denota todas as formas de associação.) Os limites nem sempre são precisos, e as definições podem ser enganosas, já que esse é um cenário em mudança, distorcido pela vasta reatividade de todos os seres vivos. Para os seres humanos, por exemplo, o companheiro benevolente de hoje pode tornar-se o agressor de amanhã. Uma pessoa que sofre de AIDS torna-se vítima de infecções por membros sob outros aspectos inócuos da flora microbiana normal do corpo. Portanto, o equilíbrio entre uma relação útil e uma destrutiva é delicado e pode ser rapidamente alterado por mudanças genéticas ou induzidas em um dos parceiros. Os dois compartilham etapas comuns no modo como a associação é estabelecida: encontro, associação e multiplicação. Os dois parceiros entram então em intensas negociações para frente e para trás, cujo resultado determina o tipo de interação que prevalecerá.

A simbiose é uma força difundida na evolução. Por meio dela, os organismos desenvolvem novos modos de ocupar nichos ambientais, produzir energia, adquirir nutrientes ou defender-se da predação. Os exemplos estão por todo o nosso redor. Alguns são facilmente percebidos, como os **líquenes** (parcerias entre fungos e algas [às vezes entre fungos e cianobactérias] que adornam as rochas e árvores) ou os nódulos das raízes de leguminosas (por meio dos quais as bactérias fornecem uma fonte de nitrogênio às plantas). Outras relações mutualísticas não são tão prontamente visíveis. Seria necessário viajar às profundezas dos oceanos para ver, em chaminés hidrotermais, bactérias e vermes que se uniram em comunidades biológicas não baseadas no sol. Às vezes, os efeitos da simbiose são revelados quando a conexão entre os parceiros é rompida. Assim, a importância das bactérias intestinais humanas torna-se aparente quando seu número é reduzido em virtude do tratamento com antibióticos. As pessoas tratadas com antibióticos tornam-se suscetíveis à diarreia causada por leveduras, sugerindo que, no mínimo, as bactérias intestinais desempenham um papel no impedimento da entrada de intrusos indesejados.

O escopo e a variedade das relações simbióticas são ilustrados pelos exemplos descritos a seguir. Há várias histórias diferentes sendo contadas a respeito, mas é preciso ter em mente que o repertório de simbioses é vasto; e qualquer seleção pode conduzir a uma percepção limitada sobre o assunto. Exemplos adicionais de simbioses mutualísticas são mostrados na Tabela 19.1.

Mitocôndrias, cloroplastos e a origem das células eucarióticas

19.1 *Endossimbiose e a origem dos eucariotos.*

A aventura simbiótica de mais amplo alcance e talvez mais duradoura foi a aquisição de mitocôndrias pelos animais e plantas e de cloroplastos pelas plantas. Essas organelas foram outrora micróbios. A origem dessas simbioses, que aconteceu há aproximadamente um bilhão de anos, levou a um evento memorável: o desenvolvimento da célula eucariótica. A confirmação de que as organelas celulares têm origem microbiana levou um certo tempo, já que hoje elas dificilmente se assemelham aos seus ancestrais (Figura 19.1). A descoberta de que o DNA das mitocôndrias possui homologia com aquele de rickéttsias (os agentes alfaproteobacterianos que causam tifo e outras doenças) foi especialmente convincente. Curiosamente, as rickéttsias continuam sendo parasitas intracelulares estritos até o presente, embora estejam muito longe de transformarem-se em mitocôndrias. Da mesma forma, o DNA dos cloroplastos é similar ao de cianobactérias fotossintéticas.

Tanto nas mitocôndrias como nos cloroplastos, muitos dos genes dos micróbios originais foram transferidos ao núcleo, e outros foram perdidos. Assim, essas organelas tornaram-se muito reduzidas geneticamente em comparação ao seu *status* original de vida livre, estando longe de serem capazes de existir de forma independente. Os genomas mitocondriais normalmente codificam algumas dezenas de proteínas; o genoma do cloroplasto frequentemente codifica cerca de 10 vezes mais. Alguns dos genes mitocondriais contribuem para a principal função da organela: a respiração aeróbia. Os genomas dos cloroplastos contêm genes para a fotossíntese.

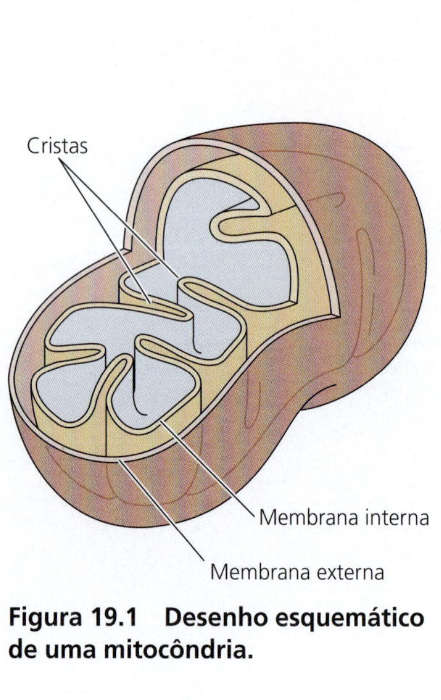

Figura 19.1 Desenho esquemático de uma mitocôndria.

A maioria dos genes para a respiração aeróbia não é carregada pelas mitocôndrias, mas pelo núcleo, e seus produtos proteicos devem ser transportados através do citoplasma até as mitocôndrias. Embora poucas, pode-se dizer que as proteínas codificadas pelas mitocôndrias são especialmente importantes, pois foram conservadas ao longo de muitas eras. Isso não significa que os genes mitocondriais sejam imutáveis. Várias doenças congênitas foram atribuídas a mutações no genoma mitocondrial. Na verdade, a taxa de mutação do DNA mitocondrial é bastante alta, possivelmente em virtude da falta de uma função de correção de erro em sua maquinaria de replicação do DNA. Contudo, a importância médica de tais mutações é relativamente pequena, visto que a maioria dessas mutações ocorre em células somáticas, não sendo,

Tabela 19.1 Uma amostra de simbioses mutualísticas não apresentadas no texto

Agente microbiano	Hospedeiro	Natureza da interação
Bactérias		
Bactéria (*Vibrio fischeri*) 19.2	Lula, peixes	Bioluminescência, usada na camuflagem e evasão de predadores, talvez no reconhecimento
Bactérias 19.3	Vermes, moluscos em chaminés hidrotermais de mar profundo	Fornecem alimento ao hospedeiro usando a oxidação de H_2S para direcionar a fixação de CO_2 à produção de compostos orgânicos utilizáveis
Bactéria (e leveduras) ("*Micrococcus cerolyticus*" e leveduras) 19.4	Pássaro	Ajudam o pássaro a digerir cera de abelha (obtida por pássaros que "guiam" texugos e ursos a colmeias de abelhas melíferas)
Cianobactérias 19.5	Esponjas, moluscos	Fornecem alimento (obtido via fotossíntese) ao hospedeiro
Bactéria (*Aeromonas veronii*) 19.6	Sanguessuga	Ajuda na digestão da refeição de sangue? Fornece vitamina B_{12}? Impede que outras bactérias colonizem?
Bactéria (*Anabaena*, uma cianobactéria) 19.7	Feto (*Azolla filliculoides*)	Fornece nitrogênio ao feto por meio da fixação do nitrogênio
Protistas		
Dinoflagelados 19.8	Moluscos	Fornecem alimento (obtido via fotossíntese) ao hospedeiro
Algas 19.9	Lesmas marinhas	Os cloroplastos das algas são sugados para dentro do intestino da lesma e incorporados em suas células, onde ocorre a fotossíntese
Fungos		
Fungos (*Termitomyces* spp.) 19.10	Cupins	Servem de alimento direto a cupins hospedeiros, que os cultivam
Fungos 19.11	Plantas	Formam micorrizas, que fornecem minerais e água ao hospedeiro
Fungos 19.12 19.13	Algas ou cianobactérias[a]	Formam líquenes, que fornecem alimento aos fungos e abrigo às algas ou cianobactérias
Vírus		
Vírus (polidnavírus)	Vespa	Inibe as defesas imunes da larva (hospedeira para a maturação e o desenvolvimento dos ovos da vespa)

[a] A designação de hospedeiro aqui utilizada é arbitrária.

[b] Ver N. Beckage, "The Parasitic Wasp's Secret Weapon", *Scientific American*, novembro de 1997, p. 50-55.

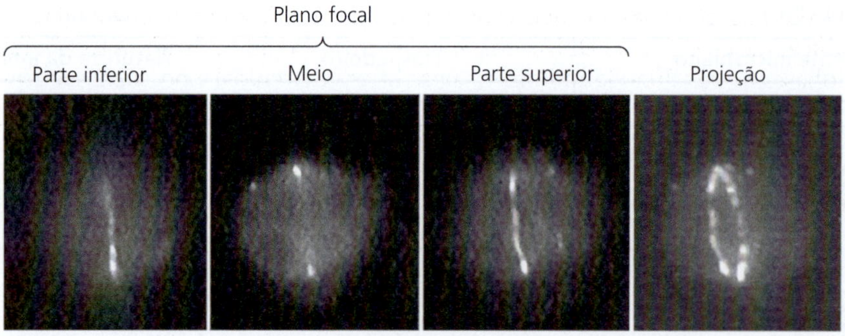

Figura 19.2 A proteína FtsZ em um cloroplasto da planta *Arabidopsis*. A proteína foi visualizada com o uso de anticorpos fluorescentes anti-FtsZ. Os três painéis à esquerda são seções ópticas através da parte inferior, do meio e do topo de um cloroplasto. No painel à extrema direita (Projeção), as imagens foram empilhadas e rodadas em 30° para mostrar o anel FtsZ.

portanto, herdadas. Como há mais de uma mitocôndria na maioria das células eucarióticas, uma mutação em uma pode não gerar um grande efeito genético. (A genética mitocondrial é influenciada pelo fato de essas organelas serem herdadas apenas da mãe – aquelas dos espermatozoides são degradadas após a fertilização. Portanto, a herança dos genes mitocondriais é materna, em vez de mendeliana.)

Essas organelas revelam sua origem bacteriana de vários modos. Primeiro, as mitocôndrias e os cloroplastos *dividem-se por fissão binária*. Algumas organelas até conservam proteínas consideradas tipicamente necessárias à divisão bacteriana. Cloroplastos e certas mitocôndrias usam um anel FtsZ para a divisão e, em alguns casos, proteínas do sistema Min (Figura 19.2) (ver Capítulo 9). As sínteses proteicas de mitocôndrias e cloroplastos possuem várias assinaturas bacterianas: ambas começam com uma metionina formilada, em vez de só metionina (como nos eucariotos), seus ribossomos assemelham-se àqueles das bactérias (eles são menores que os ribossomos eucarióticos) e são sensíveis a antibióticos que inibem a síntese proteica bacteriana. As mitocôndrias também possuem cromossomos circulares e não possuem histonas.

As mitocôndrias e os cloroplastos não são os únicos ex-micróbios que habitam as células eucarióticas. Certos protistas, como as espécies de *Plasmodium*, os parasitas que causam a malária, possuem estruturas denominadas **apicoplastos** (Figura 19.3). Essas organelas são essenciais, sem as quais seus hospedeiros não podem sobreviver. Elas contêm apenas DNA suficiente para codificar cerca de 35 genes. Esse DNA é relacionado ao dos cloroplastos, embora os apicoplastos residam em organismos não fotossintéticos. Os apicoplastos, portanto, possuem funções diferentes da fotossíntese, incluindo a síntese de ácidos graxos e o reparo, a replicação e a transcrição de DNA. Os apicoplastos parecem ser provenientes de um antigo evento no qual um ancestral eucariótico adquiriu um cloroplasto, mas converteu-o de uma fábrica fotossintética em uma envolvida em outras atividades bioquímicas.

O tópico das organelas que contêm DNA tem surpresas adicionais. Certos protozoários, por exemplo, os tripanossomos, o grupo que contém espécies que causam a doença do sono ou a doença de Chagas, vivem uma existência de "Alice no País das Maravilhas". Esses organismos possuem uma organela exclusiva que contém DNA denominada **cinetoplasto**, que se constituiu em uma mitocôndria altamente especializada localizada na base do cílio (Figura 19.4). Cada célula contém um único cinetoplasto. Os cinetoplastos possuem uma malha de círculos de DNA entrelaçados que se assemelha à cota de malha de uma armadura medieval (Figura 19.5). Existem círculos de dois tamanhos: maxi e mini. Os maxicírculos são poucos – 20 a 50 por cinetoplasto, em comparação a aproximadamente 10.000 minicírculos. Os maxicírculos assemelham-se ao

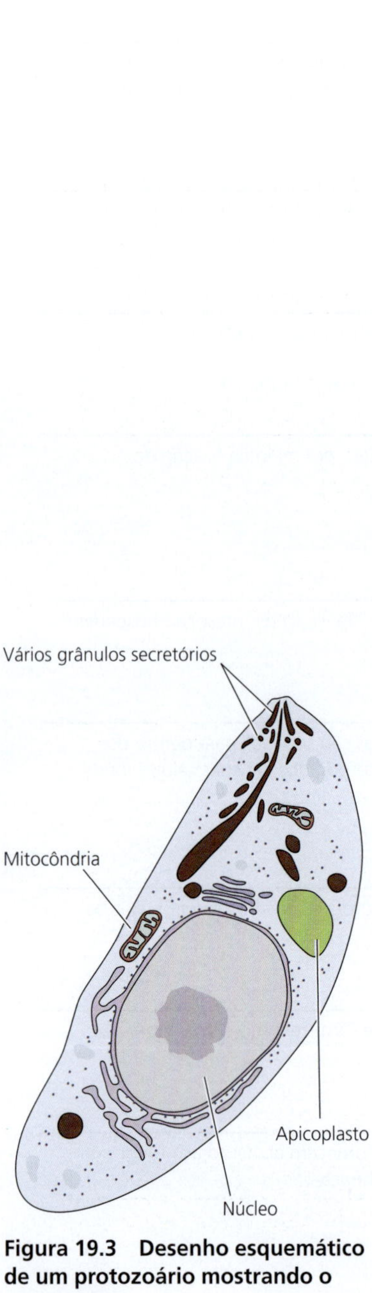

Figura 19.3 Desenho esquemático de um protozoário mostrando o apicoplasto.

DNA das mitocôndrias, porque as proteínas que codificam estão envolvidas na produção de energia. Os DNAs dos minicírculos são muito menores (0,5 a 1,5 quilobases *versus* 20 a 35 quilobases para os maxicírculos) e possuem sequências heterogêneas. Os DNAs dos minicírculos não codificam proteínas. Em vez disso, o RNA que eles codificam (RNA-guia) está envolvido na edição do RNA mensageiro codificado por outros genes. A origem dos cinetoplastos está sendo investigada e parece envolver uma endossimbiose microbiana.

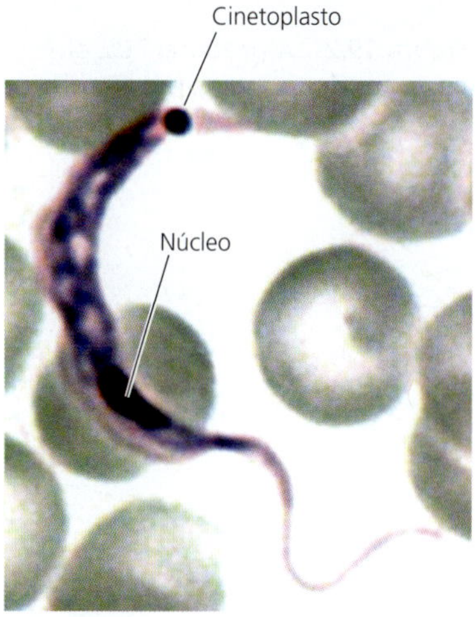

Figura 19.4 O cinetoplasto. É mostrado um tripanossomo (um protozoário que causa a doença do sono africana), contendo um cinetoplasto, em um esfregaço de sangue.

Endossimbiontes bacterianos de insetos: organelas em formação?

Por que as células eucarióticas possuem somente alguns tipos de organelas derivadas de micróbios? Por que não possuem mais? As vantagens do estabelecimento dessas simbioses são autoevidentes: em uma única etapa, a célula receptora adquire todo o material genético necessário a funções tão complexas como a respiração ou a fotossíntese e está então equipada para empreender novas aventuras audaciosas. A questão que então surge é se as relações simbióticas estão limitadas às mitocôndrias, aos cloroplastos e a algumas outras organelas. A resposta é não, já que, em certos grupos de organismos, as simbioses intracelulares são bastante comuns. Ainda que a relação simbionte-hospedeiro não seja tão íntima como aquela das organelas, outros tipos de parcerias simbióticas são frequentemente encontrados em invertebrados, como insetos, vermes e moluscos. Nesses casos, os genes do simbionte não foram transferidos ao núcleo do hospedeiro, permanecendo no genoma do simbionte.

Para muitas espécies de invertebrados, essas relações simbióticas são essenciais à sobrevivência. Ao contrário, os vertebrados desenvolveram poucas (talvez nenhuma) parcerias essenciais com os micróbios. A maioria dos micróbios intracelulares dos seres humanos, por exemplo, é patogênica. Contudo, algumas bactérias intracelulares, como o bacilo da tuberculose, podem residir nos macrófagos hospedeiros por longos períodos, talvez pelo resto da vida do

19.14 *Um* website *sobre cinetoplastos.*

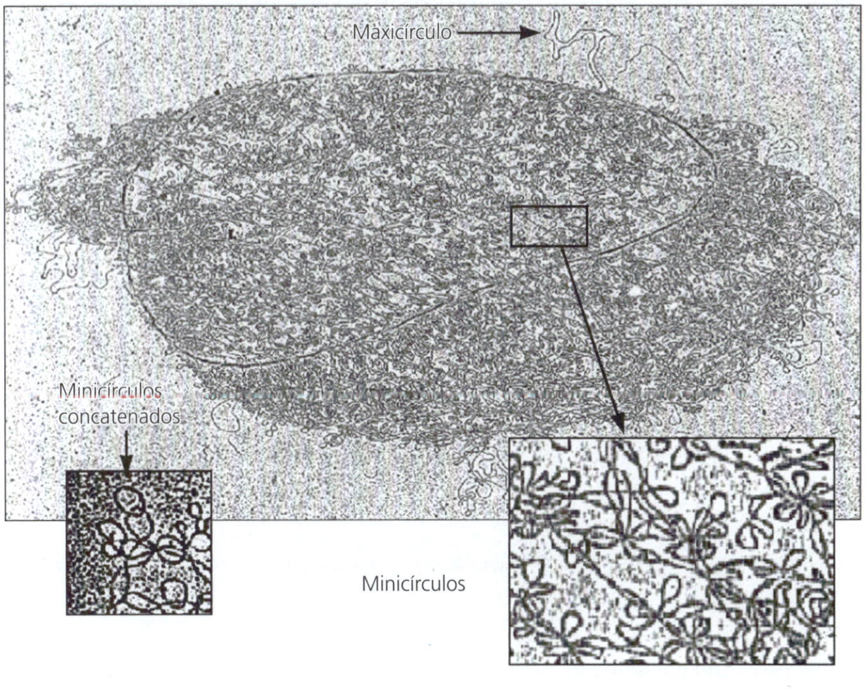

Figura 19.5 DNA do cinetoplasto de *Leishmania*. O DNA do cinetoplasto consiste em uma rede gigante de minicírculos e maxicírculos interconectados (concatenados). Existem aproximadamente 10.000 minicírculos e 50 maxicírculos por rede. Este DNA forma uma das estruturas conhecidas mais incomuns.

hospedeiro. Contanto que o equilíbrio seja mantido, trata-se de um estado de dormência que afeta o hospedeiro somente de modo sutil. Algumas bactérias, como as rickéttsias (as ancestrais das mitocôndrias) e as clamídias, são **parasitas intracelulares estritos**; elas não podem crescer fora das células hospedeiras. Se tivéssemos de conjeturar por que as atuais rickéttsias não perderam mais de seus genes e evoluíram como as mitocôndrias fizeram, argumentaríamos que as rickéttsias preservaram muitos atributos necessários à exigente tarefa de transferir-se de um hospedeiro ao outro.

As rickéttsias e clamídias perderam parte de seus genomas, mas também adquiriram genes de funções especiais necessárias ao **parasitismo** intracelular obrigatório. Assim, os dois grupos de organismos possuem genes que codificam sistemas de transporte para ATP e ADP. Tais genes não são encontrados em outras bactérias, presumivelmente porque elas próprias produzem esses nucleotídeos e raramente estão em posição de adquiri-los do meio externo. As rickéttsias e clamídias, ao contrário, têm uma capacidade limitada para produzir ATP e precisam obtê-lo de seu ambiente, o citoplasma da célula hospedeira.

Uma grande parte dos insetos possui parcerias simbióticas com as bactérias. As bactérias são normalmente **endossimbiontes**; elas ficam abrigadas dentro de grandes células especializadas denominadas **bacteriócitos.** Os bacteriócitos são cheios de bactérias, deixando espaço suficiente apenas para o núcleo e outros componentes celulares (Figura 19.6). É muito frequente que essas bactérias tenham perdido a capacidade de crescimento (em outras palavras, de cultivo) em meios artificiais e tenham-se tornado totalmente dependentes de seu hospedeiro para a sobrevivência. Na maioria dos casos, a vida do hospedeiro é também dependente da presença dos micróbios. A maneira efetiva em que hospedeiro e simbionte beneficiam-se difere para cada parceria. Em muitos casos, a simbiose é nutricional – o hospedeiro e o simbionte fornecem os nutrientes necessários um ao outro. Em outros casos, a relação pode afetar a vida sexual do hospedeiro e levar a mudanças na especiação e no estilo de vida. Os endossimbiontes bacterianos não se limitam a residir livremente no citoplasma de seu hospedeiro. Em alguns casos, as bactérias invadem as mitocôndrias (Figura 19.7) ou, no caso de certas rickéttsias, até o núcleo.

Um exemplo particularmente bem estudado de **mutualismo** nutricional é o que ocorre entre os afídeos, pequenos insetos de corpo mole que são pragas co-

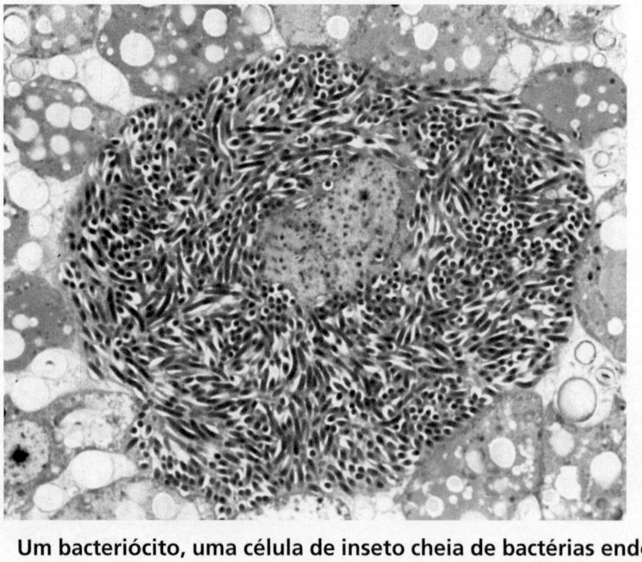

Figura 19.6 Um bacteriócito, uma célula de inseto cheia de bactérias endossimbióticas. Esta secção fina de microscopia eletrônica mostra quão firmemente os endossimbiontes podem ser acomodados dentro de uma célula hospedeira (nesse caso, uma no corpo gorduroso de uma baratinha). O bacteriócito tem cerca de 100 µm de diâmetro.

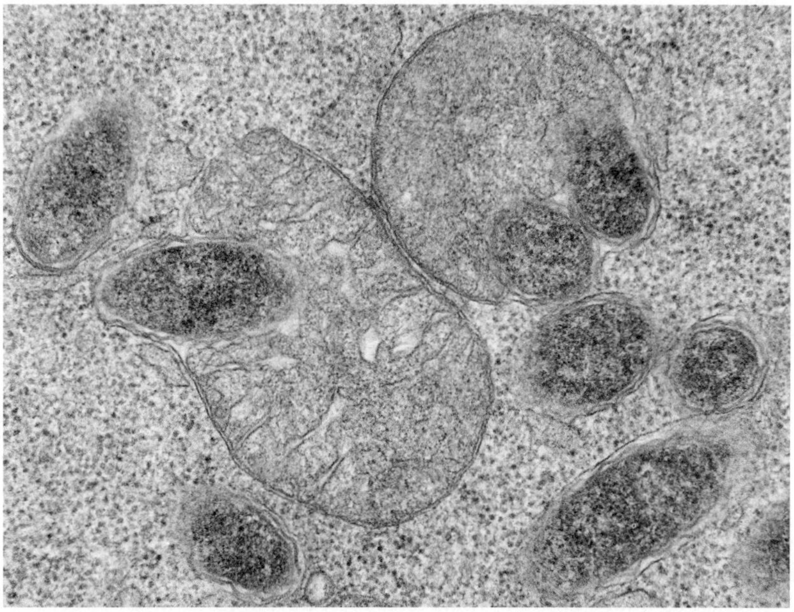

Figura 19.7 Bactérias simbióticas nas mitocôndrias de um carrapato. Observe que essas mitocôndrias são suficientemente grandes para acomodar as bactérias com facilidade.

muns de plantas, e bactérias gram-negativas denominadas *Buchnera*. Os afídeos são sugadores de seiva; a seiva vegetal da qual eles se alimentam é pobre em proteínas e não pode suprir todos os seus aminoácidos necessários. Os afídeos não podem produzir 10 aminoácidos (de modo similar aos seres humanos) e morreriam de fome, a menos que os obtivessem de outra fonte. Tal fonte são seus endossimbiontes bacterianos. Não é de surpreender que, quando expostos a um antibiótico que mata seus endossimbiontes bacterianos, os afídeos deixem de crescer e se reproduzir. A transferência dos aminoácidos essenciais pode ser diretamente demonstrada pelo fornecimento de precursores marcados dos aminoácidos e pela comprovação de que a marca aparece primeiro nas bactérias e é, em seguida, transferida aos afídeos. O outro lado da moeda é que as bactérias não podem produzir o outro conjunto de aminoácidos, ou seja, aqueles que os afídeos são capazes de sintetizar. Os afídeos fornecem precursores, como o glutamato, os quais as bactérias podem usar na produção de seus aminoácidos necessários. Trata-se de um perfeito caso de "olho por olho, dente por dente", em que cada parceiro alimenta o outro com os precursores que faltam. A análise genômica de *Buchnera* mostrou que muitos dos genes necessários à síntese de precursores estão ausentes. Não é de surpreender que essas bactérias não possam crescer fora do hospedeiro. Considerando as complexidades bioquímicas da biossíntese de aminoácidos (ver Capítulo 7), a relação complementar exata entre o hospedeiro e o simbionte deve ter exigido um bom número de passos evolutivos. As buchneras são máquinas de produção de aminoácidos: elas carregam plasmídeos com cópias múltiplas de alguns genes biossintéticos, por exemplo, aqueles para o triptofano.

Buchnera e muitos outros endossimbiontes bacterianos possuem genomas pequenos, com cerca de um sétimo do tamanho de *Escherichia coli*. A análise filogenética de seu DNA mostra que elas parecem ter perdido a maioria dos genes de seus ancestrais (que provavelmente foram parentes distantes de *E. coli*). Os genes desse genoma reduzido são os necessários à existência dentro do hospedeiro. Diferentemente das mitocôndrias e de outras organelas, os genes perdidos não parecem ter sido transferidos aos núcleos das células hospedeiras. É possível que tais transferências gênicas horizontais entre endossimbionte

19.15 *Mais informações sobre redução de genomas.*

e hospedeiro ocorram durante o tempo inteiro, mas somente algumas se tornam estáveis. Por exemplo, no caso de um certo besouro, um número limitado de genes oriundos de um simbionte bacteriano foi incorporado no núcleo do hospedeiro.

Durante a evolução das endossimbioses, há provavelmente uma série de etapas na transição da bactéria de vida originalmente livre a uma organela cujas funções perdidas devem agora ser propiciadas pelo hospedeiro. A extensão na qual os genes bacterianos foram incorporados dentro do núcleo hospedeiro pode variar de nenhum a muitos e pode ser uma característica definidora de cada simbiose. Contudo, poucas, se houver, formas intermediárias entre, digamos, mitocôndrias e *Buchnera* foram encontradas. Um aspecto fascinante da evolução de *Buchnera* é que ela parece ter prosseguido sincronicamente com a evolução dos afídeos hospedeiros (Figura 19.8), um exemplo refinado de coevolução. Como existem registros fósseis dos afídeos, *essa concordância serve de relógio à evolução bacteriana.*

As buchneras preservaram a capacidade de transmissão vertical entre as células hospedeiras da progênie e, nesse sentido, são similares a organelas. Observe que essa é uma diferença entre os endossimbiontes, que são geralmente passados à progênie do hospedeiro por **transmissão transovariana**, e os **parasitas**, os quais, com algumas exceções, devem infectar cada geração do hospedeiro. Como são parasitas intracelulares estritos, as células de *Buchnera* estão protegidas da transmissão horizontal de genes de outros organismos. Consequentemente, sua única fonte óbvia de variação genética é a mutação. Como esses organismos lidam com o acúmulo de mutações letais? A resposta não é de fato conhecida, mas os afídeos parecem segurar-se contra uma perda catastrófica de endossimbiontes possuindo mais de um endossimbionte bacteriano, cada um residindo em um tipo separado de bacteriócito. Note que tais organismos permitem o estudo de aspectos especiais da evolução em ambientes relativamente protegidos.

Como afirmado, as simbioses entre insetos e micróbios frequentemente preenchem necessidade nutricionais, mas nem sempre. Em outros casos, a parceria modifica certos fenômenos reprodutivos do hospedeiro. Um exemplo é a rickéttsia *Wolbachia*, uma bactéria extremamente comum que infecta entre 25 e 75% de todas as espécies de insetos, assim como vermes e aranhas. Em diferentes hospedeiros, *Wolbachia* induz vários fenótipos diversos. Eles

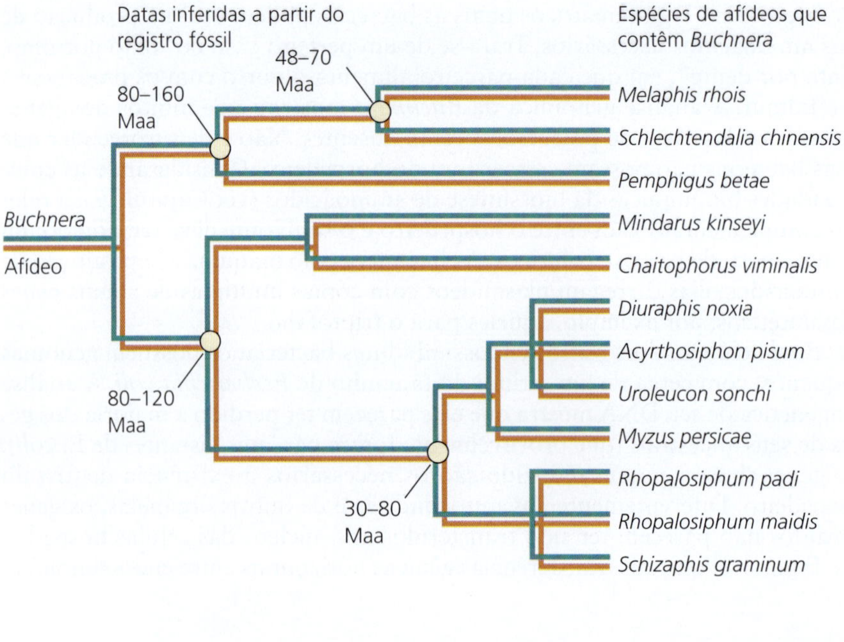

Figura 19.8 Coevolução de afídeos e *Buchnera*. A filogenia de *Buchnera*, derivada a partir de relações de parentesco genômicas, é mostrada em azul-turquesa. A filogenia dos afídeos hospedeiros, derivada do registro fóssil, é mostrada em laranja. Observe a notável sobreposição das duas filogenias. Maa, milhões de anos atrás.

incluem a determinação do sexo pela eliminação seletiva de machos, a indução de partenogênese e outros efeitos. Em insetos coloniais, como abelhas, vespas e formigas, a infecção por *Wolbachia* elimina os machos, de modo que as fêmeas reproduzem-se partenogeneticamente e criam populações somente de fêmeas. A vantagem seletiva de eliminar os machos é o aumento das chances de *Wolbachia* ser transmitida à progênie por meio dos ovos. Além disso, as larvas fêmeas mostram menos competição: elas inclusive alimentam-se de seus irmãos mortos. Essa capacidade de as bactérias produzirem viúvas põe uma pressão evolutiva considerável sobre o hospedeiro e frequentemente altera seu comportamento. Em algumas borboletas, a eliminação dos machos não é completa; alguns machos escapam ao resultado da infecção. Nessas espécies, as fêmeas congregam-se em grupos onde disputam a atenção dos escassos machos. Nessa inversão da agregação frequentemente vista de machos em busca de fêmeas, são os machos que podem ser exigentes na escolha de suas parceiras.

O tópico da endossimbiose é de importância direta à medicina humana. Há muito acreditava-se que a doença **cegueira de rio** ou oncocercose ocular (uma importante causa de cegueira em áreas tropicais do mundo) fosse causada por um nematódeo, *Onchocerca*. Até recentemente, tinha-se a noção de que a opacificação da córnea era causada por uma resposta inflamatória aos vermes. Contudo, revelou-se que isso pode não ocorrer exatamente assim. A doença parece resultar de uma resposta imune a um endossimbionte do gênero *Wolbachia* essencial presente nos vermes. Em um modelo murino, vermes livres de bactérias não causam a doença, mas aqueles que carregam *Wolbachia*, sim. Essa descoberta sugere que a doença pode ser tratada com terapia antimicrobiana ou vacinação.

19.16 *Mais sobre* Wolbachia.

O mundo das endossimbioses apresenta muitas outras curiosidades. Certas bactérias encontradas em cochonilhas-brancas abrigam outras bactérias dentro delas próprias. A bactéria "pai" beneficia os insetos por meio da produção de aminoácidos, mas o papel de seus próprios endossimbiontes ainda não é conhecido. Esses poucos exemplos ilustram a ampla extensão de atividades simbióticas promovidas pelas associações simbióticas entre as bactérias e os eucariotos.

Bactérias fixadoras de nitrogênio e leguminosas

O gás nitrogênio é a molécula mais abundante em nossa atmosfera. Contudo, quimicamente, ele é relativamente inerte (ao contrário do oxigênio, por exemplo) e não pode ser diretamente usado pela maioria dos organismos vivos para a formação de seus compostos que contêm nitrogênio, como aminoácidos, purinas ou pirimidinas. A fim de ser biologicamente disponível, o nitrogênio tem de ser reduzido a amônia, uma forma na qual ele pode entrar nas rotas biossintéticas. Esse processo, a redução da molécula de dinitrogênio a uma forma utilizável (**fixação do nitrogênio**), foi introduzido no Capítulo 7, e o ciclo do nitrogênio na natureza foi estudado em detalhe no Capítulo 18. *A fixação do nitrogênio está para o nitrogênio como a fototrofia e a litotrofia estão para o carbono*.

Como acontece com o carbono, nem todos os organismos podem reduzir nitrogênio, e aqueles que não o fazem dependem daqueles que o fazem. A fixação biológica do nitrogênio é realizada somente por *procariotos*, alguns de vida livre e outros em associação a plantas. Aqui, trataremos somente das bactérias fixadoras de nitrogênio que estabelecem simbiose com plantas. Tais associações são encontradas em árvores (amieiro), arbustos (faia-das-ilhas e outras miricáceas) ou fetos (samambaias). Os exemplos mais bem estudados encontram-se nas leguminosas, como ervilha, alfafa e feijão. Quando uma leguminosa é arrancada do solo, as raízes parecem ser decoradas com pequenos grânulos, tipicamente com 1 mm de diâmetro, os chamados **nódulos das raízes**

Figura 19.9 Nódulos da raiz de uma planta de alfafa. Os nódulos mostram seu conteúdo rosa, em virtude da presença de leg-hemoglobina, um metabólito único desse tipo de simbiose.

(Figura 19.9). O exame de um nódulo da raiz esmagado ou secionado revela que ele está cheio de corpúsculos similares a bactérias.

Os nódulos da raiz são fábricas fixadoras de nitrogênio. Eles constituem simbioses entre as bactérias e as plantas. Ambos os parceiros contribuem à formação de nódulos, e ambos os parceiros sofrem mudanças cruciais durante o processo. Quais são as etapas dessa associação? As bactérias envolvidas na formação de nódulos são membros do gênero *Rhizobium* e gêneros relacionados que habitam o solo. As espécies bacterianas são bastante específicas quanto aos seus hospedeiros. Na agricultura, as culturas frequentemente passam por rotação, porque o cultivo alternado de leguminosas e outras plantas reduz a necessidade de fertilizantes. A alfafa e as outras leguminosas repõem parte do nitrogênio removido pelo milho e outras culturas de gramíneas.

O processo de formação de nódulos começa com as raízes da planta excretando compostos (flavonoides) detectados pelas bactérias fixadoras de nitrogênio próximas. Em consequência, os genes bacterianos *nod*, envolvidos na nodulação, são induzidos. Os produtos de vários genes *nod* funcionam conjuntamente e produzem **fatores de nodulação**, substâncias que sinalizam à planta para que inicie a formação de nódulos. Os fatores de nodulação são ácidos graxos unidos a compostos similares à quitina (polímeros contendo *N*-acetilglicosamina) e são muito potentes. Quando aplicados em concentrações muito baixas como 10^{-9} M, podem induzir a formação de nódulos mesmo na ausência das bactérias. Curiosamente, os genes *nod* são transportados por plasmídeos. A especificidade de associação entre as linhagens bacterianas e certas plantas deve-se à especificidade dos produtos desses genes.

A formação de nódulos envolve a entrada das bactérias dentro dos filamentos finos que penetram nos **pelos radiculares**, as extensões filiformes de certas células na superfície das raízes. O processo de invasão representa uma forma especializada de penetração bacteriana. A primeira etapa é a ligação de uma bactéria a um pelo radicular, o que requer o reconhecimento entre um ligante na superfície bacteriana e um receptor na superfície da célula hospedeira. A ligação geralmente ocorre na ponta do pelo radicular, onde a bactéria provoca a hidrólise localizada da resistente parede celular vegetal. Isso permite que o organismo invada o pelo radicular. Dentro em pouco, essa invasão resulta em uma mudança morfológica no pelo radicular, que se enrola para cima, assemelhando-se a um cajado de pastor (Figura 19.10). As bactérias internalizadas residem em vacúolos intracelulares, de modo muito semelhante a certos patógenos animais que sobrevivem nos vacúolos de fagócitos. A formação de nódulos exige que as bactérias se movam para dentro, em direção ao centro

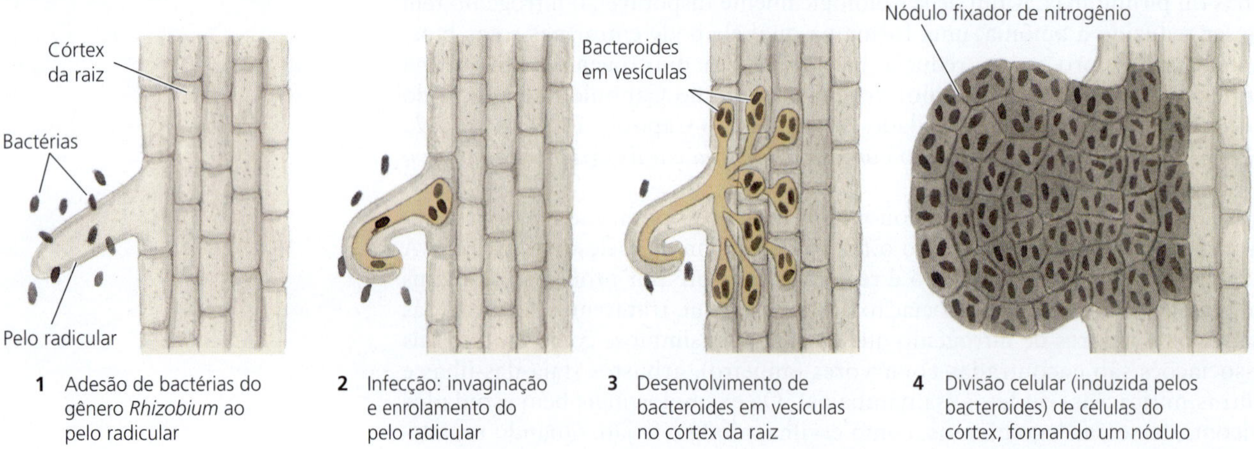
Córtex da raiz
Bactérias
Pelo radicular
Bacteroides em vesículas
Nódulo fixador de nitrogênio
1 Adesão de bactérias do gênero *Rhizobium* ao pelo radicular
2 Infecção: invaginação e enrolamento do pelo radicular
3 Desenvolvimento de bacteroides em vesículas no córtex da raiz
4 Divisão celular (induzida pelos bacteroides) de células do córtex, formando um nódulo

Figura 19.10 Mudanças morfológicas que levam a um nódulo fixador de nitrogênio.

da raiz. Trata-se de uma migração difícil, porque as bactérias têm de transpor o caminho através das células vegetais envolvidas pela resistente molécula de celulose. A migração é facilitada quando a planta forma um tubo (denominado **filamento de infecção**) que se estende a partir do pelo radicular até o interior da raiz. As células bacterianas migram ao longo desse tubo. Quando chegam em um local profundo, elas saem do filamento de infecção e começam a se multiplicar. As células vegetais respondem a estímulos bacterianos por meio de sua rápida proliferação dentro de uma estrutura semelhante a um tumor, o nódulo. Essa resposta do hospedeiro às bactérias exige um equilíbrio delicado, porque as plantas possuem mecanismos de defesa que poderiam destruir as bactérias invasoras. Os rizóbios e seus parentes formam cápsulas e, sendo gram-negativos, possuem lipopolissacarídeos. Sabemos que esses dois constituintes são necessários à sobrevivência bacteriana porque mutantes que não os possuem são destruídos após a invasão.

Tendo chegado em seu destino final de trabalho, as bactérias diferenciam-se em oficinas de fixação de nitrogênio. Elas tornam-se ramificadas e incham, sendo então denominadas **bacteroides** (Figura 19.11). Antes de serem capazes de fixar nitrogênio, as bactérias devem tratar de um problema final. A fixação do nitrogênio é um processo altamente anaeróbio, mas os rizóbios são aeróbios e as raízes das plantas são também aeróbias. As plantas sintetizam uma forma de hemoglobina denominada leg-hemoglobina, a qual absorve o oxigênio e mantém sua concentração em um nível adequado aos bacteroides e à maquinaria de fixação do nitrogênio. Os bacteroides são incapazes de crescer subsequentemente dentro do nódulo e são totalmente dependentes da planta quanto a nutrientes. Assim, de seu lado da barganha, os bacteroides recebem ácidos orgânicos do hospedeiro, os quais fornecem energia e a força redutora necessária à fixação do nitrogênio. Em troca, eles fornecem ao hospedeiro nitrogênio assimilável sob a forma de amônia. Tal relação mutualística requer que os dois parceiros passem por profundas adaptações bioquímicas e estruturais. Como indagamos antes, o que impediu que as bactérias fixadoras de nitrogênio se tornassem organelas celulares, em paralelo com as mitocôndrias e os cloroplastos? Atualmente, não se pode responder essa pergunta.

19.17 *Um* website *sobre nódulos da raiz.*

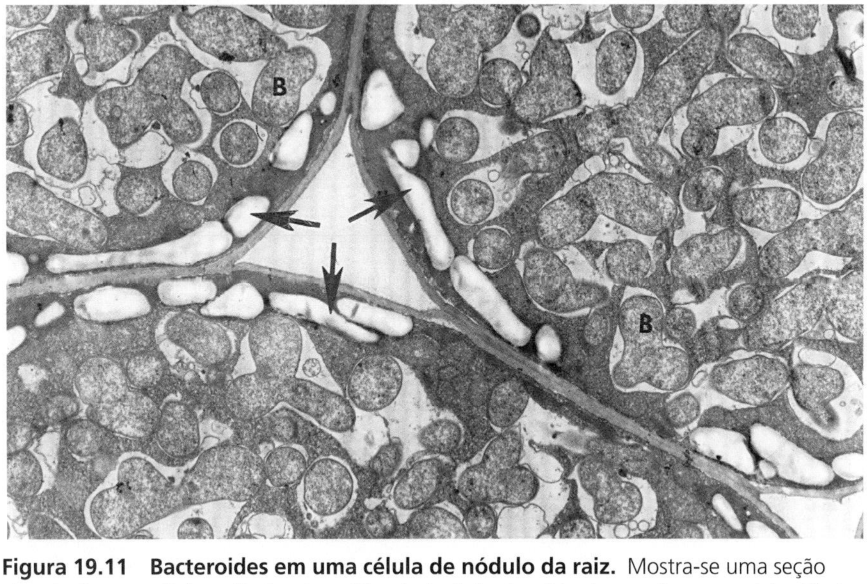

Figura 19.11 Bacteroides em uma célula de nódulo da raiz. Mostra-se uma seção através de uma célula radicular de ervilha cheia de bacteroides (marcados com a letra B). As setas indicam grânulos de amido.

O rúmen e seus micróbios

Os animais não podem digerir celulose e alguns outros polissacarídeos vegetais diretamente, o que é um grande inconveniente aos herbívoros. A dependência exclusiva de material vegetal, aliada à incapacidade de usar esses polímeros, seria antieconômica e ineficiente. Contudo, os simbiontes microbianos dos animais que se alimentam de plantas degradam esses compostos, transformando-os em produtos digeríveis. Diferentemente da formação de nódulos nas leguminosas, essa simbiose não requer uma modificação importante do hospedeiro pelos micróbios, mas depende do suprimento, por parte do hospedeiro, de uma grande câmara cheia de nutrientes, na qual as transformações bioquímicas podem ocorrer. Há dois modos gerais de realizar isso. O gado bovino, as cabras e os cervos possuem uma câmara grande desse tipo denominada **rúmen**, razão pela qual esses animais são denominados **ruminantes** (Figura 19.12). Os animais não ruminantes, como cavalos, coelhos e elefantes, efetuam a digestão da celulose em um ceco extragrande no intestino grosso. O intestino grosso dos seres humanos é de tamanho médio, e a degradação da celulose provavelmente não é um processo nutricionalmente essencial.

19.18 *Informações sobre o rúmen.*

A celulose e outros polímeros de digestão difícil são degradados em etapas. A primeira etapa é a trituração completa do material vegetal em pedaços pequenos. Os herbívoros possuem dentes com superfícies opostas chatas que são bem adaptados a essa tarefa. Para melhorar ainda mais o processo, os ruminantes mascam o alimento trazido do estômago para a boca, o que significa que eles regurgitam o alimento previamente ingerido e o mascam novamente, a fim de reduzi-lo a porções ainda menores. Isso permite que esses animais comam de forma rápida e, posteriormente, processem mais o alimento a sua maneira, longe de predadores.

Em seguida, as partículas vegetais bem mastigadas entram no rúmen, o qual, no gado bovino, comporta cerca de 55L de líquido. Nesse local, diversos grupos de **micróbios celulolíticos** degradam celulose em açúcares. Em seguida, outras bactérias fermentam os açúcares, produzindo **ácidos graxos voláteis**, como áci-

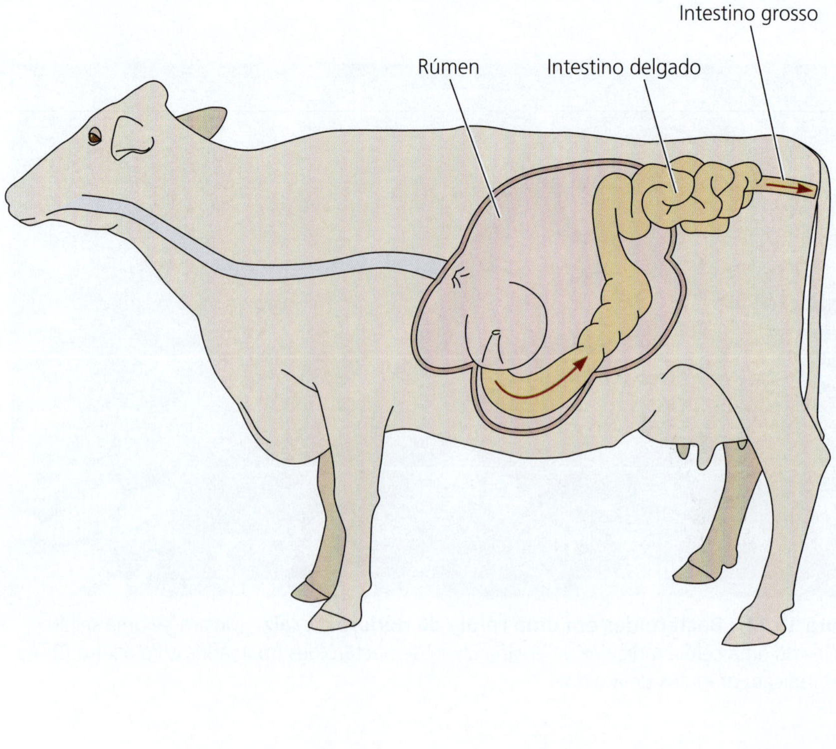

Figura 19.12 O sistema digestivo de uma vaca. Observe o grande rúmen. O intestino "grosso" é relativamente pequeno, em parte porque a digestão da celulose já ocorreu no rúmen. Os herbívoros não ruminantes, como os cavalos, possuem um intestino grosso muito grande.

do acético, propiônico e butírico. O rúmen é altamente anaeróbio, e os açúcares não podem ser inteiramente oxidados a dióxido de carbono por meio da respiração. Os ruminantes absorvem os ácidos graxos através do epitélio, usando-os para suas necessidades metabólicas. O pH do rúmen não cai perceptivelmente com a produção de ácido, porque os ruminantes secretam imensas quantidades de saliva bem tamponada: uma vaca produz 95L ou mais por dia. Uma grande quantidade de ácidos graxos é produzida, fornecendo ao animal sua fonte de carbono. Como os ruminantes obtêm seus aminoácidos e outros fatores de crescimento necessários? A resposta é: a partir dos próprios micróbios do rúmen. Quando o conteúdo do rúmen é esvaziado dentro da próxima câmara, o estômago, as células microbianas são mortas pelo ácido e são, então, degradadas por enzimas digestivas. Muitas das bactérias são degradadas por uma **lisozima degradadora de parede celular** que, exclusivamente nos ruminantes e condizente com seu local de ação, é resistente a ácidos. Portanto, os ruminantes fazem uso efetivo de seu alimento e seus simbiontes, e isso é responsável pela alta eficiência do gado bovino na produção de leite e carne e pela distribuição mundial das espécies ruminantes. Já se disse que o gado bovino realiza uma fermentação que não pode ser rivalizada por nenhum microbiologista industrial. O gado bovino usa o substrato mais barato (celulose), concentrando-o e convertendo-o em produtos valiosos – carne bovina e leite.

Nos herbívoros não ruminantes, a degradação da celulose ocorre no ceco. Nesse caso, os micróbios não são reciclados tão eficientemente como em um rúmen, sendo passados às fezes. Isso é responsável pelo fato de alguns desses animais, por exemplo, coelhos e ratos, serem **coprofágicos**, isto é, eles alimentam-se de suas próprias fezes muito ricas em nutrientes. A decomposição microbiana da celulose também ocorre no intestino dos cupins, sendo novamente efetuada por seus parceiros microbianos.

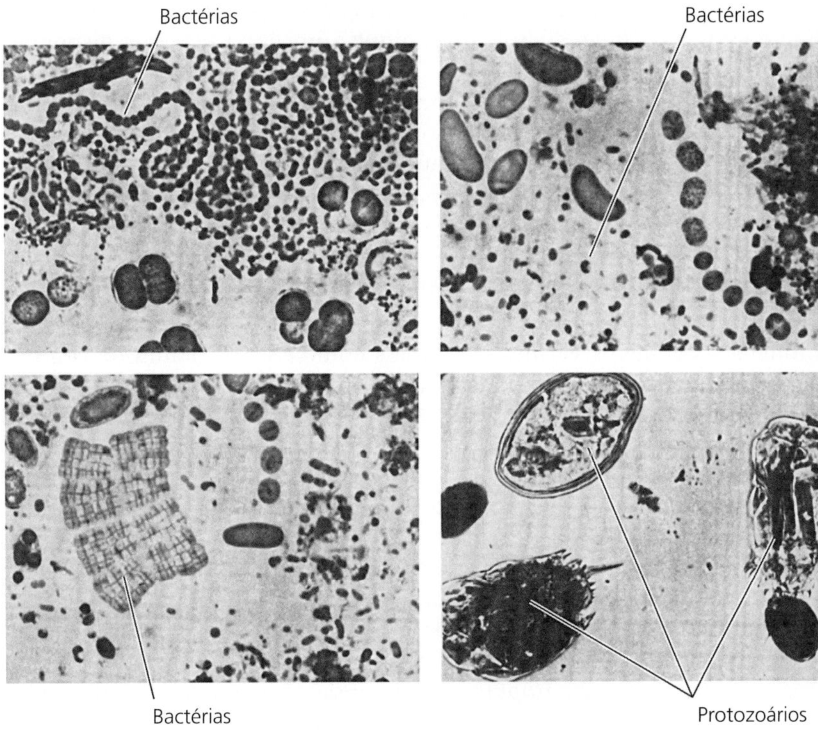

Figura 19.13 Algumas bactérias e protozoários do rúmen de uma ovelha.

O rúmen contém populações altamente diversas de bactérias, protozoários e fungos que estão sendo constantemente renovadas (Figura 19.13). Uma vaca poderia, portanto, ser chamada de um aparelho de cultura contínua ambulante. Os micróbios do rúmen incluem um grupo altamente diverso de organismos. As bactérias são, de longe, os mais numerosos (chegando a 10^{10} por mL) e incluem mais de 200 espécies. Os protozoários constituem quase a metade da carga microbiana total por peso, mas, sendo maiores, estão presentes em números menores. Embora os protozoários também estejam envolvidos na degradação da celulose, eles predam as bactérias e podem ter uma influência negativa sobre a fermentação global, uma questão ainda controversa.

A transformação bioquímica da celulose em ácidos graxos e dióxido de carbono requer o funcionamento de uma **cadeia alimentar**, começando com a degradação da celulose e terminando com a fermentação de açúcares. O processo final, a formação de ácidos graxos voláteis, resulta na produção de grandes quantidades de hidrogênio. Se o hidrogênio se acumulasse sob as condições altamente anaeróbias do rúmen, ele inibiria a fermentação posterior. Isso porque a formação de acetato a partir de piruvato é energeticamente desfavorável e não ocorreria em grau apreciável, a menos que a concentração dos produtos da reação fosse diminuída. A remoção de um dos produtos, o hidrogênio, permite que a reação prossiga.

Como o hidrogênio é removido do rúmen? A biota do rúmen inclui alguns **metanógenos**, espécies arqueobacterianas que podem usar hidrogênio e dióxido de carbono para formar metano. Note que alguns aspectos gerais da metanogênese foram discutidos no Capítulo 6, e sua ecologia, no Capítulo 18. Sendo bastante insolúvel, o metano torna-se um gás que pode ser expelido por eructação. Isso pode ser demonstrado ao segurar-se, com cuidado, um fósforo aceso a uma certa distância de uma vaca que está arrotando: vê-se que uma pequena chama aparece. A remoção do hidrogênio permite que a fermentação prossiga eficientemente. A remoção do hidrogênio pelos metanógenos permite que mais ácidos graxos sejam produzidos e mais ATP seja obtido. Isso resulta na síntese de mais células microbianas, o que aumenta a proteína disponível ao ruminante.

O rúmen e seus micróbios são altamente interdependentes, o que é esperado, em virtude do fato de que a complexidade do alimento consumido pelos ruminantes requer um grande número de atividades bioquímicas que não poderiam ser contidas em uma única espécie. Não é de se admirar que os micróbios do rúmen sejam altamente variados e especializados.

Alimentação via uma parceria mortífera: bactérias e nematódeos

Em alguns casos, dois organismos juntam-se a fim de matar um terceiro. Os **nematódeos** – pequenos vermes cilíndricos com cerca de 1 mm de comprimento – são extremamente abundantes nos solos e variados quanto aos hábitos alimentares. Um deles, *Caenorhabditis elegans*, ganhou proeminência como organismo-modelo no estudo da diferenciação e de outros fenômenos biológicos importantes. Certos tipos de nematódeos alimentam-se penetrando dentro das larvas de certos insetos. Em resultado dessa invasão, as larvas são mortas; os nematódeos reproduzem-se e, no final, deixam a carcaça da larva. Os vermes não se alimentam nem se reproduzem no solo e devem parasitar os insetos a fim de sobreviver. Os vermes não podem conduzir o ciclo de vida isoladamente; eles necessitam da ajuda de certas bactérias, em uma relação simbiótica. Sem as bactérias, os nematódeos seriam destruídos pelos insetos. A bactéria (*Xenorhabdus nematophila*) mata o inseto hospedeiro e inutiliza seus mecanismos de defesa.

As bactérias estão contidas nos sistemas digestivos dos nematódeos. Quando um verme penetra em uma larva, elas saem do verme e produzem toxinas que matam o inseto. Uma dessas toxinas provoca a apoptose das células epiteliais do intestino do inseto, levando à perda de turgor. As larvas parecem, então, frouxas, e a toxina é denominada **Mcf** (de "*make caterpillar floppy*", "tornar a larva frouxa"). As bactérias secretam hidrolases que degradam os tecidos do inseto, o que proporciona uma fonte rica em nutrientes necessários aos vermes. Uma vez alimentados, os vermes acasalam-se e reproduzem-se. Finalmente, os nematódeos abandonam o que restou do corpo da larva, mas não sem antes apanhar suas bactérias simbióticas. O processo todo pode durar até duas semanas. Por que a carcaça da larva não apodreceu durante esse período? Isso remete a outra manobra que parece "diabólica" por parte das bactérias – elas produzem antibióticos potentes que matam outros tipos de bactérias. Portanto, a larva morta torna-se uma câmara sepulcral que contém os nematódeos se reproduzindo e seus simbiontes.

A conspiração entre os vermes e as bactérias para cometer assassinato é de fato simbiótica porque nenhum dos parceiros pode subsistir isoladamente no solo. Ainda que as bactérias envolvidas possam crescer em meios laboratoriais comuns, elas não são livremente encontradas no solo. Os vermes, portanto, fornecem abrigo e transporte às bactérias, e as bactérias disponibilizam alimento aos vermes.

Um aparte: algumas das bactérias envolvidas nesse tipo de simbiose (*Photorhabdus luminescens* e outras) são bioluminescentes. Não se sabe por que elas emitem luz, embora tenha sido especulado que isso possa funcionar como um chamariz aos vermes. Algumas dessas bactérias também podem ocasionar a infecção de ferimentos em pessoas. Na escuridão das trincheiras da Primeira Guerra Mundial, via-se que os tecidos infectados de fato brilhavam intensamente. Os médicos experientes consideravam isso um bom presságio, porque era provável que as feridas luminosas sarassem com rapidez. Seria isso devido à produção de antibióticos pelas bactérias, que impediam a entrada de invasores mais fortes? Em virtude das melhores condições de iluminação dos modernos hospitais, é provável que tal diagnóstico seja falho.

Formigas-cortadeiras, fungos e bactérias

Na América tropical e subtropical (da Argentina ao sul dos Estados Unidos), existem formigas que subsistem exclusivamente dos fungos que elas cultivam. Essas formigas formam imensos ninhos subterrâneos, aos quais elas levam pedaços de folhas, flores e outros materiais orgânicos, usados na construção de elaborados jardins de fungos. Em seção transversal, os **jardins de fungos** são massas esbranquiçadas e irregulares que quase preenchem a grande cavidade do ninho. Para cultivar esses jardins, os vários afazeres agrícolas são divididos entre os membros das diferentes castas de formigas. As operárias maiores coletam seções de folhas, muitas vezes com meia polegada de largura, e as carregam em processões longas e que se movem rapidamente para o ninho. Sem esforço, as formigas carregam um fardo que, para um ser humano, seria tão pesado e incômodo como carregar um grande painel de madeira compensada (Figura 19.14). Em virtude dessa dedicação diligente à coleta de folhas, não é de surpreender que os primeiros observadores pensassem que as próprias folhas fossem o alimento das formigas. Entretanto, o material vegetal serve apenas de meio de crescimento aos verdadeiros gêneros alimentícios, os fungos.

Algumas espécies de formigas-cortadeiras deixam trilhas de chão batido entre seu ninho e a fonte de vegetação. Essas clareiras podem alcançar dimensões assombrosas, com mais de 180 m de comprimento e 20 cm de largura. A

Figura 19.14 Uma formiga-cortadeira carregando seu fardo.

quantidade de vaivéns é notável, resultando, com frequência, em engarrafamentos de tráfego onde os indivíduos que chegam e os que rumam para fora devem literalmente subir uns em cima dos outros (uma técnica que ainda tem de ser desenvolvida para os carros nas autoestradas urbanas). No ninho, as operárias maiores executam uma elaborada operação de compostagem. Os pedaços de folhas são cortados em tamanhos menores, meticulosamente lambidos e misturados com material fecal. Usando suas mandíbulas, pernas e antenas, as formigas em seguida os amassam em minúsculas bolas sumosas. Esse material polposo é cuidadosamente depositado na borda do jardim e fincado em seu devido lugar. Em seguida, ele é "semeado" com o micélio proveniente das seções mais antigas do jardim. O jardim fica rapidamente permeado com filamentos novos. A superfície fúngica consiste em agregados de extremidades de hifas que terminam em corpúsculos arredondados.

As formigas-cortadeiras tiveram uma má recepção na imprensa em virtude dos danos que causam à vegetação e à ameaça que constituem às lavouras cultivadas, como café e cacau. De fato, elas são os herbívoros dominantes nos trópicos do continente americano. No Brasil, a saúva, o nome de uma importante espécie local dessas formigas, inspirou um antigo ditado: "Ou o Brasil acaba com a saúva ou a saúva acaba com o Brasil". Em defesa parcial das formigas, deve-se mencionar que elas não retiram completamente as folhas das plantas de que se alimentam. Além disso, o lixo produzido nos jardins de fungos, ainda rico em matéria orgânica, é restituído ao ambiente, onde serve de fertilizante vegetal. Tipicamente, esse material é carregado ao tronco de uma árvore ou sobre trepadeiras, onde é deixado, até cair ao solo. Observou-se que as formigas de um ninho carregam os resíduos até uma rocha lisa e os deixam cair ladeira abaixo.

A relação parece ser notavelmente antiga, datando talvez de 50 milhões de anos atrás. Quando as formigas selecionaram um dado fungo como sua lavoura favorita, elas permaneceram com ele por muito tempo. Comparando os RNAs ribossômicos de diferentes espécies de formigas e seus fungos, os pesquisadores descobriram que, uma vez que a relação simbiótica havia-se estabelecido, os dois parceiros permaneceram fiéis um ao outro ao longo das eras.

A história não acaba por aqui. Por que somente os fungos desejados crescem nos jardins de fungos? Outros fungos podem crescer em tal substrato, mas somente um tipo predomina – uma monocultura. Essas formigas carregam em seus corpos uma bactéria do gênero *Streptomyces* que produz antibióticos que inibem um invasor fúngico comum. Trata-se então de uma simbiose de três membros: entre formigas, fungos e bactérias. Observe que as formigas fizeram uso de agentes antibióticos cerca de 50 milhões de anos mais cedo que os seres humanos.

MUDANÇAS COMPORTAMENTAIS CAUSADAS PELO PARASITISMO

As interações entre micróbios e hospedeiros variam do mutualismo benéfico a formas deletérias de parasitismo. Os capítulos sobre patogênese tratam da última forma em suas manifestações clássicas. Contudo, existem outras *nuances* nas interações entre os organismos vivos, algumas das quais são bastante surpreendentes. Por exemplo, o comportamento dos animais e das plantas pode ser significativamente alterado por sua interação com os micróbios. Alguns exemplos de tais manipulações funcionarão melhor que definições.

Ratos descuidados e atração fatal

Ratos infectados com um certo parasita perdem o medo de gatos. Essa mudança suicida foge ao comportamento normal e deve-se à infecção pelo protozoário *Toxoplasma gondii*. Isso pode fazer pouco sentido ao rato, mas faz muito sentido ao parasita. O entendimento do motivo pelo qual isso ocorre requer o conhecimento do ciclo de vida de *T. gondii*. Os hospedeiros principais são os gatos, ao passo que os ratos, outros roedores e as pessoas são hospedeiros incidentais. No intestino do gato, esses protozoários reproduzem-se e desenvolvem-se, no final, em formas ambientais resistentes denominadas **oocistos**, os quais são eliminados através das fezes. Os oocistos sobrevivem no solo por longos períodos, onde podem ser oralmente adquiridos por roedores. Uma vez no rato, os agentes reproduzem-se e induzem uma forte resposta imune. Para resisti-la, *T. gondii* produz formas resistentes que permanecem dormentes nos tecidos do rato e normalmente não causam danos adicionais. Eventos similares ocorrem quando as pessoas ingerem oocistos de *T. gondii*. Isso poderia parecer um beco sem saída para o parasita. Contudo, quando um rato infectado é comido por um gato, os parasitas reproduzem-se no intestino do gato e são, ao final, lançados nas fezes, começando um novo ciclo infeccioso. Assim, a captura e a ingestão de roedores pelos gatos são aspectos essenciais do ciclo de vida do parasita (Figura 19.15).

19.19 *Artigo sobre a perda da aversão à urina de gato por ratos infectados com* Toxoplasma.

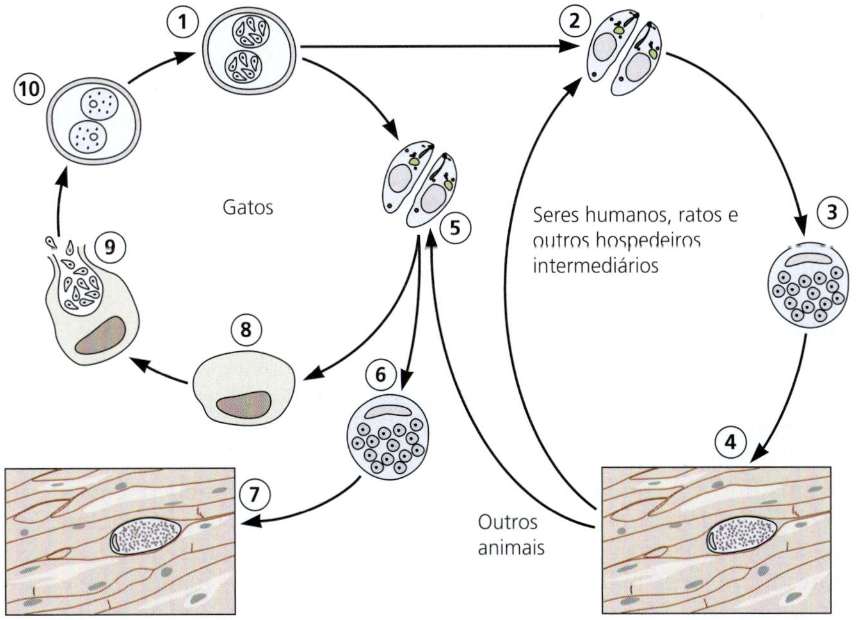

Figura 19.15 O ciclo de vida de *Toxoplasma*. Os seres humanos e ratos infectam-se com *Toxoplasma* pela Ingestão de cistos **(1)** em carne contaminada inadequadamente preparada ou nas fezes de gato. Os cistos germinam em formas ativas **(2)** que entram na corrente sanguínea e disseminam-se **(3)**. Na maioria dos hospedeiros, a resposta imune elimina a forma ativa e deixa somente cistos dormentes nos tecidos **(4)**. O mesmo acontece nos gatos **(5** a **7)**, mas, nesse caso, alguns parasitas progridem e finalizam seu ciclo de vida, o que inclui um estágio sexuado **(8** a **10)**.

Figura 19.16 A "doença do topo". Um gorgulho está firmemente fixado ao caule de uma planta, em consequência de uma infecção fúngica (*Cordyceps curculionum*) com corpos de frutificação do fungo emergindo nos talos.

Figura 19.17 Uma pseudoflor. Isso é causado pelo crescimento de um fungo sobre uma planta selvagem de mostarda, que transforma as folhas em estruturas semelhantes a pétalas.

Usando pequenos cercados para animais ao ar livre, os pesquisadores compararam as reações de ratos normais e infectados em relação à urina de gato. Os ratos saudáveis, sem surpresa alguma, mostravam muita aversão ao cheiro dos gatos, como se soubessem o que seria bom para eles. Os ratos infectados, ao contrário, pareciam ter perdido tal inibição. De fato, eles até pareciam ser atraídos pelo aroma de seus temíveis adversários. Tal comportamento dificilmente seria vantajoso aos ratos, mas esse certamente facilita a conclusão do ciclo de vida dos parasitas. O significado dessa descoberta não foi confirmado em estudos de campo, mas suas implicações continuam sendo intrigantes.

O ímpeto de subir

Certas formigas que vivem no chão da floresta apresentam mudanças drásticas em seu comportamento quando infectadas por fungos. Os fungos invasores desenvolvem-se de modo suficientemente lento para que as formigas infectadas permaneçam ativas por um certo período de tempo, mas seu comportamento é alterado: elas adquirem o ímpeto de subir nos talos da vegetação e das árvores. Quando atingiram uma certa altura, elas se fixam à planta com suas mandíbulas e permanecem empoleiradas no alto pelo resto de suas vidas e ainda depois disso. Outros grupos de insetos – gafanhotos, louva-a-deuses, afídeos e moscas – também exibem a chamada "doença do topo". Em seguida, os fungos crescem e desenvolvem corpos de frutificação cheios de esporos (Figura 19.16). Os esporos podem ser dispersos a partir do alto, sendo possivelmente transportados a grandes distâncias.

A razão dada para o ímpeto de subir das formigas depende da tolerância de cada um à teleologia. "Porque é assim" não funciona, mas alegar que o fungo faz com que o inseto suba em seu próprio benefício também parece suspeito a alguns pesquisadores. Claramente, a permanência no chão da floresta diminui as chances de dispersão aérea dos esporos. Contudo, a saída do chão da floresta implica os insetos infectados estarem expostos à luz solar e a temperaturas deletérias aos fungos. Nas palavras do entomologista R. A. Humber, "esse é um comportamento bastante análogo ao movimento rumo a uma cama quente e a oferta constante de canja de galinha a alguém que esteja doente". Além disso, o inseto infectado pode subir por motivos altruísticos, a saber, por exemplo, para evitar a infecção de outros membros de sua colônia. Na verdade, alguns outros insetos exibem o comportamento oposto quando infectados por fungos. Quando infectadas, as larvas de certas borboletas e mariposas rastejam para dentro de espaços inacessíveis, como abaixo do córtex das árvores, como se quisessem afastar-se de seus parentes. Tais fungos devem desenvolver talos longos em seus corpos de frutificação para disseminar os esporos. Seja qual for a razão, a interação de sinais entre o fungo e os insetos é extraordinária. Há um mecanismo que impeça o fungo de crescer até que o inseto alcance uma certa distância acima do solo? O que faz com que o inseto desenvolva o ímpeto de subir uma árvore? Quem ganha e quem perde?

Quando uma flor não é uma flor?

Por conseguir forçar o hospedeiro a formar uma nova e elaborada estrutura, o prêmio vai para um fungo, *Puccinia monoica*. Essa espécie infecta plantas selvagens da família da mostarda, induzindo-as a desenvolver grupos densos de folhas nas extremidades dos caules. Essas rosetas se parecem com as pétalas de uma flor real, ainda mais porque ficam cobertas com um crescimento fúngico (Figura 19.17). A superfície torna-se pegajosa e tem um cheiro doce. Essas pseudoflores, como são chamadas, têm uma bela cor amarela, diferente das flores normais da planta, mas similar àquelas de outras plantas que crescem na mesma área. Os insetos chegam, com o néctar em sua ordem do dia, e mexericam ao redor da pseudoflor, coletando esporos fúngicos em lugar do pólen desejado. E assim eles vão dispersando esporos a outras plantas. Como pode ser visto na fotografia, a imitação é quase impecável e, à distância, nesse caso, enganou até os botânicos profissionais.

PREDAÇÃO

Normalmente, os micróbios são considerados predadores: na realidade, eles são mais frequentemente a presa em si. Esse é um conceito útil, pois explica por que muitas populações microbianas naturais não alcançam os tamanhos esperados, levando em conta o alimento disponível. Nos oceanos, por exemplo, os micróbios estão no centro de uma cadeia alimentar que inclui seus predadores: os fagos e os protistas.

A predação microbiana no ambiente tem sido difícil de ser estudada em laboratório, porque mais de 99% dos micróbios não foram cultivados. Há, por exemplo, cerca de um milhão de bactérias por mililitro de água do mar em todos os oceanos do planeta. Ainda que esse seja um número grande, ele é menor que o esperado levando em conta a quantidade de alimento, na forma de carbono orgânico dissolvido, disponível aos micróbios marinhos. Essa discrepância é devida ao fato de que os micróbios são controlados por seus predadores. Na verdade, sem a predação, os micróbios dos oceanos poderiam facilmente ser dez vezes mais abundantes.

Os principais predadores das bactérias são os protistas (p. ex., ciliados e dinoflagelados), eucariotos unicelulares que vagam pelos oceanos se alimentando de bactérias, e os vírus bacterianos ou fagos, que vivem às custas de bactérias marinhas. Os fagos são comuns nos oceanos. Como ressaltou o microbiologista Forest Rohwer, a água do mar contém cerca de 10^7 fagos por mililitro, mas somente 10^{-19} tubarões-brancos por mililitro! Cerca de metade da predação dos micróbios oceânicos deve-se à ingestão por protozoários e a outra metade à infecção por fagos. As tentativas de estudo dos fagos marinhos são dificultadas pelo fato de que, para estudá-los, deve-se cultivá-los em um hospedeiro bacteriano, mas a maioria dos hospedeiros bacterianos não foi cultivada. Contudo, o sequenciamento pelo método aleatório (*shotgun sequencing*) superou essa limitação, fornecendo instantâneos dos tipos de fagos em comunidades de fagos marinhos, sem a necessidade de cultivo. Usando tal abordagem, os pesquisadores puderam mostrar que quase todos os grupos de fagos conhecidos estão presentes no oceano. Esses fagos também são incrivelmente diversos, com milhares de espécies diferentes detectáveis em um litro de água do mar.

A maioria dos fagos marinhos parece ser lítica, em vez de lisogênica (ver Capítulo 17). Portanto, a infecção leva à lise e à liberação do conteúdo celular. Os constituintes bacterianos que resultam da lise são tão pequenos que somente outras bactérias podem deles alimentar-se. Isso significa que, por um lado, quando um fago mata uma bactéria, ele, na verdade, estimula o crescimento de outras. Por outro lado, quando os protozoários alimentam-se de bactérias, seu conteúdo pode entrar em níveis tróficos mais elevados da cadeia alimentar, incluindo os peixes. O bacalhau juvenil, por exemplo, alimenta-se de grandes quantidades de protozoários.

Algumas bactérias funcionam diretamente como verdadeiros parasitas de outras bactérias. Ou seja, elas pastam ou efetivamente penetram dentro de suas presas. A descoberta de tais predadores foi tão surpreendente aos descobridores como pode ser ao leitor. Os pesquisadores procuravam fagos por um método de tentativa e erro, buscando "placas", ou buracos, nas superfícies de bactérias suscetíveis em placas de ágar (ver Capítulo 17). Eles encontraram placas, sem dúvida, mas notaram que, diferentemente daquelas causadas por fagos, que param de se ampliar à medida que a cultura para de crescer, esses

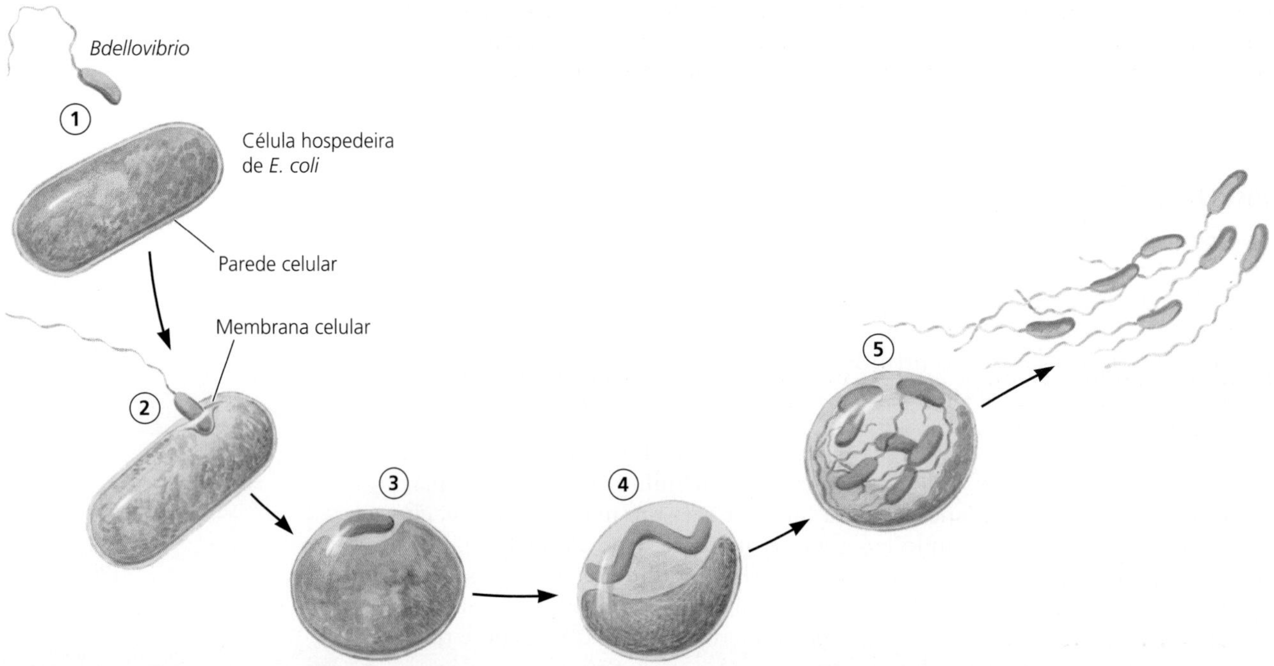

Figura 19.18 O ciclo de vida de *Bdellovibrio*. Após a ligação à célula hospedeira **(1)**, rapidamente ocorre a penetração dentro do periplasma **(2)**. O parasita cresce sem se dividir, formando um bdelovibrião helicoidal **(3** e **4)**. Esse se divide em pequenos bastonetes que formam flagelos **(5)**. A célula hospedeira enfraquecida sofre lise, liberando os bdelovibriões da progênie.

buracos tornavam-se cada vez maiores, mesmo após vários dias de incubação. Quando foi examinado o material dessas placas em um microscópio, viu-se objetos muito diminutos que eram inequivocamente bactérias.

Deu-se um nome de enrolar a língua aos predadores bacterianos: *Bdellovibrio bacteriovorus* ("*bdello*" significa "sanguessuga"). Esses organismos têm aproximadamente um quinto do tamanho de uma célula de *E. coli*, mas são, sob outros aspectos, bactérias típicas. Os bdelovibriões ocupam um nicho ecológico especializado (o periplasma do hospedeiro ou o espaço entre duas membranas [Figura 19.18]). Assim, as infecções por bdelovibriões restringem-se às bactérias gram-negativas. Não se sabe como esses predadores penetram na membrana externa. Os bdelovibriões são extremamente móveis (estão entre as bactérias mais velozes), mas há poucas evidências de que migrem em direção às bactérias hospedeiras por quimiotaxia. Uma vez no periplasma, a bactéria invasora (há apenas uma por célula hospedeira) aumenta seu suprimento de alimento fazendo buracos na membrana interna do hospedeiro e introduzindo enzimas hidrolíticas dentro do citoplasma do hospedeiro. Os bdelovibriões crescem nos produtos de degradação das proteínas e dos ácidos nucleicos do hospedeiro. Com o tempo, a célula invasora alonga-se, dividindo-se em 3 a 5 células da progênie que são, então, liberadas (por lise) do hospedeiro. O processo inteiro leva cerca de 3 a 4 horas, um tempo longo em comparação à taxa de crescimento de bactérias hospedeiras sob condições nutricionalmente abundantes, mas que é suficiente para causar uma microepidemia quando o hospedeiro não está mais crescendo. Isso explica o gradativo aumento de tamanho das placas em placas "velhas" de ágar.

Os bdelovibriões são com frequência encontrados na água dos oceanos e no solo, e não são tão exigentes quanto às espécies bacterianas que invadem. A questão que então surge é: como as bactérias hospedeiras suscetíveis sobrevivem na natureza? Nenhuma resposta simples está disponível, nem está para outras interações predador-presa. Propuseram-se algumas ideias tantalizantes, como, por exemplo, que as espécies não suscetíveis funcionam como "iscas" para absorver os bdelovibriões ou que os predadores microbianos não são capazes de invadir as presas que formam biofilmes. Tais considerações tornam os bdelovibriões candidatos improváveis ao controle de micróbios indesejáveis, embora eles possam ter aplicações especializadas. Outra consideração é que, na natureza, os bdelovibriões não crescem a menos que invadam seus hospedeiros. Portanto, assim como os leões e as baleias assassinas, seus números diminuem na ausência da presa adequada.

Como no caso de patógenos de hospedeiros mais complexos, por exemplo, animais e plantas, a invasão por *Bdellovibrio* consiste em etapas definidas: encontro, entrada, multiplicação e danos. Cada uma dessas etapas requer a expressão de genes especializados e o silenciamento (i. e., o desligamento) de genes desnecessários. Um exemplo é o fato de que os bdelovibriões à procura de presas são extremamente móveis, mas perdem seus flagelos quando no hospedeiro. Pelo menos 30 proteínas são específicas ao estágio periplasmático. O assunto é propício à análise detalhada. Os bdelovibriões selvagens podem crescer apenas nas células hospedeiras, mas mutantes podem ser cultivados em meios artificiais. Contudo, quanto mais rápido e por mais tempo crescem em meios artificiais, menos invasivos eles se tornam.

Os bdelovibriões não são as únicas bactérias que vivem às custas de outras. Um grande número de predadores pode ser encontrado pelo uso de uma técnica de "pesca". Uma amostra de solo em uma placa de Petri é coberta com um pedaço de papel-filtro com poros suficientemente grandes para que os micróbios possam atravessá-los. O filtro é semeado com bactérias que desempenham a função de isca. Em alguns dias, um grande número de predadores do solo terá se dirigido até a isca. Na verdade, o repertório de predação é vasto. Outros organismos, como as mixobactérias, por exemplo, caçam em "alcateias de lobos", enxames de células que se movem sobre superfícies e alimentam-se de outros tipos de bactérias por meio da excreção de enzimas hidrolíticas (ver Capítulo 14). Um tipo análogo de predação depende da excreção de antibióticos. Outros predadores exibem variações sobre o tema de *Bdellovibrio*: em vez de invadir o periplasma, eles penetram no citoplasma ou estabelecem "pontes" célula-a-célula entre si próprios e a presa. Uma estratégia única é usada por uma bactéria deslizadora marinha denominada *Saprospira grandis*. Esse organismo alimenta-se de outras bactérias primeiramente "capturando-as" por meio de seus flagelos. Os flagelos da presa aderem-se à superfície pegajosa de *S. grandis*, e os organismos ficam presos, assim como as moscas são capturadas em um apanha-moscas ou os insetos em uma teia de aranha. Os flagelos, que, sob outros aspectos, são tão úteis ao crescimento e à sobrevivência de muitas bactérias, nesse caso tornam-se sua ruína.

A predação no mundo microbiano foi um assunto negligenciado, mas, em parceria com seu fenômeno inverso, a cooperação entre as espécies microbianas, ajuda a explicar relaçoes ecológicas complexas.

Além da predação, as espécies microbianas usam estratégias sutis para obter vantagem sobre outras espécies em seu ambiente. Algumas secretam antibióticos e outros produtos antimicrobianos; outras usam meios fisiológicos sutis de competição. Um exemplo de estratégia fisiológica é a competição por ferro, um metal que, embora abundante na natureza, é bastante escasso sob a forma solúvel assimilável. No ambiente, assim como nos corpos dos animais, a competição por ferro é crucial ao crescimento. As informações básicas sobre a aquisição de ferro pelas bactérias foram fornecidas no Capítulo 8. Uma tática comum utilizada pelas bactérias para adquirir o ferro necessário é a secreção de compostos quelantes de ferro denominados **sideróforos**, pequenas moléculas que se ligam ao ferro com grande avidez. Os quelatos transportadores de ferro podem, então, ser reabsorvidos, e o ferro pode ser utilizado no metabolismo – por exemplo, na síntese dos cofatores de citocromos e outras enzimas oxidativas. Como esses micróbios absorvem ferro, eles também reduzem sua concentração a níveis ainda mais baixos, dificultando assim o crescimento de organismos menos hábeis no recolhimento do mineral.

ANTIBIÓTICOS E BACTERIOCINAS

Os micróbios comunicam-se por meio de uma "linguagem química", isto é, pela secreção de compostos que inibem o crescimento de outras espécies. Os **antibióticos** são as substâncias químicas mais bem conhecidas, tendo obtido essa importância por serem usados no tratamento de doenças humanas e animais. Paradoxalmente, sabe-se muito sobre o modo como os antibióticos inibem as bactérias no laboratório e em hospedeiros infectados, mas sabe-se relativamente pouco sobre o que eles efetivamente fazem na natureza. A concentração de antibióticos nos solos está geralmente abaixo da necessária para inibir os micróbios sensíveis. Contudo, é considerável que, em nichos muito pequenos, tais concentrações possam ser atingidas, permitindo que os produtores excedam em crescimento as espécies que são inibidas. É bom dizer que não se sabe quais pressões seletivas levaram à emergência dos organismos produtores de antibióticos.

19.20 *Um seminário sobre antibióticos.*

Os antibióticos compreendem um grande conjunto de diferentes moléculas orgânicas, geralmente com massas moleculares na faixa entre 300 e 1.000 dáltons. Os primeiros antibióticos usados foram produtos naturais produzidos por bactérias e fungos. Com o tempo, alguns desses compostos foram modificados pelos químicos, que também criaram classes sintéticas totalmente novas. Na Tabela 19.2 é mostrada uma lista de antibióticos úteis e o modo como funcionam.

As **bacteriocinas** são peptídeos, mas também são um grupo variado. As bacteriocinas são produzidas por muitas bactérias e provavelmente desempenham papéis importantes na competição entre diferentes espécies no ambiente. Algumas bacteriocinas são ativas somente contra parentes da espécie que as produzem, mas outras possuem um espectro amplo e também afetam espécies distantemente relacionadas. Existem até bacteriocinas que afetam todas as espécies gram-positivas testadas. As bacteriocinas inibem as bactérias sensíveis de diversas formas (Tabela 19.3). O modo de ação mais comum é a disrupção da membrana celular, tornando-a porosa aos íons potássio e fosfato. As bactérias tentam, então, reacumular esses íons por meio do uso de um sistema de transporte dependente de ATP. À medida que o ATP é utilizado, seu nível cai abaixo do necessário à manutenção do potencial de membrana, afetando também outras funções que necessitam de energia.

Por que as linhagens produtoras de bacteriocinas não são sensíveis às ações de seus próprios compostos? A razão para tal imunidade é que, junto com as bacteriocinas, as linhagens produtoras fabricam proteínas que neutralizam suas atividades. Muitas vezes, os genes sintéticos e de imunidade estão no mesmo óperon, o que permite a regulação coordenada de sua expressão. A perda dos genes de imunidade torna as linhagens produtoras de bacteriocinas sensíveis às ações dessas proteínas.

As bacteriocinas encontraram usos práticos, em especial na indústria de laticínios, onde elas são usadas tanto de modo previsível como inesperado. O uso previsível consiste na limitação do crescimento de bactérias indesejáveis, por exemplo, *Listeria*, um patógeno que ocasionalmente contamina os laticínios. Um modo prático de distribuição das bacteriocinas é clonar seus genes nas linhagens que são usadas na produção de queijos. O uso menos

Tabela 19.2 Antibióticos antibacterianos comumente usados e modo de funcionamento

Antibiótico(s)	Mecanismo de ação
Inibidores da síntese de mureína	
β-Lactâmicos (p. ex., penicilinas, como penicilina V; cefalosporinas, como cefalexina [Keflex], e derivados sintéticos, como ampicilina) Outros (vancomicina, aztreonam, imipenem)	Interferem na biossíntese da parede celular, levando à autólise
Inibidores da síntese proteica	
Aminoglicosídeos (estreptomicina, canamicina, neomicina, gentamicina, amicacina, trobramicina)	Ligam-se à subunidade 30S do ribossomo bacteriano Causam a leitura translacional errônea e inibem o alongamento da cadeia proteica Matam pelo bloqueio da iniciação da síntese proteica
Outros	
Tetraciclinas (tetraciclina, doxiciclina)	Ligam-se à subunidade 30S do ribossomo Inibem a etapa de alongamento da cadeia
Cloranfenicol	Liga-se à subunidade 50S do ribossomo Inibe a etapa de alongamento da cadeia
Eritromicinas (p. ex., azitromicina [Zithromax])	Bloqueiam a saída da cadeia peptídica em crescimento do ribossomo
Inibidores da síntese de RNA	
Rifampicina	Liga-se à RNA polimerase bacteriana e bloqueia a etapa de iniciação da transcrição
Inibidores da síntese de DNA	
Nitrofuranos Metronidazol Ácido nalidíxico Novobiocina Ciprofloxacina (Cipro) e outras quinolonas	Os grupamentos nitro parcialmente reduzidos doam produtos de adição ao DNA, levando à quebra das fitas Interferem na replicação do DNA pela inibição de DNA topoisomerases
Antagonistas de folato	
Sulfonamidas (trimetoprim-sulfametoxazol [Septra])	Bloqueiam a síntese de tetraidrofolato e do metabolismo de 1-carbono.

óbvio das bacteriocinas ocorre no realce do sabor de certos queijos, como o *cheddar*. Quando as bactérias usadas na produção de tais queijos sofrem lise, elas liberam enzimas que melhoram o desenvolvimento do sabor e aceleram o amadurecimento do queijo.

CONCLUSÕES

As interações entre os seres vivos são variadas e centrais à sobrevivência de muitas espécies. Nenhuma entidade biológica evoluiu sem ser moldada pela presença de outros organismos. Neste capítulo, consideramos várias interações mutuamente benéficas, assim como outras consideradas mais unilaterais. Nos próximos dois capítulos, será abordado o importante tópico da patogênese microbiana, a qual é principalmente caracterizada por interações que têm um efeito deletério sobre o hospedeiro.

Tabela 19.3 Modos de ação de algumas bacteriocinas[a]

Formação de canais iônicos nas membranas (despolarização)
Degradação de DNA
Inativação de ribossomos
Inibição da síntese da mureína da parede celular
Hidrólise da mureína da parede celular

[a]Algumas também afetam células eucarióticas.

TESTE SEU CONHECIMENTO

1. O que levou à ideia de que as mitocôndrias e os cloroplastos são derivados das bactérias?
2. Quais são as características-chave dos endossimbiontes bacterianos de insetos?
3. Qual é a função dos nódulos das raízes nas leguminosas e como eles se originam?
4. Quais são as principais atividades microbianas que ocorrem no rúmen de uma vaca?
5. Discuta a simbiose entre a bactéria *Xenorhabdus* e os nematódeos e seu efeito sobre certas larvas de insetos.
6. De que forma a relação entre as formigas-cortadeiras e certos fungos é uma simbiose de três membros?
7. Apresente exemplos, para um público leigo, de como os agentes infecciosos podem alterar o comportamento de seus hospedeiros.
8. Discuta exemplos de bactérias que são usadas como presa por predadores.

infecção: o hospedeiro vertebrado

capítulo

20

INTRODUÇÃO

Mesmo sem o benefício de um curso de microbiologia, a maioria das pessoas não apresenta dificuldade em nomear uma dúzia ou mais de doenças infecciosas. (Experimente!) Provavelmente estarão incluídos na lista alguns dos mais terríveis flagelos da humanidade, como a AIDS, a tuberculose e a varíola, mas também algumas condições um pouco mais benignas, como a garganta inflamada, o resfriado comum e a "gripe de estômago" (seja lá o que for, já que não existe nenhuma entidade clinicamente reconhecida por esse nome). A questão, portanto, é que as doenças infecciosas são comuns e muito difundidas. Algumas são mortais, outras praticamente triviais, e todo mundo sabe algo sobre elas.

As doenças infecciosas não causaram devastação incontável apenas no passado, mas elas ainda o fazem atualmente em muitas partes do mundo. Elas moldaram a história no passado e continuam a fazê-lo até os dias de hoje, embora pelo menos uma doença temida, a varíola, tenha sido erradicada do planeta. A pólio é uma doença candidata à erradicação iminente e, em uma escala de tempo mais longa, também o são a tuberculose, a sífilis e o sarampo. Enquanto isso, a luta entre hospedeiros e parasitas continua, levando a demandas contínuas da engenhosidade humana. Possuímos três principais tipos de armas externas para o controle das doenças infecciosas, quais sejam, o **saneamento** (incluindo o controle de insetos), a **vacinação** e os **fármacos antimicrobianos**. Uma reflexão do momento atual sugerirá como elas podem ser aplicadas e como apresentam desvantagens potenciais. Em todo caso, a arma consideravelmente mais potente é a que se encontra internamente, ou seja, nosso próprio sistema imune.

Os laços entre os seres humanos e os micróbios estão constantemente se modificando. Algumas doenças, como a AIDS, por exemplo, aparecem novamente em nosso horizonte; outras, como a infecção do estômago por *Heli-*

Tabela 20.1 Comportamentos humanos que contribuem à emergência de doenças infecciosas

Fator	Circunstâncias	Exemplo(s)
Pobreza em países e regiões	Serviços de saúde precários Alimentos e água contaminados Desnutrição	Tuberculose resistente a múltiplos fármacos Cólera, muitas outras Aumento da severidade do sarampo
Mudanças ecológicas	Reflorestamento (aumento de cervos e carrapatos)	Doença de Lyme
Comportamento pessoal	Comportamento sexual e uso de fármacos intravenosos	AIDS, hepatite C
Comportamento social	Urbanização	AIDS, dengue, tuberculose
Viagens e comércio internacional	Frotas mercantes Comércio global de alimentos	Cólera levada à América do Sul Surtos de origem alimentar (muitos tipos)
Práticas modernas de produção	Produção em massa de alimentos Fornecimento de restos de comida ao gado Tampões superabsorventes	*Escherichia coli* O157:H7 em hambúrgueres Doença da "vaca louca" Síndrome de choque tóxico
Uso médico e agrícola de antimicrobianos	Uso excessivo de agentes antibacterianos e antivirais	Resistência microbiana a fármacos

cobacter, têm estado conosco por um longo período de tempo, mas apenas recentemente foram reconhecidas. Na maioria dos casos, o *comportamento humano* influencia nossa relação com os micróbios agressores pela alteração do ambiente, possibilitando-se, assim, uma maior chance de transmissão dos agentes, ou pelo uso excessivo de fármacos antimicrobianos (Tabela 20.1).

Claramente, existem doenças infecciosas em demasia, tornando-se impossível estudá-las e aprender algo a respeito de todas elas. Em vez disso, em nosso meio concentraremos nos aspectos que todas possuem em comum. Uma estrutura conceitual sobre a qual podemos sustentar fatos específicos é esta: o *desenvolvimento de todas as doenças infecciosas, seja de seres humanos, animais ou plantas, prossegue através das mesmas etapas*. Antes de discutirmos essas etapas, uma palavra de justificativa é necessária. Empregaremos a terminologia utilizada em conflitos e guerras, usando termos como defesa, ataque, invasão, armas e assim por diante. O uso desses termos é prático, mas enganoso, porque implica uma intenção beligerante por parte dos agentes. Os micróbios que causam doenças preocupam-se apenas com o que diz respeito a eles próprios. Fora alguns casos, o fato de causarem doenças é incidental em seu estilo de vida.

Encontro

Para que uma doença infecciosa ocorra, o hospedeiro e o agente infeccioso devem encontrar-se. O encontro pode acontecer não só imediatamente antes de o hospedeiro ficar doente, mas também em qualquer momento da vida do hospedeiro. Alguém pode "pegar um micróbio" e ficar doente dentro de alguns dias, ou um agente pode residir no corpo por um período considerável de tempo antes de causar a doença. O encontro pode ocorrer mais cedo do que o esperado: certas doenças humanas (como a infecção pelo vírus da imunodeficiência humana [HIV], a rubéola e a sífilis) podem ser adquiridas ainda no útero da mãe – um legado incerto.

Os sintomas de uma infecção são raramente perceptíveis de forma imediata e são precedidos por um **período de incubação** que pode durar dias, meses ou anos (como na lepra e na AIDS, em que os sintomas podem surgir uma década ou mais após a infecção). A fonte dos organismos pode ser outros seres humanos (como no caso do resfriado comum, da gripe e das doenças sexualmente transmitidas), animais (como na doença de Lyme, que é adquirida a partir de carrapatos de cervos) ou o ambiente inanimado (como na intoxicação alimentar por *Salmonella* e na cólera).

Não é preciso olhar para longe em busca de agentes infecciosos, visto que muitos são comuns em nossos próprios corpos. Todos os vertebrados e

Tabela 20.2 Biota microbiana normal dos seres humanos: variedade dos tipos frequentes

	Bactérias gram-positivas		Bactérias gram-negativas		
Localização	**Cocos**	**Bastonetes**	**Cocos**	**Bastonetes**	**Outros**
Pele	Estafilococos	Corinebactérias (difteroides)		Bacilos entéricos (em alguns locais)	
Boca	Estreptococos (alfa--hemolíticos), outros cocos	Corinebactérias (difteroides)	Neisseriae	*Haemophilus*	Espiroquetas
Intestino grosso	Estreptococos (enterococos)	Lactobacilos		*Bacteroides*, bacilos entéricos	
Vagina	Estreptococos	Lactobacilos		*Bacteroides*	Micoplasmas

a maioria dos invertebrados são dotados de uma grande e variada **flora normal** (Tabela 20.2) (Observe que o termo **biota normal** é o correto, porque os micróbios não são plantas, embora o termo "flora normal" ainda seja amplamente usado.) As populações bacterianas do corpo podem ser muito densas, como na boca ou no intestino grosso; de tamanho moderado, como na pele; ou praticamente ausentes, como nos tecidos profundos. Embora a maioria desses organismos seja considerada **comensais inofensivos** ou até participe de uma relação mutualística, muitos deles podem virar-se contra o hospedeiro e causar doenças. Tais doenças são chamadas de **endogenamente adquiridas.**

Invariavelmente, o estabelecimento de qualquer infecção requer alguma *brecha nos mecanismos de defesa do hospedeiro*. A quebra desses mecanismos pode ser tão trivial como um corte na pele ou pode ser um evento catastrófico, como o colapso do sistema imune inteiro em pacientes com AIDS. Com frequência, os agentes infecciosos ativamente se asseguram de que as defesas do hospedeiro estão quebradas. Cada agente faz isso de seu próprio modo.

Tabela 20.3 Modos de entrada

Inalação (vírus da influenza, hantavírus)
Ingestão, normalmente pela rota fecal-oral (*Salmonella*, agente da cólera,)
Picadas de insetos (agentes da malária e da doença de Lyme)
Contato sexual (agentes de doenças sexualmente transmitidas, HIV)
Infecção de ferimentos (natural ou cirúrgica)
Transplantes de órgãos (córnea, transfusão de sangue)

Entrada

Para causar uma doença infecciosa, o agente deve adentrar seu hospedeiro (Tabela 20.3). A entrada possui dois significados. No sentido mais familiar, os agentes infecciosos penetram nos tecidos do hospedeiro. Ao contrário, doenças sérias podem ocorrer sem a penetração do agente infeccioso. O agente pode entrar em uma das cavidades do corpo animal, como os tratos gastrintestinal, respiratório ou geniturinário, os quais são *topologicamente contíguos com o exterior* (Figura 20.1). Por exemplo, cite-se o fato de que um agente pode passar da boca ao ânus sem cruzar nenhuma superfície epitelial. Consequentemente, os agentes intestinais, como o da cólera, residem no exterior do corpo, apenas aderindo-se às membranas epiteliais na sua superfície. Na Tabela 20.4, são mostrados exemplos de doenças sérias causadas por bactérias que não entram profundamente nos tecidos.

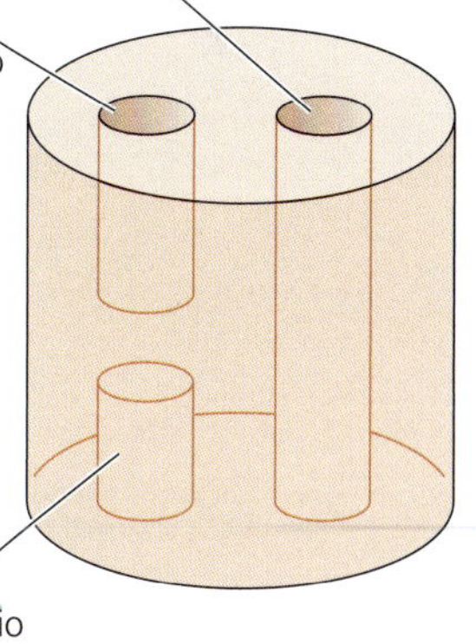

Figura 20.1 A visão do micróbio do corpo humano. Nossos corpos consistem em uma série de tubos, um dos quais (o sistema digestivo) possui dois orifícios, e os outros (os sistemas respiratório e geniturinário) apenas um. Não estão desenhados os vários esfíncteres que permitem que os tubos sejam abertos e fechados. Por exemplo, o sistema digestivo possui esfíncteres nas junções do esôfago e estômago, estômago e intestino delgado, etc..

Estabelecimento

O estabelecimento no corpo significa apenas que o agente invasor quebrou um certo conjunto de defesas, como, por exemplo, a pele ou as membranas mucosas. Em seguida, começa uma série de interações complexas entre o invasor e o hospedeiro – uma coreografia de ação e reação ou, para um músico, ponto e contraponto. O resultado determina se haverá sintomas da doença ou se o agente persistirá nos tecidos.

Três fatores estão geralmente envolvidos e determinam se um agente infeccioso irá estabelecer-se e causar a doença:

- o tamanho do inóculo (o número de micróbios invasores);
- a capacidade invasiva do agente infeccioso;
- o estado das defesas do hospedeiro.

Tabela 20.4 Alguns exemplos de bactérias que podem causar doenças sérias sem entrar nos tecidos profundos do corpo

Doença	Local	Penetração no tecido
Cólera	Intestino delgado	Praticamente nenhuma
Diarreia bacteriana (algumas)	Intestino delgado	Praticamente nenhuma[a]
Coqueluche	Vias aéreas	Praticamente nenhuma
Difteria	Garganta	Apenas nas camadas superficiais
Disenteria bacteriana	Intestino grosso	Apenas nas camadas superficiais
Cistite (infecções da bexiga)	Bexiga	Apenas nas camadas superficiais
Gonorreia	Uretra	Apenas nas camadas superficiais[a]
Infecção por clamídia	Uretra, olho	Apenas nas camadas superficiais[a]

[a]Apenas em casos não complicados da doença. Em alguns pacientes, os organismos penetram mais profundamente dentro do tecido, quando, então, os sintomas da doença são diferentes.

Esses fatores estão inter-relacionados. Se a capacidade invasiva dos agentes for alta, um menor número deles será necessário ao estabelecimento da infecção do que se o agente for menos virulento. O tamanho do inóculo refere-se não apenas a quantos organismos são inalados ou ingeridos, mas também a quantos efetivamente *alcançam o tecido ou órgão-alvo*. Na verdade, pode acontecer muito até eles chegarem lá. Por exemplo, as bactérias que são engolidas e provocam diarreia no intestino devem resistir ao ácido do estômago. Mostrou-se que menos bacilos da cólera são necessários para causar a doença se o paciente for deficiente na produção do ácido do estômago. Apesar de tais particularidades, quanto mais baixas forem as defesas do hospedeiro, mais fácil será para um menor número de organismos invasores causar a doença, e vice-versa.

Pode-se, então, perguntar: *o que é um patógeno*? Esse é um termo complicado. Os micróbios podem causar doenças em uma pessoa, mas não em outra. Os pacientes cujas defesas estão muito baixas (como em casos avançados de AIDS) podem ser infectados por quase qualquer micróbio, incluindo muitos **comensais**. Assim, a definição de o que é um patógeno é condicional. Dada uma chance, os agentes que são comensais inofensivos em um hospedeiro normal podem agir como patógenos e causar doenças em um hospedeiro imunocomprometido. A **competência imune** do hospedeiro é de suma importância, mas não é o único fator. Ocasionalmente, certas considerações anatômicas fazem a diferença entre a saúde e a doença. Assim, as bactérias anaeróbias que vivem inofensivamente no cólon podem causar, se não tratadas, uma peritonite fatal caso a parede do intestino seja perfurada.

Alguns organismos são hospedeiro-específicos, ao passo que outros podem infectar uma ampla variedade de hospedeiros. O gonococo, por exemplo, afeta somente os seres humanos, ao passo que *Pseudomonas aeruginosa*, uma bactéria associada a infecções de pacientes com fibrose cística e queimaduras, é o menos seletivo de todos os patógenos conhecidos, causando uma série de doenças em grupos tão discrepantes como plantas, insetos, vermes e vertebrados.

Causando danos

O estabelecimento de um agente no hospedeiro não resultará em doença a menos que ele danifique os tecidos. Os danos ocorrem de diferentes modos, uma das razões pelas quais cada doença infecciosa possui suas características próprias.

O dano pode resultar da morte celular, quer pela **lise** de células do hospedeiro, quer pela indução inoportuna de **apoptose** (morte celular programada). Os efeitos sobre o hospedeiro dependem muito de quais tecidos estão envolvidos e podem variar da ameaça à vida (quando órgãos vitais são afetados) a relativamente leves (quando locais menos essenciais estão envolvidos). Os tecidos podem ser afetados sem a morte de células do hospedeiro, mas sim pela *ação farmacológica de toxinas microbianas*. Por exemplo, as doenças diarreicas bacterianas, como a cólera, frequentemente são resultantes de um desarranjo da função celular normal – nesse caso, a troca de íons e água nas células intestinais. As células intestinais afetadas permanecem intactas. Raramente, os danos são o resultado de ação mecânica, como ocorre quando o sangue ou os vasos sanguíneos ficam bloqueados.

20.1 *Uma revisão de toxinas bacterianas.*

Os danos causados pelos agentes infecciosos podem ser vistos perto do local de entrada, por exemplo, quando um corte na pele fica inflamado com pus. Alternativamente, os tecidos atingidos podem estar muito longe do local de invasão, como ocorre no tétano. Nessa doença, as bactérias agressoras podem ser encontradas em um corte no pé, mas seu dano real é causado por uma toxina que age em junções neuromusculares distantes. Esses dois exemplos ilustram um dos outros grandes temas das doenças infecciosas. No tétano, o dano é causado diretamente pelo agente. Em um ferimento infectado, a maioria do dano é causada por uma resposta profusa do próprio hospedeiro. A maioria das doenças infecciosas envolve ambos os tipos de danos (Tabelas 20.5 e 20.6).

Tabela 20.5 Danos causados durante as infecções

Letalidade (morte celular)
Lise por toxinas
Lise por linfócitos imunes (células *killer*)
Morte celular programada (apoptose)
Alterações farmacológicas
Tétano, botulismo, cólera
Mecânicos
Obstrução de passagens vitais
Em virtude de respostas do hospedeiro
Inflamação
Imunopatologia

DEFESAS DO HOSPEDEIRO

A prova mais impressionante da força das defesas de nossos corpos é que vivemos em um mundo "cheio de micróbios", mas apenas raramente ficamos doentes em virtude de infecções por eles causadas. Nossas defesas são convolutas, e seu entendimento é exigente. Em todo caso, um certo nível de conhecimento da resposta imune é crucial ao entendimento das doenças infecciosas. A importância dos mecanismos de defesa é bem demonstrada pelo que acontece em sua ausência. Defeitos genéticos ou deficiência induzida dos mecanismos de defesa invariavelmente levam ao aumento da frequência e da severidade da infecção. As consequências podem constituir uma ameaça à vida.

Podemos convenientemente dividir as defesas em dois tipos de sistemas: **inato**, aqueles que estão sempre disponíveis, e **adaptativo**, aqueles que são colocados em funcionamento após o contato com um agente invasor específico (Tabela 20.7). Herdamos as defesas inatas de nossos pais, e, com poucas exceções, cada um de nós é idêntico, neste aspecto, a todos os outros indivíduos de nossa espécie. As respostas adaptativas, contudo, não são herdadas, refletindo a experiência de cada indivíduo. Portanto, possuímos diferentes repertórios de respostas adaptativas.

Como veremos, esses dois sistemas são altamente inter-relacionados, sendo apresentados separadamente apenas por questão de conveniência.

Tabela 20.7 Defesas do corpo contra os micróbios

Constitutivas ou inatas
Mecânicas
Pele, membranas mucosas
Químicas (apenas exemplos)
Ácidos graxos sobre a pele (em virtude de bactérias da pele)
Ácido clorídrico no estômago
Peptídeos antimicrobianos em tecidos e células brancas do sangue
Lisozimas em células, tecidos e fluidos corporais
Sais da bile no intestino
Complemento na circulação e nos tecidos (*fator principal*)
Celulares
Células brancas do sangue (neutrófilos, macrófagos, etc.)
Adaptativas ou induzidas
Imunidade humoral (anticorpos)
Imunidade mediada por células

Tabela 20.6 Exemplos de sintomas causados por respostas do hospedeiro

Doença	Resposta imune	Sintomas
Causadora de pus (p. ex., gonorreia, garganta inflamada, acne)	Inflamação aguda	Pus, irritação
Abscesso cerebral	Inflamação aguda e efeitos em virtude da presença de uma massa estranha em um espaço confinado (crânio)	Sintomas neurológicos devidos à compressão de locais vitais
Tuberculose	Inflamação crônica	Tosse com sangramento, devida à destruição em andamento de tecidos
Infecção por vírus sincicial respiratório	Reação similar à alergia nos bronquíolos	Chiado e respiração difícil (similar à asma)
Malária	Liberação sincronizada de citocinas indutoras de febre	Episódios periódicos de calafrios e tremores, seguidos de suor

Defesas inatas

Barreiras externas

Poucas, se houver, bactérias ou vírus podem penetrar na pele intacta. Apesar de fina, nossa pele funciona como uma imensa muralha cercando uma cidade medieval, sendo quebrada somente após uma coerção significativa. Adicionalmente, a superfície da pele contém substâncias antimicrobianas, como sal em alta concentração, certos peptídeos e ácidos graxos. As membranas mucosas dos tratos respiratório, digestivo e geniturinário são banhadas por substâncias antimicrobianas, como anticorpos e lisozima (uma enzima que hidrolisa a mureína da parede celular das bactérias). Além disso, nos órgãos tubulares dos tratos digestivo e urinário, as correntes líquidas, com a veemência dos movimentos peristálticos, varrem sem cessar as bactérias que não estão firmemente fixadas à parede do órgão.

Uma barreira especialmente eficaz aos micróbios é o estômago, onde a presença do ácido forte mata a maioria dos organismos ingeridos. As pessoas incapazes de produzir ácido clorídrico em quantidade suficiente correm o risco de desenvolver sérias infecções intestinais. Contudo, o estômago não é uma câmara de esterilização perfeita: alguns patógenos acidorresistentes, como as shigelas (agentes da disenteria) e os bacilos da cólera, sobrevivem à jornada através dele. Uma espécie de bactéria, *Helicobacter pylori*, contudo, consegue viver no estômago. Esse organismo provoca inflamação e úlceras do estômago e duodeno, e foi implicado no câncer de estômago. *H. pylori* sobrevive no ambiente ácido do estômago por meio da produção de grandes quantidades de amônia, que neutraliza o ácido em seu ambiente adjacente.

Nos tecidos

A reação mais potente do hospedeiro a um agente invasor é a **resposta inflamatória.** Ela se manifesta pela **inflamação,** um evento comum na maioria das infecções. As características da inflamação são a *vermelhidão local, o inchaço, a dor* e *o pus*. A vermelhidão é ocasionada pelo aumento do fluxo sanguíneo no local, o inchaço pelo extravasamento de fluidos nos tecidos e a dor pela liberação de mediadores químicos e pela compressão dos nervos. Os elementos antimicrobianos mais fortes da resposta inflamatória são os **fagócitos,** células brancas do sangue que ingerem partículas estranhas e, no caso dos micróbios, tentam matá-las. Os fagócitos devem ser recrutados ao local da infecção e tornam-se ativos antes que possam ingerir as partículas estranhas. Um modo de estimular os fagócitos à ação é através de sinais químicos produzidos, em parte, por um sistema solúvel (não ligado às células) denominado **complemento.**

Uma característica central da resposta inflamatória é que *ela está normalmente desligada, mas é ligada em virtude de desafios microbianos*. Se não fosse assim, o corpo estaria em um constante estado de inflamação, o que levaria a doenças sérias e à morte. Então, qual é o interruptor principal? Como o corpo reconhece a presença de micróbios invasores? A resposta é que os micróbios invasores são reconhecíveis por alguns de seus constituintes químicos únicos. Pode-se imaginar facilmente quais poderiam ser esses cartões de visita bacterianos: a mureína da parede celular, o lipopolissacarídeo (endotoxina) das bactérias gram-negativas, a flagelina (a principal proteína dos flagelos bacterianos) ou a pilina (a proteína das fímbrias). O corpo reconhece esses sinais moleculares como sendo exclusivamente microbianos. Assim, um grande número de organismos diferentes pode ser reconhecido, contanto que possuam componentes microbianos típicos. Tais **padrões moleculares associados a micróbios** (**MAMPs**, de *microbe-associated molecular patterns*) são encontrados tanto nas bactérias como em outros agentes infecciosos, incluindo os constituintes de superfície de fungos e parasitas animais e alguns ácidos nucleicos quimicamente distintos de vírus e bactérias. (O termo enganoso PAMPs, de *pathogen-associated molecular patterns*, padrões moleculares associados a patógenos, é frequentemente usado. Contudo, esses padrões são similarmente compartilhados por patógenos e não patógenos.) Acredita-se que o sistema imune inato seja capaz de reconhecer cerca de 1.000 MAMPs distintos, o que deve incluir um grande número de patógenos. Em teoria, um patógeno desprovido de todos os MAMPs seria capaz de escapar da tela de radar do corpo, mas, na verdade, o mecanismo de vigilância é suficientemente amplo para detectar praticamente todos os invasores.

Quando os MAMPs são reconhecidos, o alarme de que os invasores estão presentes é soado, e as respostas defensivas são colocadas em funcionamento. Dois caminhos levam ao desenvolvimento da resposta imune inata, um envolvendo componentes solúveis e o outro envolvendo células. Trataremos primeiro da principal resposta envolvendo os componentes solúveis: o sistema complemento.

O sistema complemento. O complemento é um sistema de defesa multifuncional que é constituído por mais ou menos 30 proteínas diferentes. Ele desempenha um papel central na geração da resposta inflamatória e é essencial à saúde e ao bem-estar. O nome complemento é derivado da noção prematura de que ele "complementa" a ação dos anticorpos, embora tenha sido posteriormente determinado que ele também funcione de outros modos.

20.2 *Uma revisão do sistema complemento.*

O complemento está normalmente dormente e deve ser *ativado* para se tornar um mecanismo de defesa. Um indício importante sobre o papel do complemento provém da observação de pessoas que nascem com defeitos hereditários em seus componentes. Algumas pessoas com mutações raras em um dos componentes podem levar uma vida saudável, mas outras são altamente suscetíveis a infecções bacterianas, assim como a doenças não infecciosas, como a doença autoimune denominada lúpus eritematoso.

Há vários modos de ativação do complemento. Um modo típico ocorre por meio da ligação de certas proteínas do complemento aos MAMPs, como os polissacarídeos de superfície bacterianos. Isso ocasiona uma série de clivagens proteolíticas sequenciais – uma **cascata proteolítica** reminiscente daquela da coagulação sanguínea. Normalmente, quando essas proteínas estão circulando livremente, elas não são suscetíveis à proteólise, mas o são quando ligadas a partículas. Os peptídeos resultantes estimulam a clivagem de outras proteínas, e assim por diante. Alguns dos produtos desses eventos proteolíticos são **peptídeos farmacologicamente ativos** que promovem fortemente a inflamação (Tabela 20.8). Esse é o modo mais comum de ativação do complemento, ao qual confusamente se deu o nome de **via alternativa** (ela não foi descoberta primeiro). Outras rotas de ativação diferem quanto ao momento de ação (Figura 20.2). Uma delas, conhecida como a **via clássica**, depende da presença de anticorpos. Como ela leva uma semana ou mais para produzir níveis suficientes de anticorpos após a estimulação antigênica, essa rota não entra em ação no início da infecção.

A dormência normal do sistema complemento está sob o controle de várias moléculas regulatórias que monitoram a extensão da ativação do complemento e desligam o sistema quando o estímulo se foi. O hospedeiro também evita ocasionar a ativação do complemento por meio da adição do aminoaçúcar **ácido siálico** às superfícies de suas células. A presença de ácido siálico impede a ligação da proteína do complemento que ocasiona a cascata proteolítica.

Tabela 20.8 Papéis do complemento

Ajuda a recrutar fagócitos ao local de invasão
Torna os micróbios invasores suscetíveis à fagocitose (opsonização)
Lisa diretamente alguns micróbios
Promove respostas inflamatórias

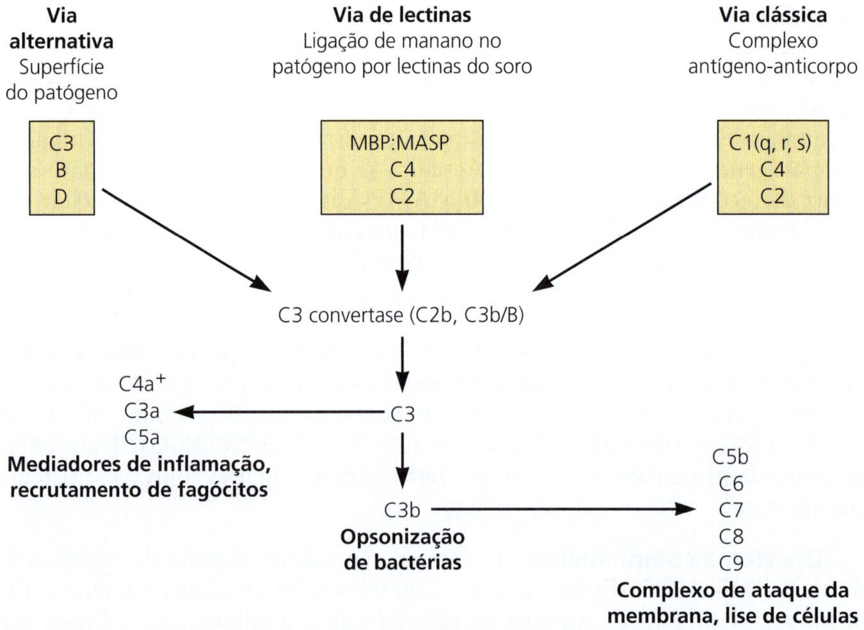

Figura 20.2 As rotas de ativação do complemento e seus componentes. O sistema complemento pode ser ativado por três modos diferentes, os quais levam aos mesmos produtos finais. Em cada caso, o resultado final é a formação de proteínas envolvidas nas principais atividades do complemento: mediação de inflamação, recrutamento de fagócitos, opsonização e lise de células estranhas. A diferença está no estímulo que provoca a reação. A *via alternativa* é causada pelo reconhecimento de componentes de superfície de organismos invasores. A *via de lectinas* depende do reconhecimento de resíduos de manano nas superfícies bacterianas por lectinas do soro. A *via clássica* resulta da presença de complexos antígeno-anticorpo. Observe que, diferentemente dos outros dois, a via clássica deve aguardar a formação de anticorpos específicos, um processo que pode levar de 10 a 14 dias, a menos que o hospedeiro tenha produzido anticorpos da vacinação ou de um encontro prévio com organismos contendo os antígenos correspondentes. Frequentemente, mas nem sempre, os nomes das proteínas do complemento começam com C (de complemento). MBP, proteína de ligação de manano; MASP, proteína sérica associada a MBP.

O complemento desempenha um papel importante na promoção da resposta inflamatória e, por meio dela, da fagocitose pelas células brancas do sangue. Ele executa isso de dois modos: pelo recrutamento de células brancas do sangue ao local dos micróbios e pela estimulação de sua força fagocitária.

As células brancas do sangue estão normalmente presentes na circulação, algumas livres e outras aderidas às paredes de pequenos vasos sanguíneos. O **recrutamento** envolve a passagem dessas células através das paredes dos vasos sanguíneos e sua agregação no local dos invasores (Figura 20.3). O que dispara o alarme? A ativação do complemento resulta na formação de peptídeos denominados **quimiotaxinas do complemento.** As células brancas do sangue detectam e movem-se rumo a um gradiente de concentração dessas substâncias. Assim, se o complemento for ativado por micróbios invasores, as células brancas do sangue se agruparão em direção a eles. Há outro modo pelo qual os micróbios são recrutados ao local de uma infecção: pela detecção de **quimiotaxinas bacterianas.** Um fenômeno único às bactérias é o fato de que suas proteínas são sintetizadas com vários aminoácidos adicionais na extremidade aminoterminal (ver Capítulo 8). Eles são posteriormente removidos a fim de que a proteína se torne "madura". Os peptídeos gerados por tal clivagem têm normalmente

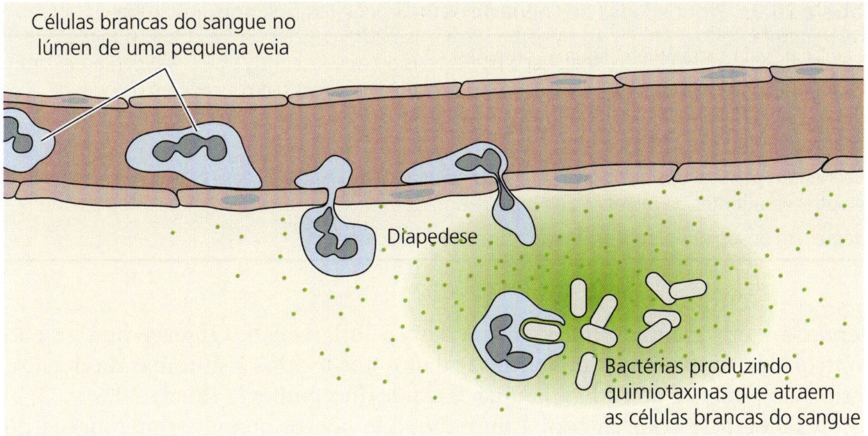

Figura 20.3 O recrutamento de células brancas do sangue a um local onde os micróbios estão presentes. As bactérias produzem substâncias difusíveis denominadas **quimiotaxinas** que funcionam atraindo as células brancas do sangue na circulação aos locais nos tecidos onde os micróbios estão presentes. A passagem de células brancas do sangue através das paredes dos vasos é denominada **diapedese**.

apenas três ou quatro aminoácidos de tamanho e funcionam como substâncias atraentes (quimiotaxinas) no recrutamento de células brancas dos sangue. As quimiotaxinas bacterianas são notavelmente potentes. Uma delas (*N*-formilmetionil-leucil-fenilalanina) funciona à concentração de 10^{-11} M! Assim, as bactérias anunciam ruidosamente sua presença, e o corpo atende ao chamado.

Se não auxiliados, os fagócitos são devoradores lerdos, ingerindo as bactérias de forma lenta e ineficaz. Alguns peptídeos do complemento, denominados **opsoninas**, fornecem ajuda e transformam as células fagocitárias em devoradores vorazes e destruidores formidáveis (ver a seguir). O complemento não proporciona o único tipo de opsoninas; os anticorpos também funcionam do mesmo modo (Figura 20.4).

O complemento também funciona como um mecanismo de defesa sem a atuação dos fagócitos. Outros peptídeos derivados do complemento *lisam* bactérias, células animais ou até vírus envelopados. Esses peptídeos reúnem-se em uma estrutura em forma de rosquinha, o **complexo de ataque da membrana**, que se insere dentro de membranas estranhas (Figura 20.5). Isso resulta em orifícios que tornam as bactérias ou os vírus envelopados permeáveis a íons e água, o que leva à lise. Essa arma perfuradora de armaduras destrói as bactérias e os vírus que não são mortos pelos fagócitos.

Fagócitos. A fagocitose é o engolfamento (engolimento) de partículas estranhas por células. É a mais eficaz de todas as defesas inatas do hospedeiro contra as bactérias. *A maioria das bactérias que invadem os seres humanos durante seus períodos de vida é morta ou removida por fagocitose.* A capacidade de as células atuarem como fagócitos – absorver as partículas – é compartilhada por muitas células do corpo, mas apenas algumas o fazem com gosto. As células brancas do sangue estão entre as principais células que podem ser denominadas fagócitos profissionais, ainda que tais profissionais licenciados normalmente não atuem como fagócitos, esperando, novamente, pelos sinais (os MAMPs) de que os invasores estão na área.

As células brancas do sangue fagocitárias classificam-se em várias classes, as quais possuem funções diferentes. A mais numerosa é a classe dos **neutrófilos** (ou **leucócitos polimorfonucleares**), que são **terminalmente diferenciados** (Tabela 20.9) isto é, eles não podem proliferar-se, vivendo apenas alguns dias ou semanas. Seu papel é ir ao encontro de partículas estranhas (como bactérias), ingeri-las e tentar matá-las. O que os torna tão bem-sucedidos é que eles andam de lá para cá muito rapidamente, como pequenas amebas, respondendo de forma eficaz a gradientes quimiotácticos. Eles podem alcançar alvos bacterianos muito

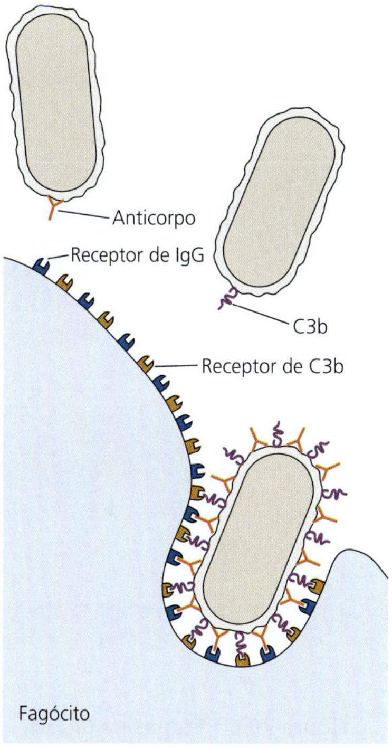

Figura 20.4 A opsonização estimula a fagocitose. Micróbios e outras partículas não são facilmente fagocitados pelas células brancas do sangue, a menos que estejam cobertos com proteínas denominadas opsoninas. Vários tipos de proteínas podem funcionar como opsoninas. Os micróbios cobertos com a proteína do complemento C3b ligam-se a receptores de C3b nas superfícies de células fagocitárias por meio de um mecanismo que se assemelha ao de um zíper. Um processo análogo ocorre quando os micróbios são cobertos com anticorpos.

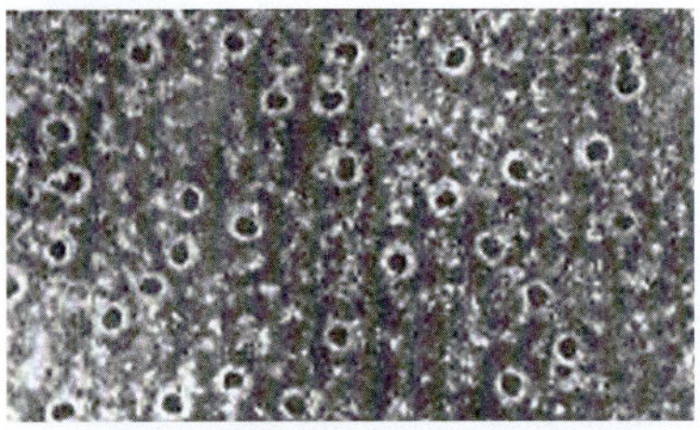

Figura 20.5 O complexo de ataque da membrana visto sob o microscópio eletrônico. Esses complexos de ataque da membrana em forma de rosquinha estão inseridos dentro da membrana de uma célula vermelha do sangue.

Tabela 20.9 Propriedades dos neutrófilos ou leucócitos polimorfonucleares

Células de vida curta (vivem algumas semanas)
Transportam grandes grânulos lisossômicos que contêm enzimas hidrolíticas com o poder de destruir muitas bactérias e enzimas oxidativas que produzem produtos tóxicos, em especial hipoclorito (água sanitária).
Recrutados ao local dos micróbios por várias quimiotaxinas, algumas derivadas do complemento e outras resultantes do metabolismo bacteriano.
Requerem opsoninas para a destruição eficiente de micróbios.

depressa e em grande número, o que leva à inflamação. Observe que, se não controlada, a inflamação pode causar danos aos tecidos e sintomas da doença; assim, ela pode ser considerada uma "faca de dois gumes" (Tabela 20.6).

A fagocitose começa com a **ingestão**, que ocorre quando a membrana do neutrófilo envolve a bactéria. Essa etapa depende da interação entre moléculas na superfície da bactéria e na do neutrófilo. As **opsoninas** (derivadas do complemento ou anticorpos) cobrem a superfície da bactéria. Os **receptores de opsoninas** na membrana do fagócito interagem de modo similar a um zíper, até que a bactéria fique completamente engolfada (Figura 20.6). Tanto o movimento do neutrófilo como o engolfamento requerem o rearranjo do citoes-

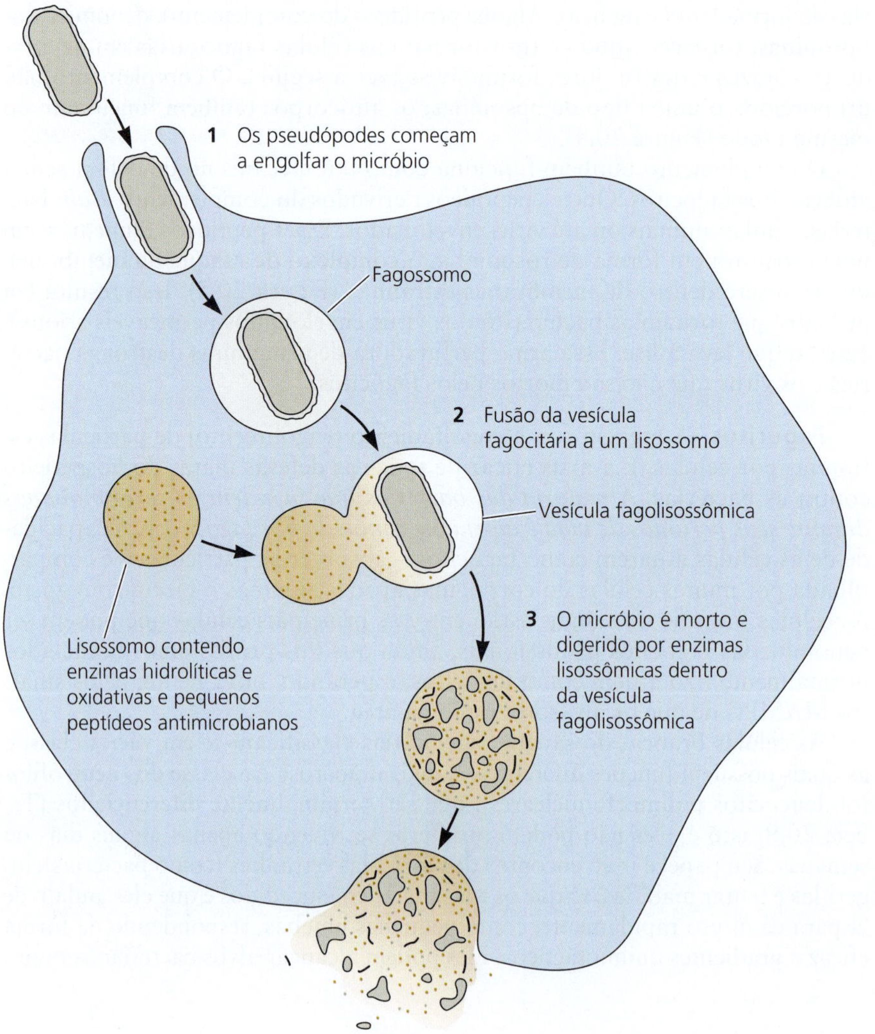

Figura 20.6 Etapas na fagocitose. Um micróbio fixa-se a um fagócito. O fagócito forma pseudópodes que cercam o micróbio (opsonizado) **(1)**, levando à formação de uma vesícula denominada **fagossomo (2)**. Os lisossomos, cheios de compostos antimicrobianos, fundem-se ao fagossomo e liberam seu conteúdo dentro da vesícula, que é agora chamada de **vesícula fagolisossômica**. Os micróbios dentro de uma vesícula fagolisossômica são mortos e digeridos por enzimas hidrolíticas **(3)**. Observe que esse não é um resultado inevitável, pois muitos micróbios possuem mecanismos de resistência à fagocitose (Tabela 20.13).

queleto da célula, por meio das ações dos filamentos de actina e miosina. (Um neutrófilo lhe recorda uma ameba?)

O engolfamento de uma partícula resulta na compressão e liberação, dentro do citoplasma do neutrófilo, de uma vesícula denominada fagossomo, que contém a bactéria. Se nada mais acontecesse, o micróbio ingerido não seria morto e poderia até crescer no fagossomo. Isso não é o que normalmente ocorre: os neutrófilos possuem grandes **grânulos citoplasmáticos** (na realidade, lisossomos gigantes) similares a sacos que funcionam como verdadeiras bombas. Esses grânulos contêm peptídeos antimicrobianos denominados **defensinas**, além de **hidrolases** e outras enzimas que danificam as bactérias e, se liberados, até as próprias células. Normalmente, os grânulos fundem-se aos fagossomos, montando uma vesícula fagolisossômica. Quando isso acontece, as enzimas dos grânulos entram em contato direto com as bactérias ingeridas. Essas enzimas classificam-se em duas classes: (i) hidrolases e outras proteínas antibacterianas capazes de afetar diretamente a integridade celular dos micróbios e (ii) enzimas oxidativas que atuam formando hipoclorito, a mesma substância química potente encontrada na água sanitária de lavanderia. A fusão dos grânulos ao fagossomo pode ocorrer antes de a ingestão dos invasores ser concluída; assim, eles podem ser mortos mesmo antes de serem inteiramente absorvidos. Isso se assemelha à estratégia de uma cobra venenosa que imobiliza sua presa antes de engoli-la.

A chegada dos neutrófilos à cena não significa que os micróbios serão necessariamente mortos. Em vez disso, o palco está agora montado para uma batalha épica entre os micróbios e os fagócitos, cujo resultado não é de modo algum previsível. Cada combatente possui muitas armas para dominar o outro. Mesmo quando os neutrófilos prevalecem, há um custo ao hospedeiro. O recrutamento de células brancas do sangue ao local onde os micróbios estão presentes não é bem regulado e pode ser exagerado. Isso frequentemente resulta na formação de **pus**, ou seja, acúmulo de células brancas vivas e mortas, restos celulares e fluidos teciduais. Como já dissemos, o pus é uma característica típica da inflamação, sendo as outras a vermelhidão, o inchaço, o calor e a dor em um sítio local.

20.3 *Um vídeo sobre fagocitose.*

A outra classe principal de células brancas do sangue são os **monócitos**. Diferentemente dos neutrófilos, essas células têm vida longa e são capazes de diferenciação adicional. Os monócitos possuem a capacidade de estabelecer-se nos tecidos, situação na qual são conhecidos como **macrófagos** (Tabela 20.10). Os monócitos chegam aos locais de infecção após os neutrófilos e são, de fato, chamados a esses locais por substâncias secretadas pelos neutrófilos. Os monócitos e os macrófagos servem a várias funções. Uma delas é remover os restos celulares deixados na cena da batalha entre os neutrófilos e os micróbios. Contudo, além de serem coletores de lixo, *eles comunicam-se com as outras armas do sistema imune*, o que o fazem por meio da produção de uma grande variedade de proteínas denominadas **citocinas**, que ativam o complemento, promovem a inflamação e/ou ocasionam a **imunidade adaptativa**. Assim, essa

Tabela 20.10 Propriedades dos macrófagos e monócitos

Células de vida longa
Chegam ao local dos micróbios de forma mais lenta que os neutrófilos.
Atuam como "coletores de lixo"; removem os restos celulares microbianos e micróbios remanescentes.
São ativados por citocinas, proteínas produzidas em resposta à invasão microbiana.
Produzem citocinas que atraem e ativam os neutrófilos, contribuindo, assim, à inflamação aguda.
Ajudam a iniciar respostas imunes inatas específicas, isto é, a imunidade mediada por células.

classe de células brancas do sangue desempenha um papel complexo e central em todos os aspectos da resposta imune.

Os MAMPs, as assinaturas dos micróbios invasores, entram novamente em discussão agora. Os macrófagos e as outras células do sistema imune possuem receptores proteicos que se ligam de modo específico a certas classes de MAMPs. Esses receptores são denominados **TLRs, receptores semelhantes a Toll** (*Toll-like receptors*), pois se assemelham aos receptores Toll de *Drosophila* (as moscas-das-frutas com mutações nessas proteínas comportam-se de modo singular, o que levou seus descobridores alemães a chamá-las pela palavra alemã *toll*, que significa, entre outras coisas, peculiar). Os TLRs são encontrados em muitos organismos, das moscas-das-frutas aos seres humanos e até as plantas, e podem ser o produto da coevolução primitiva entre hospedeiros e parasitas. Poder-se-ia argumentar que tais receptores normalmente desempenham um papel diferente na fisiologia do hospedeiro e que podem ter sido fortuitamente apropriados com a finalidade de reconhecer organismos invasores. Esse é, na verdade, o caso para alguns receptores, mas não para todos. A noção de que alguns podem ter uma função única de reconhecimento de micróbios é fortalecida pela descoberta de que camundongos que não possuem esses receptores são normais em todos os aspectos, a não ser quanto a sua capacidade de enfrentar doenças.

Os TLRs são específicos para subconjuntos de MAMPs. Assim, alguns reconhecem a mureína das bactérias gram-negativas, outros reconhecem o lipopolissacarídeo das bactérias gram-positivas, outros reconhecem o RNA de fita simples de vírus como o vírus da influenza ou o vírus da caxumba, e assim por diante. Alguns TLRs estão localizados nas membranas citoplasmáticas de muitas células, enquanto outros, naquelas dos vacúolos fagocitários. Assim, eles possuem dois papéis no reconhecimento de MAMPs: primeiro, quando os micróbios ligam-se à membrana celular do hospedeiro e, segundo, após serem fagocitados e seus constituintes serem liberados após a lise. A ligação de constituintes microbianos aos TLRs ocasiona uma cascata de sinalização que leva à ativação de um fator de transcrição celular essencial ao hospedeiro denominado **fator nuclear κB** (**NF-κB**), que liga os genes de citocinas.

Um exemplo das consequências da interação dos TLRs com os MAMPs é a ativação dos macrófagos. Os macrófagos, como outros membros do sistema de resposta imune, estão normalmente quiescentes. Para que alcancem sua capacidade máxima de destruição dos micróbios, eles devem ser *ativados* (devem "zangar-se"). Os macrófagos zangados são fagócitos mais eficazes e também melhores produtores de citocinas. Consequentemente, quando os macrófagos reconhecem a presença de micróbios nos tecidos, eles soam alarmes que afetam todos os aspectos da resposta imune.

Entre os estímulos ativadores dos macrófagos está um paradigma proeminente dos MAMPs, o lipopolissacarídeo (endotoxina) da membrana externa das bactérias gram-negativas (Tabela 20.11). Quando o lipopolissacarídeo está presente em altos níveis, o termo "endotoxina" torna-se inteiramente justificado, pois o paciente pode entrar em um choque severo causado pela dilatação dos vasos sanguíneos e por uma queda da pressão sanguínea. Essa condição ocasionalmente letal é vista em pacientes com infecções do sangue causadas por bactérias gram-negativas (sépsis bacteriana). O termo "endotoxina" denota que ela está associada ao corpo das bactérias produtoras, diferentemente das toxinas solúveis, que são conhecidas como **exotoxinas**.

Como os micróbios evadem as defesas inatas?

Funcionando em conjunto, o complemento e os fagócitos pareceriam constituir um obstáculo impenetrável contra os micróbios invasores. Isso funciona

Tabela 20.11 Propriedades das endotoxinas bacterianas

Consistem em lipopolissacarídeo
Encontradas apenas no folheto externo da membrana externa das bactérias gram-negativas (assim, não são encontradas nas bactérias gram-positivas)
Atuam sobre:
Macrofágos, produção de citocinas e indução de febre
Neutrófilos, produção de compostos que dilatam os vasos sanguíneos, causando edema e choque
Sistema complemento, indução de sua ativação, causando inflamação

na maior parte do tempo, o que ajuda a explicar por que as doenças infecciosas não são uma norma diária, pelo menos nos países tecnologicamente avançados. Todavia, alguns agentes infecciosos ultrapassam essas linhas de defesa e causam doenças, porque os micróbios desenvolveram modos de subverter as defesas do hospedeiro. Os patógenos individuais diferem quanto aos seus arsenais de contradefesa. As tentativas de subverter as defesas do hospedeiro não deixam praticamente nenhum canto da resposta imune intocado. A amplitude dessas contradefesas microbianas sugere uma possível razão pela qual o sistema imune é tão complexo. A evolução, nesse momento, provoca uma corrida de armas entre os patógenos, que elaboram novas iniciativas estratégicas de contradefesa, e os hospedeiros, que respondem com novos métodos para dominá-los.

Como os micróbios defendem-se contra o complemento? O modo mais eficaz pelo qual os micróbios defendem-se é por impedir a ativação do complemento, o que pode ser feito de vários modos. Por exemplo, os meningococos (*Neisseria meningitidis*) *mascaram os componentes ativadores do complemento* em suas superfícies cobrindo-se com uma **cápsula** espessa. Os gonococos (*Neisseria gonorrhoeae*) cobrem suas superfícies com ácido siálico, o mesmo aminoaçúcar que impede o complemento de ser ativado pelas células do hospedeiro. As salmonelas contrapõem-se aos efeitos líticos do complemento com uma capa de componentes de superfície que impede que as proteínas formadoras de orifícios alcancem suas superfícies. Os vírus da vacínia (os vírus usados na vacinação contra a varíola) inibem a ativação do complemento pela produção de uma proteína que mimetiza uma que controla a ativação do complemento. Mutantes do vírus da vacínia desprovidos dessa proteína são menos virulentos em animais de laboratório.

Como os micróbios defendem-se contra a fagocitose? Novamente, os micróbios possuem um vasto repertório de estratégias para defender-se contra a fagocitose (Tabela 20.13). Alguns micróbios prejudicam o recrutamento de fagócitos pela inibição da ativação do complemento, impedindo assim a formação de quimiotaxinas; outros paralisam os neutrófilos pela produção de toxinas que rompem seus citoesqueletos. Em outros, ainda, a cápsula mucosa impede que os fagócitos os engulam. A estratégia de produção de cápsulas é muito difundida e é usada por bactérias transmitidas por meio da corrente sanguínea (como *Haemophilus influenzae* e meningococos).

Outros micróbios evitam danos pelos fagócitos *após* serem ingeridos. Por exemplo, os bacilos da tuberculose (*Mycobacterium tuberculosis*) *inibem a fusão dos lisossomos aos fagossomos*. Outras bactérias usam uma abordagem mais brutal: *elas lisam a membrana do fagolisossomo*, liberando assim seu conteúdo dentro do citoplasma da célula hospedeira, o que mata o fagócito. Isso funciona melhor para os micróbios que são relativamente resistentes à ação das próprias enzimas lisossômicas. Uma técnica particularmente engenhosa, usada por shigelas e pelo patógeno de origem alimentar *Listeria*, é o escape para dentro do citoplasma (Figura 20.7). Esse local é um porto seguro para os organismos, porque a célula não possui um modo de verter o conteúdo de seus lisossomos dentro de seu citoplasma – isso seria suicídio.

Vida intracelular

A vida dentro das células do hospedeiro não apenas propicia um porto contra a fagocitose, mas também protege os organismos de substâncias circulantes danosas, como, por exemplo, anticorpos e fármacos antimicrobianos que não podem penetrar nas células hospedeiras. Que agentes se aproveitam dessa oportunidade? Os vírus *têm de* reproduzir-se nas células, mas a maioria das bactérias, dos fungos e protozoários não. Algumas bactérias, como as clamídias, riquétsias e o bacilo da lepra (*Mycobacterium leprae*), não podem crescer fora das células, embora elas constituam exceções. Contudo, alguns organismos perfeitamente capazes de crescer em placas de ágar escolheram um estilo de vida intracelular. Os bacilos da tuberculose, por exemplo, são encontrados dentro dos macrófagos, onde podem ficar dormentes por anos e não são perturbados pelas defesas do hospedeiro.

A localização intracelular não é fácil de ser manejada, porque ela limita as oportunidades de migração e geração de novos encontros. Os organismos que vivem dentro das células hospedeiras enfrentam o problema de como atingir outras células-alvo. Alguns vírus e bactérias lisam a célula hospedeira e são assim transmitidos a outras por meio da circulação, mas isso os expõe a anticorpos, células fagocitárias e fármacos antimicrobianos. Certos vírus, como os herpesvírus, resolvem o problema induzindo as células nas quais eles multiplicaram-se à fusão com outras células, formando gigantescos **sincícios multinucleares**. Uma solução elegante é a de certas bactérias, como *Listeria*, que usam o citoesqueleto da célula para serem empurradas de uma célula infectada para dentro de uma célula adjacente (Figura 20.7). Esse é um bom exemplo de como os agentes infecciosos apropriam-se de funções da célula hospedeira para seu próprio uso, um tema recorrente na patogênese microbiana. Ao longo do tempo, a existência intracelular não assegura a sobrevivência em longo prazo, porque o hospedeiro possui mecanismos adaptativos de defesa que vão ao encontro das células infectadas, destruindo-as (ver a seguir).

20.2 *Filmes de bactérias se movendo dentro de células hospedeiras. Escolha alguns deles, mas não deixe de assistir aos últimos.*

Defesas adaptativas

As principais defesas adaptativas são os **anticorpos** e a **imunidade mediada por células**. Ambas requerem a exposição ao agente e, diferentemente das defesas inatas, ambas são *altamente específicas* e *variam de indíviduo para indivíduo*. Elas funcionam extremamente bem, exceto quanto a um aspecto: não estão lá para proteger o hospedeiro após a primeira exposição a um agente, requerendo uma semana ou mais para tornarem-se eficazes. Ainda, a proteção pode ser adquirida pelo contato prévio com um agente (quer isso leve, quer isso não leve a sintomas da doença), pela imunização ou, nos primeiros meses de vida, pela transferência de anticorpos da mãe ao feto através da placenta e por meio do **colostro** (o leite materno com alto teor de proteínas secretado nos primeiros dias após o parto).

Anticorpos

A maioria das crianças nos países desenvolvidos recebe várias vacinas em seus primeiros meses de vida. Uma dessas vacinas, denominada DTP, é uma vacina

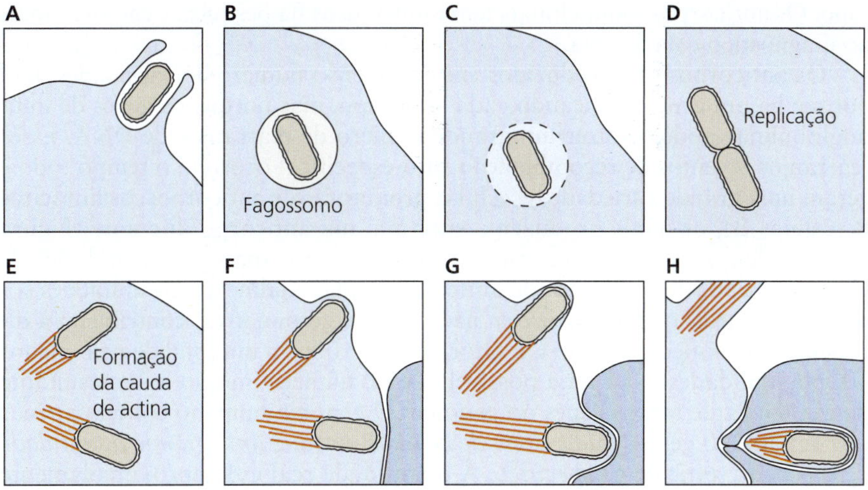

Figura 20.7 Como as bactérias movem-se dentro do citoplasma das células hospedeiras. Algumas bactérias (p. ex., *Listeria*, *Shigella* e *Rickettsia*), quando ingeridas por fagocitose **(A)**, escapam do fagossomo **(B)** para dentro do citoplasma pela lise da membrana fagossômica **(C)** e se dividem **(D)**. Em seguida, a actina polimeriza-se em um dos polos da bactéria **(E)**, propelindo a bactéria em um movimento para frente **(F)**. Quando uma bactéria atinge a membrana plasmática, ela ocasionalmente provoca a formação de uma extrusão citoplasmática **(G)**. Se isso ocorre próximo a uma célula adjacente, a bactéria nela penetra, iniciando um outro ciclo de infecção **(H)**.

múltipla e induz a formação de anticorpos contra a toxina da difteria (o D), a toxina do tétano (o T) e a pertússis ou coqueluche (o P). Tal vacinação estimula a formação de anticorpos que protegem contra essas doenças.

Exemplifica-se a seguir como os anticorpos ajudaram a combater infecções antes do advento dos antibióticos. Os pacientes com pneumonia causada por pneumococos (*Streptococcus pneumoniae*) ficavam tipicamente bastante mal por um período de uma ou duas semanas, com os sintomas aumentando em relação à severidade. Em tal ponto, a "crise" ocorria, e os pacientes morriam ou ficavam quase subitamente melhores. Alguns pacientes levantavam-se de seu leito de morte dentro de horas, solicitando uma boa refeição. Essa cura miraculosa ocorria porque os anticorpos contra os organismos haviam atingido um nível de limiar eficaz. Os pneumococos são extraordinariamente resistentes à fagocitose, porque são cercados por uma espessa cápsula mucosa (ver Figura 2.12). Quando os anticorpos são ligados à cápsula, eles funcionam como opsoninas, permitindo que os fagócitos se liguem e ingiram as bactérias.

Os anticorpos são proteínas denominadas globulinas formadas em resposta a substâncias estranhas denominadas **antígenos**. Dá-se ênfase, aqui, ao termo *estranho*. O hospedeiro vertebrado possui um mecanismo complicado para diferenciar entre o "próprio" e o "não próprio", impedindo, assim, a produção de anticorpos contra seus próprios componentes corporais. Quando isso acontece de vez em quando, pode levar às chamadas **doenças autoimunes**. Muitos anticorpos são incrivelmente específicos e podem distinguir entre proteínas que diferem quanto a um único aminoácido ou polissacarídeos que diferem quanto a uma ligação α ou β, reagindo com um e não com o outro. Normalmente, o antissoro formado contra um certo antígeno é **polivalente**, isto é, ele é uma mistura de anticorpos que reconhecem diferentes sítios antigênicos no mesmo antígeno, os **epítopos**. (Um truque engenhoso permite a produção dos chamados **anticorpos monoclonais**, que são específicos contra apenas um epítopo. Os anticorpos monoclonais têm muitos usos na pesquisa e cada vez mais no diagnóstico e na terapia.)

Os anticorpos são produzidos em um imenso número de variedades, não porque há um gene codificando cada anticorpo, mas porque os genes de imunoglobulinas podem sofrer um grande número de rearranjos de DNA. Esses rearranjos (eventos de **recombinação sítio-específica**) ocorrem o tempo todo e geram uma grande variedade de células produtoras de anticorpos, os **linfócitos B (células B)**, os quais produzem, cada um, um anticorpo diferente (Figura 20.8). Calculou-se que a recombinação possa gerar mais de seis milhões de diferentes tipos de moléculas de anticorpos. Adicionalmente, as mutações somáticas (aquelas que não ocorrem na linhagem germinativa) contribuem à diversidade de anticorpos com um fator de 10 a 100, em um total de pelo menos 10^8 possibilidades. Não seria possível que tal número imenso fosse resultante da existência de tantos genes no genoma. O genoma humano contém apenas (diz-se) 30.000 genes. *Cada clone de célula B produz uma grande quantidade de um dado anticorpo específico.* A quantidade real é de aproximadamente 2.000 moléculas por segundo, um número assombroso.

Normalmente, os linfócitos B permanecem dormentes, mas quando seu antígeno cognato está presente, cada um prolifera-se para formar um **clone** de células. Eles são estimulados para que se tornem fábricas produtoras de anticorpos por citocinas específicas produzidas por macrófagos e outras células. Dessa maneira, a imunidade inata é responsável pela sinalização da ativação da formação de anticorpos. Veremos que isso também é verdade para o outro ramo desta resposta, a imunidade mediada por células. Portanto, os dois aspectos da imunidade estão intimamente ligados um ao outro.

Os anticorpos ajudam a combater as doenças infecciosas de vários modos.

1. Eles neutralizam as toxinas microbianas, tornando-as ineficazes.
2. Eles facilitam a remoção de agentes infecciosos por:
   - atuar como opsoninas – quando as bactérias são cobertas com anticorpos, elas são reconhecidas por receptores na superfície dos fagócitos, de modo parecido às opsoninas derivadas do complemento;
   - agregar as bactérias em partículas maiores, o que facilita sua remoção;
   - utilizar os mecanismos de filtragem do corpo.
3. Eles interagem com o complemento para lisar certas bactérias.

Imunidade mediada por células

Os organismos intracelulares são protegidos contra os anticorpos, o complemento e os fagócitos. Um mecanismo especial, denominado imunidade mediada por células, trata daqueles agentes que residem dentro de células hospedeiras. Francamente, essa é uma tarefa complexa (Figura 20.8). Ela requer a eliminação de células infectadas por células especializadas, os **linfócitos T *killer*** ou **citotóxicos**. Como esperado, esse sistema deve ser altamente regulado, para que as células *killer* não ataquem as células normais do corpo (Tabela 20.12), funcionando da seguinte maneira, resumidamente: as células infectadas transportam em suas superfícies alguns dos antígenos produzidos pelos micróbios que residem dentro delas. A maioria das células do corpo possui glicoproteínas de superfície denominadas proteínas do **MHC** (de *major histocompatibility complex*, **complexo principal de histocompatibilidade**, um termo equivocado de importância histórica) que ajudam a manter antígenos estranhos em uma configuração apropriada, isto é, que possa ser reconhecida. Por isso, essas células são denominadas **células apresentadoras de antígenos**. Os linfócitos T citotóxicos reconhecem os antígenos de superfície associados ao MHC e ligam-se a ele. Exatamente como com as células formadoras de anticorpos, tal detecção funciona como um sinal de reconhecimento que faz

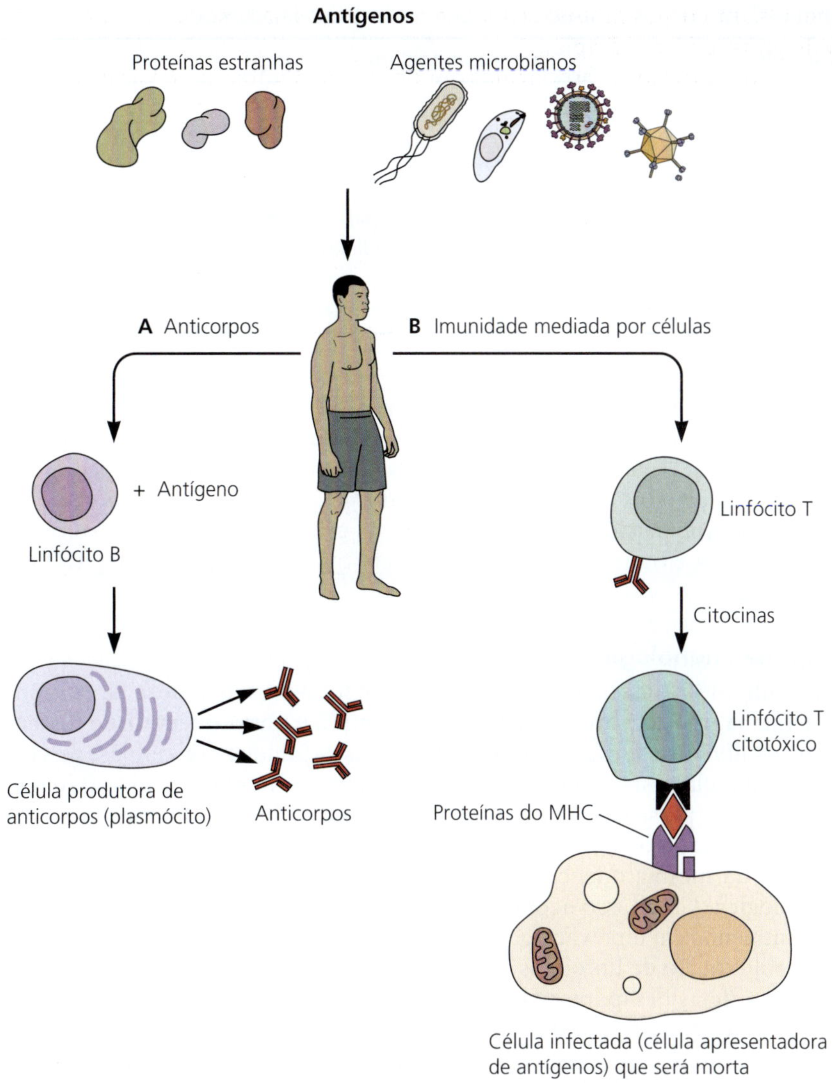

Figura 20.8 Os dois ramos da imunidade adaptativa. (A) Na presença de um antígeno, linfócitos B específicos tornam-se células formadoras de anticorpos (**plasmócitos**) que se proliferam, produzindo clones formadores de anticorpos específicos. **(B)** As células T se diferenciam em linfócitos T citotóxicos (CTLs ou células *killer*) que reconhecem antígenos associados ao MHC nas superfícies de células apresentadoras de antígenos (como aquelas infectadas por micróbios). Consequentemente, as células infectadas são mortas pelo CTL.

com que os linfócitos T se proliferem em clones específicos grandes. A imunidade mediada por células é, portanto, tão específica quanto a resposta de anticorpos. Assim, mecanismos potentes de defesa operam nas doenças infecciosas causadas por parasitas intracelulares, como todos os vírus, os bacilos da tuberculose e as salmonelas.

A imunidade mediada por células requer a comunicação intensa entre vários tipos de células. A linguagem usada é química, e as citocinas entregam as mensagens (Tabela 20.13). Algumas citocinas são produzidas por macrófagos, os quais, repetindo, servem de sentinelas que soam o alarme. Um conjunto de linfócitos, denominados **células T auxiliares**, são os comunicadores principais e estão envolvidos na ativação dos dois ramos da imunidade adaptativa. As células T auxiliares produzem citocinas que estimulam tanto os linfócitos B como os linfócitos T, servindo de intermediárias entre a formação de anticorpos e o

Tabela 20.12 Algumas células envolvidas na imunidade adaptativa

Tipo celular	Função importante
Macrófagos	Apresentação de antígenos; matam diretamente micróbios; matam células apresentadoras de antígenos
Células dendríticas	Apresentação de antígenos
Linfócitos B	Reconhecem diretamente antígenos; diferenciam-se em células formadoras de anticorpos (plasmócitos)
Linfócitos T	Envolvidos na imunidade mediada por células
Linfócitos T auxiliares	Promovem a diferenciação de linfócitos B; ativam macrófagos
Linfócitos T citotóxicos	Matam células apresentadoras de antígenos

estabelecimento da imunidade mediada por células. Além disso, as células T auxiliares estimulam a resposta inata pela produção de citocinas que resultam na inflamação. O papel-chave das células T auxiliares é visto na infecção pelo HIV, em que o vírus especificamente se dirige àquelas que transportam uma proteína de superfície denominada CD4, as células T CD4. A destruição das células T CD4 é o mecanismo primário pelo qual o HIV ocasiona a AIDS (ver Capítulo 21).

Memória imunológica

Em algum momento da vida, é provável que tomemos uma dose de reforço de uma vacina, muito provavelmente, por exemplo, contra o tétano. Se fôssemos medir os níveis de anticorpos ou as respostas mediadas por células, descobriríamos que elas estão mais elevadas, atingem seu máximo mais rapidamente e são mais persistentes que após a primeira vacinação. O mesmo é válido após uma infecção com um agente microbiano. É provável que um segundo episódio da mesma doença seja mais leve. Tal efeito é denominado **memória imunológica**. Como isso acontece? Após a primeira exposição a um agente ou seus antígenos em uma vacina, montamos uma **resposta primária**, manifestada pela proliferação de linfócitos B e T específicos. Essas células têm vida curta, e a maioria delas desaparece após o antígeno ser eliminado. Contudo, se todas elas desaparecessem, um novo encontro com o mesmo agente requereria que o sistema imune começasse do zero. A fim de evitar isso, o sistema imune retém uma memória de seu passado. Alguns dos linfócitos B diferenciam-se em **células de memória**, que não são destruídas e ficam quiescentes, contanto que não haja estimulação antigênica adicional. Quando o corpo encontra o mesmo agente ou um agente antigênico similar, as células de memória proliferam-se, montando uma resposta imune rápida e eficiente, a **resposta secundária.**

Tabela 20.13 Algumas citocinas importantes envolvidas na inflamação e na imunidade

Nome	Principais atividades
Interleucina-1 (IL-1)	Induz febre; ativação de linfócitos T e B
Interleucina-2 (IL-2)	Induz a proliferação de linfócitos T e B
Interleucina-4 (IL-4)	Ativa a formação de anticorpos pelos linfócitos B
Interleucina-10 (IL-10)	Modula as funções de macrófagos e alguns linfócitos
Interferon gama (IFN-γ)	Ativa macrófagos e outras células imunes
Fator de necrose tumoral alfa (TNF-α)	Ativa macrófagos, neutrófilos; induz febre

As células de memória têm vida longa, podendo durar até décadas. Elas estão prontas para se proliferar rapidamente toda vez que o mesmo antígeno for encontrado. A memória imunológica é o benefício-chave de ser exposto a antígenos de patógenos durante a infância, pois reduzirá o risco de o mesmo patógeno causar moléstias mais tarde na vida. Assim, a resposta imune é, na verdade, um dom que se mantém como presente.

Como os micróbios defendem-se contra a imunidade adaptativa?

Como vimos, a residência intracelular é um dos modos pelo qual os micróbios tentam obstruir as defesas do hospedeiro, mas existem vários outros. O modo mais eficiente é desligar totalmente as respostas imunes. Felizmente, apenas alguns agentes podem realizar isso, sendo o principal deles o HIV. Ao eliminar células que dirigem o tráfego dentro dos ramos do sistema imune, o HIV faz com que as pessoas infectadas, se não tratadas, tornem-se suscetíveis a todos os tipos de agentes infecciosos (ver Capítulo 21). Tal colapso do sistema imune é a marca característica da progressão devastadora da infecção por HIV à AIDS. Mudanças menos dramáticas da regulação do sistema imune também ocorrem. Por exemplo, a infecção do sarampo leva a uma imunossupressão relativamente leve, mas isso é exacerbado pela desnutrição, especialmente em crianças. Portanto, a infecção do sarampo é uma grande ameaça às crianças nos países em desenvolvimento com altas taxas de desnutrição, em parte porque essas crianças ficam altamente suscetíveis a infecções bacterianas, como a tuberculose.

Os micróbios desenvolveram outros modos de atrapalhar a resposta imune. Um modo particularmente trapaceiro consiste em não suprimir a formação de anticorpos, mas em *de fato estimulá-la*. Contudo, os anticorpos formados são inespecíficos e, assim, inúteis no combate aos agentes infecciosos. Tal produção desperdiçadora de anticorpos aleatórios é induzida pelos chamados **superantígenos**, produtos microbianos que enganam os linfócitos B na produção de anticorpos com uma faixa ampla de especificidades. Existem agora mais anticorpos nas adjacências, mas praticamente todos são inúteis. Os produtores de superantígenos incluem certos estreptococos e estafilococos, assim como o HIV e outros vírus.

Alguns micróbios confundem tanto os anticorpos como a imunidade mediada por células por meio da alteração periódica de seus antígenos de superfície, um fenômeno conhecido como **variação antigênica**. A resposta imune mais forte aos micróbios é normalmente dirigida contra os componentes de superfície, que são os mais facilmente detectados pelo hospedeiro. A variação antigênica funciona do seguinte modo: uma vez que o hospedeiro tenha montado uma resposta imune eficaz, os agentes respondem produzindo um tipo diferente de antígeno, para o qual não há imunidade. Tal troca a um novo antígeno pode ser um evento raro, mas os organismos com os antígenos novos estão imunologicamente seguros. O corpo tenta contra-atacar montando uma resposta imune a esses antígenos novos. Em alguns casos, a corrida é prolongada porque o agente pode produzir uma grande variedade de antígenos diferentes (Figura 20.9). A base genética da emergência de novos tipos antigênicos depende de alguma forma de rearranjo genômico reminiscente daquele usado na geração da diversidade de anticorpos. Os agentes que sofrem variação antigênica são os gonococos, os protozoários que causam a malária e a doença do sono e o HIV. Não é de surpreender que a elaboração de vacinas contra esses agentes seja difícil e que elas ainda não estejam disponíveis.

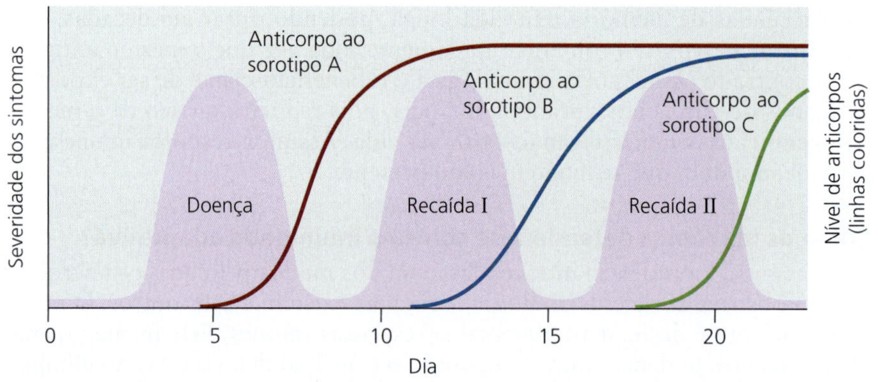

Figura 20.9 A variação antigênica protege os micróbios contra a resposta imune. Um animal infectado com um micróbio patogênico (sorotipo A) fica doente, mas recupera-se quando anticorpos contra o agente atingem um título suficiente. Contudo, isso não leva à remoção total do micróbio, que agora muda a um novo tipo antigênico (sorotipo B). O hospedeiro fica doente novamente e monta uma resposta de anticorpos ao sorotipo B. Esse padrão de aparecimento dos sintomas seguido de variação antigênica pode se repetir por muitos ciclos.

Integração dos mecanismos de defesa

Os seres humanos e outros vertebrados desenvolveram um grande número de mecanismos de defesa que asseguram a manutenção da saúde e da integridade. A vantagem de ter tantos mecanismos é que, se um falhar, os outros podem preencher a brecha. Embora esses mecanismos difiram quanto à especificidade, à força e ao momento em que entram em cena, eles são interativos e trabalham de modo cooperativo. Assim, nem as respostas adaptativas nem as defesas inatas funcionam de forma independente. Vimos exemplos de tais interações, quais sejam: os anticorpos ajudam a ativar o complemento (a via "clássica" de ativação do complemento), o complemento estimula muito a ação das células fagocitárias, e os macrófagos produzem citocinas que ativam os linfócitos B e T. Uma vez que as respostas adaptativas – os anticorpos e a imunidade mediada por células – atinjam um nível eficaz, o corpo pode responder eficientemente a vários desafios. Apossando-se do que Shakespeare disse (em um contexto diferente), o corpo torna-se "uma fortaleza construída pela Natureza para si própria contra a infecção".

CONCLUSÕES

Saímos desta visão geral da patogênese microbiana com deferência aos modos numerosos e manifestamente hábeis que os micróbios desenvolveram para causar danos no hospedeiro e às respostas igualmente notáveis que os hospedeiros evoluíram para agir contra esses ataques. No próximo capítulo, discutiremos alguns exemplos específicos dessas interações complexas e fascinantes.

TESTE SEU CONHECIMENTO

1. Quais são as etapas na patogênese comuns a todas as infecções? Mencione alguns aspectos proeminentes de cada uma delas.
2. Defina os seguintes termos: período de incubação, tamanho do inóculo, flora normal e infecções endógena e exogenamente adquiridas.
3. Quais são os principais processos que levam aos sintomas nas infecções?
4. Quais são os principais elementos da inflamação?
5. O que são MAMPs? Dê exemplos.
6. Quais são algumas das consequências da ativação do complemento?
7. Quais são as etapas na fagocitose que levam à destruição bacteriana?
8. Como as bactérias evadem as defesas inatas do hospedeiro?
9. Estabeleça a distinção entre as defesas inatas e adaptativas e dê exemplos.
10. Como os anticorpos ajudam na defesa contra os patógenos?
11. O que é a imunidade medida por células e como ela é gerada?

infecção: o micróbio

capítulo

21

INTRODUÇÃO

Um motivo prevalente na patogênese microbiana, embora tenha ganhado aceitação geral apenas recentemente, é a ideia de que os micróbios não apenas crescem no hospedeiro; eles comandam funções do hospedeiro para seus próprios propósitos. Uma área inteiramente nova, denominada **microbiologia celular**, originou-se em torno dessa noção. As pesquisas nessa área estão ajudando não apenas a entender os micróbios envolvidos, mas também a elucidar mecanismos básicos na biologia celular eucariótica. A microbiologia celular de vírus está bem estabelecida, porque o único modo de eles se multiplicarem é mediante a apropriação da maquinaria da célula. Alguns vírus possuem enzimas para a replicação de ácidos nucleicos, mas nenhum deles pode crescer e nenhum deles pode gerar energia por conta própria. Ao contrário, a maioria das bactérias patogênicas pode crescer em placas de ágar. Por muito tempo, pensou-se que as bactérias usassem o corpo como uma placa de Petri gigante, simplesmente crescendo em uma ou em outra parte dele. Não havia motivos convincentes para acreditar que as bactérias na placa e dentro do hospedeiro fizessem coisas totalmente diferentes. Graças a pesquisas mais recentes, essa noção mudou de rumo. O que acontece é que as bactérias são programadas para fazer coisas muito diferentes dentro do corpo e no laboratório. Alguns dos "genes de manutenção" envolvidos no metabolismo central e na biossíntese de macromoléculas são expressos em ambas as situações. Contudo, a análise da expressão gênica revelou que um grande número de genes é ligado (i. e., ativado) somente quando as bactérias invadem um hospedeiro. Esse trabalho baseia-se em duas classes gerais de abordagens experimentais. Uma é o uso de ferramentas genéticas para identificar genes que são necessários à virulência e expressos no hospedeiro, mas não em meios laboratoriais. A outra abordagem é conhecida como moni-

21.1 *Uma revisão de abordagens genéticas no estudo da virulência.*

toramento transcricional e usa a análise de microarranjos para determinar que mRNAs são feitos sob várias condições (ver Capítulo 13).

Aqui, consideraremos cinco exemplos de doenças infecciosas. Cada um ilustra várias características, algumas únicas e outras comuns a muitos agentes infecciosos. Como no Capítulo 20, abordaremos o estudo dessas doenças cientes de que as etapas universais da patogênese são o encontro, a entrada, o estabelecimento e danos. Faremos questões como as seguintes. Em que extensão o agente ou o hospedeiro é responsável pelos danos? Em que grau o agente usurpa funções do hospedeiro para sua sobrevivência e replicação? Qual é a interação entre as defesas do hospedeiro e as tentativas do agente de subvertê-las? Cada um de nossos exemplos ilustra certos princípios, como mostrado na Tabela 21.1. Para ter uma ideia do escopo de algumas das principais doenças infecciosas, veja a Tabela 21.2.

21.2 *Uma galeria de bactérias patogênicas.*

RELATOS DE CASOS

Tétano, uma doença infecciosa relativamente "simples"

Um trabalhador rural de 22 anos chegou ao consultório médico queixando-se de dor na mandíbula há três dias e da incapacidade de abrir inteiramente sua boca. Dez dias antes, ele havia inadvertidamente se ferido com um prego enferrujado que se projetava de uma tábua em um curral de cavalos. O prego havia penetrado profundamente na pele e, embora o ferimento doesse e sangrasse, ele não havia buscado assistência médica. Ele havia recebido suas doses contra tétano na infância, mas não havia tomado seu último reforço, há mais de 10 anos.

O paciente foi informado sobre a possibilidade de tétano e recebeu duas doses intramusculares de imunoglobulinas antitetânicas humanas em cada nádega, como um antibiótico. Durante um período de várias semanas, seus sintomas gradativamente diminuíram. Seu ferimento parou de sangrar até o dia seguinte, e a vermelhidão ao redor do ferimento desapareceu.

Para entender o que acontece em um paciente com tétano, devem-se enfocar vários tópicos: onde o organismo causador da infecção reside no ambiente, como é encontrado, como entra no corpo, como sobrevive às defesas locais do corpo, como a toxina espalha-se até os tecidos-alvo (nesse caso, o sistema nervoso) e como a toxina age, uma vez lá presente. A patogênese do tétano com certeza não é simples, embora possa parecer o contrário em comparação com outras doenças infecciosas.

21.3 *O website de tétano do Centers for Disease Control and Prevention.*

Tabela 21.1 Casos clínicos neste capítulo

Doença	Princípios ilustrados
Tétano	Os principais sintomas de uma doença podem ser causados por uma toxina que opera longe do local de entrada das bactérias.
Colite hemorrágica por *E. coli*	Um agente infeccioso pode apropriar-se de funções do hospedeiro para seu próprio uso; neste caso, ligar-se às células do hospedeiro e adentrá-las.
Tuberculose	As bactérias podem sobreviver, sem causar danos, por longos períodos dentro das células do hospedeiro em virtude de uma série de mecanismos. Os principais sintomas da doença podem ser causados tanto pela resposta do hospedeiro como pelo agente infeccioso.
Mononucleose infecciosa	Certos vírus podem causar uma série de condições; neste caso, uma infecção aguda e a residência permanente no hospedeiro, o que pode ocasionalmente levar ao câncer.
Infecção por HIV e AIDS	A imunodeficiência progressiva causada pela destruição de células-chave do sistema imune (linfócitos T auxiliares) resulta em infecções incontroláveis, frequentemente ocasionadas por membros da flora normal.

Tabela 21.2 Exemplos de doenças infecciosas

Sistema afetado e tipo de agente	Doença(s)
Sistemas respiratório e digestivo superior	
Bacteriano	Garganta inflamada; difteria; infecções do ouvido médio causadas por *Haemophilus influenzae*, pneumococo
Viral	Resfriado comum (muitos agentes), herpes
Fúngico	Infecção por *Candida* (candidíase oral)
Sistema respiratório inferior	
Bacteriano	Pneumonias causadas por pneumococo, estreptococos, micoplasmas; tuberculose pulmonar; legionelose; peste; antraz
Viral	Influenza, infecção por vírus respiratórios sinciciais
Trato digestivo inferior	
Bacteriano	Gastrite e úlceras causadas por *Helicobacter*; diarreia causada por bacilos da cólera, *Salmonella*, *Listeria*, *E. coli* (algumas linhagens); disenteria causada por *Shigella*, *E. coli* (algumas linhagens)
Viral	Diarreia causada por rotavírus, infecções do fígado causadas por vírus da hepatite (A, B, C e D)
Parasítico	Diarreia causada por *Giardia*, *Cryptosporidium*, *Entamoeba*
Trato urogenital	
Bacteriano	Gonorreia, infecções da bexiga causadas por *E. coli* (algumas linhagens), infecção por *Chlamydia*, sífilis
Viral	Herpes, verrugas
Levedura	Candidíase
Parasítico	Infecção por *Trichomonas*
Sistema nervoso	
Bacteriano	Tétano; botulismo; meningite causada por meningococos, *H. influenzae*, pneumococo, bacilos da tuberculose
Viral	Encefalite causada por herpesvírus, vírus oriundos de artrópodes (p. ex., encefalite do Nilo ocidental); raiva
Sistema circulatório	
Bacteriano	Endocardite causada por estreptococos, estafilococos, enterococos
Viral	Febre hemorrágica por ebola
Parasítico	Malária
Pele e tecidos moles	
Bacteriano	Infecções purulentas (formadoras de pus) causadas por estafilococos e estreptococos, fasciite necrotizante (por estreptococos do grupo A), gangrena gasosa
Viral	Herpes, catapora, sarampo, rubéola, verrugas, varíola
Fúngico	Infecções por *Candida*, tinha, pé-de-atleta
Ossos e articulações	
Bacteriano	Artrite causada por estafilococos, estreptococos, gonococo, espiroqueta da doença de Lyme
Sistema imune	
Bacteriano	Tuberculose, febre entérica por salmonela, tularemia
Viral	Doença do HIV

O tétano é uma doença causada pela toxina produzida por *Clostridium tetani*. Essa bactéria gram-positiva é comum no solo e nas fezes. Ela forma endósporos, o que explica sua capacidade de persistir por longos períodos no ambiente. *C. tetani* libera uma toxina que interfere na atividade dos neurotransmissores, ocasionando um enrijecimento extraordinário dos músculos (paralisia espástica), como o trabalhador rural estava vivenciando. Se não tratado, o tétano pode resultar em morte por asfixia. O paciente ficou bem, possivelmente porque ele ainda tinha um certo nível de proteção residual de suas doses anteriores contra tétano.

A toxina de outro anaeróbio formador de esporos, o agente do botulismo, *Clostridium botulinum*, também pode causar asfixia, mas ela o faz pela indução do relaxamento dos músculos (paralisia flácida). Por esse motivo, a toxina botulínica (Botox) é usada em doses muito baixas para fins cosméticos e, ocasionalmente, terapêuticos. *C. tetani* é intimamente relacionada a *C. botulinum*, e ambas as espécies compartilham muitas características. Nenhum organismo é altamente invasivo, e ambos penetram por meio de brechas ou fissuras na integridade do corpo, como aquelas causadas por ferimentos ou seringas contaminadas. Embora exista a visão de que o botulismo seja causado pela ingestão do conteúdo de latas de comida inadequadamente esterilizadas, a doença também pode ser adquirida a partir da contaminação de ferimentos. Uma doença rara no passado, o botulismo de ferimentos tem estado em ascensão entre usuários infectados de fármacos. Em consequência da vacinação, o tétano é relativamente infrequente nos Estados Unidos, mas ainda há em torno de 50 casos por ano. Ele é bastante comum em países com higiene precária e falta de vacinação.

O que deve ocorrer para que o tétano ou o botulismo se estabeleçam? Os organismos causam inflamação local no sítio de entrada. Os bacilos do tétano e do botulismo não sobrevivem muito tempo nos tecidos e são normalmente removidos do sítio em alguns poucos dias. Um dos motivos é que esses organismos são *anaeróbios estritos* e não crescem na presença de oxigênio. Contudo, alguns sobrevivem, o que é possível em pequenas áreas anóxicas. Os danos severos que eles causam não são um fenômeno local, ocorrendo em um sítio distante. De fato, o ferimento local pode ser tão leve a ponto de não ser percebido. O motivo pelo qual um número relativamente pequeno de células bacterianas pode causar uma doença tão potencialmente devastadora é que as toxinas são imensamente potentes e funcionam em concentrações diminutas. As toxinas do botulismo e da difteria estão entre os venenos conhecidos mais potentes (um grama de toxina poderia matar aproximadamente dez milhões de pessoas!). Observou-se que a toxina do botulismo purificada é um pó branco de sabor desconhecido.

Um surto de colite hemorrágica, uma infecção complicada causada pela linhagem *E. coli* O157:H7

Em 1999, um surto de infecção de origem alimentar ocorreu em pessoas que participavam da Feira do Condado de Washington, no estado de Nova York, nos Estados Unidos. Descobriu-se que o organismo causador era uma linhagem de *Escherichia coli* denominada O157:H7. A origem dos organismos pode ter sido um poço de água na área descoberta da feira, o qual, provavelmente, deveria estar contaminado com esterco de vaca. (Em outros surtos, a origem do organismo foi relacionada à carne de hambúrguer mal cozida.) No surto de 1999, uma menina de três anos e um idoso de 79 morreram em decorrência de complicações da infecção. Centenas de outros ficaram doentes com diarreia sanguinolenta, uma condição conhecida como *colite hemorrágica*. Setenta e uma pessoas tiveram de ser hospitalizadas. Dessas, 14 desenvolveram uma complicação severa da infecção por *E. coli* O157:H7 (síndrome hemolítico-urêmica) que pode levar à falha dos rins.

E. coli O157:H7 é uma das muitas linhagens existentes da espécie. De fato, os limites da espécie *E. coli* são muito amplos e incluem um grande número de variedades patogênicas. Elas são frequentemente designadas com um número para "O", o antígeno O de seu lipopolissacarídeo, e um para "H", a proteína flagelina dos flagelos. A maioria das linhagens patogênicas de *E. coli* causa doenças intestinais, algumas causam infecções do trato urinário, e algumas invadem os tecidos profundos. No outro extremo do espectro, está a linhagem *E. coli* K-12, um antigo burro de carga laboratorial que não se mostrou colonizar ninguém, sem falar que não causa nenhuma doença entre os inúmeros trabalhadores de laboratório que entram em contato com ela ou os voluntários que ingeriram culturas da linhagem. Embora a espinha dorsal genômica de todas as linhagens de *E. coli* seja similar, muitas das linhagens patogênicas transportam uma quantidade adicional de DNA superior a 20%. Parece provável que esses genes adicionais tenham sido adquiridos por transmissão horizontal a partir de outras bactérias (ver Capítulo 11).

A linhagem de *E. coli* responsável por esse surto normalmente reside nos intestinos do gado, onde causa poucas (quando causa) doenças perceptíveis. Os animais colonizados com esse organismo tornam-se **transportadores**. Como muitos outros agentes infecciosos, esse organismo causa uma doença séria em uma espécie hospedeira e pouca ou nenhuma em outra. Os seres humanos são **hospedeiros acidentais** do organismo, que sobreviveria muito bem mesmo se nunca infectasse as pessoas. As doenças adquiridas dos animais são denominadas **zoonoses** (existem também doenças que os animais contraem das pessoas).

Uma vez ingeridos, os organismos dirigem-se até o cólon, onde causam inflamação (por isso, a colite). Eles são relativamente resistentes a ácidos, o que explica como sobrevivem à jornada através do estômago. Os organismos não invadem o epitélio intestinal e ficam confinados a sua superfície, devendo aderir-se a ela para que não sejam deslocados e destruídos por correntes líquidas (Figura 21.1). Em pouco tempo, as bactérias aderentes destroem as vilosidades das células epiteliais intestinais, criando uma lesão que prejudica as funções intestinais e ocasiona inflamação e diarreia severa. Quando a lesão torna-se suficientemente profunda, ela abre caminho através da camada abaixo do epitélio (a lâmina própria) e afeta os vasos sanguíneos subjacentes. Isso resulta em hemorragia e fezes sanguinolentas. Acredita-se que o sangramento abundante seja efetuado por **citocinas inflamatórias** (também denominadas **pró-inflamatórias**) que são induzidas por toxinas produzidas pelos organismos. As complicações da doença são infrequentes; elas podem, no entanto, levar a danos em pequenos vasos sanguíneos nos rins, no cérebro e em outros órgãos. Isso pode levar à morte.

21.4 *Um resumo sobre* E. coli *O157:H7.*

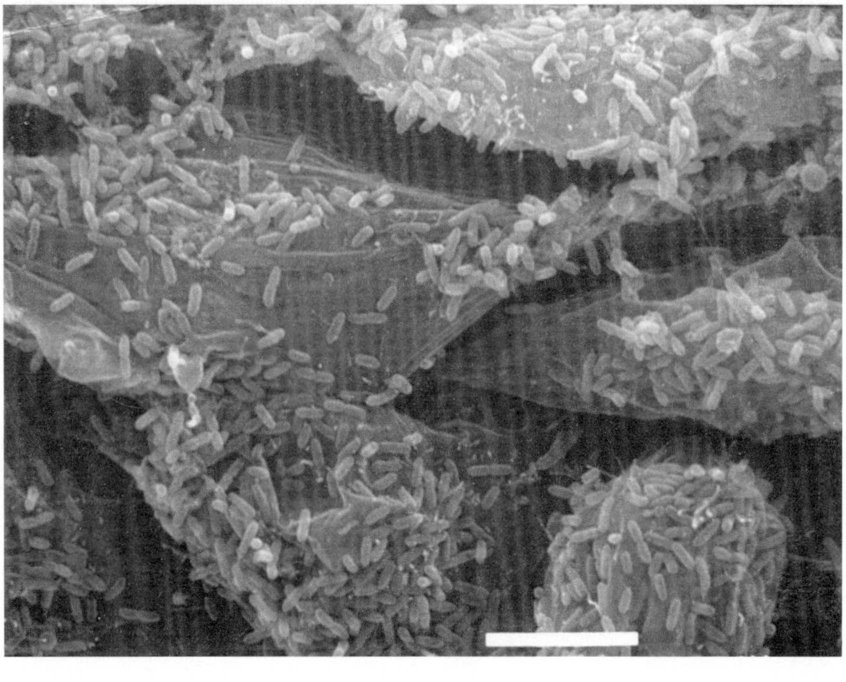

Figura 21.1 Adesão de bactérias a células epiteliais. Uma micrografia eletrônica de varredura mostrando *E. coli* aderindo-se a células HeLa humanas.

As toxinas produzidas por esses organismos não são secretadas no ambiente; curiosamente, elas são diretamente introduzidas dentro das células do corpo. Compare essa situação com o bacilo do tétano, que secreta uma toxina que se dissemina por todo o corpo, diluindo toxina, o que, nesse caso, não importa, visto que a toxina do tétano é tão potente que somente algumas moléculas precisam alcançar seu alvo. *E. coli* é menos desperdiçadora: todas as moléculas da toxina alcançam apenas as células sensíveis. A introdução de proteínas bacterianas dentro de células hospedeiras assemelha-se, superficialmente, à injeção com uma seringa. Um aparelho microscópico que faz contato com a superfície da célula hospedeira projeta-se a partir do lado externo da bactéria (Figura 21.2). Contudo, essa analogia é enganosa, porque não há nenhum êmbolo. Essa maquinaria possui o nome indefinível de secreção do tipo III (ver Capítulo 8). O aparelho possui várias proteínas estruturais que são homólogas a proteínas dos flagelos bacterianos, sugerindo que as duas nanomáquinas podem ter tido uma origem comum. O aparelho de secreção do tipo III é *produzido somente quando necessário*. Os estímulos que o disparam incluem propriedades do ambiente do hospedeiro, como temperatura, condições iônicas e contato com as superfícies de células sensíveis.

21.5 *Um artigo sobre a adesão de E. coli.*

As toxinas distribuídas à célula hospedeira pela secreção do tipo III alteram o citoesqueleto da célula, levando tanto a mudanças morfológicas que favorecem a ligação das bactérias como à destruição das microvilosidades das células intestinais.

A ligação ocorre em várias etapas. A primeira resulta em uma ligação relativamente fraca. Para garantir que a bactéria não seja desalojada, tal etapa é seguida de uma ligação mais forte que requer um receptor nas células hospedeiras, o qual é proporcionado pelas próprias bactérias. Esse receptor, denominado **Tir** (de *translocated intimin receptor*, receptor translocado de intimina),

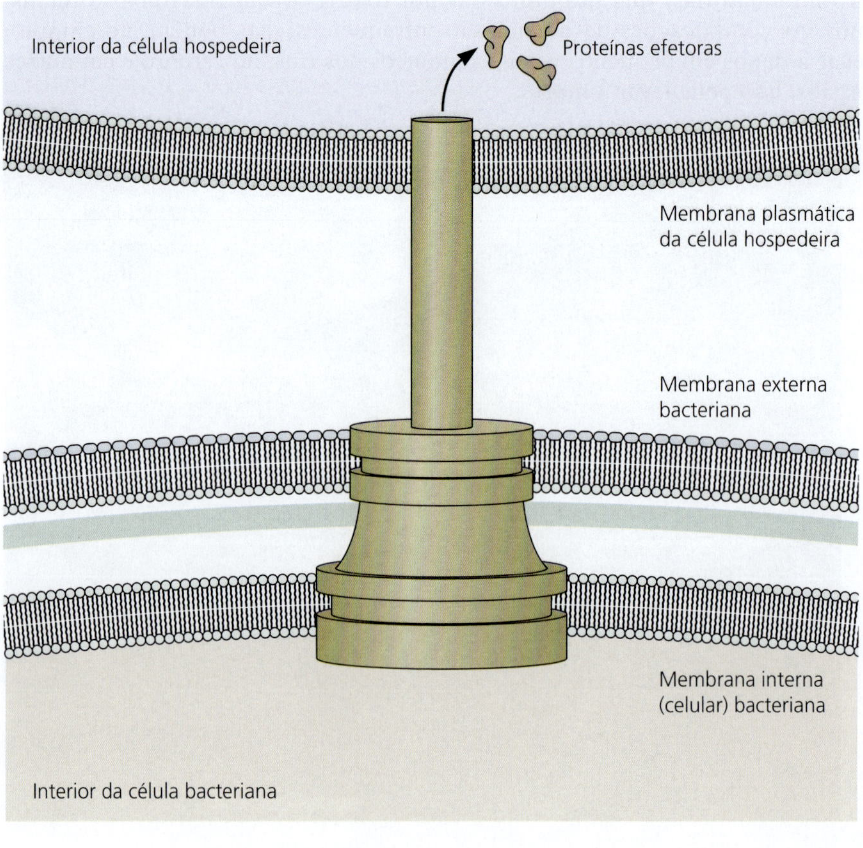

Figura 21.2 O aparelho de secreção do tipo III. Este desenho esquemático mostra a estrutura do *injectossomo*, o dispositivo usado por uma série de bactérias gram-negativas para introduzir proteínas dentro de células hospedeiras eucarióticas. Observe a similaridade desta estrutura com os flagelos bacterianos. As proteínas "injetadas", denominadas *efetores*, podem agir prejudicando uma função vital da célula hospedeira, como aquelas associadas ao citoesqueleto. O injectossomo consiste em muitas proteínas, algumas das quais constituem a estrutura básica do injectossomo; outras servem para ancorá-lo nas membranas da bactéria e para perfurar a membrana da célula hospedeira (ver Capítulo 8).

é introduzido através da secreção do tipo III e é inicialmente inativo. No citoplasma do hospedeiro, o receptor Tir é ativado por fosforilação e, nessa forma modificada, é capaz de se inserir dentro da membrana da célula hospedeira. Na membrana, o receptor Tir funciona como um receptor forte para a bactéria, podendo ligar-se firmemente a ela. Dessa maneira, a bactéria usa o sistema de fosforilação do hospedeiro para converter uma de suas próprias proteínas em um receptor eficaz, outro exemplo de como os micróbios apropriam-se de funções celulares para benefício próprio.

Muitas espécies bacterianas, não apenas *E. coli*, usam a secreção do tipo III para introduzir toxinas e outras proteínas diretamente dentro de células. Esse mecanismo é comum entre os patógenos humanos e vegetais, sugerindo que ele pode ter evoluído uma vez e, mais tarde, sido transferido lateralmente entre as espécies. Essa noção é reforçada pelo fato de que os genes de secreção do tipo III estão frequentemente agrupados em regiões contíguas do cromossomo ou plasmídeos. Tais agrupamentos gênicos são denominados **ilhas genômicas** ou **de patogenicidade** e podem ser distinguidos do resto do cromossomo, por exemplo, por apresentarem uma proporção diferente de G+C (Figura 21.3), sugerindo que tenham sido adquiridos recentemente através de transferência gênica horizontal (ver Capítulo 11). Parece razoável que, uma vez evoluído, tal processo sofisticado como a secreção do tipo III deve ter sido compartilhado por muitas espécies patogênicas.

Algumas bactérias fazem uso de outras modificações proteicas na célula hospedeira. Essa descoberta explicou alguns mistérios de longa data. Por exemplo, até recentemente, não havia nenhuma boa explicação de como as salmonelas, agentes comuns da intoxicação alimentar, causam doenças intestinais. Outras bactérias que geram diarreia, por exemplo, o bacilo da cólera, produzem uma proteína que é prontamente encontrada em filtrados de cultura e até no conteúdo do intestino de um paciente. Apesar de muitas tentativas, nunca se descobriu se essas toxinas solúveis eram produzidas por salmonelas. Verificou-se que, como no caso de *E. coli*, uma proteína de salmonela deve primeiro ser introduzida dentro do citoplasma de uma célula hospedeira, onde então ela torna-se modificada. Uma vez modificada, a toxina funciona enzimaticamente, adicionando um grupamento ADP-ribosil à actina (Figura 21.4). No estado modificado, a atividade citoesquelética da actina é alterada, o que leva à absorção das bactérias dentro das células intestinais, subsequentemente causando os sintomas no paciente infectado. Outras espécies bacterianas produzem toxinas com a mesma atividade enzimática (ADP-ribosilação), mas, na maioria dos casos, as proteínas-alvo são diferentes. No caso dos bacilos da difteria e das pseudômonas (e espécies relacionadas), a proteína afetada é uma

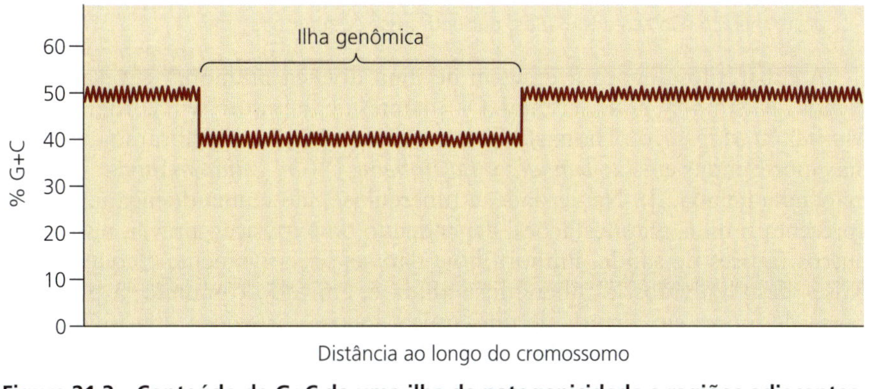

Figura 21.3 Conteúdo de G+C de uma ilha de patogenicidade e regiões adjacentes no cromossomo. Um trecho de DNA cromossômico que possui uma proporção diferente de G+C que o restante é indicativo de uma ilha de patogenicidade ou genômica, uma região introduzida de outro organismo por transferência gênica horizontal.

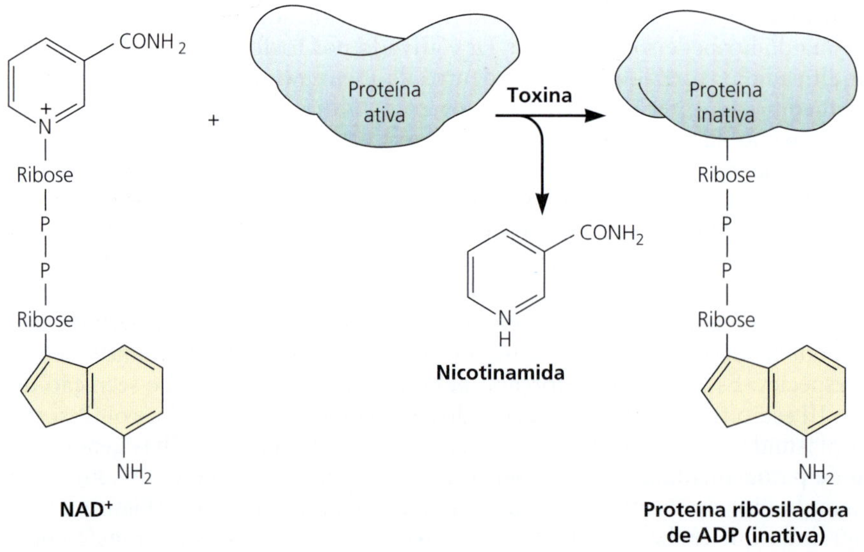

Figura 21.4 Toxinas ribosiladoras de ADP. Muitas toxinas bacterianas (p. ex., as toxinas de difteria, cólera, pseudômona e salmonela) modificam uma proteína essencial do hospedeiro pela adição de um grupamento adenina-ribose-difosfato (ADP-ribose) a uma proteína-alvo, usando nicotinamida adenina dinucleotídeo (NAD) como doador.

necessária à síntese proteica da célula hospedeira. Na cólera, a proteína-alvo regula o nível de AMP cíclico necessário à manutenção do equilíbrio iônico apropriado das células hospedeiras. Quando essa proteína não funciona apropriadamente, há um intenso extravasamento de água, resultando na diarreia líquida copiosa que caracteriza essa doença.

Tuberculose, uma doença causada principalmente pela resposta do hospedeiro

Em uma noite nevosa de inverno, um homem de 32 anos que vive nas ruas chegou a um posto médico em Boston queixando-se de uma tosse que ele havia tendo há vários meses, febre e suores noturnos. Ele parecia ligeiramente alcoolizado e cronicamente subnutrido e apresentava uma temperatura de 39,2 °C. O exame de seu tórax revelou estertores, ruídos pulmonares crepitantes, indicando a presença de fluido nos sacos aéreos, um quadro sugestivo de pneumonia. Após realizar uma radiografia de tórax e coletar uma amostra de escarro, ele partiu abruptamente e passou a noite em um prédio abandonado que dividia com vários amigos. O exame laboratorial do escarro revelou a presença de bacilos acidorresistentes, compatíveis com o bacilo da tuberculose, *Mycobacterium tuberculosis* (Figura 21.5). A radiografia de tórax deu ainda mais crédito ao diagnóstico de tuberculose. O paciente era negativo para o vírus da imunodeficiência humana (HIV). Quando retornou ao posto médico, quatro meses mais tarde, com queixas similares, foi-lhe dado um coquetel de vários antibióticos com o aconselhamento estrito e explícito de que era essencial que não pulasse nem mesmo uma única dose. Tal tratamento deveria durar nove meses. O pessoal do posto médico não acreditou que o paciente fosse cumprir o regime.

Células inflamatórias

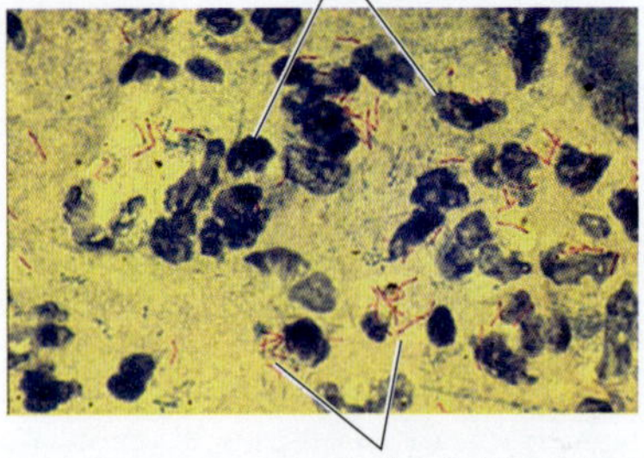

Bacilos da tuberculose

Figura 21.5 Tuberculose em um esfregaço de escarro. Este esfregaço foi corado pela técnica de coloração acidorresistente, na qual os bacilos da tuberculose e outras bactérias acidorresistentes retêm a cor original. Os bacilos da tuberculose mostram-se vermelhos porque o primeiro corante usado na coloração é vermelho (fucsina).

A tuberculose evoca a imagem de uma doença pulmonar severa que, a menos que tratada, pode ser fatal. Os amantes de literatura se recordarão de *A Montanha Mágica*, de Thomas Mann, e os fãs de ópera se lembrarão das heroínas moribundas em *La Traviata* e *La Bohème* ("*Che gelida manina...*" ["Que mãozinha gelada...]). Na verdade, a tuberculose não é uma doença única: ela apresenta muitas manifestações, dependendo da exposição prévia, nutrição e outros fatores de saúde. Embora hoje não seja relativamente frequente nos países desenvolvidos, a tuberculose ainda é, em todo o mundo, a principal causa de morte em virtude de uma única doença infecciosa. Ela foi a causa da "Peste Branca" dos séculos XVII e XVIII na Europa (não confunda com a Peste Negra, causada pelo bacilo da peste, *Yersinia pestis*). Durante aquele período, praticamente todas as pessoas na Europa estavam infectadas, e 25% de todas as mortes de adultos eram ocasionadas pela tuberculose. Nos Estados Unidos, o número de casos de tuberculose caiu quase todos os anos desde que os registros da doença foram estabelecidos. Entretanto, em 1985, o número de casos subiu até certo grau, novamente começando a cair por volta de 1999 (Figura 21.6). A elevação foi em grande parte atribuída ao aumento do número de pessoas sem-teto (como no caso descrito). A maior severidade dos casos de tuberculose pode ser atribuída à emergência de infecções pelo HIV, que prejudicam as defesas contra a doença. A recente queda pode ser atribuída em parte ao crescente uso bem-sucedido dos fármacos anti-HIV. Recentemente, a **resistência a múltiplos fármacos** tem-se desenvolvido entre as linhagens de *M. tuberculosis*, tornando-se particularmente ameaçadora. Um grande motivo da resistência aos fármacos antituberculose disponíveis é a não adesão do paciente ao tratamento de longo prazo com antibióticos, o que leva à **seleção** de linhagens mutantes resistentes a fármacos. Poucas doenças têm um componente social tão grande como a tuberculose.

21.6 *Diagnóstico da tuberculose e imagens.*

A tuberculose pulmonar tipicamente possui dois estágios, o que é um ponto crucial no entendimento da doença. No primeiro estágio (**tuberculose primária**), a exposição aos bacilos da tuberculose, normalmente por inalação, leva a uma doença leve e autolimitante que pode ser totalmente imperceptível ou tão leve como um resfriado. Na maioria das pessoas saudáveis, não há mais sintomas. Em pessoas cujos mecanismos de defesa estão diminuídos, visível ou imperceptivelmente, uma doença muito mais séria, a **tuberculose secundária**, surge posteriormente. O período de tempo entre os estágios primário e secundário varia de meses a muitos anos. A tuberculose secundária produz sintomas que são classicamente associados à imagem mortal da tuberculose. Entre os dois estágios, os bacilos da tuberculose ficam dormentes dentro dos macrófagos e são pouco percebidos pelo hospedeiro.

Os bacilos da tuberculose possuem várias características distintivas que ajudam a explicar o processo patogênico. Eles são **acidorresistentes** (ver Capítulo 2), o que significa que, uma vez corados, retêm os corantes mesmo após o tratamento com ácidos. Tal propriedade reflete a resistência incomum desses organismos a substâncias químicas fortes. A resistência a ácidos é rara entre as bactérias. Os organismos acidorresistentes são envoltos por uma membrana externa cerosa (ver "A solução acidorresistente" no Capítulo 2) que os torna impermeáveis a muitas moléculas polares, incluindo os germicidas comuns usados para "limpar" com esfregão o assoalho nos hospitais. A desinfecção micobactericida eficaz requer o uso de compostos especiais. As micobactérias preocupam-se, de modo singular, com o metabolismo de lipídeos, tanto a síntese como a utilização. Um número desproporcionalmente grande de seus genes é dedicado ao metabolismo de lipídeos. A membrana externa micobacteriana contém componentes únicos denominados **ácidos micólicos**, que são ceras de

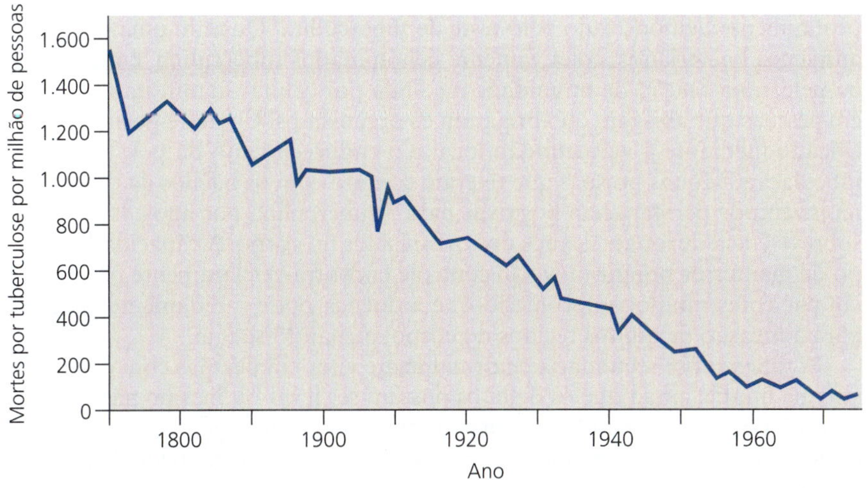

Figura 21.6 Mudança na incidência de tuberculose durante seu período de declínio constante. A experiência da Nova Zelândia aqui mostrada é típica daquelas que ocorreram em outros países desenvolvidos.

cadeia longa com cerca de 80 carbonos de extensão (ver Capítulo 2). Alguns genes envolvidos na síntese e na exportação de lipídeos são essenciais tanto à infecção primária como à persistência dos organismos. Outros genes, como, por exemplo, o que codifica a adição de resíduos de ciclopropano aos ácidos micólicos, não são necessários ao crescimento durante a fase aguda da infecção. Contudo, linhagens contendo mutações nulas em tal gene não podem causar a infecção persistente de longo prazo.

A membrana externa torna os bacilos da tuberculose resistentes à dessecação. Nos estágios avançados da tuberculose pulmonar, os pacientes expelem, pela tosse, um grande número dos organismos, que persistem no ar em aerossóis ou como partículas de poeira. Essas duas propriedades, a de causar uma doença pulmonar e ser resistente à dessecação, conspiram e aumentam as chances de os organismos serem transmitidos a outras pessoas. Outra propriedade relevante dos bacilos da tuberculose é que eles crescem muito lentamente, duplicando-se em aproximadamente 14 horas. O crescimento lento atrasa o diagnóstico laboratorial com base no cultivo microbiológico, porque podem ser necessárias várias semanas até que uma colônia seja visível em uma placa de ágar. Contudo, uma vez crescidas, as colônias dos bacilos da tuberculose são muito características: elas parecem massas informes amareladas de cera sobre o ágar.

O número de bacilos da tuberculose necessário para ocasionar a doença é na verdade bastante alto. Contudo, quando as pessoas estão amontoadas, como em habitações precárias, prisões ou hospitais, a probabilidade de contrair a doença aumenta. Parece plausível que o paciente descrito inalou um inóculo suficientemente grande oriundo das pessoas com as quais ele estava dividindo abrigo; ele, então, também se tornou uma fonte adicional de disseminação dos organismos.

O que faz com que as pessoas adoeçam de tuberculose? Os bacilos da tuberculose não produzem toxinas ou outros produtos que danificam as células. Seu crescimento lento não indica a intenção de rapidamente subjugar o hospedeiro – os bacilos são praticamente inocentes espectadores curiosos. Contudo, sua presença efetiva é percebida pelo sistema imune do hospedeiro, o que indiretamente causa danos aos tecidos. De fato, é a **resposta do hospedeiro** a esses organismos a responsável pela maioria dos sintomas. A danificação de tecidos é causada por uma resposta inflamatória descontrolada e progressiva e, finalmente, por lesões severas. Ocorre que a doença se manifesta diferentemente em um hospedeiro virgem (tuberculose primária) e em um hospedeiro que já abriga os organismos (tuberculose secundária).

A tuberculose primária é prontamente controlada na maioria das pessoas. Contudo, os organismos não são removidos e permanecem viáveis dentro dos macrófagos. O contato prévio com esses organismos em uma pessoa pode ser prontamente demonstrado pelo **teste de tuberculina**. Quando uma mistura de antígenos bacterianos, coletivamente denominados **tuberculina**, é introduzida na pele, uma reação de imunidade mediada por células manifesta-se somente em pessoas que abrigam ou abrigaram os organismos. Um teste positivo é identificado mediante a vermelhidão local e o endurecimento da pele no sítio de inoculação. Muitas pessoas que tiveram contato com os bacilos da tuberculose na juventude permanecem positivas para a tuberculina por anos. Isso atesta a sobrevivência de longo alcance dos organismos no corpo. A capacidade do corpo de manter os organismos sob controle encontra-se claramente prejudicada em pacientes imunocomprometidos, e a doença pode rapidamente progredir para a invasão de muitos tecidos do corpo, tornando-se fatal.

A tuberculose secundária é normalmente vista em pessoas com defeitos no sistema imune, ainda que os defeitos possam ser leves ou mesmo não reconhecidos. Nesse caso, o equilíbrio entre o micróbio e o hospedeiro pende a favor do micróbio. O corpo responde com uma vigorosa **resposta mediada por célu-**

las que danifica os tecidos. Algumas das substâncias químicas bacterianas que desencadeiam a resposta são produtos de degradação do envelope – os ácidos micólicos da membrana externa e o muramildipeptídeo da parede celular de mureína. Esses dois compostos ligam-se a receptores nos macrófagos, levando-os a liberar citocinas. Um desses compostos, denominado **fator de necrose tumoral alfa**, ocasiona a inflamação severa. Os danos também são causados pela liberação de componentes lisossômicos tóxicos dos macrófagos que estão tentando matar *M. tuberculosis*. O resultado é a **necrose** ou morte celular. Quando uma lesão torna-se suficientemente grande, ela transforma-se em um material caseoso (parecido com um queijo suíço) que contém poucas células hospedeiras, mas muitas bactérias. Nos pulmões, tal lesão pode romper-se dentro das vias aéreas. Quando o conteúdo é expelido pela tosse, uma cavidade fica para trás. Nesse estágio, a doença progride rapidamente. Ela era conhecida como "consumpção galopante".

Como a resposta imune é responsável por tantos danos, pode-se perguntar se ela faz mais mal do que bem e se ficaríamos melhor sem ela. Obviamente, o sistema imune é capaz tanto de causar danos como de curar. O sistema imune efetivamente controla a tuberculose, tornando-a, na maioria das pessoas, uma doença lenta que somente é acelerada em seus estágios finais. As pessoas com tuberculose podem viver com a doença por muitos anos, mesmo sem tratamento. Compare isso com a tuberculose em um paciente com AIDS cujo sistema imune está deteriorado. Nesse caso, os bacilos latentes da tuberculose rapidamente causam uma doença severa, de progressão rápida e que ameaça a vida. A variação entre um sistema imune que funciona e um prejudicado é clara.

21.7 *Desenho animado sobre a tuberculose.*

A interação entre os seres humanos e as bactérias acidorresistentes não termina aqui. O organismo que causa a lepra, *Mycobacterium leprae*, também é acidorresistente. Ele compartilha algumas características com o bacilo da tuberculose, mas tem resistido ao cultivo e pode ser estudado somente com alguns animais (notavelmente o tatu) ou, mais recentemente, pela clonagem de seus genes em hospedeiros substitutos. Existem muitas outras bactérias acidorresistentes nas águas e no solo. A maioria delas é totalmente benigna e raramente causa doenças nas pessoas saudáveis. Contudo, elas são bastante perigosas em pessoas imunocomprometidas e são uma causa frequente de infecções severas em pacientes com AIDS.

Mononucleose infecciosa: a "doença do beijo"

Uma semana antes de uma importante partida anual, um jogador de futebol americano de 19 anos, saudável, desenvolveu sintomas semelhantes a uma gripe. Ele queixou-se ao médico de dor de garganta, febre de baixa intensidade, glândulas inchadas, fadiga e mal-estar. Um teste rápido para a triagem de anticorpos (que custa cerca de 25 dólares) foi positivo. O paciente foi informado de que provavelmente tinha mononucleose infecciosa e que, para desânimo seu e do treinador, não deveria participar de atividades esportivas por pelo menos um mês. Dois dias depois, um teste mais conclusivo (que custa cerca de 300 dólares) também apresentou resultado positivo.

A **mononucleose infecciosa** é mais comum em pessoas de 10 a 35 anos, com incidência mais alta entre os 15 e 17 anos de idade. A mononucleose infecciosa geralmente não é considerada uma doença perigosa, mas ela pode levar a complicações sérias. Um nome mais antigo para essa doença, mas bastante descritivo, é "febre glandular", em virtude do inchamento dos **linfonodos**. A mononucleose infecciosa é causada pelo **vírus Epstein-Barr** (**EBV**). O vírus é geralmente transmitido através da saliva e do muco, por isso o apelido "doença do beijo". O vírus também pode ser disseminado pelo espirro ou compartilhamento de um copo de beber ou canudo com uma pessoa infectada. O período de incubação da doença não é conhecido com exatidão, o que dificulta traçar

21.8 *O website do Centers for Disease Control and Prevention sobre mononucleose infecciosa.*

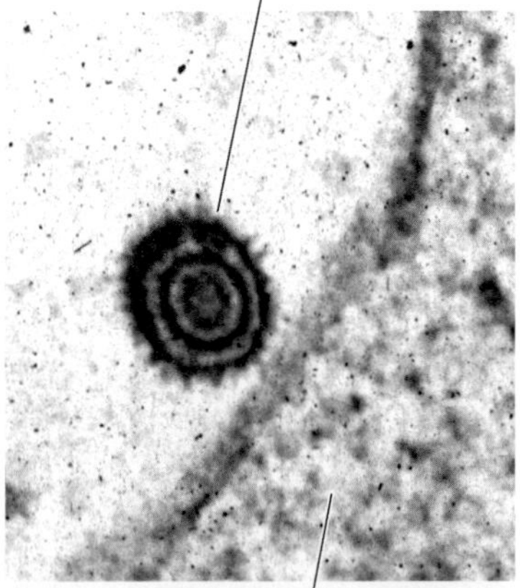

Figura 21.7 Micrografia eletrônica de um vírion do EBV (secção fina). O vírion foi liberado de um linfócito infectado. Observe o envelope complexo e a forma quase esférica, característica dos herpesvírus.

o contato inicial. Aquela pessoa pode não ter tido nenhum sintoma, porque o vírus pode ser transportado sem sinais de doença.

A mononucleose infecciosa pode ser causada por dois vírus de DNA, o mais comum sendo o EBV e o outro o citomegalovírus. Esses vírus pertencem à família dos herpesvírus, que inclui os agentes que causam herpes labial, herpes genital e catapora (Figura 21.7). Aproximadamente 50% das pessoas nos Estados Unidos infectam-se com o EBV em algum momento de suas vidas, sem que haja consequências perceptíveis. Mais frequentemente, a infecção ocorre na infância, quando as infecções não causam nenhum sintoma ou causam sintomas indistinguíveis daqueles de outras doenças leves da infância. Por volta dos 40 anos, quase 90% das pessoas nos Estados Unidos possuem anticorpos contra o EBV, sugerindo que elas têm o vírus em seus sistemas e são imunes a infecções posteriores. As pessoas que não se infectam com o EBV até a adolescência ou mais tardiamente têm mais probabilidade de desenvolver os sintomas da mononucleose infecciosa. *O EBV pode persistir por toda a vida*, uma característica incomum entre os vírus humanos. Assim, o EBV pode ser praticamente considerado um membro da flora microbiana normal.

Em geral, o EBV é um agente praticamente benigno, causando, na pior das hipóteses, uma doença absolutamente leve. Contudo, esse vírus possui outra face: ele também pode causar **cânceres humanos** sérios, denominados linfoma de Burkitt, doença de Hodgkin e carcinoma nasofaríngeo. O EBV possui três modos distintos de vida. Ele pode ser:

1. um comensal inofensivo;
2. um agente de uma doença leve;
3. a causa de neoplasias malignas sérias.

Essas características do EBV suscitam várias questões, por exemplo:

- O que causa os sintomas da mononucleose infecciosa?
- Como o EBV resiste à resposta imune e persiste por tanto tempo?
- Qual é o papel que o EBV desempenha no câncer? Ele é a causa direta das neoplasias malignas?

Essas questões estão relacionadas, e as respostas a elas são complicadas. Um entendimento a respeito do estilo de vida do vírus será útil aqui.

O EBV primeiro infecta as células epiteliais da boca e da faringe. Em seguida, o vírus entra nos tecidos subjacentes e seletivamente infecta certas células do sistema imune, os **linfócitos B**. Essas células estão primariamente envolvidas na produção de anticorpos, em oposição aos linfócitos T, que desempenham um papel importante na imunidade mediada por células. A vida em células projetadas para a defesa do hospedeiro pode parecer algo perigoso para um vírus. Contudo, muitos agentes infecciosos adotaram tal estratégia e, perversamente, crescem em tais lugares improváveis. Já consideramos como o bacilo da tuberculose reside nos macrófagos, células que, de um ponto de vista microbiano, são até mais perigosas que os linfócitos B. Em tempo, os linfócitos B infectados com o EBV reentram nos vasos linfáticos e espalham-se a áreas adjacentes e, no fim, à circulação. A qualquer momento, cerca de 20% das pessoas infectadas possuem o vírus em sua saliva, o que é responsável pela forma característica de disseminação viral, ou seja, o contato com a saliva através das mãos ou do ato de beijar. Tal concentração do vírus em fluidos característicos sugere que o vírus replica-se em locais privilegiados que são protegidos dos linfócitos T.

Por que o EBV é tão específico para os linfócitos B? Essas células transportam em suas superfícies um **receptor específico** ao qual os vírions do EBV se ligam. Curiosamente, tal receptor é normalmente usado pelas células para ligar proteínas do sistema complemento a fim de estabelecer comunicação entre aquele sistema e os linfócitos B. Essa ligação específica também é outro exemplo de um agente infeccioso que se apropria de uma função celular normal para seu próprio uso.

Como o EBV causa a mononucleose infecciosa?

A mononucleose infecciosa ocorre em pessoas não previamente infectadas e que não possuem imunidade ao EBV. O vírus infecta um número muito grande de linfócitos B, até 20% dos existentes no corpo. Sozinha, essa infecção tem poucas consequências diretas e não leva a sintomas. Contudo, com o tempo, o corpo começa a formar anticorpos e montar uma resposta mediada por células. Então, os linfócitos T entram em ação, incluindo a subclasse denominada células *killer* (linfócitos T citotóxicos). Os linfócitos T *killer* sabem como procurar células com antígenos virais na superfície e destruí-las, um tipo unilateral de guerra civil. O extravasamento dos constituintes celulares dos linfócitos B destruídos causa os sintomas, como febre e inflamação. O que ocorre é o seguinte. As células brancas do sangue, incluindo os linfócitos, possuem lisossomos (aqui denominados grânulos) que estão repletos de materiais como enzimas hidrolíticas e substâncias que causam inflamação; essas substâncias são potencialmente danosas aos tecidos. Quando os lisossomos estão intactos, essas substâncias são mantidas sob controle. Contudo, quando as células brancas do sangue e seus lisossomos são destruídos, os constituintes lisossômicos extremamente ativos são liberados e danificam as células e os tecidos adjacentes. Tais eventos são comuns em outras doenças que resultam na morte e na lise das células brancas do sangue, como as infecções, causadas por estafilococos e estreptococos, que formam pus.

Como o EBV persiste no corpo?

A persistência de qualquer vírus (também conhecida como **latência viral**) requer pelo menos duas coisas: (i) que o vírus se replique em uníssono com as células infectadas por ele e (ii) que as células infectadas não sejam destruídas pelo sistema imune. Uma forma comum de assegurar a replicação concomitante é que o genoma viral se integre no genoma do hospedeiro, similar ao que acontece nas bactérias lisogênicas (ver Capítulo 17). Muitos vírus, por exemplo, o HIV e os herpesvírus, persistem por meio de tais mecanismos, mas não o EBV; ele reside no núcleo como uma **entidade de DNA de replicação independente** ou **plasmídeo**. Obviamente, o EBV usa um mecanismo especial para que o DNA viral seja replicado no mesmo passo que os cromossomos da célula. Esse trabalho de equipe depende da interação de várias proteínas, algumas codificadas pelo vírus e algumas codificadas pelo hospedeiro. Além disso, as células normalmente tentam eliminar o DNA exógeno; assim, o DNA do EBV deve, de algum modo, ser protegido contra a erradicação. Certas proteínas virais ligam-se ao DNA viral e agem de comum acordo com várias proteínas celulares, formando um complexo estável que escapa da eliminação. Normalmente, essas proteínas do hospedeiro desempenham um papel estabilizador diferente: elas ligam-se às extremidades dos cromossomos lineares humanos, os telômeros, protegendo-os contra a degradação. Sendo circular, o EBV não possui extremidades, mas seu genoma possui sequências similares àquelas encontradas nos telômeros. Assim, o EBV apropria-se das proteínas de ligação aos telômeros, direcionando-as a seu próprio uso. Em vez de funcionarem como estabilizadores dos telômeros, essas proteínas agora funcionam como estabilizadores virais. Quando a formação de complexos entre as proteínas teloméricas e o EBV é inibida, o genoma viral latente torna-se instável e é perdido.

O corpo possui várias formas de livrar-se de células infectadas por vírus; todas devem ser contrapostas para que o EBV persista pelo tempo de vida do hospedeiro. Uma das razões para sua permanência é que o EBV não reside em

21.9 *O ciclo de vida do EBV.*

qualquer tipo de linfócito B. Em vez disso, o EBV é preferencialmente encontrado em um subconjunto de linfócitos B, as **células de memória**. Como discutido no Capítulo 20, certas células B, quando estimuladas com antígenos, proliferam-se e produzem grandes quantidades de um anticorpo específico. Essas células têm vida curta, e a maioria desaparece após a eliminação do antígeno. Contudo, para evitar ter de começar mais uma vez quando o mesmo antígeno ou um antígeno similar é novamente encontrado, as células de memória não são destruídas, tornando-se quiescentes até que haja estimulação antigênica posterior. Então, as células de memória proliferam-se e montam uma resposta imune rápida e eficiente. A memória imunológica é o motivo pelo qual as doses de reforço das vacinas são tão eficientes e por que as pessoas infectadas em uma ocasião tornam-se resistentes a um segundo episódio da mesma infecção.

Dentro das células de memória, o EBV está seguro e sobrevive por um longo período de tempo. Ao ficarem quiescentes, essas células expressam poucas proteínas virais. Assim, o vírus não pode ser "visto" pela resposta imune. Um dos aspectos fascinantes do EBV é que ele direciona a parte do sistema imune que perdura para o resto da vida – as células de memória. Assim, ele também pode persistir para o resto da vida.

Como o EBV leva ao câncer?

Não é fácil responder à pergunta de como o EBV contribui ao desenvolvimento do câncer. O que se sabe com certeza é que a infecção pelo vírus estimula os linfócitos B a tornarem-se células capazes de crescer denominadas linfoblastos e que, se não forem refreados, os linfoblastos desenvolvem-se em **linfomas**. Em pessoas saudáveis, a proliferação de células B induzida pelo EBV é mantida sob controle pelo sistema imune. Como estados de imunodeficiência podem desenvolver-se em vários momentos na vida de uma pessoa, o início do câncer pode ocorrer muitos anos após o vírus ter sido primeiramente adquirido. Assim, o EBV pode funcionar como o "agente secreto" nas histórias de espiões, permanecendo escondido até ser chamado à ação.

O fato de os linfócitos B infectados se proliferarem e, no fim, desenvolverem-se em cânceres depende de várias proteínas induzidas pelo vírus. Algumas impedem a **apoptose** ou **morte celular programada** e, assim, "imortalizam" as células. Isso se dá por uma proteína codificada pelo vírus que ativa uma proteína do hospedeiro que antagoniza a apoptose. Outro aspecto engenhoso do EBV é que duas de suas proteínas expressas tardiamente na infecção imitam, de modo preciso, um processo de sinalização necessário à manutenção da sobrevivência de longo prazo das células de memória.

O EBV também está associado a cânceres de células epiteliais da nasofaringe. Por que o EBV não infecta prontamente outros tipos de células? Quase certamente porque essas outras células não possuem um receptor do EBV específico em suas superfícies; o receptor é encontrado somente em linfócitos B e certas células epiteliais. Seja qual for a razão, isso pode ser considerado uma coisa boa.

Infecção por HIV e AIDS

O Sr. B., um funcionário de manutenção hospitalar, de 28 anos, bissexual, contou ao seu médico que, durante a última semana, havia tido febre, inchaço nas glândulas linfáticas e dor de cabeça. Ele relatou que, três semanas antes, havia tido relações sexuais desprotegidas com um novo parceiro e que se considerava relativamente promíscuo. No passado, ele havia sido um usuário de drogas intravenosas, mas havia interrompido tal prática há mais de um ano. O médico solicitou um teste laboratorial para o diagnóstico de infecção pelo HIV.

As queixas do Sr. B. são típicas de muitas infecções e não sugerem uma condição específica. Contudo, o médico foi rápido ao incluir a infecção pelo HIV na lista de possibilidades, porque o Sr. B. apresentava vários fatores de risco relevantes: ele tinha atividade sexual com parceiros múltiplos, havia sido um usuário de drogas intravenosas e trabalhou em um hospital onde poderia ter estado em contato com o sangue de pacientes infectados com o HIV.

O Sr. B. poderia ter sido infectado por seu novo parceiro? Na maioria dos casos, sintomas como os dele são vistos dentro de seis meses de infecção pelo HIV e são leves, durando de 3 a 14 dias. Um teste sanguíneo para a detecção de anticorpos contra o HIV (por um **ensaio de imunoadsorção enzimática** [**ELISA**, de *enzyme-linked immunosorbent assay*] ou pela técnica de ***Western blotting***) provavelmente seria negativo à época da visita do paciente ao médico, porque é improvável que os anticorpos sejam detectados tão cedo na infecção. Atualmente, testes mais sensíveis que detectam os antígenos virais do RNA viral estão disponíveis, mas eles são caros e normalmente não são executados na triagem inicial.

O teste laboratorial para os anticorpos anti-HIV foi negativo, mas um exame subsequente para o RNA viral no sangue foi positivo. Dez dias depois, quando o Sr. B. retornou ao consultório médico e foi informado dos resultados do teste, ele perguntou se aquilo significava que estava com AIDS. Ele foi informado de que ainda não tinha, mas, se não fosse tratado, iria quase certamente desenvolver AIDS ao final. Antes de ir embora, foi aconselhado a abster-se de contatos sexuais adicionais ou praticar sexo seguro usando preservativos. Insistiram em que ele retornasse ao posto médico dentro de três meses para testes adicionais.

21.10 *Informações sobre os tipos de testes de HIV.*

O que estava acontecendo no sistema imune do Sr. B.? No típico curso da doença, certas células brancas do sangue, os linfócitos denominados **células T CD4**, são rapidamente infectados. Eles são assim denominados porque transportam, em suas superfícies, uma proteína chamada CD4, a qual funciona como um dos receptores aos quais o HIV se liga. Essas células se espalham pela corrente sanguínea à medida que o vírus se multiplica dentro delas e infectam outros órgãos (p. ex., os linfonodos, o fígado e o baço). Há uma morte expressiva de células T CD4, e os sintomas, como aqueles relatados pelo Sr. B., tornam-se aparentes. Isso é conhecido como a **fase aguda** da infecção.

Após algumas semanas, tem início a **fase crônica** da infecção pelo HIV, quando o sistema imune começa a ganhar controle sobre ela. A resposta imune começa a matar as células produtoras do vírus, quando, então, os sintomas desaparecem, mas a infecção persiste. Ao longo de um período de 5 a 10 anos, o número de células T CD4 no sangue começa um declínio gradativo e contínuo em relação ao seu nível normal (800 a 2.000 células por mm^3). Em termos gerais, quando o número atinge 200, considera-se que a pessoa tem AIDS. Abaixo de 100, o sistema imune perde sua capacidade de controlar não só o HIV, mas também quase qualquer outra infecção.

Inicialmente, a contagem de células T CD4 do Sr. B. era normal, e ele se sentia totalmente bem. Foi-lhe veementemente recomendado que visitasse seu médico a cada seis meses, mas ele não compareceu a esses compromissos. Passaram-se seis anos, e o Sr. B. retornou ao posto médico com fortes exantemas (erupções cutâneas) em seus ombros e no torso superior, além de linfonodos inchados. Ele também estava com a garganta inflamada e manchas brancas em sua boca (indicativo de uma infecção denominada candidíase oral, causada pela levedura *Candida*). Agora, sua contagem de células T CD4 era 185 células/mm^3.

O que ocorreu durante esses seis anos? Embora os sintomas do Sr. B. tivessem aparecido lentamente e gradativamente durante esse período, o HIV não permaneceu quiescente. Um grande número de vírions foi produzido, e um número imenso de células T CD4 estava sendo morto. O corpo é capaz de produzir novas células T CD4 a uma taxa prodigiosa, mas, com o tempo, o vírus vence a corrida.

Por que a depleção das células T CD4 leva ao aumento de infecções por uma série de agentes? As células T CD4 desempenham um papel-chave nos dois ramos da imunidade adaptativa: anticorpos e imunidade mediada por células (ver Capítulo 20). Também conhecidos como **células T auxiliares**, esses linfócitos são essenciais à proliferação das células que produzem anticorpos (linfócitos B) e das células que estão envolvidas na imunidade mediada por células (células *killer* ou linfócitos T citotóxicos). Além disso, as células auxiliares liberam toxinas que resultam em processos inflamatórios. Sem as células T CD4, o corpo fica sem defesa contra os micróbios invasores, incluindo aqueles que são virtualmente desprovidos de virulência contra as pessoas normais. A progressão da infecção pelo HIV em pessoas não tratadas é mostrada na Figura 21.8.

O tratamento que foi disponibilizado ao Sr. B. consiste em uma combinação de fármacos que prejudicam a replicação do HIV. Elas se dividem em três classes gerais: **inibidores de transcriptase reversa, inibidores de protease** e **inibidores da entrada viral.** Eles funcionam em etapas específicas necessárias à replicação do HIV. Como discutido no Capítulo 17, o HIV é um **retrovírus,** um vírus de RNA que possui um estágio de DNA intermediário obrigatório. A fim de produzir DNA a partir de RNA, o vírus transporta a enzima **transcriptase reversa** em seus vírions. Sendo única a essa classe de vírus, a transcriptase reversa é um alvo fácil para fármacos inibidores. A protease funciona em uma etapa tardia da maturação viral, agindo dentro do vírion, onde cliva proteínas precursoras virais em suas formas maduras. Vários fármacos que inibem cada uma dessas duas enzimas estão disponíveis e são usadas em conjunto, normalmente em um regime triplo. O motivo para o uso desse modo é que o HIV sofre mutação muito rapidamente e torna-se resistente a elas, se forem administrados de forma isolada. (A alta mutabilidade é uma propriedade geral dos vírus de RNA e é devida à falta de uma função de correção de erro das enzimas envolvidas na replicação do RNA.) Contudo, a chance de ele tornar-se simultaneamente resistente a três fármacos é muito baixa. Quando esse tratamento deve ser iniciado? Poder-se-ia pensar que quanto mais cedo, melhor. Entretanto, as evidências necessárias à sustentação de tal visão são controversas.

O médico do Sr. B. prescreveu um coquetel de dois inibidores de transcriptase reversa e um inibidor de protease. Foi enfaticamente recomendado ao Sr. B. que ele deveria tomá-los de acordo com um horário específico, e que eventuais falhas poderiam causar o surgimento de resistência aos antirretrovirais. Após algumas semanas, o Sr. B. não seguiu esse regime, em parte em virtude dos efeitos colaterais desagradáveis ocasionados pelos medicamentos, como falta de sono, náuseas e diarreia. Seis meses depois, ele chegou à sala de uma emergência se queixando de uma tosse seca e dificuldade de respirar. Sua temperatura era 38,9 °C, e diagnosticou-se que ele estava com pneumonia, que foi exitosamente tratada com antibióticos. O agente da pneumonia era um fungo denominado *Pneumocystis jirovecii* (previamente

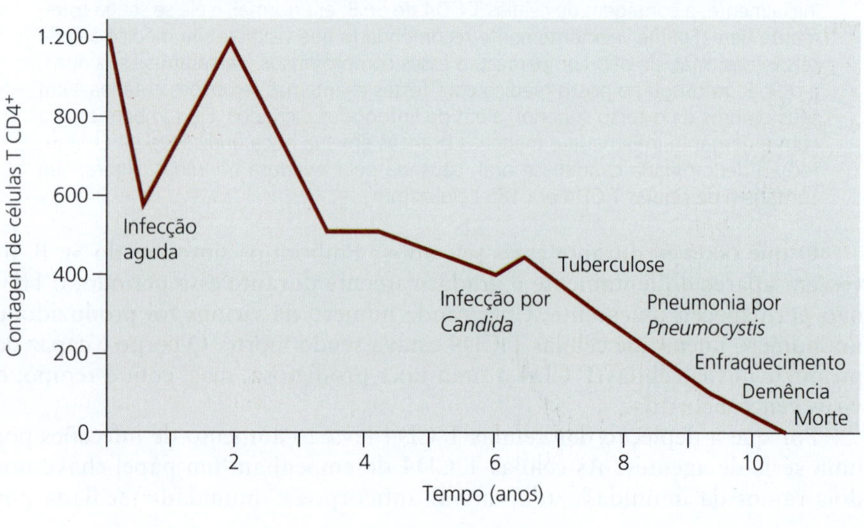

Figura 21.8 Um histórico natural típico de uma infecção pelo HIV não tratada.

denominado *Pneumocystis carinii*), que está presente como um comensal inofensivo nos pulmões da maioria das pessoas.

Nas pessoas que ingerem esses medicamentos, o nível viral no sangue com frequência cai abruptamente e, dentro de seis meses, torna-se indetectável. O número de células T CD4 sobe, e os pacientes não tendem mais a vivenciar infecções oportunistas. Em consequência de tal tratamento, as mortes por AIDS nos Estados Unidos diminuíram ao redor de 20% desde 1998. O tratamento prolongado não parece curar a doença, uma vez que, se a medicação for interrompida, a multiplicação viral prontamente começa de novo. Assim, eles não curam a infecção pelo HIV, mas só fazem com que ela pare. Há ainda outro aspecto adverso. Os pacientes devem engolir pelo menos oito, e frequentemente mais de 16 pílulas, ao longo de um dia, juntamente com outros remédios, para controlar as infecções oportunistas até que suas contagens de CD4 se recuperem. Esses fármacos produzem efeitos colaterais desagradáveis, que variam desde distúrbios do sono, exantema, náuseas, diarreia e dores de cabeça até anemia, hepatite e, talvez, diabetes. Além disso, o custo da medicação é assustador.

Após o episódio de pneumonia, o Sr. B. retornou ao trabalho. Quatro meses depois, ele apresentou uma febre alta e dores de cabeça severas. Ele retornou ao médico, que solicitou uma punção lombar, a qual revelou a presença de um fungo, *Cryptococcus neoformans*. O Sr. B. respondeu bem ao tratamento antifúngico com fluconazol (um agente antifúngico triazólico), mas ele estava cada vez mais preocupado com sua perda de peso de aproximadamente 36 quilos no ano anterior e com um número crescente de infecções de pele. Dois meses depois, ele chegou à clínica acompanhado de seus pais, os quais notaram que Sr. B. havia ficado mais desmemoriado e introvertido. Ele não conseguia mais seguir instruções simples. Uma varredura por tomografia axial computadorizada do cérebro mostrou uma perda profunda de tecido cerebral. Duas semanas depois, os pais do Sr. B. chamaram o médico e lhe contaram que seu filho havia falecido em casa naquele dia.

O desfecho trágico da doença do Sr. B. pode ser multiplicado milhões de vezes todos os anos por todo o mundo. Menos de 30 anos após ter sido identificada pela primeira vez, a AIDS vem ameaçando tornar-se a **pandemia** mais devastadora na história da espécie humana. Mais de 15 milhões de pessoas morreram de AIDS e aproximadamente 30 milhões de pessoas estão atualmente infectadas com o HIV. A expectativa de vida na África subsaariana caiu para 47 anos; ela teria sido de 62 anos sem a AIDS. Em Botsuana, a expectativa de vida caiu para cerca de 35 anos. Quatorze milhões de crianças perderam um ou ambos os pais. O futuro parece desolador: a menos que medidas extraordinárias sejam instituídas, muitos milhões ainda morrerão de AIDS. Um dos principais problemas é financeiro, visto que o tratamento farmacológico custa, anualmente, até 15.000 dólares por paciente. Compare isso com o gasto anual em saúde de 10 dólares por pessoa em muitos países africanos.

A prevenção da infecção pelo HIV também depende da influência decisiva de intervenção da sociedade. Observe que o HIV tem três modos principais de transmissão, que devem ser apropriadamente contemplados: (i) por contato sexual com uma pessoa infectada, levando à transferência de fluidos corporais contaminados (sangue, sêmen ou secreções vaginais); (ii) por sangue infectado através do compartilhamento de agulhas intravenosas com uma pessoa infectada ou através de transfusões sanguíneas, e (iii) da mãe ao recém-nascido (transmissão perinatal) durante a gravidez, por volta da época do nascimento e pela amamentação no peito logo após o nascimento. Cada uma dessas conexões pode ser rompida com educação e motivação adequadas; nenhuma delas, no entanto, é fácil de ser atingida. A arma mais poderosa seria uma vacina, mas a notável capacidade do HIV de sofrer mutação dificulta essa abordagem. Mais fundamentalmente, como um virologista famoso disse: "se o sistema imune nos indivíduos infectados pelo HIV não pode aniquilar o vírus, por que deveríamos esperar que uma vacina que ativa a mesma resposta imune bloqueasse a infecção"? Contudo, considerando o talento e os recursos que estão sendo gastos nesse esforço, temos motivos para ser esperançosos. Temos poucas escolhas, a não ser ter fé de que a prevenção e o tratamento eficazes estarão disponíveis logo, ou então testemunharemos uma das experiências mais terríveis da humanidade.

CONCLUSÕES

Concluímos essa descrição das doenças infecciosas com a consciência de que elas são meramente exemplos do vasto número de modos pelos quais os seres humanos interagem com as bactérias, os fungos e outros parasitas, incluindo os protozoários e os vermes. Para considerar essa vasta quantidade de informação, é útil ter em mente que todas as doenças infecciosas compartilham as mesmas etapas na patogênese e variam apenas quanto a detalhes específicos.

O estudo das doenças infecciosas é uma festa em movimento porque essas interações não são estáticas. Com o tempo, tanto o hospedeiro como o parasita evoluem, modificando conjuntamente o quadro. Além disso, com a ecologia variável e as alterações do comportamento humano, novos agentes emergem. No próximo capítulo, examinaremos alguns dos fatores envolvidos nas mudanças da relação entre os seres humanos e os micróbios patogênicos.

TESTE SEU CONHECIMENTO

1. Nomeie 20 doenças infecciosas dos seres humanos. Quais são causadas por bactérias? Vírus? Fungos? Parasitas animais?
2. O que caracteriza as exotoxinas bacterianas? Dê exemplos.
3. Como algumas toxinas bacterianas são diretamente distribuídas dentro de células do hospedeiro?
4. Quais são as características notáveis dos bacilos da tuberculose?
5. O que um teste cutâneo positivo para a tuberculina nos diz?
6. Quais são as principais características do EBV?
7. Descreva os principais estágios em um caso não tratado de infecção pelo HIV.

os micróbios e a história humana

capítulo

22

INTRODUÇÃO

A evolução é moldada por interações entre os seres vivos. Assim como outras espécies, a nossa evoluiu para sobreviver não só a ambientes físicos em mudança, mas também a desafios biológicos, tais como o mutualismo, o parasitismo e a predação. Não é surpreendente que, como todos os outros animais, tenhamos meios antigos e eficientes de responder a esses desafios.

Para que a vida seja possível em um mundo de micróbios, desenvolvemos mecanismos potentes de defesa, as **respostas imunes inatas** e **adaptativas**. As respostas inatas, que dependem da pele e das membranas mucosas, dos fagócitos, do sistema complemento e de compostos antimicrobianos, foram as primeiras a se desenvolver. A resposta adaptativa – os anticorpos e a imunidade mediada por células – surgiu posteriormente.

A **imunidade inata** possui raízes profundas na árvore da vida, aparecendo antes da divergência entre os invertebrados e os vertebrados, há aproximadamente 500 milhões de anos. Até hoje, tanto os insetos como os mamíferos conservaram algumas dessas antigas características imunológicas. A fagocitose, na verdade, já havia se desenvolvido pela época em que a estrela-do-mar se desenvolveu, uma descoberta feita por Elie Metchnikoff ao final do século XIX. Tanto os insetos como os mamíferos possuem mecanismos de alarme que os alertam sobre a presença de invasores microbianos. Os homólogos dos receptores semelhantes a Toll dos vertebrados, que reconhecem padrões moleculares associados aos micróbios (ver Capítulo 20), foram primeiramente descobertos em células de *Drosophila*. Assim, os insetos e os mamíferos conservaram mecanismos similares para detectar a presença de micróbios invasores e para induzir uma reação de defesa. Contudo, os insetos não desenvolveram respostas imunes adaptativas.

Pode-se pensar nas várias razões pelas quais os sistemas de imunidade adquirida não são geralmente encontrados nos invertebrados. Os insetos possuem uma expectativa de vida curta, talvez breve demais para que a imunidade adquirida se estabeleça, e são geralmente menores que os mamíferos. Nos seres humanos, a imunidade adquirida é mediada por um tecido difuso representado em muitos órgãos (baço, linfonodos e outros). Embora muito menor em um camundongo que em um ser humano, o sistema imune ainda ocupa um espaço considerável para acomodar a grande diversidade de células programadas para as respostas da imunidade mediada por anticorpos e da imunidade mediada por células. Talvez a maioria dos insetos seja muito pequena para acomodar tamanho número de células.

22.1 *Um artigo de revisão sobre a imunologia dos insetos.*

As doenças infecciosas são um negócio infinito – algumas declinam, novas emergem, e antigas reaparecem com graus alterados de severidade. Houve épocas em que os agentes infecciosos tiveram uma clara influência sobre os seres humanos. Não temos registros para prová-lo, mas parece provável que, na fase inicial de sua evolução, a espécie humana tenha estado próxima da extinção em virtude das doenças infecciosas. Os antropólogos apontam para a existência de outras espécies do gênero *Homo*, algumas das quais se sobrepuseram temporalmente com nossos ancestrais de *Homo sapiens* e que, sem exceção, extinguiram-se. Mesmo em tempos históricos, grupos isolados de nossa espécie desapareceram, e outros foram perigosamente reduzidos em número. Um exemplo é o triste destino de uma tribo amazônica, os caiapós do sul, que foram, em 1903, visitados por um único missionário. Um certo tipo de epidemia surgiu, reduzindo os membros da tribo de cerca de 8.000 para 500 por volta de 1913. Os 27 membros que ainda estavam vivos até 1927 casaram-se com grupos de fora, e a tribo original desapareceu. Outro exemplo é o que aconteceu nas ilhas do Havaí após a chegada do capitão James Cook e de sua tripulação em 1778. Com a introdução de novos agentes infecciosos, como, por exemplo, os causadores da tuberculose, do sarampo, da febre tifoide e de outras doenças, a população das ilhas diminuiu de 300.000 para 30.000 dentro do período de uma geração. Esses não são eventos totalmente distantes: hoje, certos países da África subsaariana, como Botswana, estão em perigo de uma perda catastrófica de população em virtude da AIDS.

A ideia de que grandes pestes moldaram nossa história é observada na conquista do México pelos espanhóis. O povo nativo não havia sido exposto a muitas das doenças infecciosas comuns na Europa, onde a população havia se tornado parcialmente resistente. A introdução do sarampo, da varíola e de outras doenças devastou a população mexicana. Cem anos após a chegada dos conquistadores, a população nativa diminuiu de cerca de 30 milhões para aproximadamente 1,6 milhão. O declínio foi precipitoso e é considerado uma das principais razões, se não a principal, pelas quais um punhado de invasores pode subjugar um império grande, poderoso e sofisticado. Aqui estão palavras legadas a nós e oriundas do que é hoje a Guatemala:

> O mau cheiro da morte era grande. Após nossos pais e avós terem sucumbido, metade das pessoas partiu para os campos. Os cães e abutres devoravam seus corpos. A mortalidade era terrível. Seus avós morreram, e com eles morreu o filho do rei, e os irmãos e parentes dele. Então aconteceu que nos tornamos órfãos, ó, meus filhos! Todos nós éramos. Havíamos nascido para morrer!
>
> A. Recinos et al., tradutores, *The Annals of Cakchiquels and Title of the Lords of Totonicapan* (University of Oklahoma Press, Norman, 1953), citado em A. W. Crosby, *The Columbian Exchange*, p. 58 (The Greenwood Press, Westport, Conn., 1972)

A aparente imunidade dos espanhóis a essas doenças levou os nativos americanos a acreditarem que os invasores tinham poderes sobrenaturais. A mesma coisa aconteceu durante a conquista do Império Inca na América do Sul, obtida por Pizarro com somente 168 homens. Em seguida outras doenças, incluindo o sarampo e, provavelmente, epidemias de tifo, instalaram-se. Nem todas as novas doenças infecciosas eram de origem europeia. A malária e a febre amarela, por exemplo, vieram da África e estabeleceram-se cedo nas Américas.

A questão que surge é por que as doenças eram comuns no Velho Mundo e não no Novo Mundo. Uma razão, proposta por Jared Diamond, é que muitas das doenças infecciosas foram originalmente adquiridas de animais, e a domesticação de animais grandes era mais predominante no Velho Mundo. Eventualmente, patógenos puramente animais adaptaram-se a hospedeiros humanos e tornaram-se progressivamente patogênicos. Os humanos do Velho Mundo necessariamente desenvolveram um certo nível de resistência a essas doenças. Na Tabela 22.1, é apresentada uma lista de doenças humanas que possuem equivalentes nos animais.

COMO AS DOENÇAS INFECCIOSAS ALTERAM-SE

Com o tempo, as populações aceitam seus invasores microbianos, e vice-versa. Sem a ocorrência de mudanças, um certo tipo de equilíbrio entre o hospedeiro e o parasita será estabelecido. Em geral, não é uma grande vantagem seletiva para os parasitas dar fim a seus hospedeiros, e muito menos interromper sua transmissão para novos hospedeiros. Essas relações nem sempre são simples. Por exemplo, os bacilos do tétano vivem no solo e, para que sobrevivam, não precisam infectar os animais ou os seres humanos. Para esse organismo, o hospedeiro é incidental no ciclo de vida da bactéria, pois somente uma pequena fração de sua população é produzida nos seres humanos infectados. Em longo prazo, a morte ocasional de um hospedeiro provavelmente faz pouca diferença a essas bactérias. Isso leva à questão do porquê de os bacilos do tétano produzirem sua toxina. A resposta desapontadora é que não sabemos.

Para agentes que não estão adaptados a uma existência fora do corpo do hospedeiro, a morte do hospedeiro antes da transmissão para um outro seria, claramente, uma contrasseleção. Contudo, a maioria das grandes epidemias de doenças infecciosas é causada por organismos que têm tanto os seres humanos quanto os animais como seus reservatórios e que não sobrevivem por períodos prolongados no ambiente. Os exemplos incluem a varíola, a peste bubônica, a infecção pelo vírus da imunodeficiência humana (HIV), o tifo, a difteria, a sífilis e a pólio. É verdade que surtos enormes de febre tifoide, cólera e disenteria bacteriana são causados pela ingestão de água e alimentos contaminados, mas, com exceção da cólera, esses outros agentes causativos são apenas ocasionalmente encontrados no ambiente. Na maioria dos outros casos, os reservatórios dos agentes são os seres humanos ou os animais. Consequentemente, *as mudanças no comportamento humano* exercem um efeito profundo sobre

Tabela 22.1 Presentes mortais oriundos de animais domesticados

Doença humana	Animais com patógenos mais intimamente relacionados
Sarampo	Gado (peste bovina)
Tuberculose	Gado
Varíola	Gado (varíola bovina) e outras criações com poxvírus relacionados
Influenza	Porcos e patos
Coqueluche (pertússis ou tosse convulsa)	Porcos e cães
Malária (causada por *Plasmodium falciparum*)	Aves (galinhas e patos)

o estabelecimento de doenças infecciosas antigas e novas. Os exemplos de tais mudanças incluem o seguinte:

- A aquisição de um novo patógeno por uma população previamente "virgem" em termos imunológicos pode ser devastadora. Os exemplos notáveis incluem a introdução da varíola nas Américas pelos europeus, anteriormente discutida, e a chegada à Europa de ratos vindos da Ásia carregando pulgas transportadoras do bacilo da peste bubônica. As viagens modernas facilitam a rápida disseminação de agentes infecciosos por todo o mundo.
- A urbanização, a mudança do modo de vida rural para o urbano, afeta a disseminação das doenças infecciosas. Em 1900, cerca de 5% da população mundial vivia em cidades; no início do século XXI, os habitantes urbanos constituem a maioria. A maior proximidade de grandes números de pessoas fomenta a transmissão de doenças, como a tuberculose.
- As guerras, a fome e a pobreza crônica levam à desnutrição. Isso resulta em problemas de imunossupressão e no aumento da suscetibilidade a infecções respiratórias e digestivas. As crianças são muito afetadas e tornam-se mais sensíveis a infecções severas do sistema respiratório e digestivo.
- O aumento dos comportamentos de risco, tais como o uso de seringas contaminadas e o sexo sem proteção, é a principal causa de muitas doenças, incluindo a atual epidemia de AIDS.
- O desenvolvimento de métodos modernos de produção de carne (em que uma grande quantidade de gado, aves domésticas e peixes é forçada a viver em condições de superpopulação), assim como de grandes fábricas centralizadas (nas quais toneladas de carne e ovos são processadas e preparadas para a distribuição nacional ou internacional), embora aparentemente econômico, criou exatamente as circunstâncias que levam ao crescimento e à disseminação maciça de patógenos (p. ex., linhagens patogênicas de *Escherichia coli*).
- O reflorestamento de terras em certas partes da América do Norte, como o Nordeste e o Meio-Oeste superior dos Estados Unidos, combinado à tendência das pessoas de construir casas em loteamentos florestais, teve como consequência não intencional o aumento da proximidade entre os seres humanos e uma população crescente de cervos. Ao mesmo tempo, tem havido um aumento do número de carrapatos de cervos que carregam a bactéria da doença de Lyme.
- O uso difundido dos antibióticos leva à resistência a drogas. O perigo, nesse caso, é que a resistência microbiana aumentará mais rapidamente que a eficácia do arsenal disponível de drogas. Provou-se que culturas de bactérias guardadas antes do advento dos antibióticos são uniformemente sensíveis a medicamentos.

Nem todas as alterações no ambiente microbiano são feitas pelo homem. Em tempos históricos, os ciclos do clima afetaram a disseminação de doenças como a cólera e a malária. É claro que, no momento presente, o aquecimento global causado pelo homem gera sérias preocupações.

As mudanças ambientais, significativas ou sutis, impõem pressões seletivas sobre os micróbios e levam à emergência de formas novas ou à reemergência de formas antigas. Dado o grande número de micróbios encontrado ou no ambiente ou em um hospedeiro infectado, surgem as mutações, mesmo que sua frequência seja baixa. Assim, nas bactérias, as mutações que levam à resistência a antibióticos ocorrem, tipicamente, uma vez a cada 10^6 ou 10^8 células, mas esses não são números especialmente grandes para as populações bacterianas que ocorrem naturalmente. Contudo, não é provável que a aquisição de uma função mais complexa, como a virulência, por exemplo, aconteça pelo acúmulo de mutações simples. É mais provável que tais mudanças enormes ocorram pela aquisição de genes em grande escala. Como discutido no Capítulo 10, as bactérias possuem vários mecanismos para a transferência de segmentos grandes de seus genomas de uma célula para a outra.

22.2 *Website do Center for the Study of Emerging Infections.*

Em consequência de mudanças críticas feitas no ambiente global e da rápida capacidade de resposta dos micróbios, não podemos predizer quais novos germes nos atacarão, mas podemos predizer que novos micróbios irão emergir. Compare essa visão realística com a confiança embaçada, expressa na sentença, do chefe da Saúde Pública dos Estados Unidos em 1969: "Está na hora de fechar o livro das doenças infecciosas". Mais próxima de nossa percepção atual está uma citação de Louis Pasteur: "Os micróbios terão a palavra final!".

AGENTES MICROBIANOS DE GUERRA

O uso intencional de agentes infecciosos para prejudicar um inimigo tem uma história longa e desonrosa. Um dos primeiros exemplos registrados ocorreu no século XIV, durante o cerco a uma cidade na península da Crimeia. Os atacantes arremessaram cadáveres de vítimas da peste bubônica sobre as muralhas da cidade, e, como resultado da epidemia que se seguiu, os defensores se renderam. Nas Américas, tanto os espanhóis como os ingleses distribuíram roupas ou cobertores infectados com o vírus da varíola aos nativos, com a intenção explícita de causar uma epidemia. A prática continuou até meados do século XX, embora a extensão exata dessas atividades não tenha sido completamente revelada. Vale a pena observar que a guerra biológica precedeu a descoberta da origem microbiana das doenças infecciosas, sugerindo que a noção de contágio estava firmemente estabelecida, ainda que a causa fosse apenas imaginada.

A eficácia da guerra microbiológica é uma questão contenciosa, e não só por razões éticas. Em geral, os agentes biológicos podem ser imprevisíveis, e sua dispersão não é prontamente controlável. Por exemplo, o pessoal de ataque pode ser colocado em risco. O mundo esteve próximo de optar pela eliminação dessa ameaça. Em 1969, os Estados Unidos terminaram unilateralmente seu programa de armas biológicas e anunciaram, em 1972, que haviam destruído seus estoques. Em 1969, 160 países assinaram um tratado banindo o uso de armas tanto biológicas quanto químicas. Entre os 143 países que ratificaram o tratado estavam os Estados Unidos, a Rússia, o Iraque, o Irã, a Líbia e a Coreia do Norte. Entretanto, a ameaça de guerra biológica continua, agora sob a rubrica do bioterrorismo. A seguir, discutiremos dois agentes que representam de forma proeminente essas considerações.

Varíola

A varíola foi erradicada de nosso planeta. Pelo menos nenhum caso tem sido relatado desde 1977, e, em 8 de maio de 1980, a Organização Mundial da Saúde declarou que a doença havia sido vencida. Esse grande triunfo da ciência médica e da cooperação internacional está agora obscurecido pela ameaça

22.3 *Website sobre varíola do Centers for Disease Control and Prevention.*

de o vírus da varíola ser usado como agente do bioterrorismo. A erradicação foi bem sucedida porque a vacinação é altamente eficiente na interrupção da disseminação da doença. O motivo da preocupação é que, embora os estoques conhecidos dos vírus da varíola estejam agora em repositórios seguros nos Estados Unidos e na Rússia, é possível que alguns vírus vivos tenham sido previamente desviados para outros locais. A reemergência da varíola teria consequências severas. Desde que se declarou a vitória sobre o vírus da varíola, a vacina não foi mais administrada e, agora, a população é suscetível ao vírus.

A varíola é uma doença antiga que se difundiu por todo o mundo. Em sua forma mais virulenta, a doença tinha uma taxa de mortalidade de cerca de 25% e era altamente contagiosa. A varíola (*smallpox*, em inglês, assim chamada para distingui-la de outras doenças eruptivas, especialmente a "*great pox*" ou sífilis) resulta em diversos sintomas severos: febre alta, dores intensas, erupções cutâneas e numerosas feridas que, no final, enchem-se de pus (pústulas).

A história da varíola estimulou um grande interesse no estabelecimento de programas de erradicação de outras sérias doenças infecciosas, como a pólio, o sarampo e a lepra, e de algumas infecções parasitárias. O sucesso da erradicação da varíola aponta para questões que são pertinentes à eliminação de outras doenças infecciosas. A erradicação da varíola foi possível pelas seguintes razões:

- Os seres humanos são o único reservatório do agente.
- A vacinação é simples e eficaz.
- A vacina não requer refrigeração, um fator importante em algumas regiões.
- Os sintomas da doença são prontamente reconhecíveis.
- As infecções subclínicas, ou persistentes, foram praticamente desconhecidas; assim, houve pouca chance de o vírus permanecer escondido ou não detectado.

O vírus da varíola pertence a uma família grande, a dos poxvírus, que inclui agentes de diversas doenças animais e de algumas doenças humanas. Os poxvírus são envolvidos por duas camadas membranosas, contêm DNA de fita dupla e estão entre os maiores vírus conhecidos, sendo somente visíveis ao microscópio óptico. Seus genomas contêm 200.000 bases, mais de um terço da quantidade presente no menor genoma bacteriano. Eles são incomuns entre os vírus de DNA, porque se replicam no citoplasma da célula hospedeira, mas separados da maquinaria de replicação. Para a realização de tal proeza, seus genomas codificam todas as enzimas necessárias para formar e modificar o RNA (por meio de metilação e adenilação) e para sintetizar o DNA. Para assegurar sua independência biossintética, a RNA polimerase e as enzimas de modificação do RNA são empacotadas nos vírions. O RNA mensageiro funcional pode, então, ser formado logo após a infecção. A complexidade das transações macromoleculares dos poxvírus sugere que eles possam ser alvos convenientes para o desenvolvimento de futuros antivirais.

Antraz

Antes do susto de 2001, a maioria das pessoas mal tinha ouvido falar de antraz. Isso não foi sempre assim, porque o antraz foi uma doença prevalente nos seres humanos e no gado até o século XX. Ele ainda é importante em algumas partes do mundo, como, por exemplo, no Afeganistão. A doença é antiga e, de acordo com alguns estudiosos, pode ter sido a causa de algumas das pragas do Egito descritas na Bíblia. O antraz foi a primeira doença infecciosa a ser intensivamente estudada por Robert Koch e Louis Pasteur, ambos os quais desenvolveram uma vacina contra ela. Em virtude de um conjunto de boas práticas de criação (o descarte adequado de carcaças contaminadas e a vacinação de animais de criação), a doença diminuiu e tornou-se uma curiosidade médica e veterinária. Todavia, o bacilo do antraz vive em muitos solos, sendo relatados alguns surtos ocasionais. Várias fazendas no Meio-Oeste superior dos Estados Unidos estão sob quarentena em virtude do antraz.

22.4 *Website sobre antraz do Centers for Disease Control and Prevention.*

Como no caso de todas as doenças infecciosas, o antraz representa uma interação complexa entre o parasita (o bacilo do antraz) e o hospedeiro (nós). Os bacilos do antraz (*Bacillus anthracis*) entram na corrente sanguínea, onde resistem à fagocitose pelas células brancas que, de outra maneira, os eliminariam. Os bacilos do antraz são cobertos por uma camada viscosa, a cápsula, que impede sua ingestão pelas células brancas do sangue. Essas bactérias causam danos pela produção de toxinas potentes dentro do corpo. A toxina do antraz é um complexo de **três proteínas codificadas por plasmídeos**, duas (denominadas LF, fator letal, e EF, fator de **edema**) que são diretamente tóxicas e uma (denominada PA, antígeno protetor) que conduz as outras duas para dentro das células. O LF age destruindo as células brancas do sangue, e o EF age aumentando a quantidade de AMP cíclico nas células, o que prejudica o equilíbrio energético e hídrico. O PA, que não é tóxico em si, forma um anel multimérico que se insere dentro das membranas celulares do hospedeiro, permitindo *especificamente* a passagem dos dois componentes tóxicos (Figura 22.1). Assim, os bacilos do antraz possuem seu próprio sistema especial de distribuição de toxinas às células hospedeiras. O conhecimento de tal fato pode muito bem ajudar no desenho de medicamentos que neutralizem as ações das toxinas. Observe que, se apenas o PA for inativado, as duas toxinas não causariam nenhum dano, porque não poderiam penetrar nas células hospedeiras.

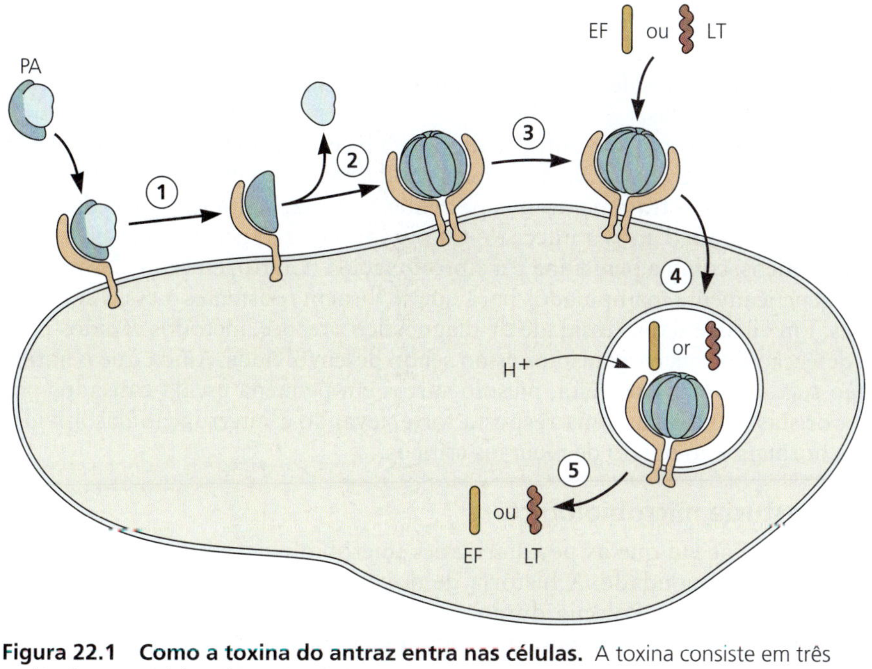

Figura 22.1 Como a toxina do antraz entra nas células. A toxina consiste em três moléculas. Uma delas, denominada antígeno protetor, ou PA, liga-se a receptores localizados em células suscetíveis e, após ser clivada **(1)**, multimeriza-se em uma estrutura similar a um poro **(2)**, à qual os componentes tóxicos (o fator de edema, ou EF, e a toxina letal, ou LT) se ligam **(3)**. O complexo é internalizado em uma vesícula **(4)** que, após sofrer acidificação, libera as toxinas EF e LT dentro do citoplasma **(5)**, onde elas interrompem as funções celulares.

Os bacilos do antraz são encontrados nos solos de todo o mundo. Eles são bastonetes gram-positivos que formam esporos (relembramos, com nostalgia, da época em que as bactérias eram divididas em bactérias gram-positivas e gram-negativas, em vez de "categoria de armas" e "categoria de não armas"). Os esporos desses organismos são tipicamente muito resistentes à secagem e ao calor e não podem, de maneira alguma, ser erradicados do ambiente. A forma mais comum da doença é a **cutânea**, adquirida pelo manuseio de material contaminado. Acredita-se que os esporos penetrem através de cortes ou pequenas abrasões na pele e, então, germinem e causem lesões locais. A maioria dos pacientes com antraz cutâneo recupera-se dentro de 10 dias, mas alguns progridem a uma doença com risco de vida. A inalação de esporos do antraz leva à forma **pulmonar** da doença, na qual os organismos disseminam-se através da circulação e que possui uma alta taxa de mortalidade. Acredita-se que os esporos entrem no corpo após serem ingeridos pelos macrófagos que residem nos alvéolos dos pulmões.

O antraz como arma

Vários países desenvolveram o antraz como arma durante o século XX, e alguns podem tê-lo usado com propósitos de guerra, direcionando-o para animais de criação. Em 2001, o susto do antraz nos Estados Unidos ilustrou a importância desse organismo como arma do terror. Pode-se argumentar que o antraz não é uma arma biológica ideal. Os organismos não são particularmente patogênicos, porque é preciso um grande número de esporos para infectar as pessoas; eles dificilmente são transmitidos de uma pessoa para a outra, e são mais eficazes quando distribuídos sob a forma de um pó muito fino. O "armamento" das culturas de antraz requer a trituração da preparação em um pó fino e o uso de agentes antiaglomerantes para impedir que os esporos formem grumos. Por essa razão, mesmo que o cultivo dos bacilos do antraz seja fácil, a fabricação de preparações classificadas na categoria de armas requer instalações especializadas de contenção e um grande cuidado por parte das pessoas que trabalham nelas.

A prevenção contra o antraz é difícil, uma vez que a vacina disponível não é completamente eficaz. Vacinas mais modernas estão em desenvolvimento. Por outro lado, o tratamento dos pacientes é eficaz, contanto que o diagnóstico seja feito logo após a infecção. Os organismos são geralmente sensíveis a antibióticos, como a **penicilina** e a ciprofloxacina (Cipro), embora eles possam ser geneticamente manipulados para que se tornem resistentes a essas substâncias. Em virtude da necessidade de diagnóstico precoce, métodos rápidos para a detecção dos microrganismos estão sendo desenvolvidos. Ainda que o antraz não seja uma arma perfeita, mesmo surtos em pequena escala causados por terroristas provocarão uma resposta forte, levando à interrupção das atividades normais e ao desvio de recursos críticos.

Uma astúcia microbiológica

Houve épocas em que as peculiaridades microbiológicas foram colocadas a serviço da humanidade. A história de dois médicos que moravam em uma pequena cidade da Polônia durante a ocupação alemã na Segunda Guerra Mundial é particularmente comovente. Esses dois médicos estavam cientes de que os alemães estavam extremamente apreensivos a respeito da disseminação de tifo epidêmico e não enviavam pessoas suspeitas de ter a doença para campos de trabalho. O teste usado na época (mas desde então substituído) para diagnosticar o tifo dependia da medição de anticorpos presentes no soro contra uma bactéria não relacionada do gênero *Proteus*. Os antígenos desses organismos assemelham-se aos da bactéria do tifo (*Rickettsia*), e os anticorpos antirrickéttsia têm reação cruzada com *Proteus*. Diferentemente da bactéria do tifo, *Proteus* pode ser facilmente cultivada, mesmo em um laboratório simples. De forma engenhosa, os médicos poloneses prepararam uma vacina inócua de células mortas de *Proteus* e usaram-na para inocular pessoas de vários povoados. Quando os alemães fizeram a triagem dessas pessoas, descobriram que elas tinham altos títulos de anticorpos, os quais foram interpretados como sinal de que esses povoados eram viveiros de tifo epidêmico. Os habitantes dos povoados foram poupados, graças à perspicácia microbiológica dos dois médicos.

22.5 *Um relato mais detalhado deste evento.*

ENFRENTANDO O PERIGO EM UM MUNDO MICROBIANO

Saneamento

Utilizamos três tipos principais de intervenção em nossa defesa contra as doenças infecciosas: saneamento, vacinação e tratamento. Os dois primeiros são preventivos, sendo, portanto, as opções mais preferíveis. Dessas, o saneamento é a mais antiga e é praticada não só pelos seres humanos, mas também pelos animais. Quando os animais depositam suas fezes em locais especiais ("latrinas"), de fato não só evitam a disseminação de micróbios, mas também podem distanciar-se de seus dejetos, o que pode enganar os predadores. Os insetos que vivem em colônias, como certas formigas e certos cupins, carregam seus detritos para lugares bastante distantes dessas (ver Capítulo 19). Desde tempos antigos, os seres humanos também têm praticado medidas sanitárias complicadas. A grande quantidade de espaço dedicada no Antigo Testamento (p. ex., no Levítico) ao asseio pessoal e ao cuidado com os alimentos atesta a importância dada a tais ações preventivas. Certas medidas sanitárias simples necessitam de relativamente pouco esforço. Contudo, o abastecimento difundido tanto de água limpa como de alimentos necessita de recursos consideráveis, frequentemente fora do alcance das pessoas pobres. Como os micróbios não respeitam as fronteiras políticas, é de autointeresse dos países prósperos se preocuparem com o saneamento em regiões dotadas de menos recursos.

Vacinação

No mundo ocidental, a vacinação começou a ser usada em ampla escala no século XIX, ao lado de grandes melhorias no fornecimento de água potável e no despejo de esgoto. Em conjunto, essas medidas reduziram muito a incidência de doenças transportadas pela água e pelos alimentos, como a cólera e a febre tifoide, assim como daquelas associadas ao convívio próximo, como, por exemplo, a tuberculose e a peste bubônica. O espectro de vacinas úteis, ainda que grande, não inclui (até o momento em que escrevemos) diversas doenças consideravelmente nocivas, como a malária, a AIDS e outras doenças sexualmente transmissíveis (Tabela 22.2). A falta de vacinas eficazes contra esses importantes agentes não ocorre por falta de tentativa. Por várias razões, muitas vacinas eficazes são fáceis de serem obtidas e, portanto, têm estado disponíveis por mais de 100 anos. O desenvolvimento das vacinas avançou de forma relativamente rápida no início da microbiologia e da imunologia, mas, subsequentemente, a velocidade diminuiu. Nos últimos anos, o ritmo do desenvolvimento de novas vacinas acelerou consideravelmente, mas relativamente poucas vacinas novas tornaram-se disponíveis. Existem razões pelas quais o desenvolvimento de vacinas é difícil.

- Quando as vacinas são testadas a campo em seres humanos, surgem questões éticas, as quais incluem os riscos inerentes ao escalonamento de uma nova preparação e a escolha de quem deve tomar a vacina e quem deve servir de controle.

Tabela 22.2 Algumas vacinas comumente usadas nos Estados Unidos

Vacinas virais
Influenza
Sarampo
Caxumba
Pólio
Hepatite A
Hepatite B
Vacinas bacterianas
Difteria
Tétano
Coqueluche (pertússis ou tosse convulsa)
Meningococos
Haemophilus influenzae tipo b
Pneumococos

- Certos agentes, como o HIV, os gonococos e os tripanossomos da doença do sono (ou tripanossomíase africana), mutam a uma taxa alta, alterando, assim, suas características antigênicas. A resposta imune transforma-se, então, em uma corrida para alcançar o antígeno mais novo.
- Agentes, como o que causa a malária, passam por vários estágios em seus ciclos de vida, cada um dos quais parece diferente ao sistema imune.
- Os anticorpos presentes na circulação podem ser capazes de neutralizar agentes que circulam livremente, mas não os afetam se estiverem localizados no interior celular.
- A imunidade mediada por células, a principal defesa adquirida contra patógenos intracelulares, é difícil de ser estimulada por meio da vacinação. Em geral, somente agentes vivos inativados têm probabilidade de estimular a imunidade mediada por células. Um exemplo é a vacina contra a tuberculose, denominada BCG (a qual significa *bacille Calmette-Guérin*, por causa de seus criadores). Contudo, pacientes imunocomprometidos encontram-se em situação de risco quanto a esses organismos inativados (mas que ainda assim estão vivos).

22.6 *Como fazer uma vacina.*

Antimicrobianos

A emergência de resistência a compostos antimicrobianos é um exemplo convincente da plasticidade dos genomas microbianos. Hoje, a alta disseminação da resistência é comum, embora, felizmente, ainda não seja um fenômeno universal. Até agora, o jogo vem se emparelhando, no sentido de que os micróbios desenvolvem resistência, e os humanos criam novos medicamentos. Inicialmente, na década de 1950, fármacos novos e potentes foram disponibilizados com rapidez. Contudo, os esforços dos microbiologistas e dos químicos alcançaram um sucesso relativamente modesto depois disso, e poucos novos antibióticos clinicamente úteis foram criados desde aquele período inicial: a maioria deles possui modificações químicas de compostos previamente conhecidos; poucas resultam da descoberta de novas classes de medicamentos. A razão pode ser que os micróbios, em virtude de sua evolução extremamente longa, tiveram tempo para aprender a sintetizar a maioria dos compostos eficientes que asseguram sua sobrevivência. Uma exceção importante foi o desenvolvimento de vários fármacos anti-HIV que têm permitido deter o progresso da infecção à AIDS. Embora sejam caros e incômodos quanto à administração, tornaram-se uma descoberta promissora, porque, em geral, os antivirais haviam ficado para trás em relação aos antibacterianos.

CONCLUSÃO

Este capítulo não deve chegar ao fim com a visão dos micróbios como sendo estes agentes nocivos, causadores de doenças. A vida dos micróbios não é ditada por intenções malévolas, e não se deve atribuí-las a eles. Uma sociedade que preza a limpeza e pratica a "microbiofobia" arrisca-se a distorcer a realidade das interações entre os humanos e os micróbios, às vezes em detrimento dos primeiros. As tentativas de esterilizar nosso ambiente não apenas são vazias, mas também contraproducentes, pois nos beneficiamos muito da presença próxima dos micróbios. Nossa flora microbiana normal ajuda-nos na precaução contra os patógenos e propicia estímulos importantes ao nosso sistema imune. Uma existência livre de micróbios somente é possível sob condições de isolamento extremo – tendo, por exemplo, nascido de cesariana dentro de uma bolha estéril e vivendo nela depois disso. Na verdade, isso foi feito com uma criança diagnosticada com uma deficiência no sistema imune, a qual ameaçava sua vida. David, o "menino da bolha", veio a morrer em 1984, quando, com 12 anos de idade, foi exposto ao ambiente externo.

Por toda a ameaça representada pelos patógenos, os humanos e todas as outras formas de vida aprenderam a coexistir com os micróbios. Na verdade, a coexistência entre os humanos e os micróbios, como observamos ao longo deste livro, apresenta um aspecto pouco valorizado: não podemos viver sem os micróbios.

LEITURA SUGERIDA

Diamond, J. 1997. *Guns, Germs, and Steel: the Fates of Human Societies.* W. W. Norton & Co., New York, N.Y.

McNeill, W. H. 1976. *Plagues and Peoples.* Anchor Books, New York, N.Y.

TESTE SEU CONHECIMENTO

1. Prepare um esboço para uma palestra dirigida a estudantes de ensino médio sobre os aspectos históricos das doenças infecciosas.
2. Discuta fatores envolvidos na emergência de novas doenças infecciosas e na reemergência de doenças antigas e dê alguns exemplos.
3. Que fatores contribuíram ao sucesso da erradicação da varíola?
4. Prepare um esboço para uma palestra dirigida ao público leigo sobre as principais ferramentas disponíveis para combater as doenças infecciosas.

uso dos micróbios pelos humanos

capítulo

23

INTRODUÇÃO

A maioria de nossas interações com os micróbios é involuntária. Eles fazem suas coisas, e nós fazemos as nossas. Isso normalmente funciona a nosso favor, porque os micróbios são participantes essenciais ao metabolismo do planeta (ver Capítulo 1). Em outras ocasiões, as atividades dos micróbios são nocivas: eles estragam nossos alimentos, destroem nossas lavouras ou nos fazem adoecer. Nós revidamos: certas atividades humanas, como, por exemplo, a modificação de hábitats, afetam muito a biota microbiana, como o fazem com todos os outros seres vivos, mas essas consequências normalmente não são intencionais. Ao contrário, nós intencionalmente fazemos uso dos micróbios, colocando-os para trabalhar de diferentes modos, e o temos feito desde o início da cultura humana.

OS DIFERENTES USOS DOS MICRÓBIOS

A lista de domesticações microbianas pelas pessoas é longa e variada (Tabela 23.1). Algumas dessas transações requerem modificações biológicas deliberadas (p. ex., a produção de antibióticos); outras acontecem sem a sofisticada intervenção humana (p. ex., a produção de pão, queijo, picles, vinagre, chucrute, molho de soja, vinho ou cerveja por métodos tradicionais). À medida que a microbiologia avançou, aumentamos nosso entendimento sobre como realizar esses processos de forma mais eficiente. Normalmente, o progresso resultou da percepção de qual micróbio, agindo sozinho ou em um consórcio, está envolvido; isso é frequentemente seguido da seleção de uma linhagem melhor ou da modificação genética do micróbio. Naturalmente, essa abordagem não é única aos micróbios, tendo sido usada desde tempos imemoriais para selecionar linhagens melhores de animais domésticos e plantas, incluindo o trigo, o arroz e o milho.

Tabela 23.1 Alguns usos dos micróbios domesticados

Propósito	Comentários
Produção, conservação ou enriquecimento de alimentos	
Pão	O dióxido de carbono produzido quando o levedo de cerveja, *Saccharomyces cerevisiae*, fermenta o açúcar faz com que o pão levede.
Queijo	As bactérias do ácido láctico fazem o leite coalhar, a primeira etapa na produção de certos queijos; muitas bactérias diferentes contribuem para a maturação do queijo por meio de suas atividades proteolíticas e lipolíticas.
Iogurte	O iogurte é apenas um dos muitos laticínios produzidos pela fermentação da lactose do leite por várias bactérias do ácido láctico.
Picles	Os picles são produzidos por bactérias do ácido láctico que fermentam os açúcares contidos nos pepinos. Muitos outros vegetais, incluindo as azeitonas, são conservados de modo similar.
Vinagre	O vinagre é produzido quando as bactérias do ácido acético oxidam etanol a ácido acético. Os materiais iniciais são geralmente produzidos pela fermentação de várias frutas (principalmente uvas e maçãs) por leveduras.
Chucrute	O chucrute é o produto resultante da ação de bactérias do ácido láctico no repolho (ver Capítulo 1).
Silagem	A silagem é a forragem animal conservada, produzida pela ação de bactérias do ácido láctico.
Cerveja	A cerveja é o produto da fermentação, por leveduras, de grãos que foram sacarificados.
Vinho	O vinho é suco fermentado, principalmente de uvas.
Vitaminas	Muitas vitaminas, incluindo riboflavina, vitamina C e vitamina B_{12}, são produzidas por fermentações microbianas.
Aminoácidos	Vários aminoácidos, incluindo lisina, metionina e glutamato monossódico, são produzidos por fermentações microbianas; eles são adicionados à alimentação humana e animal para aumentar o valor nutritivo ou realçar o sabor.
Enzimas	Muitas enzimas microbianas são usadas industrial ou terapeuticamente (Tabela 23.2).
Medicamentos	
Antibióticos	Com pouquíssimas exceções, os antibióticos atualmente em uso são produzidos por fermentações microbianas.
Probióticos	Vários micróbios vivos (ou misturas deles) são usados no tratamento de doenças animais ou no estímulo ao crescimento de lavouras. Por exemplo, misturas de bactérias que se assemelham à flora intestinal normal de um frango são administradas a pintos para impedir infecções por *Salmonella* spp., e as sementes de leguminosas são cobertas com bactérias fixadoras de nitrogênio a fim de garantir que a planta em desenvolvimento seja capaz de fixar nitrogênio.
Proteínas terapêuticas	Bactérias nas quais genes humanos foram inseridos são usadas na produção de certas proteínas terapêuticas, incluindo a insulina e o hormônio do crescimento humano.
Corticosteroides	Os micróbios são usados para mediar certas etapas na síntese química de corticosteroides.
Tratamento de resíduos	
Tratamento de efluentes de esgoto	O tratamento de efluentes de esgoto envolve a oxidação dos componentes orgânicos do esgoto pelos micróbios. Processos microbianos subsequentes também são empregados para reduzir o conteúdo de nitrogênio e fósforo do efluente.
Compostagem	A ação microbiana converte os resíduos vegetais em material enriquecido para fertilizar o solo.
Biorremediação	Vários micróbios são usados para eliminar resíduos tóxicos.
Mineração	Em certos minérios, os minerais, como o ouro, estão aprisionados em sulfetos insolúveis; as bactérias são usadas para oxidar os sulfetos, liberando, assim, o mineral.
Produção de combustíveis	Efluentes de esgoto e resíduos animais são usados como substratos para que arqueobactérias produzam metano, que é usado doméstica e municipalmente como combustível. O amido de milho é convertido em açúcar e fermentado para formar álcool, que é usado no bioetanol.

Começaremos com a narrativa da seleção de linhagens melhores e continuaremos discutindo vários outros exemplos em que os seres humanos têm feito uso dos micróbios para seu benefício.

PRODUZINDO VINHOS MELHORES: A FERMENTAÇÃO MALOLÁCTICA

A enologia, ciência da produção de vinhos, tornou-se um empreendimento altamente sofisticado. Departamentos de universidade e institutos de pesquisa industrial dedicam-se à ciência básica que sustenta essa indústria importante e mundial – apesar do fato de a produção de vinho ser a inevitável consequência microbiológica do mero esmagamento de uvas. A superfície aveludada e polvorosa do exterior da uva contém uma população de leveduras capaz de mediar uma fermentação alcoólica; o conteúdo da uva constitui um meio de crescimento quase ideal e uma fonte rica em açúcares fermentáveis. A introdução e mistura de um com o outro por meio do esmagamento das uvas resulta no vinho. Como as leveduras não são capazes de fermentar amido, a fermentação de grãos destinada à produção de bebidas, como cerveja ou saquê (ou batatas, no caso da produção de vodca), requer, no início, a intervenção humana. O processo de conversão do amido (contido nos grãos e nas batatas) nos açúcares fermentáveis glicose e maltose é denominado **sacarificação.** No Ocidente, a sacarificação é normalmente realizada pela adição de **malte** (cevada germinada tostada), que serve de fonte da enzima amilase, responsável pela hidrólise do amido dos grãos. Na Ásia, estimula-se o crescimento de misturas de fungos produtores de amilase sobre os grãos. Em algumas culturas nativas, a saliva humana foi e ainda é usada como fonte de amilase. Contudo, diferentemente dos grãos e das batatas, o suco de uva está pronto para ser usado. Ele contém uma mistura equimolar de glicose e frutose, açúcares que as leveduras podem fermentar, juntamente com todos os nutrientes que as leveduras precisam para crescer.

O esmagamento de uvas produz o vinho, mas não necessariamente produz vinho de boa qualidade. A produção de bons vinhos requer atenção a inúmeros detalhes, muitos dos quais são microbiológicos. As práticas tradicionais de produção de vinho, desenvolvidas por tentativa e erro durante séculos, geraram resultados notavelmente bons; a microbiologia moderna tem melhorado esses resultados, tornando-os mais confiáveis. Atualmente, os vinhos de um produtor de qualidade variam de ano a ano porque as condições de crescimento se alteram, o que não ocorre em virtude da sorte do vinicultor. As contribuições mais conhecidas da microbiologia à enologia são o controle da fermentação alcoólica pelo favorecimento da participação de linhagens desejáveis de leveduras e o impedimento da deterioração, principalmente por bactérias do ácido acético e do ácido láctico. Louis Pasteur desenvolveu um procedimento de aquecimento moderado, denominado pasteurização, para eliminar os microrganismos responsáveis pela deterioração. A pasteurização do leite, que trouxe benefícios muito importantes à saúde pública, deriva da fabricação de vinho.

A despeito de as bactérias serem identificadas com a deterioração do vinho, uma fermentação bacteriana conhecida como fermentação maloláctica (ou secundária) do vinho é essencial à produção de vinhos tintos de alta qualidade. Tradicionalmente, a fermentação maloláctica começa espontaneamente no meio do inverno, vários meses após as uvas serem esmagadas e fermentadas no outono. O vinicultor pode perceber uma pequena atividade, possivelmente uma espécie de ronco no tanque de repouso, ou a fermentação pode passar despercebida, a menos que o vinicultor determine quais ácidos orgânicos estão presentes no vinho. O suco de uva contém dois ácidos orgânicos: ácido tartárico e ácido málico. A fermentação alcoólica primária deixa ambos os ácidos intactos, mas a fermentação secundária posterior converte todo o ácido málico em ácido láctico por meio da fermentação maloláctica:

$$\underset{\text{Ácido málico}}{HOOC\text{-}CH_2\text{-}CHOH\text{-}COOH} \longrightarrow \underset{\text{Ácido láctico}}{CH_3\text{-}CHOH\text{-}COOH} + CO_2$$

Essa conversão gera quantidades muito pequenas de energia, mas é suficiente para sustentar o crescimento lento das bactérias do ácido láctico que a medeiam (ver Capítulo 18). O CO_2 produzido pela fermentação é irrelevante à vinicultura, exceto em certos vinhos de Portugal denominados vinhos verdes, que dependem dessa fermentação para que se tornem espumantes. (Os vinhos espumantes, do tipo champanhe, dependem do CO_2 produzido pela fermentação de leveduras.) A conversão de ácido málico em ácido láctico é fundamental à fabricação de vinhos tintos de alta qualidade. A transformação, de um ácido dicarboxílico a um ácido monocarboxílico, diminui a acidez do vinho e o suaviza. Os produtos secundários das bactérias do ácido láctico acrescentam ao vinho a complexidade do aroma.

Se a fermentação maloláctica ocorre regularmente, embora de modo misterioso, por que o vinicultor em geral deseja controlar o processo? Há várias razões. Se a fermentação fosse adiada e ocorresse após o engarrafamento, alguns componentes voláteis ficariam aprisionados, dando ao vinho um sabor desagradável. Uma ampla série de diferentes bactérias do ácido láctico medeia a fermentação maloláctica, sendo que algumas conferem ao vinho aromas muito mais desejáveis do que outras. A solução pareceria ser direta, semelhante ao desenvolvimento de uma melhor variedade de trigo: isolar o organismo responsável por um vinho de alta qualidade e usá-lo como inóculo para iniciar a fermentação desejável em outros vinhos. Contudo, parece que isso não funciona. O motivo está relacionado à demora entre o início de uma fermentação maloláctica natural e a fermentação alcoólica. As leveduras são esponjas de nutrientes: quando param de crescer, elas absorvem nutrientes de seu ambiente e os armazenam em seus vacúolos. As bactérias do ácido láctico, incluindo aquelas que medeiam a fermentação maloláctica, requerem uma longa lista de fatores de crescimento, como aminoácidos e vitaminas. Quando se percebeu esse fato, foi possível induzir uma fermentação maloláctica com um inóculo selecionado por sua qualidade. Simplesmente adicione o inóculo perto do fim da fermentação alcoólica, antes de as leveduras terem a chance de esgotar os nutrientes do vinho. As fermentações malolácticas naturais começam no inverno porque apenas nessa época há um número suficiente de células de levedura autolisadas para enriquecer o meio com os fatores de crescimento necessários ao crescimento das bactérias malolácticas. Atualmente, as fermentações malolácticas são rotineiramente induzidas. Um inóculo popular mundialmente usado é a bactéria *Oenococcus oeni* ML34, que foi isolada de uma vinícola premiada do vale do Napa na Califórnia; trata-se da linhagem que foi usada para iniciar a primeira fermentação maloláctica induzida relatada.

PROTEÇÃO DAS PLANTAS E PRODUÇÃO DE NEVE: AS BACTÉRIAS ICE-MENOS

Pode parecer improvável que as bactérias causem danos às plantas por meio da geada, mas isso é uma verdade. Elas não potencializam o efeito químico das baixas temperaturas. Em vez disso, produzem danos mecânicos por causarem a formação de geada. Os cristais de gelo resultantes rompem as células vegetais, matando-as. Tal capacidade de formação de geada é restrita a um pequeno grupo de bactérias, incluindo *Pseudomonas syringae* e espécies relacionadas de *Pseudomonas*, *Xanthomonas* e *Erwinia* – membros das *Gammaproteobacteria*. Essas bactérias vivem nas superfícies das folhas das plantas e, sob condições certas, produzem uma proteína (InaX) que desencadeia a formação de cristais de gelo ao servir de ponto focal para que as moléculas de água se organizem em um arranjo regular. Naturalmente, os cristais de gelo formam-se somente quando é atingido o ponto de congelamento (0 °C) ou abaixo dele, mas a temperatura baixa apenas não é suficiente. A água permanece líquida abaixo de 0 °C na ausência de um agente de nucleação que inicie a formação de gelo. Se tal agente for adicionado, o gelo forma-se quase que instantaneamente. No caso das folhas de plantas, como, por exemplo, as folhas do morango, na ausência de bactérias de nucleação de gelo, a geada não se forma até que a temperatura ambiental tenha caído abaixo de −5 °C. Em sua presença, ela se forma a 0 °C (Figura 23.1).

A descoberta das bactérias de nucleação de gelo constitui uma história fascinante. Ela foi independentemente feita na década de 1970 por dois grupos de microbiologistas, com base em observações bastante diferentes. Um grupo, na Universidade de Wyoming, investigou um padrão incomum do tempo local: a precipitação atmosférica era maior sobre áreas cobertas de vegetação do que sobre áreas improdutivas. O outro grupo, em Wisconsin, examinava a observação de que plântulas de milho empoeiradas com material vegetal do solo eram muito mais sensíveis aos danos causados pela geada do que os controles não tratados. O grupo de Wyoming defrontou-se com o dilema de causa e efeito. Certamente, a maior precipitação atmosférica favoreceria o crescimento da vegetação. Contudo, eles mostraram que a vegetação estimulava a precipitação atmosférica pelo estabelecimento de que certas bactérias, notavelmente *P. syringae*, presentes sobre as folhas das plantas, eram potentes agentes de nucleação. Quando movidas rapidamente no alto da atmosfera, elas faziam com que o vapor de água das nuvens coalescesse em gotas de chuva. O grupo de Wisconsin mostrou que certas bactérias, notavelmente *P. syringae*, eram o componente indutor de geada do material vegetal do solo. Assim, *P. syringae* revelou-se um potente agente de nucleação, capaz de causar tanto chuva como geada.

Figura 23.1 Dois tubos de ensaio com água mantida a uma temperatura logo abaixo de 0 °C. O tubo que contém uma folha de feijão com *P. syringae* selvagem **(direita)** está congelado; o tubo com uma linhagem Ice$^-$ de *P. syringae* **(esquerda)** não está.

A implicação prática dessa descoberta foi imediatamente aparente. Se a microflora de *P. syringae* que ocorre naturalmente, assim como outras bactérias de nucleação de gelo, pudesse ser deslocada das plantas vulneráveis à geada, os danos da geada em temperaturas acima de −5 °C poderiam ser diminuídos ou até eliminados. A eliminação de micróbios específicos de um ambiente natural pela simples erradicação nunca é viável, mas seu deslocamento associado à introdução de outros micróbios adaptados àquele ambiente às vezes funciona. Por exemplo, um método (denominado **probiótico**; desenvolvido pelo Departamento de Agricultura dos Estados Unidos) de administração, a pintos recém-nascidos, de uma mistura complexa de organismos que ocorrem naturalmente na microflora intestinal de um frango adulto dramaticamente diminuiu sua probabilidade de infecção por *Salmonella*: a incidência de frangos contaminados em um aviário foi reduzida de 90% para 10%. Similarmente, a administração, a ratos recém-nascidos, de linhagens não produtoras de ácido da bactéria causadora da cárie *Streptococcus mutans* desloca as linhagens produtoras de ácido que ocorrem naturalmente e confere proteção duradoura contra cavidades. Um dia, o método pode ser aprovado para uso no tratamento de seres humanos.

Poderíamos predizer que o organismo ideal para deslocar as bactérias indutoras de geada seria uma linhagem de uma delas que não produzisse a proteína de nucleação InaX. Os cientistas prepararam linhagens mutantes Ice$^-$ (*ice*, do inglês, gelo) nas quais o gene codificante *inaX* foi deletado. Como essas linhagens foram produzidas usando-se métodos de DNA recombinante, o caminho para a obtenção de sua aprovação para uso em testes de campo foi longo e árduo, apesar do fato de que tais linhagens Ice$^-$ podem ser isoladas da natureza. Contudo, no início da década de 1990, concedeu-se a aprovação. Os testes de campo foram feitos, e os resultados foram espetaculares. A pulverização de suspensões de linhagens Ice$^-$ de *P. syringae* em plantações de batata diminuiu em até 80% os danos durante uma subsequente geada noturna. Todavia, em virtude das preocupações da opinião pública sobre a liberação de organismos geneticamente modificados na natureza, o uso das bactérias Ice$^-$ não foi comercializado. Em vez disso, uiliza-se uma linhagem de *Pseudomonas fluorescens* que ocorre naturalmente. Ela desloca as linhagens Ice$^+$ de forma tão eficiente quanto as linhagens Ice$^-$. Cerca de 22 toneladas de células bacterianas criodessecadas foram vendidas em 2004 para uso em várias lavouras nos Estados Unidos. À concentração de 10^{10} células por grama, isso é uma quantidade impressionante de bactérias, provavelmente constituindo o maior exemplo de uso de um agente de controle biológico.

Evidentemente, há situações nas quais o contrário é verdade e deseja-se que os cristais de gelo se formem rápida e abundantemente. Em tais casos, as linhagens Ice^+ de *P. syringae* podem ser úteis. Uma dessas aplicações é a produção de neve artificial para pistas de esqui. A neve natural forma-se quando minúsculas partículas de água formam cristais de gelo ao redor de partículas de nucleação, como, por exemplo, pequenas partículas de poeira. Em seguida, à medida que as partículas começam a cair, o vapor de água deposita mais cristais sobre a superfície do gelo pelo processo de **deposição** (a transição direta do estado gasoso ao sólido, desviando da fase líquida – o contrário da sublimação); lentamente, à medida que os flocos de neve caem, seu tamanho aumenta. As máquinas de fabricação de neve, denominadas pistolas de neve, não podem acomodar um processo assim tão lento.

23.1 *Uma máquina de produção de neve.*

Essas máquinas emitem um jato de água que, como é propelido por ar comprimido, se dispersa em uma névoa fina a somente cerca de 6 a 9 metros de altura no ar. Se a nucleação não ocorresse imediatamente, a água cairia no solo, formando gelo – um castigo aos esquiadores. A fim de produzir neve sob tais condições, as células cultivadas de *P. syringae* são liofilizadas, agrupadas em precipitados, esterilizadas (pois algumas linhagens de *P. syringae* são patógenos de plantas) e adicionadas às pistolas de água. A técnica funciona muito bem.

USANDO OS MICRÓBIOS PARA PRODUZIR SUBSTÂNCIAS PROTEICAS: INSULINA E HORMÔNIO DO CRESCIMENTO HUMANO (hGH)

A partir da metade do século XX, os micróbios contribuíram muito à fabricação de medicamentos. Os antibióticos, com poucas exceções (incluindo o cloranfenicol e aqueles que são quimicamente modificados, como a tetraciclina), são produzidos pelos micróbios, e estes são usados para realizar etapas difíceis na síntese química de algumas substâncias, como, por exemplo, certos esteroides. Todos esses usos dos micróbios exploram suas capacidades naturais. Por exemplo, os micróbios produtores de antibióticos produzem aqueles antibióticos quando são inicialmente isolados da natureza. As subsequentes manipulações genéticas e de cultivo necessárias à comercialização ocorrem apenas para induzi-los a sintetizar quantidades maiores dos antibióticos. Na década de 1970, com o advento da tecnologia do DNA recombinante, o uso dos micróbios na fabricação de agentes terapêuticos modificou-se completamente, pois as substâncias que podiam ser produzidas pelos micróbios não estavam mais limitadas às suas capacidades naturais. Em vez de buscar um micróbio que podia produzir um agente útil, um micróbio poderia ser geneticamente alterado de modo a produzir aquele agente específico. Pelo menos em teoria, os genes de qualquer organismo poderiam ser introduzidos dentro de um micróbio, e sua capacidade biossintética notável produziria quantidades em série do produto daquele gene. Contudo, há obstáculos no caminho.

Mesmo antes do início, deve-se decidir qual composto produzir. Há diretrizes óbvias. Sem dúvida, o composto deve ter valor suficiente para justificar os custos de desenvolvimento e fabricação. Melhor ainda, ele não deve ser disponível de outra fonte. Certas proteínas humanas de valor terapêutico pareciam ser a escolha principal. A insulina, usada para o tratamento de pacientes com diabetes, foi o primeiro agente terapêutico produzido por um micróbio no qual um gene humano havia sido clonado. A insulina fora disponível para uso terapêutico logo após sua descoberta, ocorrida na década de 1920. Ela era purificada dos pâncreas de animais – principalmente de vacas nos Estados Unidos e de porcos na Europa. Embora a tolerância na maioria dos pacientes humanos que recebeu doses repetidas dessas proteínas exógenas fosse boa, havia certas complicações. Alguns pacientes desenvolviam resistência à insulina porque as proteínas animais, embora muito similares, não são antigenicamente idênticas à proteína humana. Igualmente, o fornecimento de insulina tornava-se problemático porque o gado alimentado em confinamento, a principal fonte de pâncreas bovino, produz quantidades menores de insulina que o gado de pastagem, a fonte tradicional. A solução para o problema foi produzir insulina em *Escherichia coli* na qual os genes humanos codificantes da insulina haviam sido introduzidos. Como ela não era uma proteína exógena, não havia nenhuma resposta imune contra ela, e o fornecimento tornou-se ilimitado.

O hormônio do crescimento humano (hGH, de *human growth hormone*) apresentava uma necessidade ainda mais premente. A única fonte desse hormônio, essencial a crianças cujas glândulas pituitárias produzem quantidades insuficientes dele (as quais, se não tratadas, serão portadoras de nanismo pituitário), eram as glândulas pituitárias de cadáveres humanos. Tal fonte apresentava riscos claros, pois havia evidência de que algumas crianças haviam contraído a doença de Creutzfeldt-Jakob (de origem priônica) a partir desses tratamentos.

Os métodos usados para clonar e expressar o gene do hGH em bactérias são típicos daqueles usados para produzir outras proteínas humanas. Todas as células humanas carregam o gene que codifica o hGH, mas como separar esse gene de todos os outros e cloná-lo? Um modo é começar com o RNA mensageiro (mRNA), em vez do DNA. O tecido da glândula pituitária humana produz o suprimento de hGH do corpo, de modo que suas células contêm grandes quantidades do mRNA correspondente. Essas moléculas de mRNA podem ser identificadas com uma **sonda** (uma molécula curta de DNA correspondente a uma parte do gene codificante do hGH) adequada. A sonda, sendo complementar ao mRNA correspondente, hibridizará (formará ligações de hidrogênio entre pares de bases) com ele, identificando-o. Há uma segunda e mais convincente razão para isolar o mRNA e não isolar o gene diretamente. Os genes de eucariotos, incluindo os humanos, contêm **íntrons** (segmentos de DNA que não codificam a proteína, porque são cortados do mRNA quando ele torna-se maduro). Como os procariotos carecem das enzimas necessárias à eliminação de íntrons, eles sintetizariam uma proteína incorreta a partir de um gene eucariótico carregando íntrons.

Como se faz a sonda? Primeiro, deve-se saber a sequência de aminoácidos na proteína hGH. Em seguida, a sequência de bases da sonda pode ser determinada recorrendo-se ao código genético. Contudo, o código genético é redundante – a maioria dos aminoácidos é codificada por vários códons diferentes. O código genético especifica precisamente qual sequência de aminoácidos é codificada por uma sequência específica de bases no DNA, mas não o contrário. Em virtude da redundância do código, todas as sequências de DNA que designam a sequência de aminoácidos desejada devem ser sintetizadas. Tal mistura é usada como sonda.

Uma vez que o mRNA correto tenha sido isolado, a **transcriptase reversa** (a enzima dos retrovírus que usa o RNA como molde para formar o DNA [ver Capítulo 17]) é usada para produzir o DNA. Esse produto de DNA é denominado DNA complementar (cDNA), para indicar que é uma cópia do mRNA e não o DNA no gene em si. Em seguida, o DNA complementar é cortado com endonucleases de restrição, ligado em um plasmídeo bacteriano e inserido no hospedeiro bacteriano por transformação. No hospedeiro, a molécula de DNA recombinante é replicada, e seus genes, incluindo o gene do hGH, são expressos. A célula transformada torna-se uma fábrica de hGH.

O método usado para clonar o gene do hGH não é o único modo que poderia ser empregado. Muitas variações são possíveis, e novos métodos são desenvolvidos quase diariamente. As mudanças mais fundamentais são o **vetor de clonagem** e a célula hospedeira. Um plasmídeo pode ser usado para clonar o gene do hGH, mas um DNA viral também pode ser usado. A introdução de DNA nativo ou recombinante em um hospedeiro é denominada **transformação**. Praticamente qualquer tipo de célula ou organismo intacto pode atualmente ser usado como hospedeiro de uma molécula de DNA recombinante. Contudo, não importa qual célula hospedeira seja selecionada para, no final, produzir o produto proteico, as bactérias são quase sempre usadas no processo de clonagem.

Após a linhagem bacteriana produtora do hGH ser obtida, a tarefa de produzir o hGH comercialmente apenas começou. A obtenção de uma linhagem que produza uma certa quantidade de hGH não é o bastante. O plasmídeo deve ser modificado, e as condições de cultivo devem ser desenvolvidas para que se produzam quantidades comercialmente viáveis de hGH. Por exemplo, como grandes quantidades de hGH, assim como outras proteínas exógenas, são prejudiciais à célula, projetaram-se métodos para que a produção de hGH em *E. coli* seja acionada somente após a cultura atingir uma alta densidade de células. Também foram projetados métodos para purificar o hGH adequadamente dobrado da cultura bacteriana e impedir sua destruição pelas enzimas proteolíticas do hospedeiro, cuja função é destruir proteínas anormais.

ENZIMAS MICROBIANAS: ADOÇANTES DO MILHO

As enzimas são os biocatalisadores que tornam a vida possível, mas elas também são artigos de comércio. As enzimas microbianas são industrialmente produzidas em quantidades imensas e usadas para inúmeros propósitos, da fabricação de doces a diferentes usos médicos e à produção em grande escala

Tabela 23.2 Amostra de enzimas microbianas que são usadas comercialmente

Enzima	Fonte microbiana	Atividade	Uso
Invertase	*Saccharomyces cerevisiae*	Hidrolisa sacarose em glicose e frutose	Panificação, estabilização de xaropes, fabricação de doces
β-Glucanase	*Bacillus subtilis, Aspergillus niger, Penicillium emersonii*	Hidrolisa β-glucanos	Clarificação de cervejas
Lactase	*Saccharomyces lactis, Aspergillus niger, Aspergillus oryzae, Rhizopus oryzae*	Hidrolisa lactose em glicose e galactose	Auxiliar digestivo àqueles com intolerância à lactose; indústria de laticínios
Pectinase	*Aspergillus niger, Aspergillus oryzae, Rhizopus oryzae*	Hidrolisa pectina	Clarificação de sucos de frutas e vinhos
Renina	*Escherichia coli* com gene clonado de gado	Hidrolisa uma ligação na proteína do leite, a caseína, ocasionando sua coagulação	Fabricação de queijos
Protease neutra	*Bacillus subtilis, Aspergillus niger*	Hidrolisa proteínas em pH neutro	Aumento do aroma de carnes e queijos
Protease alcalina	*Bacillus licheniformis*	Hidrolisa proteínas em pH alcalino	Aditivo a detergentes que remove corantes com base em proteínas
Lipase	*Aspergillus niger, Aspergillus oryzae, Rhizopus oryzae*	Hidrólise de ligações éster em gorduras e óleos	Indústria de laticínios; aditivo a detergentes que remove corantes com base em gorduras
Celulase	*Trichoderma konigi*	Hidrolisa celulose	Auxiliar digestivo
α-Galactosidase	*Lactobacillus plantarum, Lactobacillus fermentum, Lactobacillus brevis, Lactobacillus buchneri*	Hidrolisa α-galactosídeos	Tratamento de leguminosas para diminuir sua capacidade de provocar flatulência

de adoçantes do milho (Tabela 23.2). Alguns desses usos são curiosos. Por exemplo, a invertase, que hidrolisa a sacarose em glicose e frutose, é adicionada ao recheio de doces de cereja marasquino cobertos com chocolate para tornar líquido seu centro: o recheio é sólido quando está sendo coberto com chocolate quente, tornando-se líquido só posteriormente, quando a sacarose menos solúvel que ele contém é convertida em uma mistura bem mais solúvel de glicose e frutose. A enzima α-galactosidase é usada para diminuir as propriedades causadoras de flatulência dos feijões, que se devem ao alto conteúdo de açúcares de α-galactosídeos, principalmente rafinose e estaquiose. Como os seres humanos e outros animais monogástricos não produzem α-galactosidase, esses açúcares passam pelo duodeno sem ser digeridos. Quando chegam ao intestino grosso, eles são fermentados por espécies de *Clostridium* e *Bacteroides* que residem lá, produzindo os produtos gasosos H_2 e CO_2, que provocam flatulência. A adição de α-galactosidase microbiana quando a soja está sendo processada ou como um auxiliar digestivo quando se come feijão minimiza o problema. Microbiológica, econômica e socialmente, as enzimas microbianas usadas para produzir adoçantes a partir do amido de milho ilustram os princípios gerais de produção e uso comercial das enzimas microbianas.

O milho contém amido, que não é doce, embora seja a fonte, anualmente, de mais de 10 milhões de toneladas do adoçante denominado **xarope de milho com alto teor de frutose** (**HFCS**, de *high-fructose corn syrup*), que é adicionado a praticamente tudo o que é doce ou quase doce que comemos. A lista é extensa e inclui a maioria das bebidas gaseificadas (refrigerantes), sucos de frutas, frutas cristalizadas, frutas enlatadas, sobremesas lácteas, como iogurtes aromatizados, a maioria dos produtos de padaria, muitos cereais e a maioria das geleias. Todas as etapas no processo de conversão do amido de milho em HFCS são enzimáticas. Existem três etapas, cada uma catalisada por enzimas diferentes (Tabela 23.3):

$$\text{Amido} \xrightarrow[\alpha\text{-Amilase}]{} \text{Maltodextrinas} \xrightarrow[\text{Glucoamilase e pululanase}]{} \text{Glicose} \xrightarrow[\text{Glicose isomerase}]{} \text{HFCS}$$

As enzimas que catalisam as duas primeiras etapas têm sido produzidas industrialmente desde a década de 1950, mas a glicose isomerase, a terceira enzima crucial do processo, é uma inovação mais recente. Embora o produto das duas primeiras etapas, a glicose, seja um açúcar, ele não é muito doce. Se fosse atribuído um valor de doçura de 100 ao açúcar de mesa (sacarose), o valor de doçura da glicose seria somente 70, e o da frutose seria 130. Além disso, a glicose é relativamente insolúvel, pois ela tende a precipitar de xaropes concentrados, dificultando seu armazenamento e uso industrial. A frutose é duas vezes mais

Tabela 23.3 Enzimas usadas na conversão do amido de milho em HFCS

Enzima	Fontes microbianas	Atividade
α-Amilase	*Bacillus licheniformis*, *Bacillus subtilis*	Corta o amido (uma mistura de amilose, um polímero de cadeia reta de α-D-glucopiranose, e amilopectina, uma forma ramificada que contém algumas ligações α-1,6) em maltodextrinas, que têm cadeias curtas
Glucoamilase	*Aspergillus niger*, *Aspergillus oryzae*	Quebra a glicose de maltodextrinas pela clivagem de ligações α-1,4
Pululanase	*Klebsiella aerogenes*, *Bacillus* spp.	Cliva ligações α-1,6 em maltodextrinas
Glicose isomerase	*Bacillus coagulans*, *Actinoplanes missouriensis*, *Streptomyces* spp.	Converte D-glicose em D-frutose

solúvel que a glicose. Consequentemente, a conversão de aproximadamente metade da glicose de um xarope em frutose (produzindo HFCS) resolve ambos os problemas: o produto é tão doce quanto a sacarose e é uma solução estável que não precipita facilmente quando resfriada.

Retrospectivamente, a descoberta da glicose isomerase parece improvável. O papel metabólico da enzima nas bactérias que a produzem não tem nada a ver com a glicose ou a frutose. Em vez disso, ela catalisa a primeira etapa no catabolismo da xilose, uma abundante fonte de carbono na natureza, por ser o produto de hidrólise da hemicelulose, um constituinte muito importante das paredes celulares das plantas. A enzima, mais adequadamente denominada xilose isomerase, converte xilose em xilulose. Em 1957, descobriu-se que ela tinha aproximadamente 160 vezes menos atividade pela glicose (um homólogo da xilose que difere apenas por possuir um grupamento $-CH_2OH$ adicional). Descobriu-se logo que a especificidade da enzima pela glicose é aumentada na presença do íon cobalto e do íon magnésio, que são necessários à atividade. Pesquisas exaustivas sobre essa enzima, que é amplamente distribuída entre as bactérias, levaram a sua utilidade prática na produção de HFCS. A pesquisa envolveu o melhoramento mutacional da enzima, a otimização de seu modo de produção e o melhoramento de suas condições de uso. Entre os muitos obstáculos, a necessidade de xilose (um composto caro) como substrato indutor da enzima teve de ser superada. Igualmente, a imobilização da enzima em uma coluna, através da qual a solução de glicose era passada, em vez de adicionada a cada lote, resolveu vários problemas: uma menor quantidade dessa enzima relativamente cara era necessária, e os cofatores cobalto e magnésio podiam ser imobilizados na coluna, não entrando em contato com o produto.

A glicose isomerase catalisa uma reação de equilíbrio na qual aproximadamente 41% da mistura final é frutose em temperaturas moderadas. Como um teor de cerca de 55% de frutose é necessário para conferir doçura suficiente às bebidas gaseificadas, uma certa quantidade de frutose é purificada da mistura por cromatografia de coluna e usada para ajustar outros lotes a esse nível. Como o equilíbrio entre glicose e frutose é deslocado em direção à frutose à medida que a temperatura aumenta, têm sido realizadas pesquisas exaustivas para aumentar a estabilidade térmica da glicose isomerase, de modo que a temperatura de reação possa ser aumentada e mais frutose possa ser produzida. Com uma enzima capaz de resistir a 95 °C, a concentração de frutose seria alta o bastante para cristalizá-la, possibilitando, desse modo, a produção de frutose granular, um competidor direto da sacarose para uso como açúcar de mesa. Esse objetivo ainda não foi atingido.

Podemos perguntar por que o HFCS é necessário, em vista da disponibilidade de sacarose como adoçante. A resposta tem principalmente cunho econômico. O HFCS é mais barato que a sacarose. Por isso, a produção de HFCS continua a aumentar e substituir a sacarose. O HFCS já é mais usado que a sacarose em todo o mundo. Seu principal uso é nos Estados Unidos, mas o uso internacional está rapidamente crescendo. Diferentemente da sacarose, a frutose não causa cáries dentárias, porque ela não pode ser usada pela bactéria *S. mutans* indutora de cáries para produzir glucanos sobre a superfície dos dentes, uma etapa essencial ao processo de formação de cavidades. O glucano aprisiona o ácido láctico produzido por *S. mutans* perto dos dentes, onde ele acaba erodindo o esmalte dentário e provocando as cavidades. Contudo, alguns veem implicações de saúde ameaçadoras associadas ao consumo crescente de HFCS. Sua introdução em nossa dieta alimentar no final da década de 1970 coincide com o início da atual epidemia de obesidade e do concomitante diabetes infantil. Além disso, o consumo de HFCS e a incidência de obesidade cresceram juntos. Contudo, há mais evidências do que a mera coincidência para a presumida relação causal entre HFCS e obesidade. Em virtude do baixo custo, os tamanhos das porções de bebidas não alcoólicas nos restaurantes, nos quais o HFCS é o único adoçante, aumentaram várias vezes, e parece ser uma explicação fisiológica ao nosso alto consumo de frutose sob essa forma. Em resposta à glicose, o produto de hidrólise de boa parte de nossa alimentação, o pâncreas produz insulina, que estimula a liberação de **leptina**, o hormônio que sinaliza a sensação de saciedade, dizendo-nos que já comemos o bastante. Como o pâncreas não possui um sistema de transporte para a frutose, ele não é capaz de iniciar a cascata fisiológica que leva à sensação de saciedade. Entretanto, não culpemos os micróbios: eles estavam apenas tentando degradar os produtos derivados da hemicelulose na madeira.

INSETICIDAS BIOLÓGICOS: *Bt*

Bacillus thuringiensis é uma das várias bactérias de solo formadoras de esporos que se tornaram úteis na agricultura como pesticidas. Essa bactéria produz um conjunto de toxinas proteicas potentes que são muito utilizadas pelos agricultores no controle de uma série de insetos. Conhecidas como toxinas *Bt*, elas matam mais de 150 diferentes espécies de insetos nocivos. As toxinas são proteínas formadas pelas bactérias durante a esporulação e são produzidas em quantidades tão grandes a ponto de formarem cristais facilmente visíveis sob o microscópio eletrônico (Figura 23.2).

Existe uma grande variedade de toxinas *Bt*, cada uma específica a um inseto diferente. Quando as bactérias formadoras de toxina *Bt* são ingeridas, as toxinas ligam-se especificamente a receptores nos intestinos dos insetos. Os receptores diferem quanto à espécie de inseto, o que confere especificidade às várias toxinas. Os seres humanos e outros vertebrados não possuem esses

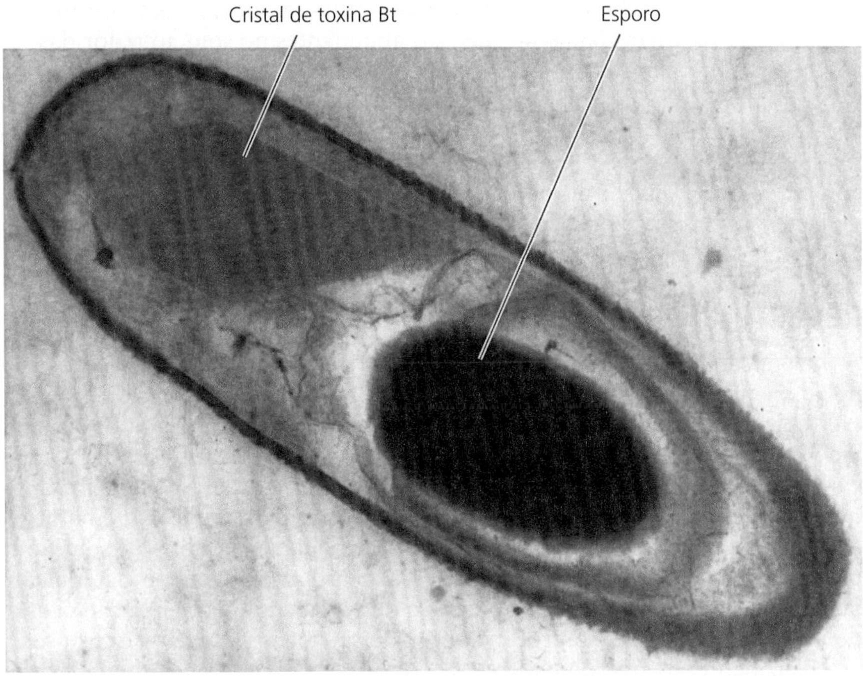

Figura 23.3 **Um esporo de *B. thuringiensis* com um cristal de toxina *Bt* associado.**

receptores; portanto, as toxinas são inativas em animais maiores e são consideradas seguras para a produção de alimentos.

Pelo modo como é produzida na bactéria, talvez a proteína devesse ser mais precisamente chamada de pró-toxina, visto que ela em si não é tóxica. Ela é convertida em uma forma letal apenas quando ingerida pelo inseto. Os cristais da proteína são solubilizados nas condições alcalinas e redutoras dos intestinos das larvas de insetos suscetíveis. A proteína solubilizada, que ainda é inativa, é convertida em uma forma ativa por proteólise. Então, as toxinas inserem-se nas membranas das células que revestem o intestino e formam canais cátion-seletivos, o que leva à morte celular e, finalmente, à morte do inseto.

Sabemos pouco a respeito do papel dessas toxinas na natureza. Qual seria a vantagem seletiva de matar insetos a uma bactéria habitante do solo? Na natureza, *B. thuringiensis* raramente causa epidemias entre os insetos, ocorrendo em sítios onde não há hospedeiros suscetíveis. Contudo, as toxinas *Bt* também podem matar nematódeos, pequenos vermes abundantes no solo e que se alimentam de bactérias. A toxina *Bt* poderia ser, talvez, um mecanismo que converte um predador potencial em uma fonte de nutrientes? Caso sim, sua atividade fatal contra os insetos pode ser acidental. Tal especulação é plausível, já que as toxinas matam nematódeos e insetos pelo mesmo mecanismo.

As propriedades inseticidas das proteínas *Bt* são muito utilizadas no controle de insetos. Há preparações comerciais de diferentes variedades disponíveis. Os agricultores têm de combinar a proteína da toxina *Bt* específica com o inseto a ser controlado. Assim, os insetos benéficos, como as abelhas, não são normalmente prejudicados pelo uso de *Bt* na agricultura. Ao serem aplicadas, as toxinas *Bt* não perduram, sendo normalmente necessária a repetição das aplicações. Contudo, a espécie-alvo pode desenvolver resistência, o que normalmente ocorre em consequência de alterações mutacionais nos receptores das células intestinais do inseto. Por isso, as toxinas *Bt* devem ser aplicadas com cuidado e previdência.

Os engenheiros genéticos inseriram os genes de produção da toxina diretamente em plantas, como o milho, tornando desnecessária a aplicação de toxinas na lavoura. Da mesma forma, esses genes também foram inseridos em **bactérias da rizosfera** (bactérias que são abundantes no solo ao redor das raízes da planta). Assim, as bactérias transferem as toxinas à planta, protegendo-a contra o ataque de insetos. Embora esses métodos alternativos de transferência de *Bt* possam parecer atrativos, eles podem levar ao aumento do risco de resistência, porque a toxina perduraria por períodos mais longos. Igualmente, como a maioria das partas da planta, incluindo o pólen, contém a toxina, alguns insetos desejáveis podem ser mortos.

REVERTENDO A POLUIÇÃO: BIORREMEDIAÇÃO

A introdução, intencional ou não, de produtos químicos tóxicos e radioativos no ambiente causa danos biológicos, físicos e financeiros de proporções imensas (ver "Biorremediação" no Capítulo 5). Essa poluição ocorre de muitos modos, incluindo o despejo de contaminantes em rios, lagos e solos, desastres marítimos, e o vazamento dos milhões de barris e tanques enterrados que contêm produtos químicos tóxicos. A limpeza geral de sítios de resíduos tóxicos é uma tarefa formidável que desafia os limites de nossas capacidades sociais e de solução de problemas. Em termos gerais, é difícil e cara. O armazenamento de material contaminado é custoso e traz consigo o risco de vazamento. A incineração causa a poluição da atmosfera, e outros métodos não são menos perigosos e custosos.

Felizmente, os micróbios, com seu enorme repertório de atividades químicas (ver "Visão geral das reações de abastecimento" e "Resumo" no Capítulo 6), são bastante apropriados à eliminação dos materiais tóxicos que introduzimos no ambiente. Uma quantidade imensa de atividade microbiana acontece espontaneamente, embora com frequência a um ritmo lento demais para propiciar o auxílio adequado e imediato que se faz necessário. Contudo, podemos melhorar a eficiência dos micróbios com o estudo de modos naturais pelos quais os micróbios ajudam a limpar o ambiente. O princípio ecológico de que as propriedades físicas e químicas do ambiente ditam a fisiologia dos organismos aplica-se aqui. Por exemplo, pode-se esperar que os micróbios que podem ajudar a limpar sítios contaminados com material radioativo estejam presentes nos efluentes de usinas de energia nuclear. Em tais águas, de fato se encontram bactérias que não apenas são resistentes a altos níveis de radiação (como *Deinococcus radiodurans*, o campeão mundial [ver Capítulo 15]), mas que também podem formar compostos radioativos insolúveis e mais fáceis de serem descartados. Esses organismos podem ser cultivados e, então, geneticamente modificados para que se tornem ainda mais eficientes.

As operações de limpeza geral que propositadamente envolvem micróbios ou plantas são denominadas **biorremediação** (ver "Biorremediação" no Capítulo 5). Tal processo está sendo usado em alguns dos cerca de 50.000 sítios de lixo perigoso nos Estados Unidos, com ênfase em 1.200 deles, que foram designados **sítios Superfundo***. Esses sítios foram especialmente selecionados pela Agência de Proteção Ambiental em virtude da grave ameaça que representam. Há vários caminhos para a biorremediação. Em alguns casos, o objetivo é diminuir o nível de poluentes no sítio de contaminação; em outros, o material poluído é extraído e removido a sítios especiais, como tanques ou lagoas de contenção, onde pode ser tratado por métodos biológicos.

A biorremediação foi moderadamente bem sucedida no sítio de 800 quilômetros do governo federal dos Estados Unidos junto ao rio Savannah, na Carolina do Sul, onde materiais radioativos para armas nucleares foram produzidos por mais de quatro décadas. Trata-se de uma das extensões de terra mais poluídas nos Estados Unidos. Lá, solventes usados no processo de fabricação foram transportados através de tubos enterrados e armazenados em tanques subterrâneos. Finalmente, os tubos vazaram e os solventes se infiltraram no subsolo. Entre os mais abundantes desses solventes está o tricloroetileno (TCE), que é bastante tóxico e, como outros solventes clorados, difícil de ser eliminado. O TCE é um dos solventes tóxicos mais abundantes, pois é muito utilizado na lavagem a seco e em outras aplicações industriais. Os microbiologistas pensaram em um modo de aumentar o número de bactérias que podem oxidar o TCE. Eles contaram com a ajuda de bactérias do solo denominadas metanótrofos (ver Capítulo 15), que oxidam metano, mas que também podem utilizar outros hidrocarbonetos, incluindo o TCE.

Os metanótrofos produzem uma enzima denominada metano mono-oxigenase, que não é altamente específica e pode degradar o TCE e outros compostos, além de metano. Normalmente, esses organismos nativos estão presentes em quantidades relativamente pequenas. Como podemos aumentar o número desses organismos? Para estimular o crescimento de organismos metanotróficos, o metano foi bombeado para o interior dos solos contaminados. Como a oxidação de hidrocarbonetos requer oxigênio, o ar foi bombeado para dentro do solo junto com o metano. As medições mostraram que, em alguns sítios, o número de metanótrofos aumentou em 7 ordens de magnitude. Então, essas bactérias seguiram reduzindo a concentração de TCE. O processo não é tão simples como parece, pois é necessário um planejamento de engenharia considerável para a transferência eficaz dos gases (Figura 23.3). Uma vantagem do

* N. de T. No original, *Superfund sites.*

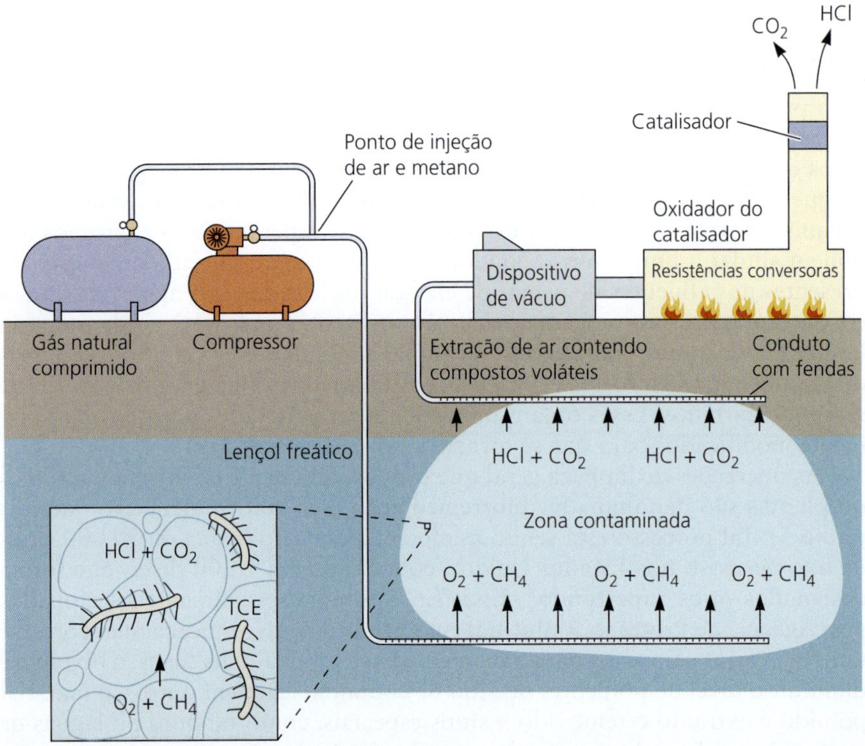

Figura 23.3 Diagrama da estrutura para a biorremediação do sítio poluído com TCE junto ao rio Savannah, na Carolina do Sul.

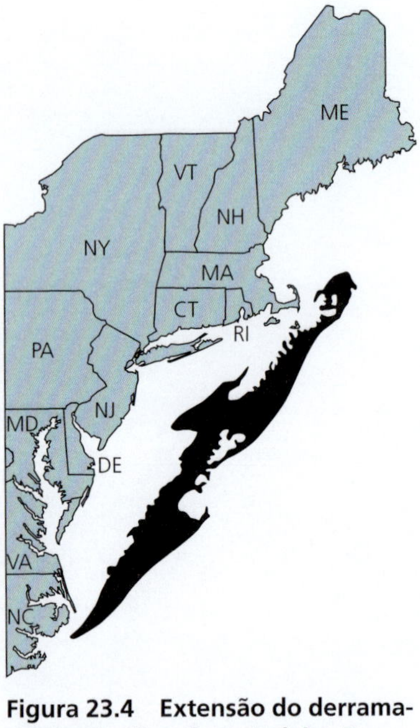

Figura 23.4 Extensão do derramamento de óleo do petroleiro *Exxon Valdez* em 1989, desenhada em escala junto a um mapa da Nova Inglaterra. Observe que o derramamento de óleo cobriu uma área do tamanho de vários estados.

processo é que sua biologia é reversível. Quando o metano não é mais bombeado, os metanótrofos retornam aos níveis naturais.

Essa experiência ilustra que o aumento do número de micróbios desejados requer o conhecimento de suas necessidades nutricionais. Na verdade, o metano e o oxigênio não foram suficientes para obter-se a degradação máxima de TCE. A adição controlada de fontes de fósforo e nitrogênio ajudou a estimular ainda mais o crescimento dos metanótrofos. Outro exemplo do efeito dessa suplementação nutricional foi o derramamento de óleo causado pelo petroleiro *Exxon Valdez* no Alasca (Figura 23.4). Lá, a adição de fertilizante comercial forneceu as fontes de fósforo e nitrogênio necessárias e permitiu o aumento da degradação de poluentes do petróleo pelos micróbios residentes.

Naturalmente, a abordagem usada no sítio de Savannah reduziu os níveis de apenas certos poluentes. O sítio permanece contaminado com metais pesados (chumbo, cromo, mercúrio e cádmio), compostos radioativos (trítio, urânio, produtos de fissão e plutônio) e outros. Desenvolveram-se técnicas de biorremediação para a remoção de alguns desses poluentes, incluindo os nuclídeos radioativos. Pode-se dizer o mesmo para os pesticidas, PCBs (bifenis policlorados) e outras substâncias danosas ao ambiente. Consequentemente, pode-se ser otimista quanto ao futuro da biorremediação. Com pesquisas adicionais, parece provável que tal abordagem se torne útil na solução de alguns dos problemas mais intimidantes da humanidade.

CONCLUSÃO

Neste capítulo, demos uma amostra escassa da longa história dos muitos modos pelos quais os seres humanos recrutaram a cooperação dos micróbios para fins úteis. Outros usos excedem, e novas utilidades estão sendo constantemente descobertas. Essa área da microbiologia irá indubitavelmente se expandir, à medida que novos micróbios forem descobertos e nossa capacidade de modificar geneticamente os micróbios conhecidos melhorar.

TESTE SEU CONHECIMENTO

1. Como as bactérias contribuem ao melhoramento da qualidade dos vinhos? O que elas ganham em troca?
2. O que você acha da preocupação pública acerca do uso em campo de linhagens geneticamente modificadas de *P. syringae* a fim de impedir a formação de gelo em plantas cultivadas? Por que isso não é uma preocupação no caso do uso de bactérias na situação oposta, isto é, na produção de neve?
3. Quais são as etapas na modificação genética de uma bactéria para a produção de uma proteína humana com fins industriais?
4. Como as enzimas bacterianas contribuem para a produção dos adoçantes com alto teor de frutose usados na indústria?
5. *B. thuringiensis* produz toxinas que matam insetos. Contudo, a bactéria habita o solo, onde não há muitos insetos. Como você acha que a capacidade de produção dessas toxinas evoluiu?
6. Discuta como as características fisiológicas das bactérias podem sugerir uma estratégia à biorremediação.

Coda

Estamos nos tornando cada vez mais conscientes de que os micróbios são essenciais a todas as formas de vida na Terra, incluindo os seres humanos. Os micróbios são nossa herança, pois são os ancestrais de todos os outros seres vivos. E, nesse exato momento, ao vivermos e respirarmos, nossas vidas ainda são criticamente dependentes das atividades microbianas. Como vimos, os micróbios processam os nutrientes e os elementos necessários à vida, influenciam nosso clima e tempo e esculpem as rochas e os corpos de água de nosso planeta. Nem todas as nossas interações com os micróbios são benignas, e certos micróbios constituem uma ameaça à saúde humana e à saúde das plantas e dos animais. Para nós, isso pode parecer como o *yin* e o *yang*, mas esse é um ponto de vista antropocêntrico. Os micróbios estão apenas tentando ganhar a vida, independentemente do fato de ajudarem ou prejudicarem os seres humanos.

Os micróbios então são o fundamento da biosfera e determinantes muito importantes da saúde humana. Por isso, o estudo dos micróbios, a microbiologia, é crucial ao estudo de todos os seres vivos. A microbiologia é, portanto, um assunto fundamental e essencial ao estudo e à compreensão de toda a vida no planeta. Esperamos que sua excursão pelo mundo microbiano sirva de base a estudos adicionais e, mais amplamente, à sua estada neste planeta.

Este livro termina com o desejo de que o que aprendemos até agora e continuaremos a aprender sobre o mundo microbiano será, para o bem deste planeta e de todos os seus habitantes, usado de modo saudável e prudente. Isso requer não só boas intenções, mas também um aprofundamento de nossa compreensão acerca de tudo o que os micróbios realizam.

Créditos das Figuras e Tabelas

Capítulo 1

Figura 1.4 Cortesia de E. Angert.

Capítulo 2

Figura 2.5 Cortesia de M. R. J. Salton.

Figura 2.6 Reimpressa de Y.-L.Shu e L. Rothfield, *Proc. Natl. Acad. Sci. USA* **100**: 7865-7870, 2003.

Figura 2.7 Cortesia de C. Weibull. Reimpressa de F. C. Neidhardt, J. L. Ingraham e M. Schaechter, *Physiology of the Bacterial Cell* (Sinauer Associates, Inc., Sunderland, Mass., 1990), p. 37.

Figura 2.10 Cortesia de M. A. Wells.

Figura 2.11 Cortesia de R. G. E. Murray.

Figura 2.13 Cortesia de T. J. Beveridge.

Figura 2.14 Cortesia de T. J. Beveridge.

Capítulo 3

Figura 3.1 Cortesia de E. Kellenberger.

Figura 3.2 Reimpressa de M. R. Lindsay, R. I. Webb, M. Strous, M. S. Jetten, M. K. Butler, R. J. Forde e J. A. Fuerst, *Arch. Microbiol.* **175**: 413-429, 2001, com permissão.

Figura 3.4 (A) Cortesia de H. Schulz; (B) cortesia de E. Angert.

Figura 3.5 Cortesia de S. S. DasSarma.

Figura 3.6 Reimpressa de G. C. Cannon, C. E. Bradburne, H. C. Aldrich, S. H. Baker, S. Heinhorst e J. M. Shively, *Appl. Environ. Microbiol.* **67**: 5351-5361, 2001, com permissão.

Figura 3.7 Cortesia de J. F. Wilkinson. Reimpressa de F. C. Neidhardt, J. L. Ingraham e M. Schaechter, *Physiology of the Bacterial Cell* (Sinauer Associates, Inc., Sunderland, Mass., 1990), p. 58.

Capítulo 4

Figura 4.8A Cortesia de C. L. Woldringh.

Capítulo 5

Tabela 5.2 Reimpressa de M. Riley e B. Labedan, p. 2118-2202, *in* F. C. Neidhardt, R. Curtiss III, J. L. Ingraham, E. C. C. Lin, K. B. Low, B. Magasanik, W. S. Reznikoff, M. Riley, M. Schaechter e H. E. Umbarger (ed.), Escherichia coli *and* Salmonella*: Cellular and Molecular Biology*, vol. 2 (ASM Press, Washington, D.C., 1996), com permissão.

Tabela 5.3 Modificada de F. C. Neidhardt, J. L. Ingraham e M. Schaechter, *Physiology of the Bacterial Cell* (Sinauer Associates, Inc., Sunderland, Mass., 1990), p. 4.

Capítulo 6

Figura 6.3 Redesenhada de F. C. Neidhardt, J. L. Ingraham e M. Schaechter, *Physiology of the Bacterial Cell* (Sinauer Associates, Inc., Sunderland, Mass., 1990), p. 162.

Figura 6.7 Redesenhada de material submetido por Robert Gunsalus.

Figura 6.8 Redesenhada de F. C. Neidhardt, J. L. Ingraham e M. Schaechter, *Physiology of the Bacterial Cell* (Sinauer Associates, Inc., Sunderland, Mass., 1990), p. 167.

Figura 6.9 Redesenhada de F. C. Neidhardt, J. L. Ingraham e M. Schaechter, *Physiology of the Bacterial Cell* (Sinauer Associates, Inc., Sunderland, Mass., 1990), p. 169.

Figura 6.12 Baseada em A. G. Moat, J. W. Foster e M. P. Spector, *Microbial Physiology*, 4ª ed. (Wiley-Liss Inc., New York, N.Y., 2002), p. 390.

Tabela 6.9 Reimpressa de D. Gutnick, J. M. Calvo, T. Klopotowski e B. N. Ames, *J. Bacteriol.* 100: 215-219, 1969, com permissão.

Capítulo 8

Figura 8.1 Redesenhada de F. C. Neidhardt, J. L. Ingraham e M. Schaechter, *Physiology of the Bacterial Cell* (Sinauer Associates, Inc., Sunderland, Mass., 1990), p. 75.

Figura 8.2 Redesenhada de F. C. Neidhardt, J. L. Ingraham e M. Schaechter, *Physiology of the Bacterial Cell* (Sinauer Associates, Inc., Sunderland, Mass., 1990), p. 77.

Figura 8.3 Derivada de A. G. Moat, J. W. Foster e M. P. Spector, *Microbial Physiology*, 4ª ed. (Wiley-Liss Inc., New York, N.Y., 2002), p. 44.

Figura 8.5 Derivada de A. G. Moat, J. W. Foster e M. P. Spector, *Microbial Physiology*, 4ª ed. (Wiley-Liss Inc., New York, N.Y., 2002), p. 39.

Figura 8.10 Baseada na Figura (p. 796) de M. T. Record, Jr., W. S. Reznikoff, M. L. Craig, K. L. McQuade e P. J. Schlax, p. 792-820, *in* F. C. Neidhardt, R. Curtiss III, J. L. Ingraham, E. C. C. Lin, K. B. Low, B. Magasanik, W. S. Reznikoff, M. Riley, M. Schaechter e H. E. Umbarger (ed.), Escherichia coli *and* Salmonella*: Cellular and Molecular Biology*, vol. 1 (ASM Press, Washington, D.C., 1996).

Figura 8.15 Redesenhada de F. C. Neidhardt, J. L. Ingraham e M. Schaechter, *Physiology of the Bacterial Cell* (Sinauer Associates, Inc., Sunderland, Mass., 1990), p. 90.

Figura 8.16 Redesenhada de F. C. Neidhardt, J. L. Ingraham e M. Schaechter, *Physiology of the Bacterial Cell* (Sinauer Associates, Inc., Sunderland, Mass., 1990), p. 91.

Figura 8.18 Redesenhada de F. C. Neidhardt, J. L. Ingraham e M. Schaechter, *Physiology of the Bacterial Cell* (Sinauer Associates, Inc., Sunderland, Mass., 1990), p. 107.

Figura 8.19 Derivada de A. G. Moat, J. W. Foster e M. P. Spector, *Microbial Physiology*, 4ª ed. (Wiley-Liss Inc., New York, N.Y., 2002), p. 78.

Figura 8.21 Redesenhada de F. C. Neidhardt, J. L. Ingraham e M. Schaechter, *Physiology of the Bacterial Cell* (Sinauer Associates, Inc., Sunderland, Mass., 1990), p. 104.

Figura 8.22 Redesenhada de F. C. Neidhardt, J. L. Ingraham e M. Schaechter, *Physiology of the Bacterial Cell* (Sinauer Associates, Inc., Sunderland, Mass., 1990), p. 115.

Tabela 8.1 Reimpressa de F. C. Neidhardt, J. L. Ingraham e M. Schaechter, *Physiology of the Bacterial Cell* (Sinauer Associates, Inc., Sunderland, Mass., 1990), p. 294.

Tabela 8.2 Reimpressa de F. C. Neidhardt, J. L. Ingraham e M. Schaechter, *Physiology of the Bacterial Cell* (Sinauer Associates, Inc., Sunderland, Mass., 1990), p. 73.

Capítulo 9

Figura 9.2 Reimpressa de K. Skarstadt, E. Boye e H. B. Steen, *EMBO J.* 5: 1711-1717, 1986, com permissão.

Figura 9.5 Cortesia de D. E. Caldwell. Previamente publicada na capa dos números de 2003 de *International Microbiology*; reimpressa com permissão.

Figura 9.6 Cortesia de T. J. Beveridge.

Figura 9.7 Cortesia de T. J. Beveridge.

Figura 9.8 Cortesia de J. Pogliano.

Figura 9.9 Cortesia de Y. Hirota. Reimpressa de F. C. Neidhardt, J. L. Ingraham e M. Schaechter, *Physiology of the Bacterial Cell* (Sinauer Associates, Inc., Sunderland, Mass., 1990), p. 407.

Figura 9.13 Cortesia de D. Sherratt.

Capítulo 11

Figura 11.1 Cortesia de J. W. Schopf.

Capítulo 12

Figura 12.2 Redesenhada de F. C. Neidhardt, J. L. Ingraham e M. Schaechter, *Physiology of the Bacterial Cell* (Sinauer Associates, Inc., Sunderland, Mass., 1990), p. 308.

Figura 12.3 Redesenhada de F. C. Neidhardt, J. L. Ingraham e M. Schaechter, *Physiology of the Bacterial Cell* (Sinauer Associates, Inc., Sunderland, Mass., 1990), p. 309.

Figura 12.4 Redesenhada de F. C. Neidhardt, J. L. Ingraham e M. Schaechter, *Physiology of the Bacterial Cell* (Sinauer Associates, Inc., Sunderland, Mass., 1990), p. 311.

Figura 12.5 Redesenhada de F. C. Neidhardt, J. L. Ingraham e M. Schaechter, *Physiology of the Bacterial Cell* (Sinauer Associates, Inc., Sunderland, Mass., 1990), p. 333.

Figura 12.6 Redesenhada de F. C. Neidhardt, J. L. Ingraham e M. Schaechter, *Physiology of the Bacterial Cell* (Sinauer Associates, Inc., Sunderland, Mass., 1990), p. 329.

Figura 12.7 Redesenhada de F. C. Neidhardt, J. L. Ingraham e M. Schaechter, *Physiology of the Bacterial Cell* (Sinauer Associates, Inc., Sunderland, Mass., 1990), p. 341.

Figura 12.8 Redesenhada de F. C. Neidhardt, J. L. Ingraham e M. Schaechter, *Physiology of the Bacterial Cell* (Sinauer Associates, Inc., Sunderland, Mass., 1990), p. 343.

Figura 12.9 Redesenhada de F. C. Neidhardt, J. L. Ingraham e M. Schaechter, *Physiology of the Bacterial Cell* (Sinauer Associates, Inc., Sunderland, Mass., 1990), p. 346.

Figura 12.11 Redesenhada de F. C. Neidhardt, J. L. Ingraham e M. Schaechter, *Physiology of the Bacterial Cell* (Sinauer Associates, Inc., Sunderland, Mass., 1990), p. 363.

Tabela 12.1 Reimpressa de F. C. Neidhardt, J. L. Ingraham e M. Schaechter, *Physiology of the Bacterial Cell* (Sinauer Associates, Inc., Sunderland, Mass., 1990), p. 315.

Tabela 12.2 Reimpressa de F. C. Neidhardt, J. L. Ingraham e M. Schaechter, *Physiology of the Bacterial Cell* (Sinauer Associates, Inc., Sunderland, Mass., 1990), p. 354-356.

Capítulo 13

Figura 13.4 Baseada em T. Nyström, *Mol. Microbiol.* 54: 855-862, 2004.

Figura 13.5 Baseada na Figura 1 (p. 1673) de G. W. Huisman, D. A. Siegele, M. M. Zambrano e R. Kolter, p. 1672-1682, *in* F. C. Neidhardt, R. Curtiss III, J. L. Ingraham, E. C. C. Lin, K. B. Low, B. Magasanik, W. S. Reznikoff, M. Riley, M. Schaechter e H. E. Umbarger (ed.), Escherichia coli *and* Salmonella*: Cellular and Molecular Biology*, vol. 2 (ASM Press, Washington, D.C., 1996).

Tabela 13.2 Reimpressa de F. C. Neidhardt, J. L. Ingraham e M. Schaechter, *Physiology of the Bacterial Cell* (Sinauer Associates, Inc., Sunderland, Mass., 1990), p. 379. Baseada em J. B. Stock, A. J. Ninfa e A. N. Stock, *Microbiol. Rev.* 53: 450-490, 1989.

Tabela 13.6 Baseada na Tabela 1 (p. 4) de G. M. Dunny e S. C. Winans, p. 1-5, *in* G. M. Dunny e S. C. Winans (ed.), *Cell-Cell Signaling in Bacteria* (ASM Press, Washington, D.C., 1999).

Capítulo 14

Figura 14.3B Cortesia de T. J. Beveridge.

Figura 14.5 Reimpressa de H. Reichenbach, p. 13-62, *in* M. Dworkin e D. Kaiser (ed.), *Myxobacteria II* (American Society for Microbiology, Washington, D.C., 1993), com permissão.

Capítulo 15

Figura 15.2 Cortesia do Image Science and Analysis Laboratory, NASA Johnson Space Center.

Figura 15.3 Cortesia de A. Vasilenko e M. J. Daly.

Figura 15.4 (A) Cortesia de J. E. Frias; (B) reimpressa de J. McCarren, J. Heuser, R. Roth, N. Yamada, M. Martone e B. Brahamsha, *J. Bacteriol.* **187**: 224-230, 2005, com permissão.

Figura 15.5 Reimpressa de J. L. Ingraham e C. A. Ingraham, *Introduction to Microbiology*, 2ª ed. (Brooks/Cole, Pacific Grove, Calif., 2000), p. 281. Fonte: D. A. Glave, Biological Photo Service.

Figura 15.6 Cortesia de T. J. Beveridge.

Figura 15.7A Cortesia de K. J. McDowall e K. Jolly.

Capítulo 16

Figura 16.1. Cortesia de A. Wheals.

Figura 16.3 Cortesia de K. Johnson.

Figura 16.6 Cortesia de G. Grimes e S. L'Hernault.

Figura 16.7 Redesenhada de uma figura fornecida por P. Rotkiewicz.

Figura 16.9 Cortesia de R. Edgar e do Center for Diatom Informatics.

Figura 16.11 Cortesia de M. Y. Cortés.

Figura 16.12 Cortesia de S. Carty.

Capítulo 17

Figura 17.1 Adaptada de S. J. Flint, L. W. Enquist, V. R. Racaniello e A. M. Skalka, *Principles of Virology: Molecular Biology, Pathogenesis, and Control of Animal Viruses*, 2ª ed. (ASM Press, Washington, D.C., 2004).

Figura 17.7 Modificada de S. Wold et al., *in* D. P. Nayak (ed.), *Molecular Biology of Animal Viruses*, vol. 2 (Marcel Dekker, Inc., New York, N.Y., 1978).

Figura 17.11 Cortesia de E. C. Klatt.

Capítulo 18

Figura 18.4 Cortesia de Heal the Bay.

Figura 18.5 Reimpressa de A. Boetius, K. Ravenschlag, C. J. Schubert, D. Rickert, F. Widdel, A. Gieseke, R. Amann, B. B. Jørgensen, U. Witte e O. Pfannkuche, *Nature* **407**: 623-626, 2000, com permissão.

Figura 18.6 Reimpressa de W. Michaelis, R. Seifert, K. Nauhaus, T. Treude, V. Thiel, M. Blumenberg, K. Knittel, A. Gieseke, K. Peterknecht, T. Pape, A. Boetius, R. Amann, B. B. Jørgensen, F. Widdel, J. Peckmann, N. V. Pimenov e M. B. Gulin, *Science* **297**: 1013-1015, 2002, com permissão.

Figura 18.10 Cortesia de T. J. Beveridge.

Capítulo 19

Figura 19.2 Reimpressa de S. Vitha, R. S. McAndrew e K. W. Osteryoung, *J. Cell Biol.* **153**: 111-119, 2001, com permissão.

Figura 19.4 Cortesia de M. F. Wiser.

Figura 19.5 Cortesia de M. F. Wiser.

Figura 19.6 Cortesia de L. Sacchi.

Figura 19.7 Cortesia de L. Sacchi.

Figura 19.8 Cortesia de N. A. Moran.

Figura 19.9 Cortesia de D. Gage.

Figura 19.11 Cortesia de D. A. Phillips. Reimpressa de F. C. Neidhardt, J. L. Ingraham e M. Schaechter, *Physiology of the Bacterial Cell* (Sinauer Associates, Inc., Sunderland, Mass., 1990), p. 450.

Figura 19.13 Cortesia de J. Smiles e M. J. Dobson. Reimpressa de F. C. Neidhardt, J. L. Ingraham e M. Schaechter, *Physiology of the Bacterial Cell* (Sinauer Associates, Inc., Sunderland, Mass., 1990), p. 478.

Figura 19.14 Fonte: Galeria de imagens *online*, Agricultural Research Service, U.S. Department of Agriculture. Fotografia de Scott Bauer.

Figura 19.16 Cortesia de J. Beach.

Figura 19.17 Cortesia de B. A. Roy.

Capítulo 20

Figura 20.5 Cortesia de J. Tranum-Jensen.

Capítulo 21

Figura 21.1 Cortesia de R. R. Isberg. Reimpressa de F. C. Neidhardt, J. L. Ingraham e M. Schaechter, *Physiology of the Bacterial Cell* (Sinauer Associates, Inc., Sunderland, Mass., 1990), p. 469.

Figura 21.5 Fonte: ASM Microbe Library (http://www.microbebook.org). © G. Delisle e L. Tomalty.

Figura 21.7 Cortesia de E. Kieff.

Capítulo 22

Tabela 22.1 Reimpressa da Tabela 11.1 de J. Diamond, *Guns, Germs, and Steel: the Fates of Human Societies* (W. W. Norton & Co., Inc., New York, N.Y., 1997). Copyright 1997 de Jared Diamond. Usada com permissão de W. W. Norton & Co., Inc.

Capítulo 23

Figura 23.1 Cortesia de S. E. Lindow.

Figura 23.2 Cortesia de D. Lereclus.

Figura 23.3 Redesenhada de uma ilustração fornecida por T. Hazen.

Figura 23.4 Redesenhada de uma ilustração fornecida pela Alaska Wilderness League.

Glossário

Aceptor de elétrons Um composto ou átomo que se torna reduzido ao aceitar elétrons.

Aceptor terminal de elétrons Um composto no extremo de uma cadeia de transporte de elétrons, por exemplo, o oxigênio na respiração aeróbia.

Ácido desoxirribonucleico Uma macromolécula geralmente composta de duas fitas antiparalelas de polinucleotídeos mantidas unidas por ligações de hidrogênio fracas e com desoxirribose como o açúcar componente. Abreviatura: DNA.

Ácido micólico Um ácido orgânico de cadeia longa encontrado no envelope celular ceroso das micobactérias.

Ácido teicoico Uma molécula composta de unidades de glicerol ou ribitol ligadas por grupos fosfato. Encontrado nas paredes de bactérias gram-positivas.

Acidorresistente Resistente à descoloração por ácidos brandos; uma propriedade exibida por micobactérias e alguns actinomicetos.

Acomodação (quimiotática) Um decréscimo gradual na capacidade de resposta a um estímulo quimiotático causado pela metilação de sensores proteicos.

Actinomicetos Um grande grupo de bactérias gram-positivas capazes de diferenciação em hifas aéreas e esporos; produtores de muito antibióticos.

Aeróbio Na presença de oxigênio. Frequentemente usado para descrever um organismo que requer oxigênio para o crescimento ou condições de crescimento com oxigênio.

Agregação (enxameamento) O movimento coordenado das células de certas bactérias.

AIDS *Veja* Síndrome da imunodeficiência adquirida.

Alcalífilos Organismos que crescem em ambientes alcalinos.

Alosteria A modificação estereo-específica de uma proteína por um efetor, influenciando a atividade de um outro sítio da proteína.

Aminoacil-tRNA sintetases Enzimas que carregam (adicionam aminoácidos a) moléculas de RNA de transferência (tRNA).

AMP cíclico Uma molécula de monofosfato de adenosina com o fosfato covalentemente ligado aos carbonos 3' e 5' da ribose. Abreviatura: cAMP.

Anaeróbio Na ausência de oxigênio. Frequentemente usado para descrever um organismo que é sensível ao oxigênio ou que requer condições de crescimento sem oxigênio.

Ancestral universal O ancestral pressuposto de todos os organismos existentes.

Anelamento Formação de ácido nucleico de fita dupla a partir de fitas simples complementares.

Anotação O processo de atribuição de funções a sequências de DNA.

Antibiótico Uma substância que interfere em uma etapa específica do metabolismo celular, ocasionando inibição bactericida ou bacteriostática; o termo é às vezes restrito àquelas que têm uma origem biológica natural.

Antibióticos β-lactâmicos Antibióticos que contêm um anel β-lactâmico e agem inibindo a síntese de peptideoglicano; por exemplo, penicilinas, cefalosporinas e antibióticos relacionados.

Anticorpo Um complexo proteico que interage especificamente com um antígeno.

Anticorpo monoclonal Uma molécula de anticorpo produzida por um clone específico de linfócito que reage com um único epítopo.

Antígeno O Uma cadeia lateral polissacarídica no lipopolissacarídeo de bactérias gram-negativas. Serve de receptor para alguns tipos de fagos.

Antígeno Uma molécula que é reconhecida pelo sistema imune.

Antiporte Movimentos opostos, um para dentro e um para fora, de duas moléculas através da membrana citoplasmática.

Antiterminador Uma proteína que permite à RNA polimerase continuar a transcrição após um sítio de terminação da transcrição.

Aparelho de cultura contínua Um aparelho para o cultivo de microrganismos em meio líquido sob condições controladas, com a adição contínua de meio novo e a remoção do meio de cultura durante um período longo de tempo. Também denominado quimiostato.

Apicoplasto Uma organela especial de alguns protistas que contém DNA.

Apoptose Morte celular causada por um programa de desenvolvimento intracelular ou induzida por outras células ou agentes infecciosos.

Archaea Um dos três domínios de organismos vivos: Archaea, Bacteria e Eukarya. Embora compartilhem a mesma morfologia básica com as bactérias e também sejam procariotos (isto é, não possuem um núcleo verdadeiro), eles se assemelham em muito mais detalhes moleculares aos eucariotos do que com as bactérias. Antigamente denominado Archaebacteria ou Archaeobacteria.

Árvore da vida Um dendrograma que mostra as relações filogenéticas entre todos os grupos de organismos.

Assimilação A absorção e utilização de um nutriente.

Atenuação Um mecanismo de regulação do nível de transcrição pela interferência no alongamento do RNA mensageiro. A redução da velocidade da tradução por uma região regulatória permite a formação de uma estrutura secundária de RNA que promove a terminação da transcrição. O processo depende do acoplamento entre transcrição e tradução e, assim, é restrito aos procariotos.

Ativador Um produto gênico (normalmente uma proteína) que regula positivamente a transcrição. Os ativadores podem aumentar a ligação da RNA polimerase ao promotor (formação de complexo fechado) ou estimular a RNA polimerase a iniciar a transcrição (formação de complexo aberto).

ATP *Veja* Trifosfato de adenosina.

Autorregulação O controle da síntese de um produto gênico (normalmente uma proteína) por si próprio.

Autoindutor Um composto produzido por um organismo que, ao se acumular, induz uma resposta naquele organismo.

Autótrofo Um organismo que pode obter todo o seu carbono de CO_2.

Auxótrofo Um mutante que crescerá apenas quando uma necessidade nutricional específica (p. ex., um aminoácido, um nucleotídeo ou uma vitamina) for satisfeita.

β-Galactosidase Uma enzima que catalisa a clivagem de lactose em glicose e galactose. Em *Escherichia coli*, essa enzima é codificada pelo gene *lacZ*. Frequentemente usada como repórter em ensaios de expressão gênica.

β-Lactamase Uma enzima que cliva o anel β-lactâmico de antibióticos β-lactâmicos, inativando assim os antibióticos. A resistência à ampicilina codificada por muitos plasmídeos comuns é graças a uma β-lactamase secretada.

Bactérias gram-negativas Um grupo de bactérias com um envelope celular composto de uma membrana externa que envolve uma camada de peptideoglicano fina.

Bactérias gram-positivas Um grupo de bactérias com um envelope celular composto de uma camada de peptideoglicano espessa e sem uma membrana externa.

Bactericida Que tem um efeito letal sobre as bactérias.

Bacteriocina Uma pequena proteína produzida por bactérias que é tóxica a outras bactérias.

Bacteriócito Uma célula em um inseto que carrega bactérias endossimbióticas.

Bacteriófago Um vírus que infecta uma bactéria. Também denominado fago.

Bacteriorrodopsina Um pigmento similar à rodopsina que ocorre em certas arqueobactérias e medeia uma forma primitiva de fotossíntese.

Bacteroide Uma forma diferenciada de bactérias fixadoras de nitrogênio que produzem nódulos.

Bainha Um longo tubo polissacarídico transparente produzido por algumas bactérias.

Barófilos Organismos que crescem melhor em pressões mais altas que 1 atmosfera.

Bergey's Manual of Systematic Bacteriology (*Manual de Bacteriologia Sistemática de Bergey*) Um livro muito usado que contém um esquema de classificação dos procariotos.

Bicamada fosfolipídica Uma membrana que consiste em dois folhetos, cada um composto de fosfolipídeos.

Biofilme Uma camada de micróbios incrustada em muco extracelular.

Biorremediação O uso de micróbios na destoxificação ou eliminação de materiais tóxicos.

Biota normal *Veja* Flora normal.

Bolha (1) Na replicação de DNA, uma região do DNA na qual as fitas são separadas para dar início à replicação. (2) Na síntese de RNA, uma região de DNA na qual as fitas são separadas para permitir a transcrição.

***Boxes* de DnaA** Regiões de DNA onde a proteína DnaA se liga para iniciar a replicação do DNA.

Cadeia de transporte de elétrons A oxidação-redução sequencial de compostos inseridos em uma membrana que cria um gradiente de prótons através da membrana.

Camada de muco Uma fina camada mucosa ou viscosa que envolve muitas células procarióticas.

Camada de superfície cristalina Uma camada de superfície de algumas bactérias e arqueobactérias que consiste em arranjos proteicos e que é normalmente bastante resistente a produtos químicos e proteases. Também denominada camada S.

Camada S *Veja* Camada de superfície cristalina.

cAMP *Veja* AMP cíclico.

CAP *Veja* Proteína ativadora do gene do catabólito.

Capa do esporo A camada externa de um endósporo.

Capsídeo A camada proteica que envolve o ácido nucleico de um fago ou vírus e o protege do ambiente.

Cápsula Uma camada mais externa e difusa, normalmente de carboidrato, que envolve muitos micróbios.

Carboxissomo Uma vesícula (envolta por proteína) de bactérias autotróficas e que contém a enzima ribulose bisfosfato carboxilase.

Cascata de fosforilação Uma série de reações na qual um grupo fosfato é passado de um composto (geralmente uma proteína) ao próximo.

Cassete Um fragmento de DNA que pode ser clonado em um sítio, conferindo uma propriedade, por exemplo, resistência a antibióticos.

Catalase Enzima que catalisa a decomposição do peróxido de hidrogênio a água e oxigênio.

cDNA *Veja* DNA complementar.

Célula B *Veja* Linfócito B.

Célula de memória Um linfócito envolvido em uma resposta imune específica que permanece quiescente contanto que não haja estimulação antigênica adicional.

Célula F^- Uma célula que não contém o fator F e, portanto, é capaz de funcionar como receptora (fêmea) em uma transferência de DNA conjugativa em cruzamentos com linhagens F^+ ou Hfr.

Célula F^+ Uma célula que carrega um fator F como um plasmídeo autônomo, o que possibilita à célula funcionar como doadora (macho) na transferência do fator F a uma célula receptora (fêmea).

Célula plasmática Uma célula produtora de anticorpos.

Célula T auxiliar Um linfócito T que ativa as funções de outros linfócitos.

Células apresentadoras de antígenos Células que apresentam, em sua superfície, produtos de degradação de antígenos ingeridos.

CFP *Veja* Proteína fluorescente ciânica.

Chaperona Uma proteína que facilita o dobramento de outras proteínas ou a montagem de complexos multiproteicos. Algumas proteínas de choque térmico são chaperonas.

Choque ao frio (1) Morte celular resultante do resfriamento súbito de uma cultura bacteriana que está crescendo rapidamente. (2) Resfriamento súbito e diluição da osmolaridade de uma cultura de bactérias gram-negativas, resultando no vazamento do conteúdo periplasmático.

Cianobactérias Bactérias fotossintéticas que produzem oxigênio.

Ciclo de alongamento A porção da tradução na qual uma cadeia peptídica é alongada pela adição de um único resíduo de aminoácido.

Ciclo de Calvin A rota, usada pela maioria dos autótrofos, pela qual o CO_2 é incorporado em constituintes celulares.

Ciclo de Krebs *Veja* Ciclo do ácido tricarboxílico.

Ciclo do ácido tricarboxílico Uma rota metabólica cíclica que oxida acetato, gera ATP e forma quatro metabólitos precursores. Também denominado ciclo de Krebs. Abreviatura: TCA.

Ciclo do carbono O ciclo de interconversões de compostos contendo carbono na natureza.

Ciclo do enxofre A conversão química de compostos sulfurados que ocorre na natureza.

Ciclo do glioxilato Uma modificação do ciclo do ácido tricarboxílico na qual um intermediário, o isocitrato, é ligado através do glioxilato a outro intermediário, o malato.

Ciclo do nitrogênio As conversões dos compostos contendo nitrogênio que ocorrem na natureza.

Ciclo do TCA *Veja* Ciclo do ácido tricarboxílico.

Ciclo lisogênico O padrão de infecção por fagos que envolve a integração do DNA do fago no cromossomo do hospedeiro.

Ciclo lítico O desenvolvimento de partículas de bacteriófagos após a infecção de uma bactéria hospedeira ou após a indução de um prófago, resultando na produção e liberação de partículas livres de fagos da progênie e lise da célula hospedeira.

Ciclo redutivo do ácido tricarboxílico A porção de oxalacetato a 2-oxoglutarato do ciclo do ácido tricarboxílico que flui naquela direção.

Ciliados Uma classe de protozoários que portam cílios.

Cinase Uma enzima que transfere fosfato de ATP para outra molécula.

Cinética do tipo "*single-hit*" Cinética caracterizada pelo decaimento linear do logaritmo da concentração de um composto ou do número de organismos vivos com o tempo.

Cinetoplasto Uma mitocôndria altamente especializada localizada na base do cílio nos ciliados.

Cístron Uma sequência de DNA que codifica um único polipeptídeo.

Citocina Uma proteína mensageira (p. ex., fator de necrose tumoral ou interleucina) liberada por células brancas do sangue e que é responsável pela comunicação entre as células do sistema imune e o resto do corpo.

Citocina inflamatória Uma proteína similar a hormônios produzida por células imunes e que estimula a resposta inflamatória. Também denominada citocina proinflamatória.

Citocina proinflamatória *Veja* Citocina inflamatória.

Citoesqueleto A estrutura intracelular das células eucarióticas, composta de microtúbulos, microfibrilas e filamentos intermediários.

Citometria de fluxo Uma técnica para determinar a distribuição de uma substância química fluorescente (naturalmente presente ou artificialmente introduzida) em uma população de células; em geral, acompanhada por uma função de classificação celular que separa as células com certas características.

Citoplasma O conteúdo celular, excluindo os envelopes celulares e os núcleos em eucariotos e os nucleoides em procariotos.

Clado Um ramo filogeneticamente relacionado de organismos.

Clonagem A produção de múltiplas moléculas de DNA, células ou organismos geneticamente idênticos.

Clone Um conjunto de células derivadas de uma única célula e que, assim, supõe-se que sejam geneticamente idênticas.

Cloroplasto Uma organela intracelular na qual ocorre a fotossíntese nos eucariotos fototróficos.

Coco Uma célula procariótica esférica.

Código genético A atribuição de cada um dos códons em trinca do RNA mensageiro a aminoácidos e a tradução dos sinais de parada.

Códon Os três nucleotídeos consecutivos (trincas) no DNA ou RNA que codificam um aminoácido específico ou sinalizam a terminação da síntese polipeptídica.

Códon de parada *Veja* Códon sem sentido.

Códon de terminação *Veja* Códon sem sentido.

Códon sem sentido (*nonsense*) Um códon que não codifica nenhum aminoácido e sim sinaliza a terminação da tradução ou pontuação. Os três códons sem sentido são UAG (*amber*), UAA (*ochre*) e UGA (*opal*).

Coenzima Uma molécula orgânica necessária à atividade de certas enzimas.

Cofator Uma molécula inorgânica necessária à atividade de certas enzimas.

Colônia Um grupo visível de células que se origina de uma única célula semeada em meio sólido.

Comensais Organismos em uma relação simbiótica na qual nenhum parceiro é prejudicado.

Competência genética O estado fisiológico transitório necessário para que uma célula bacteriana adquira DNA transformante.

Competência imune A capacidade de funcionar inteiramente na defesa do corpo.

Complementar Que descreve duas cadeias de polinucleotídeos que podem se parear, base com base, e formar uma molécula de fita dupla.

Complemento Um complexo de mais de 30 proteínas sanguíneas que funciona como uma defesa inespecífica contra infecções.

Complexo aberto Um complexo que se forma durante a transcrição no qual a dupla hélice de DNA foi aberta, formando uma bolha dentro da qual a RNA polimerase é ligada a uma das fitas.

Complexo de ataque da membrana Um complexo proteico, similar a um cilindro, de proteínas do complemento que forma um orifício através da membrana plasmática e causa a lise celular.

Complexo de iniciação O complexo de proteínas que promove a ligação dos ribossomos e do RNA de transferência iniciador ao RNA mensageiro, dando início ao processo de tradução.

Complexo fechado Um estágio inicial da transcrição no qual a RNA polimerase se ligou ao DNA, mas as fitas ainda não se separaram.

Complexo principal de histocompatibilidade Uma classe de proteínas que ocorre nas superfícies das células de mamíferos e que apresenta antígenos derivados de patógenos intracelulares. Abreviatura: MHC (de *major histocompatibility complex*).

Complexo ternário Um complexo composto de três moléculas.

Concatenado Uma molécula de DNA que contém múltiplas repetições de uma sequência

Conjugação Em bactérias, a transferência de DNA de uma célula doadora a uma receptora em contato direto.

Consórcio Um grupo interdependente de indivíduos de diferentes tipos.

Contagem de viáveis A determinação do número de células vivas em uma população, geralmente realizada pelo plaqueamento de alíquotas de diluições em placas de ágar e pela contagem das colônias resultantes.

Corpo basal Uma estrutura do flagelo que está inserida dentro do envelope celular bacteriano e funciona como um "estator", permitindo que o filamento flagelar rode.

Corpo de frutificação Uma estrutura que porta ou contém esporos.

Corpo de inclusão Um acúmulo intracelular localizado e visível de um composto, como polifosfato, poli-hidroxialcanoato ou uma proteína formada por superprodução em um organismo geneticamente modificado.

Correção de erro O processo pelo qual erros durante a síntese de DNA e proteínas são detectados e corrigidos.

Crescimento balanceado A condição de crescimento na qual todos os constituintes celulares aumentam pelo mesmo fator durante um período de tempo. Normalmente sinônimo de crescimento exponencial ou em estado estacionário.

Crescimento exponencial A fase de crescimento durante a qual o número de células na população dobra repetidamente ao longo do mesmo intervalo de tempo. Também denominado crescimento logarítmico. *Veja também* Crescimento balanceado.

Crescimento logarítmico *Veja* Crescimento exponencial.

Cromossomo (1) Uma molécula autorreplicativa de DNA que carrega as informações genéticas essenciais ao crescimento e à replicação de uma célula ou um vírus. (2) O DNA organizado em uma estrutura firmemente empacotada pela associação de proteínas similares a histonas nas bactérias e de histonas nos eucariotos.

Cromossomo artificial de levedura Um vetor de clonagem que contém sequências de um cromossomo de levedura necessárias à replicação de DNA e segregação. Frequentemente usado na clonagem de fragmentos muito grandes de DNA. Abreviatura: YAC (de *yeast artificial chromosome*).

Cultura de enriquecimento Um método de cultivo de micróbios projetado para favorecer o crescimento de um microrganismo específico ou tipo de microrganismo a partir de uma população natural grande e complexa.

Curvatura do DNA Uma dobra que ocorre em uma sequência de DNA em virtude da ligação de proteínas específicas.

Dam metilase A enzima que transfere grupamentos metil à adenina de sítios GATC.

Decapagem A liberação de ácidos nucleicos virais de vírions dentro de uma célula hospedeira.

Deleção A perda de uma ou mais bases ou pares de bases de uma molécula de DNA.

Dendrograma Uma representação, similar a uma árvore, das relações entre as unidades taxonômicas.

Desenvolvimento A progressão de mudanças que ocorrem em um organismo durante a maturação.

Deslocamento de fita simples Um processo de recombinação no qual uma fita da dupla hélice de DNA é substituída por uma fita simples de DNA.

Desnitrificação A cascata de respirações anaeróbias, mediada por bactérias, que converte o íon nitrato no gás nitrogênio.

Desoxirribonuclease Uma enzima que degrada DNA. Abreviatura: DNase.

Dicarionte Um organismo composto de células que contêm dois núcleos geneticamente distintos. Típico de certos fungos.

Diferenciação As mudanças estruturais e funcionais que ocorrem durante o desenvolvimento de células e tecidos.

Difusão facilitada Movimento de moléculas de um lado a outro de uma membrana, a partir de uma concentração mais alta a uma mais baixa, mediado por proteínas que permitem apenas a passagem de moléculas específicas.

Difusão simples A difusão que não é regulada ou mediada por uma proteína.

Dimorfismo A característica de alguns fungos de conseguir alternar entre uma fase de levedura e de micélio do crescimento.

Dinitrogenase A enzima que catalisa a conversão do gás nitrogênio em amônia.

Dinitrogenase redutases As proteínas homodiméricas que doam elétrons à dinitrogenase.

Diploide Um organismo que contém pares de cada cromossomo.

Distância evolutiva A expressão quantitativa das relações de parentesco filogenéticas entre os organismos.

Divissomo Um complexo de proteínas envolvido na divisão celular e encontrado no sítio de divisão bacteriana.

DNA *Veja* Ácido desoxirribonucleico.

DNA complementar DNA sintetizado a partir do mesmo RNA mensageiro usando a transcriptase reversa. Abreviatura: cDNA.

DNA girase Uma topoisomerase que remove supertorções do DNA ao primeiro produzir quebras na fita dupla e, em seguida, selar as mesmas.

DNA polimerases Enzimas que polimerizam desoxirribonucleotídeos sobre uma cadeia existente de polinucleotídeos usando a fita complementar de DNA como molde.

DNA recombinante Uma molécula de DNA na qual fragmentos de DNA de diferentes fontes são covalentemente unidos.

DNase *Veja* Desoxirribonuclease.

Doador de elétrons Um composto ou átomo que se torna oxidado ao perder elétrons.

Dobramento O processo pós-traducional por meio do qual uma proteína assume sua forma tridimensional.

Dogma central A sentença biológica que afirma que o DNA forma o RNA, que forma a(s) proteína(s).

Domínio (1) Uma região distinta e independentemente dobrada de uma proteína. As diferentes funções de uma proteína multifuncional estão normalmente localizadas em domínios separados. (2) Um dos três táxons principais: Bacteria, Archaea ou Eukarya.

Domínio proteico *Veja* Domínio.

Dosagem gênica O número de cópias de um gene específico. A posição de um gene ao longo de um cromossomo circular em replicação afeta a dosagem gênica. Em células que estão passando pelo processo de replicação, os genes mais próximos da origem estarão presentes em números mais altos do que aqueles mais próximos do término.

Duplicação Uma região de DNA que está presente em duas cópias. Se presente em uma repetição direta adjacente, é denominada duplicação em série. Também é possível que o DNA duplicado esteja presente em sítios distantes em um cromossomo.

Edema Inchaço de tecido pelo extravasamento de fluido nos espaços entre as células.

Efetor alostérico Uma pequena molécula que se liga e altera a atividade de uma proteína alostérica.

Elemento de inserção Uma sequência nucleotídica transponível que codifica apenas as funções necessárias à sua própria transposição. Os elementos de inserção têm tipicamente menos de 5 quilobases de extensão. Também denominado sequência de inserção. Abreviatura: IS (de *insertion sequence*).

Elemento móvel Uma sequência de DNA que é capaz de promover sua própria transposição; uma sequência de inserção ou um transpóson.

Elemento UP *Veja* região a montante.

Eletroforese em gel A separação eletroforética de moléculas usando um gel, normalmente composto de agarose ou acrilamida.

Eletroforese O movimento e, desse modo, a separação de moléculas carregadas em um campo elétrico.

Eletroporação Um método para a introdução de DNA (ou outras moléculas grandes) em células pela exposição a pulsos rápidos de alta voltagem, o que causa a formação transitória de poros na membrana celular.

ELISA *Veja* Ensaio de imunoabsorbância ligado à enzima.

Endocitose Engolfamento de material extracelular por uma célula.

Endonuclease de restrição Uma endonuclease que corta DNA de fita dupla por ligação a sítios específicos, muitos dos quais são arranjados em palíndromos. Também denominada enzima de restrição.

Endonuclease Uma enzima que corta o DNA em sítios dentro da molécula.

Endósporo Uma forma metabolicamente inativa e que não se replica de certas bactérias, incluindo aquelas dos gêneros *Bacillus* e *Clostridium*. Os endósporos tendem a ser extremamente resistentes a danos físicos e químicos.

Endossimbionte Uma bactéria que reside dentro de uma célula hospedeira, normalmente em uma relação obrigatória.

Endotoxina O lipopolissacarídeo no folheto externo das membranas externas de bactérias gram-negativas que é nocivo aos seres humanos e a outros animais; a maior parte da toxicidade é mediada pelo lipídeo A.

Engenharia genética O uso de técnicas moleculares para produzir moléculas de DNA contendo novos genes ou novas combinações de genes.

Ensaio de imunoabsorbância ligado à enzima Um teste imunológico diagnóstico que usa uma enzima ligada a um anticorpo indicador. Abreviatura: ELISA (de *enzyme-linked immunosorbent assay*).

Enteroquelina Um sideróforo (composto que se liga a ferro) específico.

Enterossomo Uma vesícula semelhante a um carboxissomo que contém enzimas envolvidas em aspectos especiais do metabolismo de algumas bactérias entéricas e outras.

Enzima de restrição *Veja* Endonuclease de restrição.

Epigenética A herança de uma característica específica que não é codificada na sequência de nucleotídeos; por exemplo, a metilação de certas sequências de DNA pode influenciar a expressão gênica.

Epítopo Uma porção de um antígeno reconhecida por um sítio de ligação ao anticorpo. Para antígenos proteicos, um epítopo tem tipicamente de 5 a 8 aminoácidos. As fusões gênicas que adicionam epítopos a uma proteína podem ser usadas para marcar aquela proteína.

Equilíbrio redutivo A fração de nucleotídeos pirimidínicos que está no estado reduzido, isto é, (NADH + NADPH)/(NAD^+ + $NADP^+$).

Esferoplasto Uma célula osmoticamente sensível cuja parede celular foi parcialmente removida. *Veja também* Protoplasto.

Espécie biológica Um grupo de populações que efetiva ou potencialmente cruzam entre si.

Espécie genômica *Veja* Filotipo.

Espirilo Um micróbio com forma de saca-rolhas.

Esporulação O processo de formação de um esporo.

Estimulador (amplificador) Uma sequência regulatória que age em *cis* e pode aumentar a transcrição de um promotor adjacente.

Estimulon Um grupo de genes cuja expressão responde ao mesmo estímulo.

Éter de glicerol Um lipídeo característico das Archaea, contendo lipídeos de isoprenoides que são ligados a glicerol por ligações éter.

Eucarioto Um organismo com uma membrana nuclear e organelas envoltas por membrana (p. ex., mitocôndrias) e um aparelho mitótico. O nome taxonômico dos eucariotos é Eukarya.

Excisionase Uma enzima envolvida na excisão do DNA de um prófago do genoma de uma célula hospedeira.

Exergônico Que produz energia.

Exospório Um envelope de encaixe frouxo que envolve a capa externa de um endósporo bacteriano.

Exotoxinas Proteínas tóxicas produzidas por certos patógenos bacterianos.

Exportação de proteínas Transporte de proteínas para fora da célula.

Expressão gênica O processo pelo qual um produto gênico é produzido. Para os genes que codificam proteínas, o gene deve ser transcrito em RNA mensageiro e em seguida traduzido em proteína. Para os genes que codificam RNAs estruturais (RNA ribossômico, RNA de transferência, etc.), o gene deve ser transcrito em RNA.

Extremófilos Microrganismos que habitam ambientes com valores extremos de temperatura, pressão, pH ou salinidade.

Fago *Veja* Bacteriófago.

Fago auxiliar Um fago que é introduzido dentro de uma célula hospedeira a fim de propiciar funções necessárias à replicação, morfogênese ou empacotamento de um fago mutante (defectivo).

Fago lítico Um fago que pode entrar em um ciclo lítico somente quando infecta uma célula bacteriana sensível.

Fago temperado Um fago que é capaz de se tornar um prófago no hospedeiro bacteriano (isto é, que pode se manter em um estado quiescente).

Fago virulento Um bacteriófago que sempre cresce liticamente.

Fagocitose Engolfamento de uma partícula ou célula por outra célula.

Fagossomo Uma vesícula, envolta por membrana, de uma célula fagocitária que contém material fagocitado.

Famílias proteicas Grupos de proteínas filogeneticamente relacionadas.

Fase aberta de leitura Um trecho de DNA que potencialmente codifica uma proteína. Abreviatura: ORF (de *open reading frame*).

Fase de leitura O modo no qual uma sequência de nucleotídeos que codifica um polipeptídeo é lida como trincas consecutivas.

Fase estacionária O estágio pós-crescimento de uma cultura microbiana.

Fase exponencial *Veja* Fase log.

Fase *lag* A fase do ciclo de crescimento microbiano antes de a cultura começar a crescer. Também denominada fase de atraso ou, ainda, fase de espera.

Fase log A fase do ciclo de crescimento microbiano em que o crescimento é exponencial. Também denominada fase logarítmica ou exponencial.

Fase logarítmica *Veja* Fase log.

Fastidioso Que requer mais do que a quantidade comum de nutrientes para o crescimento.

Fator de alongamento Uma proteína que participa no ciclo de alongamento da tradução.

Fator de disparo Uma chaperona associada a ribossomos encontrada por um polipeptídeo recém-produzido; o fator de disparo é uma proteína de domínios múltiplos com atividade de peptidil prolina isomerase que medeia conversões *cis-trans* de ligações prolina peptidil no polipeptídeo crescente.

Fator de liberação Uma proteína que facilita a separação de um polipeptídeo nascente do ribossomo que a sintetiza. Abreviatura: RF (de *release factor*).

Fator de nodulação Uma substância que sinaliza a uma planta para iniciar a formação de nódulos.

Fator de virulência Qualquer produto gênico que aumenta a capacidade de um organismo de causar doença.

Fator F Um plasmídeo de *Escherichia coli* que codifica funções de transferência conjugativa ("fertilidade"). O plasmídeo F pode existir como um plasmídeo autônomo no citoplasma ou pode se integrar em sítios específicos no cromossomo, produzindo uma célula Hfr.

Fator R *Veja* Plasmídeo R.

Fator sigma Uma proteína que funciona como uma subunidade de RNA polimerases bacterianas e é responsável pelo reconhecimento de promotores. Fatores sigma diferentes permitem o reconhecimento de sequências promotoras diferentes.

Fator transportador DnaC, uma proteína que ajuda a ligar a helicase (DnaB) à origem de replicação do DNA.

Fatores de iniciação Proteínas que promovem a ligação dos ribossomos e do RNA de transferência iniciador ao RNA mensageiro para dar início ao processo de tradução.

Fenótipo A aparência ou outras características observáveis de um organismo.

Fermentação (1) Científico: um processo anaeróbico no qual o ATP é exclusivamente gerado por fosforilação em nível de substrato. (2) Industrial: qualquer transformação microbiana (aeróbia ou anaeróbia).

Feromônio Uma substância química secretada que afeta o comportamento de outras células ou organismos.

Filamento A porção helicoidal do flagelo que roda a fim de propiciar mobilidade.

Filamento helicoidal Uma cápsula viral em que os capsômeros estão arranjados como uma espiral contendo um centro oco.

Filogenia A história evolutiva de uma espécie.

Filotipo Um grupo com no mínimo 94% de identidade de sequência de DNA. Também denominado espécie genômica.

Fímbrias Filamentos proteínicos finos que se estendem das superfícies celulares de células microbianas e facilitam a adesão a superfícies sólidas ou outras células. Também denominados pilos.

FISH *Veja* Hibridização *in situ* por fluorescência.

Fita codificante A fita de DNA usada como molde na transcrição de RNA.

Fita retardada (descontínua) A fita de DNA que é copiada descontinuamente durante a replicação.

Fita-líder A fita de DNA que possui a mesma sequência de nucleotídeos do RNA mensageiro (exceto que o DNA possui resíduos de T onde o RNA possui resíduos de U). A fita de DNA recém-replicada que é sintetizada continuamente na mesma direção da forquilha de replicação (a síntese de DNA prossegue na direção de 5' a 3').

Fitoplâncton Micróbios fototróficos que flutuam nos oceanos.

Flagelina O principal componente proteico do filamento flagelar bacteriano.

Flagelos Estruturas proteicas longas, flexíveis e helicoidais que se estendem da superfície de uma célula e possibilitam a mobilidade por rotação.

Flora normal A população microbiana normalmente presente em animais. O termo apropriado é biota normal.

Fluorocromo Uma substância química fluorescente que absorve luz de um comprimento de onda e emite luz de um comprimento de onda mais alto.

Força motora Termo coletivo para energia e força redutora.

Força motora de prótons Energia potencial armazenada na forma de um gradiente de prótons.

Força motora de sódio Um gradiente de concentração de íons sódio através da membrana celular.

Força redutora A soma de nicotinamida adenina dinucleotídeo (NADH) e nicotinamida adenina dinucleotídeo fosfato reduzido (NADPH).

Formação de ligação peptídica Formação da ligação que liga aminoácidos em um peptídeo.

Forquilha de replicação A região em uma molécula de DNA de fita dupla em replicação onde a síntese de DNA novo está ocorrendo. A forquilha de replicação produz uma região em forma de Y na molécula de DNA onde as duas fitas se separaram e a replicação está ocorrendo.

Fosforilação Modificação química de uma molécula pela adição de um grupo fosfato.

Fosforilação em nível de substrato A formação de ATP a partir da reação entre ADP e um intermediário metabólico com uma ligação fosfato de alta energia.

Fosforilação oxidativa A formação de ATP resultante da respiração aeróbia.

Fotoautótrofos Organismos que obtêm ATP e força redutora a partir de energia luminosa e carbono a partir de CO_2.

Fotofosforilação acíclica A geração de ATP a partir de energia luminosa pela passagem de um elétron excitado da clorofila através de uma cadeia de transporte de elétrons ao DNA.

Fotofosforilação cíclica A geração de ATP por fotótrofos pela qual um elétron ativado é passado através de uma cadeia de transporte de elétrons (localizada na membrana) à clorofila em seu estado fundamental.

Fotossíntese anoxigênica O tipo de fotossíntese realizado por certos procariotos que não produz oxigênio como produto.

Fotossíntese oxigênica A fotossíntese realizada por plantas, algas e cianobactérias e que produz oxigênio como produto.

Fotótrofo Um organismo que gera ATP e força redutora a partir de energia luminosa.

Fragmentos de Okazaki Fragmentos curtos de DNA de aproximadamente 1.000 a 2.000 nucleotídeos, formados durante a replicação do DNA da fita retardada pela replicação descontínua de DNA e posteriormente unidos por ligação.

Gancho Uma estrutura que fixa um organismo a uma superfície sólida; por exemplo, a estrutura que fixa as células-talo de *Caulobacter*.

Gancho (flagelar) O componente estrutural de um flagelo bacteriano que acopla o filamento ao corpo basal.

Gás do efeito estufa Um gás que permite a entrada da luz solar na atmosfera, mas que aprisiona na atmosfera a radiação infravermelha (calor) que é refletida da Terra de volta ao espaço. O vapor de água, o dióxido de carbono, o metano e o óxido nitroso são gases do efeito estufa que ocorrem naturalmente; os gases usados em aerossóis são gases do efeito estufa de fabricação humana.

Gene A unidade genética de função. Um gene pode codificar um polipeptídeo ou uma molécula de RNA não traduzida (p. ex., RNA ribossômico, RNA de transferência ou um RNA regulatório).

Gene estrutural Um gene que codifica um polipeptídeo ou uma molécula de RNA, ao contrário de um gene regulatório.

Genoma O conteúdo genético completo de uma célula ou organismo, incluindo cromossomos, plasmídeos e prófagos.

Genômica A análise de sequências de DNA genômico de um ou vários organismos. A análise genômica pode fornecer informações sobre a evolução de genes e fazer predições sobre sua função e o metabolismo de um organismo.

Genótipo Uma descrição da constituição genética de um organismo. Por questão de simplicidade, normalmente apenas as partes relevantes são descritas.

Germinação A transição de uma estrutura em repouso, tal como um esporo, a uma célula vegetativa.

GFP *Veja* Proteína fluorescente verde.

Glicólise *Veja* Via de Embden-Meyerhof-Parnas.

Gluconeogênese A síntese metabólica de glicose a partir de outros nutrientes. O termo é normalmente aplicado para o fluxo reverso através da glicólise.

Grupo de ligação Um conjunto de genes que tende a ser coerdado.

Halófilo Um organismo que cresce na presença de altas concentrações de sal.

Haploide Que possui apenas uma forma de cada cromossomo em cada célula. (Os procariotos são geralmente haploides, embora em taxas elevadas de crescimento mais de uma cópia de um cromossomo possa estar presente.)

Helicase Uma proteína que desenrola a dupla hélice de DNA.

Hemimetilação Metilação de apenas uma fita em um sítio específico de uma molécula de DNA de fita dupla.

Herança cortical A herança de propriedades de superfície sem a participação de genes nucleares.

Heterocistos Células especializadas e impermeáveis ao oxigênio de algumas cianobactérias, nas quais ocorre a fixação do nitrogênio.

Heterótrofo *Veja* Organótrofo.

Hfr De *high frequency of recombination*, alta frequência de recombinação. Uma célula na qual o fator F se integrou em um local específico no cromossomo, fazendo com que ele funcione como um doador de alta frequência de genes cromossômicos em cruzamentos com células F^-.

Hibridização *in situ* Uma técnica de detecção gênica que envolve a hibridização de uma amostra marcada de um gene clonado com uma molécula de DNA grande (em geral, um cromossomo), frequentemente dentro de uma célula.

Hibridização *in situ* por fluorescência Método de identificação de microrganismos em ambientes naturais por hibridização com sondas de ácidos nucleicos marcadas com fluorescência, geralmente fragmentos de DNA que codificam RNA ribossômico. Abreviatura: FISH (de *fluorescence in situ hybridization*).

Hidrogenossomo Uma organela envolta por membrana que converte piruvato em acetato, CO_2 e H_2.

Hifa Um filamento multicelular formado durante a reprodução vegetativa de fungos ou actinomicetos.

Hipertermófilo Um organismo que cresce em temperaturas extremamente altas.

Homologia (1) Identidade de sequência entre duas sequências nucleotídicas. (2) Relações de parentesco genético entre duas sequências de ascendência comum. Geralmente confundido com similaridade de sequências; por exemplo, 85% de similaridade significa que 85 posições nucleotídicas, de um total de 100, são idênticas em dois polinucleotídeos.

Hormogônio Um fragmento quimiotático móvel de uma cianobactéria filamentosa.

Icosaedro Um poliedro geométrico regular com 20 faces triangulares equilaterais e 12 ângulos, constituindo uma estrutura particularmente estável. Os capsídeos de muitos fagos e vírus são icosaédricos.

Ilha genômica Uma grande região de DNA que está presente no cromossomo de um organismo, mas ausente de organismos intimamente relacionados.

Imunidade (1) A resistência de um lisógeno à superinfecção por um fago com um mecanismo regulatório similar. (2) Uma resposta adaptativa de anticorpos ou celular contra infecções microbianas específicas.

Imunidade adaptativa A parte do sistema imune que é ativada por exposição a antígenos e que difere entre os indivíduos.

Imunidade inata A parte do sistema imune que está naturalmente presente e que, para ser ativa, não requer a exposição prévia a um antígeno.

Imunidade mediada por células Respostas imunes mediadas por células T.

In situ Uma expressão latina que significa "no lugar original". Geralmente usada para descrever um processo que visualiza a posição de uma molécula biológica em uma célula.

In vitro Uma expressão latina que significa "em vidro". Geralmente se refere a um processo que ocorre em um tubo de ensaio, fora da célula.

In vivo Uma expressão latina que significa "em vida". Geralmente se refere a um processo que ocorre dentro da célula.

Indução (1) A ativação da transcrição em um sistema reprimido em virtude da interação entre o indutor e uma proteína regulatória. Por exemplo: o óperon *lac* é induzido pela adição de lactose ou isopropil-β-D-tiogalactopiranosídeo. (2) Uma condição que faz com que um lisógeno inicie o crescimento lítico, como observado quando o repressor *c*I do fago lambda é inativado após a ocorrência de danos ao DNA.

Indução viral Formação de partículas de vírus viáveis por excisão de um provírus do cromossomo.

Indutor Um agente químico ou físico que liga (ativa) a expressão gênica. Normalmente se refere a um agente que altera as interações entre repressor e operador, frequentemente diminuindo a extensão de ligação ao DNA.

Induzível Que descreve um sistema regulatório no qual os genes são expressos apenas sob condições apropriadas (p. ex., quando o substrato está presente ou sob condições ambientais específicas).

Infalibilidade microbiana A doutrina que postula que não existe nenhum composto orgânico de ocorrência natural que não possa ser degradado por algum micróbio.

Inflamação *Veja* Resposta inflamatória.

Inibição pelo produto final *Veja* Inibição por retroalimentação.

Inibição por retroalimentação Regulação de uma rota biossintética por meio de inibição alostérica, normalmente da primeira enzima na rota pelo produto da rota. Também denominada inibição pelo produto final.

Iniciador (*primer*) Um oligonucleotídeo curto complementar a uma fita de DNA ou RNA que é usado para iniciar a síntese da fita de DNA complementar (isto é, estender o iniciador). O iniciador propicia uma extremidade 3'-OH, a qual é necessária para que as DNA polimerases iniciem a síntese do DNA complementar.

Inóculo As células usadas inicialmente para começar uma cultura ou infectar um hospedeiro.

Integrase Uma enzima viral que promove a integração de um genoma proviral em um cromossomo.

Íntrons Regiões não codificantes comuns dentro dos genes eucarióticos, mas também encontradas (embora raramente) nos procariotos.

IS *Veja* Elemento de inserção.

kb *Veja* Quilobase.

Lactoferrina Um tipo de proteína que se liga a ferro.

Lambda (λ) Um fago temperado que infecta *Escherichia coli*. Os derivados de lambda são amplamente usados como vetores de clonagem.

Latência viral A persistência de um genoma viral em um hospedeiro sem sintomas aparentes de doença.

Leucócito polimorfonuclear A classe mais abundante de células brancas do sangue na circulação, com núcleos lobados. Têm vida curta e são fagocitários.

Leucócito Uma célula branca do sangue.

Levedura Uma forma unicelular de fungo. Como a espécie é muito utilizada na fermentação e na fabricação de pão, o termo frequentemente se refere a *Saccharomyces cerevisiae*.

Ligação fosfato de alta energia Uma ligação anidrido ou enol, que é rompida com facilidade e libera um grupamento fosforil que prontamente entra em outras reações, desse modo dirigindo-as.

Ligação fosfodiéster Uma ligação diéster entre o fosfato e um grupamento hidroxila de uma molécula de açúcar. A ligação ($-O-PO_2-O-$) entre nucleotídeos nos ácidos nucleicos.

Ligação fosforil de baixa energia Uma ligação éster relativamente estável de um grupamento fosfato a uma molécula orgânica.

Ligante Uma molécula pequena que se liga a uma molécula ou superfície celular.

Ligase (DNA) Uma enzima que une um resíduo 3' OH de um desoxirribonucleotídeo ao resíduo fosfato 5' de um desoxirribonucleotídeo adjacente.

Linfócito B Um linfócito envolvido principalmente na produção de anticorpos. Também denominado célula B.

Linfócito Uma célula branca do sangue; vários tipos participam nas respostas imunes.

Linfonodos Pequenos órgãos em forma de feijão localizados ao longo dos vasos linfáticos de todo o corpo.

Linhagens Clones individuais de uma espécie que são geneticamente distinguíveis ou por terem sido isolados separadamente da natureza.

Lipídeo A Um glicolipídeo fosforilado comum a todos os lipopolissacarídeos bacterianos.

Lipopolissacarídeo Um componente importante da camada externa da membrana externa nas bactérias gram-negativas. Abreviatura: LPS.

Lipoproteína Uma proteína que contém ácidos graxos covalentemente ligados.

Líquen Uma associação simbiótica entre um fungo e uma alga ou cianobactéria.

Lisado O conteúdo das células liberado após a lise.

Lise A ruptura de células com a liberação de seu conteúdo.

Lisogenia A capacidade de um bacteriófago temperado de se manter como um prófago quiescente até ser induzido no ciclo lítico.

Lisógeno Uma célula bacteriana que carrega um genoma de fago como prófago reprimido.

Lisozima Uma enzima que hidrolisa mureína.

Litótrofo Um organismo que deriva seu ATP da energia obtida pela oxidação de nutrientes inorgânicos, como íon ferroso, sulfeto de hidrogênio ou gás hidrogênio. Também denominado quimioautótrofo.

LPS *Veja* Lipopolissacarídeo.

Lúmen Um espaço dentro de um tubo ou uma estrutura similar a um tubo.

Macrófagos Células fagocitárias grandes encontradas em muitos tecidos que são parte do sistema imune inato e derivadas de um monócito.

Macronúcleo O núcleo grande dos ciliados, contendo cópias repetidas de genes selecionados.

Magnetossomo Uma partícula pequena encontrada em bactérias magnetotácticas que consiste em magnetita ou outras substâncias que contêm ferro.

Magnetotaxia A mobilidade dos micróbios ao longo de linhas magnéticas de força, como o campo magnético da Terra.

MAMPs *Veja* Padrões moleculares associados a micróbios.

Máquina de bebês Um aparelho para a obtenção de células que se dividiram recentemente. Depende da fixação de células a uma superfície, como uma superfície à qual as "células-mãe" se aderem; após a divisão, um "bebê" permanece aderido, e o outro é destacado.

Meia-vida O tempo no qual metade da quantidade de uma substância se decompõe ou é modificada ou metade da população de um organismo é eliminada.

Meio mínimo Um meio definido que fornece apenas aqueles nutrientes necessários para sustentar o crescimento de um micróbio específico.

Meio seletivo Um meio de crescimento que permite o crescimento de somente certas linhagens, espécies ou mutantes.

Membrana celular Uma bicamada fosfolipídica que envolve todas as células. Também denominada membrana citoplasmática ou membrana plasmática.

Membrana externa A bicamada lipídica externa das bactérias gram-negativas, consistindo em um folheto externo de lipopolissacarídeos e um folheto interno de fosfolipídeos e proteínas.

Membrana plasmática *Veja* Membrana celular.

Membrana púrpura Uma zona das membranas celulares de arqueobactérias halofílicas na qual ocorre uma forma primitiva de fotossíntese.

Memória imunológica A persistência de imunidade muito tempo após a exposição a um antígeno.

Mesófilo Um organismo que cresce melhor em temperaturas moderadas, ao redor de 37 °C.

Metabolismo do crescimento O aspecto do metabolismo primariamente direcionado ao crescimento.

Metabólito secundário Um produto final metabólico que um organismo produz após o crescimento ter cessado.

Metabólitos precursores Os 13 compostos a partir dos quais todos os constituintes de carbono de uma célula podem ser sintetizados.

Metanógeno Uma arqueobactéria produtora de metano.

Metilótrofos Microrganismos que utilizam metano ou outros compostos de um carbono.

Metiltransferase Uma enzima que catalisa a transferência de grupamentos metil de uma molécula à outra.

MHC *Veja* Complexo principal de histocompatibilidade.

Micélio Uma massa de hifas produzida por muitos fungos e actinomicetos.

Micoplasmas Um grupo de bactérias pequenas e sem parede que inclui alguns patógenos de animais e plantas.

Microaerofílico Relativo a micróbios que crescem melhor em concentrações mais baixas de oxigênio do que as presentes no ar.

Microarranjo Um conjunto organizado de fragmentos de DNA fixados a superfícies sólidas. Os fragmentos de DNA podem representar todas as fases abertas de leitura em um genoma, uma família gênica específica ou qualquer outro subconjunto de genes. Ocasionalmente denominado *chip* ou *microchip* de genes.

Microbiologia celular O estudo de efeitos dos micróbios sobre a biologia celular de seus hospedeiros.

Microchip *Veja* Microarranjo.

Micronúcleo O núcleo dos ciliados que contém o genoma inteiro.

Microrradioautografia Uma técnica que revela a presença de um isótopo radioativo como grânulo fotográfico em uma estrutura microscopicamente visível. Isso é feito pelo revestimento do objeto com uma emulsão fotográfica, que é incubada no escuro e revelada.

Microscopia de desconvolução Uma técnica que aplica algoritmos a uma pilha de imagens de um objeto ao longo de seu eixo óptico para realçar sinais específicos de um dado plano de imagem. A análise por desconvolução é tipicamente usada para aguçar uma imagem pela remoção de luz fora de foco de um plano focal específico usando a excitação e a emissão de fluorescência.

Microscopia de fluorescência Visualização de células ou seus constituintes quando os mesmos são marcados com um fluorocromo e normalmente iluminados com luz ultravioleta.

Microscópio confocal Um microscópio óptico que usa a saída (processada por computador) de um fotodetector para gerar uma imagem de fatias através de um espécime.

Microscópio de contraste de fase Um microscópio composto que cria contraste em objetos transparentes pela exploração de diferenças de índice refrativo dentro do espécime.

Microscópio de contraste de interferência diferencial de Nomarski Um microscópio que explora as diferenças de índice refrativo dentro de um espécime, formando uma imagem falsamente tridimensional.

Microscópio de força atômica Um microscópio de varredura que usa as forças de atração e repulsão entre os átomos para gerar imagens.

Microscópio de tunelamento por varredura Um microscópio que visualiza superfícies de materiais supercondutores pelo processamento de um sinal gerado por um fluxo de elétrons a uma sonda mantida perto do espécime.

Microscópio eletrônico de varredura Um microscópio eletrônico no qual uma imagem é gerada pela varredura da superfície do espécime com um feixe de elétrons.

Mitose O processo normal de divisão nuclear em um eucarioto, pelo qual a divisão nuclear ocorre em uma estrutura de fuso sem a redução do número de cromossomos.

Mixósporos Esporos formados por mixobactérias.

Mobilidade aventurosa Uma forma de mobilidade por deslizamento que permite o movimento de células individuais para fora de um grupo de células que estão se movendo em conjunto (como uma multidão).

Mobilidade por contorção Uma forma de mobilidade dependente de pilos por meio da qual algumas bactérias podem se mover exercendo tração através de uma superfície sólida.

Mobilidade por deslizamento Uma forma de mobilidade não flagelar em superfícies sólidas exibida por alguns procariotos.

Mobilidade social A mobilidade coordenada das células de mixobactérias.

Modificação covalente A alteração química pós-traducional de uma proteína pela adição de um grupo funcional que se torna ligado à proteína por uma ligação covalente.

Modificação de montagem A adição de uma porção química a uma proteína, tornando-a funcional.

Modulador Uma proteína ou um ácido nucleico que altera a atividade de uma enzima pela associação reversível com ela.

Módulo de adição Um arranjo de dois genes de toxina e antitoxina envolvidos na manutenção de plasmídeos e na morte celular programada bacteriana.

Modulon Um grupo de óperons independentes sujeitos a um regulador comum, ainda que sejam membros de regulons diferentes.

Molde Um polinucleotídeo de fita simples (ou uma região de um polinucleotídeo) que pode ser copiado para produzir um polinucleotídeo complementar.

Monócito Uma célula fagocitária grande com um núcleo oval ou em forma de ferradura, encontrada na circulação e capaz de se diferenciar em um macrófago.

mRNA *Veja* RNA mensageiro.

Mudança na fase de leitura Uma mutação que adiciona ou deleta 1 ou 2 pares de bases (ou qualquer não múltiplo de 3) de uma sequência codificante em uma molécula de DNA, de modo que o código genético é lido fora de fase. Todos os códons traduzidos a jusante de uma mutação por mudança na fase de leitura serão interpretados erroneamente e, com frequência, um códon de parada fora de fase terminará prematuramente a tradução.

Mureína A forma de peptideoglicano encontrada nas paredes das bactérias.

Mutação Qualquer alteração herdável na sequência de bases do material genético.

Mutação pontual (de ponto) Uma mutação que envolve a substituição, adição ou deleção de um único par de bases.

Mutação sem sentido (*nonsense*) Uma mutação que substitui um códon que codifica um aminoácido por um códon sem sentido.

Mutagênese A indução de mutações.

Mutagênese sítio-direcionada Um método de introdução de mutações específicas em um sítio definido em uma sequência de nucleotídeos.

Mutágeno Um agente químico ou físico que aumenta a frequência de mutação.

Mutante sensível à temperatura Um mutante com uma mutação que resulta na expressão funcional de um gene dentro de uma certa faixa de temperatura (p. ex., a menos de 30 °C), mas que não é funcional em uma temperatura diferente (p. ex., a 42 °C).

Mutante Um organismo com uma sequência alterada de bases em um ou vários genes. Geralmente se refere a um organismo com uma mutação que causa uma diferença fenotípica em relação ao tipo selvagem.

Mutualismo Uma relação simbiótica benéfica a ambos os parceiros.

NAD *Veja* Nicotinamida adenina dinucleotídeo.

Nematódeos Vermes cilíndricos, um filo de vermes ou helmintos.

Neolamarckismo As recentes proposições de que certos estresses ambientais direcionam a formação de mutações compensatórias.

Neutrófilo *Veja* Leucócito polimorfonuclear.

Nicotinamida adenina dinucleotídeo Um reservatório químico de força redutora que age por aceitação e doação de pares de átomos de hidrogênio. Abreviatura: NAD.

Nitrificação A conversão sucessiva de amônia, via nitrito, ao íon nitrato.

Nitrogenase A enzima que converte (fixa) o gás nitrogênio em amônia.

Nódulo da raiz Uma protuberância na raiz de uma planta dentro da qual bactérias fixadoras de nitrogênio simbióticas são alojadas.

Nuclease Uma enzima que cliva ligações fosfato-desoxirribose dentro de (endonuclease) ou na extremidade de (exonuclease) uma sequência de nucleotídeos.

Nucleoide A organização condensada de um cromossomo procariótico dentro da célula.

Nucleossomo A unidade estrutural básica dos cromossomos eucarióticos, consistindo em quase duas voltas de DNA enrolado ao redor de um núcleo de quatro tipos de histonas.

Nucleotídeo Um nucleosídeo (uma purina ou pirimidina portadora de ribose) com um grupo fosfato ligado.

Número de cópias O número de moléculas ou plasmídeos presentes em uma célula.

Oncogene Um gene responsável pela transformação de células eucarióticas, um processo relacionado ao câncer.

Operador A sequência de DNA na qual uma proteína repressora se liga reversivelmente, regulando a atividade de um ou mais genes estruturais proximamente ligados; o termo tem menos significado atualmente em virtude da grande variedade de sítios potenciais de reguladores que se avaliam.

Óperon Uma sequência de genes adjacentes lidos como um único RNA mensageiro policistrônico. Assim, mudanças no nível de transcrição afetam todos os genes em um óperon, de modo que tais genes são com frequência coordenadamente regulados.

Opinas Aminoácidos incomuns produzidos por plantas com uma galha causada por *Agrobacterium tumefaciens*, que forma a galha da coroa.

Opsonina Uma substância que facilita a fagocitose.

ORF *Veja* Fase aberta de leitura.

Organismo facultativo Um organismo que pode crescer sob diferentes condições. Geralmente usado para descrever bactérias que podem crescer oxidativamente sob condições aeróbias e fermentativamente sob condições anaeróbias.

Organótrofo Um organismo que utiliza nutrientes orgânicos como fonte de carbono e energia. Também denominado heterótrofo.

Origem de replicação A sequência de nucleotídeos onde a replicação do DNA é iniciada (*ori*).

Padrões moleculares associados a micróbios Moléculas microbianas únicas, como proteínas, mureína ou certos ácidos nucleicos, que são reconhecidas por receptores específicos da célula hospedeira. Abreviatura: MAMPs (de *microbe-associated molecular patterns*).

Pandemia Uma epidemia mundial.

Parasitismo Uma relação simbiótica na qual o hospedeiro é prejudicado e o parasita aparentemente se beneficia.

Parede celular O envelope resistente que envolve muitas células, incluindo quase todas as bactérias e arqueobactérias, localizado do lado de fora da membrana citoplasmática.

Partícula transdutora Um vírion aberrante de fago que contém DNA bacteriano e é desse modo capaz de mediar transdução pelo ataque de outra célula.

PBP *Veja* Proteína de ligação à penicilina.

PCR *Veja* Reação em cadeia da polimerase.

Pelágico Residente dentro de uma coluna de água. *Veja também* Planctônico.

Penicilina Um antibiótico que inibe a ligação cruzada de cadeias de peptideoglicano nas paredes celulares das bactérias. Uma grande série de derivados da penicilina está disponível, por exemplo, ampicilina.

Peptídeo-líder O peptídeo que é codificado em frente a óperons que são regulados por atenuação.

Peptídeo-sinal Uma sequência de aminoácidos na região N-terminal de uma proteína que a dirige à secreção. Também denominado sequência-sinal.

Peptideoglicano Um polímero que consiste em glicano e peptídeo. O termo é geralmente usado como substituto de mureína, o constituinte comum das paredes bacterianas.

Período de eclipse O período após a infecção viral, quando nenhum vírion intacto está presente.

Período de incubação O tempo entre a aquisição de um agente patogênico e o aparecimento de sintomas.

Periplasma A região entre a membrana citoplasmática e a membrana externa nas bactérias gram-negativas.

Permease Um sistema enzimático que funciona no transporte de substâncias específicas, geralmente nutrientes, através da membrana citoplasmática.

Pigmento antena Um complexo de pigmentos nos fotótrofos que acumula energia luminosa a ser fornecida à clorofila.

Pilina Um componente proteico estrutural dos pilos (fímbrias).

Pilos *Veja* Fímbrias.

Pinocitose Ingestão celular de material solúvel por engolfamento.

Planctônico Que flutua livremente; em geral se refere a células microbianas em corpos de água. *Veja também* Pelágico.

Plaqueamento em réplica Uma técnica de transferência de um padrão específico de colônias bacterianas a partir de uma placa de Petri contendo ágar (a placa-mãe) para uma ou mais outras placas.

Plasmídeo Uma molécula de DNA extracromossômica que existe como um replicon autônomo no citoplasma. A maioria dos plasmídeos tem DNA circular covalentemente fechado, embora exemplos de plasmídeos lineares também sejam conhecidos.

Plasmídeo conjugativo Um plasmídeo bacteriano que codifica funções necessárias à conjugação.

Plasmídeo R Um plasmídeo transmissível que carrega genes que codificam resistência a um ou vários antibióticos diferentes. Também denominado fator R.

Poder de resolução Em microscopia, a capacidade de distinguir que dois objetos estão distantes.

Policistrônico Referente a um trecho de DNA ou RNA mensageiro que codifica vários produtos gênicos distintos.

Poli-hidroxialcanoato Um polímero de armazenamento de carbono de alfa-hidroxicarboxilatos.

Polimerização Produção de uma macromolécula pela junção de monômeros.

Polirribossomo Uma molécula de RNA mensageiro sendo transcrita por mais de um ribossomo. Também denominado polissomo.

Polissomo *Veja* Polirribossomo.

Ponto isoelétrico O pH no qual uma molécula não possui carga líquida.

Portadores Indivíduos saudáveis que são reservatórios de agentes infecciosos.

Pré-esporo Um estágio de desenvolvimento na formação de um endósporo no qual uma estrutura similar a um esporo é pela primeira vez discernível.

Primase Uma enzima que sintetiza iniciadores de ribonucleotídeos para a síntese de DNA de fita retardada dos fragmentos de Okazaki.

Príon Um agente infeccioso composto apenas de proteína.

Procarioto Um organismo que carece de uma membrana nuclear e certas organelas, como mitocôndrias. Inclui tanto Bacteria como Archaea.

Prófago Um genoma de fago temperado cujas funções líticas estão reprimidas e que se replica em sincronia com o cromossomo bacteriano.

Progenoto Um organismo ancestral putativo a partir do qual todos os organismos existentes são derivados.

Prostecado Que porta um apêndice (prosteca).

Protease Uma enzima que degrada proteínas.

Proteína ativadora do gene do catabólito Uma proteína cuja interação com o AMP cíclico modula muitos aspectos da repressão catabólica em bactérias entéricas. Abreviatura: CAP (de *catabolite gene activator protein*).

Proteína de ligação à penicilina Uma enzima que se liga à penicilina e também liga filamentos de mureína. Abreviatura: PBP (de *penicillin-binding protein*).

Proteína de ligação ao DNA Uma proteína básica pequena que possui uma alta afinidade com DNA de fita simples. A proteína protege o DNA de fita simples contra o ataque de nucleases e inibe seu reanelamento em DNA de fita dupla. Abreviatura: proteína SSB (de *single-straded DNA-binding protein*).

Proteína fluorescente amarela Uma variante da proteína fluorescente verde que emite luz azul-amarelada após irradiação ultravioleta. Abreviatura: YFP (de *yellow fluorescent protein*).

Proteína fluorescente ciânica Uma variante da proteína fluorescente verde que emite luz azulada após irradiação ultravioleta. Abreviatura: CFP (de *cyan fluorescent protein*).

Proteína fluorescente verde Uma proteína intrinsecamente fluorescente da água-viva *Aequorea victoria*. Abreviatura: GFP (de *green fluorescent protein*). As fusões gênicas com DNA codificando a GFP são geralmente usadas na determinação da localização de proteínas por microscopia de fluorescência. *Veja também* Proteína fluorescente ciânica; Proteína fluorescente amarela.

Proteína secundária Uma proteína que é exportada através da membrana citoplasmática. A maioria das proteínas secretadas possui sequências-sinal específicas que promovem a interação com o aparelho de exportação na membrana.

Proteínas de canal Proteínas que formam canais através das membranas.

Proteínas de ligação Proteínas no periplasma que se ligam a nutrientes específicos e facilitam sua passagem através da membrana celular.

Proteobactérias O maior filo do domínio Bacteria.

Proteoma O conjunto completo das proteínas formadas por um organismo.

Protistas O termo coletivo comum (não taxonômico) dos protozoários e das algas microscópicas.

Protoplasto Uma célula envolta pela membrana citoplasmática e uma porção (geralmente desconhecida) do material de envelope externo a ela. Se quantidades significativas de envelope permanecem, a estrutura é conhecida como esferoplasto.

Protótrofo Uma linhagem de um microrganismo que possui as mesmas necessidades nutricionais que tinha quando isolada pela primeira vez da natureza.

Protozoários Eucariotos unicelulares não fotossintetizantes.

Pseudomureína A forma de peptideoglicano encontrada nas paredes celulares de algumas arqueobactérias.

Psicrófilo Um organismo que cresce em temperaturas baixas.

PSS *Veja* Sistema de síntese proteica.

Pus Uma mistura de células brancas do sangue mortas, fluidos de tecidos e micróbios.

Quilobase Mil nucleotídeos de DNA ou RNA. Abreviatura: kb.

Quimioautótrofo *Veja* Litótrofo.

Quimiostato *Veja* Aparelho de cultura contínua.

Quimiotaxia Processo migratório direcionado por um gradiente de concentração química.

Quitina Um polímero de *N*-acetilglicosamina.

Quorum sensing O processo químico pelo qual populações de micróbios detectam sua densidade em virtude do fato de cada célula secretar uma pequena quantidade de um certo composto.

Reação anamox A formação anaeróbia do gás nitrogênio a partir de amônia e nitrito.

Reação de oxidação-redução Uma reação na qual uma molécula perde elétrons e outra os ganha. Também denominada reação redox.

Reação em cadeia da polimerase Um método de amplificação de uma região específica de DNA por uma sequência repetida de desnaturação, anelamento de iniciadores específicos e síntese. A concentração do fragmento de DNA amplificado aumenta exponencialmente a cada ciclo. Abreviatura: PCR (de *polymerase chain reaction*).

Reação escalar Uma reação que aumenta o gradiente de prótons de uma célula pela utilização de prótons no interior ou produção deles no exterior, ao contrário de reações vetoriais, que formam um gradiente pelo transporte de prótons através de uma membrana.

Reação redox *Veja* Reação de oxidação-redução.

Reação vetorial Uma reação que conduz um reagente para dentro ou para fora de uma célula, como quando um próton é transportado.

RecA A proteína, codificada pelo gene *recA*, que é essencial à recombinação homóloga. A proteína RecA também está envolvida na indução da resposta SOS e na indução do prófago lambda em resposta a agentes que causam danos ao DNA.

Receptor similar a Toll Um receptor em células do sistema imune que reconhece padrões moleculares associados a micróbios (MAMPs). Os diferentes receptores são específicos para vários tipos de MAMPs. Abreviatura TLR (de *Toll-like receptor*)

Recombinação Troca genética resultante de uma permuta (*crossing over*) entre duas moléculas de DNA diferentes ou regiões diferentes de uma molécula de DNA. *Veja também* Recombinação homóloga; Recombinação sítio-específica.

Recombinação genética O processo pelo qual um fragmento de DNA de uma molécula (cromossomo, plasmídeo ou genoma de fago) é trocado ou integrado em outra molécula para produzir uma ou mais moléculas recombinantes.

Recombinação homóloga A troca física de DNA entre duas moléculas de DNA homólogas. Requer a proteína RecA em bactérias entéricas.

Recombinação sítio-específica Troca genética que ocorre entre sequências de DNA curtas específicas e que não requer RecA. Cada sistema de recombinação sítio-específica requer enzimas únicas que catalisam a troca genética, mas pouca homologia de sequência entre as duas moléculas de DNA.

Recombinase Uma enzima que medeia a recombinação.

Redução assimilativa de nitrato A redução de nitrato a amônia para que sirva de nutriente.

Redução desassimilativa de nitrato A redução de nitrato ao servir de aceptor terminal de elétrons na respiração anaeróbia.

Região a jusante (*downstream*) Uma região de DNA que está situada mais a distância na direção da replicação ou transcrição.

Região a montante (*upstream*) Uma região em frente ao (na direção oposta àquela da transcrição) promotor. Também denominada elemento UP.

Região codificante Uma sequência de DNA que codifica um polipeptídeo.

Regulador de resposta O membro de um sistema regulatório de dois componentes que detecta o estado do outro componente e medeia a regulação.

Regulon Um grupo de genes ou óperons localizado em posições diferentes no cromossomo e que responde a uma proteína regulatória comum.

Relógio molecular A medida de mudanças presumidas e regulares, similares a um relógio, que ocorrem em uma sequência de DNA.

Reparo de DNA Uma série de diferentes mecanismos que removem ou corrigem moléculas de DNA danificadas.

Reparo de pareamento errôneo (incorreto) Um sistema de reparo de DNA que detecta e corrige pareamentos de bases diferentes de A-T ou G-C. Abreviatura: sistema MMR (de *mismatch repair system*).

Reparo por excisão Um sistema de reparo de DNA que remove nucleotídeos de uma fita danificada de DNA e os substitui, em seguida, com uma nova extensão de DNA sintetizada usando a fita complementar não danificada como molde.

Repetição invertida Uma sequência de DNA ou RNA onde a sequência de nucleotídeos ao longo de uma fita de DNA é repetida na direção física oposta ao longo da outra fita. As sequências invertidas são geralmente separadas por uma extensão de DNA não repetido.

Replicação O processo de duplicação de uma molécula de DNA.

Replicação bidirecional O processo pelo qual duas forquilhas de replicação de DNA prosseguem em direções opostas a partir da mesma origem de replicação.

Replicação de forquilhas múltiplas O modo de replicação visto nas bactérias em crescimento rápido, no qual um novo ciclo de replicação começa antes de o ciclo anterior ter terminado.

Replicação em círculo rolante Um tipo de replicação de DNA no qual uma forquilha de replicação se move ao redor de uma molécula de DNA circular, produzindo um concatâmero de fita simples (semelhante a um rolo de papel higiênico que se desenrola). O DNA de fita simples resultante pode se transformar em fita dupla pela síntese de uma fita complementar.

Replicação semiconservativa A replicação de DNA na qual cada dupla hélice nova é composta de uma fita nova e uma antiga (conservada).

Replicon Uma molécula de DNA que é capaz de iniciar sua própria replicação. Um replicon deve possuir uma origem de replicação e geralmente também possui as informações regulatórias necessárias à iniciação apropriada da replicação de DNA.

Replissomo Um complexo que compreende os elementos da maquinaria de replicação do DNA.

Repressão Desligamento da expressão de um gene ou grupo de genes em resposta a uma substância química ou outro estímulo.

Repressor Um produto gênico que regula negativamente a expressão gênica. Em geral se refere a uma proteína de ligação ao DNA que inibe a transcrição sob certas condições.

Respiração aeróbia Uma forma de respiração na qual o gás oxigênio é o aceptor terminal de elétrons.

Respiração anaeróbia Um processo respiratório com um aceptor terminal de elétrons diferente de oxigênio (O_2).

Resposta a choque térmico Uma resposta regulatória global que resulta no aumento ou na diminuição da expressão de vários genes em resposta a danos por calor, alteração osmótica e certas formas de estresse.

Resposta estrita A capacidade de uma bactéria de limitar a síntese de RNA de transferência e RNA ribossômico durante a privação de aminoácidos. Os compostos ppGpp (guanosina 3'-difosfato 5'-difosfato) e pppGpp (guanosina 3'-difosfato 5'-trifosfato) são pelo menos parcialmente responsáveis pela resposta estrita.

Resposta inflamatória A reação inespecífica do corpo a danos ou infecções, consistindo em vermelhidão, dor, calor, inchaço e ocasionalmente perda de função. Também denominada inflamação.

Resposta SOS A indução coordenada de muitos genes em resposta a certos tipos de dano ao DNA. Muitos dos produtos gênicos induzidos facilitam o reparo do DNA danificado, mas os processos de reparo resultam em uma alta frequência de erros no DNA reparado, um processo frequentemente denominado reparo propenso a erros.

Restrição A clivagem de DNA de fita dupla por uma endonuclease (enzima de restrição). A enzima de restrição distingue entre o DNA próprio e o exógeno com base na modificação de seu próprio sítio de ligação ao DNA (p. ex., por metilação).

Retrovírus Uma família de vírus cuja transcriptase reversa converte seu genoma de RNA em DNA como parte obrigatória de seu ciclo de vida.

Reversão Uma mutação que restaura o fenótipo selvagem de um mutante.

RF *Veja* Fator de liberação.

Ribonuclease Uma enzima que hidrolisa moléculas de RNA.

Ribossomo Um complexo de RNA-proteína responsável pelo posicionamento correto de RNA mensageiro e RNAs de transferência carregados, permitindo o alinhamento apropriado de aminoácidos durante a síntese de proteínas.

Ribozima Uma molécula catalítica de RNA; análoga a uma enzima, que é uma molécula catalítica de proteína.

Ribulose bisfosfato carboxilase A enzima no ciclo de Calvin que medeia a fixação de CO_2. Abreviatura: RuBisCo.

Rizosfera A região de solo que circunda as raízes de uma planta.

RNA de transferência Moléculas adaptadoras que traduzem o código em trinca da sequência de RNA mensageiro na cadeia correspondente de aminoácidos. Abreviatura: tRNA.

RNA mensageiro O transcrito de um segmento de DNA cromossômico que serve de molde à síntese de proteínas. Abreviatura: mRNA.

RNA pequeno Uma das várias moléculas de RNA com propriedades regulatórias. Abreviatura: sRNA.

RNA polimerase Uma enzima responsável pela síntese de RNA a partir de seus ribonucleotídeos constituintes (NTPs), usando uma fita de DNA como molde.

RNA replicase Uma RNA polimerase dependente de RNA codificada por vírus.

RNA ribossômico Uma molécula de RNA que forma parte da estrutura de um ribossomo. Abreviatura: rRNA.

Rota das pentoses-fosfato Rota catabólica que produz pentoses-fosfato a partir de glicose.

Rota do hidroxipropionato Uma rota que fixa CO_2 encontrada em certas bactérias verdes fototróficas.

Rotas alimentadoras Rotas que convertem uma fonte de carbono em intermediários do metabolismo central.

Rotas de abastecimento Rotas metabólicas que geram metabólitos precursores, ATP e força redutora.

rRNA *Veja* RNA ribossômico.

RuBisCo *Veja* Ribulose bisfosfato carboxilase.

Rúmen O primeiro receptáculo do estômago de câmaras múltiplas dos ruminantes, como gado bovino, ovino e caprino, onde boa parte do alimento vegetal é degradada e fermentada por micróbios em ácidos graxos voláteis que podem ser usados pelo animal.

Sáculo O sáculo tridimensional composto de mureína (peptideoglicano).

Secreção de proteínas Transporte de uma proteína através da membrana celular.

Secreção do tipo III Um sistema de secreção dependente de contato encontrado em alguns patógenos bacterianos pelo qual as proteínas são injetadas (translocadas) diretamente dentro do citosol de células hospedeiras eucarióticas.

Seleção Uso de uma condição na qual somente células mutantes ou recombinantes com um fenótipo específico irão crescer e se dividir.

Sensor O componente proteico de um sistema regulatório de dois componentes que detecta um sinal regulatório.

Sequência de inserção *Veja* Elemento de inserção.

Sequência de Shine-Dalgarno Uma sequência de bases em uma molécula de RNA mensageiro que determina onde um ribossomo se ligará para iniciar a tradução.

Sequência palindrômica Uma sequência de nucleotídeos que é lida do mesmo modo em ambas as direções, em analogia aos palíndromos de linguagem (como "*Madam, I'm Adam*").

Sequência-consenso Uma sequência derivada da comparação de um conjunto de sequências relacionadas e que incorpora a base que ocorre mais frequentemente em cada sítio.

Sequência-líder A sequência de DNA que codifica um peptídeo-líder.

Sequência-sinal *Veja* Peptídeo-sinal.

Sequenciamento O processo de determinação da sequência de monômeros em uma macromolécula, por exemplo, uma proteína ou um ácido nucleico.

Séssil Um termo que descreve um organismo que se adere a uma superfície e não está livre para se mover de um lado para outro (derivado do latim "sentar").

Sideróforo Uma molécula pequena de produção bacteriana que se liga a ferro com grande avidez.

Simbiose A vida em conjunto de dois diferentes tipos de organismos.

Simporte O movimento conjunto de duas moléculas através da membrana celular. Geralmente a concentração de uma das duas direciona o movimento da outra.

Síndrome da imunodeficiência adquirida Uma síndrome fatal de patologias que se desenvolve após a infecção com o vírus da imunodeficiência humana. Abreviatura: AIDS (de *acquired immunodeficiency syndrome*).

Síntese de reparo A síntese de DNA que preenche lacunas formadas durante o reparo de DNA.

Sistema de repressão catabólica Um sistema regulatório global que resulta na diminuição da expressão de muitos genes em virtude da adição de uma fonte de carbono eficiente, como glicose; mediado em parte por um complexo entre a proteína CRP e o AMP cíclico em bactérias entéricas.

Sistema de síntese proteica O conjunto de enzimas, cofatores e ribossomos necessários à síntese de proteínas. Abreviatura: PSS (de *protein-synthesizing system*).

Sistema MMR *Veja* Reparo de pareamento errôneo (incorreto).

Sistema regulatório de dois componentes Um sistema regulatório que consiste em um sensor que detecta um sinal e um regulador de resposta que efetua o controle.

Sistema regulatório global Um sistema que medeia a regulação global.

Sítio ativo A região de uma enzima responsável pela catálise.

Sítio de ligação ao ribossomo *Veja* Sequência de Shine-Dalgarno.

Sítio regulatório Uma região do genoma que medeia um efeito regulatório.

Sonda Um fragmento de DNA marcado com radioatividade ou uma porção fluorescente, usado para hibridizar com outra molécula de DNA e identificar sequências de bases complementares.

sRNA *Veja* RNA pequeno.

Substância de utilização do terminador Uma proteína que se liga a sequências *ter* no sítio de terminação da replicação de DNA bacteriana e inibe a DnaB helicase. Abreviatura: Tus (de *terminator utilization substance*).

Substrato Uma substância química utilizada por uma enzima ou um organismo.

Superfamílias proteicas Grupos de famílias proteicas filogeneticamente relacionadas.

Superóxido dismutase A enzima que catalisa a degradação do íon superóxido (O_2^-) em peróxido de hidrogênio e oxigênio.

Supertorcido Relativo a DNA circular de fita dupla no qual o enrolamento excessivo ou deficiente do dúplex faz o círculo se retorcer; a conformação de uma molécula de DNA circular covalentemente fechada, que é enrolada por tensão de torção na forma assumida por uma banda elástica enroscada.

Surfactina Um agente umidificador de lipopeptídeo. Alguns são sintetizados e secretados por espécies procarioticas que se agregam.

Taxa de crescimento A taxa de aumento de uma população celular por unidade de tempo.

Taxa de mutação O número de mutações por divisão celular. Ocasionalmente a frequência de mutantes é usada em vez da taxa de mutação.

Taxa específica de crescimento A expressão da taxa de crescimento como a constante de taxa diferencial.

Taxonomia numérica Um sistema de taxonomia que envolve a medição de um grande número de características, dando-lhes peso igual.

Tempo de geração A quantidade de tempo necessária para que uma célula se divida, formando duas células-filha.

Terminador Uma sequência de DNA que resulta na terminação da transcrição.

Término 3' A extremidade de um polinucleotídeo que carrega o grupamento hidroxila ligado à posição 3' do açúcar.

Término 5' A extremidade de um polinucleotídeo que carrega o grupo fosfato ligado à posição 5' do açúcar.

Término A região das sequências de DNA onde a replicação do DNA termina.

Termoacidófilo Um organismo que cresce em temperatura alta e pH baixo.

Termófilo Um organismo que cresce em temperaturas altas.

Teste de tuberculina Um teste cutâneo realizado pela injeção de uma pequena quantidade de tuberculina, uma mistura derivada dos bacilos da tuberculose. Uma reação positiva é vista após 12 a 48 horas como um inchaço endurecido da pele devido a uma reação de hipersensibilidade tardia. Indica a exposição prévia ao agente, e não necessariamente a doença ativa.

Tetraciclina Um antibiótico que inibe a síntese proteica ao impedir a ligação do aminoacil-RNA de transferência aos ribossomos.

Tilacoide Uma estrutura na membrana dos cloroplastos onde a energia luminosa é capturada e convertida em energia química.

TLR *Veja* Receptor similar a Toll.

Topoisomerase Uma enzima que afeta a supertorção do dúplex circular de DNA ao causar um pequeno corte, rodar as fitas e, em seguida, religá-las.

Toxina Um composto tóxico, geralmente uma proteína, produzido por alguns micróbios.

Tradução A montagem de aminoácidos em polipeptídeos usando a informação genética codificada nas moléculas de RNA mensageiro.

Transaminação A transferência de um grupamento amino de uma molécula à outra.

Transcrição A síntese de RNA, catalisada pela RNA polimerase, a partir de um molde de DNA.

Transcriptase reversa Uma enzima que pode sintetizar uma fita de DNA complementar a um molde de RNA e que é usada para formar DNA complementar a partir de RNA mensageiro.

Transcriptoma O conjunto completo de transcritos de RNA produzido por uma célula sob uma condição específica. Tipicamente determinado por análise de microarranjos.

Transcrito Uma fita de RNA transcrita a partir de um molde de DNA.

Transcrito-líder O transcrito de uma sequência-líder.

Transdução Um método de transferência gênica entre as bactérias no qual o DNA doador bacteriano é carregado por um fago. Existem dois tipos de transdução: generalizada e especializada.

Transdução abortiva Um evento no qual o fragmento de DNA introduzido por transdução não é recombinado no cromossomo receptor e, na ausência de uma origem de replicação, é herdado apenas por uma das células-filha a cada divisão celular.

Transdução de sinal Alteração na conformação de uma proteína que regula a expressão de outros genes. Inicialmente o termo foi usado em referência a condições extracelulares que alteram a conformação de uma proteína de membrana, fazendo com que transmita o sinal regulatório dentro da célula; mais recentemente, o termo tem sido largamente aplicado a uma série de cascatas regulatórias.

Transdução especializada Um método de transferência gênica entre as bactérias no qual uma região específica do DNA doador bacteriano é carregada por um fago. O DNA do hospedeiro carregado por um fago transdutor especializado se origina da excisão aberrante de um prófago. Assim, apenas regiões de DNA adjacentes a um fago integrado podem ser transferidas por esse método.

Transdução generalizada Um processo de troca genética mediado por fagos que ocorre quando erros de reprodução resultam na incorporação de genes cromossômicos dentro de uma cabeça de fago.

Transferência gênica horizontal Transferência de genes que não seja por reprodução. Também denominada transferência gênica lateral.

Transferência gênica lateral *Veja* Transferência gênica horizontal.

Transferência gênica vertical Transferência de genes por replicação e divisão celular.

Transformação Troca genética resultante da transferência de DNA desprotegido de uma célula à outra.

Transformação artificial O processo pelo qual as células adquirem DNA exógeno após tratamento químico ou físico.

Transidrogenases Enzimas que transferem hidrogênios entre as formas reduzida e oxidada de nicotinamida adenina dinucleotídeo e nicotinamida adenina dinucleotídeo fosfato (NAD^+ e $NADP^+$).

Translocação Movimento de um lugar para outro.

Translocação de grupamento Entrada de um composto dentro de uma célula com uma alteração química simultânea, como fosforilação.

Transportador de grampo Um complexo de polipeptídeos que posiciona o β-grampo, ou bracelete deslizante, subunidade da polimerase III (Pol III), em posição adiante da replicação em cada fita de DNA.

Transporte ativo secundário O transporte ativo de substâncias usando a força motora de prótons.

Transporte de solutos Movimento de solutos através da membrana celular.

Transporte passivo A passagem por difusão de um composto através de uma membrana.

Transposase Uma enzima (ou complexo enzimático) necessária à transposição de um elemento transponível específico. Uma transposase deve reconhecer sítios específicos nas extremidades de um transpóson, cortar o transpóson do sítio original e inserir o transpóson em um novo sítio.

Transposição O movimento de um segmento distinto de DNA de um local no genoma para outro.

Transpóson Um elemento genético que, além de codificar as proteínas necessárias à sua própria transposição, confere um ou mais novos fenótipos observáveis (frequentemente resistência a uma ou mais substâncias específicas) à célula hospedeira.

Trifosfato de adenosina Um composto de adenina-ribose-trifosfato que conserva a energia metabólica em suas duas ligações fosfato de alta energia. Abreviatura: ATP (de *adenosine triphosphate*).

Trinca do anticódon Uma sequência de 3 bases em uma molécula de RNA de transferência que é complementar e se liga a um códon no RNA mensageiro.

tRNA *Veja* RNA de transferência.

Tus *Veja* Substância de utilização do terminador.

Unidade transcricional Uma região de DNA (um gene ou óperon) transcrita em uma única molécula de RNA.

Uniporte Um sistema de transporte ativo secundário por meio do qual um único cátion é conduzido para dentro da célula ou um ânion é direcionado para fora da célula pelo gradiente de prótons transmembrana.

Valor *D* Tempo de redução decimal. O tempo necessário para que um tratamento letal mate 90% de uma população microbiana.

Variação antigênica A capacidade de alguns micróbios de alterar seus antígenos de superfície periodicamente.

Vesícula fagolisossômica Uma vesícula que se origina da fusão de um fagossomo (vesícula fagocitária) com um lisossomo.

Vetor Um replicon que é útil na clonagem de fragmentos de DNA, de modo que os mesmos podem ser amplificados ou transferidos a outras células; geralmente derivado de um plasmídeo, fago ou vírus.

Vetor de clonagem Uma molécula de DNA que é capaz de se replicar em uma célula hospedeira adequada, que possui um ou mais sítios adequados para a inserção de fragmentos de DNA por meio de técnicas de DNA recombinante e que possui marcadores genéticos que permitem a seleção do vetor em uma célula hospedeira.

Vetor *shuttle* Um vetor que pode se replicar nas células de mais de um organismo (p. ex., tanto em *Escherichia coli* como em uma levedura).

Via alternativa A cascata de ativação do complemento induzida por alguns padrões moleculares associados a micróbios, como o lipopolissacarídeo bacteriano.

Via clássica A cascata de ativação do complemento ativada por anticorpos.

Via de Embden-Meyerhof-Parnas A rota catabólica entre uma molécula de glicose e duas moléculas de piruvato. Também denominada glicólise. Abreviatura: via EMP.

Via de Entner-Doudoroff Uma rota de duas enzimas que une a rota das pentoses-fosfato à glicólise e não gera ATP, força redutora ou metabólitos precursores.

Via EMP *Veja* Via de Embden-Meyerhof-Parnas.

Viabilidade A capacidade de um organismo de crescer e se dividir.

Vírion Uma partícula de vírus.

Viroide Uma pequena molécula circular de DNA de fita simples sem um capsídeo; os viroides causam muitas doenças de plantas e a hepatite D.

Virulência A capacidade relativa de um organismo de causar doença.

Vírus Um pequeno parasita intracelular obrigatório que se divide em suas proteínas e seus ácidos nucleicos componentes durante a replicação.

Western blot Um teste no qual se transferem proteínas de um gel de acrilamida a um filtro de membrana para a subsequente detecção com anticorpos específicos.

YAC *Veja* Cromossomo artificial de levedura.

YFP *Veja* Proteína fluorescente amarela.

Zigoto Uma célula que se origina a partir da fusão de gametas.

Zoonoses Doenças humanas causadas por patógenos que normalmente residem nos animais.

Respostas ao Teste seu Conhecimento

Capítulo 1

1. Considere o uso dos seguintes princípios orientadores. Todas as formas de vida são derivadas dos micróbios, os quais são filogeneticamente mais diversos que as plantas e os animais, imensamente abundantes e encontrados em praticamente qualquer lugar da Terra onde haja água líquida. Além disso, os micróbios estão envolvidos em todos os ciclos da matéria que são essenciais à vida, transformam a geosfera e até afetam o clima. Eles participam de incontáveis relações simbióticas com animais, plantas e outros micróbios e podem causar doenças.

2. É importante salientar o seguinte. Os micróbios são sistemas-modelo maravilhosos ao conhecimento de todos os seres vivos, incluindo os seres humanos. Eles executam atividades químicas de grande importância industrial e podem ser geneticamente manipulados para a produção de proteínas úteis (p. ex., vacinas e medicamentos) ou para o aumento da produção e conservação de alimentos. São usados na biorremediação de locais poluídos. Os micróbios podem ser usados com finalidades ruins, como em guerras biológicas e bioterrorismo. Além disso, os micróbios que habitam nossos corpos quando estamos saudáveis constituem parte de nossa proteção contra os micróbios patogênicos.

3. Quanto maiores as células, menor é a proporção superfície/volume, o que sugere que a absorção de nutrientes por difusão e a excreção dos metabólitos gastos seja mais lenta que em células pequenas. Pode-se esperar que algumas das maiores bactérias possuam características especiais para o transporte eficiente de solutos ou realizem lentamente esse processo. O tamanho também dita quantas células podem ser acomodadas em um dado volume; quanto menores as células, maior é seu número, e vice-versa.

4. É geralmente aceito que as células eucarióticas surgiram pela ingestão de células procarióticas endossimbióticas, as quais se tornaram as atuais organelas denominadas mitocôndrias e cloroplastos. As muitas interações úteis e prejudiciais entre os procariotos e os eucariotos afetaram e continuarão a afetar a evolução de ambos os tipos de organismos o que reflete a conexão íntima entre os micróbios e todas as outras formas de vida.

Capítulo 2

1. As bactérias gram-positivas protegem suas membranas citoplasmáticas com uma parede celular resistente que consiste em muitas camadas de um peptideoglicano (mureína) capaz de excluir muitos tipos de compostos tóxicos. As bactérias gram-negativas possuem uma parede celular fina; todavia, elas possuem uma membrana externa protetora especial do lado de fora, cujo folheto externo da bicamada consiste em lipopolissacarídeos, em vez de fosfolipídeos. Além disso, uma grande quantidade de cadeias polissacarídicas (antígenos O) que excluem compostos hidrofóbicos possivelmente tóxicos está ligada a essa camada.

2. O fato de esses dois grupos diferirem quanto às composições químicas de seus envelopes fomenta a especulação de que tal situação pode refletir as preferências ambientais dos organismos. Contudo, não se sabe o suficiente sobre os envelopes dos dois grupos para que façam afirmações definitivas. Os extremófilos estão representados mais por arqueobactérias que bactérias, embora muitas bactérias também cresçam em ambientes extremos. Os lipídeos ligados a éter de Archaea podem ser mais resistentes ao calor que os ligados a éster de Bacteria. Além disso, algumas arqueobactérias possuem membranas de monocamadas, o que também pode refletir uma maior estabilidade térmica.

3. A entrada de compostos menores que 700 dáltons dentro das bactérias gram-negativas ocorre através de canais hidrofílicos. Os poros são formados por trímeros de proteínas especiais denominadas porinas.

4. A membrana externa das bactérias acidorresistentes consiste em ceras conhecidas como ácidos micólicos, que se ar-

ranjam em uma bicamada lipídica. Essa camada é altamente resistente a solventes orgânicos e ácidos.

5. As camadas S cristalinas são amplamente distribuídas entre as Bacteria e Archaea. Em algumas Archaea, elas são a única camada externa à membrana celular. Elas constituem uma camada externa dessas células, composta de um único tipo de molécula proteica que é altamente resistente a agentes desnaturantes de proteínas e enzimas proteolíticas.

6. As cápsulas e as camadas de muco (estruturas relacionadas às primeiras, mas mais frouxamente consolidadas) protegem os micróbios contra fagocitose, dessecação e outros eventos nocivos. Em algumas espécies, elas facilitam a adesão dos organismos a superfícies, como, por exemplo, o esmalte dos dentes.

7. Os flagelos bacterianos consistem em filamentos compostos de um único tipo de proteína (a flagelina, que varia quanto à composição entre os organismos), além de uma estrutura em forma de gancho que conecta o filamento a um corpo basal. O corpo basal está inserido dentro da membrana celular das bactérias gram-positivas e, nas bactérias gram-negativas, dentro de suas duas membranas. Os flagelos são os órgãos de locomoção em muitos procariotos, embora alguns possam mover-se por mecanismos que não envolvem essas estruturas.

8. As fímbrias (pilos) consistem em filamentos proteicos retos, mais finos e com frequência mais curtos que os flagelos. Elas estão envolvidas na fixação das bactérias a células hospedeiras e outras superfícies, na resistência à fagocitose, na transferência de proteínas e ácidos nucleicos a outras células e na mobilidade. Nem todas as fímbrias realizam todas essas funções, e a maioria é especializada. Elas também são antigênicas e provocam uma resposta imune no hospedeiro. São encontradas principalmente nas bactérias gram-negativas. Diferentemente dos flagelos, elas crescem de dentro da célula para fora. Embora as fímbrias possuam um canal central, este é muito pequeno para que as pilinas (as proteínas da fímbria) passem através dele.

Capítulo 3

1. Os dois principais componentes dentro das células procarióticas são o nucleoide e o citoplasma. Estão ausentes as mitocôndrias, o núcleo, o complexo de Golgi, o retículo endoplasmático, os plastídios e o aparelho mitótico – elementos quase que universais entre as células eucarióticas. O citoplasma dos procariotos parece ser mais denso que o dos eucariotos, e as moléculas difundem-se com mais rapidez no primeiro que no último.

2. Os nucleoides não possuem membrana nuclear e organização em nucleossomos dos cromossomos (eles não possuem histonas). A maioria dos procariotos contém um único cromossomo, o qual é normalmente circular. Alguns procariotos possuem cromossomos lineares similares àqueles dos eucariotos, mas suas extremidades não possuem a estrutura característica dos telômeros. Os nucleoides assemelham-se a bolhas irregulares de DNA e não se dividem usando a maquinaria de um aparelho mitótico.

3. Ele pode tornar-se supertorcido (o que pode ser usado para regular a expressão gênica) e não tem necessidade de proteger as extremidades contra o ataque de exonucleases ou resolver os problemas relacionados a sua replicação (como no caso dos cromossomos lineares).

4. Por meio da existência de vesículas de gás, que se enchem de gás sob certas circunstâncias. Durante o dia, isso permite que as bactérias fotossintéticas alcancem as camadas superiores na coluna de água, onde há mais luz.

5. Vesículas de gás, vesículas fotossintéticas, carboxissomos e enterossomos. As vesículas de gás funcionam alterando a densidade de flutuação das células. As funções dos carboxissomos e enterossomos não são bem compreendidas, mas eles podem funcionar facilitando reações bioquímicas por meio do acondicionamento denso de enzimas.

Capítulo 4

1. As contagens diretas (com uma câmara de contagem de microscópio ou um contador eletrônico de partículas) informam o número total de células. As contagens de viáveis (contagens em placa) informam o número de células vivas.

2. A taxa de crescimento de uma cultura bacteriana pode ser determinada pela medida, ao longo do tempo, de qualquer parâmetro relevante, como a massa celular por turbidimetria, a contagem de viáveis por contagem em placa e o número total de células por contagem de partículas, peso seco ou qualquer constituinte químico da célula. Essas medidas serão as mesmas, desde que a cultura esteja em crescimento balanceado.

3. Uma cultura em crescimento balanceado está em um estado estacionário reproduzível, ao passo que todas as outras condições são transitórias e difíceis de serem reproduzidas. Consequentemente, qualquer propriedade das células em crescimento balanceado aumentará pelo mesmo fator que qualquer outra, permitindo a afirmação na resposta à questão anterior: para determinar a taxa de crescimento de uma cultura em tais condições, pode-se usar qualquer propriedade que puder ser convenientemente medida.

4. Na fase *lag*, as células adaptam-se a um novo meio. Na fase exponencial, o crescimento fica desimpedido. Na fase estacionária, o crescimento diminui de velocidade, em virtude do acúmulo de metabólitos tóxicos ou ao esgotamento dos nutrientes necessários.

5. Um quimiostato (ou aparelho de cultura contínua) consiste em um frasco de cultura mantido a uma temperatura desejada e aerado (no caso do crescimento de aeróbios). O meio novo é adicionado a uma taxa controlada por uma bomba de dosagem ou uma válvula que regula a taxa de fluxo. O volume é mantido constante pela remoção do meio através de um dispositivo de escoamento do excesso à mesma taxa que o meio novo é adicionado. Para que um quimiostato funcione adequadamente, a densidade bacteriana não deve exceder àquela que permite o crescimento balanceado em uma cultura em batelada. Tal condição é atingida ao se fazer uma limitação de nutrientes essenciais (p. ex., pela redução da concentração de algum nutriente essencial, como glicose, amônia, fosfato ou um aminoácido necessário).

6. Algumas Bacteria e Archaea evoluíram a fim de tolerar e crescer em ambientes que apresentam extremos de tempera-

tura, pH, pressão hidrostática ou concentração de sal (ver Tabela 4.2). Algumas toleram inclusive mais de um desses desafios ambientais ao mesmo tempo.

Capítulo 5

1. Há várias respostas aceitáveis para a questão, todas com base em diferentes suposições sobre o outro planeta e sua forma de vida alienígena. Algumas das muitas possibilidades são: (i) a escassez de nitrogênio pode favorecer o uso exclusivo de RNA (ou complexos metálicos inorgânicos), em vez de proteínas, como catalisadores; (ii) a forma de vida pode ser tão primitiva, e o ambiente tão rico em moléculas orgânicas, que somente reações espontâneas de polimerização constituam sua atividade metabólica; (iii) o fornecimento de energia ao planeta, a partir de seu sol, pode ser exclusivamente coletado por reações fotoquímicas externas à forma de vida, que, então, utiliza esses compostos de "alta energia" diretamente no metabolismo; (iv) a vida no planeta pode ser acelular e todo o metabolismo pode ocorrer em superfícies diferentes daquelas das membranas que são familiares a nós, habitantes da Terra.

2. A biosfera é descrita como o somatório de todos os lugares na Terra em que os seres vivos existem e (presumivelmente) crescem. Todos esses locais são ocupados pelos procariotos, e, em muitos desses sítios, os procariotos são a única forma de vida.

3. Os tipos de materiais iniciais e produtos são mostrados na tabela.

Processo metabólico	Materiais iniciais	Produtos
Abastecimento	Moléculas ambientais inorgânicas e orgânicas; luz	NAD(P)H ATP 13 metabólitos precursores
Biossíntese	NAD(P)H ATP 13 metabólitos precursores Fontes de nitrogênio e enxofre	Aminoácidos Nucleotídeos de purinas e pirimidinas Vitaminas e cofatores Açúcares e outros carboidratos Ácidos graxos
Polimerização	Aminoácidos Nucleotídeos de purinas e pirimidinas Vitaminas e cofatores Açúcares e outros carboidratos Ácidos graxos ATP	Proteínas RNA DNA Carboidratos Fosfolipídeos
Montagem	Proteínas RNA DNA Carboidratos Fosfolipídeos	Membranas Parede Nucleoide Fímbrias Flagelos Polirribossomos
Divisão celular	Membranas Parede Nucleoide Fímbrias Flagelos Polirribossomos	Duas células a partir de uma

Desses processos, o único que poderia ser consideravelmente dispensável no todo ou em parte é a biossíntese, supondo que seus produtos possam ser fornecidos pré-formados no ambiente.

Capítulo 6

1. A capacidade dos micróbios de utilizar a luz como energia, e moléculas inorgânicas e orgânicas também como fontes de energia e carbono, ultrapassa muito a capacidade de abastecimento dos animais e das plantas (ver todas as tabelas no Capítulo 6).

2. Força redutora e energia são equivalentes em biologia celular porque são interconversíveis através do transporte de elétrons direto e reverso. Em virtude da interconversibilidade, a força redutora e a energia podem ser coletivamente consideradas a força motora da célula.

3. Na fosforilação em nível de substrato, uma ligação fosforil de "baixa energia" em um metabólito orgânico é convertida em uma de "alta energia" pela oxidação de um metabólito, envolvendo a transferência de elétrons, normalmente a NAD^+. O grupamento fosforil pode então ser usado para converter ADP em ATP. Os gradientes de íons transmembrana podem ser usados para produzir ATP pela ação da enzima F_1F_0 ATP sintase, que utiliza energia proveniente da passagem de prótons (ou outros íons) ao longo de um gradiente de concentração. Mais frequentemente, o gradiente é estabelecido a partir da passagem de elétrons ao longo de um gradiente de energia na respiração (usando sistemas de transferência de elétrons na membrana) ou na fotossíntese (usando a energia luminosa para retirar elétrons da água ou de outros compostos). Menos frequentemente, os gradientes são estabelecidos por bombas de íons ou reações escalares (usando a energia da descarboxilação ou de outras reações químicas que não envolvem transportadores de elétrons separados).

4. Os micróbios desenvolveram pelo menos quatro mecanismos para o estabelecimento de gradientes de íons transmembrana: (i) secreção de íons (geralmente prótons) usando a energia de elétrons à medida que eles são passados de transportador a transportador em sistemas de transporte de elétrons ligados a membranas; (ii) secreção de íons usando a energia de elétrons ativados pela luz; (iii) secreção direta de íons por enzimas ligadas a membranas que utilizam a energia de certas reações químicas, como, por exemplo, a descarboxilação (a hidrólise de ATP pela F_1F_0 ATP sintase é um caso especial desse tipo), e (iv) reações escalares que, por exemplo, consomem prótons dentro da célula. O principal mecanismo pelo qual um gradiente de íons transmembrana gera ATP é através da atividade do complexo enzimático integral de membrana da F_1F_0 ATP sintase.

5. Embora existam muitas variações envolvendo diferentes pigmentos fotossensíveis, diferentes rotas e diferentes estruturas que garantem a eficiência de todo o processo, a fotossíntese envolve a alteração, induzida pela luz solar, na molécula de um pigmento, elevando o nível de energia de seus elétrons a partir de um estado basal a um estado ativado, após o que o elétron ativado pode reduzir alguma molécula oxidada, criando, desse modo, energia química.

6. As formas das reações de abastecimento autotróficas e heterotróficas entre os procariotos excedem muito em número e diversidade química em comparação àquelas das plantas e dos animais. Essa maior diversidade é resumida na Tabela 6.1 e ilustrada em todas as tabelas do Capítulo 6.

7. Parte da diversidade tem a ver com a natureza do soluto transportado, mas a grande variedade também deve refletir a variedade de pressões de seleção sobre os procariotos em seus diversos nichos ambientais. Um exemplo é particularmente instrutivo: a reação de transferência de grupamento não tem gastos adicionais de energia porque o ATP despendido durante o processo de transporte de glicose e outros açúcares para dentro da célula (como seus derivados fosforilados) teria sido despendido nas primeiras etapas da glicólise de qualquer maneira. Assim, tal modo de entrada mostra-se prevalente entre os anaeróbios fermentadores, os quais possuem uma dificuldade maior na obtenção de energia metabólica que os aeróbios.

8. Em certo sentido, as rotas centrais são indubitavelmente mais similares entre todos os procariotos que as outras áreas do abastecimento metabólico, mas deve-se reconhecer que, mesmo entre as reações aparentemente constantes da glicólise, da rota das pentoses-fosfato e do ciclo do ácido tricarboxílico, há muita flexibilidade e variedade de função. Essas rotas são construídas de modo que sejam reversíveis e capazes de funcionar em segmentos parciais. Na Figura 6.16, são mostrados exemplos.

Capítulo 7

1. As rotas biossintéticas são dispendiosas. Geneticamente, elas necessitam dos genes estruturais das enzimas e dos genes regulatórios (ou outros mecanismos) que as controlam. Em termos de energia, a biossíntese custa tanto ATPs como força redutora para a produção da maioria dos blocos de construção. Os ambientes que diretamente fornecem blocos de construção pré-formados favorecerão o crescimento de organismos que prescindem da maquinaria redundante para a produção desses compostos.

2. A mais longa é a que leva ao triptofano (12 enzimas); a mais curta é a que leva à alanina (1 enzima).

3. Poder-se-ia utilizar qualquer uma das várias rotas (que levam a um aminoácido ou nucleotídeo ou outro bloco de construção) para ilustrar (i) um metabólito(s) precursor como material inicial, (ii) o uso de ATP e NADPH, (iii) uma rota linear ou uma rota ramificada que leva a produtos múltiplos, (iv) bloco(s) de construção como produto(s) e (v) a retroalimentação a uma ou mais etapas iniciais que controlam o fluxo ao longo da rota.

4. É muito provável que tenha sido a necessidade de atingir dois objetivos opostos: a necessidade de manter baixas concentrações da forma oxidada para uso como um aceptor de hidrogênio em reações de abastecimento e a necessidade de manter altas concentrações da forma reduzida para uso em reações biossintéticas.

5. Toda a biossíntese de compostos nitrogenados depende da fixação do nitrogênio atmosférico para que a amônia seja disponibilizada, um processo unicamente procariótico.

6. O glutamato é essencial na assimilação de nitrogênio. O glutamato e, em menor extensão, a glutamina doam seu nitrogênio às várias rotas de biossíntese dos blocos de construção. Quantitativamente, o glutamato é consideravelmente o mais importante: cerca de 90% do nitrogênio da célula passa por ele. A cisteína é essencial na assimilação de enxofre. A L-cisteína serve direta ou indiretamente de fonte à maioria dos outros compostos que contêm enxofre na célula (p. ex., L-metionina, biotina, tiamina e CoA).

7. Duas características distinguem a assimilação de fósforo: o processo ocorre no abastecimento, em vez de em reações de biossíntese, e ele não envolve oxidação ou redução.

8. Uma diferença importante é que os blocos de construção dos ácidos nucleicos são sintetizados como trifosfatos de desoxinucleosídeos (trifosfato de desoxiadenosina [dATP], trifosfato de desoxiguanosina [dGTP], trifosfato de desoxicitidina [dCTP] e trifosfato de ribosiltimina [TTP]); os aminoácidos, ao contrário, devem ser ativados por ATP após a síntese, antes de serem montados como polipeptídeos.

Capítulo 8

1. Várias características notáveis podem ser citadas. (i) A estrutura do aparelho de tradução é um modelo de velocidade e eficiência: um mRNA policistrônico coberto de ribossomos que estão produzindo proteínas, enquanto o próprio mRNA ainda está sendo formado pela RNA polimerase. (ii) Não há necessidade de transportar o mRNA de um compartimento celular (núcleo) a outro (citoplasma). (iii) Toda a síntese de RNA é executada por uma única RNA polimerase. Duas outras características aerodinâmicas, não enfatizadas no Capítulo 8, podem ser ainda ressaltadas: (i) as subunidades ribossômicas são menores que aquelas dos eucariotos e (ii) os mRNAs procarióticos não possuem caudas de poli(A).

2. As similaridades incluem blocos de construção idênticos (dATP, dGTP, dCTP e TTP); replicação semiconservativa, em que cada cadeia serve de molde à síntese de seu complemento; necessidades similares de uma forquilha de replicação, síntese de iniciadores e formação e ligação de fragmentos de Okazaki, e existência de múltiplos pontos de crescimento. As diferenças incluem a necessidade, nos eucariotos, de desempacotamento do DNA (pela separação de suas histonas) antes da replicação e cromossomos muito maiores e a progressão muito mais lenta das forquilhas de replicação nos eucariotos, que necessitam de muito mais forquilhas de replicação que os procariotos e que iniciam a partir de pontos múltiplos.

3. A metilação do DNA funciona na iniciação da replicação. A enzima Dam metilase coloca um grupamento metil no A de sequências GATC, mas leva vários minutos para que isso ocorra após a síntese de uma nova fita, período no qual o DNA está hemimetilado. Os segmentos hemimetilados ficam ligados pela proteína SeqA, impedindo, desse modo, iniciações inadequadas na origem. A metilação do DNA também funciona na marcação ("*branding*") do DNA de uma célula. A célula protege seu próprio DNA cromossômico pela metilação de um resíduo de adenina ou citosina no sítio de reconhecimento de sua própria endonuclease de restrição. Tal modificação por meio de metilação marca o DNA como próprio e o protege da destruição.

4. O segredo consiste na presença de múltiplas forquilhas de replicação a altas taxas de crescimento celular. Cada célula herda um cromossomo parcialmente replicado, encurtando, com isso, o tempo necessário para preparar-se à próxima divisão celular.

5. Em essência, a célula procariótica apaga seu projeto de síntese proteica a cada minuto, o que lhe permite alterar completamente as proteínas que serão produzidas no próximo intervalo. Para células que estão sujeitas a mudanças rápidas, frequentes e extensas nas condições ambientais, tal característica ajuda a garantir a adaptabilidade.

6. Os procariotos não possuem uma sequência promotora única, seja dentro de um organismo, seja entre espécies diferentes. Em vez disso, existem padrões gerais de sequências, em lugar de sequências nucleotídicas únicas que indicam "promotor" à RNA polimerase. Pode-se dizer que os promotores possuem um núcleo flanqueado por regiões a montante e a jusante. A região a montante é o local de ação de proteínas regulatórias; a região a jusante inclui o início das sequências codificantes do gene. O núcleo possui três partes: um hexâmero –35 e um hexâmero –10 (o sinal menos indica a distância a montante do códon que inicia a tradução do gene) separados por um espaçador de 17 pb.

7. O conflito constante é uma característica do cromossomo procariótico. As forquilhas de replicação do DNA colidem frontalmente com as moléculas de RNA polimerase que se movem na direção oposta e ultrapassam e colidem com a parte traseira das moléculas de RNA polimerase que se movem na mesma direção, mas de forma muito mais lenta que o replissomo. As colisões frontais são as piores; elas param a replicação, ainda que brevemente, e abortam a transcrição. As colisões na mesma direção causam menos impacto; elas apenas reduzem a velocidade da replicação, permitindo a continuidade da transcrição.

8. Os transcritos procarióticos codificam informações para a produção de mais de um polipeptídeo e, por isso, são denominados policistrônicos. O significado das mensagens policistrônicas é a oportunidade de eficiência e velocidade propiciada à produção de proteínas que possuem funções relacionadas (como as enzimas de uma única rota) e à corregulação de suas sínteses.

9. Um códon de início AUG autêntico é precedido (aproximadamente 10 nucleotídeos a montante) por uma sequência de 4 a 6 bases que é complementar à extremidade 3' do 16S rRNA da subunidade ribossômica 30S. Acredita-se que essas bases, as quais constituem a sequência de Shine-Dalgarno, ajudem a posicionar a subunidade ribossômica 30S no local apropriado por meio de ligações de hidrogênio com o 16S RNA. É claro que códons AUG internos não possuem essa função de posicionamento.

10. Os polirribossomos seriam de diferentes tamanhos e com diferentes números de ribossomos, porque a transcrição e a tradução são acopladas, e a tradução começa antes de a transcrição ser concluída (Figura 8.14).

11. A taxa de síntese de mRNA é de aproximadamente 45 nucleotídeos por segundo (em *E. coli*). Uma vez que os ribossomos avançam ao longo do mRNA a uma velocidade de 15 códons por segundo, e uma vez que um códon consiste em três nucleotídeos, os ribossomos movem-se ao longo da mensagem à mesma taxa em que a mensagem está sendo formada. Assim, cada molécula de mRNA está coberta com uma multidão de ribossomos ativamente traduzindo o mRNA crescente, e o ribossomo que lidera a multidão está indo ao mesmo passo que a RNA polimerase na bolha de transcrição. Uma consequência dessa sincronia é que, contanto que a tradução esteja prosseguindo, nunca há um segmento grande de mRNA exposto a nucleases. Uma RNA polimerase mais rápida causaria grandes dificuldades à célula, uma vez que o mRNA estaria sujeito à degradação prematura.

12. Muitas características da exportação de proteínas demandam que a solução seja complexa e diversa. As proteínas diferem quanto às suas estruturas e suscetibilidades à entrada em membranas e quanto às suas localizações finais no envelope celular. Os planos estruturais gram-positivos e gram-negativos apresentam desafios muito distintos à translocação de proteínas. Finalmente, o fato de que a secreção de proteínas do tipo III resulta na injeção direta da proteína dentro de uma célula eucariótica hospedeira fornece um exemplo elegante de um processo altamente especializado.

Capítulo 9

1. As técnicas mais frequentemente usadas consistem no exame de uma única célula durante seu crescimento, determinando a distribuição de uma dada propriedade das células individuais em uma população (p. ex., por citometria de fluxo) e sincronizando uma população (p. ex., pelo uso de uma máquina de bebês).

2. A replicação do DNA procede (bidirecionalmente) a partir da origem até o término. Em *E. coli*, o processo leva cerca de 40 minutos a 37 °C. Em células de crescimento rápido, a iniciação começa uma vez por ciclo celular, levando à replicação de forquilhas múltiplas (ver resposta à Questão 8.5).

3. A divisão celular bacteriana envolve a invaginação da membrana celular e da parede celular e, no caso das bactérias gram-negativas, da membrana externa também. Somente quando esses processos estão concluídos é que as células da progênie podem separar-se. A maioria das bactérias gram-negativas divide-se pela formação de uma constrição de suas camadas do envelope no meio da célula, o que é similar ao visto na maioria das células animais. Em alguns cocos e bastonetes gram-positivos, a divisão celular procede sem a constrição aparente de sua circunferência, o que se assemelha à divisão celular nas plantas.

4. Na maioria dos procariotos, a formação do septo celular envolve uma proteína denominada FtsZ, que forma um anel constritor onde o septo celular irá formar-se no final. Essa estrutura, denominada anel Z, fecha-se gradativamente, à medida que o septo se forma. Outras proteínas também estão envolvidas no processo.

5. Nas bactérias, a divisão celular e a replicação do DNA estão temporalmente ligadas, no sentido de que uma não ocorre quando a outra é inibida. Os dois sistemas "falam" um

com o outro por meio de sinais moleculares. Assim, quando o DNA está danificado e não pode replicar-se, uma proteína denominada SulA é produzida e inibe a formação do anel FtsZ necessário à divisão celular.

6. O mecanismo pelo qual o anel Z é formado de modo preciso no meio da célula não é bem compreendido. A coreografia das várias proteínas Min ajuda a explicar por que o septo não é normalmente formado em qualquer outra parte ao longo da extensão celular. Propuseram-se modelos para explicar como a oscilação das várias proteínas Min pode servir de instrumento de medição cinética para definir o meio da célula.

7. A segregação cromossômica nas bactérias em crescimento começa antes de a replicação terminar, diferentemente do que é visto nas células eucarióticas. A segregação requer a migração da origem replicativa do centro da célula a uma posição em direção aos polos, onde o septo da futura divisão celular será formado.

Capítulo 10

1. a. Tal linhagem seria capaz de servir de doadora, mas não de receptora. Nenhum evento de recombinação participa da formação de uma partícula transdutora generalizada, que envolve a fragmentação do cromossomo da célula hospedeira e a inserção dos respectivos pedaços dentro da cabeça de um fago. Contudo, a recombinação é necessária a fim de funcionar como receptora, porque, como acontece com a maioria dos tipos de trocas genéticas entre os procariotos, somente um pequeno pedaço de DNA entra na receptora, e é extremamente improvável que ele seja um replicon. Para tornar-se um replicon e, desse modo, tornar-se parte do genoma da receptora, ele deve ser inserido por meio de recombinação dentro de um dos replicons preexistentes da receptora.

b. Tal linhagem não seria capaz de servir nem de doadora nem de receptora de genes cromossômicos. Para que os genes cromossômicos sejam transferidos, eles devem estar ligados ao plasmídeo F por um evento de recombinação e (pelas razões afirmadas) um segundo evento de recombinação é necessário para que eles se tornem parte do genoma da receptora.

2. Há muitos pares possíveis de fenótipos e genótipos. Um, por exemplo, pode ser descrito como possuindo um fenótipo de um auxótrofo ou um auxótrofo para triptofano. Tal linhagem teria sofrido uma mutação que inativa um dos genes, por exemplo, *trpA*, que codifica uma das várias etapas da biossíntese de triptofano. Esse seria seu genótipo, que poderia ser descrito em vários níveis de precisão, desde a identificação do gene mutado até a identificação da alteração real de bases do DNA codificante.

3. Poder-se-ia imaginar que colônias menores na placa teriam se desenvolvido a partir de um transdutante abortivo, mas a prova seria mostrar que somente uma célula em uma colônia seria capaz de crescer no meio mínimo. Assim, se toda a colônia na placa fosse selecionada e plaqueada em uma placa nova de meio mínimo e somente uma colônia se desenvolvesse, essa colônia certamente teria se desenvolvido a partir de um transdutante abortivo.

4. Sim. Quando se alteram todos os módulos de leitura, todos os códons a jusante se modificarão. É altamente provável que alguns desses códons sejam ou venham a ser códons sem sentido.

5. Uma cultura mutagenizada seria cultivada em um meio no qual a ribose é a única fonte de carbono e, então, adicionar-se-ia a penicilina. Como a penicilina mata apenas as células em crescimento e o mutante desejado não pode crescer neste meio, ele sobreviverá. As células selvagens podem crescer e serão mortas. Consequentemente, o mutante desejado terá seu número aumentado.

Capítulo 11

1. A evolução biológica é o aparecimento de espécies novas em consequência da seleção natural.

2. a. A sequência de bases no DNA dos organismos existentes fornece mais informações sobre as relações entre os micróbios porque o registro fóssil dos micróbios é bastante escasso. Da mesma forma, os fósseis revelam apenas a morfologia, e a morfologia dos micróbios é inadequada à distinção de espécies.

b. Provavelmente não, já que, pelo menos até agora, somente as sequências dos organismos existentes podem ser determinadas.

c. O registro fóssil dos micróbios estabelece que eles estiveram presentes na Terra em uma certa data precoce e também estabelece as morfologias desses micróbios primitivos.

3. Para que seja comparado, o gene deve estar presente em todos os organismos e deve evoluir de modo suficientemente lento para que algumas similaridades entre organismos mesmo relacionados de forma distante sejam preservadas.

4. Se um conjunto de genes fosse transferido horizontalmente dentro do grupo e o outro não, a comparação das similaridades de suas sequências sugeriria relações evolutivas diferentes.

5. Como o RNA pode servir de repositório de informação genética acumulada, assim como catalisar reações químicas, pode-se conceber uma célula primitiva existente durante uma era inicial da evolução em que DNA e proteína ainda não tivessem se desenvolvido.

6. As cianobactérias e os cloroplastos das plantas produzem oxigênio, e há fortes evidências de que os cloroplastos sejam derivados de cianobactérias endossimbióticas. Similarmente, as mitocôndrias conferem aos eucariotos a capacidade de utilizar oxigênio, e há também fortes evidências de que as mitocôndrias sejam derivadas de bactérias endossimbióticas que utilizam oxigênio.

7. As atividades específicas das proteínas são mediadas por domínios específicos. A nova mistura de domínios preexistentes seria um processo mais rápido que a evolução conjunta dos vários domínios dentro de uma única proteína.

Capítulo 12

1. (i) Economia. As bactérias não têm recursos para produzir enzimas inúteis ou redundantes, nem podem sobreviver sem a produção de enzimas essenciais; ambas as situações exigem o ajuste rápido da síntese enzimática. (ii) O crescimento rápido. Ao interromper a síntese de uma enzima, uma célula bacteriana reduzirá à metade o nível daquela proteína a cada duplicação da massa celular. Se o tempo de geração for de 20 minutos, o nível pode ser reduzido oito vezes em uma hora. (iii) A degradação do mRNA. Os mRNAs bacterianos são rapidamente reciclados, e, portanto, os anteprojetos de síntese proteica são completamente renovados em poucos minutos, proporcionando uma oportunidade maravilhosa de controle rápido da síntese enzimática em nível transcricional. (iv) Óperons multicistrônicos. A natureza multicistrônica do mRNA bacteriano facilita o controle unitário de rotas inteiras ou de outros grupos de proteínas funcionalmente relacionadas. Por meio de um único ajuste da síntese de um mRNA, a célula pode alterar a taxa de síntese de uma rota inteira.

2. A modulação da atividade proteica por meio de interações alostéricas é o controle mais rápido, podendo ocorrer quase instantaneamente. Se todo o controle fosse exercido pela alteração da atividade de enzimas existentes, as células perderiam a grande economia de evitar a síntese de enzimas redundantes ou desnecessárias.

3. (i) A modificação covalente oferece a oportunidade de modular a atividade proteica em casos em que pode não haver um composto orgânico adequado (metabólito) que funcione como ligante alostérico. (ii) A modificação covalente possibilita produzir ajustes quantitativos (em vez de simples mudanças de liga-desliga) na atividade, como no caso da adenilação múltipla da glutamina sintetase; as formas adeniladas são menos sensíveis ao controle alostérico. (iii) No caso da fosforilação de proteínas, o grupamento fosfato pode ser transferido de uma proteína à outra a fim de gerar transdução de sinal, como na rota de quimiotaxia ou nos muitos sistemas de resposta de sensor de dois componentes.

4. Um índice útil do *status* de energia de uma célula é a carga energética da célula, definida como:

$$\text{Carga energética} = \frac{([\text{ATP}] + [\text{ADP}]/2)}{([\text{ATP}] + [\text{ADP}] + [\text{AMP}])}$$

Em geral, as rotas que repõem ATP (abastecimento) são inibidas por altos níveis de carga energética, e as rotas que utilizam ATP (biossíntese e polimerização) são estimuladas.

5. (i) Atenuação, na qual a capacidade dos ribossomos de traduzir uma sequência-líder afeta a transcrição posterior, e (ii) repressão traducional, na qual as proteínas ribossômicas não agrupadas bloqueiam a iniciação da tradução.

6. Os modos mais dispendiosos são aqueles que regulam o nível celular pela variação da taxa de degradação de uma proteína, em vez de sua síntese. Os modos menos dispendiosos são os que bloqueiam a etapa mais precoce da expressão gênica: a iniciação da transcrição.

7. No mínimo, a repressão transcricional envolve pelo menos um gene regulatório (que codifica a proteína repressora) e um sítio no DNA ao qual se ligar. A atenuação não requer genes regulatórios, apenas a pequena sequência-líder.

8. As regiões de controle localizadas longe do óperon que controlam são denominadas estimuladores ou amplificadores, porque normalmente estimulam a iniciação. Uma sequência de DNA pode controlar um promotor distante pela curvatura do DNA, de modo a trazer a proteína regulatória ligada à região promotora, onde ela pode influenciar a iniciação. A curvatura não acontece espontaneamente, sendo facilitada por proteínas de curvatura do DNA.

9. A maioria das proteínas regulatórias (repressores e ativadores), se não todas elas, é composta por proteínas alostéricas que podem ser moduladas quanto à atividade pela ligação de ligantes específicos (indutores ou correpressores).

10. (i) Em alguns casos, o número de genes a ser corregulado é grande demais para ser acomodado dentro de um único óperon viável. (Os aproximadamente 150 genes que codificam as partes da maquinaria de tradução são um bom exemplo.) (ii) Alguns processos envolvem genes que devem ser independentemente regulados e também sujeitos a um controle coordenador e prioritário. (Os genes de utilização de diferentes fontes de carbono, por exemplo, devem estar sob um controle específico, dependendo da presença do substrato específico de crescimento, e estar globalmente sujeitos à repressão catabólica.)

11. Um regulon é um grupo de óperons independentes governados pelo mesmo regulador, normalmente uma proteína ativadora ou repressora. Um modulon também é um grupo de óperons independentes governados pelo mesmo regulador, mas um modulon é uma unidade regulatória de ordem mais alta, porque seu grupo de óperons independentes inclui alguns que fazem parte de regulons diferentes (ilustrado na Figura 12.10).

12. Os modulons que são muito grandes (i. e., que consistem em muitos óperons e regulons) e que efetivamente afetam muitas funções metabólicas são considerados sistemas regulatórios globais. A repressão catabólica e o sistema de resposta estrita são dois bons exemplos citados no texto. Poder-se-ia também acrescentar a cascata de fase estacionária RpoS.

Capítulo 13

1. Estresse é um termo técnico que se refere ao efeito, sobre uma célula microbiana, de qualquer mudança significativa no ambiente físico (temperatura, pressão, etc.), químico (presença de nutrientes inorgânicos e orgânicos e substâncias tóxicas, etc.) ou biológico (presença de organismos interagentes ou competidores).

2. Se a espécie bacteriana for termofílica, o inóculo provocará uma resposta de choque ao frio. Se a espécie bacteriana for psicrofílica, ocorrerá uma resposta de choque ao calor. (Nota: caso se tenha respondido à questão afirmando-se que a temperatura na qual o inóculo havia sido crescido faz diferença, é merecido um crédito adicional.

3. (i) Sensor. O sensor usual é uma proteína alostérica, geralmente uma proteína integral de membrana, uma vez que sua função é detectar o ambiente externo. (ii) Regulador de resposta. O regulador é geralmente uma proteína alostérica citoplasmática que modula (ajusta) a transcrição por meio de sua ligação ao DNA que governa a expressão de um conjunto de óperons-alvo unidos em um mesmo regulon. Esse regulon produz as proteínas responsivas que efetuam a resposta celular. (iii) Os controles de retroalimentação correspondem à resposta celular ao problema, isto é, à magnitude e à extensão do período de estresse.

4. Tanto o monitoramento proteômico como o monitoramento transcricional podem revelar os componentes de um estimulon. O primeiro envolve o reconhecimento das proteínas responsivas exibidas em géis bidimensionais de poliacrilamida; o último envolve o reconhecimento do mRNA que produz essas proteínas sob a forma de microarranjos contendo genes.

5. Os elementos UP são sequências especiais a montante de vários dos sete óperons de rRNA de *E. coli* que propiciam a ligação especialmente forte da RNA-P. A proteína Fis (fator para inversão de estimulação) liga-se a locais perto das sequências UP e atrai a RNA-P ao promotor; ela é um fator controlador positivo. A proteína H-NS (proteína estruturadora do nucleoide similar a histonas) afeta a curvatura do DNA e é um fator controlador negativo, porque ela inibe a atividade dos promotores de rRNA. O derivado do trifosfato de guanosina ppGpp (tetrafosfato de guanosina) é a molécula efetora do modulon da resposta estrita e possui a capacidade de inibir totalmente a síntese de rRNA e tRNA. Quando uma restrição nutricional diminui a velocidade do crescimento, o ppGpp rapidamente se acumula e altera a RNA-P, que não pode mais funcionar nos promoteres de rRNA, talvez pelo favorecimento da associação da RNA-P com fatores sigma (σ) que não σ^{70}. Igualmente, as condições que limitam a capacidade de as células sintetizarem trifosfatos de nucleosídeos, os substratos da RNA-P, também restringirão naturalmente a síntese de RNA. Podem-se esperar controles complexos e redundantes devidos à importância de um sistema regulatório que controla a maior parte da síntese de macromoléculas. (Em *E. coli*, durante o crescimento rápido em meios ricos, somente os transcritos de rRNA constituem mais da metade do RNA produzido pela célula. Além disso, há aproximadamente 100 proteínas que constituem o PSS, incluindo fatores de iniciação e alongamento, sintetases de aminoacil-tRNA e, naturalmente, as proteínas ribossômicas.)

6. As células em fase estacionária são menores que as células em crescimento. Elas também são mais resistentes que as células em crescimento e mais difíceis de sofrer lise. O metabolismo encontra-se alterado, promovendo a sobrevivência, em lugar da síntese para o crescimento. A composição química global das células de fase estacionária é diferente, e há mudanças na natureza química e/ou física de cada componente celular (os apêndices, a membrana externa e o periplasma das bactérias gram-negativas, e a parede de mureína, a membrana celular, o nucleoide e os ribossomos). À primeira vista, pouco importa o que fez as células pararem de crescer; o resultado final parece ser quase o mesmo. Contudo, tal aproximação está distante de toda a história; uma célula em fase estacionária em virtude da depleção de glicose não será idêntica a uma que foi intoxicada por peróxido de hidrogênio ou um metal pesado, mas as diferenças estarão refletidas em grande parte no perfil de enzimas produzidas sob as duas condições, e não na aparência nem na resistência química global da célula.

7. Um circuito regulatório de enorme complexidade orienta o processo de transição de uma célula que está crescendo a uma célula de fase estacionária que não está. Parte do processo envolve moléculas de sRNA que regulam a iniciação da transcrição. Essas moléculas de sRNA (DsrA, RprA e OxyS) funcionam como integradores: elas processam sinais oriundos de diferentes estresses e os integram em uma ação única e coerente. Uma ação crítica é estimular a síntese de σ^S, o fator sigma que direciona a RNA-P a óperons que têm um promotor distintivo. O fator σ^S é o ator principal no direcionamento da entrada na fase estacionária. A associação de σ^S com a RNA-P núcleo diminui a quantidade associada a σ^{70} e, desse modo, desvia a polimerase da transcrição de óperons relacionados ao crescimento para aqueles relacionados à sobrevivência no estado de não crescimento. (O fator σ^S não é o único regulador da fase estacionária. Outros reguladores globais, como H-NS, CRP, Lrp e FhlA, modulam e realizam o ajuste fino da expressão de óperons individuais do regulon de fase estacionária dependente de σ^S. Uma rede desse tipo, em que reguladores controlam reguladores que, por sua vez, podem controlar outros reguladores, é denominada cascata regulatória.)

8. O tamanho do genoma geralmente reflete a extensão na qual um organismo enfrenta estresses ambientais. Quanto mais estresses um organismo enfrenta, maior é seu genoma, e maior é a fração de seu genoma dedicada a genes regulatórios.

9. Geralmente, nem todas as bactérias em uma dada população podem ser mortas por um tratamento deletério específico. Se uma grande (99%) ou mesmo muito grande (99,99%) fração de uma população microbiana for morta, os sobreviventes ainda podem constituir um grande número. A morte de 99% de 10^8 células deixa um milhão (10^6) de células ainda vivas, prontas para contaminar outras superfícies ou se multiplicar e rapidamente restaurar o número original, se as condições forem favoráveis.

10. As bactérias detectam gradientes pela comparação contínua da concentração de um soluto atraente com o que sua memória lhes diz que havia em um breve período de tempo anterior. A ligação de um atraente a um receptor próximo à superfície celular altera o programa endógeno de rotina de corridas e rodopios. Isso ocorre pela interrupção de uma cascata de fosforilação que controla a direção de rotação dos motores flagelares, o que tem como efeito final o prolongamento da corrida. A acomodação por meio de um sistema de metilação restaura o programa endógeno e restabelece a sensibilidade da célula ao atraente, requerendo uma concentração mais alta para o prolongamento da corrida. (A acomodação é responsável por muitas propriedades da percepção humana, como, por exemplo, nossa deficiência gradativa em sentir um odor após ficar em sua presença por um período contínuo de tempo.)

11. Muitas células bacterianas possuem a capacidade de *quorum sensing*. As células produzem e secretam uma pequena molécula difusível denominada autoindutor. (Muitos autoindutores são lactonas de acil-homosserina.) Em casos simples, o autoindutor secretado simplesmente difunde-se de volta para dentro da célula. Quando um número suficiente de células (um *quorum*) está crescendo em um espaço confinado, a concentração de autoindutor que se difunde de volta para dentro das células atinge uma quantidade limiar e desencadeia certas respostas. Em muitos casos, o autoindutor, em vez de se difundir de volta para dentro da célula produtora, é detectado por uma quinase sensora típica na superfície celular, desencadeando a transmissão de um sinal de fosforilação para alguma proteína reguladora de resposta. O *quorum sensing* é usado pelas bactérias para determinar quando se devem iniciar processos que se beneficiam de populações grandes. A preparação à invasão de bactérias patogênicas é um exemplo de processo desencadeado por *quorum*.

12. Os biofilmes são comunidades naturais de células bacterianas de uma ou mais espécies fortemente aderidas umas às outras e, normalmente, a alguma superfície sólida. Essas bactérias sésseis formam associações multicelulares, que podem desenvolver canais, compartimentos e outras estruturas de certa complexidade arquitetônica. Os biofilmes facilitam a captação de nutrientes que existem em concentrações extremamente baixas, conferem proteção contra agentes deletérios (como antibióticos) e permitem que as células colonizem áreas e não sejam arrastadas por correntes líquidas.

Capítulo 14

1. A diferenciação para formar essas duas estruturas é irreversível; nenhuma pode novamente "se desdiferenciar" para tornar-se uma célula vegetativa.

2. Os exósporos formam-se por divisão celular nas extremidades dos filamentos; os endósporos formam-se dentro das células. Os exósporos são primariamente agentes de dispersão; os endósporos são primariamente agentes de sobrevivência.

3. Duas: a sua própria e aquela da célula-mãe do esporo.

4. A atividade de quinase, que é o primeiro componente da cascata, consiste em três proteínas separadas, cada uma regulada por um sinal ambiental diferente. O nível de Spo0A~P, o produto ativo da cascata, assim como aqueles dos intermediários de fosfato da cascata, é modulado por três fosfatases, sendo que cada uma responde a sinais ambientais diferentes.

5. As células móveis e as células-talo, os tipos celulares diferenciados de *Caulobacter*, contribuem à capacidade de competição da bactéria na natureza. Por meio de sua capacidade de aderência a superfícies sólidas, as células-talo impedem seu deslocamento por correntes em movimento de ambientes aquosos; a mobilidade das células móveis proporciona um mecanismo de movimentação a novos ambientes.

6. Sim. Experimentos que utilizam a marcação de proteínas mostram que certas proteínas regulatórias são restritas a certas regiões da célula.

7. Elas permitem que as mixobactérias matem suas presas.

8. O empacotamento em esporangíolos aumenta a probabilidade de um grupo de mixósporos germinar no mesmo ponto e poder participar da alimentação em grupo, o que é crucial à sua sobrevivência.

Capítulo 15

1. A diferença mais dramática é que as espécies eucarióticas, mas não as espécies procarióticas, constituem grupos que se cruzam (grupos de cruzamento); os dois tipos de espécies compartilham a característica de serem grupos de organismos similares com poucos intermediários a espécies relacionadas.

2. Sua enorme população, multiplicação rápida e prevalência em uma série de ambientes levam à imensa variação genética entre os procariotos, o que indica a provável existência de um número vasto de espécies procarióticas.

3. O termo é usado para indicar que a espécie não foi cultivada e, assim, informar que não satisfaz aos requisitos de designação de espécie.

4. As muitas diferenças bioquímicas profundas entre as Bacteria e Archaea e a similaridade, em certos aspectos, das últimas aos eucariotos sugerem que esses dois grupos não estão intimamente relacionados. Portanto, o compartilhamento de uma organização de célula procariótica não necessariamente implica relações de parentesco.

5. As Archaea são ecologicamente únicas quanto à capacidade de alguns de seus membros de crescer em extremos de altas concentrações de sal e alta temperatura; elas são bioquimicamente únicas quanto à composição dos lipídeos que formam suas membranas citoplasmáticas.

6. É muito provável que as bolhas sejam metano e que uma camada anaeróbia no fundo do lago contenha metanógenos.

7. *D. radiodurans* possui uma capacidade extraordinária de reparar as quebras de fita dupla no DNA causadas pela radiação.

8. O plasmídeo Ti carrega genes que fazem com que as plantas infectadas sintetizem tanto nutrientes que *A. tumefaciens* pode utilizar como um abrigo protetor.

Capítulo 16

1. Sim e não. Os fungos são um grupo extenso, mas razoavelmente bem definido. Os protistas, no entanto, incluem uma série ampla de organismos totalmente distintos (p. ex., protozoários, algas e diatomáceas). Exemplos de fungos são as leveduras, *Candida*, os cogumelos e os mofos. Exemplos de protistas são as algas unicelulares pequenas (p. ex., *Chlamydomonas*, *Chlorella* e *Euglena*), as amebas, os parasitas da malária, *Giardia*, *Paramecium*, os dinoflagelados da maré vermelha e as diatomáceas. (Ver Tabela 16.2).

2. Ausência de clorofila e ausência de fotossíntese; assim, os fungos dependem de outras formas de vida para sua alimentação. Ausência de fagocitose. Eles são os principais decompositores da matéria vegetal. Alguns são patógenos, e alguns são simbiontes mutualísticos de plantas (micorrizas).

3. É fácil trabalhar com as células de levedura, elas crescem rapidamente, possuem um genoma relativamente pequeno para um eucarioto (15 megabases), podem ser cruzadas (e seus produtos da meiose podem ser analisados), possuem fases haploides e diploides estáveis e permitem a pronta introdução de DNA exógeno e plasmídeos.

4. O micronúcleo é o repositório do genoma e divide-se por mitose. O macronúcleo transporta muitas cópias de genes necessários ao crescimento, mas não possui outras. Ele não se divide por mitose, apenas separa-se em dois macronúcleos.

5. Os parasitas do gênero *Plasmodium* que crescem nas células vermelhas do sangue causam sua deformação, tornando-as suscetíveis à lise no baço e levando à anemia. As células vermelhas do sangue não infectadas também são lisadas, sugerindo um mecanismo autoimune. A lise celular leva à liberação de compostos inflamatórios.

6. As diatomáceas possuem uma carapaça dura formada de sílica; os cocolitóforos possuem uma carapaça formada de carbonatos. Em conjunto, esses micróbios eucarióticos contribuem muito à fotossíntese nos oceanos. As carapaças das diatomáceas formam grandes depósitos de sílica, e as carapaças dos cocolitóforos sequestram grandes quantidades de carbonatos, um papel importante no ciclo do carbono.

Capítulo 17

1. Diferentemente de todas as células, os vírus "voam em separado" de suas proteínas e seus ácidos nucleicos componentes durante a replicação. Os vírus não possuem ribossomos nem a maior parte da maquinaria de síntese de proteínas; assim, eles dependem do hospedeiro para a síntese de suas proteínas.

2. Os vírus possuem um tipo de ácido nucleico, RNA ou DNA, e uma capa proteica, o capsídeo. Muitos vírus possuem um envelope, e alguns contêm enzimas necessárias a vários aspectos de seu ciclo de replicação.

3. Em termos gerais, os vírus icosaédricos são limitados quanto ao tamanho pelas propriedades de automontagem das proteínas do capsídeo, os capsômeros. Os vírus filamentosos, ao contrário, não têm necessariamente um tamanho definido e podem, assim, aceitar ácidos nucleicos exógenos, uma propriedade útil à produção de proteínas por meio de engenharia genética.

4. Os envelopes virais são derivados das membranas celulares do hospedeiro (p. ex., aquelas do núcleo, do complexo de Golgi, do retículo endoplasmático ou da membrana plasmática). Os envelopes são formados quando o vírus "brota" através de uma membrana celular do hospedeiro durante a maturação.

5. A maioria das enzimas encontradas nos vírions está envolvida na ligação às células hospedeiras (p. ex., as hemaglutininas do vírus da influenza) ou na replicação de ácidos nucleicos (os vírus de RNA de fita negativa dependem de sua RNA replicase para a produção da fita positiva ou mRNA). Alguns vírus (p. ex., o grupo dos herpesvírus) contêm outras enzimas necessárias à replicação do DNA.

6. Eles primeiro copiam seu RNA em DNA por meio de uma transcriptase reversa transportada por um vírion. O DNA viral está agora integrado no genoma da célula hospedeira e pode ser transcrito por uma RNA polimerase do hospedeiro para a produção de novo RNA viral.

7. A produção de proteínas virais representa uma série de eventos oportunos e inter-relacionados. Elas são sintetizadas usando a maquinaria celular do hospedeiro, e isso ocorre no citoplasma (que é onde o hospedeiro mantém seus ribossomos). A fonte de mRNA pode ser o RNA viral no vírion (como em vírus de RNA positivos) ou uma cópia do RNA do vírion feita por uma RNA replicase codificada por um vírus. As proteínas virais não são todas produzidas de uma só vez: as proteínas "iniciais" redirecionam a maquinaria biossintética da célula para a produção de ácidos nucleicos e proteínas virais; as proteínas "tardias" são principalmente os componentes estruturais dos vírions.

8. Os vírus virulentos normalmente matam suas células hospedeiras pela indução de lise. Embora os vírus temperados também possam fazer isso, eles podem igualmente viver em harmonia com seus hospedeiros por meio da integração estável no genoma do hospedeiro ou como elementos extracromossômicos. Tanto os vírus de eucariotos como os de procariotos (fagos) podem ser virulentos ou temperados.

9. Um vírus permanece como um prófago quiescente porque a maioria de seus genes está silenciada por um repressor viral. O repressor é normalmente a única proteína viral produzida em células lisogênicas. O nível de repressor é cuidadosamente balanceado a fim de permitir a repressão dos genes que levariam à replicação viral e permitir a indução do prófago sob certas condições.

10. A decisão entre ciclo lítico e lisogênico depende das propriedades do repressor do prófago. No fago lambda, o repressor é instável e é degradado por uma protease (Hfl). A Hfl detecta o nível celular de cAMP. Em altos níveis de cAMP, como quando a concentração de glicose no meio é baixa, menos protease é formada, e o repressor funcionará mantendo o estado lisogênico. O contrário também é verdade, e, em meios com alta concentração de glicose, o repressor é clivado e a célula sofre um ciclo lítico. Assim, a decisão entre qual ciclo dominará reflete o ambiente das bactérias.

11. Os viroides são compostos de moléculas desprotegidas de RNA, sem capsídeo. Eles se replicam usando as RNA polimerases do hospedeiro e produzem cópias longas do RNA por um mecanismo denominado replicação em círculo rolante. Essas moléculas são clivadas no tamanho do viroide pela atividade de ribozima do RNA do viroide ou por uma nuclease do hospedeiro. Os príons são desprovidos de ácidos nucleicos e são inteiramente constituídos de proteína. Como outras proteínas, a proteína do príon pode dobrar-se em várias estruturas tridimensionais diferentes. Em uma configuração, ela é um constituinte normal das células do sistema

nervoso central e não causa danos. Em outra configuração, ela se torna um príon e ganha a capacidade incomum de funcionar como um molde que pode converter moléculas das proteínas normais em príons.

Capítulo 18

1. O gás hidrogênio, que é formado pela redução geoquímica da água no ambiente de alta temperatura e alta pressão do magma terrestre.

2. Cultura de enriquecimento é o estabelecimento de condições ambientais e nutricionais específicas que favorecem o crescimento de tipos específicos de microrganismos e o inóculo do meio com uma amostra de um ambiente específico. Tal cultura responde se organismos capazes de uma conversão específica estiverem presentes em um ambiente específico, mas ela não revela quantos desses organismos estão presentes.

3. Os consórcios permitem que os micróbios cooperem na utilização de certos substratos. Por exemplo, um membro do consórcio pode reciclar os produtos produzidos por outro membro, reduzindo, desse modo, suficientemente sua concentração a ponto de tornar a reação produtora termodinamicamente viável.

4. A hibridização com sondas específicas de DNA revela quais organismos estão presentes; a autorradiografia apresenta indícios do que eles estão fazendo lá.

5. A doutrina sustenta que todos os compostos orgânicos que ocorrem naturalmente podem ser metabolizados por algum micróbio.

6. Quando produzem um composto gasoso, o metano, eles permitem que o carbono que poderia de outra maneira ficar capturado em um ambiente anaeróbio suba a um ambiente aeróbio.

7. Dois processos mediados por micróbios, a desnitrificação e a anamox, convertem nitrogênio fixado em dinitrogênio.

8. A nitrificação, da qual duas etapas, a oxidação de amônia a nitrito e em seguida a nitrato, são efetuadas por autótrofos distintos. Como ambos os grupos de micróbios mediadores são aeróbios, o revirar da pilha, que aera a mesma, acelera o processo.

9. No fundo de lagos antigos, o sulfato, que é abundante na superfície da Terra, foi reduzido a H_2S por bactérias redutoras de sulfato e foi subsequentemente oxidado por fotoautótrofos a enxofre elementar.

10. A desnitrificação e a anamox permitem a reciclagem do nitrogênio através da atmosfera e impedem seu acúmulo nos oceanos. A vida vegetal depende da fixação do nitrogênio. A nitrificação produz nitrato, que é móvel nos solos e, assim, pode ser disperso para sustentar o crescimento vegetal.

Capítulo 19

1. Seus genomas possuem um grau significativo de homologia em relação àqueles das atuais bactérias (rickéttsias, no caso de mitocôndrias, e cianobactérias, no de cloroplastos). Essas organelas dividem-se por fissão binária, algumas com a ajuda de um anel FtsZ, o que é tipicamente bacteriano. Seus ribossomos são mais próximos aos das bactérias do que aqueles encontrados no citoplasma das células eucarióticas. As mitocôndrias são sensíveis a certos antibióticos antibacterianos, principalmente aos que inibem a síntese proteica.

2. A maioria dos endossimbiontes bacterianos de insetos conhecidos tem um genoma reduzido, isto é, não possui algumas das funções necessárias à vida livre e, assim, depende do hospedeiro para algumas dessas funções. Eles retêm funções que são úteis ao hospedeiro, contribuindo, assim, a uma existência mutualística.

3. Os nódulos das raízes são fábricas fixadoras de nitrogênio que fornecem nitrogênio utilizável às leguminosas. A formação de nódulos ocorre após as plantas excretarem compostos detectados por bactérias formadoras de nódulos no solo. Em seguida, os genes bacterianos são ativados para a produção de fatores de nodulação que induzem a formação de nódulos nas raízes das plantas. A formação de nódulos envolve a produção de estruturas que permitem às bactérias penetrar dentro das raízes. A planta então responde pela formação de nódulos similares a tumores nos quais as bactérias se diferenciam nas células fixadoras de nitrogênio, os bacteroides.

4. Algumas bactérias degradam celulose em açúcares. Esses são fermentados por outras bactérias para a produção dos ácidos graxos voláteis que a vaca absorve e usa como sua principal fonte de energia. No processo, é produzido muito hidrogênio, parte do qual é convertida em metano por arqueobactérias metanogênicas.

5. Certos nematódeos do solo alimentam-se exclusivamente por meio da invasão das lagartas de certos insetos. As lagartas são mortas, e os nematódeos se reproduzem. Os vermes necessitam da ajuda de certas bactérias (p. ex., *Xenorhabdus nematophila*), que matam o inseto hospedeiro e inativam seus mecanismos de defesa. A bactéria produz uma toxina que induz a apoptose das células intestinais do inseto, assim como hidrolases que degradam seus tecidos. A fim de evitar a putrefação da carcaça do inseto, as bactérias produzem antibióticos que matam outros tipos de bactérias. Nem os vermes nem as bactérias existem solitariamente no solo.

6. Essas formigas fazem jardins de fungos em seus ninhos subterrâneos. Tais estruturas são constituídas pelo crescimento de fungos sobre folhas picadas que as formigas levam para dentro do ninho e são sua única fonte de alimento. Para assegurar que somente os tipos "certos" de fungos serão cultivados, as formigas transferem a eles uma bactéria que produz antibióticos antifúngicos que não afetam a espécie desejada, mas que agem sobre as indesejadas. Assim, essas formigas descobriram tanto a agricultura quanto o uso de antibióticos há mais ou menos 50 milhões de anos.

7. Exemplos convenientes incluem a perda de aversão à urina de gato por ratos infectados com *Toxoplasma*, o que permite ao parasita completar seu ciclo de vida; a "doença do topo" ou *summit disease*, na qual insetos infectados com fungos sobem nas hastes de plantas com o intuito de talvez dispersar melhor os esporos fúngicos; a formação de "pseu-

doflores" em plantas infectadas por fungos, o que engana os insetos a "polinizarem" os esporos, auxiliando assim sua propagação, e, mais familiarmente, as mudanças comportamentais nos seres humanos quando afetados pelo resfriado comum.

8. Em muitos hábitats, as bactérias estão na parte mais baixa da cadeia alimentar, constituindo as presas de outros organismos e vírus. A predação parece regular sua densidade populacional. Os principais agentes na predação bacteriana são os fagos, as bactérias que se alimentam de bactérias, como *Bdellovibrio*, e a produção de antibióticos e bacteriocinas.

Capítulo 20

1. O encontro, a entrada, o estabelecimento do agente e danos são as etapas praticamente universais e comuns a todas as infecções. O encontro pode acontecer antes do nascimento, no nascimento ou depois dele. Os sintomas aparecem em tempos variados após o encontro (tempo de incubação). Os encontros com agentes que fazem parte da flora normal ocorrem mais cedo que o início da doença, diferentemente dos encontros com agentes exógenos. A entrada de agentes dentro do corpo refere-se tanto ao cruzamento das camadas epiteliais (entrando, assim, nas camadas profundas do corpo) como à geração de doença pela aderência a superfícies externas, como aquelas dos sistemas respiratório e digestivo. O estabelecimento do agente depende de fatores como o tamanho do inóculo, a capacidade invasiva do agente e o estado das defesas do hospedeiro. Os danos podem ser causados por danos celulares (lise ou apoptose), ação farmacológica (muitas exotoxinas) ou danos mecânicos (obstrução de vasos sanguíneos ou vasos linfáticos).

2. O período de incubação é o tempo entre a aquisição de um agente infeccioso e o aparecimento de sintomas. O tamanho do inóculo é o número de agentes adquiridos durante uma infecção. A flora normal (o correto é "biota normal") consiste nos micróbios normalmente presentes em um indivíduo saudável. Infecções endógenas são aquelas causadas por agentes infecciosos presentes no corpo. Infecções exógenas são aquelas adquiridas do exterior (p. ex., por meio de picadas de insetos, ingestão de alimentos contaminados ou inalação).

3. Os principais processos são a inflamação, a morte celular por lise ou apoptose, a ação farmacológica de toxinas e o bloqueio mecânico.

4. Os principais elementos da inflamação são a vermelhidão local, o inchaço, a dor e a formação de pus.

5. Os MAMPs são constituintes microbianos reconhecidos por certos receptores denominados receptores semelhantes a Toll. Os MAMPs típicos são o lipopolissacarídeo bacteriano, a mureína, a flagelina, outros componentes de superfície de fungos e protozoários, certos ácidos nucleicos virais e algumas sequências no DNA bacteriano.

6. A formação de quimiotaxinas e opsoninas, levando ao recrutamento e ao aumento da função dos fagócitos, a inflamação via peptídeos farmacologicamente ativos e a morte de células pela inserção de poros em suas membranas (complexo de ataque da membrana).

7. A ligação de partículas a receptores de superfície em células fagocitárias, o engolfamento por meio de rearranjos do citoesqueleto, a formação do vacúolo fagocitário, a fusão com lisossomos e o extravasamento de enzimas lisossômicas bactericidas.

8. Diferentes micróbios podem evadir cada um dos vários aspectos das defesas inatas. Alguns defendem-se contra o complemento mascarando seus constituintes de superfície que ativam o complemento ou alterando proteínas regulatórias do complemento. As defesas contra a fagocitose incluem: inibir a ação de quimiotaxinas dos fagócitos, evitar a ingestão por meio da cobertura com cápsulas, impedir a formação de fagolisossomos, escapar para dentro do citoplasma, matar o fagócito ou ser intrinsecamente resistente a compostos bactericidas lisossômicos.

9. As defesas inatas estão presentes em todas as pessoas saudáveis e agem rapidamente. Estão representadas por substâncias químicas antimicrobianas nos tecidos, pelo sistema complemento e pelas células fagocitárias. As defesas adaptativas são específicas a cada indivíduo, refletindo a história pessoal à exposição a antígenos estranhos. Na primeira exposição, as defesas adaptativas levam um tempo para serem eficazes. Na exposição repetida, essas defesas também entram em cena rapidamente. Há dois tipos de respostas adaptativas: os anticorpos solúveis e a imunidade mediada por células.

10. Neutralizando toxinas, facilitando a remoção de micróbios invasores por meio de sua agregação em partículas prontamente filtráveis, funcionando como opsoninas, interagindo com o complemento para lisar certos patógenos e estimulando a imunidade mediada por células.

11. A imunidade mediada por células depende da ação de linfócitos T citotóxicos que reconhecem e lisam as células que apresentam antígenos microbianos em suas superfícies.

Capítulo 21

1. Supomos que todos os leitores serão capazes de chegar aos nomes de pelo menos 20 doenças infecciosas. Para ajuda, veja Tabela 21.2.

2. As exotoxinas bacterianas são proteínas tóxicas que agem perto de onde são produzidas no corpo ou em locais distantes. Elas são secretadas por bactérias, frequentemente quando o crescimento para. As exotoxinas agem de vários modos gerais: lisando as células hospedeiras pela formação de poros na membrana plasmática; alterando seu funcionamento, por exemplo, pela elevação do nível de AMP cíclico; ou influenciando a neurotransmissão, de modo a produzir paralisia espástica ou flácida.

3. Utilizando um mecanismo de secreção do tipo III, que consiste em um aparelho similar a uma seringa na superfície bacteriana que penetra na membrana da célula hospedeira. Isso permite a distribuição da toxina diretamente dentro das células-alvo, em vez de ser secretada no meio.

4. Eles são acidorresistentes porque são envoltos por um envelope ceroso. São resistentes a substâncias químicas fortes e à dessecação, o que facilita sua propagação de pacientes com tuberculose pulmonar. Ainda, crescem lentamente, duplicando-se aproximadamente em 24 horas.

5. É um indício de que a pessoa esteve em contato com o bacilo da tuberculose e desenvolveu imunidade mediada por células a antígenos do organismo. Ele não indica que a pessoa tem ou teve tuberculose ativa. Em um país desenvolvido, se uma pessoa que era tuberculina-negativa passa para tuberculina-positiva, um exame médico e mesmo o tratamento com antibióticos são assegurados.

6. O EBV é um vírus de DNA da família dos herpesvírus que infecta linfócitos B. Essas células são destruídas pelos linfócitos T, e o extravasamento dos constituintes celulares causa danos aos tecidos. O EBV pode persistir nas células de memória como um plasmídeo, sendo posteriormente reativado ou contribuindo ao desenvolvimento do câncer.

7. Após a primeira infecção com o HIV, os pacientes desenvolvem uma infecção branda caracterizada por sintomas similares a uma gripe. Com o tempo, normalmente alguns anos, uma série de sintomas mais severos aparece, incluindo, muitas vezes, erupções cutâneas, glândulas inchadas, inflamações na garganta e aftas. A pneumonia ocorre com frequência, sendo muitas vezes causada por um comensal sob outros aspectos inócuo, *Pneumocystis*. A isso se somam infecções devidas a um grande número de agentes com um grande número de manifestações clínicas. Ocorre então a morte.

Capítulo 22

1. Inclua em sua discussão o aparecimento precoce na evolução de mecanismos de defesa e a antiguidade de certas doenças infecciosas. Dê exemplos de seus efeitos sobre populações não expostas. Discuta o aparecimento de novos agentes infecciosos.

2. Discuta as mudanças no comportamento humano, como viagens, urbanização, guerras e suas consequências, aumento do comportamento sexual de risco, industrialização da produção de alimentos, reflorestamento de partes da América do Norte, uso disseminado e imprudente de antibióticos e mudanças ambientais que ocorrem naturalmente e são de origem antrópica.

3. Vários fatores contribuíram à erradicação bem sucedida dessa doença. Entre eles incluem-se: os seres humanos são o único reservatório do agente, a vacinação é simples e eficaz, a vacina não requer refrigeração, e os sintomas da doença são facilmente reconhecíveis. Além disso, infecções subclínicas ou persistentes são praticamente desconhecidas; assim, há pouca chance de o vírus permanecer escondido e não ser detectado.

4. Inclua em sua discussão o saneamento, a vacinação e o tratamento. O saneamento é, em grande parte, um problema social e de engenharia que requer recursos e vontade política. A vacinação é altamente eficaz para muitas doenças, mas ainda não está disponível para outras. As razões para a falta de certas vacinas são dificuldades relacionadas à etapa de testes de vacinas candidatas, a capacidade de muitos agentes de modificar antígenos e dificuldades na obtenção de imunidade mediada por células. Os antimicrobianos são altamente eficazes, especialmente contra bactérias, mas tornam-se ineficazes quando os agentes sofrem mutação e tornam-se resistentes. O uso prudente de antimicrobianos tornou-se imperativo.

Capítulo 23

1. O sabor dos vinhos vermelhos é melhorado pela conversão de ácido málico em ácido láctico, a chamada fermentação maloláctica. As bactérias responsáveis por essa fermentação obtêm uma pequena quantidade de energia da reação, que é, no entanto, suficiente para sustentar seu crescimento.

2. A preocupação quanto ao uso em campo de qualquer espécie alterada é razoável, quer a alteração tenha sido efetuada por meio de engenharia genética, quer por manipulações padronizadas de cruzamento. Nesse caso específico, é relevante a existência de linhagens bacterianas que impedem a formação de gelo ocorrendo naturalmente. Para a produção de neve, as bactérias são mortas e, assim, não representam perigo, real ou percebido.

3. O gene da proteína desejada deve ser clonado em um organismo industrialmente conveniente. Isso requer a identificação do gene e de seu mRNA com sondas de hibridização apropriadas, a cópia do mRNA em DNA clonável, a introdução do último em um organismo conveniente, a certeza de que o gene é expresso em níveis adequados e sob condições controláveis, o estabelecimento de uma fábrica de produção em escala industrial e a purificação da proteína.

4. A razão pela qual uma bactéria do solo produz proteínas (toxinas) com propriedades inseticidas não é obvia, porque os dois organismos não se encontram com frequência. No entanto, as toxinas Bt também afetam os nematódeos do solo pelo mesmo mecanismo, sugerindo que esse foi o modo de seleção da habilidade de produzir as proteínas inseticidas.

5. A toxinas afetam os insetos e também os nematódeos, que são os predadores das bactérias. O fato de as toxinas matarem também insetos poderá ser considerado uma coincidência fortuita.

6. Algumas bactérias podem degradar poluentes por rotas similares àquelas usadas para seus nutrientes habituais. Por exemplo, as bactérias que utilizam metano podem degradar não apenas metano, mas também certos poluentes, como o tricloroetileno. O crescimento dessas bactérias em locais contaminados requer o conhecimento de todas as suas exigências nutricionais, incluindo a necessidade de fontes de nitrogênio e fósforo.

Índice

A

B

C

D

E

G

Q

S

T

W

X

Y

Z